EXCEL All-in-One BIBLE

自學聖經 第二版

從完整入門到職場活用的技巧與實例大全

關於文淵閣工作室

常常聽到很多讀者跟我們說：我就是看你們的書學會用電腦的。

是的！這就是寫書的出發點和原動力，想讓每個讀者都能看我們的書跟上軟體的腳步，讓軟體不只是軟體，而是提昇個人效率的工具。

文淵閣工作室創立於 1987 年，第一本電腦叢書「快快樂樂學電腦」於該年底問世。工作室的創會成員鄧文淵、李淑玲在學習電腦的過程中，就像每個剛開始接觸電腦的你一樣碰到了很多問題，因此決定整合自身的編輯、教學經驗及新生代的高手群，陸續推出 「快快樂樂全系列」 電腦叢書，冀望以輕鬆、深入淺出的筆觸、詳細的圖說，解決電腦學習者的徬徨無助，並搭配相關網站服務讀者。

隨著時代的進步與讀者的需求，文淵閣工作室除了原有的 Office、多媒體網頁設計系列，更將著作範圍延伸至各類程式設計、攝影、影像編修與創意書籍。如果你在閱讀本書時有任何的問題或是許多的心得要與所有人一起討論共享，歡迎光臨文淵閣工作室網站，或者使用電子郵件與我們聯絡。

- 文淵閣工作室網站　http://www.e-happy.com.tw
- 服務電子信箱　e-happy@e-happy.com.tw
- Facebook 粉絲團　http://www.facebook.com/ehappytw

總監製：鄧文淵
監督：李淑玲
行銷企劃：鄧君如．黃信溢
責任編輯：鄧君如
執行編輯：黃郁菁．熊文誠．鄧君怡

本書範例

本書範例檔可從此網站下載：http://books.gotop.com.tw/DOWNLOAD/ACI035600，下載的檔案為壓縮檔，請解壓縮檔案後再使用。範例檔檔名是以各章標題編號命名，例如：<1801xlsx>。

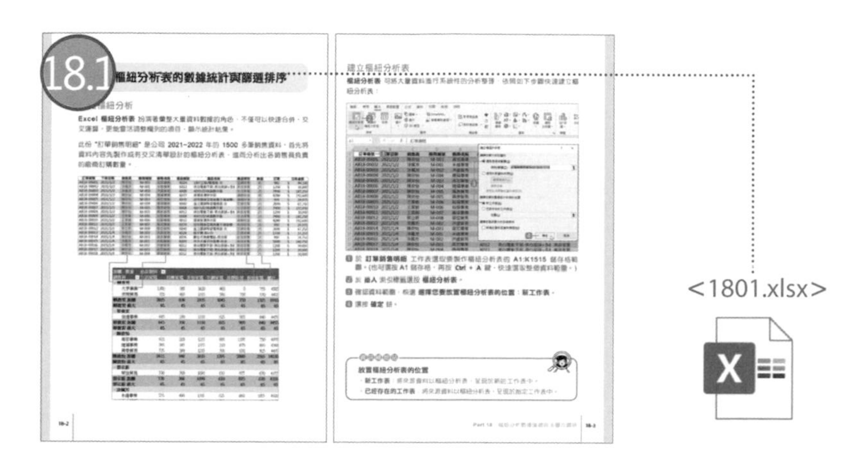

大部分範例檔會有二個工作表，如下圖，第一個 "人事資料表" 工作表為原始練習內容，而第二個 "人事資料表ok" 工作表為完成內容 (若有多個完成內容則會命名為 "人事資料表ok_1"、"人事資料表ok_2" ...等類推；若完成內容無法以工作表呈現則會依原練習檔檔名加上 "ok" 另存完成檔。)

4	B001	溥富卿	女	事務部
5	B002	陳君凱	男	事務部
6	A002	劉佩蓉	女	業務部

人事資料表 | 人事資料表ok_1 | 人事資

4	B001	溥富卿	女	事務部	2000
5	C001	黃珮瑜	女	資訊部	1999
6	A002	劉佩蓉	女	業務部	2016

人事資料表 | 人事資料表ok_1 | 人事資料表ok_2

◤線上下載

本書範例檔、附錄 A、B、C PDF 電子檔文件、教學影片：

- 商業分析資料取得與整合影音教學
- 原來這樣破解！18 個職場面試一定要知道的 Excel 關鍵問題影音教學

以上內容請至下列網址下載：

http://books.gotop.com.tw/DOWNLOAD/ACI035600

目錄

Part 1 試算與決策的好幫手 Excel

Part 2 儲存格、工作表、活頁簿檔案管理

資料建立與修改

資料格式設定

套用與自訂樣式

Part 6

資料的排序、篩選與小計

Part 7 依條件標示特定資料

Part 8 大量資料的表格化管理

Part 9 大量資料的整理與快速輸入

Part 10 大量資料的輸入限定與檢查

Part 11 更多資料格式檔的取得與彙整

Part 12 用公式與函數運算數值

Part 13 條件式統計函數應用

Part 14 日期與時間函數應用

掌握圖表原則與視覺設計

Part 16

圖表必備的編修應用技巧

Part 17 組合式圖表應用

Part 18 善用樞紐分析，看懂數據說什麼

Part 19 目標值訂定、分析與合併彙算

用巨集錄製器達成工作自動化

用 Excel VBA 簡化重複與繁雜工作

套用與自訂範本

活頁簿與工作表的加密保護、共同作業

常被問到的報表處理實用技巧

職場必備的工作表與圖表列印要點

以下附錄 A、B、C 採 PDF 電子檔方式提供，
請讀者至 http://books.gotop.com.tw/DOWNLOAD/ACI035600 下載。

更多的輸出、整合應用

SmartArt 流程與圖像化呈現

Excel 2021 更多專家和新手的智慧功能

函數索引

(頁數)

(頁數)

試算與決策的好幫手 Excel

進入 Excel

- 認識 Excel 操作介面
- 認識 Excel 介面配置

介面配置

- 索引標籤
- 對話方塊啟動器
- 功能區快速鍵

開啟、關閉

- 開新檔案
- 關閉 Excel 或檔案

常見問題

- 線上說明
- 幫你執行想要完成的動作

1.1 Excel 提高工作效率 4 大原則

不論是日常生活還是商店、公司行號，最常面對的就是支出與收入數值的加加減減，看似很一般，所產生和累積的資料量也是很驚人。

面對大量資料數據，只會用複製、貼上整理？別人都下班了，你還在做苦工？一樣是在工作上使用 Excel，以更聰明的方式操作才能事半功倍：

1. 善用自動化加快工作速度

想要提升工作效率，自動加總、自動填滿文字數值資料、自動填滿日期星期、自動複製公式函數、下拉式選單...等，這些自動化功能都不能錯過。

2. 以內建工具為優先，處理不了才用函數

落落長的函數語法不是每個人都能輕鬆上手，Excel 內建功能可以解決的，像是：排序篩選資料、加減乘除運算、格式化、小計、拆分資料...等狀況，就不一定非得用函數。

3. 不要再做白工了

建置上萬筆資料數據時，很容易出現輸入錯誤、資料缺失、甚至運氣再不好些，發生整理到一半剛好停電沒存檔...等狀況，資料驗證、自動存檔...等避免做白工的技巧讓你的資料不出錯、不怕當機停電沒存檔。

4. 快速鍵，知道愈多愈省力

下班前老闆才說要將上萬筆資料依名稱與單價拆開整理、下班前老闆才說將這幾年業績統計報表的值都加上 "$" 符號...等，這麼多的 "下班前" 狀況，只有快速鍵才能幫得了你，瞬間完成交辦事項。

1.2 收集並整理數據

數據哪裡來？

日常生活中會接觸到許多數據，例如：薪水、獎金、房租...等，而企業與公司行號則擁有像員工通訊錄、財務報表、客戶滿意度調查...等大筆的資料數據。完整的資料數據可以分析出過去發生什麼事，以及為什麼會發生這些事件的原因，有了這些資訊，主管才能快速做出正確的決策。

常見的資料表問題

資料數據可能是從不同單位的同事或公司行號取得，因此在匯總並整理的過程中，常見的問題有：數值資料中摻雜了文字、部分數值資料不該有負數或小數點、唯一且不能重複的資料卻出現重複的、資料記錄中有空白的欄列或缺失、地址資料的記錄格式不一致、日期資料中年份輸入錯誤...等。

用 Excel 整理數據

為了避免出現前面提到的問題，輕鬆擁有一份標準的資料表，以下提供二項建議：

■ 事先做好資料的規範和把關

於資料來源單位做好資料的規範和把關，在輸入資料時就為列表方式、資料類型及內容訂定格式規範，輸入過程中若有錯誤則由 Excel 即時發出警告訊息，讓問題可以即時發現並修正。

■ 有效率的檢查與調整報表

如果目前手上的資料已經是一份客製化報表，前面提到的問題都發生了，那該怎麼辦？建議於熟悉的 Excel 中先完整的檢查並修正，如此才能進行後續的資訊分析和建立正確的視覺化效果。

1.3 進入 Excel

Excel 是 Office 家族中的活頁簿軟體，除了能快速整合資料明細，還能進一步統計數據、建立圖表，強大功能是提高工作效率的好幫手！

Step 1 執行 Excel 程式

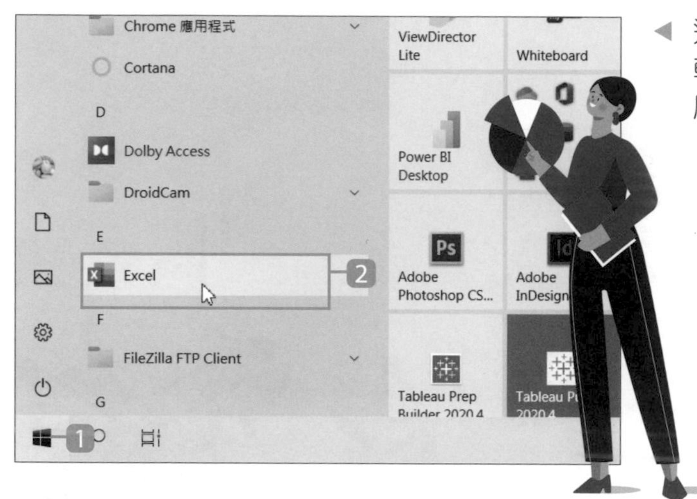

◀ 選按 ，於 **開始** 畫面軟體清單選按 **Excel** 應用程式項目。

Step 2 開啟空白活頁簿

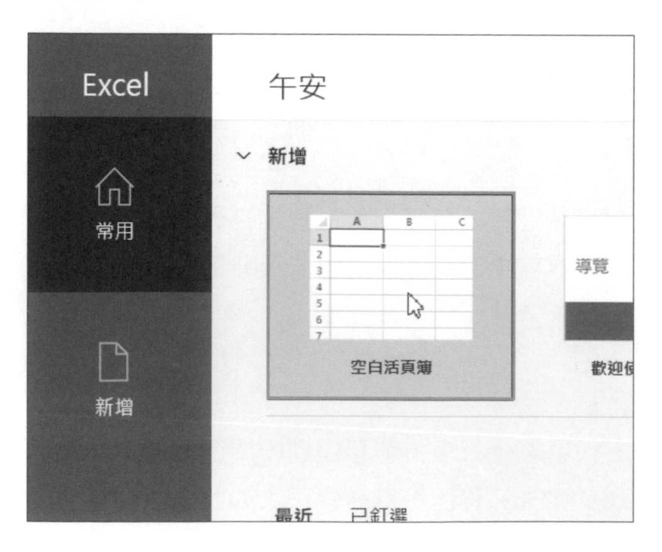

◀ 開啟 Excel 程式後選按 **空白活頁簿**，即可產生一個空白活頁簿，並可以隨時開始編輯內容。

1.4 認識 Excel 操作介面

開啟 Excel 空白活頁簿後，出現一個全新工作表與整個介面環境。與 Office 系列其他應用程式相似的配置方式：視窗上方是 **快速存取功具列**，再於 **功能區** 依主功能分類整理成多個索引標籤，中間是主要的編輯區，下圖標示了各項功能所在位置，熟悉介面的各個組成，才能在後續學習時更省力。

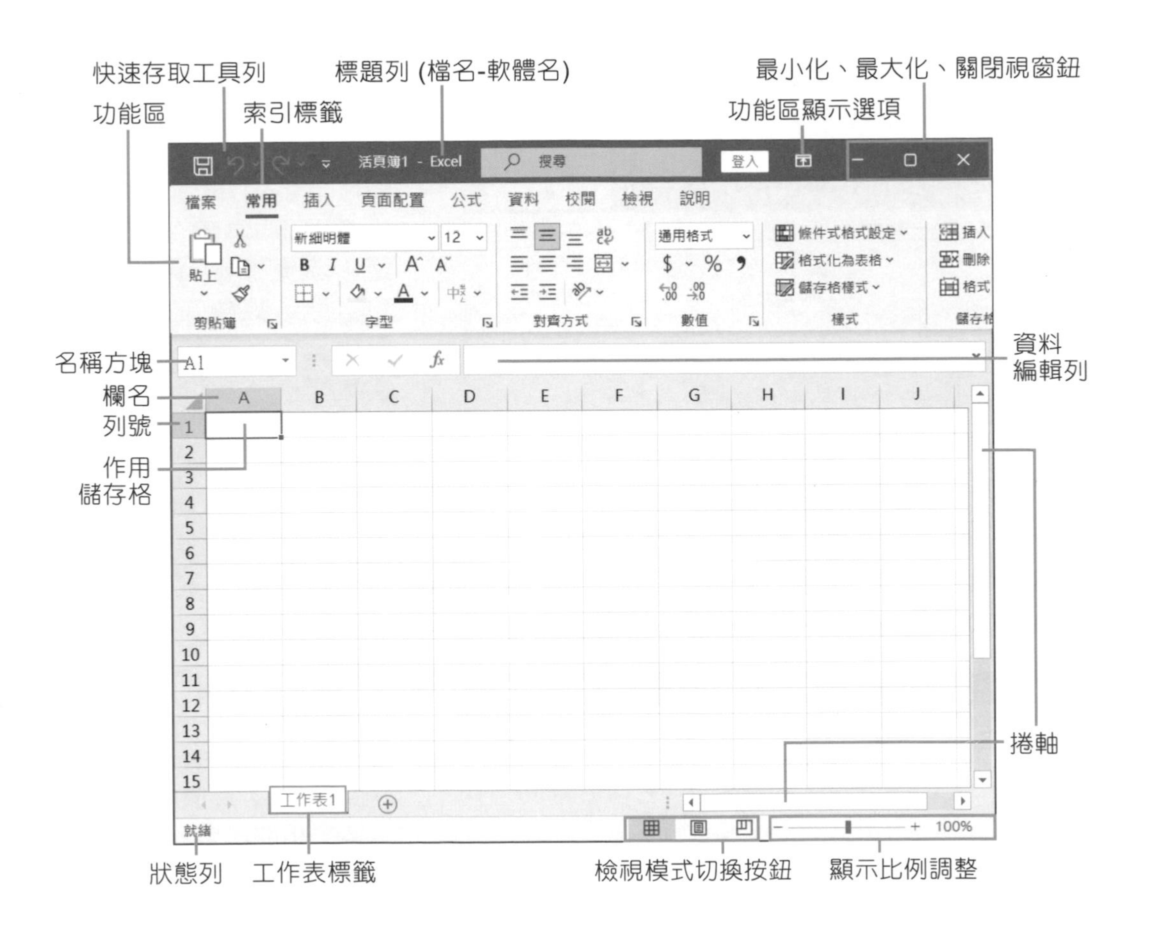

1.5 關於 Excel 介面配置

Excel 介面環境，透過簡潔、一目瞭然的功能配置，讓資料不管在建置或分析設計上都方便。

索引標籤與功能區

位於 Excel 視窗的頂端，將工作依其特性分成 **檔案**、**常用**、**插入**、**頁面配置**、**公式**、**資料**、**校閱**、**檢視**、**說明**...等索引標籤，**檔案** 索引標籤內包含更多存取功能，而其他索引標籤下則包含多項相關功能。

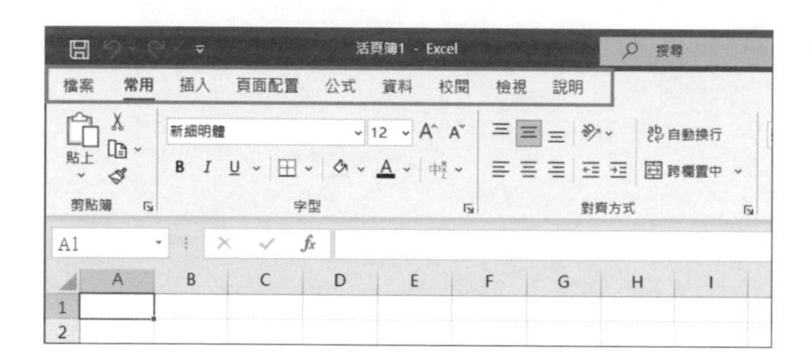

◀ 開啟 Excel 視窗時，預設會開啟 **常用** 索引標籤，若要切換至其他索引標籤，只要在上方索引標籤名稱上按一下滑鼠左鍵。

對話方塊啟動器

功能群組的右下角若有 ⧉ 對話方塊啟動器圖示時，表示可以開啟相關功能更細部的設定。

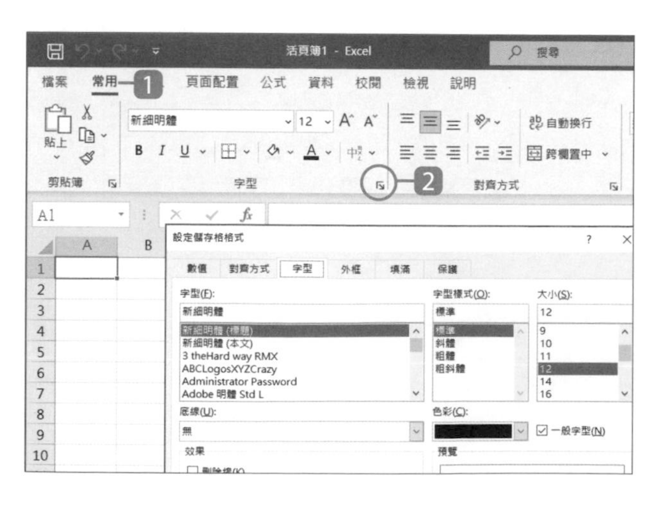

◀ 例如：於 **常用** 索引標籤 **字型** 區段，選按 **字型** 對話方塊啟動器，可以開啟對話方塊執行更多字型相關設定。

詳盡的工具提示

Excel 功能強大，操作時卻不一定了解每個功能鈕的作用，只要將滑鼠指標移至功能鈕上方，便會自動顯示名稱、快速鍵與更詳細的功能提示，減少你摸索與查找的時間。

使用功能區快速鍵

對於鍵盤操作較為得心應手的人，可以利用以下介紹的 Alt 鍵，在功能區中顯示該功能的快速鍵提示，藉此加速操作的流程！

Step 1 開啟按鍵提示

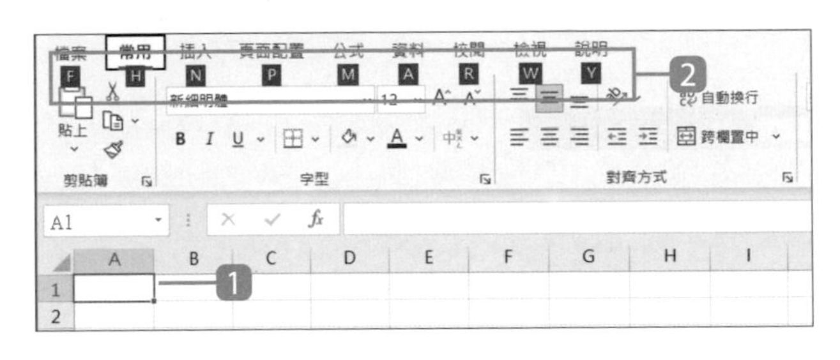

1. 於工作表中選取要套用功能的儲存格。
2. 按一下 Alt 鍵，會看到功能區顯示按鍵提示。

Step 2 套用指定功能

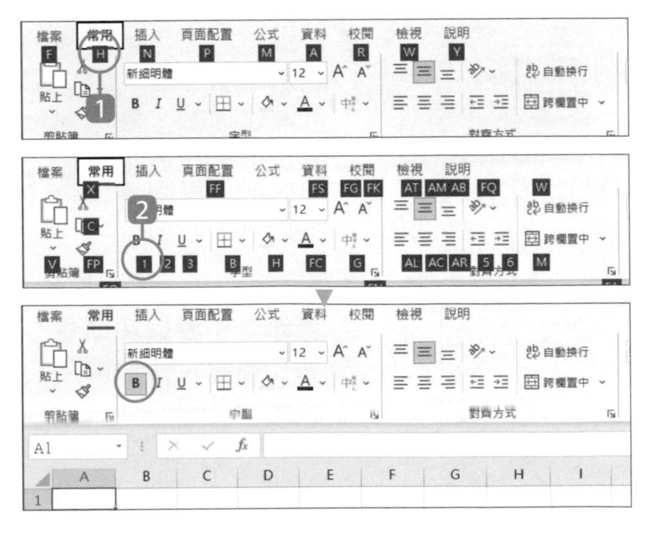

1. 按一下 H 鍵即可切換至 **常用** 索引標籤。
2. 再按一下 1 數字鍵，即執行選按 **粗體** 功能。(用按鍵操作的過程，若按 Esc 鍵可回到上一步驟。)

功能區的隱藏與顯示

若功能區會影響文件的編輯範圍時，可以利用以下方式隱藏功能區。

Step 1 自動隱藏功能區

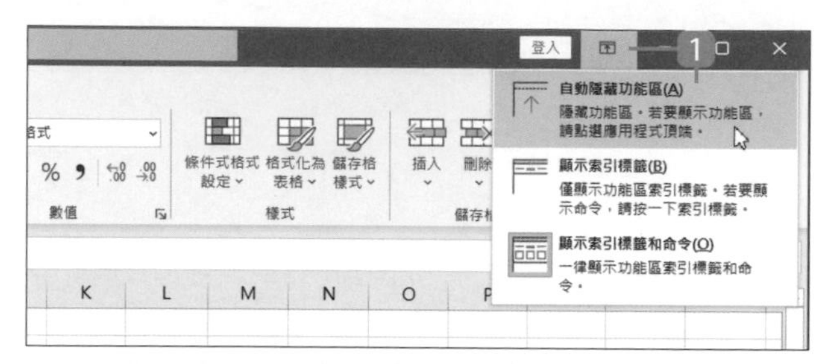

1. 於視窗右上角選按 \ **自動隱藏功能區**，將功能區自動隱藏。

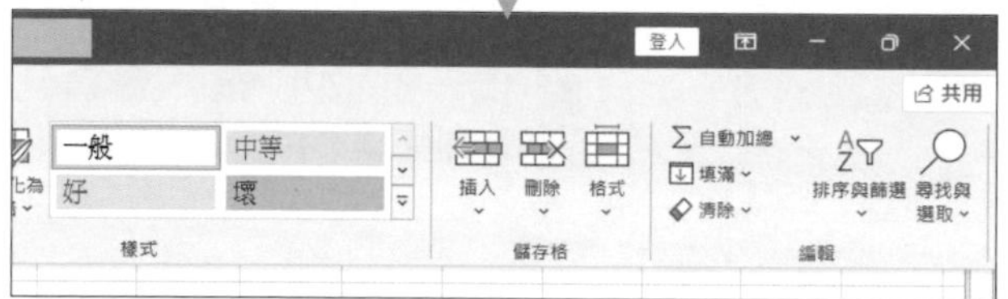

2. 若要暫時顯示功能區，將滑鼠指標移至工作表最頂端，在綠色區塊上按一下滑鼠左鍵。

Step 2 顯示索引標籤和命令

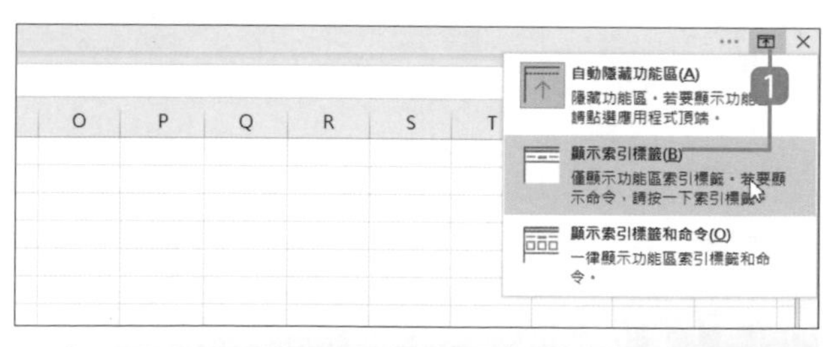

1. 於視窗右上角選按 \ **顯示索引標籤**，會僅顯示索引標籤，將滑鼠指標移至索引標籤上按一下滑鼠左鍵即會顯示功能區命令。

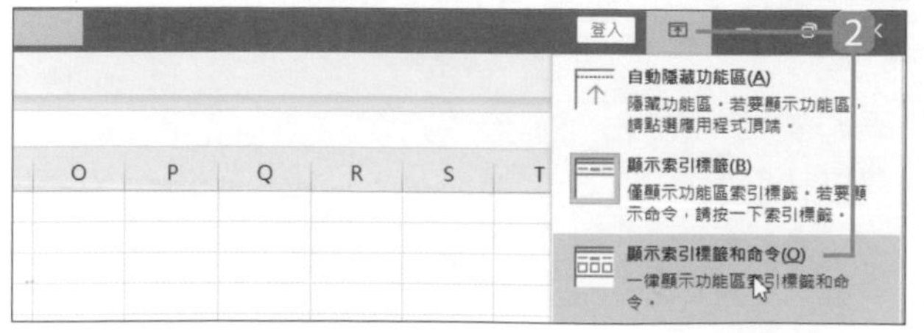

2. 於視窗右上角選按 \ **顯示索引標籤和命令**，索引標籤及功能區命令便會完整顯示。

名稱方塊、資料編輯列與相關按鈕

- **名稱方塊** 預設狀態下會顯示作用儲存格的名稱，若已為儲存格命名時，則會出現定義的名稱。

- 想在儲存格中插入函數公式時，可以選按 **插入函數** 鈕加速編輯效率，插入的函數公式或輸入的資料會出現在右側 **資料編輯列** 中，利用 **輸入** 鈕與 **取消** 鈕，可以完成或取消輸入的內容。

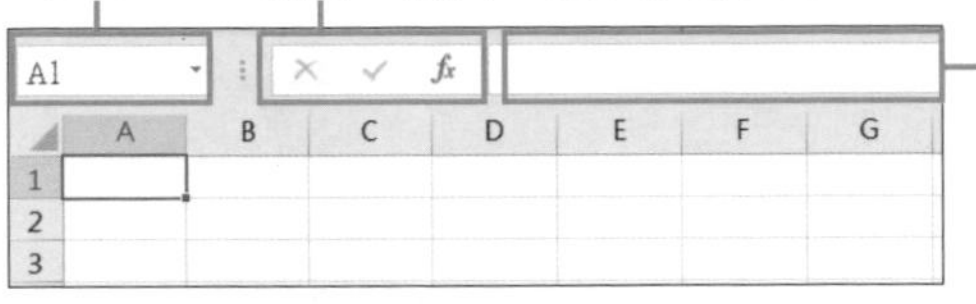

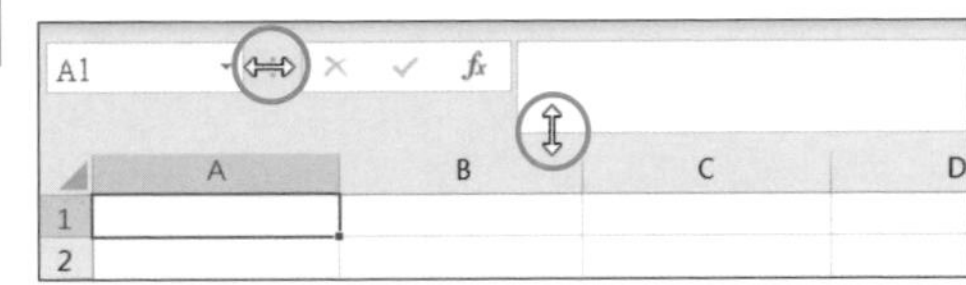

▲ 選按 **資料編輯列** 右側的 鈕可以展開編輯範圍，以便容納較長的公式或資料。

▲ 將滑鼠指標移至 **資料編輯列** 與儲存格的交界處呈 ⇕ 狀，或 **名稱方塊** 右側呈 ⇔ 狀時，可按住滑鼠左鍵往上下或左右拖曳調整 **資料編輯列** 的高度與寬度。

捲軸

當工作表的內容無法在編輯區中完整顯示出來時，可利用滑鼠指標拖曳視窗右側的垂直捲軸或視窗下方的水平捲軸，以瀏覽工作表任意位置。

1.6 開新檔案

如果想再另外建立一個新的檔案時，於 **檔案** 索引標籤選按 **新增 \ 空白活頁簿**，即可開啟一空白的活頁簿檔案。

▲ 於 **新增** 畫面中可以看到 **歡迎使用 Excel**、**公式教學課程**、**樞紐分析表教學課程** 以及 **商務**、**個人**、**清單**、**預算**、**圖表**...等類別範本，使用這些現成的範本，可以省去繁瑣的設計工作，直接在數據整理下功夫。

1.7 關閉 Excel 或檔案

如果想結束 Excel 軟體操作，於視窗右上角的 ☒ **關閉** 鈕按一下滑鼠左鍵可關閉目前的活頁簿檔案與軟體；若是於 **檔案** 索引標籤選按 **關閉** 則是僅關閉目前的活頁簿檔案。

資訊補給站

檔案未儲存就關閉 Excel 或檔案

若目前操作中的 Excel 活頁簿檔案尚未儲存，就執行關閉 Excel 或檔案的動作，會出現是否儲存檔案的提示對話方塊，可適情況選擇 **儲存** 或 **不要儲存** 或 **取消**。(儲存檔案的操作方式可參考 Part 2 說明)

1.8 查詢常見問題

Excel 將常見的操作問題整理歸類至說明文件中，讓使用者在遇到問題的第一時間內就能即時解決，以獲得最快速有效的幫助。

線上說明

依照如下操作開啟 **Excel 說明** 窗格，使用線上說明搜尋相關資訊。

Step 1 開啟 Excel 說明窗格

◀ 開啟 Excel 活頁簿後，按 F1 鍵。

(如果進入 **檔案** 索引標籤後選按右上角 ? 鈕或 F1 鍵，則會開啟網頁版的說明畫面。)

Step 2 查看各主題的說明內容

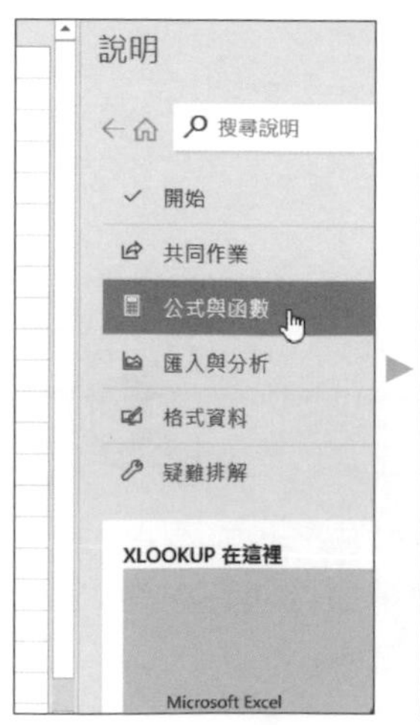

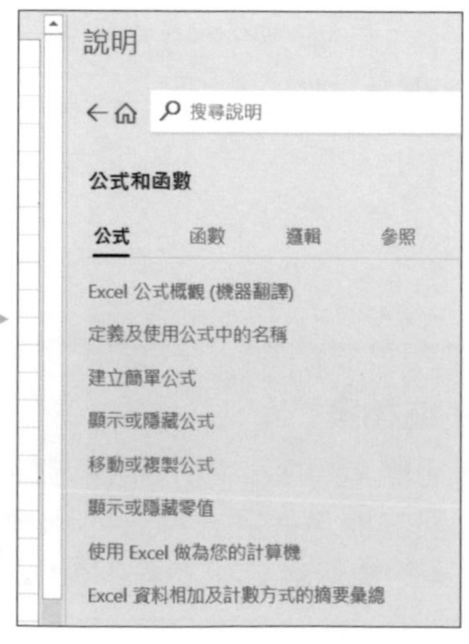

◀ 於 **說明** 窗格選按想要查看的主題項目，即可進入該主題瀏覽相關說明內容。

Step 3 輸入問題關鍵字找說明

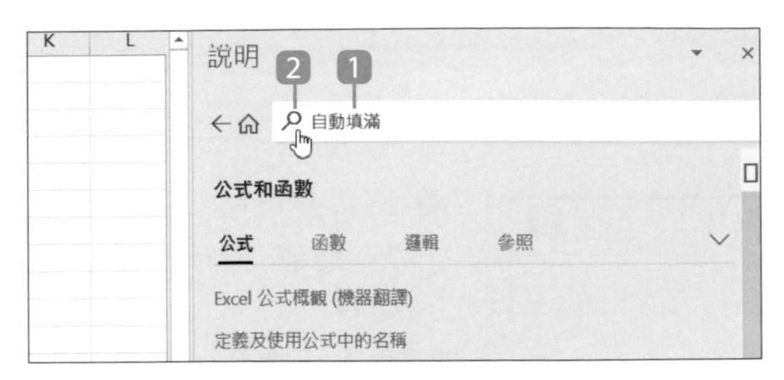

1. 輸入欲搜尋的關鍵字。
2. 選按 🔍 圖示，下方會出現與關鍵字相關的結果清單。
3. 選按任一則搜尋結果瀏覽詳細內容。

◀ 於 **說明** 窗格選按 ← 鈕可回到上一頁，於右上角選按 ☒ 鈕可退出 **說明** 窗格。

資訊補給站

在瀏覽器中閱讀文章

在 **Excel 說明** 窗格中閱讀文章，由於文字較小，閱讀上若覺得較吃力可以選擇閱讀網頁版本。於文章下方按一下 **在瀏覽器中閱讀文章** ↗，即會開啟預設的瀏覽器連結至該篇文章的內容。

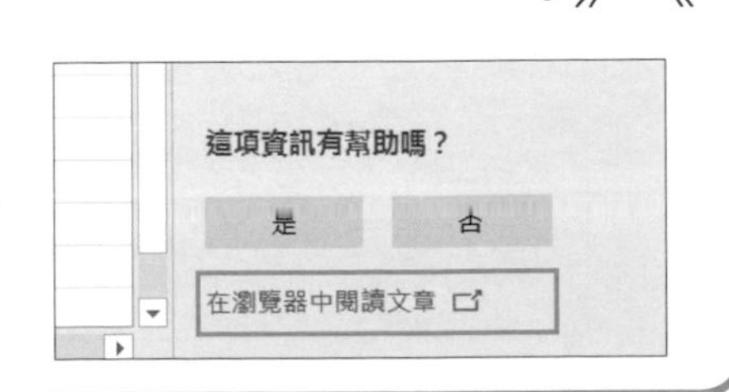

幫你執行想要完成的動作

聰明的 Excel 可以執行你所指定的動作或提供相關說明。

Step 1 告知要執行的動作

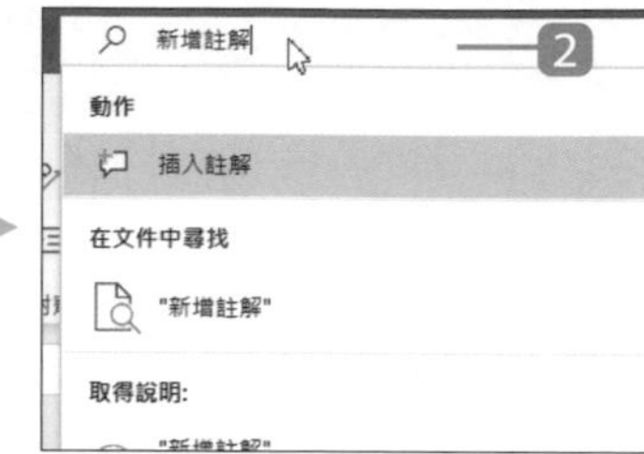

1 將滑鼠指標移至視窗上方 **搜尋** 上按一下滑鼠左鍵。

2 輸入想要執行的動作關鍵字。(在這裡示範 **新增註解**)

Step 2 執行動作

◀ 會出現相關的功能或是說明，也可選按 **動作** 下建議的功能參考執行動作。

資訊補給站

取得相關說明

選按 **取得說明** 下方右側 ▶ 清單鈕，再於清單中選按欲查詢的項目，會開啟 **說明** 窗格，並顯示該項目的說明。

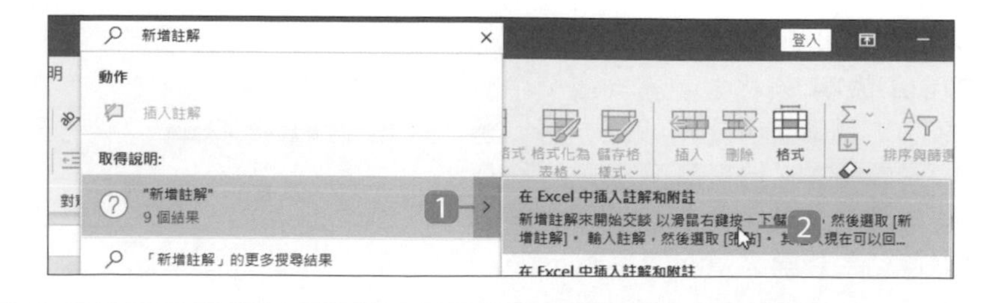

儲存格、工作表
活頁簿檔案管理

儲存格

- 認識儲存格
- 表示方法
- 移動儲存格
- 選取儲存格

工作表

- 認識工作表
- 新增、切換、刪除工作表
- 命名、排列
- 標記色彩...

活頁簿

- 認識活頁簿
- 切換活頁簿
- 同時檢視多個
- 分割、凍結

檔案管理

- 開啟舊檔
- 儲存、另存
- 自動存檔
- 最近使用的檔案清單

2.1 認識儲存格、工作表與活頁簿

Excel 預設會開啟一個 "空白活頁簿" 檔案，介面視窗中包含一個 "工作表" 並命名為 "工作表1"，一份活頁簿檔案可以建立多個工作表，後續產生的工作表即依產生的先後順序以 "工作表 (n)" 命名 (n 是編號)。

工作表內有許多的方格，這些方格稱為 "儲存格"，儲存格是由欄、列交織而成，是組成工作表最基本的元素。

2.2 儲存格的應用

關於儲存格

- **儲存格名稱**：工作表中橫向的稱為 "列"，由 "1" 開始，以連續的數字編號由上而下編號；工作表中縱向的稱為 "欄"，由 "A" 開始，以英文字母由左而右命名。儲存格的名稱是以 "欄名" + "列號" 組合而成，例如：A1 儲存格。

- **作用儲存格**：工作表中選按任一個儲存格，該儲存格即成為 "作用儲存格"，會以粗外框呈現並在 **名稱方塊** 中顯示目前作用儲存格名稱。這時輸入的資料內容即會存放於作用儲存格中，當要修改資料內容時也需先選取存放的儲存格指定為作用儲存格，再著手修改。

- **名稱方塊**：預設狀態下會顯示作用儲存格的名稱，若已為儲存格命名時，則會出現定義的名稱。

儲存格表示方法

儲存格名稱的表示方法有 **相對**、**區塊**、**絕對**、**混合** 四種：

相對	複製時名稱會隨著對應的儲存格而自動改變 (如 C2)。
區塊	以區塊範圍的左上角與右下角儲存格位址表示 (如 A1:D3 即是由 A1 儲存格至 D3 儲存格交集所組成的矩形區塊範圍)；若要表示不連續的區塊範圍則以半型逗號區隔 (如 A1:D3,A10:D13)
絕對	欄名及列號前都加上 $ 符號 (如 $C$2)，複製時名稱固定，不會隨著對應的儲存格而改變。
混合	欄名與列號中一個為相對位址，另一個為絕對位址 (如 $C2)。複製後絕對位址部分不變，但是相對位址的部分會隨著對應儲存格而改變。

移動儲存格

移動儲存格是 Excel 活頁簿各項操作的基本技巧，以下將一一示範常用的儲存格移動方法。

- 直接移動滑鼠指標選按要建立資料的作用儲存格。

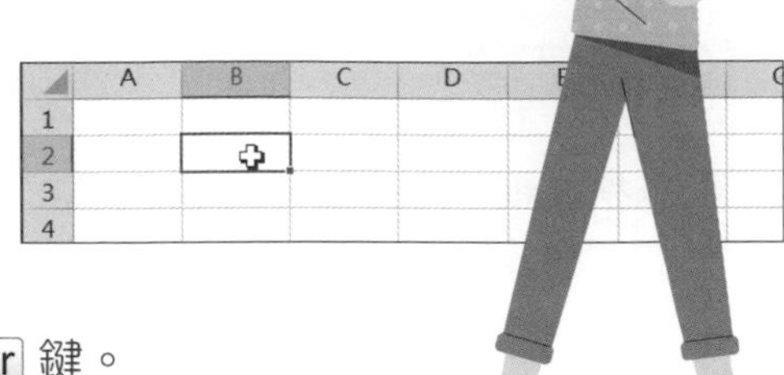

- 由目前作用儲存格往下移動：按 Enter 鍵。
- 由目前作用儲存格往右移動：按 Tab 鍵。
- 由目前作用儲存格往各方向移動：按 ↑、↓、←、→ 方向鍵。
- 由目前作用儲存格移到指定儲存格：在 **名稱方塊** 輸入儲存格名稱後按 Enter 鍵。

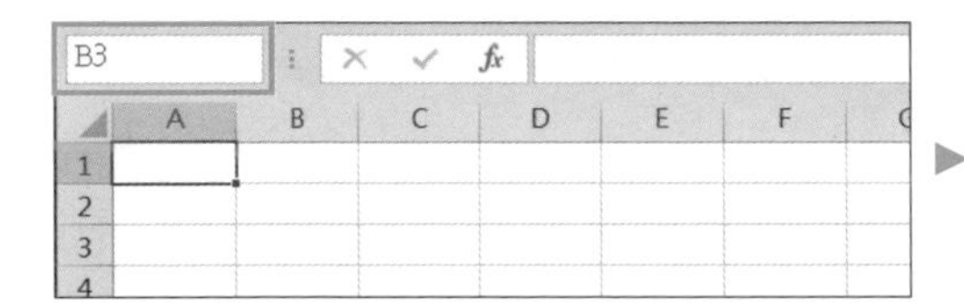

▶

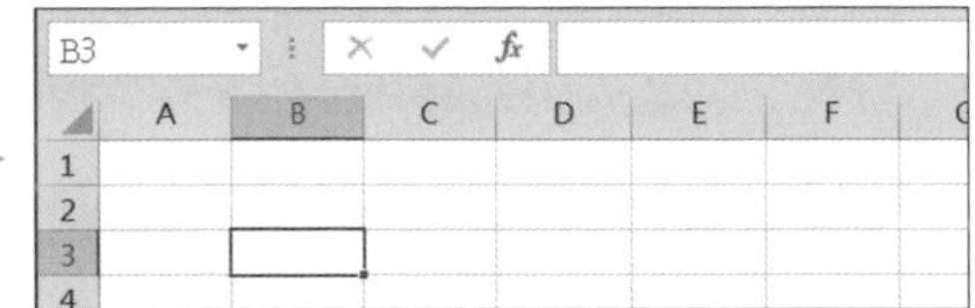

- 由目前作用儲存格直接移到資料最邊緣的儲存格：按 Ctrl 鍵 + ↑、↓、←、→ 方向鍵，如下圖按 Ctrl + ↓ 鍵，由 A3 移到 A14 儲存格。

(更多的移動儲存格與資料建立的操作可參考 Part 3)

員工編號	員工姓名	業績目標	達成業績
AZ0001	蔡佳燕	100 萬	116 萬
AZ0002	黃安伶	100 萬	98 萬
AZ0003	蔡文良	150 萬	220 萬
AZ0004	林毓裕	100 萬	96 萬
AZ0005	尤宛臻	150 萬	124 萬
AZ0006	杜美玲	50 萬	55 萬
AZ0007	陳金瑋	100 萬	105 萬
AZ0008	賴彥廷	50 萬	105 萬
AZ0009	楊韋志	50 萬	60 萬
AZ0010	洪譽儀	100 萬	83 萬
AZ0011	黃啟吟	100 萬	113 萬

▶

員工編號	員工姓名	業績目標	達成業績
AZ0001	蔡佳燕	100 萬	116 萬
AZ0002	黃安伶	100 萬	98 萬
AZ0003	蔡文良	150 萬	220 萬
AZ0004	林毓裕	100 萬	96 萬
AZ0005	尤宛臻	150 萬	124 萬
AZ0006	杜美玲	50 萬	55 萬
AZ0007	陳金瑋	100 萬	105 萬
AZ0008	賴彥廷	50 萬	105 萬
AZ0009	楊韋志	50 萬	60 萬
AZ0010	洪譽儀	100 萬	83 萬
AZ0011	黃啟吟	100 萬	113 萬

選取儲存格

選取儲存格是 Excel 活頁簿各項操作的基本技巧，以下將一一示範常用的儲存格選取方法。

■ **單一儲存格的選取**：在儲存格上按一下滑鼠左鍵可選取單一儲存格。

■ **區塊選取**：第一個儲存格選取後按滑鼠左鍵不放，拖曳至預設選取範圍最後一個儲存格，再放開左鍵。

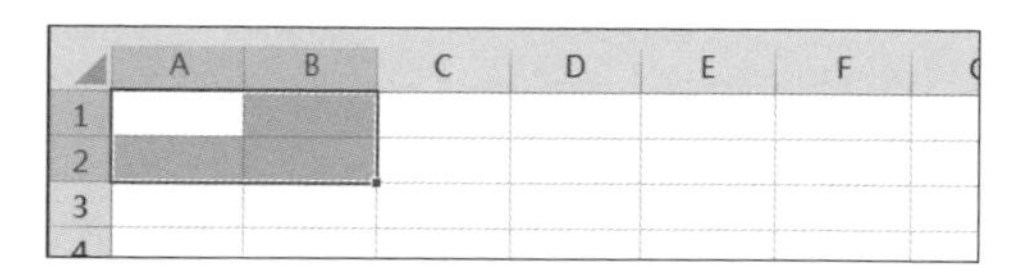

■ **非相鄰儲存格的選取**：選取一個儲存格後，按 Ctrl 鍵不放再選取其他儲存格。

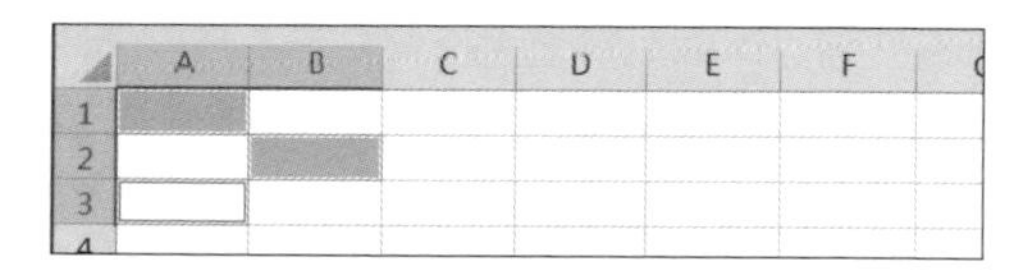

■ **選取整列或整欄**：在欄名或列號上按一下滑鼠左鍵可選取整欄或整列。

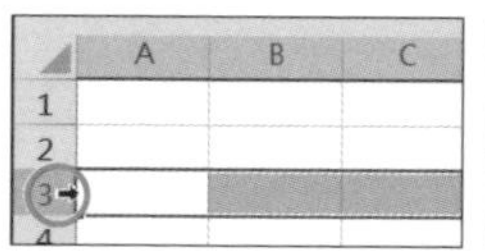

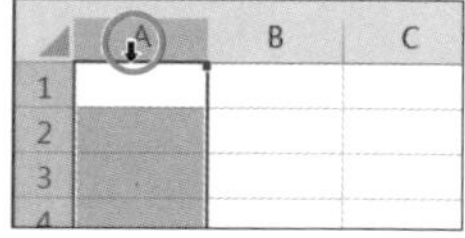

■ **選取相鄰的列或欄**：在欄名或列號上按一下滑鼠左鍵後向相鄰的列或欄拖曳可選取相鄰的列或欄。

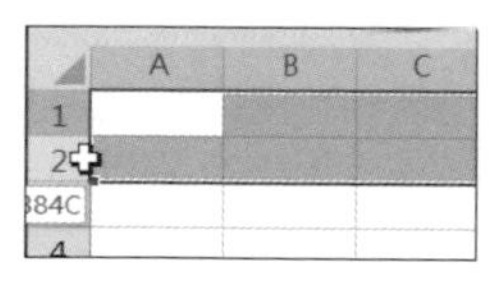

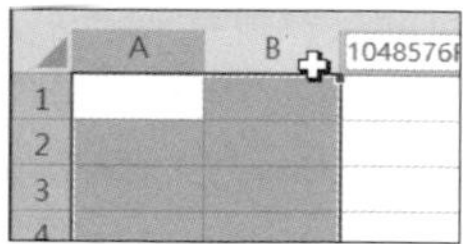

■ **選取所有的儲存格**：按欄列交界的 ◢ 鈕，可以將全部的儲存格一次選取起來。

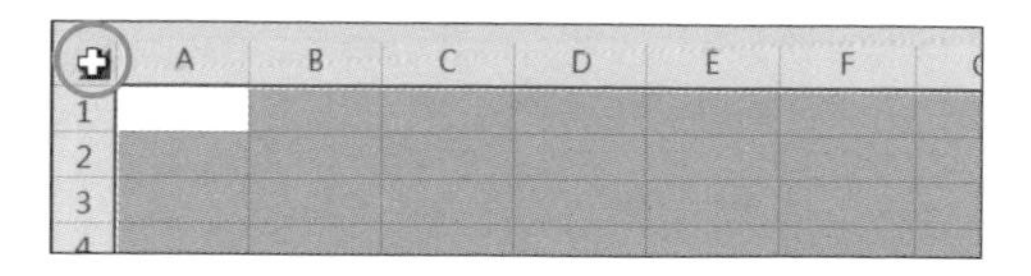

■ **輸入位址選取儲存格**：於名稱方塊輸入儲存格位址或範圍，當按 Enter 鍵，會自動選取指定儲存格範圍。

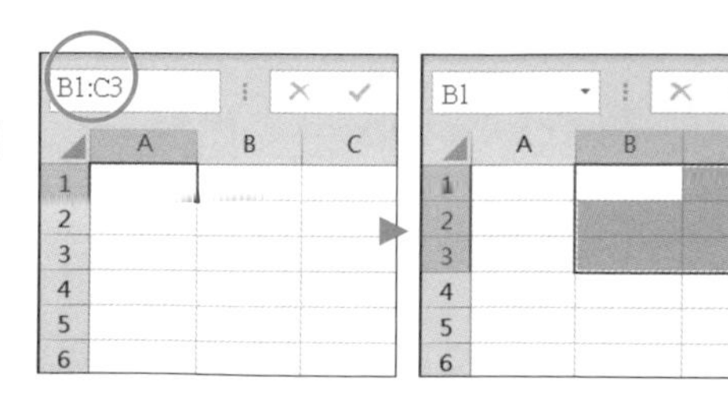

■ 選取由作用儲存格到資料結束的欄或列：按 Ctrl + Shift 鍵 + ↑、↓、←、→ 方向鍵，如下圖按 Ctrl + Shift 鍵 + →、↓ 鍵。

	A	B	C	D	E
1	員工編號	員工姓名	業績目標	達成業績	
2	AZ0001	蔡佳燕	100 萬	116 萬	
3	AZ0002	黃安伶	100 萬	98 萬	
4	AZ0003	蔡文良	150 萬	220 萬	
5	AZ0004	林毓裕	100 萬	96 萬	
6	AZ0005	尤宛臻	150 萬	124 萬	
7	AZ0006	杜美玲	50 萬	55 萬	
8	AZ0007	陳金瑋	100 萬	105 萬	
9					

▶

	A	B	C	D	E
1	員工編號	員工姓名	業績目標	達成業績	
2	AZ0001	蔡佳燕	100 萬	116 萬	
3	AZ0002	黃安伶	100 萬	98 萬	
4	AZ0003	蔡文良	150 萬	220 萬	
5	AZ0004	林毓裕	100 萬	96 萬	
6	AZ0005	尤宛臻	150 萬	124 萬	
7	AZ0006	杜美玲	50 萬	55 萬	
8	AZ0007	陳金瑋	100 萬	105 萬	
9					

資訊補給站

儲存格欄位名稱變成數字！

當 Excel 介面中的欄名不是預設的英文字母 A、B、C，而變成了數字 1、2、3 時，不用驚慌，這是因為啟用了 "R1C1 欄名列號表示法"。

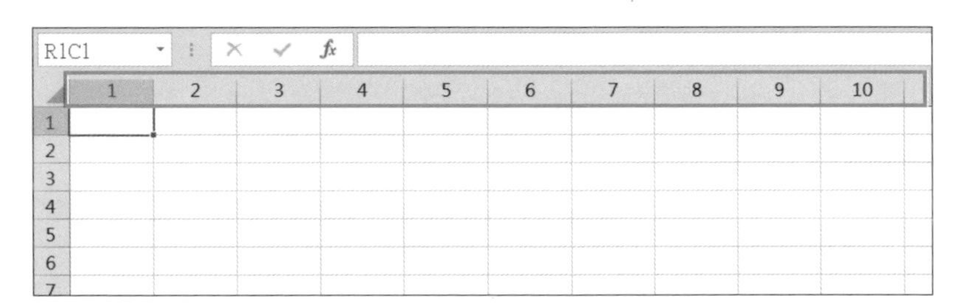

於 **檔案** 索引標籤選按 **選項 \ 公式**，取消核選 **R1C1 欄名列號表示法**，再選按 **確定** 鈕，待回到主畫面即會呈現以英文字母為欄位命名。

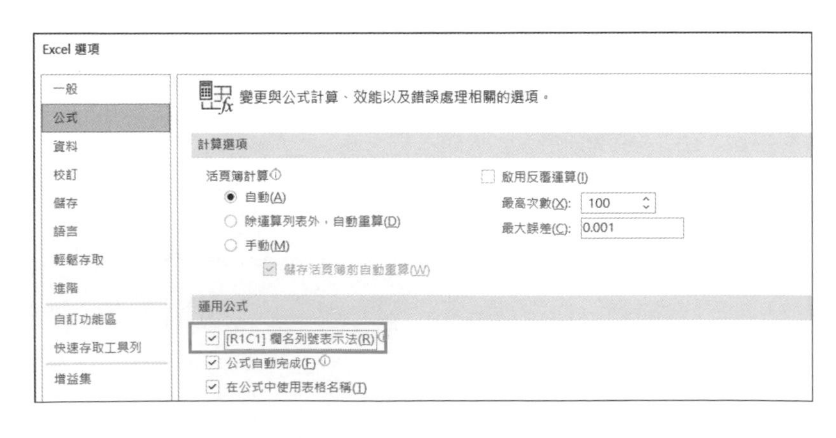

2.3 工作表的應用

一份活頁簿檔案可以有一個到多個工作表，第一份工作表為 "工作表1"，後續產生的工作表即依產生的先後順序以 "工作表 (n)" 命名 (n 是編號)。

新增工作表

當 Excel 預設的工作表不敷使用時，可以在工作表標籤右側選按 ⊕ 鈕，新增一個工作表，新增的工作表會以 "工作表 (流水號)" 的方式命名。

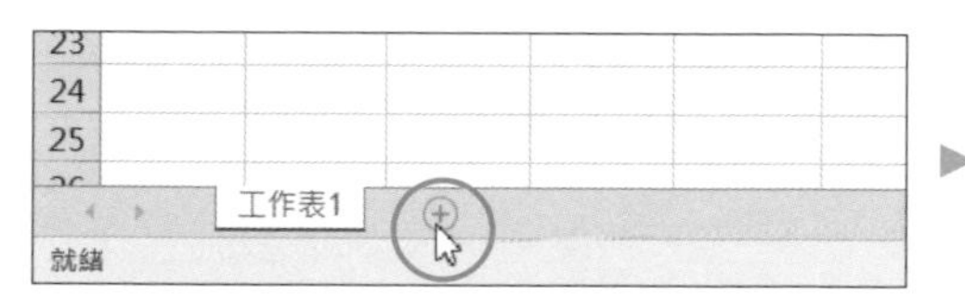

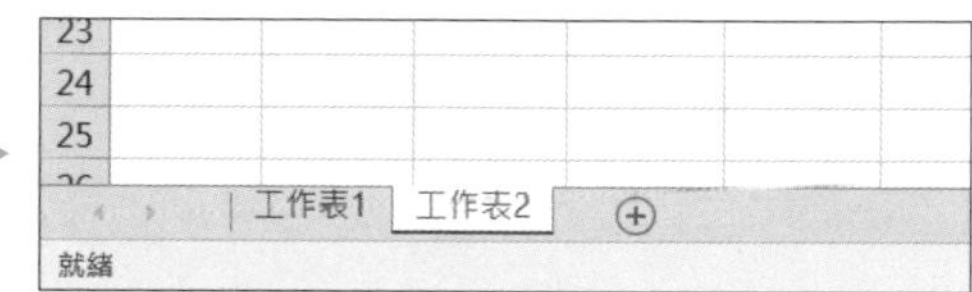

切換工作表

如果想在多個工作表中編輯某一個工作表時，直接選按該工作表標籤，作用中的工作表文字呈現綠色，表示已切換至該工作表。

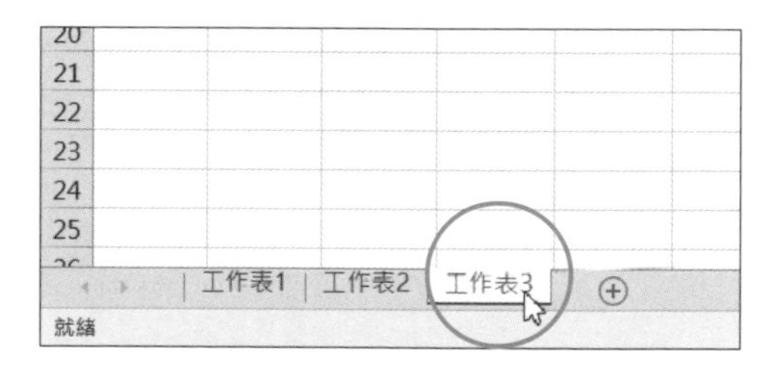

刪除工作表

過多的工作表反而會讓資料數據過於分散、不好管理，於想要刪除的工作表標籤上按一下滑鼠右鍵，選按 **刪除**，將未使用或不需要的工作表刪除。

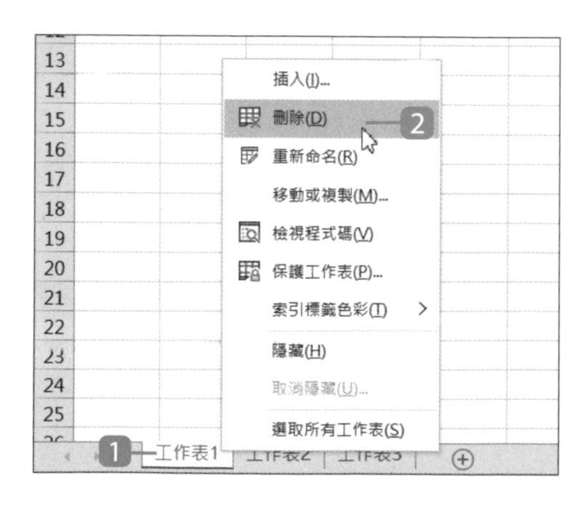

為工作表命名

工作表名稱並非固定不變，可以依照資料性質，幫工作表重新命名。工作表標籤的命名建議精簡，太長的名稱無法完整顯示反而不易查找。

在工作表標籤上按一下滑鼠右鍵，選按 **重新命名**，輸入新名稱並按 `Enter` 鍵完成工作表更名。

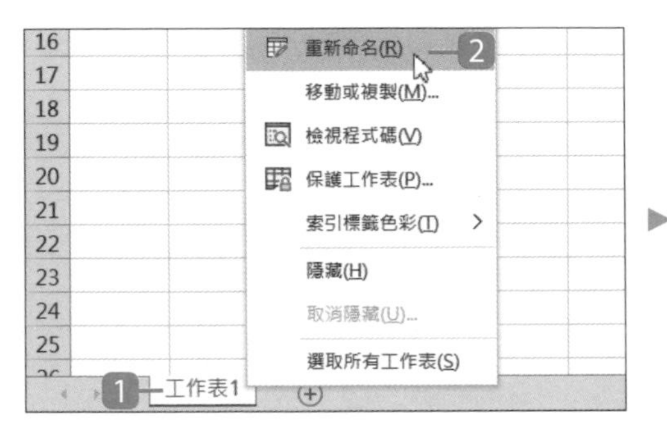

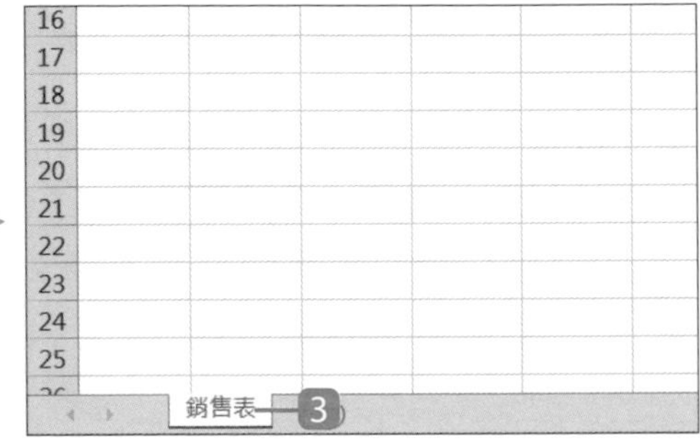

為工作表標記色彩

工作表標籤可依內容與資料用途套用各種色彩，以區別各個工作表，方便使用時辨認。

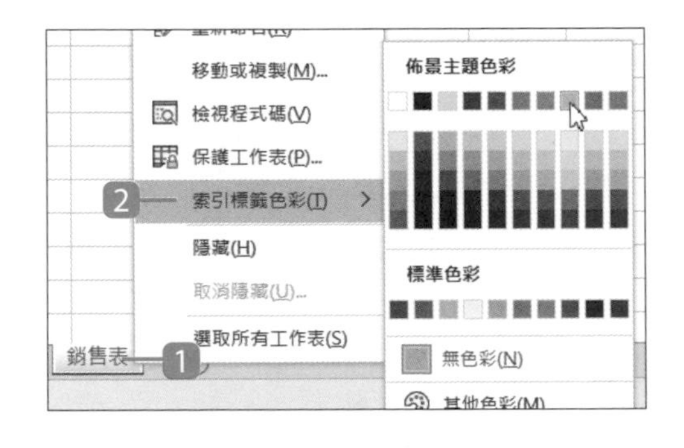

◀ 於工作表標籤上按一下滑鼠右鍵，選按 **索引標籤色彩**，選按喜好的顏色，即會看到工作表標籤已套用指定色彩。

◀ 想要取消工作表套用的色彩時，選按其中的 **無色彩**。

資訊補給站

無法用來命名工作表標籤名稱的符號

英文、數字、文字均可以用來命名工作表標籤，只有部分特殊符號例如：冒號 (:)、問號 (?)、星號 (*)、括號 ([]) ...等，是無法用於工作表標籤命名。

排列工作表前後順序

若檔案中有多張工作表，建議工作表的順序由左而右，依工作流程或一般瀏覽習慣的順序排列，例如：1 月業績→ 2 月業績→ 3 月業績、2020 年→2021 年→ 2022 年...等。

於想要搬移位置的工作表標籤上，按滑鼠左鍵不放以拖曳方式往左或右移至要搬移的位置放開滑鼠左鍵。

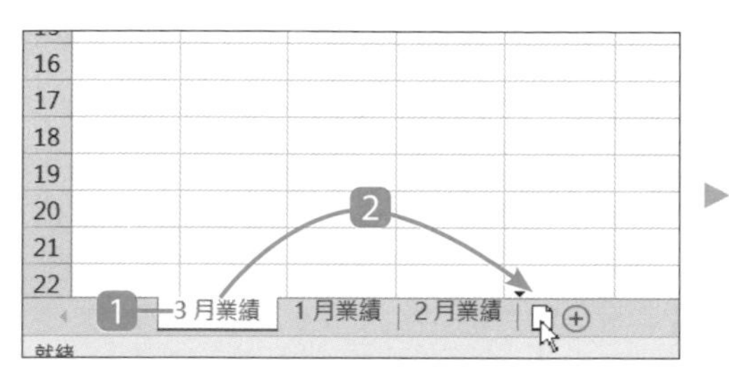

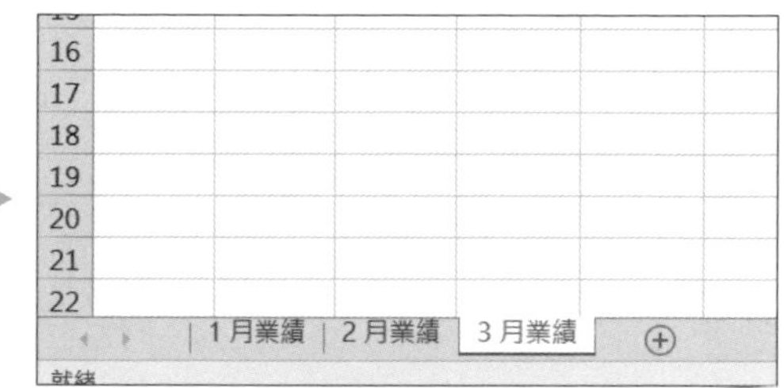

選取多個工作表

選取 **工作表1**、**工作表3**、**工作表5**：先選按 **工作表1**，按 Ctrl 鍵不放再一一選按 **工作表3**、**工作表5** ，可同時選取不相鄰的工作表。

選取 **工作表1**、**2**、**3**、**4**、**5**：先選按 **工作表1**，按 Shift 鍵不放再選按 **工作表5**，會選取二個工作表間的所有工作表。

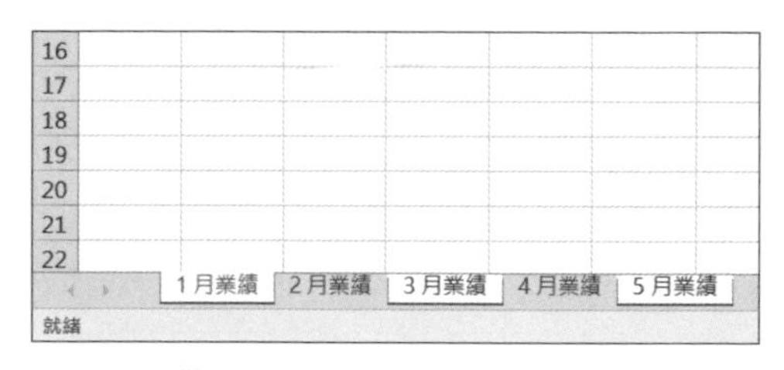

▲ 按 Ctrl 鍵不放可一一選取不相鄰工作表

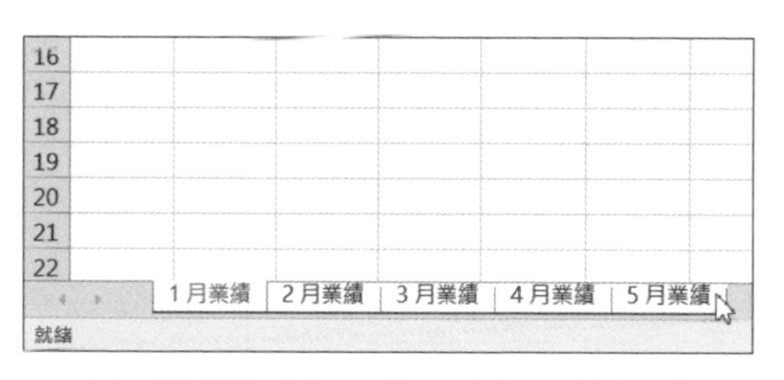

▲ 按 Shift 鍵不放可選取其間的工作表

於任一工作表標籤上按一下滑鼠右鍵，選按 **選取所有工作表**，可一次選取所有工作表；選按 **取消工作表群組設定**，可取消多個工作表被選取的狀態。

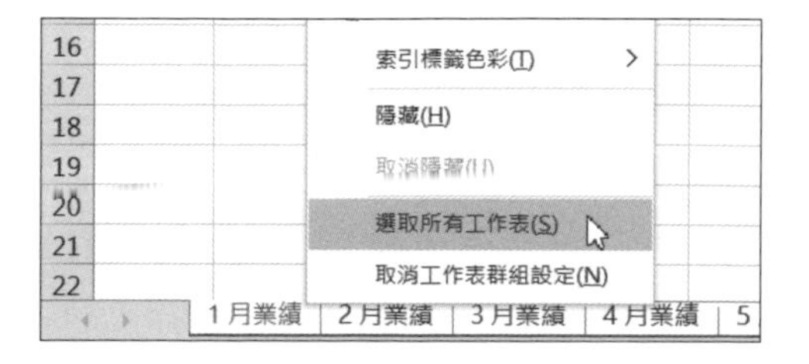

複製工作表

透過工作表的複製，可以產生相同內容的複本加快工作效率，如果要建置連續性的報表：1 月業績、2 月業績、3 月業績，可以複製已格式化的 **1 月業績** 工作表再填入其他月份的資料。

於想要複製的工作表標籤上按一下滑鼠右鍵，選按 **移動或複製**。

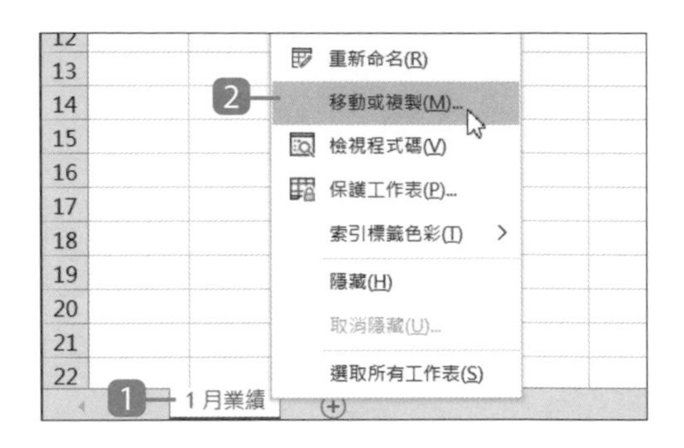

核選 **建立複本** 並設定 **選取工作表之前**：**(移動到最後)**，選按 **確定** 鈕。回到活頁簿，會發現工作表列中出現另一個複本，可重新命名。

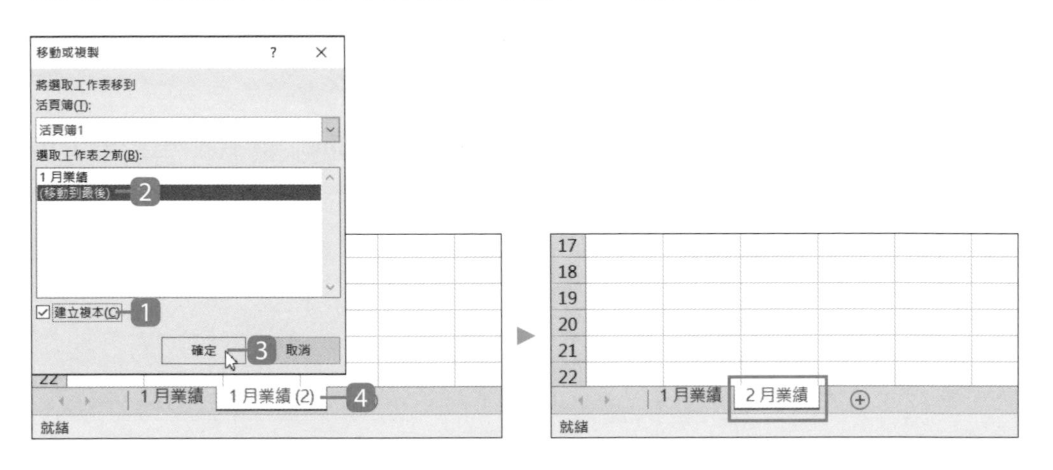

資訊補給站

移動或複製工作表

若在 **移動或複製** 對話方塊中沒有核選 **建立複本** 項目，會將該工作表直接移動至指定的活頁簿檔案，而不是複製該工作表再移動。

2.4 活頁簿檔案的應用

多個活頁簿檔案視窗如何快速切換與檢視？瀏覽大量資料數據想同時看到資料內容也要看到欄、列標題文字？熟悉活頁簿操作，讓資料也能相互比對。

切換開啟中的活頁簿檔案

分別開啟範例 <204-1.xlsx>、<204-2.xlsx>、<204-3.xlsx> 三個檔案，下方工作列，將滑鼠指標移至 Excel 圖示上，會顯示目前開啟的檔案縮圖，選按任一檔案縮圖即可切換到該檔案。

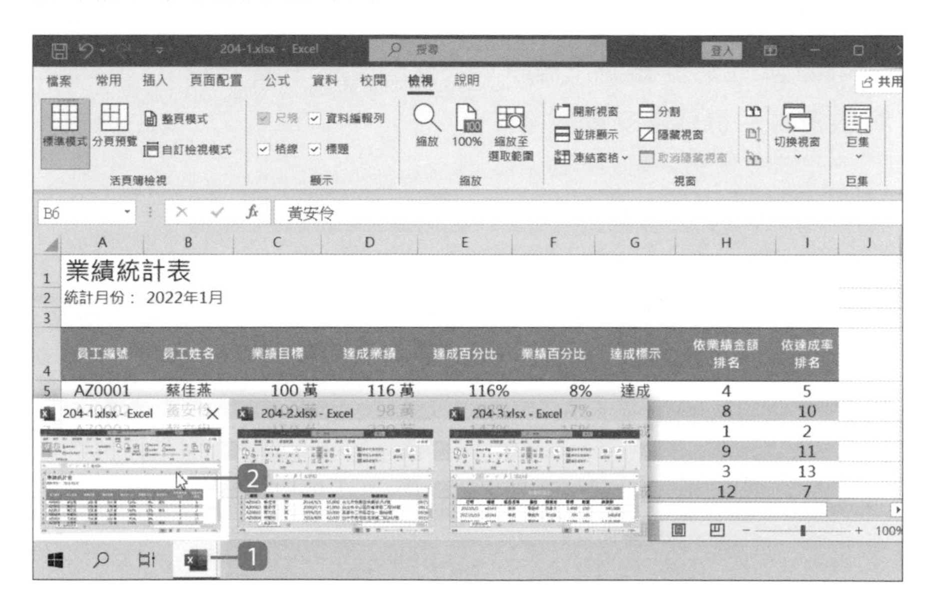

也可以在 Excel 的 **檢視** 索引標籤選按 **切換視窗**，下拉式清單中選按想要瀏覽的活頁簿檔案。

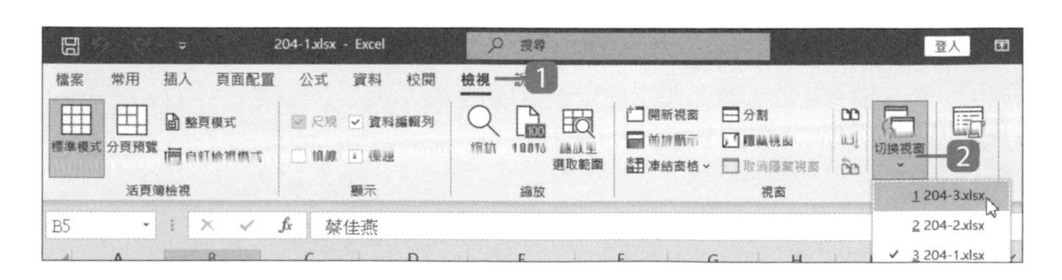

以複本方式開啟活頁簿比對

比對同一份文件的前後資料內容時，除了可縮小內文的顯示比例進行檢視，開啟複本檔案的方式比對會更方便，以下開啟 <204-2.xlsx> 練習：

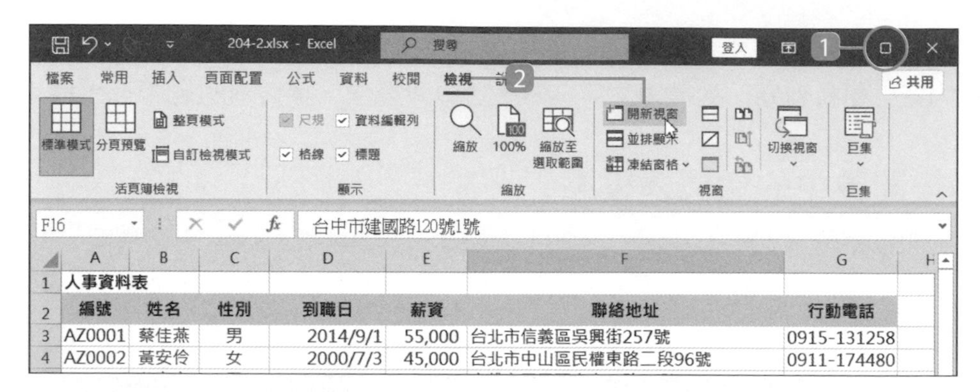

1 於視窗右上角選按 **向下還原** 鈕將視窗切換為 狀態。

2 於 **檢視** 索引標籤選按 **開新視窗**。

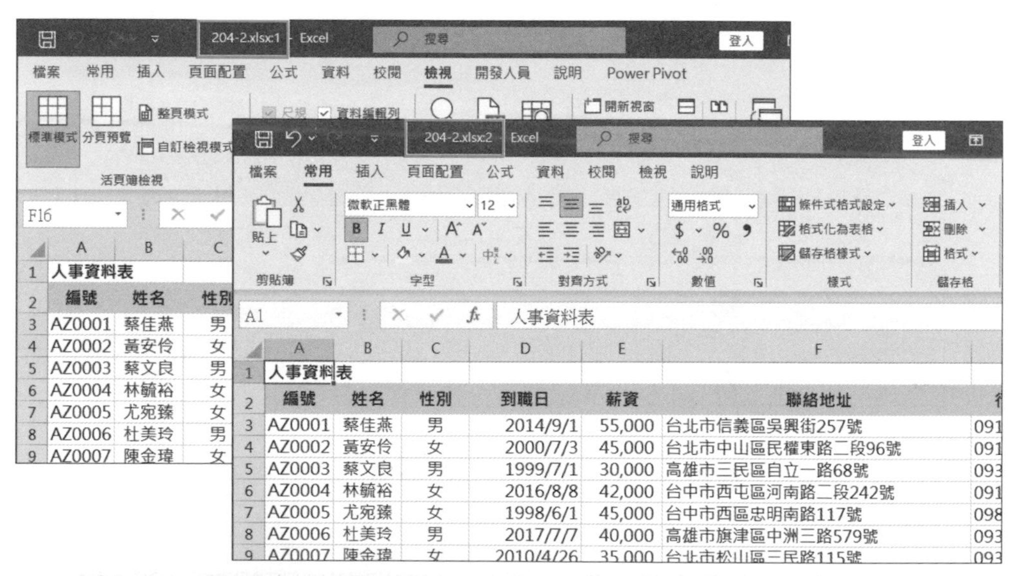

▲ 立即新增一個 <204-2.xlsx:2> 的複本視窗，原來的檔案變為 <204-2.xlsx:1>，關閉正、複檔案任一個，剩下的一個會回復成原來的檔名。(在正本或複本檔案視窗中所做的修改與調整，均會同時更動到原檔案。)

同時檢視多個視窗

想一對一的比對資料，Excel 提供了 **磚塊式並排**、**水平並排**、**垂直並排** 與 **階梯式並排** 四種檢視方式，可以藉由這些排列方式，同時瀏覽多個視窗，加速資料整理的過程。

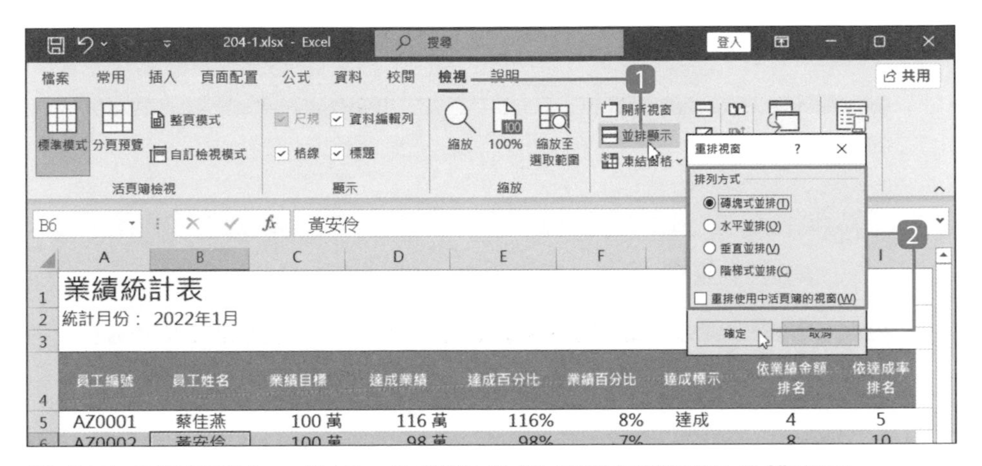

1 開啟多個檔案後，於任一個檔案 **檢視** 索引標籤選按 **並排顯示**。

2 依需求在對話方塊中核選合適的排列方式，再選按 **確定** 鈕套用。

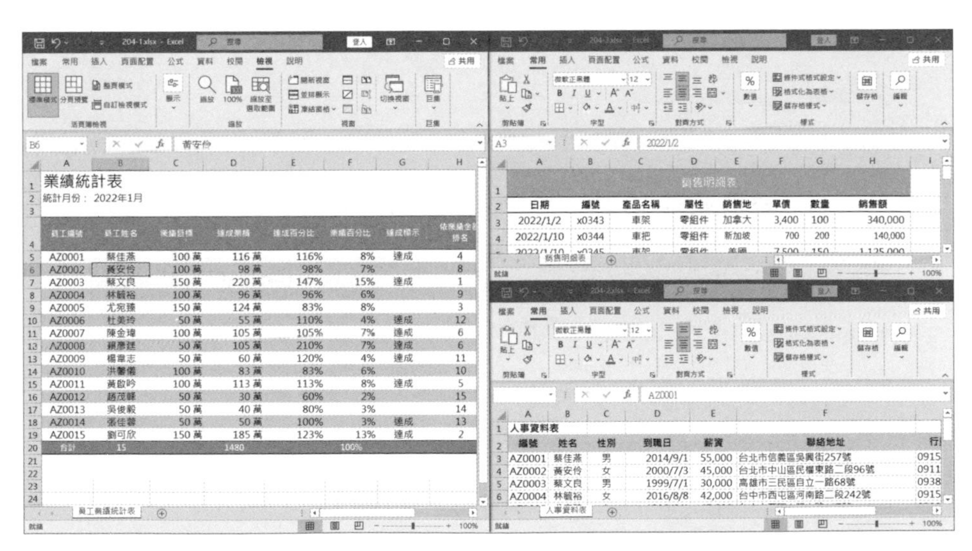

▲ **磚塊式並排** 排列，會呈現如上圖的排列方式。

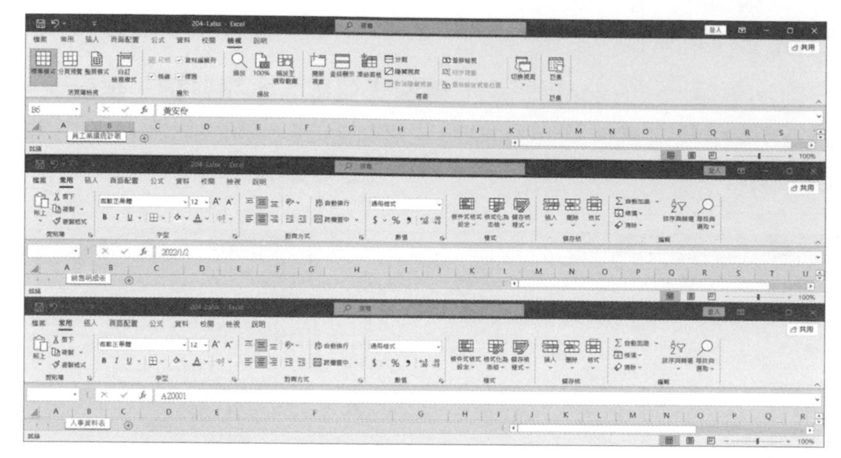

▲ **水平並排** 排列，會呈現如上圖的排列方式。

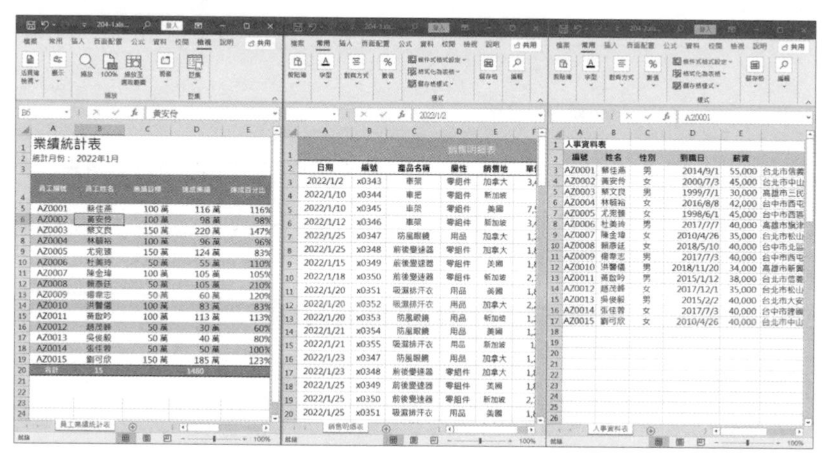

▲ **垂直並排** 排列，會呈現如上圖的排列方式。

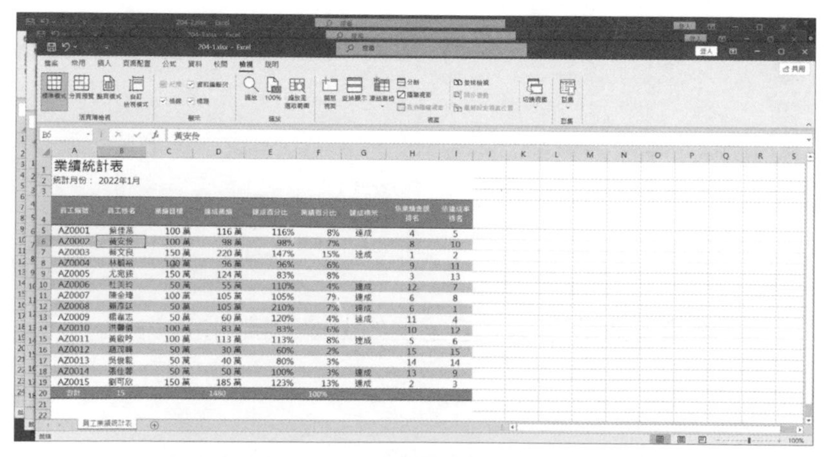

▲ **階梯式並排** 排列，會呈現如上圖的排列方式。

分割視窗瀏覽大量資料

捲動工作表內的資料，標題列文字也會隨著移動，常讓人無法明確了解儲存格內資料所代表的意思，在此將以分割視窗的方式解決這個問題，以下開啟 <204-1.xlsx> 練習：

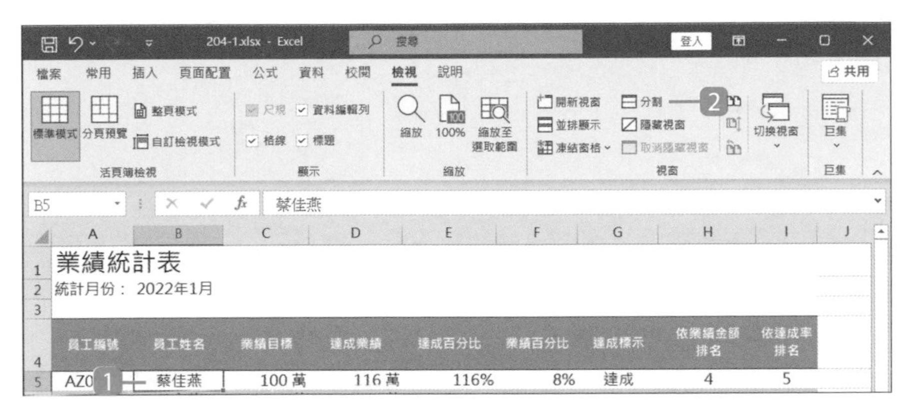

1 選取 B5 儲存格。

2 於 **檢視** 索引標籤選按 **分割**。

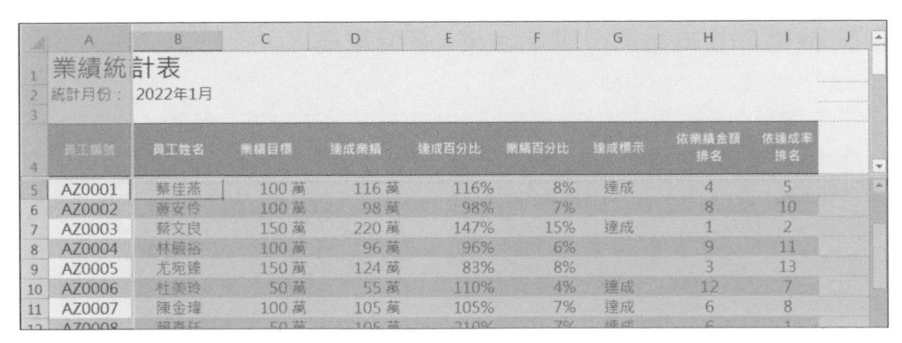

▲ 該工作表即以 B5 儲存格為基準，自動分割出四個區域。將滑鼠指標移至垂直或水平分割線，呈 ⟺ 或 ⇕ 狀，按滑鼠左鍵不放拖曳，即可調整分割後資料的顯示範圍。

資訊補給站

取消分割視窗

於 **檢視** 索引標籤再選按一次 **分割**，或者將垂直與水平分割線拖曳至上方欄名或左方列號上方再放開，都可以取消視窗分割狀態。

凍結窗格瀏覽大量資料

除了以分割視窗的方式瀏覽大量資料，當資料往下捲動看不到標題列時，常無法判斷該儲存格資料為何，**凍結窗格** 功能可設定不會隨之捲動的欄列，以下開啟 <204-1.xlsx> 練習：

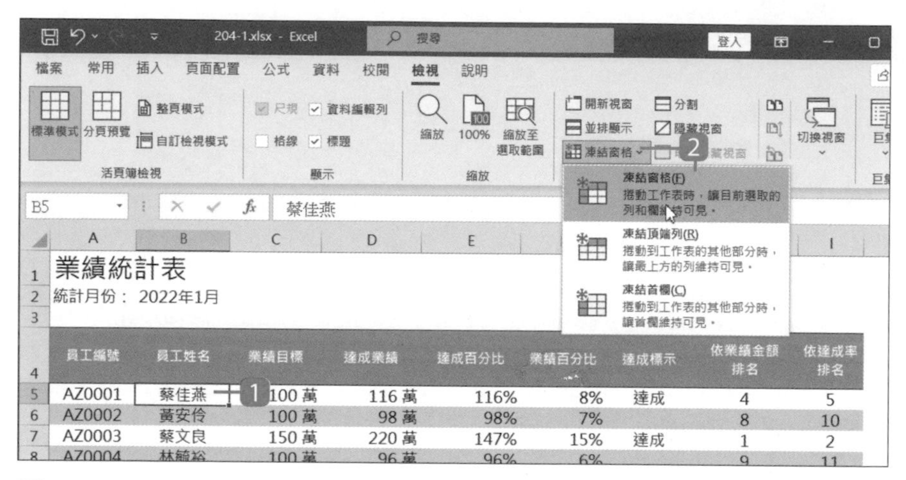

員工編號	員工姓名	業績目標	達成業績	達成百分比	業績百分比	達成標示	依業績金額排名	依達成率排名
AZ0001	蔡佳燕	100 萬	116 萬	116%	8%	達成	4	5
AZ0002	黃安伶	100 萬	98 萬	98%	7%		8	10
AZ0003	蔡文良	150 萬	220 萬	147%	15%	達成	1	2

1 選取 B5 儲存格。

2 於 **檢視** 索引標籤選按 **凍結窗格 \ 凍結窗格**。

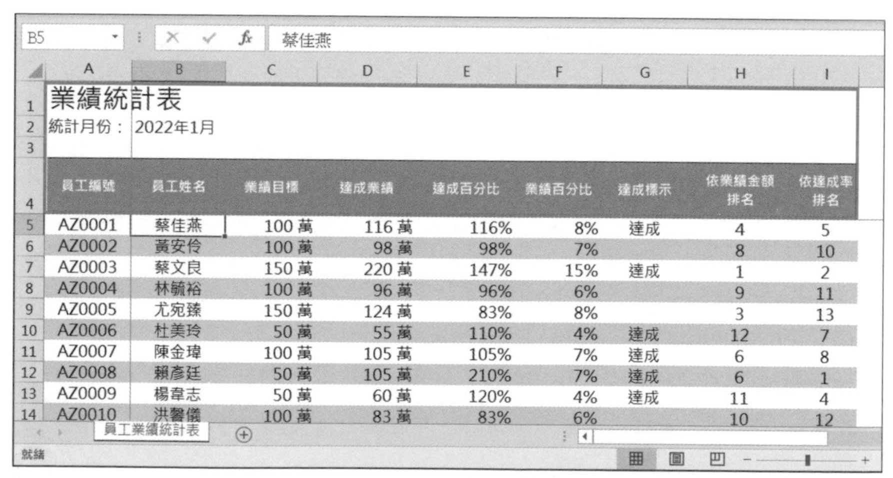

員工編號	員工姓名	業績目標	達成業績	達成百分比	業績百分比	達成標示	依業績金額排名	依達成率排名
AZ0001	蔡佳燕	100 萬	116 萬	116%	8%	達成	4	5
AZ0002	黃安伶	100 萬	98 萬	98%	7%		8	10
AZ0003	蔡文良	150 萬	220 萬	147%	15%	達成	1	2
AZ0004	林毓裕	100 萬	96 萬	96%	6%		9	11
AZ0005	尤宛臻	150 萬	124 萬	83%	8%		3	13
AZ0006	杜美玲	50 萬	55 萬	110%	4%	達成	12	7
AZ0007	陳金瑋	100 萬	105 萬	105%	7%	達成	6	8
AZ0008	賴彥廷	50 萬	105 萬	210%	7%	達成	6	1
AZ0009	楊韋志	50 萬	60 萬	120%	4%	達成	11	4
AZ0010	洪馨儀	100 萬	83 萬	83%	6%		10	12

▲ 以 B5 儲存格為基準，自動分割出四個區域。試著拖曳垂直或水平捲軸，會發現 A 欄與第 1~4 列均被凍結，成為不可捲動的儲存格。(於 **檢視** 索引標籤選按 **凍結窗格 \ 取消凍結窗格** 可以取消此功能。)

2.5 存取活頁簿檔案

支援的檔案類型

說明檔案的開啟與儲存操作之前，先來認識一下 Excel 所支援的檔案類型。選錯儲存類型可能造成資料流失、部分格式設定和功能無法儲存...等狀況，所以在儲存檔案時，要特別注意類型的選擇，以下列舉幾項 Excel 支援且常用的檔案類型：

檔案類型	說明
.xlsx	Excel 2007-2021 預設的活頁簿存檔類型
.xls	Excel 97-2003 預設的活頁簿存檔類型
.xlsm	Excel 啟用巨集的活頁簿檔案
.xltx	Excel 2007-2019 的範本檔
.xlt	Excel 97-2003 的範本檔
.xltm	Excel 啟用巨集的範本檔
.xml	XML 資料檔案
.mht	單一檔案網頁檔案
.htm .html	Web 網頁類型檔案
.xla	Excel 97-2003 增益集檔案
.xlam	Excel 增益集
.prn	格式化文字檔 (以空白分隔)
.txt	文字檔 (以 Tab 分隔)，不儲存格式或圖表的檔案類型。
.csv	文字檔 (以逗號分隔)
.pdf	PDF 檔案類型
.xlsx	Strict Open XML 試算表檔案類型
.ods	OpenDocument 試算表檔案類型

開啟舊檔

開啟 Excel 舊檔案的三種常用方式：

■ 方法 1：於 **檔案總管** 視窗選擇欲開啟的 Excel 檔案後連按二下滑鼠左鍵。

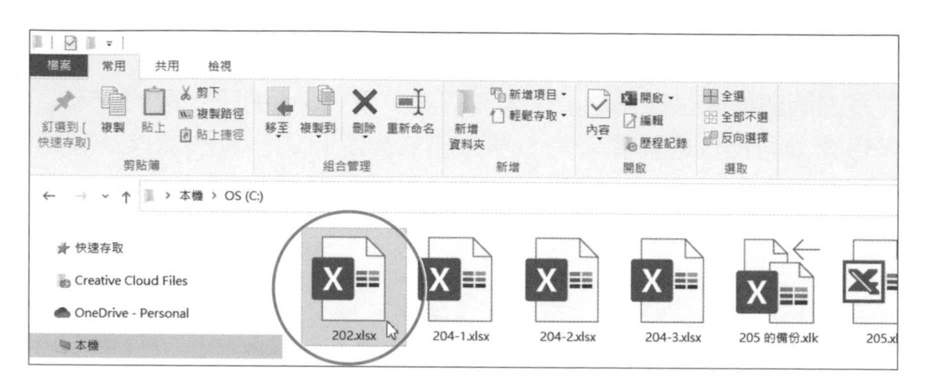

■ 方法 2：於 Excel 選按 **檔案** 索引標籤，開啟最近開啟過的檔案。

1 選按 **檔案** 索引標籤。

2 選按 **開啟 \ 最近**，於 **活頁簿** 清單中可選按最近開啟的檔案項目直接開啟。

■ 方法 3：於 Excel 選按 **檔案** 索引標籤，瀏覽並指定要開啟的檔案。

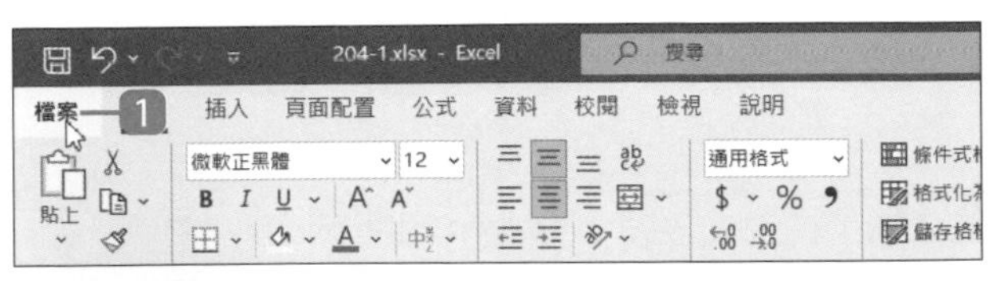

1 選按 **檔案** 索引標籤。

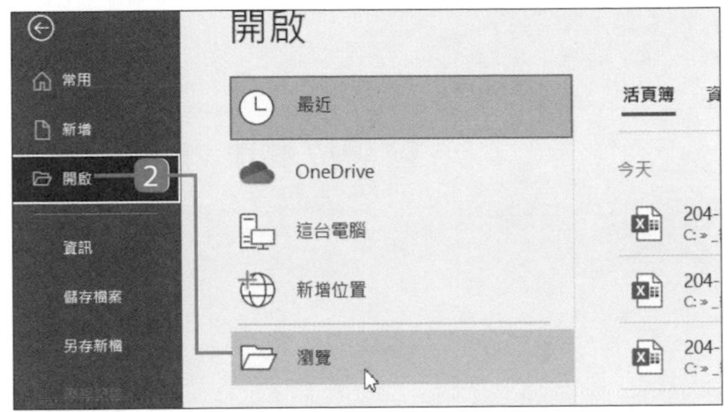

2 選按 **開啟 \ 瀏覽** 開啟對話方塊。

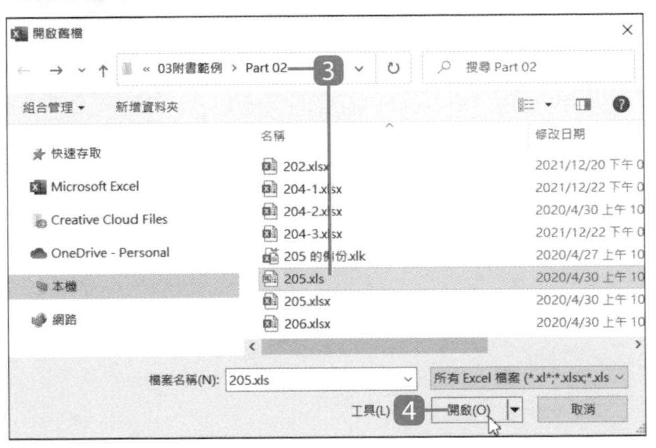

3 選擇檔案儲存位置與要開啟的檔案。

4 選按 **開啟** 鈕。

資訊補給站

開啟相同檔名的不同檔案

至目前為止 Excel 仍無法同時開啟相同檔案名稱的不同檔案，若要同時開啟請先為其中一個檔案重新命名。

以複本或唯讀方式開啟檔案

如果要開啟的檔案是重要文件，為了避免人為疏失而影響該檔案，可以保留文件正本，另外以複本方式開啟。

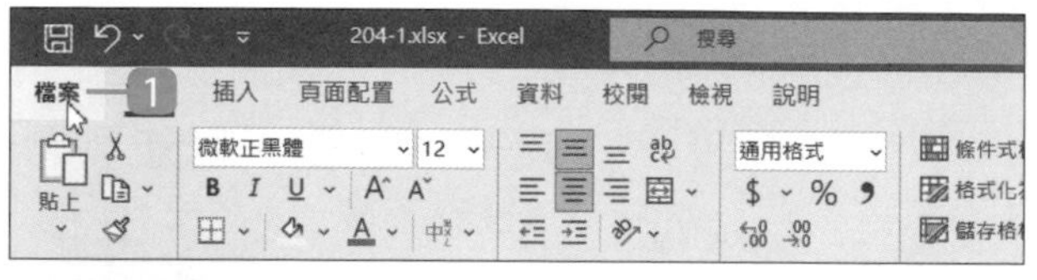

1 選按 **檔案** 索引標籤。

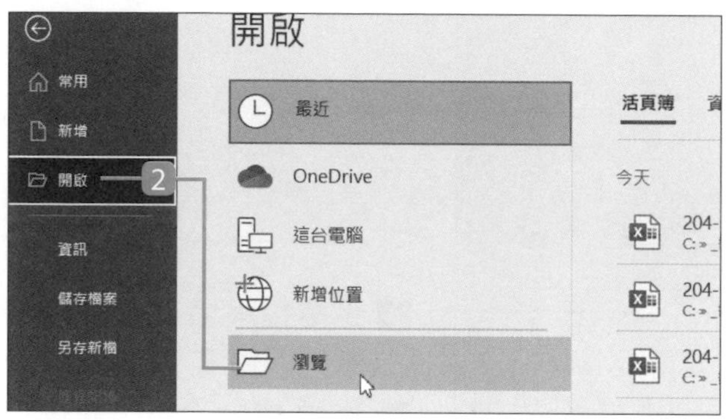

2 選按 **開啟 \ 瀏覽** 開啟對話方塊。

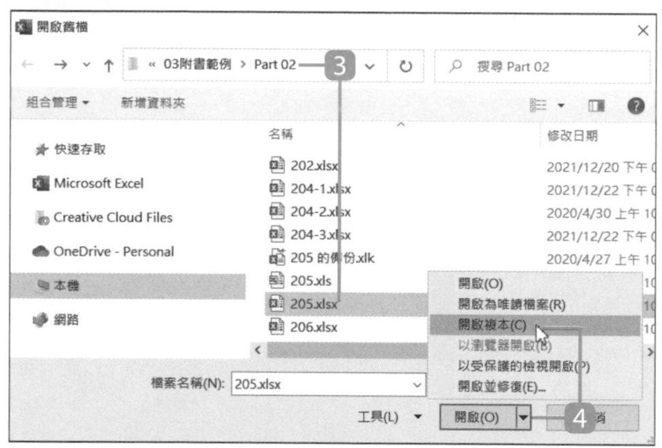

3 選擇檔案儲存位置與要開啟的檔案。

4 選按 **開啟** 右側清單鈕，於清單中選擇想要開啟的方式：

- **開啟為唯讀檔案**：調整後只能以另存新檔的方式儲存，不能覆蓋原檔案儲存。
- **開啟複本**：會在原儲存檔案資料夾中，新增該檔案的複本。

儲存檔案

辛苦建立好的檔案，要記得隨時儲存，才不會因突發狀況白做工。

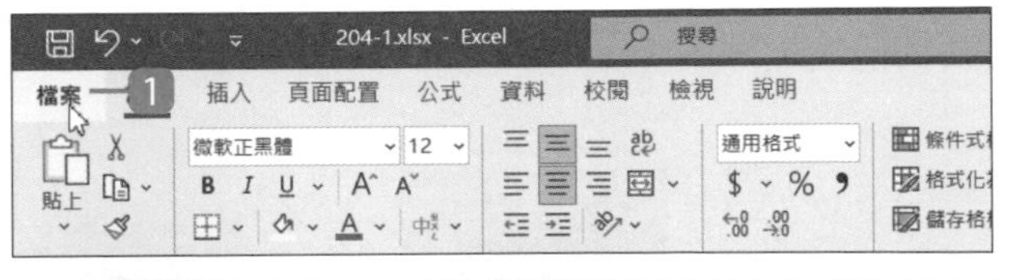

1 選按 **檔案** 索引標籤。

2 選按 **儲存檔案**。

3 若是第一次儲存檔案，會自動切換到 **另存新檔** 項目，再選按 **這台電腦 \ 瀏覽** 開啟對話方塊。

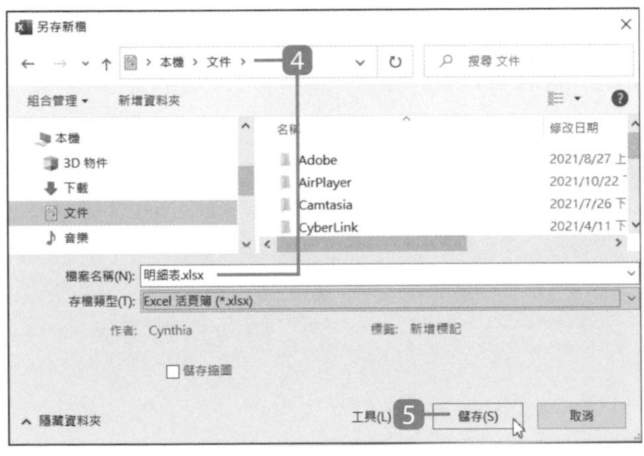

4 選取檔案儲存位置，輸入 **檔案名稱** (檔名不可含有 * / \ < > ? : ; ...等符號)。

5 最後選按 **儲存** 鈕完成存檔動作。

資訊補給站

關於 "儲存檔案" 與 "另存新檔" 的差異性

1. 已儲存又再次開啟修改的檔案，修改後選按 **儲存檔案**，Excel 不會再次開啟 **另存新檔** 對話方塊，而是直接存檔覆蓋原檔案。
2. 如果要將原檔案另外儲存為新的名稱及位置，以備份或其他處理時，則選按 **另存新檔**。(如果在相同路徑下需要以不同的名稱儲存)

另存成 97-2003 檔案類型

Excel 2007-2021 預設的活頁簿檔案儲存類型為 *.xlsx，然而 Excel 97-2003 無法開啟此類型檔案，可使用以下方式指定存檔為 Excel 97-2003 可開啟的 *.xls 格式檔案。

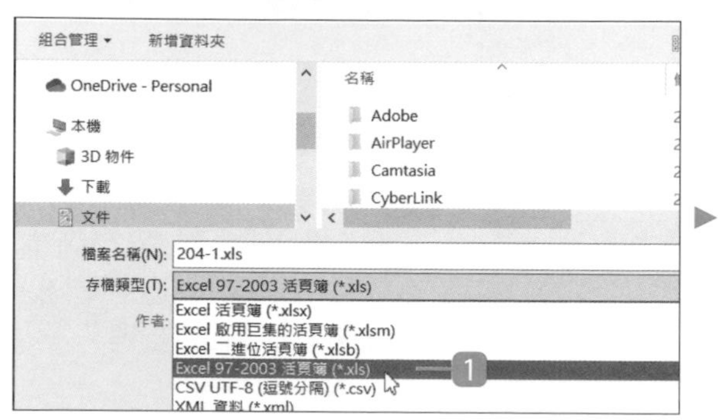

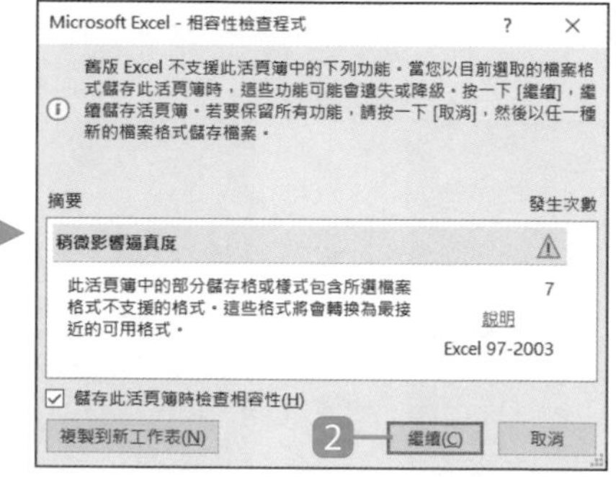

1. 開啟想要轉存為 97-2003 檔案類型的活頁簿檔案，於 **檔案** 索引標籤選按 **另存新檔 \ 這台電腦 \ 瀏覽** 開啟對話方塊，指定 **存檔類型**：**Excel 97-2003 活頁簿 (*.xls)**，再選按 **儲存** 鈕。

2. 會產生相容性警告對話方塊，提醒使用者舊版軟體所不能支援的功能，選按 **繼續** 鈕執行儲存動作，選按 **取消** 鈕則不儲存。

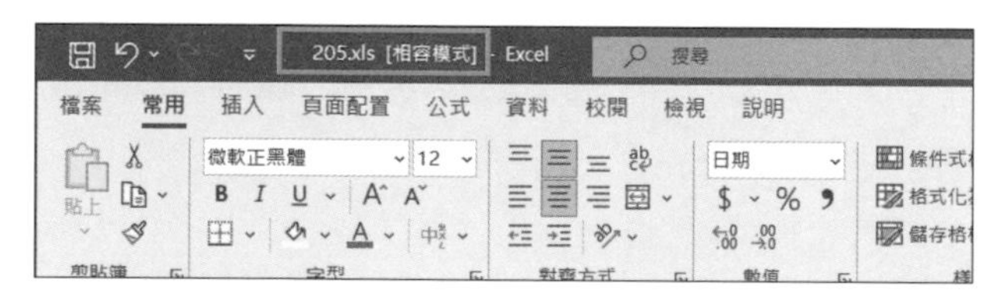

◀ 完成儲存後，再度開啟此檔案時，會發現活頁簿標題列多了 [相容模式] 文字，表示檔案可以在舊版軟體開啟。

資訊補給站

檢查相容性

若需手動檢查檔案的相容性，以便了解舊版 Excel 所不支援的功能時，可以於 **檔案** 索引標籤選按 **資訊 \ 檢查問題 \ 檢查相容性**，開啟相關說明。

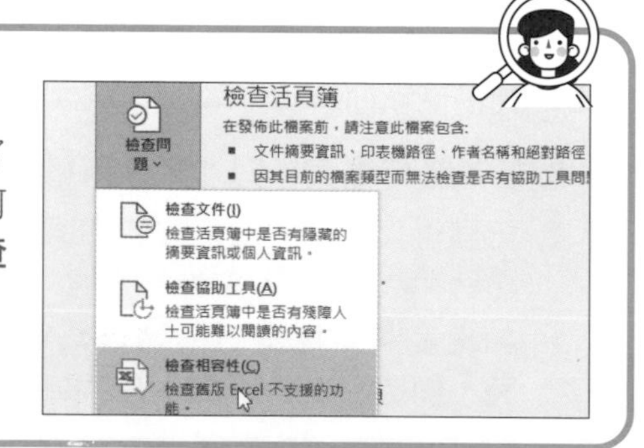

檔案自動備份

檔案儲存時的自動備份有助於確保在原始檔案不小心刪除或損毀時，你的電腦中仍有一份完好的活頁簿檔案複本。

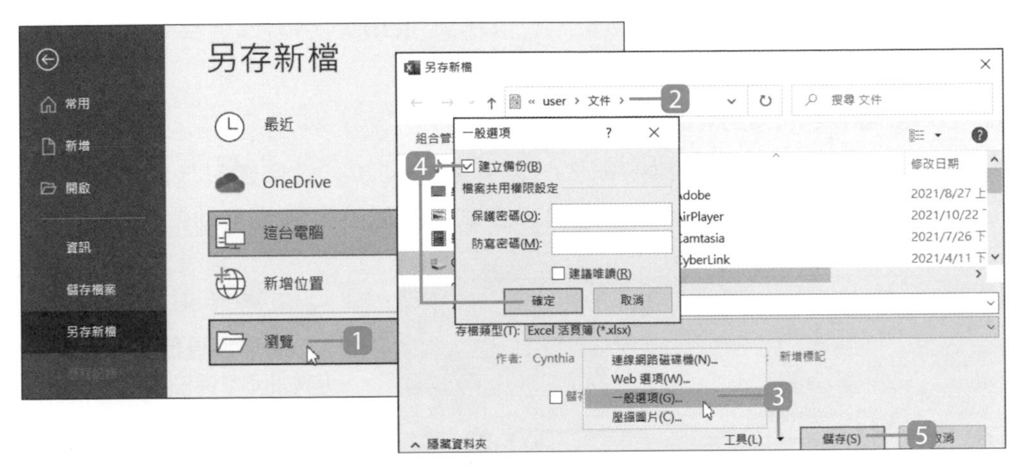

1 於 **檔案** 索引標籤選按 **另存新檔 \ 瀏覽** 開啟對話方塊。

2 指定新的儲存路徑與名稱 (或覆蓋舊有的檔案)。

3 選按 **工具 \ 一般選項**。

4 核選 **建立備份** 後，選按 **確定** 鈕。

5 再選按 **儲存** 鈕，回到文件，這份文件已具備建立備份檔的設定。

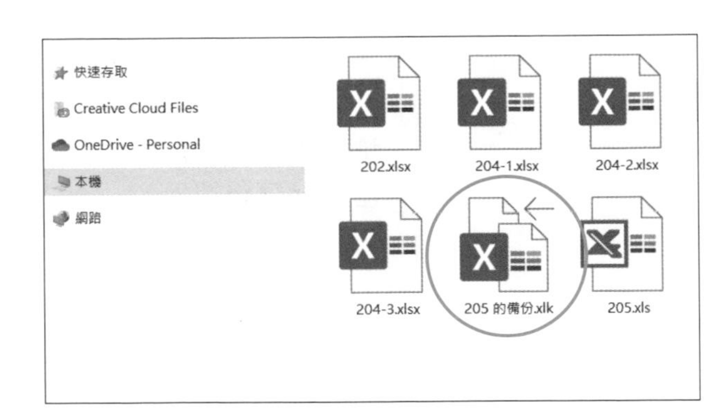

◀ 於檔案總管視窗剛才活頁簿檔案存檔的路徑下，可以看到除了原來的檔案還多了一個標註 "的備份.xlk" 的備份檔。

2.6 檔案管理技巧

Excel 檔案更進階的操作細部設定，可以透過 **選項** 對話方塊調整。

自動存檔與指定預設檔案位置

編輯過程常會忽略隨時存檔的動作，為了避免人為、設備或其他因素所產生的狀況，於 **檔案** 索引標籤選按 **選項**，依以下說明設定檔案自動儲存：

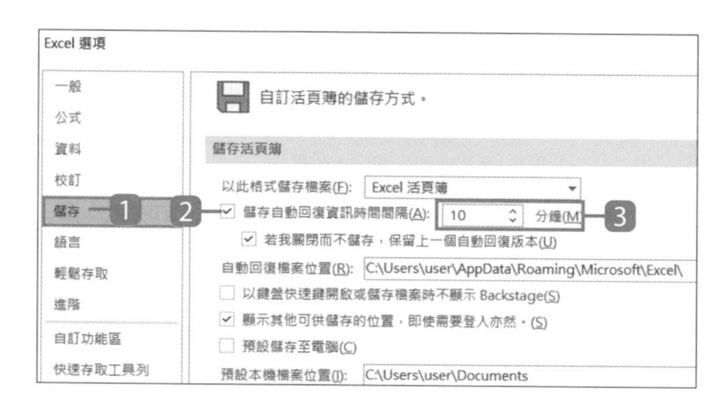

1. 選按 **儲存** 項目。
2. 於 **儲存活頁簿** 核選 **儲存自動回復資訊時間間隔**。
3. 輸入希望間隔多久時間執行自動儲存 (預設為 10 分鐘)，再選按 **確定** 鈕。

Excel 預設檔案開啟與儲存位置為 <C:\ Users \ 使用者名稱 \ Documents> 資料夾，倘若想要調整相關檔案位置，可依以下說明設定：

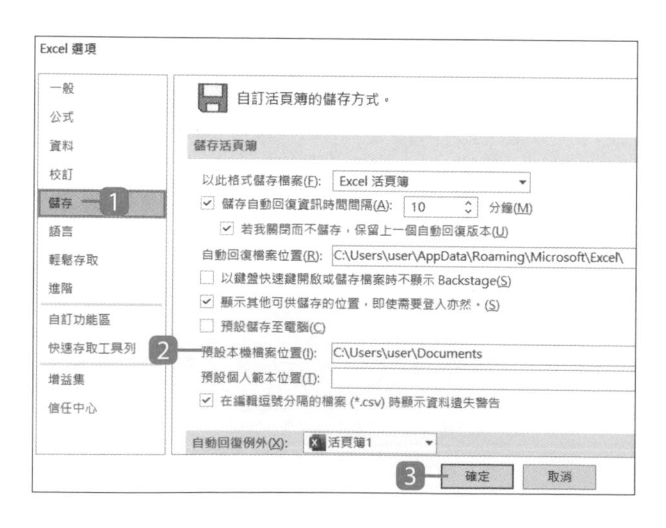

1. 選按 **儲存** 項目。
2. 於 **儲存活頁簿 \ 預設本機檔案位置** 欄位指定適當的儲存路徑。
3. 選按 **確定** 鈕，當下次再選按 **另存新檔** 或 **開啟**，會自動開啟目前指定的檔案位置。

指定最近使用的檔案清單數

家中電話或是個人手機，大部分都提供了 "前十通來電" 的查詢功能，節省在電話簿來回找尋的時間。Excel 也有類似功能，可以快速瀏覽曾經使用過的檔案清單，於 **檔案** 索引標籤選按 **選項** 開啟對話方塊，依以下說明設定：

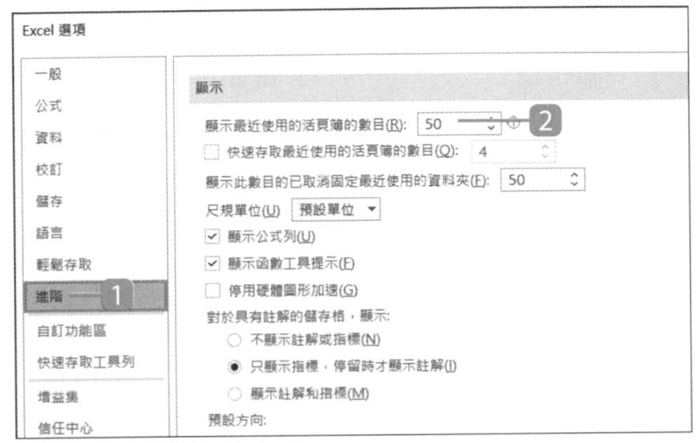

1 選按 **進階** 項目。

2 於 **顯示 \ 顯示最近使用的活頁簿的數目** 輸入希望瀏覽的檔案清單個數，選按 **確定** 鈕。

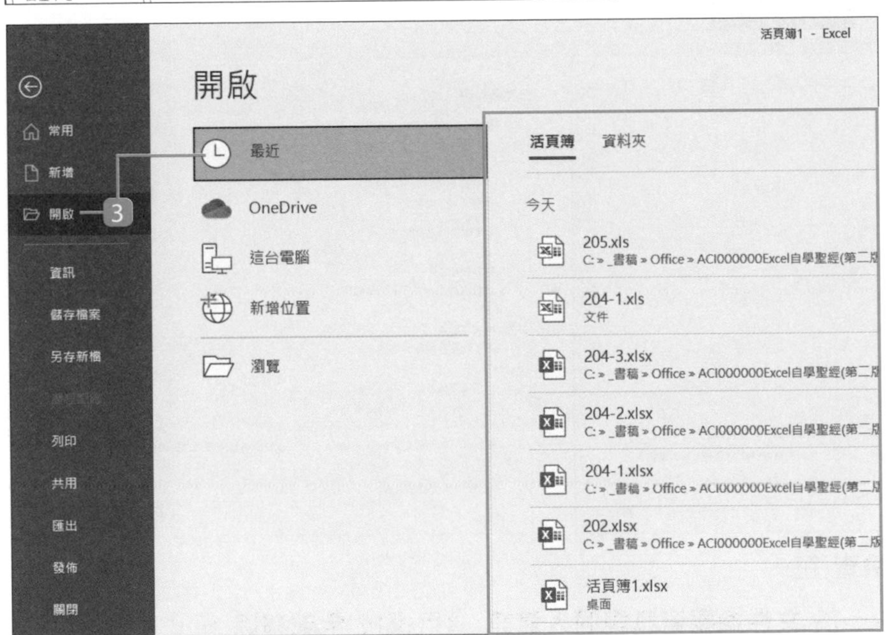

3 設定好後，選按 **檔案** 索引標籤，選按 **開啟 \ 最近**，於 **活頁簿** 清單可選按最近開啟的檔案項目，並僅呈現剛才設定的筆數。

刪除檔案的作者姓名

製作 Excel 活頁簿時，會依電腦使用者名稱自動加入作者資訊，如果要將這份活頁簿檔案轉交其他客戶瀏覽但不希望出現作者資訊，可依以下說明設定保護個資：

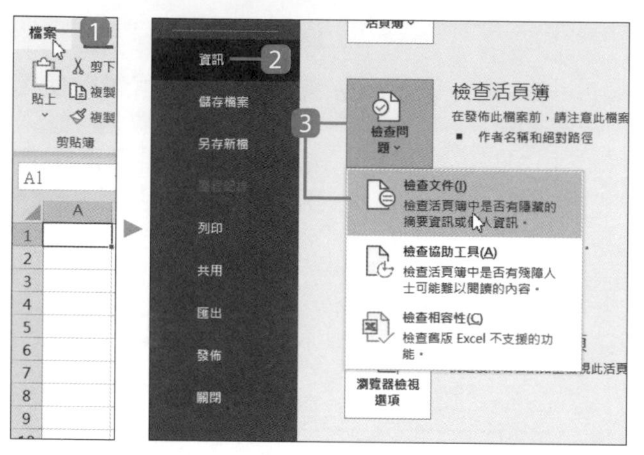

1 選按 **檔案** 索引標籤。

2 選按 **資訊**。

3 選按 **檢查問題 \ 檢查文件** 開啟對話方塊。(如果尚未儲存的檔案，會出現確認是否已儲存變更的對話方塊，選按 **是** 鈕先完成儲存。)

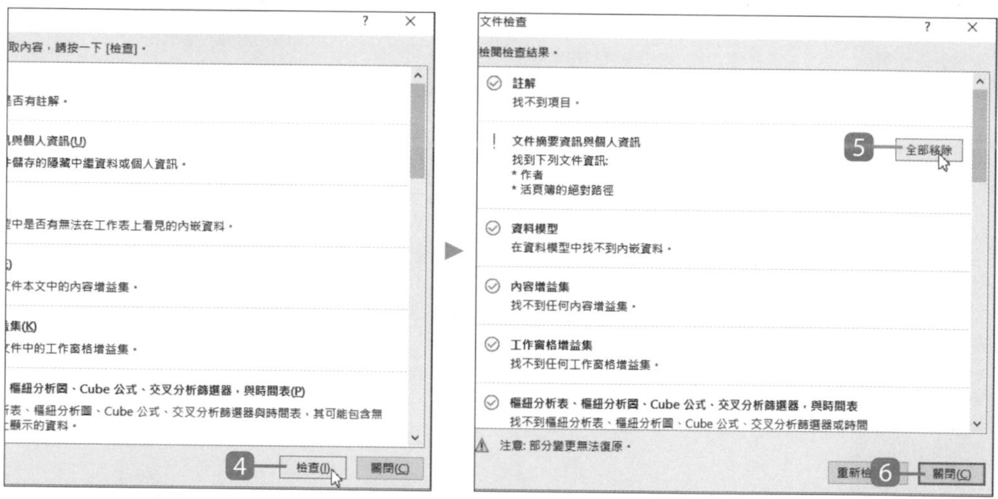

4 選按 **檢查** 鈕。

5 檢查後，於 **文件摘要資訊與個人資訊** 項目選按 **全部移除** 鈕。

6 選按 **關閉** 鈕，再重新儲存檔案，該檔案的資訊就不會標註作者名稱。

資料建立與修改

資料建立

- 輸入文字、日期或數字
- 資料換行
- 取得目前日期與時間

資料修改

- 修改與清除
- 利用編輯鍵輔助修改
- 復原上、下一個步驟

調整欄列

- 欄寬、列高
- 插入與刪除儲存格、欄、列
- 欄列資料排序

自動填滿

- 連續或等差數資料
- 連續日期或星期資料
- 智慧標籤

3.1 輸入文字、日期或數字

Excel 儲存格中的資料，分為文字、數值與日期/時間三種基本型態，透過這些型態的組合，可建立多樣化的收支、銷售、業績分析...等資料表。

Step 1 輸入文字

開啟一個新的空白檔案，切換為中文輸入法後輸入文字。

	A	B	C	D	E	F	G	H
1	辦公用品採購申請明細表							
2				製表日期：				
3	申請日期	申請部門	姓名	品名	單價	數量		
4		研發部	錢佳蓉	A420入資料本				
5		業務部	黃俊偉	自動原子筆				
6		行政部	陳石翰	修正帶				
7		資訊部	黃文賢	無限滑鼠				
8		業務部	溫雅婷	釘書機				
9		行政部	曾秀芬	特大迴紋針				
10		公關部	楊智城	可換卡水白板筆-黑				
11		業務部	倪雅婷	事務剪刀				
12		行政部	杜奕翔	九色可再貼螢光標籤				
13		行政部	彭雅晴	A4公文袋				
14								

1. 選取 A1 儲存格。
2. 於資料編輯列輸入「辦公用品採購申請明細表」文字，完成後按 Enter 鍵，或於資料編輯列選按 ☑ 鈕確認輸入。
3. 選取 D2 儲存格，輸入「製表日期：」，再選取 A3 儲存格，輸入「申請日期」，然後參考左圖，按 Tab 鍵依序往右移動，依序輸入所有欄位標題。
4. 同樣參考左圖，於第 4 列到第 13 列，輸入 **申請部門**、**姓名** 與 **品名** 欄位下方的資料。

資訊補給站

善用資料編輯列按鈕

儲存格輸入資料過程中，可以善用資料編輯列上的三個按鈕確認編輯：

1. ☒ **取消**：清除儲存格內的資料。
2. ☑ **輸入**：確認並完成儲存格內資料的輸入。
3. f_x **插入函數**：開啟插入函數的對話方塊。

Step 2 輸入日期

切換回英數輸入的狀態，建立辦公用品的申請日期。

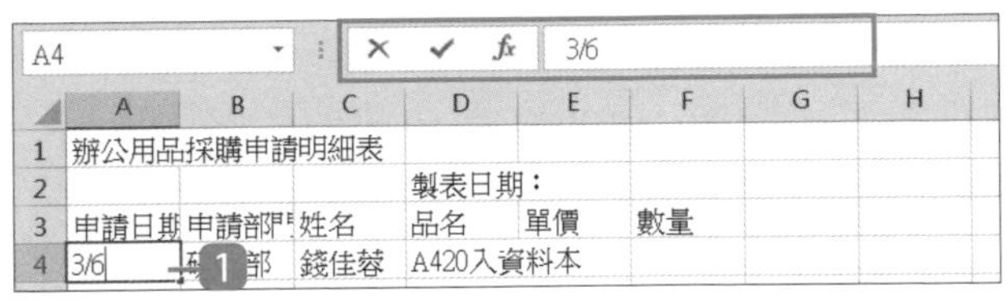

	A	B	C	D	E	F	G	H
1	辦公用品採購申請明細表							
2				製表日期：				
3	申請日期	申請部門	姓名	品名	單價	數量		
4	3/6	研發部	錢佳蓉	A420入資料本				

	A	B	C	D	E	F	G	H
1	辦公用品採購申請明細表							
2				製表日期：				
3	申請日期	申請部門	姓名	品名	單價	數量		
4	3月6日	研發部	錢佳蓉	A420入資料本				
5	3月26日	業務部	黃俊偉	自動原子筆				
6	4月7日	行政部	陳石翰	修正帶				
7	4月15日	資訊部	黃文賢	無限滑鼠				
8	4月24日	業務部	溫雅婷	釘書機				
9	5月8日	行政部	曾秀芬	特大迴紋針				
10	5月11日	公關部	楊智城	可換卡水白板筆-黑				
11	5月22日	業務部	倪雅婷	事務剪刀				
12	6月9日	行政部	杜奕翔	九色可再貼螢光標籤				
13	6月26日	行政部	彭雅晴	A4公文袋				

1. 選取 A4 儲存格。
2. 輸入「3/6」日期後，按 Enter 鍵或 ✓ 鈕，Excel 自動將資料轉換為 "3月6日"，預設靠右對齊。(資料編輯列顯示的年份，會以當下系統日期的年份為主。)
3. 參考左圖，為另外九筆資料輸入申請日期。

Step 3 輸入數值

英數輸入的狀態下，建立辦公用品採購的單價與數量。

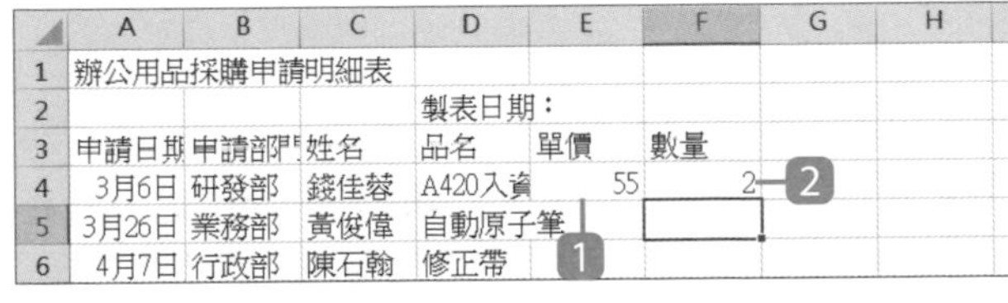

	A	B	C	D	E	F	G	H
1	辦公用品採購申請明細表							
2				製表日期：				
3	申請日期	申請部門	姓名	品名	單價	數量		
4	3月6日	研發部	錢佳蓉	A420入資	55	2		
5	3月26日	業務部	黃俊偉	自動原子筆				
6	4月7日	行政部	陳石翰	修正帶				

	A	B	C	D	E	F	G	H
1	辦公用品採購申請明細表							
2				製表日期：				
3	申請日期	申請部門	姓名	品名	單價	數量		
4	3月6日	研發部	錢佳蓉	A420入資	55	2		
5	3月26日	業務部	黃俊偉	自動原子	8	5		
6	4月7日	行政部	陳石翰	修正帶	29	2		
7	4月15日	資訊部	黃文賢	無限滑鼠	399	1		
8	4月24日	業務部	溫雅婷	釘書機	45	1		
9	5月8日	行政部	曾秀芬	特大迴紋	35	3		
10	5月11日	公關部	楊智城	可換卡水	28	2		
11	5月22日	業務部	倪雅婷	事務剪刀	18	5		
12	6月9日	行政部	杜奕翔	九色可再	28	2		
13	6月26日	行政部	彭雅晴	A4公文袋	15	10		
14								

1. 選取 E4 儲存格，輸入「55」金額，預設靠右對齊。
2. 接著選取 F4 儲存格，輸入「2」，完成第一筆。
3. 參考左圖，為另外九筆資料輸入剩下的單價與數量的值。

3.2 將儲存格中的資料換行

資料內容過多需要換行顯示是很常見的問題，Enter 鍵會使得作用儲存格下移，正確的方法是使用以下這組快速鍵，解決文字過長在欄位無法完整顯示的狀況。

Step 1 輸入線移動到想要換行的資料中

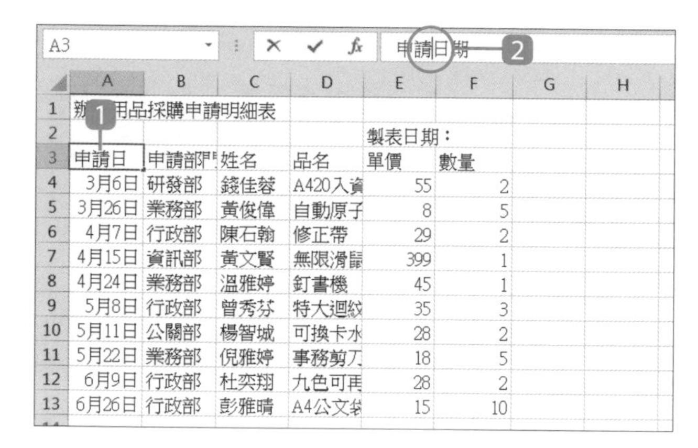

1 選取想調整內容排法的 A3 儲存格。

2 將輸入線移到資料編輯列內要換行的資料中。

Step 2 使用快速鍵

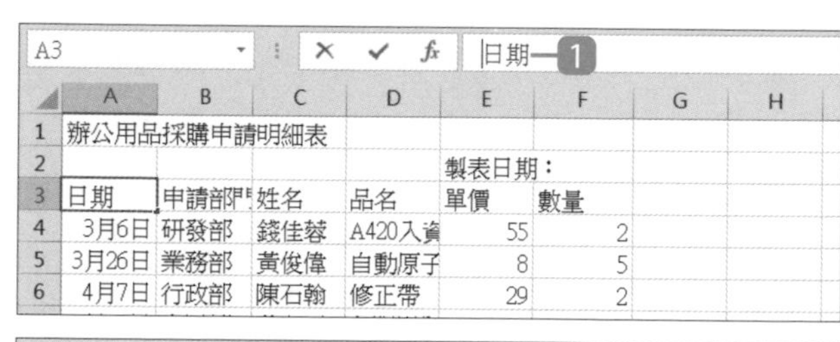

1 按 Alt + Enter 鍵，會在該處為資料內容換行。

2 按 Enter 鍵完成編輯。

3.3 取得目前的日期與時間

目前日期、時間是報表常要標示或當成參數的資料，除了手動輸入，如果想要快速又準確的取得，可以使用以下的快速鍵。(目前日期、時間資料是來自電腦畫面右下角的系統日期、時間。)

Step 1 取得目前日期

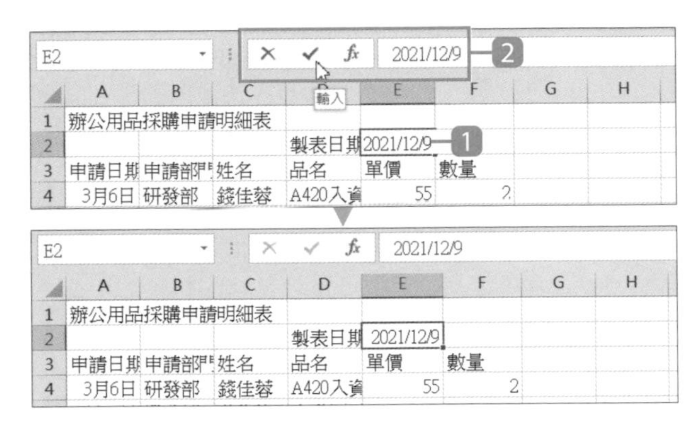

1. 選取 E2 儲存格。
2. 切換至英數輸入的狀態，按 Ctrl + ; 鍵加入目前的日期，按 ☑ 鈕完成編輯。

Step 2 取得目前時間

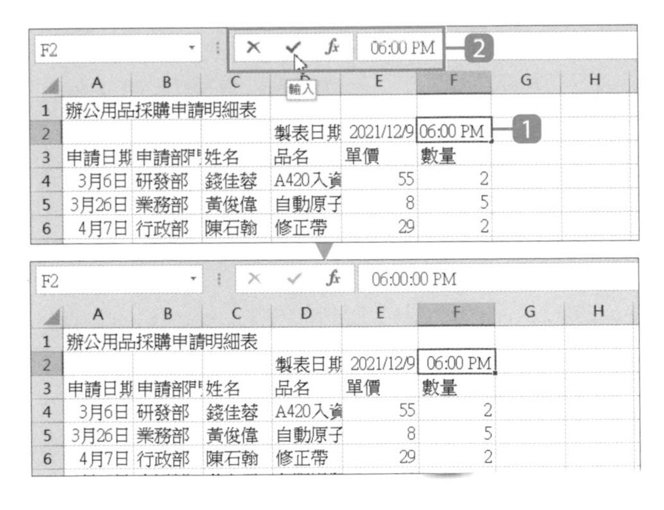

1. 選取 F2 儲存格。
2. 在英數輸入的狀態下，按 Ctrl + Shift + ; 鍵加入目前的時間，按 ☑ 鈕完成編輯。

3.4 正確的輸入資料

Excel 儲存格中的資料，分成文字、數值及日期/時間三種基本型態，輸入這些資料，有以下幾點規則需注意：

文字資料

- 儲存格中輸入中、英文、標點符號及文字加數值...等內容，會被判斷為文字資料，預設為靠左對齊，例如：輸入「試算學習」、「Excel」、「；」。

- 輸入的數值想要被判斷為文字資料，可以輸入前加上「'」符號，例如：輸入信用卡號碼「'1111222233334444」。(儲存格中最多顯示 11 位數，當輸入大於 11 位的數值，會以 E+ (科學計數法) 形式顯示。)

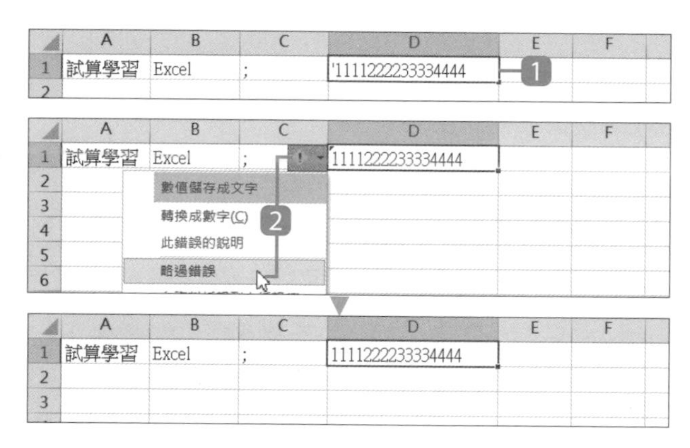

1 在儲存格輸入「'1111222233334444」。

2 按 Enter 鍵，儲存格左上角出現綠色三角形圖示，選取該儲存格，再選按 ◆ 鈕 \ **略過錯誤**。

◀ 錯誤訊息馬上消失，並完成數值轉換為文字的狀態。

數值資料

- 儲存格中輸入數值的方式與文字相同，不同的是儲存格內的數值可以運算，顯示方式預設為靠右對齊。例如：輸入「35」、「$50」、「10%」。

- 數值如果是正數，可以省略 "+"，例如：輸入「15」；數值如果是負數，則需要在數字前加上「-」或「()」，例如：輸入「-15」、「(15)」。

■ 分數資料與日期資料相似，建議在輸入分數時可以補齊前方的數值。例如：要顯示 "5/6"，可以輸入「0 5/6」，不然很容易被 Excel 誤判成為日期。

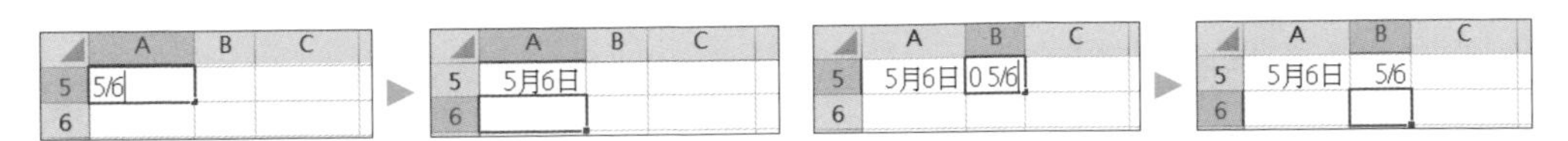

■ 當數值過大，Excel 會自動以科學記號表示，例如：輸入「7000000000000」會以 "7E+12" 表示；如果欄寬不足以顯示數值時，則會以 "#" 表示。(關於欄寬調整操作說明，可以參考 P3-14。)

	A	B	C	D	E	F	G	H
7	7E+12	####						
8								

日期/時間資料

■ 儲存格中輸入日期時，需要加上 "/" 或 "-" 符號。若要輸入目前日期資料只要輸入月、日，例如：「3/6」，會自動套用當年年份並顯示預設日期格式，顯示為：「3月6日」；若不是輸入目前年份的日期資料，則需完整輸入年、月、日。

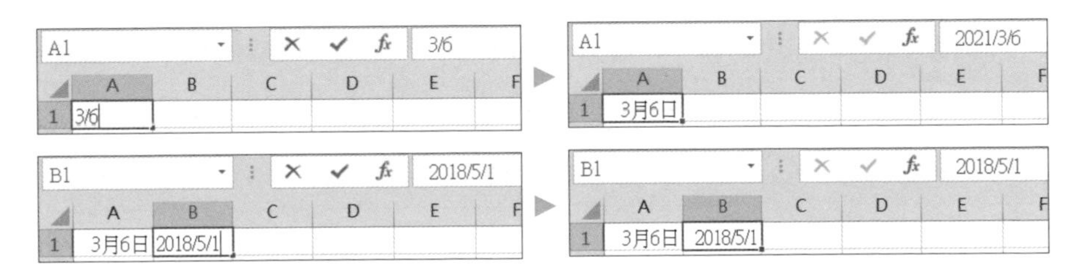

■ Excel 中的時間，預設為 24 小時的顯示方式，當輸入「03:00」會自動判別為 "03:00 AM"，所以如果想表達的時間是下午三點，需要輸入「03:00 PM」或「03:00 P」，以此類推。(A 或 P 與時間之間要空一格)

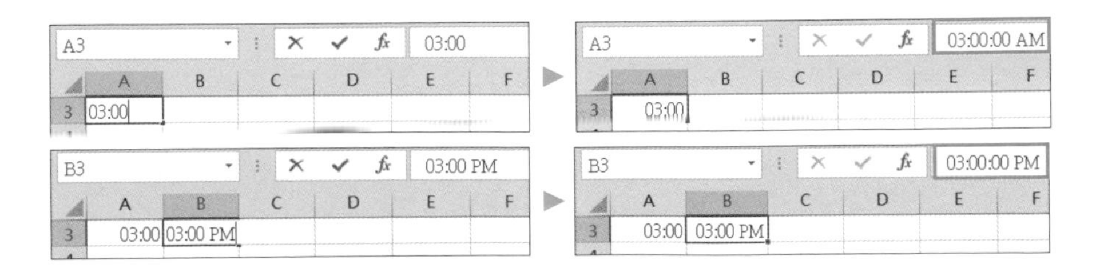

■ 儲存格中輸入正確的日期或時間格式時，會被視為數值資料，並可運算，顯示方式預設為靠右對齊。若是沒有依照格式輸入則會被視為文字資料。

■ 可辨識的日期或時間格式

可辨識的日期格式		
2022年3月14日	中華民國111年3月14日	111/3/14
2022/3/14	中華民國一一一年三月十四日	3/14
2022/3/14 1:30PM	民國一一一年三月十四日	14-Mar
2022/3/14 13:30	民國 一一一 年 3 月 14	三月十四日
03/14/22	一一一年三月十四日	星期六
14-Mar-22	111年3月14日	週六
3/14/22	3月14日	M-20

可辨識的時間格式		
下午 01:30:55	13時30分	2022/3/14　13:30
下午1時30分55秒	13:30:55	2022/3/14　1:30 PM
下午1時30分	13:30	1:30:55 PM
13時30分55秒	1:30 PM	

3.5 修改與清除資料

儲存格中輸入的資料，可以透過以下修改與清除的方式快速編修。

Step 1 在儲存格上直接輸入新資料

	A	B	C	D	E	F	G	H
5	3月26日	業務部	黃俊偉	原子	8	5		
6	4月7日	行政部	陳石翰	修正帶	29	2		

	A	B	C	D	E	F	G	H
5	3月26日	業務部	張哲維	原子	8	5		
6	4月7日	行政部	陳石翰	修正帶	29	2		

1 選取想要更新姓名的 C5 儲存格。

2 輸入新的姓名「張哲維」，按 Enter 鍵。

Step 2 修改部分資料

	A	B	C	D	E	F	G	H
6	4月7日	行政部	陳石翰	修正帶	29	2		
7	4月15日	資訊部	黃文賢	無限滑鼠		1		
8	4月24日	業務部	溫雅婷	釘書機	45	1		

	A	B	C	D	E	F	G	H
6	4月7日	行政部	陳石翰	修正帶	29	2		
7	4月15日	資訊部	黃文賢	無限滑鼠		1		
8	4月24日	業務部	溫雅婷	釘書機	45	1		

	A	B	C	D	E	F	G	H
6	4月7日	行政部	陳石翰	修正帶	29	2		
7	4月15日	資訊部	黃文賢	無線滑鼠	399	1		
8	4月24日	業務部	溫雅婷	釘書機	45	1		

1 在想要修改部分資料的 D7 儲存格上連按二下滑鼠左鍵或 F2 鍵。

2 可以移動輸入線並選取輸入線前或後的「限」文字。

3 輸入正確「線」文字後，按 Enter 鍵完成修改。

Step 3 按 Del 鍵清除儲存格內容

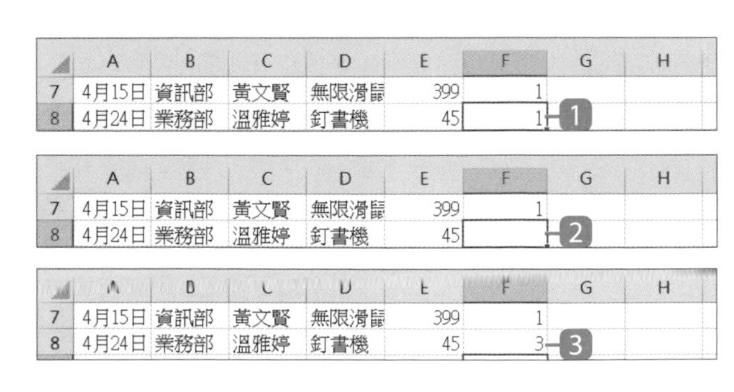

	A	B	C	D	E	F	G	H
7	4月15日	資訊部	黃文賢	無限滑鼠	399	1		
8	4月24日	業務部	溫雅婷	釘書機	45	1		

	A	B	C	D	E	F	G	H
7	4月15日	資訊部	黃文賢	無限滑鼠	399	1		
8	4月24日	業務部	溫雅婷	釘書機	45			

	A	B	C	D	E	F	G	H
7	4月15日	資訊部	黃文賢	無限滑鼠	399	1		
8	4月24日	業務部	溫雅婷	釘書機	45	3		

1 選取想要清除資料的 F8 儲存格。

2 按 Del 鍵，Excel 會清除此儲存格內的資料，但不會刪除該儲存格。

3 之後可再輸入正確內容。

3.6 利用編輯鍵輔助修改資料

修改儲存格中的資料時，可以利用編輯鍵輔助修改或移動作用儲存格。

按鍵	操作說明
← →	使用 ← → 方向鍵移動輸入線所在位置。
Backspace	刪除輸入線左側的字元。
Del	刪除輸入線右側的字元，或者刪除選取的字元。
Ctrl + Del	刪除輸入線之後的所有字元。
Enter	作用儲存格由上往下移動一個。
Shift + Enter	作用儲存格由下往上移動一個。
Tab	作用儲存格由左往右移動一個。
Shift + Tab	作用儲存格由右往左移動一個。

Step 1 利用編輯鍵修改資料

在 A1 儲存格上連按二下滑鼠左鍵或 F2 鍵出現輸入線，運用編輯鍵完成修改。

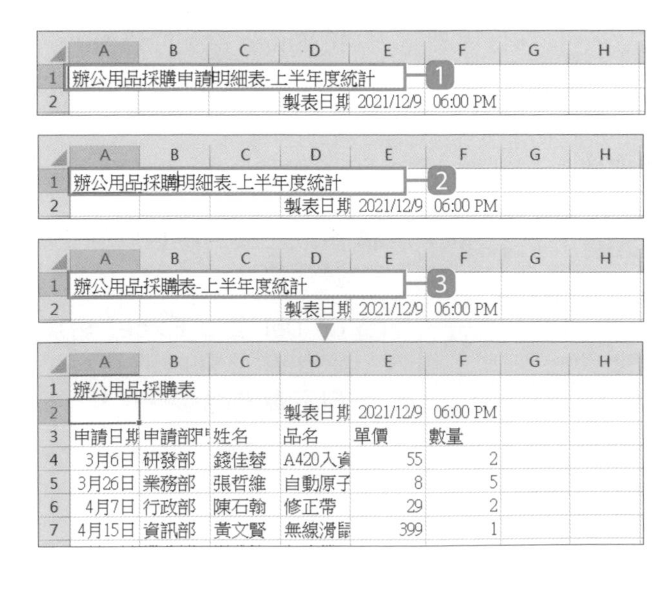

1. 利用 ← → 鍵移動輸入線至 "請" 字右側，按二下 Backspace 鍵刪除輸入線左側 "申請" 二字。
2. 按二下 Del 鍵刪除輸入線右側 "明細" 二字。
3. 利用 ← → 鍵移動輸入線至 "表" 字右側，按 Ctrl + Del 鍵刪除輸入線之後的所有資料，最後按 Enter 鍵完成修改。

Step 2 利用編輯鍵移動作用儲存格

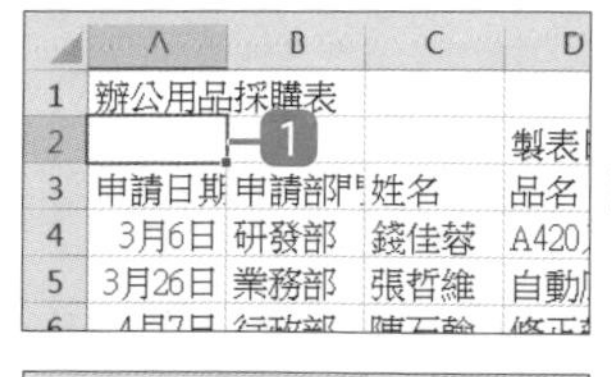

1 按 Shift + Enter 鍵，作用儲存格由下往上移動一格。

2 按 Tab 鍵，作用儲存格由左往右移動一格；按 Shift + Tab 鍵，作用儲存格則由右往左移動一格。

3.7 復原上、下一個步驟

資料建立與編修過程中，如果對先前操作有疑慮或後悔時，於 **快速工具列** 可以選按 **復原** 鈕與 **取消復原** 鈕，復原或取消復原前一次或多次的動作。

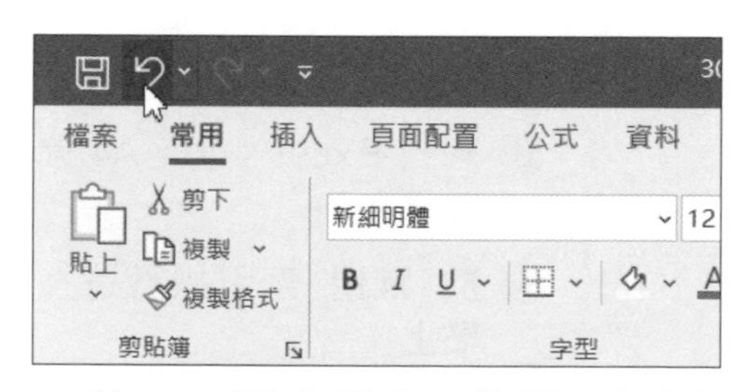

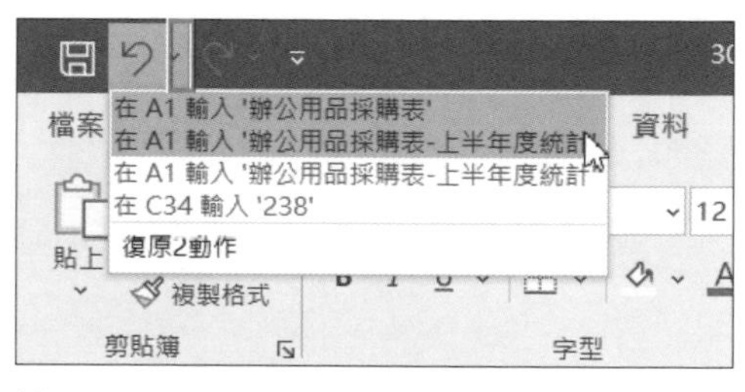

▲ 按一下 **復原** 鈕可復原一次步驟；按一下 清單鈕，可透過清單一次復原多個步驟。

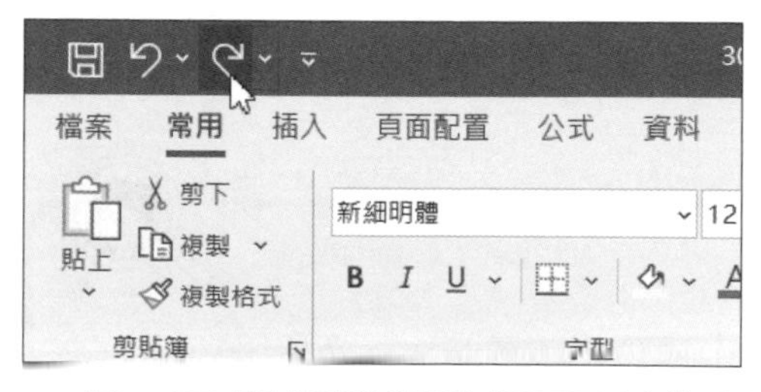

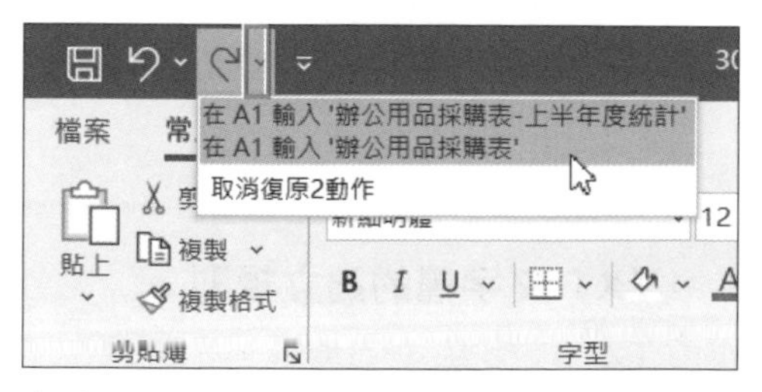

▲ 按一下 **取消復原** 鈕可取消復原一次步驟；按一下 清單鈕，可透過清單一次取消復原多個步驟。

3.8 複製與貼上資料

利用現成資料複製、貼上，可以加快作業的時間。除了可以複製外部檔案(如：word、txt...等)，也可以藉由儲存格之間的複製、貼上達到資料編輯的目的。

複製外部資料到儲存格貼上

Step 1 **複製 TXT 文字檔內的資料**

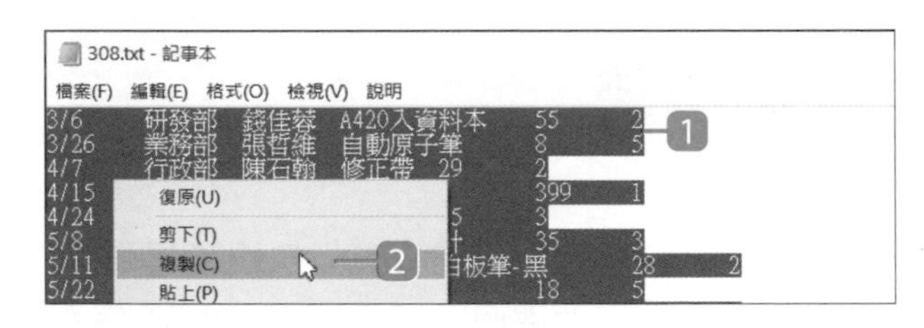

1. 開啟 txt 文字檔，選取要複製的內容。
2. 在選取的內容上按一下滑鼠右鍵，選按 **複製**。

Step 2 **將資料貼到儲存格**

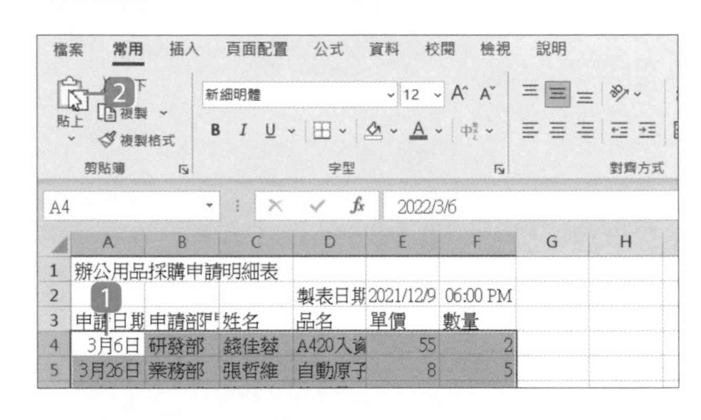

1. 回到 Excel，選取 A4 儲存格。
2. 於 **常用** 索引標籤選按 **貼上**。

資訊補給站

TXT 文字檔的建立規則

TXT 文字檔中的資料，如果想在 Excel 儲存格依序貼上，必須用 Tab 鍵加以區隔。如果用空白鍵區隔，複製的所有資料會通通貼到同一個儲存格內。

儲存格資料的複製、貼上

Step 1 複製儲存格資料

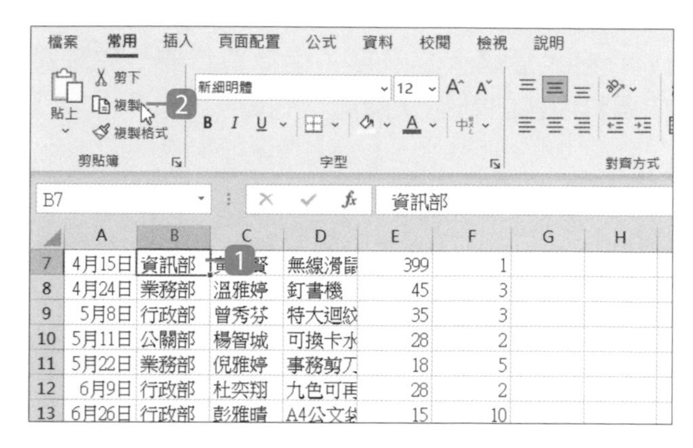

1 選取 B7 儲存格。

2 於 **常用** 索引標籤選按 **複製**。

Step 2 到目的儲存格貼上

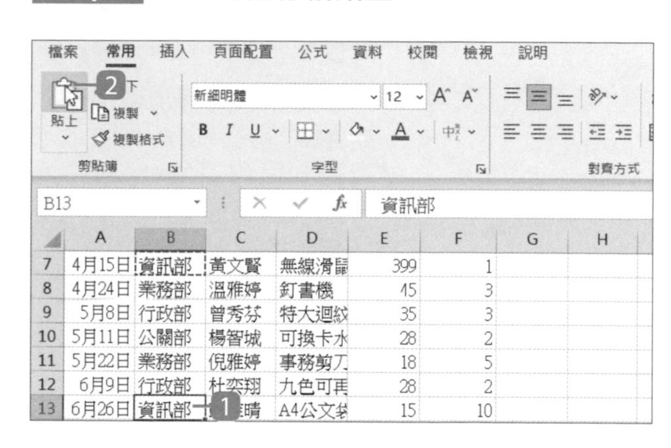

1 選取 B13 儲存格。

2 於 **常用** 索引標籤選按 **貼上**，再按 Enter 鍵完成修改。

資訊補給站

複製、貼上的其他操作方式

複製、貼上的動作，除了可以透過功能表列選按，也可以利用快速鍵 Ctrl + C 鍵、Ctrl + V 鍵，或是按滑鼠右鍵，利用快顯功能表完成。

3.9 調整欄寬、列高顯示完整資料

輸入資料過程中會發現有些資料長度大於儲存格寬度，使得資料無法完整顯示，這時可以利用拖曳方式或依資料內容自動調整欄寬、列高。

■ 方法 1：手動調整欄寬、列高

當欄寬不足以完整顯示資料內容時，會以 "#" 代替，而列高不足，則會讓資料內容無法完整顯示。

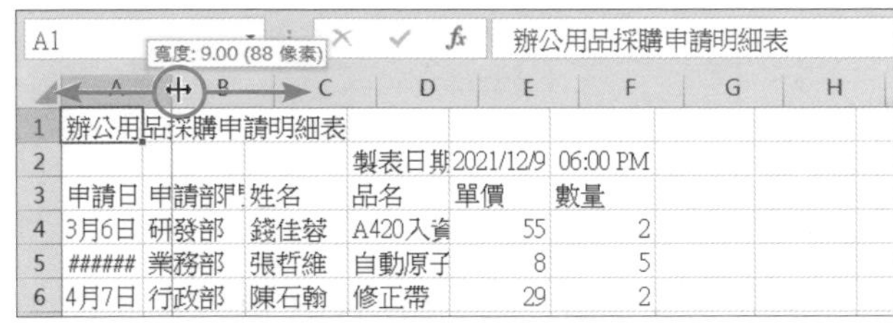

	A	B	C	D	E	F	G	H
1	辦公用品採購申請明細表							
2				製表日期	2021/12/9	06:00 PM		
3	申請日	申請部門	姓名	品名	單價	數量		
4	3月6日	研發部	錢佳蓉	A420入資	55	2		
5	######	業務部	張哲維	自動原子	8	5		
6	4月7日	行政部	陳石翰	修正帶	29	2		

◀ 調整欄寬：將滑鼠指標移至要調整寬度的欄名右側邊界，呈 ✚ 狀時，按住滑鼠左鍵不放左、右拖曳至適當的欄位寬度後放開。

	A	B	C	D	E	F	G	H
1	辦公用品採購申請明細表							
2				製表日期	2021/12/9	06:00 PM		
3	申請日期	申請部門	姓名	品名	單價	數量		
4	3月6日	研發部	錢佳蓉	A420入資	55	2		
5	3月26日	業務部	張哲維	自動原子	8	5		
6	4月7日	行政部	陳石翰	修正帶	29	2		
7	4月15日	資訊部	黃文賢	無線滑鼠	399	1		

高度: 21.60 (36 像素)

◀ 調整列高：將滑鼠指標移至要調整高度的列號下方邊界呈 ✚ 狀時，按住滑鼠左鍵不放上、下拖曳至適當的高度後放開。

■ 方法 2：自動依內容調整欄寬、列高

將滑鼠指標移至要調整寬度的欄名右側邊界，呈 ✚ 狀時，連按二下滑鼠左鍵，儲存格即會依該欄的內容自動調整寬度。(自動依內容調整列高的方式，則是於列號下方邊界連按二下滑鼠左鍵。)

	A	B	C	D	E	F
1	辦公用品採購申請明細表					
2				製表日期	2021/12/9	06:00 PM
3	申請日期	申請部門	姓名	品名	單價	數量
4	3月6日	研發部	錢佳蓉	A420入資	55	2
5	3月26日	業務部	張哲維	自動原子	8	5
6	4月7日	行政部	陳石翰	修正帶	29	2
7	4月15日	資訊部	黃文賢	無線滑鼠	399	1
8	4月24日	業務部	溫雅婷	釘書機	45	3
9	5月8日	行政部	曾秀芬	特大迴紋	35	3
10	5月11日	公關部	楊智城	可換卡水	28	2

	A	B	C	D	E	F
1	辦公用品採購申請明細表					
2				製表日期	2021/12/9	06:00 PM
3	申請日期	申請部門	姓名	品名	單價	數量
4	3月6日	研發部	錢佳蓉	A420入資	55	2
5	3月26日	業務部	張哲維	自動原子	8	5
6	4月7日	行政部	陳石翰	修正帶	29	2
7	4月15日	資訊部	黃文賢	無線滑鼠	399	1
8	4月24日	業務部	溫雅婷	釘書機	45	3
9	5月8日	行政部	曾秀芬	特大迴紋	35	3
10	5月11日	公關部	楊智城	可換卡水	28	2

■ 方法 3：依指定欄寬、列高值調整

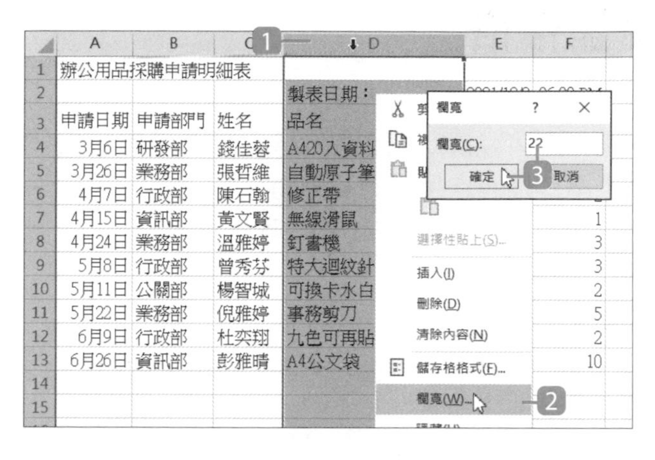

1 將滑鼠指標移至要調整寬度的欄名上方，呈 ⬇ 狀時，按一下滑鼠左鍵選取整欄。

2 將滑鼠指標移至選取的範圍上方，按一下滑鼠右鍵，選按 **欄寬** 開啟對話方塊。

3 輸入 **欄寬** 數值，選按 **確定** 鈕。

■ 方法 4：一次調整多欄多列

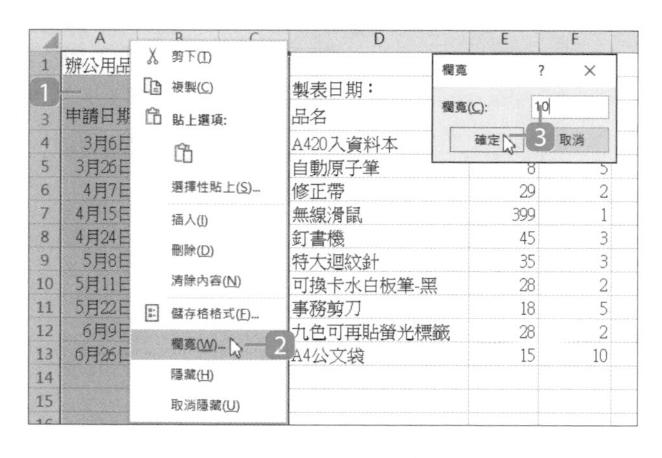

1 按滑鼠左鍵不放拖曳，一次選取連續多欄或多列 (或按 Ctrl 不放分別選取)。

2 將滑鼠指標移至選取的範圍上方，按一下滑鼠右鍵，選按 **欄寬** 開啟對話方塊。

3 輸入 **欄寬** 數值，選按 **確定** 鈕。

■ 方法 5：一次調整整份工作表的欄寬、列高

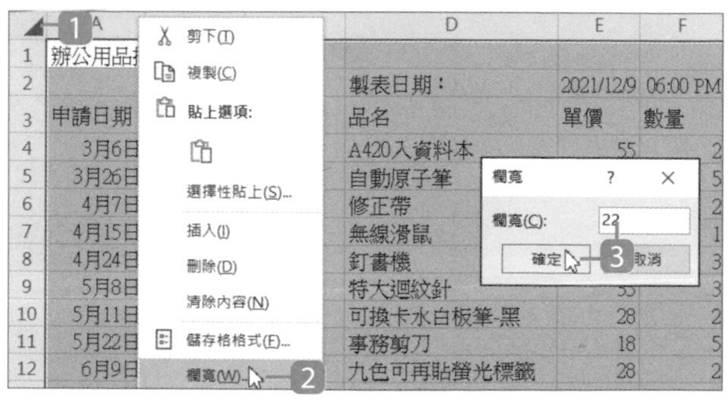

1 選按欄列交界的 ◢ 鈕選取整個工作表。

2 將滑鼠指標移至選取的範圍上方，按一下滑鼠右鍵，選按 **欄寬** 開啟對話方塊。

3 輸入 **欄寬** 數值，選按 **確定** 鈕。

(列高的調整方式相似，選取列後，範圍上方按一下滑鼠右鍵，選按 **列高** 進行調整。)

3.10 插入與刪除儲存格

插入儲存格會在作用儲存格所在位置，加入一個儲存格。刪除儲存格與按 Del 鍵清除儲存格資料的效果不同，是將作用儲存格刪除，因此插入與刪除儲存格必須考量現有儲存格要往右移、往左移、往下移...等狀況。

Step 1 插入單一或連續儲存格的方法

儲存格插入的數量，取決於選取的儲存格數量，在此以插入 "單一儲存格" 的操作說明。

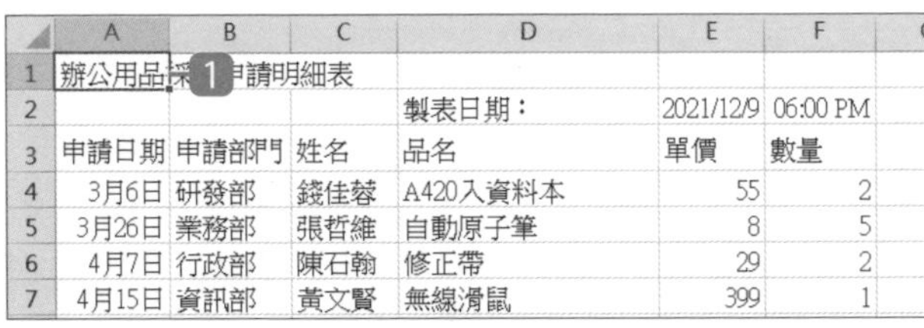

	A	B	C	D	E	F
1	辦公用品採	申請明細表				
2				製表日期：	2021/12/9	06:00 PM
3	申請日期	申請部門	姓名	品名	單價	數量
4	3月6日	研發部	錢佳蓉	A420入資料本	55	2
5	3月26日	業務部	張哲維	自動原子筆	8	5
6	4月7日	行政部	陳石翰	修正帶	29	2
7	4月15日	資訊部	黃文賢	無線滑鼠	399	1

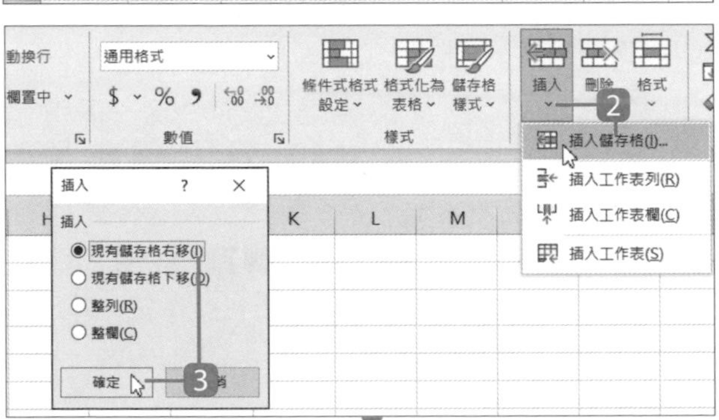

1 選取 A1 儲存格。

2 於 **常用** 索引標籤選按 **插入** 清單鈕 \ **插入儲存格** 開啟對話方塊。

3 核選 **現有儲存格右移**，選按 **確定** 鈕。

	A	B	C	D	E	F
1		辦公用品採購申請明細表				
2				製表日期：	2021/12/9	06:00 PM
3	申請日期	申請部門	姓名	品名	單價	數量
4	3月6日	研發部	錢佳蓉	A420入資料本	55	2
5	3月26日	業務部	張哲維	自動原子筆	8	5
6	4月7日	行政部	陳石翰	修正帶	29	2
7	4月15日	資訊部	黃文賢	無線滑鼠	399	1
8	4月24日	業務部	溫雅婷	釘書機	45	1
9	5月8日	行政部	曾秀芬	特大迴紋針	35	3
10	5月11日	公關部	楊智城	可換卡水白板筆-黑	28	2
11	5月22日	業務部	倪雅婷	事務剪刀	18	5

◀ 原本 A1 儲存格內的資料會往右移動一個儲存格。

Step 2 刪除單一或連續儲存格的方法

延續前面的操作，在此一樣以 "單一儲存格" 說明。

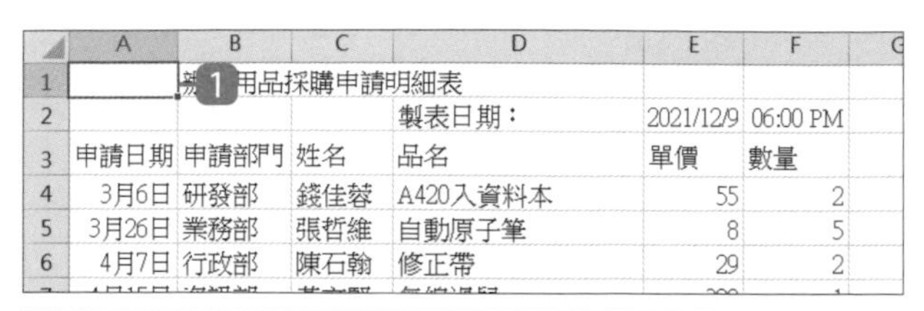

	A	B	C	D	E	F
1		辦公用品採購申請明細表				
2				製表日期：	2021/12/9	06:00 PM
3	申請日期	申請部門	姓名	品名	單價	數量
4	3月6日	研發部	錢佳蓉	A420入資料本	55	2
5	3月26日	業務部	張哲維	自動原子筆	8	5
6	4月7日	行政部	陳石翰	修正帶	29	2

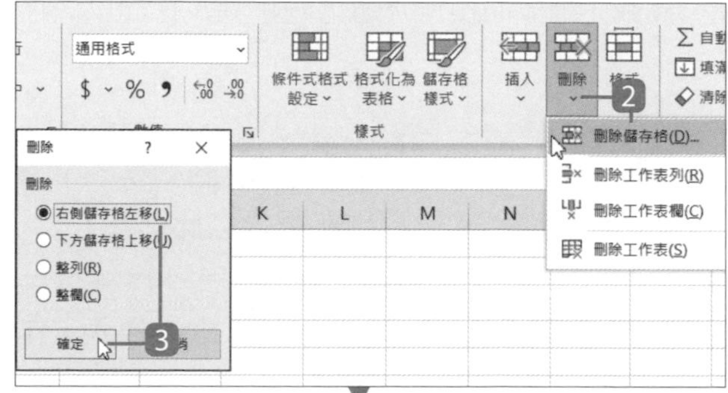

1. 選取 A1 儲存格。
2. 於 **常用** 索引標籤選按 **刪除** 清單鈕 \ **刪除儲存格** 開啟對話方塊。
3. 核選 **右側儲存格左移**，選按 **確定** 鈕。

	A	B	C	D	E	F
1	辦公用品採購申請明細表					
2				製表日期：	2021/12/9	06:00 PM
3	申請日期	申請部門	姓名	品名	單價	數量
4	3月6日	研發部	錢佳蓉	A420入資料本	55	2
5	3月26日	業務部	張哲維	自動原子筆	8	5
6	4月7日	行政部	陳石翰	修正帶	29	2
7	4月15日	資訊部	黃文賢	無線滑鼠	399	1
8	4月24日	業務部	溫雅婷	釘書機	45	1

◀ 原本 B1 儲存格內的資料會往左移動一個儲存格。

資訊補給站

利用快速鍵刪除儲存格

選取要刪除的儲存格，按 Ctrl + - 鍵，於對話方塊核選刪除選項再選按 **確定** 鈕，儲存格會依選擇的刪除方式調整。

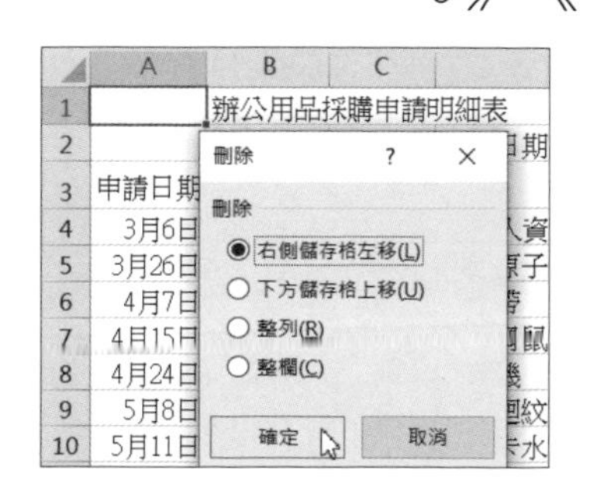

3.11 插入與刪除欄、列

除了編修現有的資料，也可隨時依照需求增減 "欄" 或 "列"，改變文件結構。

Step 1 插入欄、列的方法

插入欄列會在選取的欄列前新增一欄或一列，而操作方法大同小異，在此以 "列" 操作說明。

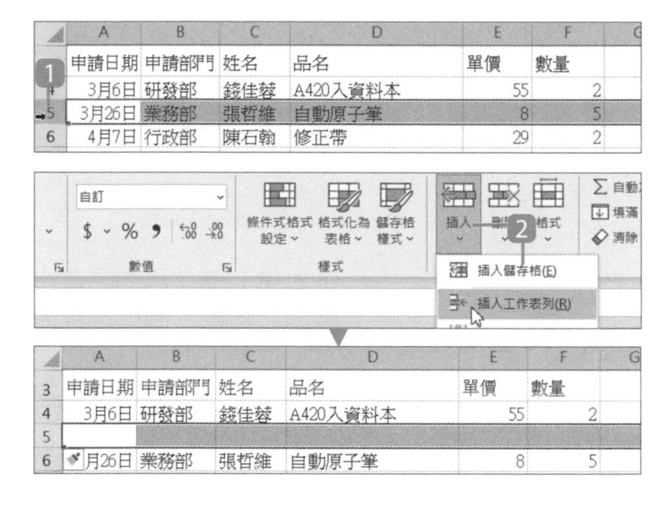

1 將滑鼠指標移至列號 5 上，呈 ➡ 時，按一下滑鼠左鍵選取此列。

2 於 **常用** 索引標籤選按 **插入** 清單鈕 \ **插入工作表列**。

◀ 在選取列上方會新增一列空白列，可以輸入相關的資料。

Step 2 刪除欄、列的方法

延續前面的操作，在此一樣以 "列" 說明。

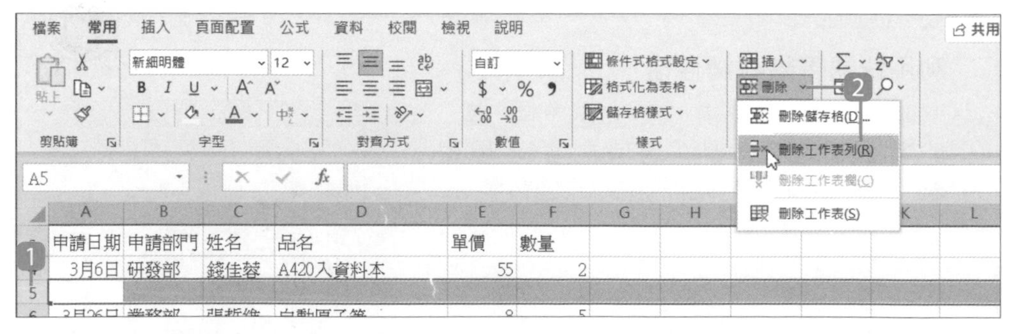

1 選取想要刪除的列。

2 於 **常用** 索引標籤選按 **刪除** 清單鈕 \ **刪除工作表列**，可以刪除選取的列。

3.12 調整欄、列資料的排序

資料完成輸入後，可以利用按鍵或拖曳的方式調整欄列的順序。

Step 1 調整列的資料順序

將 "3月26日" 的申請明細移到 "4月7日" 申請明細的上方。

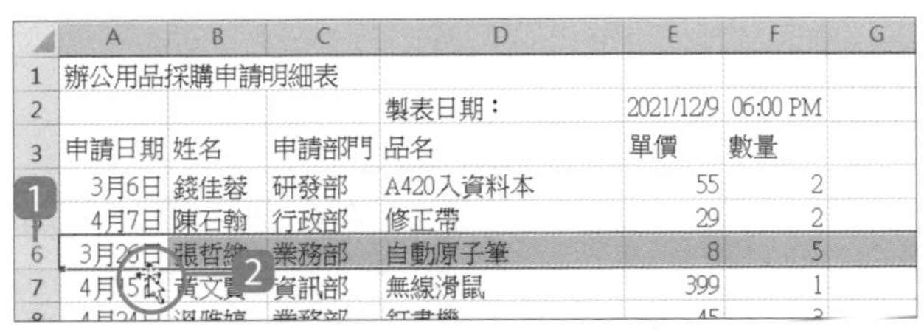

	A	B	C	D	E	F	G
1	辦公用品採購申請明細表						
2				製表日期：	2021/12/9	06:00 PM	
3	申請日期	姓名	申請部門	品名	單價	數量	
4	3月6日	錢佳蓉	研發部	A420入資料本	55	2	
5	4月7日	陳石翰	行政部	修正帶	29	2	
6	3月26日	張哲維	業務部	自動原子筆	8	5	
7	4月15日	黃文賢	資訊部	無線滑鼠	399	1	

	A	B	C	D	E	F	G	H
1	辦公用品採購申請明細表							
2				製表日期：	2021/12/9	06:00 PM		
3	申請日期	申請部門	姓名	品名	單價	數量		
4	3月6日	研發部	錢佳蓉	A420入資料本	55	2		
5	4月7日	業務部	張哲維	自動原子筆	8	5		
6	3月26日	行政部	陳石翰	修正帶	29	2		
7	4月15日	資訊部	黃文賢	無線滑鼠	399	1		
8	4月24日	業務部	溫雅婷	釘書機	45	3		
9	5月8日	行政部	曾秀芬	特大迴紋針	35	3		

1. 要調整的列號上按一下滑鼠左鍵，選取此列。
2. 將滑鼠指標移至選取的範圍上框，呈 ⇱ 狀。
3. 按滑鼠左鍵不放，再按 Shift 鍵不放，往上拖曳至合適位置上放開滑鼠左鍵與 Shift 鍵。

Step 2 調整欄的資料順序

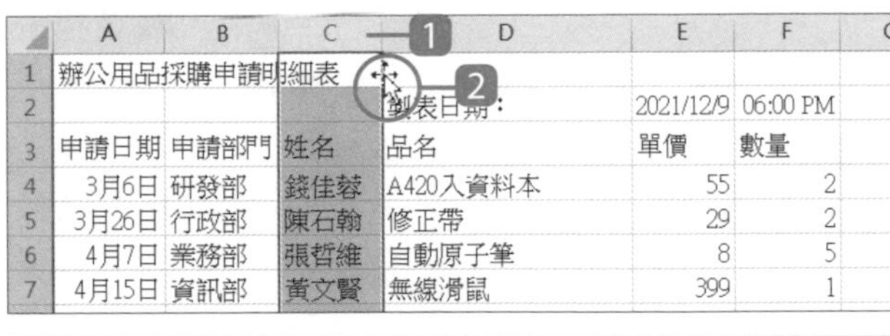

	A	B	C	D	E	F
1	辦公用品採購申請明細表					
2				製表日期：	2021/12/9	06:00 PM
3	申請日期	申請部門	姓名	品名	單價	數量
4	3月6日	研發部	錢佳蓉	A420入資料本	55	2
5	3月26日	行政部	陳石翰	修正帶	29	2
6	4月7日	業務部	張哲維	自動原子筆	8	5
7	4月15日	資訊部	黃文賢	無線滑鼠	399	1

	A	B	C	D	E	F
1	辦公用品採購申請明細表					
2				製表日期：	2021/12/9	06:00 PM
3	申請日期	申請部門	姓名	品名	單價	數量
4	3月6日	研發部	錢佳蓉	A420入資料本	55	2
5	3月26日	行政部	陳石翰	修正帶	29	2
6	4月7日	業務部	張哲維	自動原子筆	8	5
7	4月15日	資訊部	黃文賢	無線滑鼠	399	1

1. 要調整的欄名上按一下滑鼠左鍵，選取此欄。
2. 將滑鼠指標移至選取的範圍上框，呈 ⇱ 狀。
3. 按滑鼠左鍵不放，再按 Shift 鍵不放，往左拖曳至合適位置上放開滑鼠左鍵與 Shift 鍵。

3.13 自動填滿連續或等差數資料

連續儲存格中填入連續的數字、編號或文字是很常見的 Excel 操作，不需手動一個個輸入，只要利用自動填滿功能即可快速完成。

自動填滿連續編號

Step 1 **輸入資料**

於 **編號** 欄位先輸入第一筆編號。

	A	B	C	D	E	F	G
1	辦公用品採購申請明細表						
2					製表日期：	2021/12/9	06:00 PI
3	編號	申請日期	申請部門	姓名	品名	單價	數量
4	A001	3月6日	研發部	錢佳蓉	A420入資料本	55	
5		3月26日	業務部	張哲維	自動原子筆	8	
6		4月7日	行政部	陳石翰	修正帶	29	

◀ 選取 A4 儲存格輸入編號「A001」。

Step 2 **自動填滿連續編號**

A001 是文字資料，該欄位內後續的資料為 A002、A003...，因此直接利用拖曳方式填滿連續數列 (若是數值資料則需按 Ctrl 鍵不放再拖曳填滿)。

	A	B	C	D	E	F	G
1	辦公用品採購申請明細表						
2					製表日期：	2021/12/9	06:00 PM
3	編號	申請日期	申請部門	姓名	品名	單價	數量
4	A001	3月6日	研發部	錢佳蓉	A420入資料本	55	
5		3月26日	業務部	張哲維	自動原子筆	8	

	A	B	C	D	E	F	G
1	辦公用品採購申請明細表						
2					製表日期：	2021/12/9	06:00 PM
3	編號	申請日期	申請部門	姓名	品名	單價	數量
4	A001	3月6日	研發部	錢佳蓉	A420入資料本	55	
5	A002	3月26日	業務部	張哲維	自動原子筆	8	
6	A003	4月7日	行政部	陳石翰	修正帶	29	
7	A004	4月15日	資訊部	黃文賢	無線滑鼠	399	
8	A005	4月24日	業務部	溫雅婷	釘書機	45	
9	A006	5月8日	行政部	曾秀芬	特大迴紋針	35	
10	A007	5月11日	公關部	楊智城	可換卡水白板筆-黑	28	
11	A008	5月22日	業務部	倪雅婷	事務剪刀	18	
12	A009	6月9日	行政部	杜奕翔	九色可再貼螢光標籤	28	
13	A010	6月[illegible]日	資訊部	彭雅晴	A4公文袋	15	1
14							

1. 將滑鼠指標移到 A4 儲存格右下角的 **填滿控點** 上，呈 **+** 狀。
2. 按滑鼠左鍵不放往下拖曳到 A13 儲存格，放開滑鼠左鍵，自動填滿連續數列。

自動填滿等差編號

Step 1 輸入資料

於 **編號** 欄位先輸入二筆以 "5" 為間隔的編號。

	A	B	C	D	E	F	G
1	辦公用品採購申請明細表						
2					製表日期：	2021/12/9	06:00 PM
3	編號	申請日期	申請部門	姓名	品名	單價	數量
4	A005	3月6日	研發部	錢佳蓉	A420入資料本	55	
5	A010	3月26日	業務部	張哲維	自動原子筆	8	
6		4月7日	行政部	陳石翰	修正帶	29	

◀ 分別選取 A4、A5 儲存格，輸入「A005」、「A010」。

Step 2 自動填滿以 "5" 為間隔的編號

	A	B	C	D	E	F	G
1	辦公用品採購申請明細表						
2					製表日期：	2021/12/9	06:00 PM
3	編號	申請日期	申請部門	姓名	品名	單價	數量
4	A005	3月6日	研發部	錢佳蓉	A420入資料本	55	
5	A010	3月26日	業務部	張哲維	自動原子筆	8	
6		4月7日	行政部	陳石翰	修正帶	29	
7		4月15日	資訊部	黃文賢	無線滑鼠	399	

	A	B	C	D	E	F	G
1	辦公用品採購申請明細表						
2					製表日期：	2021/12/9	06:00 PM
3	編號	申請日期	申請部門	姓名	品名	單價	數量
4	A005	3月6日	研發部	錢佳蓉	A420入資料本	55	
5	A010	3月26日	業務部	張哲維	自動原子筆	8	
6	A015	4月7日	行政部	陳石翰	修正帶	29	
7	A020	4月15日	資訊部	黃文賢	無線滑鼠	399	
8	A025	4月24日	業務部	溫雅婷	釘書機	45	
9	A030	5月8日	行政部	曾秀芬	特大迴紋針	35	
10	A035	5月11日	公關部	楊智城	可換卡水白板筆-黑	28	
11	A040	5月22日	業務部	倪雅婷	事務剪刀	18	
12	A045	6月9日	行政部	杜奕翔	九色可再貼螢光標籤	28	
13	A050	6月26日	資訊部	彭雅晴	A4公文袋	15	1
14							

1. 選取 A4:A5 儲存格範圍，將滑鼠指標移到 A5 儲存格右下角的 **填滿控點** 上，呈 **+** 狀。
2. 按滑鼠左鍵不放往下拖曳到 A13 儲存格，放開滑鼠左鍵，自動填滿等差數列。

資訊補給站

關於填滿數值或文字資料

除了手動拖曳，也可以於 **填滿控點** 上連按二下滑鼠左鍵自動填滿。

儲存格內的資料若為數值資料，可以拖曳儲存格的 **填滿控點**，預設填入方式為 **複製儲存格**，就是拖曳儲存格內容複製到其他儲存格中；如果配合 Ctrl 鍵拖曳，填入方式為 **以數列方式填滿** 填入連續編號。儲存格內的資料若是文字資料時，則是相反的操作方式。

3.14 自動填滿連續日期或星期

連續儲存格中除了可以填入連續的數字、編號或文字，也可以使用自動填滿功能填入連續的日期與星期。

Step 1 選取資料範圍

	A	B	C	D	E	F
1	辦公用品採購申請明細表					
2					製表日期：	2021/12/9
3	申請日期	星期	申請部門	姓名	品名	單價
4	3月6日	星期六	研發部	錢佳蓉	A420入資料本	55
5			業務部	張哲維	自動原子筆	8

◀ 選取 A4 儲存格。

Step 2 自動填滿連續日期與星期

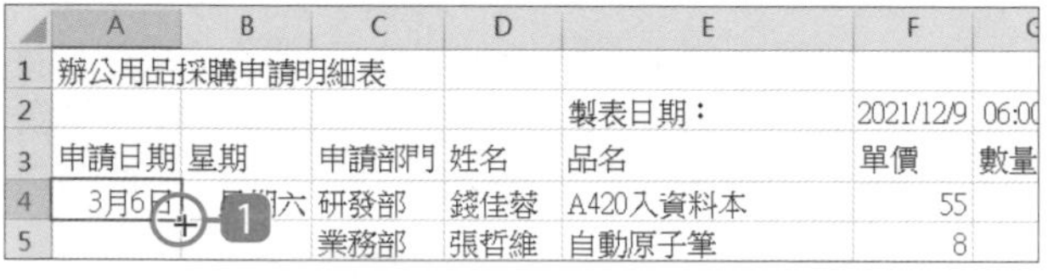

	A	B	C	D	E	F
1	辦公用品採購申請明細表					
2					製表日期：	2021/12/9
3	申請日期	星期	申請部門	姓名	品名	單價
4	3月6日	星期六	研發部	錢佳蓉	A420入資料本	55
5			業務部	張哲維	自動原子筆	8

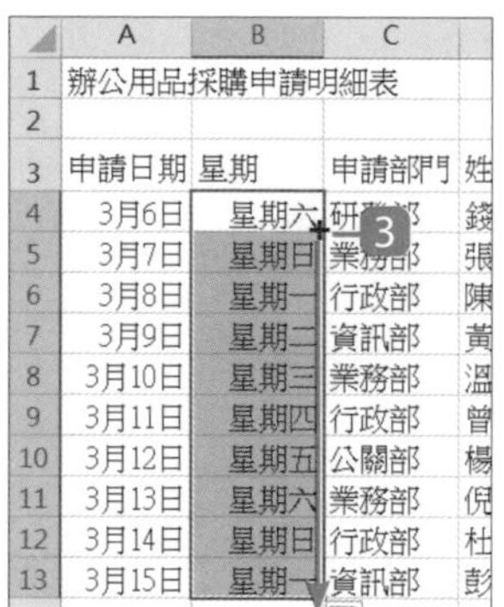

	A	B	C
1	辦公用品採購申請明細表		
2			
3	申請日期	星期	申請部門
4	3月6日	星期六	研發部
5	3月7日		業務部
6	3月8日		行政部
7	3月9日		資訊部
8	3月10日		業務部
9	3月11日		行政部
10	3月12日		公關部
11	3月13日		業務部
12	3月14日		行政部
13	3月15日		資訊部

	A	B	C
1	辦公用品採購申請明細表		
2			
3	申請日期	星期	申請部門
4	3月6日	星期六	研發部
5	3月7日	星期日	業務部
6	3月8日	星期一	行政部
7	3月9日	星期二	資訊部
8	3月10日	星期三	業務部
9	3月11日	星期四	行政部
10	3月12日	星期五	公關部
11	3月13日	星期六	業務部
12	3月14日	星期日	行政部
13	3月15日	星期一	資訊部

1. 將滑鼠指標移到 A4 儲存格右下角的 **填滿控點** 上，呈 **+** 狀。
2. 按滑鼠左鍵不放往下拖曳到 A13 儲存格，放開滑鼠左鍵，自動填滿連續日期。
3. 相同方式，選取 B4 儲存格，按其 **填滿控點** 不放往下拖曳到 B13 儲存格，自動填滿連續星期。

資訊補給站

關於自動填滿連續日期或星期

拖曳 **申請日期** 的過程中，如果遇到跨月份，會自動填入下個月的一號；填滿的資料超過 "星期日"，則是在下一筆自動填入 "星期一"。

3.15 智慧標籤的應用

認識智慧標籤

執行資料的複製、貼上或填滿...等操作時，儲存格右下角會出現一個 "智慧標籤" 符號。"智慧標籤" 會依據不同的資料或操作方式，顯示不同的功能按鈕，並列出可以執行的動作；只要按 Esc 鍵或執行其他功能，"智慧標籤" 就會自動消失。

▲ 當儲存格執行複製、貼上動作時，"智慧標籤" 會顯示 **貼上選項** 鈕，可切換貼上、貼上值、貼上公式...等貼上方式。

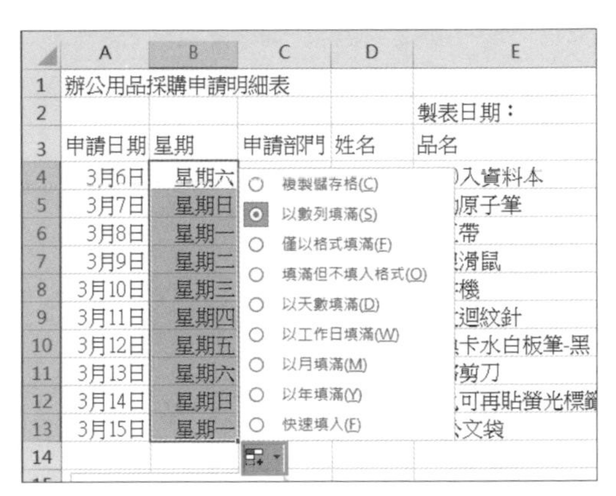

▲ 當儲存格執行自動填滿動作時，"智慧標籤" 會顯示 **自動填滿選項** 鈕，可切換複製儲存格、以數列填滿...等填滿方式。

以工作日、月或年自動填滿日期

以自動填滿功能建立日期後，可以透過 "智慧標籤" 選擇以工作日、月或年的方式填滿日期。

Step 1 選取資料範圍

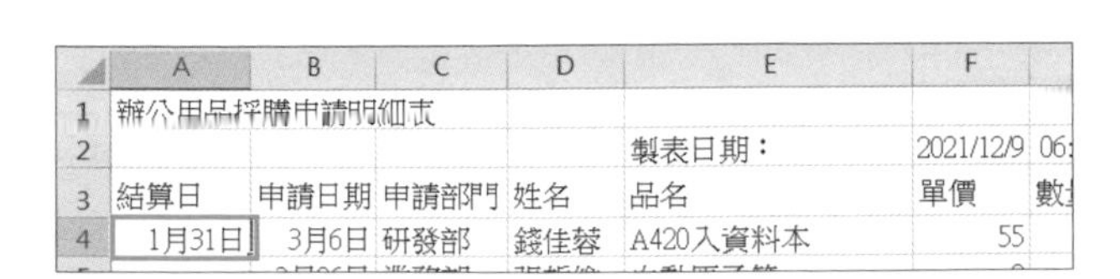

◀ 選取 A4 儲存格，因為結算日是每個月的月底，所以輸入「1/31」，然後按 Enter 鍵。

Step 2 自動以月填滿日期

利用 **以月填滿** 的方式，於 **結算日** 欄位填入另外九個月的月底日期。

	A	B	C	D	E	F	G
1	辦公用品採購申請明細表						
2					製表日期：	2021/12/9	06:
3	結算日	申請日期	申請部門	姓名	品名	單價	數
4	1月31日	3月6日	研發部	錢佳蓉	A420入資料本	55	
5		3月26日	業務部	張哲維	自動原子筆	8	
6		4月7日	行政部	陳石翰	修正帶	29	
7		4月15日	資訊部	黃文賢	無線滑鼠	399	
8		4月24日	業務部	溫雅婷	釘書機	45	
9		5月8日	行政部	曾秀芬	特大迴紋針	35	
10		5月11日	公關部	楊智城	可換卡水白板筆-黑	28	
11		5月22日	業務部	倪雅婷	事務剪刀	18	
12		6月9日	行政部	杜奕翔	九色可再貼螢光標籤	28	
13		6月26日	資訊部	彭雅晴	A4公文袋	15	

1 將滑鼠指標移到 A4 儲存格右下角的 **填滿控點** 上，呈 **+** 狀。

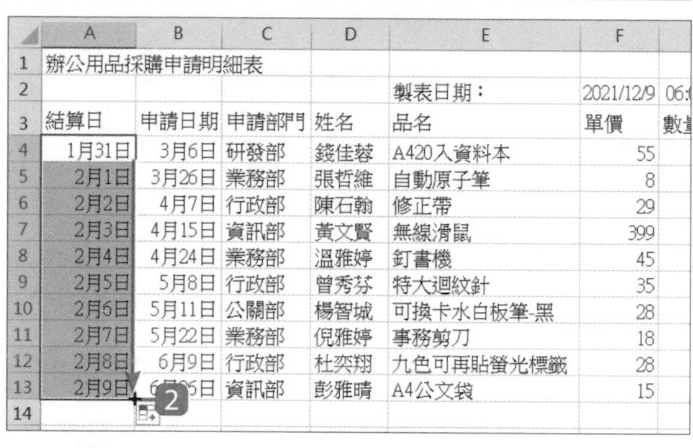

	A	B	C	D	E	F	G
1	辦公用品採購申請明細表						
2					製表日期：	2021/12/9	06:
3	結算日	申請日期	申請部門	姓名	品名	單價	數
4	1月31日	3月6日	研發部	錢佳蓉	A420入資料本	55	
5	2月1日	3月26日	業務部	張哲維	自動原子筆	8	
6	2月2日	4月7日	行政部	陳石翰	修正帶	29	
7	2月3日	4月15日	資訊部	黃文賢	無線滑鼠	399	
8	2月4日	4月24日	業務部	溫雅婷	釘書機	45	
9	2月5日	5月8日	行政部	曾秀芬	特大迴紋針	35	
10	2月6日	5月11日	公關部	楊智城	可換卡水白板筆-黑	28	
11	2月7日	5月22日	業務部	倪雅婷	事務剪刀	18	
12	2月8日	6月9日	行政部	杜奕翔	九色可再貼螢光標籤	28	
13	2月9日	6月26日	資訊部	彭雅晴	A4公文袋	15	
14							

2 按滑鼠左鍵不放往下拖曳到 A13 儲存格，放開滑鼠左鍵，自動填滿連續日期。

	A	B	C	D	E	F	G
1	辦公用品採購申請明細表						
2					製表日期：	2021/12/9	06:
3	結算日	申請日期	申請部門	姓名	品名	單價	數
4	1月31日			佳蓉	A420入資料本	55	
5	2月28日			哲維	自動原子筆	8	
6	3月31日			石翰	修正帶	29	
7	4月30日			文賢	無線滑鼠	399	
8	5月31日			雅婷	釘書機	45	
9	6月30日			秀芬	特大迴紋針	35	
10	7月31日			智城	可換卡水白板筆-黑	28	
11	8月31日			雅婷	事務剪刀	18	
12	9月30日			奕翔	九色可再貼螢光標籤	28	
13	10月31日			雅晴	A4公文袋	15	
14							

- 複製儲存格(C)
- 以數列填滿(S)
- 僅以格式填滿(F)
- 填滿但不填入格式(O)
- 以天數填滿(D)
- 以工作日填滿(W)
- ◉ 以月填滿(M)
- 以年填滿(Y)
- 快速填入(F)

3 於填滿範圍右下角選按 **自動填滿選項** 鈕，清單中核選 **以月填滿**，會顯示今年二月到十月每月最後一天的日期。

3.16 自訂自動填滿清單

Excel 中如果遇到資料填滿的動作，除了可以依序填滿如：週日、週一、週二...；一月、二月、三月...；甲、乙、丙...等內建的資料數列，當你有特殊需求時，也可以透過 **自訂清單**，建立想要填滿的清單內容，方便資料輸入。

Step 1 建立自訂清單的項目

自訂自動填滿清單的項目：行政部、業務部、公關部、資訊部、研發部。

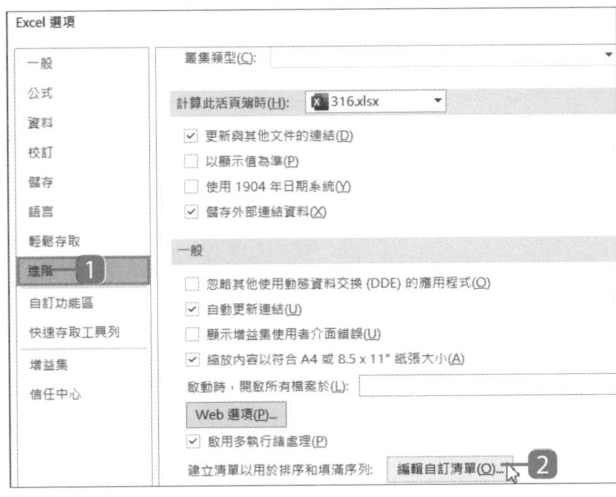

1. 於 **檔案** 索引標籤選按 **選項** 開啟對話方塊，選按 **進階** 項目。
2. 於 **一般** 選按 **編輯自訂清單** 鈕開啟對話方塊。

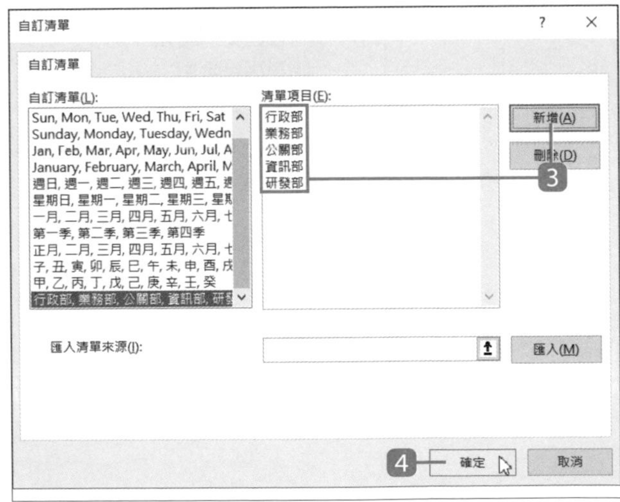

3. 於 **清單項目** 依序輸入「行政部」、「業務部」、「公關部」、「資訊部」、「研發部」，選按 **新增** 鈕 (可按 Enter 鍵分行，再輸入下一個清單項目)。
4. 選按 **確定** 鈕，再選按 **確定** 鈕。

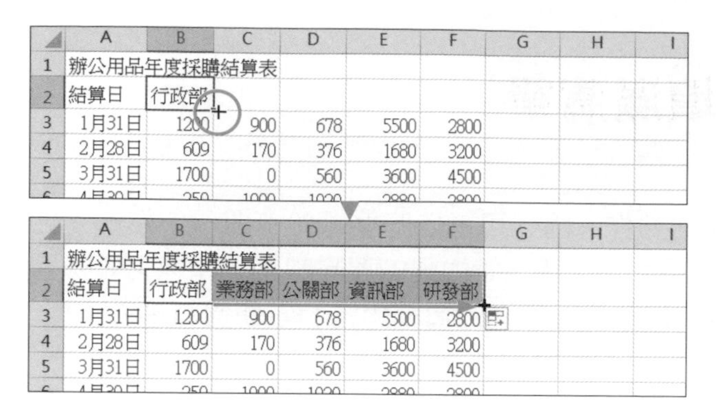

◀ 之後只要輸入「行政部」，就可以利用拖曳方式自動填滿「業務部」、「公關部」、「資訊部」、「研發部」。

Step 2 編輯或刪除自訂清單

於 **Excel 選項** 對話方塊選按 **進階** 項目，於 **一般** 選按 **編輯自訂清單** 鈕一樣進入 **自訂清單** 對話方塊，可完成編輯或刪除自訂清單。

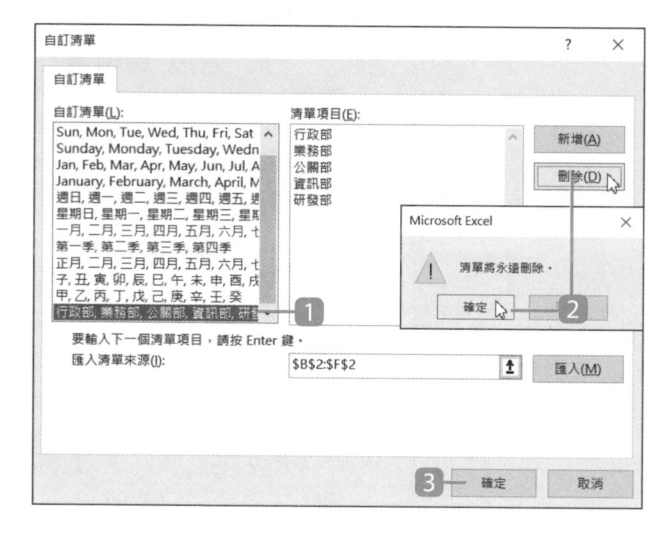

1. 在 **自訂清單** 選取想要編輯或刪除的自訂清單。
2. 在 **清單項目** 中增加或減少清單後，可以選按 **新增** 鈕更新；或是直接選按 **刪除** 鈕，再選按 **確定** 鈕，移除不需要的自訂清單。
3. 最後選按 **確定** 鈕返回 **Excel 選項** 對話方塊，再選按 **確定** 鈕完成編輯或刪除動作。

資料格式設定

格式與位置

- 字型、大小、色彩
- 靠左、靠右、置中
- 用縮排區分欄標題

數值

- $、千分位、小數位數
- % 百分比
- 表示負數資料

時間與日期

- 時間格式
- 日期格式
- 轉換日文、韓文格式

自訂

- 大寫金額並加上 "元整"
- 自訂數值格式
- 格式代碼

4.1 設定資料的顯示格式

常用 索引標籤 **字型** 區塊中，可設定文字的字型、大小、色彩、粗體、斜體、底線...等格式。

套用字型

套用工整、容易閱讀的字型，不僅可以在螢幕上輕鬆辨識，還可以列印出內容清晰且易讀性高的文件。

1. 選取 A1:F12 儲存格範圍。
2. 於 **常用** 索引標籤選按 **字型** 清單鈕。
3. 清單中選按合適字型。

調整字型大小與色彩

儲存格中的文字經由大小或色彩的調整，可以讓工作表上的資料更清楚。

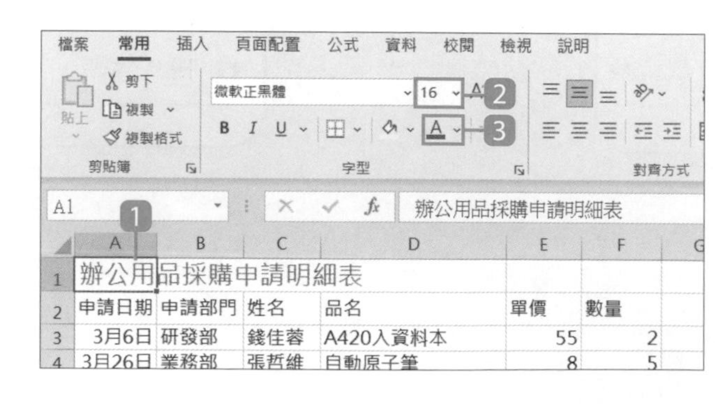

1. 選取 A1 儲存格。
2. 於 **常用** 索引標籤選按 **字型大小** 清單鈕，清單中選按合適大小。
3. 選按 **字型色彩** 清單鈕，清單中選按合適色彩。

套用粗體、斜體與底線

粗體、**斜體** 或 **底線** 格式，強調資料中的標題或小標、引用出處、金額結算...等文字或數字。

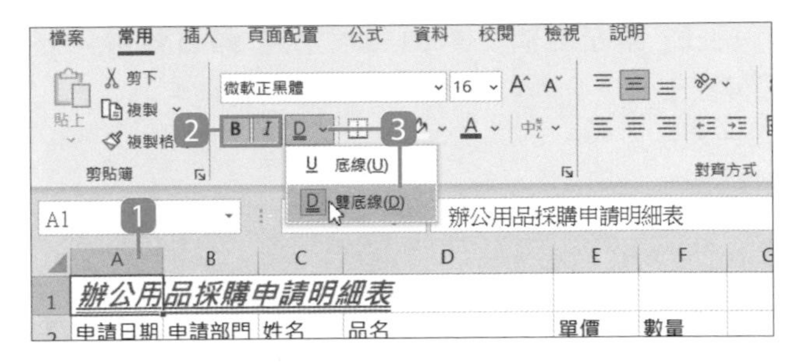

1. 選取 A1 儲存格。
2. 於 **常用** 索引標籤選按 **粗體**、**斜體**。
3. 於 **常用** 索引標籤選按 **底線** 清單鈕，清單中選按 **雙底線**。

更多的顯示格式設定

除了於 **常用** 索引標籤 **字型** 區塊設定字型、大小、色彩...等文字格式，透過 **設定儲存格格式** 對話方塊，一樣可以達到設定目的。

Step 1 選取資料範圍

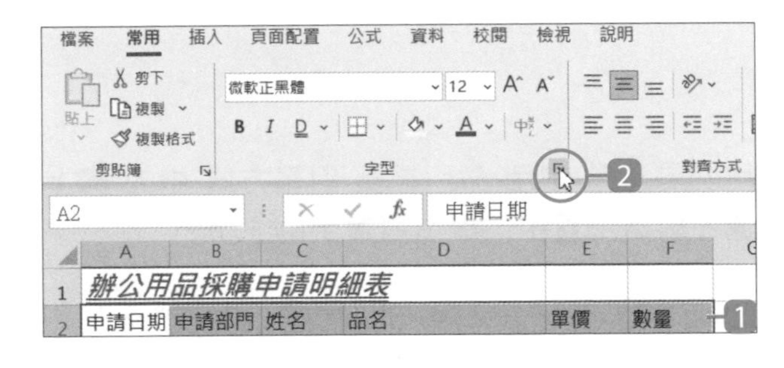

1. 選取 A2:F2 儲存格範圍。
2. 於 **常用** 索引標籤選按 **字型** 對話方塊啟動器開啟對話方塊。

Step 2 設定粗體

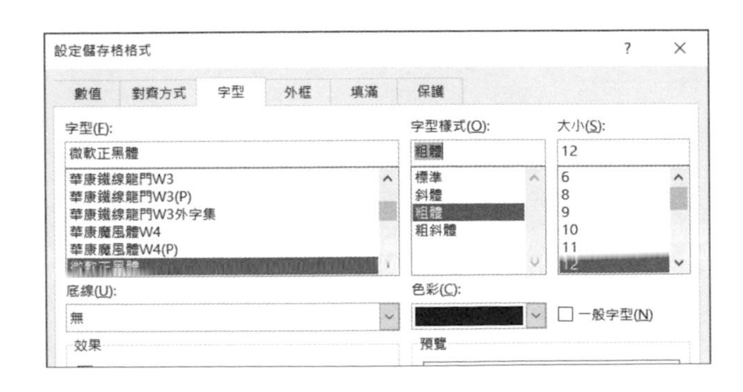

◀ 於 **字型** 標籤可以設定 **字型**、**字型樣式**、**大小**...等文字格式，這裡選按 **粗體** 及 **確定** 鈕，列 2 的標題文字變成粗體。

4.2 調整資料在儲存格中的位置

在 Excel 輸入資料，文字資料預設是 **靠左對齊**，數值資料則是 **靠右對齊**，你也可依需求自行設定不同的對齊方式。

指定靠左、靠右、置中對齊

Step 1 選取資料範圍

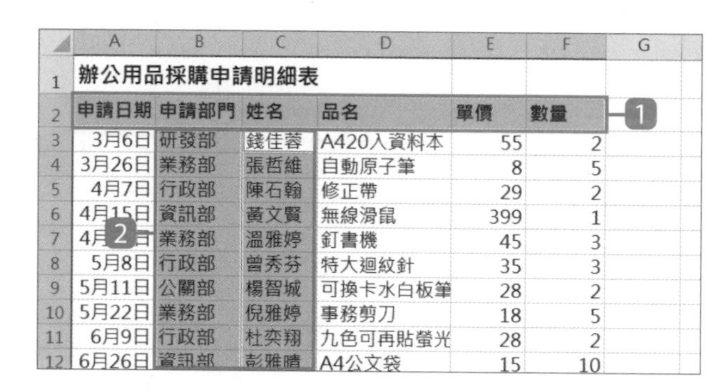

	A	B	C	D	E	F	G
1	辦公用品採購申請明細表						
2	申請日期	申請部門	姓名	品名	單價	數量	
3	3月6日	研發部	錢佳蓉	A420入資料本	55	2	
4	3月26日	業務部	張哲維	自動原子筆	8	5	
5	4月7日	行政部	陳石翰	修正帶	29	2	
6	4月15日	資訊部	黃文賢	無線滑鼠	399	1	
7	4月[illegible]日	業務部	溫雅婷	釘書機	45	3	
8	5月8日	行政部	曾秀芬	特大迴紋針	35	3	
9	5月11日	公關部	楊智城	可換卡水白板筆	28	2	
10	5月22日	業務部	倪雅婷	事務剪刀	18	5	
11	6月9日	行政部	杜奕翔	九色可再貼螢光	28	2	
12	6月26日	資訊部	彭雅晴	A4公文袋	15	10	

1 選取 A2:F2 儲存格範圍。

2 按 Ctrl 鍵不放，選取 B3:C12 儲存格範圍。

Step 2 設定對齊方式

儲存格資料的對齊方式，最常用的是透過 **常用** 索引標籤 **對齊方式** 中的 **靠上對齊**、**置中對齊**、**靠下對齊**、**靠左對齊**、**置中**、**靠右對齊** 功能設定。

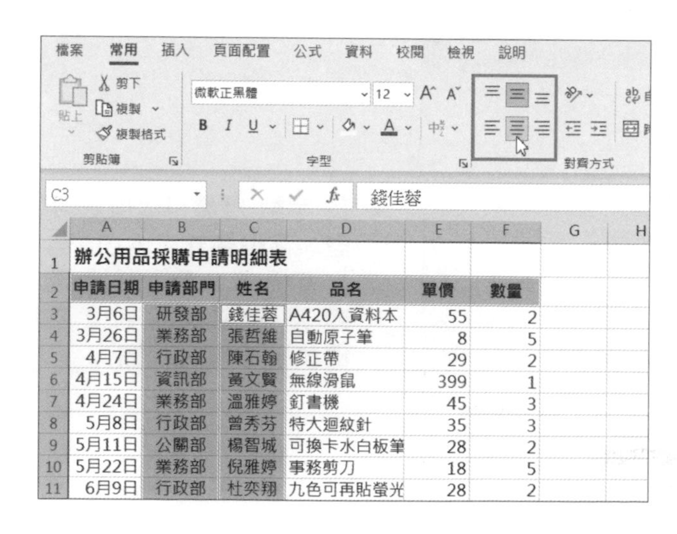

	A	B	C	D	E	F	G	H
1	辦公用品採購申請明細表							
2	申請日期	申請部門	姓名	品名	單價	數量		
3	3月6日	研發部	錢佳蓉	A420入資料本	55	2		
4	3月26日	業務部	張哲維	自動原子筆	8	5		
5	4月7日	行政部	陳石翰	修正帶	29	2		
6	4月15日	資訊部	黃文賢	無線滑鼠	399	1		
7	4月24日	業務部	溫雅婷	釘書機	45	3		
8	5月8日	行政部	曾秀芬	特大迴紋針	35	3		
9	5月11日	公關部	楊智城	可換卡水白板筆	28	2		
10	5月22日	業務部	倪雅婷	事務剪刀	18	5		
11	6月9日	行政部	杜奕翔	九色可再貼螢光	28	2		

◀ 於 **常用** 索引標籤選按 **置中**，儲存格資料會以水平置中方式顯示。

跨欄置中

跨欄置中的設計，可以處理因為儲存格欄寬不夠無法完整顯示的文字狀況，將指定範圍內的儲存格合併，資料置中對齊，特別適合用在表格名稱或標題。

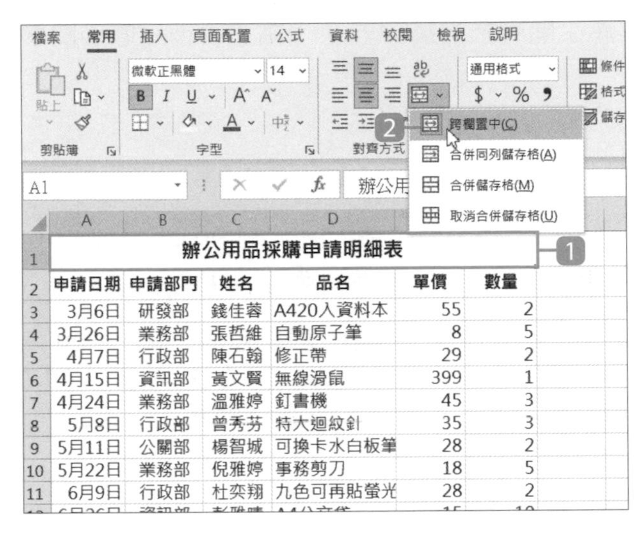

1. 選取 A1:F1 儲存格範圍。
2. 於 **常用** 索引標籤選按 **跨欄置中** 清單鈕 \ **跨欄置中**，儲存格資料會跟據選取的儲存格範圍設定跨欄置中。

資料太長，自動換行

在儲存格欄寬固定的狀態下，超出寬度的文字套用 **自動換行** 可以將超出欄寬的文字移至下行顯示，讓文字內容完整呈現。

1. 選取 D3:D12 儲存格範圍。
2. 於 **常用** 索引標籤選按 **自動換行**，會發現儲存格資料會以儲存格寬度為限定範圍，自動換行。

4.3 用縮排區分欄標題

同一欄的標題，可以透過縮排產生階層式的排列效果，讓資料彼此間的關聯性更加明顯。

Step 1 選取資料範圍

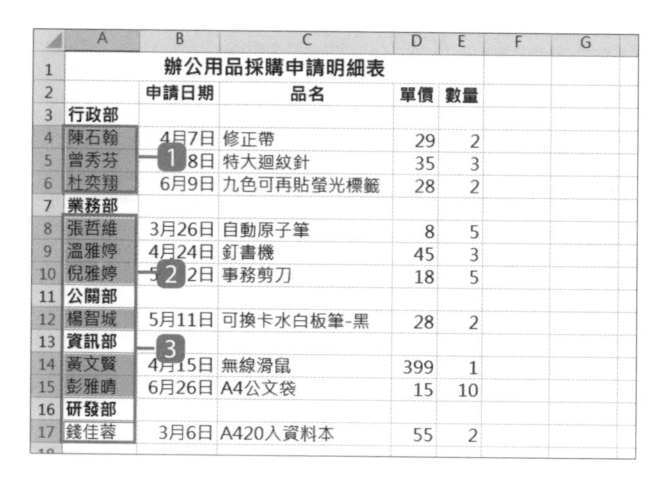

1 選取 A4:A6 儲存格範圍。

2 按 Ctrl 鍵不放。

3 連續選取 A8:A10、A12、A14:A15、A17 儲存格範圍。

Step 2 利用縮排功能排列文字

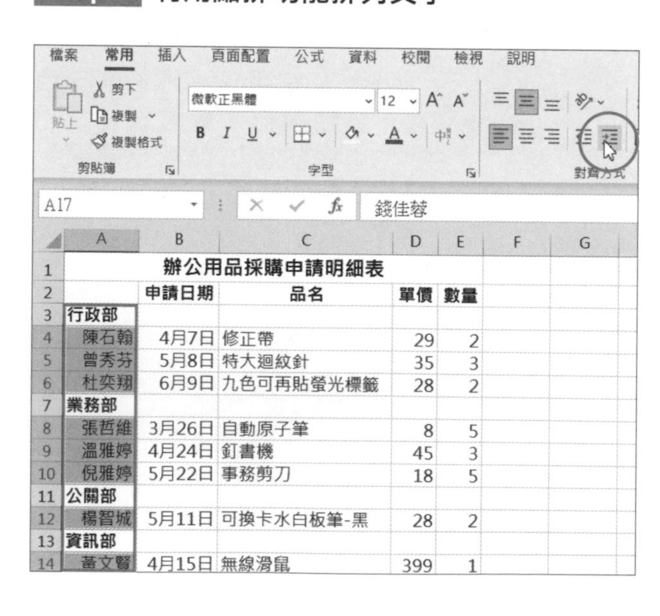

◀ 於 **常用** 索引標籤選按 **增加縮排**，可以看到選取的儲存格內容均套用縮排，產生階層效果。

4.4 加上 "$" 與千分位的數值格式

為數值資料套用如貨幣、千分位、百分比、小數位數...等格式類型，是財務報表常用的設定。

利用功能區設定

利用功能區的 **會計數字格式** 功能，快速套用 "$" 與千分位符號。

Step 1 選取資料範圍

	A	B	C	D	E	F	G
2	申請日期	申請部門	姓名	品名	單價	數量	
3	3月6日	研發部	錢佳蓉	A420入資料本	55	2	
4	3月26日	業務部	張哲維	自動原子筆	8	5	
5	4月7日	行政部	陳石翰	修正帶	29	2	
6	4月15日	資訊部	黃文賢	無線滑鼠	1200	1	
7	4月24日	業務部	溫雅婷	釘書機	45	3	
8	5月8日	行政部	曾秀芬	特大迴紋針	35	3	
9	5月11日	公關部	楊智城	可換卡水白板筆-黑	28	2	
10	5月22日	業務部	倪雅婷	事務剪刀	18	5	
11	6月9日	行政部	杜奕翔	九色可再貼螢光標籤	28	2	
12	6月26日	資訊部	彭雅晴	A4公文袋	15	10	
13							
14							

◀ 選取 E3:E12 儲存格範圍。

Step 2 為數值加上 "$" 與千分位符號

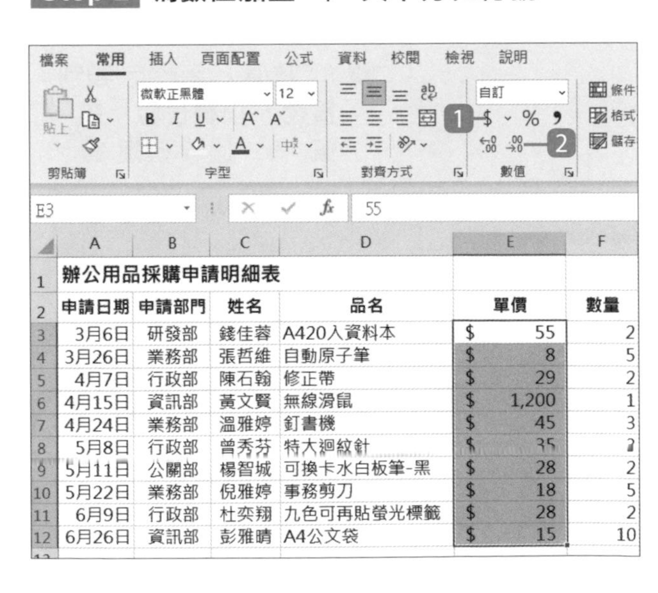

	A	B	C	D	E	F
1	辦公用品採購申請明細表					
2	申請日期	申請部門	姓名	品名	單價	數量
3	3月6日	研發部	錢佳蓉	A420入資料本	$ 55	2
4	3月26日	業務部	張哲維	自動原子筆	$ 8	5
5	4月7日	行政部	陳石翰	修正帶	$ 29	2
6	4月15日	資訊部	黃文賢	無線滑鼠	$ 1,200	1
7	4月24日	業務部	溫雅婷	釘書機	$ 45	3
8	5月8日	行政部	曾秀芬	特大迴紋針	$ 35	3
9	5月11日	公關部	楊智城	可換卡水白板筆-黑	$ 28	2
10	5月22日	業務部	倪雅婷	事務剪刀	$ 18	5
11	6月9日	行政部	杜奕翔	九色可再貼螢光標籤	$ 28	2
12	6月26日	資訊部	彭雅晴	A4公文袋	$ 15	10

1. 於 **常用** 索引標籤選按 **會計數字格式**。
2. 於 **常用** 索引標籤選按 **減少小數位數** 二次。

利用對話方塊設定

除了利用功能區完成 "$" 與千分位符號的套用，透過對話方塊一樣可以設定相同數值格式。

Step 1 選取資料範圍

	A	B	C	D	E	F
2	申請日期	申請部門	姓名	品名	單價	數量
3	3月6日	研發部	錢佳蓉	A420入資料本	55	2
4	3月26日	業務部	張哲維	自動原子筆	8	5
5	4月7日	行政部	陳石翰	修正帶	29	2
6	4月15日	資訊部	黃文賢	無線滑鼠	1200	1
7	4月24日	業務部	溫雅婷	釘書機	45	3
8	5月8日	行政部	曾秀芬	特大迴紋針	35	3
9	5月11日	公關部	楊智城	可換卡水白板筆-黑	28	2
10	5月22日	業務部	倪雅婷	事務剪刀	18	5
11	6月9日	行政部	杜奕翔	九色可再貼螢光標籤	28	2
12	6月26日	資訊部	彭雅晴	A4公文袋	15	10

◀ 選取 E3:E12 儲存格範圍。

Step 2 為數值加上 "$" 與千分位符號

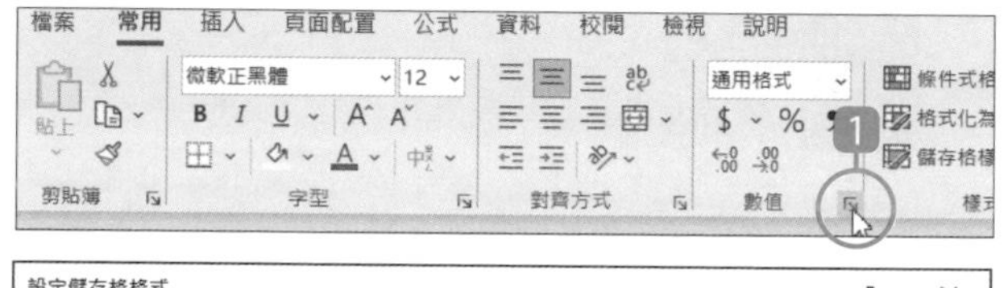

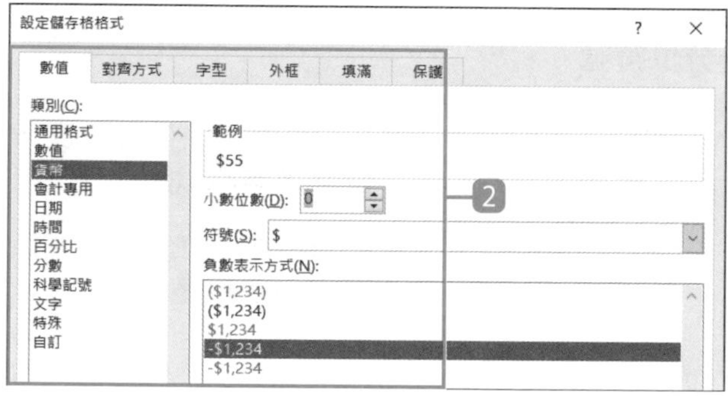

1 於 **常用** 索引標籤選按 **數值** 對話方塊啟動器開啟對話方塊。

2 於 **數值** 標籤設定 **類別**：**貨幣**、**小數位數**：**0**、**符號**：**$**，選按 **確定** 鈕。

資訊補給站

套用人民幣、英鎊、歐元...等其他國家的貨幣格式

若要套用其他國家的貨幣格式，可選按 $ 會計數字格式 清單鈕 \ **其他會計格式**，於 **會計專用** 類別 \ **符號** 中選按合適的貨幣符號。

4.5 增加或減少小數位數

儲存格中的數值，如果經過運算產生無法整除，或小數位數過多的情況時，可以根據需求增減小數位數。

Step 1 選取資料範圍

採購金額佔比 主要根據辦公用品的 **合計** 及 **金額** 的值計算，以小數位數的格式顯示。

	A	B	C	D	E	F
1	辦公用品採購金額佔比					
2	品名	金額	採購金額佔比			
3	修正帶	$58	0.048373645			
4	特大迴紋針	$105	0.087572977			
5	九色可再貼螢光標籤	$56	0.046705588			
6	自動原子筆	$40	0.033361134			
7	釘書機	$135	0.112593828			
8	事務剪刀	$90	0.075062552			
9	可換卡水白板筆-黑	$56	0.046705588			
10	無線滑鼠	$399	0.332777314			
11	A4公文袋	$150	0.125104254			
12	A420入資料本	$110	0.091743119			
13	合計	$1,199				

◀ 選取 C3:C12 儲存格範圍。

Step 2 將小數位數減少到二位

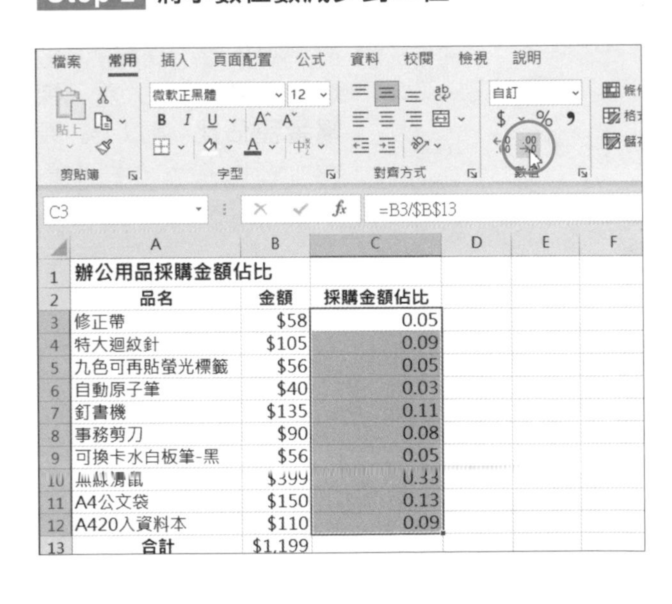

	A	B	C	D	E	F
1	辦公用品採購金額佔比					
2	品名	金額	採購金額佔比			
3	修正帶	$58	0.05			
4	特大迴紋針	$105	0.09			
5	九色可再貼螢光標籤	$56	0.05			
6	自動原子筆	$40	0.03			
7	釘書機	$135	0.11			
8	事務剪刀	$90	0.08			
9	可換卡水白板筆-黑	$56	0.05			
10	無線滑鼠	$399	0.33			
11	A4公文袋	$150	0.13			
12	A420入資料本	$110	0.09			
13	合計	$1,199				

◀ 於 **常用** 索引標籤選按 **減少小數位數** 七次，**採購金額佔比** 會四捨五入到小數點第二位。

4.6 將數字格式化為 "%" 百分比

百分比，是一種以分數呈現比例的數值格式，分母為 "100"，符號為 "%"。主要應用在商品折扣、產品成份、人口比例、考試及格率...等資料呈現。

Step 1 選取資料範圍

	A	B	C	D	E	F
1	辦公用品採購金額佔比					
2	品名	金額	採購金額佔比			
3	修正帶	$58	0.05			
4	特大迴紋針	$105	0.09			
5	九色可再貼螢光標籤	$56	0.05			
6	自動原子筆	$40	0.03			
7	釘書機	$135	0.11			
8	事務剪刀	$90	0.08			
9	可換卡水白板筆-黑	$56	0.05			
10	無線滑鼠	$399	0.33			
11	A4公文袋	$150	0.13			
12	A420入資料本	$110	0.09			
13	合計	$1,199				

◀ 選取 C3:C12 儲存格範圍。

Step 2 為數值加上 "%" 並含二位的小數位數

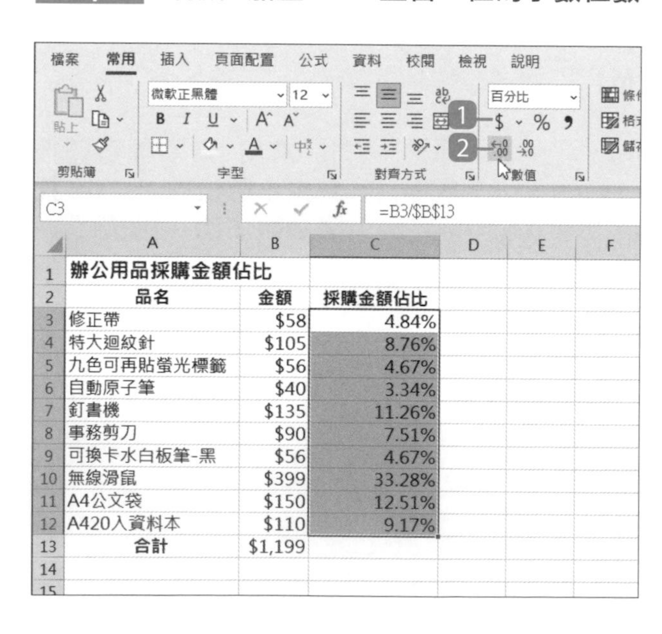

	A	B	C	D	E	F
1	辦公用品採購金額佔比					
2	品名	金額	採購金額佔比			
3	修正帶	$58	4.84%			
4	特大迴紋針	$105	8.76%			
5	九色可再貼螢光標籤	$56	4.67%			
6	自動原子筆	$40	3.34%			
7	釘書機	$135	11.26%			
8	事務剪刀	$90	7.51%			
9	可換卡水白板筆-黑	$56	4.67%			
10	無線滑鼠	$399	33.28%			
11	A4公文袋	$150	12.51%			
12	A420入資料本	$110	9.17%			
13	合計	$1,199				
14						

1. 於 **常用** 索引標籤選按 **百分比樣式**。
2. 於 **常用** 索引標籤選按 **增加小數位數** 二次，**採購金額佔比** 會以 % 顯示，並四捨五入到小數點第二位。

4.7 用括弧與紅色表示負數資料

財務報表常以紅字或括弧表示負數，因此能於龐大的數字流中快速察覺。

Step 1 選取資料範圍

	A	B	C	D	E	F	G
1	辦公用品採購支出明細表				零用金	$1,000	
2	申請日期	申請部門	姓名	品名	金額	餘額	
3	3月6日	研發部	錢佳蓉	A420入資料本	$110	$890	
4	3月26日	業務部	張哲維	自動原子筆	$40	$850	
5	4月7日	行政部	陳石翰	修正帶	$58	$792	
6	4月15日	資訊部	黃文賢	無線滑鼠	$399	$393	
7	4月24日	業務部	溫雅婷	釘書機	$135	$258	
8	5月8日	行政部	曾秀芬	特大迴紋針	$105	$153	
9	5月11日	公關部	楊智城	可換卡水白板筆-黑	$56	$97	
10	5月22日	業務部	倪雅婷	事務剪刀	$90	$7	
11	6月9日	行政部	杜奕翔	九色可再貼螢光標籤	$56	-$49	
12	6月26日	資訊部	彭雅晴	A4公文袋	$150	-$199	

◀ 選取 F3:F12 儲存格範圍。

Step 2 把負數改為括號並標示紅色

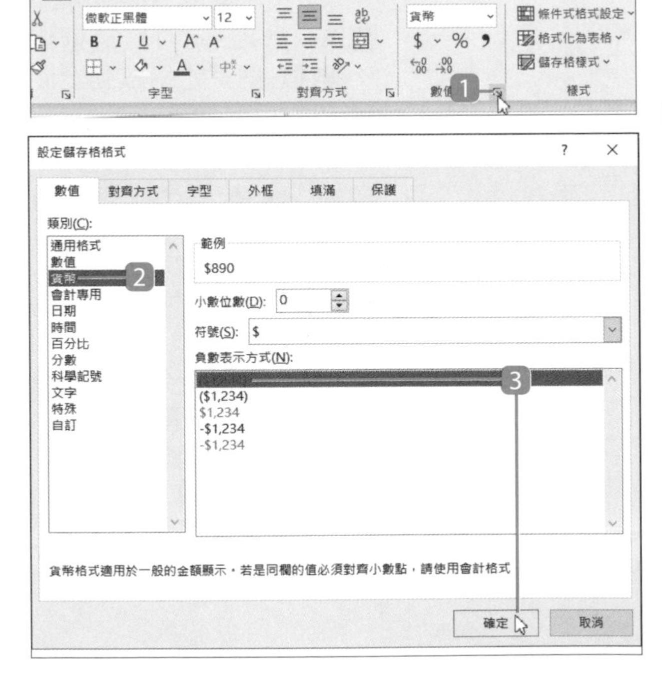

1. 於 **常用** 索引標籤選按 **數值** 對話方塊啟動器開啟對話方塊。
2. 於 **數值** 標籤選按 **類別：貨幣**。
3. 設定 **負數表示方式**：($1,234)，選按 **確定** 鈕。

4.8 為時間資料套用適合格式

在儲存格中輸入時間，會出現預設的時間格式。下午一點，可以輸入「13:00」不能輸入「1:00PM」，後者 Excel 會視為文字資料，如果希望以 AM、PM 格式呈現，要套用合適的時間格式。

Step 1 選取時間資料來源

	B	C	D	E	F	G
2	申請時間	申請部門	姓名	品名	單價	數量
3	9:30	研發部	錢佳蓉	A420入資料本	55	2
4	11:00	業務部	張哲維	自動原子筆	8	5
5	9:00	行政部	陳石翰	修正帶	29	2
6	15:00	資訊部	黃文賢	無線滑鼠	399	1
7	16:30	業務部	溫雅婷	釘書機	45	3
8	13:30	行政部	曾秀芬	特大迴紋針	35	3
9	13:30	公關部	楊智城	可換卡水白板筆-黑	28	2
10	14:00	業務部	倪雅婷	事務剪刀	18	5
11	9:00	行政部	杜奕翔	九色可再貼螢光標籤	28	2
12	9:00	資訊部	彭雅晴	A4公文袋	15	10

◀ 選取 B3:B12 儲存格範圍。

Step 2 選擇合適的時間類型

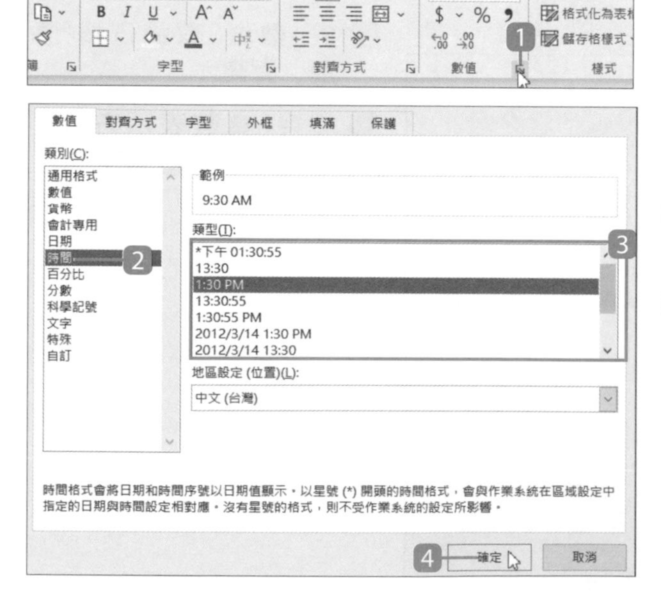

1. 於 **常用** 索引標籤選按 **數值** 對話方塊啟動器開啟對話方塊。
2. 於 **數值** 標籤設定 **類別：時間**。
3. 於 **類型** 清單中選按合適類型。
4. **範例** 欄位中會以目前選取的儲存格範圍第一個時間顯示預覽，確認後選按 **確定** 鈕。

4.9 為日期資料套用適合格式

日期資料是工作表中重要的依據，Excel 提供了多種格式設定，若格式有誤也可能會影響後續的統計應用。

Step 1 選取日期資料範圍

	A	B	C	D	E	F
1	辦公用品採購申請明細表					
2	申請日期	申請部門	姓名	品名	單價	數量
3	3月6日	研發部	錢佳蓉	A420入資料本	55	2
4	3月26日	業務部	張哲維	自動原子筆	8	5
5	4月7日	行政部	陳石翰	修正帶	29	2
6	4月15日	資訊部	黃文賢	無線滑鼠	399	1
7	4月24日	業務部	溫雅婷	釘書機	45	3
8	5月8日	行政部	曾秀芬	特人迴紋針	35	3
9	5月11日	公關部	楊智城	可換卡水白板筆-黑	28	2
10	5月22日	業務部	倪雅婷	事務剪刀	18	5
11	6月9日	行政部	杜奕翔	九色可再貼螢光標籤	28	2
12	6月26日	資訊部	彭雅晴	A4公文袋	15	10

◀ 選取 A3:A12 儲存格範圍。

Step 2 選擇合適的日期類型

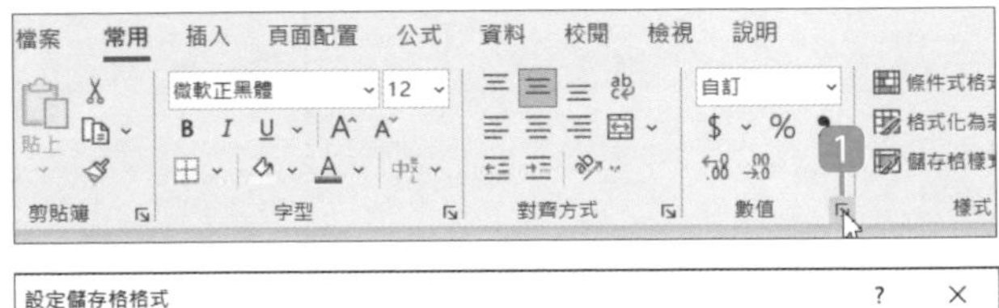

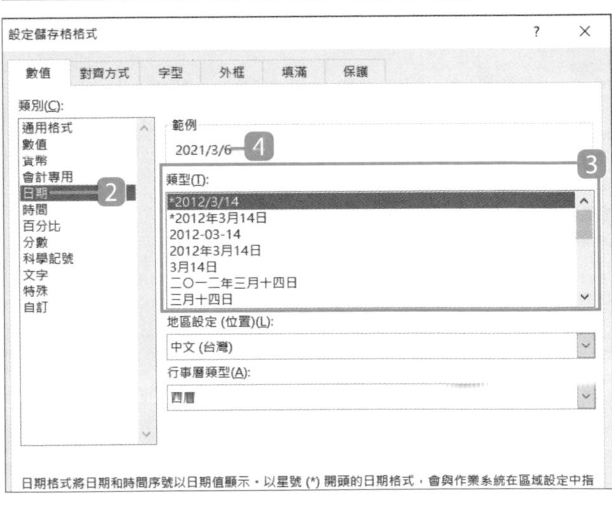

1 於 **常用** 索引標籤選按 **數值** 對話方塊啟動器開啟對話方塊。

2 於 **數值** 標籤設定 **類別：日期**。

3 於 **類型** 清單中選按合適類型。

4 **範例** 欄位中會以目前選取的儲存格範圍第一個日期顯示預覽，確認後選按 **確定** 鈕。

辦公用品採購申請明細表

申請日期	申請部門	姓名	品名	單價	數量
2021/3/6	研發部	錢佳蓉	A420入資料本	55	2
2021/3/26	業務部	張哲維	自動原子筆	8	5
2021/4/7	行政部	陳石翰	修正帶	29	2
2021/4/15	資訊部	黃文賢	無線滑鼠	399	1
2021/4/24	業務部	溫雅婷	釘書機	45	3
2021/5/8	行政部	曾秀芬	特大迴紋針	35	3
2021/5/11	公關部	楊智城	可換卡水白板筆-黑	28	2
2021/5/22	業務部	倪雅婷	事務剪刀	18	5
2021/6/9	行政部	杜奕翔	九色可再貼螢光標籤	28	2
2021/6/26	資訊部	彭雅晴	A4公文袋	15	10

◀ 工作表選取的儲存格中，原本的日期資料已依指定的格式呈現。

資訊補給站

以 "中華民國曆" 或 "西曆" 呈現日期資料

Excel 的日期格式預設是以西曆方式呈現，也就是 2021/3/6、6-MAR-21；若想以中華民國曆方式呈現，需於設定儲存格格式時在 **日期** 類別中，**行事曆類型** 選擇 **中華民國曆**，於上方的 **類型** 清單中就會呈現多款中華民國曆格式供你選擇。

4.10 將日期資料轉換為日文、韓文格式

即使是同一天，不同國家也會有不同的表現方式。例如「2021/3/6」，台灣顯示為 "民國110年3月6日"，日本則顯示為 "令和3年3月6日"。

Step 1 選取日期資料範圍

	A	B	C	D	E
1	辦公用品採購申請明細表				
2	申請日期	申請部門	姓名	品名	單價
3	民國110年3月6日	研發部	錢佳蓉	A420入資料本	55
4	民國110年3月26日	業務部	張哲維	自動原子筆	8
5	民國110年4月7日	行政部	陳石翰	修正帶	29
6	民國110年4月15日	資訊部	黃文賢	無線滑鼠	399
7	民國110年4月24日	業務部	溫雅婷	釘書機	45
8	民國110年5月8日	行政部	曾秀芬	特大迴紋針	35
9	民國110年5月11日	公關部	楊智城	可換卡水白板筆-黑	28
10	民國110年5月22日	業務部	倪雅婷	事務剪刀	18
11	民國110年6月9日	行政部	杜奕翔	九色可再貼螢光標籤	28
12	民國110年6月26日	資訊部	彭雅晴	A4公文袋	15

◀ 選取 A3:A12 儲存格範圍。

Step 2 選擇合適的日期類型

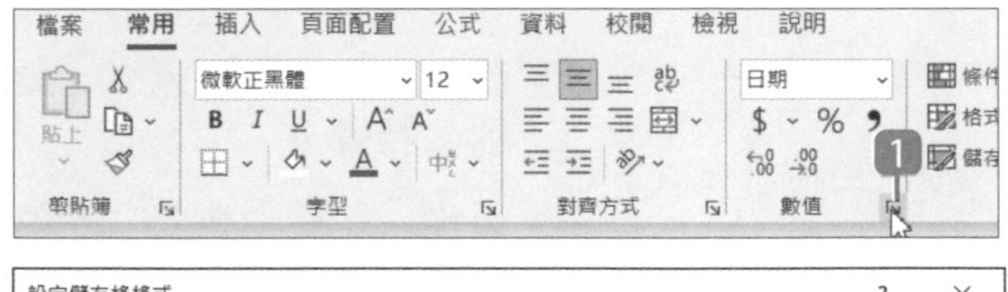

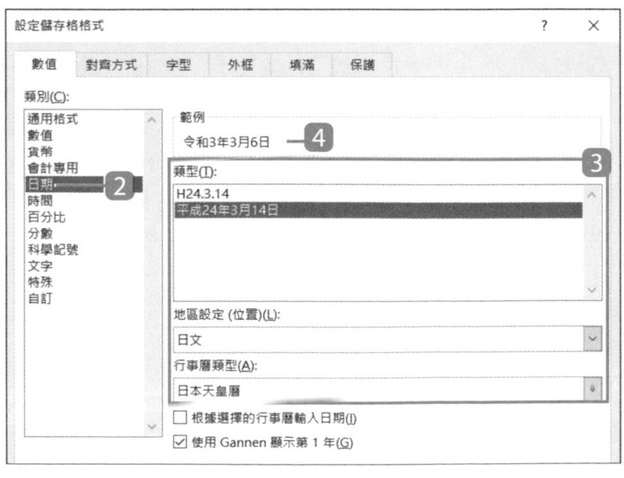

1. 於 **常用** 索引標籤選按 **數值** 對話方塊啟動器開啟對話方塊。
2. 於 **數值** 標籤設定 **類別：日期**。
3. 設定 **地區設定：日文**、**行事曆類型：日本天皇曆**、**類型** 清單中選按合適類型。
4. **範例** 欄位中會以目前選取的儲存格範圍第一個日期顯示預覽，確認後選按 **確定** 鈕。

4.11 數值以壹、貳...大寫表示並加註文字

商業應用上，常需要將阿拉伯數字轉成中文的大寫數字，如：零、壹、貳、參、肆...等表現方式，金額的單位則為：拾、佰、仟、萬、億。

Step 1 選取資料範圍

	A	B	C	D	E	F
6	4月15日	資訊部	黃文賢	無線滑鼠	$399	
7	4月24日	業務部	溫雅婷	釘書機	$135	
8	5月8日	行政部	曾秀芬	特大迴紋針	$105	
9	5月11日	公關部	楊智城	可換卡水白板筆-黑	$56	
10	5月22日	業務部	倪雅婷	事務剪刀	$90	
11	6月9日	行政部	杜奕翔	九色可再貼螢光標籤	$56	
12	6月26日	資訊部	彭雅晴	A4公文袋	$150	
13				合計	$1,199	

◀ 選取 E13 儲存格。

Step 2 金額以大寫表示並加上 "元整"

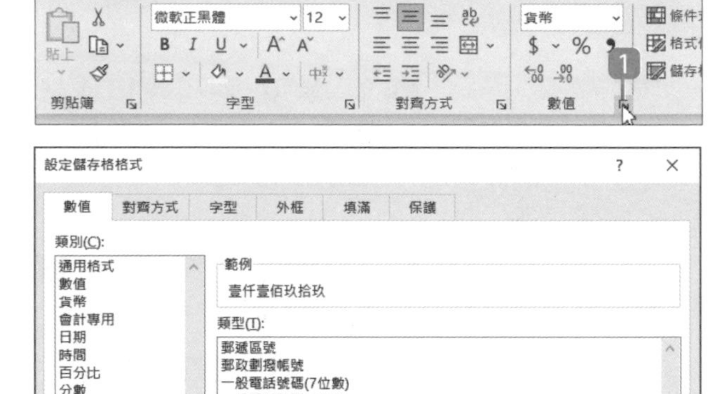

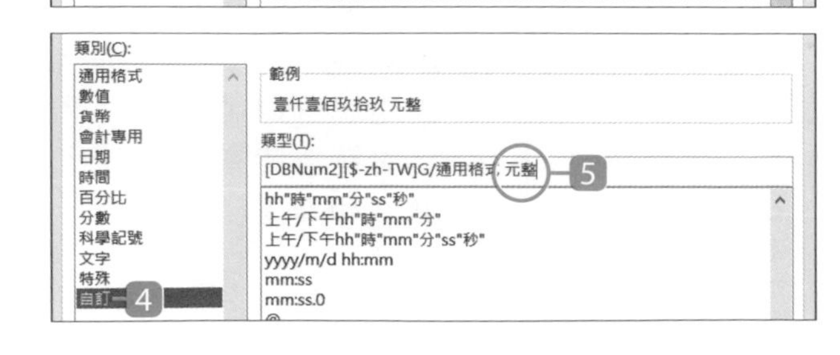

1. 於 **常用** 索引標籤選按 **數值** 對話方塊啟動器開啟對話方塊。
2. 於 **數值** 標籤選按 **類別：特殊**。
3. **類型** 清單中選按 **壹萬貳仟參肆拾伍**。
4. 接著選按 **類別：自訂**。
5. 於 **類型** 欄可以看到 **類別：特殊** 中選按的 **壹萬貳仟參佰肆拾伍** 類型所產生的格式代碼，於最後方按一下 Space 鍵再輸入「元整」，選按 **確定** 鈕。

4.12 為符合條件的數值資料套用自訂格式

手動為 **餘額** 欄數值自訂格式：當金額大於 0 時，以藍色文字呈現。

Step 1 選取資料範圍

	A	B	C	D	E	F
1	辦公用品採購支出明細表				零用金	$1,000
2	申請日期	申請部門	姓名	品名	金額	餘額
3	3月6日	研發部	錢佳蓉	A420入資料本	$110	$890
4	3月26日	業務部	張哲維	自動原子筆	$40	$850
5	4月7日	行政部	陳石翰	修正帶	$58	$792
6	4月15日	資訊部	黃文賢	無線滑鼠	$399	$393
7	4月24日	業務部	溫雅婷	釘書機	$135	$258
8	5月8日	行政部	曾秀芬	特大迴紋針	$105	$153
9	5月11日	公關部	楊智城	可換卡水白板筆-黑	$56	$97
10	5月22日	業務部	倪雅婷	事務剪刀	$90	$7
11	6月9日	行政部	杜奕翔	九色可再貼螢光標籤	$56	($49)
12	6月26日	資訊部	彭雅晴	A4公文袋	$150	($199)

◀ 選取 F3:F12 儲存格範圍。

Step 2 餘額大於 0 以藍色文字呈現

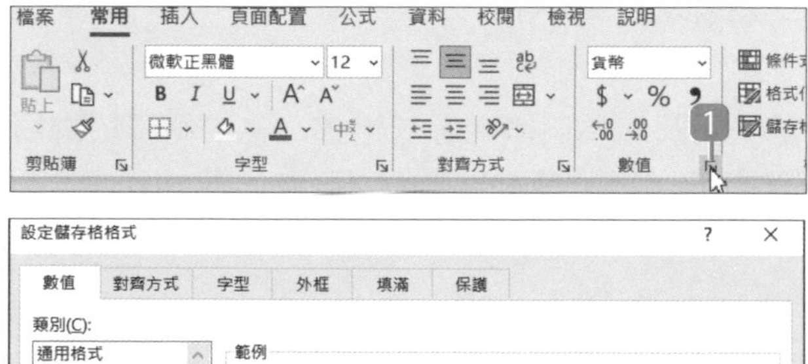

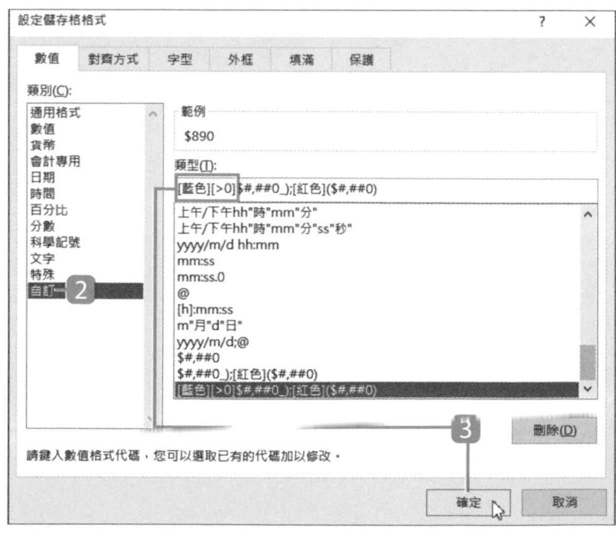

1 於 **常用** 索引標籤選按 **數值** 對話方塊啟動器開啟對話方塊。

2 於 **數值** 標籤選按 **類別**：**自訂**。

3 於 **類型** 欄位中目前的格式代碼最前方輸入：「[藍色][>0]」，再按 **確定** 鈕。(格式代碼中的括號、數值、各式符號均需為半型。)

4.13 認識自訂數值格式的格式代碼

格式代碼的組成結構與規則

數值、貨幣、百分比、日期和時間...的顯示格式有許多種，如果預設格式無法符合需求時，可以修改或自訂格式套用。

格式代碼的初學者，建議不用從頭開始定義格式，從預設格式中選擇需要套用的格式，再編輯一下，不但可以提高格式代碼的正確性，還可以快速達到目的。在修改預設格式，或組合格式代碼自訂格式之前，有些結構與規則需要注意：

- 數值格式中，最多可以有三個數字區段，及第四個文字區段。
- 第一個區段為正數格式，第二個區段為負數格式，第三個區段為零，區段之間以 " ; " 隔開。

$#,##0;-$#,##0;0;@

正數格式　負數格式　零格式　文字格式

- 如果只有二個數字區段，則第一個區段為正數和零的格式，第二個區段為負數的格式；如果只有一個數字區段，則所有數字都會 (正數、負數和零) 都會套用該格式。

格式代碼代表的意義

表格中整理了自訂數值格式中可能使用的格式代碼及其代表意義。

格式代碼	說明
G/通用格式	Excel 預設的數值格式。
[](中括號)	要在任何一個區段中設定色彩，會以 [] 指定色彩名稱。例如：[藍色]$#,##0;[紅色]-$#,##0;0。表示正數會顯示藍色，負數會顯示紅色。
0	數字預留位置。如：自訂格式為 #.00，當儲存格輸入「6.5」，會顯示為 6.50。

格式代碼	說明
#	數字預留位置。只會顯示有效數字，不會顯示額外的零。如：自訂格式為 #.##，儲存格輸入 「6.5」，會顯示為 6.5；若輸入「6.5555」會顯示為 6.56。
?	數字預留位置。規則與 0 代碼相同，差別在於數字如果少於自訂格式的 0，會以空格取代，以便依小數點對齊。如：要對齊 6.5 和 66.55 的小數點，可以自訂格式為 0.0?，儲存格中的 6.5，會顯示為 6.5 。(5 後方多一個空白)
.(句號)	小數點。
%	百分比。將數字乘上 100，然後加上 % 符號。
,(逗號)	千分位符號。當自訂格式中的逗號兩邊有 # 或 0，會用逗號隔開千位。如：自訂格式為 #,#，當儲存格輸入 「1200000」，會顯示為 1,200,000。 當逗號前面預留位置時，數字會以千為單位顯示。如：自訂格式為 #,，當儲存格輸入 「1200000」，會顯示為 1200。
E-、E+ e-、e+	科學記號格式。在 E-、E+、e-、e 符號右側顯示的數字，為小數點移動的位數。如：自訂格式為 0.00E+00，當儲存格輸入「1200000」，會顯示為 1.20E+06。
\、!	顯示 \ 或！代碼右側的特定字元，\ 或！不會顯示。如：自訂格式為 0\@，當儲存格輸入「12」，會顯示為 12@。
*	* 之後指定的字母、符號會填滿整個儲存格，如：自訂格式為 #*x，當儲存格輸入「12」，12 後方會補上足夠的 x 以填滿目前儲存格空位。(儲存格欄位寬度會影響 x 的數量)
_ (底線)	將其右側的符號隱藏但會保留空位。通常用於排列同一欄中不同儲存格的正數及負數。如：要對齊正數 2.3 與負數 (4.5) 時，可以為正數自訂格式為 0.0_)，如此正數 2.3 就會和有括弧顯示的負數 (4.5) 對齊。
"文字"	" " 之中可放置文字。可於套用格式後出現指定的文字。
@	文字預留位置。在儲存格中輸入文字時，儲存格中的文字會放在格式中 @ 符號出現處。如：自訂格式為 "您好",@，當儲存格輸入「黃小莉」，會顯示為：您好,黃小莉。

格式代碼	說明
m	將月份顯示為數字，前面不加零。如：2022/3/6 會顯示為 3。
mm	將月份顯示為數字，前面加零。如：2022/3/6 會顯示為 03。
mmm	以英文縮寫 (Jan~Dec) 方式顯示月份。
mmmm	以完整英文名 (January~December) 方式顯示月份。
d	將日期顯示為數字，前面不加零。如：2022/3/6 會顯示為 6。
dd	將日期顯示為數字，前面加零。如：2022/3/6 會顯示為 06。
ddd	以英文縮寫 (Sun~Sat) 方式顯示日期。
dddd	以完整英文名 (Sunday~Saturday) 方式顯示日期。
yy	年份顯示為兩位數 (00-99)。
yyyy	年份顯示為四位數 (1900~2022)
h	將小時顯示為數字，前面不加零 (0~23)。如果格式含 AM 或 PM，則小時為 12 小時制，否則就是 24 小時制。
hh	將小時顯示為數字，前面加零 (00~23)。如果格式含 AM 或 PM，則小時為 12 小時制，否則就是 24 小時制。
m	將分鐘顯示為數字，前面不加零 (0~59)。m 必須在 h 或 hh 符號之後，否則 Excel 會顯示月份而不是分鐘。
mm	將分鐘顯示為數字，前面加零 (00~59)。 mm 必須在 h 或 hh 符號之後，否則 Excel 會顯示月份而不是分鐘。
s	將秒數顯示為數字，前面不加零 (0~59)。
ss	將秒數顯示為數字，前面加零 (00~59)。
[h]、[m]、[s]	顯示小時數超過 24、分鐘數或秒數超過 60。如：自訂格式為 [h]:mm:ss，當輸入「25:12:54」，會顯示為 25:12:54。
AM、PM A、P	時間為 12 小時制。AM、am、A 或 a，表示午夜到中午的時間；PM、pm、 P 或 p，表示中午到午夜的時間。

套用與自訂樣式

儲存格樣式

- 儲存格加上色彩、框線
- 為資料列隔列上底色
- 儲存格樣式的套用、修改、新增與刪除
- 自訂儲存格樣式

佈景主題

- 套用佈景主題調整資料表整體效果
- 佈景主題的自訂與儲存

複製、貼上、清除

- 複製、貼上時保留來源格式與欄寬
- 複製、貼上格式
- 清除儲存格格式、內容

5.1 顯示與隱藏工作表格線

Excel 預設會顯示格線方便辨識輸入，但並不會實際列印出來，你可以取消格線模擬真正的列印畫面。

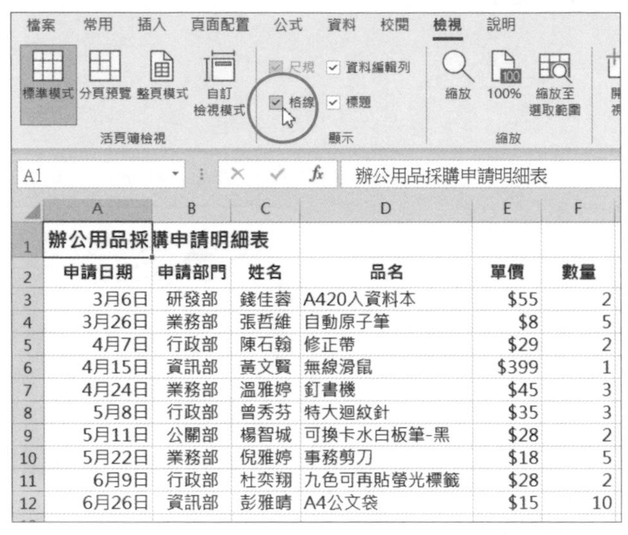

	A	B	C	D	E	F
1	辦公用品採購申請明細表					
2	申請日期	申請部門	姓名	品名	單價	數量
3	3月6日	研發部	錢佳蓉	A420入資料本	$55	2
4	3月26日	業務部	張哲維	自動原子筆	$8	5
5	4月7日	行政部	陳石翰	修正帶	$29	2
6	4月15日	資訊部	黃文賢	無線滑鼠	$399	1
7	4月24日	業務部	溫雅婷	釘書機	$45	3
8	5月8日	行政部	曾秀芬	特大迴紋針	$35	3
9	5月11日	公關部	楊智城	可換卡水白板筆-黑	$28	2
10	5月22日	業務部	倪雅婷	事務剪刀	$18	5
11	6月9日	行政部	杜奕翔	九色可再貼螢光標籤	$28	2
12	6月26日	資訊部	彭雅晴	A4公文袋	$15	10

◀ 於 **檢視** 索引標籤取消核選 **格線**。

	A	B	C	D	E	F
1	辦公用品採購申請明細表					
2	申請日期	申請部門	姓名	品名	單價	數量
3	3月6日	研發部	錢佳蓉	A420入資料本	$55	2
4	3月26日	業務部	張哲維	自動原子筆	$8	5
5	4月7日	行政部	陳石翰	修正帶	$29	2
6	4月15日	資訊部	黃文賢	無線滑鼠	$399	1
7	4月24日	業務部	溫雅婷	釘書機	$45	3
8	5月8日	行政部	曾秀芬	特大迴紋針	$35	3
9	5月11日	公關部	楊智城	可換卡水白板筆-黑	$28	2
10	5月22日	業務部	倪雅婷	事務剪刀	$18	5
11	6月9日	行政部	杜奕翔	九色可再貼螢光標籤	$28	2
12	6月26日	資訊部	彭雅晴	A4公文袋	$15	10
13						

◀ 格線即隱藏顯示。

5.2 為儲存格加上色彩

儲存格中需要強調的資料，可以在背景中填入色彩，讓內容清楚呈現。此外儲存格背景的色彩不宜過多，以淺色系為主，才不致影響資料瀏覽。

設定儲存格的背景色

為了突顯表格第一列的欄位標題，可以為儲存格填入色彩，加強辨識度。

Step 1 選取資料範圍

	A	B	C	D	E	F
1	辦公用品採購申請明細表					
2	申請日期	申請部門	姓名	品名	單價	數量
3	3月6日	研發部	錢佳蓉	A420入資料本	$55	2
4	3月26日	業務部	張哲維	自動原子筆	$8	5
5	4月7日	行政部	陳石翰	修正帶	$29	2
6	4月15日	資訊部	黃文賢	無線滑鼠	$399	1
7	4月24日	業務部	溫雅婷	釘書機	$45	3
8	5月8日	行政部	曾秀芬	特大迴紋針	$35	3
9	5月11日	公關部	楊智城	可換卡水白板筆-黑	$28	2
10	5月22日	業務部	倪雅婷	事務剪刀	$18	5
11	6月9日	行政部	杜奕翔	九色可再貼螢光標籤	$28	2
12	6月26日	資訊部	彭雅晴	A4公文袋	$15	10
13						

◀ 選取 A2:F2 儲存格範圍。

Step 2 為儲存格填滿色彩

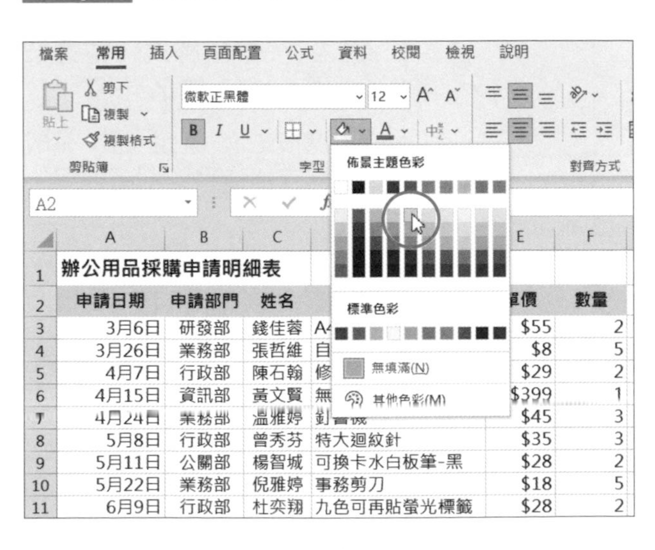

◀ 於 **常用** 索引標籤選按 **填滿色彩** 清單鈕 \ **藍色, 輔色 1,較淺 80%**。

套用更多的儲存格背景色

除了於 **常用** 索引標籤選按 **填滿色彩** 清單鈕，透過色盤選擇想要填滿儲存格的色彩外，還可以利用對話方塊套用更多的填滿效果。

Step 1 選擇儲存格填滿方式

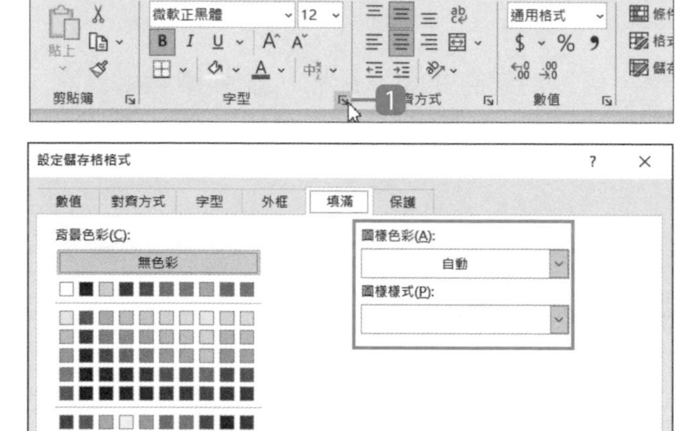

1. 在選取儲存格的狀態下，於 **常用** 索引標籤選按 **字型** 對話方塊啟動器開啟對話方塊。
2. 於 **填滿** 標籤選按 **填滿效果** 鈕開啟對話方塊。

◀ **其他色彩** 鈕提供更多顏色或輸入色碼 (RGB) 的套用方式；也可以選擇 **圖樣色彩** 與 **圖樣樣式** 的填滿方式。

Step 2 填滿漸層效果

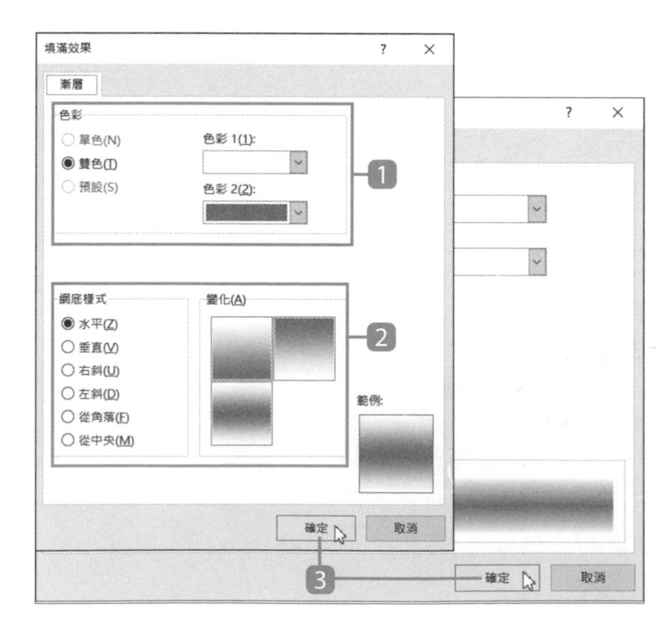

1. 核選 **雙色**，設定 **色彩 1** 與 **色彩 2**。
2. 核選 **網底樣式**，並選按要套用的 **變化**。
3. 選按二次 **確定** 鈕，完成儲存格背景以漸層填滿。

5.3 為儲存格加上框線

為儲存格加上框線，可以讓資料內容更易於瀏覽。(建議可隱藏工作表格線再設定會更清楚)

設定儲存格的框線樣式

利用功能區的框線按鈕快速為表格套用框線。

Step 1 選擇合適的線條色彩

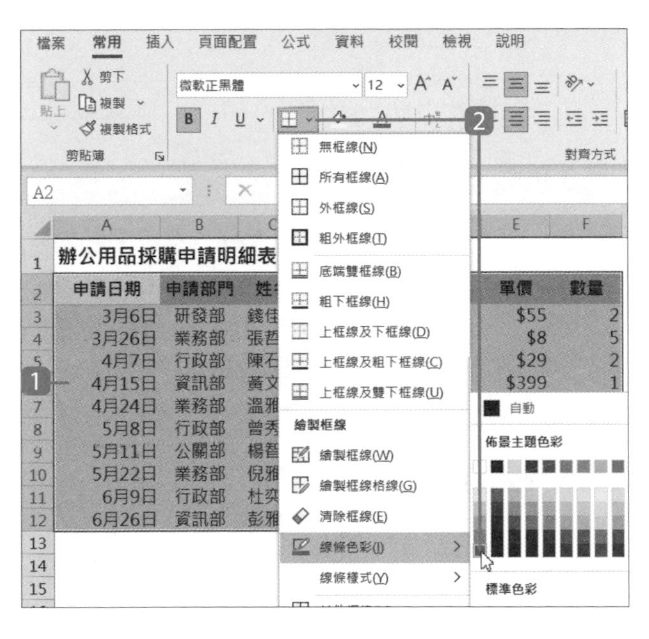

1. 選取 A2:F12 儲存格範圍。
2. 於 **常用** 索引標籤選按 **框線** 清單鈕 \ **線條色彩** \ **白色,背景1,較深 50%**。

Step 2 套用合適的框線樣式

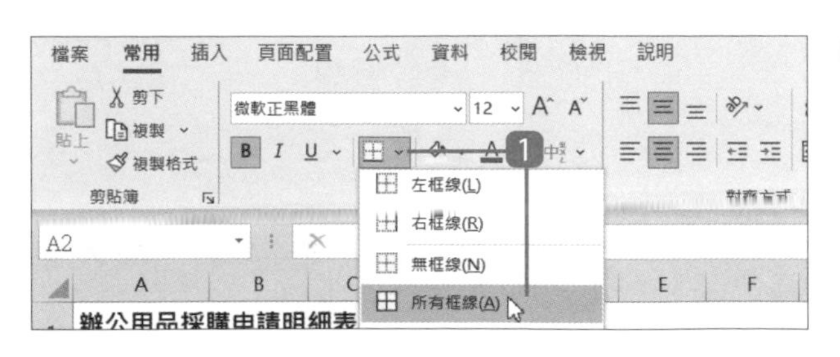

1. 於 **常用** 索引標籤選按 **框線** 清單鈕 \ **所有框線**，為工作表中選取的儲存格區間套用框線。

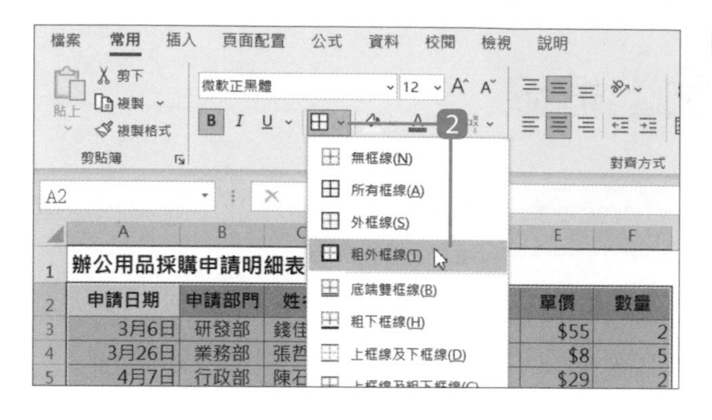

2 於 **常用** 索引標籤選按 **框線** 清單鈕 \ **粗外框線**，讓選取範圍套用較粗外框線。(框線樣式可以於同一選取範圍累加套用)

套用更多的框線樣式

接續前面的操作，除了於 **常用** 索引標籤選按 **框線** 清單鈕，選擇框線樣式與色彩，還可以利用對話方塊套用與調整更多的框線設計。

Step 1 設計標頭框線

於 **外框** 標籤可以針對**樣式**、**色彩**、**格式** 及 **框線** 位置做細部調整。

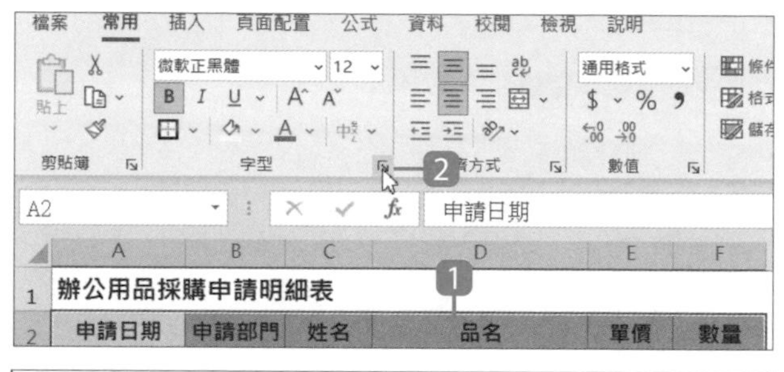

1 選取 A2:F2 儲存格範圍。

2 於 **常用** 索引標籤選按 **字型** 對話方塊啟動器開啟對話方塊。

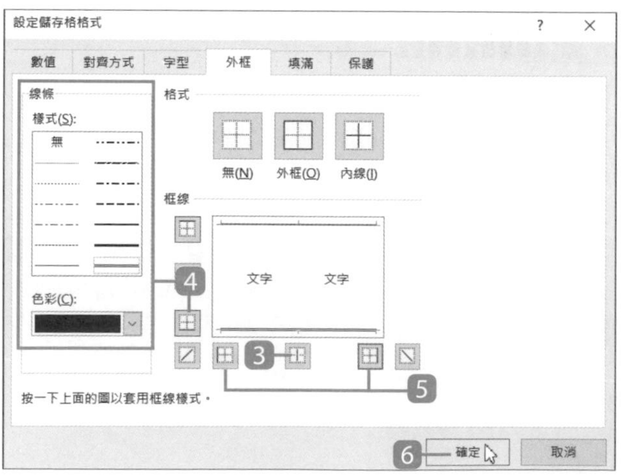

3 於 **外框** 標籤選按 ⊞ 二下，取消儲存格區間的框線。

4 設定 **樣式**：雙線，**色彩**：黑色，選按 ⊟ 一下，將下框線調整為黑色雙線。

5 選按 ⊞ 和 ⊞ 一下，取消左、右框線。

6 選按 **確定** 鈕完成表頭框線設計。

Step 2 設定資料列框線

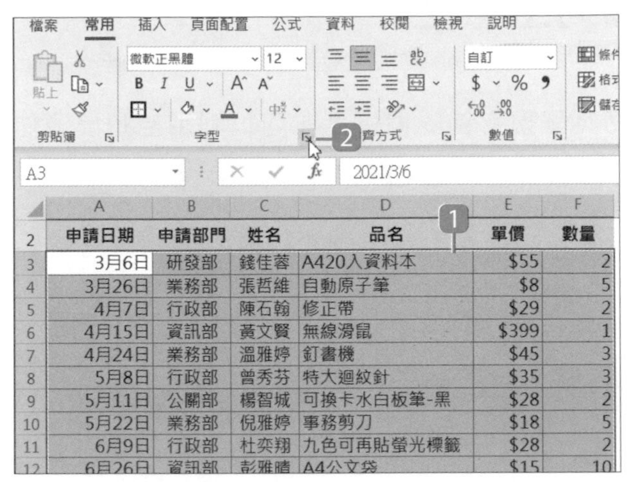

1 選取 A3:F12 儲存格範圍。

2 於 **常用** 索引標籤選按 **字型** 對話方塊啟動器開啟對話方塊。

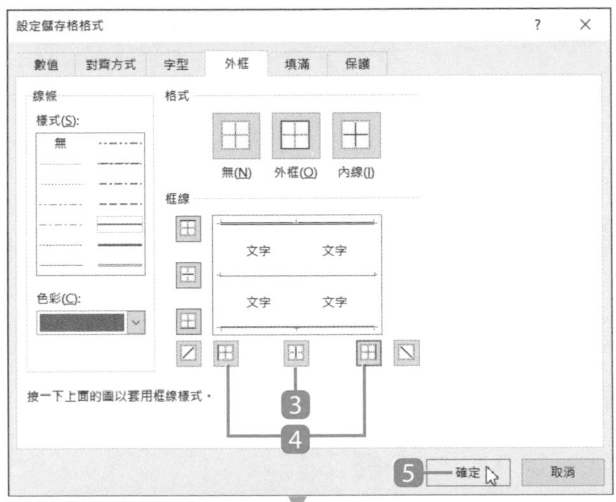

3 於 **外框** 標籤選按 ⊞ 二下，取消儲存格區間的框線。

4 選按 ⊞ 和 ⊞ 一下，取消左、右框線。

5 選按 **確定** 鈕完成資料列框線設計。

	A	B	C	D	E	F
1	辦公用品採購申請明細表					
2	申請日期	申請部門	姓名	品名	單價	數量
3	3月6日	研發部	錢佳蓉	A420入資料本	$55	2
4	3月26日	業務部	張哲維	自動原子筆	$8	5
5	4月7日	行政部	陳石翰	修正帶	$29	2
6	4月15日	資訊部	黃文賢	無線滑鼠	$399	1
7	4月24日	業務部	溫雅婷	釘書機	$45	3
8	5月8日	行政部	曾秀芬	特大迴紋針	$35	3
9	5月11日	公關部	楊智城	可換卡水白板筆-黑	$28	2
10	5月22日	業務部	倪雅婷	事務剪刀	$18	5
11	6月9日	行政部	杜奕翔	九色可再貼螢光標籤	$28	2
12	6月26日	資訊部	彭雅晴	A4公文袋	$15	10
13						

5.4 為資料列隔列上底色

有資料的儲存格，如果想要每列呈現交錯的背景色，可以利用自動填滿功能，忽略數值，單純只複製格式。

Step 1 選取資料範圍

	A	B	C	D	E	F
1	辦公用品採購申請明細表					
2	申請日期	申請部門	姓名	品名	單價	數量
3	3月6日	研發部	錢佳蓉	A420入資料本	$55	2
4	3月26日	業務部	張哲維	自動原子筆	$8	5
5	4月7日	行政部	陳石翰	修正帶	$29	2

◀ 選取 A3:F4 儲存格範圍，第 4 列 A4:F4 儲存格範圍已事先填入灰色。

Step 2 自動填滿儲存格背景

將儲存格的背景色設定為一列沒有背景色，一列有背景色的填滿效果。

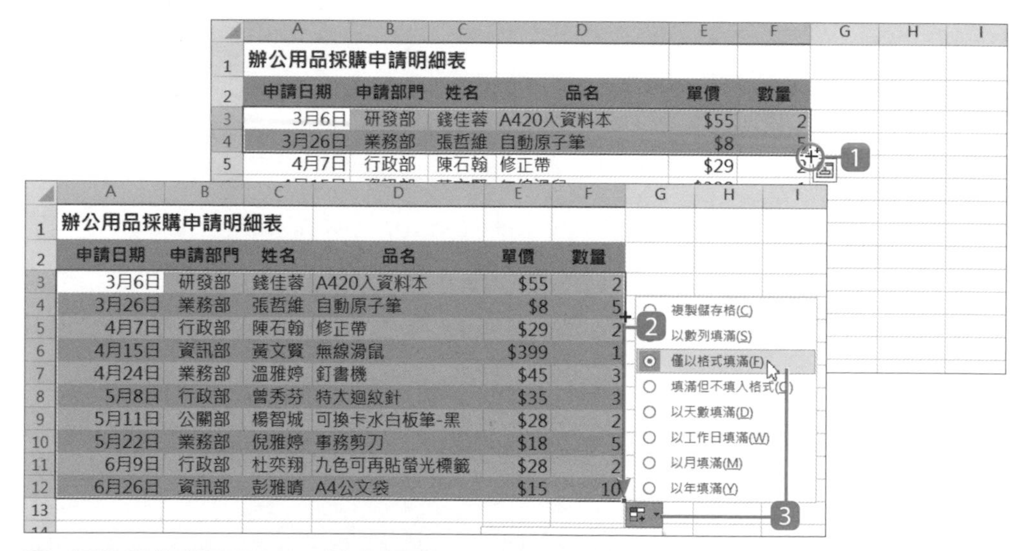

1. 將滑鼠指標移到 F4 儲存格右下角的 **填滿控點** 上，呈 **+** 狀。
2. 按滑鼠左鍵不放往下拖曳到 F12 儲存格，放開滑鼠左鍵自動填滿。
3. 於填滿範圍右下角選按 **自動填滿選項** 鈕，清單中核選 **僅以格式填滿**，儲存格內的資料不受影響，背景色則呈現交錯狀。

5.5 套用儲存格樣式

Excel 提供了多種儲存格樣式讓使用者可以快速選按套用，省去配色調整的時間，在此以標題列與中間資料內容為套用對象。

Step 1 套用 "標題" 儲存格樣式

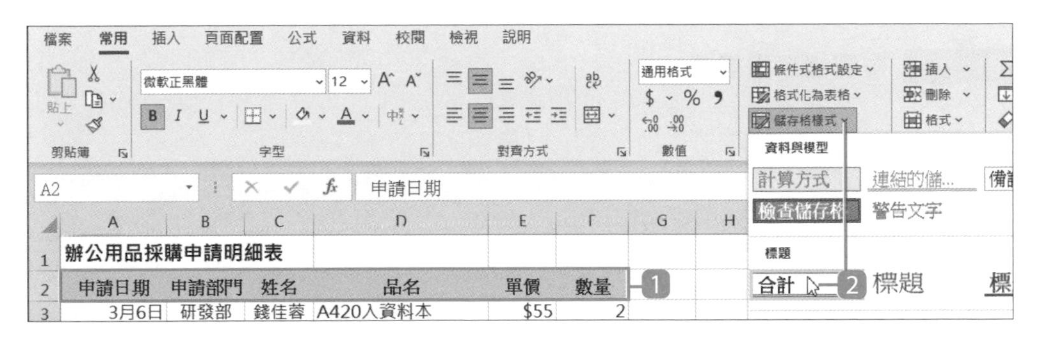

1 選取 A2:F2 儲存格範圍。

2 於 **常用** 索引標籤選按 **儲存格樣式 \ 標題 \ 合計**。

Step 2 套用 "佈景主題儲存格樣式"

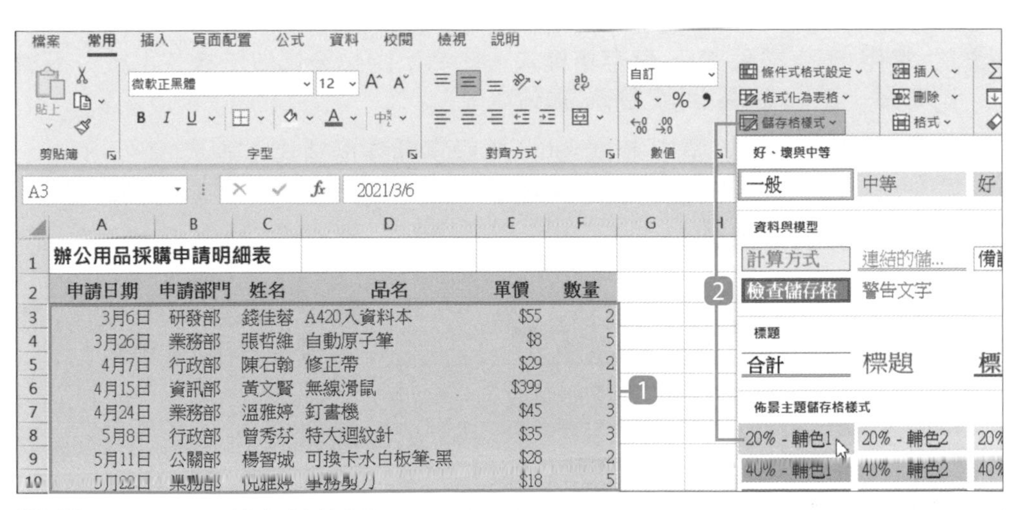

1 選取 A3:F12 儲存格範圍。

2 於 **常用** 索引標籤選按 **儲存格樣式 \ 佈景主題儲存格樣式 \ 淺藍,20%-輔色1**。

5.6 儲存格樣式的修改、新增與刪除

修改儲存格樣式

想要修改某個內建的儲存格樣式，可使用 **修改** 功能；但若不想破壞原來的格式，可以使用 **複製** 功能以儲存格樣式 "副本" 調整。(二個功能操作相似在此以**複製** 示範)

Step 1 複製儲存格樣式

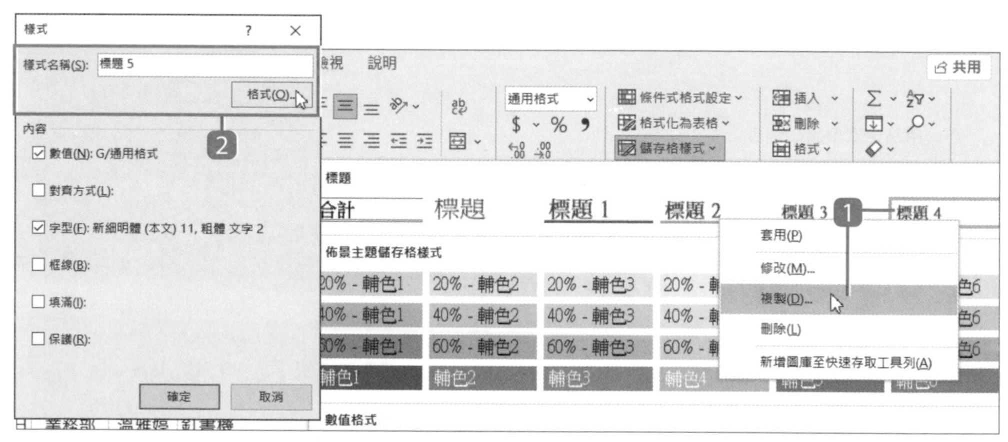

1 於 **常用** 索引標籤選按 **儲存格樣式**，在清單中想要修改的樣式上按一下滑鼠右鍵，選按 **複製** 開啟 **樣式** 對話方塊。

2 輸入 **樣式名稱** 後，選按 **格式** 鈕開啟 **設定儲存格樣式** 對話方塊。

Step 2 修改儲存格樣式

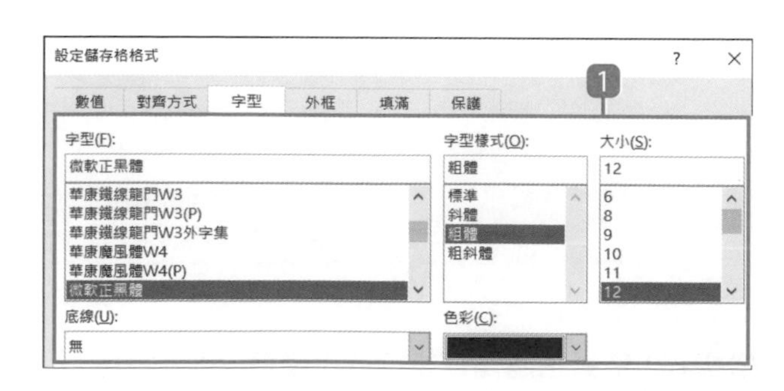

1 於 **字型** 標籤修改 **字型**、**大小** 與 **色彩**。

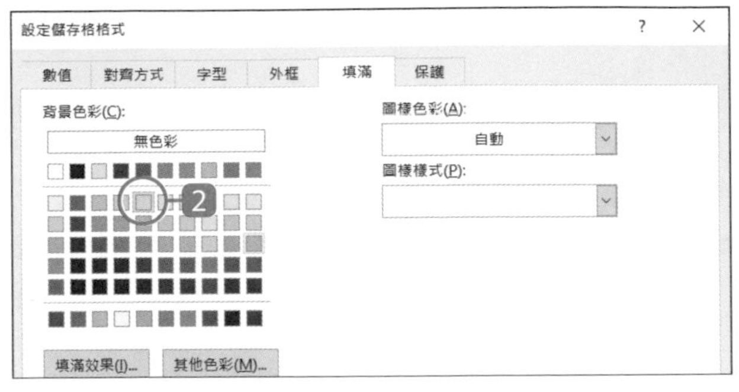

2 於 **填滿** 標籤套用 **背景色彩** 後，選按二次 **確定** 鈕。

3 選取 A2:F2 儲存格範圍。

4 於 **常用** 索引標籤選按 **儲存格樣式 \ 自訂** 中剛剛複製並修改的儲存格樣式，完成套用。

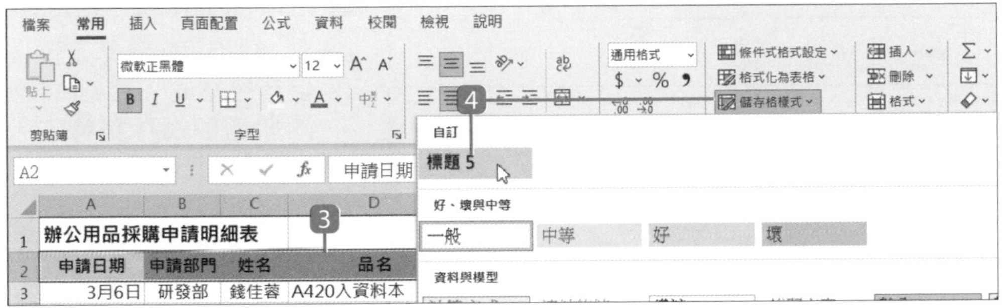

新增儲存格樣式

除了直接套用或修改內建的儲存格樣式外，還可以新增符合需要的全新樣式。

Step 1 新增儲存格樣式

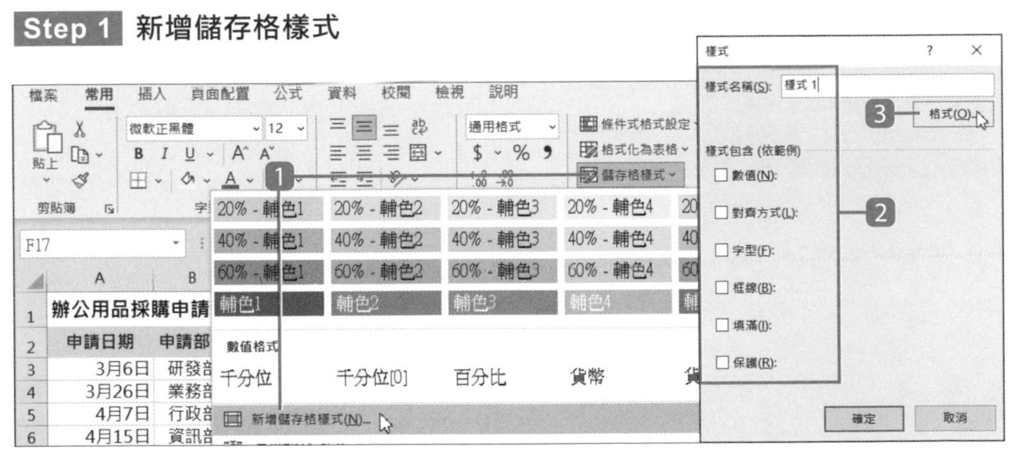

1 於 **常用** 索引標籤選按 **儲存格樣式 \ 新增儲存格樣式** 開啟 **樣式** 對話方塊。

2 輸入 **樣式名稱**，取消 **樣式包含 (依範例)** 下方所有項目的核選。

3 然後選按 **格式** 鈕開啟 **設定儲存格樣式** 對話方塊。

Step 2 修改儲存格樣式

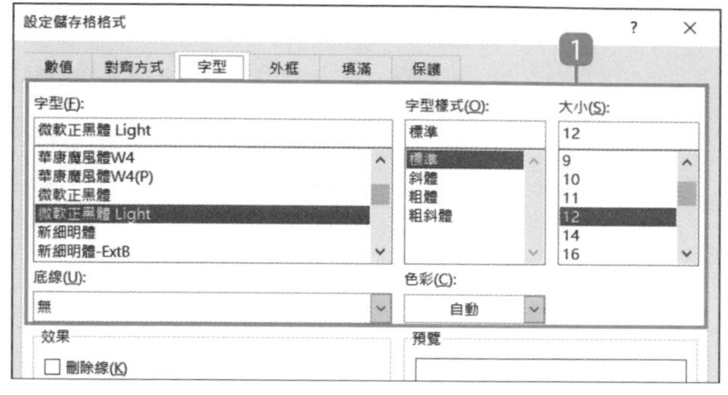

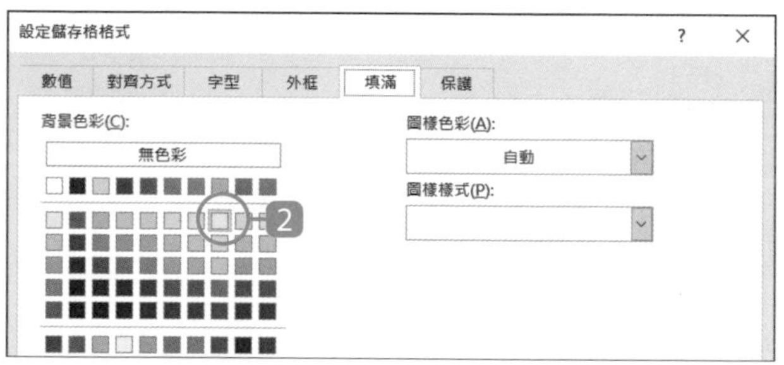

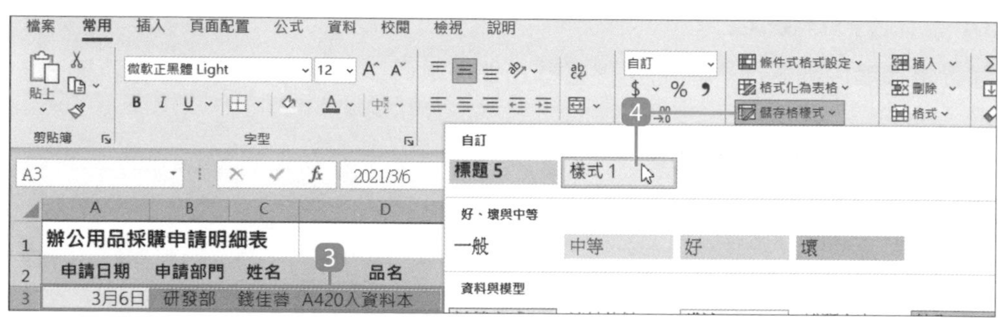

1 於 **字型** 標籤修改 **字型**、**字型樣式**、**大小** 與 **色彩**。

2 於 **填滿** 標籤套用 **背景色彩** 後，選按二次 **確定** 鈕。

3 選取 A3:F12 儲存格範圍。

4 於 **常用** 索引標籤選按 **儲存格樣式 \ 自訂** 中剛剛新增的儲存格樣式，完成套用。

刪除儲存格樣式

不需要的儲存格樣式，可以利用 **刪除** 達到移除目的。

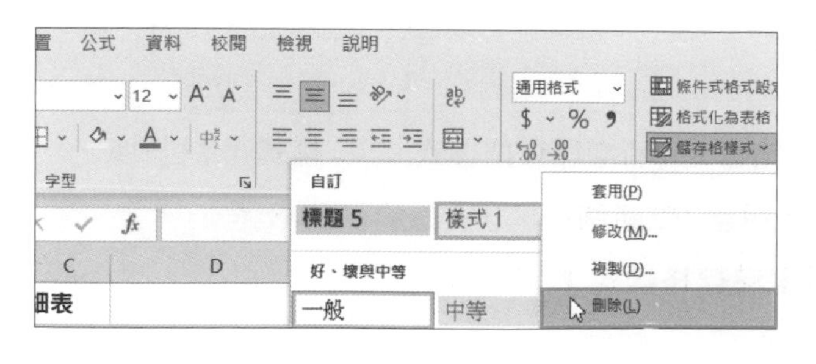

◀ 於 **常用** 索引標籤選按 **儲存格樣式**，在要移除的樣式上按一下滑鼠右鍵，選按 **刪除**。(此例僅說明不套用)

5.7 於不同工作表或檔案套用自訂儲存格樣式

不同工作表間套用

自訂的儲存格樣式，在同一個檔案內，即使不同工作表也可以輕鬆套用。

Step 1 **確認新增的儲存格樣式**

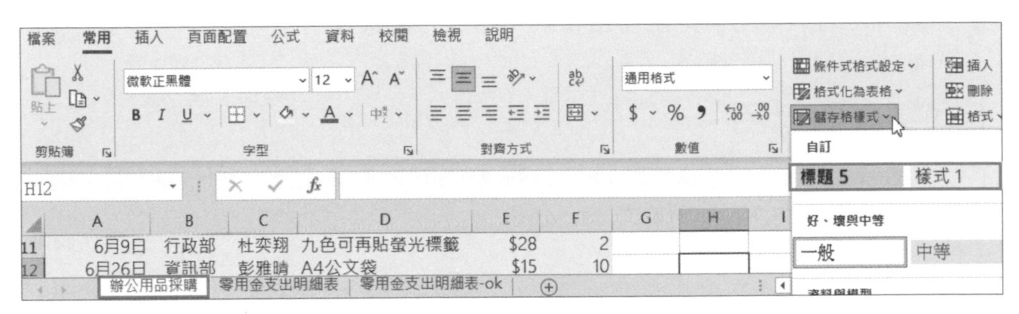

▲ 開啟 <507-1.xlsx>，切換到 **辦公用品採購** 工作表，於 **常用** 索引標籤選按 **儲存格樣式**，清單中的 **自訂** 會看到二個自訂樣式。

Step 2 **切換到其他工作表套用**

切換到另一個工作表，套用第一個工作表自訂的儲存格樣式。

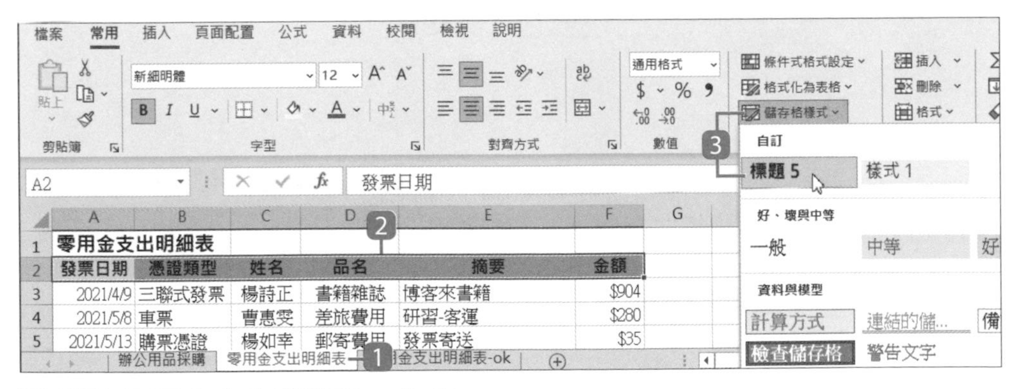

1 選按 **零用金支出明細表** 工作表。

2 選取 A2.F2 儲存格範圍。

3 於 **常用** 索引標籤選按 **儲存格樣式 \ 自訂 \ 標題 5**。

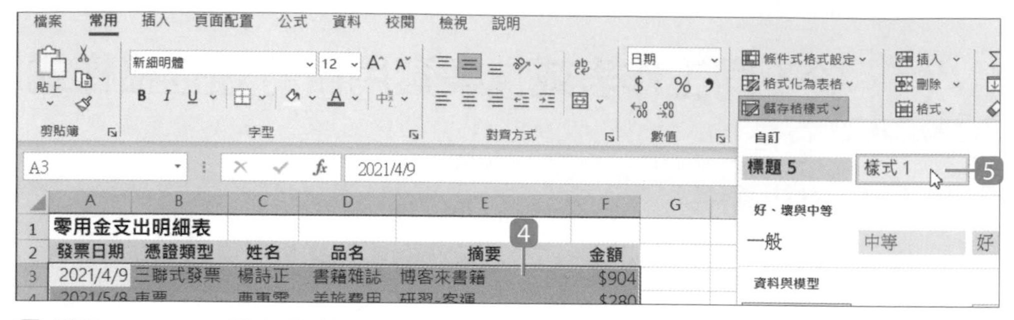

4 選取 A3:F12 儲存格範圍。

5 於 **常用** 索引標籤選按 **儲存格樣式 \ 自訂 \ 樣式 1**。

不同檔案間套用

自訂的儲存格樣式，可以用於同一個檔案內的所有工作表；不同檔案，則可以善用 **合併樣式** 功能輕鬆套用。

Step 1 開啟檔案

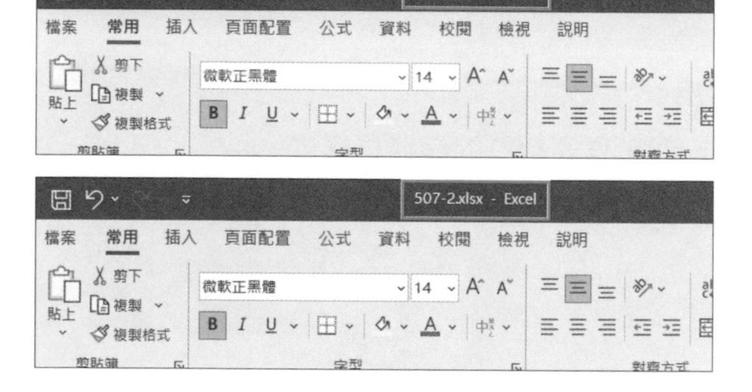

◀ 同時開啟已自訂儲存格樣式的 <507-1.xlsx>，與想要複製自訂儲存格樣式的 <507-2.xlsx>。

Step 2 將自訂儲存格樣式複製到其他檔案內

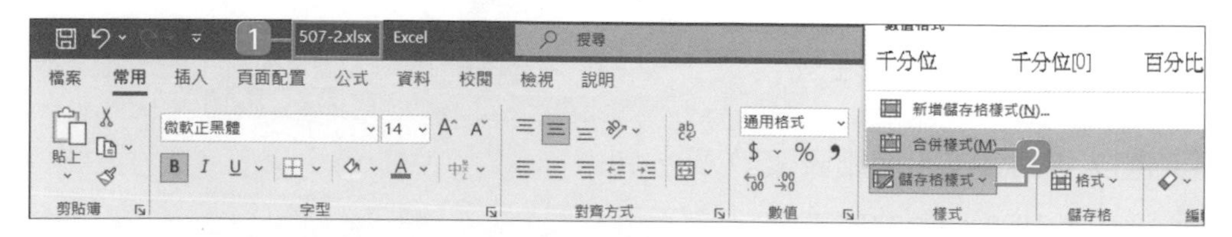

1 切換到想要套用樣式的 <507-2.xlsx>。

2 於 **常用** 索引標籤選按 **儲存格樣式 \ 合併樣式** 開啟對話方塊。

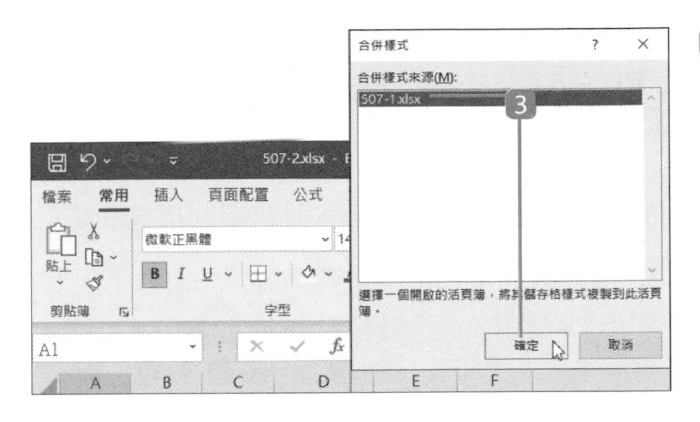

3 選按要複製自訂樣式的 <507-1.xlsx>，選按 **確定** 鈕。

Step 3 套用複製的自訂儲存格樣式

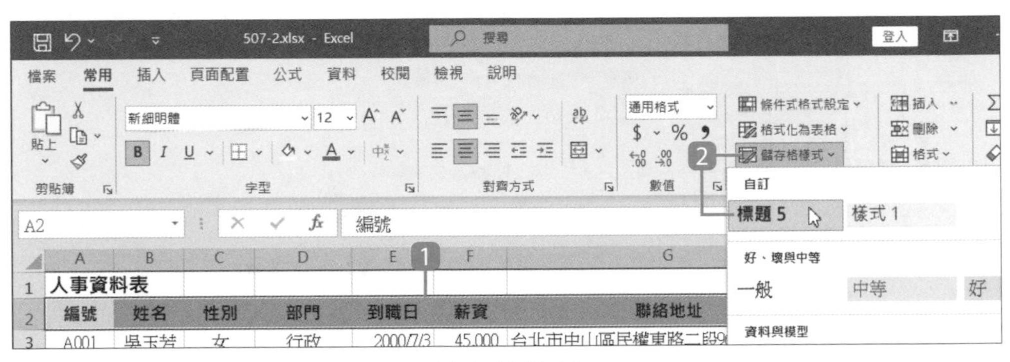

1 於 <507-2.xlsx> 選取 A2:H2 儲存格範圍。

2 於 **常用** 索引標籤選按 **儲存格樣式 \ 自訂 \ 標題 5**，完成套用。

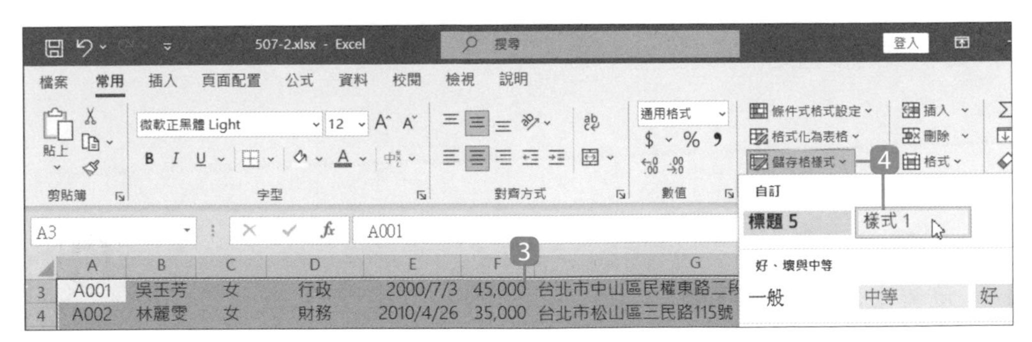

3 選取 A3:H15 儲存格範圍。

4 於 **常用** 索引標籤選按 **儲存格樣式 \ 自訂 \ 樣式 1**，完成套用。

5.8 套用佈景主題調整資料表整體效果

佈景主題可以讓你快速、協調的為資料表套用色彩、字型和圖形格式設定效果，提高工作效率。

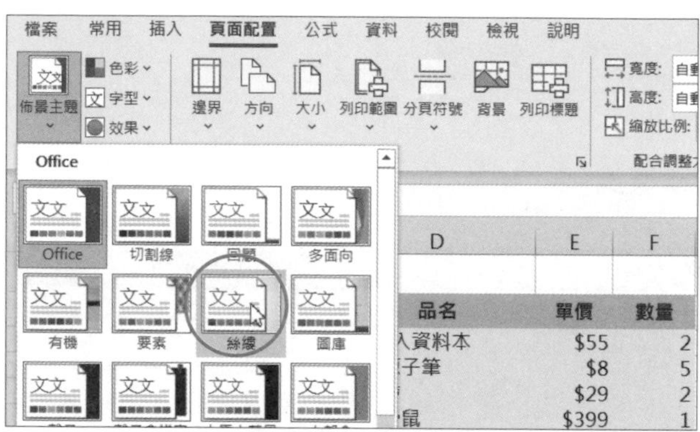

◀ 於 **頁面配置** 索引標籤選按 **佈景主題**，清單中選按想要套用的主題 (此例套用 **絲縷**)。

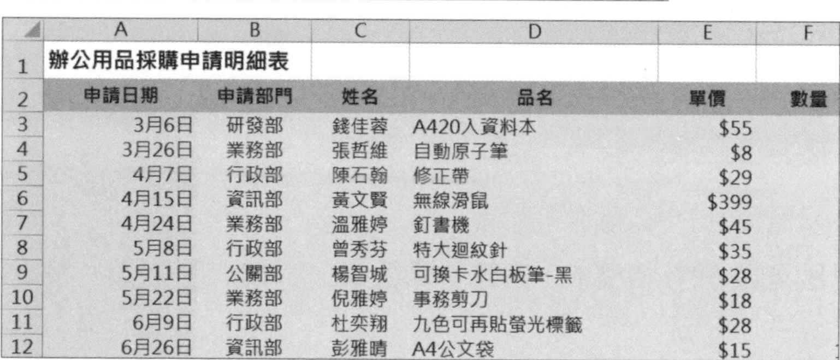

	A	B	C	D	E	F
1	辦公用品採購申請明細表					
2	申請日期	申請部門	姓名	品名	單價	數量
3	3月6日	研發部	錢佳蓉	A420入資料本	$55	
4	3月26日	業務部	張哲維	自動原子筆	$8	
5	4月7日	行政部	陳石翰	修正帶	$29	
6	4月15日	資訊部	黃文賢	無線滑鼠	$399	
7	4月24日	業務部	溫雅婷	釘書機	$45	
8	5月8日	行政部	曾秀芬	特大迴紋針	$35	
9	5月11日	公關部	楊智城	可換卡水白板筆-黑	$28	
10	5月22日	業務部	倪雅婷	事務剪刀	$18	
11	6月9日	行政部	杜奕翔	九色可再貼螢光標籤	$28	
12	6月26日	資訊部	彭雅晴	A4公文袋	$15	

▲ 資料表將依指定的佈景主題呈現。

資訊補給站

佈景主題的套用限制

1. 佈景主題只對填滿顏色的儲存格有作用，如果儲存格沒有背景色(無填滿) 時，此功能套用時並不會出現變化。(字型變化不受此限)
2. 佈景主題只對 **(標題)** 與 **(本文)** 樣式有作用，所以資料建立時，請於 **常用** 索引標籤選按 **字型** 清單鈕，為資料分別套用這二個樣式。

5.9 佈景主題的自訂與儲存

佈景主題是由色彩、字型和效果三個項目組成，如果內建佈景主題沒有合適的，可以選按 **佈景主題** 右側 **色彩**、**字型** 和 **效果** 一一針對各別樣式套用，而這三個項目也可依你的需求新增全新樣式，其操作方法相似，此範例以自訂色彩示範。

自訂色彩

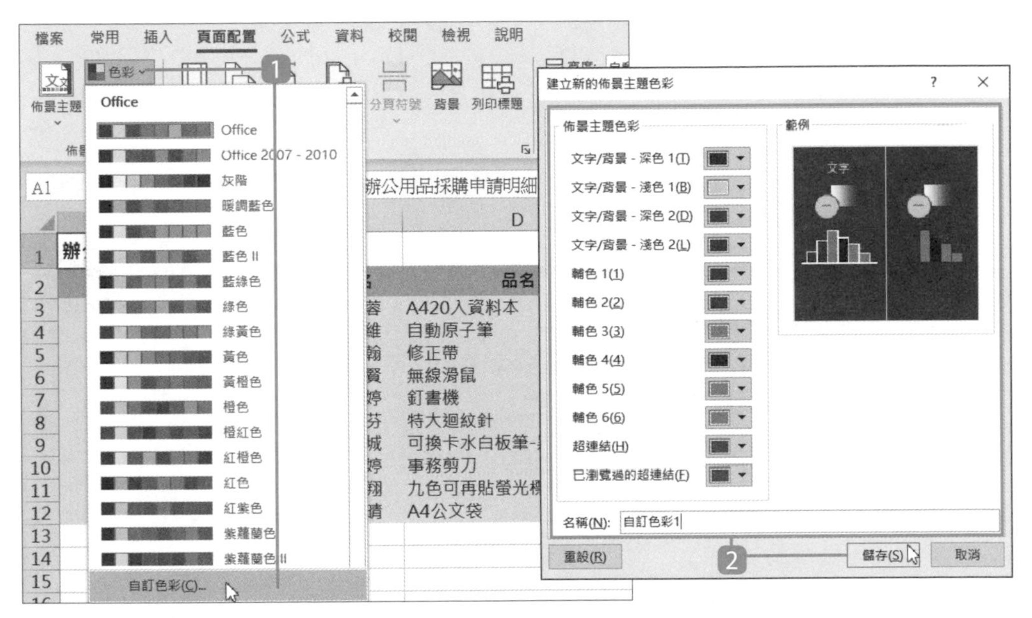

1 於 **頁面配置** 索引標籤選按 **色彩 \ 自訂色彩** 開啟對話方塊。

2 依據目前使用的佈景主題色彩列項，可再指定想要套用的色彩，最後輸入 **名稱**，選按 **儲存** 鈕。

	A	B	C	D	E	F
1	辦公用品採購申請明細表					
2	申請日期	申請部門	姓名	品名	單價	數量
3	3月6日	研發部	錢佳蓉	A420入資料本	$55	
4	3月26日	業務部	張哲維	自動原子筆	$8	
5	4月7日	行政部	陳石翰	修正帶	$29	
6	4月15日	資訊部	黃文賢	無線滑鼠	$399	
7	4月24日	業務部	溫雅婷	釘書機	$45	
8	5月8日	行政部	曾秀芬	特大迴紋針	$35	

▲ 資料表將依自訂的佈景主題色彩呈現。

修改或刪除自訂色彩

自訂的佈景主題色彩，可以修改或直接刪除。

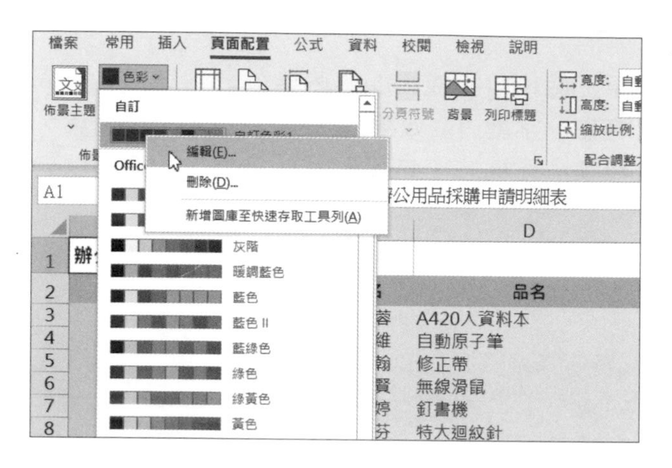

◀ 於 **頁面配置** 索引標籤選按 **色彩**，在自訂的色彩名稱上按一下滑鼠右鍵，選按 **編輯** 開啟對話方塊調整；或是選按 **刪除**，移除自訂色彩。

資訊補給站

自訂字型的注意事項

佈景主題除了色彩，字型也可以自訂。只要於 **頁面配置** 索引標籤選按 **字型 \ 自訂字型** 開啟對話方塊，就可以根據項目自訂想要顯示的字型。

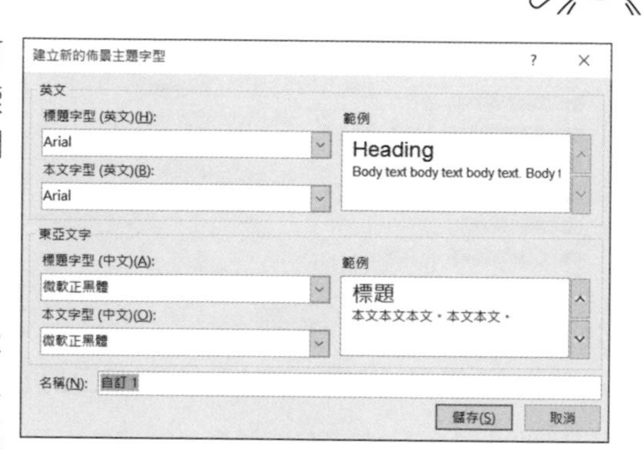

不過有二點需要注意：

1. 佈景主題只對 **(標題)** 與 **(本文)** 樣式有作用，所以資料建立時，請於 **常用** 索引標籤選按 **字型** 清單鈕分別套用如右圖二個字型。
2. 小編在自訂或編輯字型佈景主題時，常會無故當機，大家操作時可先儲存檔案以免資料不見。

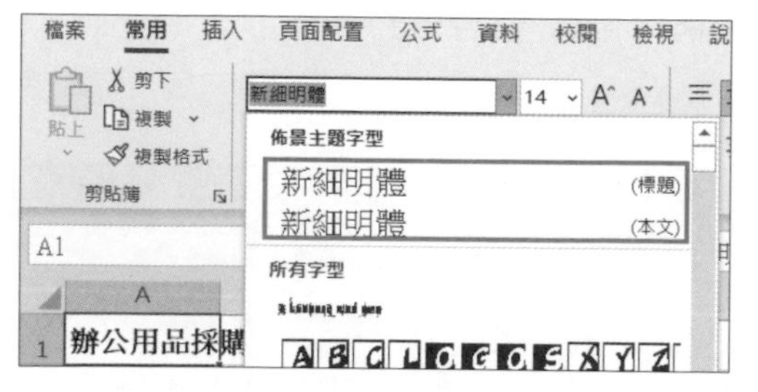

儲存目前的樣式 / 自訂佈景主題

自訂 **色彩**、**字型**、**效果** 後的格式樣式，可以儲存成為自訂的佈景主題。

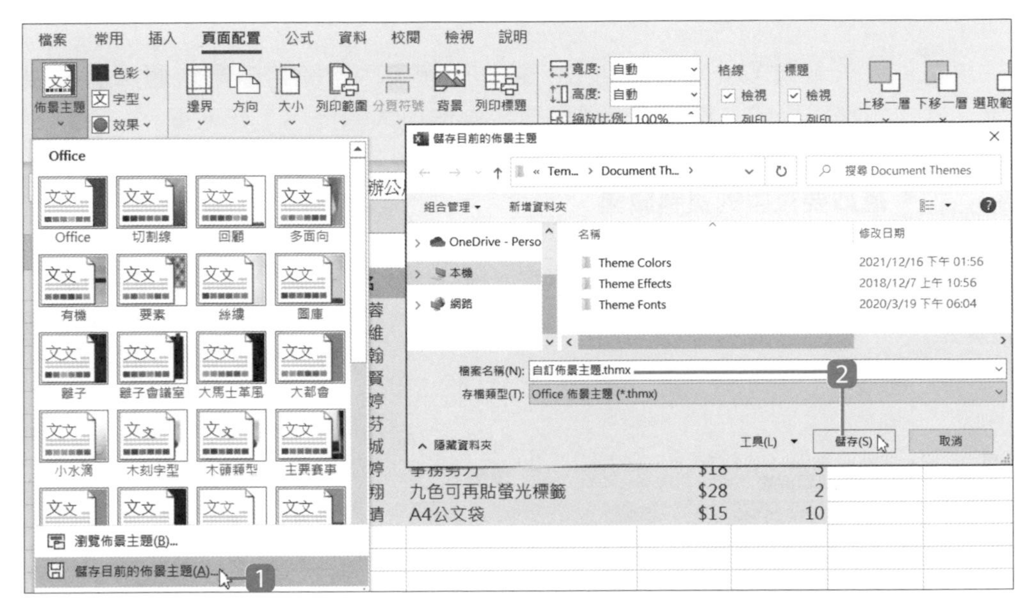

1 在已套用自訂色彩、字型或效果的工作表中，於 **頁面配置** 索引標籤選按 **佈景主題 \ 儲存目前的佈景主題** 開啟對話方塊。

2 輸入 **檔案名稱** 後，選按 **儲存** 鈕。

之後不管是開啟其他工作表或活頁簿檔案，都可以於 **頁面配置** 索引標籤選按 **佈景主題**，套用這個自訂佈景主題。

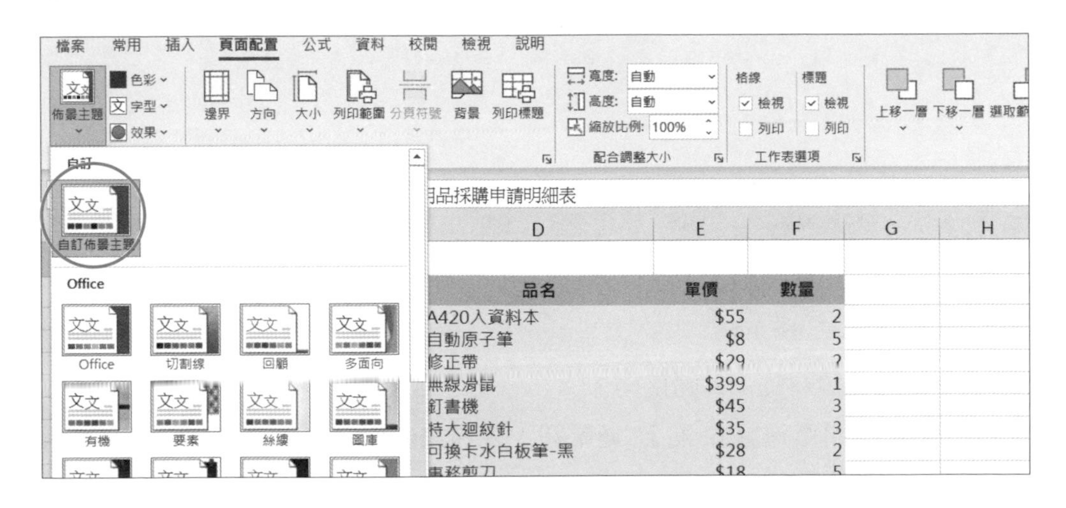

5.10 複製、貼上時保留來源格式與欄寬

想想看你一天要做多少次複製貼上的動作，複製內容時可依需求選擇僅複製值、公式、樣式格式、欄寬...，熟悉這些操作可大幅提高工作效率。

Step 1 選取要複製的資料範圍

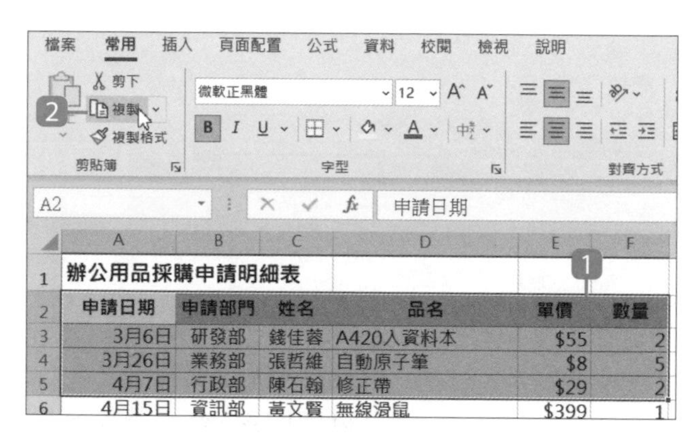

1 選取 A2:F5 儲存格範圍。

2 於 **常用** 索引標籤選按 **複製** (或按 Ctrl + C 鍵)。

Step 2 貼上時保留格式與欄寬設定

將複製的資料與格式貼到想要顯示的位置，Excel 貼上功能預設即會保留來源格式，若希望欄寬也能保留可如下操作：

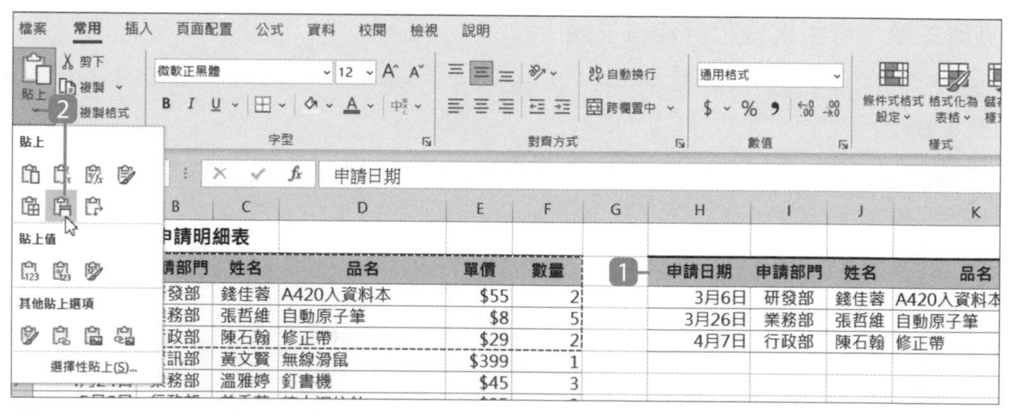

1 選取要貼上資料的 H2 儲存格。

2 於 **常用** 索引標籤選按 **貼上** 清單鈕 \ **保持來源欄寬**，即可複製出相同的內容、欄寬與格式。

資訊補給站

關於貼上的更多選擇

1. 如果直接於 **常用** 索引標籤選按 **貼上**，或按 Ctrl + V 鍵，雖然能複製儲存格所有的內容與格式，但唯獨欄寬設定無法複製。

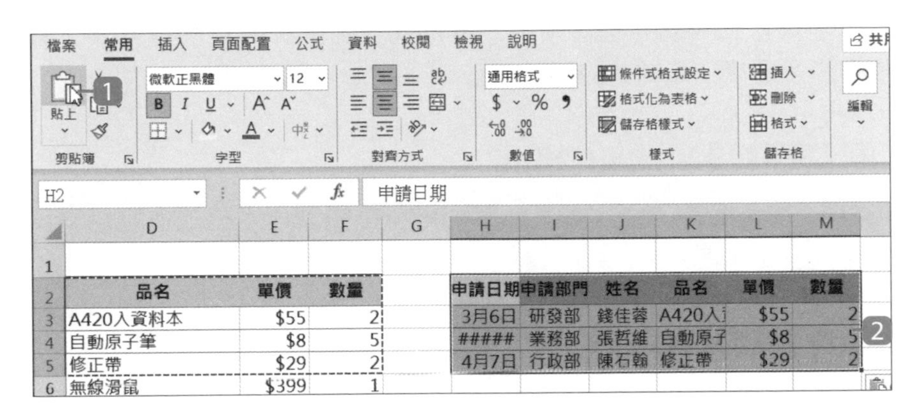

如果要維持欄位原有寬度，記得貼上時選按清單中的 **保持來源欄寬** 功能。

2. 於 **常用** 索引標籤選按 **貼上** 清單鈕，清單中除了內建許多貼上的各種設定，還可以選按 **選擇性貼上**，核選需要貼上的內容。

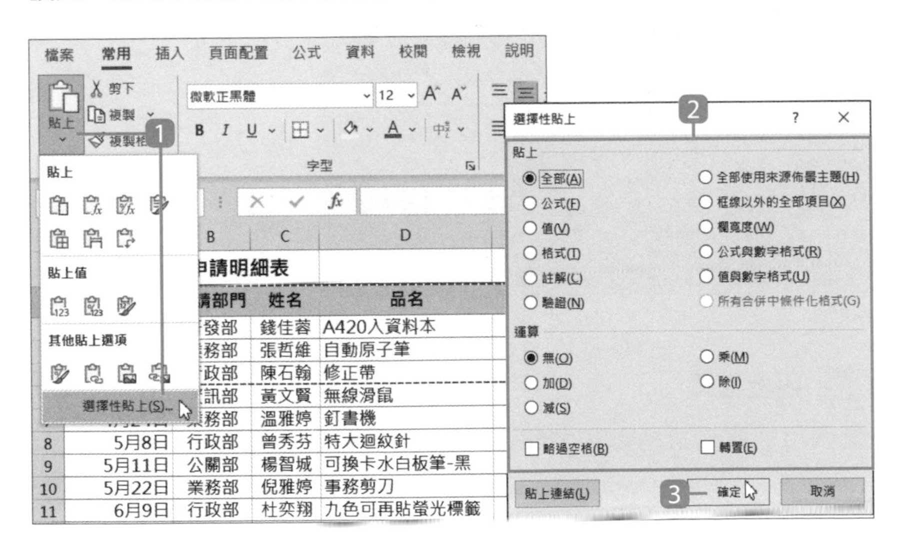

5.11 複製、貼上格式

週期性製作的報表例如：月銷報、薪資計算，只需要複製某一個月份資料表的字型、對齊方式、儲存格背景色...等格式設定至其他月份資料表上套用，即可省去許多重複設定格式的時間。

格式刷快速複製、貼上格式

利用功能區 **複製格式** 功能 "刷" 一下，可快速複製指定格式並延用到同類型或配置相似的資料表。

Step 1 複製指定範圍的格式

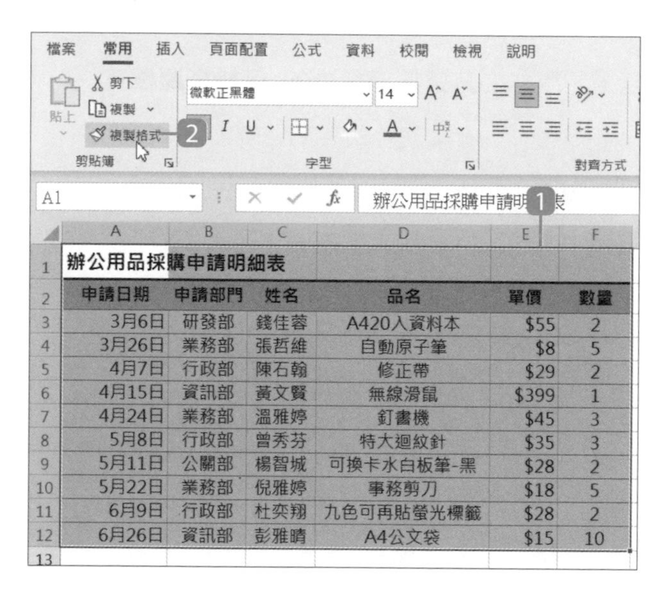

	A	B	C	D	E	F
1	辦公用品採購申請明細表					
2	申請日期	申請部門	姓名	品名	單價	數量
3	3月6日	研發部	錢佳蓉	A420入資料本	$55	2
4	3月26日	業務部	張哲維	自動原子筆	$8	5
5	4月7日	行政部	陳石翰	修正帶	$29	2
6	4月15日	資訊部	黃文賢	無線滑鼠	$399	1
7	4月24日	業務部	溫雅婷	釘書機	$45	3
8	5月8日	行政部	曾秀芬	特大迴紋針	$35	3
9	5月11日	公關部	楊智城	可換卡水白板筆-黑	$28	2
10	5月22日	業務部	倪雅婷	事務剪刀	$18	5
11	6月9日	行政部	杜奕翔	九色可再貼螢光標籤	$28	2
12	6月26日	資訊部	彭雅晴	A4公文袋	$15	10
13						

1 選取 A1:F12 儲存格範圍。

2 於 **常用** 索引標籤選按 **複製格式**。

Step 2 刷上格式

將左側儲存格格式套用到右側儲存格，並維持現有的資料。

H	I	J	K	L	M
零用金支出明細表					
發票日期	憑證類型	姓名	品名	金額	摘要
2021/4/9	三聯式發票	楊詩正	書籍雜誌	$904	博客來書籍
2021/5/8	車票	曹惠雯	差旅費用	$280	研習-客運

◀ 將刷子移動到要貼上格式的 H1 儲存格上，按一下滑鼠左鍵。

零用金支出明細表					
發票日期	憑證類型	姓名	品名	金額	摘要
4月9日	三聯式發票	楊詩正	書籍雜誌	$904	博客來書籍
5月8日	車票	曹惠雯	差旅費用	$280	研習-客運
5月13日	購票憑證	楊如幸	郵寄費用	$35	發票寄送
6月5日	三聯式發票	蕭皓鳳	其他雜支	$1,200	線上課程
6月11日	購票憑證	蔡雅珮	郵寄費用	$76	書籍寄送
6月21日	三聯式發票	林怡潔	書籍雜誌	$604	博客來書籍
7月2日	普通收據	陳秉屏	其他雜支	$750	水果禮盒
7月10日	三聯式發票	曹惠雯	辦公設備	$1,190	雷射簡報筆
7月12日	三聯式發票	楊如幸	書籍雜誌	$411	pchome書籍
8月15日	三聯式發票	李宗恩	書籍雜誌	$588	博客來書籍

◀ 會發現目的地儲存格的資料，已套用來源儲存格的格式。

刷完後，刷子會恢復成原始十字狀，無法再刷其他資料。

資訊補給站

連續複製格式

如果想要連續複製，記得於 **常用** 索引標籤連按二下 **複製格式**，可以重複使用複製的格式，並套用在工作表中的不連續範圍，無須往返重覆操作；要取消複製時，直接按 Esc 鍵。

複製、貼上選擇保留格式項目

於 **常用** 索引標籤除了利用 **複製格式** "刷" 一下，也可以善用 **複製**、**貼上**，保留格式設定。

Step 1 複製指定範圍的格式

辦公用品採購申請明細表					
申請日期	申請部門	姓名	品名	單價	數量
3月6日	研發部	錢佳蓉	A420入資料本	$55	2
3月26日	業務部	張哲維	自動原子筆	$8	5
4月7日	行政部	陳石翰	修正帶	$29	2
4月15日	資訊部	黃文賢	無線滑鼠	$399	1
4月24日	業務部	溫雅婷	釘書機	$45	3
5月8日	行政部	曾秀芬	特大迴紋針	$35	5
5月11日	公關部	楊智城	可換卡水白板筆-黑	$28	2
5月22日	業務部	倪雅婷	事務剪刀	$18	5
6月9日	行政部	杜奕翔	九色可再貼螢光標籤	$28	2
6月26日	資訊部	彭雅晴	A4公文袋	$15	10

1. 選取 A1:F12 儲存格範圍。
2. 於 **常用** 索引標籤選按 **複製** (或按 Ctrl + C 鍵)。

Step 2 只貼上格式

將左側儲存格格式套用到右側儲存格，並維持現有的資料。

	G	H	I	J	K	L	
1		人事資料表					
2		到職日	部門	姓名	性別	薪資	
3		2000/7/3	行政	吳玉芳	女	45,000	台北市中山區
4		2010/4/26	財務	林麗雯	女	35,000	台北市松山區
5		2017/12/1	財務	許宛君	女	35,000	台北市松山區
6		2014/9/1	行銷	吳駿恆	男	55,000	台北市信義區
7		2015/1/12	行銷	鄭常以	男	38,000	台北市信義區
8		2015/2/2	資訊	戴博文	男	40,000	台北市大安區
9		2016/8/8	台中分公司	林雅玲	女	42,000	台中市西屯區
10		1998/6/1	台中分公司	吳珮怡	女	45,000	台中市西區
11		2018/5/10	台中分公司	劉欣怡	女	40,000	台中市北區

❶ 選取要貼上格式的 H1 儲存格。

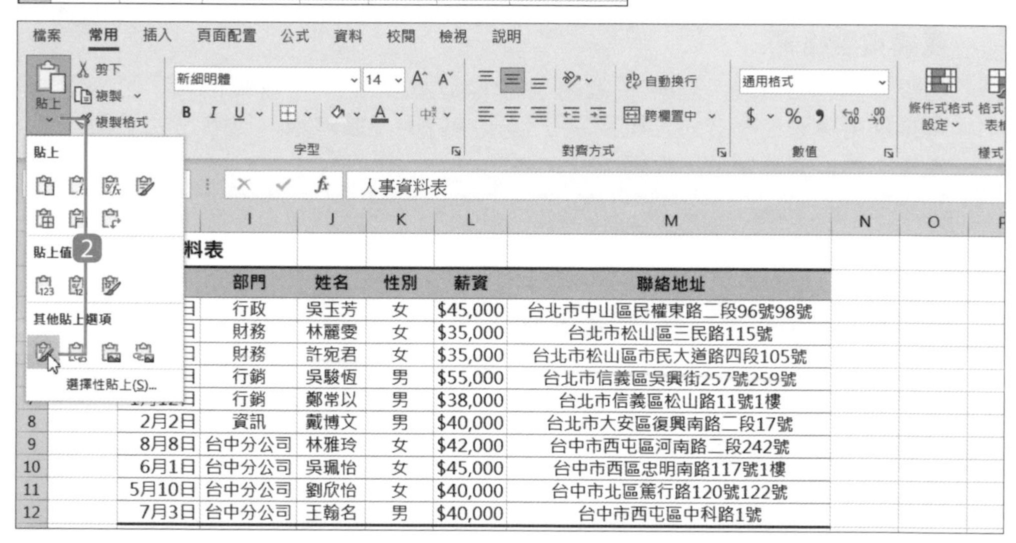

	H	I	J	K	L	M
1	料表					
2		部門	姓名	性別	薪資	聯絡地址
3	日	行政	吳玉芳	女	$45,000	台北市中山區民權東路二段96號98號
4	日	財務	林麗雯	女	$35,000	台北市松山區三民路115號
5	日	財務	許宛君	女	$35,000	台北市松山區市民大道路四段105號
6	日	行銷	吳駿恆	男	$55,000	台北市信義區吳興街257號259號
7	日	行銷	鄭常以	男	$38,000	台北市信義區松山路11號1樓
8	2月2日	資訊	戴博文	男	$40,000	台北市大安區復興南路二段17號
9	8月8日	台中分公司	林雅玲	女	$42,000	台中市西屯區河南路二段242號
10	6月1日	台中分公司	吳珮怡	女	$45,000	台中市西區忠明南路117號1樓
11	5月10日	台中分公司	劉欣怡	女	$40,000	台中市北區篤行路120號122號
12	7月3日	台中分公司	王翰名	男	$40,000	台中市西屯區中科路1號

❷ 於 **常用** 索引標籤選按 **貼上** 清單鈕 \ **設定格式**，只套用來源格式，卻不會改變目的地的資料。

5.12 清除儲存格格式、內容

發現某一資料項目輸入錯誤時，可利用 **清除** 功能清除該筆資料，清除前需先確認要清除儲存格的內容、格式還是內容與格式全部清除。

只清除內容

保留原設定格式，僅刪除儲存格內資料。

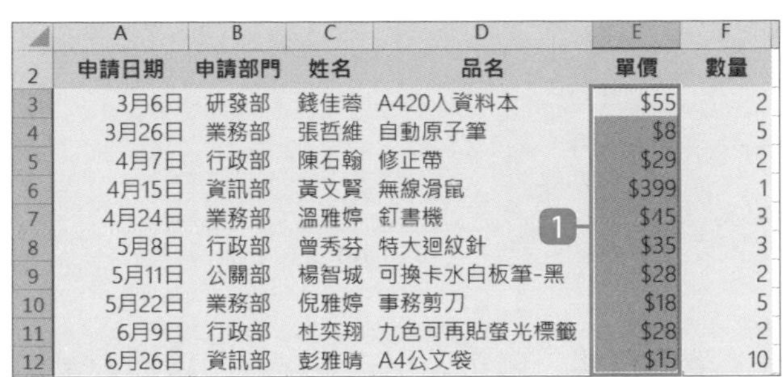

	A	B	C	D	E	F
2	申請日期	申請部門	姓名	品名	單價	數量
3	3月6日	研發部	錢佳蓉	A420入資料本	$55	2
4	3月26日	業務部	張哲維	自動原子筆	$8	5
5	4月7日	行政部	陳石翰	修正帶	$29	2
6	4月15日	資訊部	黃文賢	無線滑鼠	$399	1
7	4月24日	業務部	溫雅婷	釘書機	$45	3
8	5月8日	行政部	曾秀芬	特大迴紋針	$35	3
9	5月11日	公關部	楊智城	可換卡水白板筆-黑	$28	2
10	5月22日	業務部	倪雅婷	事務剪刀	$18	5
11	6月9日	行政部	杜奕翔	九色可再貼螢光標籤	$28	2
12	6月26日	資訊部	彭雅晴	A4公文袋	$15	10

1 選取 E3:E12 儲存格範圍。

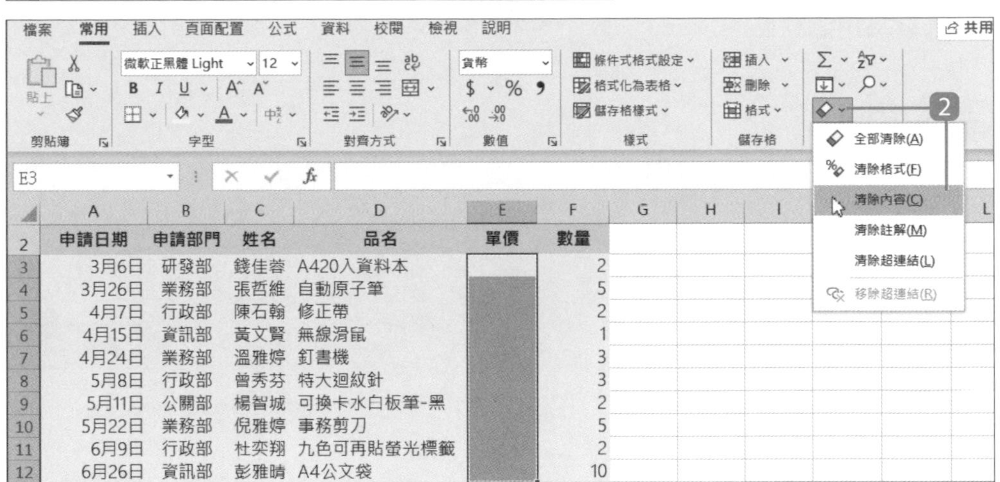

	A	B	C	D	E	F
2	申請日期	申請部門	姓名	品名	單價	數量
3	3月6日	研發部	錢佳蓉	A420入資料本		2
4	3月26日	業務部	張哲維	自動原子筆		5
5	4月7日	行政部	陳石翰	修正帶		2
6	4月15日	資訊部	黃文賢	無線滑鼠		1
7	4月24日	業務部	溫雅婷	釘書機		3
8	5月8日	行政部	曾秀芬	特大迴紋針		3
9	5月11日	公關部	楊智城	可換卡水白板筆-黑		2
10	5月22日	業務部	倪雅婷	事務剪刀		5
11	6月9日	行政部	杜奕翔	九色可再貼螢光標籤		2
12	6月26日	資訊部	彭雅晴	A4公文袋		10

2 於 **常用** 索引標籤選按 **清除 \ 清除內容**，會發現僅刪除資料，相關的格式或是儲存格填滿效果均維持原有設定。

只清除格式

保留資料內容，僅清除儲存格內的樣式。

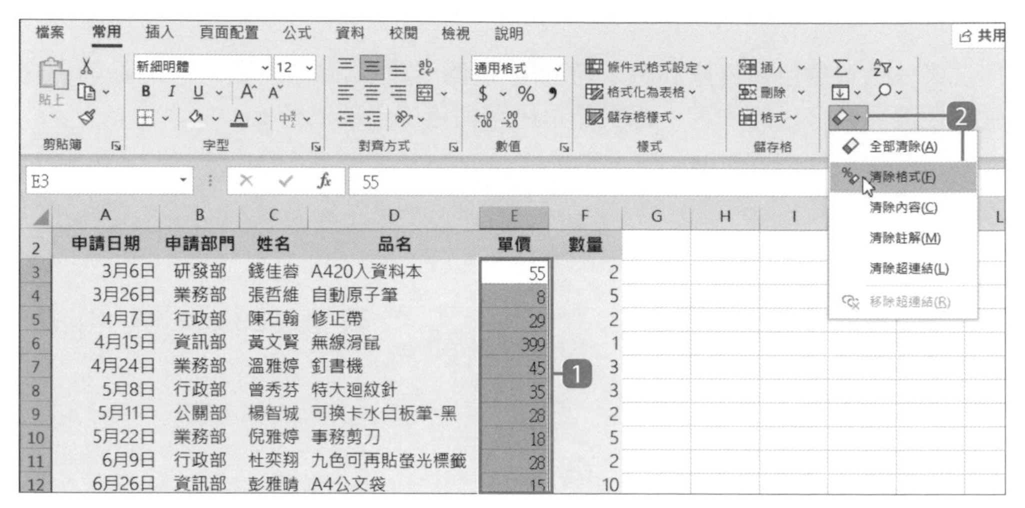

1 選取 E3:E12 儲存格範圍。

2 於 **常用** 索引標籤選按 **清除 \ 清除格式**，會發現格式或儲存格填滿效果均還原為初始狀態。

全部清除

清除儲存格內的所有格式與內容。

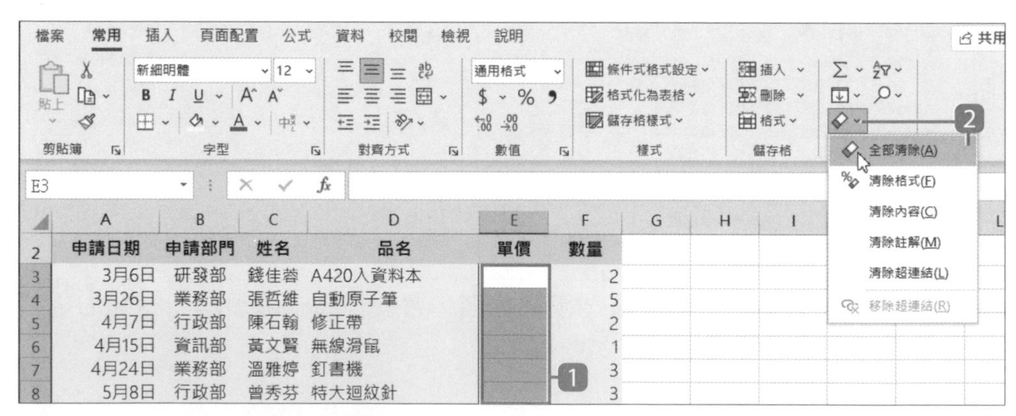

1 選取 E3:E12 儲存格範圍。

2 於 **常用** 索引標籤選按 **清除 \ 全部清除**，資料內容、格式或儲存格填滿效果，全數被清除。

資料的排序、篩選與小計

資料排序

- 單一欄位排序
- 排序數字
- 排序文字
- 多個欄位排序
- 自訂排序清單

資料篩選

- 單一欄位篩選
- 多個欄位篩選
- 大於、小於或等於篩選
- 依排名篩選
- 依高或低於平均值篩選
- 依日期篩選
- 客製多組合篩選條件
- 再製篩選資料
- 依色彩篩選或排序
- 依圖示篩選或排序

小計與資料群組

- 以小計統計分類資料
- 顯示或隱藏大綱模式中的資料
- 手動依欄或列群組資料
- 取消群組
- 取消小計

6.1 依單一欄位排序資料

單一欄位的排序是一般較常使用的排序方式，可以在欄位中依文字排序 (英文字為 A 到 Z 或 Z 到 A；中文字則依筆劃少到多或多到少)、依數字排序 (最小到最大值或最大到最小值)，或依日期和時間排序 (最舊到最新或最新到最舊) ...等，更容易檢視與分析資料。

數字的排序

Step 1 指定排序欄位

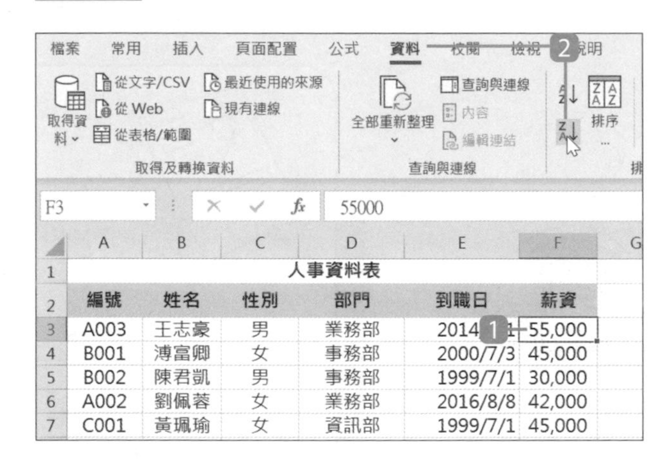

1 選取要排序的數字資料欄位中任一儲存格，在此選取 F3 儲存格。

2 於 **資料** 索引標籤選按 **從最大到最小排序**。

Step 2 瀏覽排序後的資料

人事資料表

編號	姓名	性別	部門	到職日	薪資
A003	王志豪	男	業務部	2014/9/1	55,000
B001	溥富卿	女	事務部	2000/7/3	45,000
C001	黃珮瑜	女	資訊部	1999/7/1	45,000
A002	劉佩蓉	女	業務部	2016/8/8	42,000
B003	柯宗穎	男	事務部	2017/7/7	40,000
C004	陳枝玉	女	資訊部	2018/5/10	40,000
C003	楊正偉	男	資訊部	1999/7/1	40,000
C002	賴嘉文	男	資訊部	2015/2/2	40,000
A004	黎宗憲	男	業務部	2015/1/12	38,000
D002	張華瑞	女	財務部	2010/4/26	35,000
D001	廖婉琇	女	財務部	2017/12/1	35,000
B004	黎承翰	男	事務部	2018/11/20	34,000

◀ 可看到薪資依最高薪排列到最低薪。若選按 **從最小到最大排序**，資料就會從最低薪排列到最高薪。

文字的排序

Step 1 指定排序欄位

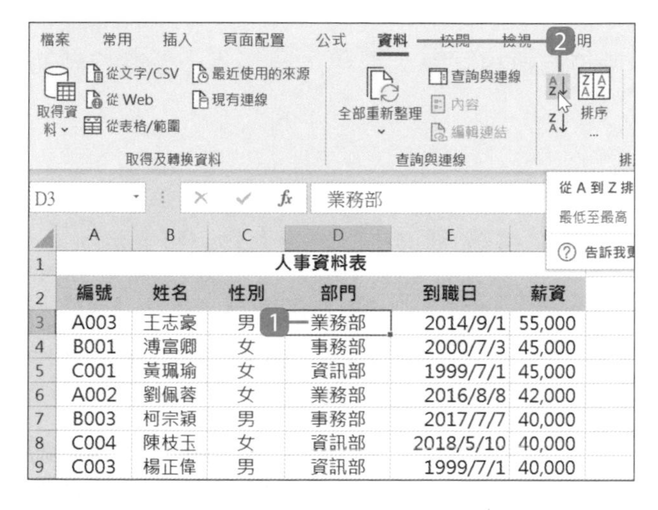

人事資料表					
編號	姓名	性別	部門	到職日	薪資
A003	王志豪	男	業務部	2014/9/1	55,000
B001	溥富卿	女	事務部	2000/7/3	45,000
C001	黃珮瑜	女	資訊部	1999/7/1	45,000
A002	劉佩蓉	女	業務部	2016/8/8	42,000
B003	柯宗穎	男	事務部	2017/7/7	40,000
C004	陳枝玉	女	資訊部	2018/5/10	40,000
C003	楊正偉	男	資訊部	1999/7/1	40,000

1. 選取要排序的文字資料欄位中任一儲存格，在此選取 D3 儲存格。
2. 於 **資料** 索引標籤選按 **從 A 到 Z 排序**。

Step 2 瀏覽排序後的資料

人事資料表					
編號	姓名	性別	部門	到職日	薪資
B001	溥富卿	女	事務部	2000/7/3	45,000
B003	柯宗穎	男	事務部	2017/7/7	40,000
B004	黎承翰	男	事務部	2018/11/20	34,000
B002	陳君凱	男	事務部	1999/7/1	30,000
D002	張華瑞	女	財務部	2010/4/26	35,000
D001	廖婉琇	女	財務部	2017/12/1	35,000
A003	王志豪	男	業務部	2014/9/1	55,000
A002	劉佩蓉	女	業務部	2016/8/8	42,000
A004	黎宗憲	男	業務部	2015/1/12	38,000
C001	黃珮瑜	女	資訊部	1999/7/1	45,000
C004	陳枝玉	女	資訊部	2018/5/10	40,000
C003	楊正偉	男	資訊部	1999/7/1	40,000
C002	賴嘉文	男	資訊部	2015/2/2	40,000

◀ 可看到部門依第一個字的筆劃數，從最少排列到最多。若選按 **從 Z 到 A 排序**，就會從筆劃數最多排列到最少。

6.2 依多個欄位排序資料

除了使用單一欄位排序，當該欄位的值相同時，還可以再加入多個欄位做為次要排序準則。

Step 1 指定主要、次要排序欄位

以 **薪資** 遞減排序，金額相同時，再依 **編號** 遞增排序，讓資料瀏覽更容易。

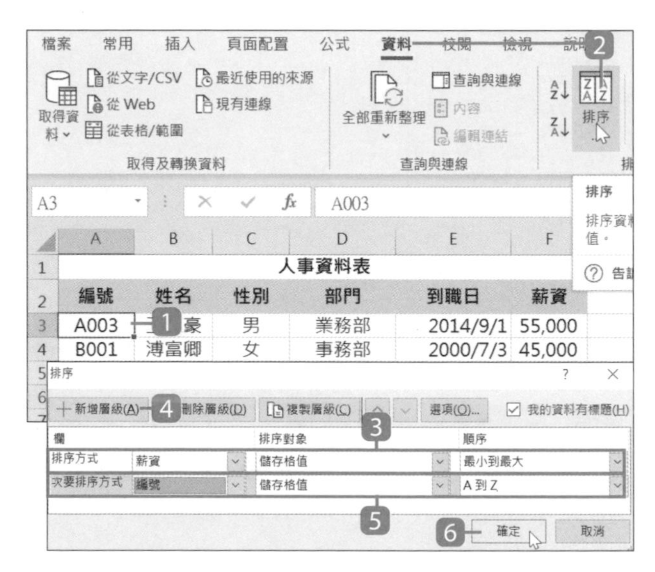

1 選取資料中任一儲存格。

2 於 **資料** 索引標籤選按 **排序**。

3 設定 **欄 \ 排序方式**：**薪資**、**排序對象**：**儲存格值**、**順序**：**最小到最大**。

4 選按 **新增層級** 鈕新增一筆次要排序方式。

5 設定 **欄 \ 次要排序方式**：**編號**、**排序對象**：**儲存格值**、**順序**：**A 到 Z**。

6 選按 **確定** 鈕。

Step 2 瀏覽排序後的資料

	A	B	C	D	E	F
1	人事資料表					
2	編號	姓名	性別	部門	到職日	薪資
3	B002	陳君凱	男	事務部	1999/7/1	30,000
4	B004	黎承翰	男	事務部	2018/11/20	34,000
5	D001	廖婉琇	女	財務部	2017/12/1	35,000
6	D002	張華瑞	女	財務部	2010/4/26	35,000
7	A004	黎宗憲	男	業務部	2015/1/12	38,000
8	B003	柯宗穎	男	事務部	2017/7/7	40,000
9	C002	賴嘉文	男	資訊部	2015/2/2	40,000
10	C003	楊正偉	男	資訊部	1999/7/1	40,000
11	C004	陳枝玉	女	資訊部	2018/5/10	40,000
12	A002	劉佩蓉	女	業務部	2016/8/8	42,000
13	B001	溥富卿	女	事務部	2000/7/3	45,000
14	C001	黃珮瑜	女	資訊部	1999/7/1	45,000

◀ 5 ~ 6 列、8 ~ 11 列、13 ~ 14 列，因為 **薪資** 一樣，所以次要排序依 **編號** 遞增排列。

6.3 自訂排序清單

Excel 預設的大小或筆劃排序準則，無法應用在公司區域 (北中南)、員工考績 (優等、甲等、乙等)...等項目上，可以根據需求自訂新的排序清單，有效整理出想要的結果。

Step 1 開啟自訂排序對話方塊

1 選取資料中任一儲存格。

2 於 **資料** 索引標籤選按 **排序**。

Step 2 指定欄位自訂排序清單

以 **部門** 欄位，自訂排列順序為：業務部、事務部、資訊部、財務部。

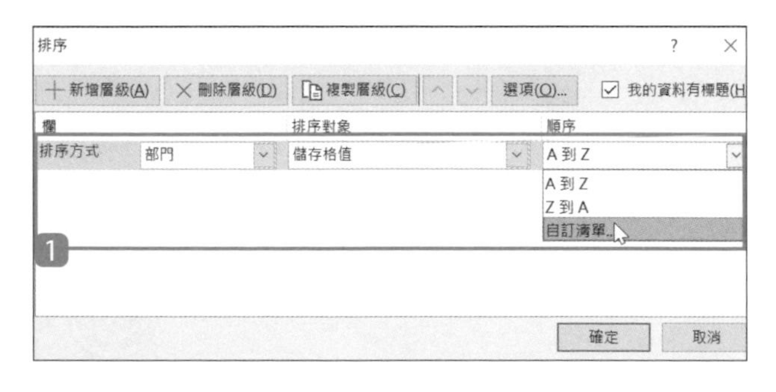

1 設定 **欄 \ 排序方式**：**部門**、**排序對象**：**儲存格值**、**順序**：**自訂清單**。

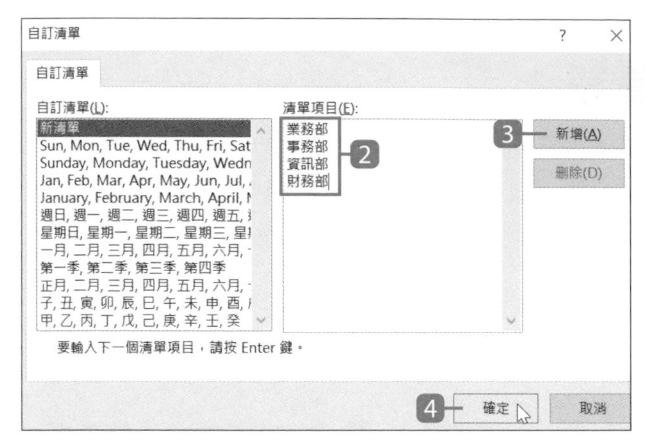

2 於 **自訂清單 \ 新清單** 依序輸入「業務部」、「事務部」、「資訊部」與「財務部」(可按 Enter 鍵分行，再輸入下一個清單項目)。

3 選按 **新增** 鈕。

4 選按 **確定** 鈕。

5 選按 **確定** 鈕。

	A	B	C	D	E	F	G
1	人事資料表						
2	編號	姓名	性別	部門	到職日	薪資	
3	A003	王志豪	男	業務部	2014/9/1	55,000	
4	A002	劉佩蓉	女	業務部	2016/8/8	42,000	
5	A004	黎宗憲	男	業務部	2015/1/12	38,000	
6	B001	溥富卿	女	事務部	2000/7/3	45,000	
7	B002	陳君凱	男	事務部	1999/7/1	30,000	
8	B003	柯宗穎	男	事務部	2017/7/7	40,000	
9	B004	黎承翰	男	事務部	2018/11/20	34,000	
10	C001	黃珮瑜	女	資訊部	1999/7/1	45,000	
11	C004	陳枝玉	女	資訊部	2018/5/10	40,000	
12	C003	楊正偉	男	資訊部	1999/7/1	40,000	
13	C002	賴嘉文	男	資訊部	2015/2/2	40,000	
14	D002	張華瑞	女	財務部	2010/4/26	35,000	
15	D001	廖婉琇	女	財務部	2017/12/1	35,000	
16							

◀ 人事資料表依照自訂的 **部門** 排序準則順序排列資料。

資訊補給站

使用之前建立的自訂清單排序

如果想要使用之前建立的自訂清單項目排序，只要在 **自訂清單** 對話方塊中選按之前建立的清單，再選按 **確定** 即可，若已不需要該清單項目，也可以選按後按 **刪除**。

6.4 開啟、取消篩選

面對大量資料記錄，**篩選** 功能可以篩選一欄或多欄的資料，快速顯示符合條件的而隱藏不需要的，在此先了解如何開啟與取消篩選功能。

Step 1 開啟篩選

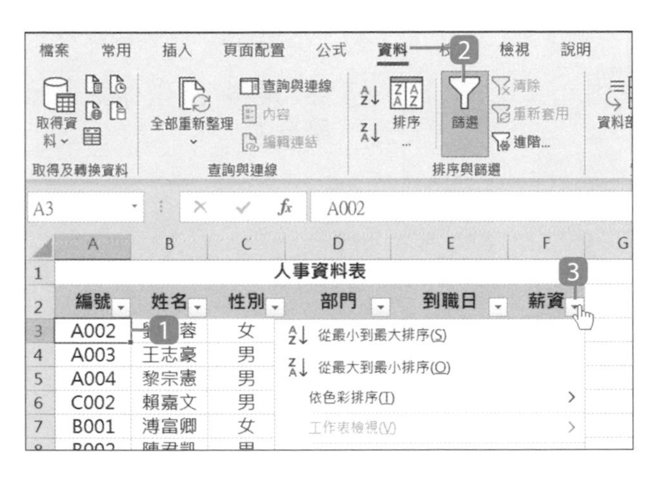

1. 選取資料中任一儲存格。
2. 於 **資料** 索引標籤選按 **篩選**。
3. 選按欄標題右側 ▾ 篩選鈕，可以指定要篩選的準則。

Step 2 取消篩選

◀ 執行完資料篩選後，於 **資料** 索引標籤再次選按 **篩選**，可以取消資料篩選，恢復為完整資料。

6.5 依單一欄位篩選資料

單一欄位的篩選，可以指定該欄內一項或多項資料項目，在此要篩選 **部門** 為"事務部"或"財務部"的資料記錄。

Step 1 開啟篩選

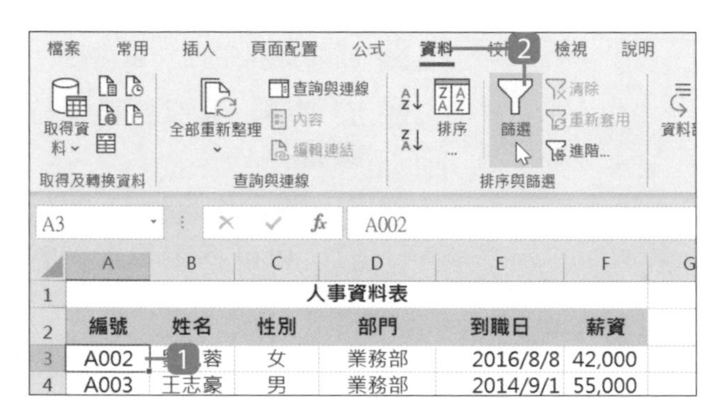

1. 選取資料中任一儲存格。
2. 於 **資料** 索引標籤選按 **篩選**。

Step 2 指定篩選準則

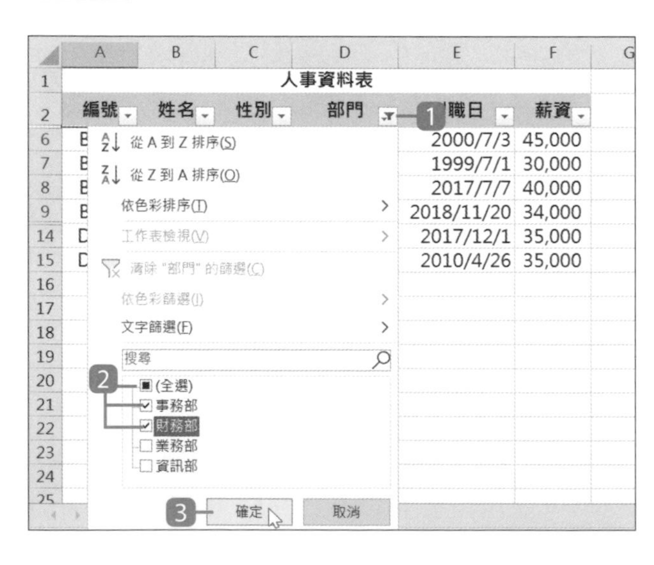

1. 選按 **部門** 欄位右側 ▾ 篩選鈕。
2. 於清單中取消核選 **全選**，再核選 **事務部**、**財務部**。
3. 選按 **確定** 鈕完成篩選準則設定，篩選後僅顯示符合篩選條件的資料。

於 **資料** 索引標籤選按 **篩選** 即可取消篩選功能，回復顯示所有的資料項目。

6.6 依多個欄位篩選資料

篩選 功能可以篩選一個或多個資料欄，在此要篩選 **部門** 為 "資訊部" 且 **性別** 為 "女" 的資料記錄。

Step 1 進行第一個欄位的篩選

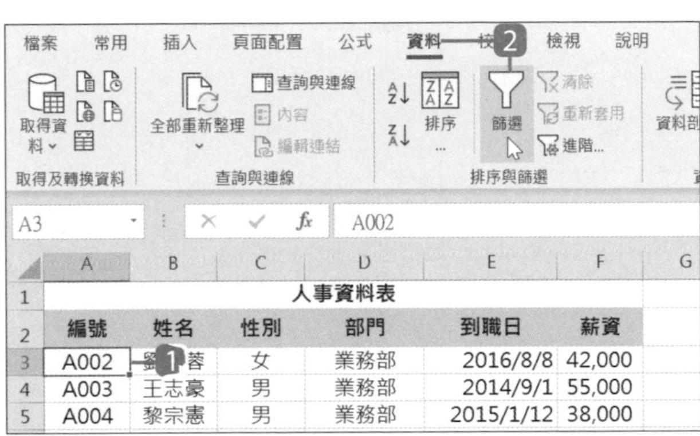

1. 選取資料中任一儲存格。
2. 於 **資料** 索引標籤選按 **篩選**。

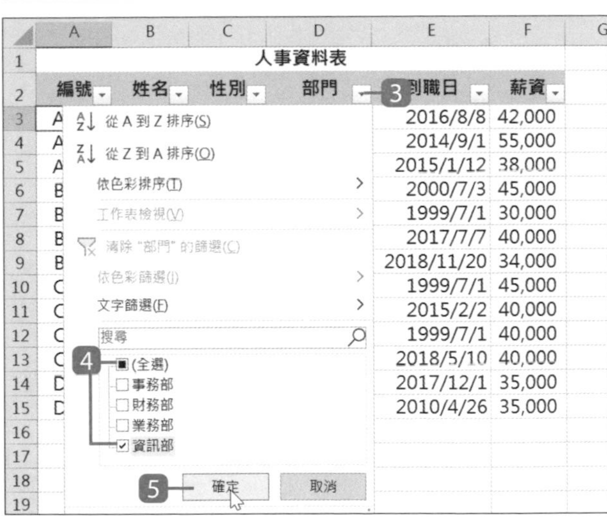

3. 標題列中每個欄位名稱右側均多出 ▼ 篩選鈕，選按 **部門** 欄位右側篩選鈕。
4. 先取消核選 **全選**，再核選 **資訊部**。
5. 選按 **確定** 鈕。

Step 2 累加第二個欄位的篩選

多次套用篩選，可讓篩選的資料完全符合二個或更多的準則。接續上一個例子，設定第二個欄位的篩選準則。

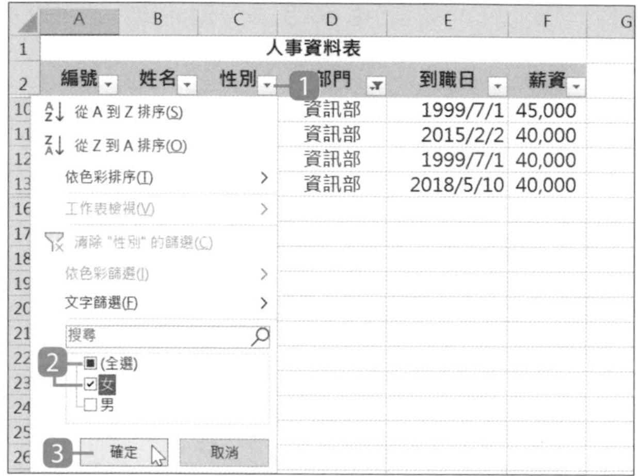

1 選按 **性別** 欄位右側 ▼ 篩選鈕。

2 先取消核選 **全選**，再核選 **女**。

3 選按 **確定** 鈕。

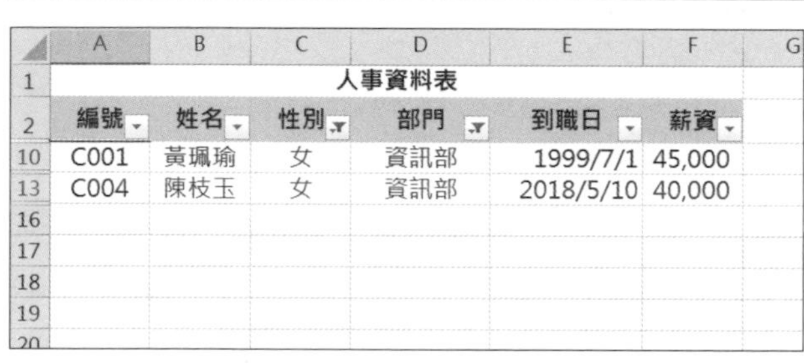

	A	B	C	D	E	F
1	人事資料表					
2	編號	姓名	性別	部門	到職日	薪資
10	C001	黃珮瑜	女	資訊部	1999/7/1	45,000
13	C004	陳枝玉	女	資訊部	2018/5/10	40,000

◀ 篩選後僅顯示 **部門** 為 "資訊部" 且 **性別** 為 "女" 的資料。

資訊補給站

取消某欄位的篩選條件

檢視完篩選資料後，如果要取消某一欄位的篩選，可以選按該欄標題右側 ▼ 篩選鈕 \ **清除 ** 的篩選**，即可取消此欄位的篩選。

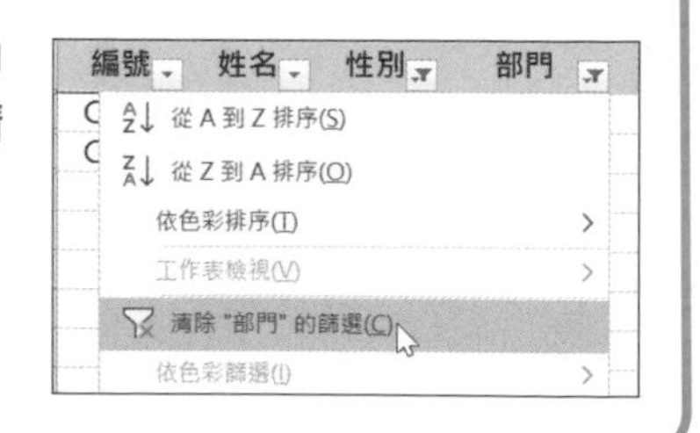

6.7 依大於、小於或等於篩選資料

數字欄位 (例如：總計) 進行篩選時，可以使用內建比較運算子：等於、不等於、大於、大於或等於、小於、小於或等於、介於...等，依數值條件篩選出需要的資料項目。

Step 1 開啟篩選

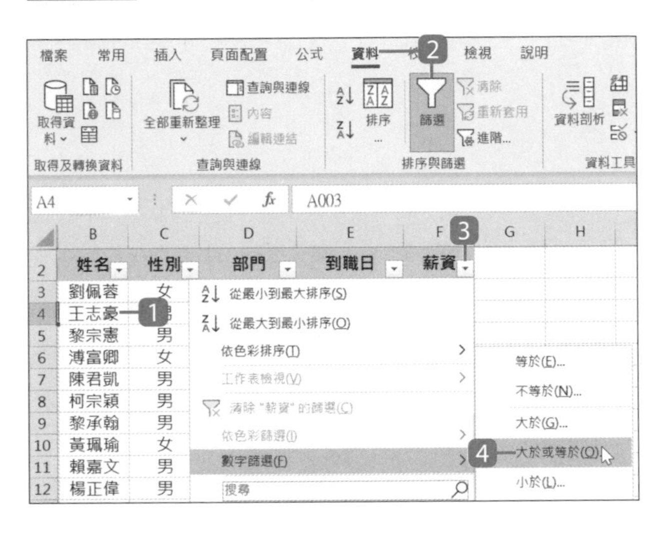

1 選取資料中任一儲存格。

2 於 **資料** 索引標籤選按 **篩選**。

3 選按 **薪資** 欄位右側 ▾ 篩選鈕。

4 清單中選按 **數字篩選 \ 大於或等於**。

Step 2 設定符合的條件

1 設定 **大於或等於**、**45000**。

2 選按 **確定** 鈕，篩選後僅顯示符合篩選條件的資料。

6.8 依排名篩選資料

若需要依數字欄位 (例如：薪資) 內的值取其前 10 名、前 3 名、倒數 10 名...等資料，不用排序再篩選，可以直接以篩選功能指定。

用項目設定準則

前 10 項 設定中，預設是 "10項"，可以再指定合適的項目值。而 **最前**、**最後** 則分別會找出指定欄位資料範圍中前十名或倒數十名 (資料中如果有相同的值則會同時包含)。

Step 1 **開啟篩選**

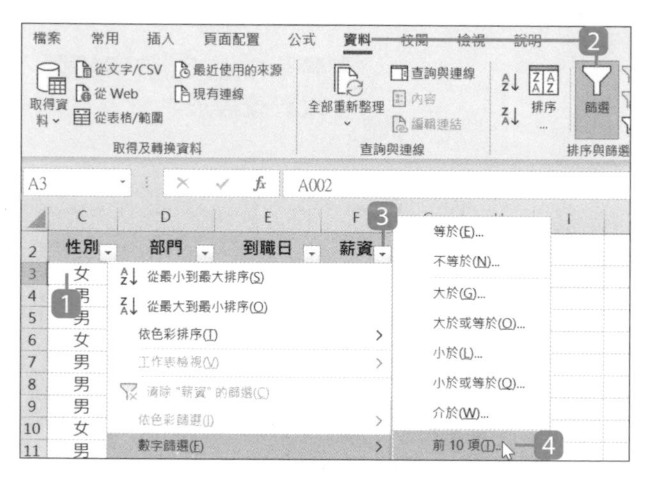

1. 選取資料中任一儲存格。
2. 於 **資料** 索引標籤選按 **篩選**。
3. 選按 **薪資** 欄位右側 ▾ 篩選鈕。
4. 清單中選按 **數字篩選 \ 前 10 項**。

Step 2 **設定符合的條件**

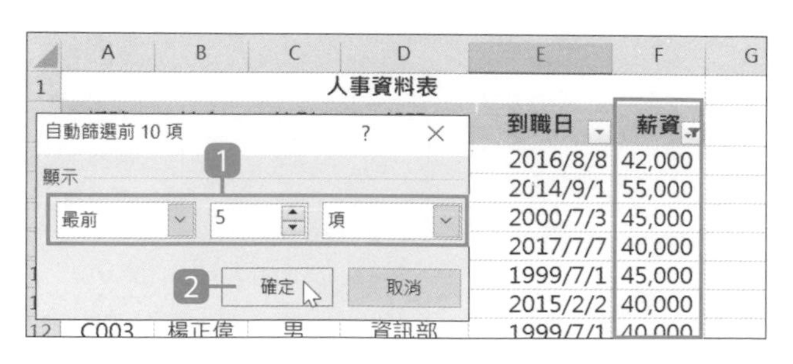

1. 設定 **最前**、**5**、**項**。
2. 選按 **確定** 鈕，僅顯示符合篩選條件的資料。(資料中如果有相同的值會同時包含，因此範例中會出現 8 筆資料)

用百分比設定準則

前 10 項 設定中，將預設的 **項** 改成 **%**，會以總資料筆數篩選出符合條件筆數。以 100 筆資料為例，10% 的 **最前**、**最後** 則分別會找出指定欄位資料範圍中前十筆或倒數十筆的資料 (資料中如果有相同的值則會同時包含)。

Step 1 開始篩選

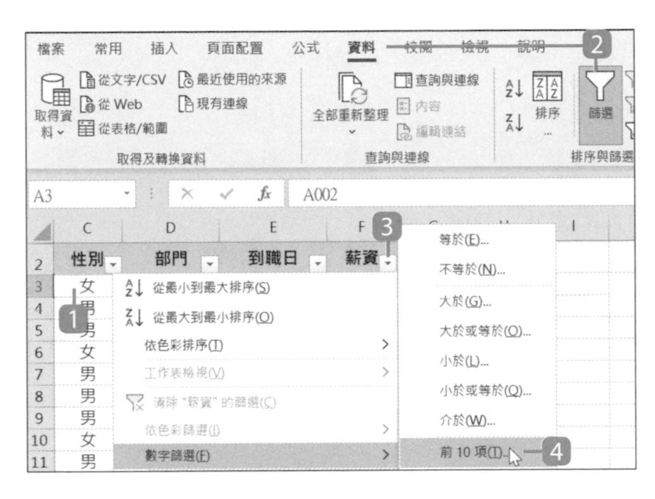

1. 選取資料中任一儲存格。
2. 於 **資料** 索引標籤選按 **篩選**。
3. 選按 **薪資** 欄位右側 ▾ 篩選鈕。
4. 清單中選按 **數字篩選 \ 前 10 項**。

Step 2 設定符合的條件

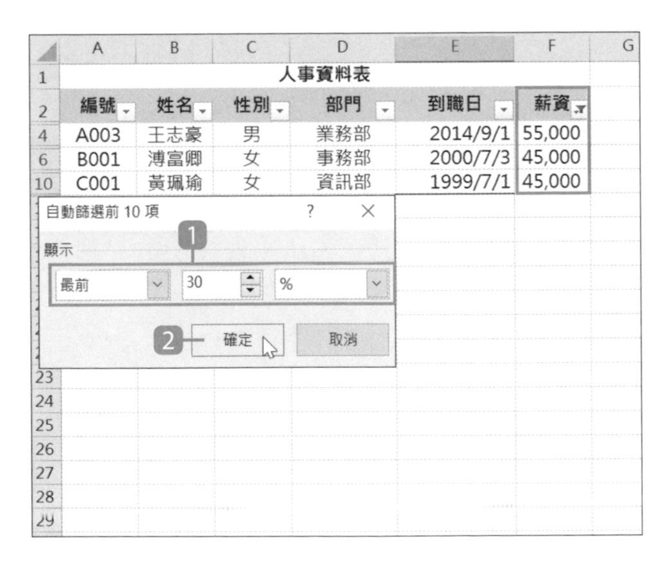

1. 設定 **最前**、**30**、**%**。
2. 選按 **確定** 鈕，僅顯示符合篩選條件的資料。(此範例 13 筆資料中篩選出薪資值由大到小排序的前 30% 筆，共顯示 3 筆資料。)

6.9 依高或低於平均值篩選資料

想了解哪些數值高於平均值或低於平均值，不需要先算出平均值再一一比對，只要設定篩選準則就可以快速顯示。

Step 1 開啟篩選

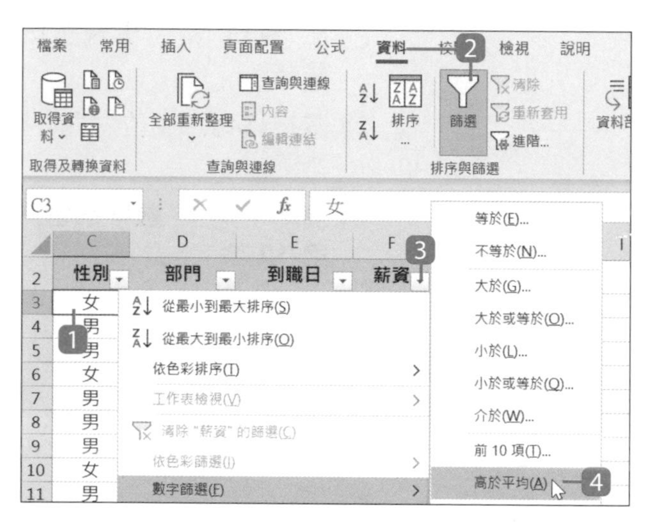

1. 選取資料中任一儲存格。
2. 於 **資料** 索引標籤選按 **篩選**。
3. 選按 **薪資** 欄位右側 ▾ 篩選鈕。
4. 清單中選按 **數字篩選 \ 高於平均**。

Step 2 瀏覽篩選後的資料

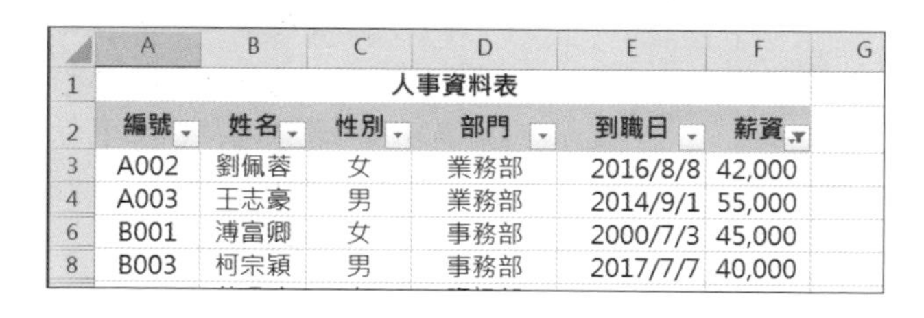

	A	B	C	D	E	F
1	人事資料表					
2	編號	姓名	性別	部門	到職日	薪資
3	A002	劉佩蓉	女	業務部	2016/8/8	42,000
4	A003	王志豪	男	業務部	2014/9/1	55,000
6	B001	溥富卿	女	事務部	2000/7/3	45,000
8	B003	柯宗穎	男	事務部	2017/7/7	40,000

◀ 以 **薪資** 欄位的平均數值為篩選準則，篩選後僅顯示高於整體薪資平均值的資料。

資訊補給站

篩選出低於平均值的資料

若想要找出低於平均值的資料，可以選按該數值欄位右側 ▾ 篩選鈕，於清單中選按 **數字篩選 \ 低於平均**，就會顯示低於平均值的資料。

6.10 依日期篩選資料

篩選 功能針對日期資料提供許多實用準則：依日、週、月、季、年份...等，也可自訂篩選的日期範圍，此範例要篩選出每年七月份就職的資料。

Step 1 開啟篩選

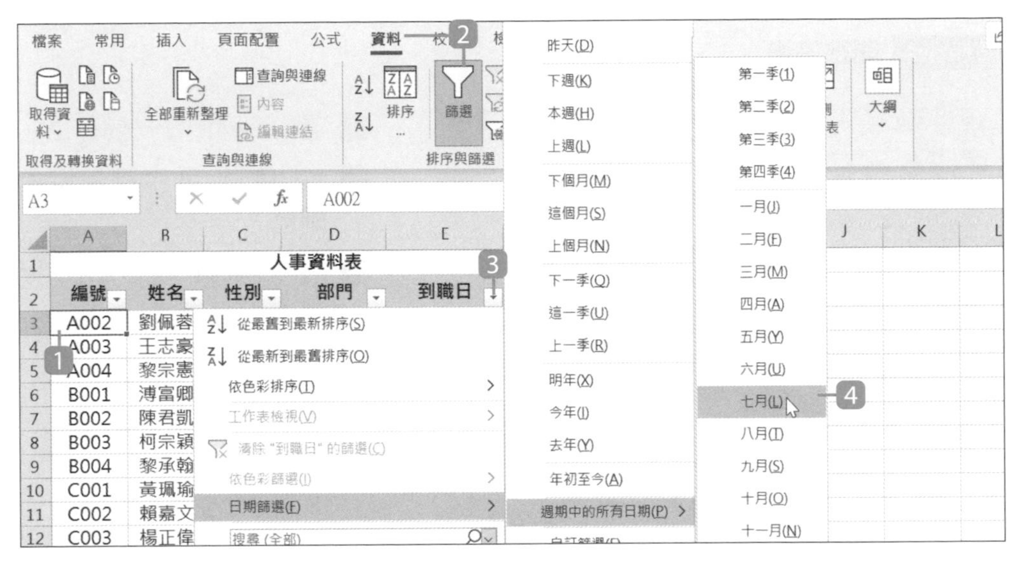

1. 選取資料中任一儲存格。
2. 於 **資料** 索引標籤選按 **篩選**。
3. 選按 **到職日** 欄位右側 ▾ 篩選鈕。
4. 清單中選按 **日期篩選 \ 週期中的所有日期 \ 七月**。

Step 2 瀏覽篩選後的資料

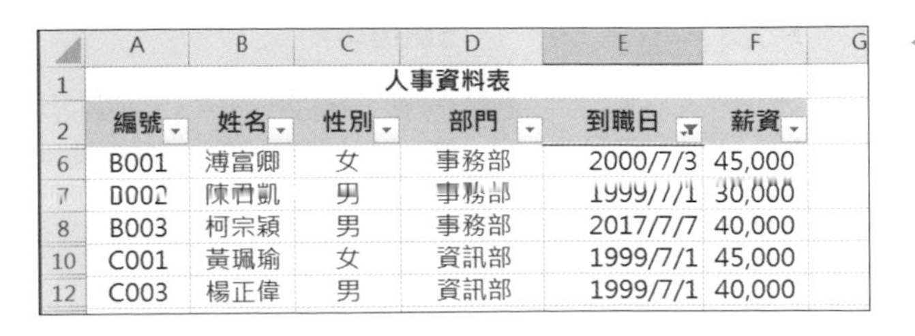

	A	B	C	D	E	F
1				人事資料表		
2	編號	姓名	性別	部門	到職日	薪資
6	B001	溥富卿	女	事務部	2000/7/3	45,000
7	B002	陳君凱	男	事務部	1999/7/1	30,000
8	B003	柯宗穎	男	事務部	2017/7/7	40,000
10	C001	黃珮瑜	女	資訊部	1999/7/1	45,000
12	C003	楊正偉	男	資訊部	1999/7/1	40,000

◀ 以 **到職日** 欄位為篩選準則，篩選後僅顯示每年七月的資料。

6.11 依自訂條件篩選資料

若篩選值中沒有合適的篩選準則時，可以透過 **自訂篩選** 功能，指定條件按照自己希望的方式篩選資料。此功能可指定 **且** (必須完全符合二個準則) 與 **或** (只須符合其中一個準則) 的篩選條件，此範例設計篩選顯示 "40000 以上" 及 "50000 以下 (含 50000)" 金額的資料 (二個準則均符合)。

Step 1 開啟篩選

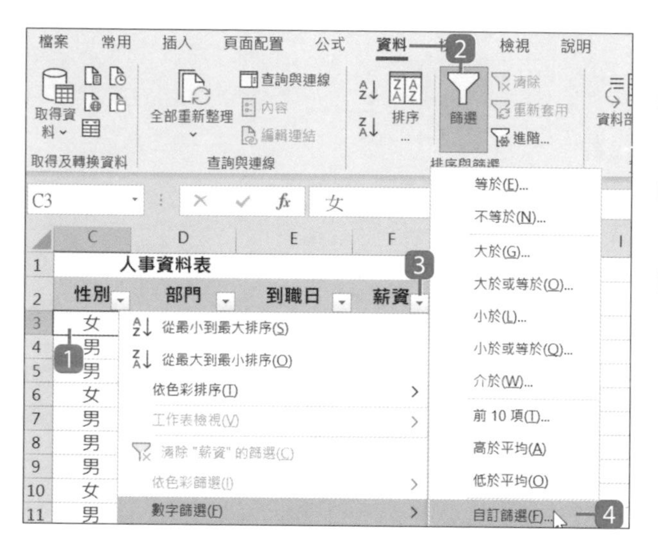

1. 選取資料中任一儲存格。
2. 於 **資料** 索引標籤選按 **篩選**。
3. 選按 **薪資** 欄位右側 ▼ 篩選鈕。
4. 清單中選按 **數字篩選 \ 自訂篩選**。

Step 2 設定符合的條件

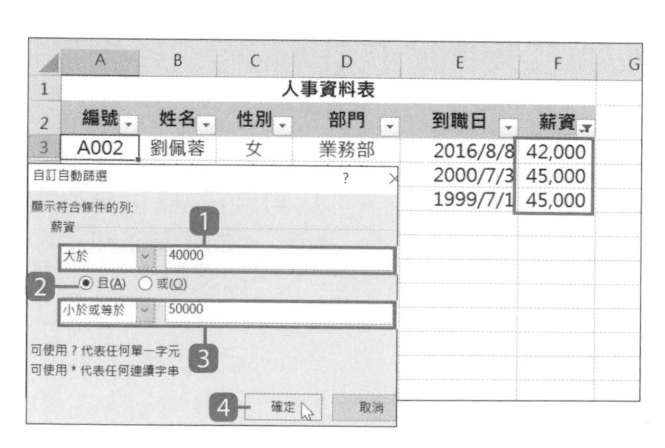

1. 設定 **大於**：**40000**。
2. 核選 **且**。
3. 設定 **小於或等於**：**50000**。
4. 選按 **確定** 鈕，僅顯示符合篩選條件的資料。

6.12 建立客製化、多組合的篩選條件

資料內容又多又雜時，可利用 **進階篩選** 功能指定多組、多欄的條件。

篩選條件輸入在同一列，即是以 And (且) 為判定方式，代表資料需同時符合這些條件；如果篩選條件輸入在不同列，即是以 OR (或) 為判定方式，代表資料只要符合任何一個條件即可。

此範例要篩選的資料為：男性、2010/6/1 之後到職、薪資 30000 以上，且在 "業務部" 或 "資訊部" 任職的人員。

Step 1 建立篩選條件

篩選條件表需與原始資料表間隔至少一欄或一列，而且欄標題名稱需跟原始資料相同。

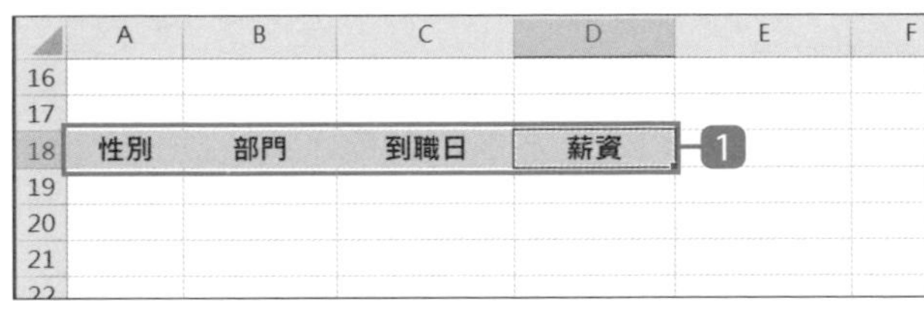

	A	B	C	D	E	F
16						
17						
18	性別	部門	到職日	薪資		
19						
20						
21						

1 於 A18:D18 儲存格範圍分別輸入標題名稱「性別」、「部門」、「到職日」、「薪資」。

	A	B	C	D	E	F
9	B004	黎承翰	男	事務部	2018/11/20	34,00
10	C001	黃珮瑜	女	資訊部	1999/7/1	45,00
11	C002	賴嘉文	男	資訊部	2015/2/2	40,00
12	C003	楊正偉	男	資訊部	1999/7/1	40,00
13	C004	陳枝玉	女	資訊部	2018/5/10	40,00
14	D001	廖婉琇	女	財務部	2017/12/1	35,00
15	D002	張華瑞	女	財務部	2010/4/26	35,00
16						
17						
18	性別	部門	到職日	薪資		
19	男	資訊部	>=2010/6/1	>=30000		
20	男	業務部	>=2010/6/1	>=30000		
21						
22						

2 於 A19:D19 儲存格範圍分別輸入「男」、「資訊部」、「>=2010/6/1」、「>=30000」。

3 於 A20:D20 儲存格範圍分別輸入「男」、「業務部」、「>=2010/6/1」、「>=30000」。

Step 2 設定進階篩選

建立篩選條件表後，再利用進階篩選功能，指定原始資料與篩選條件的範圍，即可顯示所需資料。

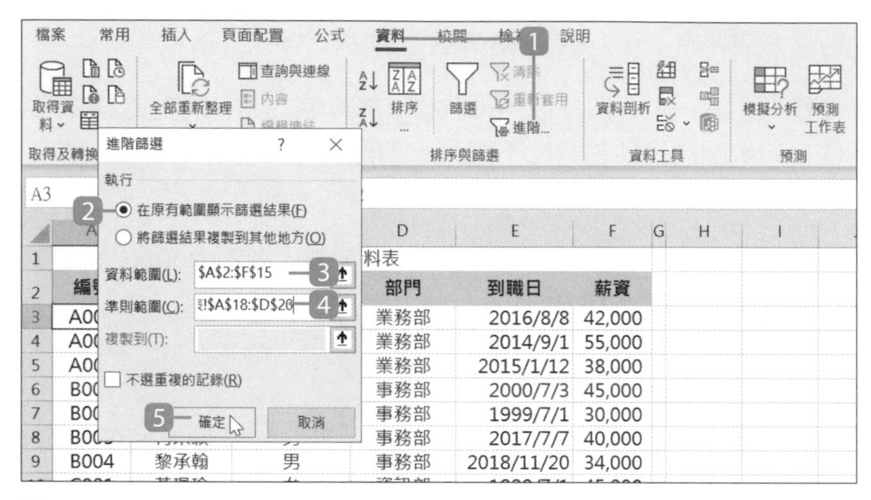

1 於 **資料** 索引標籤選按 **進階**。

2 核選 **在原有範圍顯示篩選結果**。

3 於 **資料範圍** 欄位按一下，選取 A2:F15 儲存格範圍。

4 回到對話方塊中，於 **準則範圍** 欄位按一下，選取 A18:D20 儲存格範圍。

5 選按 **確定** 鈕。

Step 3 瀏覽篩選後的資料

	A	B	C	D	E	F	G	H	I
1				人事資料表					
2	編號	姓名	性別	部門	到職日	薪資			
4	A003	王志豪	男	業務部	2014/9/1	55,000			
5	A004	黎宗憲	男	業務部	2015/1/12	38,000			
11	C002	賴嘉文	男	資訊部	2015/2/2	40,000			
16									
17									

▲ 篩選出三筆男性、2010/6/1 之後到職、薪資 30000 以上，且在 "資訊部" 或 "業務部" 任職的人員資料。

6.13 再製篩選資料

進階篩選 功能可將符合條件的資料顯示或複製到工作表的指定位置，運用此活頁簿時更具彈性與完整性。

Step 1 建立篩選條件

篩選條件表需與原始資料表間隔至少一欄或一列，而且欄標題名稱需跟原始資料相同。

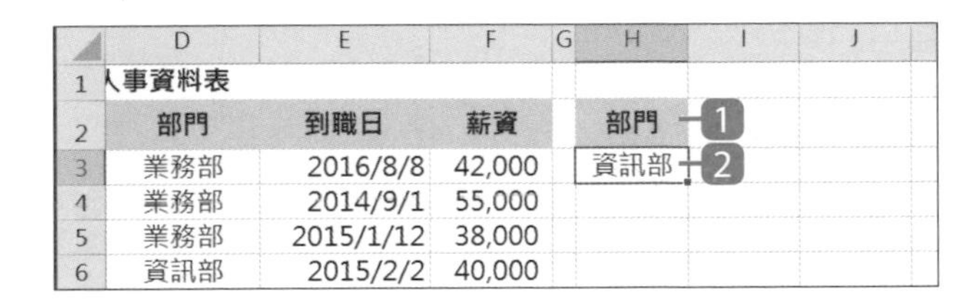

1 於 H2 儲存格輸入標題名稱「部門」

2 於 H3 儲存格輸入篩選條件「資訊部」。

Step 2 設定進階篩選

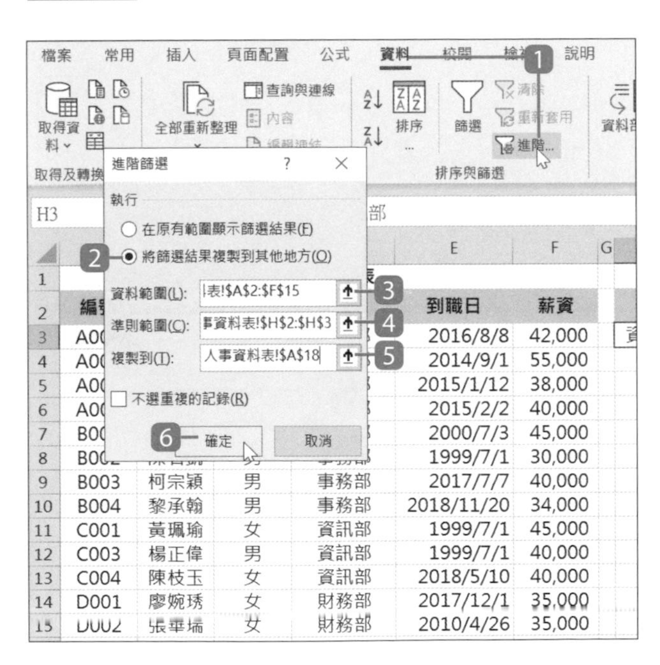

1 於 **資料** 索引標籤選按 **進階..**。

2 核選 **將篩選結果複製到其他地方**。

3 於 **資料範圍** 欄位按一下，選取 A2:F15 儲存格範圍。

4 回到對話方塊中，於 **準則範圍** 欄位按一下，選取 H2:H3 儲存格範圍。

5 回到對話方塊中，於 **複製到** 欄位按一下，選取 A18 儲存格。

6 選按 **確定** 鈕。

Step 3 瀏覽篩選後的資料

	A	B	C	D	E	F	G	H	I	J	K
1				人事資料表							
2	編號	姓名	性別	部門	到職日	薪資		部門			
3	A002	劉佩蓉	女	業務部	2016/8/8	42,000		資訊部			
4	A003	王志豪	男	業務部	2014/9/1	55,000					
5	A004	黎宗憲	男	業務部	2015/1/12	38,000					
6	A005	賴嘉文	男	資訊部	2015/2/2	40,000					
7	B001	溥富卿	女	事務部	2000/7/3	45,000					
8	B002	陳君凱	男	事務部	1999/7/1	30,000					
9	B003	柯宗穎	男	事務部	2017/7/7	40,000					
10	B004	黎承翰	男	事務部	2018/11/20	34,000					
11	C001	黃珮瑜	女	資訊部	1999/7/1	45,000					
12	C003	楊正偉	男	資訊部	1999/7/1	40,000					
13	C004	陳枝玉	女	資訊部	2018/5/10	40,000					
14	D001	廖婉琇	女	財務部	2017/12/1	35,000					
15	D002	張華瑞	女	財務部	2010/4/26	35,000					
16											
17				資訊部							
18	編號	姓名	性別	部門	到職日	薪資					
19	A005	賴嘉文	男	資訊部	2015/2/2	40,000					
20	C001	黃珮瑜	女	資訊部	1999/7/1	45,000					
21	C003	楊正偉	男	資訊部	1999/7/1	40,000					
22	C004	陳枝玉	女	資訊部	2018/5/10	40,000					
23											

▲ 篩選出在 "資訊部" 任職的人員資料，並將資料再製於指定位置。

資訊補給站

不顯示重複的資料記錄

若於 **進階篩選** 對話方塊核選 **不選重複的記錄**，當篩選結果有一筆以上的資料內容相同時，只會顯示第一筆，不會顯示重複的記錄。

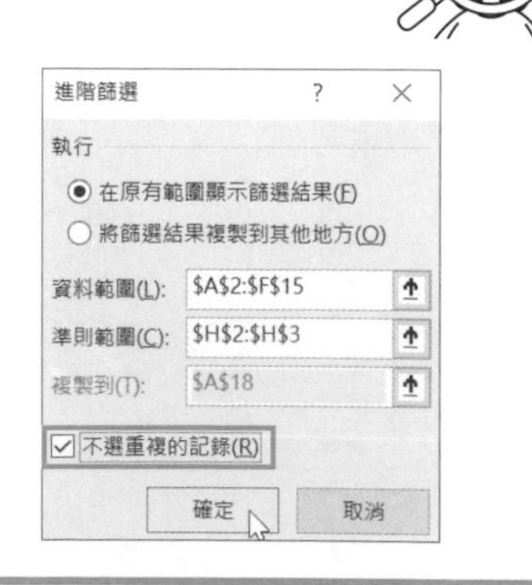

6.14 依色彩篩選或排序

整理資料的時候，可以用 **填滿色彩** 及 **字型色彩** 功能，以儲存格或文字色彩標示不同單位或有問題的資料，再利用篩選挑出不同色彩或未標示色彩的資料項目。

Step 1 開始篩選

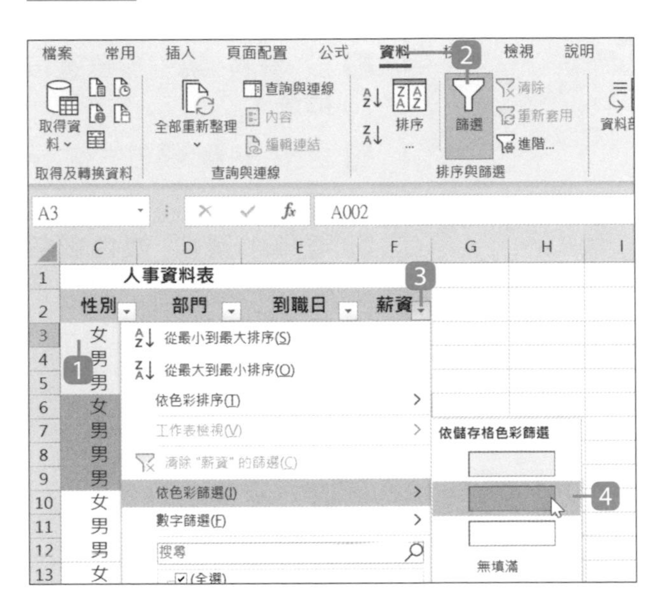

1. 選取資料中任一儲存格。
2. 於 **資料** 索引標籤選按 **篩選**。
3. 選按 **薪資** 欄位右側 ▼ 篩選鈕。
4. 於清單中選按 **依色彩篩選**，再選按要篩選的儲存格顏色，若選按 **無填滿** 就會篩選出沒有填色的儲存格。

Step 2 瀏覽篩選後的資料

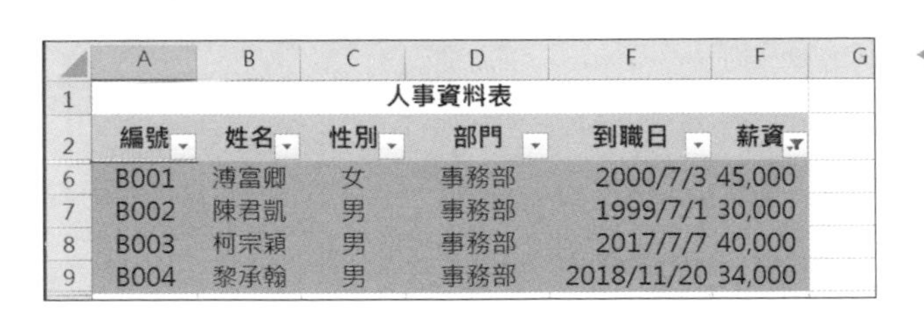

	編號	姓名	性別	部門	到職日	薪資
6	B001	溥富卿	女	事務部	2000/7/3	45,000
7	B002	陳君凱	男	事務部	1999/7/1	30,000
8	B003	柯宗穎	男	事務部	2017/7/7	40,000
9	B004	黎承翰	男	事務部	2018/11/20	34,000

◀ 以指定色彩作為篩選準則，篩選後僅顯示該色彩相關資料。

(選按 **薪資** 欄位右側 ▼ 篩選鈕，清單中選按 **依色彩排序**，再於清單中選按要排序在最上方的儲存格色彩，可以將該色彩的相關資料排在資料表最上方。)

6.15 依圖示篩選或排序

整理資料的時候，可以用 **常用** 索引標籤 **條件式格式設定 \ 圖示集** 功能設定不同儲存格圖示，再利用篩選挑出不同圖示的資料項目。

Step 1 開始篩選

1. 選取資料中任一儲存格。
2. 於 **資料** 索引標籤選按 **篩選**。
3. 選按 **薪資** 欄位右側 ▾ 篩選鈕。
4. 清單中選按 **依色彩篩選**，再於清單中選按要篩選的儲存格圖示。

Step 2 瀏覽篩選後的資料

人事資料表

	編號	姓名	性別	部門	到職日	薪資
3	A002	劉佩蓉	女	業務部	2016/8/8	◑ 42,000
8	B003	柯宗穎	男	事務部	2017/7/7	◑ 40,000
11	C002	賴嘉文	男	資訊部	2015/2/2	◑ 40,000
12	C003	楊正偉	男	資訊部	1999/7/1	◑ 40,000
13	C004	陳枝玉	女	資訊部	2018/5/10	◑ 40,000
16						

◀ 以 **薪資** 欄位 ◑ 圖示為篩選準則，篩選後僅顯示該圖示的相關資料。

(選按 **薪資** 欄位右側 ▾ 篩選鈕，清單中選按 **依色彩排序**，再於清單中選按要排序在最上方的儲存格圖示，可以將該圖示的相關資料排在資料表最上方。)

6.16 利用小計完成資料分類統計

小計 可以快速歸納資料群組，並自動產生小計與總計或其他運算值。以下將以銷售明細為例，利用 **小計** 統計各銷售員及產品類別的交易金額。

統計每位銷售員的交易金額

於 **產品銷售明細1** 工作表，以 **銷售員** 名稱分組，加總其交易金額的值。

Step 1 排序資料

執行 **小計** 前，先排序 **銷售員** 一欄中的資料，將相同資料排列在一起，這樣小計的結果才會正確。

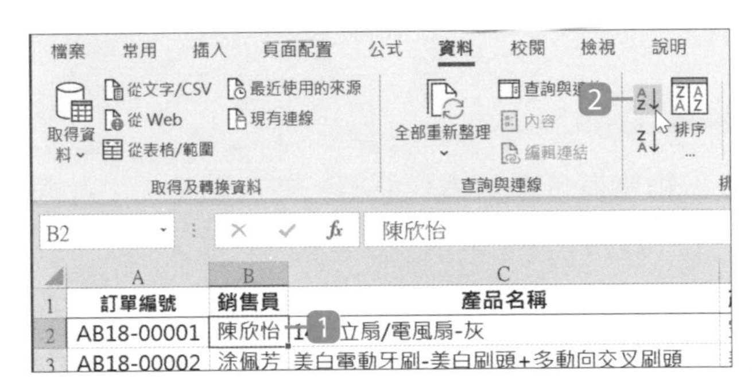

1 選取 B2 儲存格。

2 於 **資料** 索引標籤選按 **從 A 到 Z 排序**。(資料會依 **銷售員** 為排序準則，依名筆劃由少到多排序，相同的資料排在一起。)

Step 2 利用小計統計

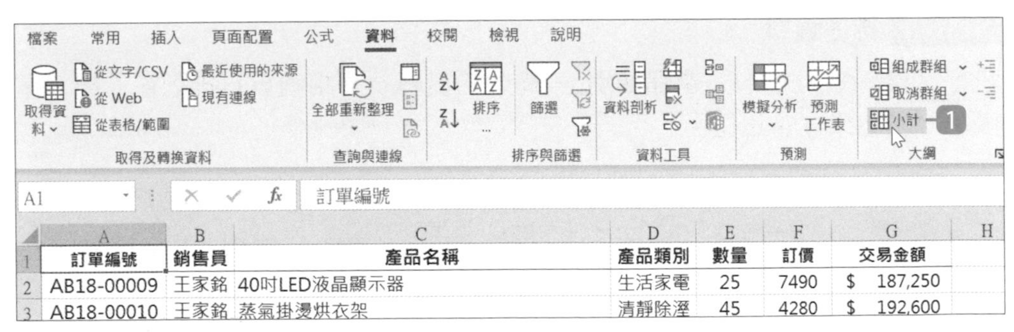

1 於 **資料** 索引標籤選按 **小計** 開啟對話方塊。

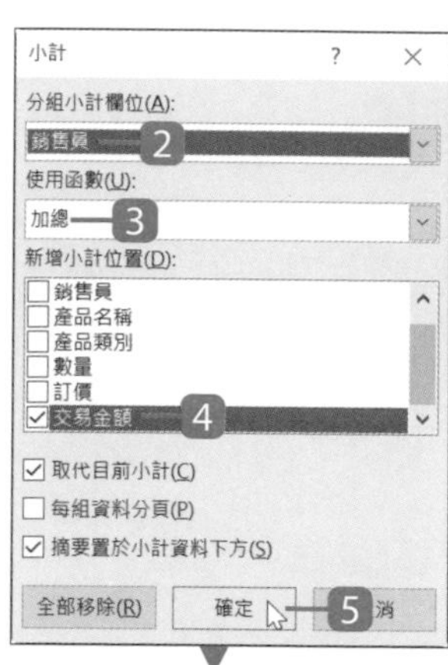

2 設定 **分組小計欄位**：**銷售員**。

3 設定 **使用函數**：**加總**。

4 核選 **新增小計位置**：**交易金額**。

5 選按 **確定** 鈕。

	A	B	C	D	E	F	G
1	訂單編號	銷售員	產品名稱	產品類別	數量	訂價	交易金額
2	AB18-00009	王家銘	40吋LED液晶顯示器	生活家電	25	7490	$ 187,250
3	AB18-00010	王家銘	蒸氣掛燙烘衣架	清靜除溼	45	4280	$ 192,600
4	AB18-00011	王家銘	迷你隨身空氣負離子清淨機-紅	清靜除溼	25	999	$ 24,975
5	AB18-00020	王家銘	奈米水離子吹風機-粉金	美容家電	35	5990	$ 209,650
6		王家銘 合計					$ 614,475
7	AB18-00002	涂佩芳	美白電動牙刷-美白刷頭+多動向交叉刷頭	美容家電	25	1200	$ 30,000
8	AB18-00003	涂佩芳	40吋LED液晶顯示器	生活家電	25	7490	$ 187,250
9	AB18-00013	涂佩芳	暖手寶-粉+白	空調家電	25	1330	$ 33,250
10	AB18-00015	涂佩芳	奈米水離子吹風機-粉金	美容家電	25	5990	$ 149,750
11	AB18-00016	涂佩芳	美白電動牙刷-美白刷頭+多動向交叉刷頭	美容家電	25	1200	$ 30,000

▲ 資料以大綱模式呈現，建立各銷售員分類的資料群組，並自動產生小計與總計值，列號左側則是大綱模式的階層結構。(大綱模式的使用方式可參考 P6-26)

統計各項產品類別的交易金額

於 **產品銷售明細2** 工作表，以 **產品類別** 分組，加總其交易金額的值。

Step 1 排序資料

執行 **小計** 前，先排序 **產品類別** 一欄中的資料，將相同資料排列在一起，這樣小計的結果才會正確。

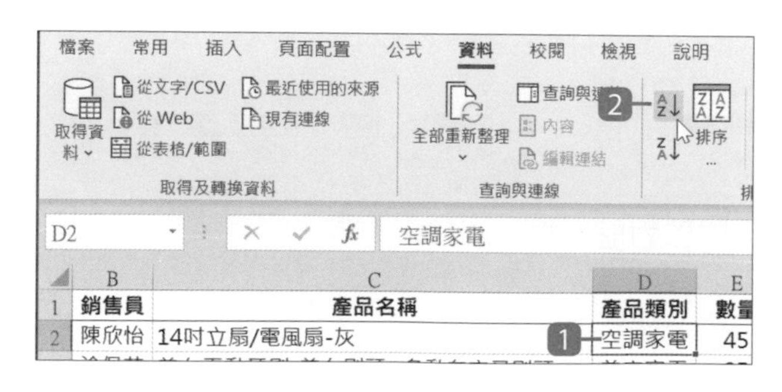

1 選取 D2 儲存格。

2 於 **資料** 索引標籤選按 **從 A 到 Z 排序**。(資料會依 **產品類別** 為排序準則，將相同的資料排在一起。)

Step 2 利用小計統計

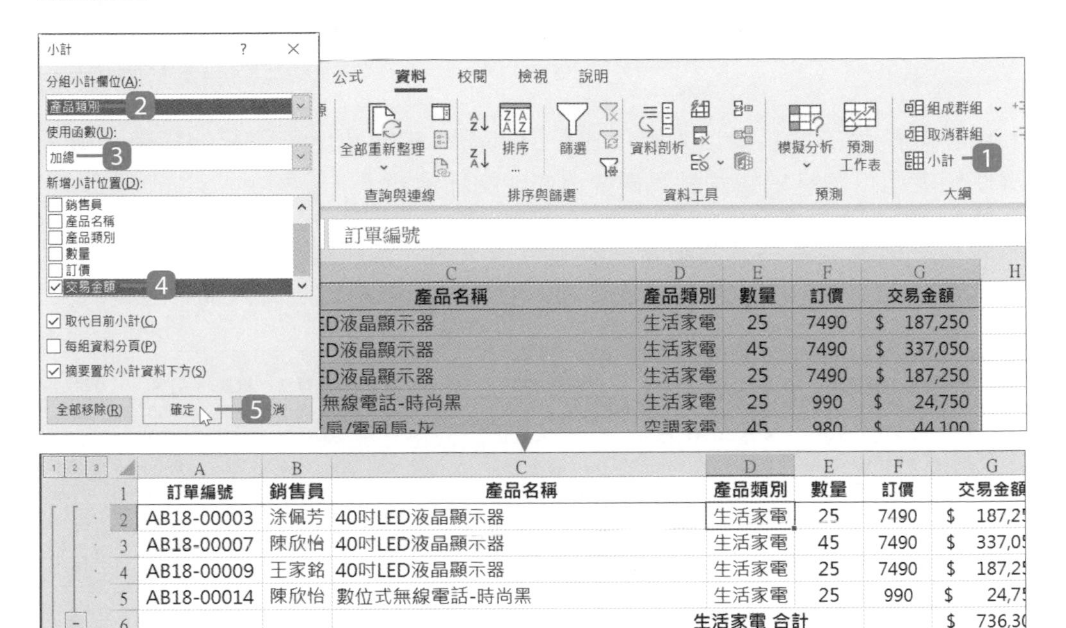

	A	B	C	D	E	F	G
1	訂單編號	銷售員	產品名稱	產品類別	數量	訂價	交易金額
2	AB18-00003	涂佩芳	40吋LED液晶顯示器	生活家電	25	7490	$ 187,25
3	AB18-00007	陳欣怡	40吋LED液晶顯示器	生活家電	45	7490	$ 337,05
4	AB18-00009	王家銘	40吋LED液晶顯示器	生活家電	25	7490	$ 187,25
5	AB18-00014	陳欣怡	數位式無線電話-時尚黑	生活家電	25	990	$ 24,75
6				生活家電 合計			$ 736,30
7	AB18-00001	陳欣怡	14吋立扇/電風扇-灰	空調家電	45	980	$ 44,10

1 於 **資料** 索引標籤選按 **小計** 開啟對話方塊。

2 設定 **分組小計欄位：產品類別**。

3 設定 **使用函數：加總**。

4 核選 **新增小計位置：交易金額**。

5 選按 **確定** 鈕。建立各 **產品類別** 分類的資料群組，並自動產生小計與總計值，列號左側則是大綱模式的階層結構。

資訊補給站

小計相關設定

1. **取代目前小計**：預設已核選此功能，確保執行多次 **小計** 功能後只會顯示最新結果，如果想保留每次執行的結果可以取消核選此項目。
2. **每組資料分頁**：核選此項目，列印時會依各群組分頁列印。
3. **摘要置於小計資料下方**：預設已核選此功能，運算出來的小計和總計值會列於資料的下方，如果取消核選則會列於資料上方。

6.17 顯示或隱藏大綱模式中的資料

利用小計產生的資料會以大綱模式呈現，資料左側會出現群組的階層結構，讓使用者可以依需求快速顯示摘要資料或詳細資料。

大綱模式最多可包含八個階層，每個階層包含一個群組，階層越深，代表層級的數字 (1、2、3...) 愈大，選按 + 、 - 鈕可以顯示或隱藏大綱中的資料。

	A	B	C	D	E	F	G
1	訂單編號	銷售員	產品名稱	產品類別	數量	訂價	交易金額
2	AB18-00009	王家銘	40吋LED液晶顯示器	生活家電	25	7490	$ 187,25
3	AB18-00010	王家銘	蒸氣掛燙烘衣架	清靜除溼	45	4280	$ 192,60
4	AB18-00011	王家銘	迷你隨身空氣負離子清淨機-紅	清靜除溼	25	999	$ 24,97
5	AB18-00020	王家銘	奈米水離子吹風機-粉金	美容家電	35	5990	$ 209,65
6	王家銘 合計						$ 614,47
7	AB18-00002	涂佩芳	美白電動牙刷-美白刷頭+多動向交叉刷頭	美容家電	25	1200	$ 30,00
8	AB18-00003	涂佩芳	40吋LED液晶顯示器	生活家電	25	7490	$ 187,25
9	AB18-00013	涂佩芳	暖手寶-粉+白	空調家電	25	1330	$ 33,25

▲ 此範例選按 3，顯示全部統計資料。

	A	B	C	D	E	F	G
1	訂單編號	銷售員	產品名稱	產品類別	數量	訂價	交易金額
6	王家銘 合計						$ 614,47
12	涂佩芳 合計						$ 430,25
14	郭立新 合計						$ 67,25
25	陳欣怡 合計						$ 855,22
26	總計						$ 1,967,20

▲ 此範例選按 2，顯示分組項目 **銷售員** 的合計值與總計資料。

	A	B	C	D	E	F	G
1	訂單編號	銷售員	產品名稱	產品類別	數量	訂價	交易金額
26		總計					$ 1,967,20

▲ 此範例選按 1，僅顯示總計資料。

資訊補給站

顯示大綱符號

若沒有看到大綱符號時，可以於 **檔案** 索引標籤選按 **選項** 開啟對話方塊，於 **進階** 項目，此工作表的顯示選項中核選 **若套用大綱，則顯示大綱符號**。

6.18 手動依欄或列群組資料

除了利用 **小計**，自動產生依 "列" 群組的大綱；也可以手動群組相關的欄或列，達到顯示或隱藏資料的目的。(此例依 "欄" 群組資料)

Step 1 選取想要群組的欄資料

D	E	F	G
產品類別	數量	訂價	交易金額
生活家電	25	7490	$ 187,250
清靜除溼	45	4280	$ 192,600
清靜除溼	25	999	$ 24,975
美容家電	35	5990	$ 209,650

576R x 3C

D	E	F	G
產品類別	數量	訂價	交易金額
生活家電	25	7490	$ 187,250
清靜除溼	45	4280	$ 192,600
清靜除溼	25	999	$ 24,975
美容家電	35	5990	$ 209,650

1 將滑鼠移到 D 欄上呈向下箭頭狀。

2 按滑鼠左鍵不放往右拖曳到 F 欄選取。

Step 2 群組資料

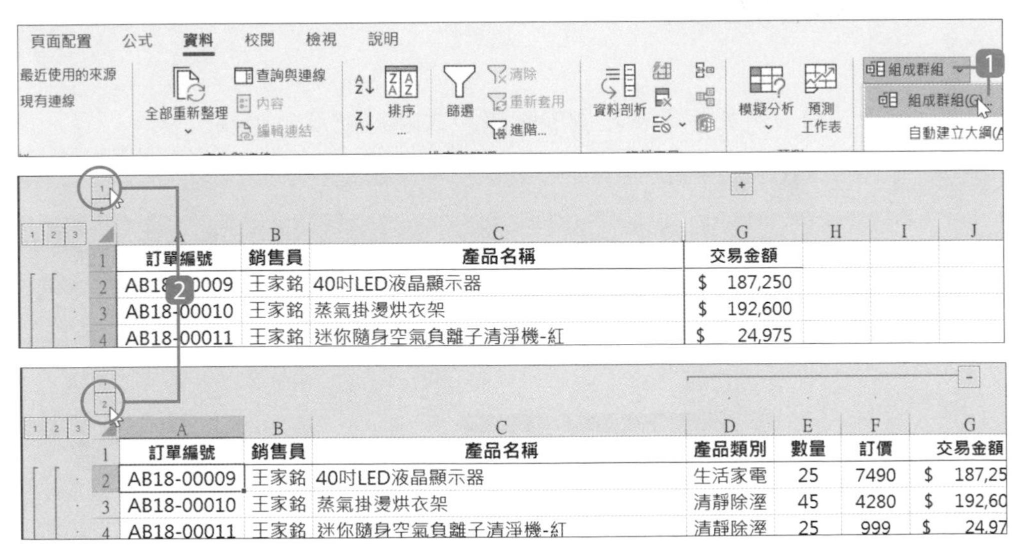

1 於 **資料** 索引標籤選按 **組成群組** 清單鈕 \ **組成群組**。

2 工作表上方會建立欄大綱，選按 1 時可隱藏群組資料，選按 2 會顯示群組資料。

6.19 取消群組

對已群組的欄或列移除群組設定。

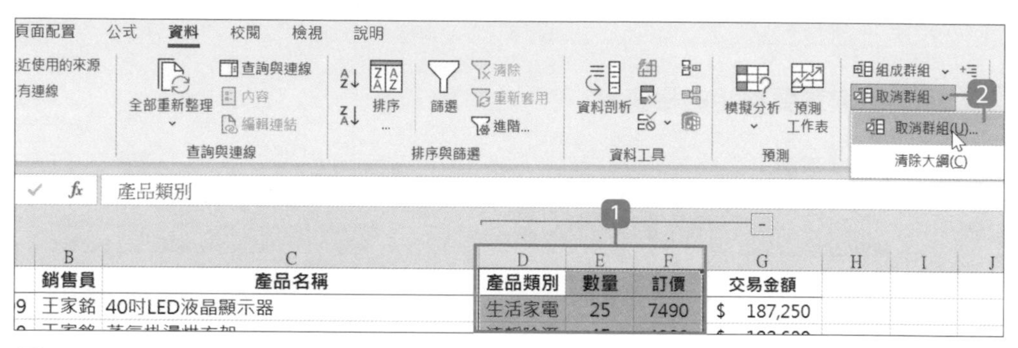

1 選取已群組的欄或列。

2 於 **資料** 索引標籤選按 **取消群組** 清單鈕 \ **取消群組**。

6.20 取消小計

移除小計時，會一併移除清單左側的階層、大綱符號及分組欄位。

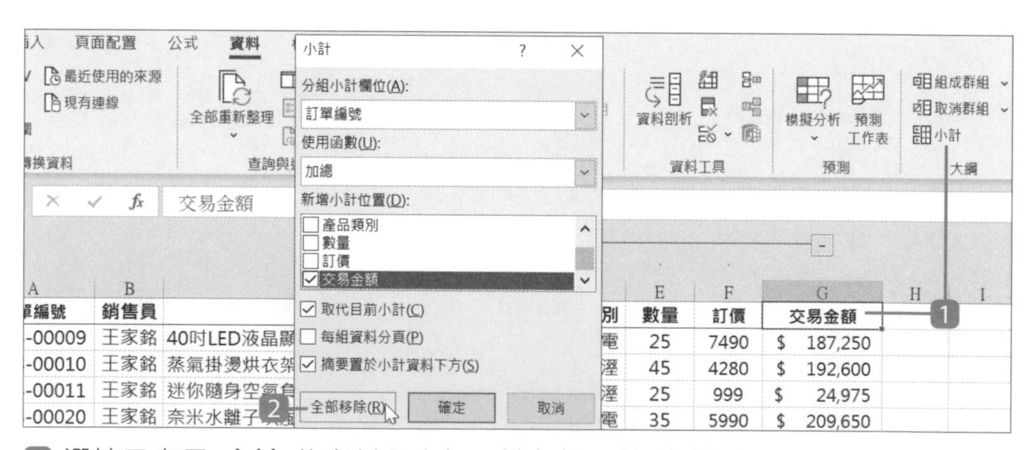

1 選按已套用 **小計** 的資料內容任一儲存格，於 **資料** 索引標籤選按 **小計** 開啟對話方塊。

2 選按 **全部移除** 鈕，取消小計功能 (如有套用群組設定也會一併移除)。

依條件標示特定資料

用色彩標示

- 標示重複的資料項目
- 標示條件中的值 (大、小、等於)
- 標示條件中的值 (前、後段)
- 標示星期六、日與國定假日
- 標示上個月資料
- 標示當天日期資料

視覺化標示

- 資料橫條標示數值大小
- 色階標示數值大小
- 圖示標示數值大小與比例

更多規則管理與應用

- 資料列自動隔列上底色
- 篩選後資料列自動隔列上底色
- 管理、編修與清除格式化規則

7.1 用色彩標示重複的資料項目 I

大量資料中，如果要找出重複的資料非常花時間，可以用儲存格規則，快速標示出來再一一檢視是否需要保留，或資料是否有誤。

Step 1 選擇合適的醒目提示儲存格規則

用 **重複的值** 規則標示出重複的學員名稱。

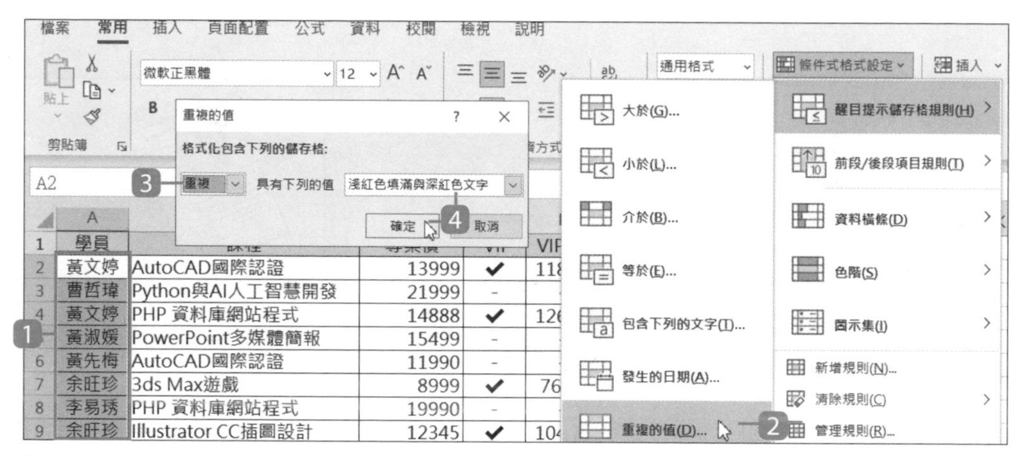

1 選取要依條件格式化的 A2:A11 儲存格範圍。

2 於 **常用** 索引標籤選按 **條件式格式設定 \ 醒目提示儲存格規則 \重複的值**。

3 格式化包含下列的儲存格為 **重複**。

4 選按 **具有下列的值** 清單鈕，選擇合適的格式化樣式，再選按 **確定** 鈕。

Step 2 瀏覽完成設定的資料

	A	B	C	D	E
1	學員	課程	專案價	VIP	VIP 價
2	黃文婷	AutoCAD國際認證	13999	✔	11899
3	曹哲瑋	Python與AI人工智慧開發	21999	-	-
4	黃文婷	PHP 資料庫網站程式	14888	✔	12654
5	黃淑媛	PowerPoint多媒體簡報	15499	-	-
6	黃先梅	AutoCAD國際認證	11990	-	-
7	余旺珍	3ds Max遊戲	8999	✔	7649
8	李易琇	PHP 資料庫網站程式	19990	-	-
9	余旺珍	Illustrator CC插圖設計	12345	✔	10493
10	林政娟	AutoCAD國際認證	12888	-	-

◀ 已標示出 **學員** 中重複的名稱。

7.2 用色彩標示重複的資料項目 II

同樣的要找出重複的資料，在此使用 **COUNTIF** 函數統計符合資格的個數，再搭配 **條件式格式設定** 功能，為資料中重複的筆數加上底色。

Step 1 新增格式化規則

選課單中以 **學員** 欄的姓名判斷該名學員是否選了一堂以上的課程，如果是則將該名學員的資料整筆加上灰色的底色。

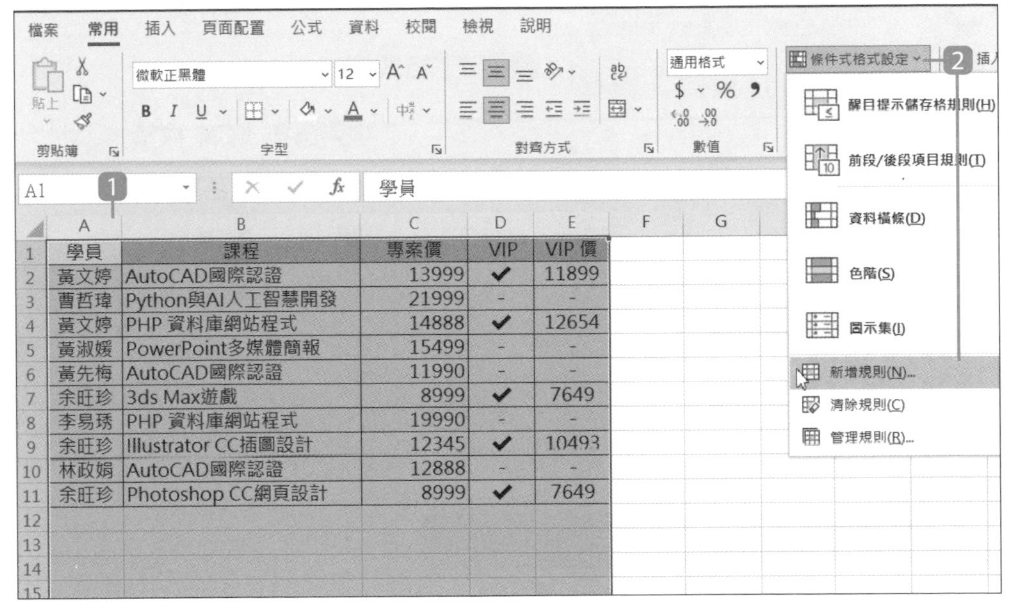

	A	B	C	D	E
1	學員	課程	專案價	VIP	VIP 價
2	黃文婷	AutoCAD國際認證	13999	✔	11899
3	曹哲瑋	Python與AI人工智慧開發	21999	-	-
4	黃文婷	PHP 資料庫網站程式	14888	✔	12654
5	黃淑媛	PowerPoint多媒體簡報	15499	-	-
6	黃先梅	AutoCAD國際認證	11990	-	-
7	余旺珍	3ds Max遊戲	8999	✔	7649
8	李易琇	PHP 資料庫網站程式	19990	-	-
9	余旺珍	Illustrator CC插圖設計	12345	✔	10493
10	林政娟	AutoCAD國際認證	12888	-	-
11	余旺珍	Photoshop CC網頁設計	8999	✔	7649

1. 選按 A 欄不放拖曳至 E 欄，選取 A 至 E 欄 (預計將新規則套用到 A 至 E 欄所有儲存格)。
2. 於 **常用** 索引標籤選按 **條件式格式設定 \ 新增規則**。

Step 2 有二筆以上選課記錄的學員整筆資料填入灰色

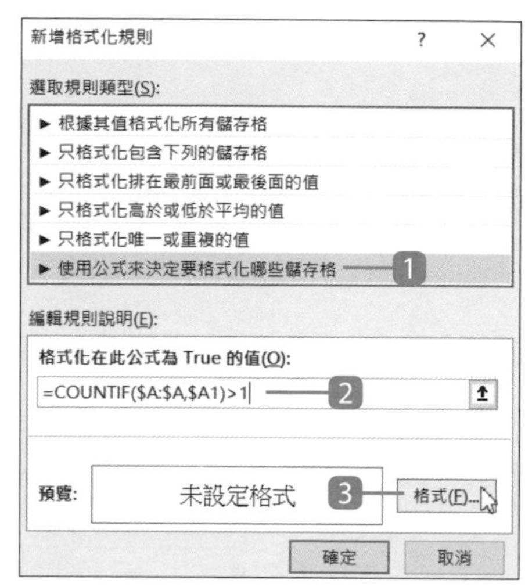

1 選按 **使用公式來決定要格式化哪些儲存格**。

2 運用 **COUNTIF** 函數統計 A 欄內資料項目的個數，如果大於 1 項則為重複的資料項目，輸入公式：

=COUNTIF($A:$A,$A1)>1，

僅以 A 欄搜尋，所以利用絕對參照指定。

此處儲存格一定要是目前選取範圍的左上角起始儲存格，且 "欄" 為絕對參照。

3 選按 **格式** 鈕。

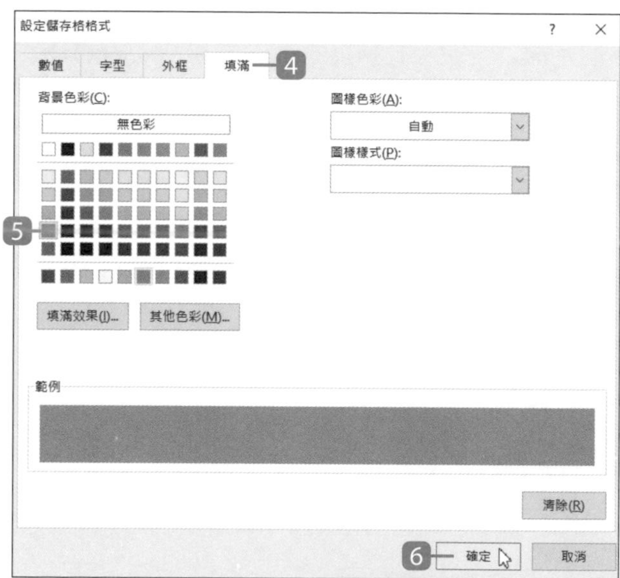

4 選按 **填滿** 標籤。

5 於 **背景色彩** 選按合適色彩。

6 選按 **確定** 鈕。

COUNTIF 函數

| 統計

說明：求符合搜尋條件的資料個數。

格式：**COUNTIF(範圍,搜尋條件)**

引數：**範圍**　想要搜尋的參考範圍。

搜尋條件　可以指定數字、條件式、儲存格參照或字串。

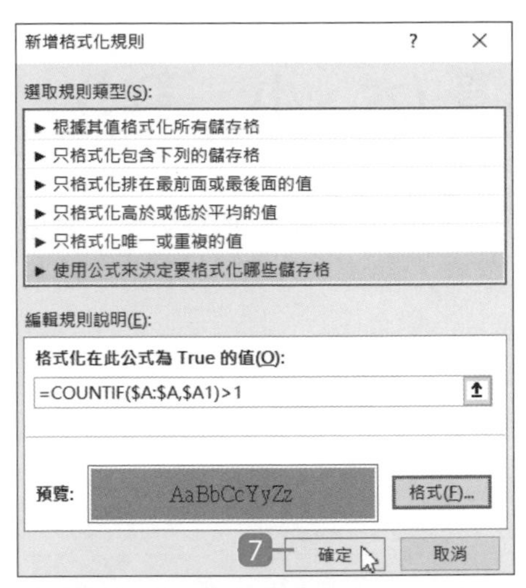

7 當 A 欄資料項目的個數大於 1，表示有重複資料，即會將該儲存格填入指定色彩，設定完成後，選按 **確定** 鈕即可。

	A	B	C	D	E
1	學員	課程	專案價	VIP	VIP 價
2	黃文婷	AutoCAD國際認證	13999	✔	11899
3	曹哲瑋	Python與AI人工智慧開發	21999	-	-
4	黃文婷	PHP 資料庫網站程式	14888	✔	12654
5	黃淑媛	PowerPoint多媒體簡報	15499	-	-
6	黃先梅	AutoCAD國際認證	11990	-	-
7	余旺珍	3ds Max遊戲	8999	✔	7649
8	李易琇	PHP 資料庫網站程式	19990	-	-
9	余旺珍	Illustrator CC插圖設計	12345	✔	10493
10	林政娟	AutoCAD國際認證	12888	-	-
11	余旺珍	Photoshop CC網頁設計	8999	✔	7649

◀ 回到工作表中，可以看到選一堂課以上的學員，其筆數會整筆填入指定色彩標示。

資訊補給站

管理格式化條件

套用格式化條件的儲存格範圍可視需求，執行新增、清除或修改既有條件的內容。於 **常用** 索引標籤選按 **設定格式化的條件 \ 管理規則**，於對話方塊中設定。

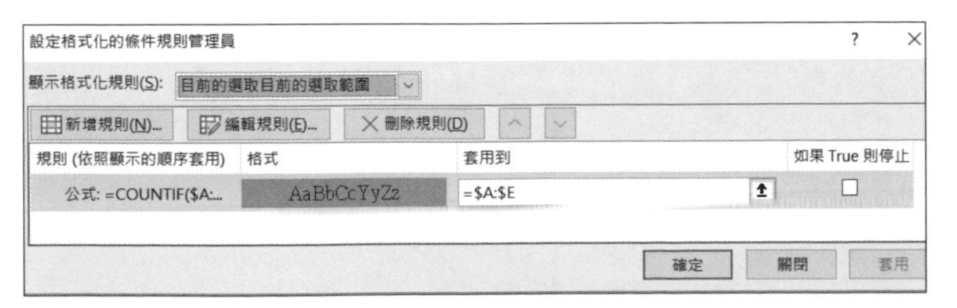

7.3 用色彩標示條件中的值 (大、小、等於)

醒目提示儲存格規則 針對 **大於**、**小於**、**介於**、**等於**、**包含下列的文字**、**發生的日期**、**重複的值** 七項規則格式化儲存格，設定方法大同小異，此例以 **小於** 說明。

Step 1 選擇合適的醒目提示儲存格規則

使用 **小於** 格式化條件，找出 **業績目標** 中 "100 萬" 以下的金額。

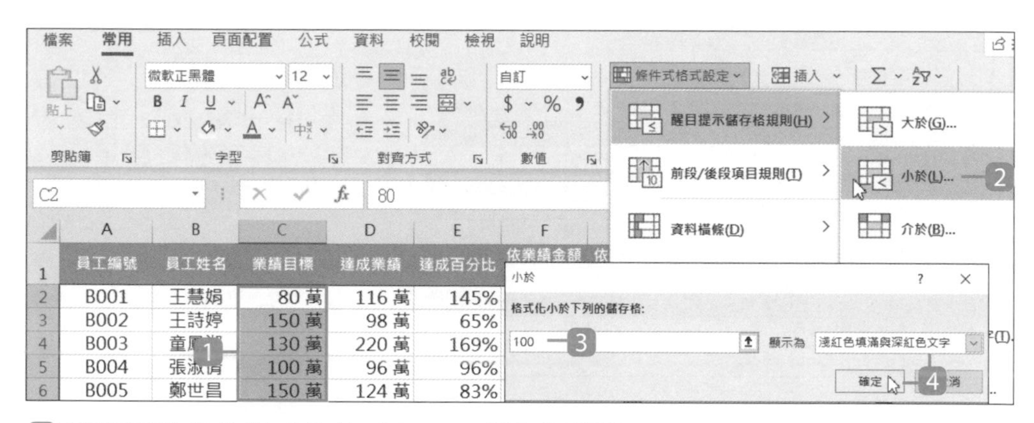

1 選取要依條件格式化的 C2:C16 儲存格範圍。

2 於 **常用** 索引標籤選按 **條件式格式設定 \ 醒目提示儲存格規則 \ 小於**。

3 於對話方塊輸入 **格式化小於下列的儲存格**：「100」。

4 選按 **顯示為** 清單鈕，選擇合適的格式化樣式，再選按 **確定** 鈕。

Step 2 瀏覽完成設定的資料

	A	B	C	D	E	F
1	員工編號	員工姓名	業績目標	達成業績	達成百分比	依業績金額排名
2	B001	王慧娟	80 萬	116 萬	145%	4
3	B002	王詩婷	150 萬	98 萬	65%	8
4	B003	童鳳淑	130 萬	220 萬	169%	1
5	B004	張淑倩	100 萬	96 萬	96%	9
6	B005	鄭世昌	150 萬	124 萬	83%	3
7	B006	解家豪	50 萬	55 萬	110%	12
8	B007	陳武冰	100 萬	105 萬	105%	6
9	B008	黃智堯	50 萬	105 萬	210%	6

◀ 已標示出 **業績目標** 中 "100 萬" 以下金額。

7.4 用色彩標示條件中的值 (前、後段)

前段/後段項目規則 針對 **前10個項目**、**前10%**、**最後10個項目**、**最後10%**、**高於平均**、**低於平均** 六項規則格式化儲存格，設定方法大同小異，此例以 **前 10 個項目** 說明。

Step 1 選擇合適的項目規則

使用 **前 10 個項目** 格式化條件，找出 **達成業績** 中第一、第二高的金額。

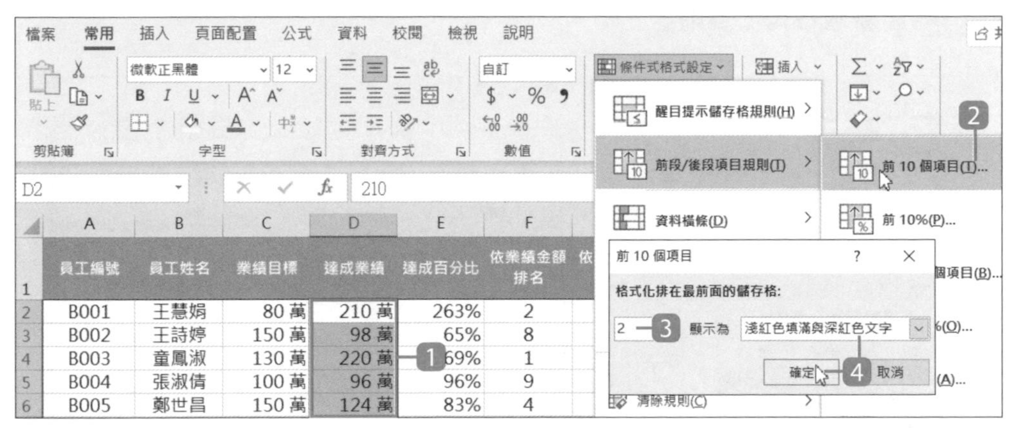

1 選取要依條件格式化的 D2:D16 儲存格範圍。

2 於 **常用** 索引標籤選按 **條件式格式設定 \ 前段/後段項目規則 \ 前 10 個項目**。

3 於對話方塊輸入 **格式化排在最前面的儲存格**：「2」。

4 選按 **顯示為** 清單鈕，選擇合適的格式化樣式，再選按 **確定** 鈕。

Step 2 瀏覽完成設定的資料

	A	B	C	D	E	F	G
1	員工編號	員工姓名	業績目標	達成業績	達成百分比	依業績金額排名	依達成排名
2	B001	王慧娟	80 萬	210 萬	263%	2	1
3	B002	王詩婷	150 萬	98 萬	65%	8	14
4	B003	童鳳淑	130 萬	220 萬	169%	1	3
5	B004	張淑倩	100 萬	96 萬	96%	9	10
6	B005	鄭世昌	150 萬	124 萬	83%	4	12

◀ 已標示出 **達成業績** 中，第一、第二高的金額。

7.5 用色彩標示星期六、日與國定假日

行事曆、工作排程多會將星期六、日及國定假日標示色彩，在此示範如何將這些假日用不同色彩區別以利資料瀏覽。

遊樂園門票的平日及假日價格折扣不同，運用 **WEEKDAY** 函數從日期的序列值中取得對應的星期數值並指定色彩，再運用 **COUNTIF** 函數判斷是否為國定假日即可。

Step 1 新增格式化規則

1. 選取 A3:C17 儲存格範圍。
2. 於 **常用** 索引標籤選按 **條件式格式設定 \ 新增規則**。

Step 2 星期六以綠色粗體文字標示

1. 選按 **使用公式來決定要格式化哪些儲存格**。
2. 運用 **WEEKDAY** 函數判斷 A 欄內資料項目是否為星期六 (日期資料星期六預設對應的星期數值為：7)，輸入公式：**=WEEKDAY($A3)=7**。
3. 選按 **格式** 鈕。

4. 選按 **字型** 標籤
5. 設定 **字型樣式：粗體**。
6. 選按 **色彩** 清單鈕，選按綠色指定為文字顏色。
7. 選按 **確定** 鈕。

WEEKDAY 函數

| 日期及時間

說明：從日期的序列值中求得對應的星期數值。

格式：**WEEKDAY(序列值,類型)**

引數：**序列值**　要尋找星期數值的日期。

類型　決定傳回值的類型，日期資料預設星期日會傳回 "1"，星期六會傳回 "7"...。其中類型 1 與 Excel 舊版的性質相同，而 Excel 2010 以後的版本才可以指定類型 11 至 17 (詳細說明可參考 P14-9)。

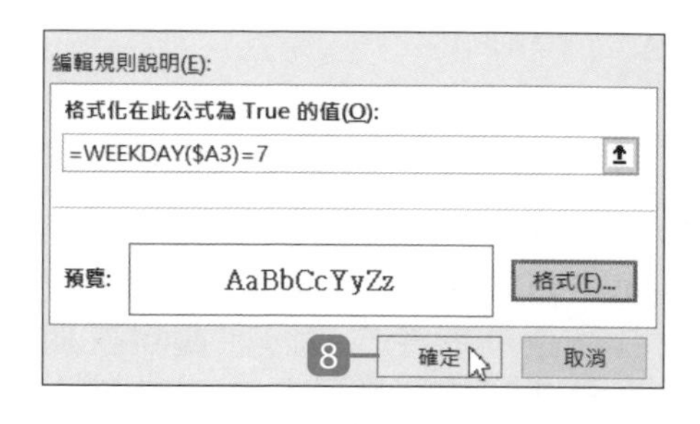

8 確認格式及公式設定完成後，選按 **確定** 鈕。

Step 3 星期日以紅色粗體文字標示，國定假日填滿灰色

以相同的方法及範圍，新增第二、第三個格式化規則。

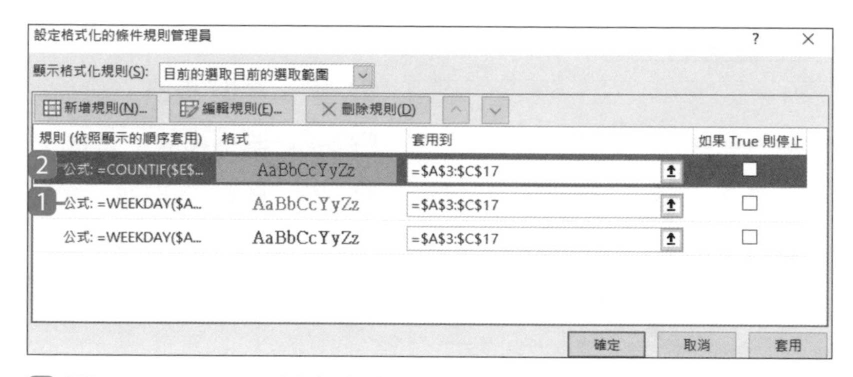

1 選取 A3:C17 儲存格範圍，運用 **WEEKDAY** 函數判斷 A 欄內資料項目是否為星期日 (預設對應的星期數值為：1)，輸入公式：**=WEEKDAY($A3)=1**，並設定文字格式：粗體、紅色。

2 選取 A3:C17 儲存格範圍，新增第三個格式化規則，運用 **COUNTIF** 函數判斷 **日期** 欄位內的日期資料是否為國定假日，輸入公式：**=COUNTIF($E$3:$E$10,$A3)=1**，並設定儲存格填滿灰色。

國定假日一覽表的儲存格範圍 **日期** 資料的儲存格

COUNTIF 函數 | 統計

說明：求符合搜尋條件的資料個數。

格式：**COUNTIF(範圍,搜尋條件)**

引數：**範圍** 搜尋的參考範圍。

搜尋條件 可以指定數字、條件式、儲存格參照或字串。

7.6 用色彩標示上個月資料

醒目提示儲存格規則 中的 **發生的日期** 規則，可以根據系統日期找出符合 **昨天**、**今天**、**明天**、**上週**、**下週**、**上個月**、**下個月**...等條件的資料並標示。

Step 1 選擇合適的醒目提示儲存格規則

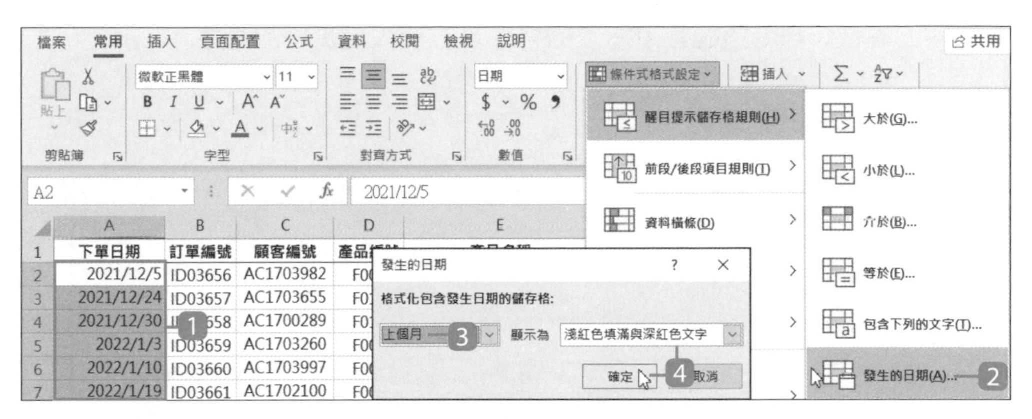

1. 選取要依條件格式化的 A2:A15 儲存格範圍。
2. 於 **常用** 索引標籤選按 **條件式格式設定 \ 醒目提示儲存格規則 \ 發生的日期**。
3. 格式化包含發生日期的儲存格 為 **上個月**。
4. 選按 **顯示為** 清單鈕，選擇合適的格式化樣式，再選按 **確定** 鈕。

Step 2 瀏覽完成設定的資料

	A	B	C	D	E
1	下單日期	訂單編號	顧客編號	產品編號	產品名稱
2	2021/12/5	ID03656	AC1703982	F003	印圖大學T男裝-藍
3	2021/12/24	ID03657	AC1703655	F013	潮感印條連帽外套-男裝
4	2021/12/30	ID03658	AC1700289	F012	托特包-白
5	2022/1/3	ID03659	AC1703260	F009	大化妝包-深藍
6	2022/1/10	ID03660	AC1703997	F006	運動潮流直筒棉褲男童-黑
7	2022/1/19	ID03661	AC1702100	F003	印圖大學T男裝-藍
8	2022/6/1	ID03662	AC1701778	F013	潮感印條連帽外套-男裝
9	2022/6/18	ID03663	AC1703808	F008	法蘭絨格紋襯衫-黑
10	2022/9/10	ID03664	AC1700854	F009	大化妝包-深藍
11	2022/9/11	ID03665	AC1703337	F006	運動潮流直筒棉褲男童-黑
12	2022/10/12	ID03666	AC1700069	F003	印圖大學T男裝-藍

◀ 操作此檔案時為 2022 年 1 月，所以 "下單日期" 欄位會標示 2021 年 12 月的日期。

(儲存格規則以系統日期為依據，練習此範例時可調整 **下單日期** 欄位中的日期，產生符合當下日期規則的結果。)

7.7 用色彩標示當天日期資料

藉由每日記錄工作時數、庫存量、業績...等資料，逐步累積數據，有助於日後有效率地分析與決策，只是月報表中整整 30 或 31 天的細目內容，往往無法快速、精準的找到當天資料。

其實只要搭配 **TODAY** 函數，即可於每次開啟活頁簿時，自動判斷並找出當天日期的欄位，再為該欄套用指定的格式，方便大量資料的查找。

Step 1 新增格式化規則

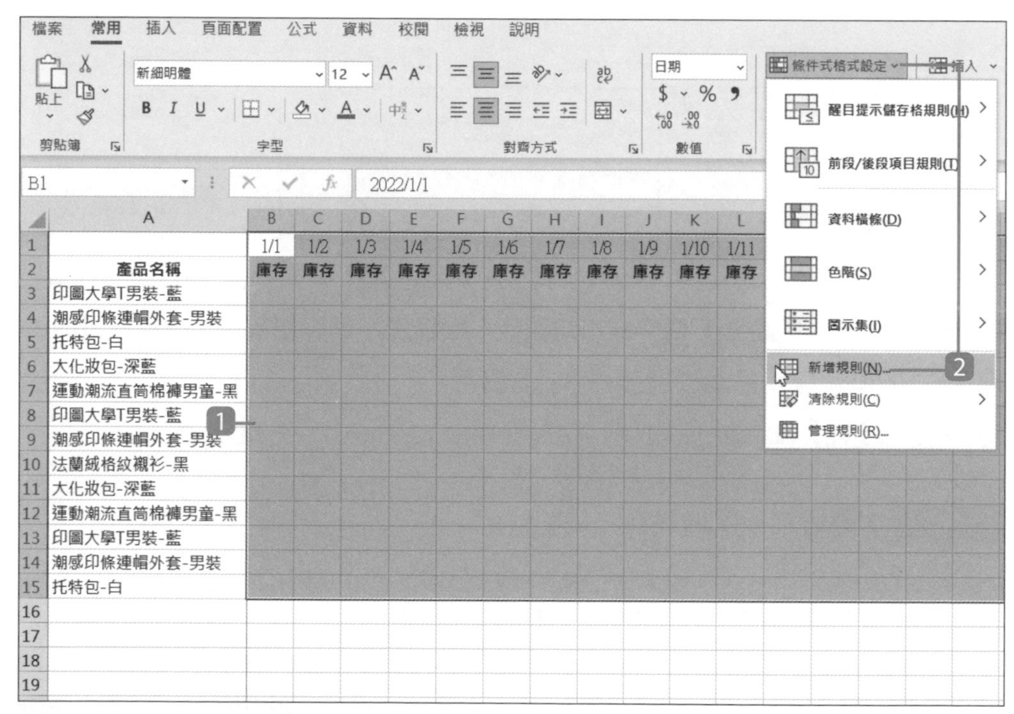

1. 選取 B1:AF15 儲存格範圍。
2. 於 **常用** 索引標籤選按 **條件式格式設定 \ 新增規則**。

Step 2 當天日期資料以黃色標示

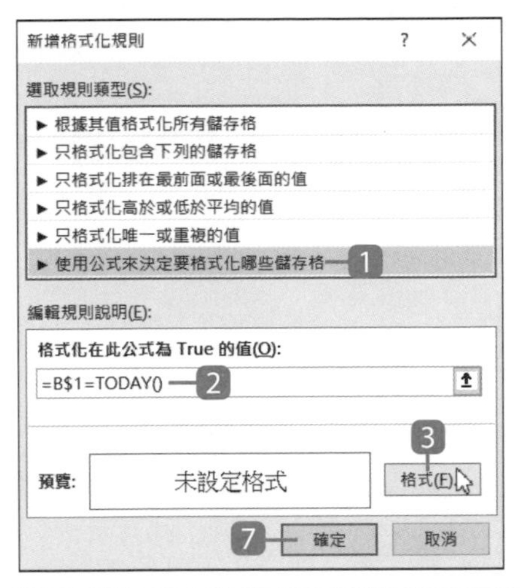

1 選按 **使用公式來決定要格式化哪些儲存格**。

2 運用 **TODAY** 函數判斷第 1 列 B1 儲存格開始的日期項目是否為當天系統日期，輸入公式：**=B$1=TODAY()**。

3 選按 **格式** 鈕。

4 選按 **填滿** 標籤。

5 於 **背景色彩** 選按合適色彩。

6 選按 **確定** 鈕。

7 確認格式及公式設定完成後，選按 **確定** 鈕。如此即為每一個選取的儲存格套用 **TODAY** 函數判斷規則，當第 1 列的日期為當天日期時，每個產品項目該日期儲存格均會填滿指定的背景色彩。

(練習此範例時可根據當下月份調整第 1 列日期，以產生符合規則的結果。)

TODAY 函數

日期及時間

說明：顯示今天的日期 (即目前電腦中的系統日期)。

格式：**TODAY()**

7.8 用資料橫條標示數值大小

資料橫條 會依數值大小顯示單一顏色的橫條，可以快速比較出各儲存格數值間的比重關係，資料橫條的長度愈長代表值愈大，愈短代表值愈小。

Step 1 選擇合適的資料橫條樣式

使用 **資料橫條** 格式化條件，於 **達成百分比** 中呈現各百分比的值。

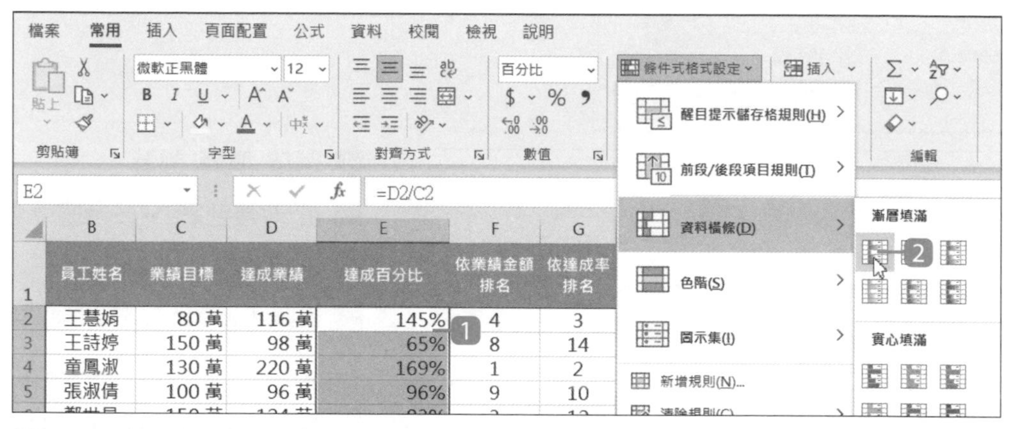

1 選取要依條件將資料格式化的 E2:E16 儲存格範圍。

2 於 **常用** 索引標籤選按 **條件式格式設定 \ 資料橫條 \ 藍色資料橫條**。

Step 2 瀏覽完成設定的資料

	B	C	D	E	F	G	H
1	員工姓名	業績目標	達成業績	達成百分比	依業績金額排名	依達成率排名	
2	王慧娟	80 萬	116 萬	145%	4	3	
3	王詩婷	150 萬	98 萬	65%	8	14	
4	童鳳淑	130 萬	220 萬	169%	1	2	
5	張淑倩	100 萬	96 萬	96%	9	10	
6	鄭世昌	150 萬	124 萬	83%	3	12	
7	解家豪	50 萬	55 萬	110%	12	7	
8	陳武冰	100 萬	105 萬	105%	6	8	
9	黃智堯	50 萬	105 萬	210%	6	1	
10	鄧鈺雯	50 萬	60 萬	120%	11	5	
11	賴安坤	100 萬	83 萬	83%	10	11	
12	林宜齊	100 萬	113 萬	113%	5	6	
13	楊家瑋	50 萬	30 萬	60%	15	15	
14	張志翔	50 萬	40 萬	80%	14	13	

◀ **達成百分比** 的值以藍色資料橫條呈現。

7.9 用色階標示數值大小

色階 會依儲存格內的值顯示雙色或三色色階的填色，藉由色彩深淺了解資料的分配及變異。

Step 1 選擇合適的色階樣式

使用 **色階** 格式化條件，於 **達成百分比** 中呈現各百分比的值。

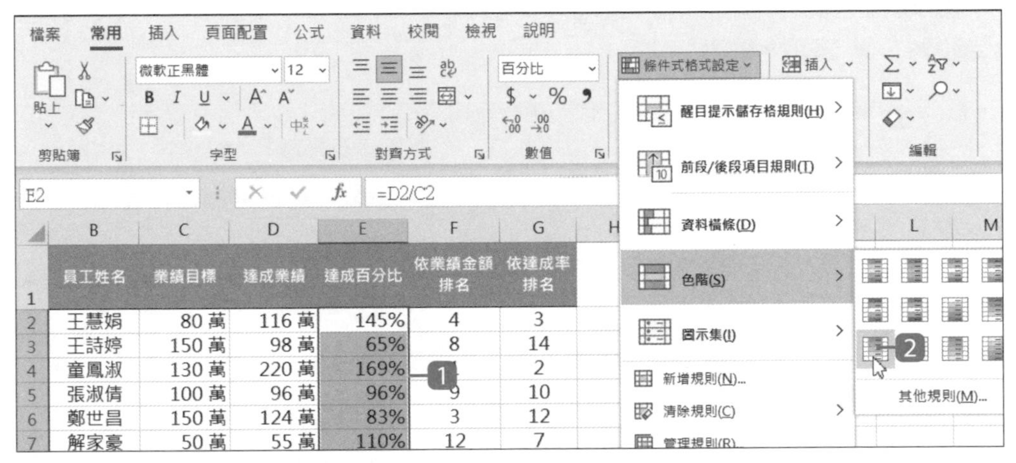

1 選取要依條件將資料格式化的 E2:E16 儲存格範圍。

2 於 **常用** 索引標籤選按 **條件式格式設定 \ 色階 \ 綠白色階**。

Step 2 瀏覽完成設定的資料

	B	C	D	E	F	G	H
1	員工姓名	業績目標	達成業績	達成百分比	依業績金額排名	依達成率排名	
2	王慧娟	80 萬	116 萬	145%	4	3	
3	王詩婷	150 萬	98 萬	65%	8	14	
4	童鳳淑	130 萬	220 萬	169%	1	2	
5	張淑倩	100 萬	96 萬	96%	9	10	
6	鄭世昌	150 萬	124 萬	83%	3	12	
7	解家豪	50 萬	55 萬	110%	12	7	
8	陳武冰	100 萬	105 萬	105%	6	8	
9	黃智堯	50 萬	105 萬	210%	6	1	
10	[illegible]	50 萬	60 萬	120%	11	5	
11	賴安坤	100 萬	83 萬	83%	10	11	

◀ **達成百分比** 的值以綠色色階由深到淺呈現。

7.10 用圖示標示數值大小、比例

圖示集 可於大量資料數據中，快速為各等級資料標示所代表圖示，藉以區隔出資料數據的關係。此功能包含多組圖示 (**方向性**、**圖形**、**指標**、**評等**...等)，此例以 **指標** 說明。

Step 1 選擇合適的圖示集

於 **達成百分比** 中加上圖片標示，✔表示 >=100%，❗表示 <100% 且 >=90%，✖ 表示 <90%。

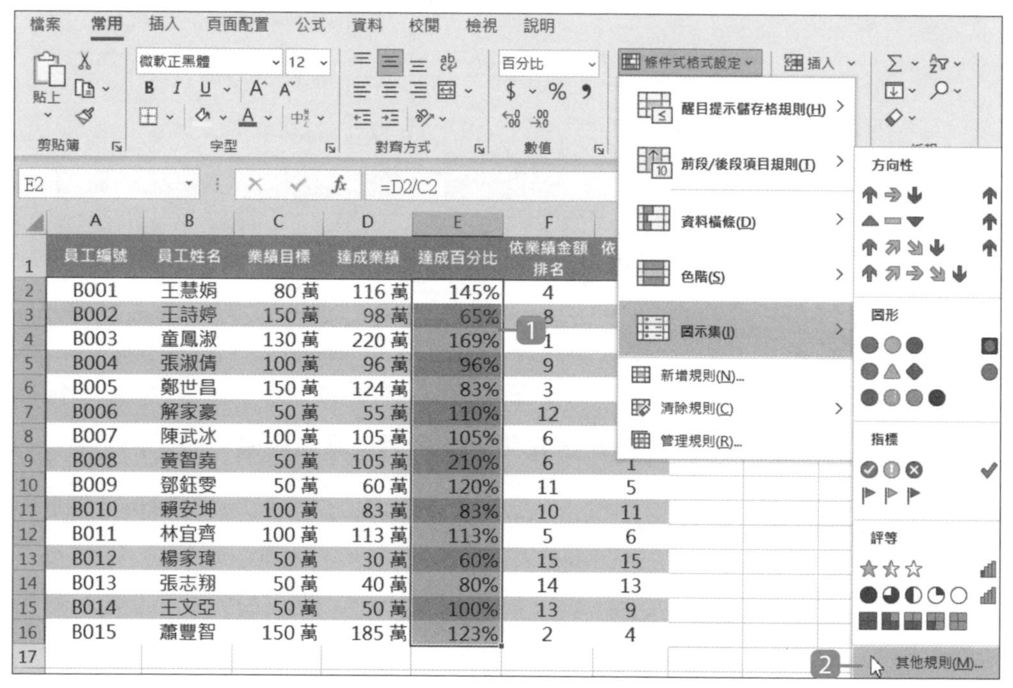

❶ 選取要依條件格式化的 E2:E16 儲存格範圍。

❷ 於 **常用** 索引標籤選按 **條件式格式設定 \ 圖示集 \ 其他規則**。

Step 2 設定圖示規則條件

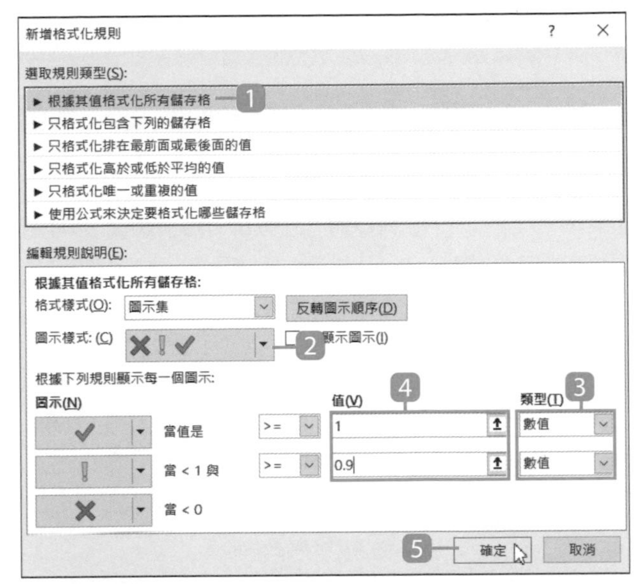

1 於開啟對話方塊設定 **選取規則類型**：**根據其值格式化所有儲存格**。

2 於 **圖示樣式** 清單中選擇合適的樣式。

3 設定 **類型**：**數值**。

4 輸入 **值**：「1」、「0.9」。

5 選按 **確定** 鈕。

	A	B	C	D	E	F
1	員工編號	員工姓名	業績目標	達成業績	達成百分比	依業績金額排名
2	B001	王慧娟	80 萬	116 萬	✔ 145%	4
3	B002	王詩婷	150 萬	98 萬	✖ 65%	8
4	B003	童鳳淑	130 萬	220 萬	✔ 169%	1
5	B004	張淑倩	100 萬	96 萬	! 96%	9
6	B005	鄭世昌	150 萬	124 萬	✖ 83%	3
7	B006	解家豪	50 萬	55 萬	✔ 110%	12
8	B007	陳武冰	100 萬	105 萬	✔ 105%	6
9	B008	黃智堯	50 萬	105 萬	✔ 210%	6
10	B009	鄧鈺雯	50 萬	60 萬	✔ 120%	11
11	B010	賴安坤	100 萬	83 萬	✖ 83%	10
12	B011	林宜齊	100 萬	113 萬	✔ 113%	5
13	B012	楊家瑋	50 萬	30 萬	✖ 60%	15
14	B013	張志翔	50 萬	40 萬	✖ 80%	14
15	B014	王文亞	50 萬	50 萬	✔ 100%	13
16	B015	蕭豐智	150 萬	185 萬	✔ 123%	2
17						
18						
19						

◄ **達成百分比** 中的值已標示相關圖示。

7.11 資料列自動隔列上底色

資料筆數眾多的資料表，搭配上 **條件式格式設定** 功能與奇、偶數判斷，每隔一列用色彩區隔即可讓資料更容易瀏覽。

業績統計表中從第 2 列開始是業績資料，先用 **ROW** 函數取得列編號，再用 **MOD** 函數以 2 除以取得的列編號，若餘數為 0 則代表 "列編號" 為偶數列，若為 1 則代表 "列編號" 為奇數列，因此可指定為奇數或偶數列上色。

Step 1 新增格式化規則

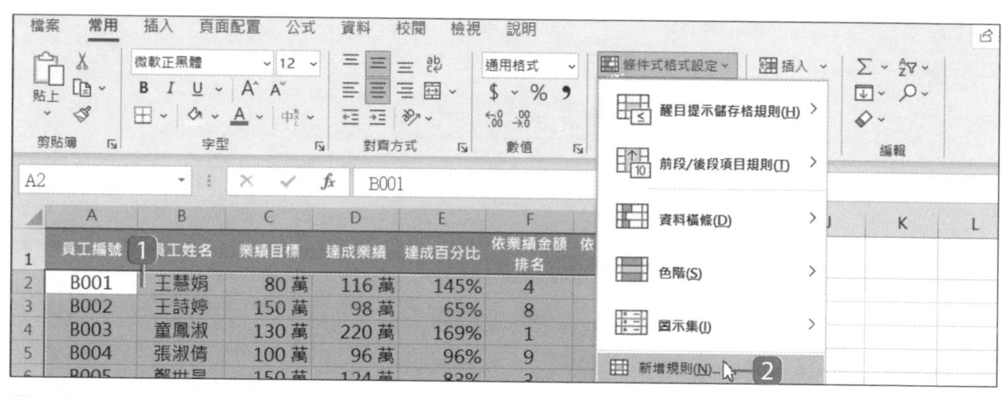

1 選取 A2:G16 儲存格範圍。

2 於 **常用** 索引標籤選按 **條件式格式設定 \ 新增規則**。

MOD 函數 | 數學與三角函數

說明：求 "被除數" 除以 "除數" 的餘數。

格式：**MOD(被除數,除數)**

ROW 函數 | 檢視與參照

說明：取得指定儲存格的列編號。

格式：**ROW(儲存格)**

引數：**儲存格**　指定要取得其列號的儲存格，若是省略時：ROW()，則會傳回 **ROW** 函數目前所在的儲存格列編號。

Step 2 利用 MOD、ROW 函數判斷每隔一列填入灰色區隔

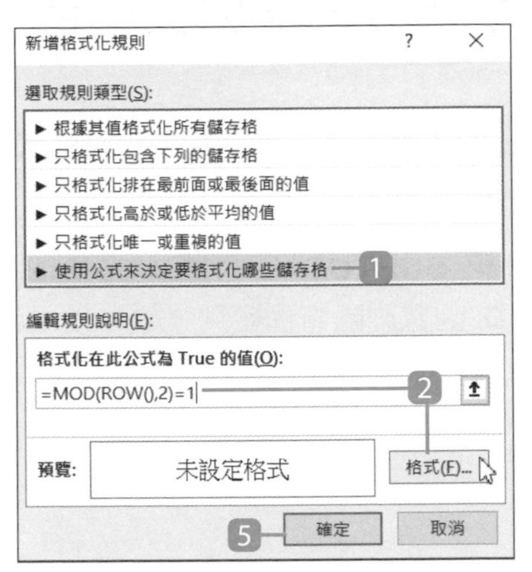

1 於 **新增格式化規則** 對話方塊選按 **使用公式來決定要格式化哪些儲存格**。

2 輸入公式：**=MOD(ROW(),2)=1**，再選按 **格式** 鈕。

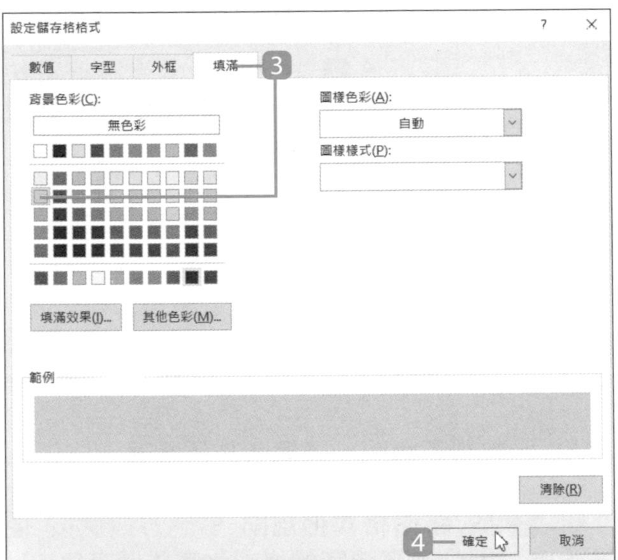

3 選按 **填滿** 標籤選擇合適的填滿色彩

4 選按 **確定** 鈕。

5 最後再選按 **確定** 鈕完成設定。

	A	B	C	D	E	F	
1	員工編號	員工姓名	業績目標	達成業績	達成百分比	依業績金額排名	依
2	B001	王慧娟	80 萬	116 萬	145%	4	
3	B002	王詩婷	150 萬	98 萬	65%	8	
4	B003	童鳳淑	130 萬	220 萬	169%	1	
5	B004	張淑倩	100 萬	96 萬	96%	9	
6	B005	鄭世昌	150 萬	124 萬	83%	3	
7	B006	解家豪	50 萬	55 萬	110%	12	
8	B007	陳武水	100 萬	105 萬	105%	6	
9	B008	黃智堯	50 萬	105 萬	210%	6	
10	B009	鄧鈺雯	50 萬	60 萬	120%	11	
11	B010	賴安坤	100 萬	83 萬	83%	10	

◀ 選取範圍中的資料，只要 "列編號" 為奇數，自動填入色彩。

7.12 篩選、隱藏後資料列仍自動隔列上底色

筆數眾多的資料表，常需要利用篩選條件找出指定資料，只是如果搭配 **條件式格式設定** 功能與奇、偶數判斷，會讓隔列上底色的設計整個亂掉。

業績統計表中從第 2 列開始是業績資料，先用 **SUBTOTAL** 函數以忽略隱藏列的方式取得非空白的資料個數，再用 **MOD** 函數判斷奇偶數列，除以 2 餘數為 0 代表偶數列，餘數為 1 代表奇數列，因此可指定為奇數或偶數列上色，而且不會因為篩選或隱藏而影響填色效果。

Step 1 新增格式化規則

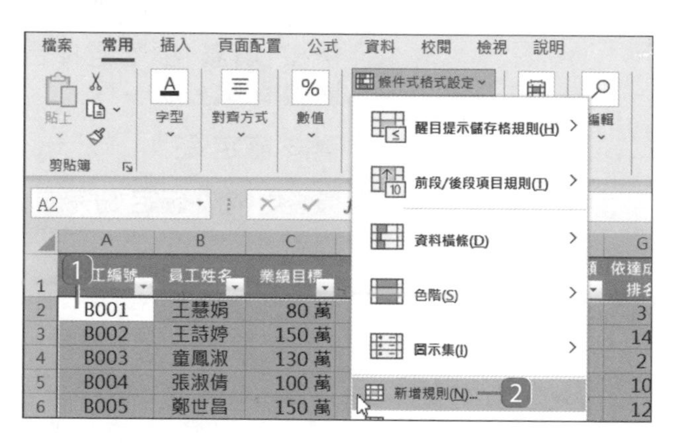

1. 選取 A2:G16 儲存格範圍。
2. 於 **常用** 索引標籤選按 **條件式格式設定 \ 新增規則**。

Step 2 利用 MOD、SUBTOTAL 函數判斷每隔一列填入灰色區隔

1. 於 **新增格式化規則** 對話方塊選按 **使用公式來決定要格式化哪些儲存格**。
2. 輸入公式：
   =MOD(SUBTOTAL(103,$A$2:$A2),2)=0，再選按 **格式** 鈕。

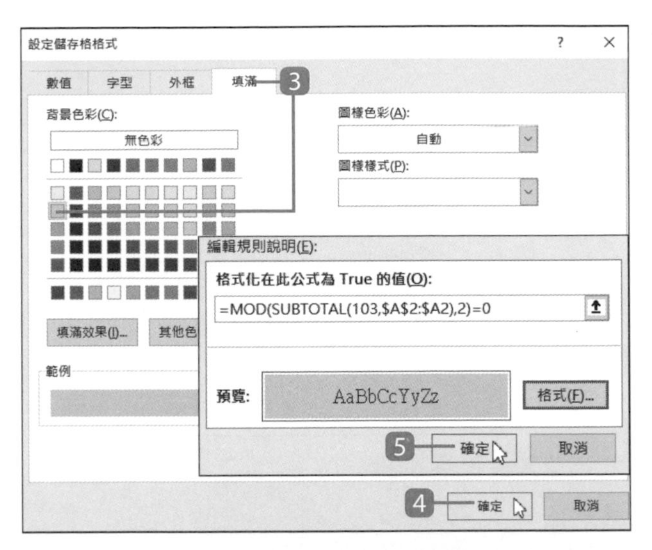

3 選按 **填滿** 標籤選擇合適的填滿色彩

4 選按 **確定** 鈕。

5 最後再選按 **確定** 鈕完成設定。

MOD 函數

| 數學與三角函數

說明：求 "被除數" 除以 "除數" 的餘數。

格式：**MOD(被除數,除數)**

SUBTOTAL 函數

| 數學與三角函數

說明：可執行十一種函數的功能 (如下表說明)。

格式：**SUBTOTAL(小計方法,範圍1,範圍2,...,範圍29)**

引數：**小計方法**

代表數值 (含隱藏列)	代表數值 (忽略隱藏列)	對應運算法	對應函數
1	101	求平均值	AVERAGE
2	102	求資料數值之個數	COUNT
3	103	求空白以外的資料個數	COUNTA
4	104	求最大值	MAX
5	105	求最小值	MIN
6	106	求乘積	PRODUCT
7	107	求樣本的標準差	STDEV
8	108	求標準差	STDEVP
9	109	求合計值	SUM
10	110	求樣本的變異數	DVAR
11	111	求變異	DVARP

Step 3 篩選 "達成百分比" 大於或等於 100%

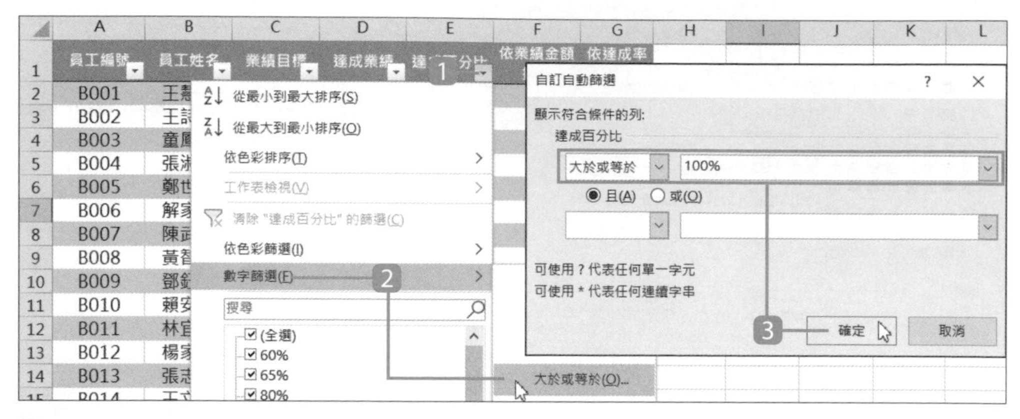

1 選按 **達成百分比** 欄位右側篩選鈕。

2 清單中選按 **數字篩選 \ 大於或等於**。

3 設定 **大於或等於**、**100%**，選按 **確定** 鈕。

	A	B	C	D	E	F	G
1	員工編號	員工姓名	業績目標	達成業績	達成百分比	依業績金額排名	依達成率排名
2	B001	王慧娟	80 萬	116 萬	145%	4	3
4	B003	童鳳淑	130 萬	220 萬	169%	1	2
7	B006	解家豪	50 萬	55 萬	110%	12	7
8	B007	陳武冰	100 萬	105 萬	105%	6	8
9	B008	黃智堯	50 萬	105 萬	210%	6	1
10	B009	鄧鈺雯	50 萬	60 萬	120%	11	5
12	B011	林宜齊	100 萬	113 萬	113%	5	6
15	B014	王文亞	50 萬	50 萬	100%	13	9
16	B015	蕭豐智	150 萬	185 萬	123%	2	4

◀ 篩選後僅顯示 **達成百分比** 大於或等於 100% 的資料記錄，而且自動隔列填入色彩。

資訊補給站

SUBTOTAL 函數中所謂 "包含或忽略隱藏列" 的引數說明

SUBTOTAL 函數中小計方法可指定為：1~11 或 101~111，1~11 會包含手動隱藏的列；101~111 會忽略手動隱藏的列。

舉例來說，若引數設定為 3，資料在未篩選但有手動隱藏列的狀態下，資料隔列上底色的效果會包含隱藏列 (填色會被打亂)；若引數設定為 103，資料隔列上底色的效果會忽略隱藏列，直接針對顯示的資料隔列上底色 (填色不會被打亂)。

若篩選資料後才手動隱藏列，不管引數設定為 3 或 103，資料隔列上底色的效果都會忽略隱藏列，直接針對顯示的資料隔列上底色。

7.13 管理、編修與清除格式化規則

已套用多項格式化規則的工作表，可以選擇清除部分或整個工作表套用的規則，也可以再度編修已經設定的規則。

管理與編修規則

Step 1 開啟管理規則對話方塊

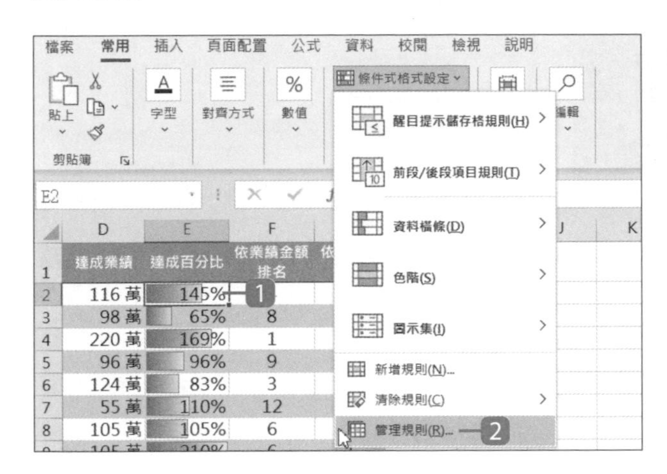

1. 將作用儲存格移至資料內容中。
2. 於 **常用** 索引標籤選按 **條件式格式設定 \ 管理規則**。

Step 2 管理與編修規則

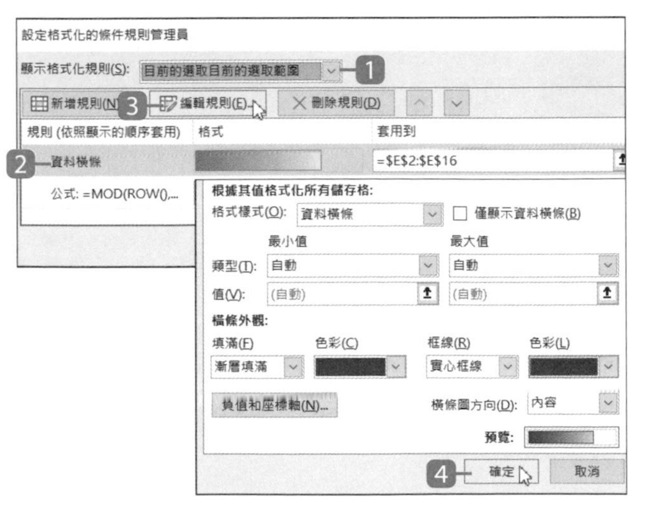

1. 指定顯示規則的範圍。
2. 於下方清單選按要編輯的規則。
3. 選按 **編輯規則** 鈕，進入原設定對話方塊調整。
4. 編輯完成以後選按 **確定** 鈕，再於 **設定格式化的條件規則管理員** 對話方塊選按 **確定** 鈕。

清除部分或全部格式化規則

Step 1 清除選取儲存格內的規則

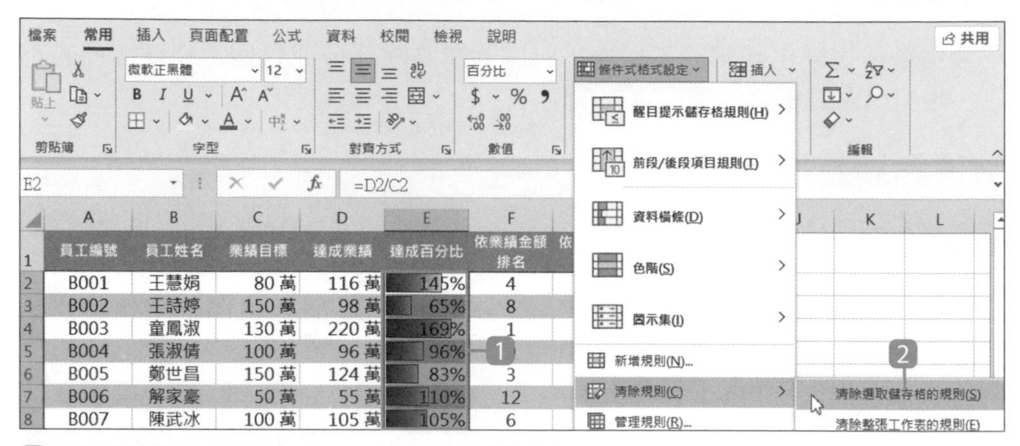

1 選取要刪除規則的 E2:E16 儲存格範圍。

2 於 **常用** 索引標籤選按 **條件式格式設定 \ 清除規則 \ 清除選取儲存格的規則**，就可以刪除該範圍中的規則。

Step 2 清除整個工作表的規則

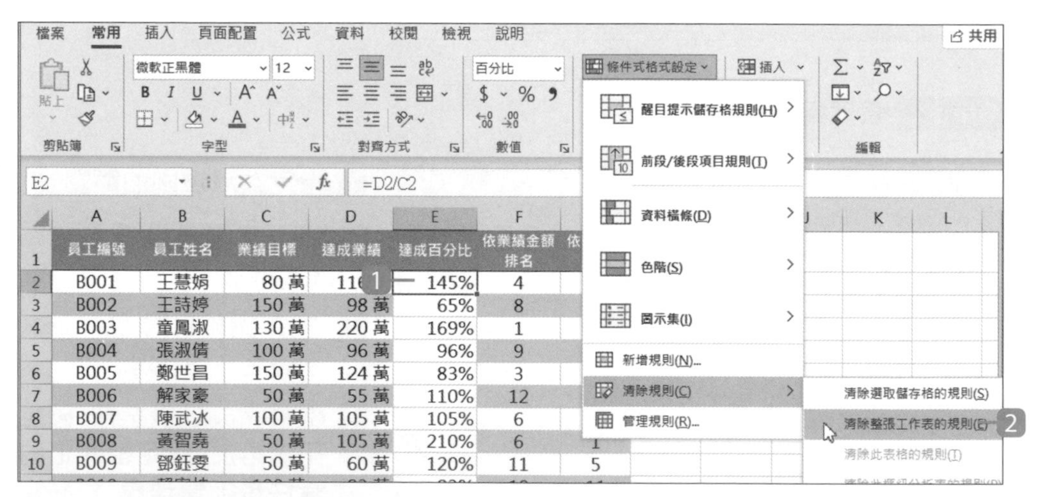

1 將作用儲存格移至資料內容中。

2 於 **常用** 索引標籤選按 **條件式格式設定 \ 清除規則 \ 清除整張工作表的規則**，就可以一次刪除此工作表中所有的規則。

大量資料的表格化管理

建立表格

- 遵守原則
- 建立表格
- 表格樣式
- 瀏覽表格內容

表格資料

- 新增表格資料
- 刪除表格資料
- 計算表格欄位中的值
- 移除重複記錄

排序、篩選、轉換

- 資料排序
- 資料篩選
- 轉為一般儲存格

8.1 建立表格資料時需遵守的原則

Excel 將擁有資料庫中資料表結構特性的功能稱為 **表格**，有篩選、排序、計算公式與多種配色可以套用，讓整張表格看起來更為專業，也能輕鬆地管理和分析相關資料，在使用表格管理資料前，要先了解表格資料需遵守的原則，免得費心建立的資料產生無法使用的窘況。

- 表格資料是依工作表中矩形範圍內的儲存格所組成。
- 資料內的第一列建議為各欄的欄位名稱，例如：單位、數量、日期，而接下來的每一列即為每一筆記錄內容。
- 每個欄位名稱必須唯一，不得重複，如果在名稱重複的情況下建立表格資料，Excel 會自動為重複的名稱加上編號。
- 設定為同一個表格資料的資料範圍中不可以有空白列或欄，以免自動建立表格時無法判斷出正確範圍。(若以手動選取表格範圍的方式建立時就無此問題，但仍建議建立前先將空白列或欄刪除或填入正確資料。)
- 同一欄位內的資料建議具有相同的性質，例如："數量" 欄位內的資料不可放入電話號碼或文字資料。
- 一個工作表中建議僅建立一個表格資料，以免產生操作上的困擾，如果一定要在一個工作表中建立多個表格資料，不同的表格資料間至少要間隔一空白欄或列。

8.2 建立表格

將一般資料轉變為表格資料，會為表格化的儲存格範圍套用表格樣式，並啟用篩選鈕，讓資料易閱讀又可快速篩選或排序。

Step 1 指定表格範圍

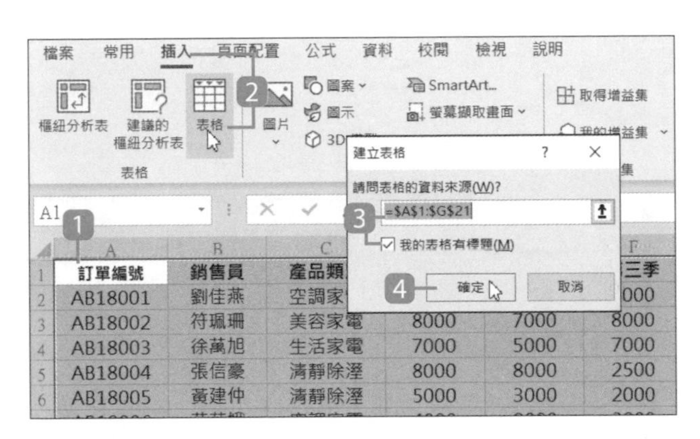

1. 選取 A1:G21 儲存格。
2. 於 **插入** 索引標籤選按 **表格**。
3. 確認表格的資料來源範圍後，核選 **我的表格有標題** (如果選取範圍中包含標題時就要核選)。
4. 最後按 **確定** 鈕。

Step 2 瀏覽表格

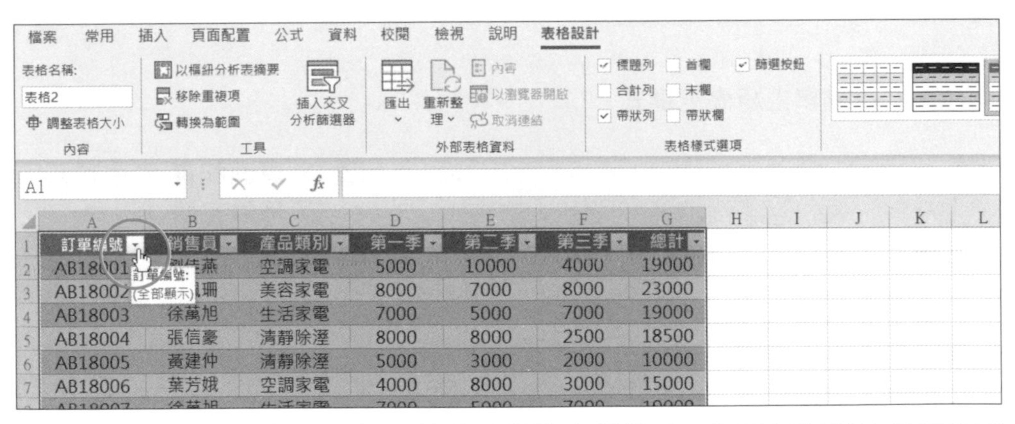

▲ 建立表格後，表格套用預設的藍色相間表格樣式，且於每個欄位標題啟用篩選鈕，並可看到多了一個 **表格設計** 索引標籤，其中有表格專屬的設定功能。(Excel 2021 前版本為 **表格工具 \ 設計** 索引標籤)

8.3 套用表格樣式

Excel 提供了許多表格樣式，套用合適的樣式，可讓表格看起來更專業。

Step 1 套用合適的表格樣式

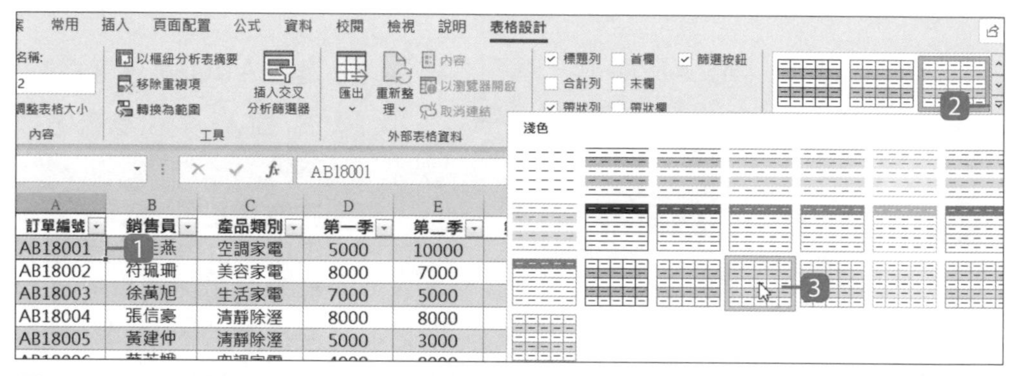

1. 於表格資料範圍內選取任一儲存格。
2. 於 **表格設計** 索引標籤選按 **表格樣式-其他**。(Excel 2021 前版本為 **表格工具 \ 設計** 索引標籤)
3. 清單中選按合適表格樣式套用。

Step 2 以佈景主題變更樣式

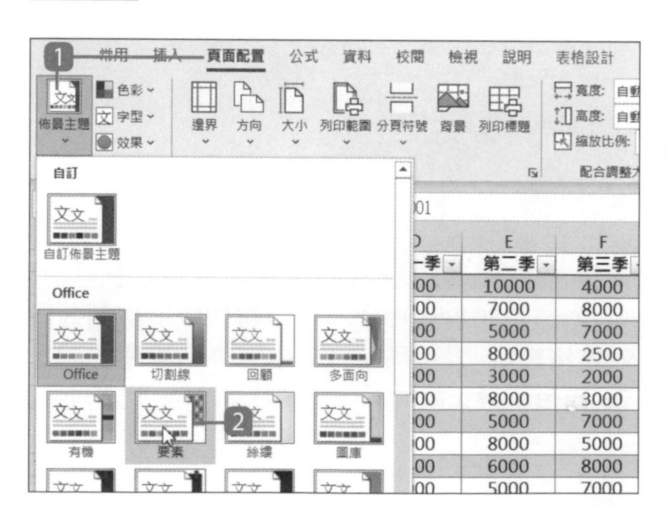

1. 於 **頁面配置** 索引標籤選按 **佈景主題**
2. 清單中挑選合適的樣式套用。

8.4 瀏覽表格內容

將作用儲存格移至表格中，拖曳右側捲軸或滾動滑鼠滾輪瀏覽大量資料時，會自動以欄位標題名稱取代工作表欄名，資料在瀏覽時可清楚知道目前欄位的性質。

	A	B	C	D	E	F	G	H	I	J	K	L
1	訂單編號	銷售員	產品類別	第一季	第二季	第三季	總計					
2	AB18001	劉佳燕	空調家電	5000	10000	4000	19000					
3	AB18002	符珮珊	美容家電	8000	7000	8000	23000					

	訂單編號	銷售員	產品類別	第一季	第二季	第三季	總計	H	I	J	K
7	AB18006	葉芳娥	空調家電	4000	8000	3000	15000				
8	AB18007	徐萬旭	生活家電	7000	5000	7000	19000				
9	AB18008	黃佩芳	美容家電	7000	8000	5000	20000				
10	AB18009	黃嘉雯	生活家電	2500	6000	8000	16500				
11	AB18010	徐萬旭	生活家電	7000	5000	7000	19000				
12	AB18011	杜亦生	清靜除溼	3000	5000	8000	16000				
13	AB18012	許智堯	空調家電	7500	8000	8000	23500				

8.5 新增表格資料

在目前表格範圍外新增欄、列資料時，會將新的內容自動轉換為表格資料，新增資料的位置必須與目前表格資料相鄰才會轉換為表格資料。

Step 1 新增表格列資料

	A	B	C	D	E	F
16	AB18015	呂柏勳	美容家電	6400	5000	5000
17	AB18016	蔡詩婷	美容家電	6000	1000	4000
18	AB18017	王孝帆	美容家電	3400	2800	8000
19	AB18018	馬怡君	美容家電	7500	9400	7000
20	AB18019	蔡怡君	按摩家電	9400	3700	2500
21	AB18020	鄭淑裕	美容家電	4800	6700	5000
22	AB18021 (1)					
23						
24						

	訂單編號	銷售員	產品類別	第一季	第二季	第三季
18	AB18017	王孝帆	美容家電	3400	2800	8000
19	AB18018	馬怡君	美容家電	7500	9400	7000
20	AB18019	蔡怡君	按摩家電	9400	3700	2500
21	AB18020	鄭淑裕	美容家電	4800	6700	5000
22	AB18021	(2)				

1. 於表格資料最後一筆記錄下新增一筆記錄：選取 A22 儲存格，並輸入編號「AB18021」。
2. 按 Tab 鍵，將作用儲存格移至 B22 儲存格。

◀ 自動將新增的資料轉換為表格資料，並套用目前的表格樣式。

	訂單編號	銷售員	產品類別	第一季	第二季	第三季	總計	H	I	J	K
13	AB18012	許智堯	空調家電	7500	8000	8000	23500				
14	AB18013	林佳芸	空調家電	8000	8000	8000	24000				
15	AB18014	季哲維	生活家電	8000	8000	8000	24000				
16	AB18015	呂柏勳	美容家電	6400	5000	5000	16400				
17	AB18016	蔡詩婷	美容家電	6000	1000	4000	11000				
18	AB18017	王孝帆	美容家電	3400	2800	8000	14200				
19	AB18018	馬怡君	美容家電	7500	9400	7000	23900				
20	AB18019	蔡怡君	按摩家電	9400	3700	2500	15600				
21	AB18020	鄭淑裕	美容家電	4800	6700	5000	16500				
22	AB18021	蘇美玲	生活家電	7600	3400	2000	13000				
23											

3 輸入該筆記錄中的資料，當輸入 **第一季**、**第二季** 與 **第三季** 欄位的業績數字後，**總計** 欄位中的數值資料會自動計算結果。

Step 2 新增表格欄資料

	D	E	F	G	H	I	J
1	第一季	第二季	第三季	總計	平均		
2	5000	10000	4000	19000			
3	8000	7000	8000	23000			
4	7000	5000	7000	19000			
5	8000	8000	2500	18500			
6	5000	3000	2000	10000			
7	4000	8000	3000	15000			
8	7000	5000	7000	19000			
9	7000	8000	5000	20000			
10	2500	6000	8000	16500			
11	7000	5000	7000	19000			
12	3000	5000	8000	16000			
13	7500	8000	8000	23500			
14	8000	8000	8000	24000			
15	8000	8000	8000	24000			
16	6400	5000	5000	16400			
17	6000	1000	4000	11000			
18	3400	2800	8000	14200			
19	7500	9400	7000	23900			
20	9400	3700	2500	15600			

1 選取 H1 儲存格。

2 輸入「平均」，按 Enter 鍵，完成新增表格欄位。

資訊補給站

擴大、縮小表格的範圍

拖曳目前表格範圍右下角的三角形符號，可擴大、縮小表格範圍。

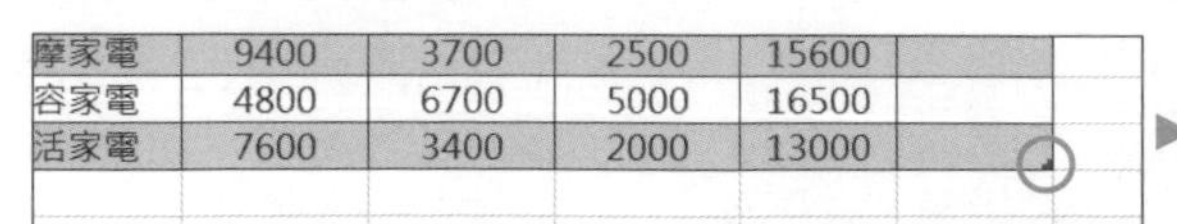

摩家電	9400	3700	2500	15600	
容家電	4800	6700	5000	16500	
活家電	7600	3400	2000	13000	

2500	15600	
5000	16500	
2000	13000	

8.6 刪除表格資料

刪除表格資料可分為僅刪除記錄內容但保留表格樣式與屬性，或完整的刪除。

Step 1 刪除內容保留樣式

	訂單編號	銷售員	產品類別	第一季	第二季	第三季
18	AB18017	王孝帆	美容家電	3400	2800	8000
19	AB18018	馬怡君	美容家電	7500	9400	7000
20	AB18019	蔡怡君	按摩家電	9400	3700	2500
21	AB18020	鄭淑裕	美容家電	4800	6700	5000
22	AB18021	蘇美玲	生活家電	7600	3400	2000
23						

1 選取 A22:G22 儲存格範圍。

	訂單編號	銷售員	產品類別	第一季	第二季	第三季
18	AB18017	王孝帆	美容家電	3400	2800	8000
19	AB18018	馬怡君	美容家電	7500	9400	7000
20	AB18019	蔡怡君	按摩家電	9400	3700	2500
21	AB18020	鄭淑裕	美容家電	4800	6700	5000
22						
23						

2 按 Del 鍵，會清除內容，但保留表格樣式。

Step 2 刪除表格列

	訂單編號	銷售員	產品類別	第一季	第二季	第三季	總計	平均
13	AB18012	許智堯	空調家電	7500	8000	8000	23500	
14	AB18013	林佳芸	空調家電	8000	8000	8000	24000	
15	AB18014	季哲維	生活家電	8000	8000	8000	24000	
16	AB18015	呂柏勳	美容家電	6400	5000	5000	16400	
17	AB18016	蔡詩婷	美容家電	6000	1000	4000	11000	
18	AB18017	王孝帆	美容家電	3400	2800	8000	14200	
19	AB18018	馬怡君	美容家電	7500	9400	7000	23900	
20	AB18019	蔡怡君	按摩家電	9400	3700	2500	15600	
21	AB18020	鄭淑裕	美容家電	4800	6700	5000	16500	
22								
23								

1 選取 A21:H22 儲存格範圍。

2 於 **常用** 索引標籤選按 **刪除 \ 刪除表格列** (要刪除整欄可於 **常用** 索引標籤選按 **刪除 \ 刪除表格欄**)。

8.7 計算表格欄位中的值

表格中建立公式時，除了可以參照儲存格位址計算，例如：=A2+A3，還可以使用欄位標題名稱計算。

Step 1 使用欄位標題名稱計算

	D	E	F	G	H	I	J
1	第一季	第二季	第三季	總計	平均		
2	5000	10000	4000	19000	=[@總計]/3		
3	8000	7000	8000	23000			
4	7000	5000	7000	19000			
5	8000	8000	2500	18500			
6	5000	3000	2000	10000			
7	4000	8000	3000	15000			

	D	E	F	G	H	I	J
1	第一季	第二季	第三季	總計	平均		
2	5000	10000	4000	19000	6333.3		
3	8000	7000	8000	23000	7666.7		
4	7000	5000	7000	19000	6333.3		
5	8000	8000	2500	18500	6166.7		
6	5000	3000	2000	10000	3333.3		

1 選取 H2 儲存格。

2 於資料編輯列輸入「=[@總計]/3」，按 Enter 鍵。

◀ **平均** 整欄會自動出現公式計算後的數值。

Step 2 合計表格中的數值

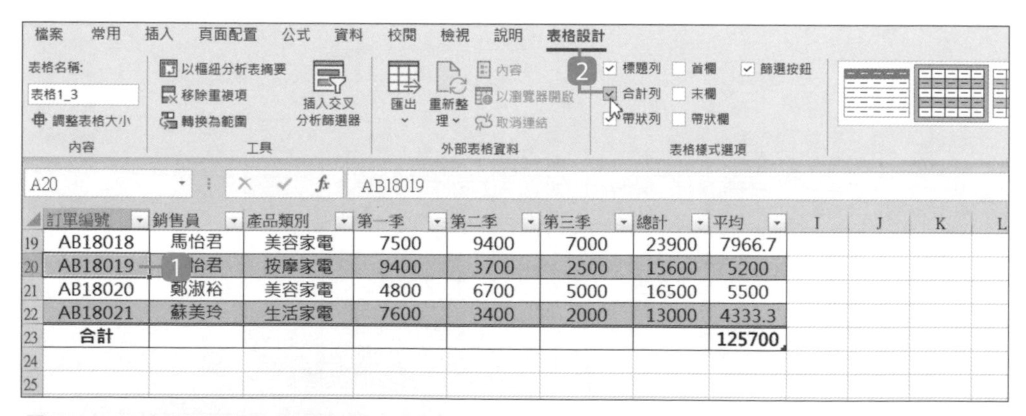

	訂單編號	銷售員	產品類別	第一季	第二季	第三季	總計	平均
19	AB18018	馬怡君	美容家電	7500	9400	7000	23900	7966.7
20	AB18019	怡君	按摩家電	9400	3700	2500	15600	5200
21	AB18020	鄭淑裕	美容家電	4800	6700	5000	16500	5500
22	AB18021	蘇美玲	生活家電	7600	3400	2000	13000	4333.3
23	合計							125700

1 於表格資料範圍內選取任一儲存格。

2 於 **表格設計** 索引標籤核選 **合計列**，於表格資料最下方即會出現合計列，H23 儲存格計算了 **平均** 欄的合計值。(Excel 2021 前版本為 **表格工具 \ 設計** 索引標籤)

Step 3 變更合計為計算平均值

	第一季	第二季	第三季	總計	平均	I	J
19	7500	9400	7000	23900	7966.7		
20	9400	3700	2500	15600	5200		
21	4800	6700	5000	16500	5500		
22	7600	3400	2000	13000	4333.3		
23					125700		

	訂單編號	銷售員	產品類別	第一季	第二季	第三季
19	AB18018	馬怡君	美容家電	7500	9400	7000
20	AB18019	蔡怡君	按摩家電	9400	3700	2500
21	AB18020	鄭淑裕	美容家電	4800	6700	5000
22	AB18021	蘇美玲	生活家電	7600	3400	2000
23	總平均					

1. 選取 **H23** 儲存格。
2. 選按 **平均** 欄位合計清單鈕，選按 **平均值**。
3. 選取 **A23** 儲存格，輸入「總平均」。

Step 4 調整平均值的小數位數

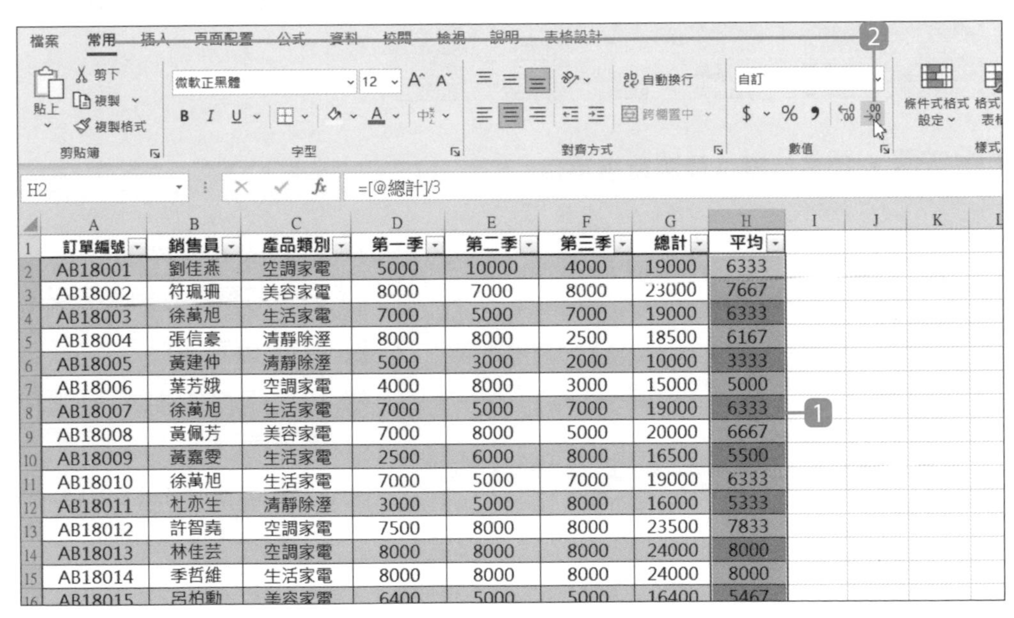

	訂單編號	銷售員	產品類別	第一季	第二季	第三季	總計	平均
2	AB18001	劉佳燕	空調家電	5000	10000	4000	19000	6333
3	AB18002	符珮珊	美容家電	8000	7000	8000	23000	7667
4	AB18003	徐萬旭	生活家電	7000	5000	7000	19000	6333
5	AB18004	張信豪	清靜除溼	8000	8000	2500	18500	6167
6	AB18005	黃建仲	清靜除溼	5000	3000	2000	10000	3333
7	AB18006	葉芳娥	空調家電	4000	8000	3000	15000	5000
8	AB18007	徐萬旭	生活家電	7000	5000	7000	19000	6333
9	AB18008	黃佩芳	美容家電	7000	8000	5000	20000	6667
10	AB18009	黃嘉雯	生活家電	2500	6000	8000	16500	5500
11	AB18010	徐萬旭	生活家電	7000	5000	7000	19000	6333
12	AB18011	杜亦生	清靜除溼	3000	5000	8000	16000	5333
13	AB18012	許智堯	空調家電	7500	8000	8000	23500	7833
14	AB18013	林佳芸	空調家電	8000	8000	8000	24000	8000
15	AB18014	季哲維	生活家電	8000	8000	8000	24000	8000
16	AB18015	呂柏勳	美容家電	6400	5000	5000	16400	5467

1. 選取 **H2:H23** 儲存格。
2. 以此範例來說，計算出來的數值顯示為一位小數位數，所以於 **常用** 索引標籤選按一下 **減少小數位數** 鈕，可以去掉小數位數。

8.8 移除重複記錄

可以偵測表格資料中是否有重複輸入的記錄，要先確認重複記錄的定義，如果只以 **銷售員** 欄位內的姓名相同就視為重複記錄不太合理，建議以雙欄位資料來判斷，例如：**銷售員** 欄位與 **訂單編號** 欄位，以免誤刪正確資料。

Step 1 使用移除重複項

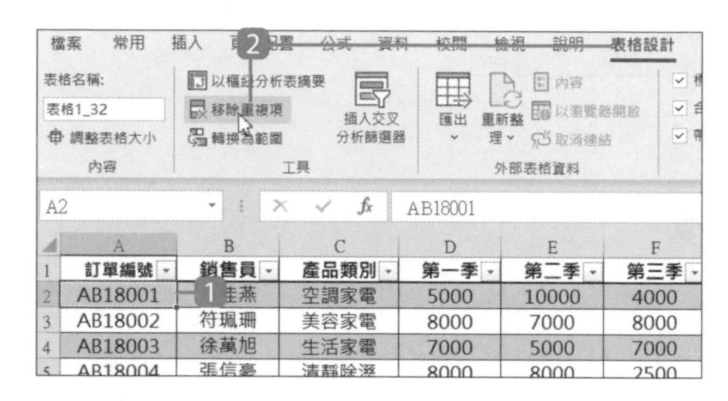

1. 於表格資料範圍內選取任一儲存格。
2. 於 **表格設計** 索引標籤選按 **移除重複項**。(Excel 2021 前版本為 **表格工具 \ 設計** 索引標籤)

Step 2 利用多個欄位偵測重複項目

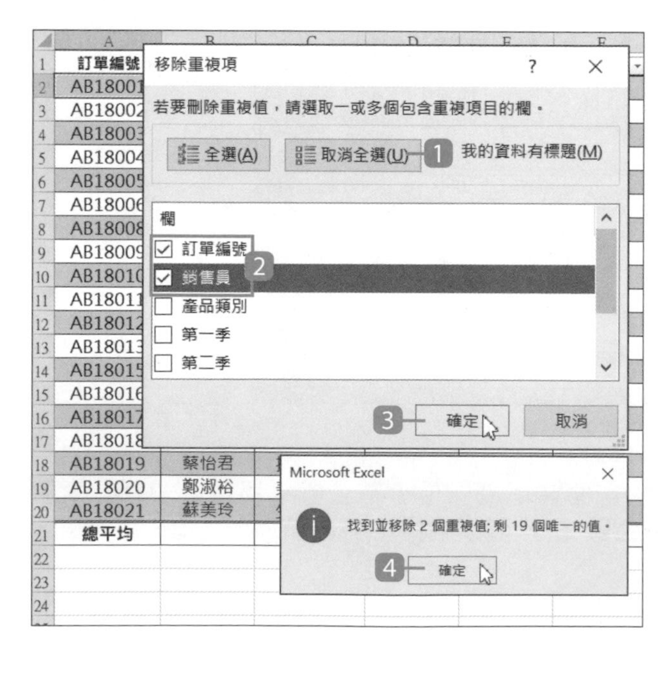

1. 選按 **取消全選** 鈕。
2. 核選 **訂單編號** 與 **銷售員**。
3. 選按 **確定** 鈕。
4. 於出現的對話方塊選按 **確定** 鈕。

◀ 訂單編號 AB18003 重複的記錄已被刪除。

8.9 排序與篩選表格資料

為了讓資料的管理與分析更加容易，在表格中每一個欄位都有篩選按鈕可以使用，會依據資料類型提供不同的排序方式與篩選準則。

Step 1 資料排序

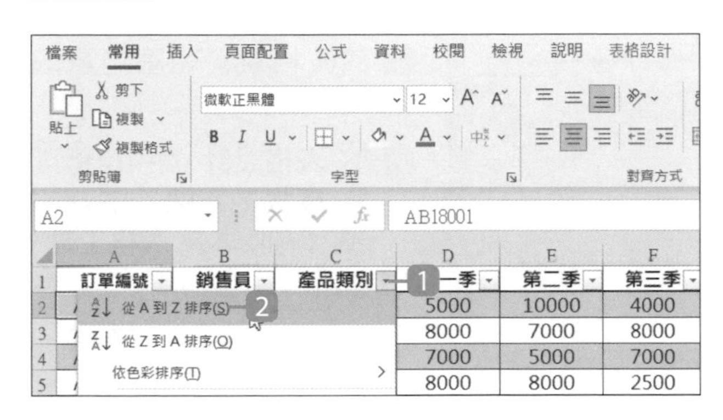

1 選按 **產品類別** 欄位右側 ▼ 篩選鈕

2 選按 **從 A 到 Z 排序** 。

(**從 A 到 Z 排序** 是為遞增排序，而 **從 Z 到 A 排序** 則為遞減排序。)

Step 2 資料篩選

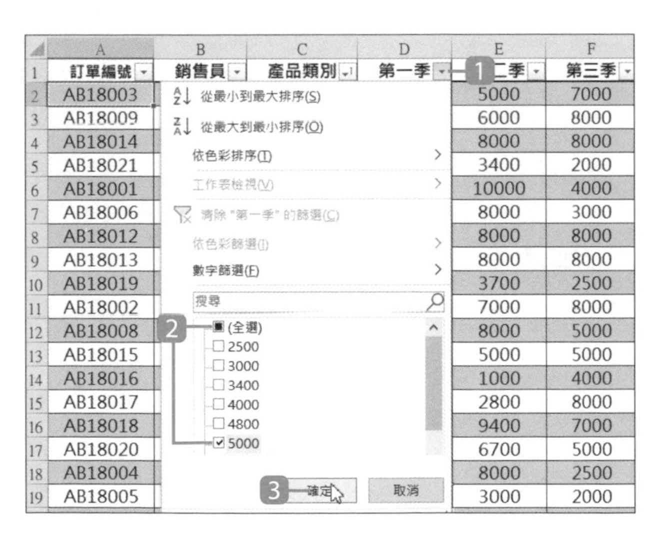

1 選按 **第一季** 欄位右側 ▼ 篩選鈕

2 取消核選 **全選** 項目，核選 **5000**。

3 選按 **確定** 鈕。

這樣即篩選出指定條件的資料項目，若要顯示完整的資料項目，只要再次選按 **第一季** 欄位右側 ▼ 篩選鈕再核選 **全選** 項目即可。

8.10 將表格轉換為一般儲存格

若想要將表格回復成一般的資料範圍，卻又不會失去已套用的表格樣式，可以使用 **轉換為範圍** 功能。

Step 1 轉為一般儲存格

1 於表格資料範圍內選取任一儲存格。

2 於 **表格設計** 索引標籤選按 **轉換為範圍**。(Excel 2021 前版本為 **表格工具 \ 設計** 索引標籤)

3 於對話方塊選按 **是** 鈕。

Step 2 瀏覽轉換的內容

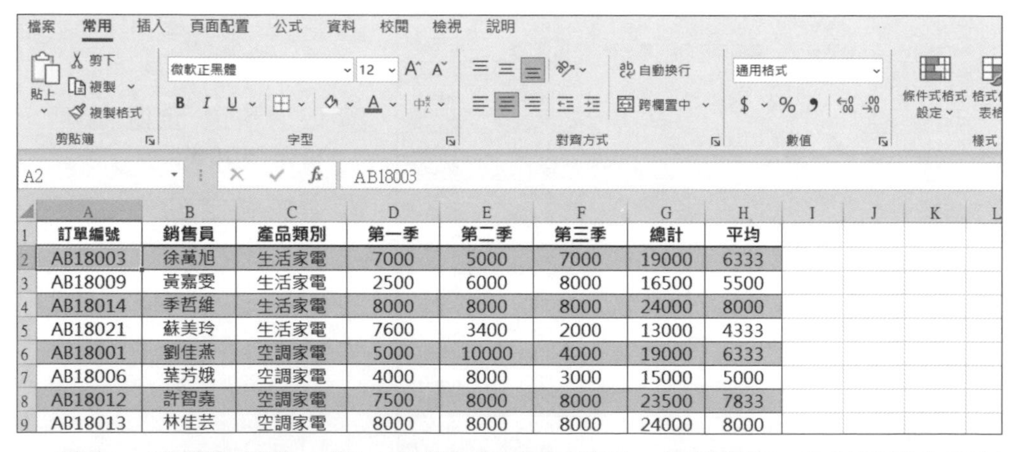

訂單編號	銷售員	產品類別	第一季	第二季	第三季	總計	平均
AB18003	徐萬旭	生活家電	7000	5000	7000	19000	6333
AB18009	黃嘉雯	生活家電	2500	6000	8000	16500	5500
AB18014	季哲維	生活家電	8000	8000	8000	24000	8000
AB18021	蘇美玲	生活家電	7600	3400	2000	13000	4333
AB18001	劉佳燕	空調家電	5000	10000	4000	19000	6333
AB18006	葉芳娥	空調家電	4000	8000	3000	15000	5000
AB18012	許智堯	空調家電	7500	8000	8000	23500	7833
AB18013	林佳芸	空調家電	8000	8000	8000	24000	8000

▲ 轉為一般儲存格後，第一列的篩選鈕不見了，**表格設計** 索引標籤也不見了，表示已轉成一般儲存格格式，但在表格狀態套用的樣式、新增移除的資料與設定的項目均原封不動的保留著。(Excel 2021 前版本為 **表格工具 \ 設計** 索引標籤)

大量資料的整理與快速輸入

尋找取代

- 尋找特定資料
- 修正錯字
- 修正特定資料格式
- 搜尋中使用萬用字元

資料正規化

- 刪除多餘空白
- 用函數刪除多餘空白
- 用函數統一全型或半形文字
- 批次刪除空白的列
- 將缺失資料自動填滿

快速輸入重複性資料

- 用下拉式清單輸入重複性資料
- 用二層式下拉式清單輸入重複性資料
- 快速又正確的輸入長串數值
- 用表單更正確輸入指定資料

9.1 尋找特定資料

尋找及取代 功能可以找出要參照的搜尋項目，例如特定數字或字串，將它取代為其他指定內容，也可以循列和循欄搜尋、在註解或值內搜尋，以及在工作表或整個活頁簿中搜尋。於 **常用** 索引標籤選按 **尋找與選取 \ 尋找**，或選按 Ctrl + F 鍵即可開啟 **尋找及取代** 對話方塊：

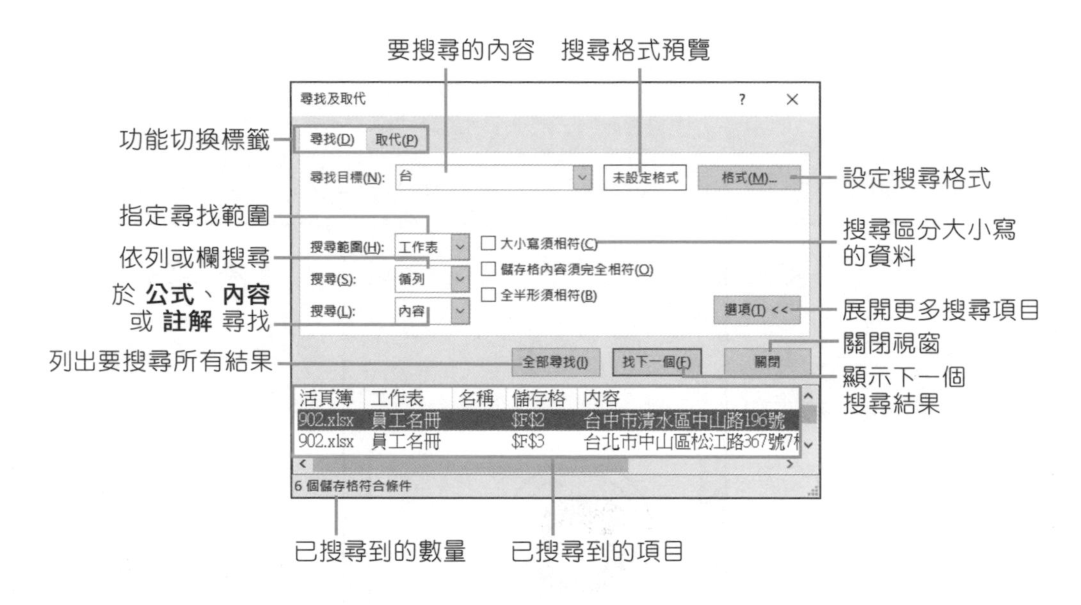

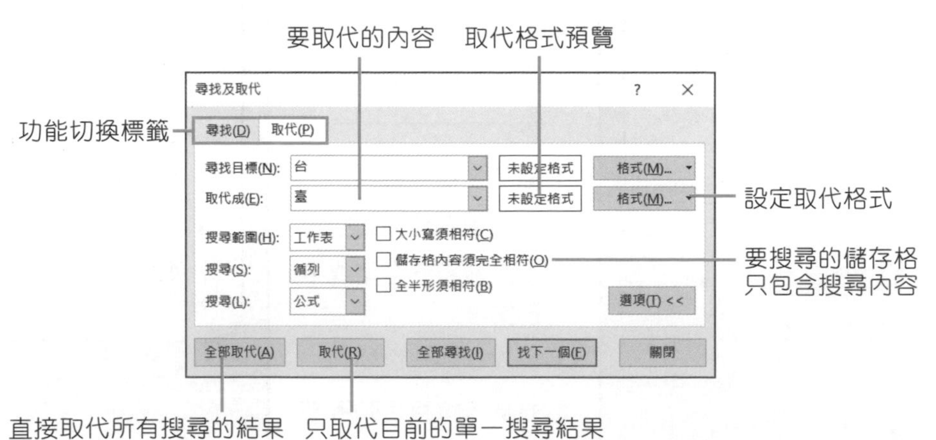

9.2 尋找與修正錯字

在大量資料與數據中，想要找到或修正某個字、詞或某句內容時，可以利用尋找及取代功能，縮短尋找的時間並調整資料內容。

Step 1 尋找資料

此範例將利用 **尋找** 功能找出 "台" 文字。

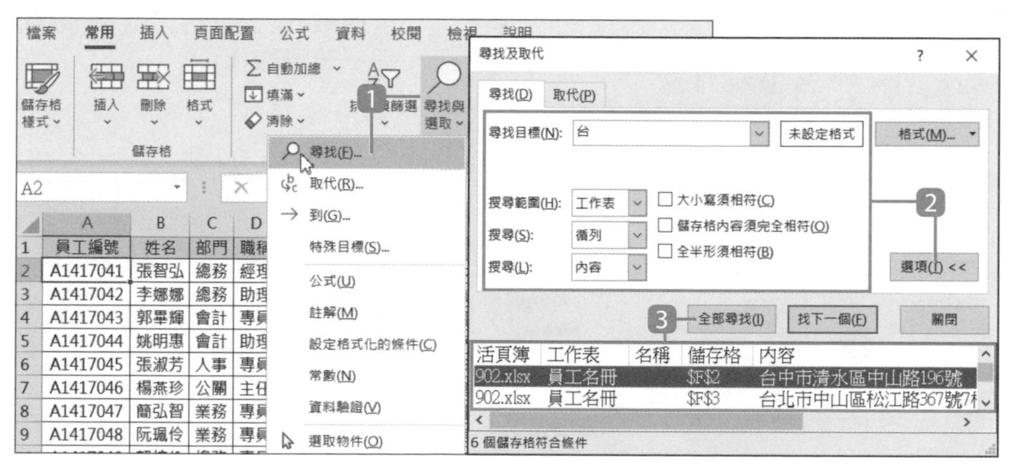

1. 選取資料中任一儲存格，於 **常用** 索引標籤選按 **尋找與選取 \ 尋找** 開啟對話方塊。
2. 於 **尋找** 標籤 **尋找目標** 輸入「台」，選按 **選項** 鈕展開更多項目，接著設定 **搜尋範圍**：**工作表**、**搜尋**：**循列**、**搜尋**：**內容**。
3. 選按 **全部尋找** 鈕 (也可選按 **找下一個** 鈕一筆筆尋找)，可在下方看到活頁簿中所有相關的搜尋結果，選按欲瀏覽的項目，會自動切換至該儲存格位置。

使用萬用字元尋找資料

尋找資料時，若無法確認正確的數值或單字時，可以使用萬用字元替代未知的資料，例如：? 號可尋找任何單一字元；* 號可尋找任何數目的字元；如果要尋找符號 * 或 ? 號時，可在字元前加入 ~ 符號。

Step 2 取代資料

若直接利用 **取代** 功能，可以一次完成指定目標的多筆替代動作。此範例中，將 "台" 替換為 "臺" 文字。

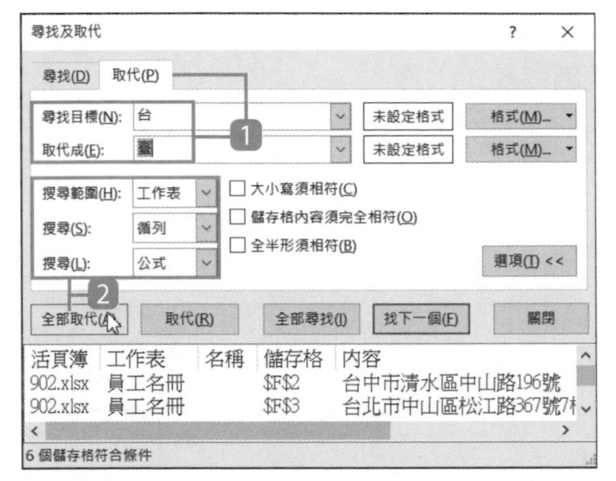

1. 在 **尋找與取代** 對話方塊中，選按 **取代** 標籤，確認 **尋找目標** 已輸入「台」，於 **取代成** 輸入「臺」。
2. 設定 **搜尋範圍**：**工作表**、**搜尋**：**循列**、**搜尋**：**公式**，選按 **全部取代** 鈕 (也可選按 **取代** 鈕一筆筆取代)。

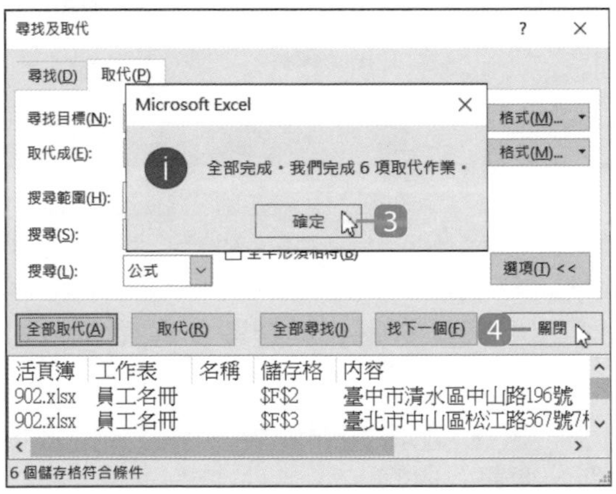

3. 選按 **確定** 鈕。
4. 再選按 **關閉** 鈕，回到工作表中即可看到此工作表中相關的資料已完成取代。

資訊補給站

取代功能

如果尚未開啟 **尋找及取代** 對話方塊，則可以選取任一儲存格，於 **常用** 索引標籤選按 **尋找與選取 \ 取代** 開啟對話方塊。

9.3 尋找與修正特定格式資料

如果有問題的資料已經用不同的文字顏色或儲存格顏色標示，可以利用尋找及取代功能針對特定格式快速找到或修正。

Step 1 尋找特定格式資料

此範例將利用 **尋找** 功能找出標示為紅色的 "-" 符號。

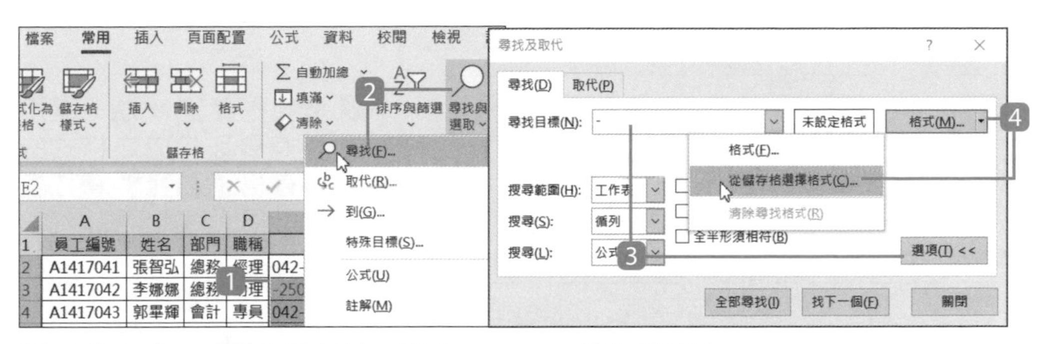

1 因為要修正 **電話** 欄資料，選取 E2:E12 儲存格範圍。

2 於 **常用** 索引標籤選按 **尋找與選取 \ 尋找** 開啟對話方塊。

3 於 **尋找** 標籤 **尋找目標** 輸入「-」，再選按 **選項** 鈕。

4 選按 **格式** 清單鈕 \ **從儲存格選擇格式**。

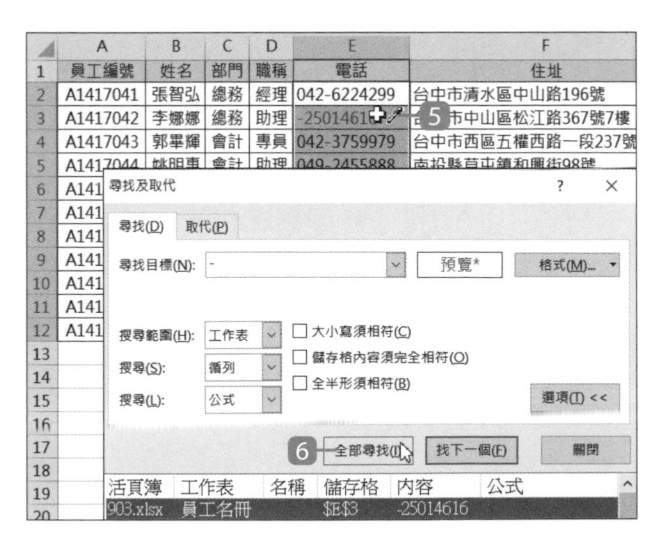

5 滑鼠指標呈 ✥✎ 狀，選按具有要搜尋之格式的儲存格 ("預覽*" 二字會依該儲存格的格式呈現)。

6 選按 **全部尋找** 鈕 (也可選按 **找下一個** 鈕一筆筆尋找)，可在下方看到工作表中所有相關的搜尋結果，選按欲瀏覽的項目，會自動切換至該儲存格位置。

Step 2 取代特定格式資料

若直接利用 **取代** 功能，可以一次完成多筆替代動作。此範例中，將紅色 "-" 替換為 "02-" 文字，並變更儲存格文字色彩為黑色。

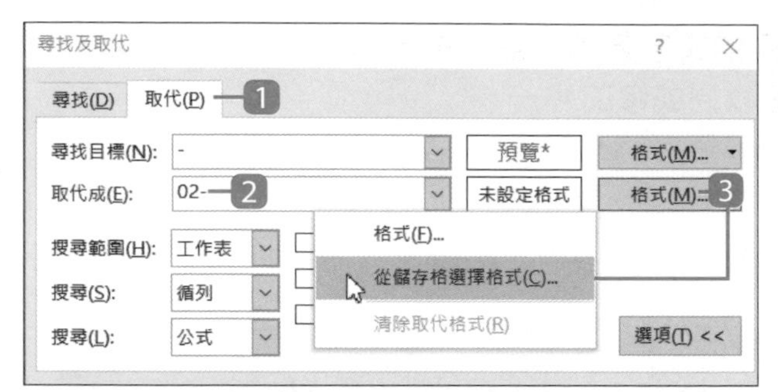

1 選按 **取代** 標籤

2 於 **取代成** 輸入「02-」。

3 於 **取代成** 選按 **格式** 清單鈕 \ **從儲存格選擇格式**。

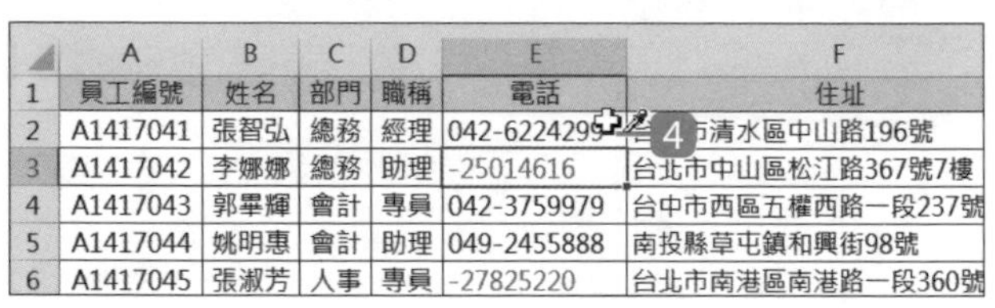

	A	B	C	D	E	F
1	員工編號	姓名	部門	職稱	電話	住址
2	A1417041	張智弘	總務	經理	042-6224299	台中市清水區中山路196號
3	A1417042	李娜娜	總務	助理	-25014616	台北市中山區松江路367號7樓
4	A1417043	郭畢輝	會計	專員	042-3759979	台中市西區五權西路一段237號
5	A1417044	姚明惠	會計	助理	049-2455888	南投縣草屯鎮和興街98號
6	A1417045	張淑芳	人事	專員	-27825220	台北市南港區南港路一段360號

4 滑鼠指標呈 ✜✐ 狀，選按具有要取代成之格式的儲存格 ("預覽*" 會依該儲存格的格式呈現)。

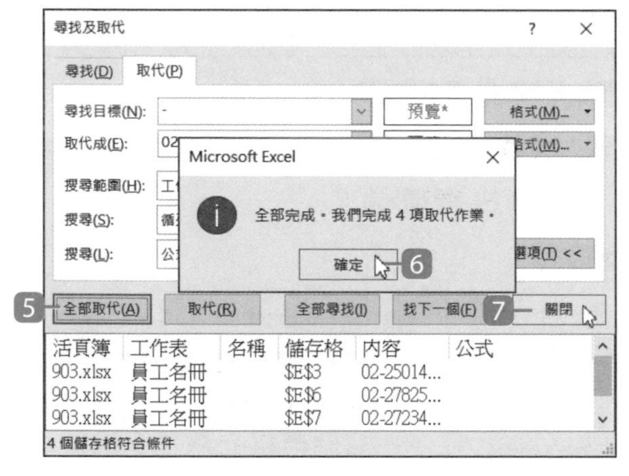

5 選按 **全部取代** 鈕。

6 選按 **確定** 鈕。

7 選按 **關閉** 鈕。

	A	B	C	D	E	F
1	員工編號	姓名	部門	職稱	電話	住址
2	A1417041	張智弘	總務	經理	042-6224299	台中市清水區中山路196號
3	A1417042	李娜娜	總務	助理	02-25014616	台北市中山區松江路367號7樓
4	A1417043	郭畢輝	會計	專員	042-3759979	台中市西區五權西路一段237號
5	A1417044	姚明惠	會計	助理	049-2455888	南投縣草屯鎮和興街98號
6	A1417045	張淑芳	人事	專員	02-27825220	台北市南港區南港路一段360號
7	A1417046	楊燕珍	公關	主任	02-27234598	台北市信義路五段15號
8	A1417047	簡弘智	業務	專員	05-12577890	嘉義市西區垂楊路316號
9	A1417048	阮珮伶	業務	專員	047-1834560	彰化市彰美路一段186號
10	A1417049	賴培倫	總務	專員	03-83609280	花蓮縣花蓮市民國路169號
11	A1417050	侯允聖	會計	專員	07-38515680	高雄市九如一路502號
12	A1417051	劉仁睦	會計	專員	02-27335831	台北市大安區辛亥路三段15號

◀ 回到工作表，即可看到已完成相關資料及格式取代。

9.4 用尋找取代刪除多餘空白

當發現資料分析結果有問題時，不妨檢查一下資料中是否有多餘空白，以下將利用 **取代** 功能刪除多餘空白。

Step 1 開啟尋找及取代對話方塊

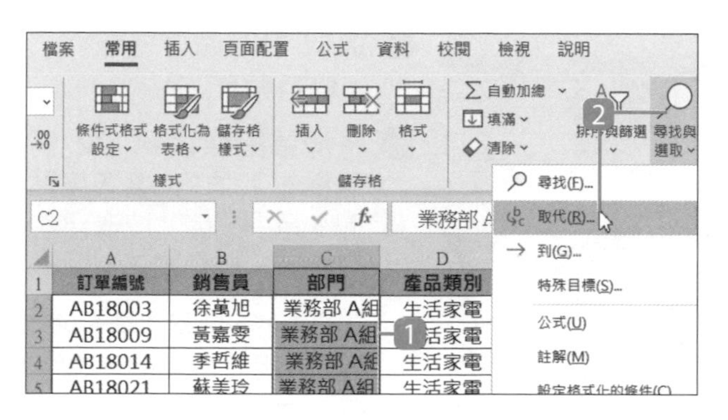

1. 因為要修正 **部門** 一欄資料，選取 C2:C18 儲存格範圍。
2. 於 **常用** 索引標籤選按 **尋找與選取 \ 取代**。

Step 2 尋找資料中的空白並刪除

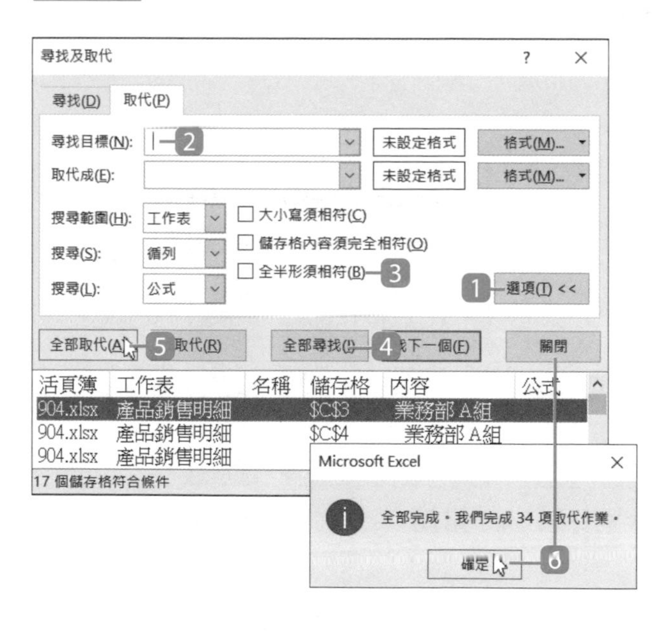

1. 選按 **選項** 鈕展開下方設定項目。
2. 於 **尋找目標** 欄位以空白鍵輸入一個空白，**取代成** 欄位不用輸入。
3. 取消核選 **全半形須相符**。
4. 選按 **全部尋找** 鈕，找到符合條件的資料。
5. 選按 **全部取代** 鈕。
6. 出現提示訊息，告知共完成幾筆，最後選按 **確定** 鈕再選按 **關閉** 鈕。

9.5 用函數刪除多餘空白

除了利用 **取代** 功能刪除多餘空白，也可以透過 **TRIM** 函數，文字與文字間若有多個空白，此函數會保留一個空白，其餘空白均刪除。

Step 1 利用 TRIM 函數刪除空白

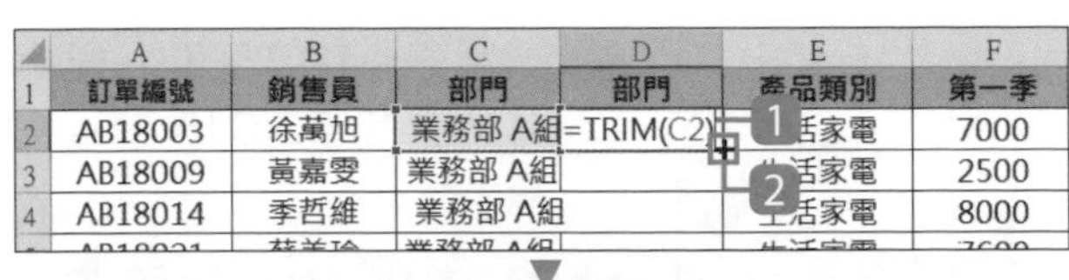

	A	B	C	D	E	F
1	訂單編號	銷售員	部門	部門	產品類別	第一季
2	AB18003	徐萬旭	業務部 A組	=TRIM(C2)	生活家電	7000
3	AB18009	黃嘉雯	業務部 A組		生活家電	2500
4	AB18014	季哲維	業務部 A組		生活家電	8000

	A	B	C	D	E	F
1	訂單編號	銷售員	部門	部門	產品類別	第一季
2	AB18003	徐萬旭	業務部 A組	業務部 A組	生活家電	7000
3	AB18009	黃嘉雯	業務部 A組	業務部 A組	生活家電	2500
4	AB18014	季哲維	業務部 A組	業務部 A組	生活家電	8000
5	AB18021	蘇美玲	業務部 A組	業務部 A組	生活家電	7600
6	AB18001	劉佳燕	業務部 A組	業務部 A組	空調家電	5000
7	AB18006	葉芳娥	業務部 A組	業務部 A組	空調家電	4000
8	AB18012	許智堯	業務部 A組	業務部 A組	空調家電	7500
9	AB18013	林佳芸	業務部 A組	業務部 A組	空調家電	8000
10	AB18002	符珮珊	業務部 A組	業務部 A組	美容家電	8000

1 選取 D2 儲存格輸入：**=TRIM(C2)**。

2 將滑鼠指標移到 D2 儲存格右下角的 **填滿控點** 上，呈 **+** 狀，按滑鼠左鍵二下，自動填滿。

如此只會保留 "業務部" 與 "A組" 之間的一個空白，其餘皆刪除。

Step 2 刪除錯誤的資料

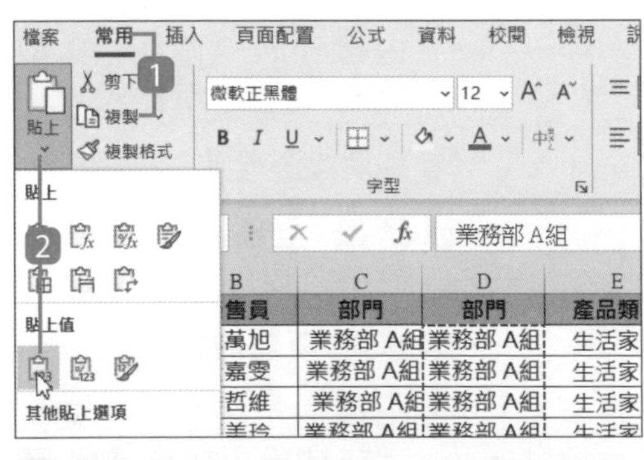

1 選取修正好的 D2:D18 儲存格範圍，於 **常用** 索引標籤選按 **複製**。

2 再選按 **貼上** 清單鈕 \ **值**。

3 選取資料內容有問題的 C 欄，按一下滑鼠右鍵，選按 **刪除**。

9.6 用函數統一全形或半形文字

如果資料中夾雜著半形、全形的英數字，可利用 **ASC** 函數快速將全形的英、數字轉換成半形。

Step 1 利用 ASC 函數將全形英、數字轉換成半形

	A	B	C	D	E	F
1	訂單編號	訂單編號	銷售員	產品類別	第一季	第二
2	ＡＢ18003	=ASC(A2)	徐萬旭	生活家電	7000	500
3	AB18009		黃嘉雯	生活家電	2500	600

	A	B	C	D	E	F
1	訂單編號	訂單編號	銷售員	產品類別	第一季	第二
2	ＡＢ18003	AB18003	徐萬旭	生活家電	7000	500
3	AB18009	AB18009	黃嘉雯	生活家電	2500	600
4	ＡＢ18014	AB18014	季哲維	生活家電	8000	800
5	AB18021	AB18021	蘇美玲	生活家電	7600	340
6	AB18001	AB18001	劉佳燕	空調家電	5000	100
7	ＡＢ18006	AB18006	葉芳娥	空調家電	4000	800
8	AB18012	AB18012	許智堯	空調家電	7500	800
9	AB18013	AB18013	林佳芸	空調家電	8000	800
10	ＡＢ18002	AB18002	符珮珊	美容家電	8000	700
11	AB18008	AB18008	黃佩芳	美容家電	7000	800
12	AB18015	AB18015	呂柏勳	美容家電	6400	500
13	AB18016	AB18016	蔡詩婷	美容家電	6000	100

1. 選取 B2 儲存格輸入：**=ASC(A2)**。
2. 將滑鼠指標移到 B2 儲存格右下角的 **填滿控點** 上，呈 **+** 狀，按滑鼠左鍵二下，自動填滿。

如此儲存格中含有全形的英文或數字均轉換成半形。

Step 2 刪除錯誤的資料

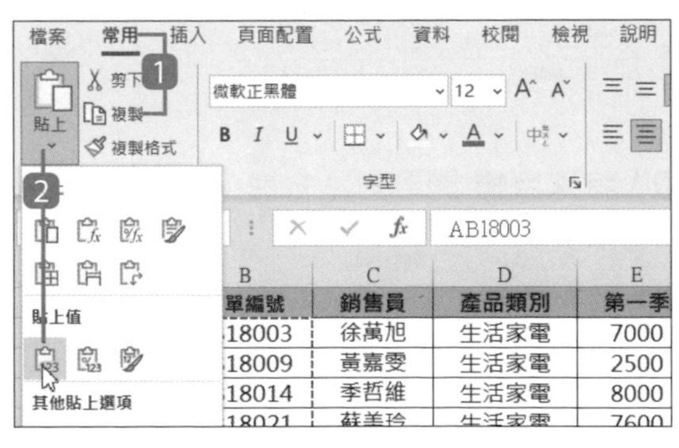

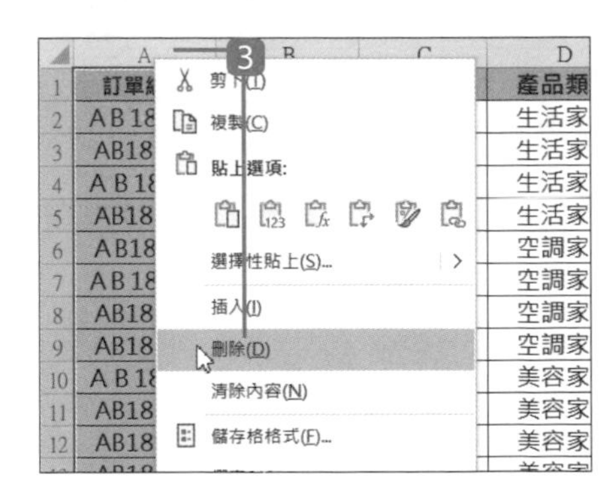

1. 選取修正好的 B2:B18 儲存格範圍，於 **常用** 索引標籤選按 **複製**。
2. 再選按 **貼上** 清單鈕 \ **值**。
3. 選取資料內容有問題的 A 欄，按一下滑鼠右鍵，選按 **刪除**。

9.7 批次刪除空白的列

資料內容中若有空白欄、列，進行函數匯算、統計分析、圖表製作時，均會出現錯誤，可以運用 **尋找與選取** 功能快速找到空白儲存格，再判斷要補上資料還是刪除整列、整欄。

Step 1 尋找空格

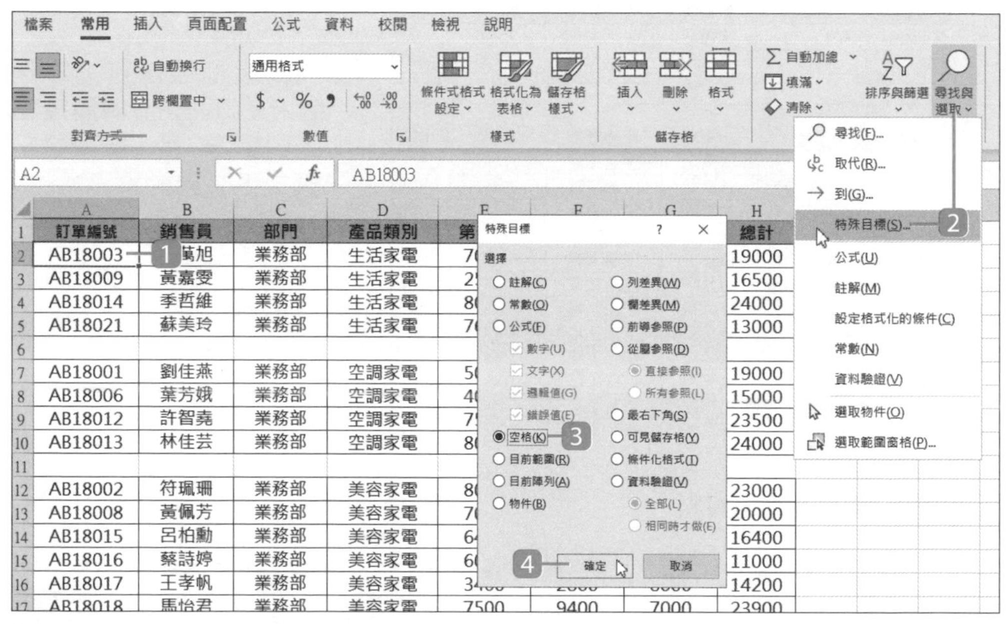

1 選取資料中的任一儲存格。

2 於 **常用** 索引標籤選按 **尋找與選取 \ 特殊目標** 開啟對話方塊。

3 核選 **空格**。

4 選按 **確定** 鈕。

Step 2 刪除空白的列

可看到空白的列都被選取，接下來判斷是否有資料可以填補上去，或是依如下操作刪除整列。

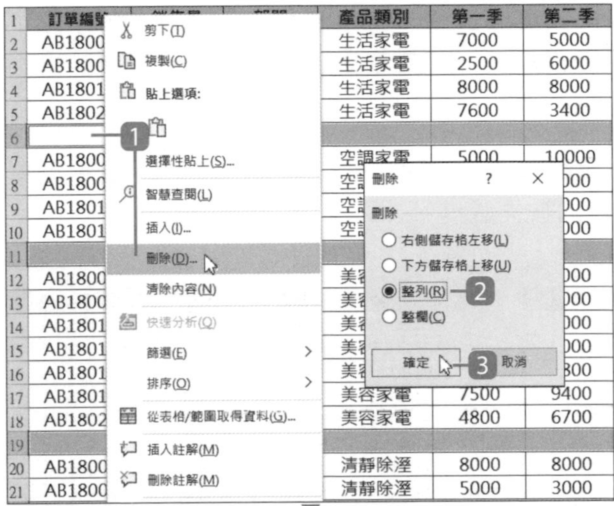

1 在任一選取的空白儲存格上按一下滑鼠右鍵，選按 **刪除**。

2 核選 **整列**。

3 選按 **確定** 鈕。

	A	B	C	D	E	F	G	H
1	訂單編號	銷售員	部門	產品類別	第一季	第二季	第三季	總計
2	AB18003	徐萬旭	業務部	生活家電	7000	5000	7000	19000
3	AB18009	黃嘉雯	業務部	生活家電	2500	6000	8000	16500
4	AB18014	季哲維	業務部	生活家電	8000	8000	8000	24000
5	AB18021	蘇美玲	業務部	生活家電	7600	3400	2000	13000
6	AB18001	劉佳燕	業務部	空調家電	5000	10000	4000	19000
7	AB18006	葉芳娥	業務部	空調家電	4000	8000	3000	15000
8	AB18012	許智堯	業務部	空調家電	7500	8000	8000	23500
9	AB18013	林佳芸	業務部	空調家電	8000	8000	8000	24000
10	AB18002	符珮珊	業務部	美容家電	8000	7000	8000	23000
11	AB18008	黃佩芳	業務部	美容家電	7000	8000	5000	20000
12	AB18015	呂柏勳	業務部	美容家電	6400	5000	5000	16400
13	AB18016	蔡詩婷	業務部	美容家電	6000	1000	4000	11000
14	AB18017	王孝帆	業務部	美容家電	3400	2800	8000	14200
15	AB18018	馬怡君	業務部	美容家電	7500	9400	7000	23900
16	AB18020	鄭淑裕	業務部	美容家電	4800	6700	5000	16500
17	AB18004	張信豪	業務部	清靜除溼	8000	8000	2500	18500
18	AB18005	黃建仲	業務部	清靜除溼	5000	3000	2000	10000
19								

▲ 會看到此份工作表空白的列都已刪除。

9.8 將缺失資料自動填滿

來源報表常會遇到許多空格，往往是重複性的資料沒有完整輸入，如果你還在用複製、貼上的方式補齊空白資料，一定要學會這招自動填滿空格，這可是處理巨量資料時的救星。

產品銷售明細可看到 **部門** 與 **產品類別** 二欄位的內容有許多空格，在此運用快速鍵產生公式，填滿相同內容的缺失資料。

	A	B	C	D	
1	訂單編號	銷售員	部門	產品類別	第
2	AB18003	徐萬旭	業務部	生活家電	7
3	AB18009	黃嘉雯			2
4	AB18014	季哲維			8
5	AB18021	蘇美玲			7
6	AB18001	劉佳燕		空調家電	5
7	AB18006	葉芳娥			4
8	AB18012	許智堯			7
9	AB18013	林佳芸			8
10	AB18002	符珮珊		美容家電	8
11	AB18008	黃佩芳			7
12	AB18015	呂柏勳			6
13	AB18016	蔡詩婷			6

▶

	A	B	C	D	
1	訂單編號	銷售員	部門	產品類別	第
2	AB18003	徐萬旭	業務部	生活家電	7
3	AB18009	黃嘉雯	業務部	生活家電	2
4	AB18014	季哲維	業務部	生活家電	8
5	AB18021	蘇美玲	業務部	生活家電	7
6	AB18001	劉佳燕	業務部	空調家電	5
7	AB18006	葉芳娥	業務部	空調家電	4
8	AB18012	許智堯	業務部	空調家電	7
9	AB18013	林佳芸	業務部	空調家電	8
10	AB18002	符珮珊	業務部	美容家電	8
11	AB18008	黃佩芳	業務部	美容家電	7
12	AB18015	呂柏勳	業務部	美容家電	6
13	AB18016	蔡詩婷	業務部	美容家電	6

Step 1 選取資料範圍並開啟特殊目標對話方塊

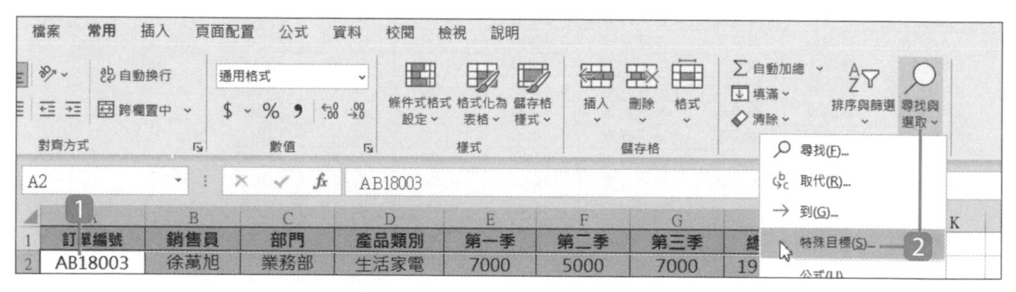

1 選取工作表中所有資料數據。

2 於 **常用** 索引標籤選按 **尋找與選取 \ 特殊目標** 開啟對話方塊。

Step 2 利用快速鍵產生公式自動填滿相同內容

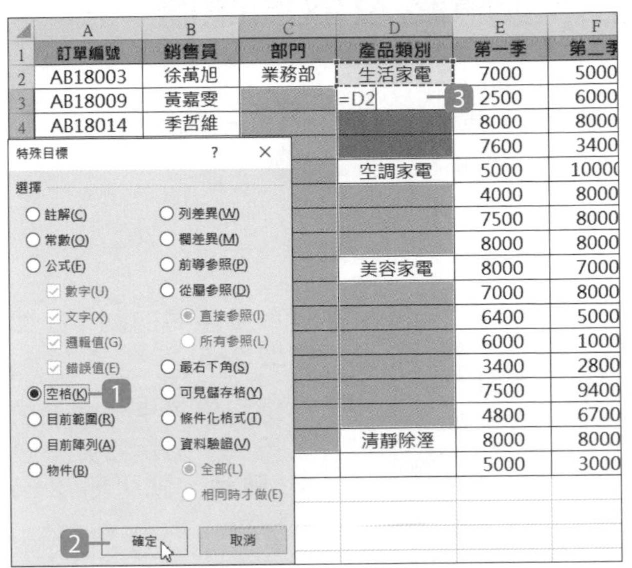

1 核選 **空格**。

2 選按 **確定** 鈕。

3 在空白儲存格已選取狀態下，直接按鍵盤上的 `=` 鍵，再按 `↑` 鍵，會產生一公式，取得上一格儲存格的資料內容。

	A	B	C	D	E	F
1	訂單編號	銷售員	部門	產品類別	第一季	第二季
2	AB18003	徐萬旭	業務部	生活家電	7000	5000
3	AB18009	黃嘉雯	業務部	生活家電	2500	6000
4	AB18014	季哲維	業務部	生活家電	8000	8000
5	AB18021	蘇美玲	業務部	生活家電	7600	3400
6	AB18001	劉佳燕	業務部	空調家電	5000	10000
7	AB18006	葉芳娥	業務部	空調家電	4000	8000
8	AB18012	許智堯	業務部	空調家電	7500	8000
9	AB18013	林佳芸	業務部	空調家電	8000	8000
10	AB18002	符珮珊	業務部	美容家電	8000	7000
11	AB18008	黃佩芳	業務部	美容家電	7000	8000
12	AB18015	呂柏勳	業務部	美容家電	6400	5000
13	AB18016	蔡詩婷	業務部	美容家電	6000	1000
14	AB18017	王孝帆	業務部	美容家電	3400	2800
15	AB18018	馬怡君	業務部	美容家電	7500	9400
16	AB18020	鄭淑裕	業務部	美容家電	4800	6700
17	AB18004	張信豪	業務部	清靜除溼	8000	8000
18	AB18005	黃建仲	業務部	清靜除溼	5000	3000
19						

4 再按 `Ctrl` + `Enter` 鍵，自動填滿公式，會看到所有空格都被空白區段上方資料的內容填滿！

資訊補給站

Excel 資料輸入快速鍵應用

1. `Enter`：輸入資料後按 `Enter` 鍵，會移至下方儲存格。
2. `Ctrl` + `Enter`：選取連續或不連續多個儲存格，輸入要填滿的內容，再按 `Ctrl` + `Enter` 可以快速填滿。

9.9 將欄列、工作表隱藏及取消隱藏

建立資料表時，太多的資訊容易讓人失焦，在工作表設定完成後，可以貼心的將不必要的資訊隱藏起來，只顯示重要資料，方便閱讀。

Step 1 隱藏列

1 選取要隱藏的列，在此選取 2~5 列。

2 於選取的其中一個列號上按一下滑鼠右鍵，選按 **隱藏**，就可把 2~5 列隱藏。

Step 2 取消隱藏列

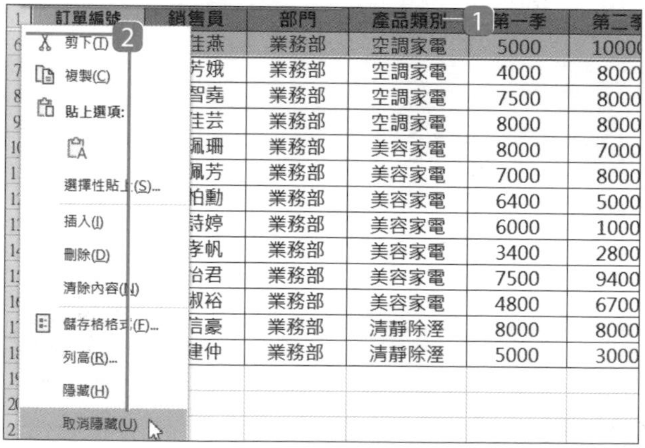

1 選取被隱藏列的上、下列，在此選取第 1 列與第 6 列。

2 於選取的其中一個列號上按一下滑鼠右鍵，選按 **取消隱藏**，2~5 列就會再次顯示。

如果要隱藏整欄，方法是一樣的，只要先選取要隱藏的欄位，再於選取的其中一個欄名上按滑鼠右鍵，選按 **隱藏**。

Step 3 隱藏工作表

10	AB18002	符珮珊	業務部	刪除(D)	7000
11	AB18008	黃佩芳	業務部	重新命名(R)	8000
12	AB18015	呂柏勳	業務部	移動或複製(M)...	5000
13	AB18016	蔡詩婷	業務部	檢視程式碼(V)	1000
14	AB18017	王孝帆	業務部	保護工作表(P)...	2800
15	AB18018	馬怡君	業務部		9400
16	AB18020	鄭淑裕	業務部	索引標籤色彩(T)	6700
17	AB18004	張信豪	業務部		8000
18	AB18005	黃建仲	業務部	隱藏(H)	3000
19				取消隱藏(U)...	
20				選取所有工作表(S)	

產品銷售明細1　產品銷售明細2　產品銷售明細1-OK

1. 於要隱藏的工作表標籤上按一下滑鼠右鍵。
2. 選按 **隱藏**，就可把該工作表隱藏。

Step 4 取消隱藏工作表

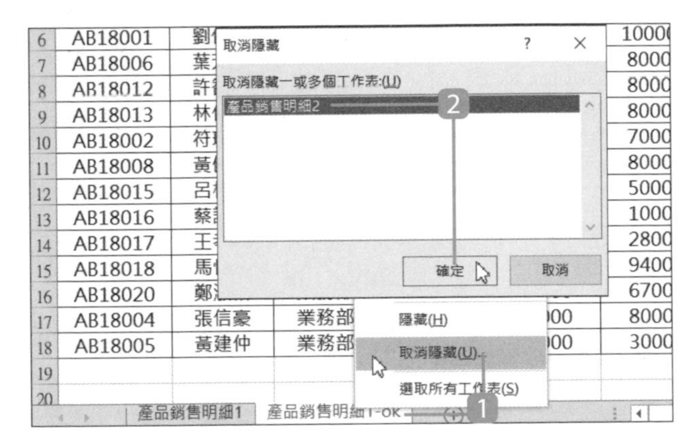

1. 於任一工作表標籤上按一下滑鼠右鍵，選按 **取消隱藏**。
2. 於 **取消隱藏** 視窗中選按要取消隱藏的工作表名稱，再按 **確定** 鈕，隱藏的工作表就會再次顯示。

資訊補給站

第一列或欄如何取消隱藏

由於取消隱藏需要選取上下列或左右欄，如果被隱藏的是第一列或欄，可以選按欄列交界的 ◢ 鈕，選取整份工作表，再於列號或欄名上按滑鼠右鍵，接著選按 **取消隱藏** 即可顯示隱藏的列或欄了。

9.10 用下拉清單輸入重複性的文字資料

要記錄的項目很多、又是重複性的內容時，例如性別、產品或廠商名稱、產品類別...等，可以將固定的資料變成下拉式清單，不但可節省逐筆輸入資料的時間，也可維持資料的一致性。

Step 1 輸入並產生下拉式清單

	A	B	C	D	E	F
1	訂單編號	銷售員	產品類別	第一季	第二季	第三季
2	AB18003	徐萬旭	生活家電	7000	5000	7000
3	AB18009	黃嘉雯	美容家電	2500	6000	8000
4	AB18014	季哲維	空調家電	8000	8000	8000
5	AB18014	蘇美玲				
6			生活家電			
7			空調家電			
8			美容家電			
9						
10						

1 在工作表 **產品類別** 欄位輸入幾筆類別名稱。

2 選取下一個空白儲存格，按 Alt + ↓ 鍵，此欄中已輸入過的文字資料會出現在下拉式清單中。

Step 2 在清單中選擇項目

	A	B	C	D	E	F
1	訂單編號	銷售員	產品類別	第一季	第二季	第三季
2	AB18003	徐萬旭	生活家電	7000	5000	7000
3	AB18009	黃嘉雯	美容家電	2500	6000	8000
4	AB18014	季哲維	空調家電	8000	8000	8000
5	AB18014	蘇美玲				
6			生活家電			
7			空調家電			
8			美容家電			

	A	B	C	D	E	F
1	訂單編號	銷售員	產品類別	第一季	第二季	第三季
2	AB18003	徐萬旭	生活家電	7000	5000	7000
3	AB18009	黃嘉雯	美容家電	2500	6000	8000
4	AB18014	季哲維	空調家電	8000	8000	8000
5	AB18014	蘇美玲	空調家電			

1 在下拉式清單中，合適的文字上按一下滑鼠左鍵，或是以 ↑、↓ 鍵選擇。

2 按 Enter 鍵後就會在儲存格中出現需要的類別名稱。

9.11 用二層式下拉清單輸入重複性的資料

清單資料透過階層式的歸納整理，可以將數量龐大的產品分門別類。此範例透過下拉式清單先決定第一層想要顯示的 **產品類別**，接著再根據 **產品類別** 顯示第二層 **產品** 相對應的下拉式清單。

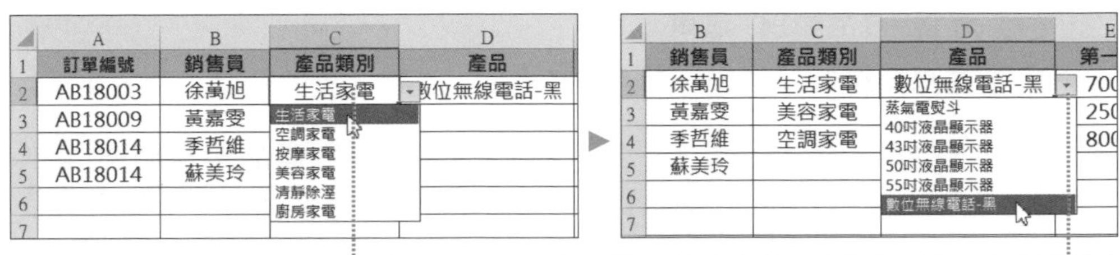

第一層下拉式清單

第二層下拉式清單，依據第一層下拉式清單選擇的 **產品類別** 顯示對應的產品。

Step 1 為儲存格定義名稱

首先為儲存格定義名稱，以便後續驗證清單能參照設定。

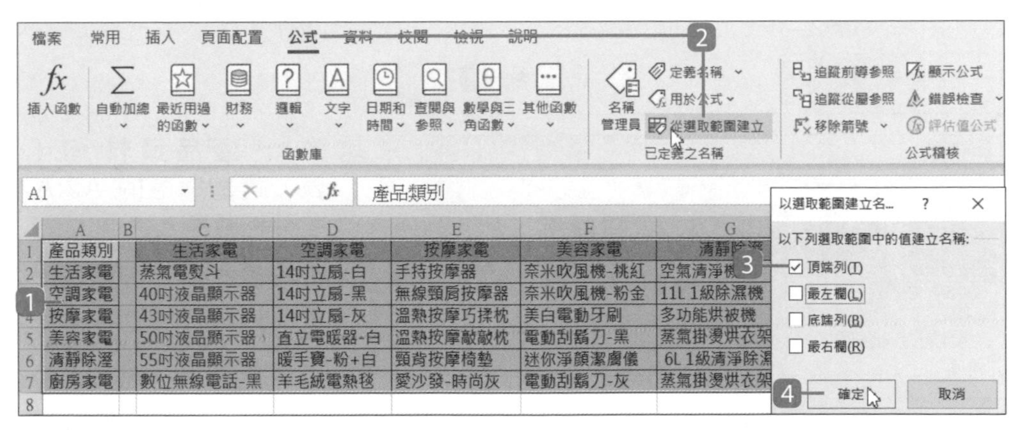

1. **產品資料** 工作表中，選取 A1:H7 儲存格範圍 (含欄位標題)。
2. 於 **公式** 索引標籤選按 **從選取範圍建立**。
3. 這個範例的名稱都要以第一列的欄位標題名為依據，所以僅核選 **頂端列**。
4. 選按 **確定** 鈕。

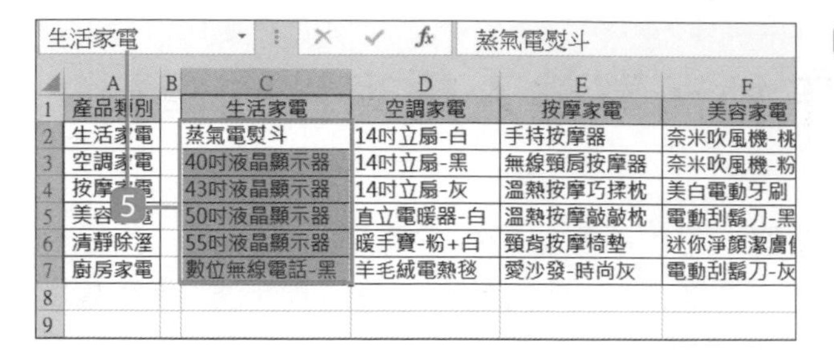

5 設定好後，選取任一組清單資料即可看到依欄位標題名的命名，例如：選取 C2:C7 儲存格範圍，在名稱方塊中可看到 "生活家電"。

Step 2 建立 "產品類別" 清單

接著建立 **產品類別** 欄位清單，利用下拉式清單選取正確的產品類別名稱。

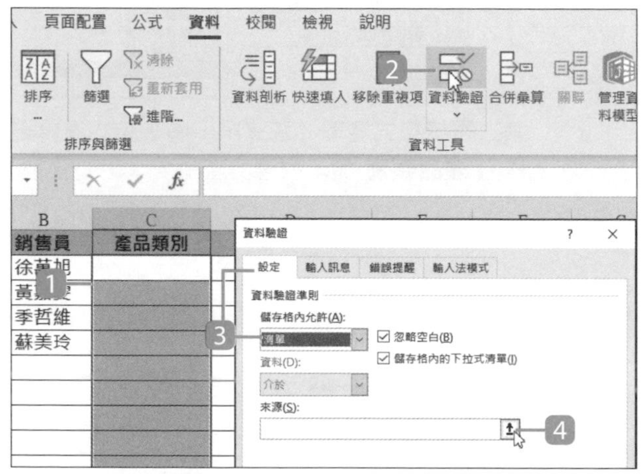

1 於 **產品銷售明細** 工作表，**產品類別** 欄選取 C2:C17 儲存格範圍。

2 於 **資料** 索引標籤選按 **資料驗證** 開啟對話方塊。

3 於 **設定** 標籤設定 **儲存格內允許：清單**。

4 選按 **來源** 右側 鈕，回到工作表中。

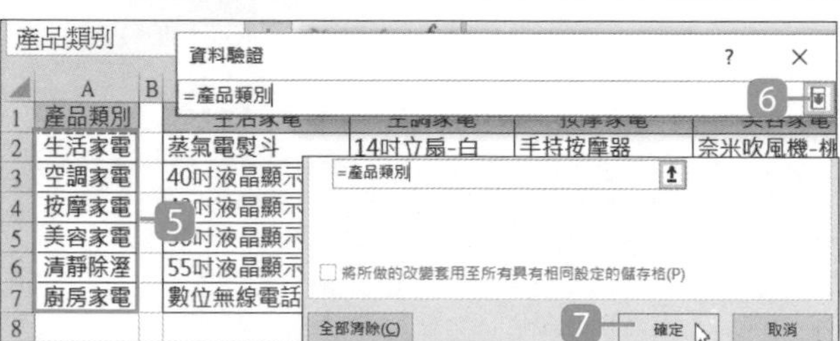

5 選按 **產品資料** 工作表，選取對應的 A2:A7 儲存格範圍。

6 選按資料驗證列右側 鈕，回到對話方塊。

7 選按 **確定** 鈕完成設定。

	A	B	C	D	E
1	訂單編號	銷售員	產品類別	產品	第一季
2	AB18003	徐萬旭	生活家電		7000
3	AB18009	黃嘉雯			2500
4	AB18014	季哲維			8000
5	AB18014	蘇美玲			
6					
7					

生活家電
空調家電
按摩家電
美容家電
清靜除溼
廚房家電

8 回到 **產品銷售明細** 工作表，選按 C2:C17 任一儲存格，會發現右側出現清單鈕，按清單鈕可直接由清單中選取產品類別。

Step 3 **利用 INDIRECT 函數建立 "產品" 清單**

加入 **INDIRECT** 函數回傳指定儲存格參照位址的內容，建立 **產品** 的清單。

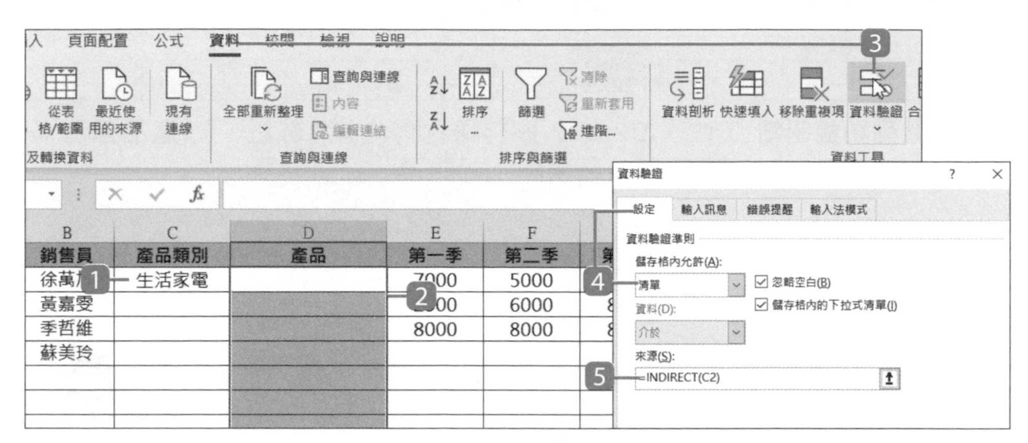

❶ **產品銷售明細** 工作表中，於第一筆資料 (C2 儲存格) 指定任一 **產品類別**。

❷ 於 **產品** 欄選取 D2:D17 儲存格範圍。

❸ 於 **資料** 索引標籤選按 **資料驗證**。

❹ 於 **設定** 標籤設定 **儲存格內允許：清單**。

❺ **來源** 輸入：**=INDIRECT(C2)** (函數括號內的引數請輸入第一筆資料的關聯資料儲存格名稱)，最後選按 **確定** 鈕。

INDIRECT 函數

| 檢視與參照

說明：傳回儲存格參照的資料內容。

格式：**INDIRECT(字串,[參照形式])**

引數：**字串**　儲存格參照位址。

參照形式　儲存格參照形式分為 A1 及 R1C1 二種，若省略或輸入 TRUE 則為 A1 參照形式，若輸入 FALSE 則為 R1C1 參照形式。
在 A1 參照形式中，欄用英文字母、列用數字來指定，R1C1 參照形式中，R 是指連續的列之數值，C 是指連續的欄之數值。例如：C2 儲存格，A1 參照形式仍是「C2」，R1C1 參照形式則會變成「R2C3」。

	A	B	C	D	E	F	G	H	I	J
1	訂單編號	銷售員	產品類別	產品	第一季	第二季	第三季	總計		
2	AB18003	徐萬旭	生活家電	蒸氣電熨斗	7000	5000	7000	19000		
3	AB18009	黃嘉雯			2500	6000	8000	16500		
4	AB18014	季哲維			8000	8000	8000	24000		
5	AB18014	蘇美玲								
6										

蒸氣電熨斗
40吋液晶顯示器
43吋液晶顯示器
50吋液晶顯示器
55吋液晶顯示器
數位無線電話-黑

▲ 於 **產品銷售明細** 工作表 D2:D17 儲存格右側也有清單鈕，於 **產品類別** 欄位完成指定後，在 **產品** 欄位就會顯示相關聯的細項清單。

資訊補給站

編修驗證清單

1. 當驗證清單的內容有所異動時，只要依相同的步驟重新設定，並選取新的清單內容所對應的儲存格範圍。
2. 已設定驗證清單的儲存格也可以手動輸入資料，但輸入的資料與清單內容不同時，會出現警告訊息。
3. 選取資料清單內容所對應的儲存格範圍時，若沒定義儲存格名稱，一定要使用絕對參照位址，否則無法執行。
4. 想取消儲存格的驗證設定時，可選取要取消的儲存格範圍後，於 **資料** 索引標籤選按 **資料驗證**，選按 **全部清除** 鈕。

刪除為儲存格定義的名稱

若要刪除為儲存格所定義的名稱，可於 **公式** 索引標籤選按 **名稱管理員**，選取欲刪除的名稱，選按 **刪除** 鈕，最後再選按 **關閉** 鈕。

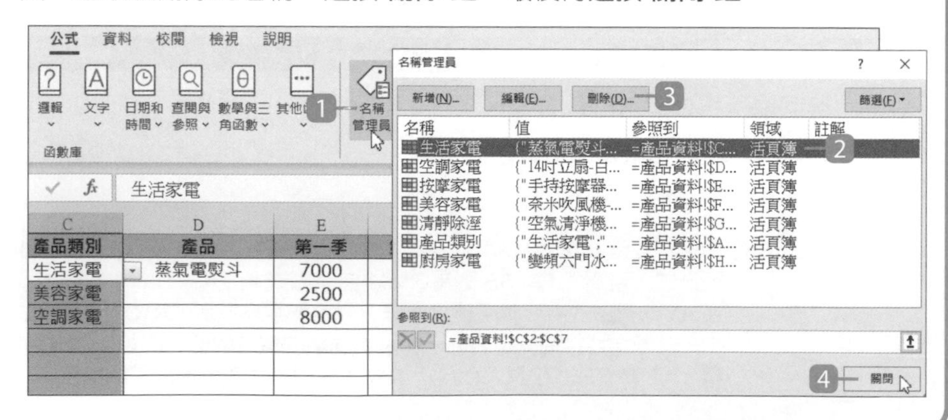

9.12 快速又正確的輸入長串數值

報表中輸入員工編號、產品編號..等資料時，若是一長串的數值而只有最後幾碼更動，例如：AB18123、AB18456、AB18089...，可以利用自訂格式的方式加快輸入速度。此範例要指定：只能輸入三位數內的值後，值的左側自動加上 "AB18"。

Step 1 開啟儲存格格式設定

	A	D	E	F
1	訂單編號	第一季	第二季	第三
2	AB18003	7000	5000	70
3	AB18009	2500	6000	80
4	AB18014	8000	8000	80
5				
6				
7				
8				

快速分析(Q)
篩選(E)
排序(O)
從表格/範圍取得資料(G)...
插入註解(M)
儲存格格式(F)...
從下拉式清單挑選(K)...

1 選取需要設定數值格式的儲存格範圍。(不含欄位標題)

2 於選取範圍上按一下滑鼠右鍵，選按 **儲存格格式** 開啟對話方塊。

Step 2 自訂格式

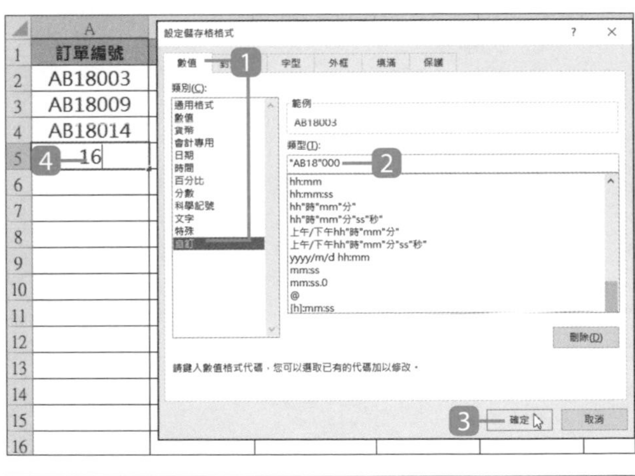

1 於 **數值** 標籤設定 **類別**：**自訂**。

2 **類型** 輸入：「"AB18"000」，後方的「000」代表可輸入三位數，輸入少於三位數時會自動補 0。

3 選按 **確定** 鈕。

4 於 A5 儲存格輸入任意三位數內的值。

	A	B	C	D	E	F
1	訂單編號	銷售員	產品類別	第一季	第二季	第三
2	AB18003	徐萬旭	生活家電	7000	5000	70
3	AB18009	黃嘉雯	美容家電	2500	6000	80
4	AB18014	季哲維	空調家電	8000	8000	80
5	AB18016	蘇美玲				
6						

◀ 輸入完成按一下 Enter 鍵，就會補上其他編號資料。

9.13 用表單更正確的輸入指定資料

認識表單

Excel 的 **表單** 功能可視為一個簡易的資料庫維護工具，能夠執行新增、刪除、修改、查詢...等動作。在操作前，先認識一下工作表內容與表單的相互關係：

	A	B	C	D	E
1	會員編號	姓名	性別	電話	住址
2	970201	陳欣芳	女	042-6224299	臺中市清水區中山路196號
3	970251	巫予迪	男	02-25014616	臺北市中山區松江路367號7樓
4	970341	沈怡潔	女	042-3759979	臺中市西區五權西路一段237號
5	970384	吳立歡	男	049-2455888	南投縣草屯鎮和興街98號
6	970402	陳瓊生	女	02-27825220	臺北市南港區南港路一段360號7樓
7	970485	林子汝	男	02-27234598	臺北市信義路五段15號
8	970840	黃清桓	男	05-12577890	嘉義市西區垂楊路316號
9	971459	曾耿蕙	女	047-1834560	彰化市彰美路一段186號
10	971475	詹舒柏	男	03-83609280	花蓮縣花蓮市民國路169號
11	971687	楊嬌瑩	女	07-38515680	高雄市九如一路502號
12					

欄位名稱：說明該資料的特性

記錄：每一列依其屬性所輸入的資料內容稱為一筆記錄；而所有記錄的組合稱為清單。

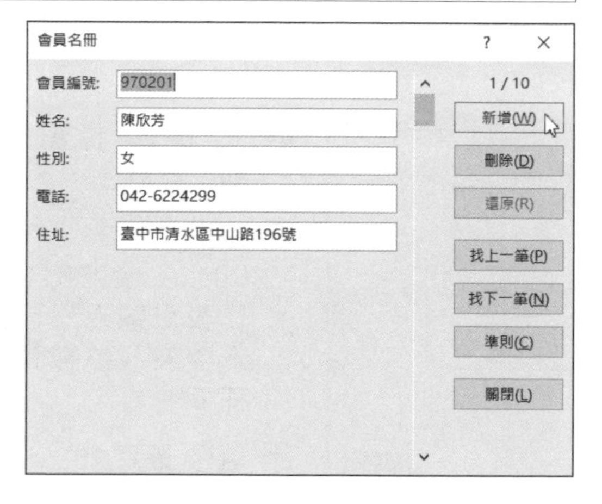

◀ 表單對話方塊，可在此新增、修改、刪除、尋找資料。

將表單功能加入快速存取工具列

表單 功能沒有內建於功能區，先新增至快速存取工具列方便使用。

Step 1 開啟選項對話方塊

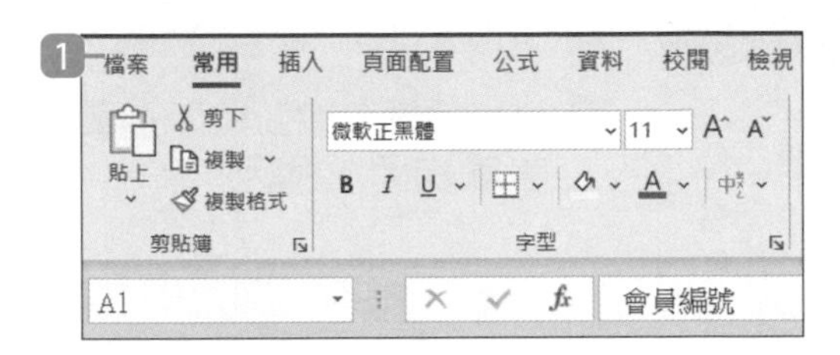

1. 選按 **檔案** 索引標籤。
2. 選按 **選項** 開啟對話方塊。

Step 2 新增表單功能

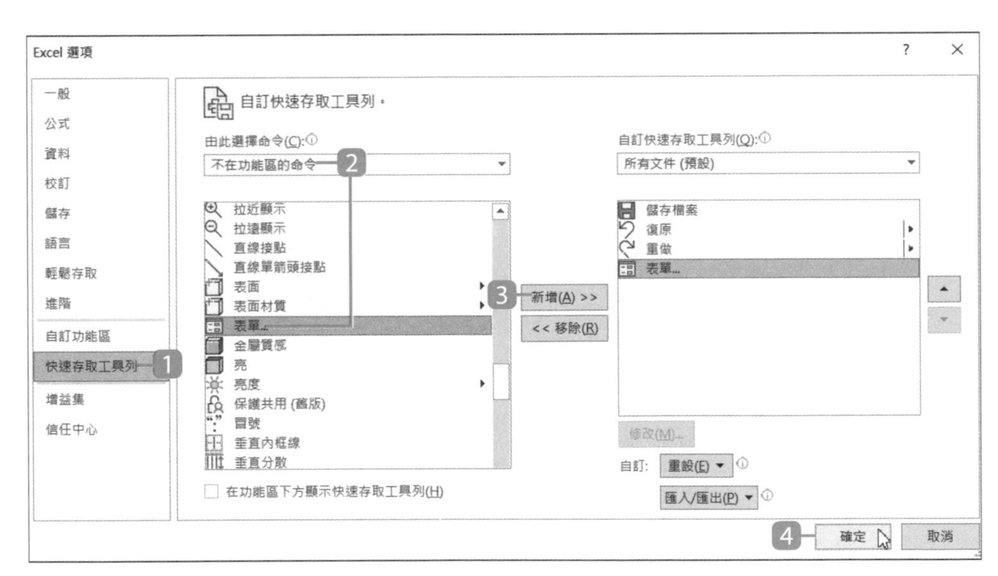

1. 選按 **快速存取工具列**。
2. 設定 **由此選擇命令：不在功能區的命令**，選按 **表單**。
3. 選按 **新增** 鈕，在右側出現相關功能。
4. 選按 **確定** 鈕。

輸入表單記錄

利用表單加入一筆新資料。

Step 1 開啟表單視窗

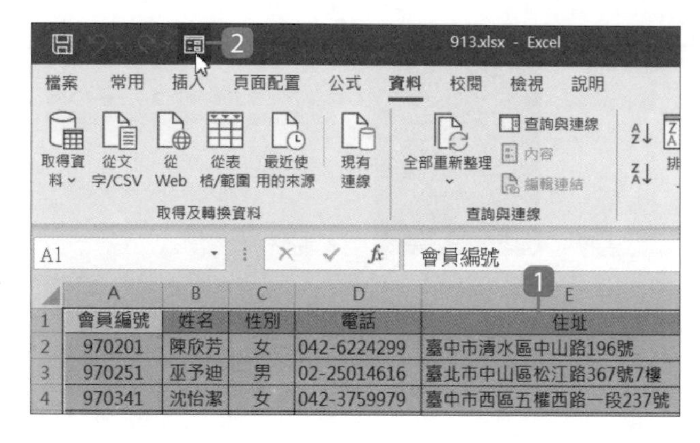

1 選取 A1:E11 儲存格範圍。

2 選按快速存取工具列的 **表單** 鈕開啟對話方塊。

Step 2 新增表單資料

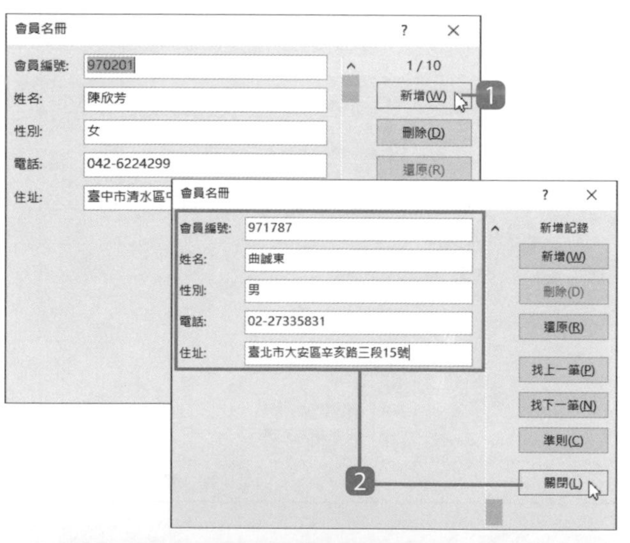

1 選按 **新增** 鈕。

2 在空白欄位中，如左圖輸入一筆新資料內容後，選按 **關閉** 鈕。

◀ 輸入時可使用 Tab 鍵切換欄位，輸入完成後，若要繼續新增其他筆資料時，可選按 **新增** 鈕繼續新增。

	A	B	C	D	E
7	970485	林子汝	男	02-27234598	臺北市信義路五段15號
8	970840	黃清桓	男	05-12577890	嘉義市西區垂楊路316號
9	971459	曾耿蕙	女	047-1834560	彰化市彰美路一段186號
10	971475	詹舒柏	男	03-83609280	花蓮縣花蓮市民國路169號
11	971687	楊嬌瑩	女	07-38515680	高雄市九如一路502號
12	971787	曲誠東	男	02-27335831	臺北市大安區辛亥路三段15號
13					

◀ 於第 12 列中可看到新增的資料，同時已套用與上方相同的格式。

查閱、更新表單記錄

以下將找尋會員「林子汝」，並修改地址。

Step 1 開啟表單視窗

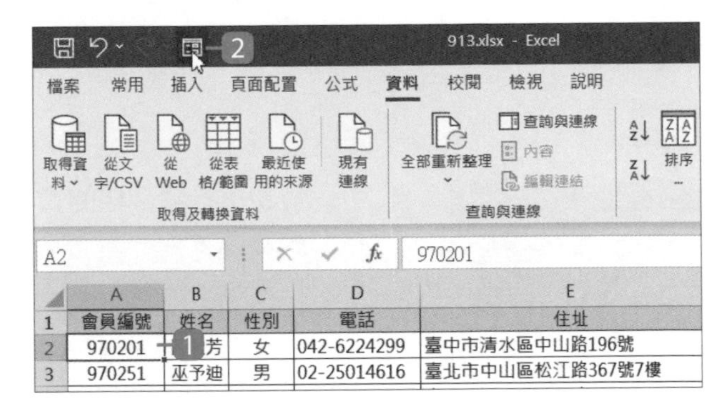

1 選取資料中任一儲存格。

2 選按快速存取工具列的 **表單** 鈕。

Step 2 尋找指定資料並修正資料

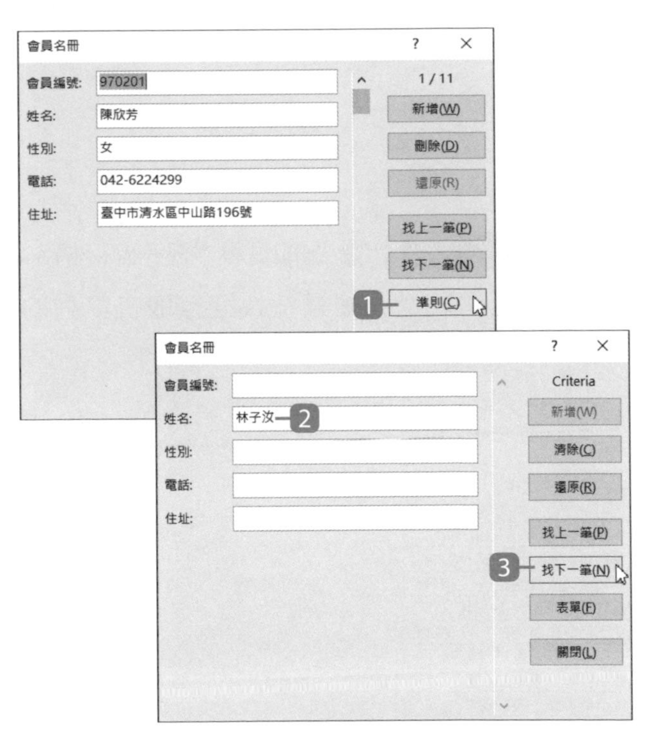

1 選按 **準則** 鈕。

2 在 **姓名** 欄位輸入姓名「林子汝」。

3 選按 **找下一筆** 鈕。

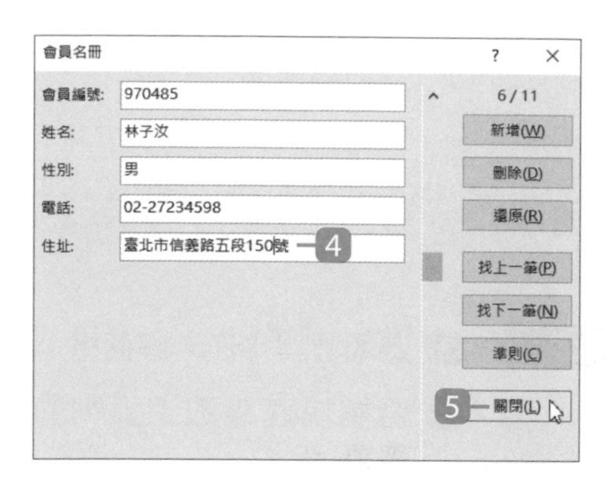

4 找到指定資料，輸入正確資料。

5 選按 **關閉** 鈕。

	A	B	C	D	E
1	會員編號	姓名	性別	電話	住址
2	970201	陳欣芳	女	042-6224299	臺中市清水區中山路196號
3	970251	巫予迪	男	02-25014616	臺北市中山區松江路367號7樓
4	970341	沈怡潔	女	042-3759979	臺中市西區五權西路一段237號
5	970384	吳立歡	男	049-2455888	南投縣草屯鎮和興街98號
6	970402	陳瓊生	女	02-27825220	臺北市南港區南港路一段360號7
7	970485	林子汝	男	02-27234598	臺北市信義路五段150號

◀ 可以發現 E7 儲存格的資料已被修改。

刪除表單記錄

以下將刪除會員「曲誠東」的資料。

Step 1 開啟表單視窗

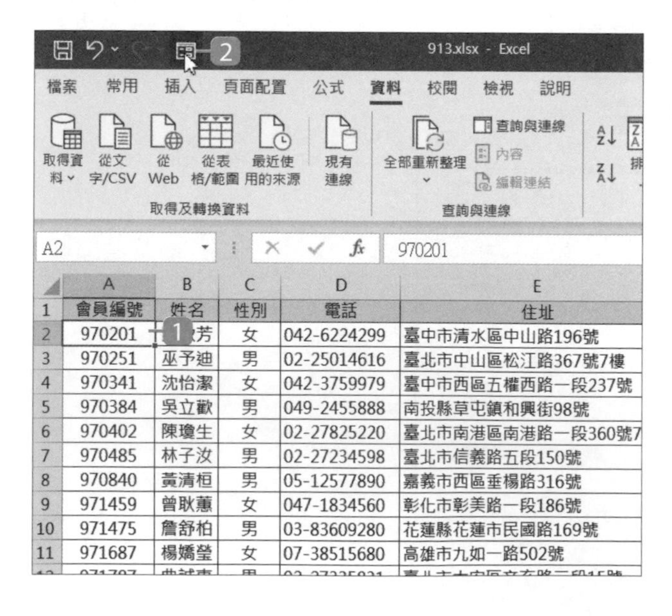

	A	B	C	D	E
1	會員編號	姓名	性別	電話	住址
2	970201	陳欣芳	女	042-6224299	臺中市清水區中山路196號
3	970251	巫予迪	男	02-25014616	臺北市中山區松江路367號7樓
4	970341	沈怡潔	女	042-3759979	臺中市西區五權西路一段237號
5	970384	吳立歡	男	049-2455888	南投縣草屯鎮和興街98號
6	970402	陳瓊生	女	02-27825220	臺北市南港區南港路一段360號7
7	970485	林子汝	男	02-27234598	臺北市信義路五段150號
8	970840	黃清桓	男	05-12577890	嘉義市西區垂楊路316號
9	971459	曾耿蕙	女	047-1834560	彰化市彰美路一段186號
10	971475	詹舒柏	男	03-83609280	花蓮縣花蓮市民國路169號
11	971687	楊嬌瑩	女	07-38515680	高雄市九如一路502號

1 選取資料中任一儲存格。

2 選按快速存取工具列的 **表單** 鈕。

Step 2 尋找指定資料並修正資料

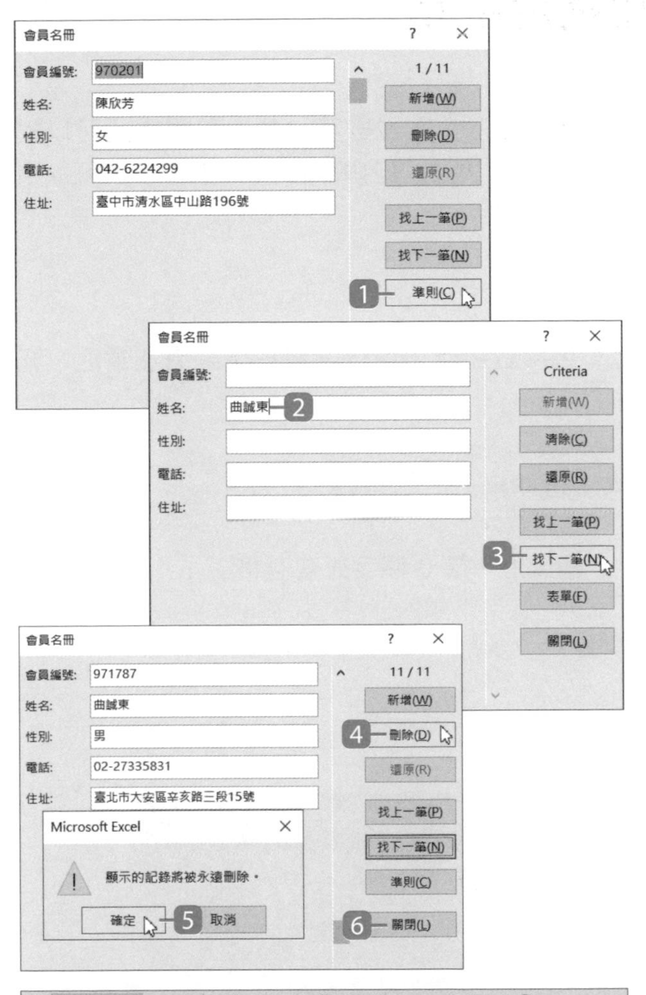

1 選按 **準則** 鈕。

2 在 **姓名** 欄位輸入姓名「曲誠東」。

3 選按 **找下一筆** 鈕。

4 確認該筆資料後，選按 **刪除** 鈕。

5 於對話方塊選按 **確定** 鈕即可將該資料刪除。

6 選按 **關閉** 鈕。

	A	B	C	D	E
1	會員編號	姓名	性別	電話	住址
2	970201	陳欣芳	女	042-6224299	臺中市清水區中山路196號
3	970251	巫予迪	男	02-25014616	臺北市中山區松江路367號7樓
4	970341	沈怡潔	女	042-3759979	臺中市西區五權西路一段237號
5	970384	吳立歡	男	049-2455888	南投縣草屯鎮和興街98號
6	970402	陳瓊生	女	02-27825220	臺北市南港區南港路一段360號7
7	970485	林子汝	男	02-27234598	臺北市信義路五段150號
8	970840	黃清桓	男	05-12577890	嘉義市西區垂楊路316號
9	971459	曾耿蕙	女	047-1834560	彰化市彰美路一段186號
10	971475	詹舒柏	男	03-83609280	花蓮縣花蓮市民國路169號
11	971687	楊嬌瑩	女	07-38515680	高雄市九如一路502號
12					

◀ 可以發現列 12 "曲誠東" 的資料已被刪除。

9.14 搜尋中使用萬用字元

在工作表或表單中尋找資料時，除了輸入文字或數字，加上萬用字元可以找到更符合需求的資料，例如要尋找 "林小明"，但擔心自己記錯名字，可以用 "林*"、"?小?" 或是 "*明" ...等關鍵字尋找。

關於萬用字元、字串及數字

搭配萬用字元 ？、萬用字串 *、萬用數字 #，可以讓尋找準則更加靈活，充滿彈性：

- 萬用字元 ？: 代表任何一個字元或空格。
- 萬用字串 * :代表任何一個、一個以上、或 0 個字元或空格。
- 萬用數字 # :代表任何一個數字

萬用字元、字串及數字使用範例

輸入尋找準則	搜尋結果
姓名準則："林*"	找出所有姓 "林" 的人
姓名準則："林*明"	找出 "林小明"、 "林明明"、 "林明"
姓名準則："*小*"	找出姓名中有 "小" 字的人
姓名準則："*明"	找出姓名結尾是 "明" 字的人
生日準則："200?"	找出在 "2000～2009" 出生的人
生日準則："200#"	找出在 "2000～2009" 出生的人
生日準則："*/9/*"	找出 9 月出生的同學。
電話準則："02-*"	找出電話是 "02-" 開頭的號碼
住址準則："台中市*"	找出住在 "台中市" 的人

大量資料的輸入限定與檢查

數值與日期輸入限定

- 限定輸入的數值需為"整數" 且大於 0
- 限定日期資料輸入範圍
- 限定不能輸入未來日期

格式與字數輸入限定

- 限定只能輸入半形字元
- 限定至少輸入四個字元
- 限定統一編號輸入的格式與字數
- 限定不能輸入重複資料

資料正確性檢查

- 檢查重複的資料項目
- 檢查數值資料中是否包含文字
- 檢查是否輸入欄位中不允許的資料

10.1 限定輸入的數值需為 "整數" 且大於 0

輸入數值資料前，可用資料驗證限定有效範圍，當輸入超過或低於指定範圍的數值會出現警告訊息，以避免輸入錯誤的數值資料，此份銷售明細限定輸入的數量需為 "整數" 且大於 "0"。

Step 1 開啟資料驗證對話方塊

可整欄或指定儲存格範圍內設定資料驗證，在此示範儲存格範圍。

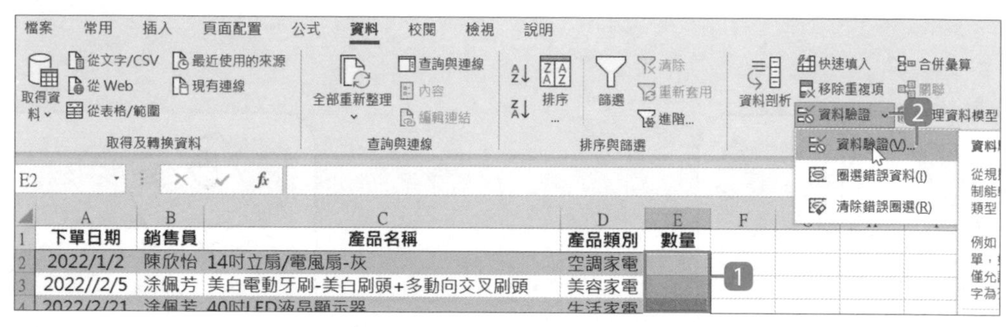

1 選取資料驗證範圍 (E2:E21 儲存格範圍)。

2 於 **資料** 索引標籤選按 **資料驗證** 清單鈕 \ **資料驗證** 開啟對話方塊。

Step 2 設定驗證準則與輸入訊息

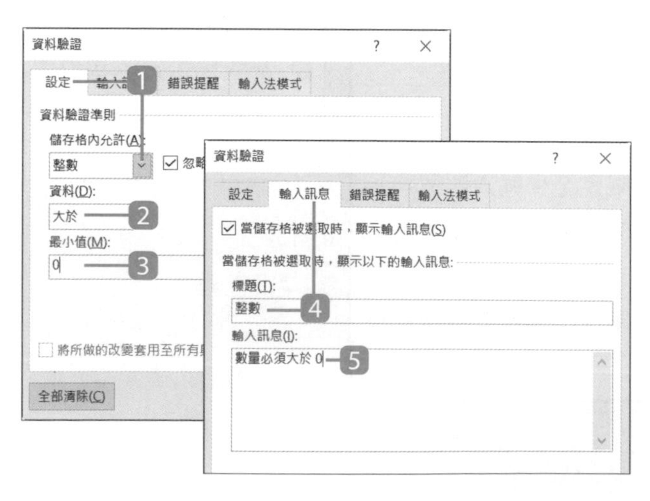

1 於 **設定** 標籤設定 **儲存格內允許：整數**。

2 設定 **資料**： **大於**。

3 **最小值** 輸入：「0」。

4 於 **輸入訊息** 標籤，**標題** 輸入：「整數」。

5 **輸入訊息** 輸入：「數量必須大於 0」。

Step 3 設定錯誤提醒

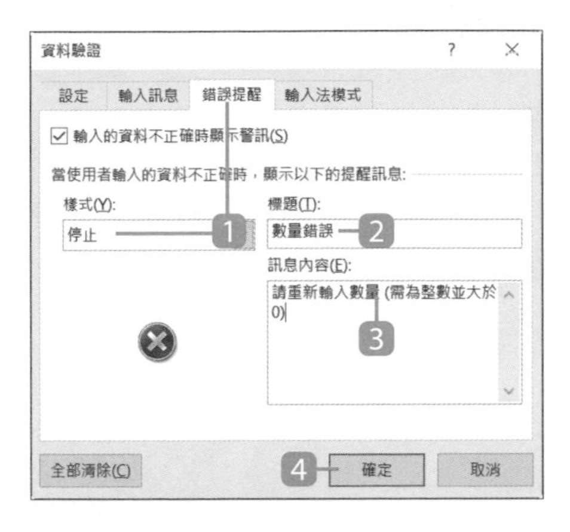

1 於 **錯誤提醒** 標籤設定 **樣式**：**停止**。

2 **標題** 輸入：「數量錯誤」。

3 **訊息內容** 輸入：「請重新輸入數量 (需為整數並大於 0)」。

4 選按 **確定** 鈕。

Step 4 數值資料驗證

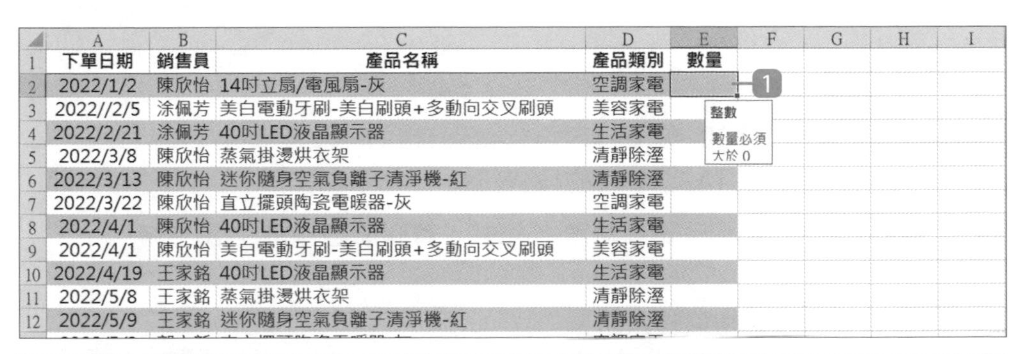

	A	B	C	D	E
1	下單日期	銷售員	產品名稱	產品類別	數量
2	2022/1/2	陳欣怡	14吋立扇/電風扇-灰	空調家電	
3	2022//2/5	涂佩芳	美白電動牙刷-美白刷頭+多動向交叉刷頭	美容家電	
4	2022/2/21	涂佩芳	40吋LED液晶顯示器	生活家電	
5	2022/3/8	陳欣怡	蒸氣掛燙烘衣架	清靜除溼	
6	2022/3/13	陳欣怡	迷你隨身空氣負離子清淨機-紅	清靜除溼	
7	2022/3/22	陳欣怡	直立擺頭陶瓷電暖器-灰	空調家電	
8	2022/4/1	陳欣怡	40吋LED液晶顯示器	生活家電	
9	2022/4/1	陳欣怡	美白電動牙刷-美白刷頭+多動向交叉刷頭	美容家電	
10	2022/4/19	王家銘	40吋LED液晶顯示器	生活家電	
11	2022/5/8	王家銘	蒸氣掛燙烘衣架	清靜除溼	
12	2022/5/9	王家銘	迷你隨身空氣負離子清淨機-紅	清靜除溼	

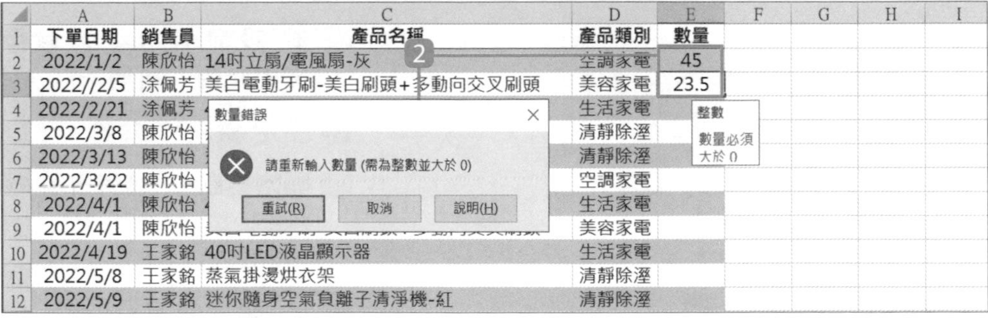

1 選按任一個剛剛設定數值驗證的儲存格，會看到黃色的提示訊息。

2 輸入「45」，符合驗證準則所以不會有警告訊息，但輸入「25.5」，則會出現警告對話方塊，選按 **重試** 鈕可再次輸入。

10.2 限定日期資料的輸入範圍

輸入日期資料前，可以先設定日期的資料驗證並限定有效範圍，當輸入超過或低於指定範圍的日期就會出現警告訊息，以避免日期資料輸入錯誤，此份銷售明細限定輸入的日期需介於 2022/1/1 至 2022/12/31。

Step 1 開啟資料驗證對話方塊

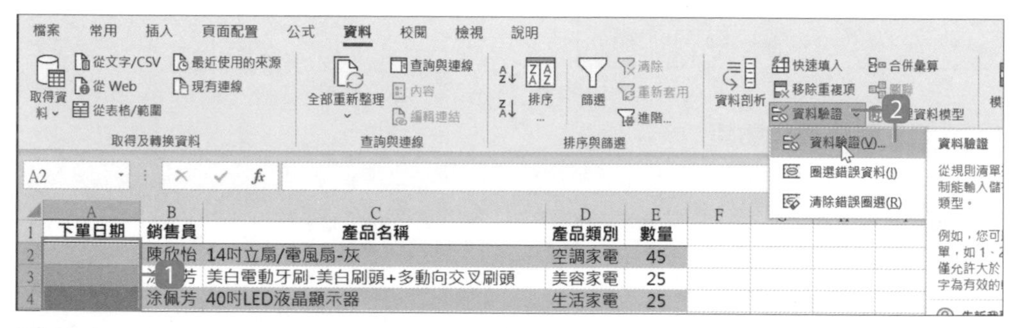

1 選取資料驗證範圍 (A2:A21 儲存格範圍)。

2 於 **資料** 索引標籤選按 **資料驗證** 清單鈕 \ **資料驗證** 開啟對話方塊。

Step 2 設定驗證準則與輸入訊息

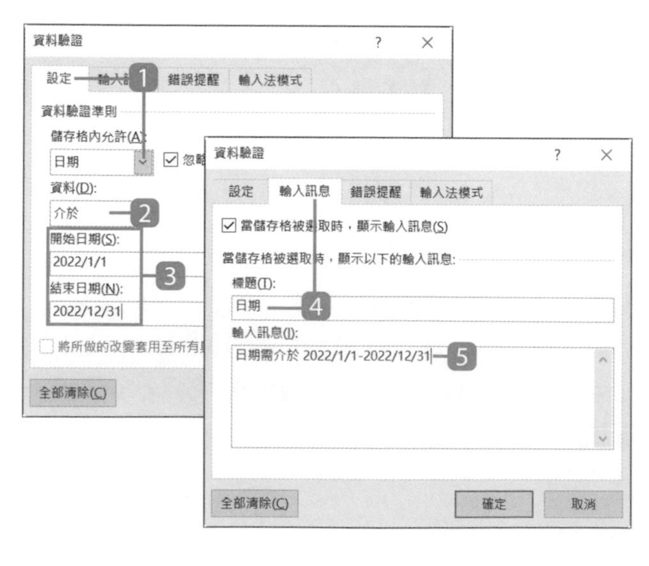

1 於 **設定** 標籤設定 **儲存格內允許**：**日期**。

2 設定 **資料**：**介於**。

3 **開始日期** 與 **結束日期** 各別輸入：「2022/1/1」、「2022/12/31」。

4 於 **輸入訊息** 標籤，**標題** 輸入：「日期」。

5 **輸入訊息** 輸入：「日期需介於 2022/1/1-2022/12/31」。

Step 3 設定錯誤提醒

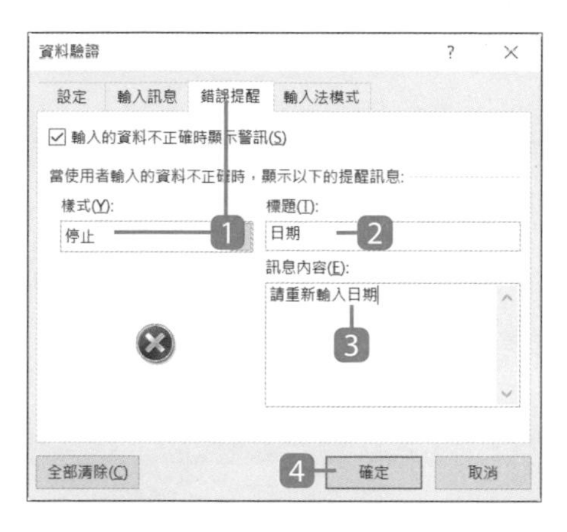

1. 於 **錯誤提醒** 標籤設定 **樣式**：**停止**。
2. **標題** 輸入：「日期」。
3. **訊息內容** 輸入：「請重新輸入日期」。
4. 選按 **確定** 鈕。

Step 4 日期資料驗證

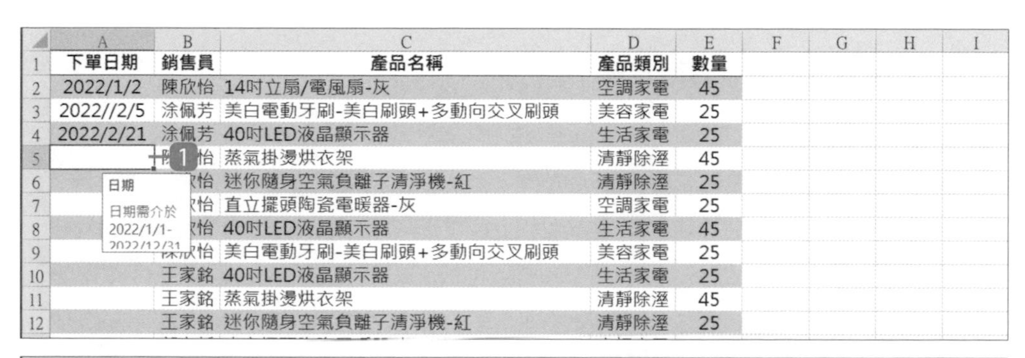

	A	B	C	D	E
1	下單日期	銷售員	產品名稱	產品類別	數量
2	2022/1/2	陳欣怡	14吋立扇/電風扇-灰	空調家電	45
3	2022//2/5	涂佩芳	美白電動牙刷-美白刷頭+多動向交叉刷頭	美容家電	25
4	2022/2/21	涂佩芳	40吋LED液晶顯示器	生活家電	25
5		怡	蒸氣掛燙烘衣架	清靜除溼	45
6		欣怡	迷你隨身空氣負離子清淨機-紅	清靜除溼	25
7		欣怡	直立擺頭陶瓷電暖器-灰	空調家電	25
8		欣怡	40吋LED液晶顯示器	生活家電	45
9		陳欣怡	美白電動牙刷-美白刷頭+多動向交叉刷頭	美容家電	25
10		王家銘	40吋LED液晶顯示器	生活家電	25
11		王家銘	蒸氣掛燙烘衣架	清靜除溼	45
12		王家銘	迷你隨身空氣負離子清淨機-紅	清靜除溼	25

	A	B	C	D	E
1	下單日期	銷售員	產品名稱	產品類別	數量
2	2022/1/2	陳欣怡	14吋立扇/電風扇-灰	空調家電	45
3	2022//2/5	涂佩芳	美白電動牙刷-美白刷頭+多動向交叉刷頭	美容家電	25
4	2022/2/21	涂佩芳	40吋LED液晶顯示器	生活家電	25
5	2021/12/10	陳欣怡	蒸氣掛燙烘衣架	清靜除溼	45
6				清靜除溼	25
7				空調家電	25
8				生活家電	45
9			頭	美容家電	25
10		王家		生活家電	25
11		王家銘		清靜除溼	45
12		王家銘	迷你隨身空氣負離子清淨機-紅	清靜除溼	25

日期
日期需介於
2022/1/1-

日期
請重新輸入日期
重試(R) 取消 說明(H)

1. 選按任一個剛剛設定數值驗證的儲存格，會看到黃色的提示訊息。
2. 當輸入的日期不符合驗證準則時，會出現警告對話方塊，選按 **重試** 鈕可再次輸入。

10.3 限定不能輸入未來的日期

TODAY 函數不但可以顯示今天日期，還會在每次開啟檔案時自動更新，驗證資料時運用此函數，可以檢查日期資料是否不小心輸入了未來日期。

此份銷售明細中，**下單日期** 欄內的日期資料限定必須輸入今天或過去的日期，輸入時就會自動檢查，若為未來的日期則會出現警告訊息。

TODAY 函數 | 日期及時間

說明：顯示今天的日期。

格式：**TODAY()**

Step 1 開啟資料驗證對話方塊

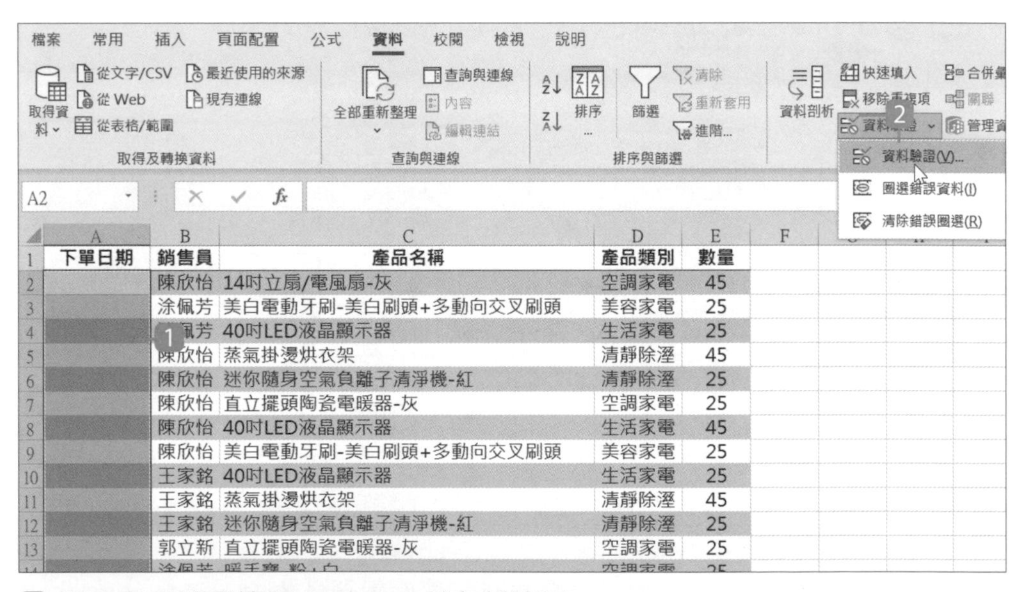

1 選取資料驗證範圍 (A2:A21 儲存格範圍)。

2 於 **資料** 索引標籤選按 **資料驗證** 清單鈕 \ **資料驗證** 開啟對話方塊。

Step 2 利用 TODAY 函數檢查是否輸入未來日期並建立錯誤提醒

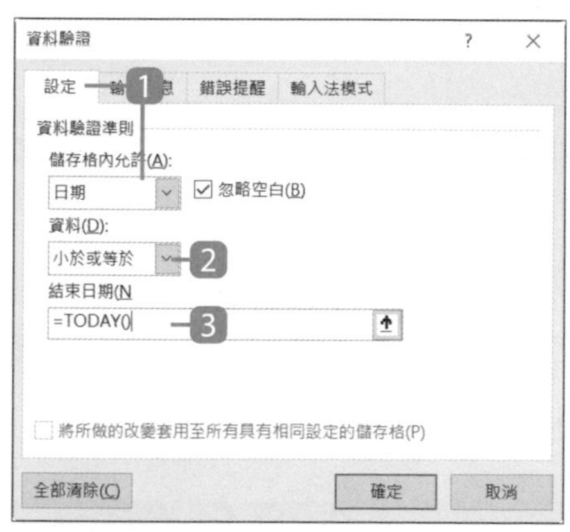

1 於 **設定** 標籤 \ **儲存格內允許** 選擇 **日期**。

2 **資料** 選擇 **小於或等於**。

3 **結束日期** 欄輸入：**=TODAY()**。

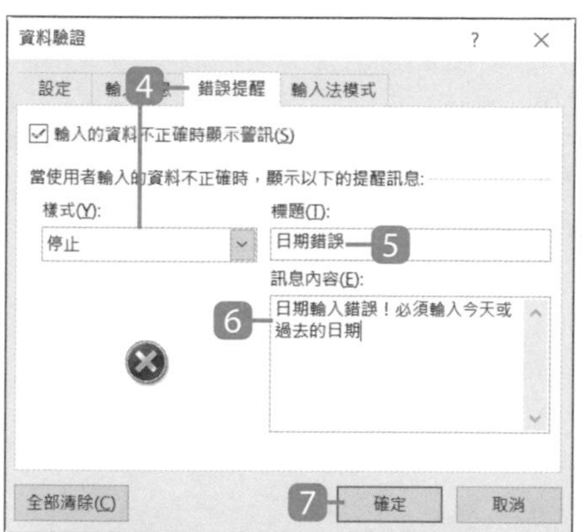

4 於 **錯誤提醒** 標籤設定 **樣式**：**停止**。

5 **標題** 輸入：「日期錯誤」。

6 **訊息內容** 欄位輸入：「日期輸入錯誤！必須輸入今天或過去的日期。」。

7 選按 **確定** 鈕。

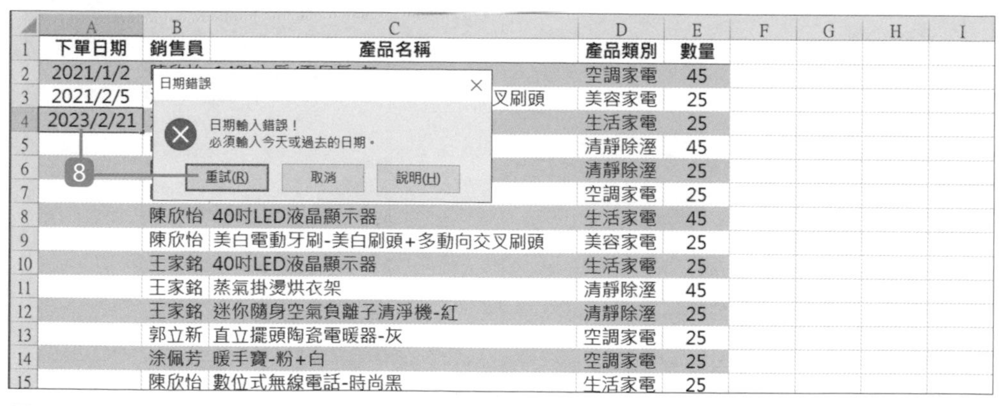

8 這樣一來於 **下單日期** 欄內輸入日期資料時，僅允許輸入小於或等於當天日期，若不是則會出現錯誤提醒，選按 **重試** 鈕可再次輸入。

10.4 限定只能輸入半形字元

ASC 函數可以將全形字元 (可能是文字、數值或二種混合)、半形數值轉換成半形字元，常用於統一資料表中電話、編號、地址...等資料的格式。

此份銷售明細中，利用資料驗證搭配 **ASC** 函數，檢查 **產品編號** 欄位是否輸入半形字元，如果輸入的編號有任一全形字元資料、半形數值，就會出現警告訊息及提示。

ASC 函數 | 文字

說明：將全形字元轉換成半形字元。

格式：**ASC(字串)**

引數：**字串**　可以是文字、數值或指定的儲存格位址 (不可指定儲存格範圍)，若是指定文字或值時，要用半形雙引號 " 將其括住。

Step 1 開啟資料驗證對話方塊

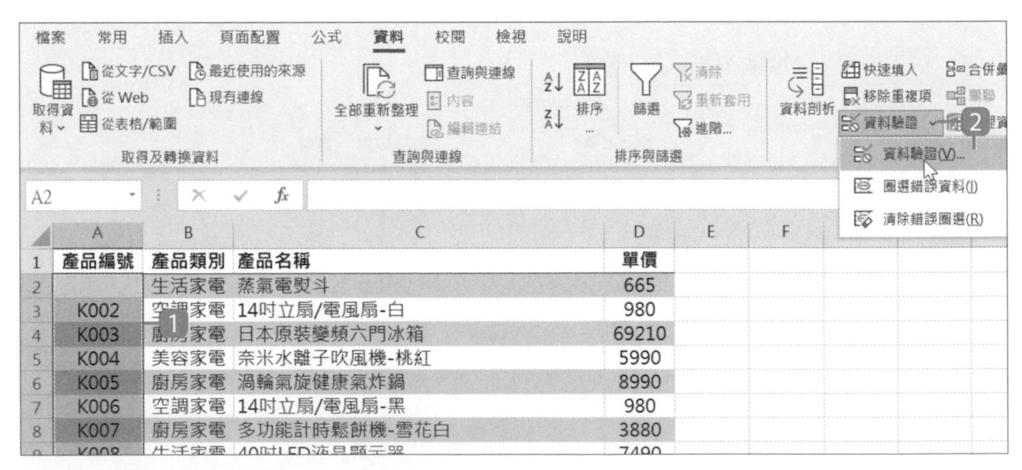

1 選取資料驗證範圍 (A2:A51 儲存格範圍)。

2 於 **資料** 索引標籤選按 **資料驗證** 清單鈕 \ **資料驗證** 開啟對話方塊。

Step 2 利用 ASC 函數驗證半形字元並建立錯誤提醒

1. 於 **設定** 標籤 \ **儲存格內允許** 選擇 **自訂**。
2. **公式** 欄位輸入：**=A2=ASC(A2)**。
   (驗證儲存格與函數中的引數請輸入目前選取範圍最上方的儲存格名稱)
3. 於 **錯誤提醒** 標籤設定 **樣式：停止**。
4. **標題** 輸入：「產品編號錯誤」。
5. **訊息內容** 欄位輸入：「產品編號必須輸入半形字元 (文字+數值)」。
6. 選按 **確定** 鈕。
7. **產品編號** 欄位中的資料限定必須輸入半形字元，若不是會出現警告訊息及提示，於警告訊息對話方塊選按 **重試** 鈕可再次輸入。

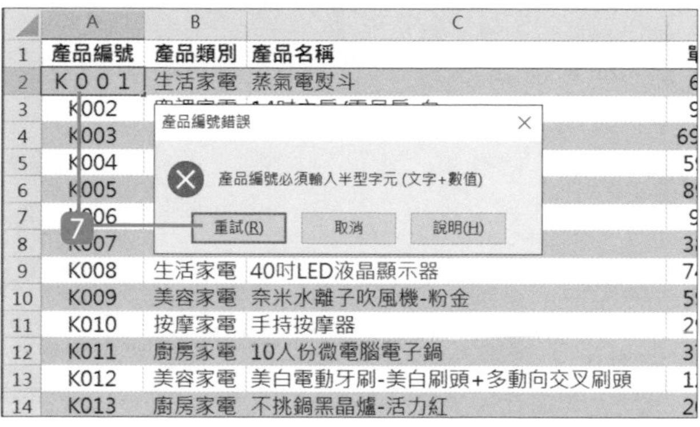

資訊補給站

輸入只有數字的編號也會出現警告訊息？

此範例的 **產品編號** 欄位，儲存格格式預設為數值 (**通用格式**)，所以當輸入只有數字的編號時，會因為 "半型數值" 的屬性而出現警告訊息；如果改為 **文字** 格式，數字就會被視為半形字元 (也就是文字)，當利用 **ASC** 函數驗證資料時，就不會出現警告訊息。

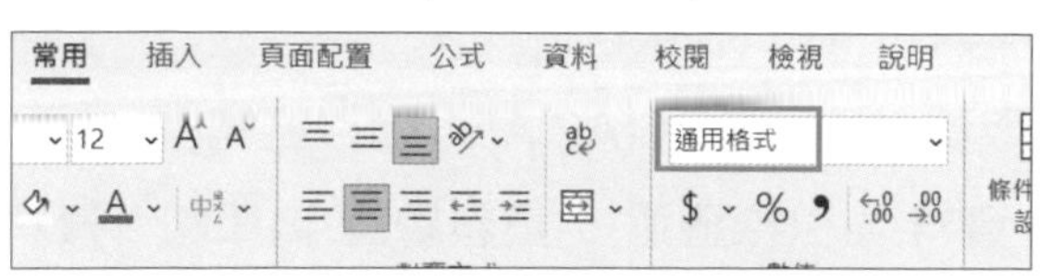

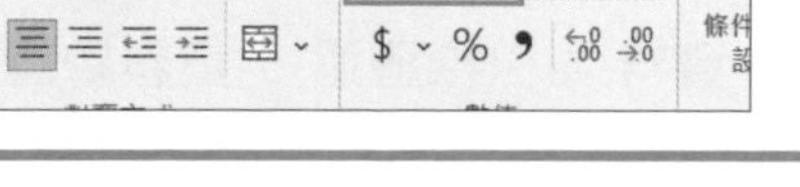

10.5 限定至少輸入四個字元

LEN 函數可求得字串的字數，於資料驗證中常用於檢查編號、電話或身分證...等有固定字元數的資料。

此份銷售明細中，規定產品編號至少需四個字元，將 **LEN** 函數搭配資料驗證，在輸入 **產品編號** 資料時檢查是否為四個字元，若不是則會出現警告訊息並說明規則。

LEN 函數 | 文字

說明：求得字串的字數。

格式：**LEN(字串)**

引數：**字串** 可以是文字、數值或指定的儲存格位址 (不可指定儲存格範圍)，若是指定文字或值時，要用半形雙引號 " 將其括住。

Step 1 開啟資料驗證對話方塊

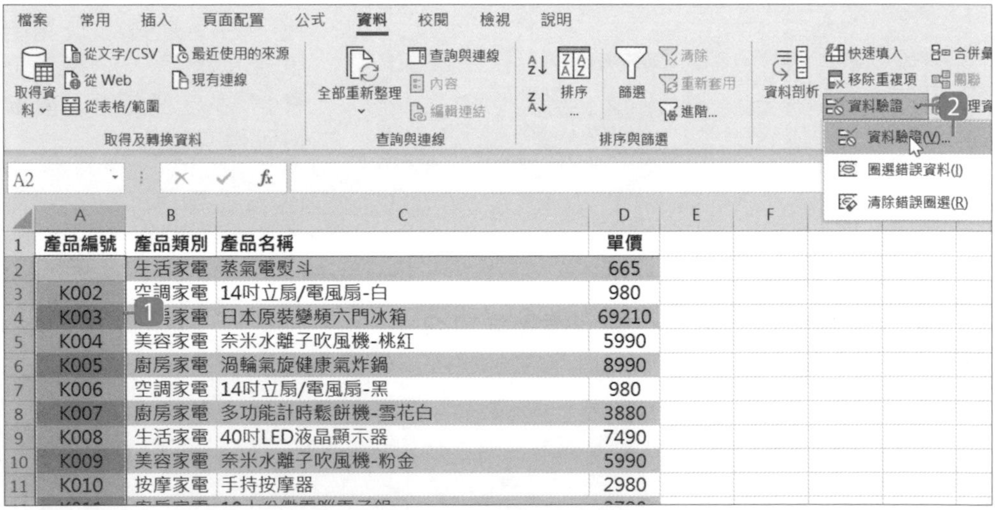

	A	B	C	D
1	產品編號	產品類別	產品名稱	單價
2		生活家電	蒸氣電熨斗	665
3	K002	空調家電	14吋立扇/電風扇-白	980
4	K003	廚房家電	日本原裝變頻六門冰箱	69210
5	K004	美容家電	奈米水離子吹風機-桃紅	5990
6	K005	廚房家電	渦輪氣旋健康氣炸鍋	8990
7	K006	空調家電	14吋立扇/電風扇-黑	980
8	K007	廚房家電	多功能計時鬆餅機-雪花白	3880
9	K008	生活家電	40吋LED液晶顯示器	7490
10	K009	美容家電	奈米水離子吹風機-粉金	5990
11	K010	按摩家電	手持按摩器	2980

1 選取資料驗證範圍 (A2:A51 儲存格範圍)。

2 於 **資料** 索引標籤選按 **資料驗證** 清單鈕 \ **資料驗證** 開啟對話方塊。

Step 2 利用 LEN 函數驗證編號是否為四個字元並建立錯誤提醒

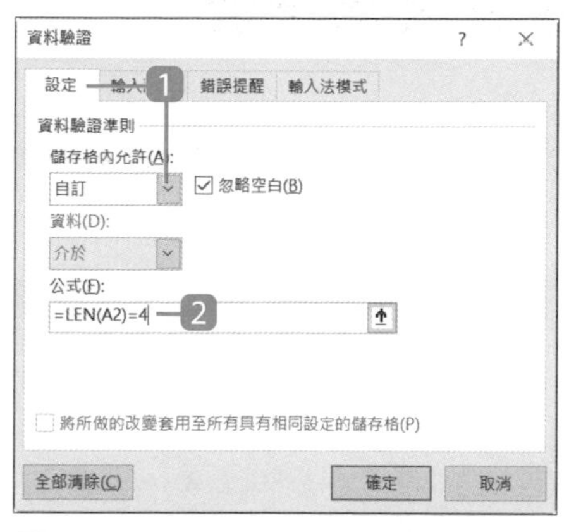

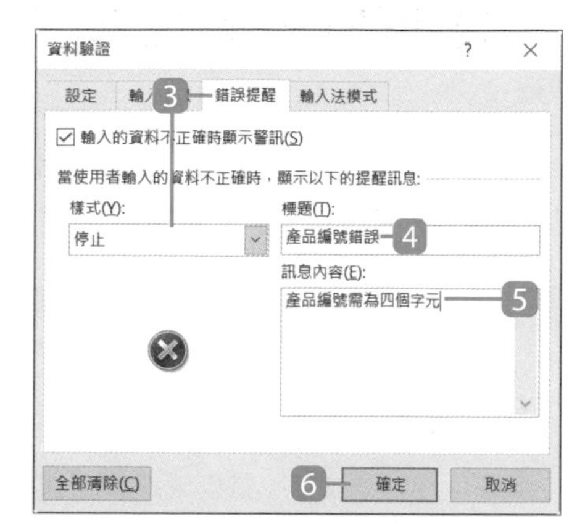

1 於 **設定** 標籤 \ **儲存格內允許** 選擇 **自訂**。

2 **公式** 欄位輸入：**=LEN(A2)=4**。
(函數中的引數請輸入目前選取範圍最上方的儲存格名稱)

3 於 **錯誤提醒** 標籤設定 **樣式**：**停止**。

4 **標題** 輸入：「產品編號錯誤」。

5 **訊息內容** 欄位輸入：「產品編號需為四個字元」。

6 選按 **確定** 鈕。

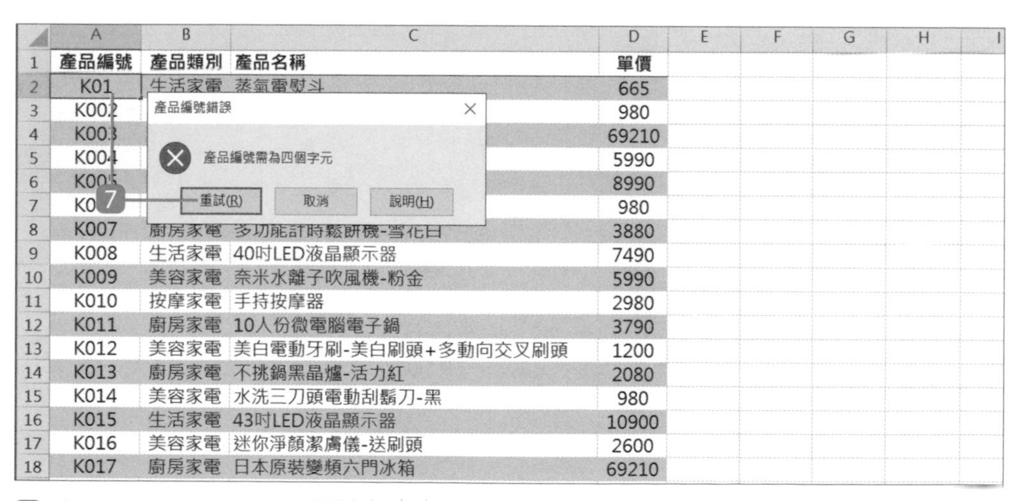

7 **產品編號** 欄位中的值限定字數必須為四個字元，若不是會出現警告訊息並說明規則，於警告訊息對話方塊選按 **重試** 鈕可再次輸入。

10.6 限定統一編號輸入的格式與字數

台灣的統一編號由八位數值組成，運用 **AND** 函數串起 **LEN** 與 **ISNUMBER** 函數，定義輸入位數與必須輸入數值的要求，可提升輸入結果的正確性。

LEN 函數 | 文字

說明：求得字串的字數。

格式：**LEN(字串)**

引數：**字串** 可以是文字、數值或指定的儲存格位址 (不可指定儲存格範圍)，若是指定文字或值時，要用半形雙引號 " 將其括住。

ISNUMBER 函數 | 資訊

說明：確認儲存格的內容是否為數值。

格式：**ISNUMBER(判斷對象)**

引數：**判斷對象** 若對象為數值會回傳 TRUE，非數值則回傳 FALSE。

Step 1 開啟資料驗證對話方塊

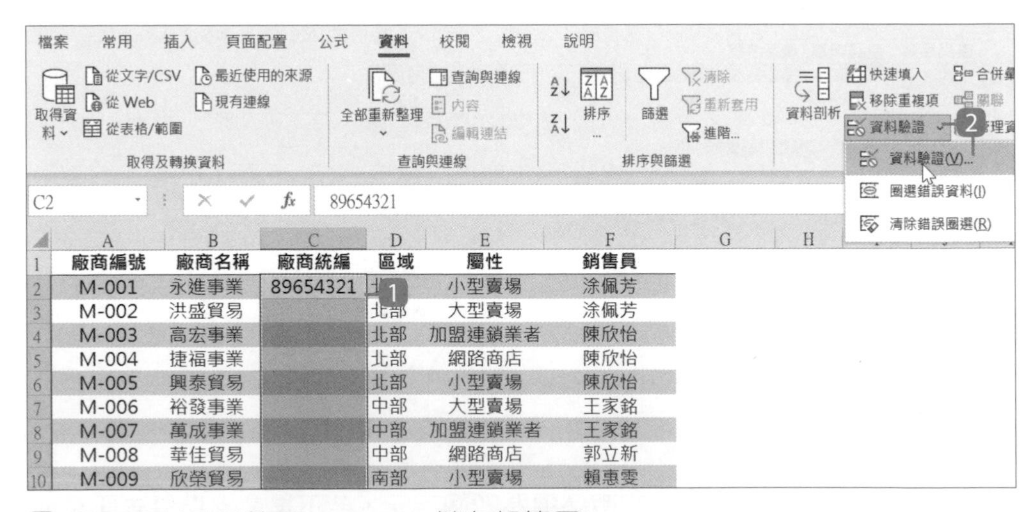

1 選取資料驗證範圍 (C2:C12 儲存格範圍)。

2 於 **資料** 索引標籤選按 **資料驗證** 清單鈕 \ **資料驗證** 開啟對話方塊。

Step 2 驗證統一編號為八位數並建立提示訊息

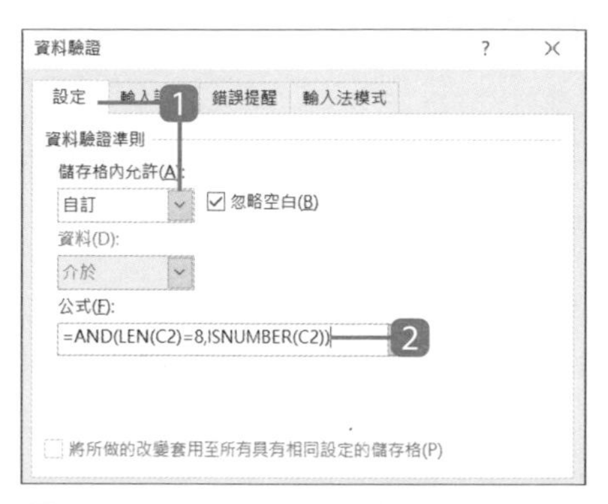

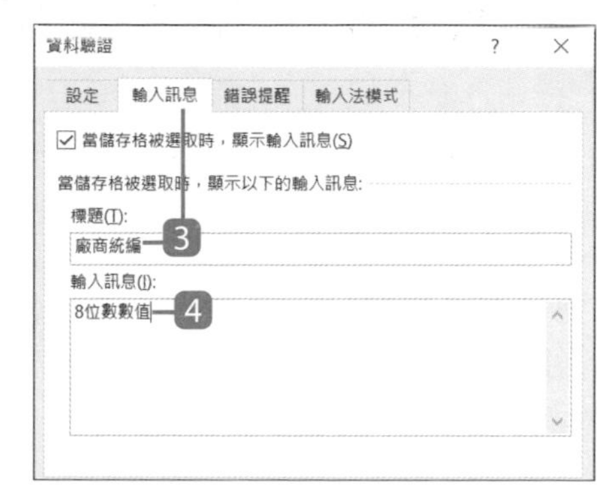

1 於 **設定** 標籤設定 **儲存格內允許**：**自訂**。

2 **公式** 輸入：**=AND(LEN(C2)=8,ISNUMBER(C2))**

(函數括號內的引數輸入目前選取範圍最上方的儲存格名稱，比對儲存格中的值是否為八個字元且為數值。)

3 於 **輸入訊息** 標籤 \ **標題** 輸入：「廠商統編」。

4 **輸入訊息** 輸入：「8位數數值」。

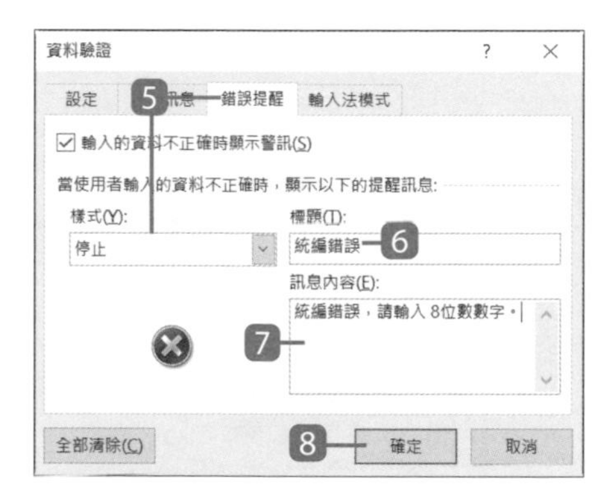

5 於 **錯誤提醒** 標籤設定 **樣式：停止**。

6 **標題** 輸入：「統編錯誤」。

7 **訊息內容** 輸入：「統編錯誤，請輸入8位數數字。」。

8 選按 **確定** 鈕。

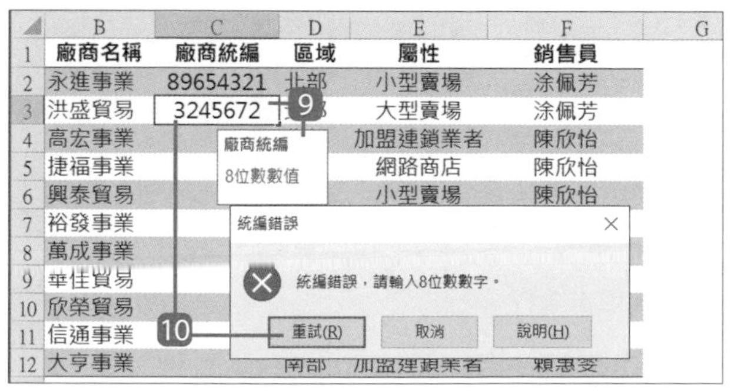

9 選按任一個剛剛設定統編驗證的儲存格，會看到黃色的提示訊息。

10 當輸入的統編不符合驗證準則時，會出現警告訊息並說明規則，於警告訊息對話方塊選按 **重試** 鈕可再次輸入。

10.7 限定不能輸入重複的資料

COUNTIF 函數用於統計符合某一個條件的資料個數，驗證資料時運用此函數可以檢查特定資料筆數，是否有相同的資料內容出現在同一資料表中。

員工編號、訂單編號、學生學號、身分證字號...等都是不能重複的唯一值，與其事後驗證不如事先預防。在輸入資料時用函數檢查，輸入重複資料時即出現警告訊息。

COUNTIF 函數 | 統計

說明：求符合搜尋條件的資料個數。

格式：**COUNTIF(範圍,搜尋條件)**

引數：**範圍** 想要搜尋的參考範圍。

搜尋條件 可以指定數字、條件式、儲存格參照或字串。

Step 1 開啟資料驗證對話方塊

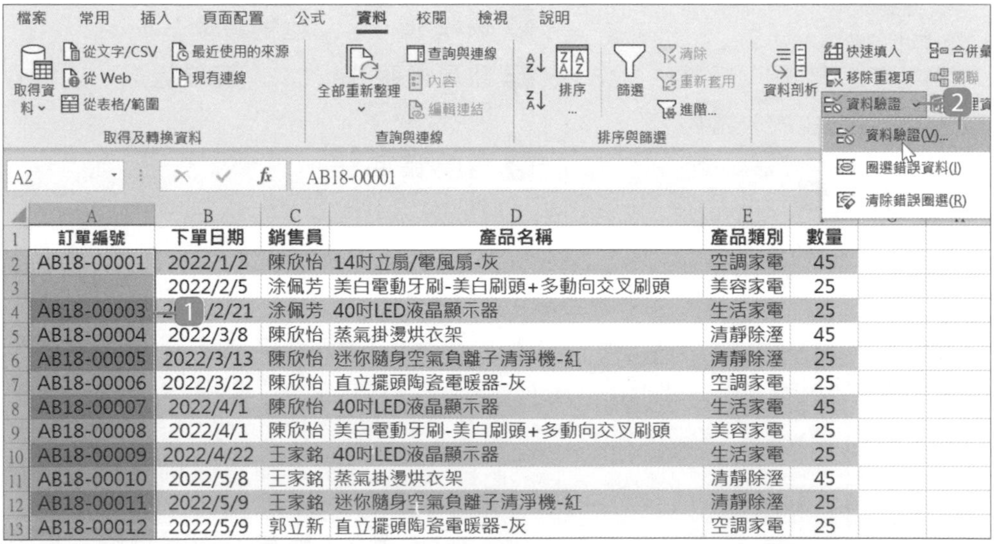

	A	B	C	D	E	F
1	訂單編號	下單日期	銷售員	產品名稱	產品類別	數量
2	AB18-00001	2022/1/2	陳欣怡	14吋立扇/電風扇-灰	空調家電	45
3		2022/2/5	涂佩芳	美白電動牙刷-美白刷頭+多動向交叉刷頭	美容家電	25
4	AB18-00003	2[illegible]/2/21	涂佩芳	40吋LED液晶顯示器	生活家電	25
5	AB18-00004	2022/3/8	陳欣怡	蒸氣掛燙烘衣架	清靜除溼	45
6	AB18-00005	2022/3/13	陳欣怡	迷你隨身空氣負離子清淨機-紅	清靜除溼	25
7	AB18-00006	2022/3/22	陳欣怡	直立擺頭陶瓷電暖器-灰	空調家電	25
8	AB18-00007	2022/4/1	陳欣怡	40吋LED液晶顯示器	生活家電	45
9	AB18-00008	2022/4/1	陳欣怡	美白電動牙刷-美白刷頭+多動向交叉刷頭	美容家電	25
10	AB18-00009	2022/4/22	王家銘	40吋LED液晶顯示器	生活家電	25
11	AB18-00010	2022/5/8	王家銘	蒸氣掛燙烘衣架	清靜除溼	45
12	AB18-00011	2022/5/9	王家銘	迷你隨身空氣負離子清淨機-紅	清靜除溼	25
13	AB18-00012	2022/5/9	郭立新	直立擺頭陶瓷電暖器-灰	空調家電	25

1 選取資料驗證範圍 (A2:A21 儲存格範圍)。

2 於 **資料** 索引標籤選按 **資料驗證** 清單鈕 \ **資料驗證** 開啟對話方塊。

Step 2 利用 COUNTIF 函數檢查是否輸入重複資料並建立錯誤提醒

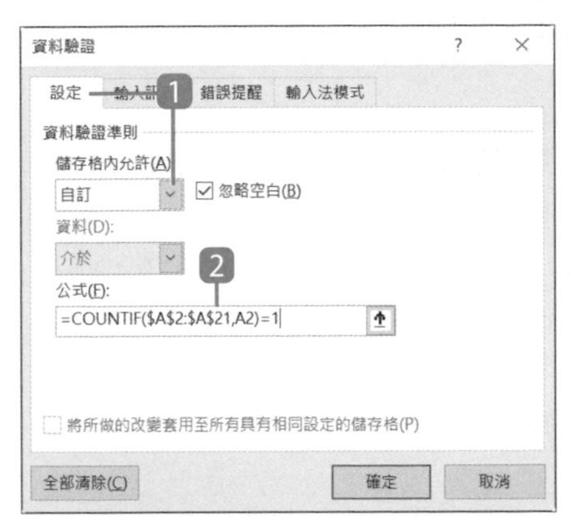

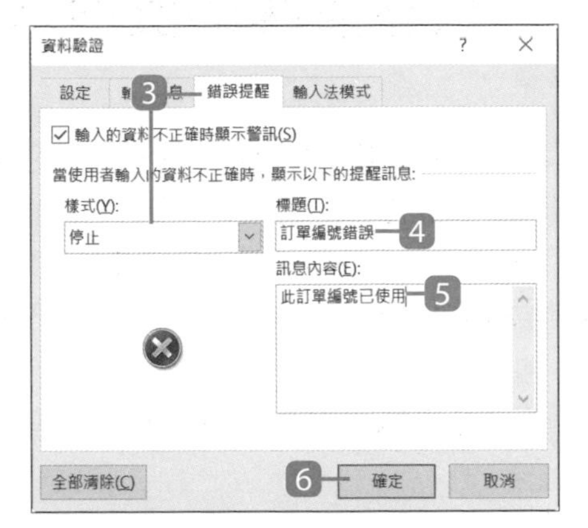

1 於 **設定** 標籤 \ **儲存格內允許** 選擇 **自訂**。

2 **公式** 欄位輸入：**=COUNTIF($A$2:$A$21,A2)=1**。
(函數中的引數請輸入目前選取範圍最上方的儲存格名稱)

3 於 **錯誤提醒** 標籤設定 **樣式**：**停止**。

4 **標題** 輸入：「訂單編號錯誤」。

5 **訊息內容** 欄位輸入：「此訂單編號已使用」。

6 選按 **確定** 鈕。

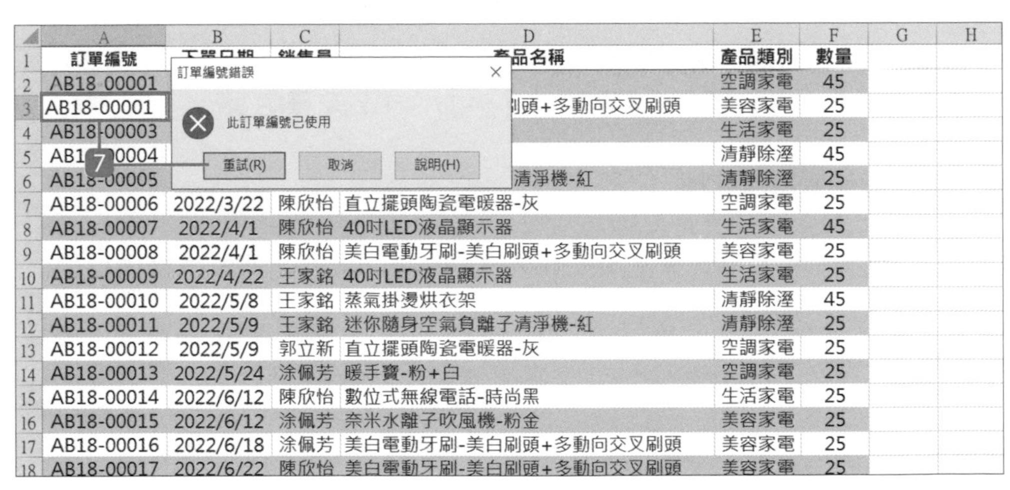

	A	B	C	D	E	F	G	H
1	訂單編號	下單日期	銷售員	產品名稱	產品類別	數量		
2	AB18 00001				空調家電	45		
3	AB18-00001			刷頭+多動向交叉刷頭	美容家電	25		
4	AB18-00003				生活家電	25		
5	AB1 0004				清靜除溼	45		
6	AB18-00005			清淨機-紅	清靜除溼	25		
7	AB18-00006	2022/3/22	陳欣怡	直立擺頭陶瓷電暖器-灰	空調家電	25		
8	AB18-00007	2022/4/1	陳欣怡	40吋LED液晶顯示器	生活家電	45		
9	AB18-00008	2022/4/1	陳欣怡	美白電動牙刷-美白刷頭+多動向交叉刷頭	美容家電	25		
10	AB18-00009	2022/4/22	王家銘	40吋LED液晶顯示器	生活家電	25		
11	AB18-00010	2022/5/8	王家銘	蒸氣掛燙烘衣架	清靜除溼	45		
12	AB18-00011	2022/5/9	王家銘	迷你隨身空氣負離子清淨機-紅	清靜除溼	25		
13	AB18-00012	2022/5/9	郭立新	直立擺頭陶瓷電暖器-灰	空調家電	25		
14	AB18-00013	2022/5/24	涂佩芳	暖手寶-粉+白	空調家電	25		
15	AB18-00014	2022/6/12	陳欣怡	數位式無線電話-時尚黑	生活家電	25		
16	AB18-00015	2022/6/12	涂佩芳	奈米水離子吹風機-粉金	美容家電	25		
17	AB18-00016	2022/6/18	涂佩芳	美白電動牙刷-美白刷頭+多動向交叉刷頭	美容家電	25		
18	AB18-00017	2022/6/22	陳欣怡	美白電動牙刷-美白刷頭+多動向交叉刷頭	美容家電	25		

7 **訂單編號** 欄位中的值限定必須是唯一的，若輸入目前資料表中已有的編號則會出現警告訊息，於警告訊息對話方塊選按 **重試** 鈕可再次輸入。

10.8 檢查重複的資料項目 (I)

前一個技巧運用 **COUNTIF** 函數限定 **訂單編號** 的資料驗證，不能輸入重複的訂單編號。若是面對已輸入好的產品銷售明細，如何檢查是否有重複的資料項目？一樣先透過資料驗證與 **COUNTIF** 函數建立資料驗證的條件，再以 **圈選錯誤資料** 功能圈選出不符合資料驗證條件的項目。

Step 1 利用 COUNTIF 函數檢查是否有重複資料

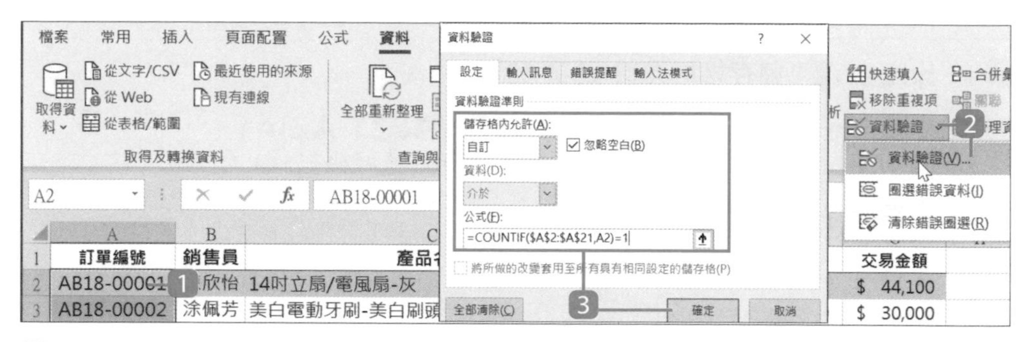

1. 選取資料驗證範圍 (A2:A21 儲存格範圍)。
2. 於 **資料** 索引標籤選按 **資料驗證** 清單鈕 \ **資料驗證** 開啟對話方塊。
3. 於 **設定** 標籤 \ **儲存格內允許** 選擇 **自訂**，**公式** 欄位輸入：**=COUNTIF($A$2:$A$21,A2)=1**，再選按 **確定** 鈕。

Step 2 圈選重複的資料

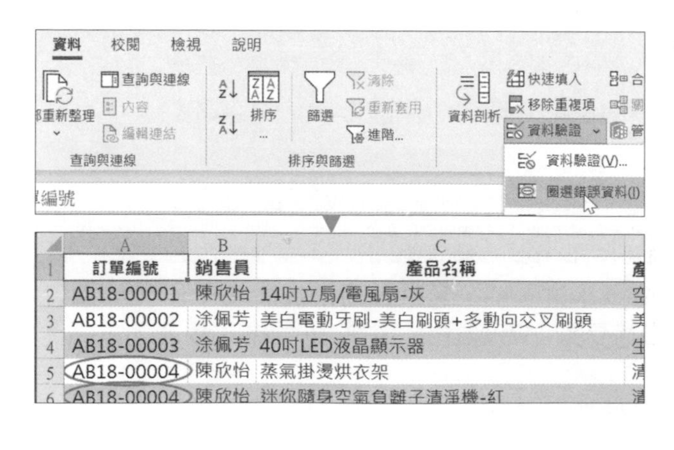

◀ 不需選取特定儲存格，於 **資料** 索引標籤選按 **資料驗證** 清單鈕 \ **圈選錯誤資料**，即會圈選出工作表中不符合資料驗證條件的項目。

10.9 檢查重複的資料項目 (II)

IF 函數搭配上 **COUNTIF** 函數，可以讓資料在特定條件下統計符合資格的個數並做出標示，即可快速找出重複的項目。

此份銷售明細中，針對超過五筆以上訂單的銷售員發放業績獎金，**銷售員** 欄內的姓名運用 **COUNTIF** 函數統計個數，再用 **IF** 函數判斷：如果該銷售員名字出現五次以上，則在 **達標** 欄位中標示 "√" 並發放業績獎金，如果五次以下者則標示 "-"。

IF 函數 | 邏輯

說明：依條件判定的結果分別處理。

格式：**IF(條件,條件成立,條件不成立)**

COUNTIF 函數 | 統計

說明：求符合搜尋條件的資料個數。

格式：**COUNTIF(範圍,搜尋條件)**

Step 1 統計五筆以上訂單的銷售員並標示 "√"

	A	B	C	D	E	F	G	H
1	訂單編號	銷售員	產品名稱	達標	業績獎金			
2	AB18-00001	陳欣怡	14吋立扇/電風扇-灰	=IF(COUNTIF($B$2:$B$21,B2)>5,"√","-")				
3	AB18-00002	涂佩芳	美白電動牙刷-美白刷頭+多動向交叉刷頭					
4	AB18-00003	涂佩芳	40吋LED液晶顯示器					

▲ 於 D2 儲存格以巢狀式的寫法先統計銷售員姓名出現的個數，再判斷是否大於 5，如果大於 5 則標示 "√"；如果沒有則標示 "-"。**IF** 函數搭配上 **COUNTIF** 函數所組合成的公式：

=IF(COUNTIF($B$2:$B$21,B2)>5,"√","-")

下個步驟要複製此公式，所以利用絕對參照指定參照範圍。

"√" 是以輸入法產生的符號，也可用其他符號代替。

Step 2 給予達標的銷售員 1000 元的業績獎金

	A	B	C	D	E	F	G	H
1	訂單編號	銷售員	產品名稱	達標	業績獎金			
2	AB18-00001	陳欣怡	14吋立扇/電風扇-灰	√	=IF(D2="√",1000,"-")			

▲ 於 E2 儲存格以 **IF** 函數，判斷銷售員若是業績達標，每筆訂單發放 1000 元的業績獎金，輸入公式：

=IF(D2="√",1000,"-")。

Step 3 利用填滿方式完成其他銷售員資料

	A	B	C	D	E	F	G	H
1	訂單編號	銷售員	產品名稱	達標	業績獎金			
2	AB18-00001	陳欣怡	14吋立扇/電風扇-灰	√	1000	1		
3	AB18-00002	涂佩芳	美白電動牙刷-美白刷頭+多動向交叉刷頭					

	A	B	C	D	E	F	G	H
17	AB18-00016	涂佩芳	美白電動牙刷-美白刷頭+多動向交叉刷頭	-	-			
18	AB18-00017	陳欣怡	美白電動牙刷-美白刷頭+多動向交叉刷頭	√	1000			
19	AB18-00018	陳欣怡	美白電動牙刷-美白刷頭+多動向交叉刷頭	√	1000	○ 複製儲存格(C)		
20	AB18-00019	陳欣怡	手持按摩器	√	1000	○ 僅以格式填滿(F)		
21	AB18-00020	王家銘	奈米水離子吹風機-粉金	-	-	● 填滿但不填入格式(O)		
22						2		

1 選取 D2:E2 儲存格範圍，將滑鼠指標移到 E2 儲存格右下角的 **填滿控點** 上，呈 **+** 狀，按滑鼠左鍵不放往下拖曳到 E21 儲存格，放開滑鼠左鍵自動填滿。

2 於填滿範圍右下角選按 **自動填滿選項** 鈕，清單中核選 **填滿但不填入格式**。

	A	B	C	D	E	F	G	H
1	訂單編號	銷售員	產品名稱	達標	業績獎金			
2	AB18-00001	陳欣怡	14吋立扇/電風扇-灰	√	1000			
3	AB18-00002	涂佩芳	美白電動牙刷-美白刷頭+多動向交叉刷頭	-	-			
4	AB18-00003	涂佩芳	40吋LED液晶顯示器	-	-			
5	AB18-00004	陳欣怡	蒸氣掛燙烘衣架	√	1000			
6	AB18-00005	陳欣怡	迷你隨身空氣負離子清淨機-紅	√	1000			
7	AB18-00006	陳欣怡	直立擺頭陶瓷電暖器-灰	√	1000			
8	AB18-00007	陳欣怡	40吋LED液晶顯示器	√	1000			
9	AB18-00008	陳欣怡	美白電動牙刷-美白刷頭+多動向交叉刷頭	√	1000			
10	AB18-00009	王家銘	40吋LED液晶顯示器	-	-			
11	AB18-00010	王家銘	蒸氣掛燙烘衣架	-	-			
12	AB18-00011	王家銘	迷你隨身空氣負離子清淨機-紅	-	-			
13	AB18-00012	郭立新	直立擺頭陶瓷電暖器-灰	-	-			
14	AB18-00013	涂佩芳	暖手寶-粉+白	-	-			
15	AB18-00014	陳欣怡	數位式無線電話-時尚黑	√	1000			
16	AB18-00015	涂佩芳	奈米水離子吹風機-粉金	-	-			
17	AB18-00016	涂佩芳	美白電動牙刷-美白刷頭+多動向交叉刷頭	-	-			
18	AB18-00017	陳欣怡	美白電動牙刷-美白刷頭+多動向交叉刷頭	√	1000			

▲ 此份產品銷售明細資料中，因為 "陳欣怡" 銷售員有超過五筆的訂單，所以在她每筆訂單 **達標** 欄中均標示 "√"，並每筆發放 1000 元的業績獎金。

10.10 檢查數值資料中是否包含文字

ISTEXT 函數可檢查儲存格範圍內的資料是否為字串，例如：銷售金額、人口數、商品數量...等資料都必須是數值，若這些欄位中包含了文字，即無法正確運算。當公式結果出現錯誤訊息，不妨檢查一下欄位資料格式吧！

此份銷售明細中要檢查 **數量**、**訂價**...等欄位中是否包含文字，若有文字資料，儲存格將標示底色。

ISTEXT 函數 | 資訊

說明：檢查儲存格範圍內的資料是否為字串。

格式：**ISTEXT (儲存格或儲存格範圍)**

引數：**儲存格或儲存格範圍** 字串會回傳 TRUE，非字串會回傳 FALSE。

Step 1 開啟新增格式化規則對話方塊

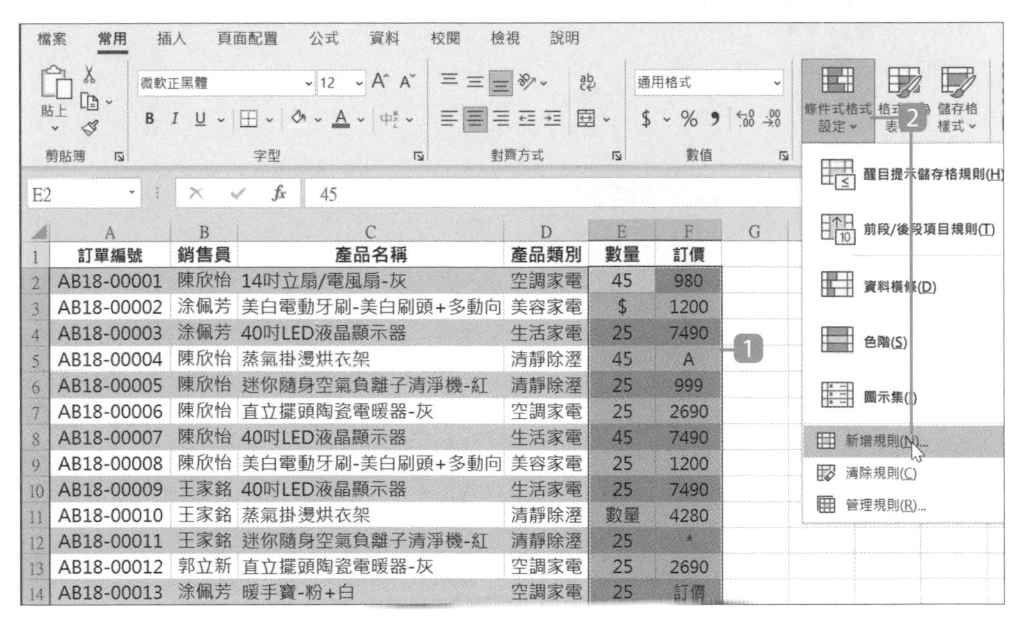

	A	B	C	D	E	F
1	訂單編號	銷售員	產品名稱	產品類別	數量	訂價
2	AB18-00001	陳欣怡	14吋立扇/電風扇-灰	空調家電	45	980
3	AB18-00002	涂佩芳	美白電動牙刷-美白刷頭+多動向	美容家電	$	1200
4	AB18-00003	涂佩芳	40吋LED液晶顯示器	生活家電	25	7490
5	AB18-00004	陳欣怡	蒸氣掛燙烘衣架	清靜除溼	45	A
6	AB18-00005	陳欣怡	迷你隨身空氣負離子清淨機-紅	清靜除溼	25	999
7	AB18-00006	陳欣怡	直立擺頭陶瓷電暖器-灰	空調家電	25	2690
8	AB18-00007	陳欣怡	40吋LED液晶顯示器	生活家電	45	7490
9	AB18-00008	陳欣怡	美白電動牙刷-美白刷頭+多動向	美容家電	25	1200
10	AB18-00009	王家銘	40吋LED液晶顯示器	生活家電	25	7490
11	AB18-00010	王家銘	蒸氣掛燙烘衣架	清靜除溼	數量	4280
12	AB18-00011	王家銘	迷你隨身空氣負離子清淨機-紅	清靜除溼	25	*
13	AB18-00012	郭立新	直立擺頭陶瓷電暖器-灰	空調家電	25	2690
14	AB18-00013	涂佩芳	暖手寶-粉+白	空調家電	25	訂價

1 選取新增規則範圍 (E2:F21 儲存格範圍)。

2 於 **常用** 索引標籤選按 **條件式格式設定 \ 新增規則** 開啟對話方塊。

Step 2 利用 ISTEXT 函數挑出文字資料

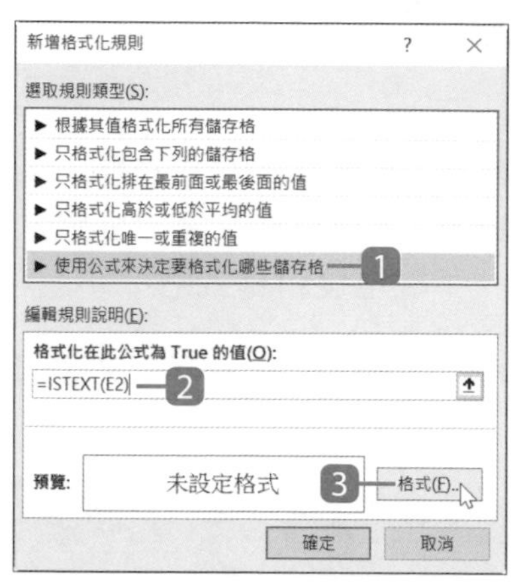

1. 於 **選取規則類型** 選按 **使用公式來決定要格式化哪些儲存格**。
2. 於 **格式化在此公式為 True 的值** 欄位輸入：**=ISTEXT(E2)**。
   (函數括號內的引數請輸入目前選取範圍左上角的儲存格名稱)
3. 選按 **格式** 鈕。

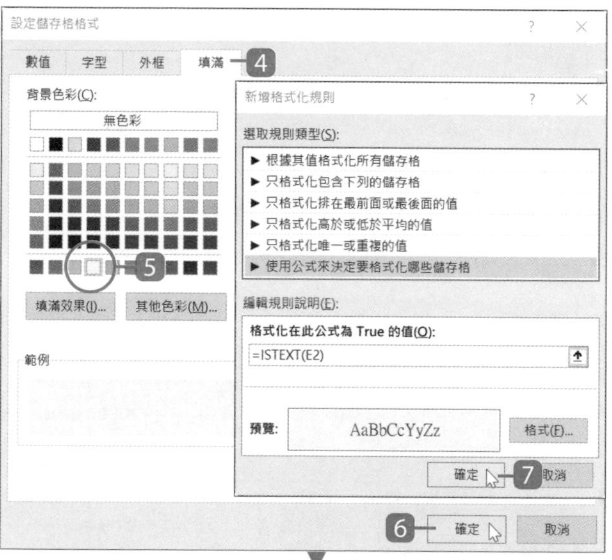

4. 選按 **填滿** 標籤。
5. 選按合適的填滿色彩。
6. 選按 **確定** 鈕。
7. 回到 **新增格式化規則** 對話方塊選按 **確定** 鈕，完成設定。

	B	C	D	E	F	G
1	銷售員	產品名稱	產品類別	數量	訂價	
2	陳欣怡	14吋立扇/電風扇-灰	空調家電	45	980	
3	涂佩芳	美白電動牙刷-美白刷頭+多動向	美容家電	$	1200	
4	涂佩芳	40吋LED液晶顯示器	生活家電	25	7490	
5	陳欣怡	蒸氣掛燙烘衣架	清靜除溼	45	A	
6	陳欣怡	迷你隨身空氣負離子清淨機-紅	清靜除溼	25	999	
7	陳欣怡	直立擺頭陶瓷電暖器-灰	空調家電	25	2690	
8	陳欣怡	40吋LED液晶顯示器	生活家電	45	7490	
9	陳欣怡	美白電動牙刷-美白刷頭+多動向	美容家電	25	1200	
10	王家銘	40吋LED液晶顯示器	生活家電	25	7490	
11	王家銘	蒸氣掛燙烘衣架	清靜除溼	數量	4280	
12	王家銘	迷你隨身空氣負離子清淨機-紅	清靜除溼	25	*	
13	郭立新	直立擺頭陶瓷電暖器-灰	空調家電	25	2690	

◀ 這二個欄位內的資料必須以數值顯示，若以 **ISTEXT** 函數判斷為字串時，會於儲存格加上底色。

10.11 檢查是否有輸入欄位中不允許的資料

手邊報表已輸入的資料要怎麼檢查以提高整體正確性呢？可以用 **資料驗證** 功能建立驗證準則，再以 **圈選錯誤資料** 功能圈選出不符合驗證準則的項目。

Step 1 設定文字資料驗證準則

此處，**產品類別** 中只能輸入 "生活"、"除溼" ，面對已建置的文字資料，可以先建立驗證準則，再圈選出不符合的。

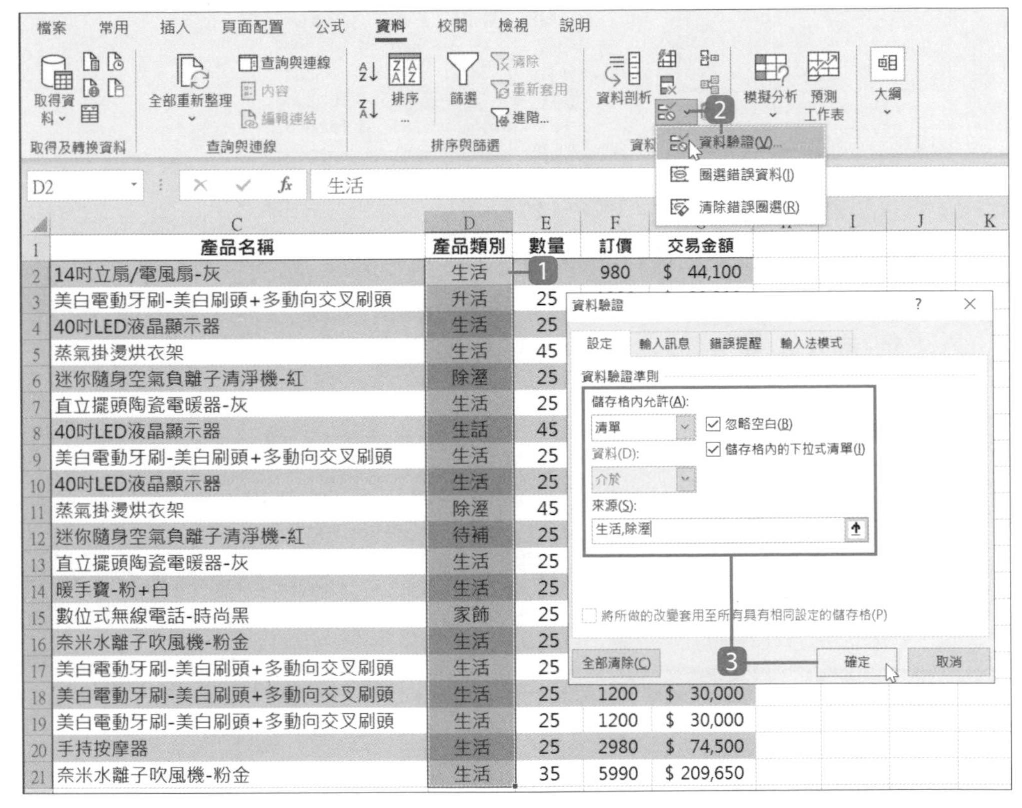

1 選取資料驗證範圍 (D2:D21 儲存格範圍)。

2 於 **資料** 索引標籤選按 **資料驗證** 清單鈕 \ **資料驗證** 開啟對話方塊。

3 於 **設定** 標籤 \ **儲存格內允許** 選擇 **清單**，**來源** 欄位輸入：「生活,除溼」，再選按 **確定** 鈕。

Step 2 設定數值資料驗證準則

輸入數值資料時，常會因為儲存格格式的設定而看不出小數位數的數值，導致金額計算有誤。面對已建置的數值資料，可以先建立需為整數及其他相關驗證準則，再圈選出不符合的。

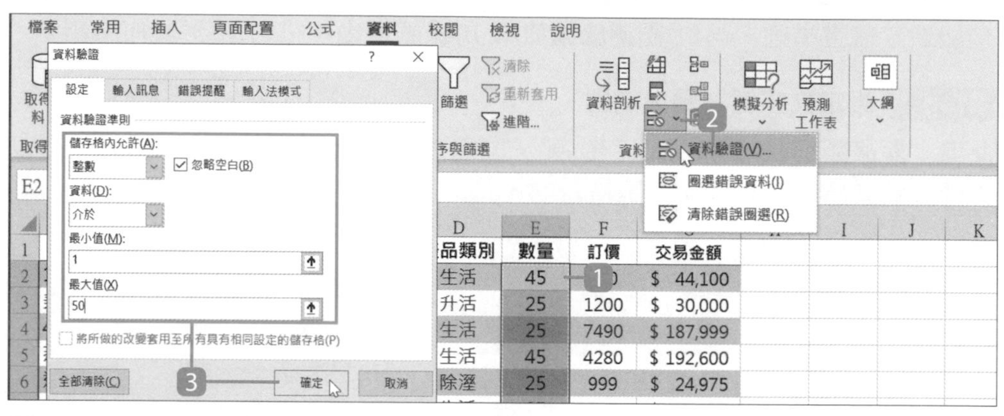

1. 選取資料驗證範圍 (E2:E21 儲存格範圍)。
2. 於 **資料** 索引標籤選按 **資料驗證** 清單鈕 \ **資料驗證** 開啟對話方塊。
3. 於 **設定** 標籤 \ **儲存格內允許** 選擇 **整數**，**資料** 選擇 **介於**，**最小值** 欄位輸入：1，**最大值** 欄位輸入：50，再選按 **確定** 鈕。

Step 3 圈選錯誤資料

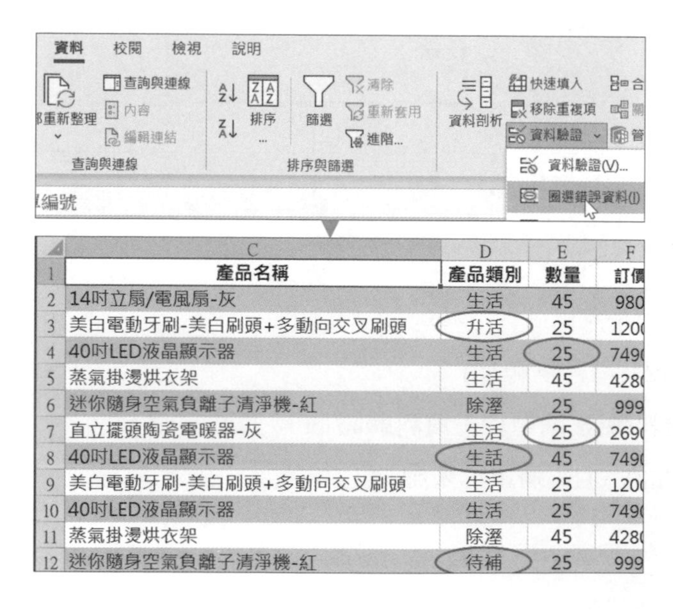

◀ 不需選取特定儲存格，於 **資料** 索引標籤選按 **資料驗證** 清單鈕 \ **圈選錯誤資料**，即會圈選出工作表中不符合資料驗證條件的項目。

Part

11

更多資料格式檔的取得與彙整

關於外部資料

- 可取得的資料類型
- 檢視資料的方式
- 外部資料來源路徑

取得外部資料

- 取得另一個 Excel 活頁簿檔資料
- 取得 TXT、CSV 文字檔資料
- 取得 Access 資料庫檔案資料
- 取得 Web 網頁資料

合併與管理

- 合併同一活頁簿中的多個工作表
- 合併資料夾中所有活頁簿的工作表
- 開啟有外部資料連線的活頁簿
- 管理外部資料的連線
- 找不到檔案！變更資料來源

11.1 取得外部資料

可取得的資料類型

Excel 可以跨多種資料來源型態取得外部資料，包括：另一個 Excel 活頁簿檔案、CSV 與 TXT 文字檔案、Access 資料庫和 Web 網頁資料...等，資料來源、格式不同，取得的方式也略為不同，可以依需求提供路徑、檔案、網址...等，就可輕輕鬆鬆將資料匯入 Excel。(此章以 Excel 2021 示範，其他版本也能取得外部資料，功能畫面略有些不同，但操作原理與步驟相似。)

檢視資料的方式

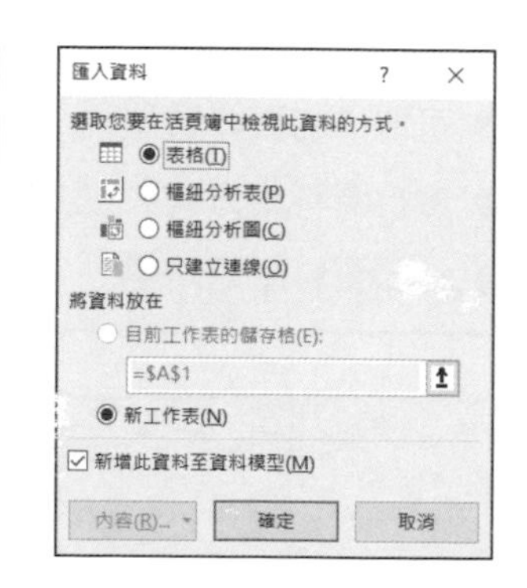

匯入 Excel 的資料預設是以連線的方式取得，當資料來源內容更新時你的 Excel 活頁簿也會自動更新，當然也可手動調整資料在活頁簿中的檢視方式，載入時若選擇 **載入至**，則可選擇 **表格**、**樞紐分析表**、**樞紐分析圖**、**只建立連線** 任一種方式。(可參考 P11-7 說明)

操作前，先了解外部資料來源路徑！

Excel 取得外部資料時，是以 "絕對路徑" 的方式記錄資料來源，因此當來源檔案更改檔名或儲存路徑，會產生找不到資料來源的錯誤狀況。練習此章範例前，先下載本書範例檔並解壓縮，將 <ACI035600附書範例> 資料夾存放電腦本機 C 槽根目錄，這樣此章資料內容才能正確連結並開啟。

11.2 取得另一個 Excel 活頁簿檔資料

需要取得另一個活頁簿檔案資料比對、計算時，可透過 **取得資料** 功能取得。

Step 1 指定要取得的 Excel 活頁簿檔案

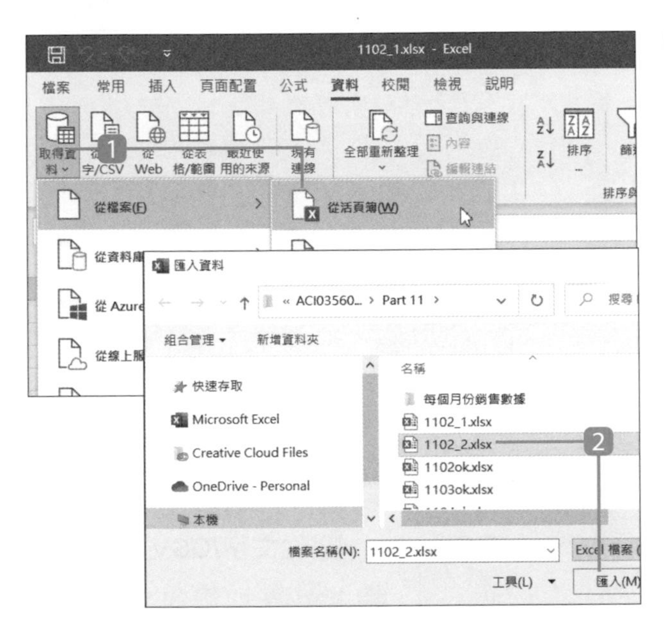

1. 於使用中活頁簿檔，**資料** 索引標籤選按 **取得資料 \ 從檔案 \ 從活頁簿**。
2. 指定要取得的活頁簿檔，在此選按 <1102_2.xlsx> 再選按 **匯入** 鈕。

Step 2 確認資料並取得

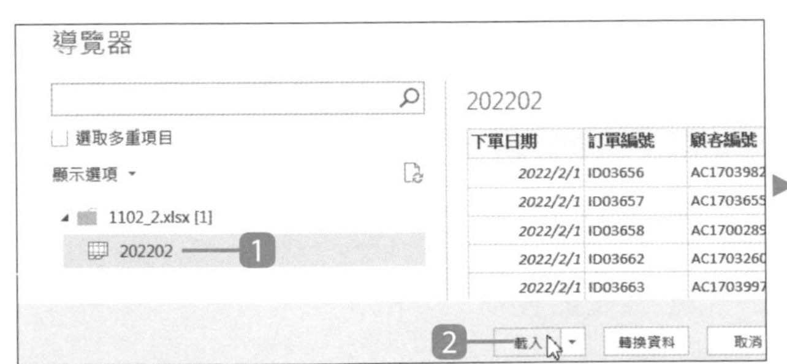

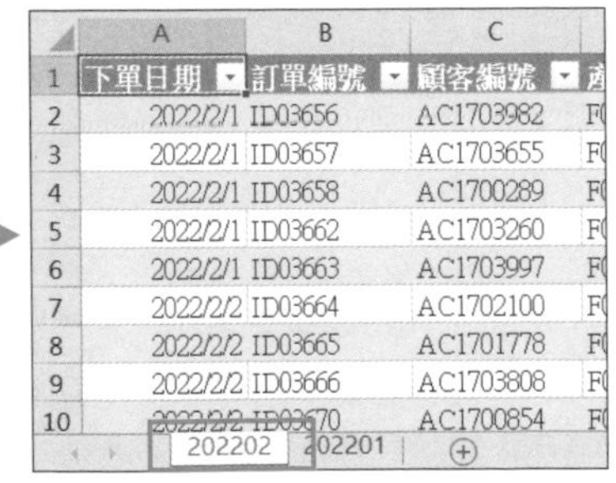

	A	B	C
1	下單日期	訂單編號	顧客編號
2	2022/2/1	ID03656	AC1703982
3	2022/2/1	ID03657	AC1703655
4	2022/2/1	ID03658	AC1700289
5	2022/2/1	ID03662	AC1703260
6	2022/2/1	ID03663	AC1703997
7	2022/2/2	ID03664	AC1702100
8	2022/2/2	ID03665	AC1701778
9	2022/2/2	ID03666	AC1703808
10	2022/2/2	ID03670	AC1700854

1. 於 **導覽器** 視窗選按要取得的工作表，可於右側確認資料內容 (若要取得多個工作表內容可先核選 **選取多重項目** 再核選工作表項目)。
2. 選按 **載入** 鈕，可與指定項目建立連線，並新增工作表顯示取得的資料。

11.3 取得 TXT、CSV 文字檔資料

文字檔案內只有文字內容不包含樣式元素，TXT 文字檔是以 Tab 鍵分隔欄位資料；而 CSV 文字檔資料是以逗號 (,) 分隔欄位資料，想要於 Excel 活頁簿呈現文字檔內容時，別急著重新輸入，可透過 **取得資料** 功能取得。

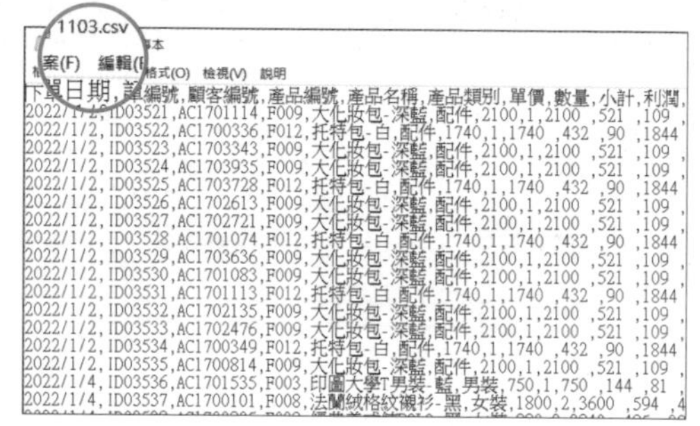

Step 1 指定要取得的 TXT、CSV 文字檔案

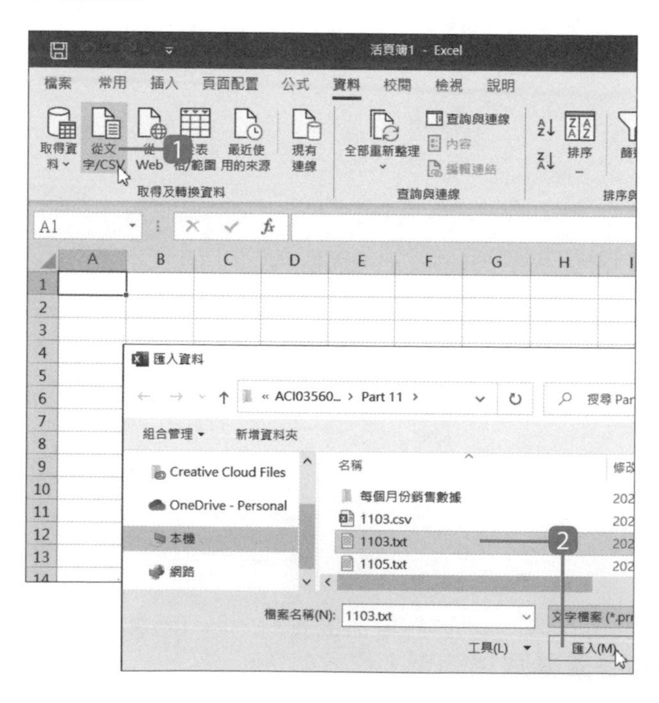

1. 開啟一 Excel 空白活頁簿，於 **資料** 索引標籤選按 **從文字/CSV**。
2. 指定要取得的文字檔，在此選按 <1103.txt>，再選按 **匯入** 鈕。

Step 2 確認資料並取得

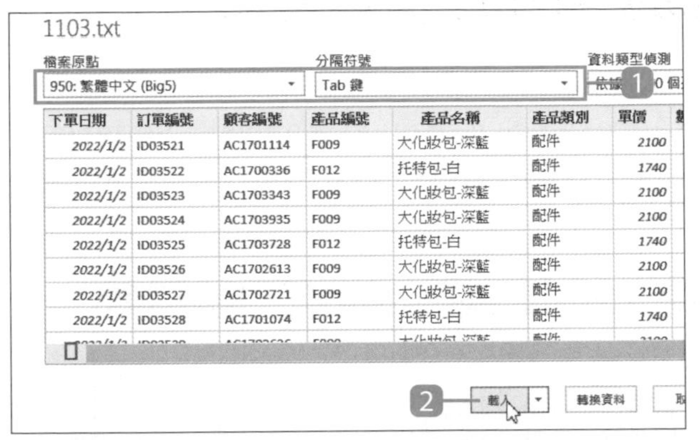

1 於開啟的視窗瀏覽資料內容，會自動依 TXT 或 CSV 格式檔設定合適的 **檔案原點** 格式與 **分隔符號**，如果覺得不合適也可再手動調整。

2 選按 **載入** 鈕。

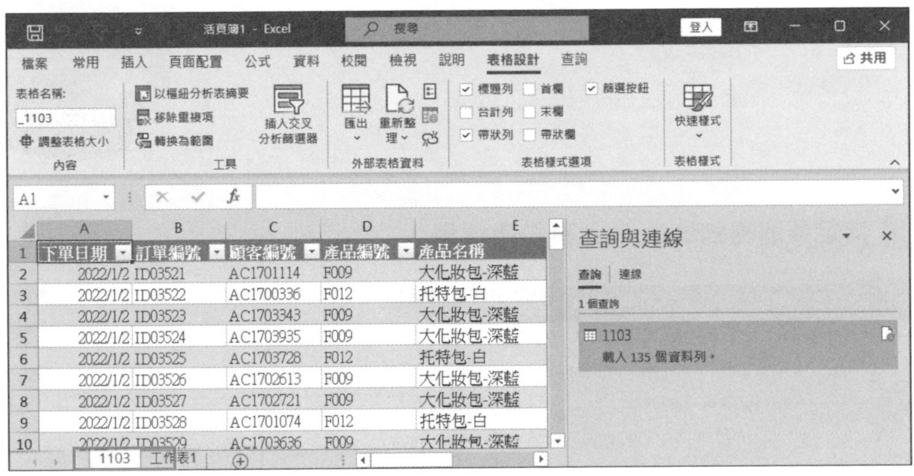

▲ 即可與指定項目建立連線，並新增工作表顯示取得的資料。(若無畫面中右側 **查詢與連線** 窗格，可於 **資料** 索引標籤選按 **查詢與連線** 開啟。)

資訊補給站

TXT、CSV 檔取得時的差異

於開啟的視窗瀏覽資料內容時，會發現 CSV 格式檔會自動設定為 **檔案原點：UTF-8** 與 **分隔符號：逗號**。

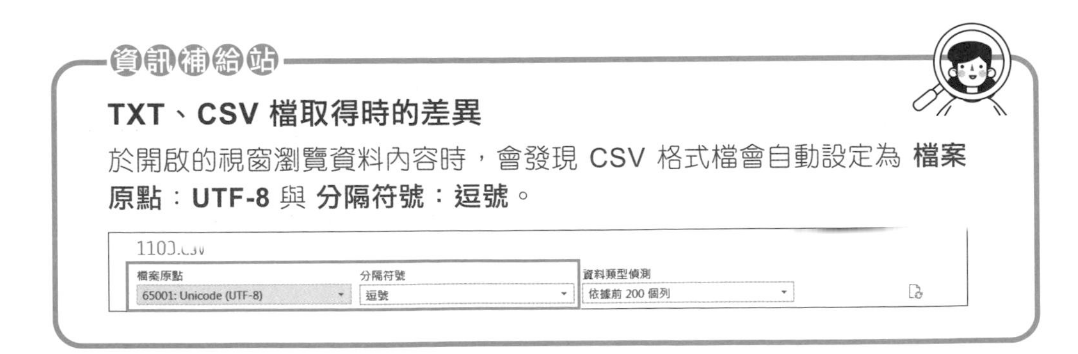

11.4 取得 Access 資料庫檔案資料

Excel 可載入 SQL Server、Access、SQL Server Analysis Services、Oracle、MySQL...等資料庫檔案，其載入的方式大同小異，在此以 Access 資料庫檔案為例示範。

Step 1 指定要取得的 Access 資料庫檔案

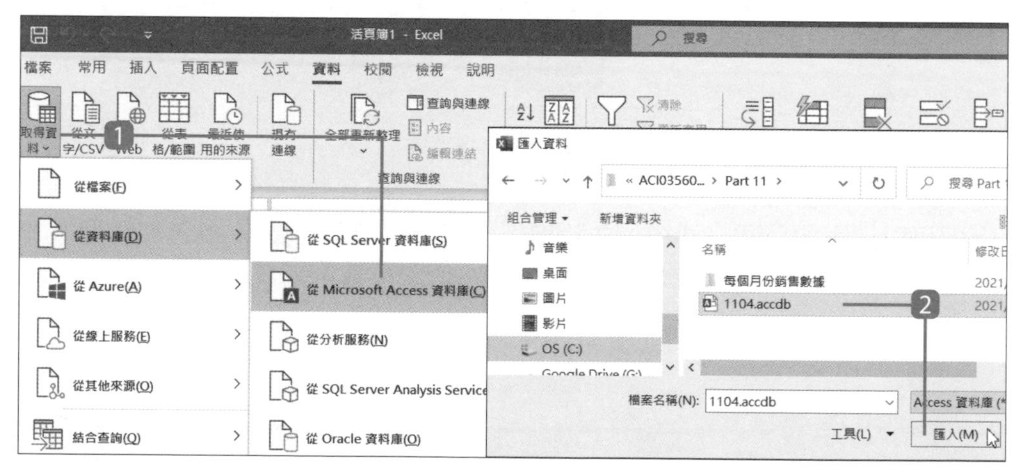

1. 開啟一 Excel 空白活頁簿，於 **資料** 索引標籤選按 **取得資料 \ 從資料庫 \ 從 Microsoft Access 資料庫**。
2. 指定要取得的資料庫檔，在此選按 <1104.accdb>，再選按 **匯入** 鈕。

Step 2 確認資料並取得

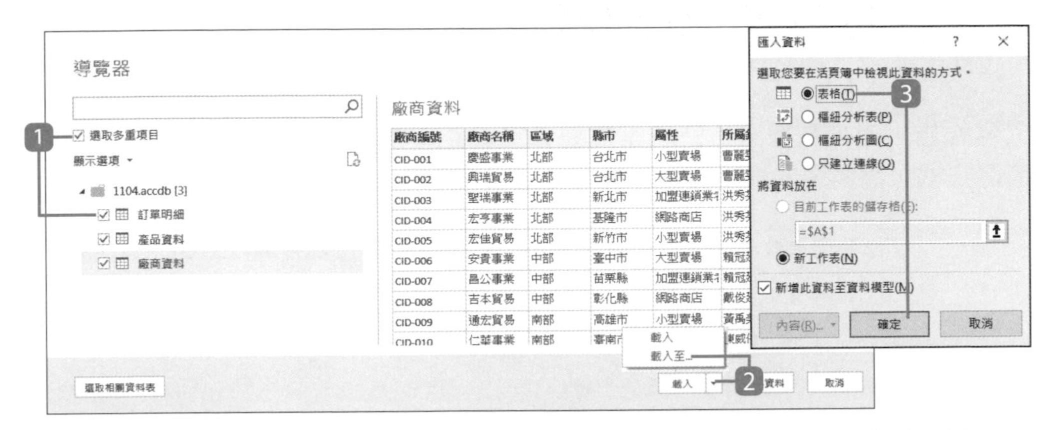

1 若要取得多個工作表內容，可先核選 **選取多重項目** 再核選工作表項目。

2 在此要將核選的 Access 資料庫資料表直接載入工作表中，檢視其資料表內容，選按 **載入** 清單鈕 \ **載入至**。

3 核選 **表格**，選按 **確定** 鈕。

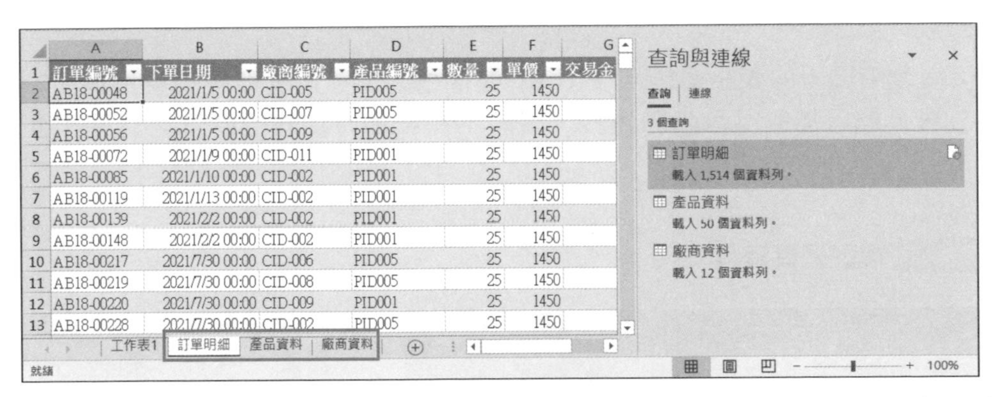

▲ 即可與指定項目建立連線，並新增工作表顯示取得的資料，若載入較多資料表，建議將相對工作表依資料表名稱更名。(若無畫面中右側 **查詢與連線** 窗格，可於 **資料** 索引標籤選按 **查詢與連線** 開啟。)

資訊補給站

為什麼取得的資料只有建立連線？

取得資料時，若是核選 **選取多重項目** 再核選工作表項目，這時直接選按 **載入** 鈕，會建立指定項目的連線但不會在工作表中呈現資料內容。

11.5 取得 Web 網頁資料

撰寫報告、市場數據分析時，常需要參考網路上的數據資料，以下說明二種取得方式，將需要的網路數據整理成 Excel 報表。

亞洲股市指數

2022/1/4 14:06:36

亞洲股市行情 (Asian Markets)								
股市	指數	漲跌	比例	最高	最低	開盤	今年表現	當地
紐西蘭	13033.77	-7.17	-0.06%	13081.58	13018.89	-	-0.16%	12
澳洲股市	7926.80	147.60	1.90%	7930.60	7779.20	-	1.06%	16
日經225	29285.00	493.29	1.71%	29322.50	28951.00	-	1.71%	14
東證一部	2029.00	36.67	1.84%	2031.65	2005.45	-	1.84%	14
東證二部	7676.12	53.15	0.70%	7680.67	7637.17	7666.04	0.70%	14
JASDAQ	177.25	0.56	0.32%	177.65	176.80	-	0.32%	14
韓國股市	2991.52	2.75	0.09%	2995.25	2973.08	-	0.47%	14
台灣加權	18526.35	255.84	1.40%	18526.35	18395.14	-	1.69%	13
台灣店頭	235.53	0.13	0.06%	237.20	235.46	235.88	-0.85%	13
上海綜合	3635.04	-4.74	-0.13%	3651.89	3610.09	-	-0.13%	13

◀ 在此示範 StockQ 國際股市即時資料。

取得固定資料

直接複製網頁上的表格資料至 Excel 儲存格貼上，這是取得網頁資料的一個方法，但只能取得目前的資料，對於不需要即時資料的狀況可以使用此方式。

Step 1 複製網頁資料

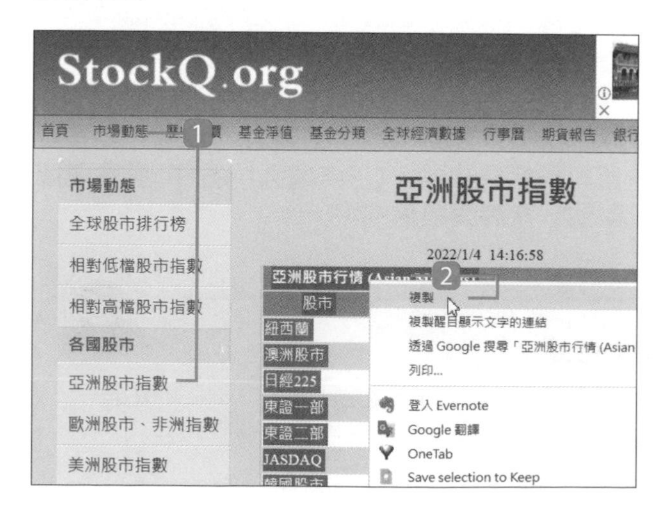

1 開啟要取得資料的網頁頁面，在此示範上方提到的亞洲股市指數資料「http://www.stockq.org/market/asia.php」。

2 選取頁面上要取得的網頁表格內資料，再於選取範圍上方按一下滑鼠右鍵，選按 **複製**。

Step 2 貼入取得的網頁資料

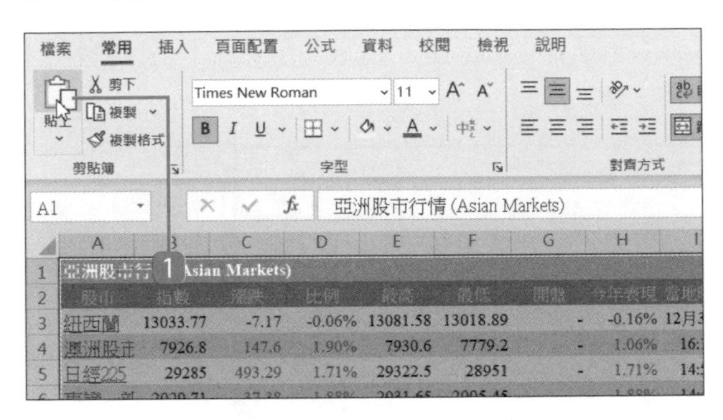

	A	B	C	D
1	亞洲股市行情 (Asian Markets)			
2	股市	指數	漲跌	比例
3	紐西蘭	13033.77	-7.17	-0.06%
4	澳洲股市	7926.8	147.6	1.90%
5	日經225	29285	493.29	1.71%
6	東證一部	2029.71	37.38	1.88%
7	東證二部	7674.03	51.06	0.67%
8	JASDAQ	177.18	0.49	0.28%
9	韓國股市	2988.51	-0.26	-0.01%
10	台灣加權	18526.35	255.84	1.40%
11	台灣店頭	235.53	0.13	0.06%
12	上海綜合	3631.55	-8.23	-0.23%
13	上海A股	3805.93	-8.37	-0.22%

1 開啟一 Excel 空白活頁簿，選取 A1 儲存格，於 **常用** 索引標籤選按 **貼上**。

2 為取得的資料調整欄寬、列高。

取得即時資料

部分網路上的資料會每日定時更新，如果希望 Excel 取得的網路資料也能同步更新時，可依以下方式操作。

Step 1 指定要取得的 Web 網頁資料

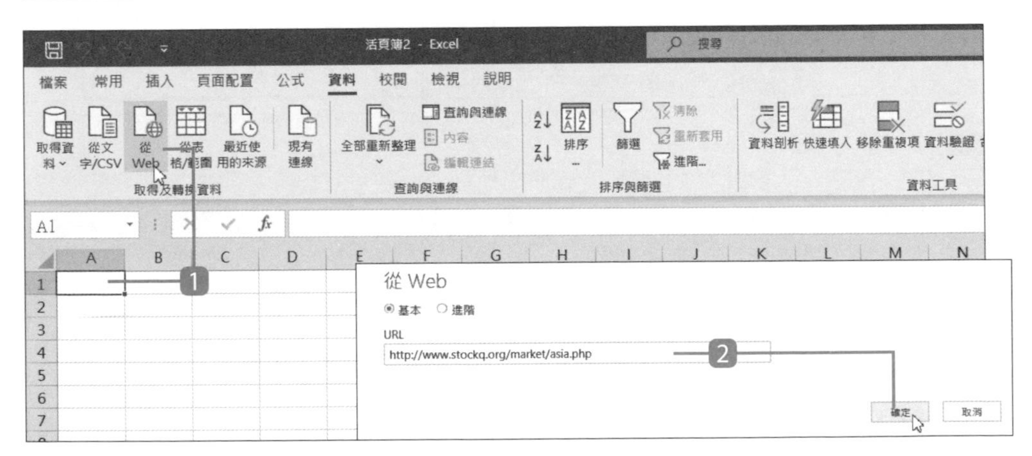

1 開啟一 Excel 空白活頁簿，選取 A1 儲存格，於 **資料** 索引標籤選按 **從 Web**。

2 核選 **基本**、**URL** 欄位輸入 Web 頁面網址「http://www.stockq.org/market/asia.php」，選按 **確定** 鈕。(若有出現要求存取權限的視窗，選按 **連接** 鈕。)

Step 2 確認資料並取得

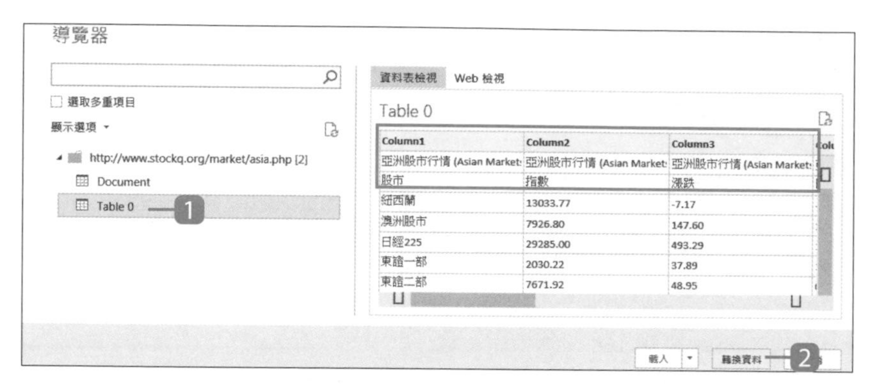

1 於 **導覽器** 視窗選按要取得的 Table，可於右側確認資料內容。

2 於 **資料表檢視** 標籤中看到資料的標頭不正確 (股市、指數、漲跌、比例、最高.... 該列才是標頭)，需著手調整再載入，因此選按 **轉換資料** 鈕進入 Power Query 編輯器調整 (若資料不需要調整可直接選按 **載入** 鈕)。

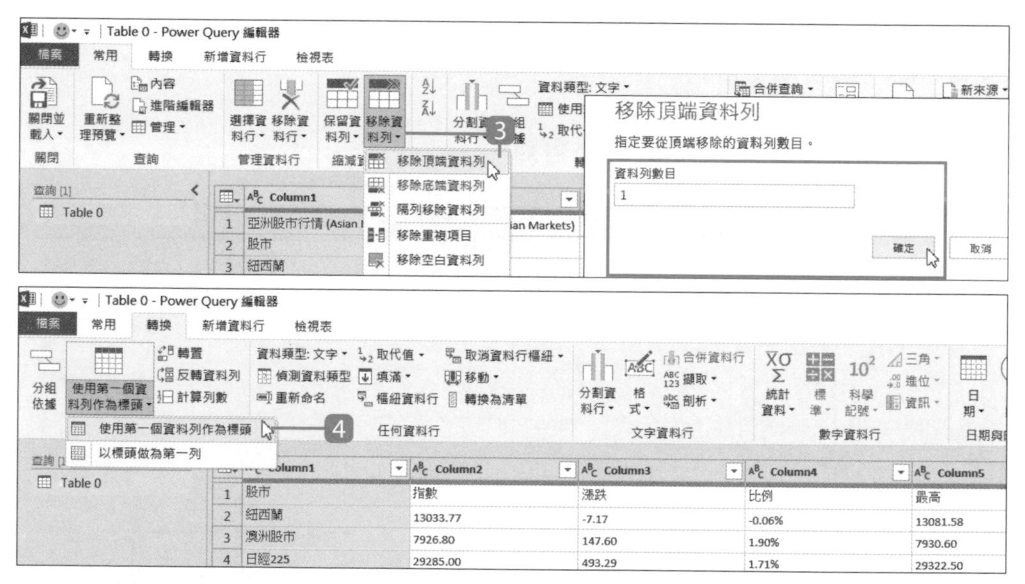

3 此範例正確的標頭為目前第二列資料 (股市、指數、漲跌、比例、最高....)，因此先刪除錯誤的第一列資料。於 **常用** 索引標籤選按 **移除資料列** 清單鈕 \ **移除頂端資料列**，指定資料列數目：「1」，再按 **確定** 鈕。

4 於 **轉換** 索引標籤選按 **使用第一個資料列作為標頭** 清單鈕 \ **使用第一個資料列作為標頭**，將目前的第一列資料 (股市、指數、漲跌、比例、最高....) 提昇為標頭。

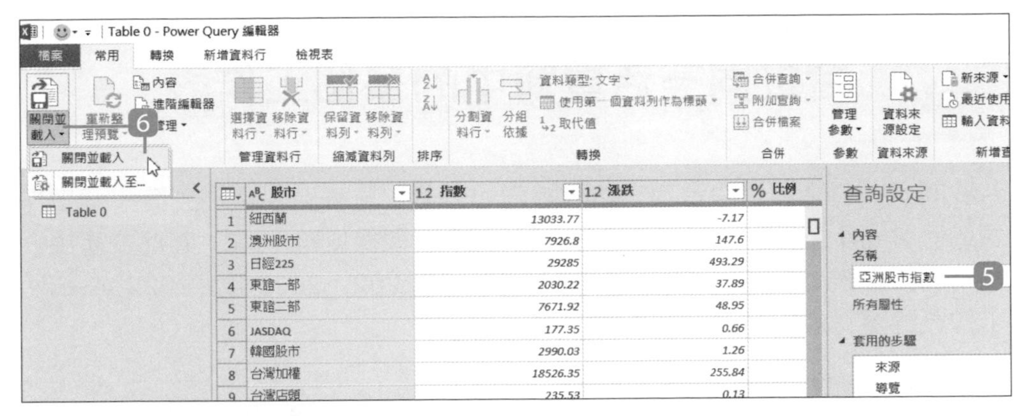

5 為了方便辨識資料內容，將名稱變更為「亞洲股市指數」。

6 最後於 **常用** 索引標籤選按 **關閉並載入** 清單鈕 \ **關閉並載入**，完成調整回到 Excel。

	A	B	C	D	E	F	G	H	
1	股市	指數	漲跌	比例	最高	最低	開盤	今年表現	當地
2	紐西蘭	13033.77	-7.17	-0.0006	13081.58	13018.89	-	-0.0016	12/30
3	澳洲股市	7926.8	147.6	0.019	7930.6	7779.2	-	0.0106	17:18
4	日經225	29301.79	510.08	0.0177	29323.79	28954.56	-	0.0177	14:59
5	東證一部	2030.22	37.89	0.019	2031.65	2005.45	-	0.019	15:00
6	東證二部	7676.54	53.57	0.007	7680.67	7637.17	7666.04	0.007	15:00
7	JASDAQ	177.35	0.66	0.0037	177.65	176.8	-	0.0037	15:00

查詢與連線
查詢 | 連線
1 個查詢
亞洲股市指數
載入 30 個資料列。

▲ 即可與指定項目建立連線，並新增工作表顯示取得的資料。

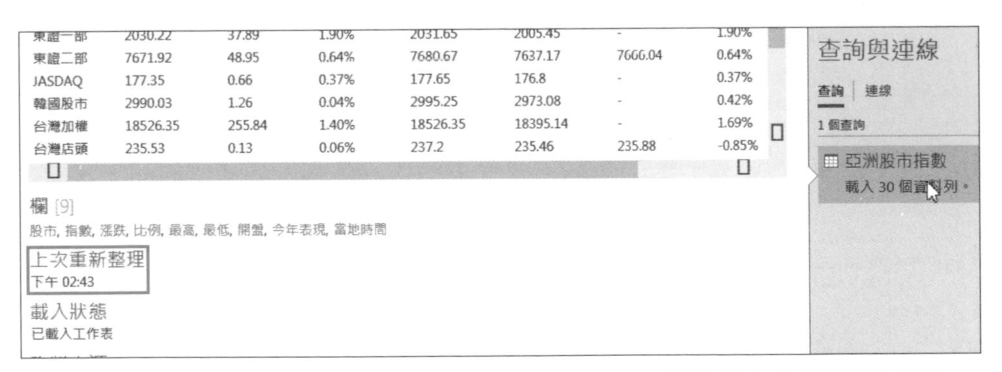

▲ 於右側 **查詢與連線** 窗格會看到連線的 Table，將滑鼠指標移至該項目上方會顯示相關資料與該即時資料上次重新整理的時間點。若需要確認目前是否為最新數據資料，可於 **資料** 索引標籤選按 **全部重新整理** 清單鈕 \ **重新整理** 取得最即時的內容。(若無畫面中右側 **查詢與連線** 窗格，可於 **資料** 索引標籤選按 **查詢與連線** 開啟。)

11.6 合併同一活頁簿中的多個工作表

若要將同一個活頁簿中資料表結構相同的多個工作表資料累加到第一個工作表或合併到新工作表，最快速的方式就是使用 **取得資料** 功能。在此要產生一個新的工作表，依序合併範例中 202201、202202、202203、202204 四個工作表的資料數據。

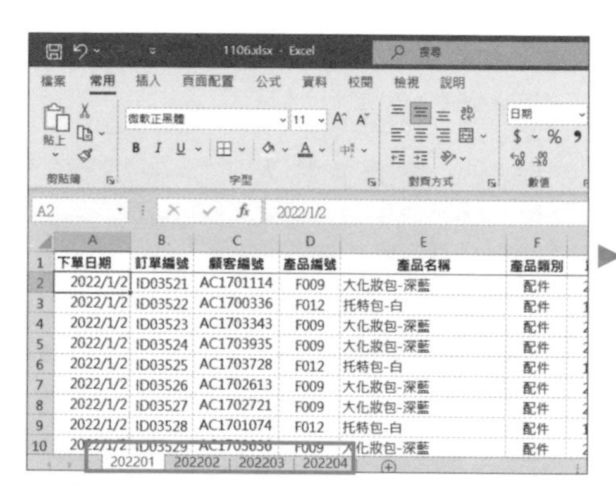

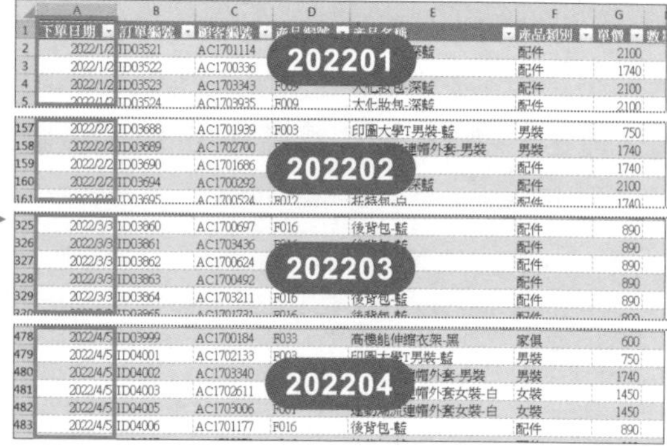

Step 1 指定要取得並合併多個工作表的 Excel 活頁簿檔案

1. 開啟一 Excel 空白活頁簿，於 **資料** 索引標籤選按 **取得資料 \ 從檔案 \ 從活頁簿**。
2. 指定要取得的活頁簿檔，<C:\ACI035600附書範例 \ Part 11 \ 1106.xlsx>，再選按 **匯入** 鈕。

Step 2 確認資料並取得

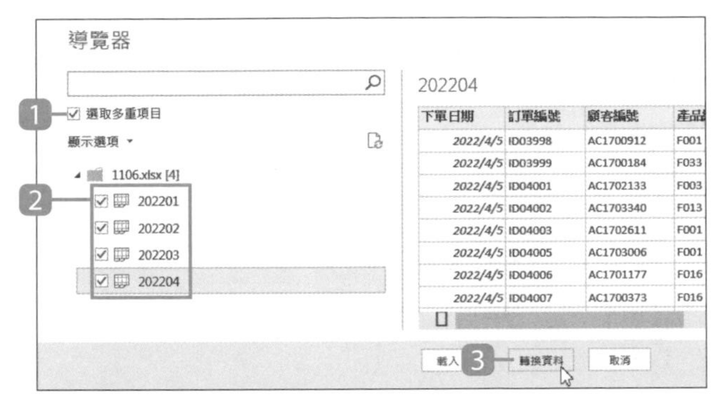

1 於 **導覽器** 視窗核選 **選取多重項目**。

2 核選工作表項目 (在此核選該活頁簿中的四個工作表)。

3 選按 **轉換資料** 鈕，取得資料並進入 Power Query 編輯器。

Step 3 合併取得的工作表

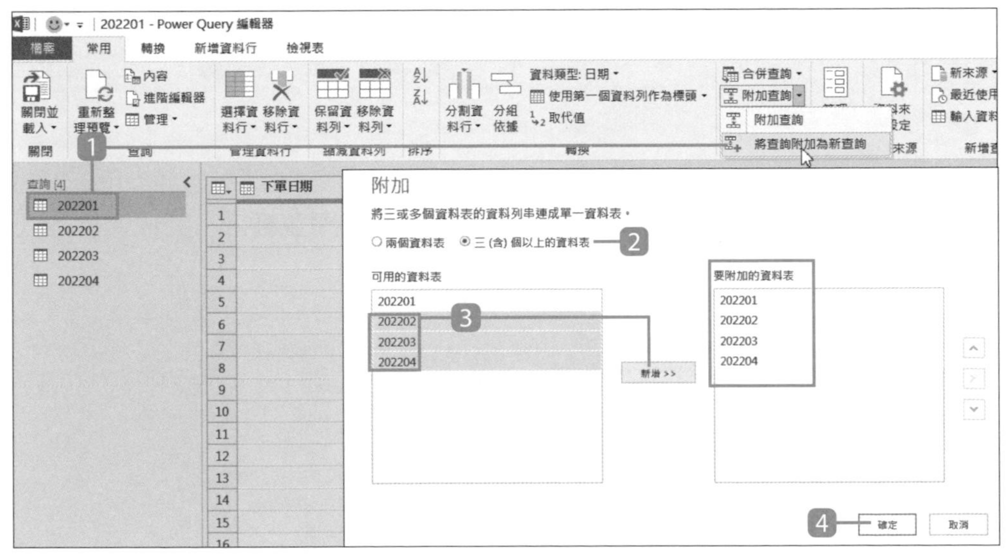

1 於左側 **查詢** 窗格先選取 202201 項目，再於 **常用** 索引標籤選按 **附加查詢** 清單鈕 \ **將查詢附加為新查詢** (**將查詢附加為新查詢** 會建立一個新查詢 (工作表) 將四個工作表資料合併並顯示在新工表；若選按 **附加查詢** 則會以 202201 工作表累加其他工作表資料)。

2 在此要示範合併四個工表內容，因此核選 **三(含)個以上的資料表**。

3 於 **可用的資料表** 欄位按 Ctrl 鍵一一選取 **202202**、**202203**、**202204** 項目，再選按 **新增** 鈕將其加入 **要附加的資料表** 欄位。

4 選按 **確定** 鈕。

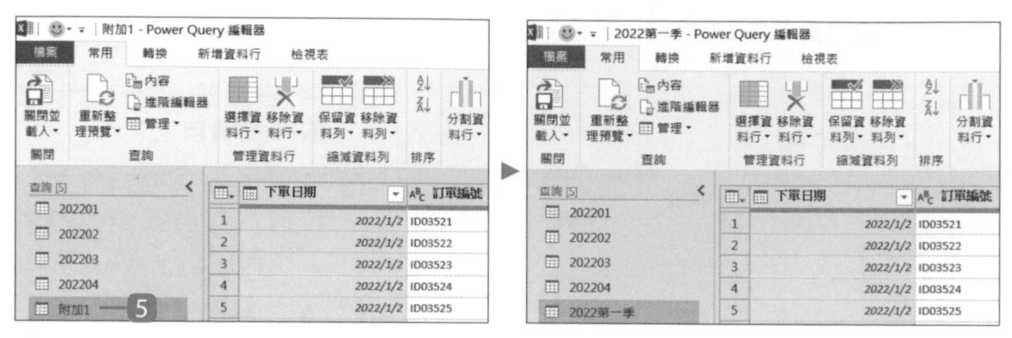

5 依前面的設定產生了新查詢 **附加1**，於 **附加1** 名稱連按二下滑鼠左鍵，更名為「2022第一季」，再按 Enter 鍵完成更名。

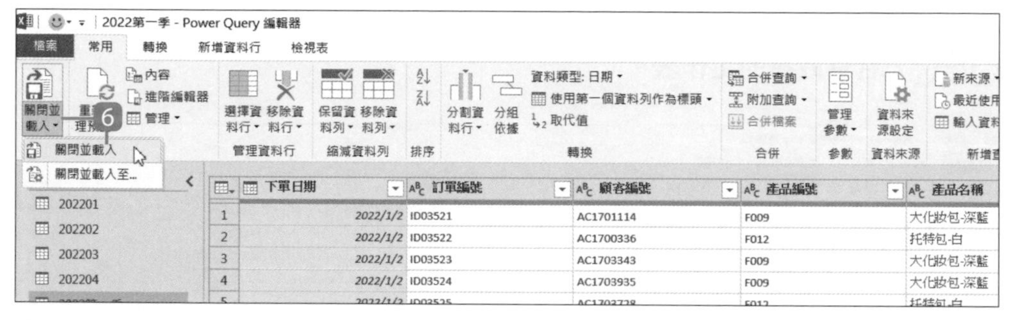

6 於 **常用** 索引標籤選按 **關閉並載入** 清單鈕 \ **關閉並載入**，完成合併回到 Excel。

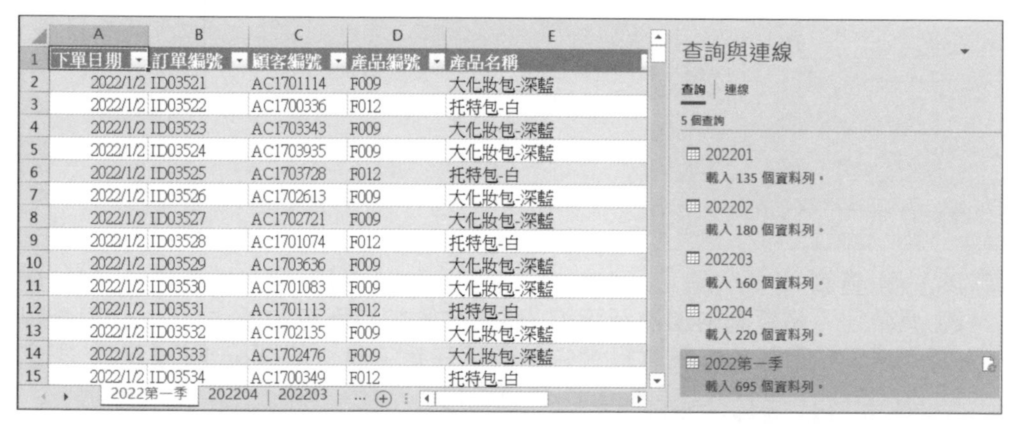

	A	B	C	D	E
1	下單日期	訂單編號	顧客編號	產品編號	產品名稱
2	2022/1/2	ID03521	AC1701114	F009	大化妝包-深藍
3	2022/1/2	ID03522	AC1700336	F012	托特包-白
4	2022/1/2	ID03523	AC1703343	F009	大化妝包-深藍
5	2022/1/2	ID03524	AC1703935	F009	大化妝包-深藍
6	2022/1/2	ID03525	AC1703728	F012	托特包-白
7	2022/1/2	ID03526	AC1702613	F009	大化妝包-深藍
8	2022/1/2	ID03527	AC1702721	F009	大化妝包-深藍
9	2022/1/2	ID03528	AC1701074	F012	托特包-白
10	2022/1/2	ID03529	AC1703636	F009	大化妝包-深藍
11	2022/1/2	ID03530	AC1701083	F009	大化妝包-深藍
12	2022/1/2	ID03531	AC1701113	F012	托特包-白
13	2022/1/2	ID03532	AC1702135	F009	大化妝包-深藍
14	2022/1/2	ID03533	AC1702476	F009	大化妝包-深藍
15	2022/1/2	ID03534	AC1700349	F012	托特包-白

▲ 即可與指定項目建立連線，並將多個工作表內容合併在一個工作表中。若原工作表更新資料數據，可於 **資料** 索引標籤選按 **全部重新整理** 清單鈕 \ **重新整理** 同步更新資料數據。

11.7 合併資料夾中所有活頁簿的工作表

若要一次取得並合併資料夾中 "所有" 活頁簿的工作表資料數據，最快速的方式就是使用 **取得資料** 功能。在此要取得並合併 <每個月份銷售數據> 資料夾中每個月份活頁簿的工作表資料數據。

Step 1 合併前的檢查

要合併資料夾中所有活頁簿的工作表前，需檢查每個活頁簿要合併的工作表：資料表結構相同、工作表名稱相同，才能正確的合併資料內容。

Step 2 指定要取得並合併多個工作表的 Excel 活頁簿檔案

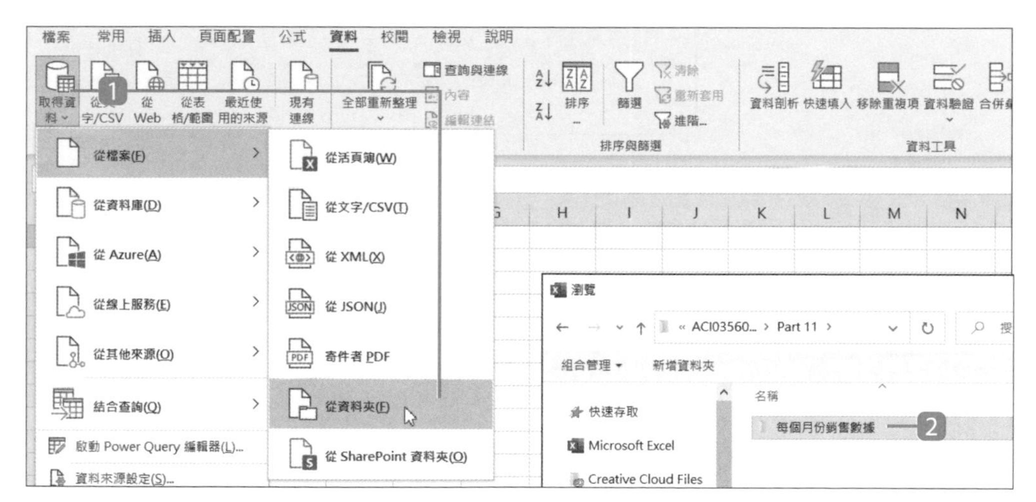

1. 開啟一 Excel 空白活頁簿，於 **資料** 索引標籤選按 **取得資料 \ 從檔案 \ 從資料夾**。
2. 選擇要取得資料的資料夾，在此選按 <C:\ACI035000附書範例 \ Part 11 \ 每個月份銷售數據> 資料夾，再選按 **確定** 鈕。(Excel 2021 前版本需選按 **瀏覽** 鈕再指定資料夾)

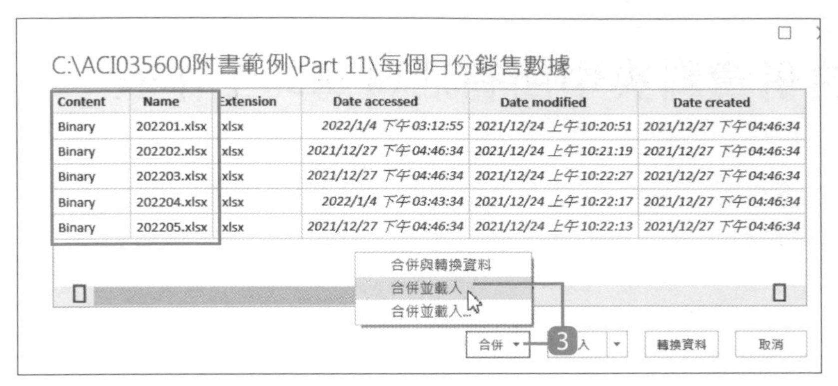

3 確認要整合的檔案明細，再選按 **合併** 清單鈕 \ **合併並載入** (若選按 **合併與轉換資料** 會於合併後直接進入 Power Query 編輯器)。

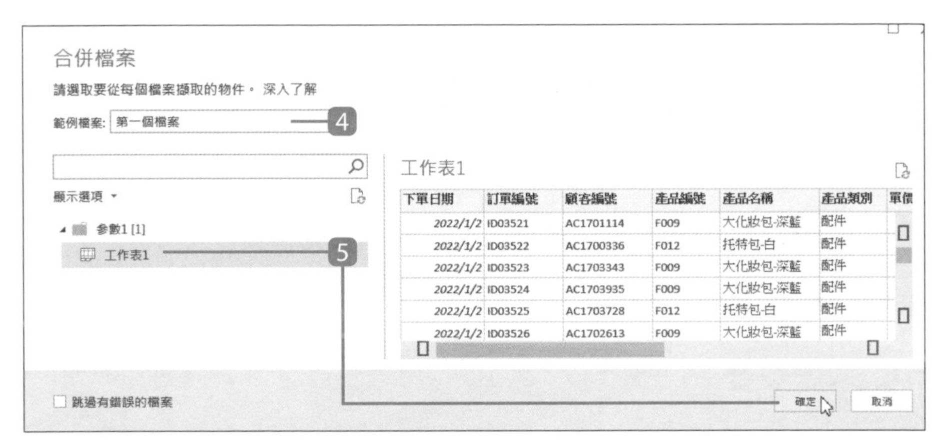

4 選擇要依哪個檔案的格式為範例，因為範例中資料夾內每個檔案的格式都是一樣，所以依預設的 **第一個檔案** 作為範例。

5 選按 **工作表1**，再選按 **確定** 鈕。

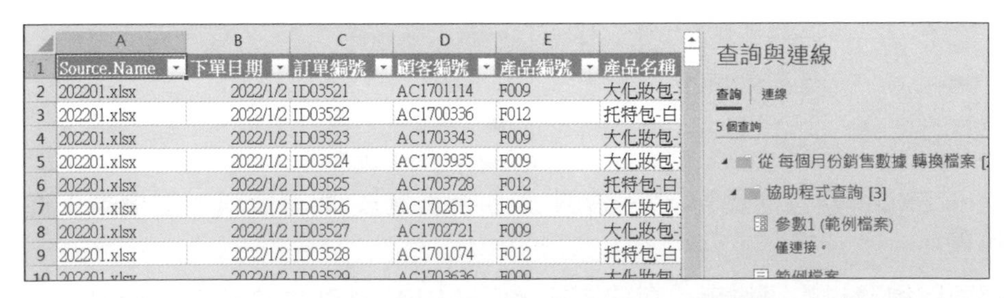

▲ 即可新增一個工作表，並將該資料夾中所有活頁簿工作表內容合併在工作表中。

Step 3 合併更多檔案的資料

完成前面 <每個月份銷售數據> 資料夾，5 個檔案 1~5 月銷售明細資料的合併，如果後續再製作 6、7、8 月的銷售明細資料該怎麼辦？不需要重新取得，只要將製作好的報表檔案一樣放置於該資料夾中，再於 Excel 檔案重整資料即可自動取得新的資料並合併於既有資料的後方。

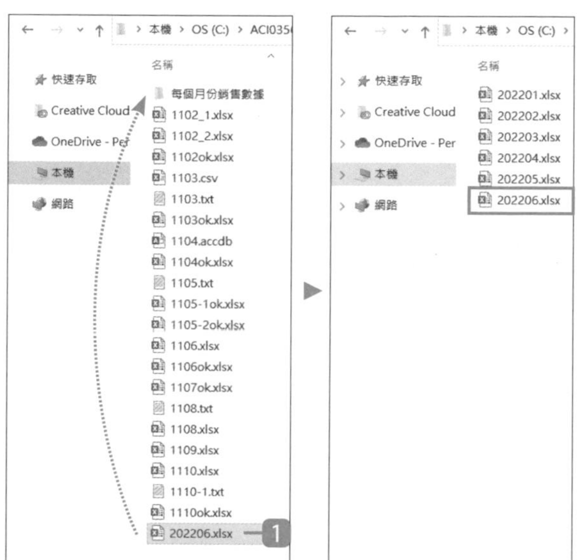

1 選取 <C:\ACI035600附書範例 \ Part 11 \ 202206.xlsx> 檔案，拖曳至 <每個月份銷售數據> 資料夾中。

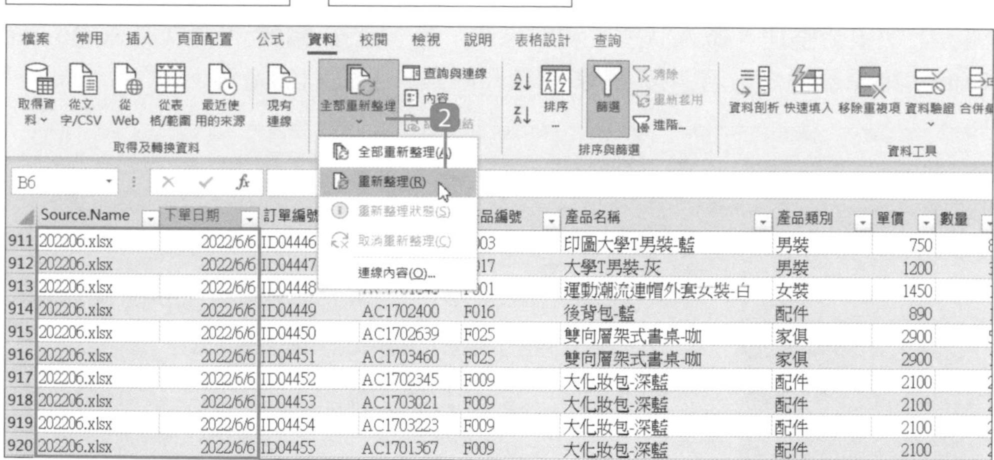

2 回到 Excel，開啟之前合併完成的活頁簿檔案，於 **資料** 索引標籤選按 **全部重新整理** 清單鈕 \ **重新整理**，即可同步更新資料數據。

11.8 開啟有外部資料連線的活頁簿

因資料安全性的考量，在 Excel 開啟有外部資料連線的活頁簿檔案時，首次會出現訊息告知連線已停用，選按 **啟用內容** 鈕即可啟用。

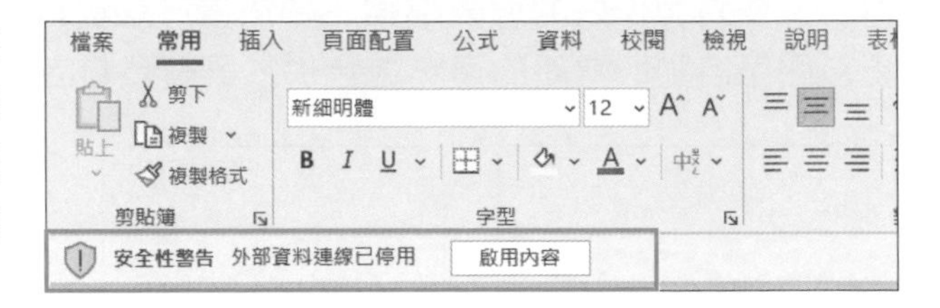

11.9 管理外部資料的連線

編輯與刪除

查詢與連線 窗格可協助你管理外部資料來源的連線與狀況，可於 **資料** 索引標籤選按 **查詢與連線** 開啟。

將滑鼠指標移至想管理與編輯的資料項目上方，會出現其相關的說明內容：欄、上次重新整理、載入狀態、資料來源...等，選按 **編輯** 可再次進入 Power Query 編輯器編修，若選按 **刪除** 則會刪除與外部資料的連線。

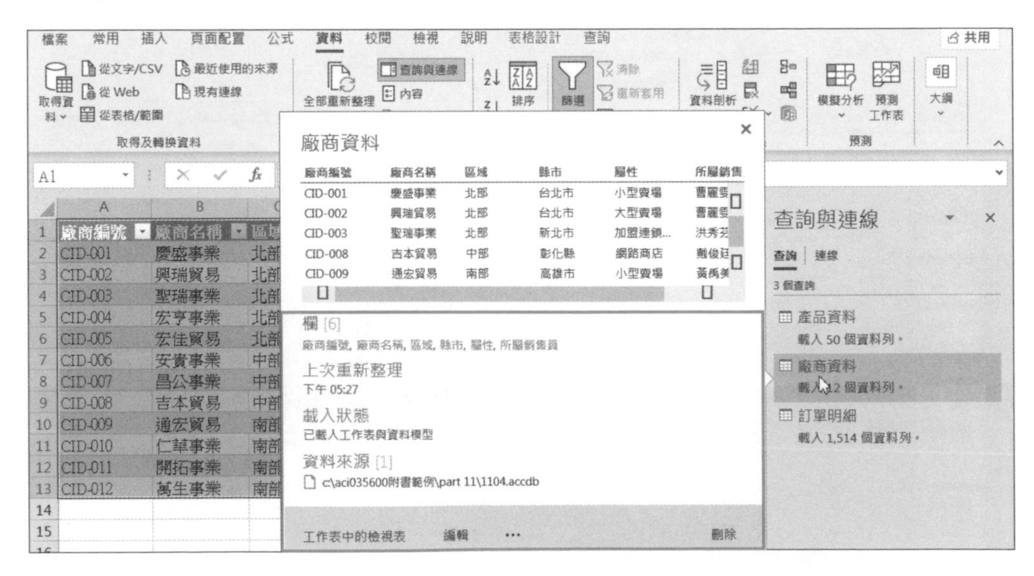

重新整理

於 **資料** 索引標籤選按 **全部重新整理** 清單鈕，再選按 **全部重新整理** 可一次更新活頁簿中的所有外部資料表，選按 **重新整理** 只更新目前選取的資料表。

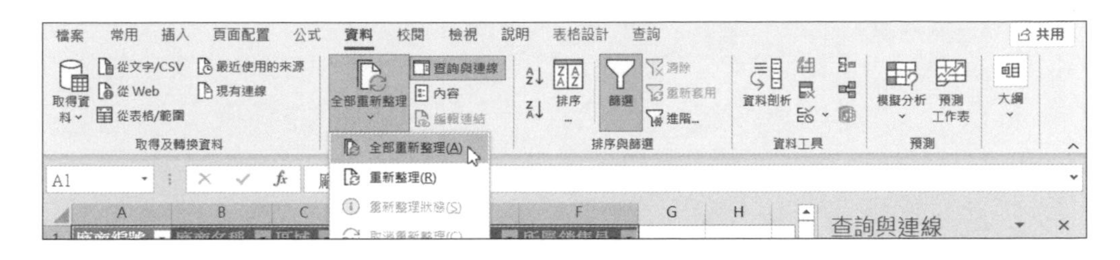

11.10 找不到檔案！變更資料來源

開啟有外部資料連線的活頁簿，執行重新整理資料時出現了找不到檔案的錯誤訊息！！該如何處理？

Excel 取得外部資料時，是以 "絕對路徑" 的方式記錄資料來源，因此當來源檔案更改檔名或儲存路徑，會產生找不到資料來源的錯誤狀況。

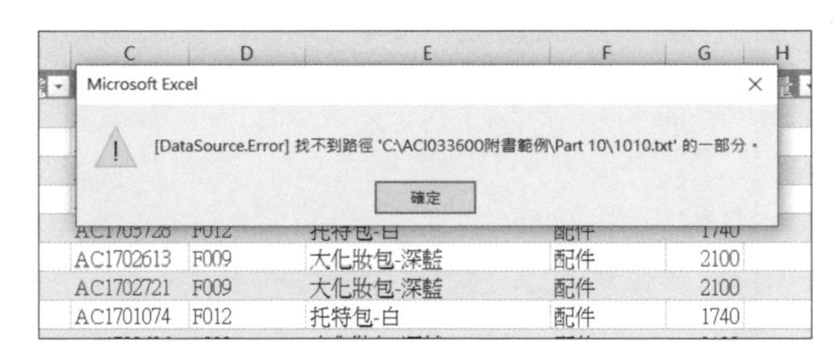

這時請選按 **確定** 鈕，再依以下步驟重新指定來源：

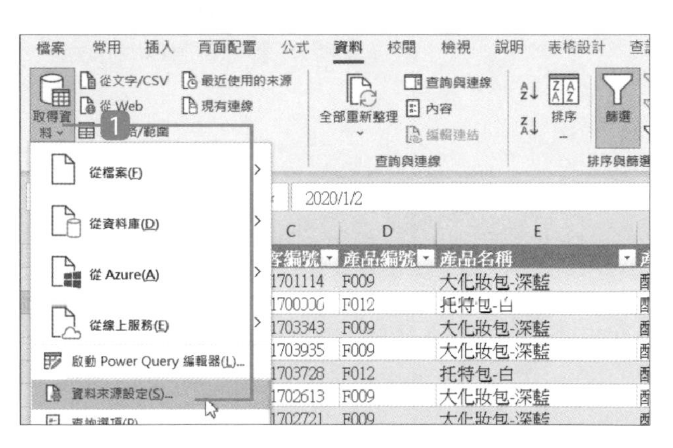

1 於 **資料** 索引標籤選按 **取得資料 \ 資料來源設定**。

2 選按要重新指定資料來源的資料項目。

3 選按 **變更來源** 鈕。

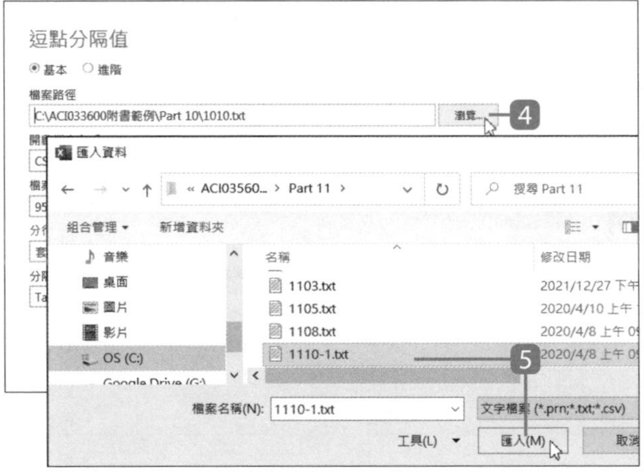

4 選按 **瀏覽** 鈕。

5 指定新的資料來源檔，選按 **匯入** 鈕。

逗點分隔值
基本　進階
檔案路徑
C:\ACI035600附書範例\Part 11\1110-1.txt　瀏覽...
開啟檔案方式
CSV 文件
檔案原點
950: 繁體中文 (Big5)
分行符號
套用所有分行符號
分隔符號
Tab 鍵
6　確定
關閉

6 最後選按 **確定** 鈕、再選按 **關閉** 鈕，即完成資料來源的重新指定。

用公式與函數運算數值

基本認識

- 認識公式
- 認識函數
- 運算子介紹
- 輸入公式與函數
- 修改公式與函數

複製、儲存格參照

- 複製相鄰儲存格的公式
- 複製不相鄰儲存格公式
- 複製後，僅貼上公式不貼上格式
- 複製後，僅貼上計算結果的值
- 儲存格參照
- 相對參照與絕對參照的轉換

數值運算

- 自動加總單一指定範圍
- 自動加總多個指定範圍
- 簡單的數值運算
- 計算加總
- 計算平均值
- 計算多個數值相乘的值
- 四捨五入 / 無條件捨去指定位數
- 求整數，小數點以下無條件捨去
- 格式化有小數位數金額
- 求除式的商數、餘數
- 錯誤值標示說明

12.1 認識公式

Excel 不僅可以在各儲存格中輸入數值、文字，還能計算貸款償還、薪資小計或各部門業績...等，只要用公式計算，即能夠快速得到彙整後的數值，對於資料分析也相當有幫助。

公式介紹

公式計算永遠都是以等號 = 開始，後面可以接數值、儲存格位址、運算子 (+ - × / > < &...等)、函數...等的組合算式。

C5 | =C2+C3+C4

	A	B	C	D	E
1	部門	姓名	薪資		
2	會計	王孟軒	31,500		
3		林詩婷	30,000		
4		宋憲儒	36,400		
5		小計	97,900		

於資料編輯列可看到目前儲存格中的公式。

公式計算的結果會直接顯示於輸入公式的儲存格中。

公式結構

公式在使用時必須先輸入「=」，再輸入數值或內有數值的儲存格位址，以及合適的運算子。

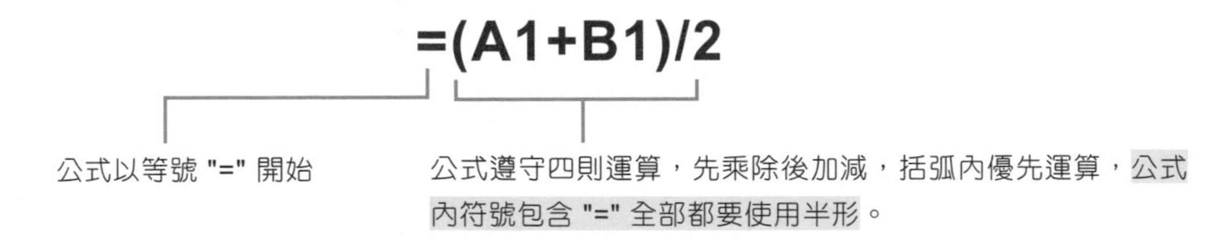

12.2 認識函數

函數是公式計算的一種，當簡單的加、減、乘、除不敷使用，或要計算、分析的資料龐大複雜時，可以藉由函數加快取得結果。

函數介紹

Excel 中內建許多不同種類的函數，函數必須依已定義的語法輸入，即可進行加總、平均、條件判斷、資料取得、日期時間轉換...等計算：

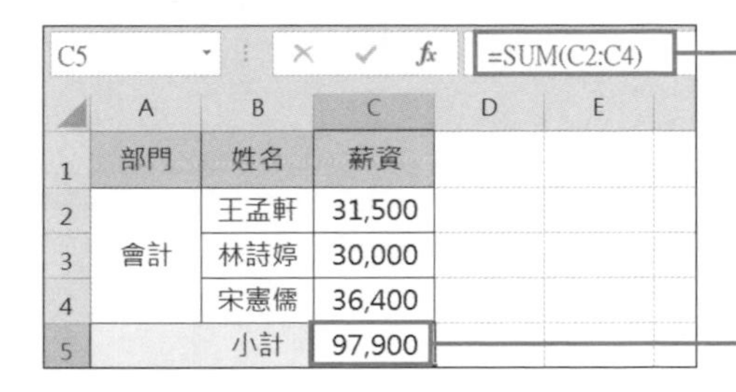

	A	B	C	D	E
1	部門	姓名	薪資		
2	會計	王孟軒	31,500		
3		林詩婷	30,000		
4		宋憲儒	36,400		
5		小計	97,900		

於資料編輯列中可看到函數的設定及引數內容。

函數計算的結果會直接顯示於輸入函數的儲存格中。

函數結構

函數在使用時必須先輸入「=」，再輸入函數名稱與括號「()」，接著於括號中依順序設定引數，要注意的是公式中使用到的符號例如：=、(、)、: ...等必須以半形輸入。這裡以常用的加總函數 **SUM** 為例，其語法為 **SUM(範圍1,[範圍2],...])**。

=SUM(C2:C4)

等號：函數公式以等號 "=" 開始，沒有等號就會被視為單純的字串，而不會進行計算。

函數名稱：依要計算的內容輸入合適的函數(英文字母大小寫皆可)。

引數：每個函數有不同引數，以半形括號 "()" 包含著。當有多個引數時以 "," 區隔，例如 "A1,B1,C1"。引數是儲存格範圍時以 ":" 串連，例如 "C2:C4" 表示計算的範圍由 C2 儲存格到 C4 儲存格。

12.3 運算子介紹

公式或是函數中常用到 "運算子"，運算子有 **算術運算子**、**比較運算子**、**文字運算子**、**參照運算子** 四類，熟悉運算子的用法可讓運算更加事半功倍。

運算子的種類及介紹

種類	符號	說明	範例
算術運算子	+	加法	6+2
	-	減法	6-2
	*	乘法	6*2
	/	除法	6/2
	%	百分比	30%
	^	次方 (乘冪)	6^2
比較運算子	=	等於	A1=B1
	>	大於	A1>B1
	<	小於	A1<B1
	>=	大於等於	A1>=B1
	<=	小於等於	A1<=B1
	<>	不等於	A1<>B1
文字運算子	&	連結多個字串	"含稅金額"&TEXT(F12,"#,###")
參照運算子	:	冒號，連續的儲存格範圍	SUM(B1:B5)
	,	逗號，不連續儲存格範圍	SUM(B1:B5,D1:D5)
		逗號，連續或不連續儲存格	SUM(A1,B1,D1)
	(半形空白)	二個儲存格範圍交集的部分	SUM(B7:D7 C6:C8)

運算子的計算順序

運算子的計算順序與四則運算順序相同，而且會先計算括號 "()" 的部分、由左而右計算、先乘除後加減。以下列出運算子的計算順序：

順序	符號	說明
1	: (冒號) , (逗號) (半形空格)	參照運算子
2	–	負號
3	%	百分比
4	^	次方 (乘冪)
5	* 和 /	乘和除
6	+ 和 –	加和減
7	&	連結多個字串
8	= < > <= >= <>	比較運算子

例如下圖 A1:C5 儲存格中的數值資料，套用到各個公式及運算式中就會產生不同的值，所以要非常注意運算子的順序：

	A	B	C
1	10	100	150
2	20	200	250
3	30	300	350
4	40	400	450
5	50	500	550

=SUM(A1,A5) ► 10+50 ► 60

=SUM(A1:A5) ► 10+20+30+40+50 ► 150

=SUM(A1,A3,A5) ► 10+30+50 ► 90

=SUM(A1+B1*5) ► 10+100×5 ► 510

=SUM((A1+B1)*5) ► (10+100)×5 ► 550

12.4 輸入公式與函數

如果對公式函數還不熟悉，初學者可運用 **插入函數** 鈕的對話方塊以及 **自動加總** 鈕完成函數輸入，Excel 職人則可以直接於儲存格輸入公式或函數。

直接輸入

可以於儲存格或資料編輯列中輸入公式或函數。

	A	B	C	D	E	F
1	部門	姓名	薪資			
2	會計	王孟軒	31,500			
3		林詩婷	30,000			
4		宋憲儒	36,400			
5		小計	=SUM			
6			SUM	傳回儲存格範圍		
7			SUMIF			
8			SUMIFS			
			SUMPRODUCT			

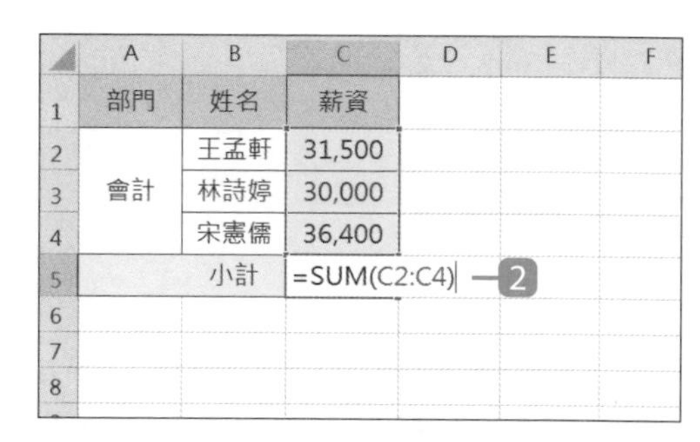

1 選取欲取得計算結果的儲存格，直接輸入「=」，再輸入函數名稱。(也可於建議清單中合適函數上按二下滑鼠左鍵選用)。

2 輸入「(」，會出現該函數的引數提示，參考提示輸入引數，最後輸入「)」，再按 Enter 鍵完成。

以 fx "插入函數" 鈕輸入

可以用 fx 鈕搜尋以及插入函數，對話方塊中有函數功能及引數輸入說明。

Step 1 插入函數

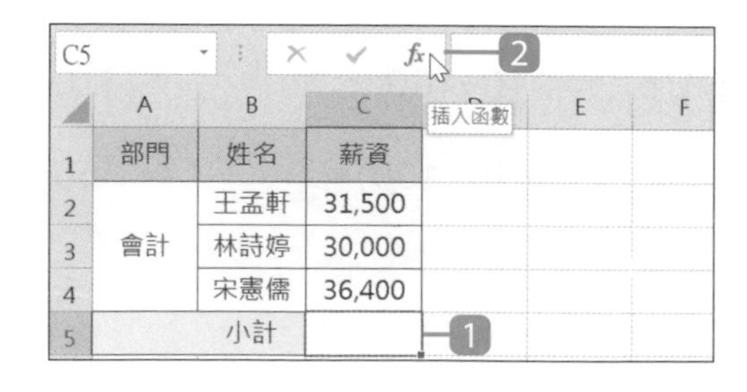

1 選取欲取得計算結果的儲存格。

2 選按 fx **插入函數** 鈕。

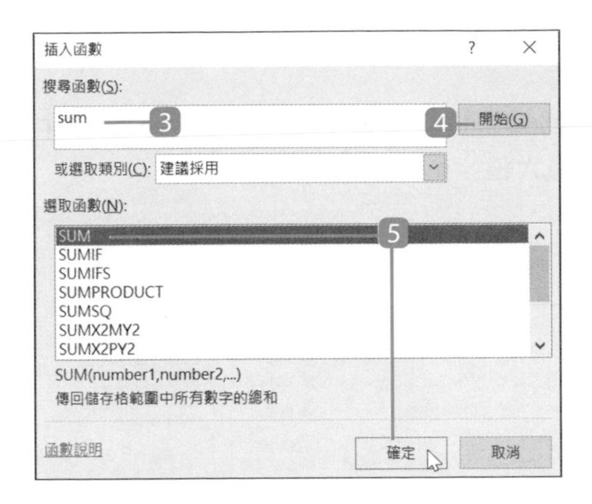

3 於 **搜尋函數** 輸入函數名稱。

4 按 **開始** 鈕進行函數搜尋。

5 於 **選取函數** 欄位確認為要使用的函數，再按 **確定** 鈕。

Step 2 輸入函數引數

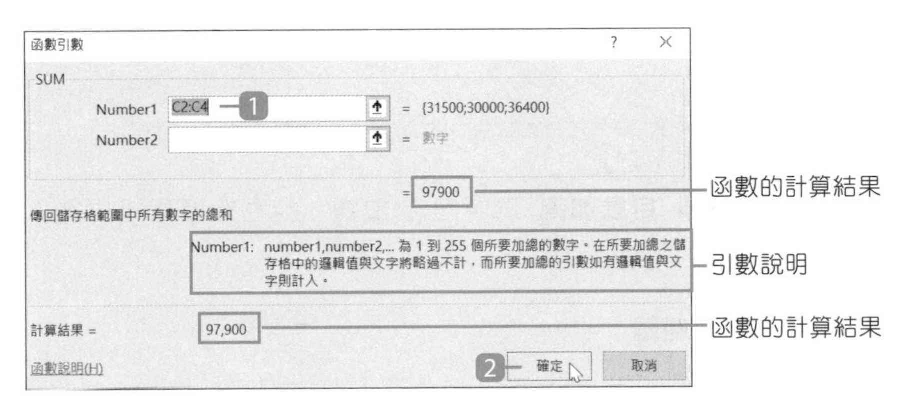

1 於引數欄位 **Number1** 輸入「C2:C4」，表示要加總的第一組範圍為 C2 儲存格至 C4 儲存格。

2 按 **確定** 鈕，完成函數引數的設定。

3 函數公式顯示在上方的資料編輯列，而運算結果則會出現在儲存格中。

以 Σ "自動加總" 鈕輸入

選按 Σ **自動加總** 清單鈕可以直接加入所需要的運算 (以函數撰寫)，清單中包含 **加總**、**平均值**、**計算數字項數**、**最大值**、**最小值**、**項他函數** 選項。

Step 1 選擇運算方式

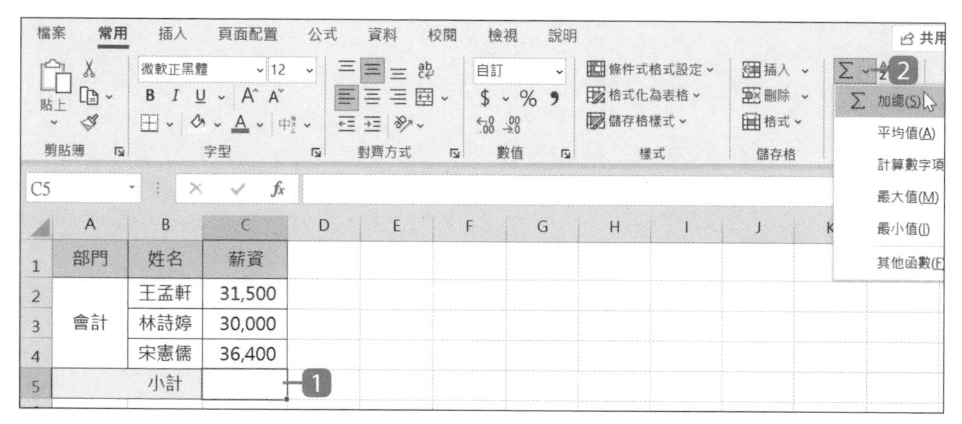

1. 選取欲取得計算結果的儲存格。
2. 於 **常用** 索引標籤選按 **自動加總** 清單鈕 \ **加總**，自動在儲存格中加入 **SUM** 函數。

Step 2 選取合適的計算範圍

	A	B	C	D	E	F
1	部門	姓名	薪資			
2	會計	王孟軒	31,500			
3		林詩婷	30,000			
4		宋憲儒	36,400			
5		小計	=SUM(C2:C4)			
6			SUM(number1, [number2], ...)			

◀ 於 **SUM** 函數的 "()" 括號中輸入引數。(或拖曳選取儲存格"C2:C4"，再按 Enter 鍵就完成。)

資訊補給站

利用 "公式" 索引標籤插入函數

除了以上提到的三個方法，也可以利用 **公式** 索引標籤內不同函數種類的清單鈕插入函數。

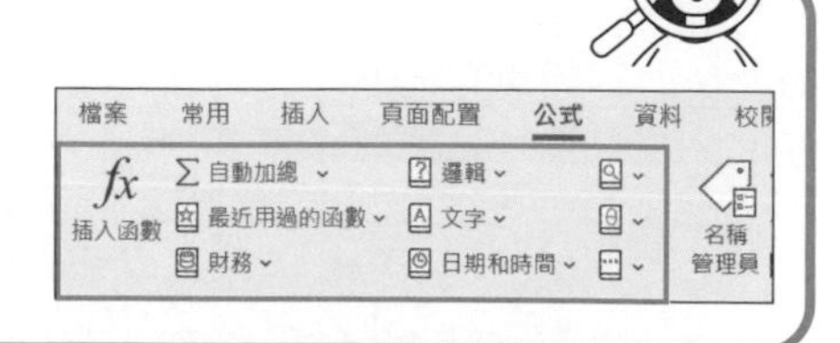

12.5 修改公式與函數

輸入的公式、函數難免會有錯誤或需要修改，可以在儲存格或資料編輯列中修改，或是透過拖曳的方式調整。

於資料編輯列中修改

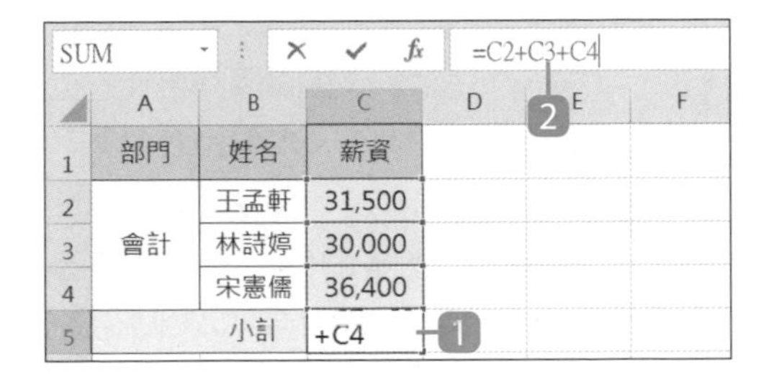

1 選取要修改函數公式的儲存格。

2 於資料編輯列內按一下滑鼠左鍵，出現輸入線時即可修改，修改後按 Enter 鍵。

於儲存格中修改

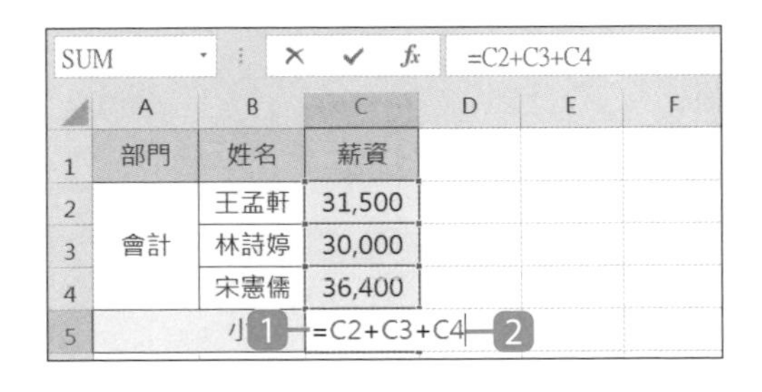

1 在要修改函數公式的儲存格上按二下滑鼠左鍵。

2 儲存格出現輸入線時即可修改，修改後按 Enter 鍵。

拖曳修改引數中儲存格的範圍

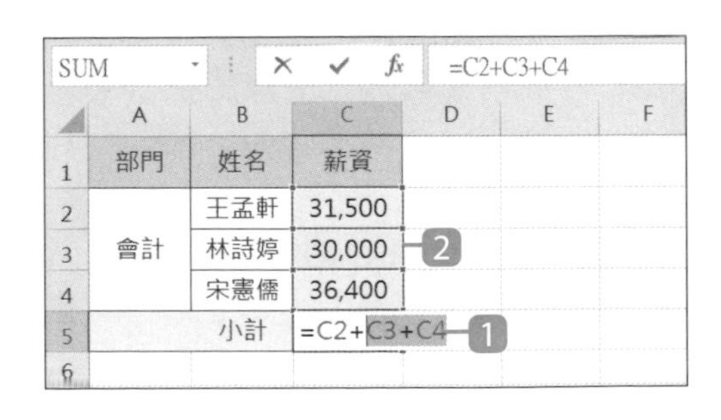

1 在要修改函數公式的儲存格上按二下滑鼠左鍵，選取要修改的引數。

2 於正確的儲存格位址按滑鼠左鍵不放拖曳選取，新的儲存格範圍即會取代剛才選取的引數，修改後按 Enter 鍵。

12.6 複製相鄰儲存格的公式

若計算方式相同，藉由複製可省去反覆輸入公式的時間，複製公式時，參照儲存格位址會自動依複製目的地儲存格位址變更。

Step 1 自動填滿

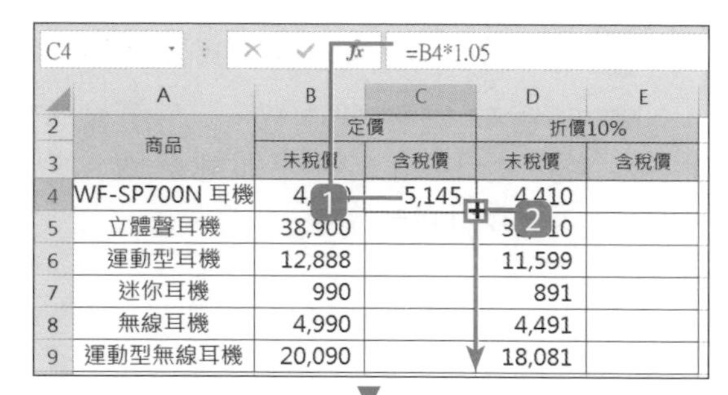

C4 =B4*1.05

	A	B	C	D	E
2	商品	定價		折價10%	
3		未稅價	含稅價	未稅價	含稅價
4	WF-SP700N 耳機	[illegible]	5,145	4,410	
5	立體聲耳機	38,900		[illegible]	
6	運動型耳機	12,888		11,599	
7	迷你耳機	990		891	
8	無線耳機	4,990		4,491	
9	運動型無線耳機	20,090		18,081	

C4 =B4*1.05

	A	B	C	D	E
2	商品	定價		折價10%	
3		未稅價	含稅價	未稅價	含稅價
4	WF-SP700N 耳機	4,900	5,145	4,410	
5	立體聲耳機	38,900	40,845	35,010	
6	運動型耳機	12,888	13,532	11,599	
7	迷你耳機	990	1,040	891	
8	無線耳機	4,990	5,240	4,491	
9	運動型無線耳機	20,090	21,095	18,081	

1. 選取已輸入公式的 C4 儲存格，目前資料編輯列顯示的公式為：「=B4*1.05」。
2. 將滑鼠指標移至 C4 儲存格右下角的 **填滿控點** 上，呈黑色 **+** 狀，往下拖曳至 C9 儲存格再放開滑鼠左鍵。

Step 2 檢查複製的公式

C9 =B9*1.05

	A	B	C	D	E
2	商品	定價		折價10%	
3		未稅價	含稅價	未稅價	含稅價
4	WF-SP700N 耳機	4,900	5,145	4,410	
5	立體聲耳機	38,900	40,845	35,010	
6	運動型耳機	12,888	13,532	11,599	
7	迷你耳機	990	1,040	891	
8	無線耳機	4,990	5,240	4,491	
9	運動型無線耳機	20,090	21,095	18,081	
10					
11					

1. 完成複製後，於 C4 至 C9 儲存格都有公式計算的值，可以檢查一下是否正確，選取 C9 儲存格。
2. 資料編輯列顯示的公式為：「=B9*1.05」，在此已依複製的公式自動調整列號取得正確的結果值。

12.7 複製不相鄰儲存格的公式

不相鄰儲存格之間要複製公式，可以用 **複製**、**貼上** 工具鈕或相關快速鍵。

Step 1 複製公式

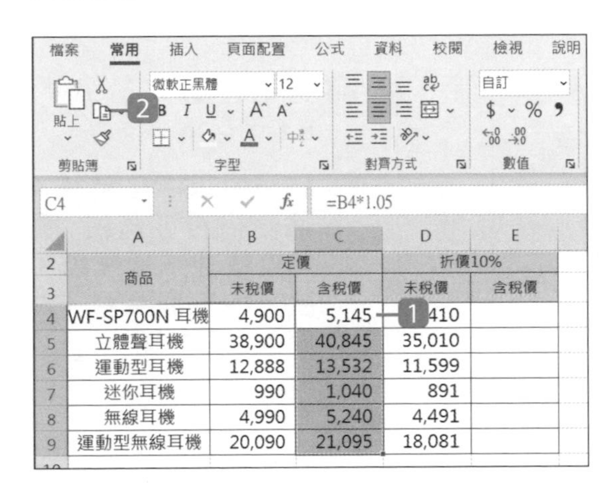

C4 =B4*1.05

	A	B	C	D	E
2	商品	定價		折價10%	
3		未稅價	含稅價	未稅價	含稅價
4	WF-SP700N 耳機	4,900	5,145	4,410	
5	立體聲耳機	38,900	40,845	35,010	
6	運動型耳機	12,888	13,532	11,599	
7	迷你耳機	990	1,040	891	
8	無線耳機	4,990	5,240	4,491	
9	運動型無線耳機	20,090	21,095	18,081	

1. 選取已輸入公式的 C4:C9 儲存格範圍。
2. 於 **常用** 索引標籤選按 **複製** (選取的 C4:C9 儲存格範圍四邊會出現虛線)。

Step 2 貼上公式並檢查

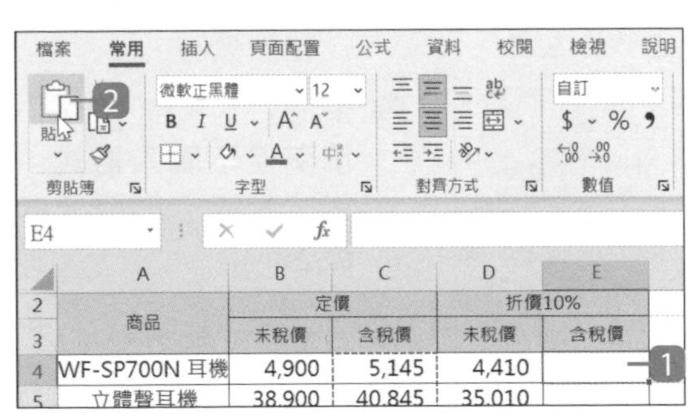

1. 選取 E4 儲存格。
2. 於 **常用** 索引標籤選按 **貼上**。

E9 =D9*1.05

	A	B	C	D	E
2	商品	定價		折價10%	
3		未稅價	含稅價	未稅價	含稅價
4	WF-SP700N 耳機	4,900	5,145	4,410	4,631
5	立體聲耳機	38,900	40,845	35,010	36,761
6	運動型耳機	12,888	13,532	11,599	12,179
7	迷你耳機	990	1,040	891	936
8	無線耳機	4,990	5,240	4,491	4,716
9	運動型無線耳機	20,090	21,095	18,081	18,985

3. 完成 E4 至 E9 儲存格公式的複製後，選取 E9 儲存格可發現資料編輯列顯示的公式為：「=D9*1.05」，在此已依複製的公式自動調整欄名與列號取得正確的結果值。

12.8 複製後，僅貼上公式不貼上格式

使用 **自動填滿** 功能複製公式時，原來設計好的格線、文字色彩、底色...等格式設定，會被來源資料格式影響，這時可選擇僅複製公式不複製格式。

Step 1 自動填滿

	A	B	C	D	E	F
1	銷售明細表					
2	商品	定價		折價10%		
3		未稅價	含稅價	未稅價	含稅價	
4	WF-SP700N 耳機	4,900	5,145	4,410	4,631	
5	立體聲耳機	38,900	40,845	35,010		
6	運動型耳機	12,888	13,532	11,599		
7	迷你耳機	990	1,040	891		
8	無線耳機	4,990	5,240	4,491		
9	運動型無線耳機	20,090	21,095	18,081		
10						

1. 選取已輸入公式的 E4 儲存格。
2. 將滑鼠指標移至 E4 儲存格右下角的 **填滿控點** 上，呈黑色 **+** 狀，往下拖曳至 E9 儲存格再放開。

Step 2 填滿但不填入格式

	D	E
1		
2	折價10%	
3	未稅價	含稅價
4	4,410	4,631
5	35,010	36,761
6	11,599	12,179
7	891	936
8	4,491	4,716
9	18,081	18,985

複製儲存格(C)
僅以格式填滿(F)
填滿但不填入格式(O)
快速填入(F)

1. 完成複製後 E4 儲存格的格式會跟著公式一起被複製。
2. 選按右下角的 鈕 \ **填滿但不填入格式**，格式就還原成原來的樣子。

資訊補給站

以 "複製"、"貼上" 僅貼上公式不貼上格式

除了自動填滿時可以選擇 **填滿但不填入格式**，也可選取已輸入公式的儲存格後，於 **常用** 索引標籤選按 **複製**，再選取要貼上公式的儲存格，於 **常用** 索引標籤選按 **貼上** 清單鈕 \ **公式**。

12.9 複製後，僅貼上計算結果的值

有許多函數是引用其它範圍內容計算，如果刪除了引用的內容，就會出現 #REF! (計算錯誤)。下方範例 B 欄 **部門** 的內容是以 **VLOOKUP** 函數自右側 F1:G4 儲存格範圍中取得對應資料，如果刪除其內容，儲存格就會顯示錯誤值訊息。

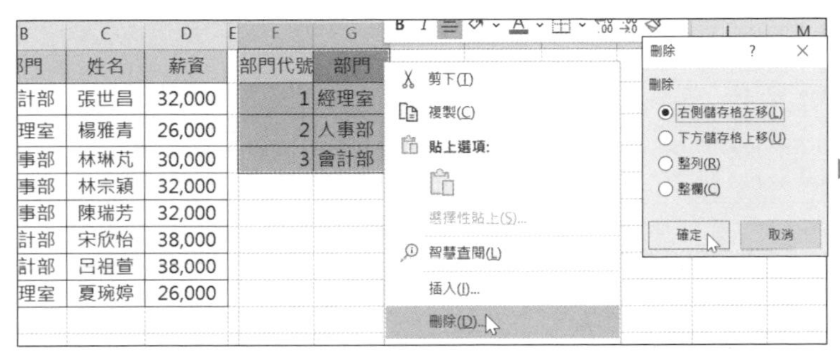

Step 1 複製公式

如果想要刪除函數公式對應的內容，但保留計算結果，必須先將其運算結果轉換為以 "值" 顯示，再刪除對應內容。

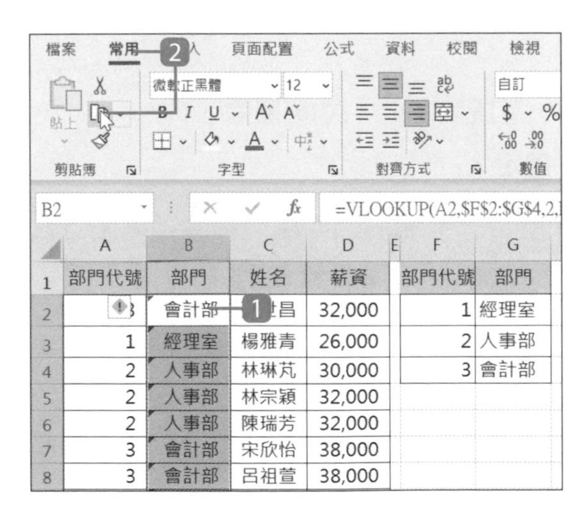

1. 選取已輸入 VLOOKUP 函數的 B2:B9 儲存格範圍。
2. 於 **常用** 索引標籤選按 **複製**。

Step 2 貼上值

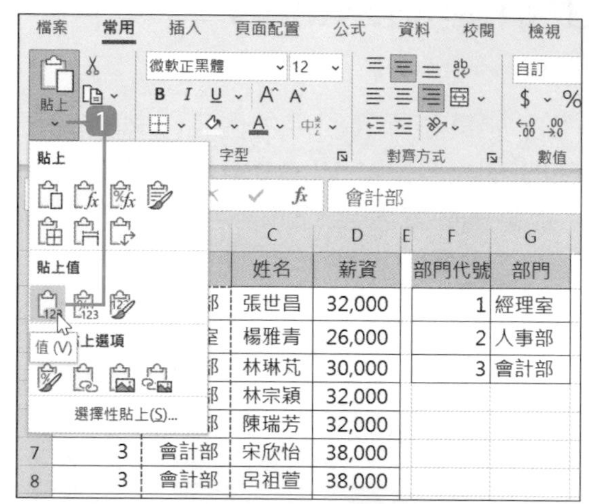

1 仍選取 B2:B9 儲存格範圍時，於 **常用** 索引標籤選按 **貼上** 清單鈕 \ 值。

(這時選按 B2:B9 儲存格範圍內任一儲存格，於資料編輯列會看到原來的函數已變成文字資料。)

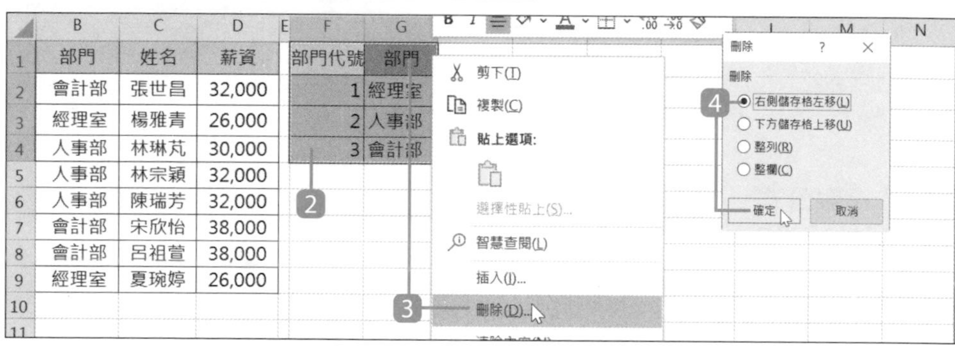

2 選取 F1:G4 儲存格範圍。

3 於選取的 F1:G4 儲存格範圍上按一下滑鼠右鍵，選按 **刪除**。

4 依預設核選 **右側儲存格左移**，按 **確定** 鈕。

	A	B	C	D
1	部門代號	部門	姓名	薪資
2	3	會計部	張世昌	32,000
3	1	經理室	楊雅青	26,000
4	2	人事部	林琳芃	30,000
5	2	人事部	林宗穎	32,000
6	2	人事部	陳瑞芳	32,000
7	3	會計部	宋欣怡	38,000
8	3	會計部	呂祖萱	38,000
9	1	經理室	夏琬婷	26,000

◀ 刪除 F1:G4 儲存格範圍，但不會影響 **部門** 欄位資料。

12.10 儲存格參照

複製公式時，公式中的儲存格位址會自動依目的地儲存格位址相對調整，如果需要固定參照儲存格位址時，可透過 **絕對參照** 與 **混合參照** 這二種儲存格參照方式調整。

相對參照

相對參照的情況下，其參照會隨著相對的儲存格而自動改變，讓公式在複製時不需要一一變更參照位址。

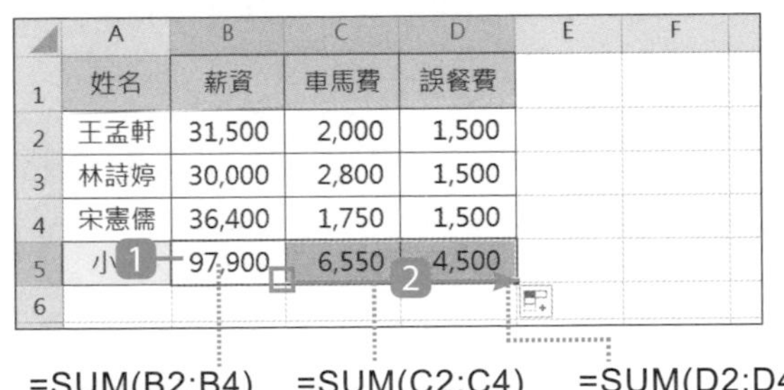

1 選取已輸入公式的 B5 儲存格，儲存格中的公式為：「=SUM(B2:B4)」

2 於 B5 儲存格按住右下角的 **填滿控點**，往右拖曳至 D5 儲存格。儲存格往左右複製，相對參照會變動的是欄名；儲存格往上下複製，相對參照會變動的是列號。

絕對參照

若希望參照的儲存格位址在複製時不要變更，那就要用絕對參照，只要在欄名或列號前加上 "$" 符號 (如：$B$1)，位址就不會隨著改變。範例中，年資滿一年的員工才有年終，而年終的算法為：薪資 × 固定的年終月數，所以存放年終月數值的 B1 儲存格需要加上 $ 符號，輸入：「$B$1」。

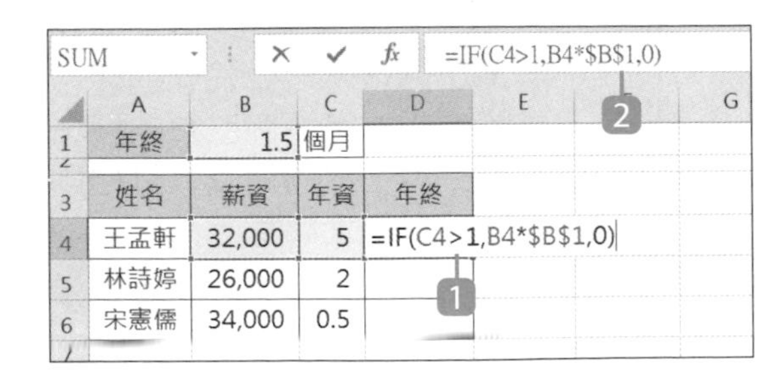

1 選取已輸入公式的 D4 儲存格，儲存格中的公式為：「=IF(C4>1,B4*B1,0)」。

2 將公式中 "B1" 參照位址改成 "$B$1"。(可輸入 "$" 符號，或選取 "D1" 再按一下 F4 鍵轉換成 "$B$1")

	A	B	C	D
1	年終	1.5	個月	
3	姓名	薪資	年資	年終
4	王孟軒	32,000	5	48,000
5	林詩婷	26,000	2	39,000
6	宋憲儒	34,000	0.5	0

=IF(C4>1,B4*$B$1,0)　=IF(C5>1,B5*$B$1,0)　=IF(C6>1,B6*$B$1,0)

3 於 D4 儲存格拖曳 **填滿控點** 至 D6 儲存格。公式中 B1 儲存格位址被固定，所以可求得正確的值。

混合參照

混合參照就是將欄名或列號其中一個設定為絕對參照，例如："$B1" 是將欄名固定、"B$1" 是將列號固定。範例中各產品的折扣價為：單價 × 折扣，由於這一個例子的變數為 **折扣** 列與 **單價** 欄，所以運用混合參照來設計公式。

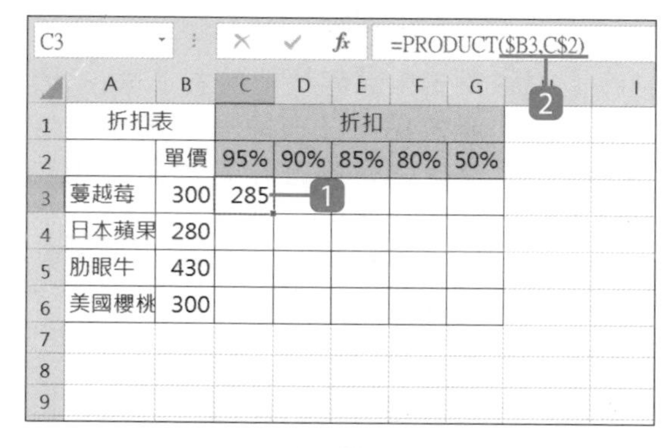

C3　=PRODUCT($B3,C$2)

	A	B	C	D	E	F	G
1	折扣表		折扣				
2		單價	95%	90%	85%	80%	50%
3	蔓越莓	300	285				
4	日本蘋果	280					
5	肋眼牛	430					
6	美國櫻桃	300					

1 選取已輸入公式的 C3 儲存格，儲存格中的公式為：「=PRODUCT(B3,C2)」。

2 選取公式中的 "B3" 按三下 F4 鍵，切換為混合參照："$B3"；同樣的選取公式中的 "C2" 按二下 F4 鍵，切換為混合參照："C$2"，按一下 Enter 鍵。

	A	B	C	D	E	F	G
1	折扣表		折扣				
2		單價	95%	90%	85%	80%	50%
3	蔓越莓	300	285	270	255	240	150
4	日本蘋果	280	266	252	238	224	140
5	肋眼牛	430	409	387	366	344	215
6	美國櫻桃	300	285	270	255	240	150

=PRODUCT($B3,C$2)　=PRODUCT($B6,G$2)

3 於 C3 儲存格拖曳 **填滿控點** 至 G3 儲存格。

4 選取 C3:G3 儲存格範圍時，於 G3 儲存格拖曳 **填滿控點** 至 G6 儲存格。公式中的混合參照會固定第一個引數的欄 B 與第二個引數的列 2，其他則會依相對位址調整。

12.11 相對參照與絕對參照的轉換

當輸入公式「=B4*B1」，之後複製公式時 "B1" 會自動依據貼上目的儲存格位置變更，這樣的參照方法為 **相對參照**。若在公式中的儲存格名稱加上 "$" 符號時，例如：「$B$1」或「$B1」，加上 "$" 符號的欄名列號即不會自動變更，這樣的參照方法為 **絕對參照** 或 **混合參照**。

輸入公式時可加上 "$" 符號，或按 F4 鍵多次，就會依 "B1" → "$B$1" → "B$1" → "$B1" 的順序切換儲存格參照位址的表示方式。

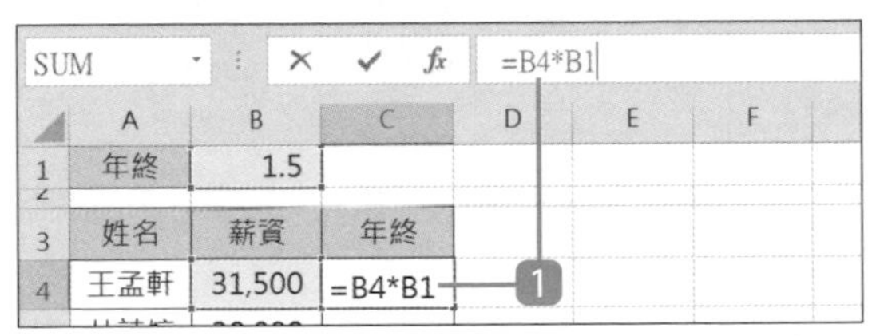

1 選取 C4 儲存格，輸入公式：「=B4*B1」。

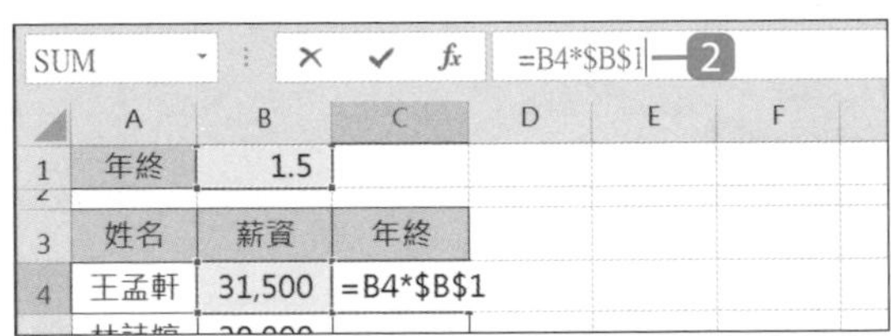

2 選取公式中的 "B1" 按一下 F4 鍵，可以快速切換為絕對參照 "$B$1"。

資訊補給站

四種儲存格參照方式的切換

每按一次 F4 鍵就會切換一種參照方式

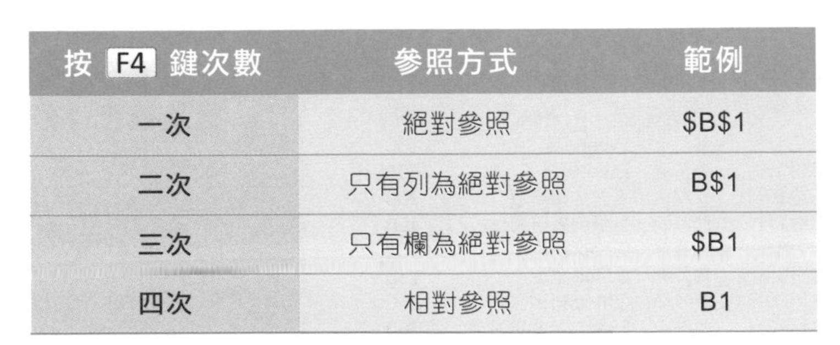

按 F4 鍵次數	參照方式	範例
一次	絕對參照	$B$1
二次	只有列為絕對參照	B$1
三次	只有欄為絕對參照	$B1
四次	相對參照	B1

12.12 自動加總單一指定範圍

加總是最常使用的計算，所以 Excel 提供了 **自動加總** 鈕，自動加總可以如 P12-8 示範的方式操作，也可以先選取要加總的範圍再按下此鈕快速完成加總計算。

Step 1 選取計算範圍與指定計算方式

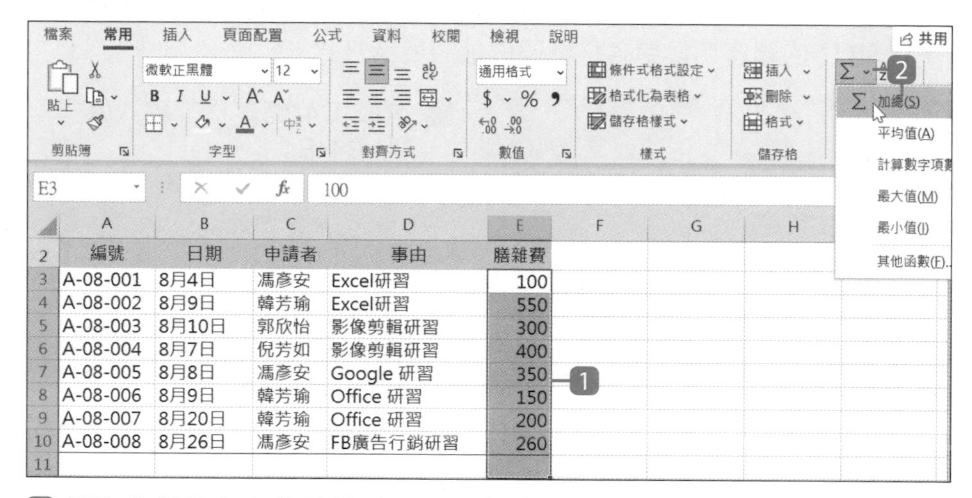

1. 選取欲計算與存放計算結果的儲存格範圍，此例選取 E3:E11。
2. 於 **常用** 索引標籤選按 **自動加總** 清單鈕 \ **加總**，空白儲存格中會自動加入 **SUM** 函數及計算公式。

Step 2 檢視計算結果

E11　=SUM(E3:E10)

	A	B	C	D	E	F
2	編號	日期	申請者	事由	膳雜費	
3	A-08-001	8月4日	馮彥安	Excel研習	100	
4	A-08-002	8月9日	韓芳瑜	Excel研習	550	
5	A-08-003	8月10日	郭欣怡	影像剪輯研習	300	
6	A-08-004	8月7日	倪芳如	影像剪輯研習	400	
7	A-08-005	8月8日	馮彥安	Google 研習	350	
8	A-08-006	8月9日	韓芳瑜	Office 研習	150	
9	A-08-007	8月20日	韓芳瑜	Office 研習	200	
10	A-08-008	8月26日	馮彥安	FB廣告行銷研習	260	
11					2310	

◀ 選取計算結果儲存格，可以看到自動加入的函數及檢查計算範圍。

12.13 自動加總多個指定範圍

以 Σ **自動加總** 鈕快速計算時，也可以一次計算多個欄列的儲存格結果。

Step 1 選取計算範圍與指定計算方式

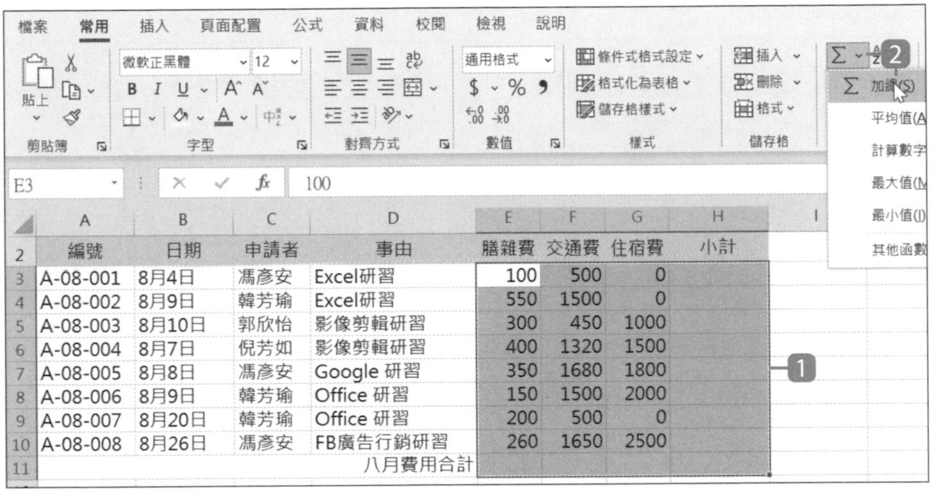

E3 | 100

	A	B	C	D	E	F	G	H
2	編號	日期	申請者	事由	膳雜費	交通費	住宿費	小計
3	A-08-001	8月4日	馮彥安	Excel研習	100	500	0	
4	A-08-002	8月9日	韓芳瑜	Excel研習	550	1500	0	
5	A-08-003	8月10日	郭欣怡	影像剪輯研習	300	450	1000	
6	A-08-004	8月7日	倪芳如	影像剪輯研習	400	1320	1500	
7	A-08-005	8月8日	馮彥安	Google 研習	350	1680	1800	
8	A-08-006	8月9日	韓芳瑜	Office 研習	150	1500	2000	
9	A-08-007	8月20日	韓芳瑜	Office 研習	200	500	0	
10	A-08-008	8月26日	馮彥安	FB廣告行銷研習	260	1650	2500	
11				八月費用合計				

Σ 加總(S)、平均值(A)、計算數字、最大值(M)、最小值(I)、其他函數

❶ 選取欲計算與計算結果的儲存格範圍，此例選取 E3:H11。

❷ 於 **常用** 索引標籤選按 **自動加總** 清單鈕 \ **加總**，空白儲存格中會自動加入 **SUM** 函數及計算結果。

Step 2 檢視計算結果

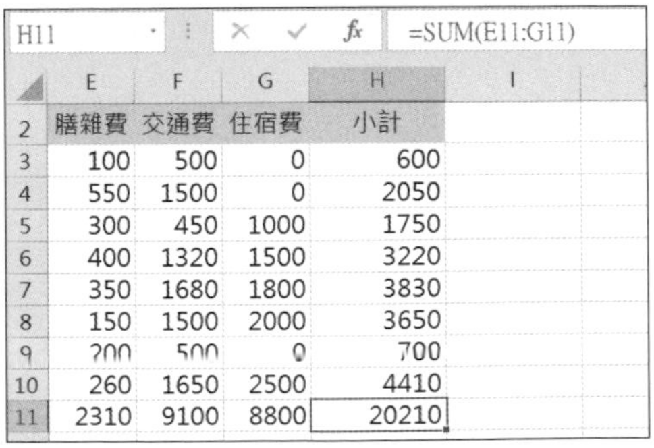

H11 | =SUM(E11:G11)

	E	F	G	H
2	膳雜費	交通費	住宿費	小計
3	100	500	0	600
4	550	1500	0	2050
5	300	450	1000	1750
6	400	1320	1500	3220
7	350	1680	1800	3830
8	150	1500	2000	3650
9	200	500	0	700
10	260	1650	2500	4410
11	2310	9100	8800	20210

◀ 選取計算結果儲存格，可以看到自動加入的函數及檢查計算範圍。

12.14 簡單的數值運算

如果只需要簡單的數學計算，可以利用運算子建立簡單的數學公式。公式以等號 = 開始，常用的運算子有：+ (加法)、- (減法)、* (乘法)、 / (除法)。

Step 1 計算加總

	E	F	G	H	I	J
2	膳雜費	交通費	住宿費	天數	小計	單天費用
3	100	500	0	1		
4	550	1500	0	1		
5	300	450	1000	2		
6	400	1320	1500	2		
7	350	1680	1800	2		
8	150	1500	2000	2		

	E	F	G	H	I	J
2	膳雜費	交通費	住宿費	天數	小計	單天費用
3	100	500	0	1	=E3+F3+G3	
4	550	1500	0	1		
5	300	450	1000	2		
6	400	1320	1500	2		
7	350	1680	1800	2		
8	150	1500	2000	2		

1. 選取 I3 儲存格。
2. 輸入公式：**=E3+F3+G3**，
   再按 Enter 鍵，即可求得 **膳雜費**、**交通費**、**住宿費** 三個項目加總的值。

Step 2 複製公式

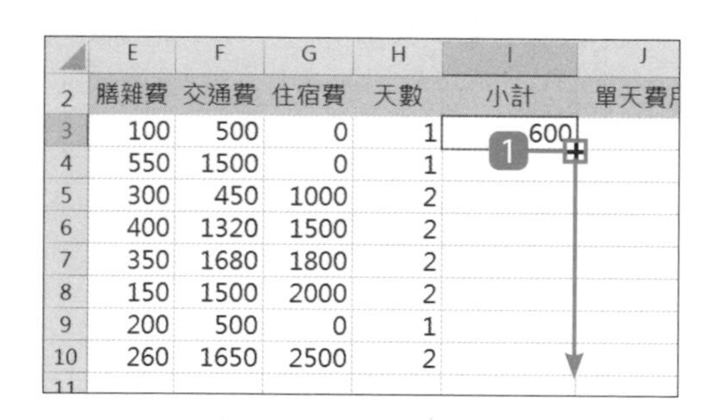

	E	F	G	H	I	J
2	膳雜費	交通費	住宿費	天數	小計	單天費用
3	100	500	0	1	600	
4	550	1500	0	1		
5	300	450	1000	2		
6	400	1320	1500	2		
7	350	1680	1800	2		
8	150	1500	2000	2		
9	200	500	0	1		
10	260	1650	2500	2		

	E	F	G	H	I	J
2	膳雜費	交通費	住宿費	天數	小計	單天費用
3	100	500	0	1	600	
4	550	1500	0	1	2050	
5	300	450	1000	2	1750	
6	400	1320	1500	2	3220	
7	350	1680	1800	2	3830	
8	150	1500	2000	2	3650	
9	200	500	0	1	700	
10	260	1650	2500	2	4410	

1. 於 I3 儲存格拖曳 **填滿控點** 至 I10 儲存格複製公式。
2. 完成 **小計** 欄位的計算。

Step 3 計算平均值

	F	G	H	I	J
2	交通費	住宿費	天數	小計	單天費用
3	500	0	1	600	
4	1500	0	1	2050	
5	450	1000	2	1750	
6	1320	1500	2	3220	
7	1680	1800	2	3830	
8	1500	2000	2	3650	
9	500	0	1	700	
10	1650	2500	2	4410	

	F	G	H	I	J
2	交通費	住宿費	天數	小計	單天費用
3	500	0	1	600	=I3/H3
4	1500	0	1	2050	
5	450	1000	2	1750	
6	1320	1500	2	3220	
7	1680	1800	2	3830	
8	1500	2000	2	3650	
9	500	0	1	700	
10	1650	2500	2	4410	

1 選取 J3 儲存格。

2 輸入公式：**=I3/H3**，再按 Enter 鍵，即可求得 **單天費用** 項目平均值。

Step 4 複製公式

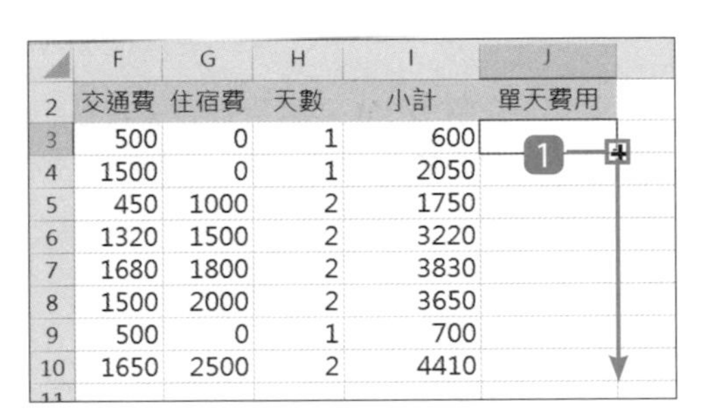

	F	G	H	I	J
2	交通費	住宿費	天數	小計	單天費用
3	500	0	1	600	
4	1500	0	1	2050	
5	450	1000	2	1750	
6	1320	1500	2	3220	
7	1680	1800	2	3830	
8	1500	2000	2	3650	
9	500	0	1	700	
10	1650	2500	2	4410	

	F	G	H	I	J
2	交通費	住宿費	天數	小計	單天費用
3	500	0	1	600	600
4	1500	0	1	2050	2050
5	450	1000	2	1750	875
6	1320	1500	2	3220	1610
7	1680	1800	2	3830	1915
8	1500	2000	2	3650	1825
9	500	0	1	700	700
10	1650	2500	2	4410	2205

1 於 J3 儲存格拖曳 **填滿控點** 至 J10 儲存格複製公式。

2 完成 **單天費用** 欄位的計算。

12.15 計算加總

SUM 函數

SUM 函數是 Excel 中最常使用的函數之一，只要指定要加總的範圍，可以快速得到範圍內數值的總和。

薪資表中各部門的薪資小計，可以單純用 **SUM** 函數進行指定範圍內的加總。如果要統計各部門小計的總和，雖然同樣是用 **SUM** 函數，但因為各部門小計的值在不相鄰的儲存格中，所以要以逗號 "," 區隔，以標註不相鄰但需將其加總的各別儲存格。

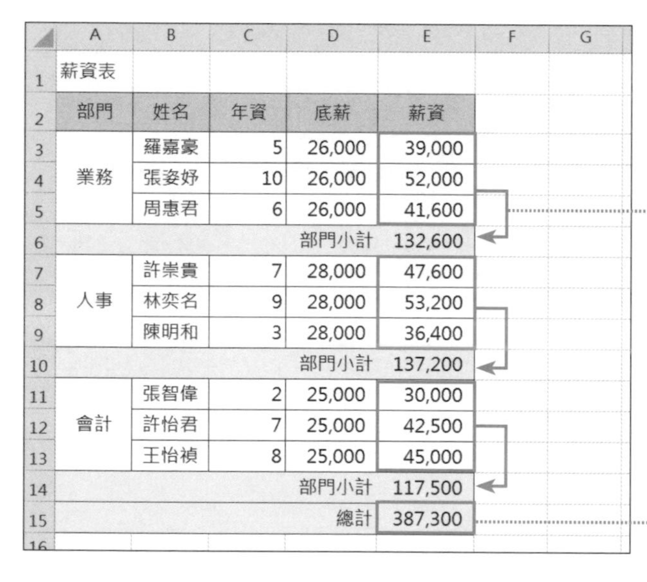

	A	B	C	D	E	F	G
1	薪資表						
2	部門	姓名	年資	底薪	薪資		
3	業務	羅嘉豪	5	26,000	39,000		
4		張姿妤	10	26,000	52,000		
5		周惠君	6	26,000	41,600		
6				部門小計	132,600		
7	人事	許崇貴	7	28,000	47,600		
8		林奕名	9	28,000	53,200		
9		陳明和	3	28,000	36,400		
10				部門小計	137,200		
11	會計	張智偉	2	25,000	30,000		
12		許怡君	7	25,000	42,500		
13		王怡禎	8	25,000	45,000		
14				部門小計	117,500		
15				總計	387,300		
16							

先用 **SUM** 函數計算薪資表各部門的薪資小計

同樣再用 **SUM** 函數，加總各部門薪資的小計值，以求得薪資總金額。

SUM 函數

| 數學與三角函數

說明：求得指定數值、儲存格或儲存格範圍內所有數值的總和。

格式：**SUM(數值1,數值2,...)**

引數：**數值**　可為數值或儲存格範圍，1 到 255 個要加總的值。若為加總連續儲存格則可用冒號 ":" 指定起始與結束儲存格，但若要加總不相鄰儲存格內的數值，則用逗號 "," 區隔。

Step 1 計算部門小計

	A	B	C	D	E	F	G
2	部門	姓名	年資	底薪	薪資		
3	業務	羅嘉豪	5	26,000	39,000		
4		張姿妤	10	26,000	52,000		
5		周惠君	6	26,000	41,600		
6				部門小計	=SUM(E3:E5)		
7	人事	許崇貴	7	28,000	47,600		
8		林奕名	9	28,000	53,200		
9		陳明和	3	28,000	36,400		
10				部門小計			
11	會計	張智偉	2	25,000	30,000		
12		許怡君	7	25,000	42,500		
13		王怡禎	8	25,000	45,000		
14				部門小計			

1 選取 E6 儲存格，輸入加總 E3、E4、E5 儲存格的公式：**=SUM(E3:E5)**。

2 於其他部門小計儲存格中，同樣運用 **SUM** 函數完成小計運算。

Step 2 計算全部金額總計

	A	B	C	D	E	F	G
2	部門	姓名	年資	底薪	薪資		
3	業務	羅嘉豪	5	26,000	39,000		
4		張姿妤	10	26,000	52,000		
5		周惠君	6	26,000	41,600		
6				部門小計	132,600		
7	人事	許崇貴	7	28,000	47,600		
8		林奕名	9	28,000	53,200		
9		陳明和	3	28,000	36,400		
10				部門小計	137,200		
11	會計	張智偉	2	25,000	30,000		
12		許怡君	7	25,000	42,500		
13		王怡禎	8	25,000	45,000		
14				部門小計	117,500		
15				總計	=SUM(E6,E10,E14)		

1 選取 E15 儲存格。

2 輸入加總 E6、E10、E14 儲存格的公式：**=SUM(E6,E10,E14)**。

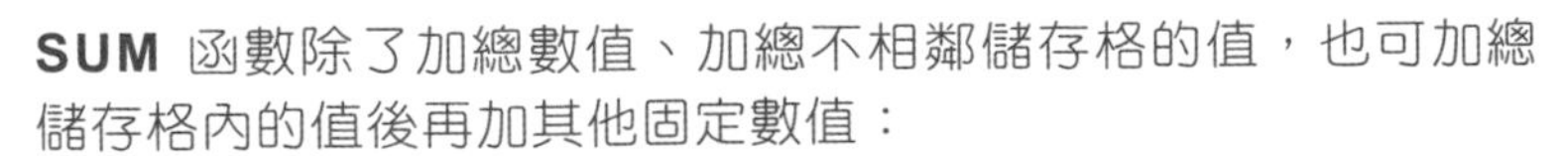

資訊補給站

SUM 函數除了加總數值、加總不相鄰儲存格的值，也可加總儲存格內的值後再加其他固定數值：

=SUM(3,2)	加總 3 和 2；結果為 5。
=SUM(B5,B8)	加總儲存格 B5 和 B8 的值。
=SUM(B5:B8,15)	加總儲存格 B5 到 B8 的值，再將結果值加上 15。

12.16 計算平均值

AVERAGE、AVERAGEA 函數

若想知道某班同學的平均成績，或是員工的平均薪資，只要用 **AVERAGE** 函數就能輕鬆計算平均值。若要忽略原始資料中的字串可使用 **AVERAGE** 函數；要將字串資料視為 "0" 時要使用 **AVERAGEA** 函數。

分別以 "排除未應試" 與 "包含未應試" 二種方式，計算十位考生的平均分數。

	A	B	C	D
1	測驗結果			
2	考生	分數		
3	許嘉揚	70		
4	王守桓	65		
5	顏勝蕙	76		
6	林義純	89		
7	蕭慶然	未應試		
8	丁陽禮	55		
9	楊婉菁	未應試		
10	彭台淩	73		
11	林惠君	56		
12	陳筱舜	82		
13	平均 (排除未應試)	70.75		
14	平均 (包含未應試)	56.6		
15				

平均 (排除未應試)：用 **AVERAGE** 函數排除未應試的考生，只計算有應試的考生分數平均值。

平均 (包含未應試)：用 **AVERAGEA** 函數計算所有考生分數平均值，若為 "未應試" 則視為 "0" 分。

AVERAGE 函數 ｜統計

說明：求得指定數值、儲存格或儲存格範圍內所有數值的平均值。

格式：**AVERAGE(數值1,數值2,...)**

引數：**數值**　計算時不會將空白或字串資料算進去，但是數值 "0" 卻是會被計算的。例如："=AVERAGE(C1:C10)" 這個公式，範圍中有十項產品，當有一項產品的值是 "0" 時仍是以除以 10 來計算，但若有一項產品的值是空白或 "未記錄" 這樣的字串時，則是以除以 9 來計算。
若為計算連續儲存格則可用冒號 ":" 指定起始與結束儲存格，但若要計算不相鄰儲存格內的數值，則用逗號 "," 區隔。

AVERAGEA 函數

| 統計

說明：求得指定數值、儲存格或儲存格範圍內所有值的平均值。

格式：**AVERAGEA(數值1,數值2,...)**

引數：**數值** 計算時儲存格範圍中的空白儲存格會被忽略，但字串會被視為 "0" 並計算。
若為計算連續儲存格則可用冒號 ":" 指定起始與結束儲存格，但若要計算不相鄰儲存格內的數值，則用逗號 "," 區隔。

Step 1 計算並排除未應試考生的平均分數

	A	B	C	D
1	測驗結果			
2	考生	分數		
3	許嘉揚	70		
4	王守桓	65		
5	顏勝蕙	76		
6	林義純	89		
7	蕭慶然	未應試		
8	丁陽禮	55		
9	楊婉菁	未應試		
10	彭台淩	73		
11	林惠君	56		
12	陳筱舜	82		
13	平均 (排除未應試)	=AVERAGE(B3:B12)		
14	平均 (包含未應試)			
15				

1. 選取 B13 儲存格。
2. 輸入計算平均分數並排除未應試考生的公式：**=AVERAGE(B3:B12)**。

Step 2 計算並包含未應試考生的平均分數

	A	B	C	D
1	測驗結果			
2	考生	分數		
3	許嘉揚	70		
4	王守桓	65		
5	顏勝蕙	76		
6	林義純	89		
7	蕭慶然	未應試		
8	丁陽禮	55		
9	楊婉菁	未應試		
10	彭台淩	73		
11	林惠君	56		
12	陳筱舜	82		
13	平均 (排除未應試)	70.75		
14	平均 (包含未應試)	=AVERAGEA(B3:B12)		
15				

1. 選取 B14 儲存格。
2. 輸入計算平均分數並包含未應試考生的公式：**=AVERAGEA(B3:B12)**。

12.17 計算多個數值相乘的值

PRODUCT 函數

PRODUCT 函數可計算數值的乘積，也就是四則運算時使用的 "×" 乘法。然而相較於用乘法來計算乘積，**PRODUCT** 函數不僅能將指定範圍內的多個數值進行相乘，如果範圍內出現的不是數值而是空白或文字內容時，也會自動判斷並以 "1" 取代以避免產生錯誤。

訂購清單中，每項產品的金額為：**單價 × 數量 × 折扣**，然而 **折扣** 欄中的資料也有可能會記錄 "無折扣" 的文字標註，表示該產品並無折扣，這時該項產品的合計金額就變成：**單價 × 數量 × 1**。

	A	B	C	D	E	F	G	H	I
1	生鮮、雜貨訂購清單								
2									
3	項目	單位	單價	數量	折扣	金額			
4	木瓜	顆	50	30	0.85	1,275			
5	哈密瓜	顆	120	20	0.85	2,040			
6	肋眼牛排	片	750	6	無折扣	4,500			
7	丁骨牛排	片	320	8	0.95	2,432			
8	鮪魚	片	260	3	0.9	702			
9	虱目魚	片	100	6	0.7	420			
10	龍蝦	尾	990	2	0.95	1,881			
11									
12									

金額 計算公式為：**單價 × 數量 × 折扣**。

PRODUCT 函數

| 數學與三角函數

說明：求得指定儲存格範圍內所有數值相乘的值。

格式：**PRODUCT(數值1,數值2,...)**

引數：**數值1**　必要，要相乘的第一個數值或範圍。

數值2...　選用，當要相乘多組範圍的元素時使用，用逗號 "," 區隔，也可用冒號 ":" 指定起始與結束儲存格。

Step 1 計算第一個項目的金額

	A	B	C	D	E	F	G	H
1	生鮮、雜貨訂購清單							
2								
3	項目	單位	單價	數量	折扣	金額		
4	木瓜	顆	50	30	0.85	=PRODUCT(C4:E4)		
5	哈密瓜	顆	120	20	0.85			
6	肋眼牛排	片	750	6	無折扣			
7	丁骨牛排	片	320	8	0.95			
8	鮪魚	片	260	3	0.9			
9	虱目魚	片	100	6	0.7			
10	龍蝦	尾	990	2	0.95			

1 選取 **F4** 儲存格。

2 輸入計算金額的公式：
=PRODUCT(C4:E4)。

Step 2 複製公式

	A	B	C	D	E	F	G
1	生鮮、雜貨訂購清單						
2							
3	項目	單位	單價	數量	折扣	金額	
4	木瓜	顆	50	30	0.85	1,275	
5	哈密瓜	顆	120	20	0.85		
6	肋眼牛排	片	750	6	無折扣		
7	丁骨牛排	片	320	8	0.95		
8	鮪魚	片	260	3	0.9		
9	虱目魚	片	100	6	0.7		
10	龍蝦	尾	990	2	0.95		
11							

	A	B	C	D	E	F	G
1	生鮮、雜貨訂購清單						
2							
3	項目	單位	單價	數量	折扣	金額	
4	木瓜	顆	50	30	0.85	1,275	
5	哈密瓜	顆	120	20	0.85	2,040	
6	肋眼牛排	片	750	6	無折扣	4,500	
7	丁骨牛排	片	320	8	0.95	2,432	
8	鮪魚	片	260	3	0.9	702	
9	虱目魚	片	100	6	0.7	420	
10	龍蝦	尾	990	2	0.95	1,881	
11							

1 於 F4 儲存格拖曳 **填滿控點** 至 F10 儲存格複製公式。

2 完成產品項目的金額運算。

資訊補給站

要進行乘積計算的值不相鄰時

若資料中乘積計算的值不相鄰時，可用逗號 "," 區隔指定要相乘的儲存格位址，如上範例中也可寫成「=PRODUCT(C4,D4,E4)」。

12.18 四捨五入 / 無條件捨去

ROUND、ROUNDDOWN 函數

對於不能有小數位數的付款金額，可使用 **ROUND** 函數將數值四捨五入到指定位數，而 **ROUNDDOWN** 函數則是用在計算特別的優惠價時，讓數值無條件捨去。

以團購訂單為例，額滿一定金額可享有優惠折扣。**團體優惠總價** 是透過 **ROUNDDOWN** 函數計算，**團購優惠單價** 則是透過 **ROUND** 函數計算。

	A	B	C	D	E	F	G	H	I
1	團購單								
2	團主	名稱	建議售價	數量	團體優惠總價	團購優惠單價			
3	劉雅婷	腰果	800	5	3,200	640			
4	謝世盈	南瓜仔	650	10	5,200	520			
5	陳歡清	蘋果乾	900	12	8,640	720			
6	林玉廷	葡萄乾	750	6	3,600	600			
7	陳佩傑	蜜汁堅果	450	7	2,480	354			
8	張綺宏	芒果乾	500	9	3,600	400			
9	許文義	夏威夷果	800	11	7,040	640			
10	陳怡君	開心果	500	6	2,400	400			
11									

團體優惠總價：建議售價 × 數量 去除百元以下的尾數再打八折。

團體優惠單價：團體優惠總價 ÷ 數量 再將其金額於個位數四捨五入求得正整數。

ROUND 函數

數學與三角函數

說明：將數值四捨五入到指定位數。

格式：**ROUND(數值,位數)**

引數：**數值** 要四捨五入的值、運算式或儲存格位址 (不能指定範圍)。

位數 指定四捨五入的位數。
- 輸入「-2」取到百位數。(例如：123.456，取得 100。)
- 輸入「-1」取到十位數。(例如：123.456，取得 120。)
- 輸入「0」取到個位數。(例如：123.456，取得 123。)
- 輸入「1」取到小數點以下第一位。(例如：123.456，取得 123.5。)
- 輸入「2」取到小數點以下第二位。(例如：123.456，取得 123.46。)

ROUNDDOWN 函數

說明：將數值無條件捨去到指定位數。

格式：**ROUNDDOWN(數值,位數)**

引數：**數值** 要無條件捨去的值、運算式或儲存格位址 (不能指定範圍)。

位數 指定無條件捨去的位數。

Step 1 計算去除百元以下的尾數再打八折

	A	B	C	D	E	F	G	H	I
2	團主	名稱	建議售價	數量	團體優惠總價	團購優惠單價			
3	劉雅婷	腰果	800	5	=ROUNDDOWN(C3*D3,-2)*0.8				
4	謝世盈	南瓜仔	650	10					
5	陳歡清	蘋果乾	900	12					
6	林玉廷	葡萄乾	750	6					
7	陳佩傑	蜜汁堅果	450	7					
8	張綺宏	芒果乾	500	9					
9	許文義	夏威夷果	800	11					
10	陳怡君	開心果	500	6					

1. 選取 E3 儲存格，要計算 **建議售價 × 數量** 且去除百元以下的尾數再打八折，輸入公式：**=ROUNDDOWN(C3*D3,-2)*0.8**。
2. 於 E3 儲存格按住 **填滿控點** 至 E10 儲存格複製公式。

Step 2 取得四捨五入的值

	A	B	C	D	E	F	G	H	I
2	團主	名稱	建議售價	數量	團體優惠總價	團購優惠單價			
3	劉雅婷	腰果	800	5	3,200	=ROUND(E3/D3,0)			
4	謝世盈	南瓜仔	650	10	5,200				
5	陳歡清	蘋果乾	900	12	8,640				
6	林玉廷	葡萄乾	750	6	3,600				
7	陳佩傑	蜜汁堅果	450	7	2,480				
8	張綺宏	芒果乾	500	9	3,600				
9	許文義	夏威夷果	800	11	7,040				
10	陳怡君	開心果	500	6	2,400				

1. 選取 F3 儲存格，要計算 **團體優惠總價 ÷ 數量** 並去除小數位數四捨五入，求得正整數，輸入公式：**=ROUND(E3/D3,0)**。
2. 於 F3 儲存格拖曳 **填滿控點** 至 F10 儲存格複製公式。

12.19 求整數，小數點以下無條件捨去

INT 函數

INT 函數會求得不超過原數值的最大整數，當原數值為正數時會直接捨去小數點以下的值成為整數，而原數值為負數時如果直接捨去小數點以下的值會大於原數值，因此會再減 1 。(例如：經 **INT** 函數的運算，2.5 會轉換為 2，-2.5 會轉換為 -3。)

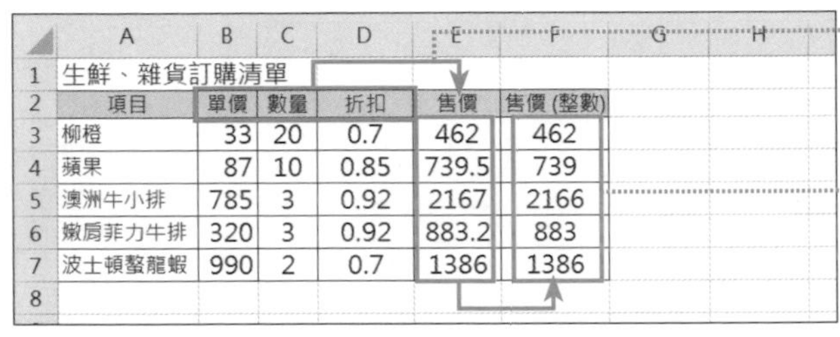

	A	B	C	D	E	F	G	H
1	生鮮、雜貨訂購清單							
2	項目	單價	數量	折扣	售價	售價 (整數)		
3	柳橙	33	20	0.7	462	462		
4	蘋果	87	10	0.85	739.5	739		
5	澳洲牛小排	785	3	0.92	2167	2166		
6	嫩肩菲力牛排	320	3	0.92	883.2	883		
7	波士頓螯龍蝦	990	2	0.7	1386	1386		
8								

售價 金額計算公式為：**單價 × 數量 × 折扣**。

售價(整數) 金額計算公式為：**售價** 的整數值。

Step 1 取得整數的售價數值

	A	B	C	D	E	F	G	H
2	項目	單價	數量	折扣	售價	售價 (整數)		
3	柳橙	33	20	0.7	462	=INT(E3)		
4	蘋果	87	10	0.85	739.5			
5	澳洲牛小排	785	3	0.92	2167			
6	嫩肩菲力牛排	320	3	0.92	883.2			
7	波士頓螯龍蝦	990	2	0.7	1386			

1 選取 F3 儲存格

2 輸入求得 **售價** 欄整數值的計算公式：**=INT(E3)**。

Step 2 複製公式

	A	B	C	D	E	F	G	H
2	項目	單價	數量	折扣	售價	售價 (整數)		
3	柳橙	33	20	0.7	462	462		
4	蘋果	87	10	0.85	739.5	739		
5	澳洲牛小排	785	3	0.92	2167	2166		
6	嫩肩菲力牛排	320	3	0.92	883.2	883		
7	波士頓螯龍蝦	990	2	0.7	1386	1386		
8								

◀ 於 F3 儲存格按住 **填滿控點** 至 F7 儲存格複製公式。

INT 函數

| 數學與三角函數

說明：求整數，小數點以下位數無條件捨去。

格式：**INT(數值)**

引數：**數值** 可為公式運算式，但若用儲存格標示時只能為特定儲存格不能為範圍。

12.20 格式化有小數位數的金額

FIXED 函數

Excel 報表中，若想要更清楚辨識金額的值，會設計為整數並加註千分位分隔符號與 "元" 文字，藉由 **FIXED** 函數即可簡單做到。

運算 **總額** 的值，還要以四捨五入轉換為整數並加註千分位逗號與 "元" 文字。

	A	B	C	D	E	F	G	H
2	項目	單價	數量	折扣	售價(整數)			
3	柳橙	33	20	0.7	462			
4	蘋果	87	10	0.85	739			
5	澳洲牛小排	785	3	0.92	2166			
6	嫩肩菲力牛排	320	3	0.92	883			
7	波士頓螯龍蝦	990	2	0.7	1386			
8				小計	5636			
9				營業稅	281.8			
10				總額	5,918元			

總額 金額計算公式為：**小計 + 營業稅**。

Step 1 計算團體優惠總價

	A	B	C	D	E	F	G	H	I	J	K	L	M
8				小計	5636								
9				營業稅	281.8								
10				總額	=FIXED(E8+E9,0,0)&"元"								

1 選取 E10 儲存格

2 輸入計算並格式化 **總額** 值的公式：**=FIXED(E8+E9,0,0)&"元"**。

Step 2 計算結果加上文字

	A	B	C	D	E	F	G	H
10				總額	5,918元			

◀ 計算結果加上單位並轉換成文字字串。

FIXED 函數

| 文字

說明：將數值四捨五入，並標註千分位逗號與文字，轉換成文字字串。

格式：**FIXED(數值,位數,千分位)**

引數：**數值**　指定數值或輸入有數值的儲存格。

位數　指定四捨五入的位數，輸入「0」則取到個位數 (詳細說明請參考 P12-28)

千分位　輸入「1」為不加千分位符號，輸入「0」為要加上千分位符號。

12.21 求除式的商數

QUOTIENT 函數

QUOTIENT 函數是四則運算中除法求得的商數，例如 20 ÷ 7，商數為 "2"，**QUOTIENT** 函數會回傳的數值為 "2"。

預算清單中，以 30,000 元預算來評估求得最多可購買數量的值。

	A	B	C	D	E	F
1	公司尾牙預算：	30,000				
2	項目	單價	可購買數量			
3	象印保溫杯+燜燒杯	1790	16			
4	歐姆龍計步器	980	30			
5	GPS運動手錶	6500	4			
6	飛利浦負離子吹風機	1080	27			
7	飛利浦雙刀頭電鬍刀	2688	11			

可購買數量 計算公式為：**預算 ÷ 單價**，求商數的值。

Step 1 計算最多可購買數量

	A	B	C	D	E	F	G	H	I	J	K
1	公司尾牙預算：	30,000	①								
2	項目	單價	可購買數量								
3	象印保溫杯+燜燒杯	1790	=QUOTIENT($B$1,B3) ②								

1. 選取 C3 儲存格。
2. 輸入求得 **可購買數量** 欄的計算公式：**=QUOTIENT($B$1,B3)**。

   下個步驟要複製此公式，代表 "被除數" 的預算金額 (B1 儲存格) 是固定的，因此利用絕對參照指定，而代表 "除數" 的產品單價 (B3 儲存格) 則逐 "列" 位移即可。

Step 2 複製公式

	A	B	C	D	E	F
2	項目	單價	可購買數量			
3	象印保溫杯+燜燒杯	1790	16			
4	歐姆龍計步器	980	30			
5	GPS運動手錶	6500	4			
6	飛利浦負離子吹風機	1080	27			
7	飛利浦雙刀頭電鬍刀	2688	11			

◀ 於 C3 儲存格按住 **填滿控點** 至 C7 儲存格複製公式。

QUOTIENT 函數 | 數學與三角函數

說明：求 "被除數" 除以 "除數" 的商數。

格式：**QUOTIENT(被除數,除數)**

12.22 求除式的餘數

MOD 函數

MOD 函數是四則運算中除法求得的餘數。例如 20 ÷ 7，商數為 "2"，餘數為 "6"，**MOD** 函數會回傳的數值為 "6"。

預算清單中，以 30,000 元預算評估每一項產品購買後剩下的金額。

	A	B	C	D	E	F
1	公司尾牙預算：	30,000				
2	項目	單價	可購買數量	剩下金額		
3	象印保溫杯+燜燒杯	1790	16	1,360		
4	歐姆龍計步器	980	30	600		
5	GPS運動手錶	6500	4	4,000		
6	飛利浦負離子吹風機	1080	27	840		
7	飛利浦雙刀頭電鬍刀	2688	11	432		

剩下金額 計算公式為：**預算 ÷ 單價**，求餘數的值。

Step 1 計算購買後餘額

	A	B	C	D	E	F	G	H	I	J	K
1	公司尾牙預算：	30,000									
2	項目	單價	可購買數量	剩下金額							
3	象印保溫杯+燜燒杯	1790	16	=MOD($B$1,B3)							

1 選取 D3 儲存格。

2 輸入求得 **剩下金額** 欄的計算公式：**=MOD($B$1,B3)**。

下個步驟要複製此公式，代表 "被除數" 的預算金額 (B1 儲存格) 是固定的，因此利用絕對參照指定，而代表 "除數" 的產品單價 (B3 儲存格) 則逐 "列" 位移即可。

Step 2 複製公式

	A	B	C	D	E	F
2	項目	單價	可購買數量	剩下金額		
3	象印保溫杯+燜燒杯	1790	16	1,360		
4	歐姆龍計步器	980	30	600		
5	GPS運動手錶	6500	4	4,000		
6	飛利浦負離子吹風機	1080	27	840		
7	飛利浦雙刀頭電鬍刀	2688	11	432		

◀ 於 D3 儲存格按住 **填滿控點** 至 D7 儲存格複製公式。

MOD 函數 | 數學與三角函數

說明：求 "被除數" 除以 "除數" 的餘數。

格式：**MOD(被除數,除數)**

12.23 錯誤值標示與檢查

常見錯誤值

輸入函數公式之後，儲存格出現 "#VALUE!"、"#NAME?"...等錯誤值，表示無法運算，修正後才能有正確的運算結果。常見的錯誤值如下列表：

錯誤值	說明
######	表示欄寬度不足，無法顯示所有內容，或在儲存格中輸入了負數值的日期或時間。
#DIV/0	除法算式中除數為空白儲存格或 0。
#NAME?	函數名稱不正確或字串未以括號 " 框住。
#N/A	必要的引數或運算值未輸入或未搜尋到。
#NUM!	數值過大、過小或空白，計算結果超出 Excel 所能處理的數值範圍，或函數反覆計算多次無法求得其值時。
#NULL!	使用的參照運算子不正確。
#REF!	公式中參照的儲存格被刪除或移動。
#VALUE!	引數內資料格式不正確。例如資料應該為數值卻指定為文字，或只能指定單一儲存格卻指定成儲存格範圍...等。

錯誤檢查

如果未啟用在背景檢查錯誤的設定，可以於 **公式** 索引標籤選按 **錯誤檢查** 檢查整個工作表是否有錯誤，在 **錯誤檢查** 視窗中就可以看到錯誤說明，可以執行 **顯示計算步驟**、**略過錯誤**...等功能。

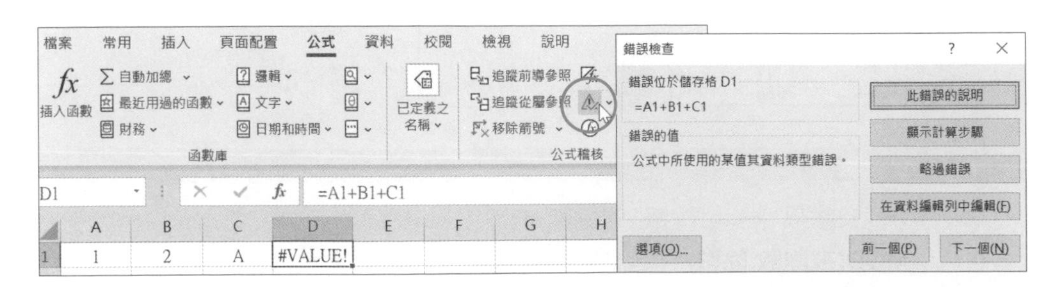

條件式統計函數應用

依條件呈現

- 取得最大值、最小值
- 取得最大值、最小值的相關資料
- 取得符合條件之所有資料的平均值
- 取得排名

依條件判斷

- 依指定條件計算
- 判斷是否完全符合全部指定條件
- 判斷是否符合任一指定條件

依條件取得並計算

- 取得資料個數
- 取得符合單一條件的資料個數
- 取得符合單一或多重條件的加總值
- 取得符合條件表的資料個數
- 取得符合條件的資料並加總其相對的值
- 取得直向參照表中符合條件的資料
- 取得橫向參照表中符合條件的資料

13.1 取得最大值、最小值

MAX、MIN 函數

面對資料，常需要搜尋其中的最大值與最小值，這時應用 **MAX** 函數可顯示一組數值中的最大值，**MIN** 函數可顯示一組數值中的最小值。

基金績效表中，用 **MAX** 與 **MIN** 函數，取得十筆基金資料在近三個月中最高與最低的績效值。

	A	B	C	D	E	F
1	基金績效表		淨值日期：	2月28日		
2	基金名稱	淨值	幣別	近三月績效		
3	亞洲高收益債券	46.35	美元	4.32%		
4	亞洲總報酬	4.7	美元	2.26%		
5	多重資產組合	20.83	美元	0.06%		
6	美國成長	29.73	美元	2.52%		
7	全球高收益	22.81	美元	1.64%		
8	生技領航	59.92	美元	7.45%		
9	科技	179.9	美元	2.14%		
10	亞洲小型企業	89.02	美元	11.74%		
11	新興國家	25.58	美元	3.88%		
12	全球氣候變遷	8.41	美元	7%		
13						
14			高績效	11.74%		
15			低績效	0.06%		

用 **MAX** 函數計算基金資料近三個月績效中的最大值。

用 **MIN** 函數計算基金資料近三個月績效中的最小值。

MAX 函數

| 統計

說明：傳回一組數值中的最大值。

格式：**MAX(數值1,數值2,...)**

引數：**數值**　為數值、參照儲存格、儲存格範圍。

MIN 函數

| 統計

說明：傳回一組數值中的最小值。

格式：**MIN(數值1,數值2,...)**

引數：**數值**　為數值、參照儲存格、儲存格範圍。

Step 1 取得最大值

	A	B	C	D	E	F
1	基金績效表		淨值日期：	2月28日		
2	基金名稱	淨值	幣別	近三月績效		
3	亞洲高收益債券	46.35	美元	4.32%		
4	亞洲總報酬	4.7	美元	2.26%		
5	多重資產組合	20.83	美元	0.06%		
6	美國成長	29.73	美元	2.52%		
7	全球高收益	22.81	美元	1.64%		
8	生技領航	59.92	美元	7.45%		
9	科技	179.9	美元	2.14%		
10	亞洲小型企業	89.02	美元	11.74%		
11	新興國家	25.58	美元	3.88%		
12	全球氣候變遷	8.41	美元	7%		
13						
14			高績效	=MAX(D3:D12)		
15			低績效			

▶

B	C	D
	淨值日期：	2月28日
淨值	幣別	近三月績效
46.35	美元	4.32%
4.7	美元	2.26%
20.83	美元	0.06%
29.73	美元	2.52%
22.81	美元	1.64%
59.92	美元	7.45%
179.9	美元	2.14%
89.02	美元	11.74%
25.58	美元	3.88%
8.41	美元	7%
	高績效	11.74%
	低績效	

1. 選取 D14 儲存格。
2. 要計算儲存格範圍 D3:D12 內近三個月績效的最大值，輸入公式：**=MAX(D3:D12)**。

Step 2 取得最小值

	A	B	C	D	E	F
1	基金績效表		淨值日期：	2月28日		
2	基金名稱	淨值	幣別	近三月績效		
3	亞洲高收益債券	46.35	美元	4.32%		
4	亞洲總報酬	4.7	美元	2.26%		
5	多重資產組合	20.83	美元	0.06%		
6	美國成長	29.73	美元	2.52%		
7	全球高收益	22.81	美元	1.64%		
8	生技領航	59.92	美元	7.45%		
9	科技	179.9	美元	2.14%		
10	亞洲小型企業	89.02	美元	11.74%		
11	新興國家	25.58	美元	3.88%		
12	全球氣候變遷	8.41	美元	7%		
13						
14			高績效	11.74%		
15			低績效	=MIN(D3:D12)		

▶

B	C	D	E
	淨值日期：	2月28日	
淨值	幣別	近三月績效	
46.35	美元	4.32%	
4.7	美元	2.26%	
20.83	美元	0.06%	
29.73	美元	2.52%	
22.81	美元	1.64%	
59.92	美元	7.45%	
179.9	美元	2.14%	
89.02	美元	11.74%	
25.58	美元	3.88%	
8.41	美元	7%	
	高績效	11.74%	
	低績效	0.06%	

1. 選取 D15 儲存格。
2. 要計算儲存格範圍 D3:D12 內近三個月績效的最小值，輸入公式：**=MIN(D3:D12)**。

13.2 取得最大值、最小值的相關資料

MAX、DGET 函數

MAX 函數與 **DGET** 函數的搭配，在計算出整份資料金額的最大數值後，還可取得該筆數值相對應的資料內容。

這一份進貨單，需要查詢到底是哪個一進貨日的進貨額最高，以便有效控管每次的進貨項目與數量。

用 **MAX** 函數，於所有資料內容的 **金額** 欄中求得最高進貨額。

	A	B	C	D	E	F	G	H
1	進貨單							
2	日期	商品	數量	單價 / 磅	金額		最高進貨額	
3	2022/8/2	綠茶	50	300	15000		金額	進貨日
4	2022/8/15	龍井	30	700	21000		35600	2022/11/2
5	2022/8/30	碧螺春	20	680	13600			
6	2022/9/2	紅茶	10	530	5300			
7	2022/9/15	烏龍茶	20	900	18000			
8	2022/9/30	鐵觀音	10	700	7000			
9	2022/10/2	普洱茶	5	300	1500			
10	2022/10/15	菊花茶	30	530	15900			
11	2022/10/30	玫瑰花茶	30	700	21000			
12	2022/11/2	桂花茶	40	890	35600			
13								

用 **DGET** 函數，於 **日期** 欄位中，取得 **金額** 欄內最高進貨額的日期。

DGET 函數

| 資料庫

說明：搜尋符合條件的資料記錄，再取出指定欄位中的值。

格式：**DGET(資料庫,欄位,搜尋條件)**

引數：**資料庫** 包含欄位名稱及主要資料的儲存格範圍。

欄位 於符合條件的資料記錄中，取出這個欄位內的值。

搜尋條件 包含指定搜尋的欄位名稱與資料項目，搜尋條件的資料項目於該欄中只能有一筆符合。

MAX / MIN 函數

| 統計

說明：傳回一組數值中的最大值 (MAX 函數)、最小值 (MIN 函數)。

格式：**MAX(數值1,數值2,...)**

Step 1 取得最大值

條件的欄位名稱需與資料庫中要搜尋的欄位名稱完全相同，才能使用 DGET 函數正確的搜尋符合條件的資料。

	A	B	C	D	E	F	G	H	I	J
1	進貨單									
2	日期	商品	數量	單價 / 磅	金額		最高進貨額			
3	2022/8/2	綠茶	50	300	15000		金額	進貨日		
4	2022/8/15	龍井	30	700	21000		=MAX(E3:E12)			
5	2022/8/30	碧螺春	20	680	13600					
6	2022/9/2	紅茶	10	530	5300					
7	2022/9/15	烏龍茶	20	900	18000					
8	2022/9/30	鐵觀音	10	700	7000					
9	2022/10/2	普洱茶	5	300	1500					
10	2022/10/15	菊花茶	30	530	15900					
11	2022/10/30	玫瑰花茶	30	700	21000					
12	2022/11/2	桂花茶	40	890	35600					

1 選取 G3 儲存格輸入要指定搜尋的欄位名稱：「金額」。

2 選取 G4 儲存格輸入 **MAX** 函數求得 **金額** 欄位內的最高值：**=MAX(E3:E12)**。

Step 2 取得最大值的相關資料

	A	B	C	D	E	F	G	H	I	J
1	進貨單									
2	日期	商品	數量	單價 / 磅	金額		最高進貨額			
3	2022/8/2	綠茶	50	300	15000		金額	進貨日		
4	2022/8/15	龍井	30	700	21000		35600	=DGET(A2:E12,A2,G3:G4)		
5	2022/8/30	碧螺春	20	680	13600					
6	2022/9/2	紅茶	10	530	5300					
7	2022/9/15	烏龍茶	20	900	18000					
8	2022/9/30	鐵觀音	10	700	7000					
9	2022/10/2	普洱茶	5	300	1500					
10	2022/10/15	菊花茶	30	530	15900					
11	2022/10/30	玫瑰花茶	30	700	21000					
12	2022/11/2	桂花茶	40	890	35600					

1 選取 H4 儲存格。

2 運用 **DGET** 函數在 **金額** 欄位中找出最高進貨額相對 **日期** 欄位中的值，輸入公式：**=DGET(A2:E12,A2,G3:G4)**。

13.3 取得符合條件之所有資料的平均值

DAVERAGE 函數

DAVERAGE 函數最大特色在於從資料庫中搜尋出符合條件的數值後，可以再針對這些數值計算出平均值。只是使用 **DAVERAGE** 函數前，必須先將條件以表格方式呈現，欄位名稱也必須與資料庫中的欄位名稱一致。

健檢報告中，用 **DAVERAGE** 函數分別計算出公司全部女性員工的平均身高，以及台北店女性員工的平均身高。

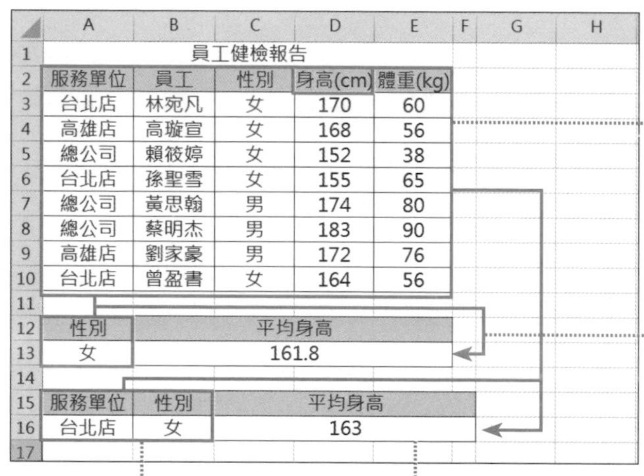

	A	B	C	D	E
1	員工健檢報告				
2	服務單位	員工	性別	身高(cm)	體重(kg)
3	台北店	林宛凡	女	170	60
4	高雄店	高璇宣	女	168	56
5	總公司	賴筱婷	女	152	38
6	台北店	孫聖雪	女	155	65
7	總公司	黃思翰	男	174	80
8	總公司	蔡明杰	男	183	90
9	高雄店	劉家豪	男	172	76
10	台北店	曾盈書	女	164	56
11					
12	性別	平均身高			
13	女	161.8			
14					
15	服務單位	性別	平均身高		
16	台北店	女	163		
17					

在選取資料庫時，必須包含欄位名稱。

選取所有健檢資料後，指定 **身高** 欄位為計算對象，指定搜尋條件為 A12:A13 儲存格範圍，計算女性員工的平均身高。

搜尋條件中的欄位名稱必須跟資料庫欄位名稱一樣

選取所有的健檢資料後，指定 **身高** 欄位為計算對象，指定搜尋條件為 A15:B16 儲存格範圍，計算服務台北店且為女性員工的平均身高。

DAVERAGE 函數

| 資料庫

說明：計算清單或資料庫中符合條件所有資料的平均值。

格式：**DAVERAGE(資料庫,欄位,搜尋條件)**

引數：

- **資料庫**　包含欄位名稱及主要資料的儲存格範圍。
- **欄位**　符合條件時的計算對象 (欄位名稱)；或代表欄在清單中所在位置的號碼，如 1 代表第一欄，2 代表第二欄，依此類推。
- **搜尋條件**　搜尋條件的儲存格範圍，上一列是欄位名稱，下面一列是要搜尋的條件項目。

Step 1 計算女性員工平均身高

	A	B	C	D	E
1	員工健檢報告				
2	服務單位	員工	性別	身高(cm)	體重(kg)
3	台北店	林宛凡	女	170	60
4	高雄店	高璇宣	女	168	56
5	總公司	賴筱婷	女	152	38
6	台北店	孫聖雪	女	155	65
7	總公司	黃思翰	男	174	80
8	總公司	蔡明杰	男	183	90
9	高雄店	劉家豪	男	172	76
10	台北店	曾盈書	女	164	56
11					
12	性別	平均身高			
13	女	=DAVERAGE(A2:E10,D2,A12:A13)			

▶

B	C	D	E
員工健檢報告			
員工	性別	身高(cm)	體重(kg)
林宛凡	女	170	60
高璇宣	女	168	56
賴筱婷	女	152	38
孫聖雪	女	155	65
黃思翰	男	174	80
蔡明杰	男	183	90
劉家豪	男	172	76
曾盈書	女	164	56
平均身高			
161.8			

1 選取 B13 儲存格。

2 計算女性員工平均身高，A2:E10 儲存格範圍內 **身高** 欄位 (D2 儲存格) 為計算對象，指定搜尋條件為 A12:A13 儲存格範圍，輸入公式：**=DAVERAGE(A2:E10,D2,A12:A13)**。

Step 2 計算台北店女性員工平均身高

	A	B	C	D	E
1	員工健檢報告				
2	服務單位	員工	性別	身高(cm)	體重(kg)
3	台北店	林宛凡	女	170	60
4	高雄店	高璇宣	女	168	56
5	總公司	賴筱婷	女	152	38
6	台北店	孫聖雪	女	155	65
7	總公司	黃思翰	男	174	80
8	總公司	蔡明杰	男	183	90
9	高雄店	劉家豪	男	172	76
10	台北店	曾盈書	女	164	56
11					
12	性別	平均身高			
13	女	161.8			
14					
15	服務單位	性別	平均身高		
16	台北店	女	=DAVERAGE(A2:E10,D2,A15:B16)		

▶

B	C	D	E
員工健檢報告			
員工	性別	身高(cm)	體重(kg)
林宛凡	女	170	60
高璇宣	女	168	56
賴筱婷	女	152	38
孫聖雪	女	155	65
黃思翰	男	174	80
蔡明杰	男	183	90
劉家豪	男	172	76
曾盈書	女	164	56
平均身高			
161.8			
性別	平均身高		
女	163		

1 選取 C16 儲存格。

2 計算台北店女性員工平均身高，A2:E10 儲存格範圍內的 **身高** 欄位 (D2 儲存格) 為計算對象，指定搜尋條件為 A15:B16 儲存格範圍，輸入公式：**=DAVERAGE(A2:E10,D2,A15:B16)**。

13.4 取得排名

RANK.EQ 函數

RANK.EQ 函數可為指定範圍內的數值加上排名編號，當數值有重複時會以同一個排名編號顯示，但下一個排名編號則會被跳過。

公司雜項支出中，依據 **總計** 欄的值使用 **RANK.EQ** 函數傳回每項品名的支出排行。(支出金額最多的項目為第一名)

	A	B	C	D	E	F	G	H
1			公司雜項支出					
2	支出排名	品名	一月	二月	三月	總計		
3	1	差旅	4590	4580	900	10070		
4	2	文具	1000	2399	3810	7209		
5	3	餐飲	2800	460	3800	7060		
6	4	硬體	3000	2100	900	6000		
7	5	郵寄	660	2100	2000	4760		
8	6	設備	1035	890	2560	4485		
9	7	清潔	1300	500	2000	3800		
10	8	書籍	2090	800	530	3420		
11	9	雜支	340	290	560	1190		
12	10	公關	200	120	54	374		
13								
14								

總計 是用 **SUM** 函數加總各月份的費用。

用 **RANK.EQ** 函數指定 **總計** 欄位內的值為要排序依據，再指定整個 **總計** 欄位為參考範圍，求得出各項品名的 **支出排名**。

透過拖曳的方式，複製 A3 儲存格公式，計算出其他品名的 **支出排名**。最後依求得的 **支出排名** 遞增排序，讓整體資料內容從第一名到第十名顯示。

RANK.EQ 函數　｜ 統計

說明：傳回指定數值在範圍內的排名順序。

格式：**RANK.EQ(數值,範圍,排序方法)**

引數：**數值**　指定要排名的數值或儲存格參照。

範圍　陣列或儲存格參照範圍。

排序　指定排序的方法，省略或輸入「0」會將資料為由大到小的遞減排序，最大值為 1；輸入「1」為由小到大的遞增排序，最小值為 1。

Step 1 以總計欄排名

	A	B	C	D	F	F	G
1	公司雜項支出						
2	支出排名	品名	一月	二月	三月	總計	
3	=RANK(F3,$F$3:$F$12)			890	2560	4485	
4		郵寄	660	2100	2000	4760	
5		公關	200	120	54	374	
6		書籍	2090	800	530	3420	
7		硬體	3000	2100	900	6000	
8		文具	1000	2399	3810	7209	
9		差旅	4590	4580	900	10070	
10		餐飲	2800	460	3800	7060	
11		清潔	1300	500	2000	3800	
12		雜支	340	290	560	1190	
13							

	A	B	C	D	E
1	公司雜項支出				
2	支出排名	品名	一月	二月	三月
3	6	設備	1035	890	2560
4	5	郵寄	660	2100	2000
5	10	公關	200	120	54
6	8	書籍	2090	800	530
7	4	硬體	3000	2100	900
8	2	文具	1000	2399	3810
9	1	差旅	4590	4580	900
10	3	餐飲	2800	460	3800
11	7	清潔	1300	500	2000
12	9	雜支	340	290	560
13					

1 選取 A3 儲存格，指定要排序的數值 F3 儲存格，再指定 **總計** 欄位為整體資料範圍，由大到小排序，輸入公式：**=RANK(F3,$F$3:$F$12)**。

2 於 A3 儲存格，按住右下角的 **填滿控點** 往下拖曳，至 A12 儲存格再放開滑鼠左鍵，可快速複製其他品名的支出排名。

Step 2 複製公式與排序

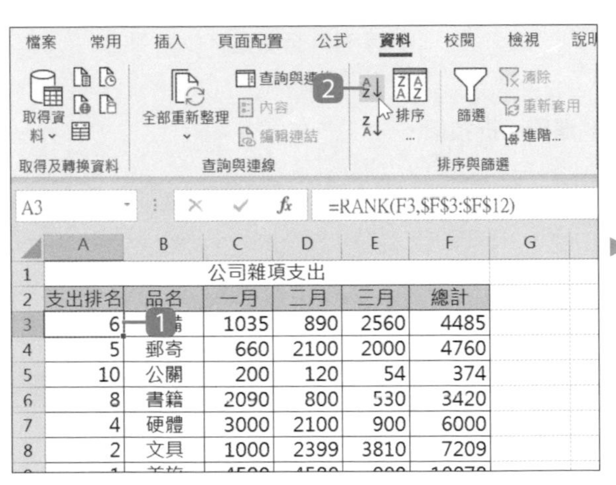

	A	B	C	D	E
1	公司雜項支出				
2	支出排名	品名	一月	二月	三月
3	1	差旅	4590	4580	900
4	2	文具	1000	2399	3810
5	3	餐飲	2800	460	3800
6	4	硬體	3000	2100	900
7	5	郵寄	660	2100	2000
8	6	設備	1035	890	2560
9	7	清潔	1300	500	2000
10	8	書籍	2090	800	530
11	9	雜支	340	290	560
12	10	公關	200	120	54
13					
14					
15					
16					

1 選取 A3 儲存格

2 於 **資料** 索引標籤選按 **從最小到最大排序**，讓整體資料內容從第一名到第十名顯示。

13.5 依指定條件計算

IF 函數

IF 函數很常被使用，就如同平常所說的：如果...就...否則...，透過條件判斷，進行符合與否的後續統計。

餅乾訂購單中，當消費金額為 5000 元以下，酌收 150 元的運送費用；消費金額滿 5000 元，則免收運送費用。另外如果消費金額超過 10000 元時，再提供九折優惠，參考相關運費及折扣條件，計算出這份訂單實際金額。

	A	B	C	D	E	F	G	H
1	餅乾訂購單							
2	商品項目	一盒	數量	小計				
3	巧克力	90	30	2700				
4	抹茶	120	20	2400				
5	芋頭	70	50	3500		合計	10200	
6	花生	60	10	600		運費	0	
7	芝麻	40	10	400		折扣價	1020	
8	紅茶	60	10	600		總計	9180	
9								
10	●消費滿 5000 元免運費，5000元以下加收運費 150元。							
11	●消費滿 10000 元以上，給予九折優惠。							
12								
13								

合計 為所有商品 **小計** 的加總。

當 **合計** 小於 5000 元時，**運費** 為 150 ；大於等於 5000 元時，**運費** 為 0。

當 **合計** 大於等於 10000 元時，享有九折優惠。

訂購單 **總計** 金額公式為：**合計 + 運費 - 折扣價**。

IF 函數

| 邏輯

說明：**IF** 函數是一個判斷式，可依條件判定的結果分別處理，假設儲存格的值檢驗為 TRUE (真) 時，就執行條件成立時的命令，反之 FALSE (假) 則執行條件不成立時的命令。

格式：**IF(條件,條件成立,條件不成立)**

引數：

引數	說明
條件	使用比較運算子的邏輯式設定條件判斷式。
條件成立	若符合條件時的處理方式或顯示的值。
條件不成立	若不符合條件時的處理方式或顯示的值。

Step 1 計算運費

	A	B	C	D	E	F	G	H	I	J
1		餅乾訂購單								
2	商品項目	一盒	數量	小計						
3	巧克力	90	30	2700						
4	抹茶	120	20	2400						
5	芋頭	70	50	3500		合計	10200			
6	花生	60	10	600		運費	=IF(G5>=5000,0,150)			
7	芝麻	40	10	400		折扣價				
8	紅茶	60	10	600		總計				

	A	B	C	D	E	F	G	H	I	J
1		餅乾訂購單								
2	商品項目	一盒	數量	小計						
3	巧克力	90	30	2700						
4	抹茶	120	20	2400						
5	芋頭	70	50	3500		合計	10200			
6	花生	60	10	600		運費	0			
7	芝麻	40	10	400		折扣價				
8	紅茶	60	10	600		總計				

1 選取 G6 儲存格。

2 輸入計算運費的公式：**=IF(G5>=5000,0,150)**。

Step 2 計算折扣價與總計

	A	B	C	D	E	F	G	H	I	J
1		餅乾訂購單								
2	商品項目	一盒	數量	小計						
3	巧克力	90	30	2700						
4	抹茶	120	20	2400						
5	芋頭	70	50	3500		合計	10200			
6	花生	60	10	600		運費	0			
7	芝麻	40	10	400		折扣價	=IF(G5>=10000,G5*10%,0)			
8	紅茶	60	10	600		總計				

	A	B	C	D	E	F	G	H	I	J
1		餅乾訂購單								
2	商品項目	一盒	數量	小計						
3	巧克力	90	30	2700						
4	抹茶	120	20	2400						
5	芋頭	70	50	3500		合計	10200			
6	花生	60	10	600		運費	0			
7	芝麻	40	10	400		折扣價	1020			
8	紅茶	60	10	600		總計	=G5+G6-G7			

1 選取 G7 儲存格，輸入計算折扣價的公式：
=IF(G5>=10000,G5*10%,0)。

2 選取 G8 儲存格，輸入計算總計的公式：**=G5+G6-G7**。

13.6 判斷是否完全符合全部指定條件

IF、AND 函數

AND 函數的使用就如同中文字的 "和"，當所有條件都符合時，會傳回 TRUE (真)，否則傳回 FALSE (假)。

汽車駕照考試中，設定筆試分數必須大於等於 85 分，路考分數必須大於等於 70 分，才能 "合格" 取得駕照。

當 **筆試** 分數 >=85 且 **路考** 分數 >=70，顯示 "合格"，否則就顯示 "不合格"。

	A	B	C	D	E	F
1	普通汽車駕照考試					
2	姓名	性別	筆試	路考	合格	
3	高璇宣	女	92.5	96	合格	
4	陳友蘭	女	75		不合格	
5	賴筱婷	女	85	84	合格	
6	李佳純	女	90	66	不合格	
7	楊以松	男	87.5	86	合格	
8	陳奕忠	男	82.5		不合格	
9	林致民	男	100	68	不合格	
10	吳雅雯	女	95	92	合格	
11	1．筆試：及格標準85分，通過才能進行路考。					
12	2．路考：及格標準70分，考試項目一次完成，不得重複修正。					

透過拖曳的方式，複製 E3 儲存格公式至 E10 儲存格，判斷出 "合格" 與 "不合格" 的狀況。

如果 **筆試** 未達 85 分者，無法進行 **路考** 項目的測驗。

IF 函數

| 邏輯

說明：**IF** 函數是一個判斷式，可依條件判定的結果分別處理，假設儲存格的值檢驗為 TRUE (真) 時，就執行條件成立時的命令，反之 FALSE (假) 則執行條件不成立時的命令。

格式：**IF(條件,條件成立,條件不成立)**

引數：**條件**　使用比較運算子的邏輯式設定條件判斷式。

條件成立　若符合條件時的處理方式或顯示的值。

條件不成立　若不符合條件時的處理方式或顯示的值。

AND 函數

| 邏輯

說明：指定的條件都要符合。

格式：**AND(條件1,條件2,...)**

引數：**條件**　設定判斷的條件。

Step 1 指定判斷條件

	A	B	C	D	E	F	G
1	普通汽車駕照考試						
2	姓名	性別	筆試	路考	合格		
3	高璇宣	女	92.5	96	=IF(AND(C3>=85,D3>=70),"合格","不合格")		
4	陳友蘭	女	75				
5	賴筱婷	女	85	84			
6	李佳純	女	90	66			
7	楊以松	男	87.5	86			
8	陳奕忠	男	82.5				
9	林致民	男	100	68			
10	吳雅雯	女	95	92			
11	1．筆試：及格標準85分，通過才能進行路考。						
12	2．路考：及格標準70分，考試項目一次完成，不得重複修正。						
13							
14							

1 選取 E3 儲存格。

2 計算筆試 >=85 且路考 >=70 時，顯示 "合格"，否則顯示 "不合格"，輸入公式：**=IF(AND(C3>=85,D3>=70),"合格","不合格")**。

Step 2 複製公式

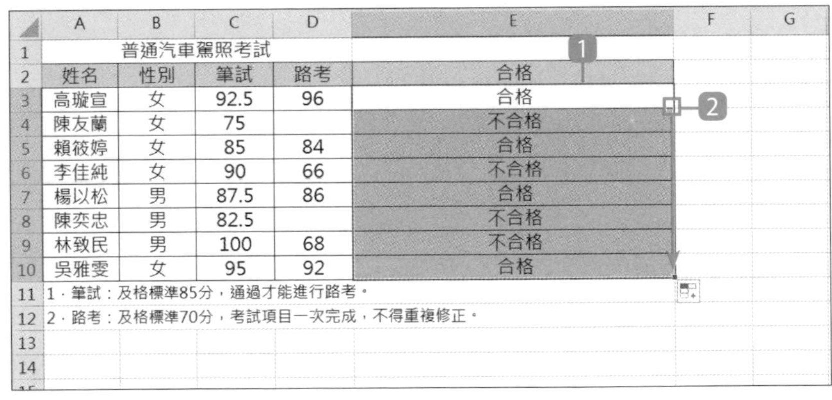

	A	B	C	D	E	F	G
1	普通汽車駕照考試						
2	姓名	性別	筆試	路考	合格		
3	高璇宣	女	92.5	96	合格		
4	陳友蘭	女	75		不合格		
5	賴筱婷	女	85	84	合格		
6	李佳純	女	90	66	不合格		
7	楊以松	男	87.5	86	合格		
8	陳奕忠	男	82.5		不合格		
9	林致民	男	100	68	不合格		
10	吳雅雯	女	95	92	合格		
11	1．筆試：及格標準85分，通過才能進行路考。						
12	2．路考：及格標準70分，考試項目一次完成，不得重複修正。						
13							
14							

1 選取 E3 儲存格。

2 按住右下角的 **填滿控點** 往下拖曳，至 E10 儲存格最後一位考試人員再放開滑鼠左鍵，判斷出其他參加考試人員合格與否的狀況。

13.7 判斷是否符合任一指定條件

IF、OR 函數

OR 函數的使用就如同中文字的 "或"，只要符合其中一個條件即傳回 TRUE (真)，否則就傳回 FALSE (假)。

員工血壓檢測資料中，正常血壓為收縮壓 140-100 mmHg，舒張壓 90-60 mmHg。當收縮壓大於等於 140 mmHg，舒張壓大於等於 90 mmHg，即血壓太高，需在 **狀況** 欄中標註 "高血壓"。

當 **收縮壓** >=140 或 **舒張壓** >=90，顯示 "高血壓"，否則就顯示 "正常"。

	A	B	C	D	E	F
1				血壓檢測		
2	員工	性別	收縮壓	舒張壓	狀況	
3	許佳樺	女	120	89	正常	
4	黃佳瑩	女	135	80	正常	
5	駱佳燕	女	155	100	高血壓	
6	吳玉萍	女	136	89	正常	
7	王柏治	男	162	110	高血壓	
8	吳家弘	男	145	90	高血壓	
9	徐偉達	男	150	100	高血壓	
10	王怡伶	女	138	85	正常	
11	1．正常血壓 ：收縮壓 140-100 舒張壓 90-60					
12	2．世界衛生組織訂定的標準，收縮壓 >=140 mm.Hg，或舒張壓 >=90mm.Hg，稱為高血壓。					
13						

透過拖曳的方式，複製 E3 儲存格公式至 E10 儲存格，判斷員工的狀況。

IF 函數

| 邏輯

說明：IF 函數是一個判斷式，可依條件判定的結果分別處理，假設儲存格的值檢驗為 TRUE (真) 時，就執行條件成立時的命令，反之 FALSE (假) 則執行條件不成立時的命令。

格式：IF(條件,條件成立,條件不成立)

引數：

條件	使用比較運算子的邏輯式設定條件判斷式。
條件成立	若符合條件時的處理方式或顯示的值。
條件不成立	若不符合條件時的處理方式或顯示的值。

OR 函數

| 邏輯

說明：指定的條件只要符合一個即可。

格式：**OR(條件1,條件2,...)**

引數：**條件**　設定判斷的條件。

Step 1 指定判斷條件

	A	B	C	D	E	F	G
1	血壓檢測						
2	員工	性別	收縮壓	舒張壓	狀況		
3	許佳樺	女	120	89	=IF(OR(C3>=140,D3>=90),"高血壓","正常")		
4	黃佳瑩	女	135	80			
5	駱佳燕	女	155	100			
6	吳玉萍	女	136	89			
7	王柏治	男	162	110			
8	吳家弘	男	145	90			
9	徐偉達	男	150	100			
10	王怡伶	女	138	85			
11	1．正常血壓：收縮壓 140-100 舒張壓 90-60						

1. 選取 E3 儲存格。
2. 計算收縮壓 >=140 或舒張壓 >=90 時，顯示 "高血壓"，否則顯示 "正常"，輸入公式：**=IF(OR(C3>=140,D3>=90),"高血壓","正常")**。

Step 2 複製公式

	A	B	C	D	E	F	G
1	血壓檢測						
2	員工	性別	收縮壓	舒張壓	狀況		
3	許佳樺	女	120	89	正常		
4	黃佳瑩	女	135	80	正常		
5	駱佳燕	女	155	100	高血壓		
6	吳玉萍	女	136	89	正常		
7	王柏治	男	162	110	高血壓		
8	吳家弘	男	145	90	高血壓		
9	徐偉達	男	150	100	高血壓		
10	王怡伶	女	138	85	正常		
11	1．正常血壓：收縮壓 140-100 舒張壓 90-60						

1. 選取 E3 儲存格。
2. 按住右下角的 **填滿控點** 往下拖曳，至 E10 儲存格最後一位員工再放開滑鼠左鍵，判斷出其他員工的狀況。

13.8 取得資料個數

COUNT、COUNTA 函數

當範圍內的資料，需要進行筆數統計時，可以根據資料屬性，選擇使用 **COUNT** 函數，計算含有數值的資料個數；或是使用 **COUNTA** 函數，計算包含任何資料類型 (文字、數值或符號，但無法計算空白儲存格) 的資料個數。

課程費用表中，整理了所有課程名稱與價格，如果想要統計有收費的課程數量，可以使用 **COUNT** 函數在指定的儲存格範圍內，計算儲存格中有數值的個數。若需要統計所有開設的課程數量時，則是可以用 **COUNTA** 函數在指定的儲存格範圍內，計算已開設課程名稱的實際數量。

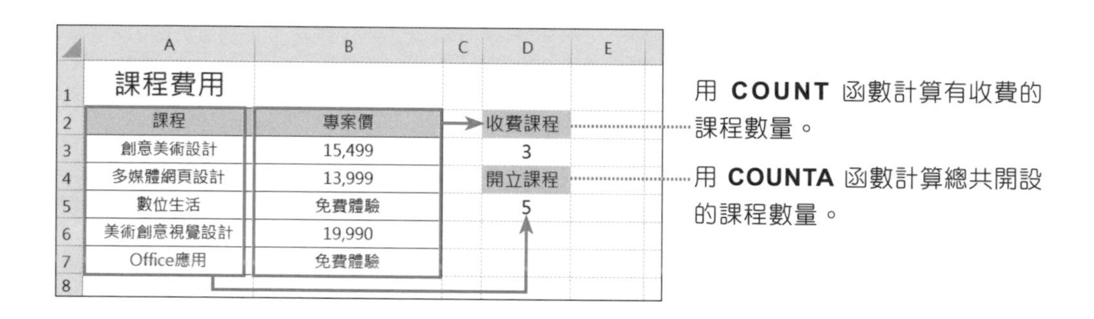

COUNT 函數

| 統計

說明：求有數值與日期資料的儲存格個數

格式：**COUNT(數值1,數值2,...)**

引數：**數值**　數值、儲存格參照位址或範圍，若要設定不連續的儲存格範圍，則可以用逗號"," 區隔，最多可設定 255 個。

COUNTA 函數

| 統計

說明：求不是空白的儲存格個數

格式：**COUNTA(數值1,數值2,...)**

引數：**數值**　數值、儲存格參照位址或範圍，若要設定不連續的儲存格範圍，則可以用逗號"," 區隔，最多可設定 255 個。

Step 1 計算有收費的課程數量

	A	B	C	D	E
1	課程費用				
2	課程	專案價		收費課程	
3	創意美術設計	15,499		=COUNT(B3:B7)	
4	多媒體網頁設計	13,999		開立課程	
5	數位生活	免費體驗			
6	美術創意視覺設計	19,990			
7	Office應用	免費體驗			
8					

	B	C	D
1			
2	專案價		收費課程
3	15,499		3
4	13,999		開立課程
5	免費體驗		
6	19,990		
7	免費體驗		
8			

1 選取 D3 儲存格。

2 求得 **收費課程** 欄的個數，輸入公式：**=COUNT(B3:B7)**。

Step 2 計算總共開設的課程數量

	A	B	C	D	E
1	課程費用				
2	課程	專案價		收費課程	
3	創意美術設計	15,499		3	
4	多媒體網頁設計	13,999		開立課程	
5	數位生活	免費體驗		=COUNTA(A3:A7)	
6	美術創意視覺設計	19,990			
7	Office應用	免費體驗			
8					

	B	C	D
1			
2	專案價		收費課程
3	15,499		3
4	13,999		開立課程
5	免費體驗		5
6	19,990		
7	免費體驗		
8			

1 選取 D5 儲存格。

2 求得 **開立課程** 欄的個數，輸入公式：**=COUNTA(A3:A7)**。

資訊補給站

使用函數一併計算日期與文字或錯誤值

使用 **COUNT** 函數時，儲存格內如果是日期格式，也會一併計算進去。

使用 **COUNTA** 函數時，儲存格內如果包含邏輯值 (如：TRUE)、文字或錯誤值(如：#DIV/0!)，也會一併計算進去。

13.9 取得符合單一條件的資料個數

COUNTIF 函數

範圍內的資料，根據其屬性可以使用 **COUNT** 或 **COUNTA** 函數進行個數統計，但如果想統計符合某一個條件的資料個數時，則可以使用 **COUNTIF** 函數。

於健檢報告中，使用 **COUNTIF** 函數分別計算出男性與女性員工的人數，以及統計高於 170 cm 以上的員工人數。

指定 **性別** 欄位內的資料為參考範圍，接著指定 "男" 為搜尋條件，計算出男性員工人數。

	A	B	C	D	E	F	G
1	員工健檢報告						
2	員工	性別	身高(cm)	體重(kg)		性別	人數
3	Aileen	女	170	60		男	3
4	Amber	女	168	56		女	5
5	Eva	女	152	38			
6	Hazel	女	155	65		高於 170 cm 的員工人數	
7	Javier	男	174	80			4
8	Jeff	男	183	90			
9	Jimmy	男	172	75			
10	Joan	女	165	56			
11							

透過拖曳的方式，複製 G3 儲存格公式，計算出女性員工人數。

指定 **身高** 欄位內的資料為參考範圍，搜尋條件設為 ">=170"，計算出高於 170 cm 的員工人數。

COUNTIF 函數

| 統計

說明：求符合搜尋條件的資料個數

格式：**COUNTIF(範圍,搜尋條件)**

引數：**範圍** 搜尋的儲存格範圍。

搜尋條件 可以指定數值、條件式、儲存格參照或字串。

資訊補給站

搜尋條件可指定儲存格與活用萬用字元

COUNTIF 函數的搜尋條件，除了指定條件所在儲存格，也可以直接輸入文字，只是前後必須用引號 " 區隔。另外字串不分大小寫，還可以搭配萬用字元 "?" 或 "*"，指定搜尋條件。

Step 1 依性別統計人數

	B	C	D	E	F	G	H
1	員工健檢報告						
2	性別	身高(cm)	體重(kg)		性別	人數	
3	女	170	60		男	=COUNTIF($B$3:$B$10,F3)	
4	女	168	56		女		
5	女	152	38				
6	女	155	65		高於 170 cm 的員工人數		
7	男	174	80				
8	男	183	90				

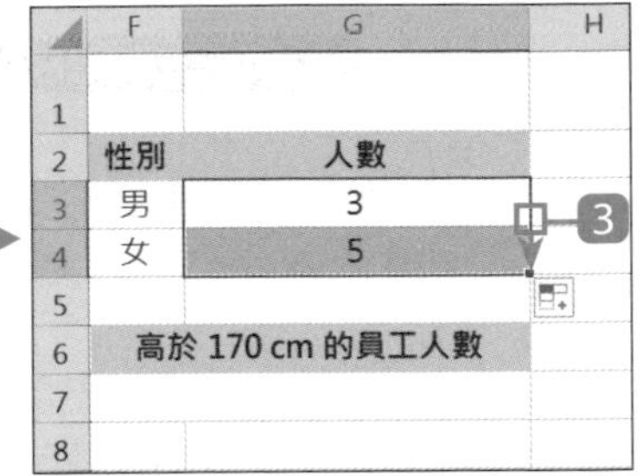

1 選取 G3 儲存格。

2 用 **COUNTIF** 函數統計男性員工人數，以 **性別** 資料為整體資料範圍 (B3:B10)，再指定搜尋條件為 F3 儲存格，輸入公式：
=COUNTIF($B$3:$B$10,F3)。

下個步驟要複製此公式，所以利用絕對參照指定 **性別** 資料的儲存格範圍。

3 於 G3 儲存格按住 **填滿控點** 往下拖曳至 G4 儲存格，完成複製公式。

Step 2 依身高統計人數

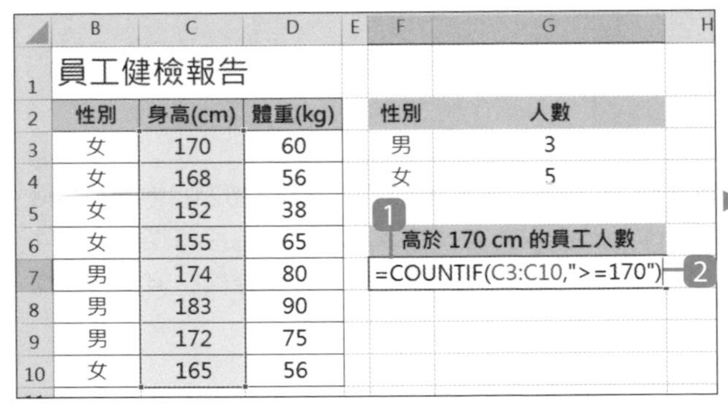

	F	G	H
1			
2	性別	人數	
3	男	3	
4	女	5	
5			
6	高於 170 cm 的員工人數		
7	4		
8			
9			
10			

1 選取 F7 儲存格。

2 用 **COUNTIF** 函數，以身高資料為整體資料範圍 (C3:C10)，再指定搜尋條件，統計身高大於 170 cm 的員工人數，輸入公式：
=COUNTIF(C3:C10,">=170")。

13.10 取得符合單一或多重條件的加總值

SUMIF、SUMIFS 函數

SUM 函數為單純的數值加總，但如果面對大筆資料，想要篩選單一或多重條件資料後再加總時，可以善用 **SUMIF** 或 **SUMIFS** 二個函數。

在 DVD 出租統計資料中，以 **片名** 作為篩選條件，統計 "歡樂好聲音2" DVD 的租金總和。另外以 **出租日期** 及 **種類** 作為篩選條件，統計出 2022 年 1 ~ 6 月，屬於動作類型 DVD 的租金總和。

用 **SUMIF** 函數，計算片名 "歡樂好聲音2" 的 DVD 租金總和 。

	A	B	C	D	E	F	G	H	I
1	DVD 出租統計								
2	出租日期	片名	種類	出租天數	租金		片名	租金總和	
3	2021/11/12	駭客任務：復活	動作	5	150		歡樂好聲音2	210	
4	2021/12/14	喬丹日誌	劇情	5	150				
5	2022/3/22	駭客任務：復活	動作	2	60				
6	2022/5/15	美國草根	劇情	4	120		月份	種類	租金總和
7	2022/5/20	歡樂好聲音2	動畫	2	60		2022 年1月~6月	動作	120
8	2022/6/28	駭客任務：復活	動作	2	60				
9	2022/7/9	魔法滿屋	喜劇	2	60				
10	2022/7/15	金牌特務	動作	3	90				
11	2022/7/20	喬丹日誌	劇情	3	90				
12	2022/8/31	歡樂好聲音2	動畫	5	150				
13	2022/9/10	駭客任務：復活	動作	5	150				
14	2022/10/30	美國草根	劇情	5	150				
15	2022/12/30	美國草根	劇情	3	90				

用 **SUMIFS** 函數，條件一指定 **出租日期** 欄內資料為參考範圍，"大於 2021/12/31" 為搜尋條件；條件二指定 **出租日期** 欄內資料為參考範圍，"小於2022/7/1" 為搜尋條件；條件三指定 **種類** 欄內資料為參考範圍，"動作" 為搜尋條件，綜合以上三個條件計算出符合條件的租金總和。

SUMIF 函數

| 數學與三角函數

說明：加總符合單一條件的儲存格數值

格式：**SUMIF(搜尋範圍,搜尋條件,加總範圍)**

引數：**搜尋範圍** 以搜尋條件進行評估的儲存格範圍。

搜尋條件 可以為數值、運算式、儲存格位址或字串。

加總範圍 指定加總的儲存格範圍，搜尋範圍中的儲存格與搜尋條件相符時，加總相對應的儲存格數值。

SUMIFS 函數

| 數學與三角函數

說明：加總符合多重條件的儲存格數值

格式：**SUMIFS(加總範圍,搜尋範圍1,搜尋條件1,搜尋範圍2,搜尋條件2,...)**

引數：

引數	說明
加總範圍	指定加總的儲存格範圍，搜尋範圍中的儲存格與搜尋條件相符時，加總相對應的儲存格數值。
搜尋範圍	以搜尋條件進行評估的儲存格範圍。
搜尋條件	可以為數值、運算式、儲存格位址或字串。

Step 1 計算指定條件的租金總和

	A	B	C	D	E	F	G	H	I	J	K
1	DVD 出租統計										
2	出租日期	片名	種類	出租天數	租金		片名	租金總和			
3	2021/11/12	駭客仟務：復活	動作	5	150		歡樂好聲音2	=SUMIF(B3:B15,G3,E3:E15)			
4	2021/12/14	喬丹日誌	劇情	5	150						
5	2022/3/22	駭客任務：復活	動作	2	60						
6	2022/5/15	美國草根	劇情	4	120		月份	種類	租金總和		
7	2022/5/20	歡樂好聲音2	動畫	2	60		2022 年1月~6月	動作			
8	2022/6/28	駭客任務：復活	動作	2	60						
9	2022/7/9	魔法滿屋	喜劇	2	60						

1 選取 H3 儲存格。

2 於 **片名** 欄位搜尋符合 G3 儲存格的項目，並計算其租金總和，輸入公式：**=SUMIF(B3:B15,G3,E3:E15)**。

Step 2 計算多重指定條件的租金總和

	G	H	I	J	K	L	M	N	O	P	Q
1											
2	片名	租金總和									
3	歡樂好聲音2	210									
4											
5											
6	月份	種類	租金總和								
7	2022 年1月~6月	動作	=SUMIFS(E3:E15,A3:A15,">2021/12/31",A3:A15,"<2022/7/1",C3:C15,H7)								

1 選取 I7 儲存格。

2 於 **出租日期** 欄位中搜尋 "大於 2021/12/31"、"小於 2020/7/1" 資料，再於 **種類** 欄位搜尋 "動作" 資料，計算符合這三個條件的租金總和，輸入公式：**=SUMIFS(E3:E15,A3:A15,">2021/12/31",A3:A15,"<2022/7/1",C3:C15,H7)**

13.11 取得符合條件表的資料個數

DCOUNT、DCOUNTA 函數

DCOUNT 或 **DCOUNTA** 函數可以計算符合多個條件的資料個數，需要以表格列出條件，並自動排除空白或文字資料。

健檢報告中，用 **DCOUNT** 函數計算身高大於並等於 160 cm 的女性員工人數，當 **婚姻** 欄位為空白或文字時不納入計算。如果是用 **DCOUNTA** 函數計算，僅 **婚姻** 欄位為空白時不納入計算。

在選取資料庫範圍時，必須包含欄位名稱。

搜尋條件中的欄位名稱必須跟左側資料庫欄位名稱一樣

	A	B	C	D	E	F	G	H	I
1	員工健檢報告								
2	服務單位	員工	性別	身高(cm)	體重(kg)	婚姻		性別	身高(cm)
3	台北店	林宛凡	女	170	60	0		女	>=160
4	高雄店	高璇宣	女	168	56				
5	總公司	賴筱婷	女	152	38	1			
6	台北店	孫聖雪	女	155	65	1			
7	總公司	黃思翰	男	174	80	1			
8	總公司	蔡明杰	男	183	90	1			
9	高雄店	劉家豪	男	172	75	0			
10	台北店	曾盈書	女	165	56	離婚			
11					未婚：0，已婚：1				
12	≧160cm女性員工人數(婚姻欄位不可為空白資料及文字)								
13	1								
14	≧160cm女性員工人數(婚姻欄位不可為空白資料但可包含文字)								
15	2								

用 **DCOUNTA** 函數統計時，**婚姻** 欄位如果為空白將不納入計算。

用 **DCOUNT** 函數統計時，**婚姻** 欄位如果為空白或文字將不納入計算。

DCOUNT 函數

| 資料庫

說明：計算在清單或資料庫的欄位中，包含符合指定條件的非空白、非文字儲存格個數。

格式：**DCOUNT(資料庫,欄位,搜尋條件)**

引數：**資料庫** 包含欄位名稱及主要資料的儲存格範圍。

欄位 符合條件時的計算對象 (欄位名稱)。

搜尋條件 搜尋條件的儲存格範圍，至少包含二列，第一列是欄位標題，第二列開始是要搜尋的條件項目，若往下列項則為 "或 (OR)" 條件，若於同樣第二列往右列項則為 "且 (And)" 條件。

DCOUNTA 函數

說明：計算在清單或資料庫的欄位中，包含符合指定條件的非空白儲存格個數。

格式：**DCOUNTA(資料庫,欄位,搜尋條件)**

引數：**資料庫**　包含欄位名稱及主要資料的儲存格範圍。

欄位　符合條件時的計算對象 (欄位名稱)。

搜尋條件　搜尋條件的儲存格範圍，至少包含二列，第一列是欄位標題，第二列開始是要搜尋的條件項目。

Step 1 計算排除空白與文字資料的人數

	A	B	C	D	E	F	G	H	I	J	K
6	台北店	孫聖雪	女	155	65	1					
7	總公司	黃思翰	男	174	80	1					
8	總公司	蔡明杰	男	183	90	1					
9	高雄店	劉家豪	男	172	75	0					
10	台北店	曾盈書	女	165	56	離婚					
11					未婚：0，已婚：1						
12	≥160cm女性員工人數(婚姻欄位不可為空白資料及文字)										
13	=DCOUNT(A2:F10,F2,H2:I3)										
14	≥160cm女性員工人數(婚姻欄位不可為空白資料但可包含文字)										

1 選取 A13 儲存格。

2 統計 **婚姻** 欄位，排除空白與文字資料，指定搜尋條件為 H2:I3 儲存格範圍，計算身高大於等於 160 cm 的女性員工人數，輸入公式：**=DCOUNT(A2:F10,F2,H2:I3)**。

Step 2 計算排除空白包含文字資料的人數

	A	B	C	D	E	F	G	H	I	J	K
7	總公司	黃思翰	男	174	80	1					
8	總公司	蔡明杰	男	183	90	1					
9	高雄店	劉家豪	男	172	75	0					
10	台北店	曾盈書	女	165	56	離婚					
11					未婚：0，已婚：1						
12	≥160cm女性員工人數(婚姻欄位不可為空白資料及文字)										
13			1								
14	≥160cm女性員工人數(婚姻欄位不可為空白資料但可包含文字)										
15	=DCOUNTA(A2:F10,F2,H2:I3)										

1 選取 A15 儲存格。

2 統計 **婚姻** 欄位，排除空白，但包含文字資料，指定搜尋條件為 H2:I3 儲存格範圍，計算身高大於等於 160 cm 的女性員工人數，輸入公式：**=DCOUNTA(A2:F10,F2,H2:I3)**。

13.12 取得符合條件的資料並加總其相對的值

DSUM 函數

DSUM 函數不僅可依條件取出相關資料，還能同時加總指定資料值。

這份進貨單要計算指定商品的進貨總額，首先於條件範圍中指定搜尋 **商品** 欄為 "龍井" 或 "烏龍茶" 的項目，再取得其 **金額** 欄中的值計算加總。

符合條件時加總 **金額** 欄位的值　　條件範圍

	A	B	C	D	E	F	G	H
1	進貨單							
2	日期	商品	數量	單價 / 磅	金額		商品	此二項商品的進貨總額
3	2022/8/2	綠茶	50	300	15000		龍井	54900
4	2022/8/15	龍井	30	700	21000		烏龍茶	
5	2022/8/30	碧螺春	20	680	13600			
6	2022/9/2	紅茶	10	530	5300			
7	2022/9/15	烏龍茶	20	900	18000			
8	2022/9/30	鐵觀音	10	700	7000			
9	2022/10/2	普洱茶	5	300	1500			
10	2022/10/15	龍井	30	530	15900			
11	2022/10/30	玫瑰花茶	30	700	21000			
12	2022/11/2	桂花茶	40	890	35600			
13								

資料庫的資料範圍 (A2:E12 儲存格)

DSUM 函數

| 資料庫

說明：從範圍中取出符合條件的資料，並求得其總和。

格式：**DSUM(資料庫,搜尋欄,條件範圍)**

引數：

資料庫　包含欄位名稱及主要資料的儲存格範圍。

搜尋欄　符合條件時的計算對象，可以是欄位標題名稱 (例如："金額"；要用半型雙引號 " 括住)、欄編號 (最左欄的編號為1) 或欄位標題儲存格。

條件範圍　條件的儲存格範圍，至少包含二列，第一列是欄位標題，第二列開始是要搜尋的條件項目，若往下列項則為 "或 (OR)" 條件，若於同樣第二列往右再列項則為 "且 (And)" 條件。

Step 1 輸入判斷條件

搜尋條件 的欄位名稱需與資料庫欄位名稱完全相同，才能順利搜尋。

	A	B	C	D	E	F	G	H	I	J
1	進貨單									
2	日期	商品	數量	單價 / 磅	金額		商品	此二項商品的進貨總額		
3	2022/8/2	綠茶	50	300	15000		龍井			
4	2022/8/15	龍井	30	700	21000		烏龍茶			
5	2022/8/30	碧螺春	20	680	13600					
6	2022/9/2	紅茶	10	530	5300					
7	2022/9/15	烏龍茶	20	900	18000					
8	2022/9/30	鐵觀音	10	700	7000					
9	2022/10/2	普洱茶	5	300	1500					
10	2022/10/15	龍井	30	530	15900					
11	2022/10/30	玫瑰花茶	30	700	21000					
12	2022/11/2	桂花茶	40	890	35600					
13										

1 選取 G2 儲存格輸入要搜尋的欄位名稱：「商品」。

2 選取 G3 與 G4 儲存格分別輸入指定的商品項目：「龍井」、「烏龍茶」。

Step 2 取得指定項目總和

	A	B	C	D	E	F	G	H	I	J
1	進貨單									
2	日期	商品	數量	單價 / 磅	金額		商品	此二項商品的進貨總額		
3	2022/8/2	綠茶	50	300	15000		龍井	=DSUM(A2:E12,E2,G2:G4)		
4	2022/8/15	龍井	30	700	21000		烏龍茶			
5	2022/8/30	碧螺春	20	680	13600					
6	2022/9/2	紅茶	10	530	5300					
7	2022/9/15	烏龍茶	20	900	18000					
8	2022/9/30	鐵觀音	10	700	7000					
9	2022/10/2	普洱茶	5	300	1500					
10	2022/10/15	龍井	30	530	15900					
11	2022/10/30	玫瑰花茶	30	700	21000					
12	2022/11/2	桂花茶	40	890	35600					
13										

1 選取 H3 儲存格。

2 於 **商品** 欄中找出 "龍井" 或 "烏龍茶" 的資料並加總其金額，輸入公式：**=DSUM(A2:E12,E2,G2:G4)**。

此引數也可輸入 「"金額"」 或「5」，其執行結果會相同。

13.13 取得直向參照表中符合條件的資料

VLOOKUP 函數

VLOOKUP 函數的 V 代表 Vertical (垂直)，因此可從直向的參照表中判斷符合條件的資料傳回。

選課單將參照右側課程費用表訂定，首先於課程費用表中找到目前學員選擇的課程項目，並回傳其對應的專案價金額。

	A	B	C	D	E	F	G	H
1		台中店			課程費用表			
2	學員	課程	專案價		課程	專案價		
3	黃佳意	3ds Max遊戲動畫設計	21,999		Adobe跨界創意視覺設計	15,499		
4	張明宏	ACA國際認證班	19,990		PHP購物網站設計	13,999		
5	黃家輝	TQC電腦專業認證	14,888		ACA國際認證班	19,990		
6	陳佳慧	PHP購物網站設計	13,999		3ds Max遊戲動畫設計	21,999		
7	黃心菁	AutoCAD室內設計	12,888		TQC電腦專業認證	14,888		
8	韓靜宜	3dsMax室內建築設計	12,345		MOS微軟專業認證	12,888		
9	陳偉翔	MOS微軟專業認證	12,888		AutoCAD室內設計	12,888		
10	蔡凱倫	AutoCAD室內設計	12,888		3dsMax室內建築設計	12,345		
11	潘志偉	3dsMax室內建築設計	12,345					
12	王凱翔	MOS微軟專業認證	12,888					
13								
14								

檢視值　　　　參照表範圍

VLOOKUP 函數

| 檢視與參照

說明：從直向參照表中取得符合條件的資料。

格式：**VLOOKUP(檢視值,參照範圍,欄數,檢視型式)**

引數：

檢視值　指定檢視的儲存格位址或數值。

參照範圍　指定參照表範圍 (不包含標題欄)。

欄數　數值，指定傳回參照表範圍由左算起第幾欄的資料。

檢視型式　檢視的方法有 TRUE (1) 或 FALSE (0)。值為 TRUE 或省略，會以大約符合的方式找尋，如果找不到完全符合的值則傳回僅次於檢視值的最大值。當值為 FALSE，會尋找完全符合的數值，如果找不到則傳回錯誤值 #N/A。

Step 1 取得專案價格

	A	B	C	D	E	F	G	H
1		台中店			課程費用表			
2	學員	課程	專案價		課程	專案價		
3	黃佳意	3ds Max遊戲動畫設計	=VLOOKUP(B3,$E$3:$F$10,2,0)			15,499		
4	張明宏	ACA國際認證班			PHP購物網站設計	13,999		
5	黃家輝	TQC電腦專業認證			ACA國際認證班	19,990		
6	陳佳慧	PHP購物網站設計			3ds Max遊戲動畫設計	21,999		
7	黃心菁	AutoCAD室內設計			TQC電腦專業認證	14,888		

1 選取 C3 儲存格。

2 求得課程專案價，指定要比對的檢視值 (B3 儲存格)，指定參照範圍 ($E$3:$F$10；不包含表頭)，指定傳回參照範圍由左數來第二欄的值並需尋找完全符合的值，輸入公式：**=VLOOKUP(B3,$E$3:$F$10,2,0)**。

Step 2 複製公式

	A	B	C	D	E	F	G	H
1		台中店			課程費用表			
2	學員	課程	專案價		課程	專案價		
3	黃佳意	3ds Max遊戲動畫設計	21,999		Adobe跨界創意視覺設計	15,499		
4	張明宏	ACA國際認證班	19,990		PHP購物網站設計	13,999		
5	黃家輝	TQC電腦專業認證	14,888		ACA國際認證班	19,990		
6	陳佳慧	PHP購物網站設計	13,999		3ds Max遊戲動畫設計	21,999		
7	黃心菁	AutoCAD室內設計	12,888		TQC電腦專業認證	14,888		
8	韓靜宜	3dsMax室內建築設計	12,345		MOS微軟專業認證	12,888		
9	陳偉翔	MOS微軟專業認證	12,888		AutoCAD室內設計	12,888		
10	蔡凱倫	AutoCAD室內設計	12,888		3dsMax室內建築設計	12,345		
11	潘志偉	3dsMax室內建築設計	12,345					
12	王凱翔	MOS微軟專業認證	12,888					
13								

1 選取 C3 儲存格。

2 按住右下角的 **填滿控點** 往下拖曳，至 C12 儲存格最後一位學員項目再放開滑鼠左鍵，可快速完成所有專案價參照顯示。

資訊補給站

參照顯示時出現了 #N/A 錯誤值！

如果檢視值 (即此例中學員的選課課程)，是目前參照表中所沒有的項目，這樣傳回的值就會出現 #N/A，這時可檢查是否有課程名稱輸入錯誤或是有開立新的課程但還未加入參照表中。

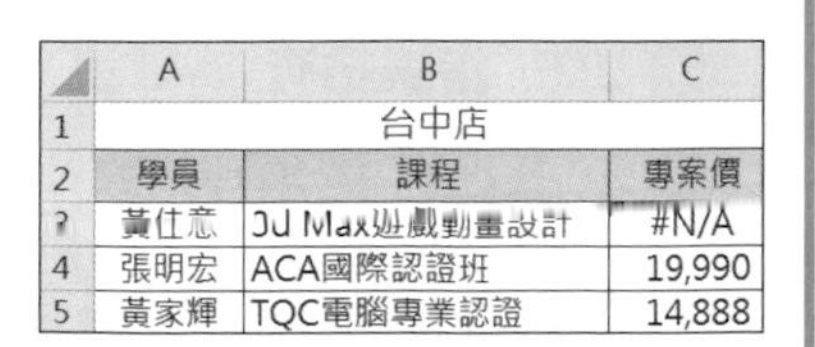

	A	B	C
1		台中店	
2	學員	課程	專案價
3	黃佳意	3ds Max遊戲動畫設計	#N/A
4	張明宏	ACA國際認證班	19,990
5	黃家輝	TQC電腦專業認證	14,888

資訊補給站

使用錯誤檢查清單鈕修正

當函數公式運算後出現如上一頁裡說明的錯誤值時，除了可以一一檢視引數以外，只要選取有錯誤值的儲存格，於儲存格的左方就會出現 ! **錯誤檢查** 鈕，接著將滑鼠指標移到這個符號上選按 **錯誤檢查** 清單鈕，清單中就會出現跟這個錯誤值相關的操作選項。

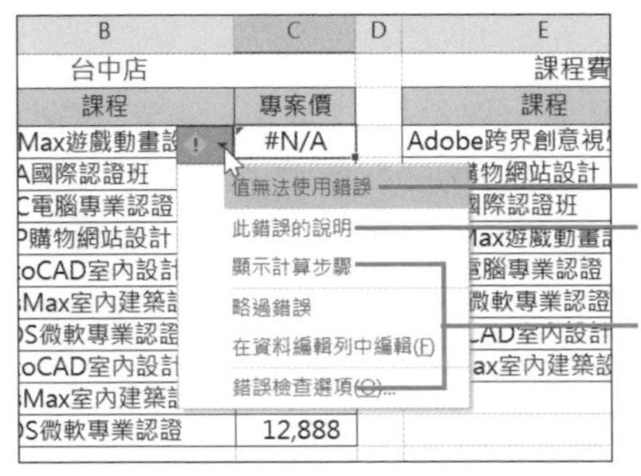

錯誤原因

錯誤訊息的線上詳細說明

對應的措施，如果判斷是格式上的問題，不會影響整體計算結果，則可以選按 **略過錯誤**，就不會再出現 !。

自訂錯誤檢查的項目

如果覺得錯誤檢查不但影響編輯又有些麻煩，只要依需求自訂檢查規則，就可以針對自訂的項目進行錯誤檢查了。

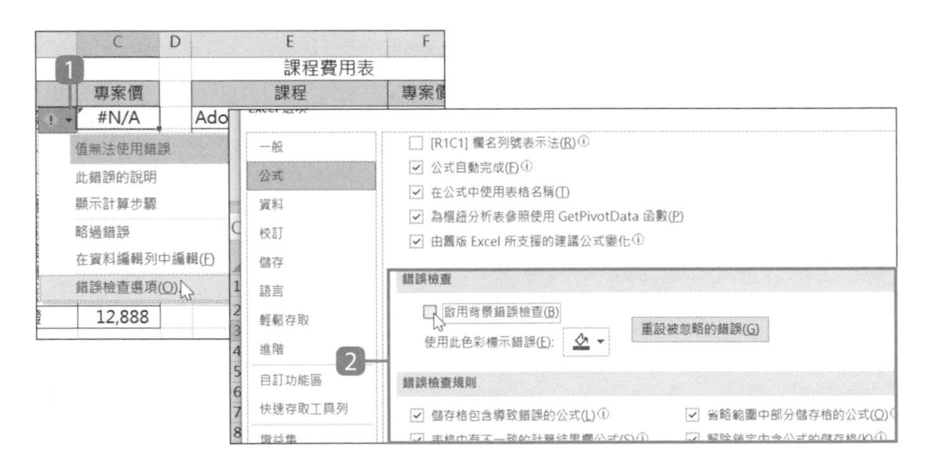

1 選按 **錯誤檢查** 清單鈕 \ **錯誤檢查選項**。

2 於 **Excel 選項** 對話方塊 \ **公式** \ **錯誤檢查規則** 項目中依需求自訂錯誤檢查項目，如果想要停止錯誤檢查的動作，可取消核選 **錯誤檢查** 項目中的 **啟用背景錯誤檢查**。

13.14 取得橫向參照表中符合條件的資料

HLOOKUP 函數

與 **VLOOKUP** 函數用法相似，**HLOOKUP** 函數的 H 代表 horizontal (橫向)，因此可從橫向的參照表中判斷符合條件的資料傳回。

選課單將參照下方的課程費用表訂定，首先於課程費用表中找到目前學員選擇的課程項目，並回傳其對應的專案價金額。

檢視值

	A	B	C	D	E	F	G
1	台北店						
2	學員	課程	專案價				
3	黃佳意	ACA國際認證班	19,990				
4	張明宏	3ds Max動畫設計	21,999				
5	黃家輝	Adobe跨界視覺設計	15,499				
6	陳佳慧	ACA國際認證班	19,990				
7	黃心菁	3ds Max動畫設計	21,999				
8	韓靜宜	TQC電腦專業認證	14,888				
9	陳偉翔	Adobe跨界視覺設計	15,499				
10	蔡凱倫	3ds Max動畫設計	21,999				
11	潘志偉	Adobe跨界視覺設計	15,499				
12	王凱翔	TQC電腦專業認證	14,888				
13							
14	課程費用表						
15	課程	Adobe跨界視覺設計	PHP網站設計	ACA國際認證班	3ds Max動畫設計	TQC電腦專業認證	
16	專案價	15,499	13,999	19,990	21,999	14,888	
17							

參照表範圍

HLOOKUP 函數

| 檢視與參照

說明：從橫向參照表中取得符合條件的資料。

格式：**HLOOKUP(檢視值,參照範圍,列數,檢視型式)**

引數：

- **檢視值**　指定檢視的儲存格位址或數值。
- **參照範圍**　指定參照表範圍 (不包含標題欄)。
- **列數**　數值，指定傳回參照表範圍由上算起第幾列的資料。
- **檢視型式**　檢視的方法有 TRUE (1) 或 FALSE (0)。值為 TRUE 或被省略，會以大約符合的方式找尋，如果找不到完全符合的值則傳回僅次於檢視值的最大值。當值為 FALSE，會尋找完全符合的數值，如果找不到則傳回錯誤值 #N/A。

Step 1 取得專案價格

	A	B	C	D	E	F
1	台北店					
2	學員	課程	專案價			
3	黃佳意	ACA國際認證班	=HLOOKUP(B3,$B$15:$F$16,2,0)			
4	張明宏	3ds Max動畫設計				
5	黃家輝	Adobe跨界視覺設計				
6	陳佳慧	ACA國際認證班				
7	黃心菁	3ds Max動畫設計				
8	韓靜宜	TQC電腦專業認證				
9	陳偉翔	Adobe跨界視覺設計				
10	蔡凱倫	3ds Max動畫設計				
11	潘志偉	Adobe跨界視覺設計				
12	王凱翔	TQC電腦專業認證				
13						
14	課程費用表					
15	課程	Adobe跨界視覺設計	PHP網站設計	ACA國際認證班	3ds Max動畫設計	TQC電腦專業認證
16	專案價	15,499	13,999	19,990	21,999	14,888
17						

1. 選取 C3 儲存格。
2. 求得課程專案價，指定要比對的檢視值 (B3 儲存格)，指定參照範圍 ($B$15:$F$16；不包含表頭)，指定傳回參照範圍由上數來第二列的值並需尋找完全符合的值，輸入公式：**=HLOOKUP(B3,$B$15:$F$16,2,0)**。

Step 2 複製公式

	A	B	C	D	E	F
1	台北店					
2	學員	課程	專案價			
3	黃佳意	ACA國際認證班	19,990			
4	張明宏	3ds Max動畫設計	21,999			
5	黃家輝	Adobe跨界視覺設計	15,499			
6	陳佳慧	ACA國際認證班	19,990			
7	黃心菁	3ds Max動畫設計	21,999			
8	韓靜宜	TQC電腦專業認證	14,888			
9	陳偉翔	Adobe跨界視覺設計	15,499			
10	蔡凱倫	3ds Max動畫設計	21,999			
11	潘志偉	Adobe跨界視覺設計	15,499			
12	王凱翔	TQC電腦專業認證	14,888			
13						

1. 選取 C3 儲存格。
2. 按住右下角的 **填滿控點** 往下拖曳，至 C12 儲存格最後一位學員項目再放開滑鼠左鍵，可快速完成所有專案價參照顯示。

日期與時間函數應用

基本介紹與運算

- 認識日期、時間序列值
- 顯示現在的日期、時間
- 計算日期期間

日期轉換

- 實際工作天數
- 由日期取得對應星期值
- 年月日的資料數值轉換為日期

時間轉換

- 時間加總與時數轉換
- 將時間轉換成秒數與無條件進位
- 時、分、秒的數值轉換為時間長度

14.1 認識日期、時間序列值

Excel 以序列值儲存日期與時間，序列值也可以用於計算中。

日期序列值

從 1900 年 1 月 1 日開始到 9999 年 12 月 31 日為止，代表的序列值即為 1 到 2958465 數值，每天以 1 的數值進行遞增。

當日期轉換成序列值後，不但可以進行計算，也可以根據結果設定日期格式。假設要計算 2022/3/1 到 2022/6/25 之間的天數，可以利用 **DATE** 函數：DATE (2022,6,25) - DATE (2022,3,1)。

時間序列值

從 00:00:00 時到 23:59:59 為止，代表的序列值為 0 到 0.99998426 數值。

當時間轉換成序列值後，不但可以計算，也可以根據結果設定時間格式。假設要計算 3 時 10 分到 9 時 50 分之間的差距，可以利用 **TIME** 函數：TIME (9,50,0) - TIME (3,10,0)。

查看日期或時間序列值

在儲存格中如果輸入含有「/」或「-」的數值時，會自動轉換為今年的日期；如果輸入含有「:」的數值時，則會自動轉換為時間。

想要查看日期或時間的序列值時，可以於該儲存格上按一下滑鼠右鍵，選按 **儲存格格式**，於對話方塊的 **數值** 標籤中選按 **通用格式** 即可。

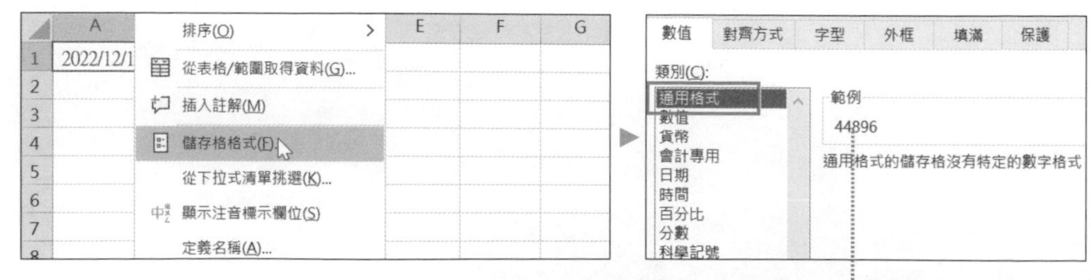

以 2022/12/1 日期為例，查詢出來的序列值為 44896。

14.2 顯示現在的日期、時間

TODAY、NOW 函數

TODAY 函數常出現在各式報表的日期欄位，主要用於顯示今天日期。而 **NOW** 函數不僅可顯示今天日期，還有目前時間。(二個函數取得的值會在每次開啟檔案時自動更新)

面試流程表中，以當天日期為基準，計算出距離這三次應試日期的各自剩餘天數。

使用 **TODAY** 函數取得電腦系統今天的日期。

將 **NOW** 函數減去 **TODAY** 函數，只顯示目前時間。

	A	B	C	D	E	F	G
1	今天日期：	2022/1/4	1:44 PM				
2	流程	日期	剩餘天數				
3	審查資料	2022/10/1	270				
4	面試	2022/11/1	301				
5	團體面試	2022/12/15	345				
6							
7							
8							
9							

日期 減去 **今天日期**，計算出目前距離應試日期的 **剩餘天數。**

TODAY 函數

| 日期及時間

說明：顯示今天的日期 (即目前電腦中的系統日期)。

格式：**TODAY()**

NOW 函數

| 日期及時間

說明：顯示目前的日期與時間 (即目前電腦中的系統日期與時間)。

格式：**NOW()**

Step 1 顯示今天日期與目前時間

	A	B	C	D
1	今天日期：	=TODAY()		
2	流程	日期	剩餘天數	
3	審查資料	2022/10/1		
4	面試	2022/11/1		
5	團體面試	2022/12/15		
6				
7				

	B	C	D	E	F
1	2022/1/4	=NOW()-TODAY()			
2	日期	剩餘天數			
3	2022/10/1				
4	2022/11/1				
5	2022/12/15				
6					
7					

1 選取 B1 儲存格，要取得今天的日期，輸入公式：**=TODAY()**。

2 選取 C1 儲存格輸入 **NOW** 函數減去 **TODAY** 函數，藉此顯示目前時間，輸入公式：**=NOW()-TODAY()**。

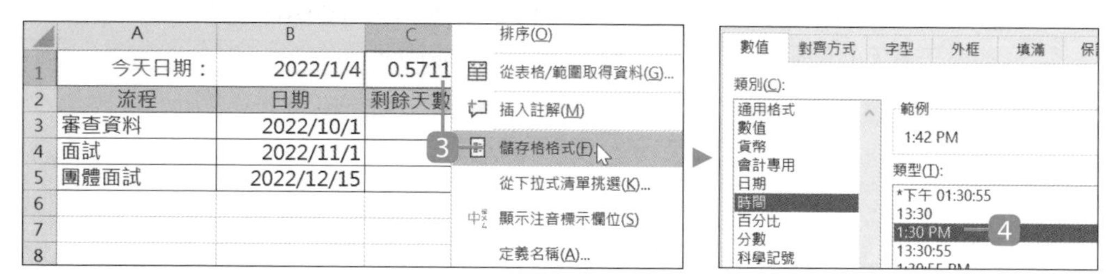

3 於 C1 儲存格按一下滑鼠右鍵選按 **儲存格格式**。

4 於對話方塊 **數值** 標籤設定 **類別**：**時間**、**類型**：**1:30 PM**、**地區設定**：**中文(台灣)**，按 **確定** 鈕將代表時間的數值轉換為可辨識的格式。

Step 2 計算剩餘天數

	A	B	C	D
1	今天日期：	2022/1/4	1:42 PM	
2	流程	日期	剩餘天數	
3	審查資料	2022/10/1	=B3-$B$1	
4	面試	2022/11/1		
5	團體面試	2022/12/15		

	A	B	C	D
1	今天日期：	2022/1/4	1:44 PM	
2	流程	日期	剩餘天數	
3	審查資料	2022/10/1	270	
4	面試	2022/11/1	301	
5	團體面試	2022/12/15	345	

1 選取 C3 儲存格計算距離應試日期的剩餘天數，輸入公式：**=B3-$B$1**。

下個步驟要複製此公式，所以利用絕對參照指定今天日期儲存格。

2 選取 C3 儲存格，按住右下角的 **填滿控點** 往下拖曳，至 C5 儲存格放開滑鼠左鍵，完成剩餘天數計算。

14.3 計算日期期間

TODAY、DATEDIF 函數

要計算二個日期差距的年數或天數，如：年資、年齡...時，可以運用 **TODAY** 與 **DATEDIF** 二個函數搭配。

服務年資表中，以到職日為開始日期，開啟這份文件的當日作為結束日期，計算每個員工實際服務年資，並以 "年" 與 "月" 顯示。

	A	B	C	D	E	F
1	服務年資					
2				日期：	2022/1/4	
3	員工	性別	到職日	年資		
4				年	月	
5	林曉恩	女	2008/5/1	13	8	
6	李佳雯	女	2004/1/3	18	0	
7	王怡雯	女	2002/12/2	19	1	
8	林雅枝	女	2007/7/16	14	5	
9	楊俊宏	男	2007/2/5	14	10	
10	錢政宏	男	2009/4/1	12	9	
11	林裕軒	男	2012/12/20	9	0	
12	李曉雯	女	2010/1/20	11	11	
13						

使用 **TODAY** 函數取得系統今天日期。

設定到職日為開始日期，今天日期為結束日期，而二個日期間的天數即為年資，讓年資以完整 "年" 及不足一年的 "月" 方式顯示。

TODAY 函數

| 日期及時間

說明：顯示今天的日期 (即目前電腦中的系統日期)。

格式：**TODAY()**

DATEDIF 函數

| 日期及時間

說明：求二個日期之間的天數、月數或年數。

格式：**DATEDIF(起始日期,結束日期,單位)**

引數：**起始日期**　代表期間的最初 (或開始) 日期。

結束日期　代表期間的最後 (或結束) 日期。

單位　顯示的資料類型，可指定 Y (完整年數)、M (完整月數)、D (完整天數)、YM (未滿一年的月數)、YD (未滿一年的日數)、MD (未滿一月的日數)。

Step 1 顯示今天日期

	B	C	D	E
1		服務年資		
2			日期：	=TODAY()
3	性別	到職日	年資	
4			年	月
5	女	2008/5/1		
6	女	2004/1/3		

1 選取 E2 儲存格。

2 要取得今天的日期，輸入公式：**=TODAY()**。

Step 2 計算年資

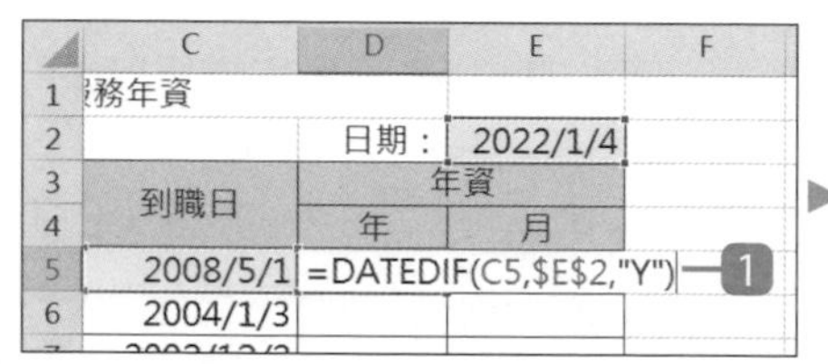

	C	D	E	F	G	H
1	務年資					
2		日期：	2022/1/4			
3	到職日	年資				
4		年	月			
5	2008/5/1	13	=DATEDIF(C5,$E$2,"YM")			
6	2004/1/3					

1 選取 D5 儲存格，運用 **DATEDIF** 函數求得日期期間的完整年數，指定開始日期為 C5 儲存格，結束日期為 E2 儲存格，輸入公式：**=DATEDIF(C5,$E$2,"Y")**。

後面步驟要複製此公式，所以利用絕對參照指定今天日期的儲存格。

2 選取 E5 儲存格，運用 **DATEDIF** 函數求得日期期間未滿一年的月數，指定開始日期為 C5 儲存格，結束日期為 E2 儲存格，輸入公式：**=DATEDIF(C5,$E$2,"YM")**。

後面步驟要複製此公式，所以利用絕對參照指定今天日期的儲存格。

	B	C	D	E	F
1		服務年資			
2			日期：	2022/1/4	
3	性別	到職日	年資		
4			年	月	
5	女	2008/5/1	13	8	
6	女	2004/1/3	18	0	
7	女	2002/12/2	19	1	
8	女	2007/7/16	14	5	
9	男	2007/2/5	14	10	
10	男	2009/4/1	12	9	
11	男	2012/12/20	9	0	
12	女	2010/1/20	11	11	
13					
14					

3 最後，拖曳選取已運算好的 D5:E5 儲存格範圍，按住 E5 儲存格右下角的 **填滿控點** 往下拖曳，至 E12 儲存格再放開滑鼠左鍵，可快速完成其他員工的服務年資計算。

14.4 求實際工作天數

NETWORKDAYS.INTL 函數

NETWORKDAYS.INTL 函數可排除週休二日及指定的國定假日，計算出實際的工作天數。

工程管理表中，計算出各項工程從開工日到完工日之間，不包含週日、一及國定假日的實際工作天數。

藉由透過 **NETWORKDAYS.INTL** 函數，由 **開工日** 到 **完工日**，這中間扣除星期日、一，與指定的 **國定假日**，計算出實際的工作天數。

	A	B	C	D	E	F	G	H	I
1	施工時間表								
2	工程內容	開工日	完工日	工作天數			國定假日		
3	拆除	2022/5/1	2022/5/15	10			2022/1/1	元旦	
4	隔間	2022/6/1	2022/6/15	10			2022/2/28	和平紀念日	
5	水電	2022/8/10	2022/8/23	10			2022/4/4	兒童節	
6	傢俱	2022/9/10	2022/9/20	6			2022/4/5	掃墓節	
7	花園	2022/10/20	2022/10/25	4			2022/5/1	勞動節	
8	★付款日：完工日的下個月月底付款						2022/6/3	端午節	
9	★工作天數：扣除星期日、一與國定假日						2022/9/10	中秋節	
10							2022/10/10	雙十節	

NETWORKDAYS.INTL 函數

| 日期及時間

說明：**NETWORKDAYS.INTL** 與 **NETWORKDAYS** 函數不同之處為增加了 **週末** 引數，此函數會傳回二個日期之間的工作天數，並且不包含週末與指定為國定假日的所有日期。

格式：**NETWORKDAYS.INTL(起始日期,結束日期,週末,國定假日)**

引數：**起始日期**　代表期間的最初 (或開始) 日期。

結束日期　代表期間的最後 (或結束) 日期。

週末　以類型編號指定星期幾為週末，省略時就以星期六、日為週末。

類型	星期別	類型	星期別	類型	星期別	類型	星期別
1	星期六、日	5	星期三、四	12	星期一	16	星期五
2	星期日、一	6	星期四、五	13	星期二	17	星期六
3	星期一、二	7	星期五、六	14	星期三		
4	星期二、三	11	星期日	15	星期四		

國定假日　包含一或多個國定假日或指定假日，會是日期的儲存格範圍，或是代表這些日期的序列值的陣列常數。

Step 1 計算實際工作天數

	A	B	C	D	E	F	G	H
1	施工時間表							
2	工程內容	開工日	完工日	工作天數			國定假日	
3	拆除	2022/5/1	2022/5/15	=NETWORKDAYS.INTL(B3,C3,2,$G$3:$G$10)				
4	隔間	2022/6/1	2022/6/15				2022/2/28	和平紀念日
5	水電	2022/8/10	2022/8/23				2022/4/4	兒童節
6	傢俱	2022/9/10	2022/9/20				2022/4/5	掃墓節
7	花園	2022/10/20	2022/10/25				2022/5/1	勞動節
8	★付款日：完工日的下個月月底付款						2022/6/3	端午節

1 選取 D3 儲存格。

2 計算從開工日到完工日中間的實際工作天數，其中指定 **週末** 引數為 "2" (排除星期日與一)，與指定 **國定假日** 日期資料範圍，輸入公式：**=NETWORKDAYS.INTL(B3,C3,2,$G$3:$G$10)**。

下個步驟要複製此公式，所以利用絕對參照指定國定假日資料範圍。

Step 2 複製公式

	A	B	C	D	E	F	G	H
1	施工時間表							
2	工程內容	開工日	完工日	工作天數			國定假日	
3	拆除	2022/5/1	2022/5/15	10			2022/1/1	元旦
4	隔間	2022/6/1	2022/6/15	10			2022/2/28	和平紀念日
5	水電	2022/8/10	2022/8/23	10			2022/4/4	兒童節
6	傢俱	2022/9/10	2022/9/20	6			2022/4/5	掃墓節
7	花園	2022/10/20	2022/10/25	4			2022/5/1	勞動節
8	★付款日：完工日的下個月月底付款						2022/6/3	端午節
9	★工作天數：扣除星期日、一與國定假日						2022/9/10	中秋節
10							2022/10/10	雙十節

1 選取 D3 儲存格。

2 按住右下角的 **填滿控點** 往下拖曳，至 D7 儲存格最後一個工程項目再放開滑鼠左鍵，完成其他工程的實際工作天數計算。

資訊補給站

想指定的週末沒有對應的類型編號

NETWORKDAYS.INTL 函數的 **週末** 引數除了以類型編號指定，還可以使用 0 (工作天) 與 1 (非工作天) 的字串排列來指定星期一到星期日 (共 7 天)，例如指定週末為星期五、六、日時，**週末** 引數可輸入：「"0000111"」。

14.5 由日期取得對應的星期值

WEEKDAY、IF 函數

日期資料可以藉由 **WEEKDAY** 函數，傳回 1 至 7 或 0 至 6 數值，判斷出星期值。

門票價格一覽表中，計算出日期相對應的星期值，並根據平日 (星期一~五) 與週末 (星期六、日) 的定義，列出門票價格金額為 399 或 568。

	A	B	C
1	遊樂園門票一覽表		
2	日期	星期	票價
3	2022/9/1	星期四	399
4	2022/9/2	星期五	399
5	2022/9/3	星期六	568
6	2022/9/4	星期日	568
7	2022/9/5	星期一	399
8	2022/9/6	星期二	399
9	2022/9/7	星期三	399
10	2022/9/8	星期四	399
11	2022/9/9	星期五	399
12	2022/9/10	星期六	568
13	2022/9/11	星期日	568
14	2022/9/12	星期一	399
15	2022/9/13	星期二	399
16	2022/9/14	星期三	399
17	2022/9/15	星期四	399

依日期顯示星期值，方便與票價對照檢查。

用 **WEEKDAY** 函數計算出 **日期** 相對應的 **星期** 值，並依照引數類型 2，傳回 1 (星期一) 至 7 (星期日) 整數。再用 **IF** 函數判斷，如果是平日時段 (星期一~五)，門票價格為 399，如果是週末時段 (星期六、日)，門票價格為 568。

WEEKDAY 函數

| 日期及時間

說明：從日期的序列值中求得對應的星期數值。

格式：**WEEKDAY(序列值,類型)**

引數：**序列值**　要尋找星期數值的日期。

類型　決定傳回值的類型，日期資料預設星期日會傳回 "1"，星期六會傳回 "7"...。其中類型 1 與 Excel 舊版的性質相同，而 Excel 2010 以後的版本才可以指定類型 11 至 17。

類型	傳回值	類型	傳回值
1 或省略	數值 1 (星期日) 到 7 (星期六)	13	數值 1 (星期三) 到 7 (星期二)
2	數值 1 (星期一) 到 7 (星期日)	14	數值 1 (星期四) 到 7 (星期三)
3	數值 0 (星期一) 到 6 (星期六)	15	數值 1 (星期五) 到 7 (星期四)
11	數值 1 (星期一) 到 7 (星期日)	16	數值 1 (星期六) 到 7 (星期五)
12	數值 1 (星期二) 到 7 (星期一)	17	數值 1 (星期日) 到 7 (星期六)

IF 函數 | 邏輯

說明：依條件判定的結果分別處理。

格式：**IF(條件,條件成立,條件不成立)**

Step 1 依日期顯示星期值

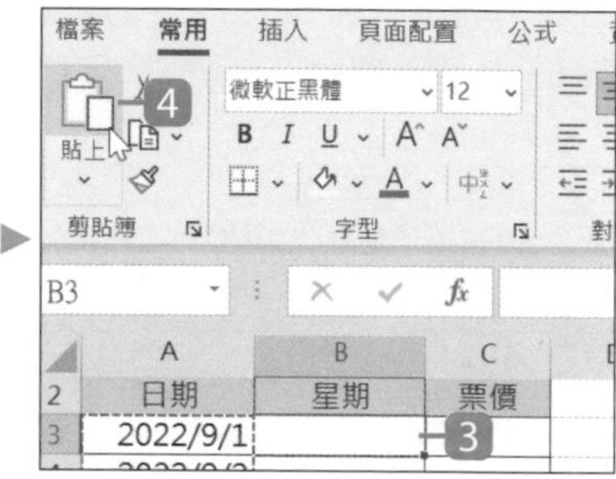

1 選取 A3:A17 儲存格範圍。

2 於 **常用** 索引標籤選按 **複製**。

3 選取 B3 儲存格。

4 於 **常用** 索引標籤選按 **貼上**。

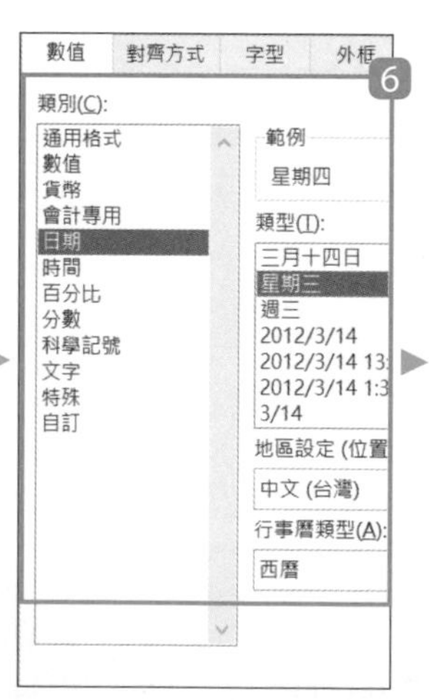

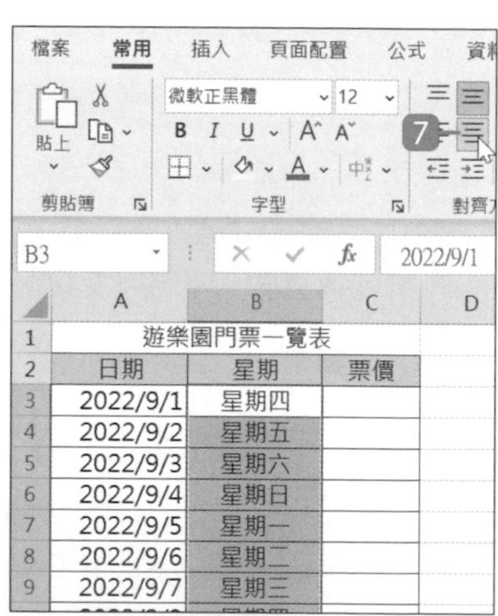

5 於選取的 B3:B17 儲存格上方按一下滑鼠右鍵，選按 **儲存格格式**。

6 於對話方塊 **數值** 標籤設定 **類別**：**日期**、**類型**：**星期三**、**地區設定**：**中文(台灣)**、**行事曆類型**：**西曆**，按 **確定** 鈕。

7 日期資料會轉換為星期，於 **常用** 索引標籤選按 **置中**。

Step 2 依星期數值顯示門票價格

	A	B	C	D	E	F	G
1	遊樂園門票一覽表						
2	日期	星期	票價				
3	2022/9/1	星期四	=IF(WEEKDAY(A3,2)>5,568,399)				
4	2022/9/2	星期五					
5	2022/9/3	星期六					
6	2022/9/4	星期日					
7	2022/9/5	星期一					
8	2022/9/6	星期二					
9	2022/9/7	星期三					
10	2022/9/8	星期四					
11	2022/9/9	星期五					
12	2022/9/10	星期六					
13	2022/9/11	星期日					
14	2022/9/12	星期一					

	A	B	C
1	遊樂園門票一覽表		
2	日期	星期	票價
3	2022/9/1	星期四	399
4	2022/9/2	星期五	
5	2022/9/3	星期六	
6	2022/9/4	星期日	
7	2022/9/5	星期一	
8	2022/9/6	星期二	
9	2022/9/7	星期三	
10	2022/9/8	星期四	
11	2022/9/9	星期五	
12	2022/9/10	星期六	
13	2022/9/11	星期日	
14	2022/9/12	星期一	

1 選取 C3 儲存格。範例中定義週末為星期六、日，當 **WEEKDAY** 函數 **類型** 引數指定為 "2"，代表星期 六、日的星期數值即為 6、7 。當傳回的星期數值 >5 時，顯示週末的門票價格 "568"，否則顯示平日門票價格 "399"，輸入公式：

=IF(WEEKDAY(A3,2)>5,568,399)。

	A	B	C	D	E	F	G
1	遊樂園門票一覽表						
2	日期	星期	票價				
3	2022/9/1	星期四	399				
4	2022/9/2	星期五					
5	2022/9/3	星期六					
6	2022/9/4	星期日					
7	2022/9/5	星期一					
8	2022/9/6	星期二					
9	2022/9/7	星期三					
10	2022/9/8	星期四					
11	2022/9/9	星期五					
12	2022/9/10	星期六					
13	2022/9/11	星期日					
14	2022/9/12	星期一					
15	2022/9/13	星期二					
16	2022/9/14	星期三					
17	2022/9/15	星期四					
18							
19							

	A	B	C
1	遊樂園門票一覽表		
2	日期	星期	票價
3	2022/9/1	星期四	399
4	2022/9/2	星期五	399
5	2022/9/3	星期六	568
6	2022/9/4	星期日	568
7	2022/9/5	星期一	399
8	2022/9/6	星期二	399
9	2022/9/7	星期三	399
10	2022/9/8	星期四	399
11	2022/9/9	星期五	399
12	2022/9/10	星期六	568
13	2022/9/11	星期日	568
14	2022/9/12	星期一	399
15	2022/9/13	星期二	399
16	2022/9/14	星期三	399
17	2022/9/15	星期四	399
18			
19			

2 選取 C3 儲存格，按住右下角的 **填滿控點** 往下拖曳，至 C17 儲存格再放開滑鼠左鍵，快速取得所有日期相對的門票價格。

14.6 由年月日的資料數值轉換為日期

DATE 函數

分開的年、月、日數值，可以藉由 **DATE** 函數，將其結合為 Excel 可以辨識的日期序列值。

到職表中，將新進員工開始進入公司的各別年、月、日資料，整合為完整的到職日期，並以 YYYY/MM/DD 格式顯示。

	A	B	C	D	E	F	G
1	新進員工到職表						
2	序號	姓名	到職日				
3			年	月	日	到職日期	
4	101	George	2013	5	28	2013/5/28	
5	102	Eric	2013	9	20	2013/9/20	
6	103	Jessie	2013	12	15	2013/12/15	
7	104	Sally	2014	1	8	2014/1/8	
8	105	Robert	2014	2	1	2014/2/1	
9	106	Monica	2014	3	5	2014/3/5	
10							

將 **年**、**月**、**日** 欄位內的數值，用 **DATE** 函數轉換為日期序列值，並自動以 **日期** 格式顯示。

DATE 函數

日期及時間

說明：將指定的年、月、日數值轉換成代表日期的序列值。

格式：**DATE(年,月,日)**

引數：

年 代表年的數值，可以是 1 到 4 個數值，建議使用四位數，避免產生不合需要的結果。例如：DATE(2018,3,2) 會傳回 2018 年 3 月 2 日的序例值。

月 代表一年中的 1 到 12 月份的正、負數值。如果大於 12，會將多出來的月數加到下個年份，例如：DATE(2018,14,2) 會傳回代表 2019 年 2 月 2 日的序列值；相反如果小於 1，則是在減去相關月數後，以上個年份顯示，例如：DATE(2018,-3,2) 會傳回代表 2017 年 9 月 2 日的序列值。

日 代表一個月中的 1 到 31 日的正、負數值。如果大於指定月份的天數，會將多出來的天數加到下個月份，例如：DATE(2018,1,35) 會傳回代表 2018 年 2 月 4 日的序列值；相反的如果小於 1，則會推算回去前一個月份，並將該天數加 1，例如：DATE(2018,1,-15) 會傳回代表 2017 年 12 月 16 日的序列值。

Step 1 轉換為日期序列值

	A	B	C	D	E	F	G
1	新進員工到職表						
2	序號	姓名	到職日				
3			年	月	日	到職日期	
4	101	George	2013	5	28	=DATE(C4,D4,E4)	
5	102	Eric	2013	9	20		
6	103	Jessie	2013	12	15		
7	104	Sally	2014	1	8		
8	105	Robert	2014	2	1		
9	106	Monica	2014	3	5		

	D	E	F	G
1	進員工到職表			
2	到職日			
3	月	日	到職日期	
4	5	28	2013/5/28	
5	9	20		
6	12	15		
7	1	8		
8	2	1		
9	3	5		

1. 選取 F4 儲存格。
2. 將 C4、D4、E4 儲存格裡的 "年"、"月"、"日" 數值，轉換為到職日期序列值，輸入公式：**=DATE(C4,D4,E4)**。

Step 2 複製公式

	A	B	C	D	E	F	G
1	新進員工到職表						
2	序號	姓名	到職日				
3			年	月	日	到職日期	
4	101	George	2013	5	28	2013/5/28	
5	102	Eric	2013	9	20		
6	103	Jessie	2013	12	15		
7	104	Sally	2014	1	8		
8	105	Robert	2014	2	1		
9	106	Monica	2014	3	5		
10							

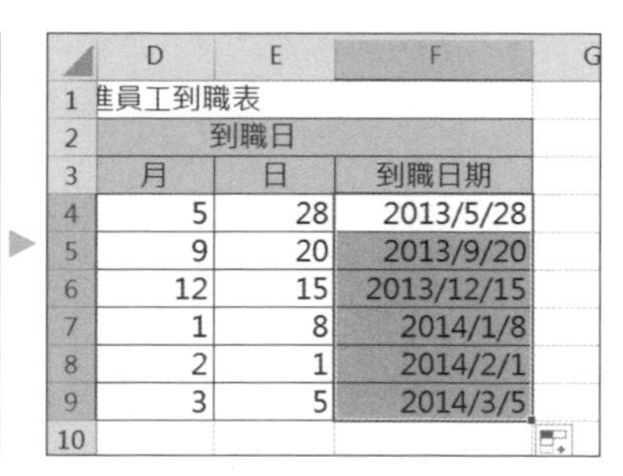

	D	E	F	G
1	進員工到職表			
2	到職日			
3	月	日	到職日期	
4	5	28	2013/5/28	
5	9	20	2013/9/20	
6	12	15	2013/12/15	
7	1	8	2014/1/8	
8	2	1	2014/2/1	
9	3	5	2014/3/5	
10				

1. 選取 F4 儲存格。
2. 按住右下角的 **填滿控點** 往下拖曳，至 F9 儲存格最後一位員工項目再放開滑鼠左鍵，快速求得其他員工到職日期的序列值。

資訊補給站

日期格式顯示與變更

輸入 **DATE** 函數時，儲存格的格式預設會從原本的 **通用格式** 轉換為 **日期** 格式，所以結果會以 "YYYY/MM/DD" 方式顯示，而不是以序列值。

如果想要調整格式，可於要調整的儲存格上按一下滑鼠右鍵，選按 **儲存格格式** 開啟對話方塊，再於 **數值** 標籤中設定。

14.7 時、分、秒的數值轉換為時間長度

TIME 函數

TIME 函數可以將代表小時、分鐘或秒的數值，轉換成時間序列值，並以預設的"hh:mm AM/PM" 格式顯示。

時數表中，記錄每部影片錄製幾小時、幾分鐘與幾秒的數值，可藉由 **TIME** 函數得到時間的序列值。

	A	B	C	D	E	F	G
1	線上課程影片時數表						
2	章節	名稱	小時	分鐘	秒	影片長度	
3	1	ACA國際認證班	1	24	10	01:24:10	
4	2	PHP網站設計		44	6	00:44:06	
5	3	Adobe跨界視覺設計		24	26	00:24:26	
6	4	ACA國際認證班 II	1	30	40	01:30:40	
7	5	3ds Max動畫設計	1	21	55	01:21:55	
8	6	TQC電腦專業認證		40	0	00:40:00	
9	7	Adobe跨界視覺設計 II	1	44	31	01:44:31	
10	8	Excel 大數據視覺設計		50	22	00:50:22	
11							

將 **小時**、**分鐘** 與 **秒** 欄位內的數值，用 **TIME** 函數轉換為時間序列值，再轉換為 [hh:mm:ss] 格式。

TIME 函數

| 日期及時間

說明：將指定的小時、分鐘、秒鐘的數值轉換成代表時間的序列值。

格式：**TIME(小時,分鐘,秒鐘)**

引數：**小時** 代表小時的數值，0~23 的小時數。當值大於 23 將會除於 24，再將餘數視為小時值。(例如：TIME(30:10:5) 會傳回 6:10:5 的序列值。)

分鐘 代表分鐘的數值，0~59 的分鐘數。當值大於 59 將會轉換成小時和分鐘。(例如：TIME(1:65:10) 會傳回 2:5:10 的序列值。)

秒鐘 代表秒鐘的數值，0~59 的秒數。當值大於 59 將會轉換成小時、分鐘和秒鐘。(例如：TIME(1:50:70) 會傳回 1:51:10 的序列值。)

Step 1 轉換時間序列值

	A	B	C	D	E	F
1	線上課程影片時數表					
2	章節	名稱	小時	分鐘	秒	影片長度
3	1	ACA國際認證班	1	24	10	=TIME(C3,D3,E3)
4	2	PHP網站設計		44	6	
5	3	Adobe跨界視覺設計		24	26	
6	4	ACA國際認證班 II	1	30	40	

1. 選取 F3 儲存格。
2. 將 C3、D3、E3 儲存格裡的 "小時"、"分鐘"、"秒" 數值，轉換成時間序列值，輸入公式：**=TIME(C3,D3,E3)**。

Step 2 變更顯示格式與複製公式

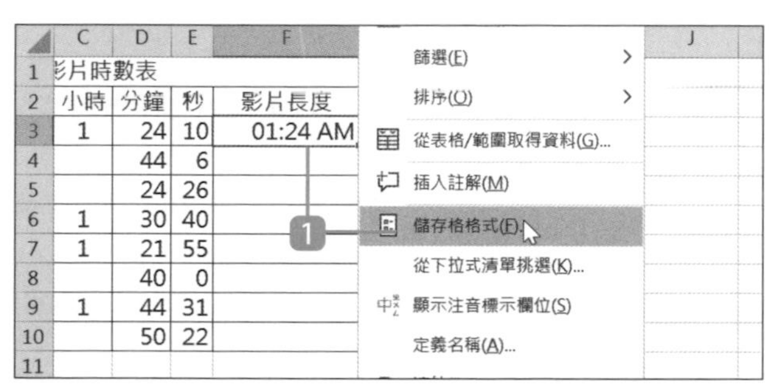

1. 於 F3 儲存格按一下滑鼠右鍵選按 **儲存格格式**。
2. 於對話方塊 **數值** 標籤設定 **類別**：**自訂**、**類型**：**hh:mm:ss**，按 **確定** 鈕將代表時間的數值轉換成合適的格式。

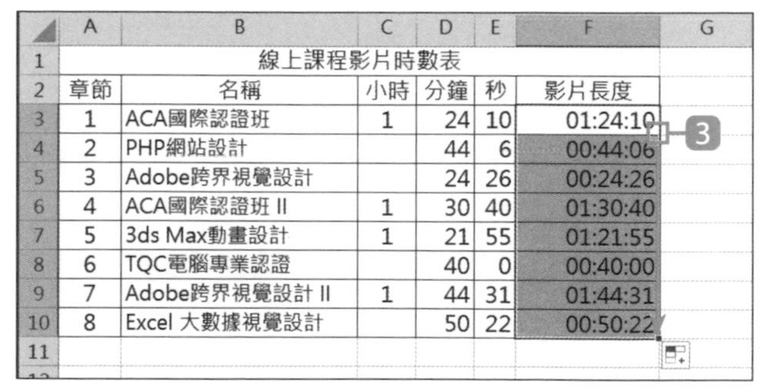

	A	B	C	D	E	F
1	線上課程影片時數表					
2	章節	名稱	小時	分鐘	秒	影片長度
3	1	ACA國際認證班	1	24	10	01:24:10
4	2	PHP網站設計		44	6	00:44:06
5	3	Adobe跨界視覺設計		24	26	00:24:26
6	4	ACA國際認證班 II	1	30	40	01:30:40
7	5	3ds Max動畫設計	1	21	55	01:21:55
8	6	TQC電腦專業認證		40	0	00:40:00
9	7	Adobe跨界視覺設計 II	1	44	31	01:44:31
10	8	Excel 大數據視覺設計		50	22	00:50:22

3. 選取 F3 儲存格，按住右下角的 **填滿控點** 往下拖曳，至 F10 儲存格再放開滑鼠左鍵，快速求得其他章節的影片長度。

14.8 時間加總與時數轉換

SUM 函數

時間的計算，就如同數值一樣可以利用 **SUM** 函數進行加總，除了調整格式以顯示正確數值外，牽涉到薪資，還必須將工作時數轉換成實際時數，才可以計算。

工時與薪資統計表中，由每天的 **工作時數** 計算出五天的 **時數總和**。另外透過時數轉換，在時薪 193 元的條件下，統計出五天薪資總和。

工作時數：(中午休息開始-上班)+(下班-中午休息結束)

	A	B	C	D	E	F	G
1			工時與薪資統計				
2	星期	上班	中午休息開始	中午休息結束	下班	工作時數	
3	一	9:30	12:00	13:00	18:30	8:00	
4	二	9:30	12:00	13:00	19:30	9:00	
5	三	08:30	12:00	13:00	16:00	6:30	
6	四	08:30	12:00	13:00	15:45	6:15	
7	五	09:00	12:00	13:00	17:00	7:00	
8					時數總和：	36:45	
9					實際工作時數：	36.75	
10					薪資(193/hr)：	7092.8	

用 **SUM** 函數加總五天工作時數，如果超過 24 小時，必須套用 **[h]:mm** 格式才能正確顯示時數。

薪資：實際工作時數 × 193

時數總和 "36:45" 在 Excel 的時間序列值為 "1.53125"，時間序列值必須乘以 24 (一天為 24 小時)，轉換成小時數才能計算薪資。

SUM 函數

| 數學與三角函數

說明：求得指定數值、儲存格或儲存格範圍內所有數值的總和。

格式：**SUM(數值1,數值2,...)**

引數：**數值** 可為數值或儲存格範圍，1 到 255 個要加總的值。若為加總連續儲存格則可用冒號 ":" 指定起始與結束儲存格，但若要加總不相鄰儲存格內的數值，則用逗號 "," 區隔。

Step 1 計算工作時數總和

❶ 選取 F8 儲存格，輸入加總工作時數的公式：**=SUM(F3:F7)**。

❷ 預設的時間格式是採 24 小時制，這樣無法取得時數總和，在此要為 F8 儲存格套用超過 24 小時制的時間格式，於 F8 儲存格按一下滑鼠右鍵選按 **儲存格格式**。

❸ 於對話方塊 **數值** 標籤設定 **類別**：**自訂**、**類型**：**[h]:mm**，按 **確定** 鈕。

Step 2 計算實際工作時數與薪資

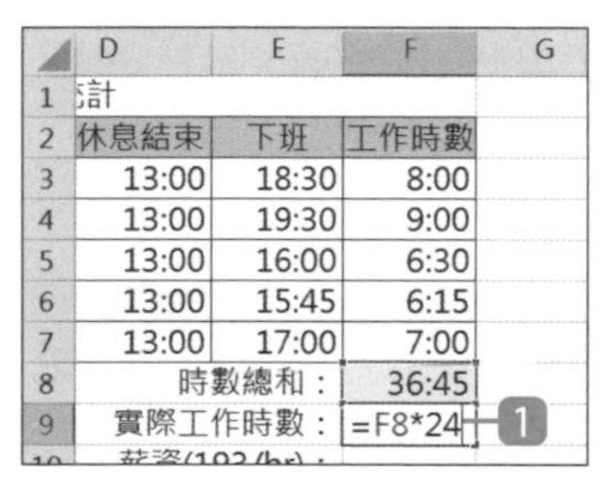

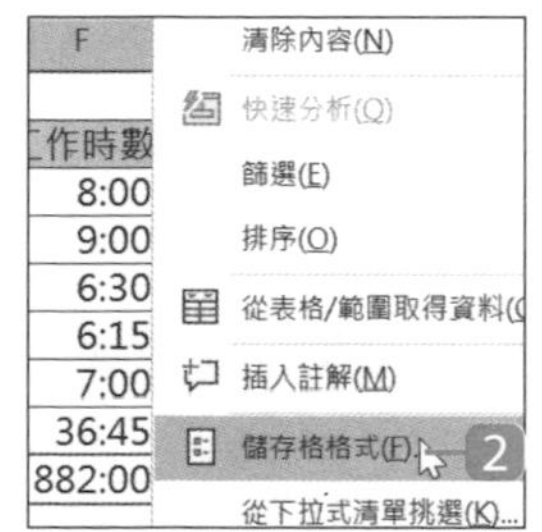

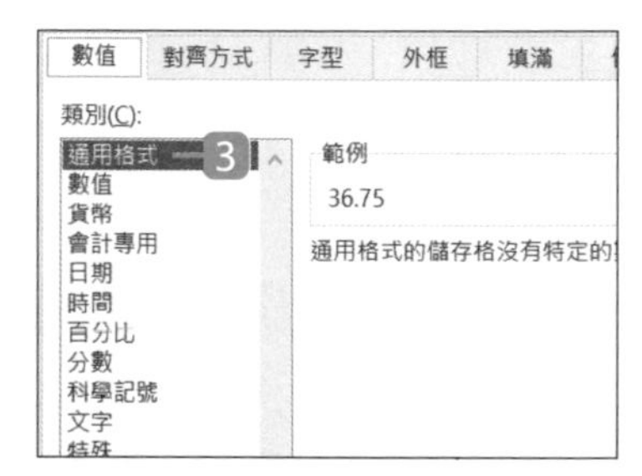

❶ 選取 F9 儲存格，輸入將 **時數總和** 轉換為 **實際工作時數** 的公式：**=F8*24**。

❷ 選取 F9 儲存格，按一下滑鼠右鍵選按 **儲存格格式**。

❸ 於對話方塊 **數值** 標籤設定 **類別**：**通用格式**，按 **確定** 鈕。

❹ 於 F10 儲存格，以 **實際工作時數** 乘上時薪 193，輸入計算薪資的公式：**=F9*193**。

14.9 將時間轉換成秒數與無條件進位

TEXT、IF、ROUNDUP 函數

使用 **TEXT** 函數可將數值轉換成指定格式的文字，所以會發現儲存格的內容為靠左對齊，傳回的值雖然可以在運算式中作為數值運算，但卻無法用於函數的引數。而 **ROUNDUP** 函數則是用來求取小數位數無條件進位後的數值。

於通話明細表中，計算出每筆的通話秒數，並根據網內或網外所提供的費率，統計出每一筆通話費用，然後以無條件進位求得整數費用。

利用 **TEXT** 函數，將 **終話時刻** 減去 **始話時刻**，計算出 **通話秒數**，並以 "ss" 秒數顯示。

	A	B	C	D	E	F	G
1			行動電話通話明細表				
2	通話種類	始話時刻	終話時刻	通話秒數	金額	金額(整數)	
3	網外	14:27:49	14:30:10	141	18.3864	19	
4	網內	15:17:03	15:50:32	2009	140.63	141	
5	網外	20:51:40	20:52:02	22	2.8688	3	
6	網外	22:16:19	22:26:44	625	81.5	82	
7	網內	16:58:27	16:59:17	50	3.5	4	
8							
9	網內費率	0.07					
10	網外費率	0.1304					
11							

當 **通話種類** 為 "網內" 時，金額為費率 0.07 × 通話秒數；如果為 "網外" 時，金額為費率 0.1304 × 通話秒數。

用 **ROUNDUP** 函數，將 **金額** 中小數點後方數值，以無條件進位方式，求得整數金額。

TEXT 函數 ｜文字

說明：依照特定的格式將值轉換成文字字串。

格式：**TEXT(值,顯示格式)**

引數：**值**　為數值或含有數值的儲存格。

顯示格式　前後用引號 " 括住指定值的顯示格式。

IF 函數 ｜邏輯

說明：依條件判定的結果分別處理。

格式：**IF(條件,條件成立,條件不成立)**

ROUNDUP 函數 ｜數學與三角函數

說明：將數值無條件進位到指定位數。

格式：**ROUNDUP(數值,位數)**

Step 1 計算每筆通話秒數

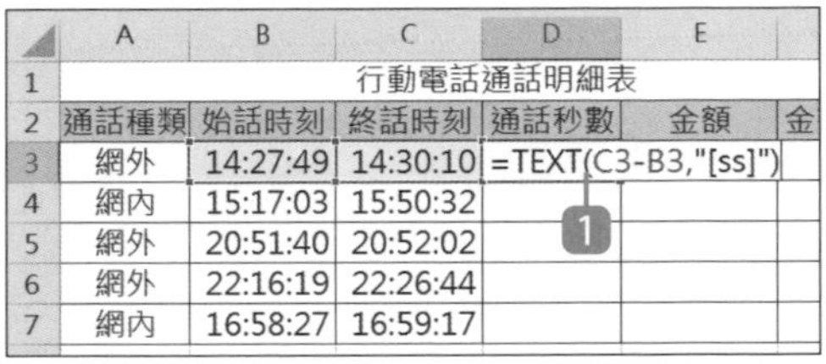

	A	B	C	D	E
1	行動電話通話明細表				
2	通話種類	始話時刻	終話時刻	通話秒數	金額
3	網外	14:27:49	14:30:10	=TEXT(C3-B3,"[ss]")	
4	網內	15:17:03	15:50:32		
5	網外	20:51:40	20:52:02		
6	網外	22:16:19	22:26:44		
7	網內	16:58:27	16:59:17		

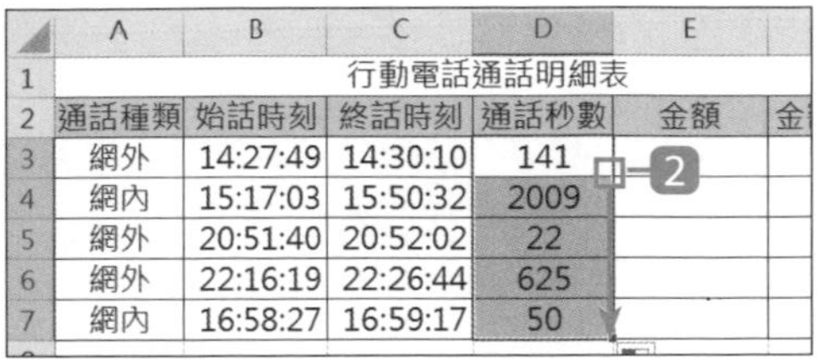

	A	B	C	D	E
1	行動電話通話明細表				
2	通話種類	始話時刻	終話時刻	通話秒數	金額
3	網外	14:27:49	14:30:10	141	
4	網內	15:17:03	15:50:32	2009	
5	網外	20:51:40	20:52:02	22	
6	網外	22:16:19	22:26:44	625	
7	網內	16:58:27	16:59:17	50	

1 選取 D3 儲存格，輸入計算通話秒數的公式：**=TEXT(C3-B3,"[ss]")**。

2 選取 D3 儲存格，按住右下角的 **填滿控點** 往下拖曳，至 D7 儲存格再放開滑鼠左鍵，快速求得其他筆的通話秒數。

Step 2 辨別網內或網外並計算通話費金額

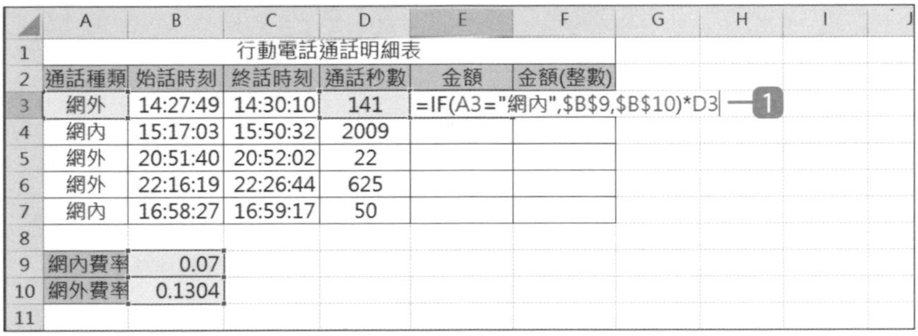

	A	B	C	D	E	F
1	行動電話通話明細表					
2	通話種類	始話時刻	終話時刻	通話秒數	金額	金額(整數)
3	網外	14:27:49	14:30:10	141	=IF(A3="網內",$B$9,$B$10)*D3	
4	網內	15:17:03	15:50:32	2009		
5	網外	20:51:40	20:52:02	22		
6	網外	22:16:19	22:26:44	625		
7	網內	16:58:27	16:59:17	50		
8						
9	網內費率	0.07				
10	網外費率	0.1304				
11						

1 選取 E3 儲存格，以 **IF** 函數辨別通話種類為網內或網外，然後以相關費率乘以 **通話秒數** 計算通話費，輸入公式：

=IF(A3="網內",$B$9,$B$10)*D3。

下個步驟要複製此公式，所以利用絕對參照指定網內與網外費率儲存格。

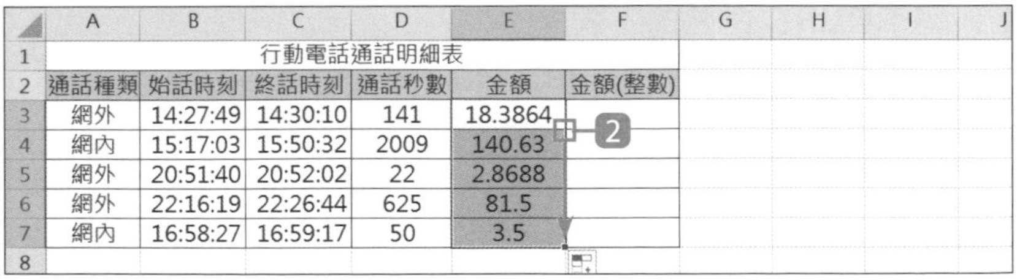

	A	B	C	D	E	F
1	行動電話通話明細表					
2	通話種類	始話時刻	終話時刻	通話秒數	金額	金額(整數)
3	網外	14:27:49	14:30:10	141	18.3864	
4	網內	15:17:03	15:50:32	2009	140.63	
5	網外	20:51:40	20:52:02	22	2.8688	
6	網外	22:16:19	22:26:44	625	81.5	
7	網內	16:58:27	16:59:17	50	3.5	
8						

2 選取 E3 儲存格，按住右下角的 **填滿控點** 往下拖曳，至 E7 儲存格再放開滑鼠左鍵，快速求得其他筆通話的金額。

Step 3 取得整數金額

	A	B	C	D	E	F	G	H	I	J
1	行動電話通話明細表									
2	通話種類	始話時刻	終話時刻	通話秒數	金額	金額(整數)				
3	網外	14:27:49	14:30:10	141	18.3864	=ROUNDUP(E3,0)				
4	網內	15:17:03	15:50:32	2009	140.63					
5	網外	20:51:40	20:52:02	22	2.8688					
6	網外	22:16:19	22:26:44	625	81.5					
7	網內	16:58:27	16:59:17	50	3.5					

1

	A	B	C	D	E	F	G	H	I	J
1	行動電話通話明細表									
2	通話種類	始話時刻	終話時刻	通話秒數	金額	金額(整數)				
3	網外	14:27:49	14:30:10	141	18.3864	19				
4	網內	15:17:03	15:50:32	2009	140.63	141				
5	網外	20:51:40	20:52:02	22	2.8688	3				
6	網外	22:16:19	22:26:44	625	81.5	82				
7	網內	16:58:27	16:59:17	50	3.5	4				

2

1. 選取 F3 儲存格，以無條件進位計算出整數金額，輸入公式：**=ROUNDUP(E3,0)**。
2. 選取 F3 儲存格，按住右下角的 **填滿控點** 往下拖曳，至 F7 儲存格再放開滑鼠左鍵，快速求得其他筆通話的整數金額。

資訊補給站

ROUNDUP 與 ROUND 函數的不同

ROUNDUP 與 **ROUND** 函數類似，但 **ROUND** 函數是將數值四捨五入進位到指定位數，**ROUNDUP** 函數則是無條件進位到指定位數。以下為這二個函數的 **位數** 引數說明：

- 輸入「-2」取到百位數。
- 輸入「-1」取到十位數。
- 輸入「0」取到個位正整數。
- 輸入「1」取到小數點以下第一位。
- 輸入「2」取到小數點以下第二位。

掌握圖表原則與視覺設計

圖像化流程與優點

- 資料圖像化的四個步驟
- 資料圖像化好處多多

圖表建立與認識

- 將資料數值化身為圖表
- 認識圖表的組成元素

使用時機與常見問題

- 各式圖表的使用時機與說明
- 常見的圖表問題集

15.1 資料圖像化的四個步驟

圖表包含直條圖、橫條圖、折線圖、圓形圖...等類別，將資料轉換為圖表其實不難，但首要將資料內容整理好並選擇合適的圖表類型套用，這樣才能有效的透析數值中的資訊。

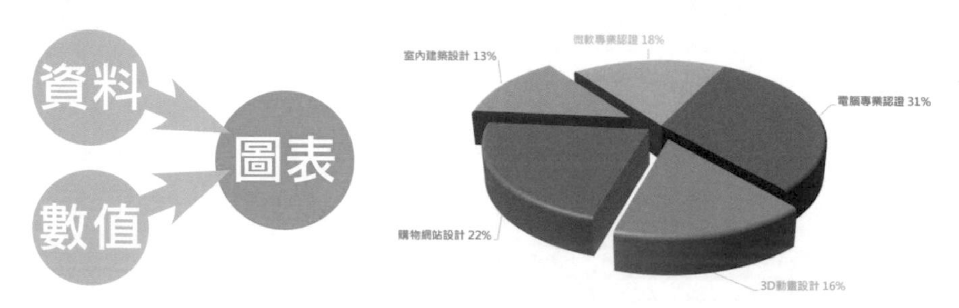

以下列出將資料數值化為圖表的四個步驟以及各階段所需要進行的內容：

1. 整理資料內容

輸入相關資料內容後，在建立圖表前要先檢查相關資料與數值的完整性、正確性及是否有不該出現或重複出現的，還可進一步依資料與數值的重要性排序或篩選內容。

2. 確認圖表主題

圖表要有吸引力，需先找到資料數值內獨特性與關鍵性的重點，或是想透過圖表反映出的訊息，確認圖表主題後即可依其為開端來發想、建立。

3. 套用合適的圖表類型

圖表類型很多，更進階的還有組合式、互動式圖表，然而有時最簡單的圖表 (長條圖、折線圖、圓型圖) 反而最適合呈現資料內容，所以這個階段要依圖表主題選擇合適的圖表類型套用。

4. 調整圖表相關元素與視覺色彩

圖表預設的樣式與色彩不一定適合這個圖表主題，需要透過調整字型、結構、色彩...等圖表元素，將圖表設計的更加引人入勝。

15.2 資料圖像化好處多多

工作或生活上，關於人事、財務、行政...的資料不勝枚舉，為了讓資訊能被有效地瞭解與吸收，常常可以看到各式各樣的圖表應用，藉此精確地呈現內含目的與意義。

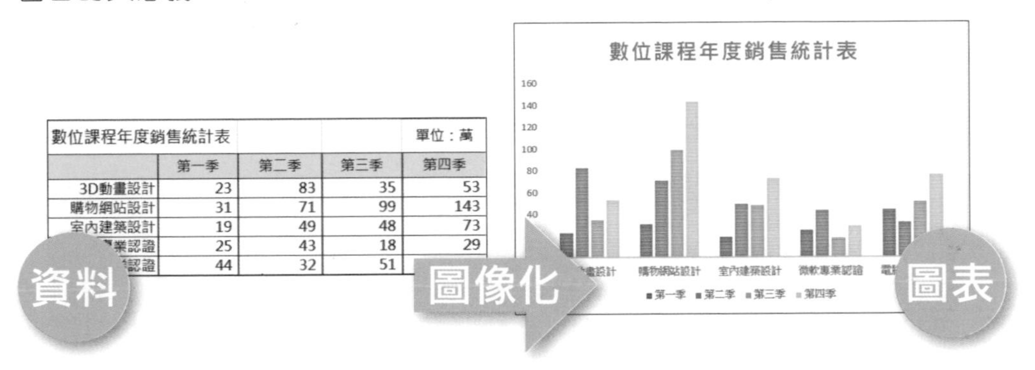

以下列出將資料化為圖表的四個好處：

1. 提供比文字更輕鬆易懂的圖像資訊

大量繁複的資料，除了無法在短時間內吸收，其中所要表達的訊息，也難以在瀏覽的過程中直接分析出來。這時候透過圖像，即可將冗長的數值與文字，化繁為簡，直覺表現瀏覽者容易理解的資訊。

2. 突顯資料重點

圖表中透過細部的格式調整，可以在大量的數值資料中，確實突顯想要傳達給瀏覽者的重要資訊。

3. 建立與瀏覽者之間的良好溝通

瀏覽時，圖表資訊會比文字或數字來得更有親和力，不但能立即吸引瀏覽者目光，更可以拉近彼此之間的距離，充份將資料做到有效的說明。

4. 豐富與專業化的展現

豐富的圖表，不僅外型美觀，讓資料清晰易懂；也可以充份展現專業度，大幅提高學習、工作效率，甚至是職場競爭力。

15.3 將資料數值化身為圖表

圖表應用千變萬化，在製作前需要一份作為來源資料的活頁簿。傳統的作法是先想想這份資料適合以哪種類型的圖表來呈現再開始建立，然而現在透過 Excel 建議的圖表清單就可以迅速挑選出適合的圖表類型並建立。

Step 1 選取資料範圍

建立圖表的第一個動作必須先選取資料範圍：

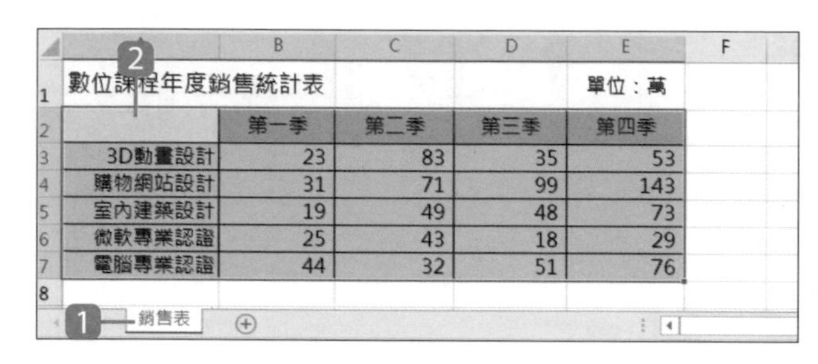

數位課程年度銷售統計表				單位：萬
	第一季	第二季	第三季	第四季
3D動畫設計	23	83	35	53
購物網站設計	31	71	99	143
室內建築設計	19	49	48	73
微軟專業認證	25	43	18	29
電腦專業認證	44	32	51	76

1 選按存放資料內容的工作表。

2 選取製作圖表的資料來源 A2:E7 儲存格範圍。

Step 2 選擇合適的圖表類型

建立圖表的方式有很多種，可以於 **插入** 索引標籤 **圖表** 區域選按該圖表類型。

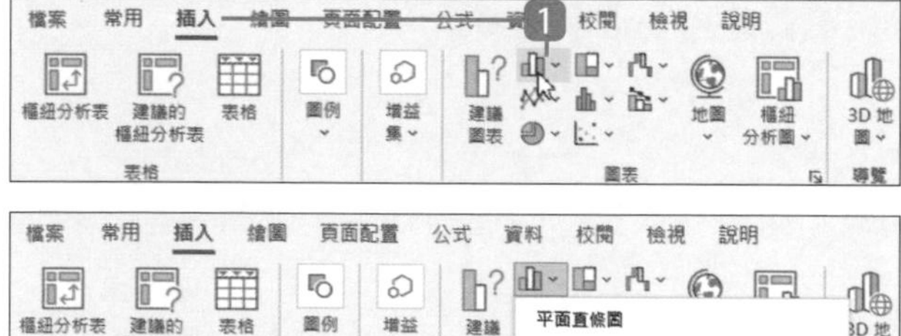

1 於 **插入** 索引標籤 **圖表** 區域選按合適的圖表類型鈕。

2 挑選該圖表類型的樣式，將滑鼠指標移至樣式縮圖上方會出現預覽圖表，選按要建立的樣式縮圖。

若不了解哪個圖表類型最適合目前的資料內容時，可於 **插入** 索引標籤選按 **建議圖表**，Excel 會自動分析資料，並判斷出合適的圖表類型。

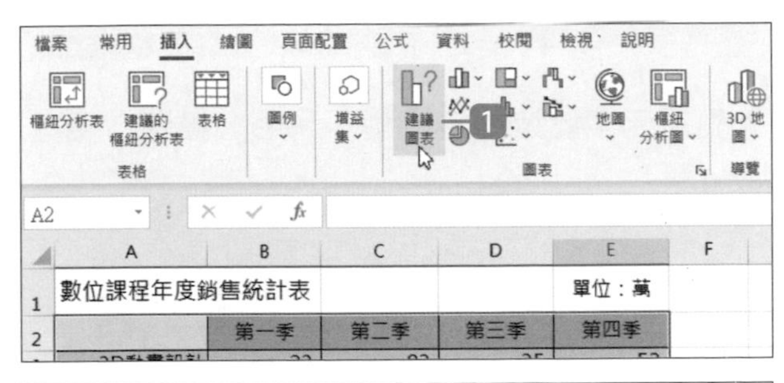

1 於 **插入** 索引標籤選按 **建議圖表** 開啟對話方塊。

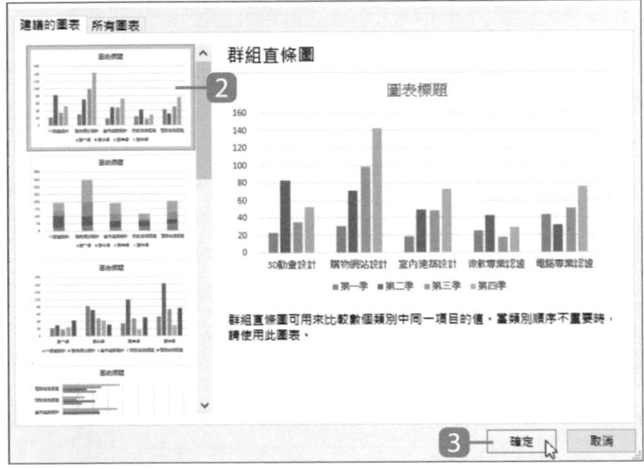

2 於 **建議的圖表** 標籤選擇一合適的圖表樣式。

3 選按 **確定** 鈕，即可將圖表建立於工作表中。

Step 3 調整圖表位置

剛建立好的圖表有可能會重疊在資料內容上方，只要將滑鼠指標移至圖表上方呈 ✥ 狀時拖曳，即可將圖表移至工作表中合適的位置擺放。

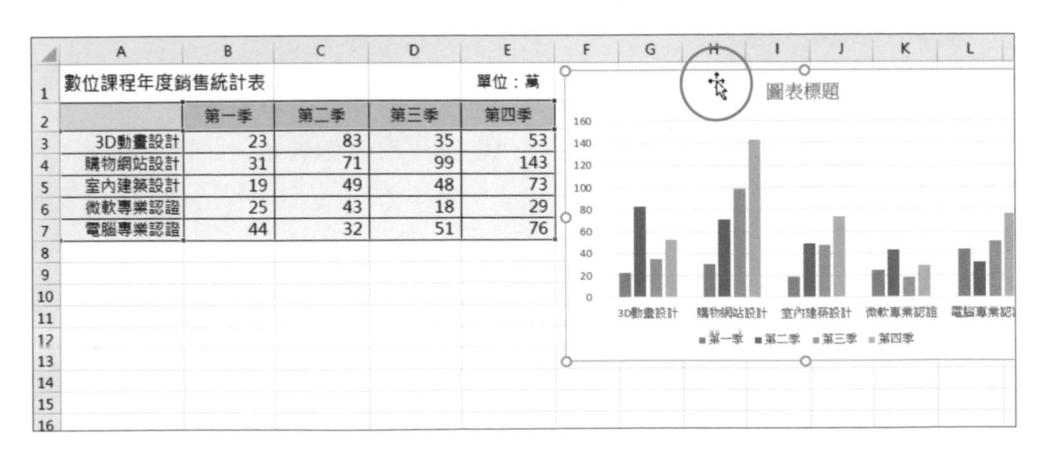

數位課程年度銷售統計表				單位：萬
	第一季	第二季	第三季	第四季
3D動畫設計	23	83	35	53
購物網站設計	31	71	99	143
室內建築設計	19	49	48	73
微軟專業認證	25	43	18	29
電腦專業認證	44	32	51	76

15.4 認識圖表的組成元素

了解圖表的組成元素後，才能針對各元素區塊設定字型、顏色、線條....等。以直條圖為例說明圖表各項組成元素：

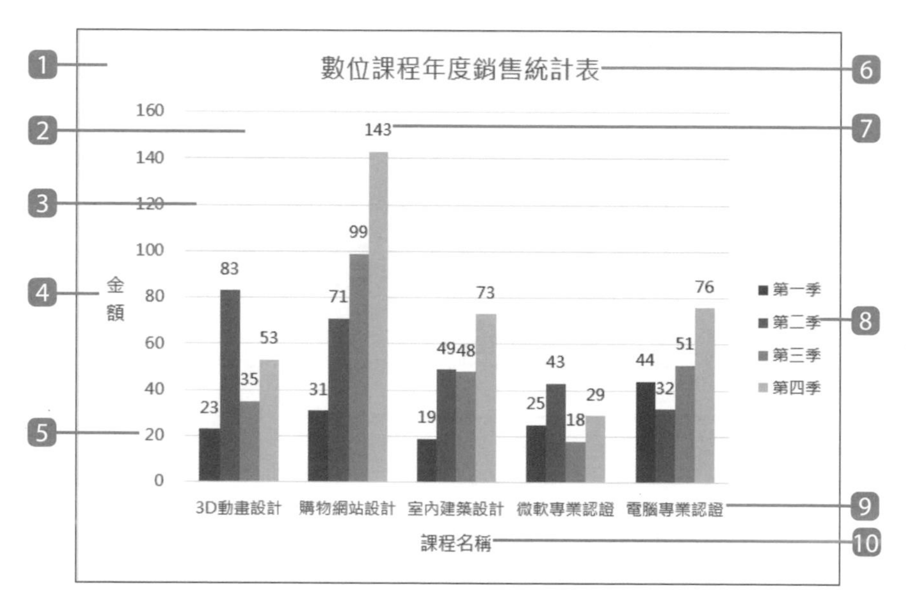

1. **圖表區**：包含圖表標題、繪圖區及其他的圖表元素。
2. **繪圖區**：由 **座標軸**、**資料數列**、**圖例**...等組成。
3. **格線**：資料數列後方的線條，方便瀏覽者閱讀與檢視數值。
4. **垂直座標軸標題**：座標軸名稱。
5. **垂直座標軸**：以刻度數值顯示。
6. **圖表標題**：圖表名稱。
7. **資料標籤**：資料數列的數值。
8. **圖例**：說明圖案或顏色所代表的資料數列。
9. **水平座標軸**：文字或數值項目。
10. **水平座標軸標題**：座標軸名稱。

15.5 各式圖表的使用時機與說明

直條圖-顯示量化數據比較

直條圖是最常使用的圖表類型，主要用於呈現各項目之間的比較，或是一段時間內的數據變化。

使用時機：

1. 繪製一個或多個資料數列。
2. 資料包含正數、零和負數。
3. 可針對多個資料項目比較。

子類型圖表：

直條圖區分出的子類型有七種：

群組直條圖、**堆疊直條圖**、**百分比堆疊直條圖**、**立體群組直條圖**、**立體堆疊直條圖**、**立體百分比堆疊直條圖**、**立體直條圖**。

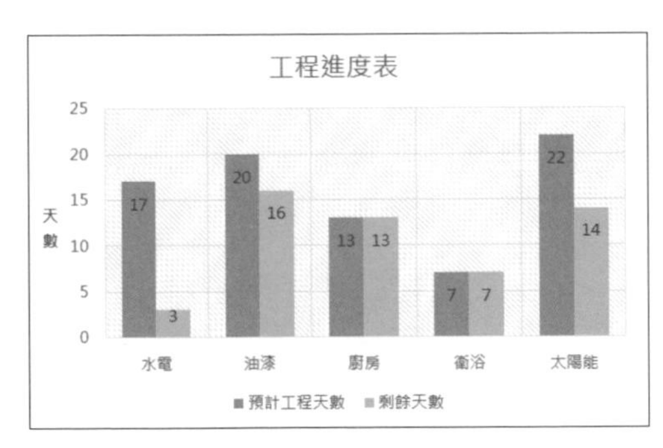

▲ 群組直條圖

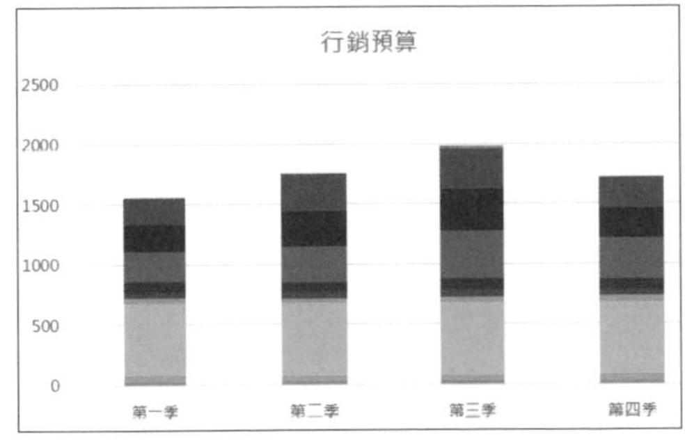

▲ 堆疊直條圖

繪製注意事項：

1. 同一資料數列使用相同顏色，項目不要過多。
2. 水平座標軸的標籤文字不要傾斜顯示。
3. 如果沒有格線時，可以透過顯示資料標籤讓瀏覽者很快辨識。
4. 遇到負數資料時，水平座標軸的標籤文字應移到圖表區底部。

折線圖-顯示依時間變化的發展趨勢

折線圖以 "折線" 的方式顯示資料變化的趨勢，主要強調時間性與變化程度，可以藉此了解資料之間的差異性與未來走勢。

使用時機：

1. 顯示一段時間內的連續資料。
2. 顯示相等間隔或時間內資料的趨勢。

子類型圖表：

折線圖區分出的子類型有七種：

折線圖、**堆疊折線圖**、**百分比堆疊折線圖**、**含有資料標記的折線圖**、**含有資料標記的堆疊折線圖**、**含有資料標記的百分比堆疊折線圖**、**立體折線圖**。

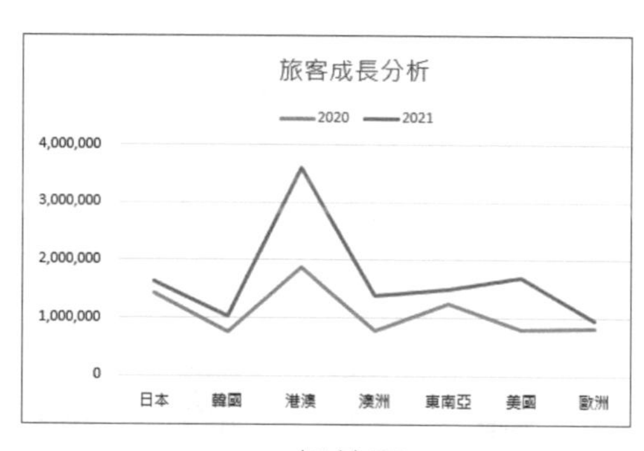

▲ 折線圖

▲ 含有資料標記的折線圖

繪製注意事項：

1. 折線要比格線粗一些，才能突顯。
2. 避免折線過多造成圖表雜亂，如果太多可考慮分開建立。
3. 如果要強調折線的波度，可以將座標軸改以不是從 0 的刻度開始。
4. 如果想要單純觀看資料趨勢，可以僅顯示折線不標示資料標籤。

圓形圖-顯示個體佔總體比例關係

圓形圖可強調總體與個體之間的關係，表現出各項目佔總體的百分比數值。

使用時機：

1. 僅能針對一個資料數列進行建立 (環圈圖可以包含多個數列)。
2. 資料數列均為正數不可以為 0 與負數。

子類型圖表：

圓形圖區分出的子類型有五種：

圓形圖、**立體圓形圖**、**子母圓形圖**、**帶有子橫條圖的圓形圖**、**環圈圖**。

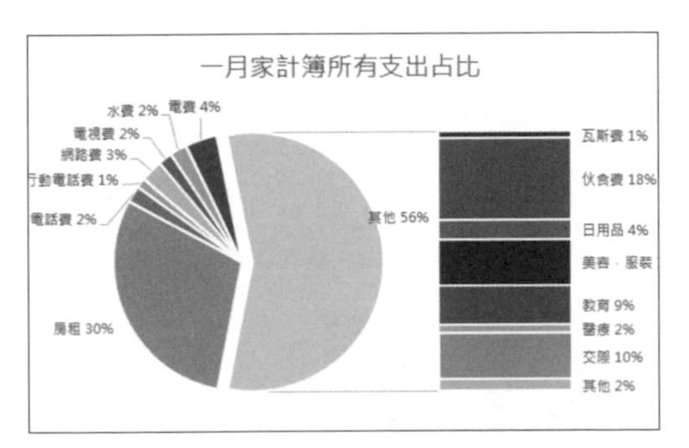

▲ 圓形圖帶有子橫條圖

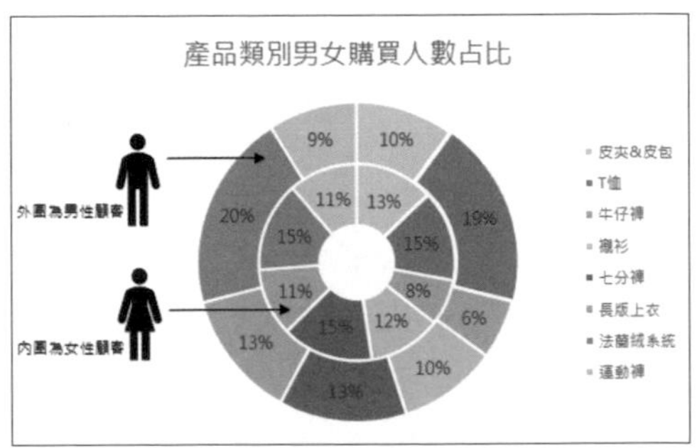

▲ 環圈圖

繪製注意事項：

1. 面對圓形圖，一般瀏覽的習慣會從十二點鐘位置開始，以順時針方向開始檢視，所以重要的資料可以放在約十二點鐘位置較為顯眼。
2. 資料項目不要太多，約八個，超出部分可以用 "其他" 表示 (如上左圖)。
3. 不一定要使用圖例，直接將資料標籤顯示於扇形內或旁邊。
4. 不要將圓形圖中的扇形全部分離，僅分離要強調的部分。
5. 當扇形填滿色彩時，可以套用白色框線以呈現出切割效果。

橫條圖-顯示項目之間的比較

橫條圖類似直條圖，只是水平與垂直軸對調，適合用來強調一或多個資料數列中的分類項目與數值的比較狀況。

使用時機：

1. 繪製一個或多個資料數列。
2. 資料包含正數、零和負數。
3. 可針對多個資料項目比較。
4. 垂直座標軸可呈現字數較多的項目名稱。

子類型圖表：

橫條圖區分出的子類型有六種：

群組橫條圖、**堆疊橫條圖**、**百分比堆疊橫條圖**、**立體群組橫條圖**、**立體堆疊橫條圖**、**立體百分比堆疊橫條圖**。

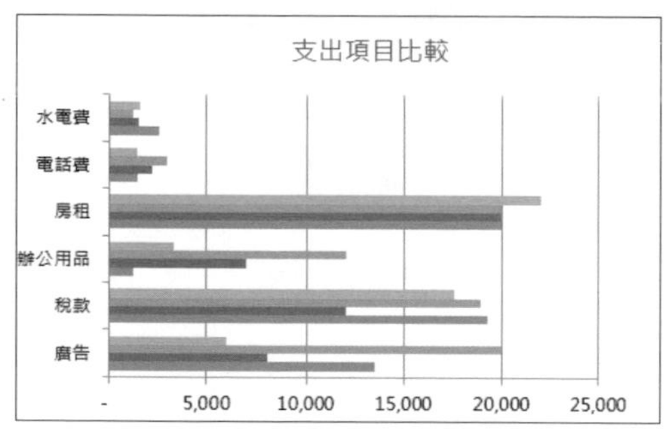

▲ 群組橫條圖

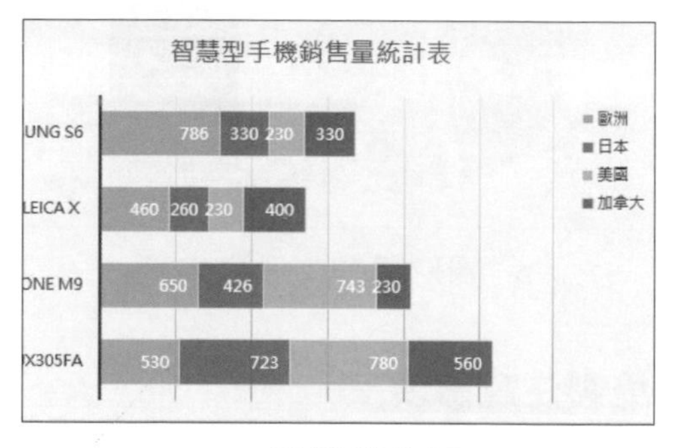

▲ 堆疊橫條圖

繪製注意事項：

1. 同一資料數列使用相同顏色，項目不要過多。
2. 垂直座標軸的標籤文字不要傾斜顯示。
3. 如果沒有格線時，可以透過顯示資料標籤讓瀏覽者快速辨識。
4. 資料數列可以由 "大到小" 或 "小到大" 的排序，其中前者較常使用。

區域圖-顯示一段時間內資料變化幅度

區域圖就像折線圖的進階版，主要透過色彩表現線條下方的區域，又稱面積圖。可以清楚看到數據隨時間或類別波動的趨勢變化。

使用時機：

1. 用以強調不同時間的變動程度。
2. 突顯總數值的趨勢。
3. 藉此表現部分與整體之間的關係。

子類型圖表：

區域圖區分出的子類型有六種：

區域圖、**堆疊區域圖**、**百分比堆疊區域圖**、**立體區域圖**、**立體堆疊區域圖**、**立體百分比堆疊區域圖**。

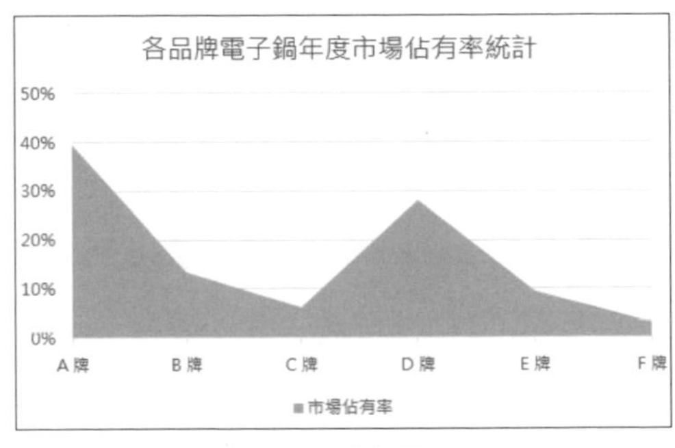

▲ 區域圖

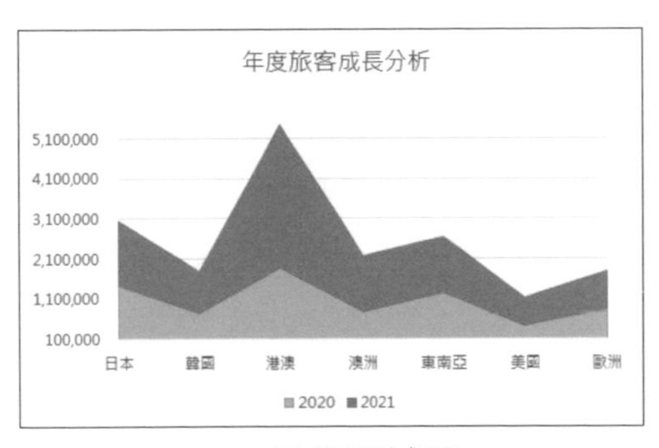

▲ 堆疊區域圖

繪製注意事項：

1. 數值較小的資料數列可能會在繪製過程中，有部分或全部的區域會被隱藏在數值較大的資料數列之後。
2. 只有一個資料數列時，其實區域圖會比折線圖看得更清楚。
3. 數量多變化少的資料通常會配置在下方。

XY 散佈圖-顯示分佈與比較

XY 散佈圖是由二組數值結合成單一資料點，以 X 與 Y 座標值繪製，可快速看出二組資料數列間的關係，常用於科學、統計與工程資料的比較。

使用時機：

1. 在不考慮時間的情況下，比較大量資料點。
2. 用於發現各變量的關係。

子類型圖表：

XY 散佈圖區分出的子類型有七種：

散佈圖、**帶有平滑線及資料標記的散佈圖**、**帶有平滑線的散佈圖**、**帶有直線及資料標記的散佈圖**、**帶有直線的散佈圖**、**泡泡圖**、**立體泡泡圖**。

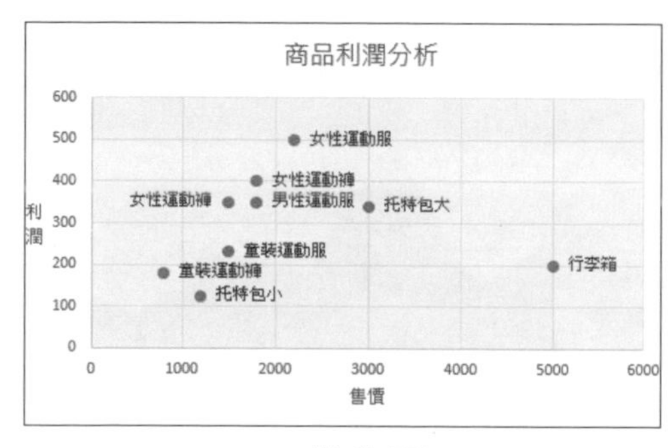

▲ 散佈圖

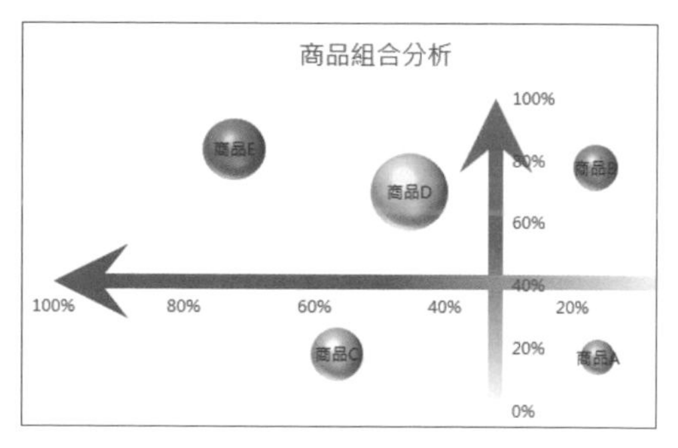

▲ 立體泡泡圖

繪製注意事項：

1. XY 散佈圖至少需要二欄 (或列) 資料才能繪製單一資料數列的數值。
2. XY 散佈圖的水平軸是數值座標軸，僅可以顯示數值或代表數值的日期值 (日數或時數)。
3. 繪製散佈圖的數值必須為對應的 X 與 Y，通常垂直座標軸 (Y) 代表結果，水平座標軸 (X) 代表原因。
4. 泡泡圖類似散佈圖，以泡泡來繪製資料。每個資料數列傳遞比較值 (xy) 與大小值 (z) 之間的關係，而值的大小決定了泡泡的大小。

雷達圖-顯示戰力分析

雷達圖因為外形也被稱為蜘蛛圖或星狀圖，主要用來比較多項數據相對中心點的趨勢變化與屬性強弱，面積越大的數據點就表示越重要。

使用時機：

對比多個指標項目間的資料情況，通常用於學生各科成績、產品評價、績效對比...等。

子類型圖表：

雷達圖區分出的子類型有三種：

雷達圖、**含資料標記的雷達圖**、**填滿式雷達圖**。

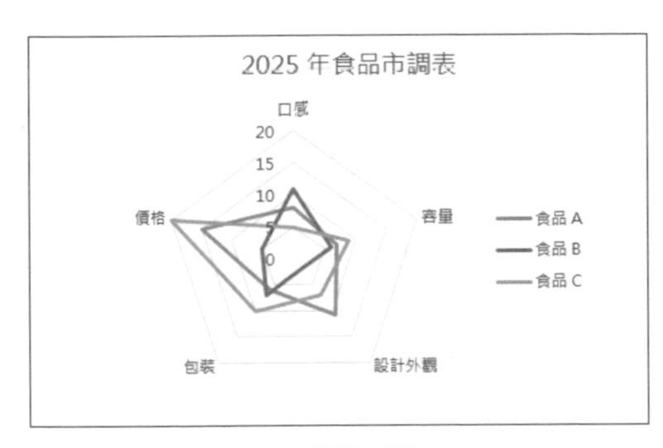

▲ 雷達圖

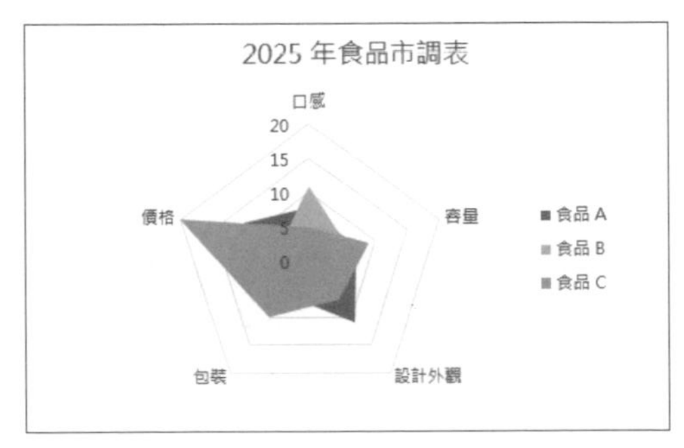

▲ 填滿式雷達圖

繪製注意事項：

1. 雷達圖適用於三個及以上的維度數據，最多六個，每個數據必須可以排序。
2. 維度不宜過多，既影響圖表美觀，也可能造成解讀上的困難。
3. 圖表上的座標軸範圍、點線需力求準確、美觀，讓人可以一目了解，了解整體情況。
4. 圖表使用時盡量加上圖表名稱、期間、指標名稱...等說明，減輕瀏覽者解讀上的負擔。

曲面圖-顯示二組資料間的最佳組合

曲面圖主要用來呈現 X、Y、Z 三維曲面，像是地形高度圖，若選擇俯視曲面圖可以得到一個等高圖。

使用時機：

1. 要在二組資料間找出最佳組合時。
2. 當類別及資料數列都是數值，即可建立曲面圖。

子類型圖表：

曲面圖區分出的子類型有四種：

立體曲面圖、**框線立體曲面圖**、**曲面圖 (俯視)**、**曲面圖 (俯視、只顯示線條)**。

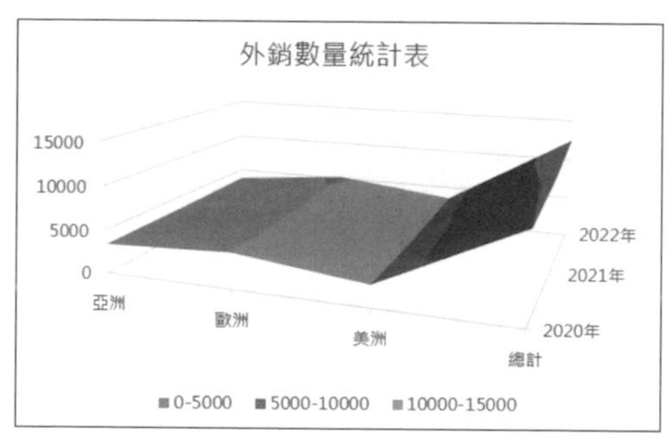

▲ 立體曲面圖

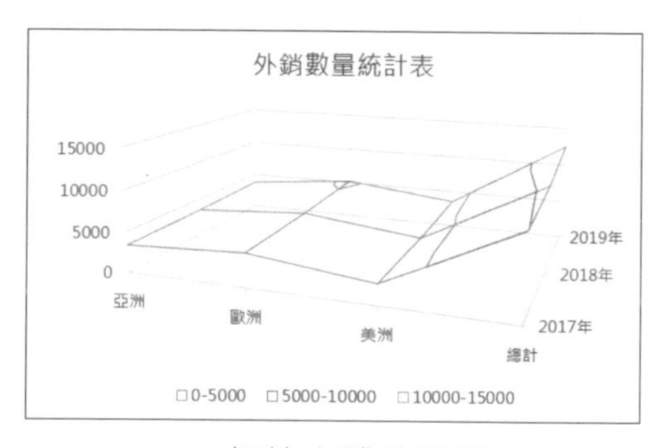

▲ 框線立體曲面圖

繪製注意事項：

1. **立體曲面圖** 通常用來顯示大量資料間的關係，其中顏色不代表資料數列，而是代表數值間的差異。
2. **框線立體曲面圖** 不顯示色彩，只顯示線條，雖然不容易閱讀，但是在繪製大型資料的速度，遠超過立體曲面圖。
3. **曲面圖 (俯視)** 是從上方檢視，其中色彩代表特定的數值範圍。
4. **曲面圖 (俯視、只顯示線條)** 是從上方檢視，沒有色彩，只有線條。

股票圖-顯示股票趨勢

股票圖主要反應股票的最高價、最低價及收盤價，可以用來顯示股價波動情況的圖表。

使用時機：

1. 當有三組數列資料時 (最高、最低、收盤)。
2. 當有四組數列資料時 (開盤、最高、最低、收盤)。
3. 當有五組數列資料時 (成交量、開盤、最高、最低、收盤)。

子類型圖表：

股票圖區分出的子類型有四種：

高-低-收盤股價圖、**開盤-高-低-收盤股價圖**、
成交量-最高-最低-收盤股價圖、**成交量-開盤-最高-最低-收盤股價圖**。

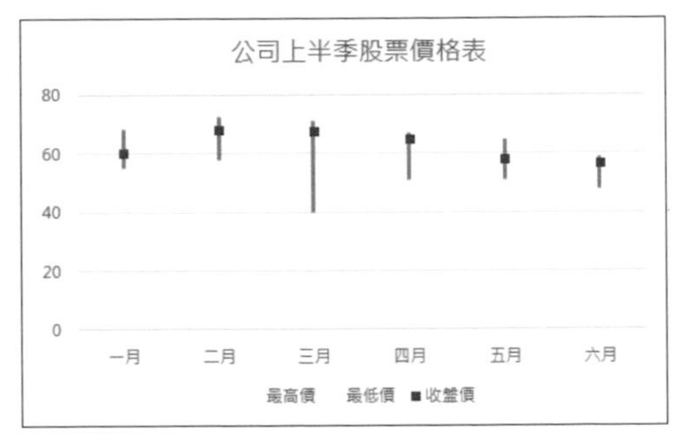

▲ 高-低-收盤股價圖

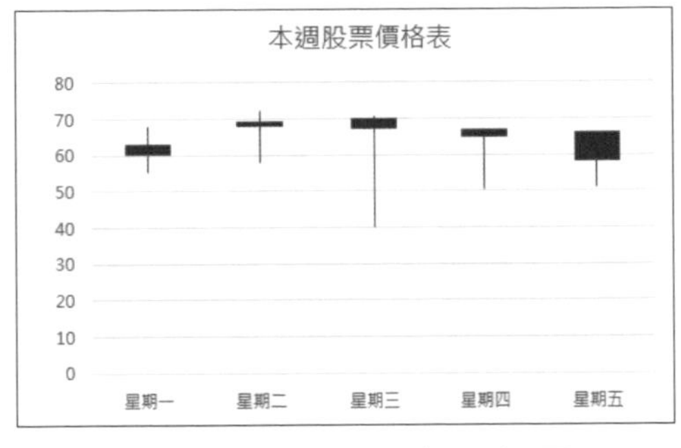

▲ 開盤-高-低-收盤股價圖

繪製注意事項：

1. 必須有最高價、最低價及收盤價三個數列，可以使用日期或股票名稱做為圖表標籤。
2. 建立股票圖前，需要先將資料數列依圖表類型的順序排列好以利運用。

瀑布圖-顯示過程關係

瀑布圖會在加減時顯示累積總計，藉此了解起始數值在受到其他正、負值影響後所產生的結果。簡單來說，只要數值能轉換為一連串加減法的等式關係，都能使用此圖表。

使用時機：

1. 常用於收支記帳中，可以展示每一筆開支或收入對總體造成的波動。
2. 藉由公司各項營收，標示年度總收益 (或虧損)。
3. 主要用來說明二個資料點之間的過程與組成關係。

子類型圖表：

瀑布圖 (瀑布圖沒有子類型圖表)。

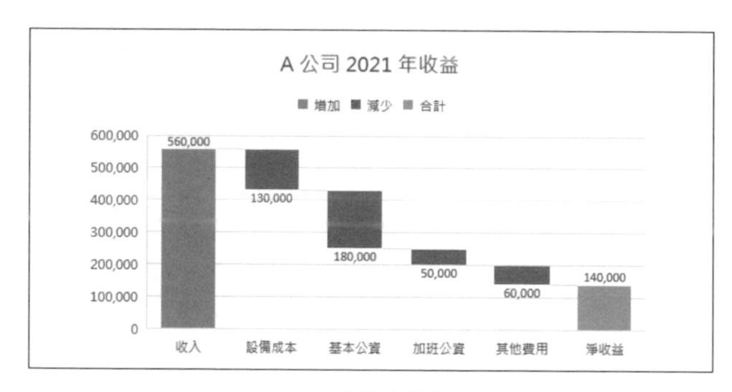

▲ 瀑布圖

繪製注意事項：

1. 資料可區分為 "目標值" 與 "變化值"。"目標值" 是從 0 開始的長條物件，用於開始和結束；"變化值" 則出現在目標值中間。
2. 遞減量與遞增量通常以不同的顏色分別標示，每個數值以前一個數值的終點作為起點，進行頭尾相連。
3. 生成的瀑布圖會自動顯示 **增加**、**減少**、**合計** 三項圖例，其中正數設定為 **增加**，負數設定為 **減少**，**合計** 需手動指定該資料點為總計。

漏斗圖-顯示程序中各階段情況

漏斗圖的數據隨著流程不斷縮減而逐漸減少，讓橫條形成類似漏斗的形狀。一般用於業務數據有明顯變化與對比分析的情況，常見的有銷售分析、HR 人力分析...等。

使用時機：

1. 用於有固定流程且環節較多的分析資料。
2. 計算及追蹤轉換率和留客率、顯示線性程序中的瓶頸、追蹤購物車的工作流程...等。
3. 分階段計算潛在項目 (營收/銷售額/成交量...等)。

子類型圖表：

漏斗圖 (漏斗圖沒有子類型圖表)。

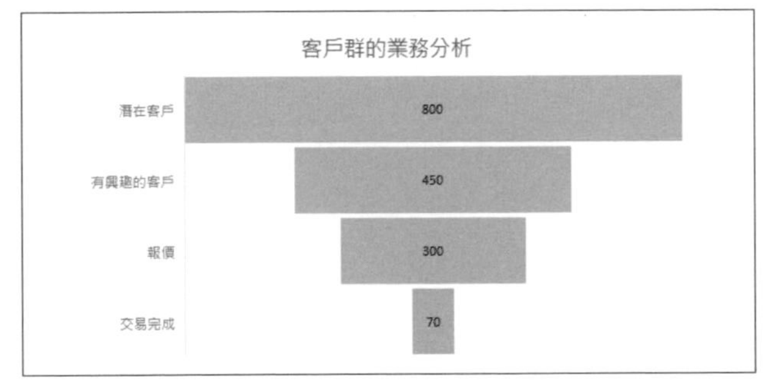

▲ 漏斗圖

繪製注意事項：

1. 漏斗圖的每個階段代表總數中所佔的百分比。
2. 正常情況下第一階段是最大，然後階段依序比前一階段小。

地圖-顯示跨地理區域的比較

地圖圖表會依資料中的地理資料，如國家、地區、縣、市、郵遞區號...等，轉換成區域分布圖，並用顏色的深淺來呈現數值大小。

使用時機：

1. 當資料中包含地理區域時，例如：國家 / 地區、州、郡或郵遞區號。

子類型圖表：

區域分布圖 (地圖沒有子類型圖表)。

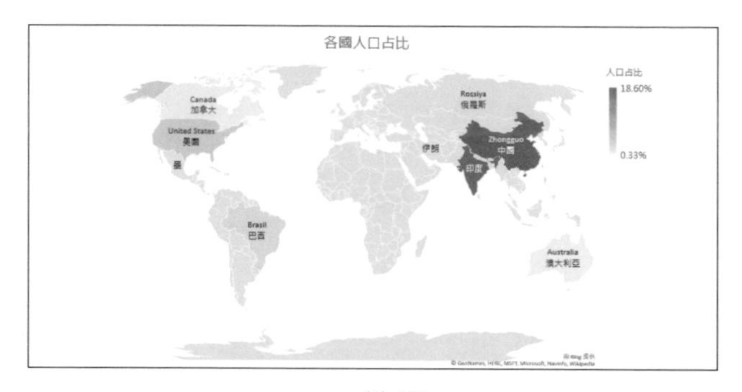

▲ 地圖

繪製注意事項：

1. 只能繪製高層次地理詳細資料，因此不支援緯度/經度及街道位址對應。
2. 僅支援一維顯示，如果需要多維度的詳細資料，可以使用 Excel 的 3D 地圖功能。
3. 可變更下列數列選項：

   地圖投影-變更地圖的投影方式：Mercator、莎莎、Albers 和 Robinson。

   地圖區域-變更地圖的縮放比例，範圍從州/省視圖一直到世界視圖。

   地圖標籤-顯示地區的地理名稱，可選擇根據相符顯示名稱或顯示所有標籤。
4. 需要連上網路 (Bing 地圖服務)，才能建立新地圖或將資料附加到現有地圖。(但現有地圖不需要連線即可檢視)

矩形式樹狀結構圖-顯示層級結構佔比與數據

矩形式樹狀結構圖是一種將階層式的資料以巢狀矩形顯示的圖表類型，以不同矩形大小、顏色區塊表現數據間大小比例關係，常用於多層次資料分析。

使用時機：

展示同一層級不同分類的佔比，例如：各縣市、鄉鎮的人口統計占比、賣場統計不同類別下各個商品的銷售情況...等；只要涉及到多層級分析都很適合使用矩形式樹狀結構圖。

子類型圖表：

矩形式樹狀結構圖 (矩形式樹狀結構圖沒有子類型圖表)。

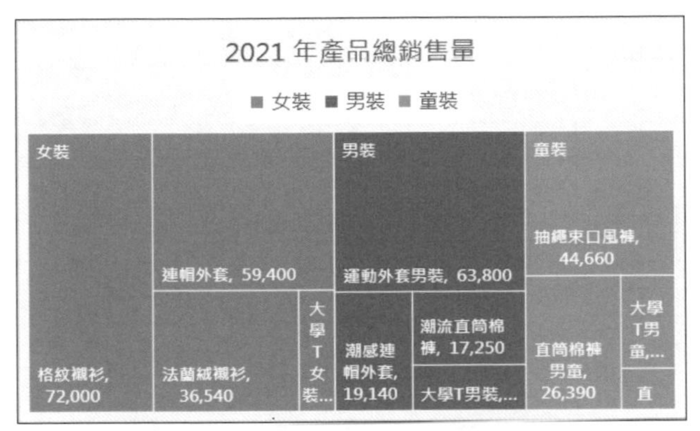

▲ 矩形式樹狀結構圖

繪製注意事項：

1. 矩形式樹狀結構圖不適合用來顯示最大類別以及每一個資料點之間的階層式層級。
2. 矩形會依數值大小而定，同一類別的色彩會相同。
3. 總和最大者會放置在左邊，單項最大者會放置在上方。

走勢圖-顯示資料趨勢

走勢圖置於單一儲存格中，是一種以視覺方式呈現資料的小型圖表，可以顯示一系列數值的趨勢或突顯最大值和最小值。

使用時機：

1. 用於查看隨時間推移的數據變化趨勢。
2. 可同時呈現單一或多個資料隨時間趨勢的變動情況。
3. 適用於連續數據。

子類型圖表：

走勢圖區分出的子類型有三種：

折線、**直條**、**輸贏分析**。

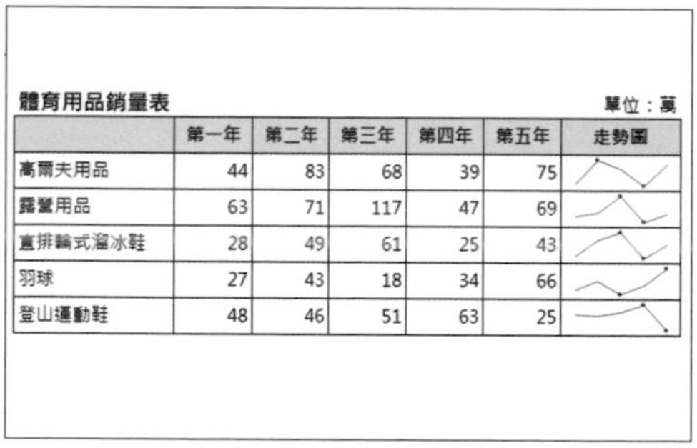

體育用品銷量表　　單位：萬

	第一年	第二年	第三年	第四年	第五年	走勢圖
高爾夫用品	44	83	68	39	75	
露營用品	63	71	117	47	69	
直排輪式溜冰鞋	28	49	61	25	43	
羽球	27	43	18	34	66	
登山運動鞋	48	46	51	63	25	

▲ 走勢圖-折線

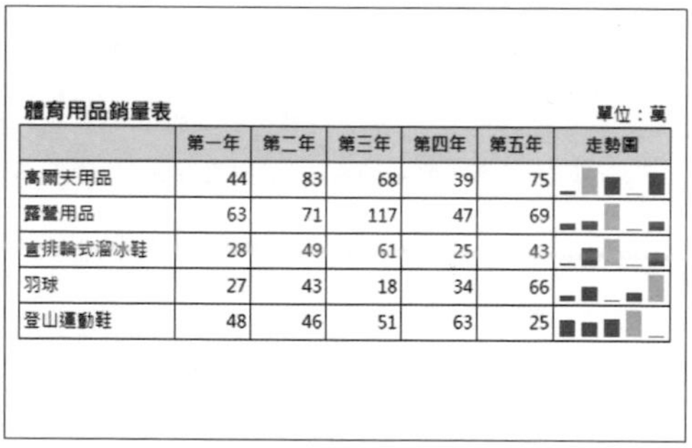

體育用品銷量表　　單位：萬

	第一年	第二年	第三年	第四年	第五年	走勢圖
高爾夫用品	44	83	68	39	75	
露營用品	63	71	117	47	69	
直排輪式溜冰鞋	28	49	61	25	43	
羽球	27	43	18	34	66	
登山運動鞋	48	46	51	63	25	

▲ 走勢圖-直條

繪製注意事項：

1. 確認走勢圖要放置的儲存格與選取的儲存格範圍，若範圍不一致，會顯示錯誤。
2. 如果要強調折線的最高與最低值，可以使用標記色彩區別。
3. 同一資料數列使用相同顏色，可以設定負數為紅色。
4. 當工作表資料變更時，走勢圖也會自動更新。

15.6 常見的圖表問題

以下整理了圖表製作常見的問題，提醒你避免這些錯誤。

例 1：銷售業績

錯誤

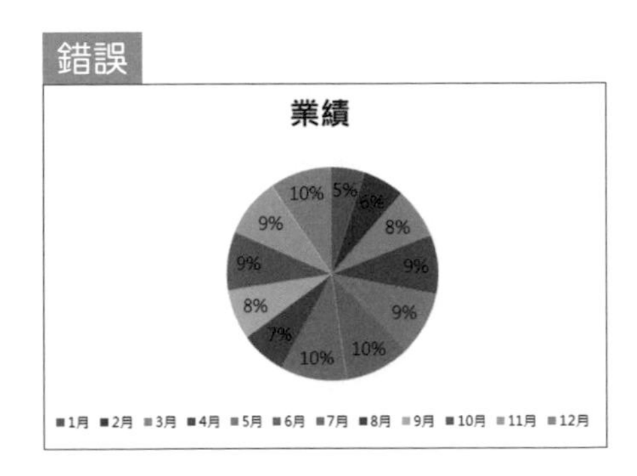

問題1：整年度的銷售業績用圓形圖表現較不適合，無法直接看出整年份銷售的起伏。

問題2：圖表標題太過於籠統，沒有清楚的傳達出圖表主題。

問題3：當資料數列為八項以上時，建議用折線圖表現較為合適。

正確

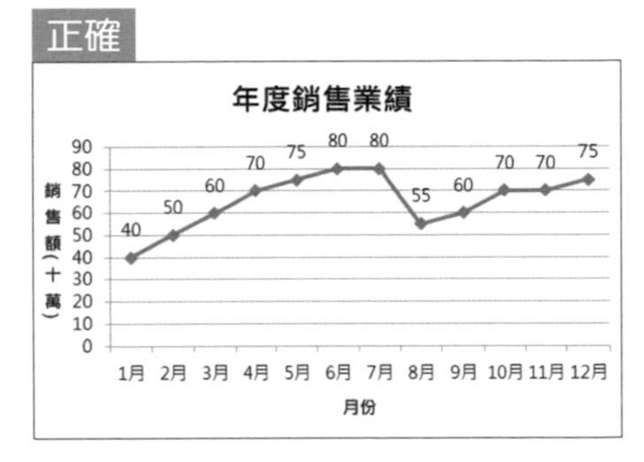

優點1：折線圖清楚的傳達該公司整年度的銷售業績起伏。

優點2：圖表標題清楚且明確，文字格式經過設計，在圖表中更合適。

優點3：水平與垂直座標軸的標示讓圖表一目了然。

例 2：市場佔有率

錯誤

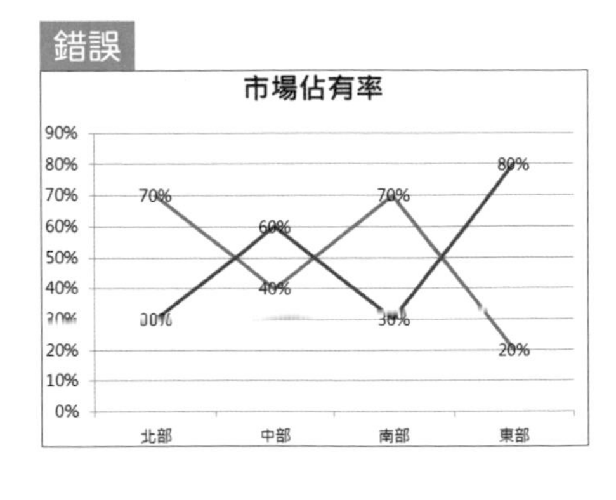

問題1：折線圖不適合表現項目對比關係。

問題2：水平與垂直座標軸沒有加上文字標題，閱讀者無法明白所要表達的意思。

問題3：沒有標示圖例，會導致圖表在觀看時無法有效分辨資訊。

正確

優點1：分別用四個圓形圖表示，佔有率對比一目了然，清楚的由圖表了解目前各地區佔有率的對比關係。

優點2：圓形圖中的資料標籤是一項重要設定，像 **類別名稱** 與 **值** 資料標籤的標示，讓圖表簡單易懂。

優點3：雖使用四個圓形圖表示，但公司行號的代表色彩要一致，才不會造成圖表閱讀上的困擾。

例3：近年度價格、銷售量、利潤比對。

錯誤

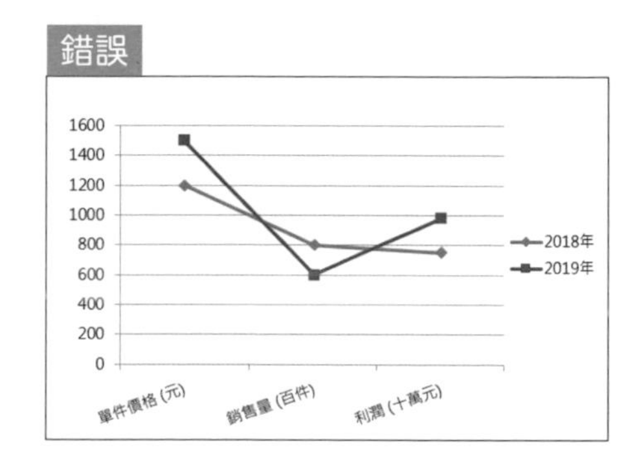

問題1：圖表沒有標題也沒有水平與垂直座標軸標題。

問題2：圖表繪圖區太小，水平座標軸文字呈傾斜擺放，令閱讀者不易觀看。

問題3：折線圖太細無法表現圖表主題(每一個項目不同年度的起伏)。

正確

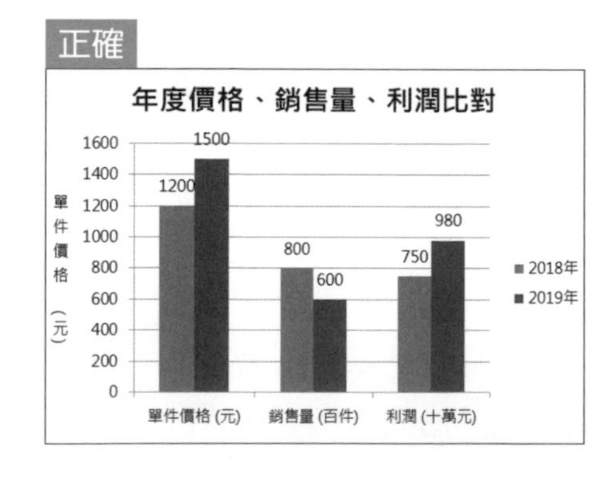

優點1：圖表標題與水平、垂直座標軸標題清楚且明確。

優點2：繪圖區較大，資料數列表現明顯，水平座標軸文字位於相對資料數列下方，較易閱讀。

優點3：長條圖清楚的傳達出每一項目不同年度的起伏關係。

圖表必備的編修應用技巧

調整圖表

- 調整圖表位置與寬高
- 圖表標題文字設計
- 調整圖例位置
- 變更圖表類型
- 顯示資料標籤

座標軸設定

- 顯示座標軸標題文字
- 變更座標軸標題文字方向
- 調整座標軸刻度最大值與最小值

視覺化設計

- 套用圖表樣式與色彩
- 設計圖表背景
- 顯示資料標籤
- 指定個別資料數列的色彩
- 為圖表加上趨勢線
- 分離圓形圖中的某個扇區

資料變更與更多設計

- 變更圖表的資料來源
- 改變資料數列順序

16.1 調整圖表位置與寬高

圖表建立後為了編輯方便及符合資料需求，可適當調整位置與大小。

Step 1 手動調整圖表位置與大小

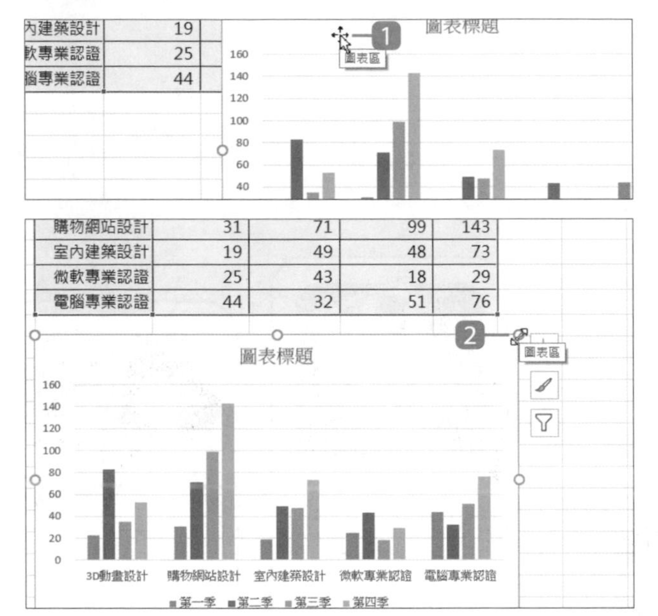

1. 將滑鼠指標移至圖表上 (空白處) 呈 ✥ 狀時，按住滑鼠左鍵不放，可拖曳圖表至適當的位置。
2. 選取圖表後，將滑鼠指標移至圖表四個角落控點上呈 ⤡ 狀時，按住滑鼠左鍵不放，可拖曳調整圖表的大小。

Step 2 以精確的數值調整圖表大小

1. 選取圖表。
2. 於 **格式** 索引標籤中輸入 **圖案高度** 與 **圖案寬度** 的值 (公分)。(Excel 2021 前版本為 **圖表工具 \ 格式** 索引標籤)

16.2 圖表標題文字設計

建立圖表後，會於上方顯示預設的 "圖表標題" 文字，這時候可以依照圖表資訊，調整文字的內容與樣式。

Step 1 利用資料編輯列編修文字

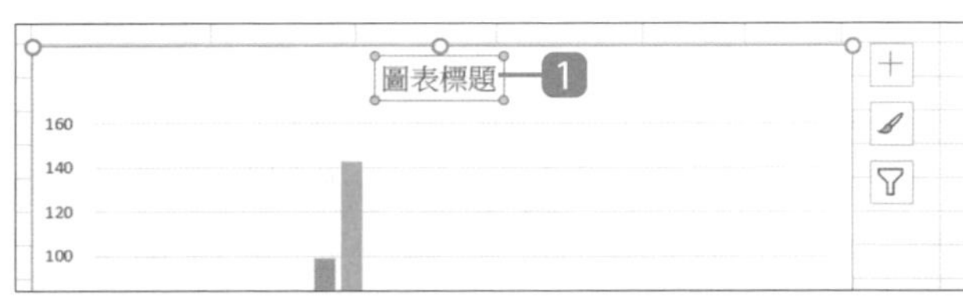

1. 選取圖表標題。

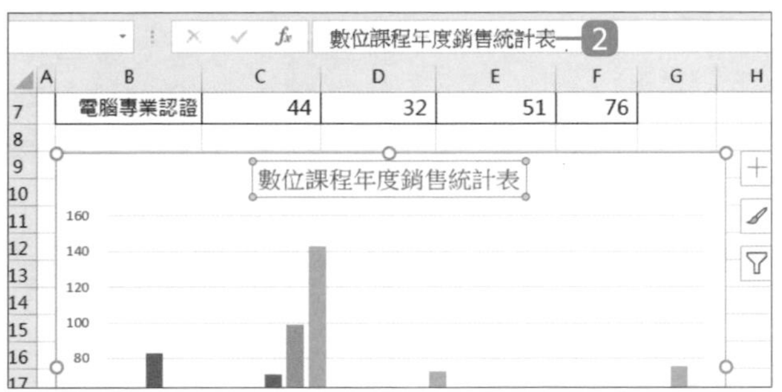

2. 於 **資料編輯列** 輸入合適的圖表標題文字：「數位課程年度銷售統計表」，按 Enter 鍵完成輸入。

Step 2 搭配功能區設定字型格式

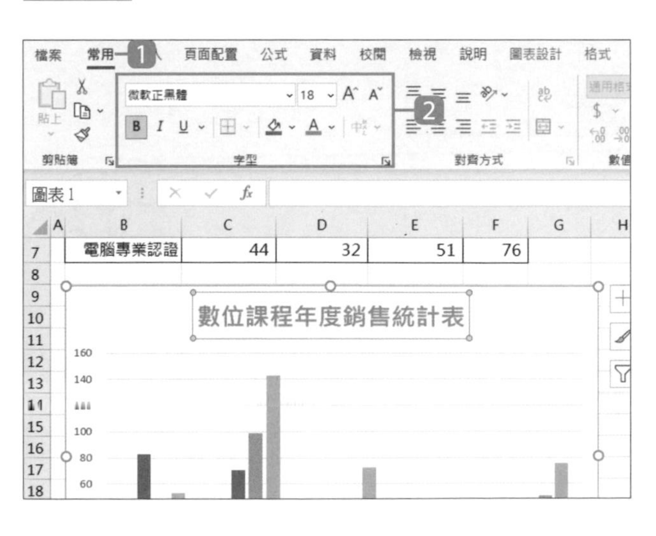

1. 在選取圖表標題的狀態下，選按 **常用** 索引標籤。
2. 於 **字型** 區域為圖表標題設定合適的字型、大小、顏色...等格式。

Step 3 利用圖表項目鈕設定圖表標題格式

圖表標題除了可以藉由功能區修改格式，還可以透過圖表右側的 ⊞ **圖表項目** 鈕設定格式。

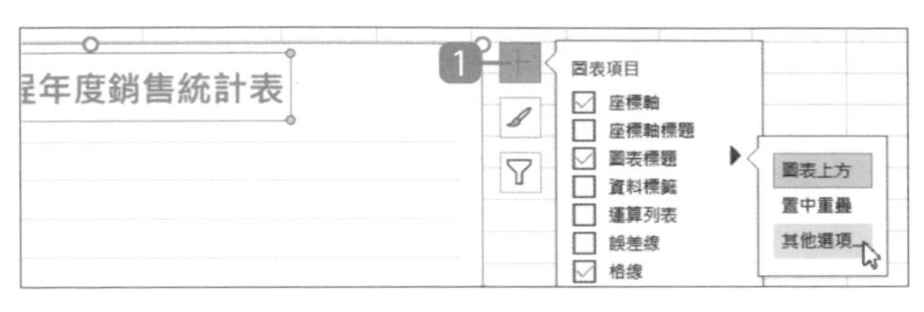

1 在選取圖表標題狀態下，選按 ⊞ **圖表項目** 鈕 \ **圖表標題** 右側 ▶ 清單鈕 \ **其他選項**。

2 開啟右側 **圖表標題格式** 窗格。

3 包含 **標題選項** 與 **文字選項**，前者以填滿、框線、效果、大小或位置為設定方向；後者則是文字本身的色彩、外框、效果或文字方塊為設定方向。

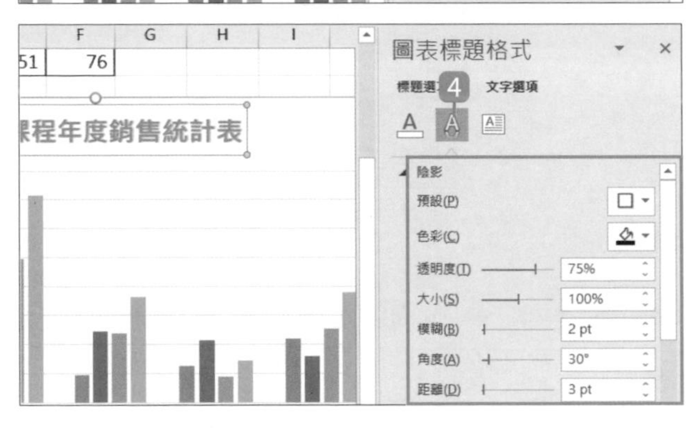

4 於 **文字選項 \ Ⓐ** 項目中，可設定合適的文字效果，例如：陰影、反射、光暈、柔邊...等。

資訊補給站

隱藏圖表標題

如果想要取消圖表標題的顯示，可以在選取圖表標題狀態下，選按 ⊞ **圖表項目** 鈕，取消核選 **圖表標題**。(再選按 ⊞ **圖表項目** 鈕即可隱藏設定清單)

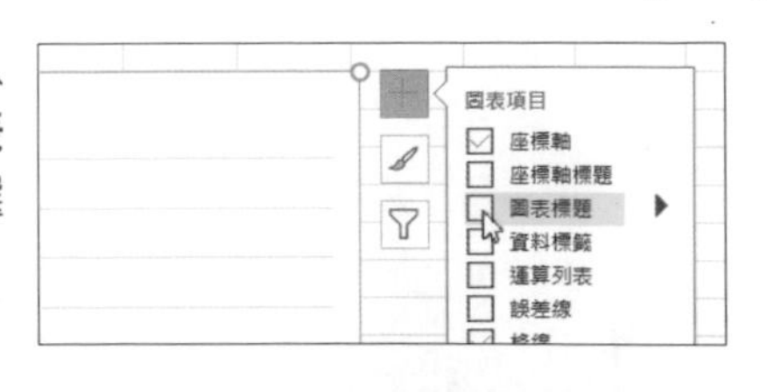

16.3 顯示座標軸標題文字

顯示座標軸標題文字，可讓瀏覽者了解圖表中水平與垂直座標軸所要表達的重點，同樣可以調整文字的內容與樣式。

Step 1 顯示水平與垂直座標軸標題

可以依據需求，個別顯示圖表的水平或垂直座標軸標題，或是全部顯示。

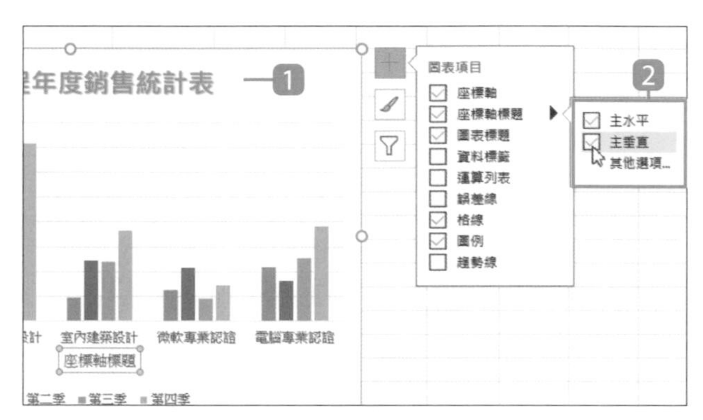

1 選取圖表。

2 選按 ⊞ **圖表項目** 鈕 \ **座標軸標題** 右側 ▸ 清單鈕，分別核選 **主水平**、**主垂直**。(再選按 ⊞ **圖表項目** 鈕隱藏設定清單)

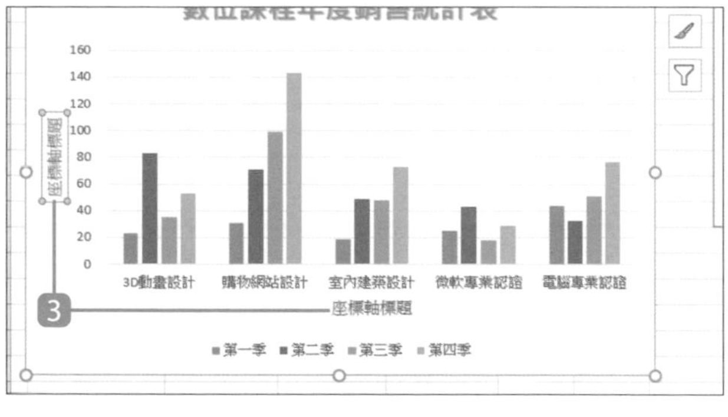

3 圖表左側與下方會新增預設的 "座標軸標題" 文字。

Step 2 更改水平與垂直座標軸文字

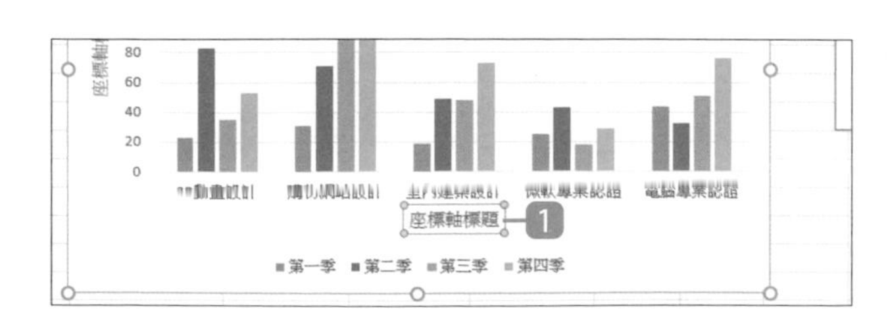

1 選取圖表下方的水平座標軸標題文字。

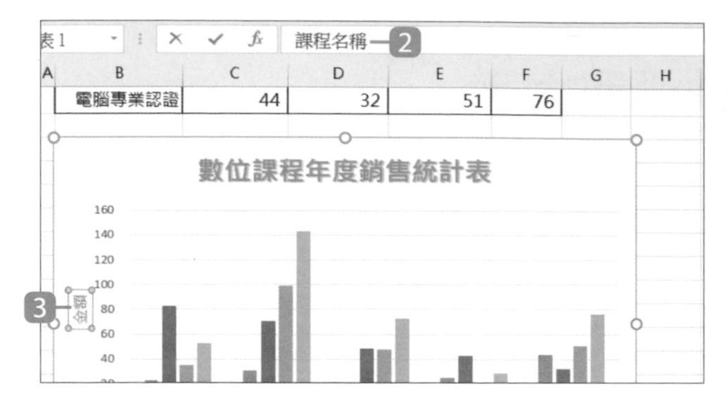

2 於 **資料編輯列** 輸入「課程名稱」，按 Enter 鍵完成輸入。

3 依相同的操作方式，將垂直座標軸標題修改為：「金額」。

Step 3 設定字型格式

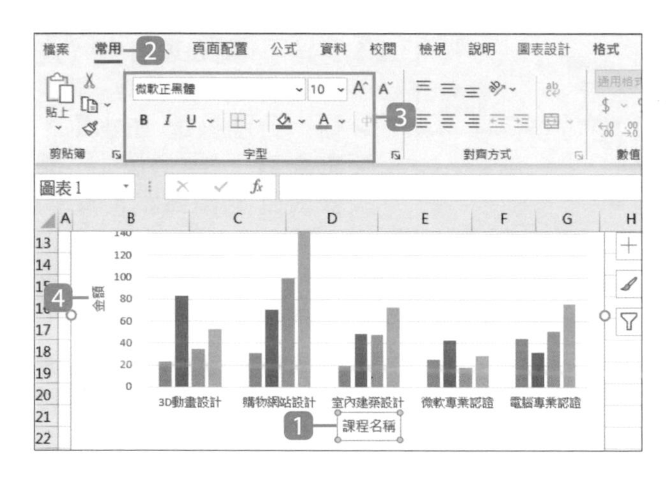

1 選取水平座標軸標題。

2 選按 **常用** 索引標籤。

3 於 **字型** 區域為水平座標軸標題設定合適的字型、大小、顏色...等格式。

4 依相同的操作方式，完成垂直座標軸標題的格式設定。

資訊補給站

利用圖表項目鈕為座標軸標題設定格式

座標軸標題除了可以藉由功能區修改格式，一樣也可以選按圖表右側的 ⊞ **圖表項目** 鈕 \ **座標軸標題** 右側 ▸ 清單鈕 \ **其他選項**，透過右側 **座標軸標題格式** 窗格快速達到格式設定。

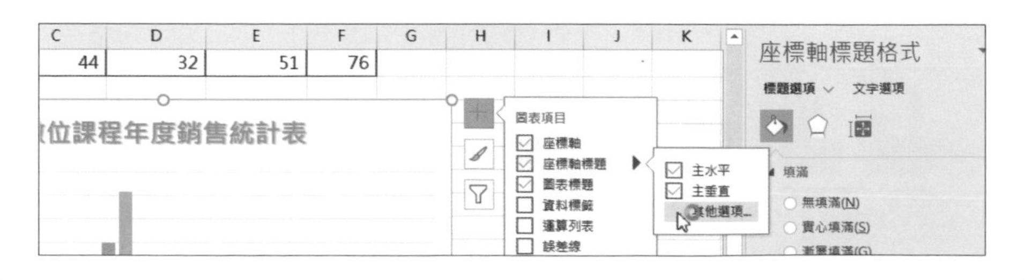

16.4 調整字數過多的座標軸文字

水平座標軸的項目名稱，有時因為字數過多或受限於圖表目前的尺寸，導致文字無法完全顯示或必須斜擺，這時可以透過換行的動作，解決這個問題。

Step 1 將過長的名稱強制換行

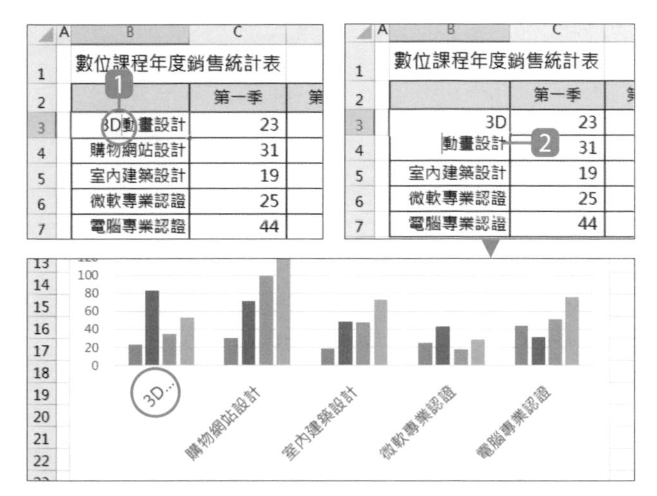

1. 將輸入線移到欲分行的項目名稱之中。
2. 先按 Alt + Enter 鍵，再按一次 Enter 鍵，即可在輸入線位置將該項目名稱分成二行。

◀ 可以看到原本過長的名稱變成以 "3D..." 的方式顯示。

Step 2 完成其他的換行以顯示全部名稱

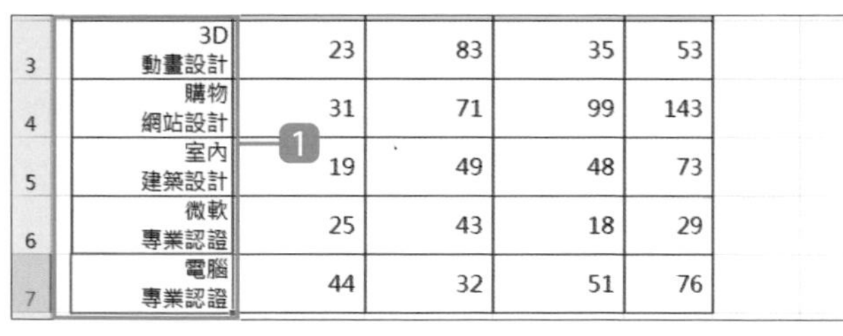

1. 依相同操作方式完成其他名稱的換行，並調整列高讓所有名稱可以完整顯示。
2. 在完成最後一個過長名稱的換行後，可以看到所有名稱完整顯示。

16.5 隱藏/顯示座標軸

隱藏座標軸上的資料，強調圖表主要資訊的呈現。

Step 1 隱藏水平或垂直座標軸

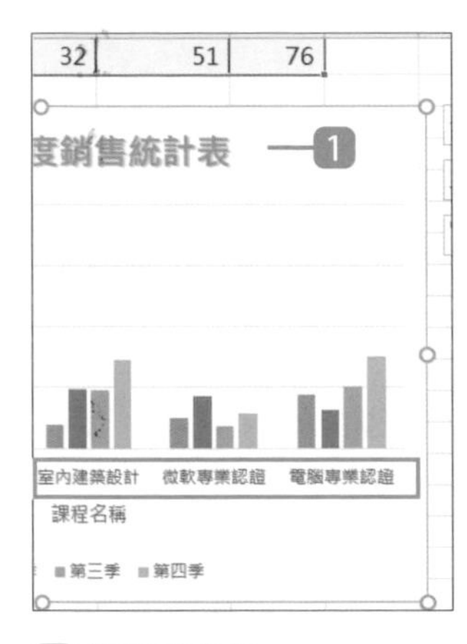

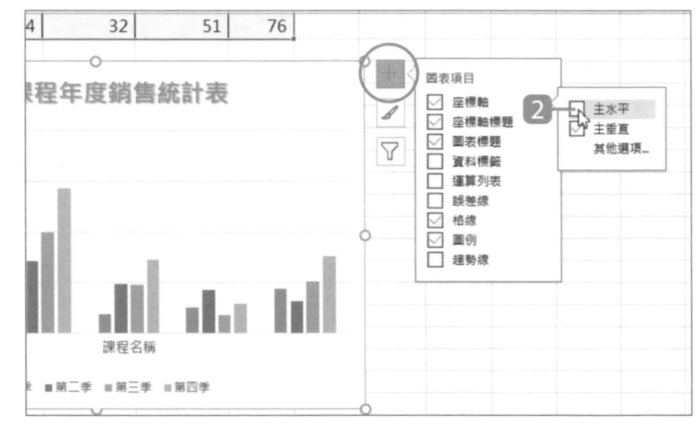

1 選取圖表。

2 選按 ⊞ **圖表項目** 鈕 \ **座標軸** 右側 ▸ 清單鈕，取消核選 **主水平** 或 **主垂直**。(如果取消核選 **座標軸** 則是同時隱藏水平與垂直座標軸) (再選按 ⊞ **圖表項目** 鈕隱藏設定清單)

Step 2 顯示水平或垂直座標軸

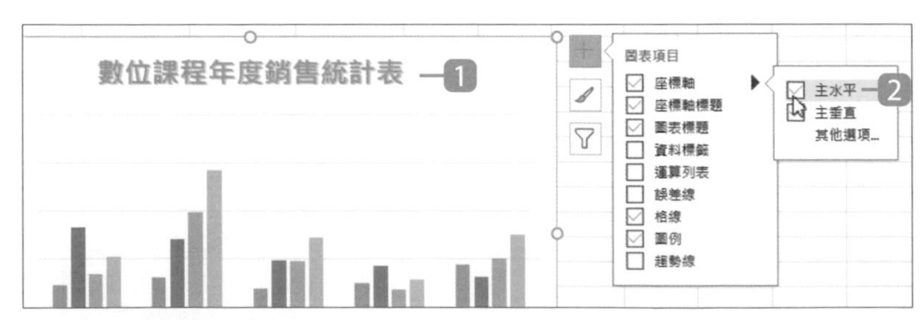

1 選取圖表。

2 選按 ⊞ **圖表項目** 鈕 \ **座標軸** 右側 ▸ 清單鈕，核選 **主水平** 或 **主垂直**。(如果核選 **座標軸** 則是同時顯示水平與垂直座標軸) (再選按 ⊞ **圖表項目** 鈕隱藏設定清單)

16.6 變更座標軸標題的文字方向

如果想要調整座標軸標題的文字方向時，可以透過以下二個設定方式。

■ 方法 1：透過功能區變更文字方向

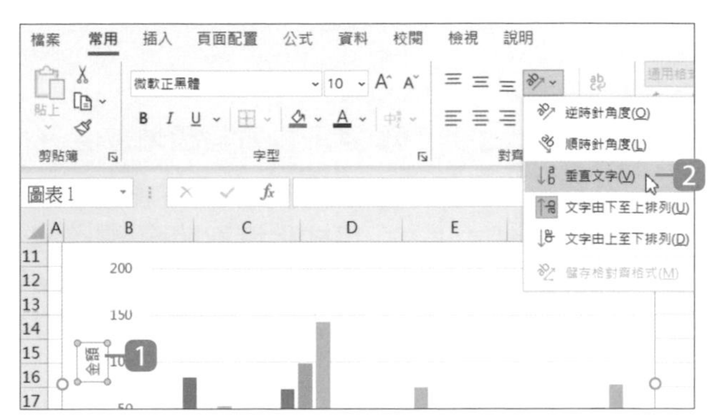

1 選取座標軸標題。

2 於 **常用** 索引標籤選按 **方向**，透過清單中提供的設定，調整文字方向。

■ 方法 2：透過窗格變更文字方向與自訂角度

除了 **常用** 索引標籤，透過右側窗格一樣可以調整文字方向，另外還可以自訂角度。

1 選取座標軸標題。

2 於 **格式** 索引標籤選按 **格式化選取範圍** 開啟 **座標軸標題格式** 窗格。(Excel 2021 前版本為 **圖表工具 \ 格式** 索引標籤)

3 選按 **文字選項**。

4 選按 ，下方不但提供 **垂直對齊** 與 **文字方向** 設定，當文字為 **水平** 方向時，還可以自訂角度。

16.7 顯示座標軸刻度單位

圖表中的垂直座標軸，如果遇到數字較多時，往往還要 "個、十、百、仟..." 的一位位數，更可能因為眼花而看錯位數，這時透過單位的顯示，可以簡化數字長度。

Step 1 開啟座標軸格式窗格

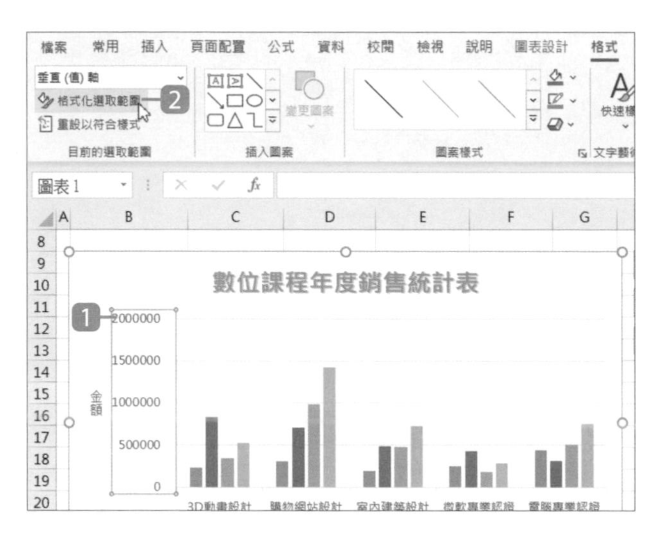

1. 選取垂直座標軸數值。
2. 於 **格式** 索引標籤選按 **格式化選取範圍** 開啟 **座標軸格式** 窗格。(Excel 2021 前版本為 **圖表工具 \ 格式** 索引標籤)

Step 2 設定座標軸顯示單位為萬

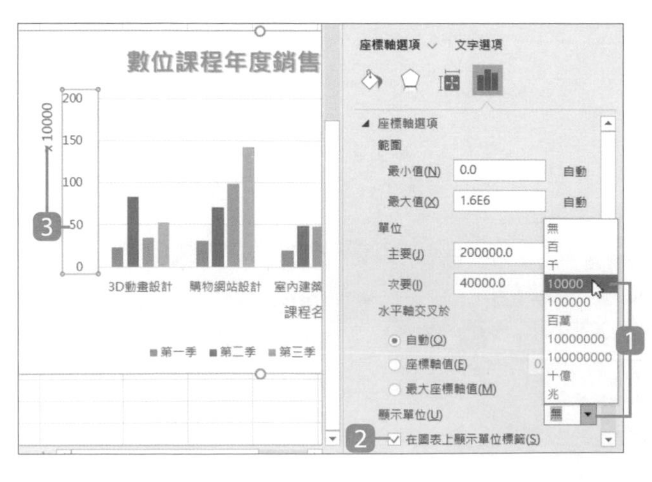

1. 於 ▮ 中，透過捲軸往下拖曳，設定 **顯示單位**：**10000**，
2. 核選 **在圖表上顯示單位標籤**。
3. 圖表上會發現原本一長串的數字，縮減成以 "×10000" 為單位呈現。

16.8 調整座標軸刻度最大值與最小值

圖表中垂直座標軸的數值範圍如果設的太寬，會無法看出資料數列的變化，這時只要降低刻度最大值與提高刻度最小值，就可以加強圖表變化的程度。

Step 1 開啟座標軸格式窗格

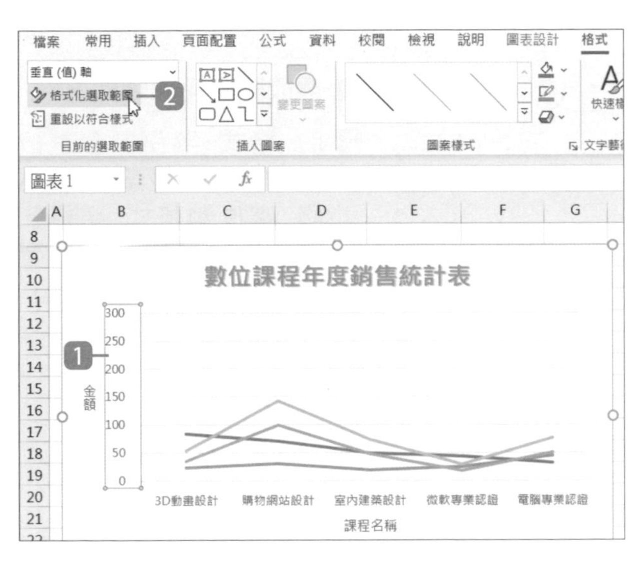

1. 選取垂直座標軸數值。
2. 於 **格式** 索引標籤選按 **格式化選取範圍** 開啟右側 **座標軸格式** 窗格。(Excel 2021 前版本為 **圖表工具 \ 格式** 索引標籤)

Step 2 修改垂直座標軸數值的範圍最小值與最大值

垂直座標軸不一定要從 0 開始，此範例將垂直座標軸數值範圍最小值改為 150000，最大值改為 1600000，讓圖表變化更明顯。

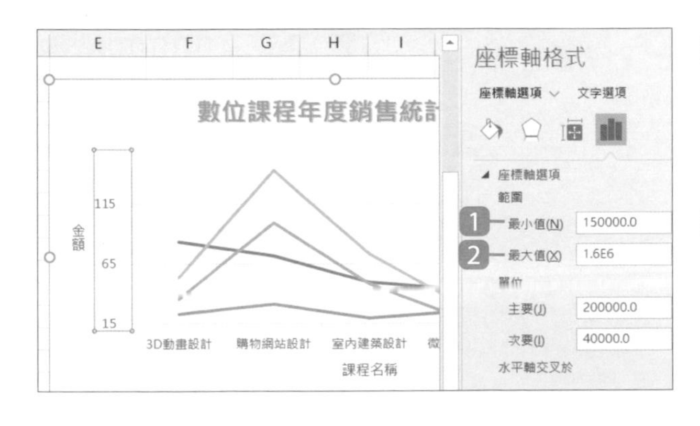

1. 於 \ **座標軸選項** \ **範圍** 項目中，將 **最小值** 由「0」改為「150000」後，按 Enter 鍵。
2. **最大值** 由「3000000」(3.0E6) 改為「1600000」(1.6E6) 後，按 Enter 鍵。(較大數字會以科學記號型式顯示)

16.9 調整座標軸主要、次要刻度間距

圖表中垂直座標軸的數值間距如果設的太寬，資料數列上又沒標註數值，很難讓瀏覽者辨識數值。這時可以透過縮小刻度主要與次要單位，讓圖表在沒有資料標籤的輔助下，也可以大致目測出數值。

Step 1 開啟座標軸格式窗格

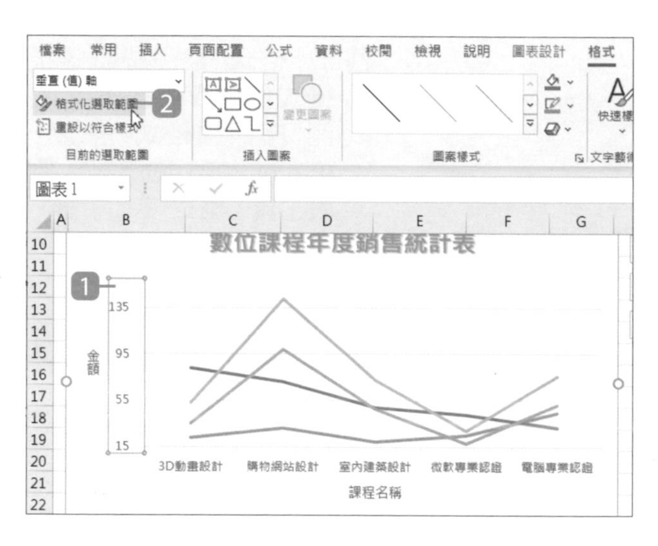

1. 選取垂直座標軸數值。
2. 於 **格式** 索引標籤選按 **格式化選取範圍** 開啟右側 **座標軸格式** 窗格。(Excel 2021 前版本為 **圖表工具 \ 格式** 索引標籤)

Step 2 修改垂直軸座標軸數值的主要與次要刻度間距

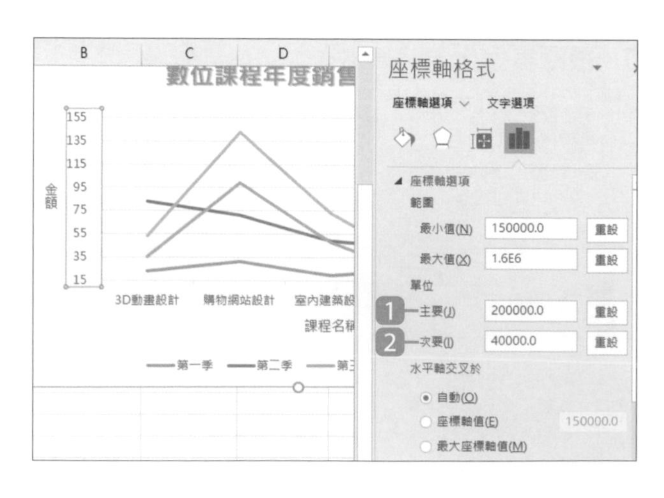

1. 於 \ **座標軸選項 \ 單位** 項目中，將 **主要** 由「400000」改為「200000」後，按 Enter 鍵。
2. 將 **次要** 由「60000」改為「40000」後，按 Enter 鍵。

16.10 調整圖例位置

建立圖表時，預設會產生相關圖例，有助於辨識資料在圖表中所呈現的顏色或形狀，你可以依照需求調整擺放的位置。

■ 方法 1：利用圖表項目鈕設定圖例位置

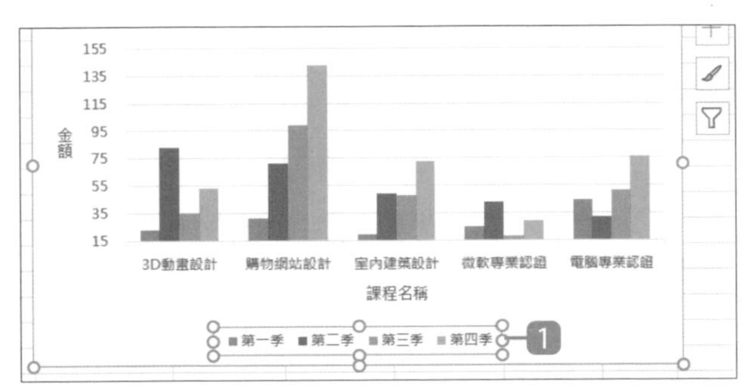

1 選取圖例。

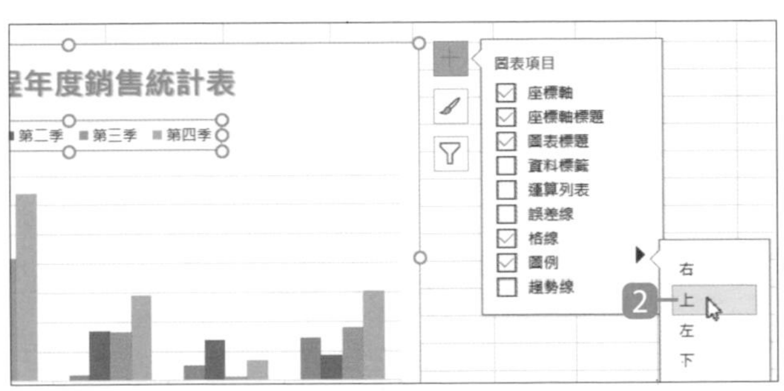

2 選按 ⊞ **圖表項目** 鈕 \ **圖例** 右側 ▸ 清單鈕，選按欲擺放的位置。(再選按 ⊞ **圖表項目** 鈕隱藏設定清單，圖例改變位置後若水平座標軸的位置不合適可稍加調整。)

■ 方法 2：透過窗格設定圖例位置

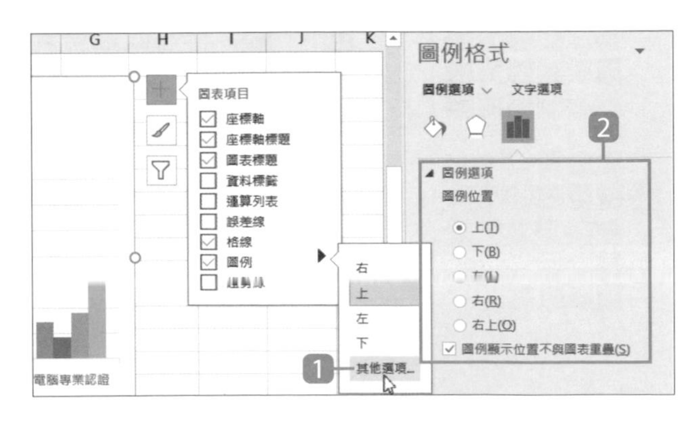

1 在選取圖例狀態下，選按 ⊞ **圖表項目** 鈕 \ **圖例** 右側 ▸ 清單鈕 \ **其他選項**。

2 開啟右側 **圖例格式** 窗格，透過核選調整圖例位置，另有 **右上**及 **圖例顯示位置不與圖表重疊** 項目可供選擇。

16.11 套用圖表樣式與色彩

建立圖表後，可套用 Excel 提供的各式圖表樣式與多組色彩，不需要逐一設定即可快速變更圖表版面與外觀。

Step 1 變更圖表樣式

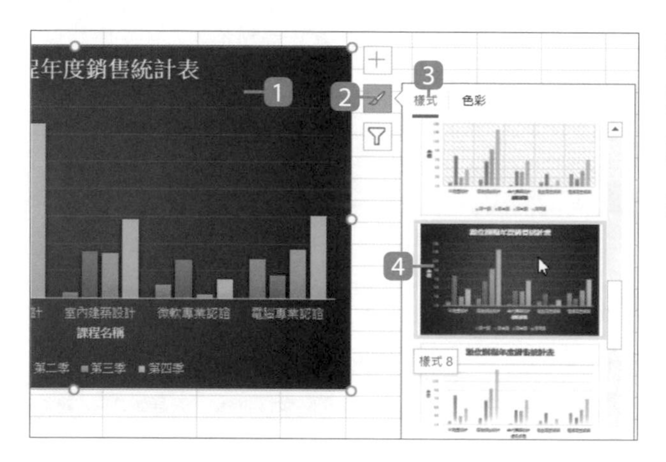

1. 選取圖表。
2. 選按 圖表樣式 鈕。
3. 清單中選按 **樣式** 標籤。
4. 清單中提供 14 種圖表樣式，將滑鼠指標移到圖表樣式上即可預覽套用效果，選按適合的樣式即可套用。

Step 2 變更圖表色彩

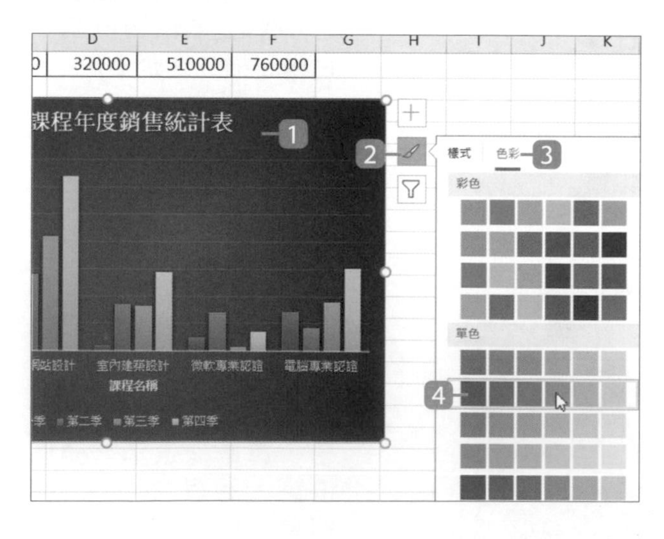

1. 選取圖表。
2. 選按 圖表樣式 鈕。
3. 清單中選按 **色彩** 標籤。
4. 清單中分為 **彩色** 與 **單色** 二類，將滑鼠指標移到色彩組合上即可預覽套用效果，選按合適組合即可套用。(再選按 **圖表樣式** 鈕可隱藏設定清單)

16.12 變更圖表的資料來源

已建立的圖表可能需要新增或刪除圖表資料來源的範圍，以下介紹三種變更資料來源的方法：

■ 方法 1：利用拖曳方式改變資料範圍

範例要新增另外一項課程名稱 "會計專業認證" 的銷售統計資料，可透過拖曳的方法改變資料範圍。

	A	B	C	D	E
1	數位課程年度銷售統計表				單位：萬
2		第一季	第二季	第三季	第四季
3	3D動畫設計	23	83	35	53
4	購物網站設計	31	71	99	143
5	室內建築設計	19	49	48	73
6	微軟專業認證	25	43	18	29
7	電腦專業認證	44	32	51	76
8	會計專業認證	23	26	33	17

7	電腦專業認證	44	32	51	76
8	會計專業認證	23	26	33	17

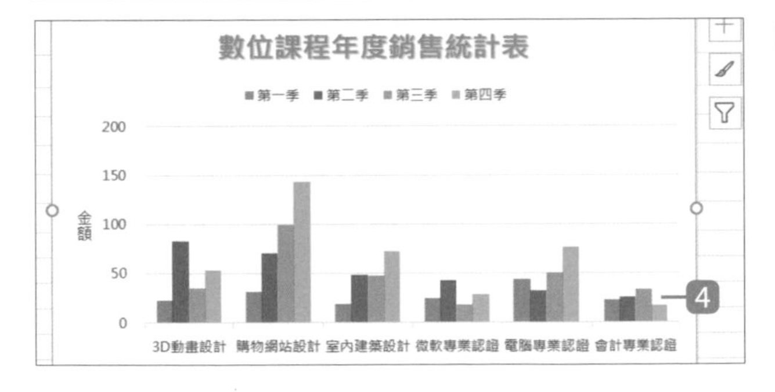

1. 選取圖表。
2. 從資料內容可以看到相關的選取範圍。將滑鼠指標移到欲拖曳的範圍控點上 (此範例為 E7 儲存格右下角控點)，呈 ↘ 狀。
3. 按住滑鼠左鍵不放往下拖曳到 E8 儲存格。
4. 此時圖表依據變更的資料範圍，更新內容。

■ 方法 2：透過對話方塊改變資料範圍

第二個方法是藉由功能表中 **選取資料** 功能，開啟對話方塊調整。

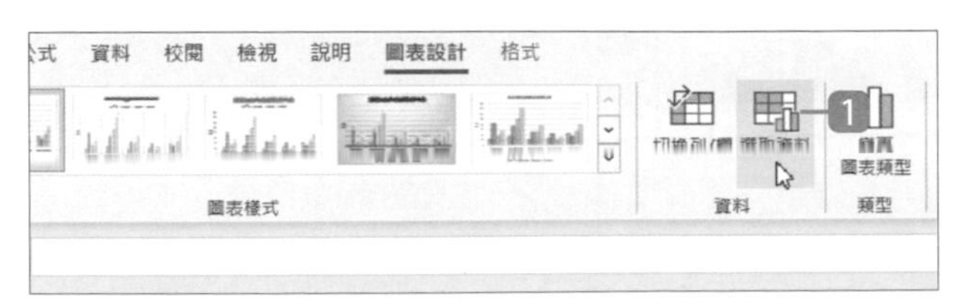

1. 選取圖表後，於 **圖表設計** 索引標籤選按 **選取資料**。(Excel 2021 前版本為 **圖表工具 \ 設計** 索引標籤)

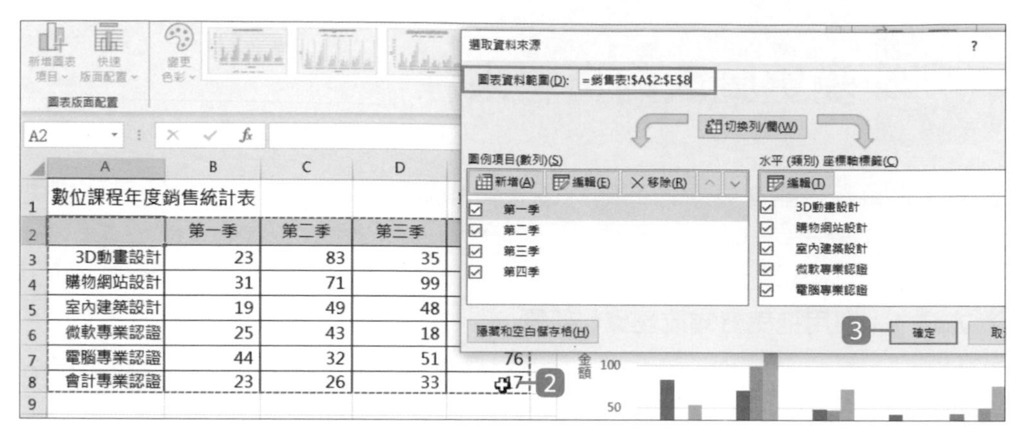

2 在開啟 **選取資料來源** 對話方塊的狀態下，於工作表重新拖曳選取資料來源 A2:E8 儲存格範圍。

3 回到對話方塊即看到 **圖表資料範圍** 項目已修改，選按 **確定** 鈕。

■ 方法 3：利用複製與貼上功能改變資料範圍

第三個方法則是直接複製新增的資料內容，在圖表上透過貼上功能，完成資料的新增。

數位課程年度銷售統計表				單位：萬
	第一季	第二季	第三季	第四季
3D動畫設計	23	83	35	53
購物網站設計	31	71	99	143
室內建築設計	19	49	48	73
微軟專業認證	25	43	18	29
電腦專業認證	44	32	51	76
會計專業認證	23	26	33	17

1 於資料內容拖曳選取新增的儲存格範圍 (此範例為 A8:E8 儲存格範圍)，然後按 Ctrl + C 鍵複製。

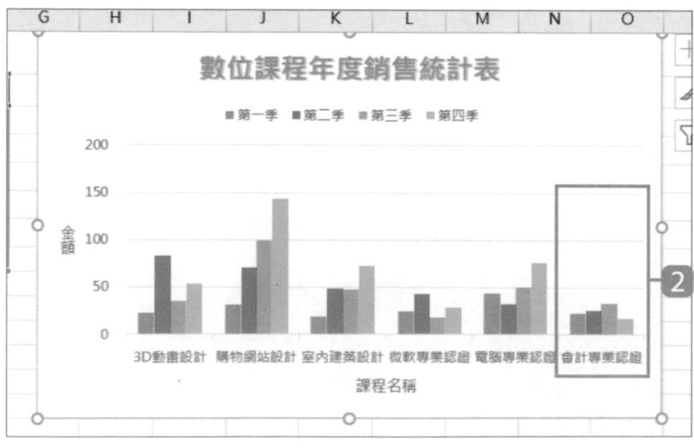

2 選取圖表後，按 Ctrl + V 鍵貼上，剛才複製的資料內容立即新增到圖表內。

16.13 對調圖表欄列資料

圖表中的欄列資料對調後，會發現圖表有不一樣的呈現方式。

Step 1 切換欄列資料

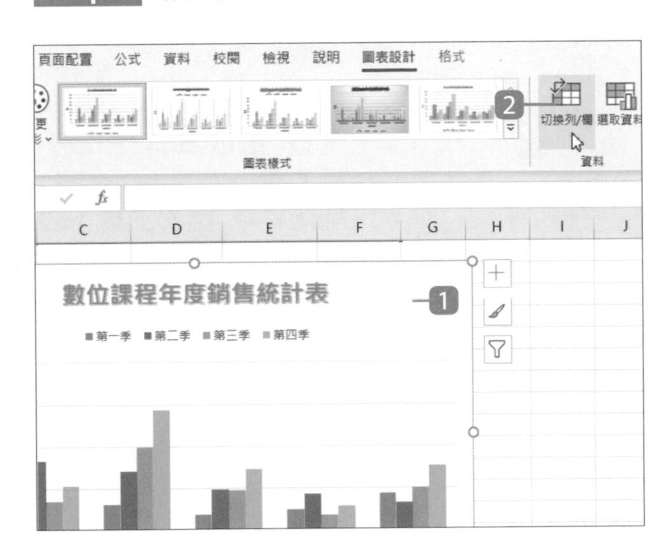

1. 選取圖表。
2. 於 **圖表設計** 索引標籤選按 **切換列/欄**。(Excel 2021 前版本為 **圖表工具 \ 設計** 索引標籤)

Step 2 更改座標軸標題文字

由於欄、列資料對調，圖表中的水平軸若原有設計座標軸標題，需依對調後的數列屬性調整。

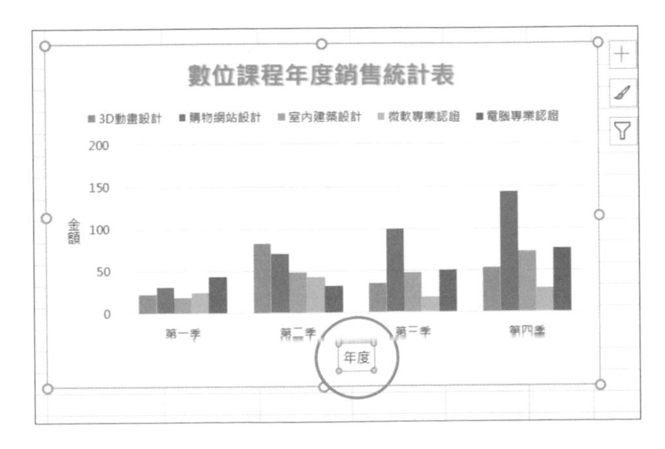

◀ 此範例，圖表數列是從原本的課程名稱改為年度資訊顯示，可依據變動後的圖表調整座標軸的標題文字。

16.14 改變資料數列順序

除了透過資料表排序，也可以直接在圖表中移動指定數列的前、後位置。

Step 1 開啟選取資料來源對話方塊

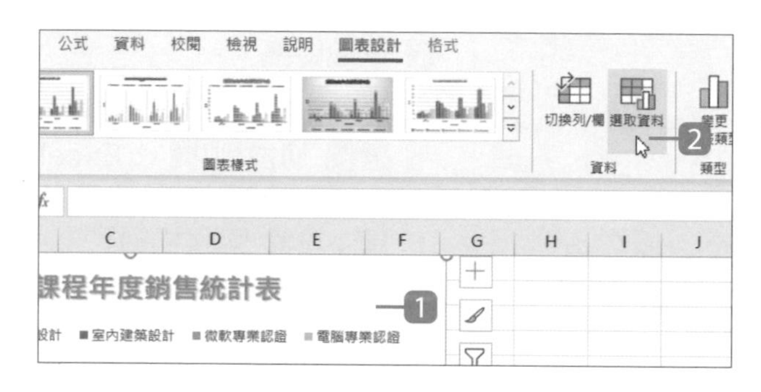

1 選取圖表。

2 於 **圖表設計** 索引標籤選按 **選取資料** 開啟對話方塊。(Excel 2021 前版本為 **圖表工具 \ 設計** 索引標籤)

Step 2 變更圖例數列的順序

在此範例中，"微軟專業認證" 為本年度新增課程，為了加強關注，透過設定將其數列擺放在圖表最左側並套用與其他數列不同的色彩。

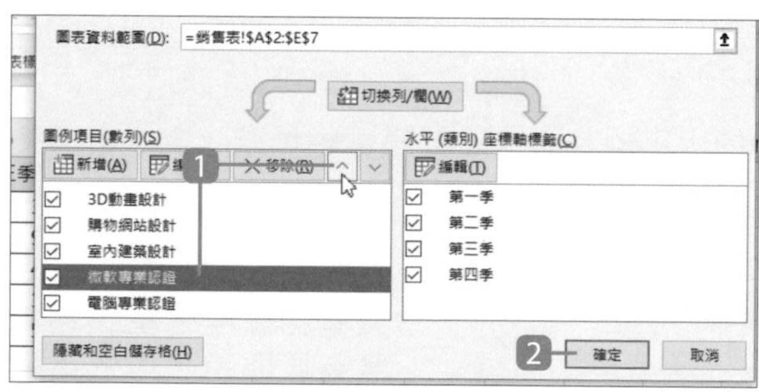

1 選按要變更的數列名稱，再選按 ⌃ 鈕，該數列會往上移，在圖表上的顯示則會往左移。(選按 ⌄ 鈕則會往下移)

2 選按 **確定** 鈕。

◀ **圖例項目** 清單中將 "微軟專業認證" 項目移至最上方後，該數列就會顯示在每一季最左側，之後單獨選取該數列變更色彩，讓該數列資料更突顯。

16.15 變更圖表類型

已建立好的圖表，若因來源資料變動希望套用其他圖表類型，不需重新製作，只要指定要變更的圖表類型即可。

Step 1 開啟變更圖表類型對話方塊

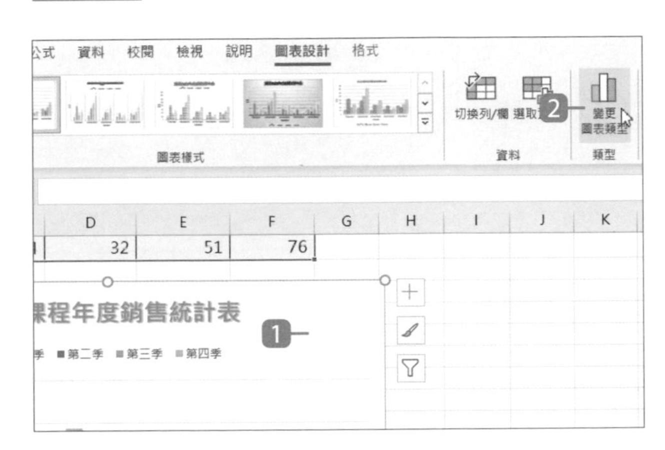

1 選取圖表。

2 於 **圖表設計** 索引標籤選按 **變更圖表類型** 開啟對話方塊。(Excel 2021 前版本為 **圖表工具 \ 設計** 索引標籤)

Step 2 選擇想要變更的圖表類型

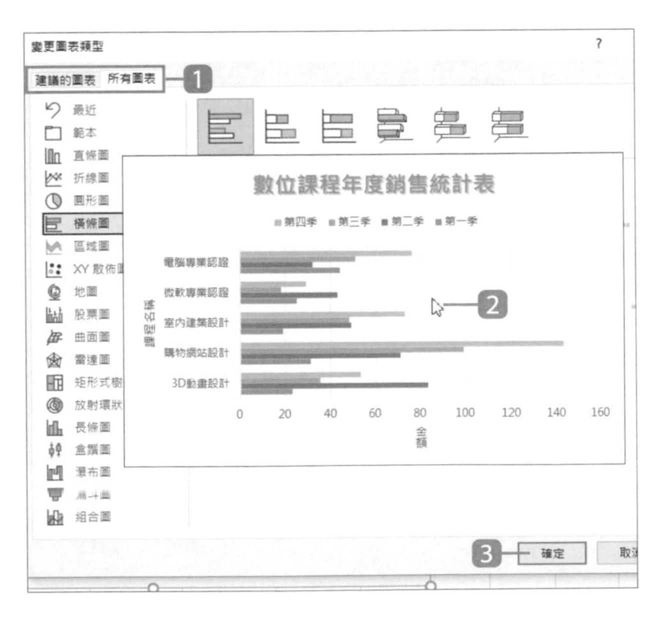

1 提供 **建議的圖表** 與 **所有圖表** 二類選擇清單，Excel 一方面會對資料分析與判斷，找出合適的圖表類型；另一方面則是列出圖表類型的所有選擇。

2 如果將滑鼠指標移到圖表的預覽圖時，會看到放大的畫面。

3 確認變更的圖表類型後，選按 **確定** 鈕，最後再調整一下各個圖表元素。

16.16 新增與調整圖表格線

藉由格線的輔助，有助於檢視圖表資料與計算數據，還能夠自訂線條的色彩、寬度...等格式。

Step 1 選擇想要顯示的格線項目

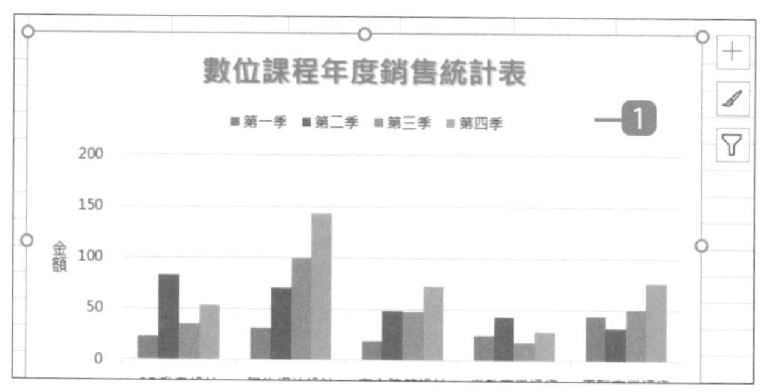

1 選取圖表。

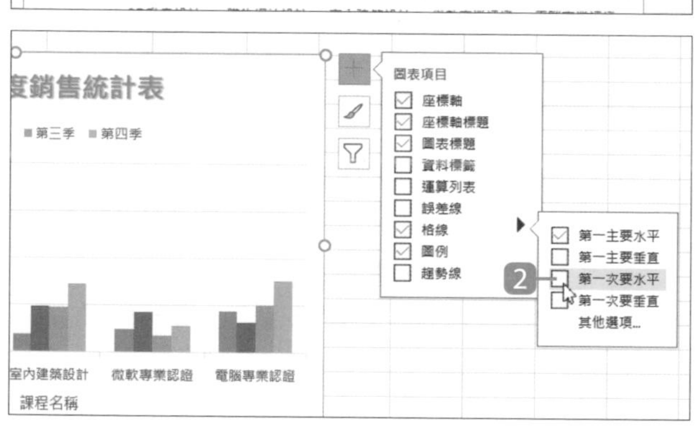

2 選按 ⊞ **圖表項目** 鈕 \ **格線** 右側 ▸ 清單鈕，除了預設核選的 **第一主要水平** 項目，還可以依據圖表的內容，核選需要顯示的格線項目。

資訊補給站

隱藏圖表格線

如果不想被格線干擾，可以在選取圖表狀態下，選按 ⊞ **圖表項目** 鈕，取消核選 **格線** 隱藏格線。

Step 2 設定主要格線格式

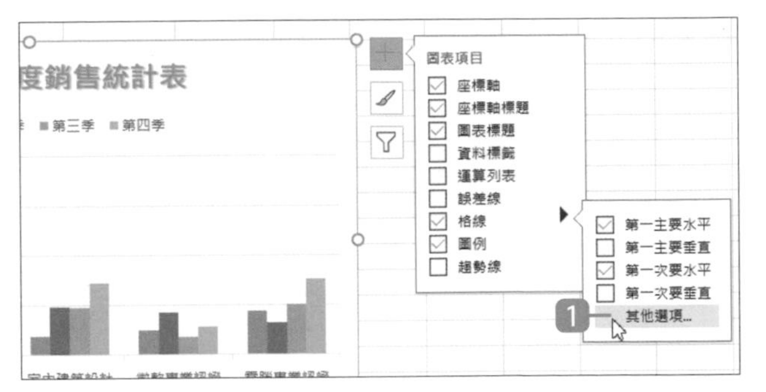

1 在設定清單顯示的狀態下，選按 **其他選項**。

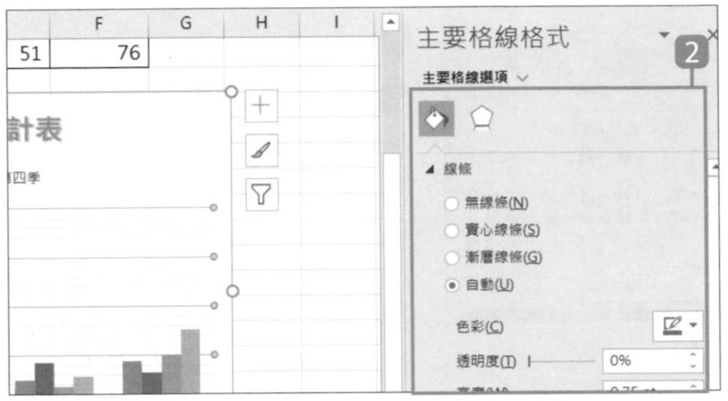

2 在 **主要格線格式** 窗格中提供 **填滿與線條**、**效果** 二個設定項目，可以依照需求，調整主要格線的線條、色彩、寬度...等格式。

Step 3 設定次要格線格式

1 如果要切換到次要格線設定時，只要於窗格上方選按 **主要格線選項** 右側 \ **垂直 (值) 軸 次要格線**。

2 這時即可設定次要格線的格式。

16.17 設計圖表背景

圖表建立好，美化的動作一定少不了，如果不希望背景只是單調的白色，可以藉由以下方式填滿顏色、圖片或材質...等，並可以加上陰影、光暈或柔邊...等效果。

Step 1 **選擇背景要填滿的色彩或其他設計**

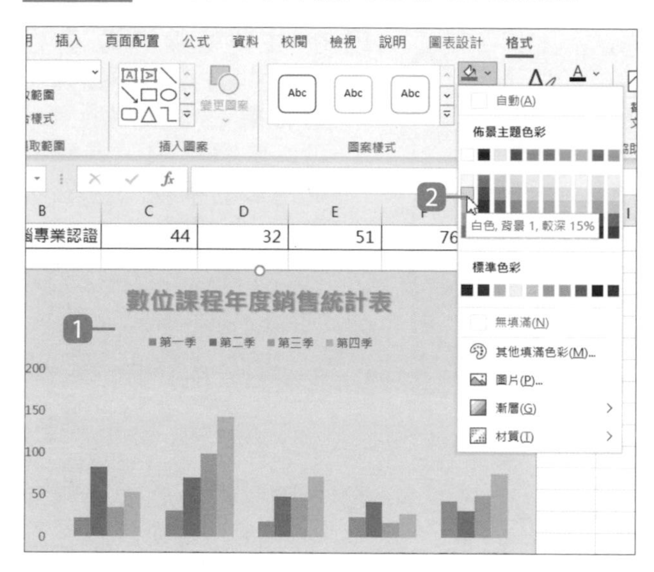

1. 選取圖表。
2. 於 **格式** 索引標籤選按 **圖案填滿**，清單中提供佈景主題色彩、圖片、漸層、材質...等效果，選擇一個合適的套用。(Excel 2021 前版本為 **圖表工具 \ 格式** 索引標籤)

Step 2 **選擇背景要套用的視覺效果**

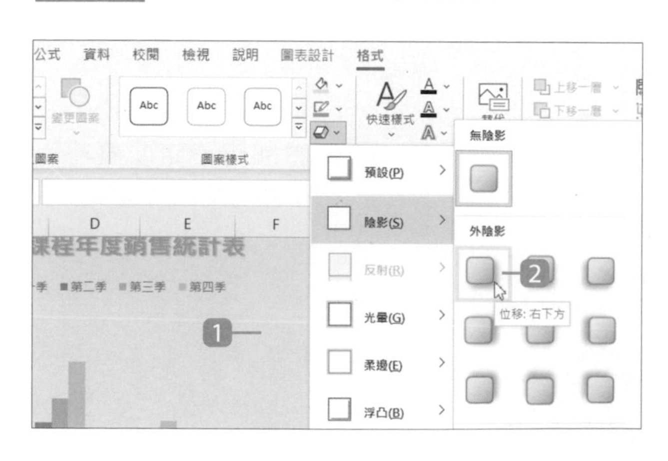

1. 選取圖表。
2. 於 **格式** 索引標籤選按 **圖案效果**，清單中提供陰影、光暈、柔邊...等效果，選擇一個合適的套用。(Excel 2021 前版本為 **圖表工具 \ 格式** 索引標籤)

16.18 顯示資料標籤

透過圖表雖然可以看到資料數列間的差異，不過卻看不出資料數列精準的值，這時只要設定顯示資料數列上的資料標籤，能讓圖表更容易理解。

Step 1 顯示資料標籤

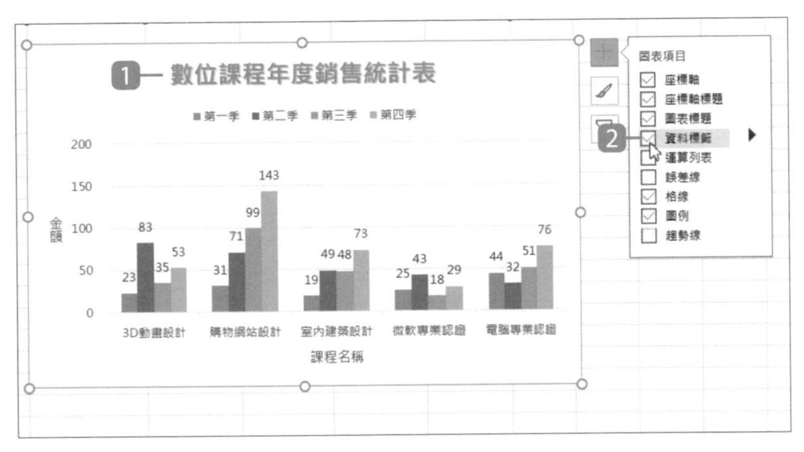

1 選取圖表。

2 選按 ⊞ **圖表項目** 鈕，核選 **資料標籤**，數列上方會顯示該項目的值。

Step 2 調整資料標籤的顯示位置

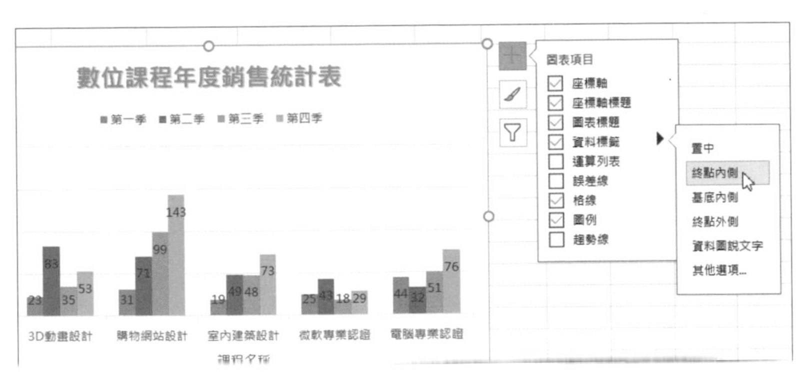

▲ 在設定清單顯示的狀態下，選按 **資料標籤** 右側 ▸ 清單鈕，利用清單中提供的項目調整資料標籤的位置。(再選按 ⊞ **圖表項目** 鈕隱藏設定清單)

16.19 變更資料標籤的類別與格式

資料數列上的資料標籤除了可以調整位置，還可以變更顏色或顯示內容。

Step 1 開啟資料標籤格式窗格

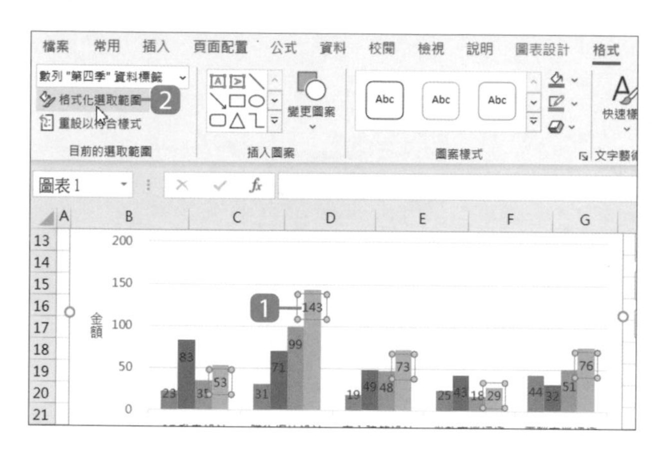

1. 選取圖表中的資料標籤。
2. 於 **格式** 索引標籤選按 **格式化選取範圍** 開啟 **資料標籤格式** 窗格。(Excel 2021 前版本為 **圖表工具 \ 格式** 索引標籤)

Step 2 修改資料標籤顯示的內容與位置

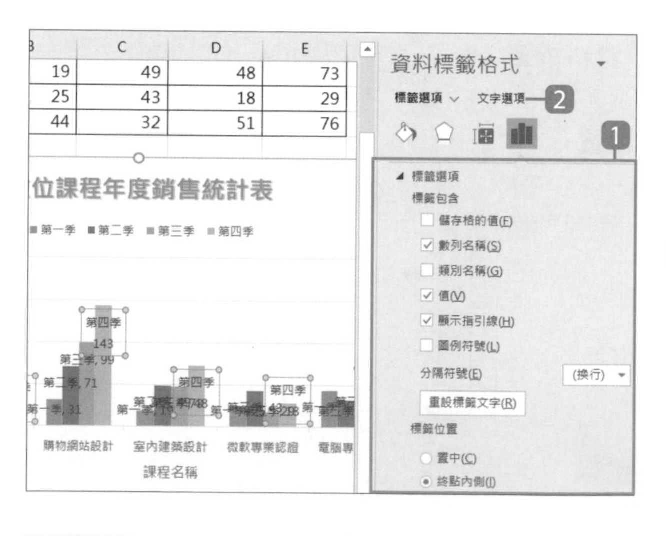

1. 在 **\ 標籤選項** 項目中，可以核選欲顯示 **數列名稱**、**類別名稱**...等，或是調整 **分隔符號**、**標籤位置**...等設定。
2. 也可以選按 **文字選項**，設定資料標籤的顏色、效果...等格式。

Step 3 選取其他資料標籤設定

其他數列的資料標籤，一樣可以分別選取調整格式 (資料標籤彼此若遮到需調整)。

16.20 指定個別資料數列的色彩

圖表除了可以變更整體的樣式或色彩，也可以只改變個別資料數列。

■ 方法 1：利用格式索引標籤調整

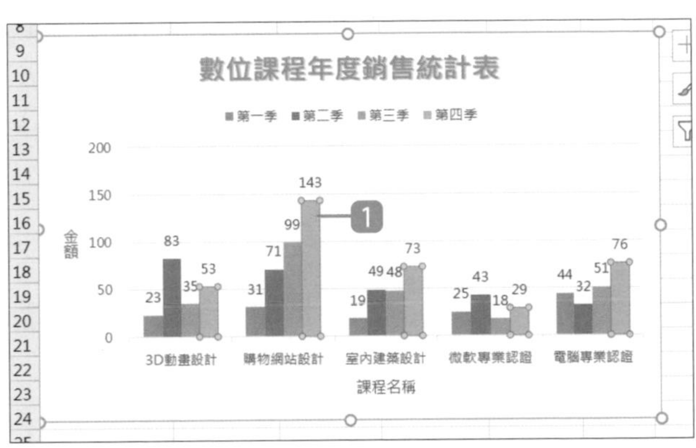

❶ 在想個別調整的資料數列上，按一下滑鼠左鍵選取。(再按一下滑鼠左鍵，則是只選取該筆資料。)

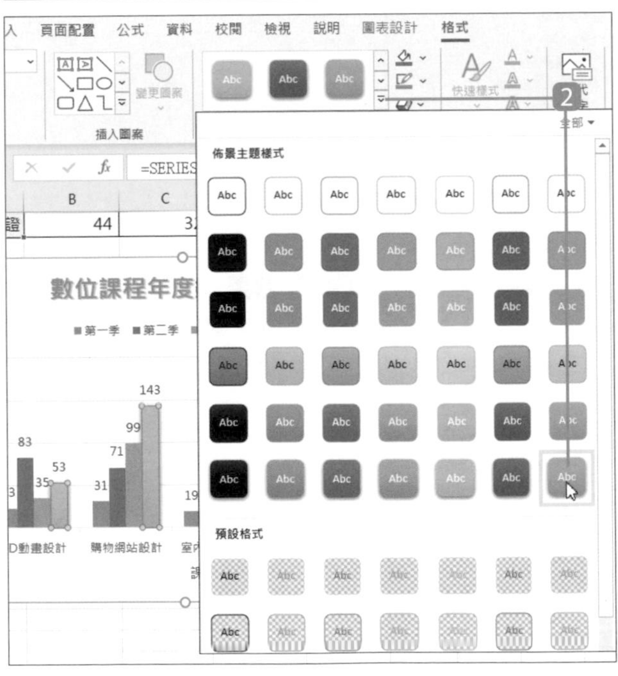

❷ 於 **格式** 索引標籤中，可以透過 **圖案填滿**、**圖案外框** 與 **圖案效果** 自訂格式。(Excel 2021 前版本為 **圖表工具 \ 格式** 索引標籤)

但如果不想花太多時間思考，也可以直接選按 **圖案樣式-其他** 清單鈕，套用 Excel 設計好的配色，既快速又好看。

■ 方法 2：利用資料數列格式窗格調整

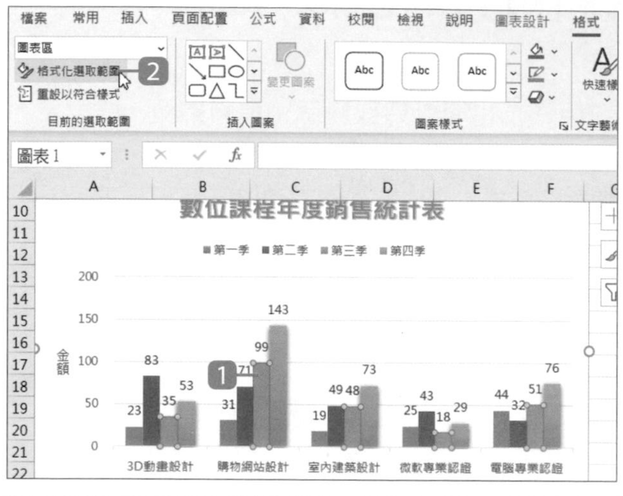

1 在想個別調整的資料數列上，按一下滑鼠左鍵選取。(再按一下滑鼠左鍵，則是只選取該筆資料。)

2 於 **格式** 索引標籤選按 **格式化選取範圍** 開啟 **資料數列格式** 窗格。(Excel 2021 前版本為 **圖表工具 \ 格式** 索引標籤)

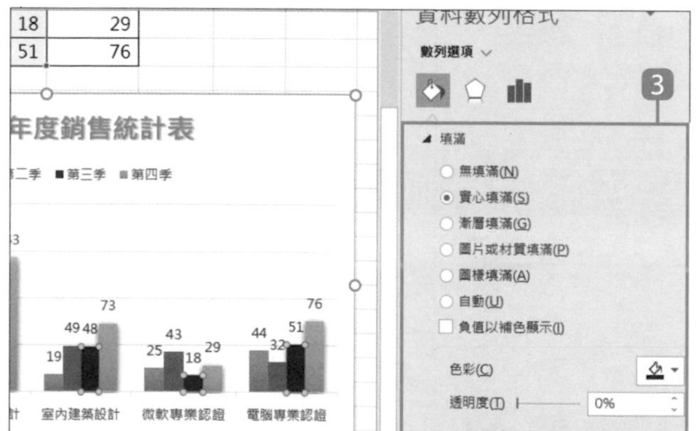

3 **填滿與線條** 可以針對 **填滿** 與 **框線** 調整。

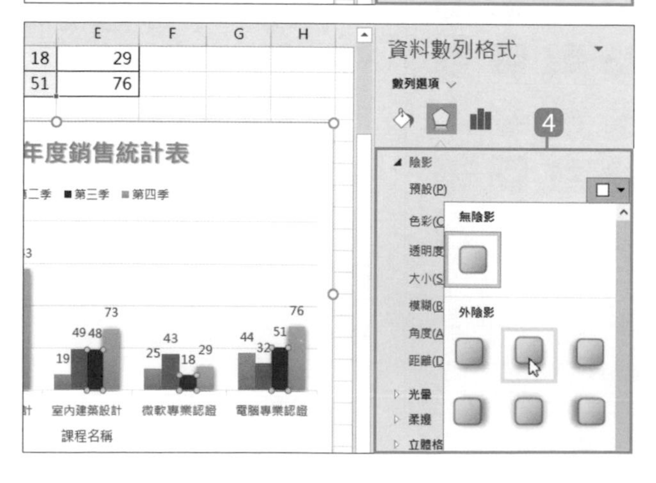

4 **效果** 可以針對 **陰影**、**光暈**、**柔邊** 與 **立體格式** 調整。

16.21 用圖片替代資料數列的色彩

圖表中的資料數列除了可以透過色彩設計，也可以依照圖表的主題，選擇更切合的圖片取代色彩，讓圖表資料有更直覺的表現。

Step 1 開啟資料數列格式窗格

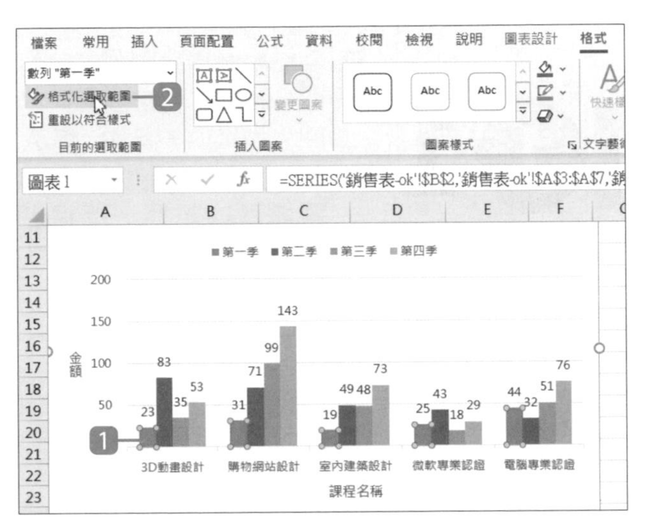

1. 選取圖表中的資料數列。
2. 於 **格式** 索引標籤選按 **格式化選取範圍** 開啟 **資料數列格式** 窗格。(Excel 2021 前版本為 **圖表工具 \ 格式** 索引標籤)

Step 2 選擇要套用的圖片

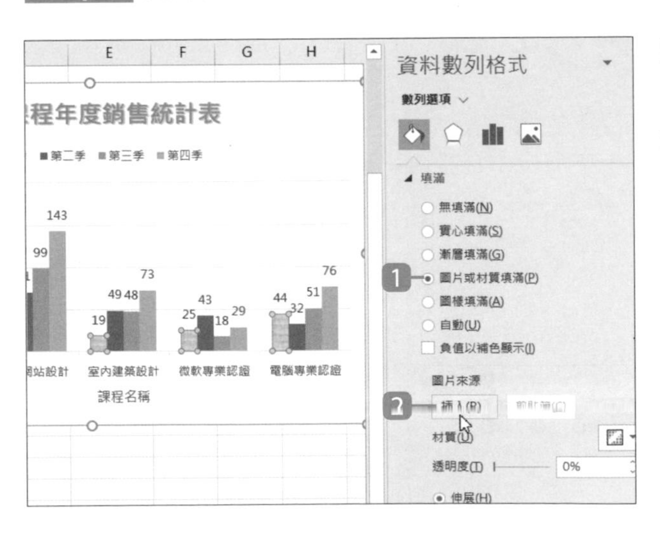

1. 於 ◇ \ **填滿** 項目中，核選 **圖片或材質填滿**。
2. 於 **圖片來源** 選按 **插入**。

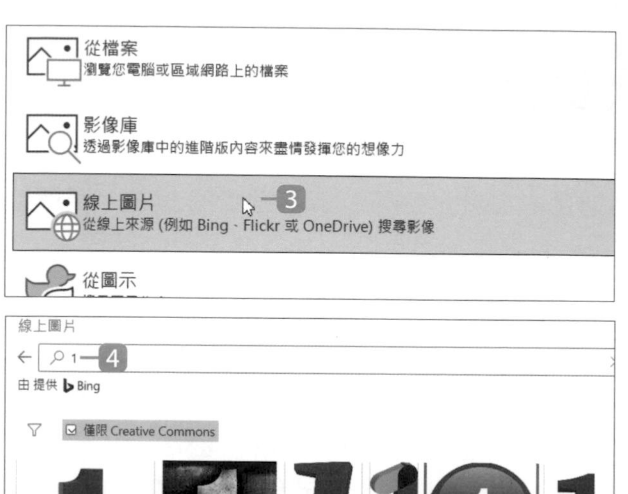

3 在開啟的 **插入圖片** 視窗中，透過 **從檔案**、**影像庫**、**線上圖片**、**從圖示**，選擇使用電腦內儲存的圖片、網路上搜尋或軟體提供的圖示 (這裡選按 **線上圖片**)。

4 輸入搜尋關鍵字後按 Enter 鍵。

5 一開始會搜尋到 Creative Commons 授權的圖片，圖片選取後選按 **插入** 鈕。(圖片使用請遵守智慧財產的規範，確保合法授權。)

Step 3 改變圖片顯示的方式

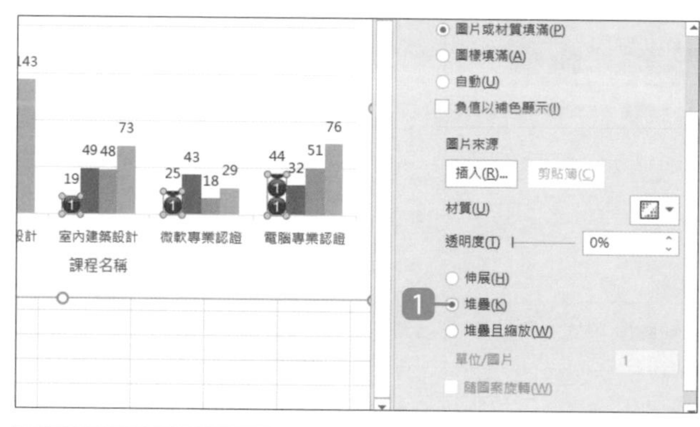

1 窗格中核選 **堆疊**，讓圖片呈現一個個堆上去的效果。

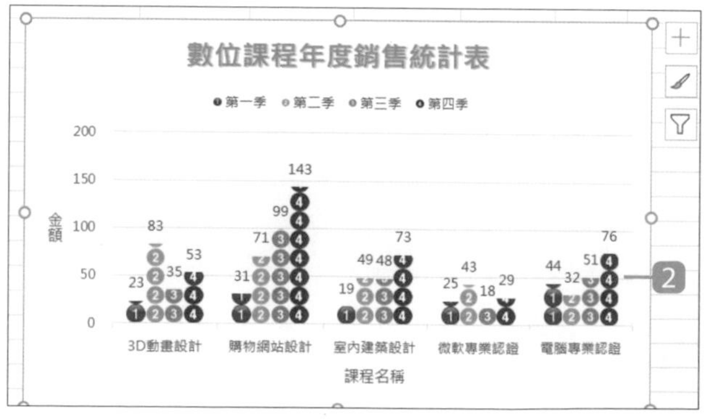

2 依照相同的操作方式，為其他的資料數列換上相關圖片。

16.22 負值資料數列以其他色彩顯示

運用直條圖或橫條圖表現資料時，有可能會遇到負值的狀況，而預設的資料數列，正、負值均以相同顏色顯示。如果想要區隔出正、負值資料數列，可以透過以下方式調整。

Step 1 開啟資料數列格式窗格

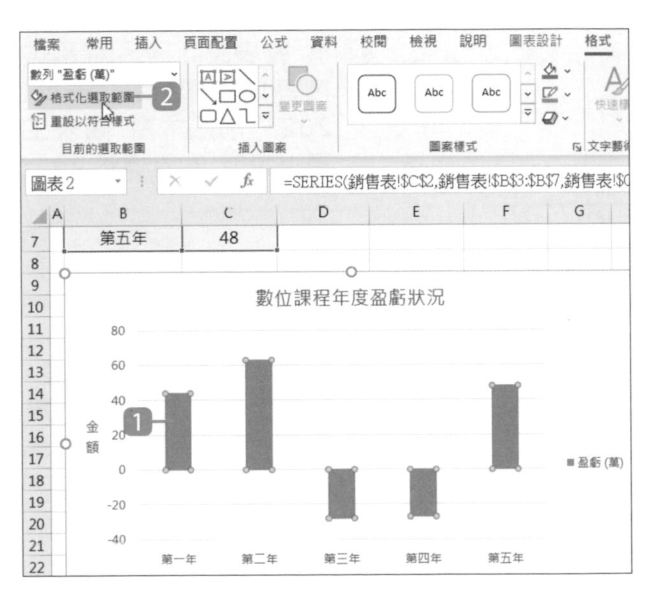

1. 選取圖表中的資料數列。
2. 於 **格式** 索引標籤選按 **格式化選取範圍** 開啟 **資料數列格式** 窗格。(Excel 2021 前版本為 **圖表工具 \ 格式** 索引標籤)

Step 2 利用補色顯示負值

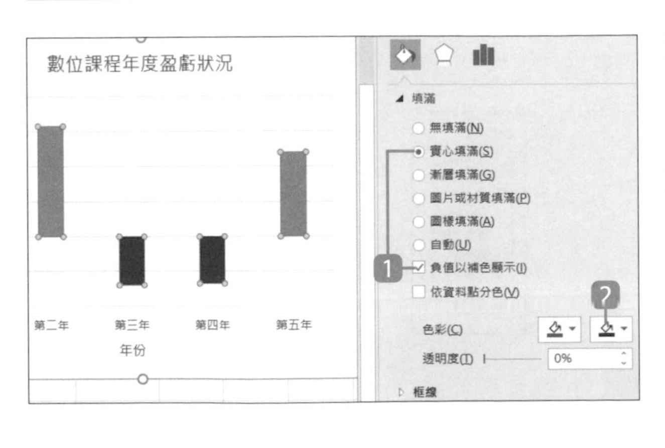

1. 於 \ **填滿** 項目中，先核選 **實心填滿**，再核選 **負值以補色顯示**。
2. 於 **色彩** 第二個 **反轉的填滿色彩** 項目中，選擇負值欲套用的顏色。

16.23 新增有圖例的運算列表

圖表在建立完成後，一般下方都會擺放座標軸標題或是圖例，利用 **新增圖表項目** 可以新增一個含有圖例的運算列表。

Step 1 新增一個含有圖例的運算列表

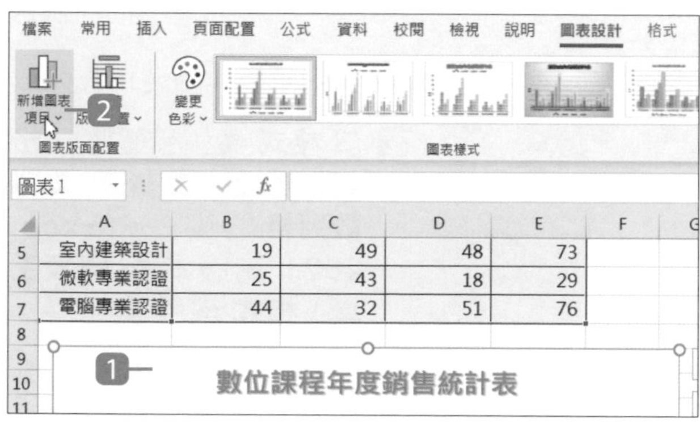

1 選取圖表。

2 於 **圖表設計** 索引標籤選按 **新增圖表項目**。(Excel 2021 前版本為 **圖表工具 \ 設計** 索引標籤。)

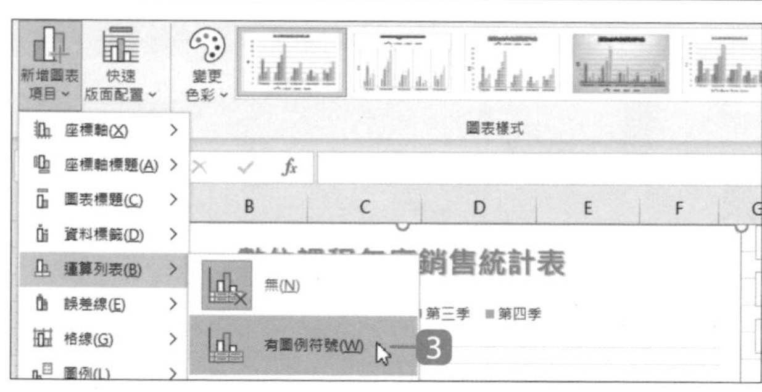

3 於清單中選按 **運算列表 \ 有圖例符號**。(或選按 **無圖例符號** 項目，即不會顯示圖例的小色塊)

Step 2 取消重複的圖例

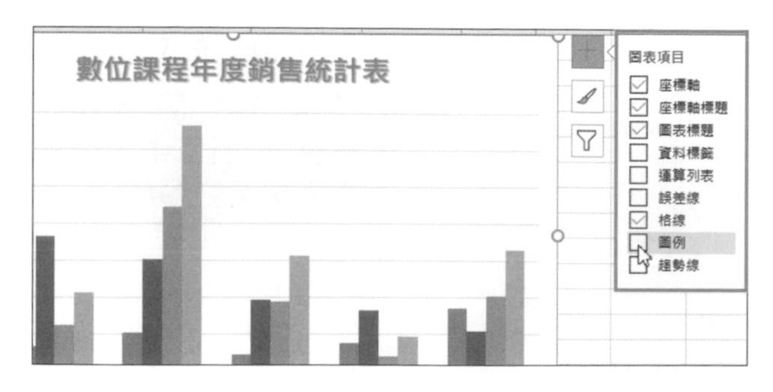

◀ 完成新增運算列表的動作，最後檢查目前圖表中是否有二組圖例，若想取消單純的圖例項目，可選按 ⊞ **圖表項目** 鈕，取消核選 **圖例**。

16.24 套用圖表的快速版面配置

若沒有太多時間自行設計圖表，可利用 **快速版面配置** 功能立即變更圖表外觀，快速套用指定的版面配置。

Step 1 選擇要套用的版面配置

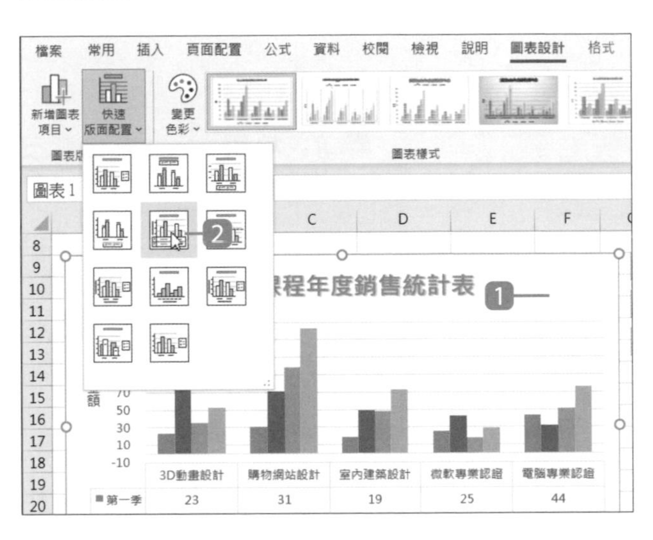

1 選取圖表。

2 於 **圖表設計** 索引標籤選按 **快速版面配置**，清單中提供了十一種不同的版面配置，可選擇合適的版面套用。(Excel 2021 前版本為 **圖表工具 \ 設計** 索引標籤)

Step 2 圖表版面配置快速變更

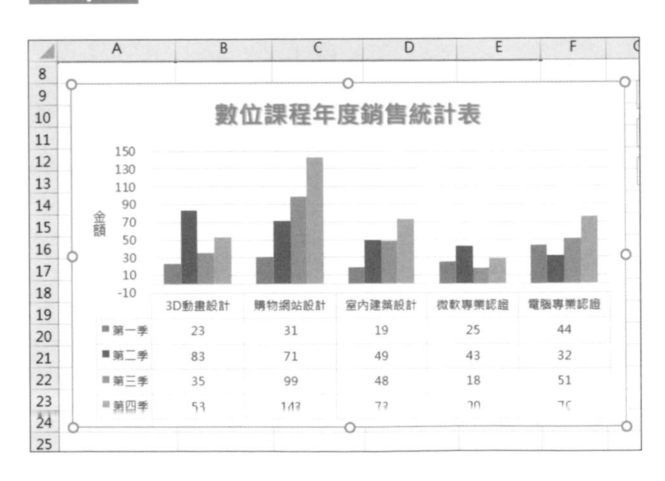

◀ 圖表隨即快速套用指定版面，迅速得到所要的圖表外觀。

16.25 複製或移動圖表至其他工作表

為了方便單獨檢閱圖表，可以將圖表複製或搬移到其他工作表中。

Step 1 複製圖表

透過複製功能移動圖表時，原圖表會保留在原先的位置，在另一個工作表產生相同圖表。

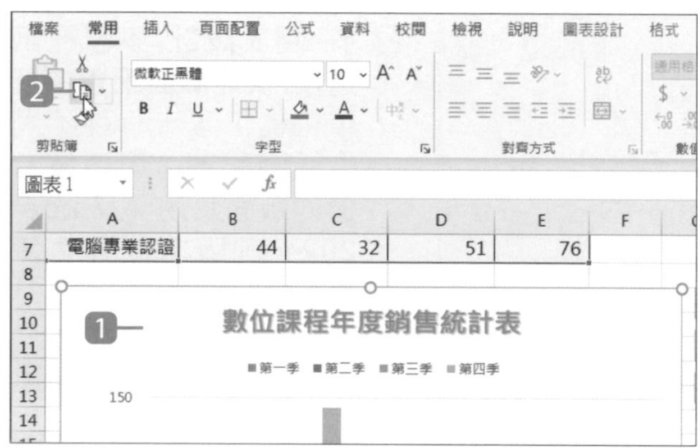

1 選取圖表。

2 於 **常用** 索引標籤選按 **複製** 動作。

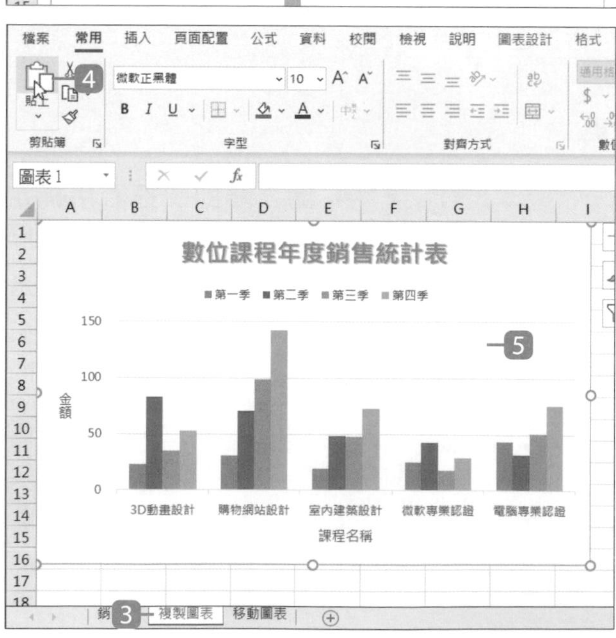

3 選按要存放圖表的工作表，在要放置圖表的儲存格上按一下。

4 於 **常用** 索引標籤選按 **貼上**。

5 剛剛複製的圖表即依作用儲存格位置貼入。

Step 2 移動圖表

透過 **移動圖表** 功能，會將原圖表搬移到新的工作表或既有工作表中。

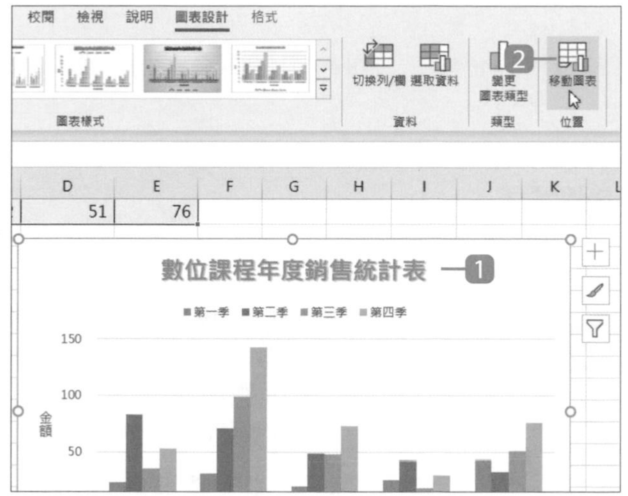

1. 選取圖表。
2. 於 **圖表設計** 索引標籤選按 **移動圖表** 開啟對話方塊。(Excel 2021 前版本為 **圖表工具 \ 設計** 索引標籤)

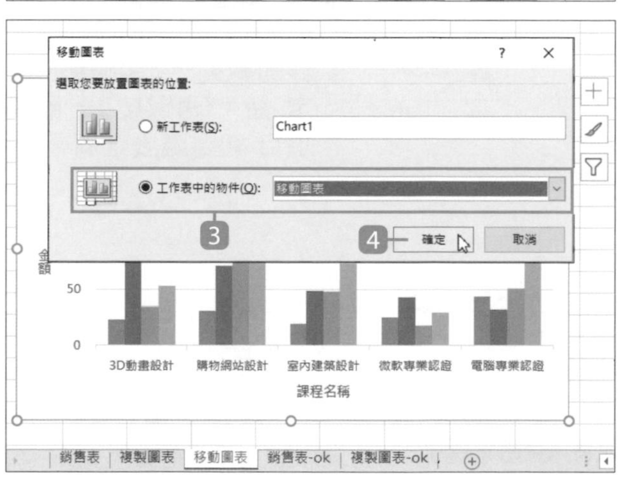

3. 核選 **工作表中的物件**，並指定到已建立的工作表。
4. 選按 **確定** 鈕，即可將圖表搬移到指定的工作表中。

資訊補給站

移動圖表到新工作表

移動圖表時，如果活頁簿裡沒有合適的工作表，可以核選 **新工作表** 項目，Excel 會自動新增一工作表，將圖表移入並放大至整個工作表。但這樣的移動方式在完成搬移後，圖表將無法再移動位置或縮放大小。

16.26 為圖表加上趨勢線

在圖表上畫出趨勢線可以更了解資料的走勢，以下說明如何產生趨勢線及修改格式。

Step 1 為資料選取合適的趨勢線類型

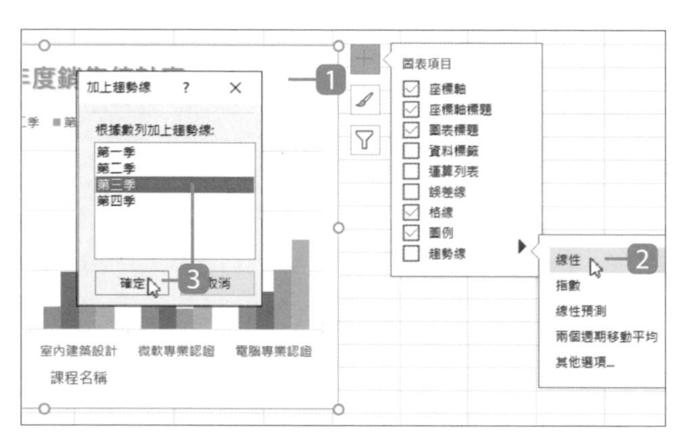

1. 選取圖表。
2. 選按 ⊞ **圖表項目** 鈕 \ **趨勢線** 右側 ▸ 清單鈕，清單中選按符合資料的趨勢線類型。
3. 在 **加上趨勢線** 對話方塊中選擇需要加上趨勢線的數列，然後選按 **確定** 鈕。(再選按 ⊞ **圖表項目** 鈕隱藏設定清單)

Step 2 調整趨勢線的格式

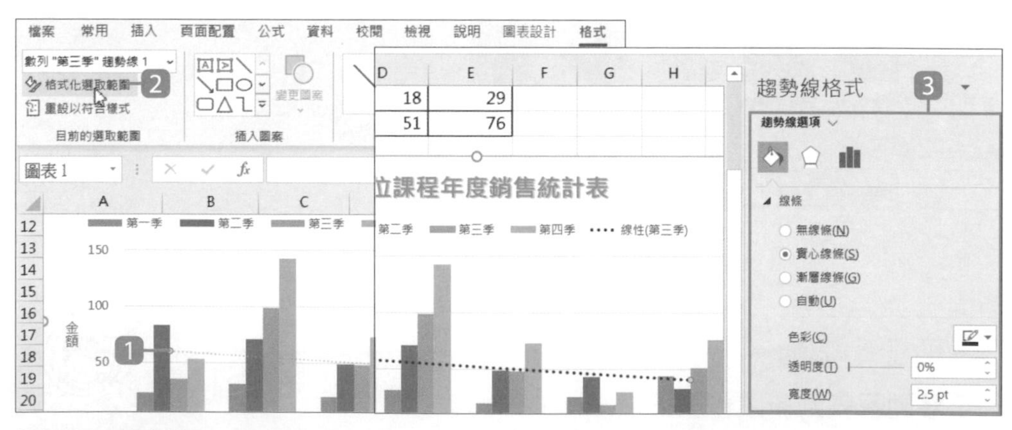

1. 選取趨勢線。
2. 於 **格式** 索引標籤選按 **格式化選取範圍** 開啟 **趨勢線格式** 窗格。(Excel 2021 前版本為 **圖表工具 \ 設計** 索引標籤)
3. 提供 **填滿與線條**、**效果**、**趨勢線選項** 三個設定項目，可以依照需求，調整像線條、陰影、趨勢線選項...等格式。

16.27 分離圓形圖中的某個扇區

圓形圖是劃分為多個扇形區域的圖表，從圓形圖中分離特定扇區，可讓焦點集中並強調。

Step 1 選取需要獨立分離的扇區

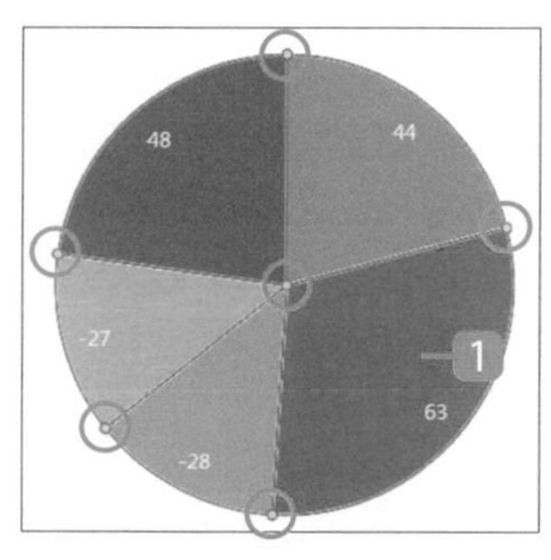

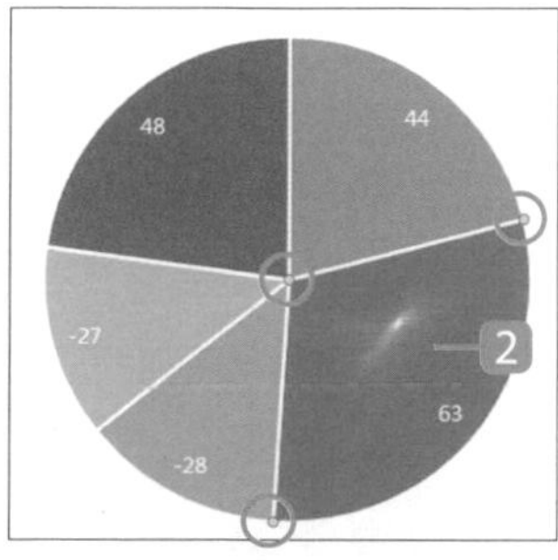

1. 在要取出的扇區上按一下滑鼠左鍵，選取整個圓形圖，會出現共 6 個控點。
2. 再於橘色的扇區上按一下滑鼠左鍵，即可選取單一扇區，控點剩 3 個。

Step 2 利用拖曳分離指定的扇區

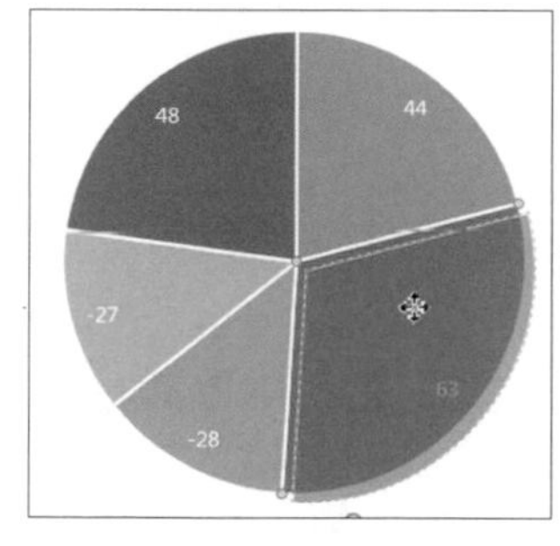

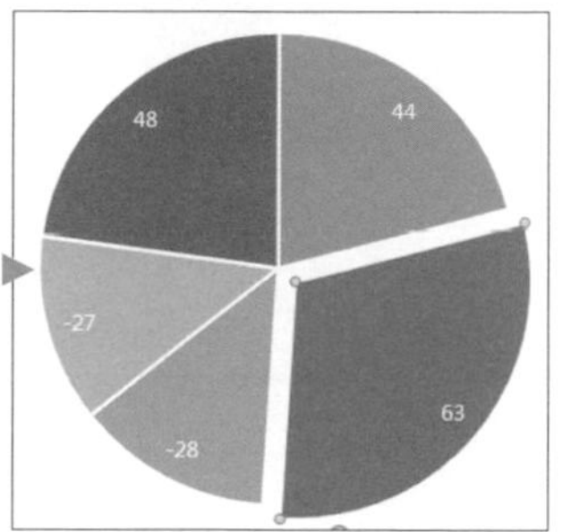

◀ 在已單獨選取的扇區上，按住滑鼠左鍵不放往外拖曳，當出現虛線後放開滑鼠左鍵，即可分離該扇區。

資訊補給站

指定扇區分離程度的百分比

在選取指定扇區後，於 **格式** 索引標籤選按 **格式化選取範圍** 開啟右側 **資料點格式** 窗格 (Excel 2021 前版本為 **圖表工具 \ 設計** 索引標籤)。在 **數列選項 \ 數列選項** 項目中可以透過 **爆炸點** 設定該扇區分離程度的百分比。

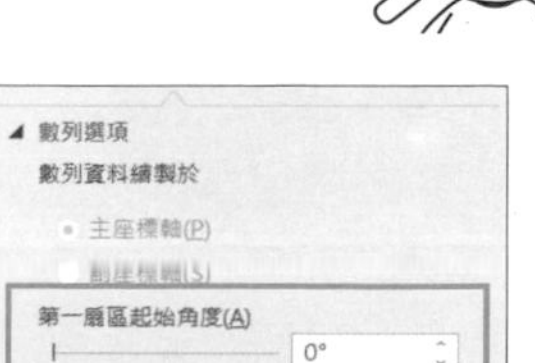

16.28 調整圓形圖的扇區起始角度

從圓形圖中分離的扇區，可以透過角度調整起始的位置。

Step 1 開啟圖表區格式窗格

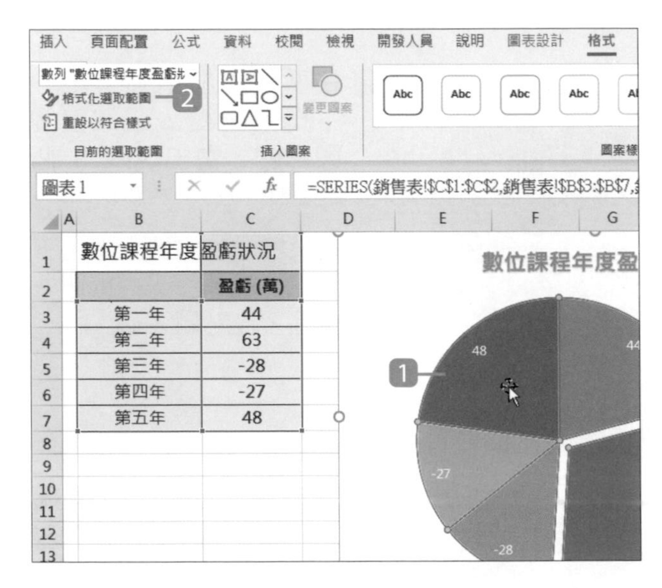

1. 選按圓形圖任一扇區。
2. 於 **格式** 索引標籤選按 **格式化選取範圍** 開啟 **資料數列格式** 窗格。(Excel 2021 前版本為 **圖表工具 \ 格式** 索引標籤)

Step 2 調整扇區的起始角度

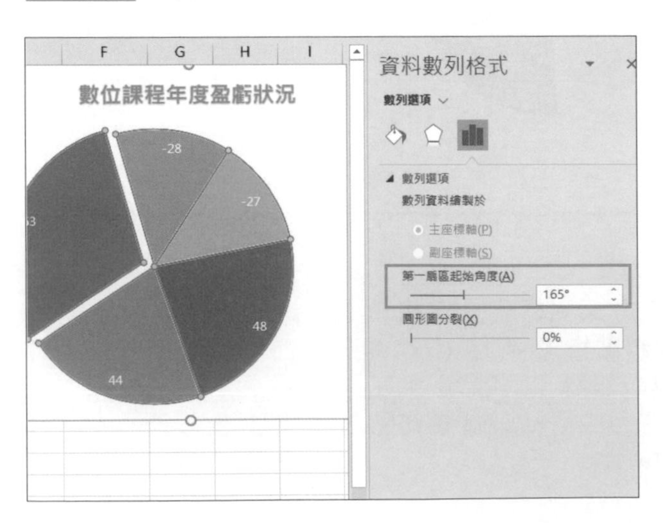

◀ 於 ▥ \ **第一扇區起始角度** 項目中，輸入想要旋轉的角度後，即可發現所有扇區都跟著轉動。(此範例中第一扇區是指 **第一年** 數列)

16.29 利用篩選功能顯示圖表指定項目

圖表除了可以完整顯示分析的資料外，也可以透過篩選顯示部分資訊。

Step 1 篩選圖表資料

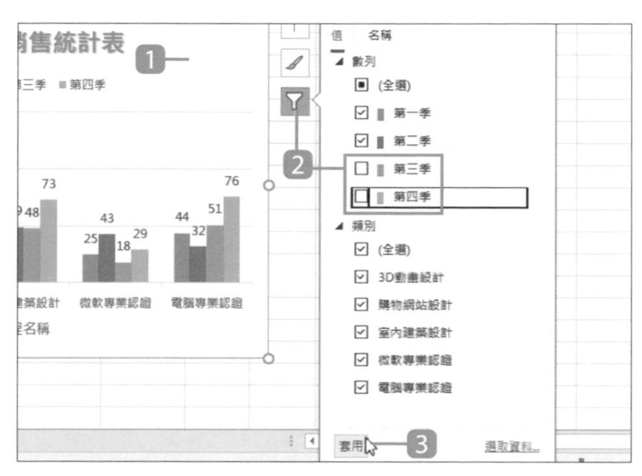

1 選取圖表。

2 選按 ▽ **圖表篩選** 鈕，清單中提供 **數列** 與 **類別** 二個篩選項目，預設為全部核選，也可以依據需求，取消核選不顯示的項目。

3 選按 **套用** 鈕。

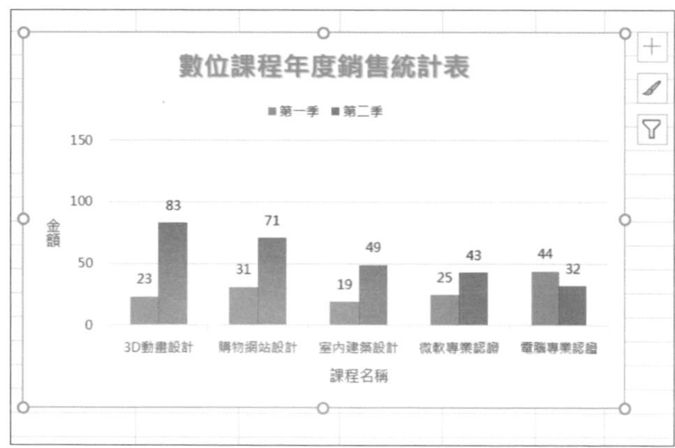

◀ 此範例篩選後僅顯示第一季與第二季課程的銷售統計。(選按 ▽ **圖表篩選** 鈕可隱藏設定清單)

Step 2 還原篩選資料

篩選完的資料如果想要恢復原狀，可以選按 ▽ **圖表篩選** 鈕，將清單中的 **數列** 或 **類別** 項目核選 **全選**，再選按 **套用** 鈕。

16.30 將自製圖表變成圖表範本

手邊設計的圖表樣式想於後續操作其他活頁簿時也可套用，可以參考以下方式，將其自製為圖表範本。

Step 1 將圖表存成圖表範本

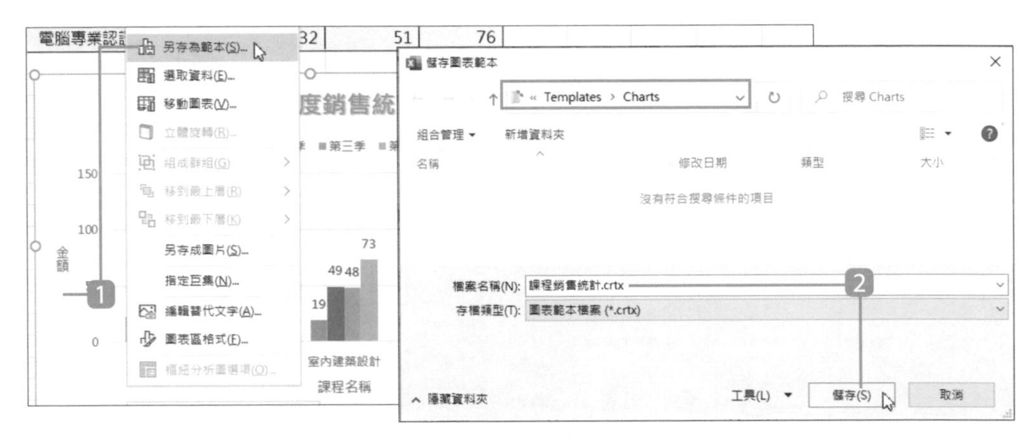

1 於要製作為範本的圖表空白區按滑鼠右鍵，選按 **另存為範本** 開啟對話方塊。

2 範本需儲存在指定路徑內，只調整檔案名稱後選按 **儲存** 鈕。

Step 2 套用自訂的圖表範本

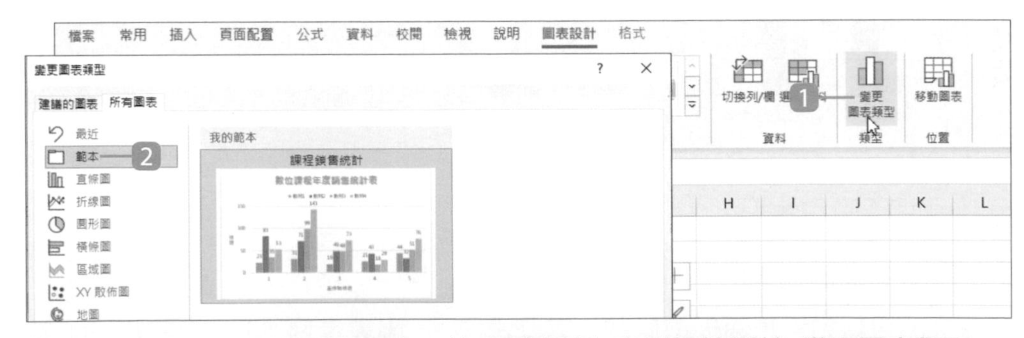

1 選取要套用自訂範本的圖表，於 **圖表設計** 索引標籤選按 **變更圖表類型** 。(Excel 2021 前版本為 **圖表工具 \ 設計** 索引標籤)

2 於 **所有圖表** 標籤選按 **範本**，即可看到剛剛儲存的圖表範本。

組合式圖表應用

多組資料的比較

- 建立橫條圖
- 將多筆資料數列重疊顯示
- 顯示水平座標軸單位
- 調整資料數列格式

顯示數據差額

- 顯示資料標籤
- 調整資料標籤

強調不符合標準的項目

- 橫條上下排序
- 設定圖表標題及文字格式
- 利用顏色區分正負數值
- 調整圖表大小

17.1 不同性質的多組資料相互比較

當遇到多組資料相互比較時，常會以直條圖或橫條圖表現。如果面對大量資料，直條圖會因為資料項目過多而導致水平軸文字被壓縮或需傾斜擺放，這時可改用橫條圖表現，它會根據資料筆數往上、往下延伸，讓圖表不會受限於空間而壓縮到文字或數字，完整展現分析結果。

此份「支出預算」範例，首先將資料內容製作成群組橫條圖，接著修改垂直座標軸與圖例的名稱，調整橫條圖的格式，如：副座標軸的設定、顯示水平座標軸的單位、資料數列的設計...等，最後再利用資料標籤顯示預算與實際總額之間的差額，並更改圖表標題與強調超出預算的支出項目，幫助使用者藉由這份橫條圖快速分析實際支出與預算的差異。

	A	B	C	D
1	第一季支出預算			單位:萬
2	項目	預算	總額	差額
3	廣告	$300,000	$380,000	-$80,000
4	稅款	$500,000	$680,000	-$180,000
5	辦公用品	$300,000	$240,000	$60,000
6	房租	$800,000	$820,000	-$20,000
7	電話費	$100,000	$81,000	$19,000
8	水電費	$100,000	$68,000	$32,000

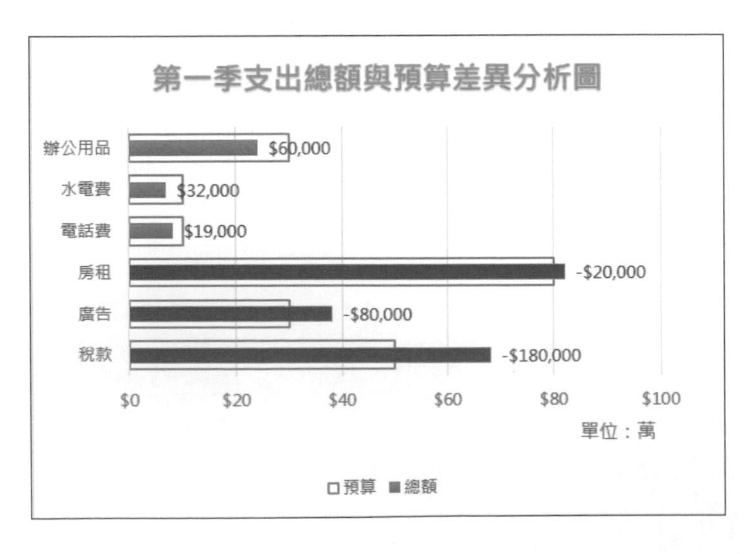

17.2 設計圖表數列資料重疊效果

建立二組數據同時呈現的圖表

橫條圖與直條圖的性質，都適合用來表現多筆資料間的數據比較，範例中首先進行 **群組橫條圖** 的建立。

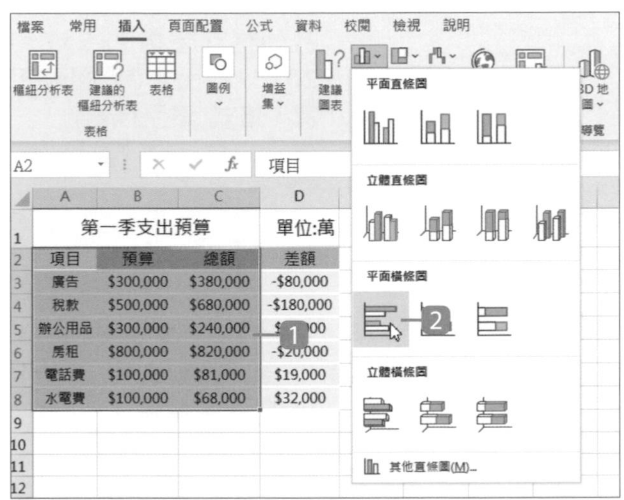

	A	B	C	D
1	第一季支出預算			單位:萬
2	項目	預算	總額	差額
3	廣告	$300,000	$380,000	-$80,000
4	稅款	$500,000	$680,000	-$180,000
5	辦公用品	$300,000	$240,000	[illegible]
6	房租	$800,000	$820,000	-$20,000
7	電話費	$100,000	$81,000	$19,000
8	水電費	$100,000	$68,000	$32,000

1. 選取製作圖表的資料來源 A2:C8 儲存格範圍。
2. 於 **插入** 索引標籤選按 **插入直條圖或橫條圖 \ 群組橫條圖**。

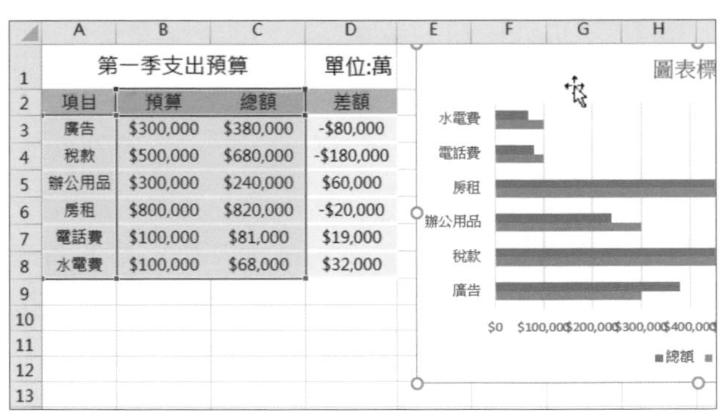

	A	B	C	D
1	第一季支出預算			單位:萬
2	項目	預算	總額	差額
3	廣告	$300,000	$380,000	-$80,000
4	稅款	$500,000	$680,000	-$180,000
5	辦公用品	$300,000	$240,000	$60,000
6	房租	$800,000	$820,000	-$20,000
7	電話費	$100,000	$81,000	$19,000
8	水電費	$100,000	$68,000	$32,000

3. 剛建立好的圖表會重疊在資料內容上方，將滑鼠指標移至圖表上方呈 ✥ 狀時拖曳，將圖表移至工作表中合適的位置擺放。

調整圖表格式

在範例中，希望將表示 "預算" 與 "總額" 的數列相互重疊，並透過座標軸、資料數列填滿與框線...等格式的調整，讓人能看出每個支出項目的實際總額是超出或未達預算金額。

Step 1 將 "總額" 資料數列設定為副座標軸藉以表現重疊效果

稍後將就這二個資料數列分別設定其格式，因此先將 "總額" 資料數列設定為副座標軸，但你會發現圖表中原本分開呈現的橫條資料數列會重疊在一起，藍色數列 "預算" 在下，橘色數列 "總額" 在上。

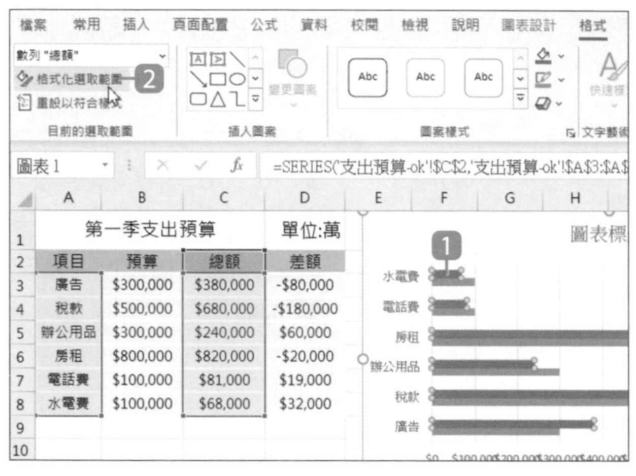

第一季支出預算			單位:萬
項目	預算	總額	差額
廣告	$300,000	$380,000	-$80,000
稅款	$500,000	$680,000	-$180,000
辦公用品	$300,000	$240,000	$60,000
房租	$800,000	$820,000	-$20,000
電話費	$100,000	$81,000	$19,000
水電費	$100,000	$68,000	$32,000

1. 選取橘色 "總額" 數列。
2. 於 **格式** 索引標籤選按 **格式化選取範圍** 開啟資料數列格式窗格。(Excel 2021 前版本為 **圖表工具 \ 格式** 索引標籤)

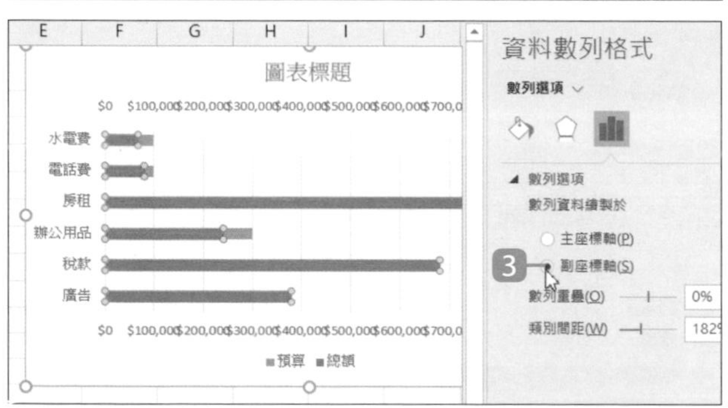

3. 於 ▮ \ **數列選項** 項目中核選 **副座標軸**。

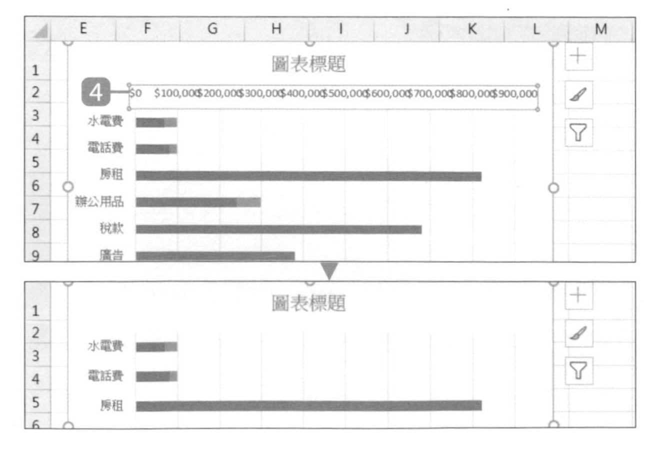

4. 選取 "圖表標題" 上方產生的水平副座標軸，按 Del 鍵刪除。

Step 2 顯示水平座標軸的單位

在水平座標軸中，數值因為位數太長不易分辨，以下就以 "萬" 為顯示單位，簡化數值位數，以方便檢視。

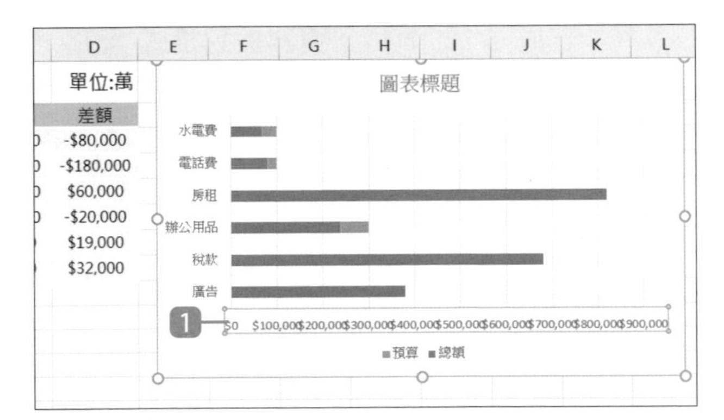

1 選取水平座標軸。

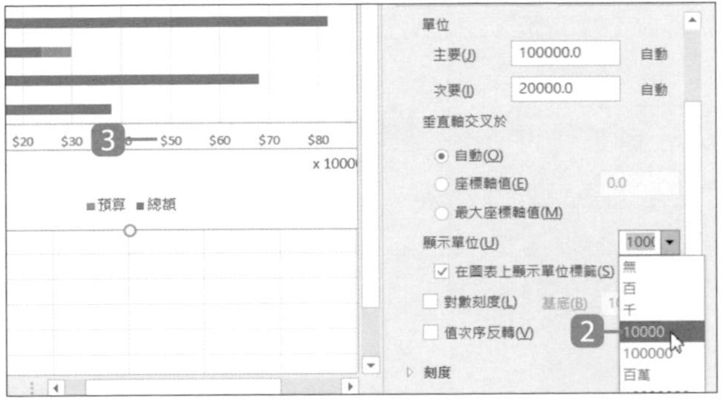

2 於 **座標軸格式** 窗格，\ **座標軸選項** 項目中設定 **顯示單位：10000**。

3 原本一長串的數值，簡化成以 "萬" 為單位的金額。

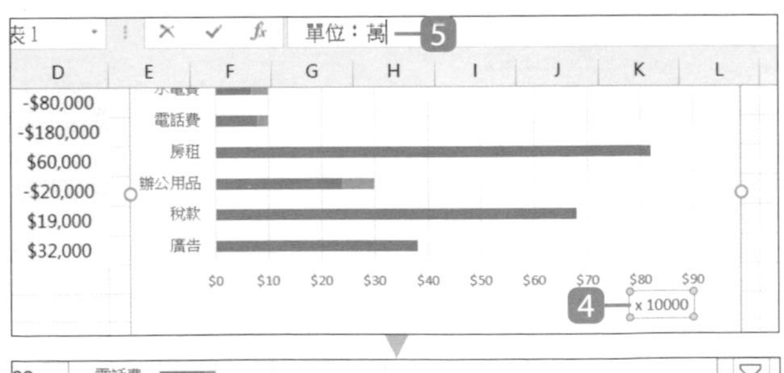

4 選取 **×10000** 文字方塊。

5 於 **資料編輯列** 輸入「單位：萬」，按一下 Enter 鍵。

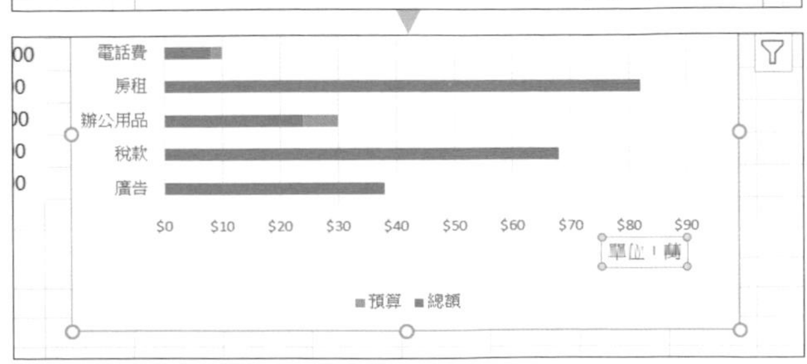

Step 3 調整資料數列格式

接下來調整橫條圖的顏色配置與線條格式，區隔出這二組數據。

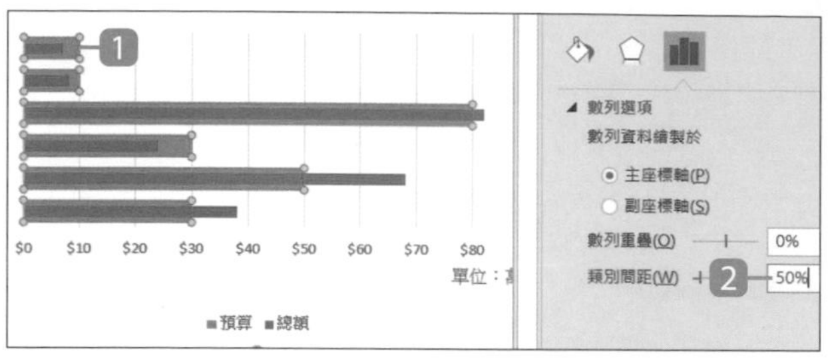

1. 選取藍色 "預算" 數列 。
2. 於 **資料數列格式** 窗格，\ **數列選項** 項目中設定 **類別間距：50%**。

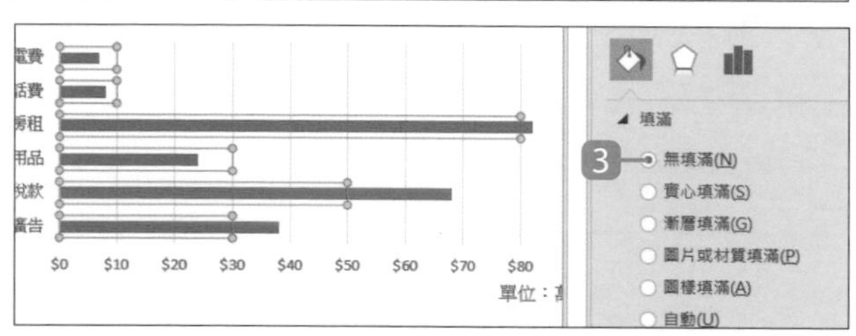

3. 於 \ **填滿** 項目中核選 **無填滿**。

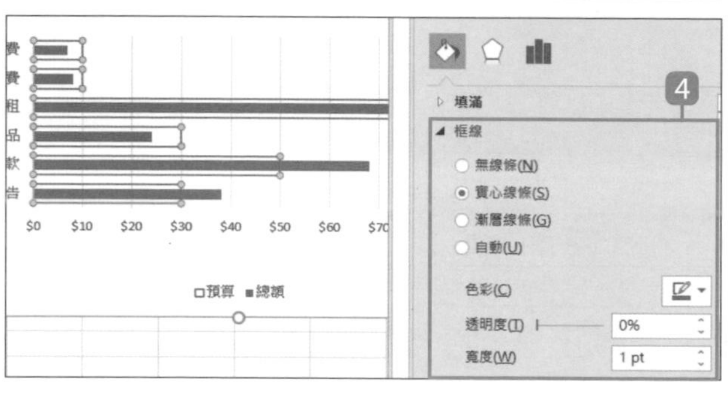

4. 再於 **框線** 項目中核選 **實心線條**，設定 **色彩** 與 **寬度**。

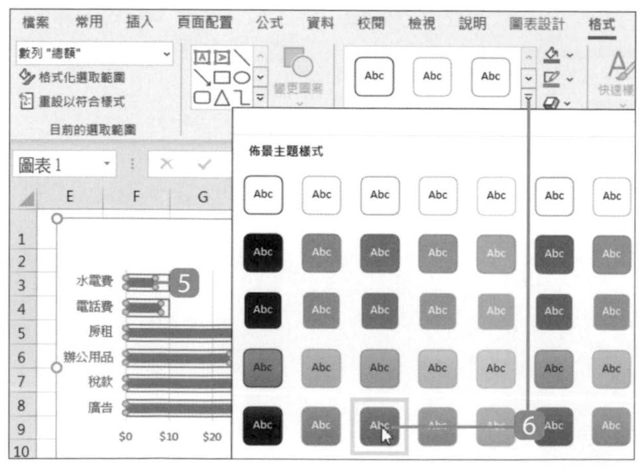

5. 選取橘色 "總額" 數列。
6. 於 **格式** 索引標籤選按 **圖案樣式-其他** 鈕，清單中選按合適的樣式套用。(Excel 2021 前版本為 **圖表工具 \ 格式** 索引標籤)

17.3 利用資料標籤顯示二組數據差額

在數列最右側，利用資料標籤顯示 "預算" 與 "總額" 之間的 "差額"。

Step 1 顯示數列資料標籤項目

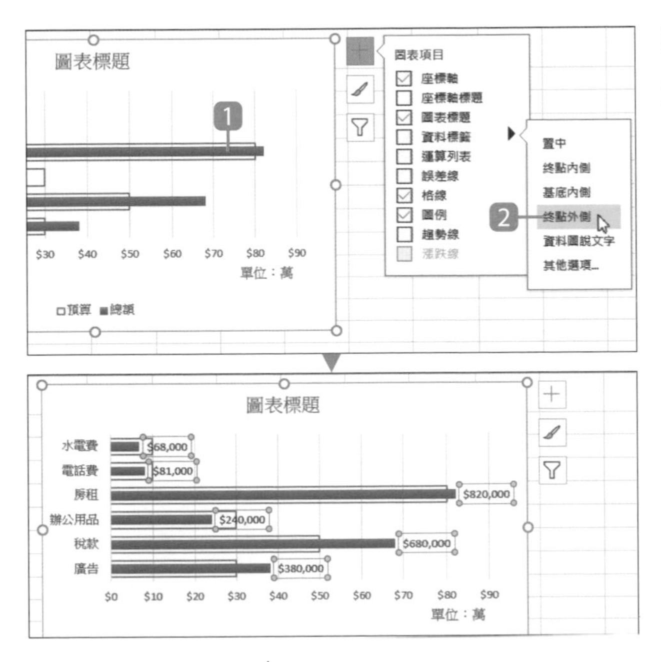

1. 選取橘色 "總額" 數列。
2. 選按 ⊞ **圖表項目** 鈕 \ **資料標籤** 右側 ▸ 清單鈕 \ **終點外側**。(再選按 ⊞ **圖表項目** 隱藏設定清單)

Step 2 調整資料標籤的數值為差額

因為目前產生的資料標籤值為 "總額" 的數據，所以必須選取資料標籤後再指定為 "差額" 的數據。

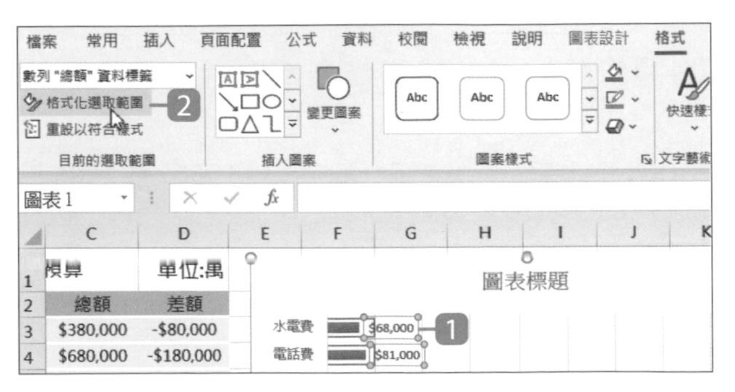

1. 選取圖表中的資料標籤。
2. 於 **格式** 索引標籤選按 **格式化選取範圍** 開啟 **資料標籤格式** 窗格。(Excel 2021 前版本為 **圖表工具 \ 格式** 索引標籤)

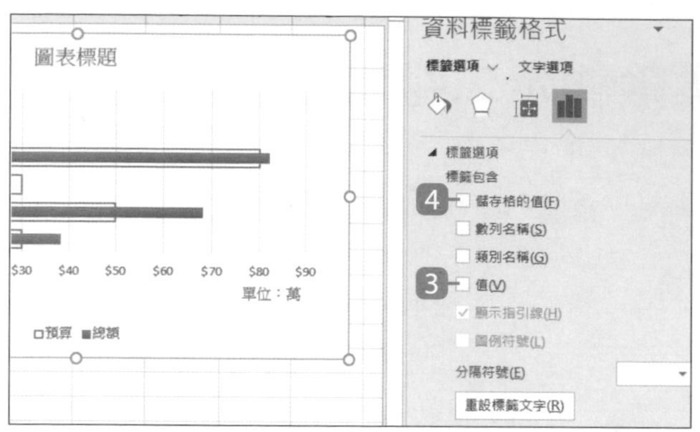

3 於 \ **標籤選項** 項目中取消核選 **值**。

4 核選 **儲存格的值**。

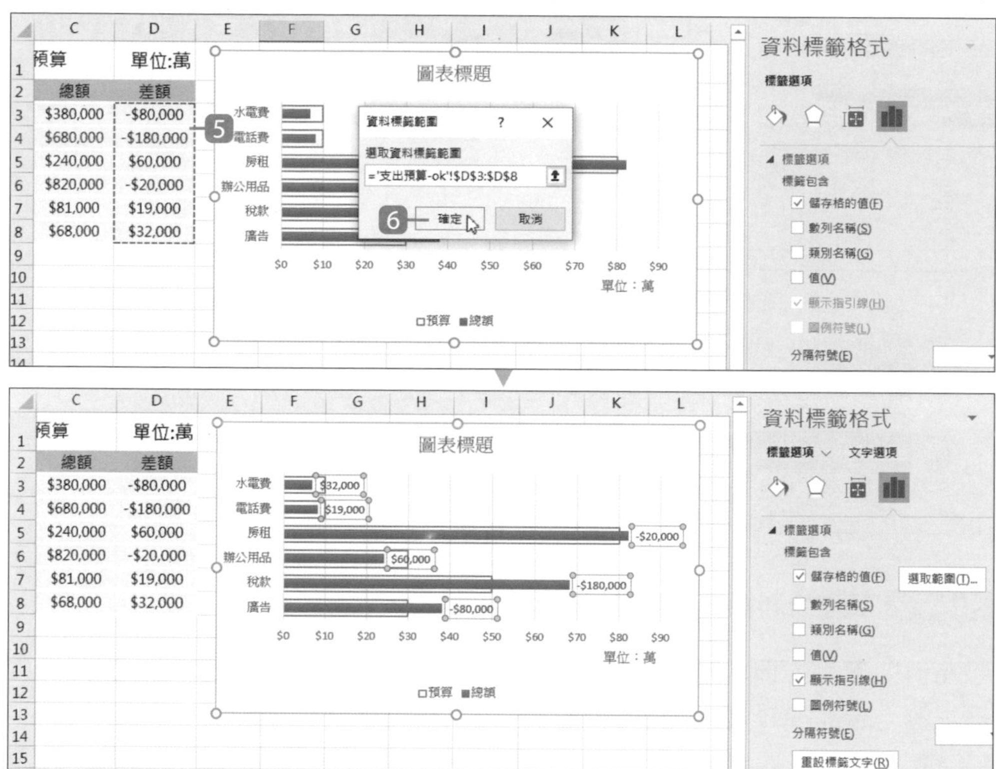

5 在 **資料標籤範圍** 對話方塊開啟狀態下，於工作表拖曳選取資料來源 D3:D8 儲存格範圍。

6 回到對話方塊中按 **確定** 鈕，將原本顯示 "總額" 的資料標籤，改為顯示 "差額" 的資料標籤。

17.4 強調二組數據差額與目標項目

依標準排序

支出預算中 "差額" 是 "預算" 減去 "總額" 的值，若值為負數則表示該支出項目已超支，若為正數則代表未超出預算。此橫條圖資料數列要依來源資料 "差額" 值進行排序，資料數列顯示順序為超支最少在上 (60,000)、超支最多在下 (-180,000)。

1 選取 D3 儲存格。

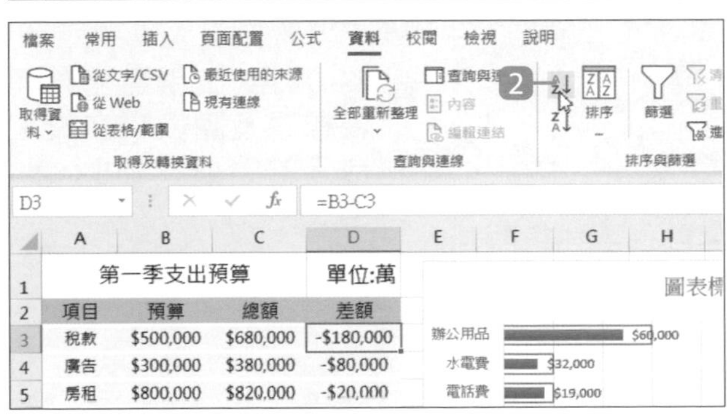

2 於 **資料** 索引標籤選按 **從最小到最大排序**。

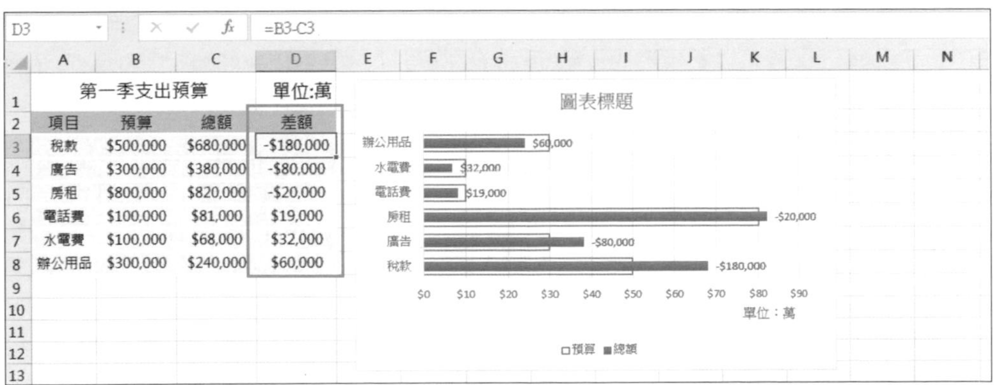

▲ 發現來源資料已依 "差額" 值從最小排列到最大。而圖表中的橫條資料數列則是從 "差額" 最大值 (超支最少) 的 "60,000" ，由上往下逐一排列。(圖表數列排序方式與資料內容排序相反)

用色彩區別是否符合標準

調整圖表標題，並將超過支出預算 ("差額" 為負數) 的數列以紅色標示，藉此完成範例製作。透過顏色區別正負數值，看出這一季 "辦公用品"、"水電費" 與 "電話費" 支出皆控制在預算之內，反而需要關心 "房租"、"廣告" 與 "稅款" 超支原因為何。

Step 1 輸入標題文字及設計圖表文字

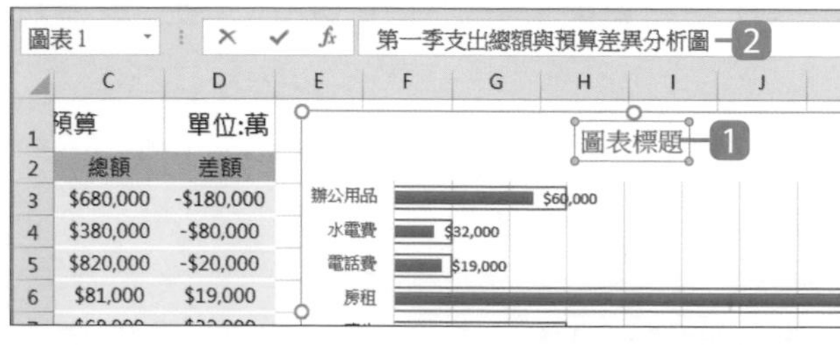

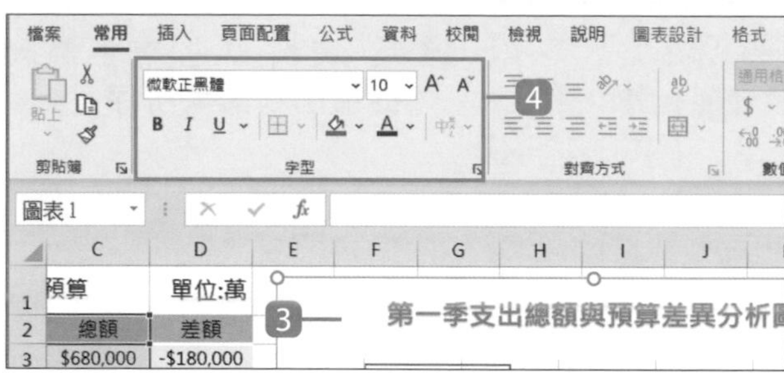

1. 選取圖表標題。
2. 於 **資料編輯列** 輸入合適的圖表標題文字：「第一季支出總額與預算差異分析圖」，按 Enter 鍵完成輸入。
3. 選取圖表。
4. 於 **常用** 索引標籤為圖表標題及圖表文字設定合適的字型、大小、顏色...等格式。

Step 2 調整數列色彩與圖表大小

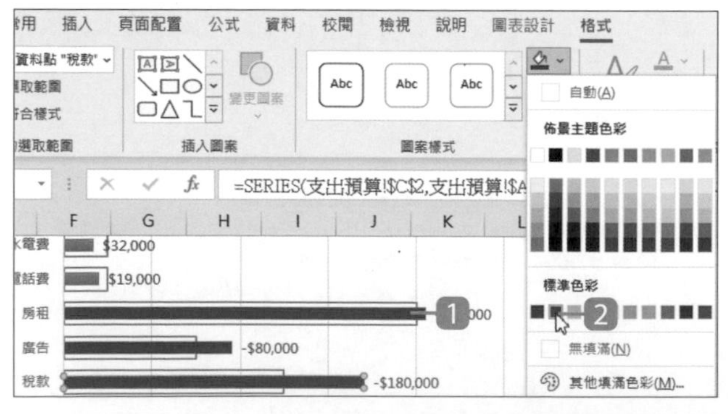

1. 選取 "房租" 的橘色 (總額) 數列。
2. 於 **格式** 索引標籤選按 **圖案填滿** 填入 **紅色**，再依相同操作方式完成 "廣告" 與 "稅款" 數列的調整。(Excel 2021 前版本為 **圖表工具 \ 格式** 索引標籤)
3. 最後於 **格式** 索引標籤 **大小** 項目，調整合適的圖表寬度與高度。

善用樞紐分析看懂數據說什麼

數據統計與篩選排序

- 認識樞紐分析
- 建立樞紐分析
- 配置樞紐分析表的欄位
- 摺疊、展開資料欄位
- 小計的值獨立顯示
- 篩選、排序
- 美化樞紐分析表
- 樞紐分析表版面配置
- 沒有資料的顯示 "0"
- 樞紐分析表的 "值" 計算與顯示

群組與交叉分析

- 群組相似類別的欄、列項目
- 日期群組以年、季、月、日分析
- 數值資料依自訂間距值群組
- 將條件加入篩選區分析
- 用交叉分析篩選器分析
- 用時間表分析資料
- 用 "連結搜尋" 顯示相關資料

關聯式樞紐分析

- 認識關聯
- 設定為表格
- 建立資料表的關聯性
- 建立關聯式樞紐分析表

"樞紐分析圖" 視覺化

- 建立樞紐分析圖
- 調整圖表整體視覺
- 配置與樣式設計
- 動態分析主題資料

18.1 樞紐分析表的數據統計與篩選排序

認識樞紐分析

Excel **樞紐分析表** 扮演著彙整大量資料數據的角色，不僅可以快速合併、交叉運算，更能靈活調整欄列的項目，顯示統計結果。

此份 "訂單銷售明細" 是公司 2021~2022 年的 1500 多筆銷售資料，首先將資料內容先製作成有交叉清單設計的樞紐分析表，進而分析出各銷售員負責的廠商訂購數量。

訂單編號	下單日期	銷售員	廠商編號	廠商名稱	產品編號	產品名稱	產品類別	數量	訂價	交易金額
AB18-00001	2021/1/2	陳欣怡	M-003	高宏事業	K024	14吋立扇/電風扇-灰	空調家電	45	980	$ 44,100
AB18-00002	2021/1/2	涂佩芳	M-001	永進事業	K012	美白電動牙刷-美白刷頭+多	美容家電	25	1200	$ 30,000
AB18-00003	2021/1/2	涂佩芳	M-002	洪盛貿易	K008	40吋LED液晶顯示器	生活家電	25	7490	$ 187,250
AB18-00004	2021/1/2	陳欣怡	M-004	捷福事業	K033	蒸氣掛燙烘衣架	清靜除溼	45	4280	$ 192,600
AB18-00005	2021/1/2	陳欣怡	M-003	高宏事業	K039	迷你隨身空氣負離子清淨機-	清靜除溼	25	999	$ 24,975
AB18-00006	2021/1/2	陳欣怡	M-004	捷福事業	K040	直立擺頭陶瓷電暖器-灰	空調家電	25	2690	$ 67,250
AB18-00007	2021/1/2	陳欣怡	M-005	興泰貿易	K008	40吋LED液晶顯示器	生活家電	45	7490	$ 337,050
AB18-00008	2021/1/2	陳欣怡	M-005	興泰貿易	K012	美白電動牙刷-美白刷頭+多	美容家電	25	1200	$ 30,000
AB18-00009	2021/1/2	王家銘	M-006	裕發事業	K008	40吋LED液晶顯示器	生活家電	25	7490	$ 187,250
AB18-00010	2021/1/2	王家銘	M-006	裕發事業	K033	蒸氣掛燙烘衣架	清靜除溼	45	4280	$ 192,600
AB18-00011	2021/1/2	王家銘	M-007	萬成事業	K039	迷你隨身空氣負離子清淨機-	清靜除溼	25	999	$ 24,975
AB18-00012	2021/1/2	郭立新	M-008	華佳貿易	K040	直立擺頭陶瓷電暖器-灰	空調家電	25	2690	$ 67,250
AB18-00013	2021/1/4	涂佩芳	M-002	洪盛貿易	K028	暖手寶-粉+白	空調家電	25	1330	$ 33,250
AB18-00014	2021/1/4	陳欣怡	M-003	高宏事業	K036	數位式無線電話-時尚黑	生活家電	25	990	$ 24,750
AB18-00015	2021/1/4	涂佩芳	M-001	永進事業	K009	奈米水離子吹風機-粉金	美容家電	25	5990	$ 149,750
AB18-00016	2021/1/4	涂佩芳	M-002	洪盛貿易	K012	美白電動牙刷-美白刷頭+多	美容家電	25	1200	$ 30,000
AB18-00017	2021/1/4	陳欣怡	M-003	高宏事業	K012	美白電動牙刷-美白刷頭+多	美容家電	25	1200	$ 30,000
AB18-00018	2021/1/4	陳欣怡	M-004	捷福事業	K012	美白電動牙刷-美白刷頭+多	美容家電	25	1200	$ 30,000

加總 - 數量	產品類別 ▾						
銷售員 ▾	生活家電	按摩家電	美容家電	空調家電	清靜除溼	廚房家電	總計
⊟**賴惠雯**							
大亨事業	1300	365	1620	465	0	755	4505
欣榮貿易	725	465	1315	580	750	570	4405
賴惠雯 加總	**2025**	**830**	**2935**	**1045**	**750**	**1325**	**8910**
賴惠雯 最大	**65**	**45**	**65**	**65**	**65**	**65**	**65**
⊟**蔡俊宏**							
信通事業	645	330	1110	625	905	840	4455
蔡俊宏 加總	**645**	**330**	**1110**	**625**	**905**	**840**	**4455**
蔡俊宏 最大	**65**	**45**	**65**	**65**	**65**	**65**	**65**
⊟**陳欣怡**							
高宏事業	915	215	1215	685	1195	750	4975
捷福事業	765	345	1375	310	875	890	4560
興泰貿易	735	380	1235	300	920	925	4495
陳欣怡 加總	**2415**	**940**	**3825**	**1295**	**2990**	**2565**	**14030**
陳欣怡 最大	**65**	**45**	**65**	**65**	**85**	**65**	**85**
⊟**郭立新**							
華佳貿易	730	380	1090	610	875	670	4355
郭立新 加總	**730**	**380**	**1090**	**610**	**875**	**670**	**4355**
郭立新 最大	**65**	**45**	**65**	**65**	**65**	**65**	**65**
⊟**涂佩芳**							
永進事業	555	490	1335	625	860	1055	4920

建立樞紐分析表

樞紐分析表 可將大量資料進行系統性的分析整理，依照如下步驟快速建立樞紐分析表：

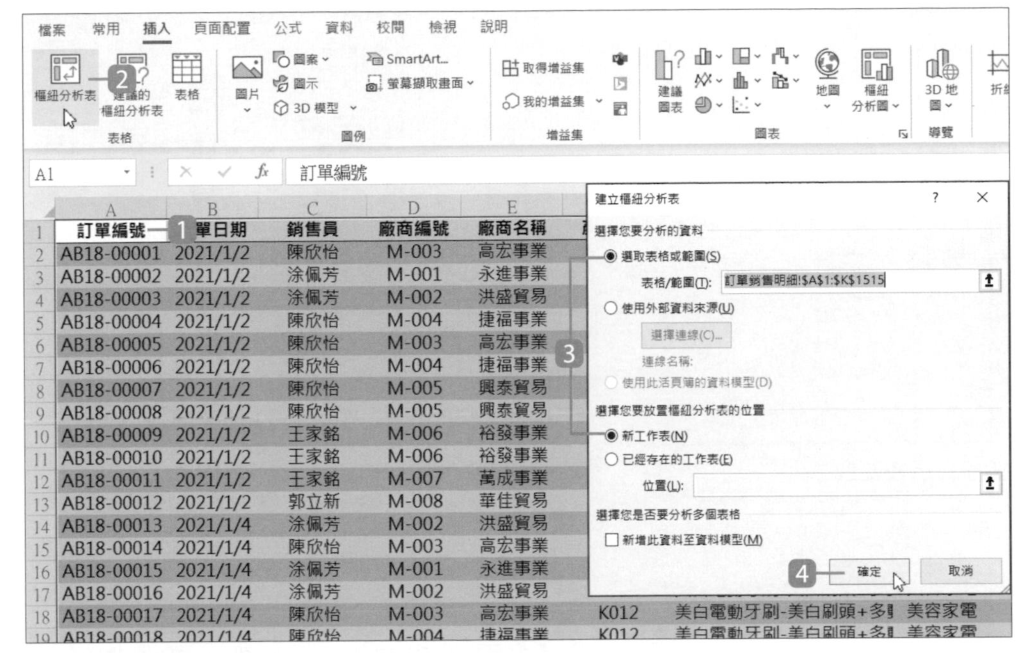

1. 於 **訂單銷售明細** 工作表選取要製作樞紐分析表的 A1:K1515 儲存格範圍。(也可選按 A1 儲存格，再按 Ctrl + A 鍵，快速選取整個資料範圍。)
2. 於 **插入** 索引標籤選按 **樞紐分析表**。
3. 確認資料範圍，核選 **選擇您要放置樞紐分析表的位置：新工作表**。
4. 選按 **確定** 鈕。

資訊補給站

放置樞紐分析表的位置

- **新工作表**：將來源資料以樞紐分析表，呈現於新的工作表中。
- **已經存在的工作表**：將來源資料以樞紐分析表，呈現於指定工作表中。

會產生新工作表，左側是剛建立好還未指定欄列資料的樞紐分析表，而右側 **樞紐分析表欄位** 窗格可以控制樞紐分析表內容。

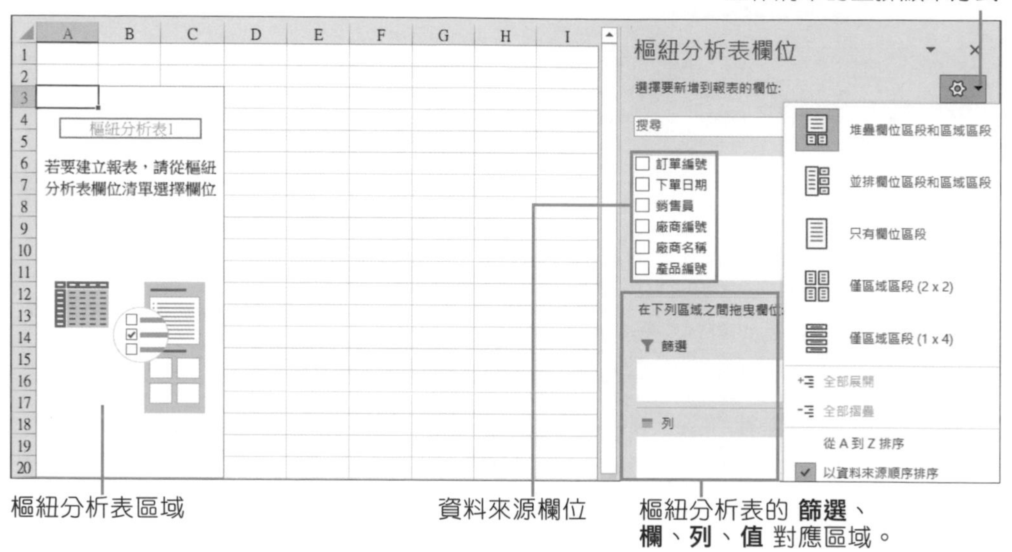

配置樞紐分析表的欄位

範例中以 **產品類別**、**銷售員** 與 **廠商名稱** 為主要的交叉條件，再將 **數量** 值資料匯整於報表上。於 **樞紐分析表欄位** 窗格拖曳欄位至對應區域：

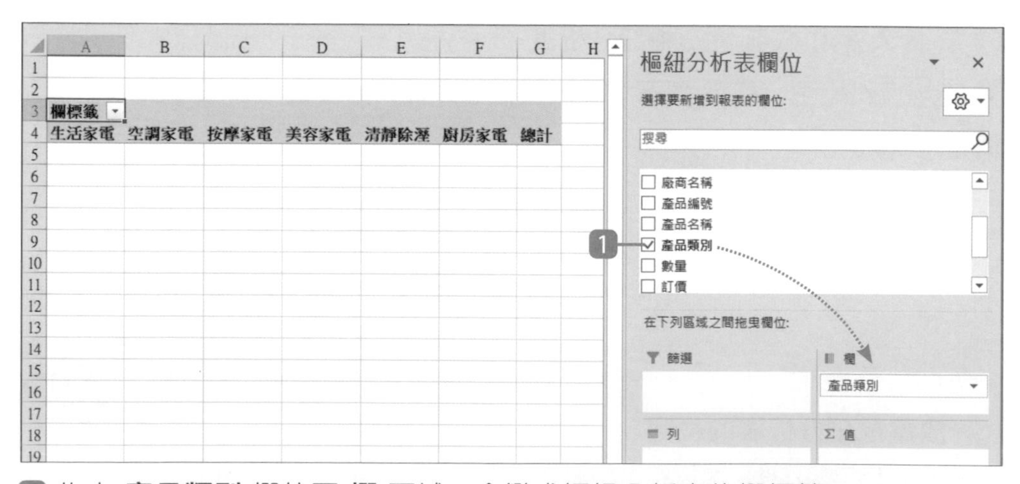

1 拖曳 **產品類別** 欄位至 **欄** 區域，會變成樞紐分析表的欄標籤。

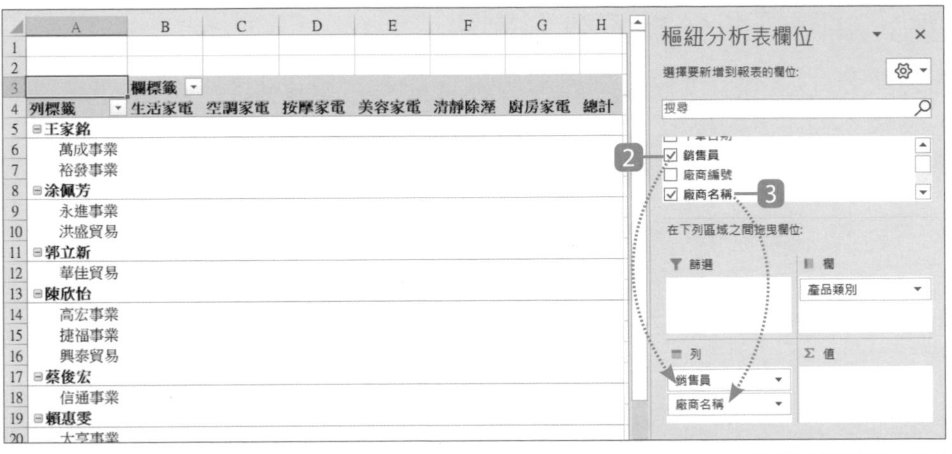

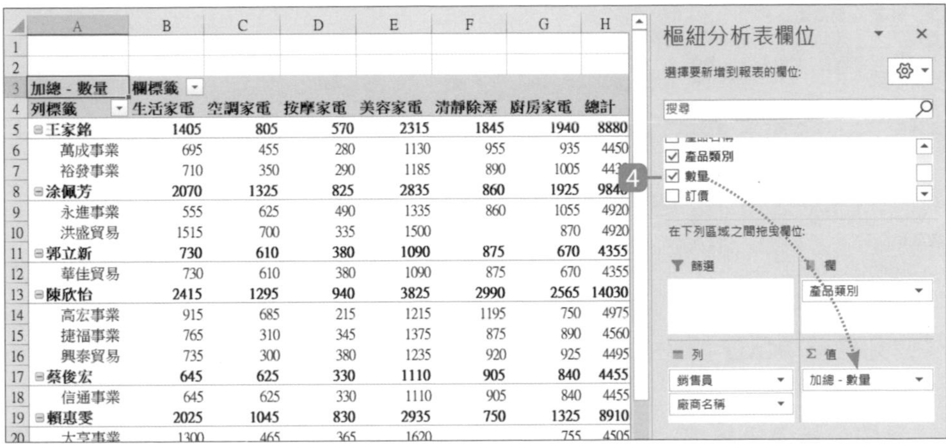

加總 - 數量	欄標籤						
列標籤	生活家電	空調家電	按摩家電	美容家電	清靜除溼	廚房家電	總計
⊟王家銘	1405	805	570	2315	1845	1940	8880
萬成事業	695	455	280	1130	955	935	4450
裕發事業	710	350	290	1185	890	1005	[illegible]
⊟涂佩芳	2070	1325	825	2835	860	1925	[illegible]
永進事業	555	625	490	1335	860	1055	4920
洪盛貿易	1515	700	335	1500		870	4920
⊟郭立新	730	610	380	1090	875	670	4355
華佳貿易	730	610	380	1090	875	670	4355
⊟陳欣怡	2415	1295	940	3825	2990	2565	14030
高宏事業	915	685	215	1215	1195	750	4975
捷福事業	765	310	345	1375	875	890	4560
興泰貿易	735	300	380	1235	920	925	4495
⊟蔡俊宏	645	625	330	1110	905	840	4455
信通事業	645	625	330	1110	905	840	4455
⊟賴惠雯	2025	1045	830	2935	750	1325	8910
大亨事業	1300	465	365	1620		755	4505

2 拖曳 **銷售員** 欄位至 **列** 區域，會變成樞紐分析表的列標題。

3 拖曳 **廠商名稱** 欄位至 **列** 區域，擺放於 **銷售員** 欄位下方，如此一來報表會以銷售員分組的方式整理廠商訂購明細。

4 拖曳 **數量** 至 **值** 區域，Excel 會自動匯總統計數值。

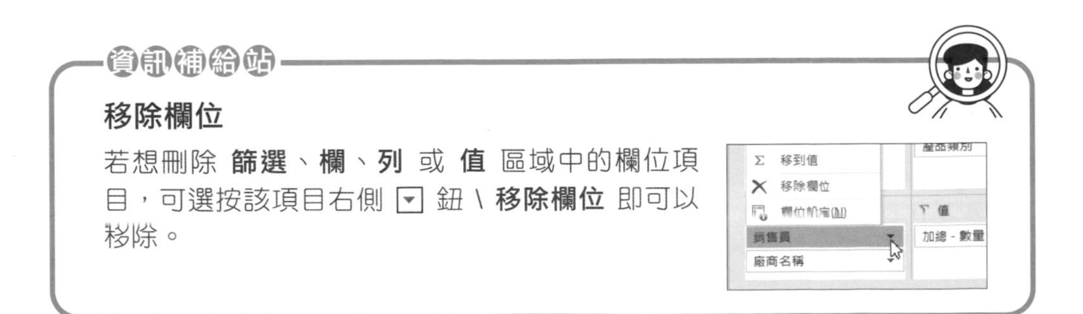

移除欄位

若想刪除 **篩選**、**欄**、**列** 或 **值** 區域中的欄位項目，可選按該項目右側 ▾ 鈕 \ **移除欄位** 即可以移除。

摺疊、展開樞紐分析表資料欄位

樞紐分析表中，不論是欄或列標籤，只要加入一個以上的欄位即可產生層級，層級不但可分類欄位，也可以透過摺疊與展開的動作突顯主類別與值的關係，此例想呈現：每位銷售員於各產品類別銷售量。

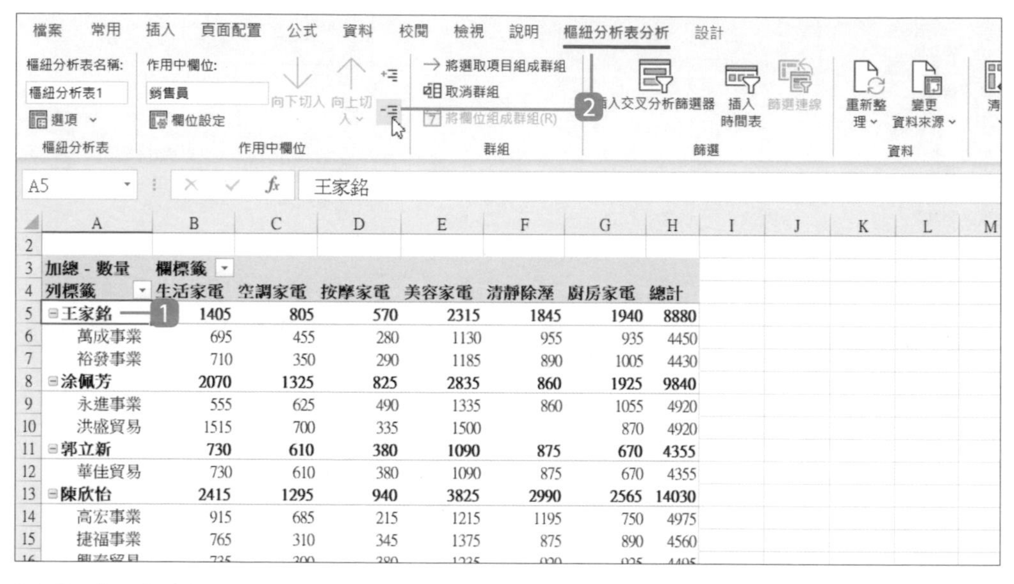

1 欄或列標籤項目左側，如果有 ⊟，表示可摺疊或展開層級，在此選取 A5 儲存格。

2 於 **樞紐分析表分析** 索引標籤選按 ⊟ **摺疊欄位**。(Excel 2021 前版本為 **樞紐分析表工具 \ 分析** 索引標籤)

◀ 會發現廠商名稱已經被暫時隱藏；若於 **樞紐分析表分析** 索引標籤選按 ⊞ **展開欄位** 可還原被摺疊的內容。(Excel 2021 前版本為 **樞紐分析表工具 \ 分析** 索引標籤)

小計值獨立顯示

樞紐分析表 **列標籤**，預設會以最上層欄位為主類別項目，項目名稱右側會顯示 "加總" 的值，如果想要顯示 "項目名稱 加總" 並獨立一列顯示，或顯示其他小計的值，可以調整其欄位設定。

3	加總 - 數量	欄標籤				
4	列標籤	生活家電	空調家電	按摩家電	美容家電	清
5	⊟王家銘	1405	805	570	2315	
6	萬成事業	695	455	280	1130	
7	裕發事業	710	350	290	1185	
8	⊟涂佩芳	2070	1325	825	2835	
9	永進事業	555	625	490	1335	
10	洪盛貿易	1515	700	335	1500	
11	⊟郭立新	730	610	380	1090	
12	華佳貿易	730	610	380	1090	
13	⊟陳欣怡	2415	1295	940	3825	

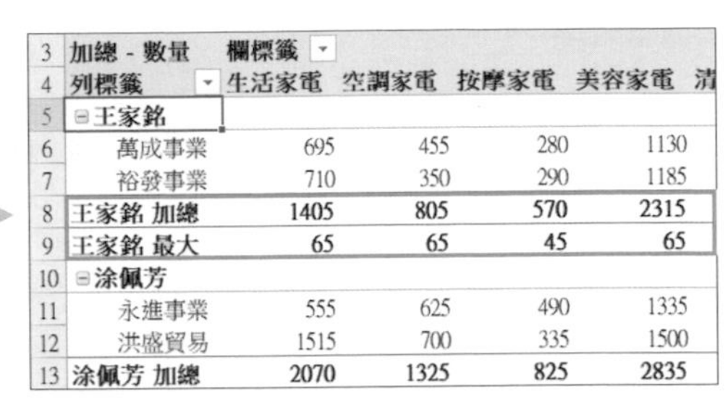

3	加總 - 數量	欄標籤				
4	列標籤	生活家電	空調家電	按摩家電	美容家電	清
5	⊟王家銘					
6	萬成事業	695	455	280	1130	
7	裕發事業	710	350	290	1185	
8	王家銘 加總	1405	805	570	2315	
9	王家銘 最大	65	65	45	65	
10	⊟涂佩芳					
11	永進事業	555	625	490	1335	
12	洪盛貿易	1515	700	335	1500	
13	涂佩芳 加總	2070	1325	825	2835	

欄位設定
來源名稱: 銷售員
自訂名稱(M): 銷售員
小計與篩選 | 版面配置與列印
小計
自動(A)
無(E)
自訂(C)
選取一或多個函數:
加總
計數
平均值
最大
最小
乘積
篩選
在手動篩選中包括新項目(I)
確定 取消

移動到最後(E)
移到報表篩選
移到列標籤
移到欄標籤
移到值
移除欄位
欄位設定(N)...
銷售員
廠商名稱
延遲版面配置更新

1 於右側窗格 **列** 區域，選按 **銷售員** 右側 ▼ 鈕 \ **欄位設定**。

2 於 **小計與篩選** 標籤中，預設 **自動** 為加總運算，如果需要其他小計方式，可以核選 **自訂**，再選按合適的函數，例如：**平均值**、**最大**、**最小**、**乘積**...等 (可多選)，此例選按：**加總**、**最大**。

3 選按 **確定** 鈕。

資訊補給站

關於函數與小計獨立顯示

如果只選按一種函數，小計的值無法獨立顯示，需再於 **版面配置與列印** 標籤中取消核選 **在每一個群組的上方顯示小計**。

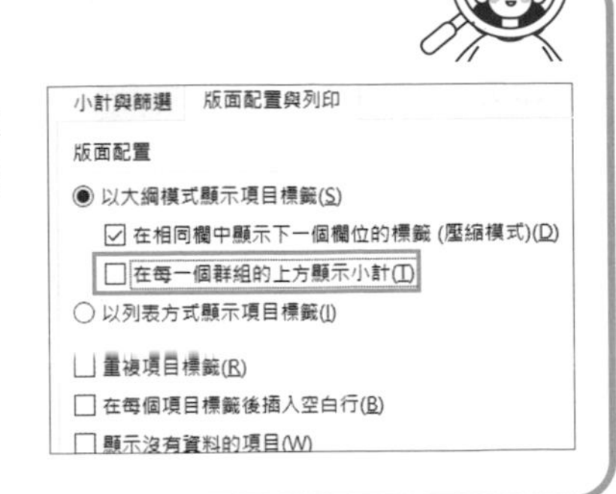

篩選樞紐分析表欄、列資料

加入樞紐分析表的欄位資料，可以透過 **篩選** 功能指定項目的隱藏與顯示。在此只顯示指定的產品類別數據資料。

Step 1 指定篩選項目

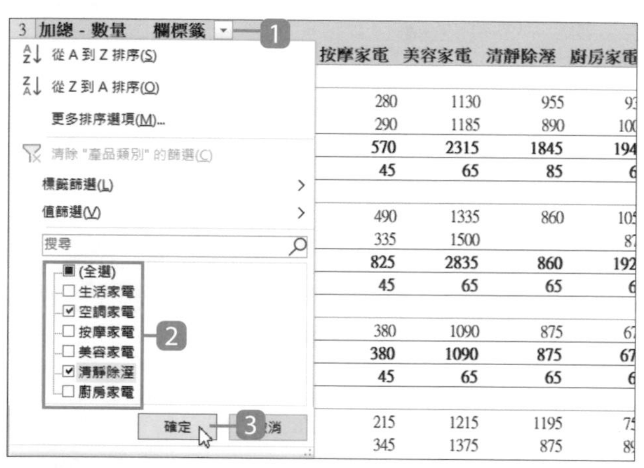

❶ 此處要篩選產品類別，因此於樞紐分析表選按 **欄標籤** 右側 ▾ 清單鈕。

❷ 如圖只核選指定的 **空調家電** 與 **清靜除溼** 二個產品類別，其他類別取消核選。

❸ 選按 **確定** 鈕。

3	加總 - 數量	欄標籤		
4	列標籤	空調家電	清靜除溼	總計
5	⊟王家銘			
6	萬成事業	455	955	1410
7	裕發事業	350	890	1240
8	王家銘 加總	805	1845	2650
9	王家銘 最大	65	85	85
10	⊟涂佩芳			
11	永進事業	625	860	1485

◀ 會看到沒有被核選的項目已被隱藏。

Step 2 取消篩選項目

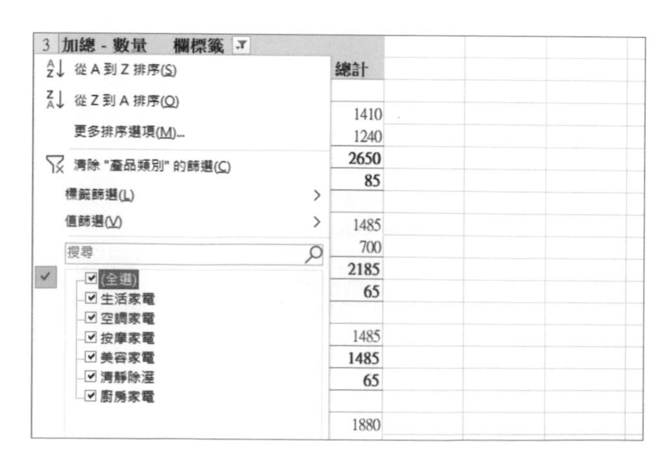

◀ 要取消篩選，只要再次選按 **欄標籤** 右側 ▾ 清單鈕，核選 **全選**，再選按 **確定** 鈕。

排序樞紐分析表欄、列資料

樞紐分析表內若有大量資料時，可依字母或文字筆劃排序資料或依值由大到小排序，更輕鬆地找到所要分析的項目。

Step 1 指定遞增、遞減排序

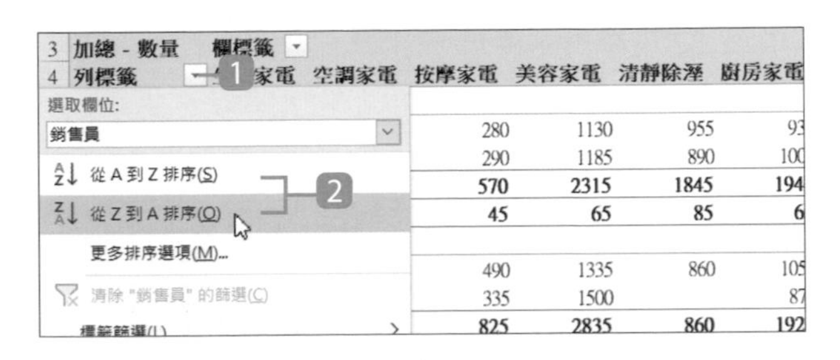

1 於樞紐分析表選按欲排序的 **欄標籤** 或 **列標籤** 右側 ▾ 清單鈕。

2 於下拉式清單選按 **從 A 到 Z** 或 **從 Z 到 A** 進行資料遞增、遞減排序。

Step 2 移動到指定位置

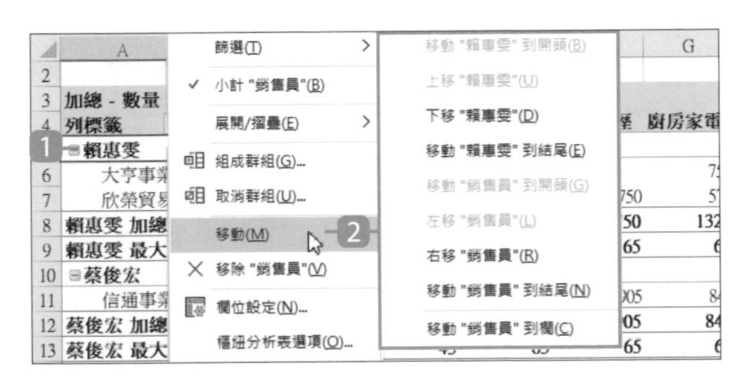

1 於要移動位置的欄標籤或列標籤項目上按一下滑鼠右鍵。

2 選按 **移動**，再於清單中選按合適的移動動作。

Step 3 手動拖曳排序

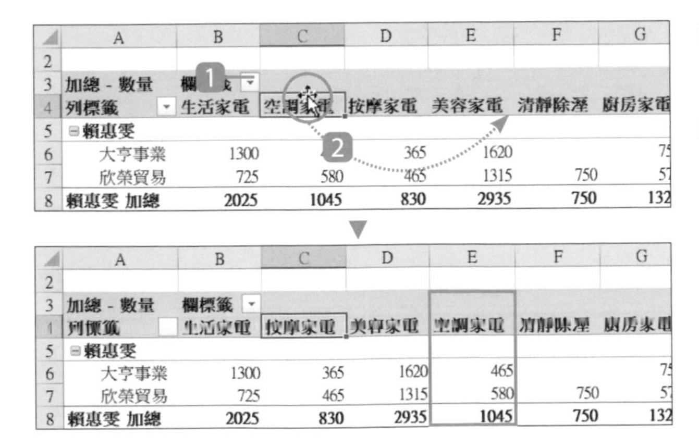

1 選按要移動位置的產品類別。

2 將滑鼠指標移至其儲存格外框，呈 ✥ 狀時，直接拖曳至想要擺放的位置。

美化樞紐分析表

套用內建的顏色樣式快速美化樞紐分析表，也能從標題顏色判斷資料重點做進一步的決策分析。

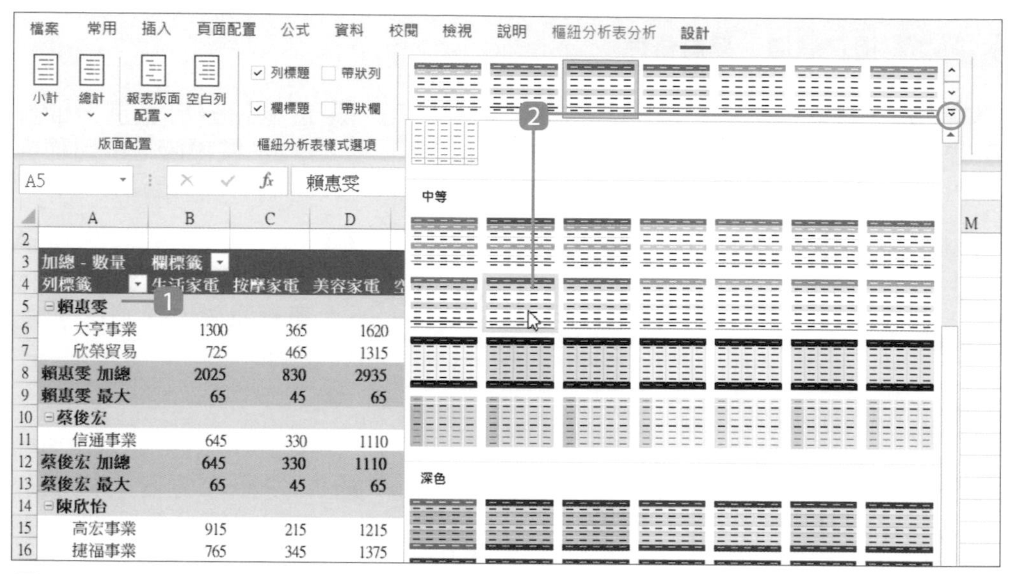

1. 選按樞紐分析表中任一儲存格。
2. 於 **設計** 索引標籤選按 ☑，清單中選按合適的樣式套用。(Excel 2021 前版本為 **樞紐分析表工具 \ 設計** 索引標籤)

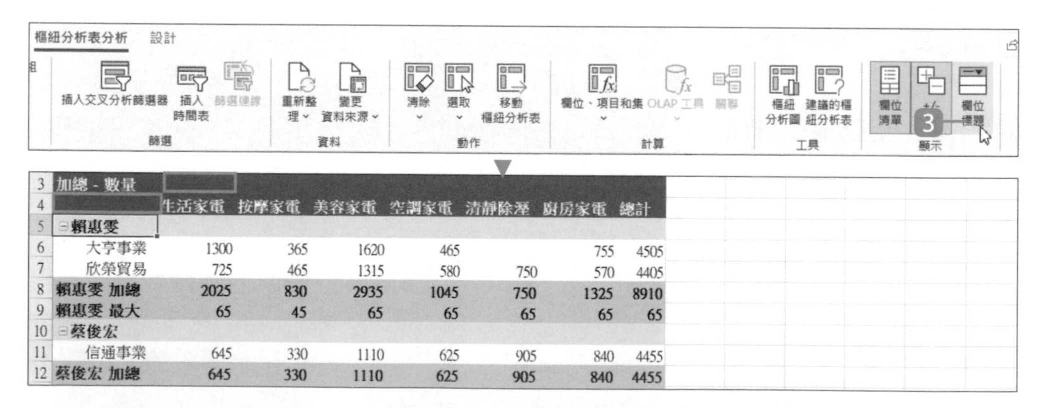

3. 於 **樞紐分析表分析** 索引標籤選按 **欄位標題**，可隱藏樞紐分析表中的欄位標題："欄標籤" 與 "列標籤"，精簡標題列。(若再選按 **欄位標題** 可取消隱藏；Excel 2021 前版本為 **樞紐分析表工具 \ 分析** 索引標籤)

樞紐分析表版面配置

除了套用合適的設計樣式，如果想要更多的報表版面配置及格式，可以套用預設的報表版面配置，讓資料更容易閱讀。

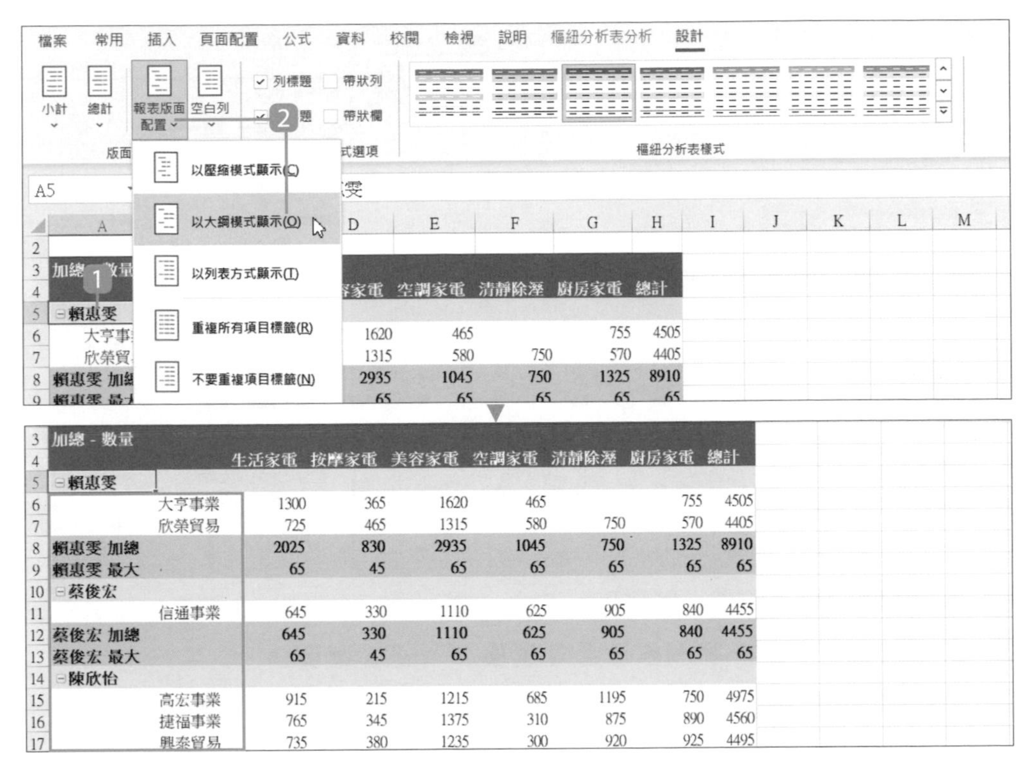

❶ 選按樞紐分析表中任一儲存格。

❷ 於 **設計** 索引標籤選按 **報表版面配置**，於清單中選按合適的樣式套用。(Excel 2021 前版本為 **樞紐分析表工具 \ 設計** 索引標籤)

資訊補給站

樞紐分析表版面配置模式

- **以壓縮模式顯示**：預設模式，使用縮排區別不同欄位項目，列標籤會佔用較少的空間，因而讓出更多空間給數值資料。
- **以大綱模式顯示**：每個欄位有專屬的欄。
- **以列表方式顯示**：類似大綱模式，且群組底端顯示小計。

沒有資料的項目顯示 "0"

此範例中，樞紐分析表中的空白儲存格表示廠商沒有訂購該類別的產品，為了更清楚內容，可以指定顯示 "0"。

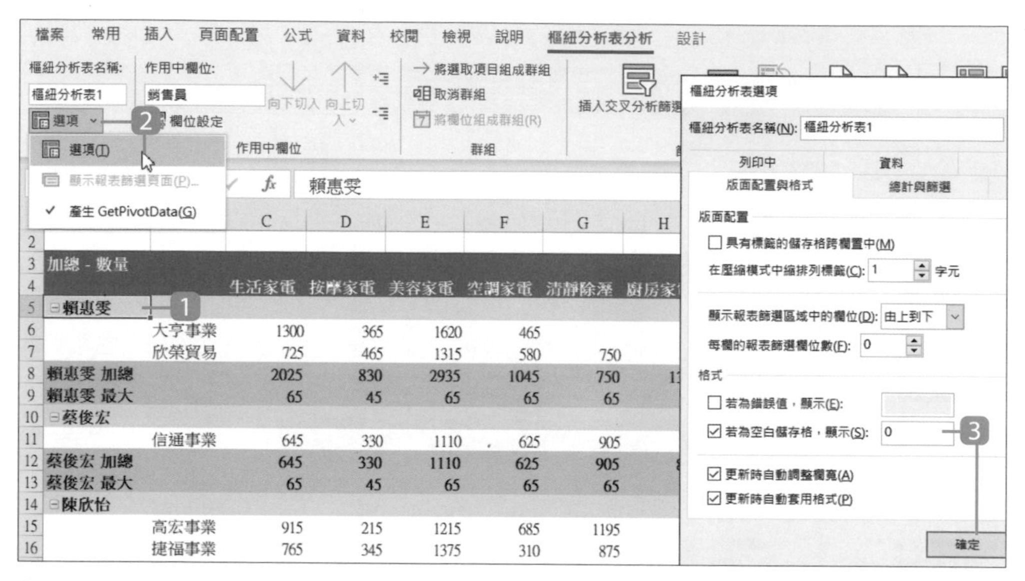

1 選按樞紐分析表中任一儲存格。

2 於 **樞紐分析表分析** 索引標籤選按 **選項** 清單鈕 \ **選項** 。

3 於 **版面配置與格式** 標籤 **若為空白儲存格，顯示** 輸入「0」，選按 **確定** 鈕。

	A	B	C	D	E	F	G	H	I
2									
3	加總 - 數量								
4			生活家電	按摩家電	美容家電	空調家電	清靜除溼	廚房家電	總計
5	⊟賴惠雯								
6		大亨事業	1300	365	1620	465	0	755	4505
7		欣榮貿易	725	465	1315	580	750	570	4405
8	賴惠雯 加總		2025	830	2935	1045	750	1325	8910
9	賴惠雯 最大		65	45	65	65	65	65	65
10	⊟蔡俊宏								
11		信通事業	645	330	1110	625	905	840	4455
12	蔡俊宏 加總		645	330	1110	625	905	840	4455
13	蔡俊宏 最大		65	45	65	65	65	65	65
14	⊟陳欣怡								
15		高宏事業	915	215	1215	685	1195	750	4975
16		捷福事業	765	345	1375	310	875	890	4560
17		興泰貿易	735	380	1235	300	920	925	4495
18	陳欣怡 加總		2415	940	3825	1295	2990	2565	14030
19	陳欣怡 最大		65	45	65	65	85	65	85
20	⊟郭立新								
21		華佳貿易	730	380	1090	610	875	670	4355

▲ 會發現空白欄位已自動加入數值 "0"。

為 "欄標籤"、"列標籤" 命名

若樞紐分析表 **報表版面配置** 套用 **以壓縮模式顯示** 模式，**欄位標題** 上方會顯示為 "欄標籤"、左側顯示為 "列標籤"，為了讓瀏覽時更清楚明瞭，可變更名稱。(若無 "欄標籤"、"列標籤"，可於 **樞紐分析表分析** 索引標籤選按 **欄位標題** 顯示；Excel 2021 前版本為 **樞紐分析表工具 \ 分析** 索引標籤。)

Step 1 變更欄標籤

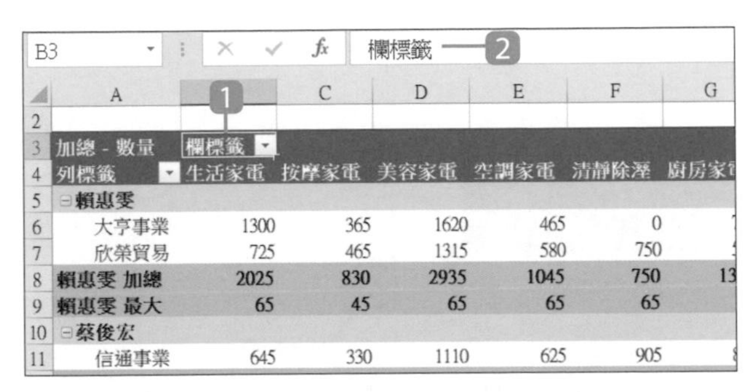

B3 | 欄標籤

	A	B	C	D	E	F
2						
3	加總 - 數量	欄標籤				
4	列標籤	生活家電	按摩家電	美容家電	空調家電	清靜除溼
5	⊟賴惠雯					
6	大亨事業	1300	365	1620	465	0
7	欣榮貿易	725	465	1315	580	750
8	賴惠雯 加總	2025	830	2935	1045	750
9	賴惠雯 最大	65	45	65	65	65
10	⊟蔡俊宏					
11	信通事業	645	330	1110	625	905

1 選取 **欄標籤** (此例為 B3 儲存格)。

2 於資料編輯列，將原有的文字："欄標籤"，更改為合適的名稱，再按 Enter 鍵完成變更。

	A	B	C	D	E	F
2						
3	加總 - 數量	產品類別				
4	列標籤	生活家電	按摩家電	美容家電	空調家電	清靜除溼
5	⊟賴惠雯					
6	大亨事業	1300	365	1620	465	0
7	欣榮貿易	725	465	1315	580	750
8	賴惠雯 加總	2025	830	2935	1045	750
9	賴惠雯 最大	65	45	65	65	65
10	⊟蔡俊宏					
11	信通事業	645	330	1110	625	905
12	蔡俊宏 加總	645	330	1110	625	905

3 如果欄寬不足以顯示完整文字，將滑鼠指標移至要調整寬度的欄名右側邊界，呈 ✢ 狀時，連按二下滑鼠左鍵，讓欄寬自動調整。

Step 2 變更列標籤

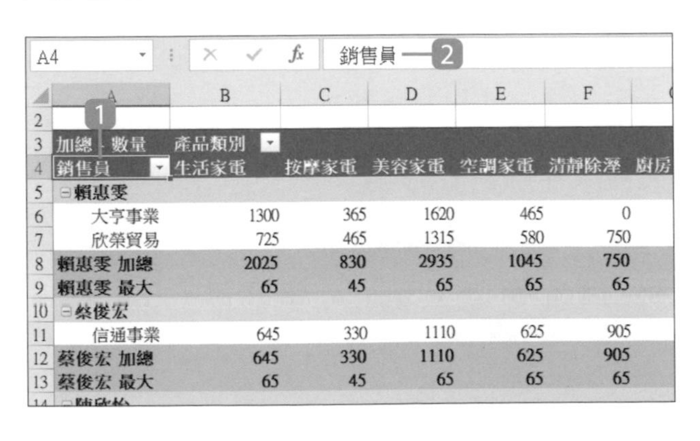

A4 | 銷售員

	A	B	C	D	E	F
2						
3	加總 - 數量	產品類別				
4	銷售員	生活家電	按摩家電	美容家電	空調家電	清靜除溼
5	⊟賴惠雯					
6	大亨事業	1300	365	1620	465	0
7	欣榮貿易	725	465	1315	580	750
8	賴惠雯 加總	2025	830	2935	1045	750
9	賴惠雯 最大	65	45	65	65	65
10	⊟蔡俊宏					
11	信通事業	645	330	1110	625	905
12	蔡俊宏 加總	645	330	1110	625	905
13	蔡俊宏 最大	65	45	65	65	65

1 選取 "列標籤" (此例為 A4 儲存格)。

2 於資料編輯列，將原有的文字："列標籤"，更改為合適的名稱，再按 Enter 鍵完成變更。

18.2 樞紐分析表的 "值" 計算與顯示

樞紐分析表中 **值** 區域的內容，預設會依 **欄** 項目加總顯示，若想改變成依 **列** 顯示，或改成求平均、最大值、最小值，或以欄總和百分比、列總和百分比...等方式顯示，可以如下說明操作。

Step 1 **調整值的顯示位置**

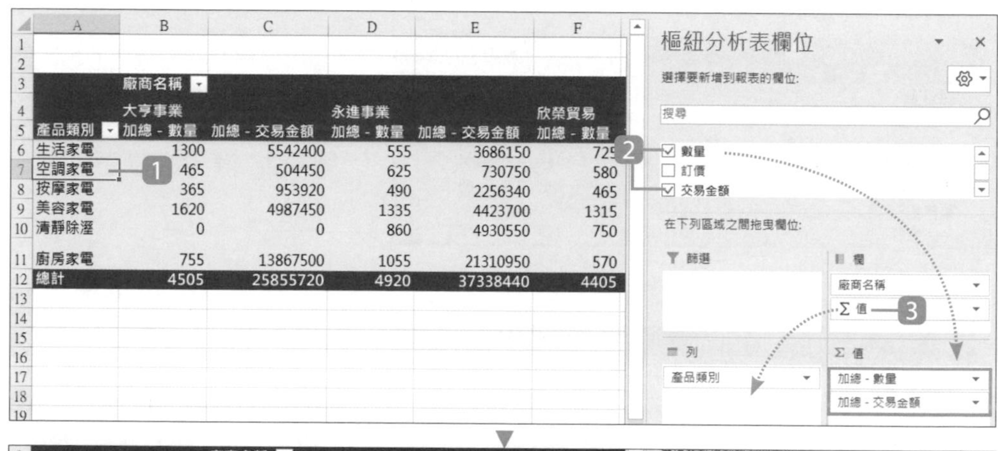

產品類別	大亨事業	永進事業	欣榮貿易	信通事業	洪盛貿易
生活家電					
加總 - 數量	1300	555	725	645	151
加總 - 交易金額	5542400	3686150	4322975	4505775	621830
空調家電					
加總 - 數量	465	625	580	625	70
加總 - 交易金額	504450	730750	661650	727000	85875
按摩家電					
加總 - 數量	365	490	465	330	33
加總 - 交易金額	953920	2256340	2189340	1951460	82388
美容家電					
加總 - 數量	1620	1335	1315	1110	150
加總 - 交易金額	4987450	4423700	4345300	3638300	419175
清靜除溼					
加總 - 數量	0	860	750	905	

1. 於 **工作表1** 工作表，選取樞紐分析表任一儲存格。
2. 於右側窗格拖曳 **數量**、**交易金額** 欄位至 **值** 區域。
3. 當 **值** 區域有多個欄位項目時，會於 **欄** 區域產生 Σ **值** 項目，拖曳 Σ **值** 項目至 **列** 區域可將值的內容改成在列顯示。

Step 2 改變值的計算方式與格式

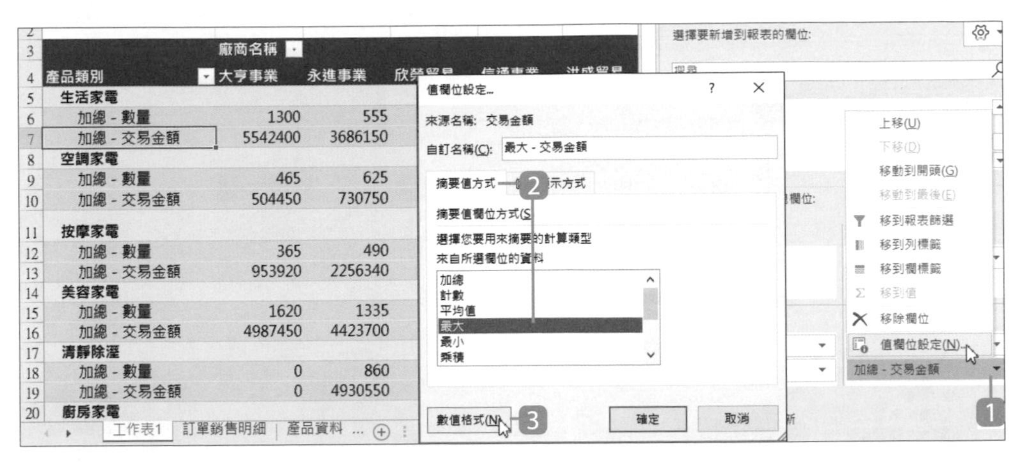

1 於 **值** 區域，選按 **加總-交易金額** 右側 ▾ 鈕 \ **值欄位設定**。

2 於 **摘要值方式** 標籤可以選擇計算方式，包括預設的 **加總**，以及 **平均值**、**最大**、**最小**、**乘積**...等，在此選擇：**最大** (最大值)。

3 選按 **數值格式** 鈕。

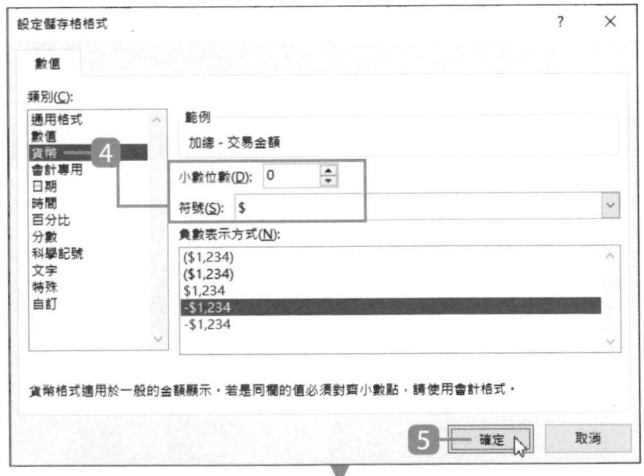

4 為數值設定合適的類別。

5 選按二次 **確定** 鈕，回到樞紐分析表。

		廠商名稱			
4	產品類別	大亨事業	永進事業	欣榮貿易	信通
5	生活家電				
6	加總 - 數量	1300	555	725	
7	最大 - 交易金額	$486,850	$486,850	$486,850	
8	空調家電				
9	加總 - 數量	465	625	580	
10	最大 - 交易金額	$86,450	$86,450	$86,450	
11	按摩家電				

◀ 樞紐分析表交易金額計算方式已由預設的加總改為求最大值，並套用指定的貨幣格式。

Step 3 改變值的顯示方式

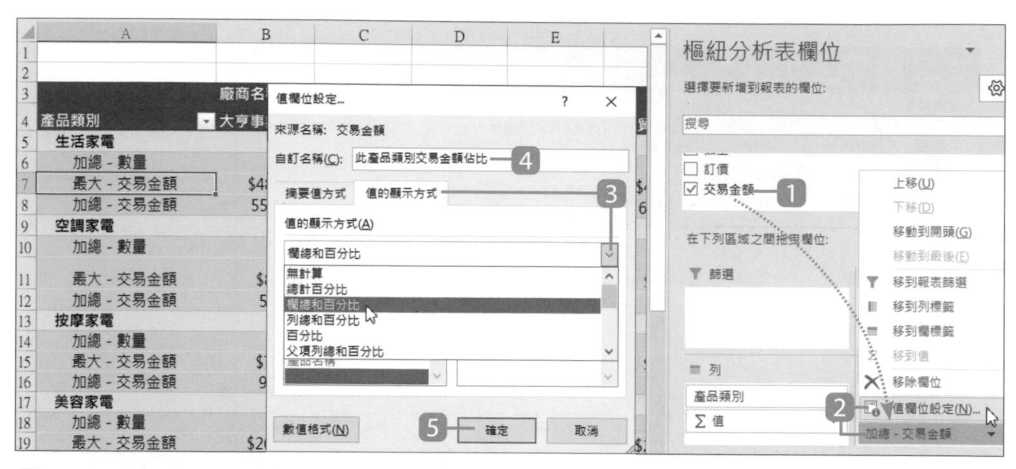

1 再次拖曳 **交易金額** 欄位至 **值** 區域。

2 於 **值** 區域，選按 **加總-交易金額** 右側 ▾ 鈕 \ **值欄位設定**。

3 於 **值的顯示方式** 標籤選擇顯示方式，包括預設的 **無計算**，以及 **總計百分比**、**欄總和百分比**、**列總和百分比**...等，在此選擇：**欄總和百分比**。

4 輸入 **自訂名稱**：「此產品類別交易金額佔比」。

5 選按 **確定** 鈕，回到樞紐分析表。

產品類別 \ 廠商名稱	大亨事業	永進事業	欣榮貿易	信通事業	洪盛貿易	高宏事業	捷福事業	華佳貿易	萬成事業	裕發事業
生活家電										
加總 - 數量	1300	555	725	645	1515	915	765	730	695	71
最大 - 交易金額	$486,850	$486,850	$486,850	$486,850	$486,850	$486,850	$1,041,300	$486,850	$486,850	$486,85
此產品類別交易金額佔比	21.44%	9.87%	19.83%	15.12%	23.83%	22.05%	11.62%	20.53%	14.48%	14.49
空調家電										
加總 - 數量	465	625	580	625	700	685	310	610	455	35
最大 - 交易金額	$86,450	$86,450	$86,450	$86,450	$86,450	$86,450	$67,250	$86,450	$86,450	$67,25
此產品類別交易金額佔比	1.95%	1.96%	3.03%	2.44%	3.29%	2.67%	0.99%	2.87%	1.44%	1.21
按摩家電										
加總 - 數量	365	490	465	330	335	215	345	380	280	29
最大 - 交易金額	$75,960	$1,148,000	$1,148,000	$1,148,000	$82,000	$75,960	$1,148,000	$75,960	$1,148,000	$75,96
此產品類別交易金額佔比	3.69%	6.04%	10.04%	6.55%	3.16%	1.80%	5.38%	3.60%	5.64%	2.15
美容家電										
加總 - 數量	1620	1335	1315	1110	1500	1215	1375	1090	1130	118
最大 - 交易金額	$269,550	$269,550	$269,550	$269,550	$209,650	$209,650	$209,650	$269,550	$209,650	$209,65
此產品類別交易金額佔比	19.29%	11.85%	19.93%	12.21%	16.07%	13.92%	12.57%	14.54%	11.00%	10.83
清靜除溼										
加總 - 數量	0	860	750	905	0	1195	875	875	955	89
最大 - 交易金額	$0	$314,650	$278,200	$314,650	$0	$363,800	$363,800	$314,650	$363,800	$363,80
此產品類別交易金額佔比	0.00%	13.21%	15.54%	17.78%	0.00%	21.39%	14.73%	18.46%	14.80%	13.21
廚房家電										
加總 - 數量	755	1055	570	840	870	750	890	670	935	100
最大 - 交易金額	$3,114,450	$3,114,450	$1,730,250	$3,114,450	$3,114,450	$3,114,450	$3,114,450	$3,114,450	$3,114,450	$3,114,45
此產品類別交易金額佔比	53.63%	57.08%	31.63%	45.90%	53.65%	38.16%	54.72%	39.99%	52.64%	58.11
加總 - 數量 的加總	4505	4920	4405	4455	4920	4975	4560	4355	4450	443
最大 - 交易金額 的加總	$3,114,450	$3,114,450	$1,730,250	$3,114,450	$3,114,450	$3,114,450	$3,114,450	$3,114,450	$3,114,450	$3,114,45
此產品類別交易金額佔比 的加總	100.00%	100.00%	100.00%	100.00%	100.00%	100.00%	100.00%	100.00%	100.00%	100.00

▲ 樞紐分析表多了一項 **此產品類別交易金額佔比** 的值，並依欄標籤 **廠商名稱** 整理總和百分比，顯示該廠商各產品類別的訂單佔比。

18.3 將樞紐分析表的資料組成群組

群組欄、列項目

將相似產品設定成群組，方便快速管理、檢視相關資料。

Step 1 將選取項目組成群組

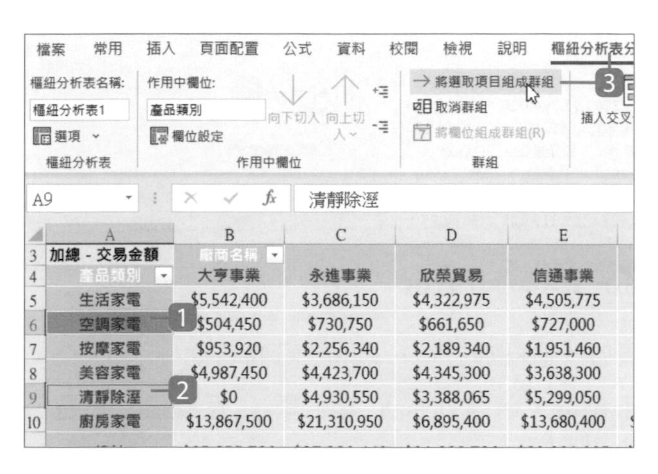

1. 於 **群組1** 工作表，選取 A6 儲存格 (空調家電)。
2. 再按 Ctrl 鍵不放，選取 A9 儲存格 (清靜除溼) 。
3. 於 **樞紐分析表分析** 索引標籤選按 **將選取項目組成群組**。(Excel 2021 前版本為 **樞紐分析表工具 \ 分析** 索引標籤)

Step 2 修改群組名稱並完成其他群組

1. 選取的項目會整理在 **資料組1** 群組中。
2. 修改群組名稱：選取 **資料組1** 儲存格，在資料編輯列中輸入合適的名稱：「季節館」。
3. 以相同方式，一一選取 A6、A11、A13、A15 儲存格 (生活家電、按摩家電、美容家電、廚房家電)。
4. 設定為群組並命名為：「居家生活館」。

日期群組以年、季、月、日分析

此份明細資料完整記錄了每一筆訂單的日期 (年/月/日)，同樣於 **群組1** 工作表將 **下單日期** 欄位加入樞紐分析表，會自動轉換為日期群組，只要摺疊、展開資料即可快速依產品類別各年、季、月、日的銷售數量顯示並統計分析。

Step 1 新增日期欄位

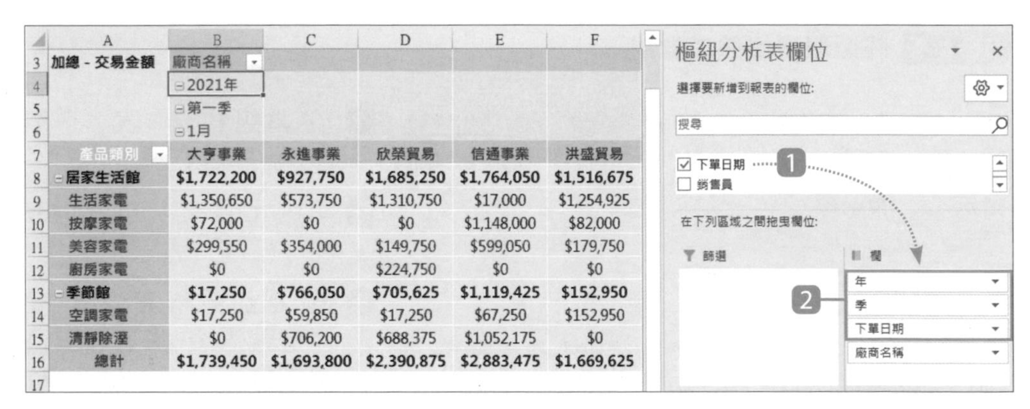

加總 - 交易金額	廠商名稱				
	⊟2021年				
	⊟第一季				
	⊟1月				
產品類別	大亨事業	永進事業	欣榮貿易	信通事業	洪盛貿易
⊟居家生活館	$1,722,200	$927,750	$1,685,250	$1,764,050	$1,516,675
生活家電	$1,350,650	$573,750	$1,310,750	$17,000	$1,254,925
按摩家電	$72,000	$0	$0	$1,148,000	$82,000
美容家電	$299,550	$354,000	$149,750	$599,050	$179,750
廚房家電	$0	$0	$224,750	$0	$0
⊟季節館	$17,250	$766,050	$705,625	$1,119,425	$152,950
空調家電	$17,250	$59,850	$17,250	$67,250	$152,950
清靜除溼	$0	$706,200	$688,375	$1,052,175	$0
總計	$1,739,450	$1,693,800	$2,390,875	$2,883,475	$1,669,625

1. 拖曳 **下單日期** 欄位至 **欄** 區域，並擺放在第一順位 (**廠商名稱** 上方)。
2. **欄** 區域中會看到 **下單日期** 欄位，還自動多了 **年**、**季** 二個欄位，這是日期資料自動歸類產生的群組項目。

Step 2 依 "年、季、月" 階層瀏覽統計數據

加入樞紐分析表的日期資料，預設會以 **年**、**季**、**月** 的階層整理。

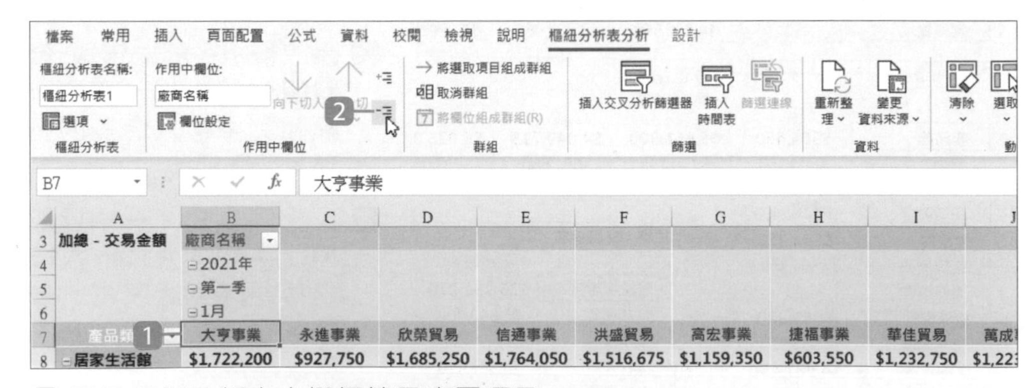

加總 - 交易金額	廠商名稱								
	⊟2021年								
	⊟第一季								
	⊟1月								
產品類別	大亨事業	永進事業	欣榮貿易	信通事業	洪盛貿易	高宏事業	捷福事業	華佳貿易	萬成
⊟居家生活館	$1,722,200	$927,750	$1,685,250	$1,764,050	$1,516,675	$1,159,350	$603,550	$1,232,750	$1,22

1. 選按樞紐分析表中欄標籤最底層項目。
2. 於 **樞紐分析表分析** 索引標籤選按 ⊟ **摺疊欄位**，摺疊一層。(Excel 2021 前版本為 **樞紐分析表工具 \ 分析** 索引標籤)

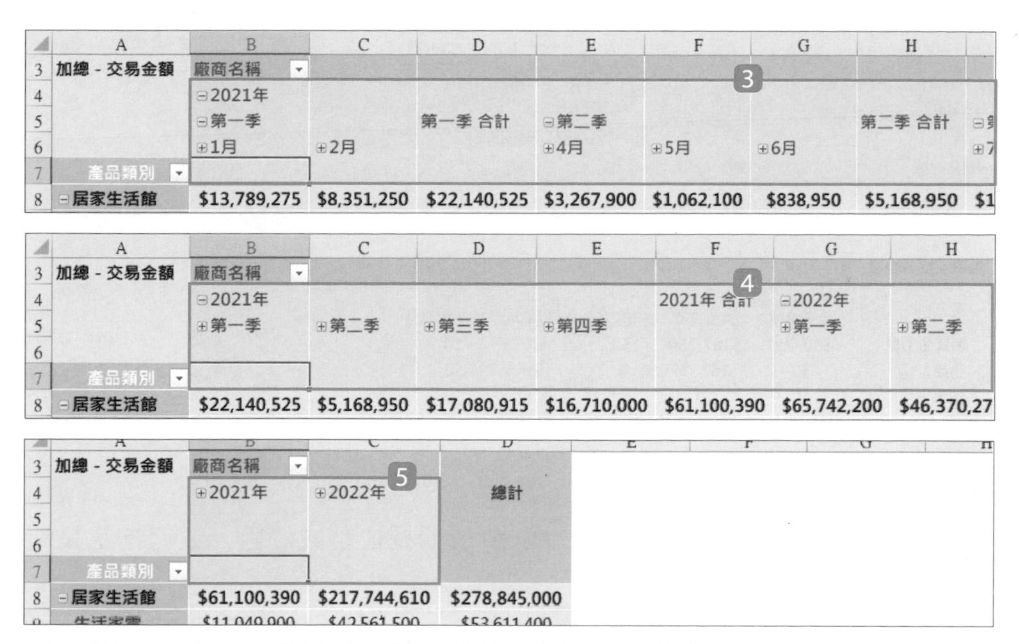

❸ 會呈現每個月份的統計資料，最後一列為每月的總計 。

❹ 再選按 ⊟ **摺疊欄位**，會呈現每一季的統計資料，最後一列為每季總計 。

❺ 再選按 ⊟ **摺疊欄位**，會呈現每一年的統計資料，最後一列為每年總計 。

如果想要由年的統計資料展開瀏覽季、月的資料，只要於 **樞紐分析表分析** 索引標籤選按 ⊞ **展開欄位**。(Excel 2021 前版本為 **樞紐分析表工具 \ 分析** 索引標籤)

Step 3 依 "日" 階層瀏覽統計數據

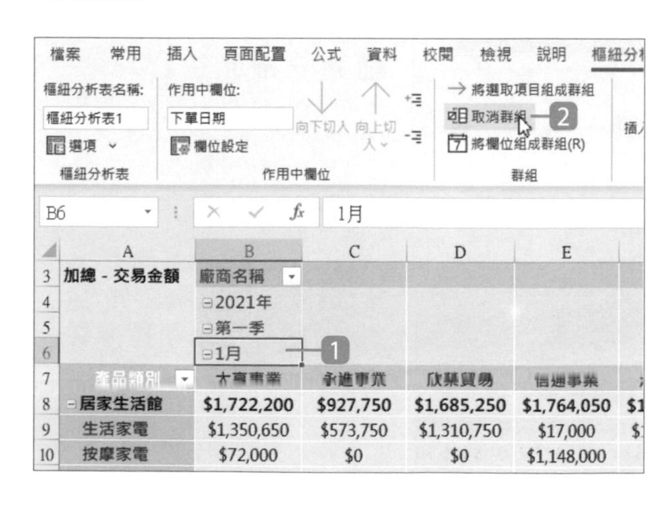

❶ 選按樞紐分析表中日期項目最底層。

❷ 於 **樞紐分析表分析** 索引標籤選按 **取消群組**。(Excel 2021 前版本為 **樞紐分析表工具 \ 分析** 索引標籤)

◀ 會依日期顯示每一筆交易金額。

Step 4 手動指定日期群組間距值

已取消群組的日期資料，可以再次手動將日期欄位組成群組，並可指定其間距值。

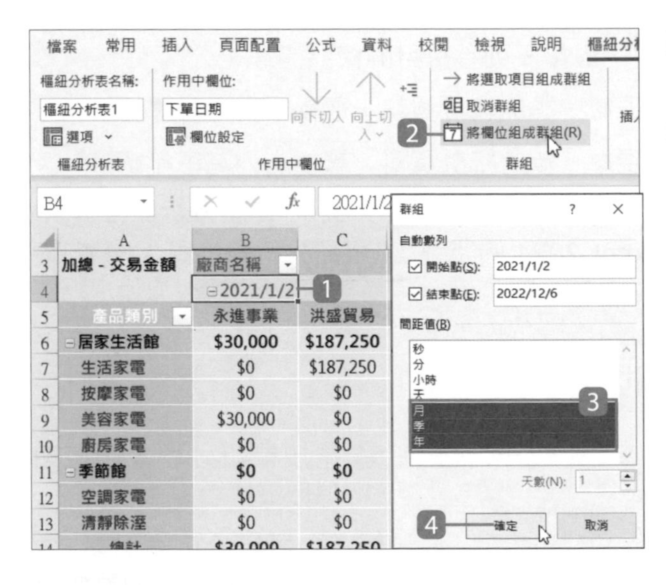

1 選按樞紐分析表中日期項目。

2 於 **樞紐分析表分析** 索引標籤選按 **將欄位組成群組**。(Excel 2021 前版本為 **樞紐分析表工具 \ 分析** 索引標籤)

3 **間距值** 中選按想要呈現的群組間距 (可單選也可多選)。

4 選按 **確定** 鈕。

Step 5 各別項目的摺疊、展開

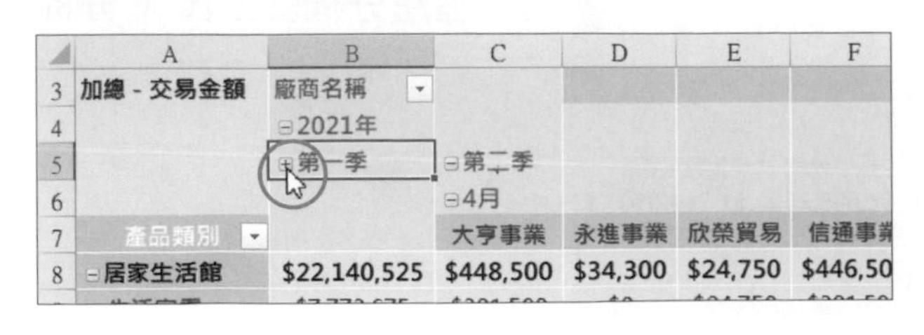

◀ 選按日期階層左側 ⊞、⊟ 鈕，可以單獨摺疊、展開該項目。

數值資料依自訂間距值群組

金額、年齡、數量...等數值資料，因為資料龐雜難以有效分析，可以利用群組指定數值間距，將數值群組後方便製作摘要及執行資料分析。

Step 1 新增欄位

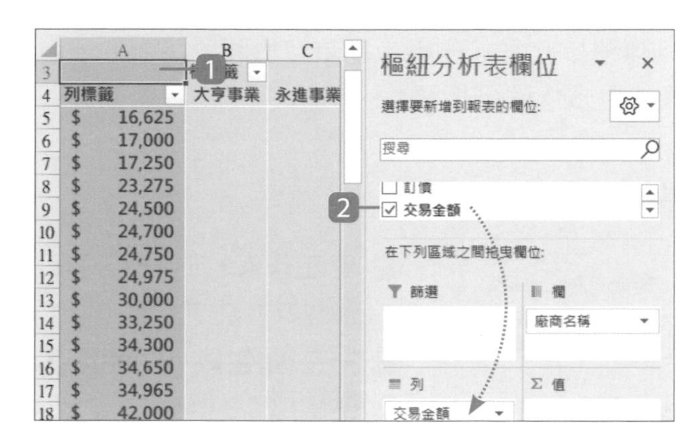

1. 於 **群組2** 工作表，選取樞紐分析表任一儲存格。
2. 拖曳 **交易金額** 至 **列** 區域擺放。

Step 2 組成群組

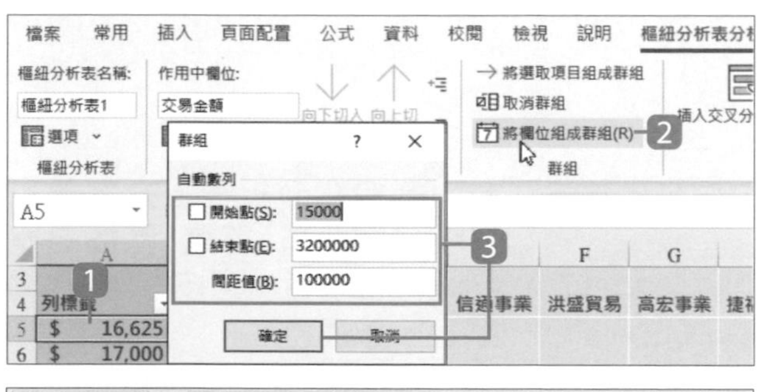

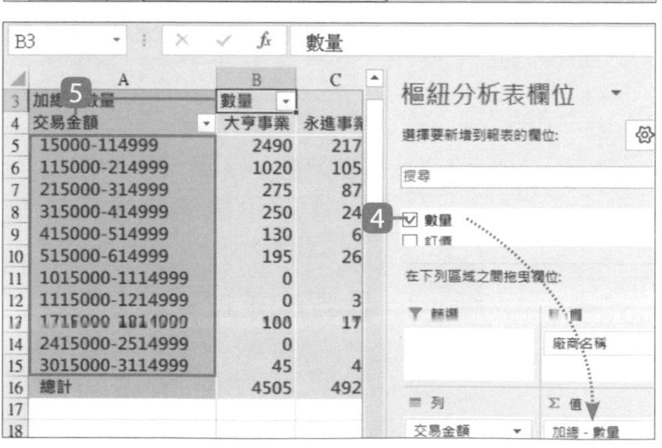

1. 選取樞紐分析表第一筆交易金額。
2. 於 **樞紐分析表分析** 索引標籤選按 **將欄位組成群組**。
3. 預設會自動擷取資料中的 **開始點** 與 **結束點** (也可自訂)，自訂 **間距值** 後，選按 **確定** 鈕。
4. 可以看到原本龐雜的數值資料，已依指定的群組間距值顯示，這時再拖曳 **數量** 欄位至 **值** 區域，即可分析出各交易金額群組的訂購數量。
5. 最後調整欄、列標籤名稱，讓瀏覽時更清楚 。

18.4 "樞紐分析工具" 交叉分析數據

將條件加入篩選區分析資料

前面樞紐分析表的說明，提到可以使用 **欄標籤** 或 **列標籤** 篩選資料，若想篩選的項目不在 **欄**、**列** 區中，則無法以此方式分析。這時可以將要篩選的項目拖曳至 **篩選** 區，讓樞紐分析表依更多條件分析資料。

Step 1 將欄位指定於篩選區域

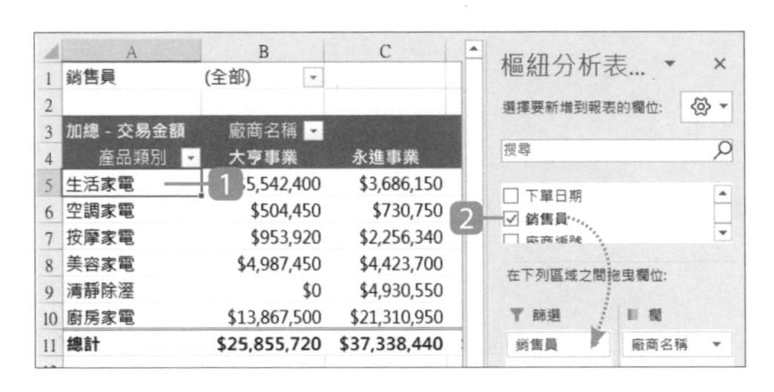

	A	B	C
1	銷售員	(全部)	
2			
3	加總 - 交易金額	廠商名稱	
4	產品類別	大亨事業	永進事業
5	生活家電	5,542,400	$3,686,150
6	空調家電	$504,450	$730,750
7	按摩家電	$953,920	$2,256,340
8	美容家電	$4,987,450	$4,423,700
9	清靜除溼	$0	$4,930,550
10	廚房家電	$13,867,500	$21,310,950
11	總計	$25,855,720	$37,338,440

1. 於 **工作表1** 工作表，選取樞紐分析表任一儲存格。
2. 拖曳 **銷售員** 至 **篩選** 區域擺放。

Step 2 篩選 / 取消篩選資料

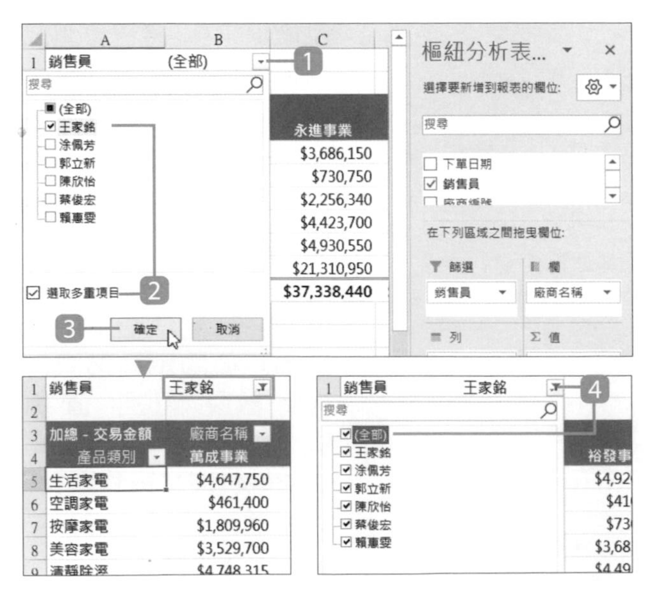

1. 樞紐分析表上方會顯示擺放於 **篩選** 區域的欄位項目，選按右側 ▾ 開啟清單。
2. 核選 **選取多重項目**，再於清單中核選篩選項目(可單選或多選)。
3. 選按 **確定** 鈕，會看到僅顯示核選項目的相關資料。
4. 再次選按樞紐分析表上方 **篩選** 項目右側 ▾ 鈕，核選 **全部** 後選按 **確定** 鈕，即可取消篩選。

用交叉分析篩選器分析資料

可利用交叉分析篩選器指定想顯示的資料數據。(可清楚呈現所需資料，也可重覆使用欄列上的欄位項目)

Step 1 插入交叉分析篩選器

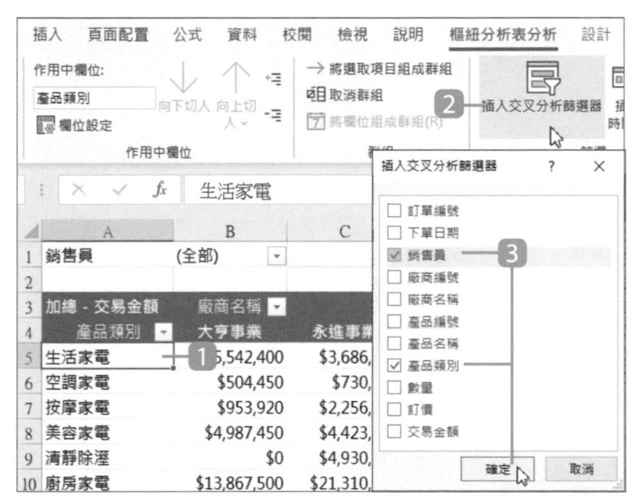

1. 於 **工作表1** 工作表，選取樞紐分析表任一儲存格。
2. 於 **樞紐分析表分析** 索引標籤選按 **插入交叉分析篩選器**。
3. 核選欄位項目 (可單選或多選；多選則會一次產生多個)，再選按 **確定** 鈕。

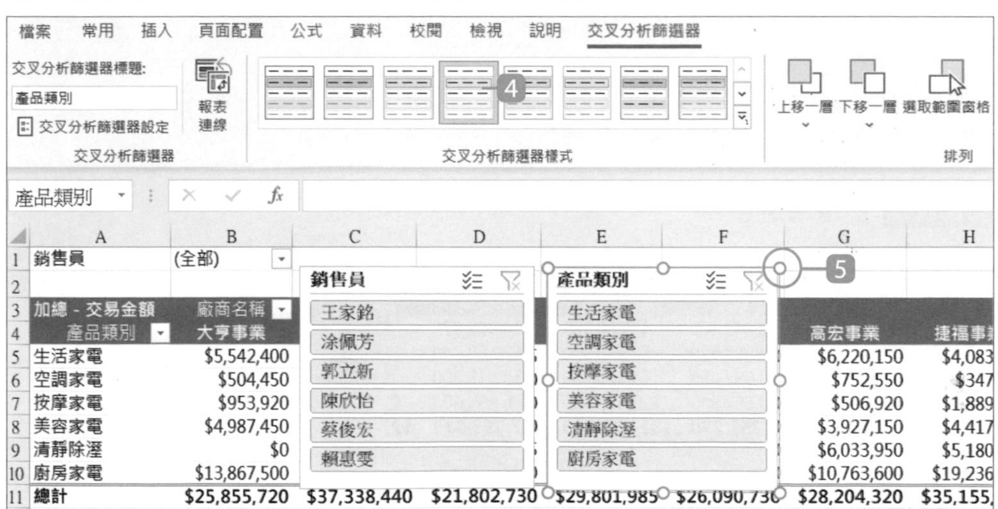

4. 工作表上會產生交叉分析篩選器，於 **插入交叉分析篩選器** 索引標籤，**交叉分析篩選器樣式** 區可選按合適的樣式套用。(Excel 2021 前版本為 **插入交叉分析篩選器 \ 選項**)
5. 拖曳篩選器物件四個角落與二側控點，可以調整物件大小。

Step 2 單選與移除篩選項目

1 選按交叉分析篩選器上的項目，預設僅能單選，被選按的項目會於樞紐分析表上顯示相關資料。

2 選按 ☒ 可移除篩選設定，顯示所有資料。

Step 3 多選篩選項目

1 選按 ☰，可於交叉分析篩選器選按多個項目。

2 上色的是被選取項目，沒上色的是取消選取項目，取消選取的項目會於樞紐分析表上隱藏其相關資料。

(此功能僅支援 Excel 2016 及以上版本，若無 ☰，可按住 Ctrl 鍵選取多個項目。)

用時間表分析資料

插入時間表 是 Excel 2013 及以上版本支援的功能，能使用滑桿控制項依日期、時間篩選，還可以將指定時段拉近顯示。

Step 1 插入時間表

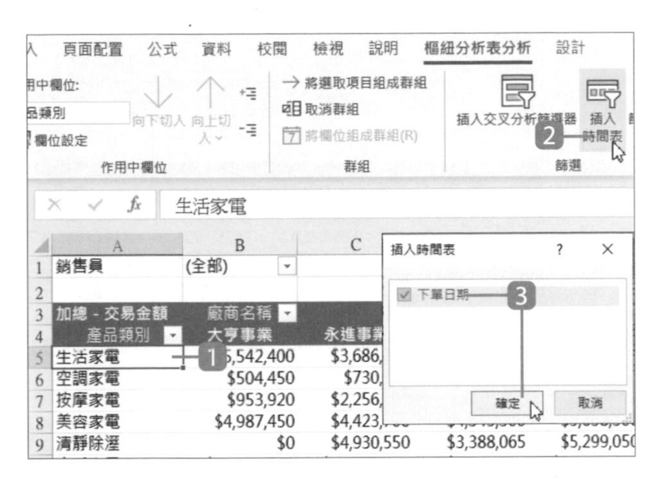

1. 於 **工作表1** 工作表，選取樞紐分析表任一儲存格。
2. 於 **樞紐分析表分析** 索引標籤選按 **插入時間表**。(Excel 2021 前版本為 **樞紐分析表工具 \ 分析** 索引標籤)
3. 核選要建立為時間表的欄位項目 (不適合的欄位在此不會顯示)，再選按 **確定** 鈕。

Step 2 用時間表篩選資料內容

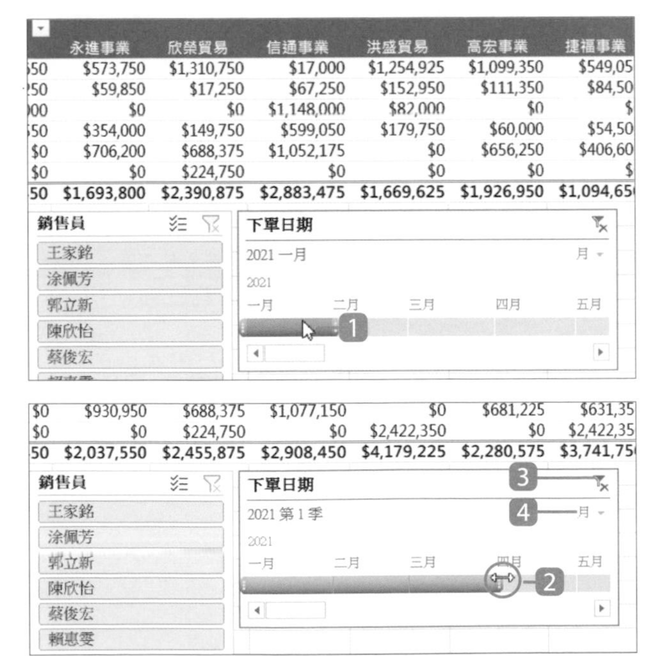

1. 會產生 **下單日期** 時間表，預設以 **月** 階層顯示，選按時間軸上的月份即可只顯示該月份相關資料。
2. 拖曳選取區左、右二側尾端可延長顯示日期。
3. 選按 可移除篩選的設定，復原所有資料。
4. 選按 月 可變更顯示的日期階層。

顯示樞紐分析數據明細資料

若想知道樞紐分析表中某一格數據的相關明細資料，以進行後續分析，在 Excel 中稱為連結搜尋。此例要查詢：廠商 (大亨事業) 於美容家電產品類別的所有下單記錄。

Step 1 指定搜尋目標

	A	B	C	D	E	F	G	H
1	銷售員	(全部)						
2								
3	加總 - 交易金額	廠商名稱						
4	產品類別	大亨事業	永進事業	欣榮貿易	信通事業	洪盛貿易	高宏事業	捷福事業
5	生活家電	$5,542,400	$3,686,150	$4,322,975	$4,505,775	$6,218,300	$6,220,150	$4,083,850
6	空調家電	$504,450	$730,750	$661,650	$727,000	$858,750	$752,550	$347,800
7	按摩家電	$953,920	$2,256,340	$2,189,340	$1,951,460	$823,880	$506,920	$1,889,880
8	美容家電	$4,987,450	$4,423,700	$4,345,300	$3,638,300	$4,191,750	$3,927,150	$4,417,550
9	清靜除溼	$0	$4,930,550	$3,388,065	$5,299,050	$0	$6,033,950	$5,180,050
10	廚房家電	$13,867,500	$21,310,950	$6,895,400	$13,680,400	$13,998,050	$10,763,600	$19,236,300
11	總計	$25,855,720	$37,338,440	$21,802,730	$29,801,985	$26,090,730	$28,204,320	$35,155,430

產品類別：生活家電、空調家電、按摩家電、美容家電

銷售員：王家銘、涂佩芳、郭立新、陳欣怡

下單日期：所有週期　月　2021　一月　二月　三月　四月　五月

工作表2 | 工作表1 | 訂單銷售明細 | 產品資料 | 廠商資料

1 於 **工作表1** 工作表，選取樞紐分析表 "大亨事業" 的 "美容家電" 交易金額 B8 儲存格，於該儲存格連按二下滑鼠左鍵。

2 會新增一個工作表。

Step 2 瀏覽資料

	A	B	C	D	E	F	G	H	I	J
1	訂單編號	下單日期	銷售員	廠商編號	廠商名稱	產品編號	產品名稱	產品類別	數量	訂價
2	AB19-01157	2022/12/5	賴惠雯	M-011	大亨事業	K009	奈米水離子吹	美容家電	35	5990
3	AB19-01092	2022/11/30	賴惠雯	M-011	大亨事業	K016	迷你淨顏潔膚	美容家電	65	2600
4	AB19-01048	2022/10/15	賴惠雯	M-011	大亨事業	K012	美白電動牙刷	美容家電	25	1200
5	AB19-01018	2022/10/10	賴惠雯	M-011	大亨事業	K009	奈米水離子吹	美容家電	35	5990
6	AB19-01000	2022/10/10	賴惠雯	M-011	大亨事業	K012	美白電動牙刷	美容家電	35	1200
7	AB19-00998	2022/10/10	賴惠雯	M-011	大亨事業	K016	迷你淨顏潔膚	美容家電	25	2600
8	AB19-00978	2022/9/12	賴惠雯	M-011	大亨事業	K009	奈米水離子吹	美容家電	35	5990
9	AB19-00943	2022/8/5	賴惠雯	M-011	大亨事業	K014	水洗三刀頭	美容家電	35	980
10	AB19-00913	2022/8/5	賴惠雯	M-011	大亨事業	K012	美白電動牙刷	美容家電	35	1200

大亨事業_美容家電資料明細 | 工作表1 | 訂單銷售明細 | 產品資料 | 廠商資料

1 顯示廠商 (大亨事業) 於美容家電產品下的所有交易記錄。

2 修改工作表名稱更方便瀏覽。

18.5 "關聯式樞紐分析" 整合多張工作表

認識關聯

前面的範例是使用一張工作表建立資料數據的樞紐分析，若資料來源內容依屬性區分成多個工作表時，則要透過 **關聯** 的方式串聯其內容。

關聯式樞紐分析的應用能為你節省不少整理報表的時間，例如：想分析公司每年每季、各區域 (北、中、南) 的銷售數量與金額佔比。若僅使用 **訂單銷售明細** 資料表，樞紐分析表中廠商與產品都只能顯示編號而無名稱，缺少廠商區域別...等資料。這時需要取得 **產品資料** 及 **廠商資料** 二個資料表，如下頁關聯圖，建立彼此的關聯後即可於樞紐分析表中顯示每一筆訂單的詳細產品、廠商資料。

訂單銷售明細

訂單編號	下單日期	銷售員	廠商編號	產品編號	產品類別	數量
AB18-00001	2021/1/2	陳欣怡	M-003	K024	空調家電	45
AB18-00002	2021/1/2	涂佩芳	M-001	K012	美容家電	25
AB18-00003	2021/1/2	涂佩芳	M-002	K008	生活家電	25
AB18-00004	2021/1/2	陳欣怡	M-004	K033	清靜除溼	45
AB18-00005	2021/1/2	陳欣怡	M-003	K039	清靜除溼	25
[illegible]	[illegible]1/2	陳欣怡	M-004	K040	空調家電	25
[illegible]	[illegible]1/2	陳欣怡	M-005	K008	生活家電	45
AB18-00008	2021/1/2	陳欣怡	M-005	K012	美容家電	25

產品資料表

產品編號	產品類別	產品類別編號	成本	產品名稱	單價	刊登日
K001	生活家電	2	598.5	蒸氣電熨斗	665	2015/12/8
K002	空調家電	3	903.56	14吋立扇/電風扇-白	980	2015/12/8
K003	廚房家電	1	66095.55	日本原裝變頻六門冰箱	69210	2015/12/12
K004	美容家電	4	5750.4	奈米水離子吹風機-桃紅	5990	2015/12/12
K005	廚房家電	1	8585.45	渦輪氣旋健康氣炸鍋	8990	2015/12/25
K006	空調家電	3	903.56	14吋立扇/電風扇-黑	980	2015/12/25
K007	廚房家電	1	3705.4	多功能計時鬆餅機-雪花白	3880	2016/1/10
[illegible]	[illegible]	2	6741	40吋LED液晶顯示器	7490	2016/1/10
[illegible]	[illegible]	4	5750.4	奈米水離子吹風機-粉金	5990	2016/1/10
K010	按摩家電	5	2831	手持按摩器	2980	2016/1/10

廠商資料表

廠商編號	廠商名稱	區域	屬性	銷售員
M-001	永進事業	北部	小型賣場	涂佩芳
M-002	洪盛貿易	北部	大型賣場	涂佩芳
M-003	高宏事業	北部	加盟連鎖業者	陳欣怡
M-004	捷福事業	北部	網路商店	陳欣怡
M-005	興泰貿易	北部	小型賣場	陳欣怡
M-006	裕發事業	中部	大型賣場	王家銘
M-007	萬成事業	中部	加盟連鎖業者	王家銘
M-008	華佳貿易	中部	網路商店	郭立新
[illegible]	[illegible]	南部	小型賣場	賴惠雯
[illegible]	[illegible]	南部	大型賣場	蔡俊宏
M-011	大亨事業	南部	加盟連鎖業者	賴惠雯

想要整合各個資料表，並且重新組合出有效的資訊，最常用的方法是在各個資料表中放置具備唯一資料值特性的共同欄位，再定義資料表之間的關聯即可以達成這個目的。此例中：**訂單銷售明細** 資料表可以利用 **產品編號** 欄位與 **產品資料** 資料表進行關聯，再利用 **廠商編號** 欄位與 **廠商資料** 資料表進行關聯：

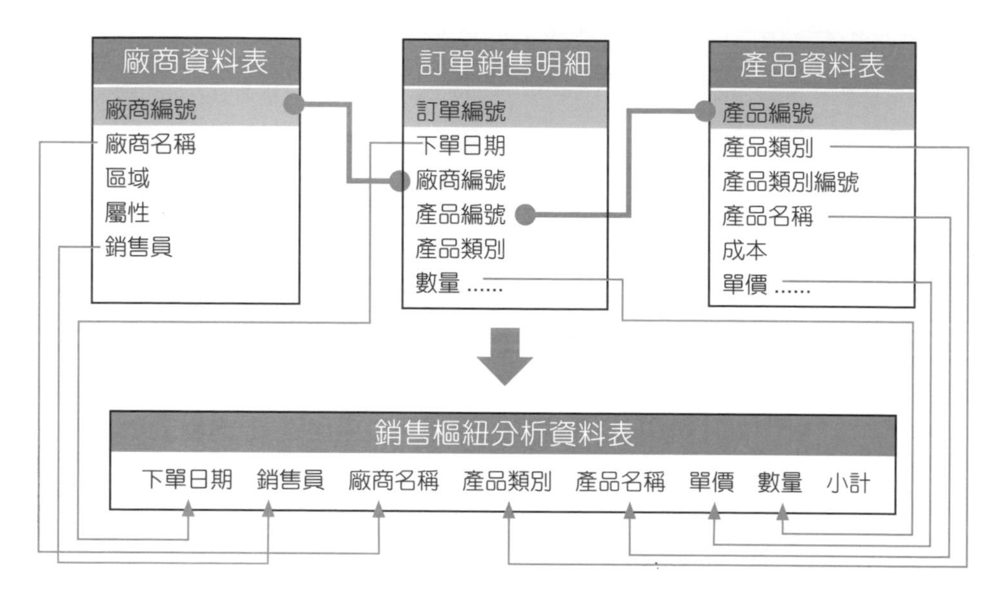

設定為表格

多張工作表進行關聯前，必須將每一個工作表中的資料格式化為表格 (資料表)。

Step 1 格式化為表格

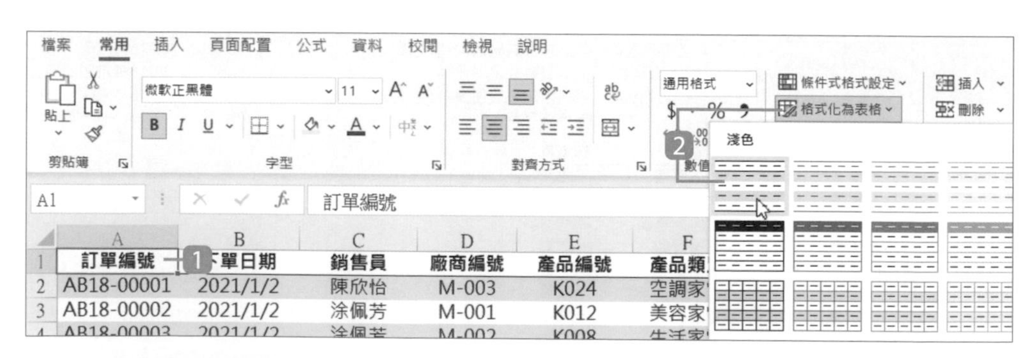

1 於 **訂單銷售明細** 工作表，選按資料內容中任一儲存格。

2 於 **常用** 索引標籤選按 **格式化為表格**，再選按合適的格式套用。

❸ 確認資料來源範圍是否正確。

❹ 因為資料範圍有包含表格標題，所以需核選 **我的表格有標題**。

❺ 選按 **確定** 鈕，完成資料內容表格化設定。

Step 2 為表格命名

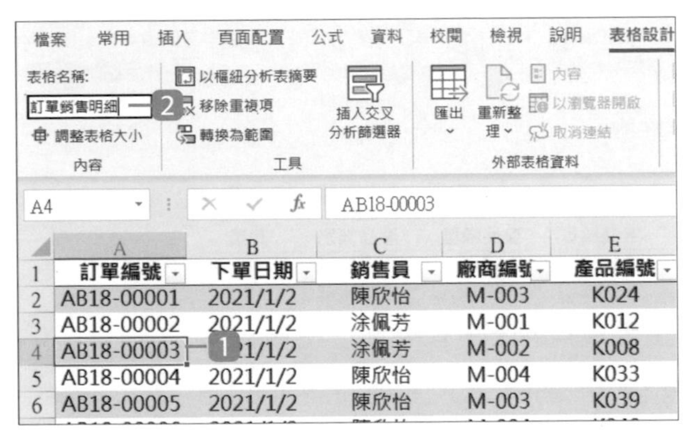

❶ 選按資料內容中任一儲存格。(欄位標題右側出現篩選鈕，表示已經格式化為表格。)

❷ 於 **表格設計** 索引標籤選按 **表格名稱** 欄位，建議輸入報表或工作表名稱方便後續辨識 。(Excel 2021 前版本為 **表格工具 \ 設計** 索引標籤)

Step 3 將另外二個工作表資料格式化為表格

◀ 依相同方式，將 **產品資料** 工作表、**廠商資料** 工作表分別格式化為 **表格**，並命名為：「產品資料」、「廠商資料」。

建立資料表的關聯性

依據指定資料表中相對應的資料，建立資料表間的關聯。

Step 1 確認資料表資料內容

進行資料表關聯前，需確認二件事情：

- 活頁簿檔案中需包含至少二個已表格化的資料表，如果要關聯另一個活頁簿檔案的資料表，則需透過取得外部資料的方式匯入並表格化。
- 要進行關聯的每個資料表都要有資料欄對應到另一個資料表中的資料欄。

Step 2 新增關聯

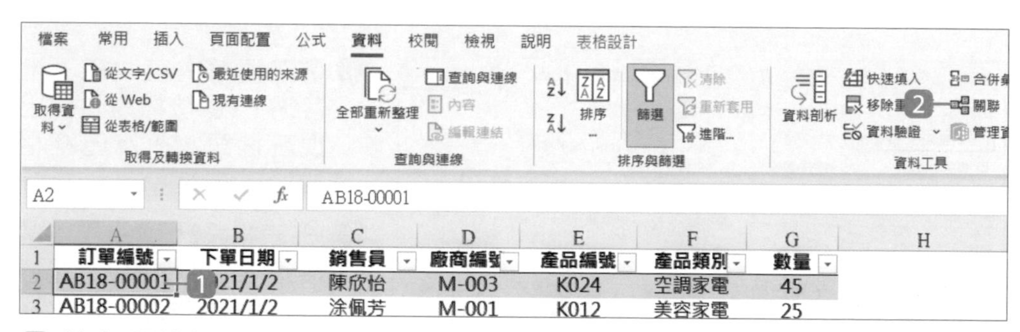

1. 於 **訂單銷售明細** 工作表，選按資料內容中任一儲存格。
2. 於 **資料** 索引標籤選按 **關聯** (如果 **關聯** 呈現灰色而無法使用，表示檔案中沒有多個已表格化資料表可以進行關聯。)

3. 選按 **新增** 鈕。

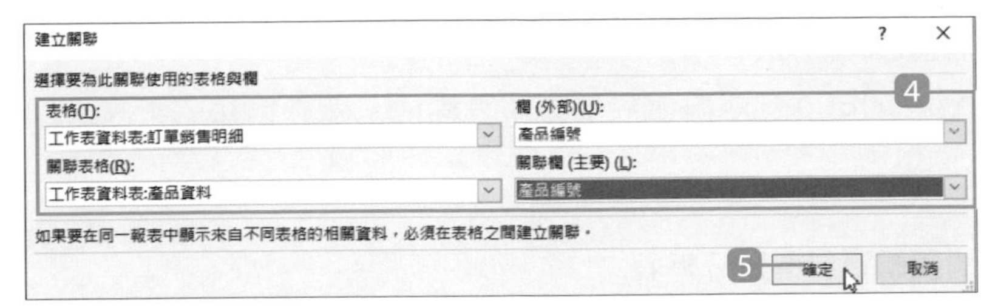

4 依 P18-28 的圖示，指定 **表格**：**訂單銷售明細**、**欄**：**產品編號**、**關聯表格**：**產品資料**、**關聯欄**：**產品編號**。

5 選按 **確定** 鈕。

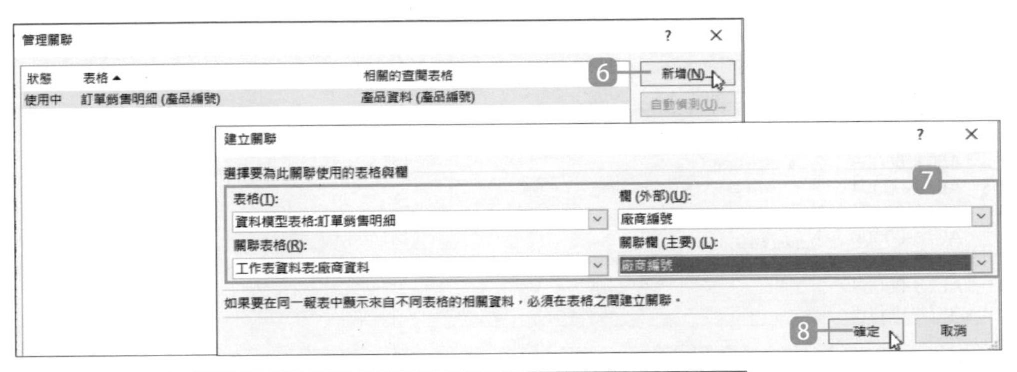

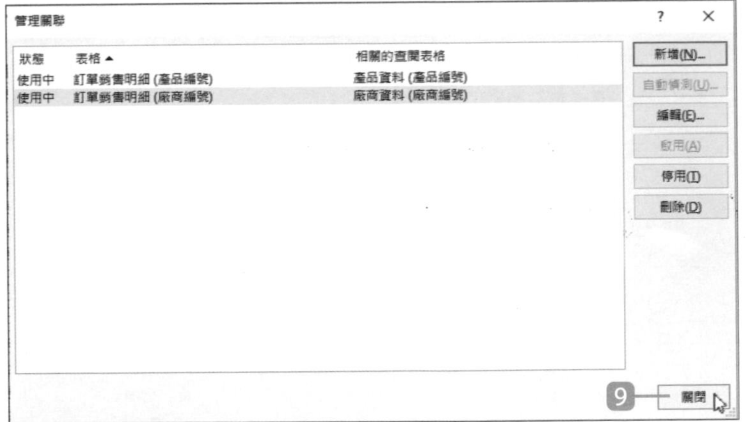

6 再選按 **新增** 鈕。

7 指定 **表格**：**訂單銷售明細**、**欄**：**廠商編號**、**關聯表格**：**廠商資料**、**關聯欄**：**廠商編號**。

8 選按 **確定** 鈕。

9 選按 **關閉** 鈕，完成這三個資料表的關聯設定。

建立關聯式樞紐分析表

完成資料表的關聯，即可交叉使用這三個資料表欄位，建立樞紐分析表，以下說明二種常用方式：

方法一：建立新的關聯資料樞紐分析表

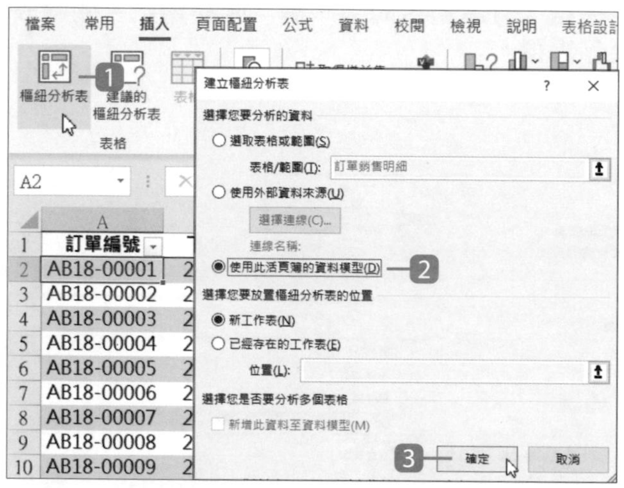

1 於 **訂單銷售明細** 工作表，**插入** 索引標籤選按 **樞紐分析表**。

2 核選 **使用此活頁簿的資料模型**。(僅支援 Excel 2013 以上版本)

3 選按 **確定** 鈕。

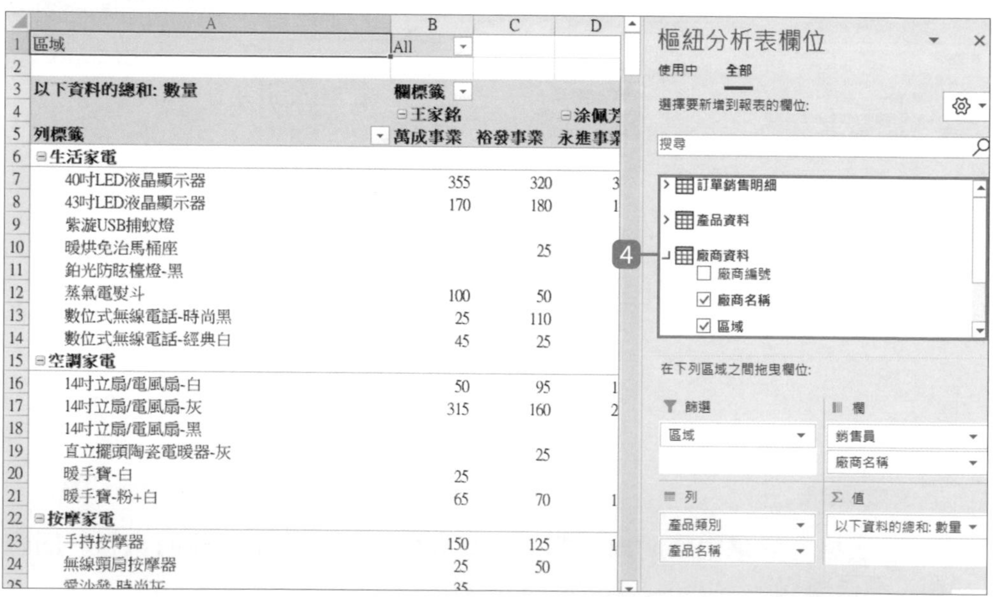

4 資料來源欄位區，會顯示已指定關聯的多個資料表，可以拖曳各資料表的欄位至合適區塊中，交叉顯示於此份樞紐分析表。

方法二：為既有的樞紐分析表中加入關聯資料表

於 **樞紐分析1** 工作表，有一份資料表未關聯前製作的樞紐分析表，現在為其加入關聯的資料表欄位。

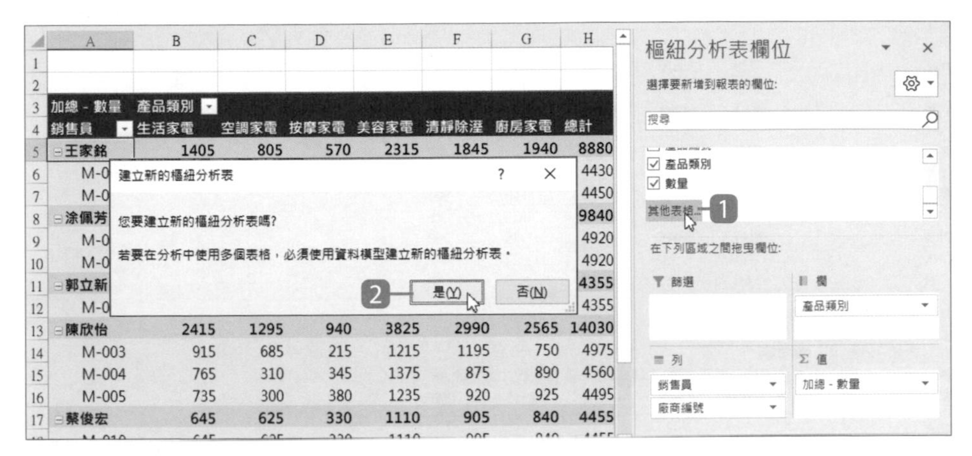

1 於右側 **樞紐分析表欄位** 窗格選按 **其他表格**。

2 選按 **是** 鈕，會依原有的樞紐分析表內容再產生一個工作表 (此例將該工作表命名為：**樞紐分析2**)。

3 新的工作表中會有原樞紐分析表，右側欄位清單會出現目前已表格化的資料表。另外，因為目前的樞紐分析表是之前以指定範圍建立的，所以還會有一個 **範圍** 資料表，即可自行拖曳各資料表的欄位至合適區塊中，交叉顯示於此份樞紐分析表。

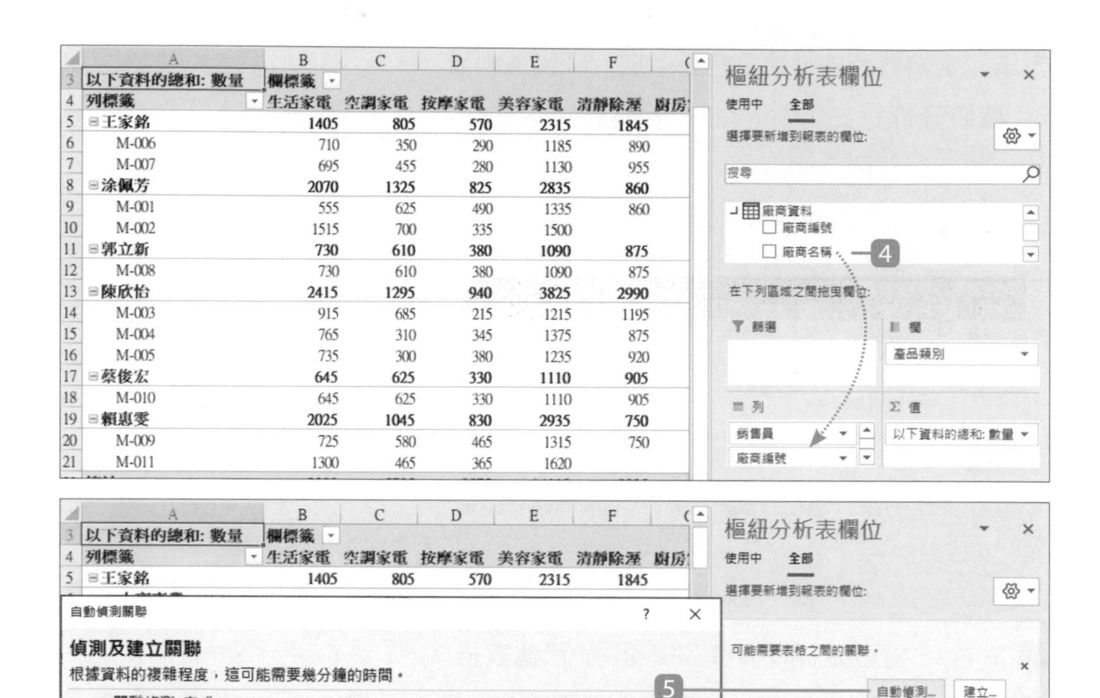

❹ 拖曳 **廠商資料** 資料表 **廠商名稱** 欄位至 **列** 區域。

❺ 會出現 **可能需要表格之間的關聯** 黃色框框，因為 **範圍** 資料表還沒與其他表格建立關聯，此時可選按 **自動偵測** 或 **建立** 完成關聯，再選按 **關閉** 鈕。

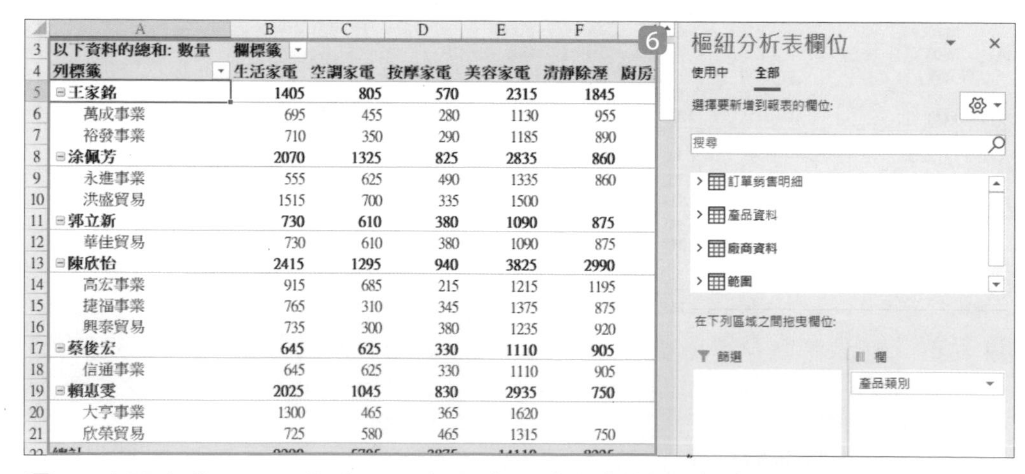

❻ 正確關聯後，可以拖曳、調整各資料表的欄位至合適區塊中，交叉顯示於此份樞紐分析表。

18.6 "樞紐分析圖" 視覺化大數據

建立樞紐分析圖

面對大數據資料，Exel 不只能產生樞紐分析表，更能透過樞紐分析圖將混亂的來源資料變成一目了然的圖表。建立樞紐分析圖的方法有二種：一可依據目前建立好的樞紐分析表建立樞紐分析圖；二則是直接依據工作表中的原始資料內容建立樞紐分析圖，在此示範藉由樞紐分析表轉化成樞紐分析圖作法：

Step 1 整理樞紐分析表

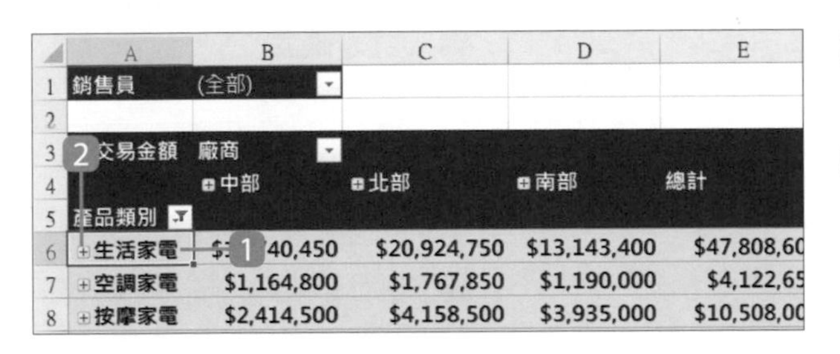

1 選取樞紐分析表中任一儲存格。

2 將樞紐分析表內容整理好，可篩選或摺疊、展開所需的資料。

Step 2 建立樞紐分析圖

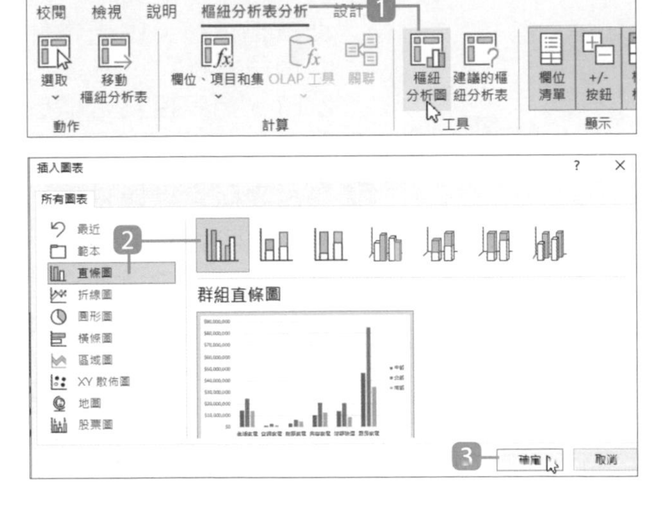

1 於 **樞紐分析表分析** 索引標籤選按 **樞紐分析圖**。(Excel 2021 前版本為 **樞紐分析表工具 \ 分析** 索引標籤)

2 選擇圖表類型，此例選按 **直條圖 \ 群組直條圖**。

3 選按 **確定** 鈕完成樞紐分析圖建立。

調整圖表整體視覺、配置與樣式設計

Step 1 移動圖表

為了方便樞紐分析圖瀏覽與編輯，可移至事先建立好的 **銷售量圖** 工作表。

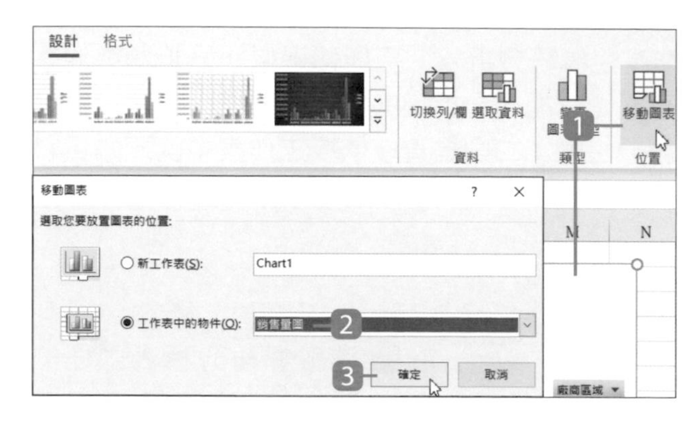

1. 在選取圖表的狀態下，於 **設計** 索引標籤選按 **移動圖表**。(Excel 2021 前版本為 **樞紐分析圖工具 \ 設計** 索引標籤)
2. 核選 **工作表中的物件**，指定：**銷售量圖**。
3. 選按 **確定** 鈕。

Step 2 調整圖表位置、大小、標題、色彩

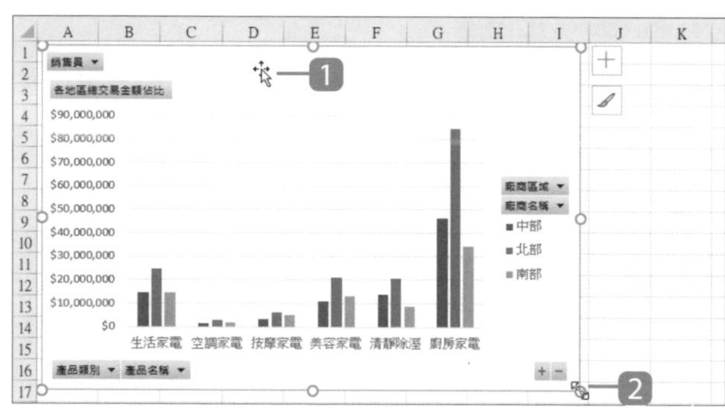

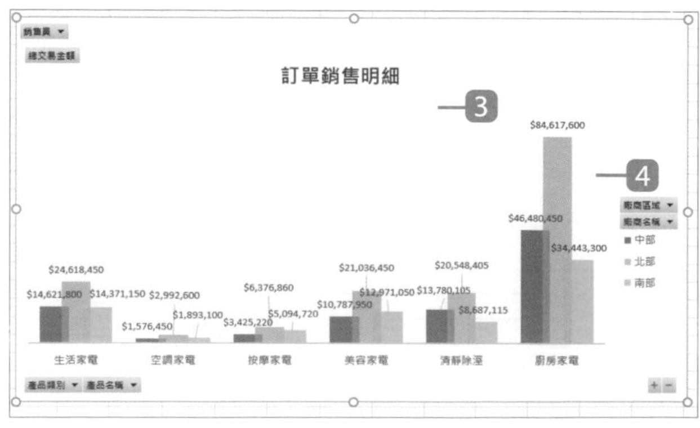

1. 將滑鼠指標移至圖表物件上，待呈 ✥ 狀時，按滑鼠左鍵不放拖曳移動圖表的位置。
2. 選取圖表的狀態下，將滑鼠指標移至圖表物件四個角落控點，待呈 ⤡ 狀時，拖曳控點可縮放圖表大小。
3. 為圖表新增標題物件，並輸入合適的名稱。
4. 套用合適色彩、版面配置與樣式，並建議加上資料標籤，這樣圖表上的長條柱列可更清楚呈現各產品類別交易金額。

樞紐分析圖的動態分析主題資料

樞紐分析圖除了可以依據原始資料內容與相關的樞紐分析表而變動，也具備一些簡單的動態分析功能，可以篩選出特定資料並同時調整圖表，如此即可快速的透析出更多資訊。

主題 1 篩選特定 "區域" 的資料

此例中，產品主要銷售至北部、中部與南部，若想在圖表上僅瀏覽產品於特定區域的交易金額，可透過 **廠商區域** 項目篩選。

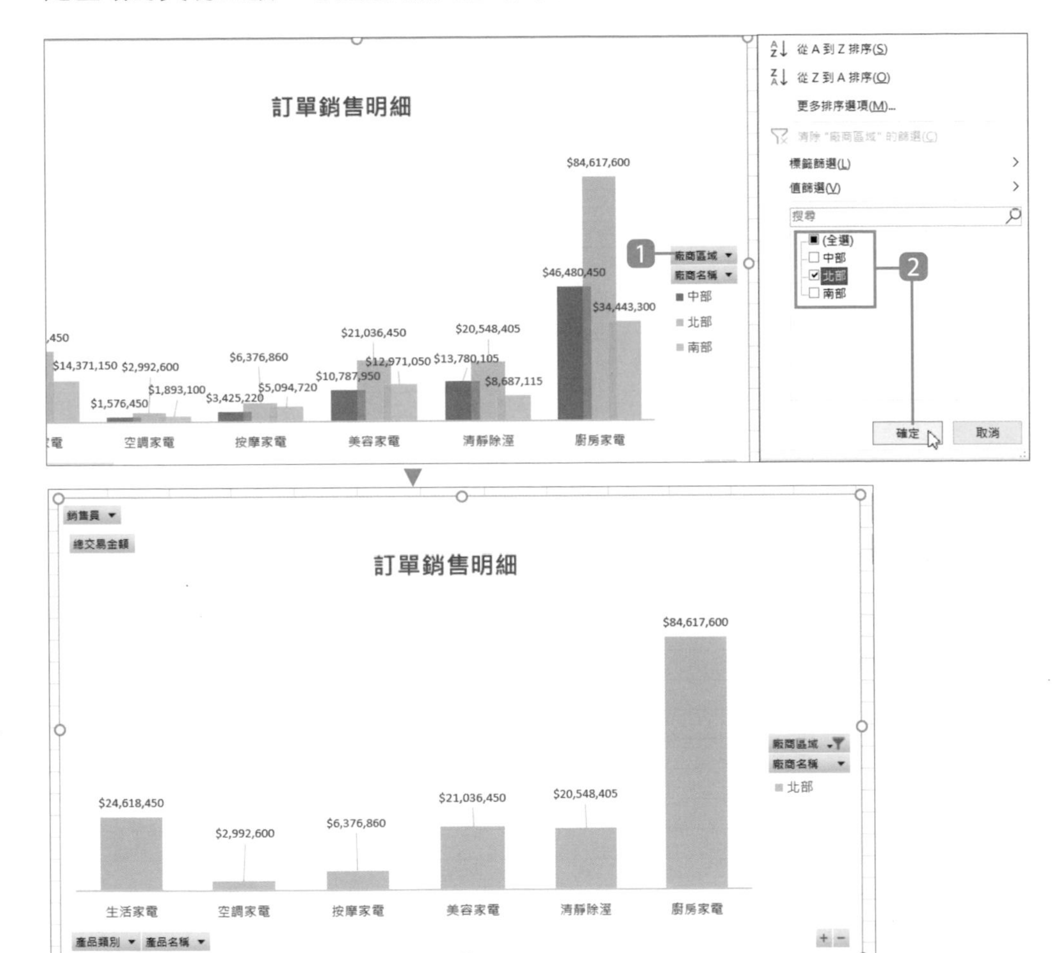

1. 樞紐分析圖上選按 **廠商區域** 鈕。
2. 清單中核選想要瀏覽的項目或取消核選不要瀏覽的項目，選按 **確定** 鈕即可於圖表呈現特定項目的資訊。

主題 2 北部交易金額大於 10,000,000 的產品項目

接續前一個主題，已篩選出北部廠商的交易金額資料，由於樞紐分析表設計的 **列** 區域第一個層級是 **產品類別**，下一個層級才是 **產品名稱**，所以目前圖表顯示的是產品類別，如果想知道各產品名稱的交易金額，可依如下方式展開：

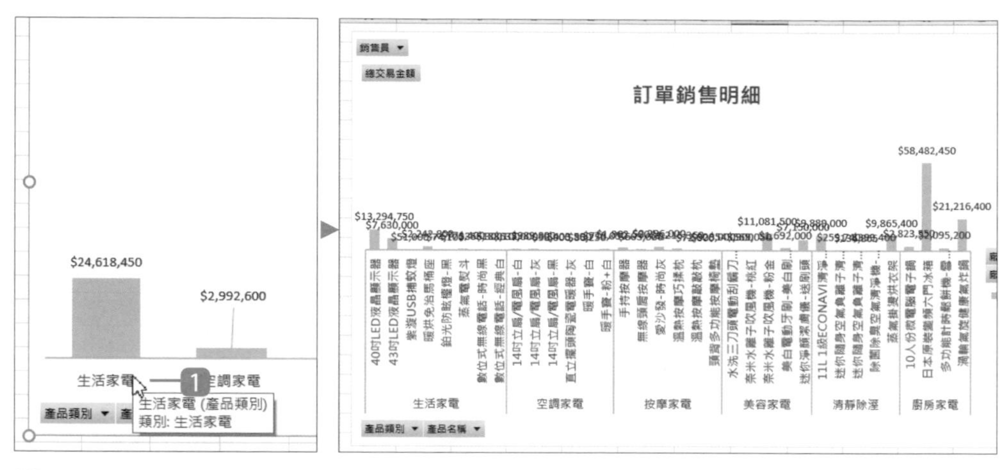

1 於水平座標軸文字上連按二下滑鼠左鍵，可以再展開下一層明細。

接著要透過 **交易金額** 值篩選產品項目，只呈現金額大於 10,000,000 的產品。

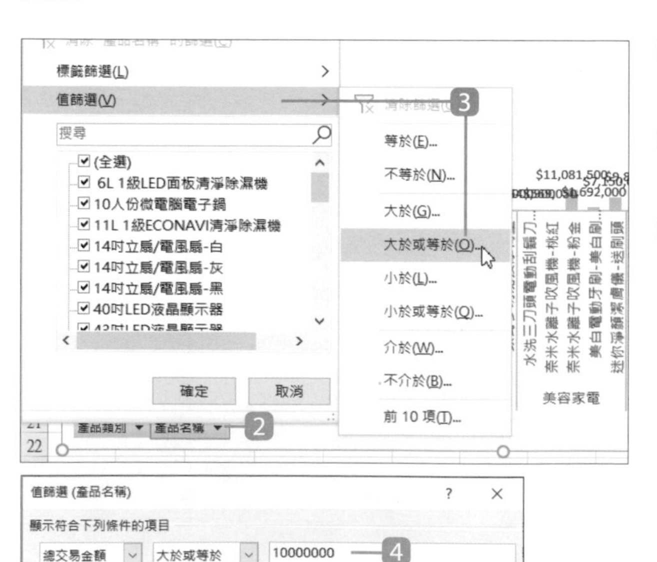

2 樞紐分析圖上選按 **產品名稱** 鈕。

3 清單中選按 **值篩選 \ 大於或等於**。

4 會自動設定為 **加總 - 交易金額**、**大於或等於** 的條件，輸入值：「10000000」，再按 **確定** 鈕。

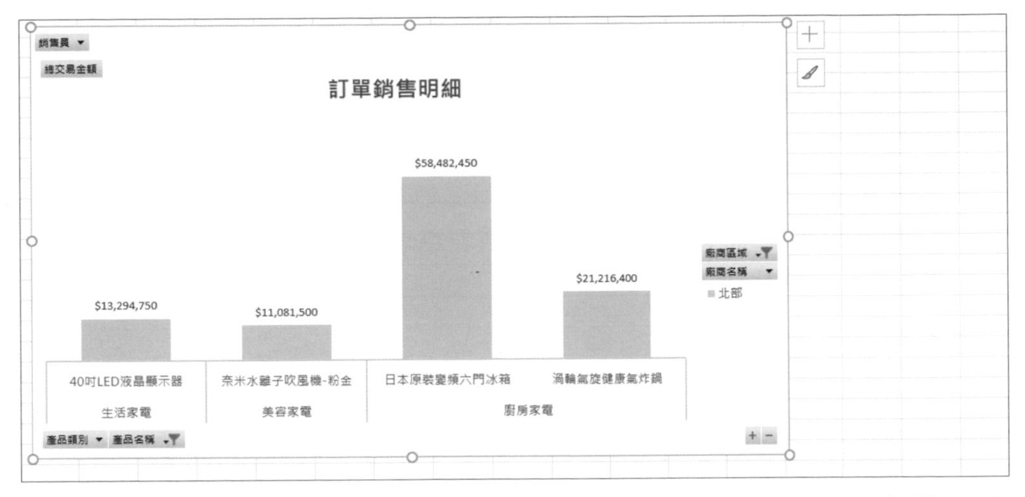

▲ 圖表中僅會出現交易金額大於 10,000,000 的產品項目。(**產品名稱** 鈕右側會出現 ▼ 圖示)

特定主題資料篩選瀏覽後，可再透過圖表的設定還原資料，進行下個主題時才不會覺得有些資料數據沒有完整呈現。

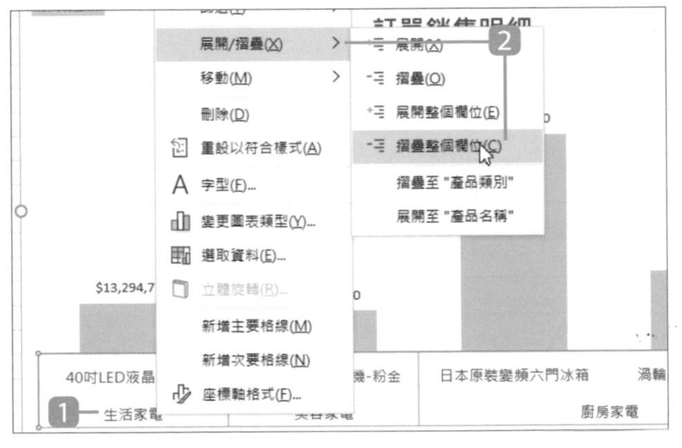

1 於水平座標軸文字上按一下滑鼠右鍵。

2 選按 **展開/摺疊 \ 摺疊整個欄位**，這樣即可將 **產品名稱** 欄位資料隱藏。

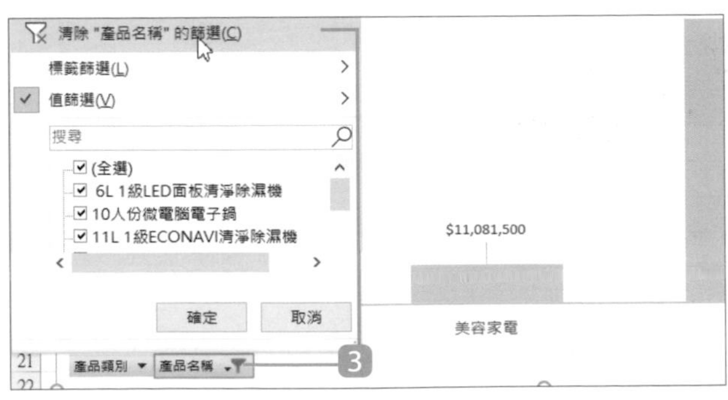

3 檢查一下樞紐分析圖中各欄位鈕右側是否有 ▼ 圖示，若有即表示該欄位目前正套用指定的篩選條件，這時選按該欄位鈕，再選按 **清除 "×××" 的篩選**，即可清除篩選條件。

18.7 自動更新樞紐分析表、圖

預設狀態下，原始資料內容變動時，樞紐分析表、圖並不會自行更新內容，必須於 **樞紐分析表分析** 索引標籤選按 **重新整理** 清單鈕 \ **重新整理**，才能同步更新樞紐分析表、圖。(Excel 2021 前版本為 **樞紐分析表工具 \ 分析** 索引標籤)

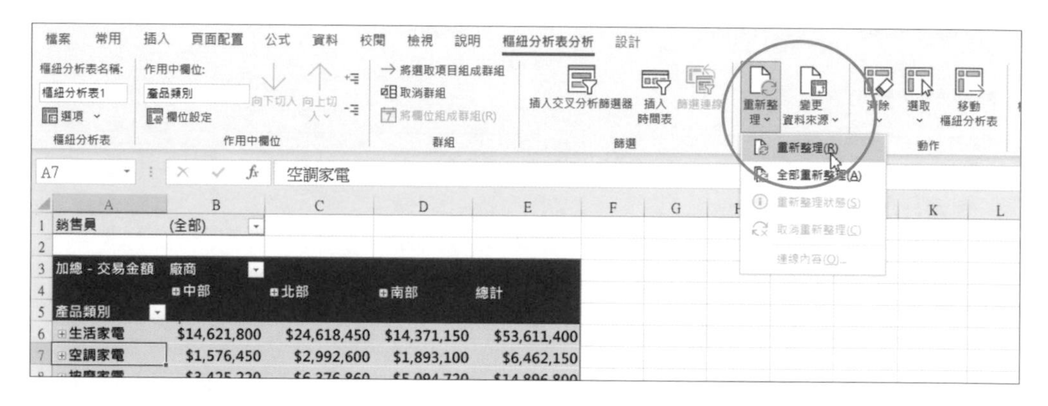

為了節省時間並加強工作效率，可依照以下操作步驟設定，即可於每次開啟檔案時自動更新。

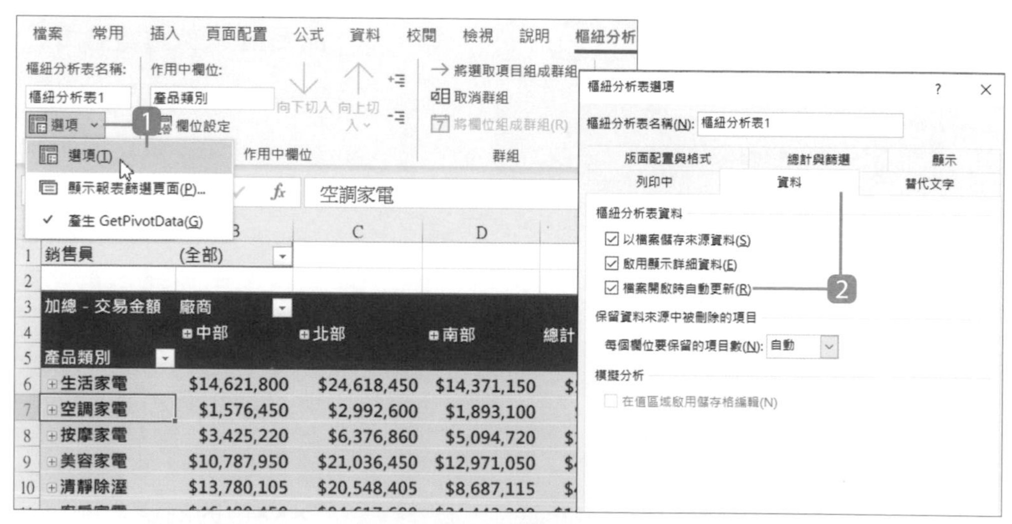

1 於 **樞紐分析表分析** 索引標籤選按 **選項** 清單鈕 \ **選項**。

2 於 **資料** 標籤核選 **檔案開啟時自動更新** 後，選按 **確定** 鈕。

Part

19

目標值訂定、分析與合併彙算

目標搜尋

- 設定運算公式
- 套用目標搜尋功能

分析藍本管理員

- 為儲存格定義名稱
- 建立分析藍本
- 顯示分析藍本結果
- 建立分析藍本摘要
- 分析藍本樞紐分析表
- 編輯或刪除分析藍本

合併彙算

- 開啟合併彙算
- 新增參照位址
- 建立來源資料的連結
- 整理合併彙算後的資料

19.1 目標搜尋

運算模式下，利用公式計算出的結果，如果想要符合理想數值，可以利用 **目標搜尋** 功能，在既有的算式中進行 "反推"，藉由調整輸入值找出想要的結果。

廠商報價需壓低到多少金額，才符合 26000 預算目標？

以這份採購報價單為例，為了符合 $26,000 的採購預算，在營業稅 5% 固定情況下，利用 **目標搜尋** 功能，依循公式推算出理想的廠商報價。

Step 1 設定運算公式

在推算 **廠商報價** 前，先設定 **營業稅(5%)** 及 **總計** 欄位的運算公式。

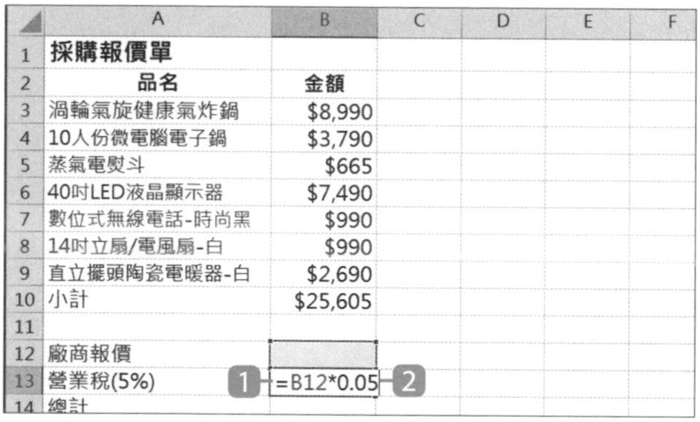

	A	B	C	D	E	F
1	採購報價單					
2	品名	金額				
3	渦輪氣旋健康氣炸鍋	$8,990				
4	10人份微電腦電子鍋	$3,790				
5	蒸氣電熨斗	$665				
6	40吋LED液晶顯示器	$7,490				
7	數位式無線電話-時尚黑	$990				
8	14吋立扇/電風扇-白	$990				
9	直立擺頭陶瓷電暖器-白	$2,690				
10	小計	$25,605				
11						
12	廠商報價					
13	營業稅(5%)	=B12*0.05				
14	總計					

1 選取 B13 儲存格。

2 **營業稅(5%)** 為 **廠商報價** 的 5%，輸入公式：**=B12*0.05**。

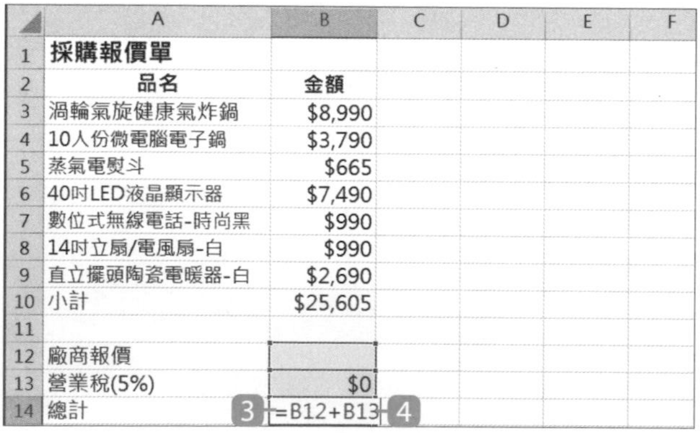

	A	B	C	D	E	F
1	採購報價單					
2	品名	金額				
3	渦輪氣旋健康氣炸鍋	$8,990				
4	10人份微電腦電子鍋	$3,790				
5	蒸氣電熨斗	$665				
6	40吋LED液晶顯示器	$7,490				
7	數位式無線電話-時尚黑	$990				
8	14吋立扇/電風扇-白	$990				
9	直立擺頭陶瓷電暖器-白	$2,690				
10	小計	$25,605				
11						
12	廠商報價					
13	營業稅(5%)	$0				
14	總計	=B12+B13				

3 選取 B14 儲存格。

4 **總計** 金額為 **廠商報價** 加上 **營業稅(5%)**，輸入公式：**=B12+B13**。

Step 2 套用目標搜尋功能

利用 **目標搜尋** 功能推算，在 $26,000 預算之下，廠商這批電器用品的報價應該為多少金額較佳。

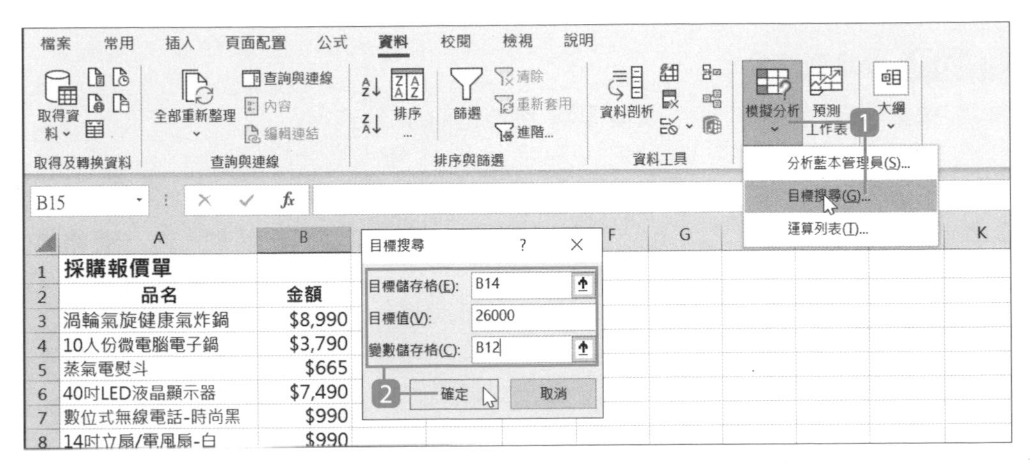

1. 於 **資料** 索引標籤選按 **模擬分析 \ 目標搜尋** 開啟對話方塊。
2. **目標儲存格** 輸入：「B14」、**目標值** 輸入：「26000」 (總計)，**變數儲存格** 輸入：「B12」，選按 **確定** 鈕。

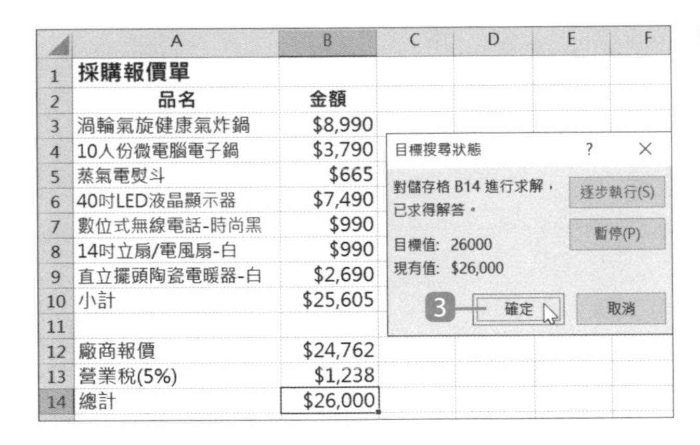

3. 分析後得知必須壓低 **廠商報價** 到 $24,762，才能符合 $26,000 的採購預算，最後選按 **確定** 鈕。

公司營業收入需多少金額，才可達成 100 萬的獲利目標？

以年度損益表為例，為了達成 $1,000,000 的獲利目標，利用 **目標搜尋** 功能，依循公式推算出全年 **營業收入**。

Step 1 設定運算公式

推算 **營業收入** 前，先設定 **稅後淨利** 欄位的運算公式。

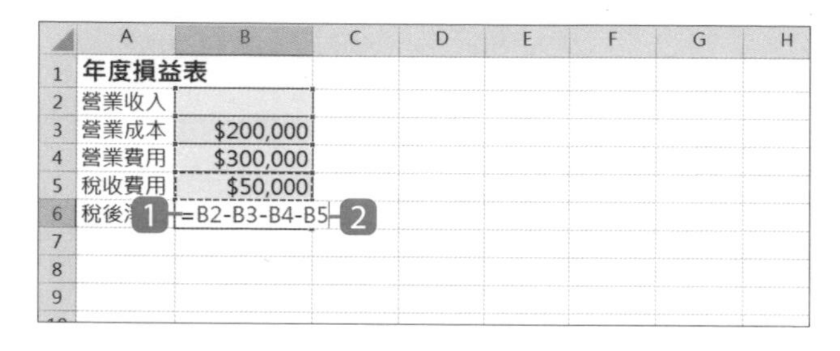

1 選取 B6 儲存格。

2 **稅後淨利** 為 **營業收入** 扣除 **營業成本**、**營業費用**、**稅收費用**，輸入公式：**=B2-B3-B4-B5**。

Step 2 套用目標搜尋功能

用 **目標搜尋** 功能推算，在 $1,000,000 獲利目標下，當年度應達成多少營業收入？

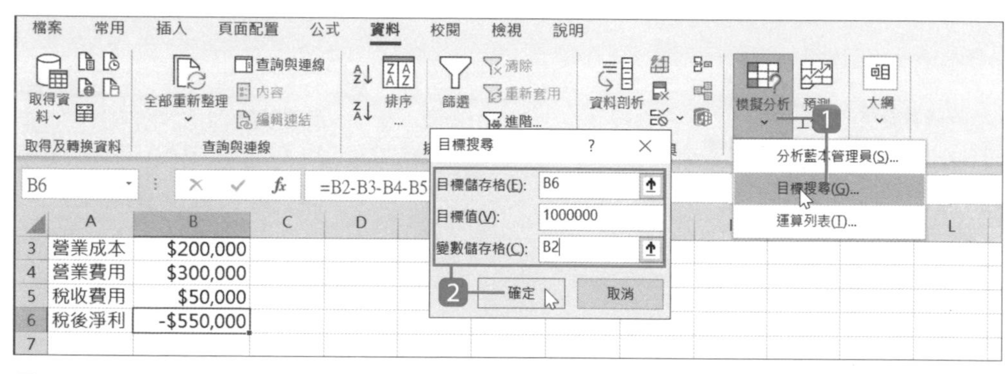

1 於 **資料** 索引標籤選按 **模擬分析 \ 目標搜尋** 開啟對話方塊。

2 **目標儲存格** 輸入：「B6」、**目標值** 輸入：「1000000」(稅後淨利)，**變數儲存格** 輸入：「B2」，選按 **確定** 鈕。

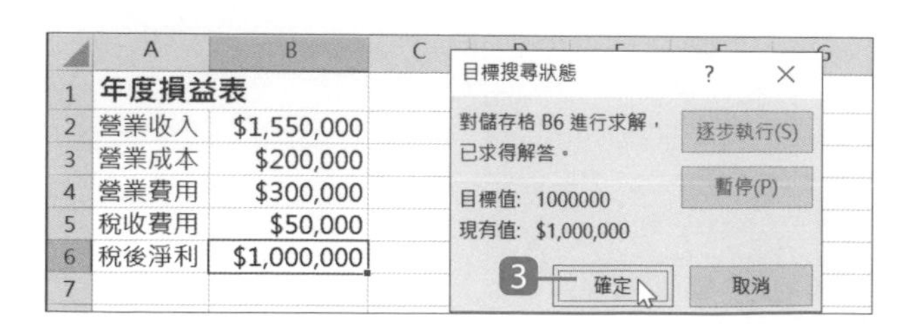

3 分析後得知，**營業收入** 必須為 $1,550,000，才能符合 $1,000,000 的 **稅後淨利**，最後選按 **確定** 鈕。

19.2 分析藍本管理員

分析藍本管理員 功能是將單一狀況的多種條件一一建立成分析藍本，進行假設性的分析與估算。以下以藥妝店為例，建立三組分析藍本，評估在不同的銷售數量、售價與薪資成本狀況下，所應達成的銷售利潤。

假設藥妝店打算推出新的產品 "植物性洗髮精"，依下面三個方案的敘述輸入分析資料，選擇最佳的銷售方案！

A 方案：一個月預計販售 2000 瓶，一瓶售價 890 元，需要二位工讀生販售，每個月薪資共需支付 36000 元。

B 方案：一個月預計販售 1500 瓶，一瓶售價 890 元，需要一位工讀生販售，每個月薪資共需支付 22000 元。

C 方案：一個月預計販售 1000 瓶，一瓶售價 890 元，需要一位工讀生販售，每個月薪資共需支付 18000 元。

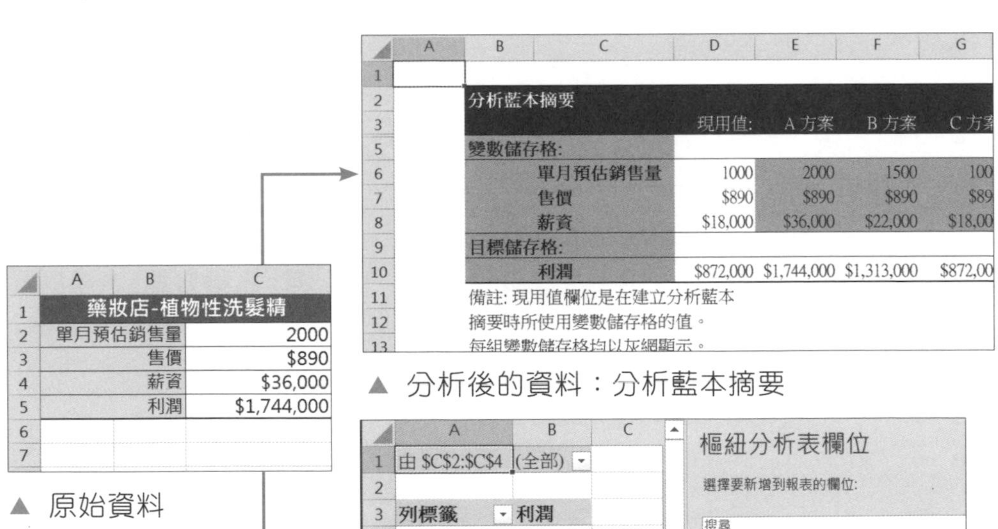

▲ 原始資料

▲ 分析後的資料：分析藍本摘要

▲ 分析後的資料：分析藍本樞紐分析表

Step 1 設定運算公式

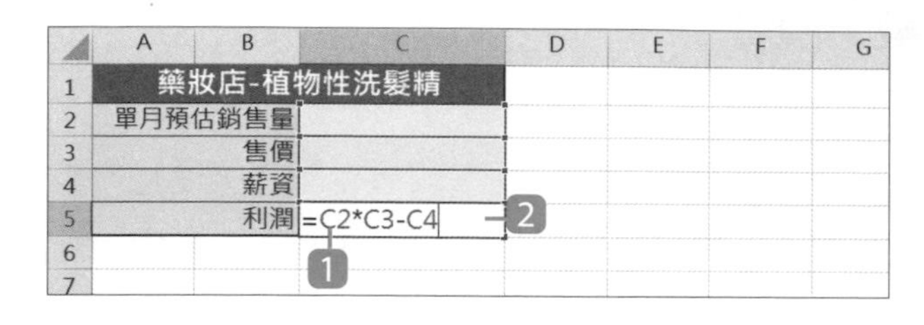

1 選取 C5 儲存格。

2 **利潤** 為 **單月預估銷售量 × 售價 - 薪資**，輸入公式：**=C2*C3-C4**。

Step 2 為儲存格定義名稱

儲存格擁有專屬的名稱而不是欄名、列號，可以提高公式的易讀性。以此範例來說，為儲存格定義名稱是為了之後建立分析藍本時，變數值的指定更為清楚明瞭。

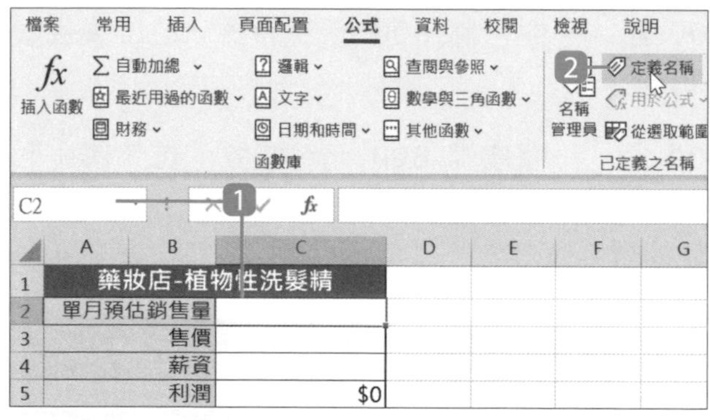

1 選取 C2 儲存格 (資料編輯列左側的 **名稱方塊** 中可看到目前該儲存格的名稱為 "C2")。

2 於 **公式** 索引標籤選按 **定義名稱** 開啟對話方塊。

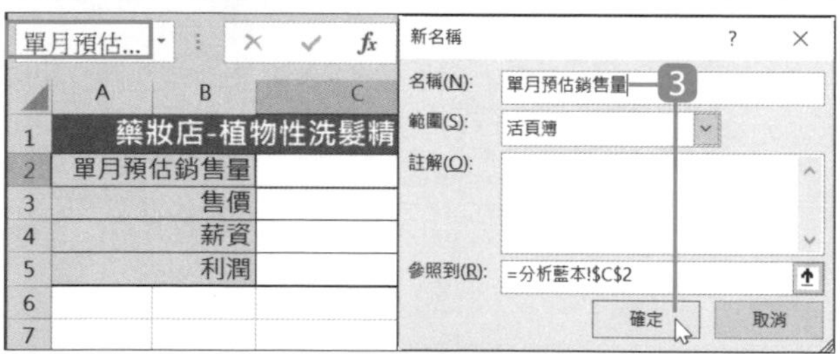

3 **名稱** 輸入：「單月預估銷售量」，選按 **確定** 鈕。

(於 **名稱方塊** 中可以看到設定好的儲存格名稱)

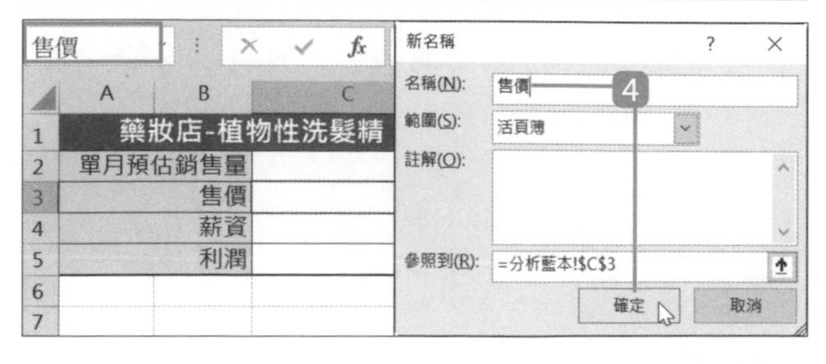

4 依照相同方式，定義 C3 儲存格名稱為 **售價**。

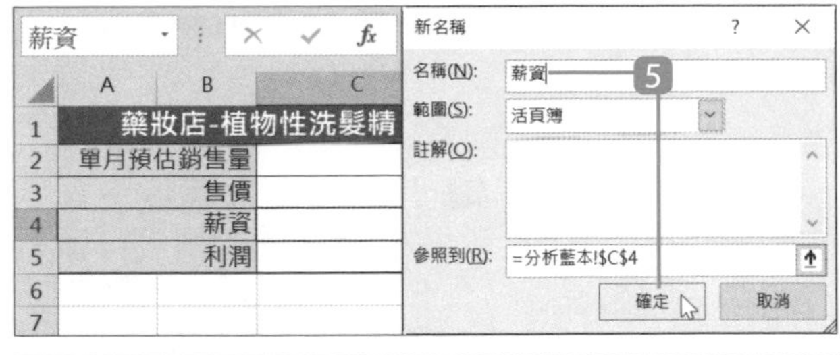

5 定義 C4 儲存格名稱為 **薪資**。

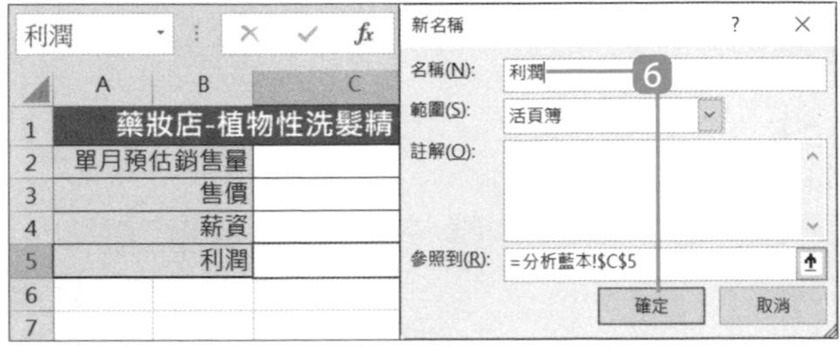

6 定義 C5 儲存格名稱為 **利潤**。

Step 3 建立分析藍本

此範例有 "A 方案"、"B 方案"、"C 方案" 三筆銷售方案，需要建立三筆分析藍本。

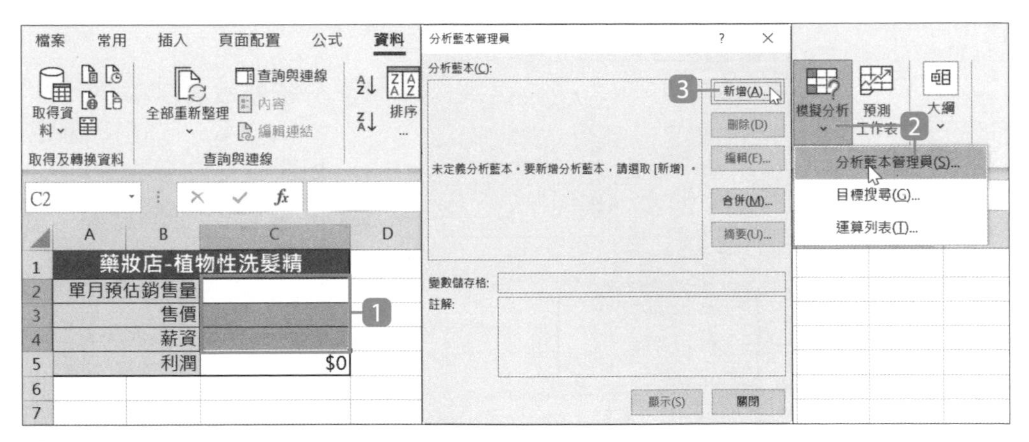

1 選取 C2:C4 儲存格範圍。

2 於 **資料** 索引標籤選按 **模擬分析 \ 分析藍本管理員** 開啟對話方塊。

3 選按 **新增** 鈕開啟對話方塊。

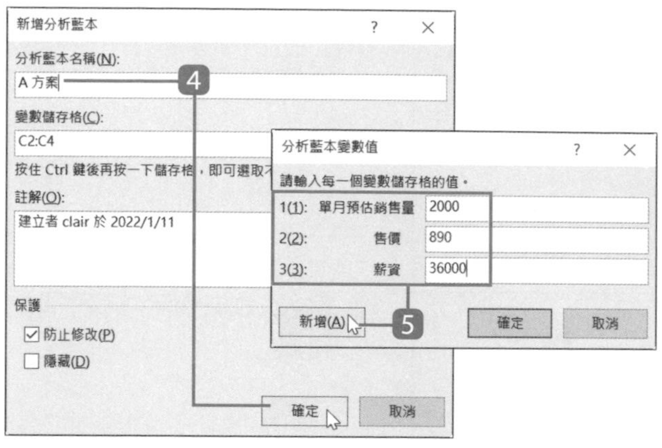

4 **分析藍本名稱** 輸入：「A 方案」，選按 **確定** 鈕開啟對話方塊。

5 於三個變數欄位中輸入 "A 方案" 數值 (可參考 P19-5)，選按 **新增** 鈕新增下一筆藍本。

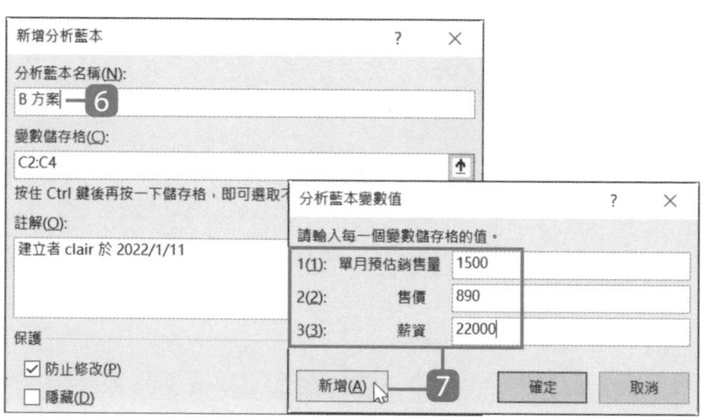

6 **分析藍本名稱** 輸入：「B 方案」，選按 **確定** 鈕開啟對話方塊。

7 輸入 "B 方案" 數值，選按 **新增** 鈕新增下一筆藍本。

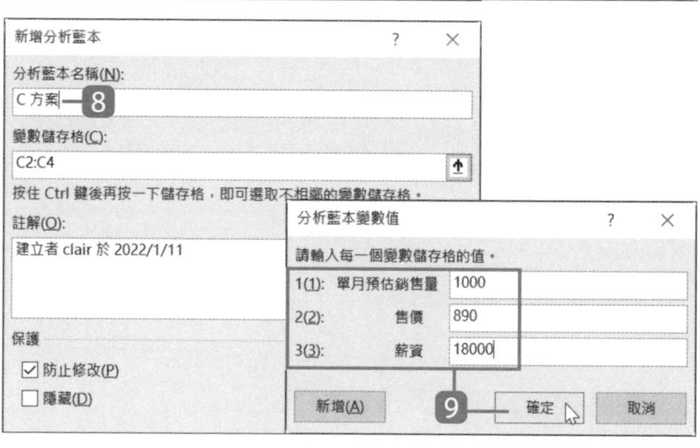

8 **分析藍本名稱** 輸入：「C 方案」，選按 **確定** 鈕開啟對話方塊。

9 輸入 "C 方案" 數值，最後選按 **確定** 鈕。

資訊補給站

未定義儲存格名稱

如果之前未定義儲存格名稱，當進入 **分析藍本變數值** 對話方塊中，其 "單月預計銷售量"、"售價" 與 "薪資" 三個欄位，會以儲存格的絕對位址顯示，如 $C$2、$C$3、$C$4。

Step 4 顯示分析藍本結果

回到 **分析藍本管理員** 對話方塊中，會發現已建立三筆藍本資料。當選取其中任一筆藍本資料指定顯示，會在工作表中顯示相關數值。

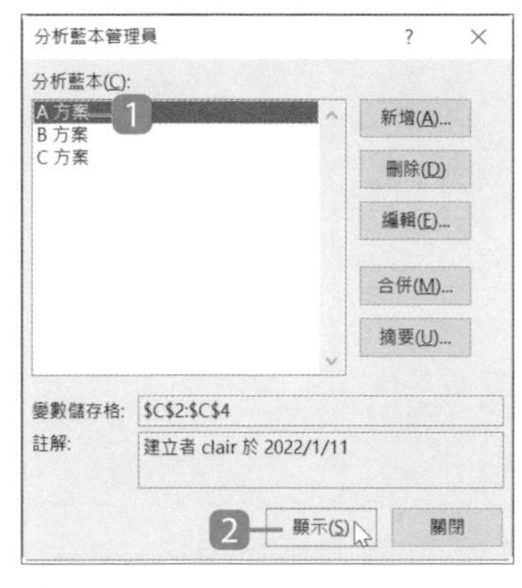

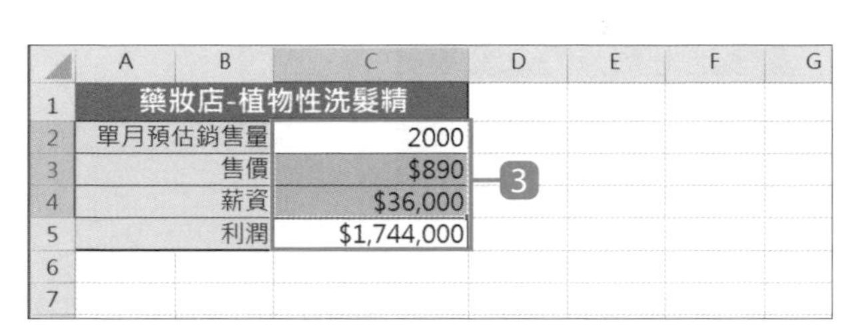

1 選取 **分析藍本**：**A 方案**。

2 選按 **顯示** 鈕。

3 於 C2:C4 儲存格範圍，顯示 "A 方案" 分析藍本的變數值。於 C5 儲存格 **利潤** 項目中，數值會依 A 方案分析藍本的變數值而進行運算。

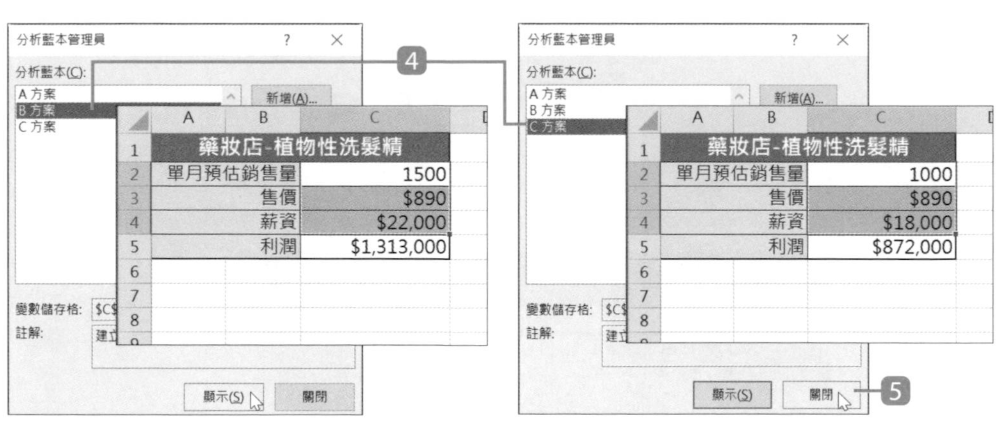

4 依照相同方式，一一瀏覽其他方案的利潤值。

5 最後可選按 **關閉** 鈕回到工作表。

Step 5 建立分析藍本摘要

若想建立一份簡易的摘要資料時，請依如下操作。

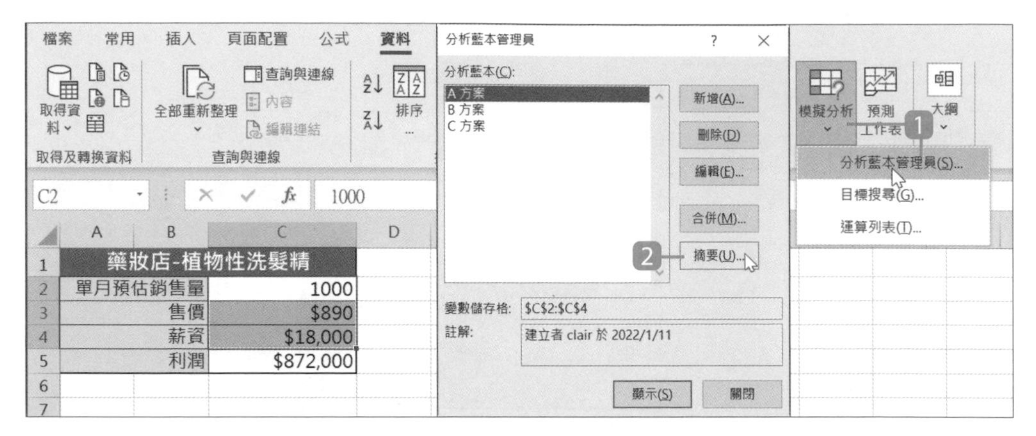

1 於 **資料** 索引標籤選按 **模擬分析 \ 分析藍本管理員** 開啟對話方塊。

2 選按 **摘要** 鈕開啟對話方塊。

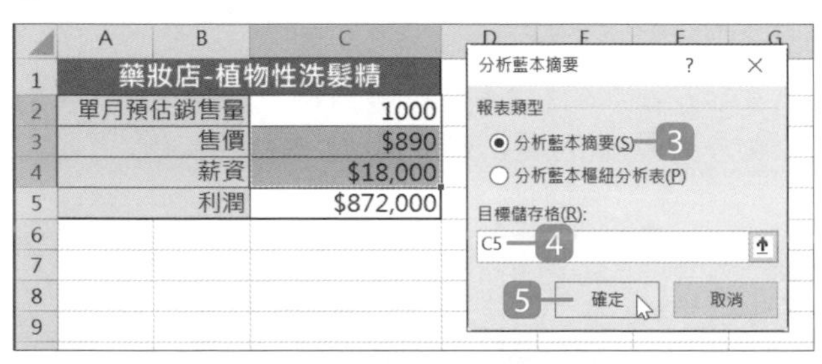

3 核選 **報表類型**：**分析藍本摘要**。

4 設定 **目標儲存格**。(在此輸入「C5」，顯示各方案利潤的值)

5 選按 **確定** 鈕。

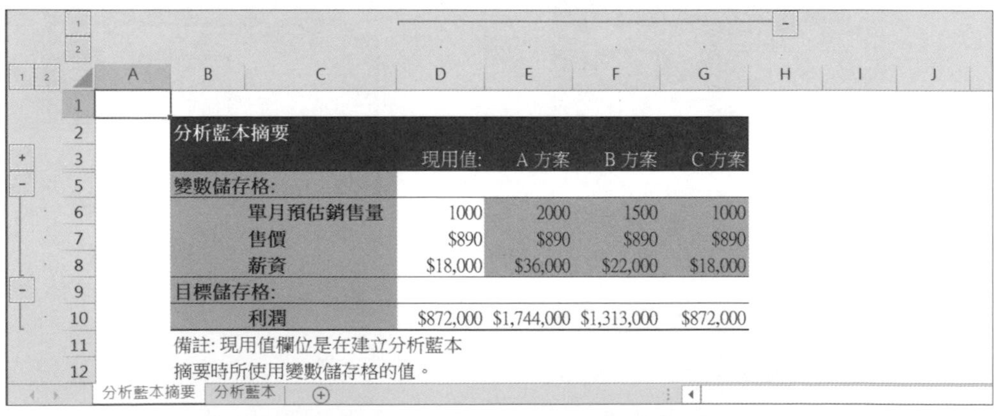

▲ 另外建立一個 **分析藍本摘要** 工作表，以大綱模式呈現分析資料，整理顯示所有的分析藍本。

Step 6 建立分析藍本樞紐分析表

若想要建立一份樞紐分析表，請依如下操作。

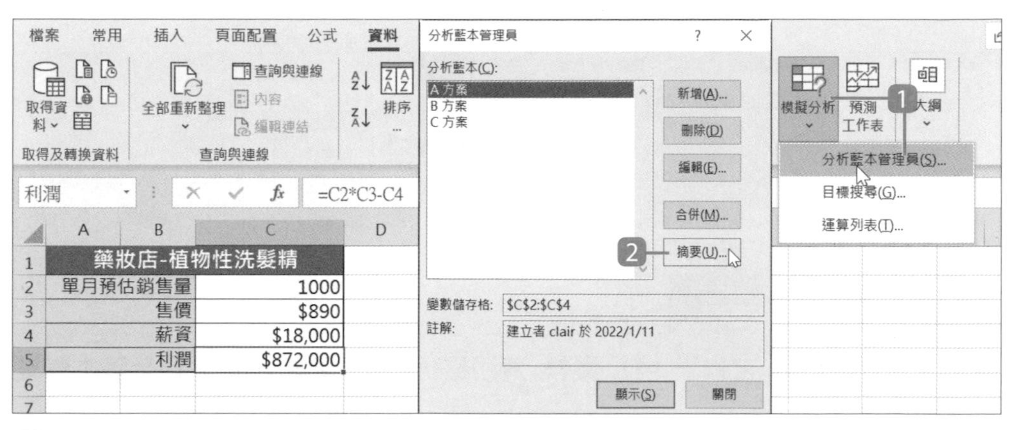

1 回到 **分析藍本** 工作表，於 **資料** 索引標籤選按 **模擬分析 \ 分析藍本管理員** 開啟對話方塊。

2 選按 **摘要** 鈕開啟對話方塊。

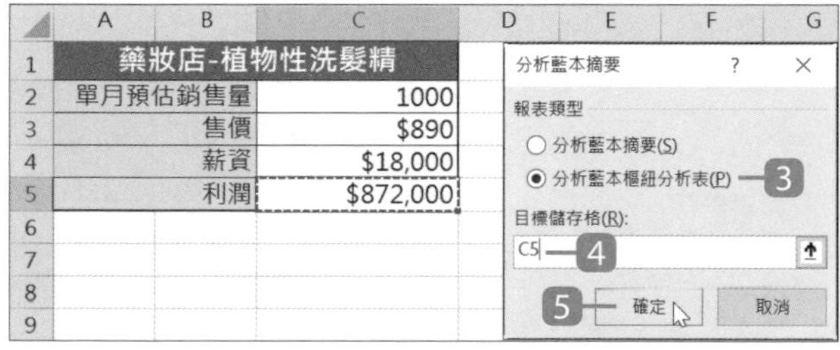

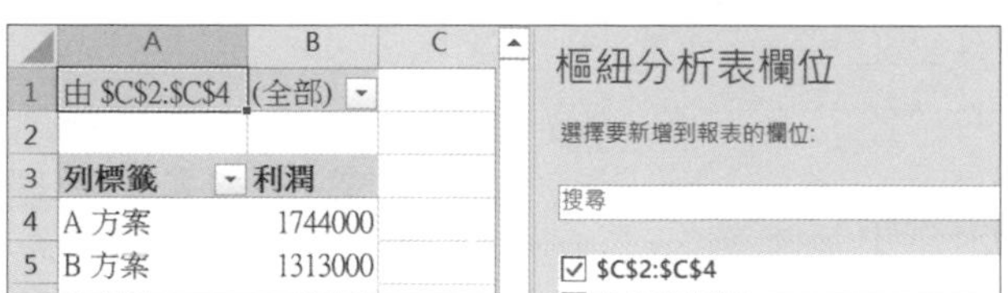

3 核選 **報表類型**：**分析藍本樞紐分析表**。

4 設定 **目標儲存格**。(在此輸入「C5」，顯示各方案利潤的值)

5 選按 **確定** 鈕。

◀ 另外建立一個 **分析藍本樞紐分析表** 工作表，並顯示相關的樞紐分析。

資訊補給站

分析藍本樞紐分析表無法篩選資料？

分析藍本管理員 功能產生的樞紐分析表，只要檔案重新開啟後，就無法再使用篩選資料清單鈕。主要是因為建立方案時預設已核選 **防止修改**，如果想要可篩選資料的樞紐分析表，可以在 **新增分析藍本** 對話方塊中取消核選 **防止修改**，之後再重新產生樞紐分析表。

Step 7 編輯或刪除分析藍本

建立分析藍本時，如果遇到資料輸入錯誤，可以透過 **編輯** 或 **刪除** 功能達到修改或移除的目的。

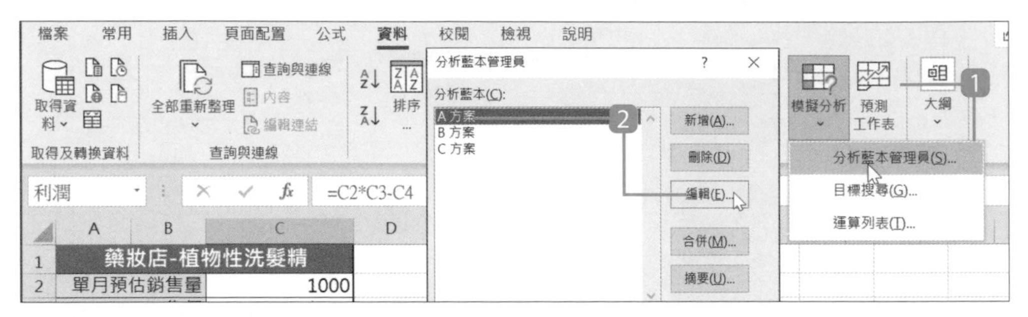

1 回到 **分析藍本** 工作表，於 **資料** 索引標籤選按 **模擬分析 \ 分析藍本管理員** 開啟對話方塊。

2 選按要編修的藍本，再選按 **編輯** 鈕開啟對話方塊。

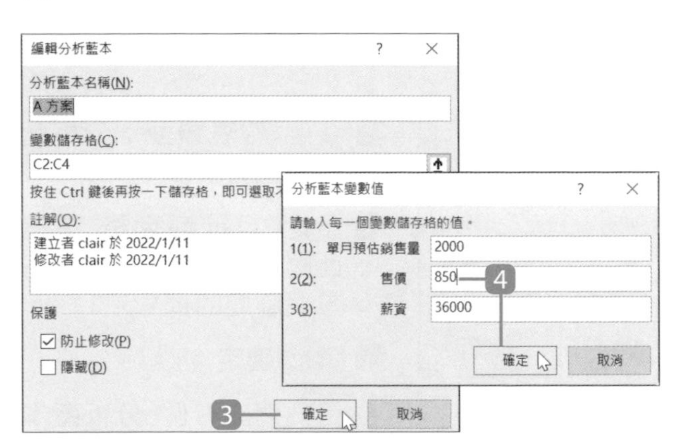

3 除了可以修改 **分析藍本名稱**，選按 **確定** 鈕開啟對話方塊。

4 還可以修改數值，最後選按 **確定** 鈕，再選按 **顯示** 鈕，即可於工作表看到更改後的分析藍本及分析結果。(此處僅說明不套用)

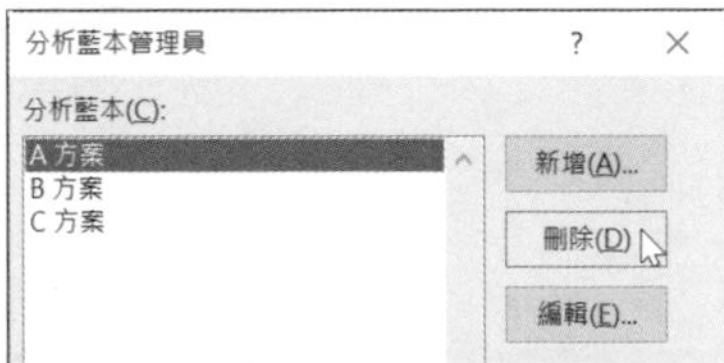

◀ 如果想要移除分析藍本時，可於 **分析藍本管理員** 對話方塊先選按要移除的藍本，再選按 **刪除** 鈕。(此處僅說明不套用)

資訊補給站

摘要或樞紐分析表無法自動更新

分析藍本中的數值若經過修改，必須重新產生 **分析藍本摘要** 或 **分析藍本樞紐分析表**，原有的資料並不會自動更新。

19.3 合併彙算

合併彙算 功能可將不同工作表內的資料整合，合併的來源資料其欄列標題或資料範圍必須一致，才可以完整達到合併彙算的效果。

此範例將利用年度產品銷售表，整合一至十二月的銷售金額，以 **合併彙算** 功能，計算全年度的銷售金額。

Step 1 開啟要進行合併彙算的來源資料

請開啟已整理好的 <2022第一季.xlsx>、<2022第二季.xlsx>、<2022第三季.xlsx> 三個檔案。

1-4 月產品銷售表

	北部	中部	南部
生活家電	$246,184	$146,218	$143,711
空調家電	$299,260	$157,645	$189,310
按摩家電	$637,686	$342,522	$509,472
美容家電	$210,364	$107,879	$129,710
清靜除溼	$205,484	$137,800	$86,871
廚房家電	$84,617	$464,804	$344,430
合計	$1,683,595	$1,356,868	$1,403,504

第一季

5-8 月產品銷售表

	北部	中部	南部
生活家電	$350,800	$180,990	$245,600
空調家電	$389,600	$450,970	$209,500
按摩家電	$780,000	$60,780	$338,000
美容家電	$110,678	$178,900	$89,000
清靜除溼	$78,000	$140,000	$56,800
廚房家電	$98,065	$220,987	$99,000
合計	$1,807,143	$1,232,627	$1,037,900

第二季

9-12 月產品銷售表

	北部	中部	南部
生活家電	$44,500	$332,100	$54,300
空調家電	$98,750	$453,000	$610,950
按摩家電	$356,990	$67,000	$456,120
美容家電	$555,000	$77,900	$293,450
清靜除溼	$134,500	$123,800	$35,600
廚房家電	$778,900	$456,800	$289,000
合計	$1,968,640	$1,510,600	$1,739,420

第三季

Step 2 開啟合併彙算

以空白活頁簿或事先準備的檔案進行合併彙算。

1 開啟 <1903.xlsx>，選取 A2 儲存格。

2 於 **資料** 索引標籤選按 **合併彙算** 開啟對話方塊。

Step 3 新增參照位址

接下來新增第一季~第三季的參照位址。

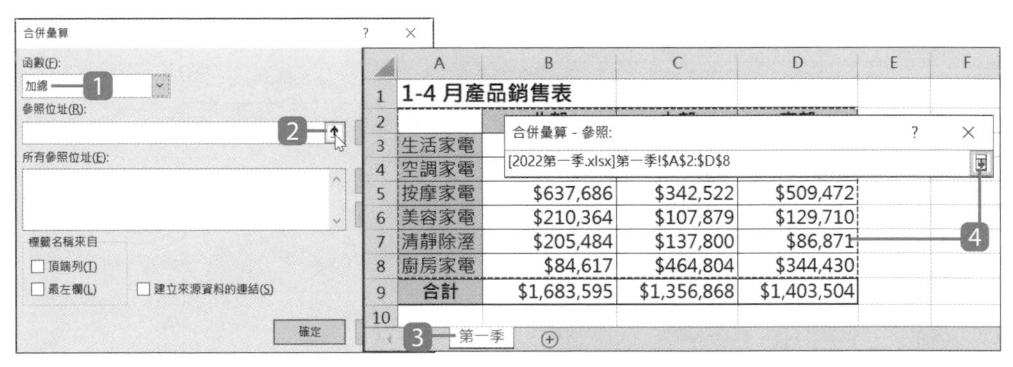

1 設定 **函數**：**加總** (其中還可執行：**計數**、**平均值**、**最大**、**最小**、**乘積**、**計數數字項數**...等運算)。

2 選按 **參照位址** 右側 ⬆ 鈕。

3 切換至 <2022第一季.xlsx>，選按 **第一季** 工作表。

4 選取 A2:D8 儲存格範圍，按 Enter 鍵或 ⬇ 鈕返回 **合併彙算** 對話方塊。

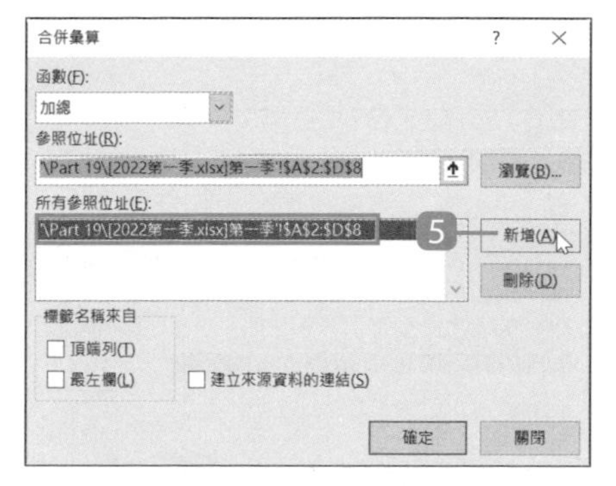

5 選按 **新增** 鈕，將剛才選取的範圍加入 **所有參照位址** 清單中。

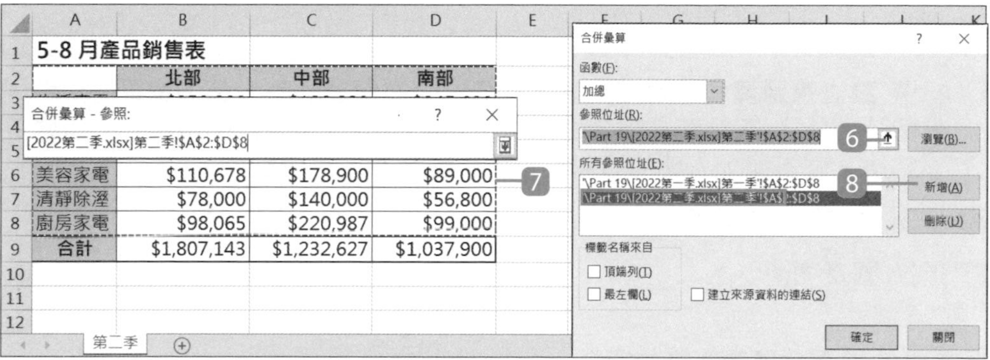

6 按 Del 鍵清除目前 **參照位址** 欄中的資料，再選按 ⬆ 鈕。

7 切換至 <2022第二季.xlsx>，選按 **第二季** 工作表，選取 A2:D8 儲存格範圍，按 Enter 鍵。

8 再選按 **新增** 鈕，將剛才選取的範圍加入 **所有參照位址** 清單中。

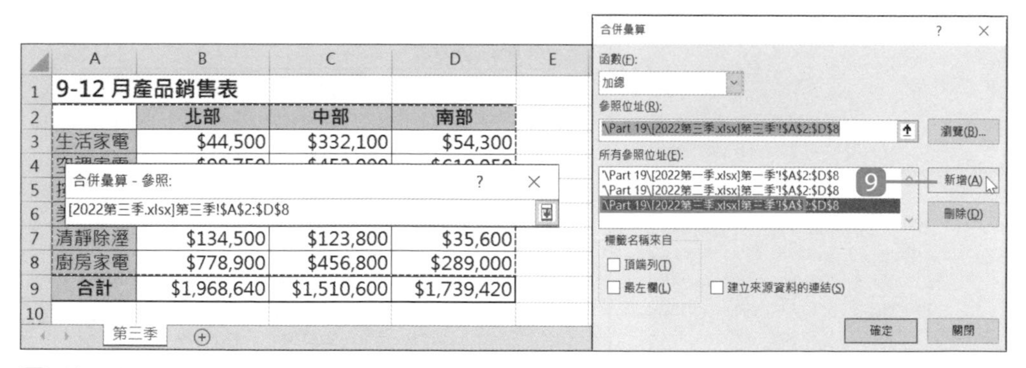

9 依照相同方式再新增 <2022第三季.xlsx> 的 **第三季** 工作表 A2:D8 儲存格範圍為參照位址。

Step 4 建立來源資料的連結

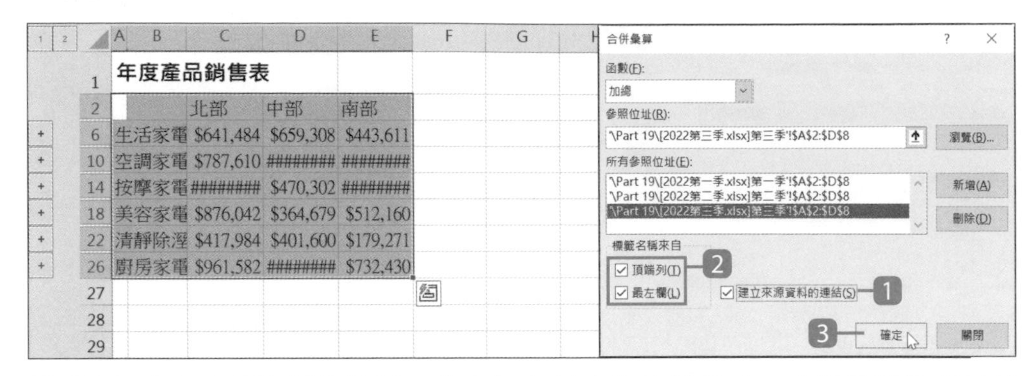

1 核選 **建立來源資料的連結**，當來源資料中的值變更時，合併彙算的資料就會即時更新。(來源範圍與合併結果必須在不同工作表或檔案中，一旦建立連結後，就不能加入新的資料、改變標籤名稱或來源範圍。)

2 核選 **頂端列**、**最左欄**。

3 選按 **確定** 鈕。

Step 5 整理合併彙算後的資料

檔案 常用 插入 頁面配置 公式 資料 校閱 檢視 說明

	A	B	C	D	E
1	年度產品銷售表				
2			北部	中部	南部
3		2022第一季	$246,184	$146,218	$143,711
4		2022第二季	$350,800	$180,990	$245,600
5		2022第三季	$44,500	$332,100	$54,300
6	生活家電		$641,484	$659,308	$443,611
7		2022第一季	$299,260	$157,645	$189,310
8		2022第二季	$389,600	$450,970	$209,500
9		2022第三季	$98,750	$453,000	$610,950
10	空調家電		$787,610	$1,061,615	$1,009,760
11		2022第一季	$637,686	$342,522	$509,472
12		2022第二季	$780,000	$60,780	$338,000
13		2022第三季	$356,990	$67,000	$456,120
14	按摩家電		$1,774,676	$470,302	$1,303,592
15		2022第一季	$210,364	$107,879	$129,710

1 在工作表中就可以看到三季的銷售總和，還會出現如圖的大綱模式。

2 可以直接利用左側 1、2、+、- 符號展開或隱藏資料。

3 **合併彙算** 後可以微調欄寬、儲存格樣式或字型、字型大小，讓資料內容與項目清楚且容易閱讀。

用巨集錄製器達成工作自動化

建立與執行巨集

- 什麼是巨集
- 錄製多組巨集
- 儲存含有巨集的活頁簿
- 執行巨集
- 刪除不需要的巨集

開啟與共用

- 開啟含有巨集的活頁簿
- 關於巨集安全性設定
- 啟用 Excel 文件的巨集
- 共用其他活頁簿的巨集
- 將巨集複製到另一個活頁簿

更多應用

- 建立巨集執行按鈕
- 確認與編修巨集內容

20.1 建立巨集

什麼是 "巨集"？

面對堆積如山的文件、數據報表以及每天例行的操作與輸入，該如何加快工作效率？此章將分享實用的巨集技巧，為你解決一再重複的繁雜工作。

巨集能將一連串的動作轉化成一個指令，自動化重複且繁瑣的操作，原本需耗時一整天的工作，只要簡單執行巨集就完成。

建立巨集的方法有 "錄製巨集" 和 "由 Visual Basic 編輯器建立" 二種：

- Excel 錄製巨集的功能，可以將操作過程錄製下來再轉換成程式碼，並儲存為巨集，未來若要執行相同操作時，可以直接執行已錄製好的巨集。

- VBA (Visual Basic for Applications，簡稱為 VBA) 是一套由微軟開發的程式語言工具，也是 Excel 巨集功能使用的程式語言。若已經熟悉可於其編輯器直接輸入語法或者加入程序，回到 Excel 同樣會以巨集型態出現在巨集清單中。(VBA 相關詳細說明請參考 Part 21)

關於這個範例

以下要將訂單明細表 **第一季** 工作表格式化為公司制定的樣式，總共要錄製三個巨集：A報表格式套用、B報表標題套用、C報表欄位標題套用。一旦完成巨集指令錄製，**第二季** 工作表與之後相似規格的報表只要直接套用即可快速完成樣式修正，輕鬆減輕你的工作量！

	A	B	C	D	E	F	G	H
1	訂單明細							
2	訂單編號	廠商編號	產品類別	產品名稱	數量	訂價	交易金額	
3	XA11-001	M-011	冰箱	483L三門變頻	20	33210	#######	
4	XA11-002	M-003	廚房家電	觸				
5	XA11-003	M-008	廚房家電	厚				
6	XA11-004	M-002	冰箱	48				
7	XA11-005	M-009	冰箱	二				
8	XA11-006	M-006	果汁機	手				
9	XA11-007	M-007	廚房家電	雙				
10	XA11-008	M-006	廚房家電	雙				

第一季　第二季

	A	B	C	D	E	F	G	H
1	訂單明細							
2	訂單編號	廠商編號	產品類別	產品名稱	數量	訂價	交易金額	
3	XB12-001	M-004	冰箱	483L三門變頻電	30	33210	#######	
4	XB12-002	M-011	冰箱	483L三門變頻電	10	33210	#######	
5	XB12-003	M-009	冰箱	二級能效精緻雙	10	8900	$ 89,000	
6	XB12-004	M-008	果汁機	迷你食物調理機	20	1990	$ 39,800	
7	XB12-005	M-002	冰箱	483L三門變頻電	30	33210	#######	
8	XB12-006	M-004	廚房家電	厚燒熱壓三明治	20	2390	$ 47,800	
9	XB12-007	M-002	廚房家電	厚燒熱壓三明治	25	2390	$ 59,750	
10	XB12-008	M-006	果汁機	迷你食物調理機	30	1990	$ 59,700	

第一季　第二季

錄製第一組巨集

為整份工作表內容指定以下幾項操作，並命名為 "A報表格式套用" 巨集：

- 取消格線、取消目前工作表上的格式 (填色、格線、字型...等)
- **字型**：正黑體、**字型大小**：12、**字型樣式**：標準、**色彩**：黑色。
- **欄寬**：自動調整欄寬。

Step 1 開始錄製

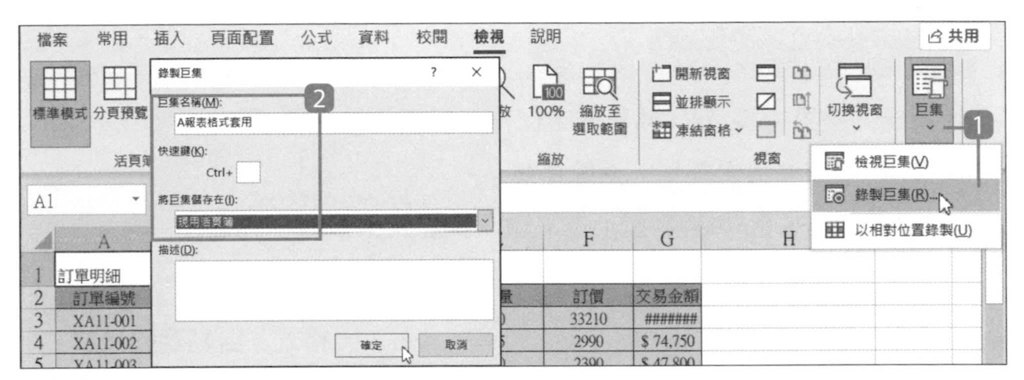

1 於 **第一季** 工作表，**檢視** 索引標籤選按 **巨集** 清單鈕 \ **錄製巨集**。

2 **巨集名稱** 輸入「A報表格式套用」，**將巨集儲存在** 設定為 **現用活頁簿**，再選按 **確定** 鈕。

資訊補給站

巨集指令命名需注意！

· 禁止使用空格以及！ @ # $ ^ & * 等特殊符號。

· 禁止使用數字開頭的名稱，只能用英文字母或中文字開頭。

儲存方式的差異

· **現用活頁簿**：將巨集儲存於目前活頁簿檔案中，僅限於該檔案開啟時執行。好處是可以把檔案複製或轉寄給他人，只要開啟這個檔案便能執行裡面的巨集。

· **個人巨集活頁簿**：將巨集儲存於該電腦的 Excel Personal.xlsb 中，只要開啟該電腦 Excel，任一活頁簿檔案均可執行裡面的巨集。

· **新的活頁簿**：將巨集儲存於一個新的活頁簿檔案中，當需要使用該巨集時必須先開啟存放的活頁簿檔案。

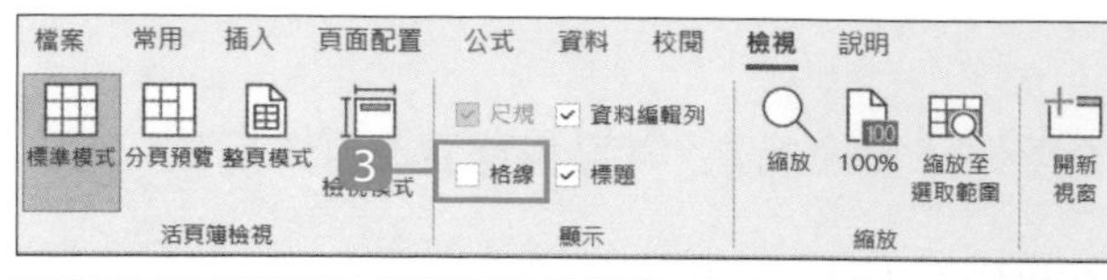

3 於 **檢視** 索引標籤取消核選 **格線**。

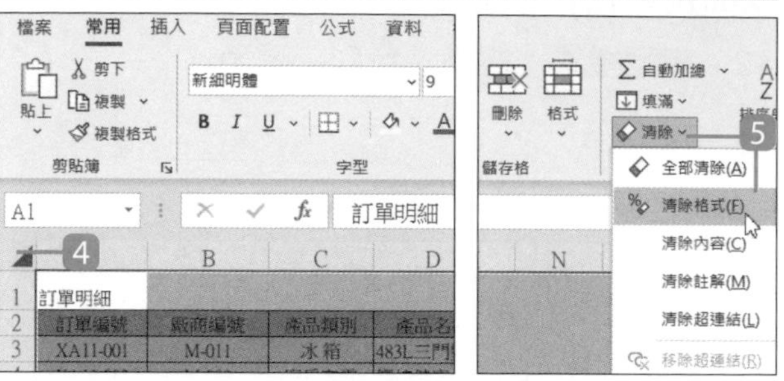

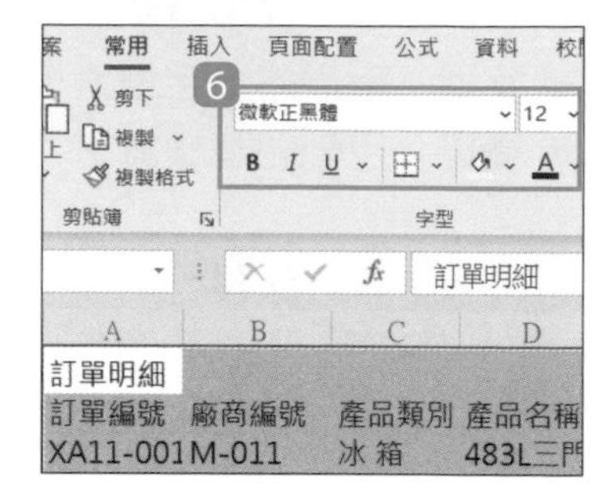

4 選按欄列交界的 ◢ 鈕，將整個工作表內的儲存格一次選取。

5 於 **常用** 索引標籤選按 ◇ \ **清除格式**。

6 於 **常用** 索引標籤設定 **字型**：正黑體，**字型大小**：12、**色彩**：黑色。

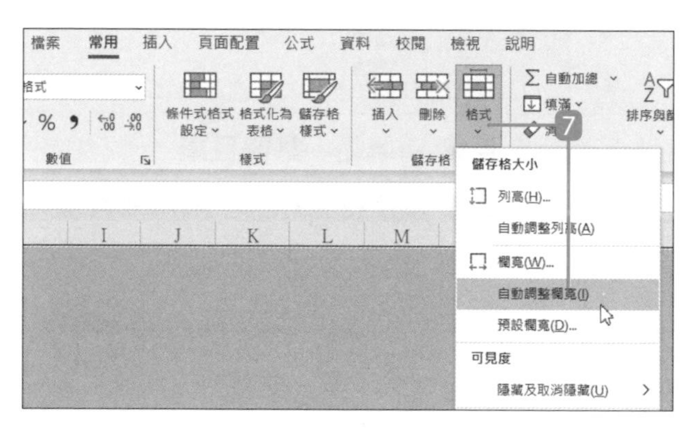

7 於 **常用** 索引標籤選按 **格式 \ 自動調整欄寬**。

Step 2 停止錄製

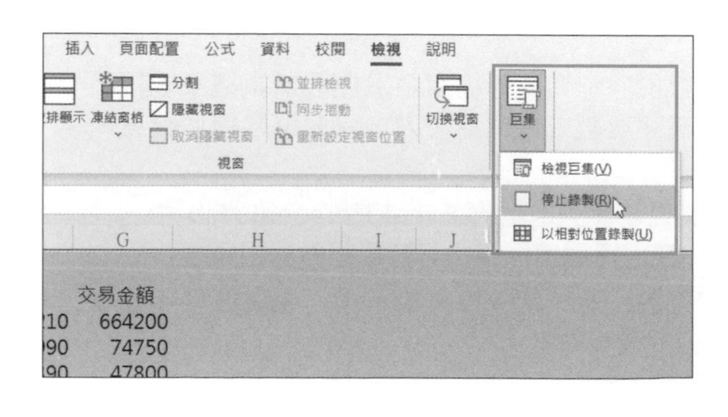

◀ 於 **檢視** 索引標籤選按 **巨集** 清單鈕 \ **停止錄製**，停止巨集錄製。

錄製第二組巨集

為選定的儲存格指定以下幾項操作，並命名為 "B報表標題套用" 巨集：

- **字型大小**：16、**字型樣式**：**粗體**、**色彩**：藍色。
- **列高**：30。

Step 1 開始錄製

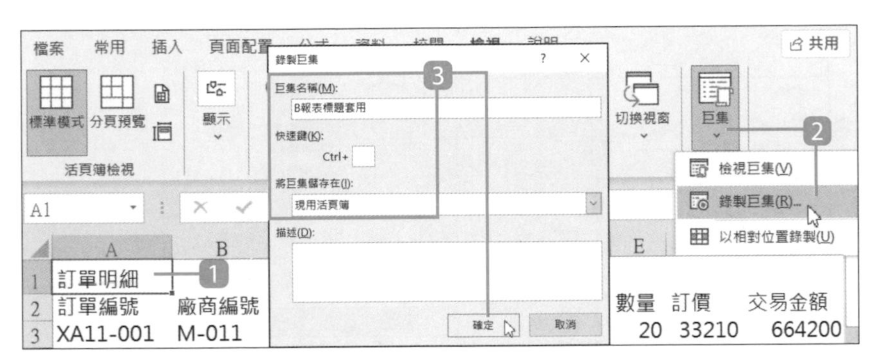

1 於 **第一季** 工作表，選取報表標題 A1 儲存格。

2 於 **檢視** 索引標籤選按 **巨集** 清單鈕 \ **錄製巨集**。

3 **巨集名稱** 輸入「B報表標題套用」，**將巨集儲存在** 設定為 **現用活頁簿**，再選按 **確定** 鈕。

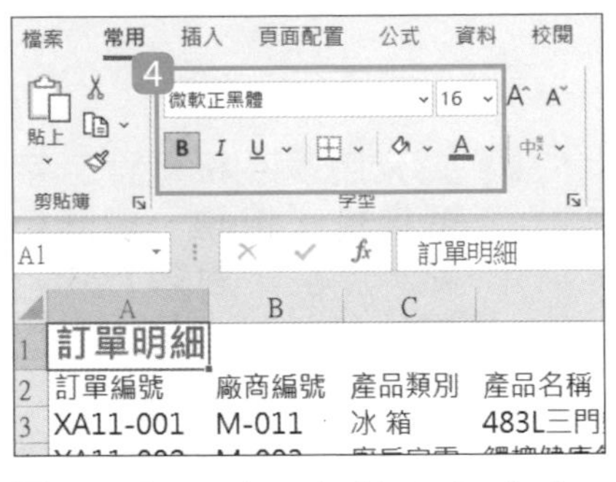

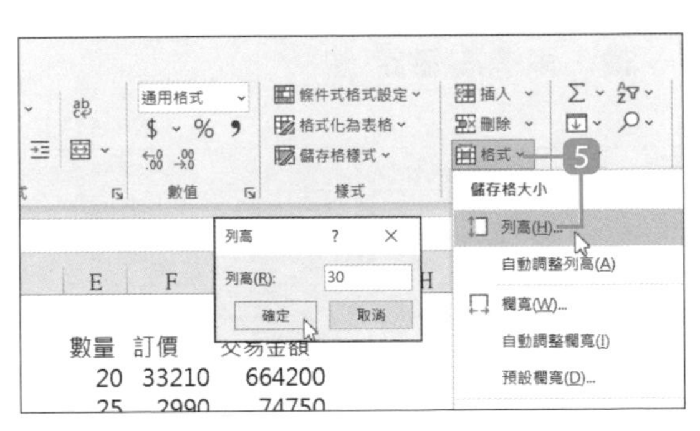

4 於 **常用** 索引標籤設定 **大小**：16、**字型樣式**：**粗體**、**色彩**：藍色。

5 於 **常用** 索引標籤選按 **格式** \ **列高**，設定 **列高**：30，再選按 **確定** 鈕。

Step 2 停止錄製

於 **檢視** 索引標籤選按 **巨集** 清單鈕 \ **停止錄製**，停止巨集錄製。

錄製第三組巨集

為選定的儲存格指定以下幾項操作，並命名為 "C報表欄位標題套用" 巨集：

- **字型樣式**：**粗體**。
- **填滿色彩**：淺灰、**對齊方式**：**置中**。

Step 1 開始錄製

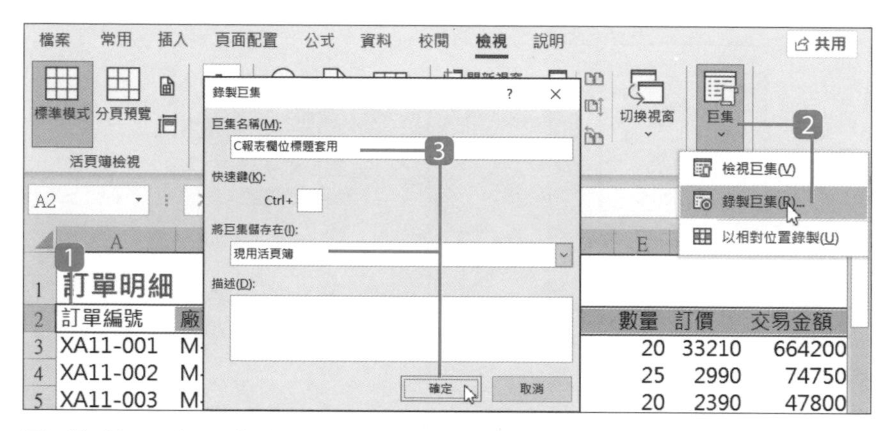

1. 於 **第一季** 工作表，選取報表欄位標題 A2:G2 儲存格範圍。
2. 於 **檢視** 索引標籤選按 **巨集** 清單鈕 \ **錄製巨集**。
3. **巨集名稱** 輸入「C報表欄位標題套用」，**將巨集儲存在** 設定為 **現用活頁簿**，再選按 **確定** 鈕。

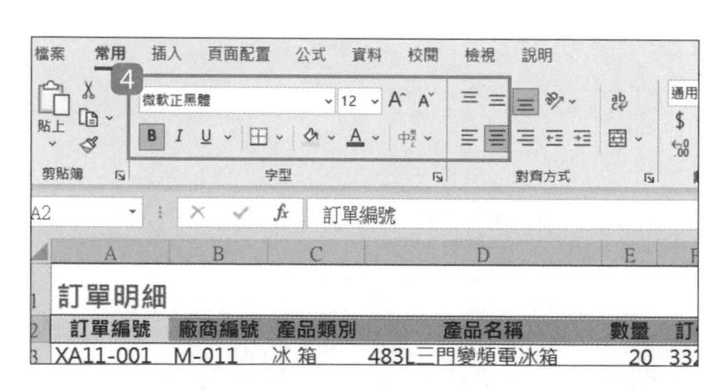

4. 於 **常用** 索引標籤設定 **字型樣式**：**粗體**、**填滿色彩**：淺灰、**對齊方式**：**置中**。

Step 2 停止錄製

於 **檢視** 索引標籤選按 **巨集** 清單鈕 \ **停止錄製**，停止巨集錄製。

(完成以上三組巨集錄製後，請接續下頁，將其儲存成含有巨集的活頁簿檔案。)

20.2 儲存含有巨集的活頁簿

基於安全性考量，含有巨集的活頁簿必須以 *.xlsm 檔案類型儲存。

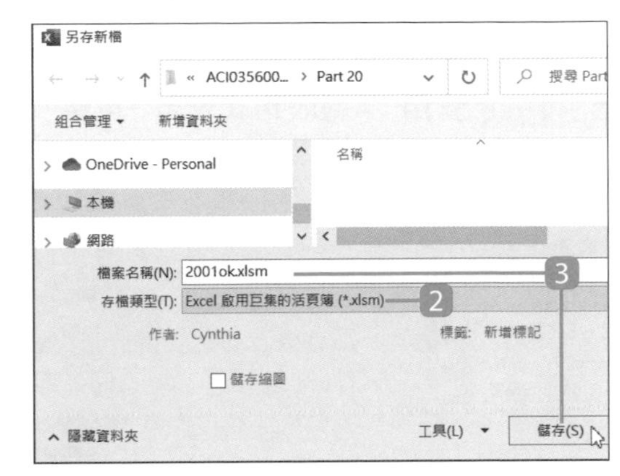

1 於 **檔案** 索引標籤選按 **另存新檔 \ 瀏覽**。

2 設定 **存檔類型**：**Excel 啟用巨集的活頁簿 (*.xlsm)**

3 輸入檔案名稱，選按 **儲存** 鈕，即完成此含巨集活頁簿的儲存。

資訊補給站

巨集提示對話方塊

若活頁簿中已完成巨集建立，但在儲存檔案時沒有選擇 **存檔類型**：**Excel 啟用巨集的活頁簿 (*.xlsm)** 類型，會出現如下的對話方塊：

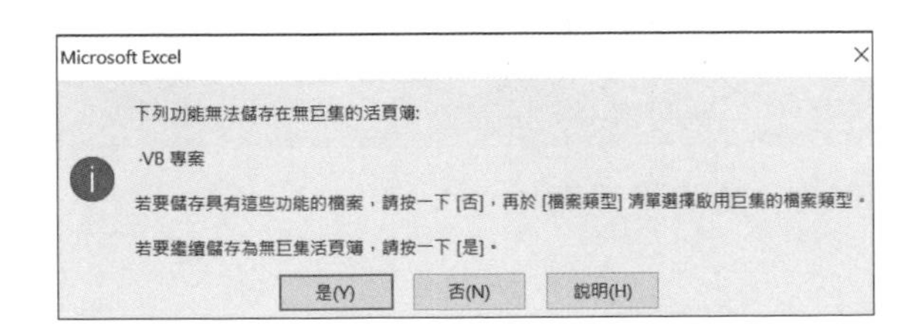

選按 **是** 鈕會儲存成一般活頁簿 (.xlsx) 格式檔，已建立的巨集則會被刪除；選按 **否** 鈕，會取消目前的儲存動作，退回到 **另存新檔** 對話方塊，可再指定儲存成含有巨集的活頁簿 (*.xlsm) 格式檔。

20.3 執行巨集

於訂單明細 **第二季** 工作表，套用前面錄製的巨集檢視是否正確。(如果是開啟 *.xlsm 巨集活頁簿檔操作，記得先選按 **啟用內容** 鈕啟用巨集。)

Step 1 套用 "A報表格式套用" 巨集

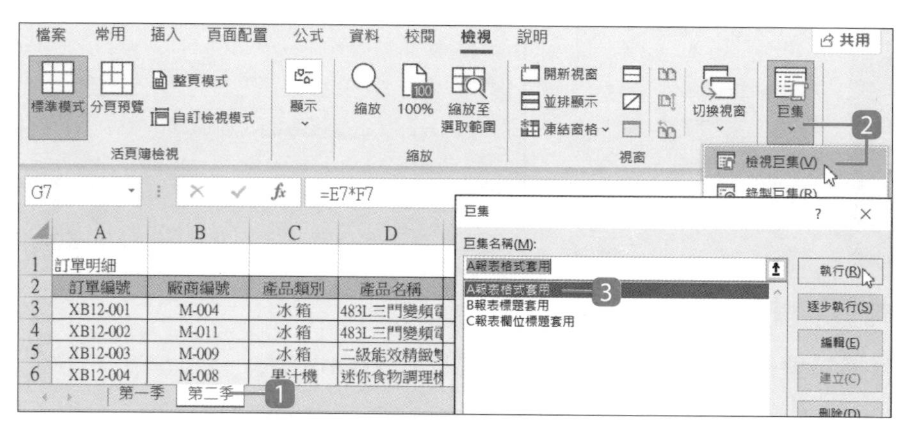

1 選按 **第二季** 工作表。

2 於 **檢視** 索引標籤選按 **巨集** 清單鈕 \ **檢視巨集**。

3 巨集清單中選按要執行的 **巨集名稱**：**A報表格式套用**，選按 **執行** 鈕。

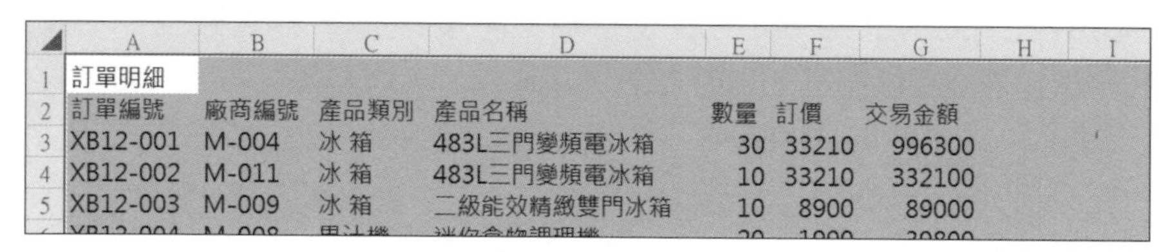

	A	B	C	D	E	F	G
1	訂單明細						
2	訂單編號	廠商編號	產品類別	產品名稱	數量	訂價	交易金額
3	XB12-001	M-004	冰 箱	483L三門變頻電冰箱	30	33210	996300
4	XB12-002	M-011	冰 箱	483L三門變頻電冰箱	10	33210	332100
5	XB12-003	M-009	冰 箱	二級能效精緻雙門冰箱	10	8900	89000

▲ 完成此份報表基本格式整理與套用。

資訊補給站

快速開啟巨集清單

除了於 **檢視** 索引標籤選按 **巨集** 清單鈕 \ **檢視巨集** 開啟巨集清單，也可以直接按 Alt + F8 鍵開啟。

Step 2 套用 "B報表標題套用" 巨集

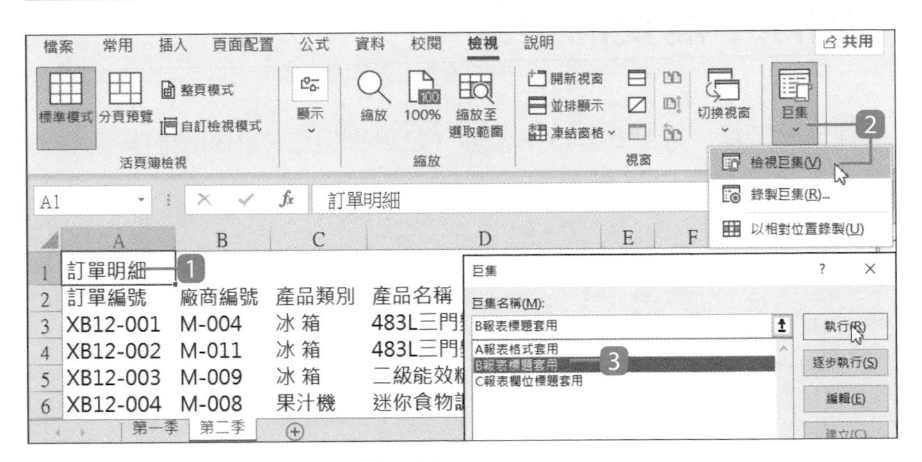

1 選取此份報表標題 A1 儲存格。

2 於 **檢視** 索引標籤選按 **巨集** 清單鈕 \ **檢視巨集**。

3 選按要執行的 **巨集名稱**：**B報表標題套用**，選按 **執行** 鈕，即可完成此份報表標題格式套用。

Step 3 套用 "C報表欄位標題套用" 巨集

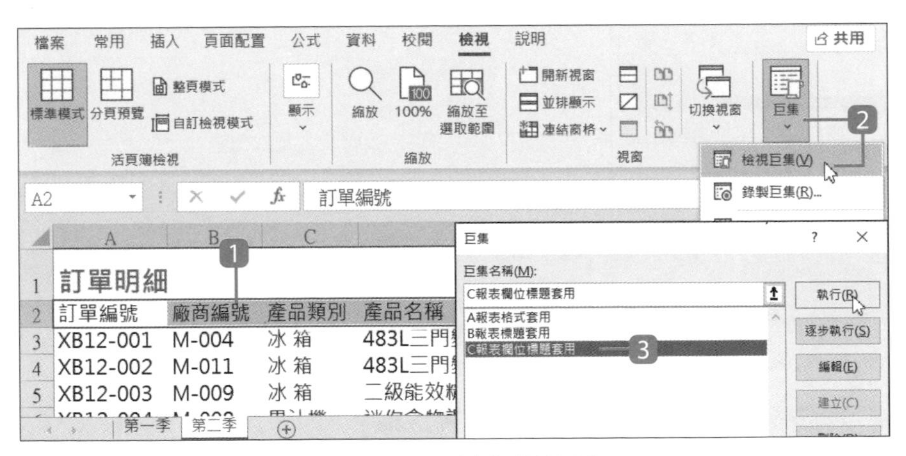

1 選取此份報表欄位標題 A2:G2 儲存格範圍。

2 於 **檢視** 索引標籤選按 **巨集** 清單鈕 \ **檢視巨集**。

3 選按要執行的 **巨集名稱**：**C報表欄位標題套用**，選按 **執行** 鈕，即可完成此份報表欄位標題格式套用。

20.4 刪除不需要的巨集

想要刪除已錄製的巨集，可以參考以下步驟 (如果是開啟 *.xlsm 巨集活頁簿檔操作，記得先選按 **啟用內容** 鈕啟用巨集。)

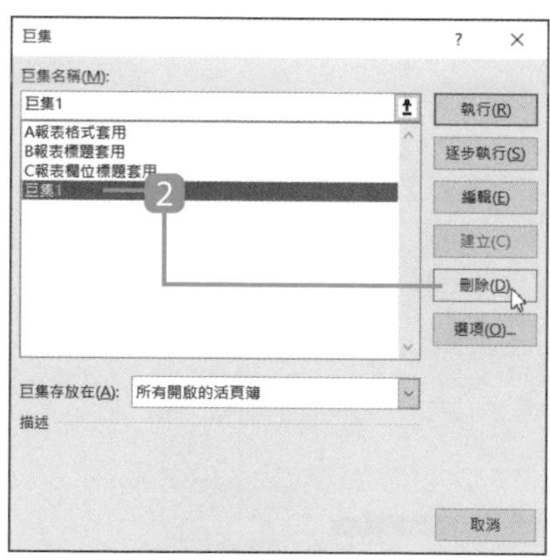

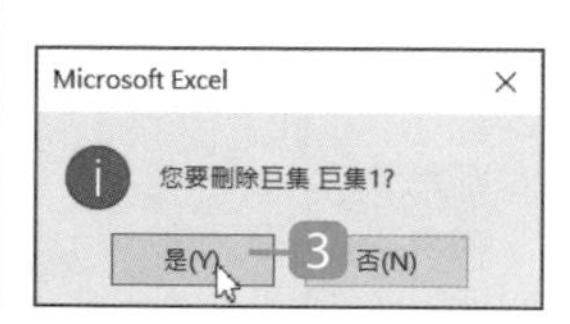

1. 於 **檢視** 索引標籤選按 **巨集** 清單鈕 \ **檢視巨集**。
2. 選按要刪除的巨集項目後，選按 **刪除** 鈕
3. 再選按 **是** 鈕，可刪除選取的巨集。

20.5 開啟含有巨集的活頁簿

關於巨集安全性設定

巨集其本質是 VBA 語法，一般開發人員可以利用相同語法在電腦上執行許多命令，駭客可能會在開啟允許巨集執行的文件時引入惡意巨集，進而在電腦上散佈病毒 (因此 VBA 巨集有潛在的安全性風險)。所以在 Excel 中開啟內含巨集的文件，都會依安全性設定自動停用巨集或是提醒。

啟用 Excel 文件中的巨集

含有巨集的活頁簿必須以 *.xlsm 檔案類型儲存，而在開啟 *.xlsm 檔案類型時，會出現一行訊息告知已停用巨集，選按 **啟用內容** 鈕即可啟用巨集。

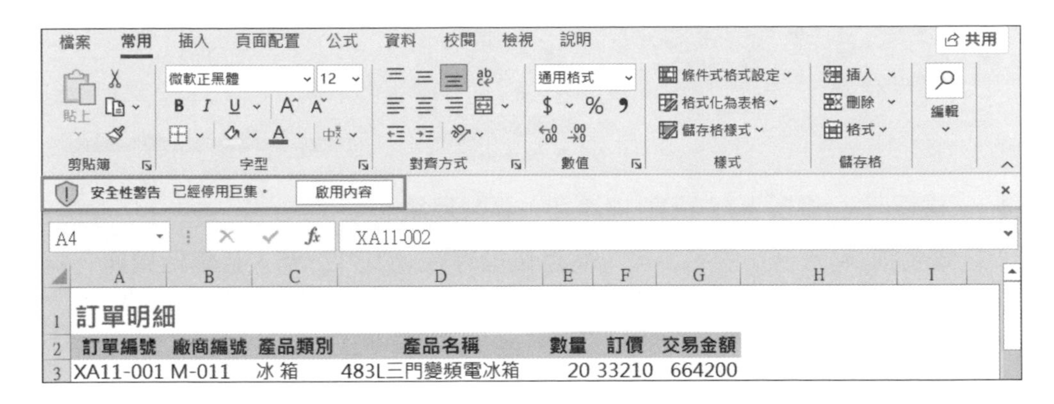

資訊補給站

取消巨集安全性保護

巨集安全性保護的提醒可利用以下方式關閉，日後再開啟含有巨集的活頁簿時就不會出現訊息列的提醒 (若無特殊原因，基於安全性考量不建議關閉安全性保護提醒)：

於 **檔案** 索引標籤選按 **選項**，**信任中心** 項目中按 **Microsoft Excel 信任中心** 的 **信任中心設定** 鈕，最後於 **巨集設定** 項目中核選 **啟用 VBA 巨集 (不建議使用，會執行有潛在危險的程式碼)**，選按二次 **確定** 鈕即完成設定動作。

20.6 共用其他活頁簿中的巨集

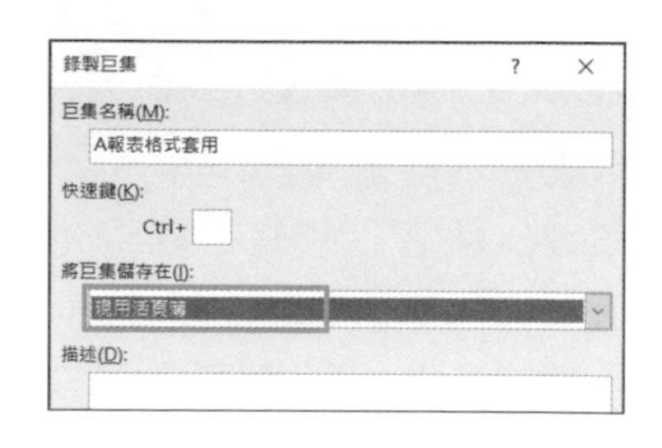

建立巨集時，預設是指定儲存在 **現用活頁簿** 中，這樣該巨集只能適用於該活頁簿檔案或同時開啟的活頁簿檔案。

每次使用都要開啟該活頁簿檔案，是否覺得有些麻煩！錄製巨集時只要指定存放在 **個人巨集活頁簿**，即可將該巨集儲存於 Personal.xlsb 活頁簿中 (這是一個隱藏活頁簿)，只要開啟該電腦 Excel，會在背景開啟 Personal.xlsb，任一活頁簿檔案均可於巨集清單看到該巨集並套用。

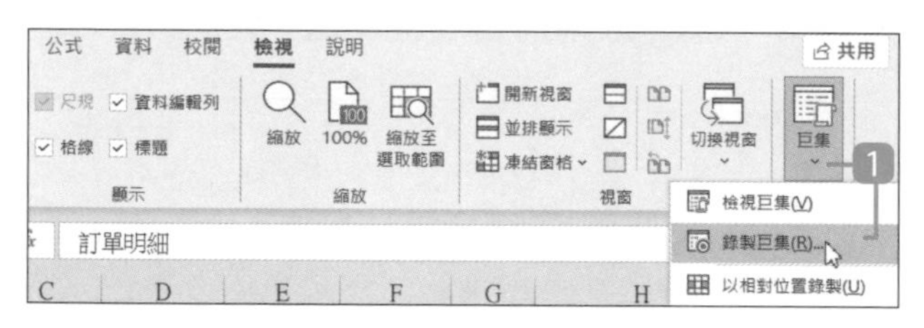

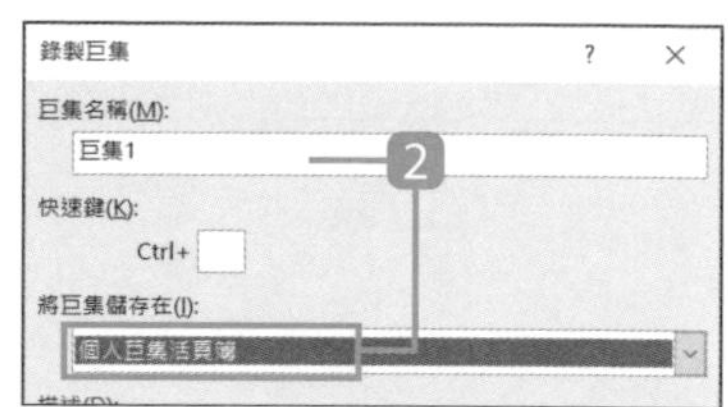

1. 於 **檢視** 索引標籤選按 **巨集** 清單鈕 \ **錄製巨集**。
2. **巨集名稱** 輸入合適的名字後，**將巨集儲存在** 設定為 **個人巨集活頁簿**，再選按 **確定** 鈕開始錄製巨集。待錄製好，於 **檢視** 索引標籤選按 **巨集** 清單鈕 \ **停止錄製**，停止巨集錄製，如此後續只要開啟該電腦 Excel，任何活頁簿檔案均能使用現在錄製的巨集。

資訊補給站

記得儲存 "個人巨集活頁簿"

關閉 Excel 時，會出現如右提示訊息，請選按 **儲存** 鈕，待再次開啟 Excel 時即能繼續使用儲存在個人巨集活頁簿中的巨集。

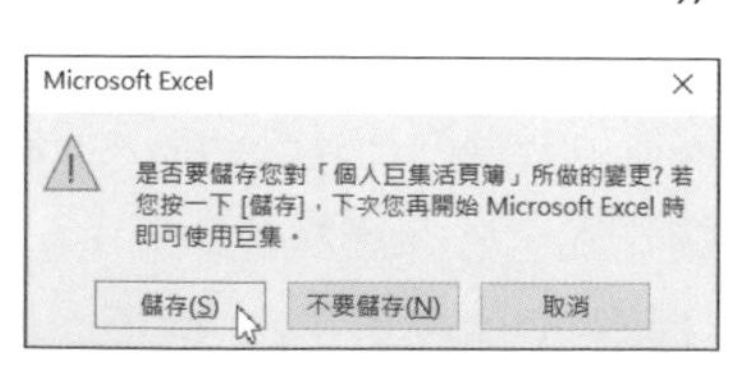

檢視或刪除 Personal.xlsb 活頁簿中的巨集

於 **檢視** 索引標籤選按 **取消隱藏視窗**，即可看到這個隱藏的活頁簿，再參考 P20-10、P20-17 的說明編修巨集，最後記得將該檔案再次隱藏。

20.7 將巨集複製到另一個活頁簿檔案

如果想將 **檔案A** 中的巨集複製到 **檔案B**，可進入巨集的編輯模式，使用 Visual Basic 編輯器 (Visual Basic Editor，簡稱 VBE) 進行複製。

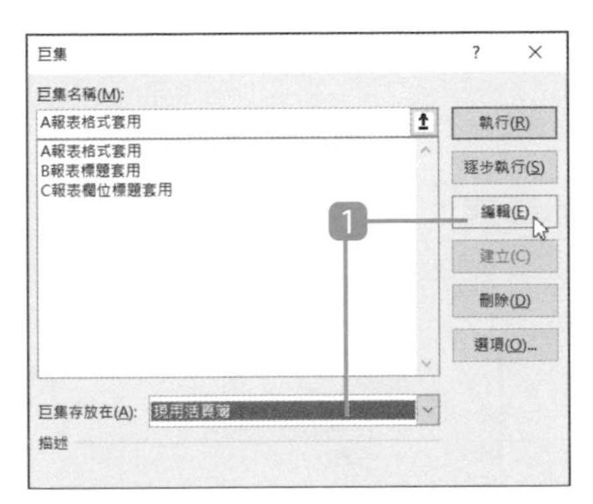

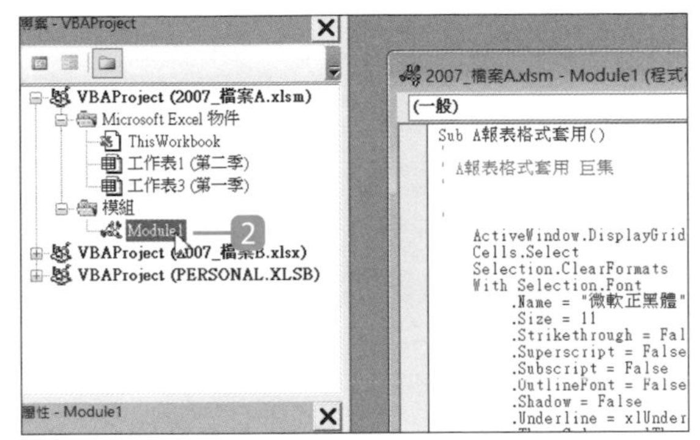

1 首先分別開啟 **檔案A**、**B** 這二個檔案，並進入 **檔案A** 中。於 **檢視** 索引標籤選按 **巨集** 清單鈕 \ **檢視巨集**，指定存放在 **現用活頁簿**，再選按 **編輯**。

2 於 **專案** 窗格，選取 **檔案A** 要進行複製的巨集模組。

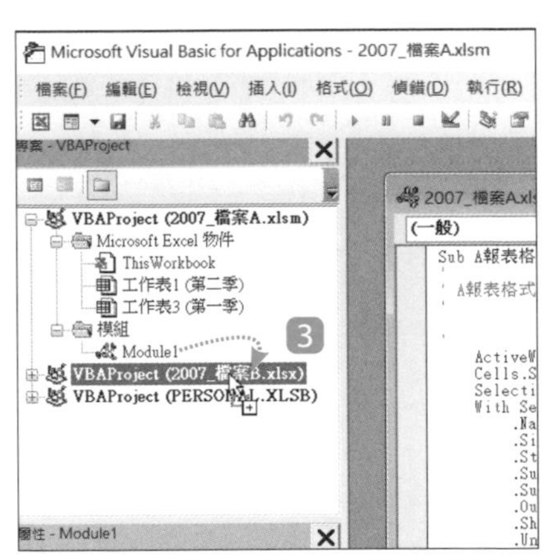

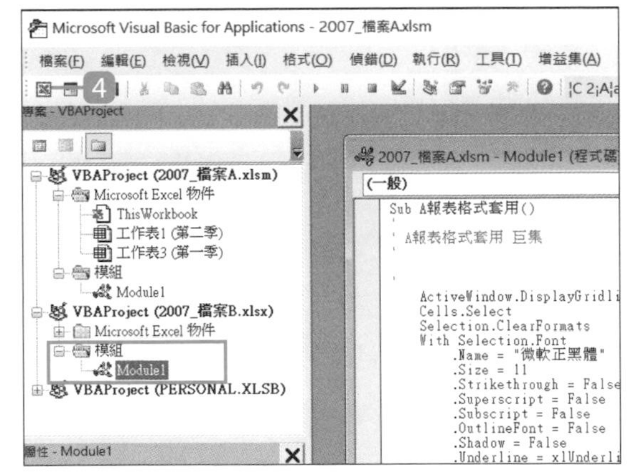

3 拖曳已選取的巨集模組到 **檔案B** 活頁簿名稱上，滑鼠指標呈 狀時放開。

4 此時在 **檔案B** 活頁簿中會看到已複製完成的巨集模組，選按工具列 即可自動儲存編修回到 Excel。如此一來 **檔案B** 活頁簿即可擁有 **檔案A** 活頁簿內的巨集。

20.8 建立巨集執行按鈕

預設狀態下，每次執行巨集時都必須開啟 **檢視巨集** 對話方塊，再選取巨集名稱執行，但若能在工作表的畫面上放置自訂的按鈕執行巨集，是不是就更方便了。

開啟 "開發人員" 索引標籤

要建立巨集執行按鈕，需先開啟 **開發人員** 索引標籤：

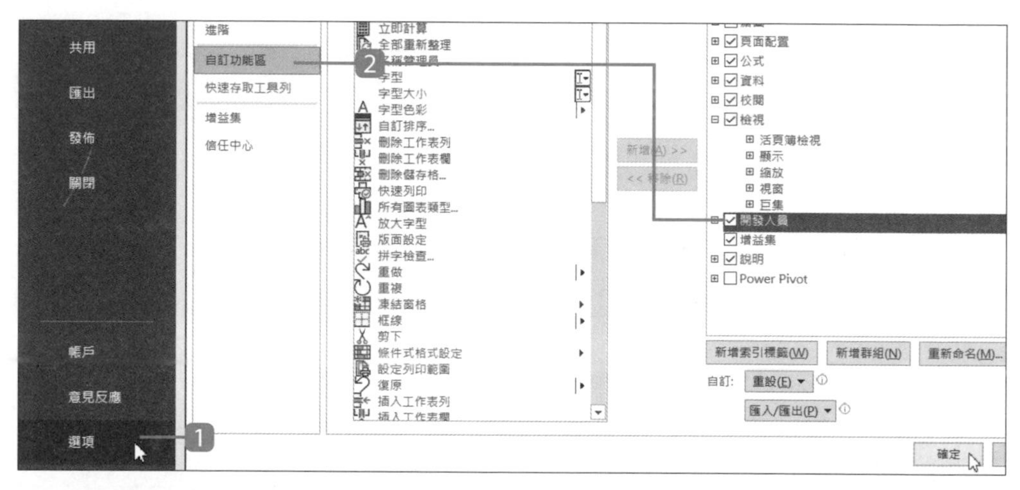

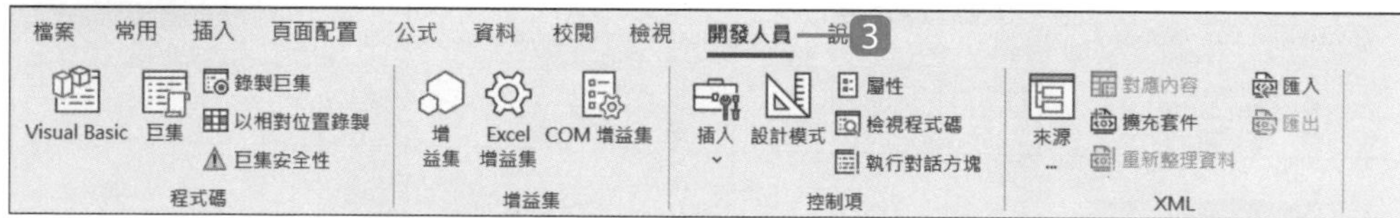

1. 於 **檔案** 索引標籤選按 **選項**。
2. 於 **自訂功能區** 項目核選 **開發人員**，再選按 **確定** 鈕即完成啟用動作。
3. 回到 Excel，功能區果然多了一個 **開發人員** 索引標籤，選按該索引標籤即可看到其中包含了 VBA 程式與巨集開發相關的功能。

建立按鈕執行巨集

於工作表，著手製作："報表標題套用" 巨集按鈕。

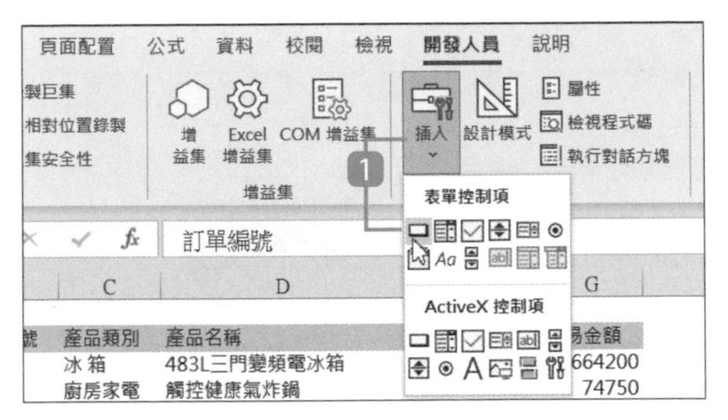

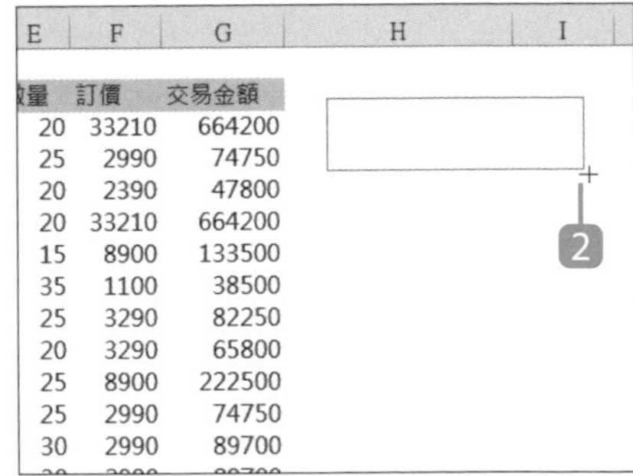

1 於 **開發人員** 索引標籤選按 **插入 \ 表單控制項 \ 按鈕 (表單控制項)**。

2 在空白儲存格上，如圖按住滑鼠左鍵不放，拖曳出一個按鈕區塊。

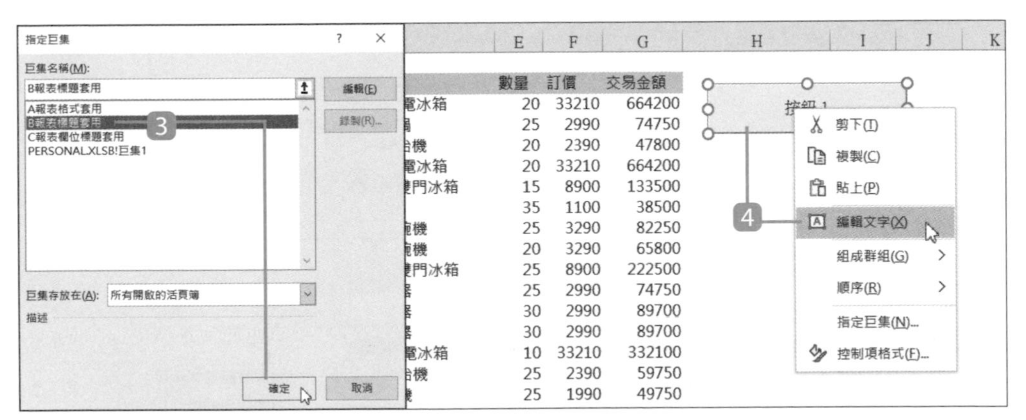

3 放開滑鼠左鍵後會自動開啟 **指定巨集** 對話方塊，此例希望按此鈕後會執行 **B報表標題套用** 巨集，所以選按 **B報表標題套用**，再選按 **確定** 鈕。

4 回到工作表，在該按鈕上按一下滑鼠右鍵，選按 **編輯文字** 。

5 將文字修改為「報表標題格式套用 (需先選取標題)」，再於任一空白處按一下滑鼠左鍵完成此巨集按鈕建置。

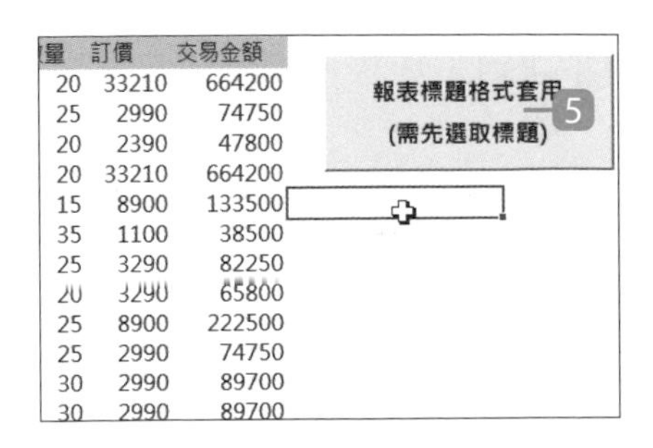

	A	B	C	D	E	F	G
1	訂單明細						
2	訂單編號	廠商編號	產品類別	產品名稱	數量	訂價	交易金額
3	XA11-001	M-011	冰箱	483L三門變頻電冰箱	20	33210	664200
4	XA11-002	M-003	廚房家電	觸控健康氣炸鍋	25	2990	74750
5	XA11-003	M-008	廚房家電	厚燒熱壓三明治機	20	2390	47800
6	XA11-004	M-002	冰箱	483L三門變頻電冰箱	20	33210	664200

報表標題格式套用
(需先選取標題)

	A	B	C	D	E	F	G
1	訂單明細						
2	訂單編號	廠商編號	產品類別	產品名稱	數量	訂價	交易金額
3	XA11-001	M-011	冰箱	483L三門變頻電冰箱	20	33210	664200
4	XA11-002	M-003	廚房家電	觸控健康氣炸鍋	25	2990	74750
5	XA11-003	M-008	廚房家電	厚燒熱壓三明治機	20	2390	47800

報表標題格式套用
(需先選取標題)

6 選取欲套用巨集的 A1 儲存格範圍，再選按剛剛建置好的 **報表標題格式套用** 巨集按鈕，即可於選取範圍套用指定設定。

7 依相同方式，再插入一個巨集按鈕，於 **指定巨集** 對話方塊，此例希望按此鈕後會執行 **C報表欄位標題套用** 巨集，所以選按 **C報表欄位標題套用**，再選按 **確定** 鈕。

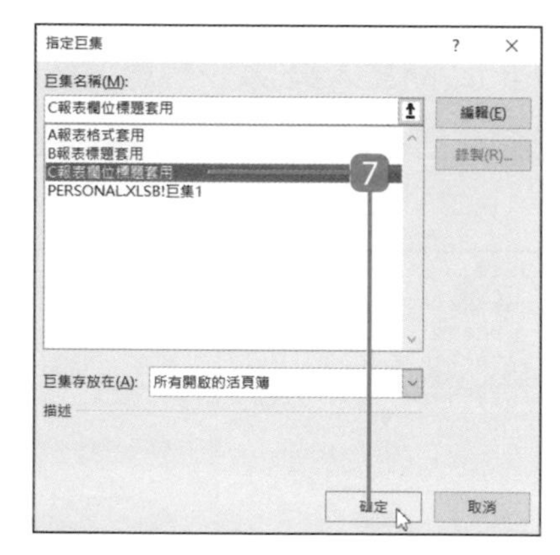

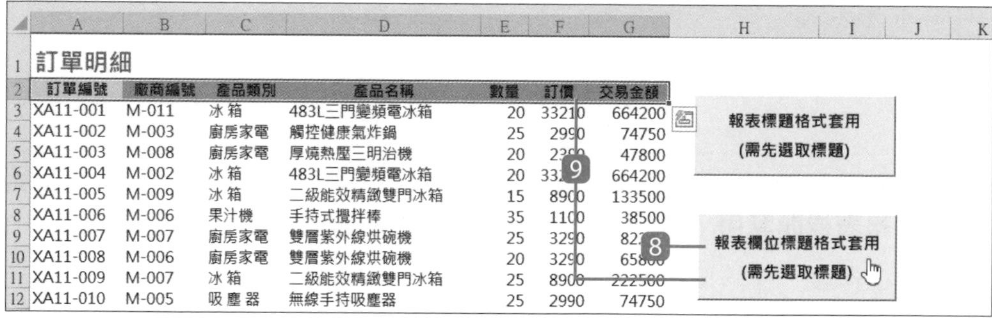

	A	B	C	D	E	F	G
1	訂單明細						
2	訂單編號	廠商編號	產品類別	產品名稱	數量	訂價	交易金額
3	XA11-001	M-011	冰箱	483L三門變頻電冰箱	20	33210	664200
4	XA11-002	M-003	廚房家電	觸控健康氣炸鍋	25	2990	74750
5	XA11-003	M-008	廚房家電	厚燒熱壓三明治機	20	2390	47800
6	XA11-004	M-002	冰箱	483L三門變頻電冰箱	20	33210	664200
7	XA11-005	M-009	冰箱	二級能效精緻雙門冰箱	15	8900	133500
8	XA11-006	M-006	果汁機	手持式攪拌棒	35	1100	38500
9	XA11-007	M-007	廚房家電	雙層紫外線烘碗機	25	3290	82[illegible]
10	XA11-008	M-006	廚房家電	雙層紫外線烘碗機	20	3290	65[illegible]
11	XA11-009	M-007	冰箱	二級能效精緻雙門冰箱	25	8900	222500
12	XA11-010	M-005	吸塵器	無線手持吸塵器	25	2990	74750

8 回到工作表，將該按鈕更名為：「報表欄位標題格式套用 (需先選取標題)」。

9 選取欲套用巨集的 A2:G2 儲存格範圍，再選按剛剛建置好的 **報表欄位標題格式套用** 巨集按鈕，即可於選取範圍套用指定設定。

20.9 確認與編修巨集內容

巨集錄製完成後，可能會發現錄製過程有誤或是老闆需求變更，此時不需重新錄製，只要進入 Visual Basic 編輯器 (Visual Basic Editor，簡稱 VBE) 確認與編修巨集內容。

微軟公司把 VBA (Visual Basic for Applications，簡稱為 VBA) 的技術運用在 Office 系列如：Word、Excel、PowerPoint ...等軟體上，讓 Office 家族成員相互支援與應用，加強與簡化操作。VBA 程式設計是利用 Visual Basic 編輯器 (Visual Basic Editor，簡稱 VBE) 做為工具程式。

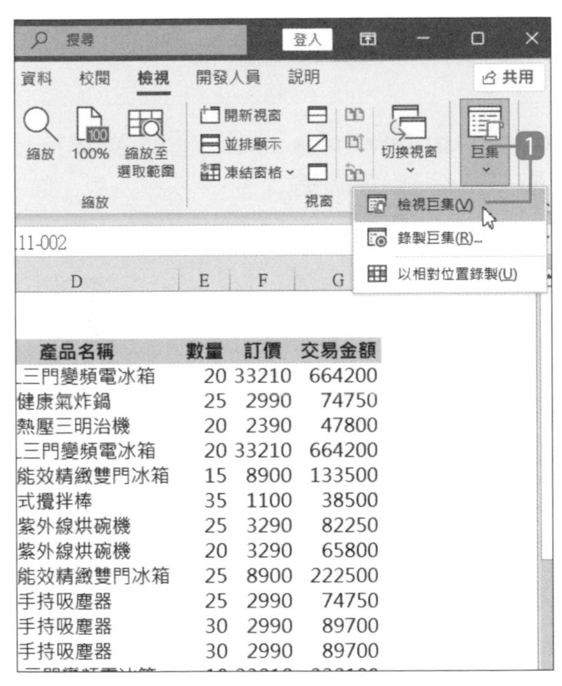

1 開啟有巨集的活頁簿檔案，於 **檢視** 索引標籤選按 **巨集** 清單鈕 \ **檢視巨集**。

2 選取需要確認或編修的巨集項目，再選按 **編輯**。

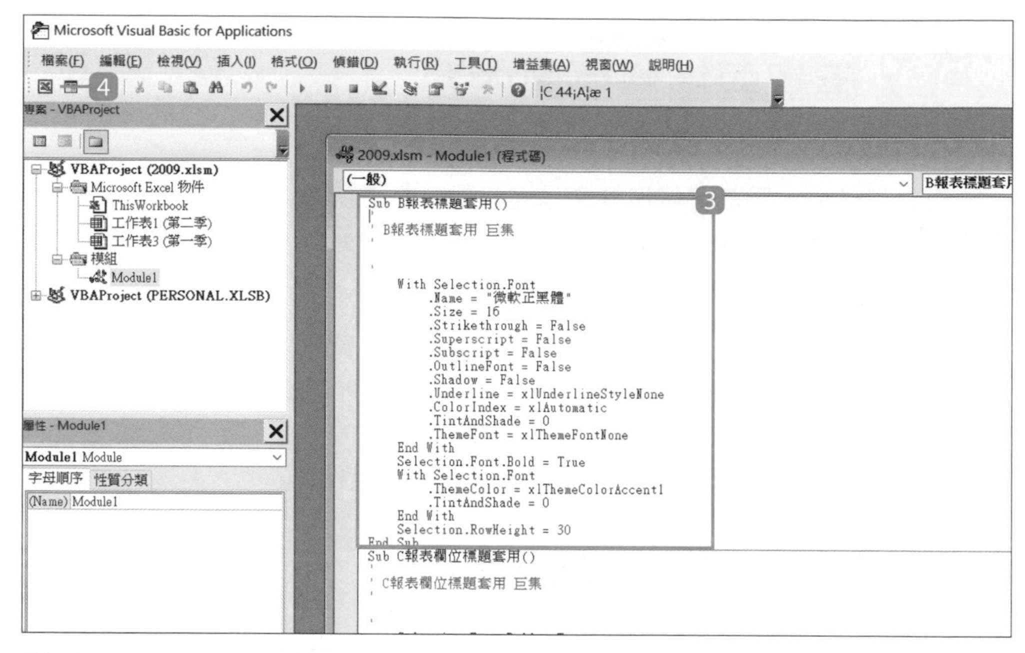

3 會開啟 **Microsoft Visual Basic for Applications** 視窗 (簡稱 VBA)，並跳至剛剛指定的巨集項目程式碼，在此可以編修指令。

4 選按工具列 ⊠ 即可自動儲存編修回到 Excel。

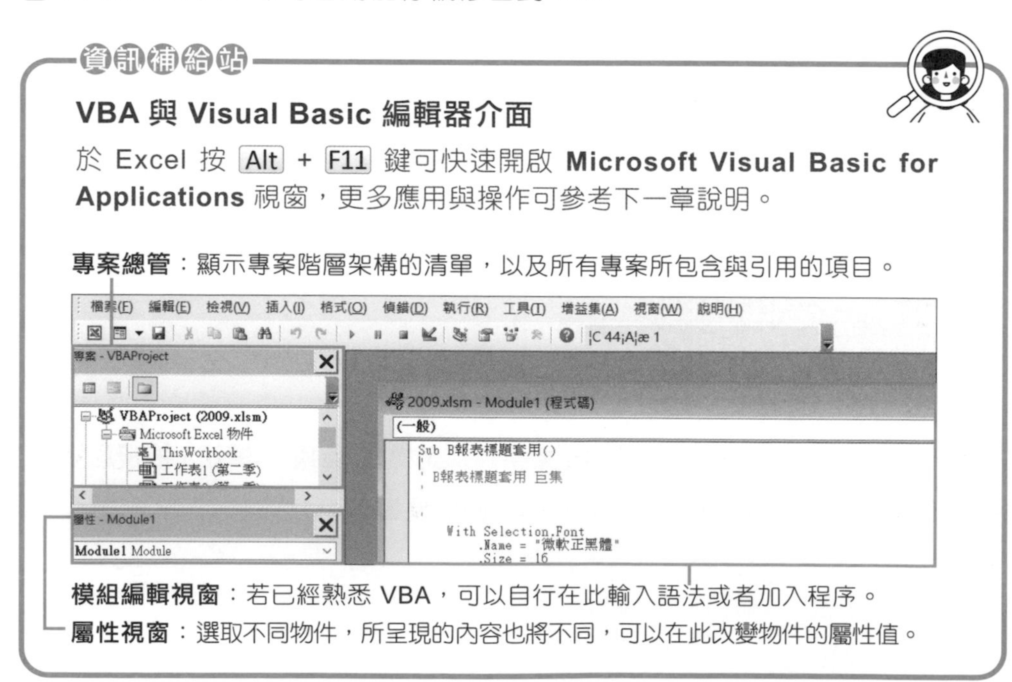

資訊補給站

VBA 與 Visual Basic 編輯器介面

於 Excel 按 Alt + F11 鍵可快速開啟 **Microsoft Visual Basic for Applications** 視窗，更多應用與操作可參考下一章說明。

專案總管：顯示專案階層架構的清單，以及所有專案所包含與引用的項目。

模組編輯視窗：若已經熟悉 VBA，可以自行在此輸入語法或者加入程序。

屬性視窗：選取不同物件，所呈現的內容也將不同，可以在此改變物件的屬性值。

用 Excel VBA 簡化重複與繁雜工作

VBA 基本認識

- 什麼是 VBA
- 物件、屬性、屬性值
- 方法、事件、集合
- VBA 語法表示法

開啟與建立

- "開發人員" 索引標籤
- 進入 Visual Basic 編輯器
- 製作一個簡單的 VBA 程式：四個標準流程
- 儲存、開啟

執行巨集

- VBA 常用的 "物件" 與 "屬性"
- VBA 常用的 "方法"
- VBA 常用的 "事件"
- 用 VBA 整理大量資料
- 程式碼整理
- 除錯技巧與錯誤處理

21.1 認識 VBA

什麼是 VBA？

"自動化" 不但可加強與簡化操作，更節省程式重複設計的時間，前一章提到使用巨集設計自動化功能，是以錄製操作過程的方式完成再轉換為 VBA (Visual Basic for Applications) 程式碼。

然而光靠錄製巨集是不夠的，錄製之後必須知道如何透過程式碼加以修改，或是自行開發所需功能，所以接下來的內容是進入 VBA 程式，利用 Visual Basic 編輯器 (Visual Basic Editor，簡稱 VBE) 做為工具，撰寫程式碼。

物件、屬性、屬性值、方法、事件與集合

撰寫程式碼前需了解 VBA 程式中 **物件**、**屬性**、**屬性值**、**方法**、**事件** 與 **集合** 的概念，以下針對這些性質做一個簡單說明：

- **物件**：VBA 是物件導向的程式語言，物件可被解釋為操作對象。例如：設定儲存格寬度、選擇工作表、新增活頁簿...等，其中儲存格範圍為 "Range" 物件、工作表為 "Worksheet" 物件、活頁簿為 "Workbook" 物件，Excel 應用程式則是 "Application" 物件。

- **屬性**：每一個物件都有其相關特性，例如儲存格的寬度、高度...等。

- **屬性值**：各種屬性內含的資料即為屬性值，像是儲存格寬度為 20 點，"20" 即為屬性值。

- **方法**：操作物件的指令，例如複製、貼上、清除、刪除、選取。

- **事件**：事件是觸發 VBA 對應程序的動作，例如按一下滑鼠左鍵、連按二下滑鼠左鍵、按一下鍵盤按鍵...等。

- **集合**：結合一群具有相同性質的物件，例如一個活頁簿內所有工作表會以 "Worksheets" 表示，也就是工作表物件 Worksheet 的複數。

VBA 語法表示法

VBA 程式中物件下方包含哪些物件有一定規則，擺放位置也不可亂放，每一項層次都分得很清楚！

物件與屬性的表示方式

ObjectName.PropertyName

▲ 物件名稱　　▲ 屬性

物件與屬性之間要加上「.」，許多人對於此處總是無法解讀，其實只要將它當成文章中 "的" 這個字，解法就很容易囉！例如：將 A1 儲存格的寬度設定為 20，可以如下撰寫：

Range("A1").ColumnWidth=20
儲存格 . 欄位寬度 = 20

Range("A1") 代表 A1 儲存格，而 ColumnWidth 代表 "欄寬" 是儲存格的屬性，20 則是欄寬的屬性值。

物件與方法的表示方式

ObjectName.Method 參數1:=設定值,參數2:=設定值, ...

▲ 物件名稱　▲ 方法

物件與方法之間也要加入「.」，例如：將 A1:B5 儲存格範圍內的資料清除，可以如下撰寫：

Range("A1:B5").Clear

部分方法執行時，需要進一步設定 "參數 (引數)"，若未指定則會選用預設值做為參數，參數與設定值之間要加入「:=」，多個參數時利用「,（逗號）」分隔，例如：為 A1:B5 儲存格範圍加上紅色虛線框線，可以如下撰寫：

Range("A1:B5").BorderAround LineStyle:=xlDash,ColorIndex:=3

21.2 開啟 "開發人員" 索引標籤

巨集指令的設計原意，是要簡化繁雜的步驟，但操作時是否發現相關的按鈕或功能都很難尋找使用呢？為了方便 VBA 巨集開發，建議先開啟 **開發人員** 索引標籤：

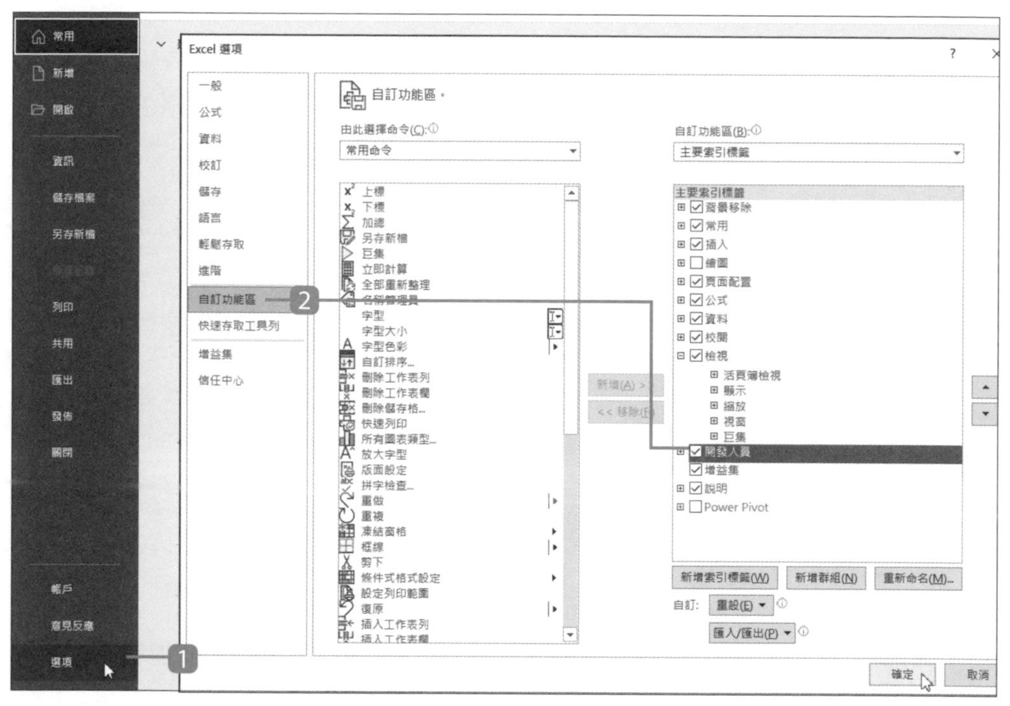

1 於 **檔案** 索引標籤選按 **選項**。

2 於 **自訂功能區** 項目核選 **開發人員**，再選按 **確定** 鈕完成啟用。

3 回到編輯畫面，功能區可以看到多了一個 **開發人員** 索引標籤，選按該索引標籤可看到其中包含了 VBA 程式與巨集開發相關的功能。

21.3 建立簡單的 VBA 程式碼

進入 Visual Basic 編輯器

開啟範例檔 <2103.xlsx>，於 **開發人員** 索引標籤選按 **Visual Basic** 或按 Alt + F11 鍵開啟 **Microsoft Visual Basic for Applications** 視窗。

專案總管 窗格：
顯示專案階層架構的清單，及所有專案所包含與引用的項目。

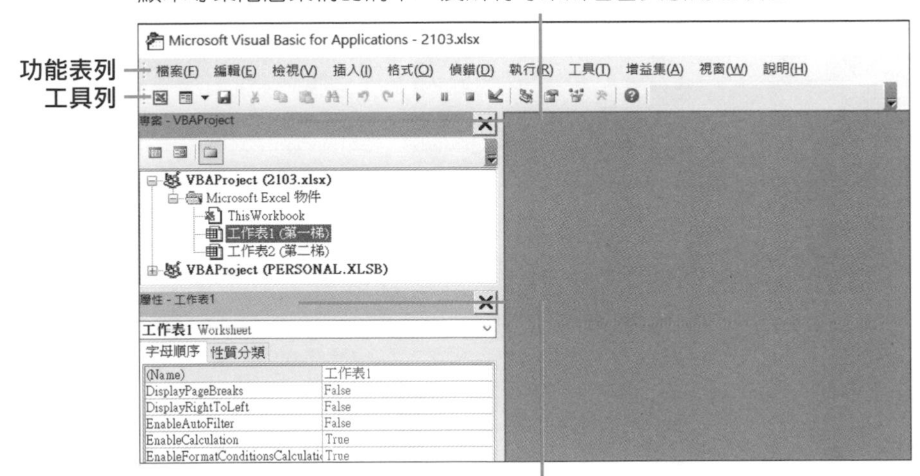

屬性視窗 窗格：
依照不同物件，**屬性視窗** 中所呈現的內容也將不同，可以在此視窗中改變物件的屬性值。

資訊補給站

重新開啟視窗

如果 **Microsoft Visual Basic for Applications** 視窗一開啟沒有 **專案總管** 與 **屬性** 窗格時，可以選按功能表列 **檢視 \ 專案總管** 或 **屬性視窗** 開啟。

四個標準流程

建置 VBA 程式主要有四個標準流程，在此示範利用 VBA 程式碼改變儲存格內的文字樣式。

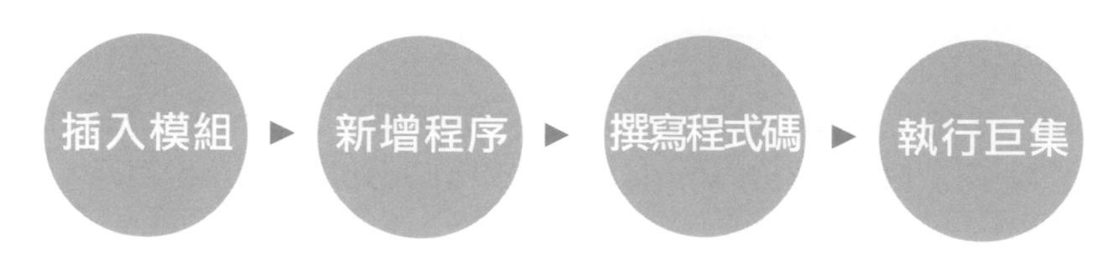

Step 1 插入模組

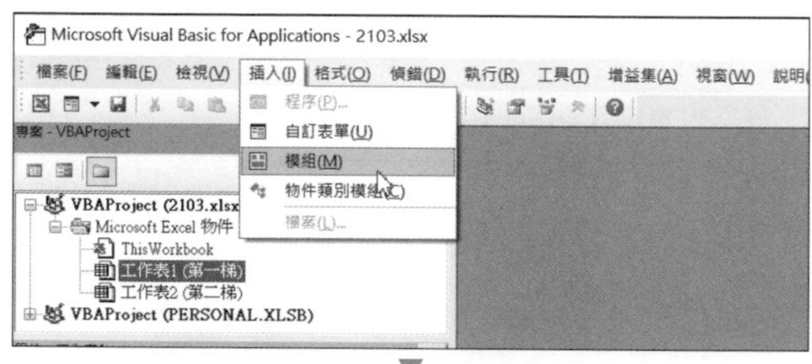

◀ 選按 **插入 \ 模組**，在 **專案總管** 窗格中多了一個 **Module1** 模組，並開啟其空白編輯視窗。

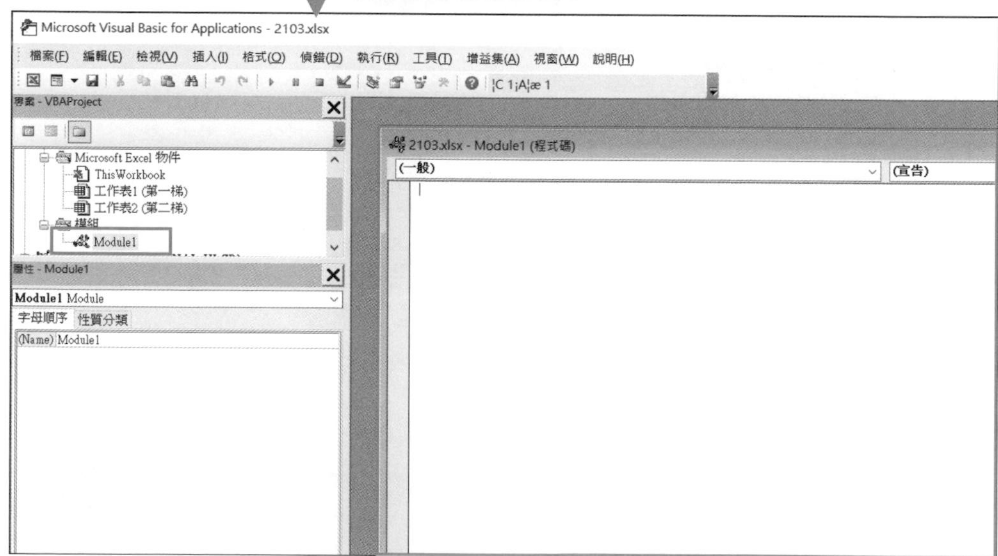

Step 2 新增程序

若已經熟悉 VBA 程式撰寫的方式，可以自行在模組視窗中輸入語法或者加入程序，若為初次使用，則依以下操作先新增程序。

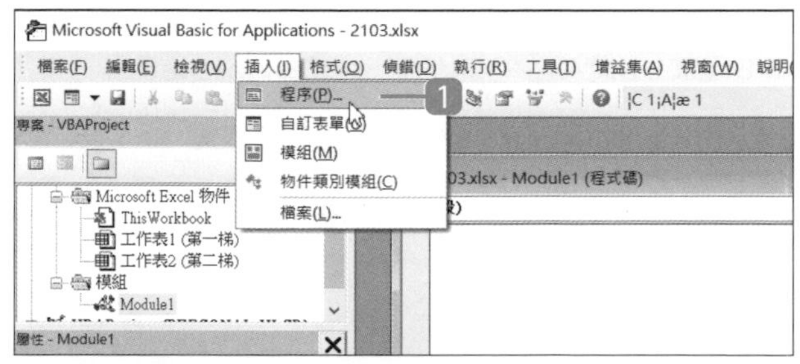

1 選按 **插入 \ 程序**，開啟 **新增程序** 對話方塊。

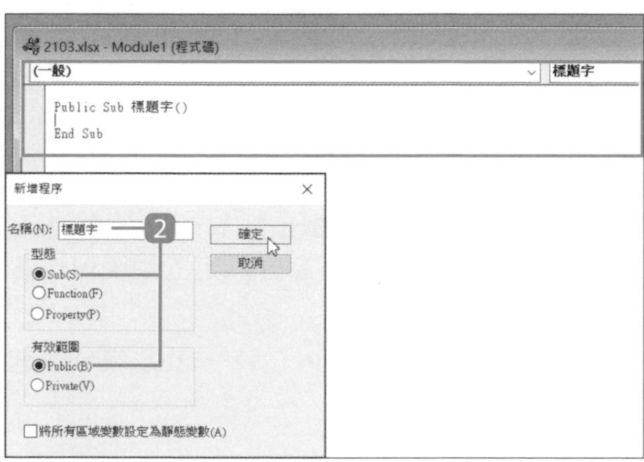

2 **名稱** 輸入「標題字」、核選 **型態**：**Sub**、**有效範圍**：**Public**，選按 **確定** 鈕。

◀ **Module1** 視窗中出現設定的程序。

Step 3 程式碼撰寫

試著在 **Module1** 視窗撰寫一段如下的簡易程式碼變更 A1 儲存格文字格式。(可開啟範例檔 <01標題字.txt> 複製相關程式碼並貼上)

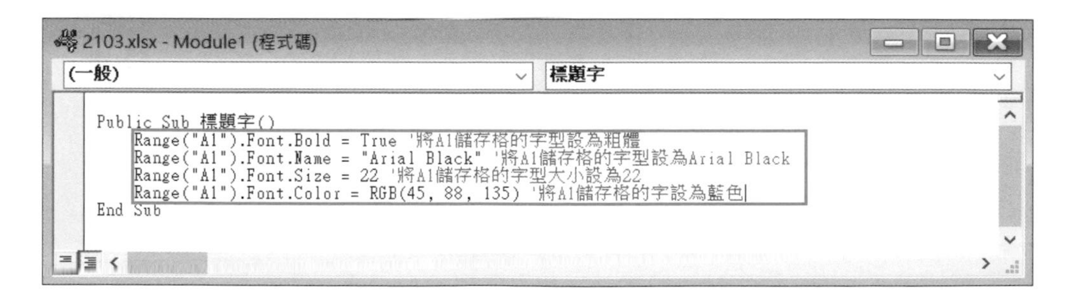

程式碼：

```
Public Sub 標題字()
    Range("A1").Font.Bold = True                    '將A1儲存格的字型設為粗體
    Range("A1").Font.Name = "Arial Black"     '將A1儲存格的字型設為Arial Black
    Range("A1").Font.Size = 22                       '將A1儲存格的字型大小設為22
    Range("A1").Font.Color = RGB(45, 88, 135)    '將A1儲存格的字設為藍色
End Sub
```

說明：

1. 在 " ' " 符號之後的所有文字、數字，均為註解文字，可以幫助你了解該行程式碼的意義，在程式執行時會略過。
2. Range (儲存格) 及 Font (字型) 均為物件，而 Bold、Name、Size、Color 是屬性，等號的右邊則為屬性值。(更多文字屬性設定的說明可以參考 P21-11)
3. Bold (粗體) 屬性，其屬性值只有 True (真) 或 False (假)，True 表示要套用粗體，False 表示不套用粗體。

資訊補給站

模組視窗中輸入 VBA 程式碼的基本觀念

輸入程式碼時，當一行輸入完畢按 Enter 鍵，VBA 會自動調整程式碼以標準大小顯示；若程式碼太長，可在該段最後用 "_" 號作為連接符號。

VBA 程式碼是以半型英數字組成，若輸入全形的英數字或空白鍵時，當一行輸入完畢按 Enter 鍵，會自動被修正為半形的英數字。VBA 程式碼並非不能使用中文，巨集名稱和儲存格資料、註解或變數名稱可以使用中文。

Step 4 執行巨集

完成 VBA 程式的撰寫，馬上來執行看看結果。

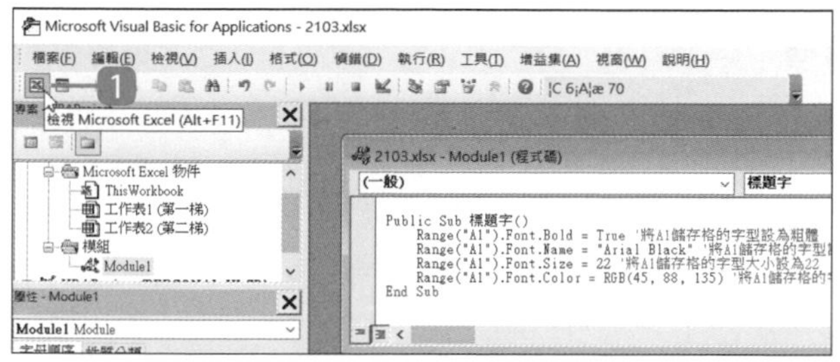

1 選按工具列 自動儲存編修回到 Excel。

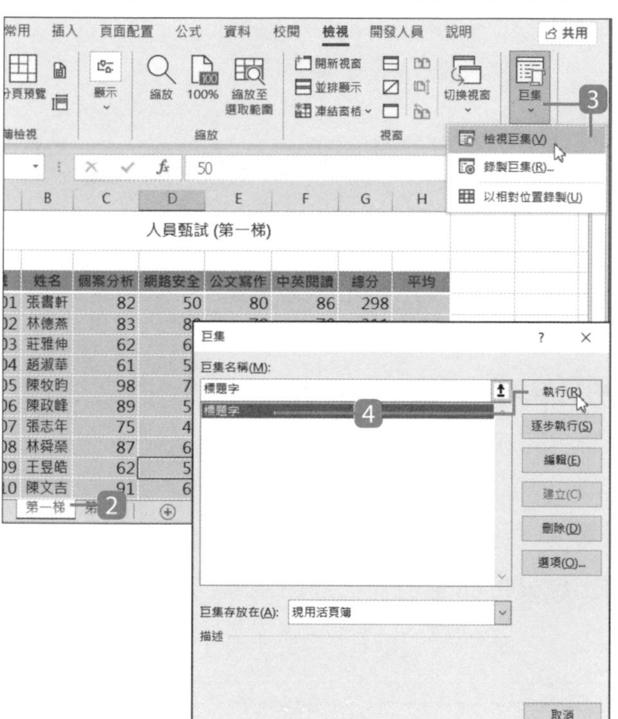

2 選取欲套用巨集指令的 **第一梯** 工作表。

3 於 **檢視** 索引標籤選按 **巨集** 清單鈕 \ **檢視巨集** 開啟對話方塊。

4 選取 **標題字** 巨集項目，選按 **執行** 鈕。

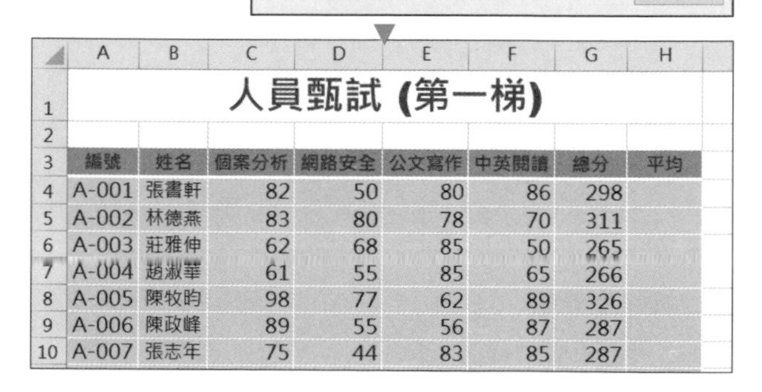

	A	B	C	D	E	F	G	H
1	人員甄試 (第一梯)							
2								
3	編號	姓名	個案分析	網路安全	公文寫作	中英閱讀	總分	平均
4	A-001	張書軒	82	50	80	86	298	
5	A-002	林德燕	83	80	78	70	311	
6	A-003	莊雅伸	62	68	85	50	265	
7	A-004	趙淑華	61	55	85	65	266	
8	A-005	陳牧昀	98	77	62	89	326	
9	A-006	陳政峰	89	55	56	87	287	
10	A-007	張志年	75	44	83	85	287	

◀ 工作表中，A1 儲存格內資料依前面撰寫的 VBA 程式巨集呈現。

儲存、開啟

最後說明儲存與再次開啟這份含有巨集的活頁簿檔案的方法與注意事項：

Step 1 儲存含有巨集的活頁簿

含有巨集的活頁簿必須以 *.xlsm 檔案類型儲存。

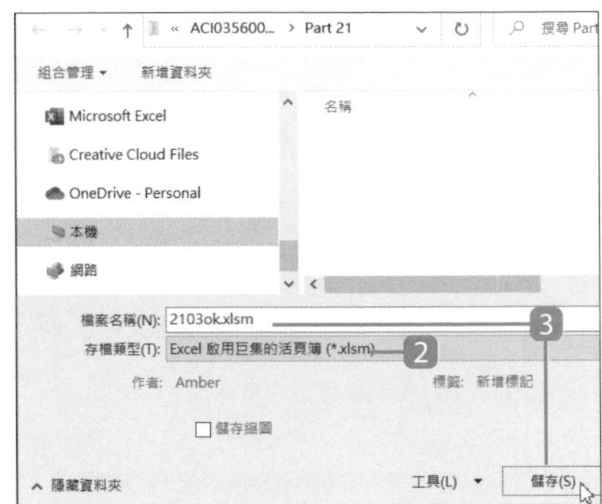

1 於 **檔案** 索引標籤選按 **另存新檔 \ 瀏覽**。

2 設定 **存檔類型**：**Excel 啟用巨集的活頁簿 (*.xlsm)**

3 輸入檔案名稱，選按 **儲存** 鈕，完成此含巨集活頁簿的儲存。

Step 2 開啟含有巨集的活頁簿

開啟 *.xlsm 檔案類型時，會出現一行訊息告知已停用巨集，選按 **啟用內容** 鈕啟用巨集。

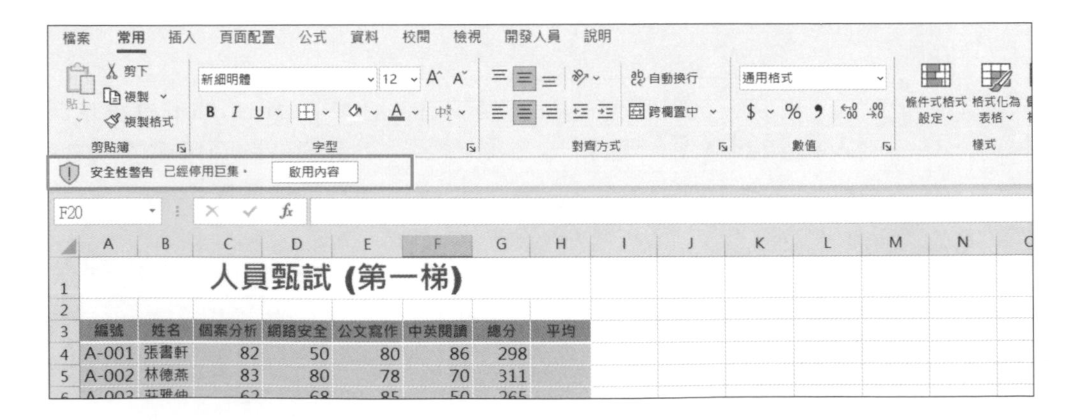

21.4 VBA 常用的 "物件" 與 "屬性"

字型屬性設定

如果想撰寫 VBA 程式碼改變儲存格資料的字級大小，可使用 **Range** 物件搭配 **Size** 屬性，因此會直覺輸入：「Range("A1").Size」，然而這樣是錯誤的寫法，字型相關格式需透過 **Font** 物件才能設定。

Font 是物件，也是 **Range** 的屬性，當使用 **Font** 屬性設定時會傳回 **Font** 物件，因此要將其撰寫在 **Range** 後方。

- 設定 A1 儲存格內字級大小為 30，需輸入：
  Range("A1").Font.Size=30

- 針對目前選取的儲存格內字級大小為 30，需輸入：
  Application.Selection.Font.Size=30 或 Selection.Font.Size=30

- 常用的字型相關屬性

屬性	說明	屬性值
Font.Color	色彩	RGB 色碼
Font.ColorIndex	色彩	標準色板標號 1~8 (1黑、2白、3紅、4綠、5藍、6黃、7紫、8青)
Font.Bold	粗體	True、False
Font.FontStyle	字型格式	Regular、Italic、Bold 和 Bold Italic
Font.Italic	斜體	True、False
Font.Size	字級大小	數值
Font.Strikethrough	中央水平刪除線	True、False
Font.Subscript	下標字	True、False
Font.Superscript	上標字	True、False
Font.Underline	底線	xlUnderlineStyleSingle

在此要為選定的儲存格套用字級：30、粗體、加底線的字型格式，先進入 **Microsoft Visual Basic for Applications** 視窗，如下操作並輸入程式碼：

```
Selection.Font.Size = 30
Selection.Font.Bold = True
Selection.Font.Underline = xlUnderlineStyleSingle
```

Step 1 撰寫 VBA 程式碼

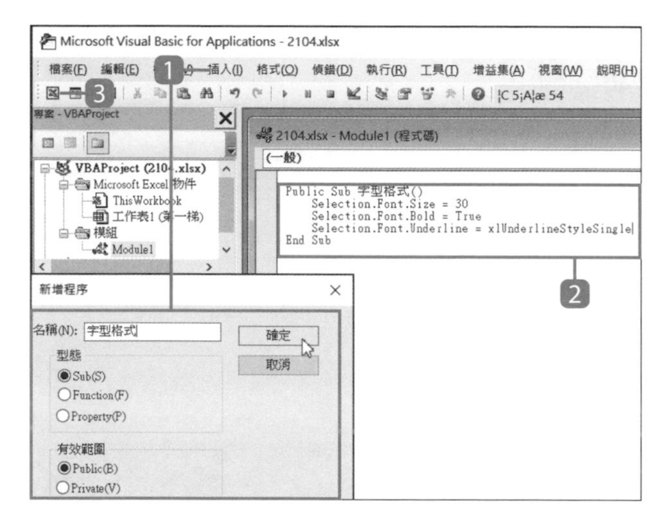

1. 選按 **插入 \ 模組**，再選按 **插入 \ 程序** 開啟對話方塊。

   名稱 輸入「字型格式」、核選 **型態**：**Sub**、**有效範圍**：**Public**，選按 **確定** 鈕。

2. 輸入程式碼 (可開啟範例檔 <02字型格式.txt> 複製相關程式碼並貼上)。
3. 選按工具列 ⊠ 自動儲存編修回到 Excel。

Step 2 執行巨集

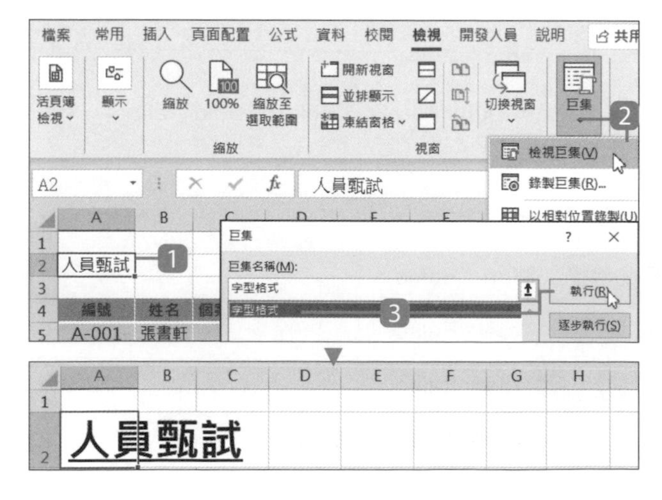

1. 選取工作表中要套用巨集的儲存格。
2. 於 **檢視** 索引標籤選按 **巨集** 清單鈕 \ **檢視巨集** 開啟對話方塊。
3. 選取 **字型格式** 巨集，選按 **執行** 鈕。

儲存格屬性設定

如果想撰寫 VBA 程式碼改變儲存格背景色彩，可使用 **Colorindex** 或 **Color** 屬性，因此會直覺輸入：「Range("A1").Colorindex」、「Range("A1").Color」，然而這樣是錯誤的寫法，儲存格背景色彩需透過 **Interior** 物件才能設定。

Interior 是物件也是 **Range** 的屬性，當使用 **Interior** 屬性設定時會傳回 **Interior** 物件，因此要將其撰寫在 **Range** 後方。

- 設定 A4:H4 儲存格範圍背景色彩填入標準色板中的綠色 (1黑、2白、3紅、4綠、5藍、6黃、7紫、8青)，需輸入：
  Range("A4:H4").Interior.Colorindex=4

- 針對目前選取的儲存格背景色彩填入標準色板中的綠色，需輸入：
  Application.Selection.Interior.Colorindex=4 或
  Selection.Interior.Colorindex=4

- 若想填入 RGB 色板中的橘色，則需使用 **Color** 屬性：
  Range("A4:H4").Interior.Color=RGB(246, 190, 80) 或
  Application.Selection.Interior.Color=RGB(246, 190, 80) 或
  Application.Selection.Interior.Color=RGB(246, 190, 80)

資訊補給站

取得 RGB 色碼

RGB 色碼是紅、綠、藍三原色的色光以不同的比例相加而產生的色彩。**Color** 屬性的屬性值必須是 RGB 色碼，可於 **常用** 索引標籤選按 \ **填滿色彩 \ 其他色彩**，於色彩表 **自訂** 標籤中選按與調整出合適的色彩後，於下方看到紅、綠、藍三原色的色碼值 (每個原色的值都介於 0~255)。

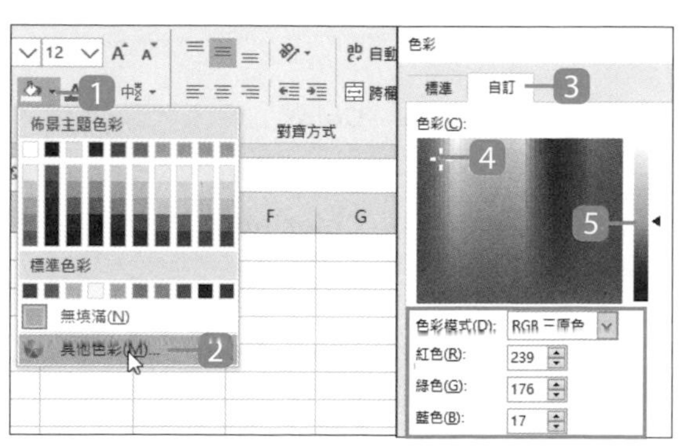

■ 常用的儲存格相關屬性

屬性	說明	屬性值
Interior.Color	儲存格背景色彩	RGB 色碼
Interior.ColorIndex	儲存格背景色彩	標準色板標號 1~8 (1黑、2白、3紅、4綠、5藍、6黃、7紫、8青)
RowHeight	資料列的高度	數值
ColumnWidth	資料欄的寬度	數值
ShrinkToFit	文字自動縮小以符合現有的欄寬	True
Value	儲存格或範圍內的值	數值、文字、公式、函數與日期資料 (非數值與函數資料的前、後需加上 " 符號)

■ 儲存格框線相關屬性

屬性	參數	描述
BorderAround	**LineStyle**	框線樣式： xlDash (虛線) xlDot (點狀線) xlDashDot (交替的虛線與點) xlDouble (雙線)...等
	Weight	框線粗細： xlHairline (毫線) xlMedium (中) xlThick (粗) xlThin (細)
	Color	框線色彩：RGB 色碼
	ColorIndex	框線色彩：標準色板標號 1~8 (1黑、2白、3紅、4綠、5藍、6黃、7紫、8青)
	ThemeColor	以目前色彩主題的索引或 **XlThemeColor** 值表示

在此要為 F1 儲存格增加資料："製表人：王小明"、H1 儲存格增加目前系統日期與時間並指定欄寬 18，接著為 A4:H4 儲存格範圍套用色彩、列高 30 與框線相關格式，先進入 **Microsoft Visual Basic for Applications** 視窗，如下操作並輸入程式碼：

```
Range("F1").Value = "製表人：王小明"
Range("H1").Value = Now
Range("H1").ColumnWidth = 18
Range("A4:H4").Interior.Color = RGB(179, 217, 255)
Range("A4:H4").RowHeight = 30
Range("A4:H4").BorderAround LineStyle:=xlDash, ColorIndex:=3
```

Step 1 撰寫 VBA 程式碼

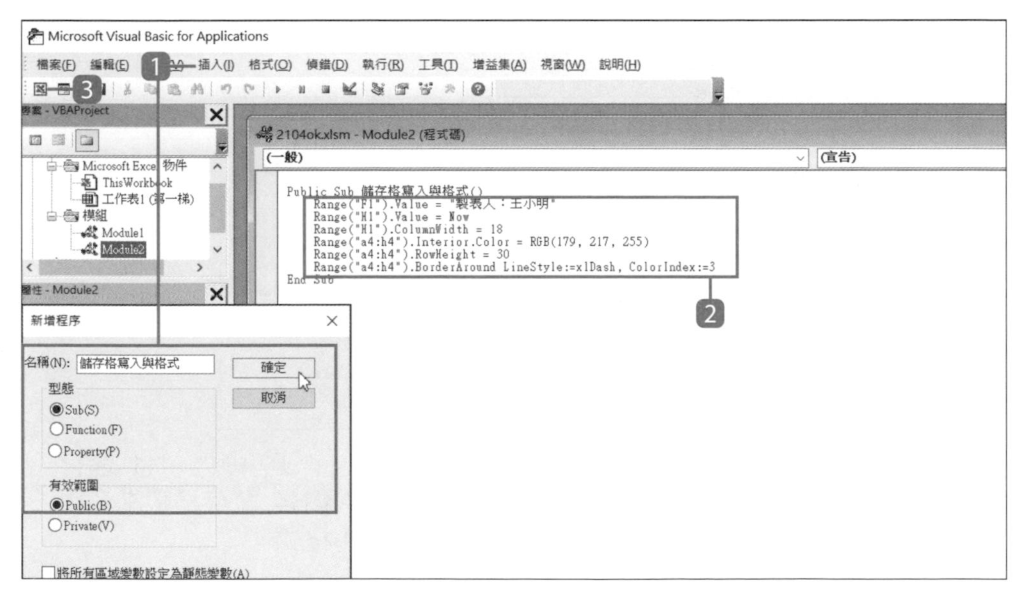

1. 選按 **插入 \ 模組**，再選按 **插入 \ 程序** 開啟對話方塊。**名稱** 輸入「儲存格寫入與格式」、核選 **型態**：**Sub**、**有效範圍**：**Public**，選按 **確定** 鈕。
2. 輸入程式碼 (可開啟範例檔 <03儲存格寫入與格式.txt> 複製相關程式碼並貼上)。
3. 選按工具列 ⊠ 自動儲存編修回到 Excel。

Step 2 執行巨集

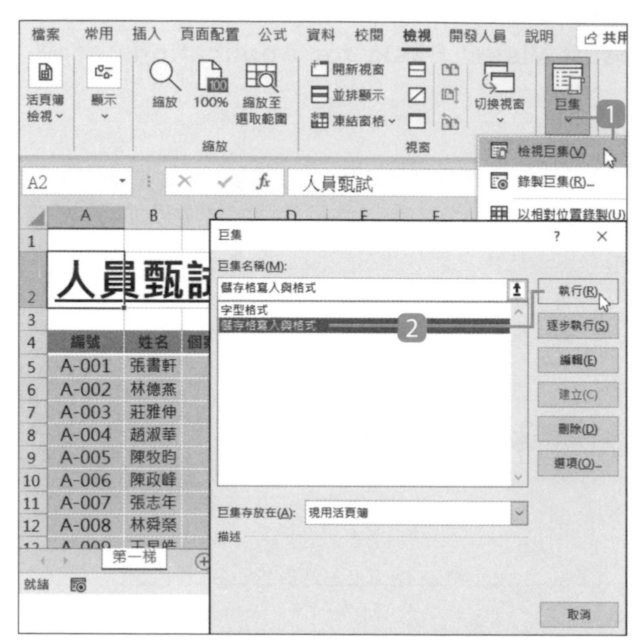

1. 於 **檢視** 索引標籤選按 **巨集** 清單鈕 \ **檢視巨集** 開啟對話方塊。
2. 選取 **儲存格寫入與格式** 巨集，選按 **執行** 鈕。

	A	B	C	D	E	F	G	H	I
1						製表人：王小明		2022/1/12 17:08	
2	人員甄試								
3									
4	編號	姓名	個案分析	網路安全	公文寫作	中英閱讀	總分	平均	
5	A-001	張書軒	82	50	80	86	298		
6	A-002	林德燕	83	80	78	70	311		
7	A-003	莊雅伸	62	68	85	50	265		
8	A-004	趙淑華	61	55	85	65	266		
9	A-005	陳牧昀	98	77	62	89	326		
10	A-006	陳政峰	89	55	56	87	287		

▲ 完成巨集套用：於 F1 儲存格增加資料："製表人：王小明"、H1 儲存格增加目前系統日期與時間並指定欄寬 18；於 A4:H4 儲存格範圍套用色彩 RGB (179, 217, 255)、列高 30 與框線相關格式。

21.5 VBA 常用的 "方法"

Excel VBA 中有許多的 "方法"，所謂 "方法" 就是針對物件的處理，例如：複製、貼上、清除、刪除、選取...等。如果想撰寫 VBA 程式碼清除指定儲存格範圍內的資料、公式與設定，即要對 Range 物件使用 **Clear** 方法，物件與方法之前也要加入 "."。

■ 清除 A17:H19 儲存格範圍中的資料，需輸入：
Range("A17:H19").Clear

■ 針對目前選取的儲存格範圍清除資料，需輸入：
Application.Selection.Clear 或
Selection.Clear

■ 常用的方法

方法	説明
Clear	清除儲存格範圍內所有內容 (包含資料、公式及格式)
ClearContents	清除儲存格範圍內公式和值
ClearFormats	清除儲存格範圍內公式及格式設定
Delete	刪除範圍內的儲存格 可指定刪除儲存格後既有儲存格的變動方式，如果省略，則 Excel 會依據範圍的資料狀況自行決定。 參數：Shift，可使用的參數 (引數) 有：xlShiftToLeft 或 xlShiftUp，撰寫方式：Delete Shift:=xlShiftToLeft
Copy	將儲存格範圍內的資料複製到指定的範圍或剪貼簿
Cut	將儲存格範圍內的資料剪下並移到剪貼簿
PasteSpecial	貼上已剪下或複製的資料內容 參數 (選用)：Paste、Operation、SkipBlanks、Transpose
Move	搬移指定工作表
Select	選取儲存格或儲存格範圍內的資料
Add	建立新的工作表、圖表或巨集表。

刪除指定範圍

在此要刪除選取的儲存格，先進入 **Microsoft Visual Basic for Applications** 視窗，如下操作並輸入程式碼：

```
Selection.Delete
```

Step 1 撰寫 VBA 程式碼

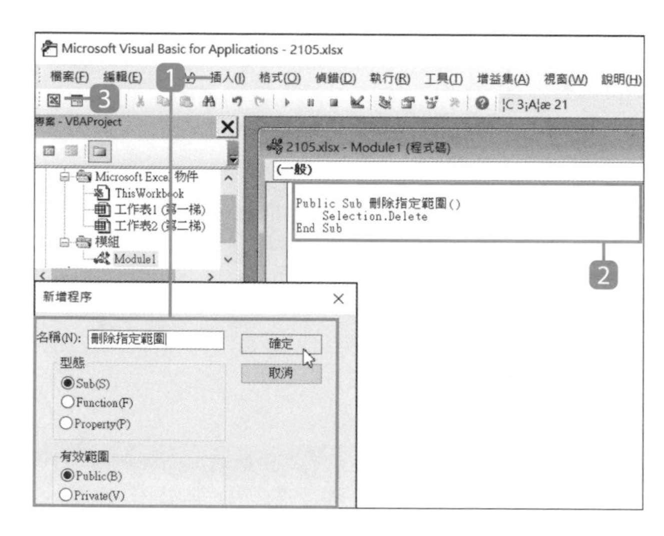

1 選按 **插入 \ 模組**，再選按 **插入 \ 程序** 開啟對話方塊。

名稱 輸入「刪除指定範圍」、核選 **型態：Sub**、**有效範圍：Public**，選按 **確定** 鈕。

2 輸入程式碼。

3 選按工具列 圖 自動儲存編修回到 Excel。

Step 2 執行巨集

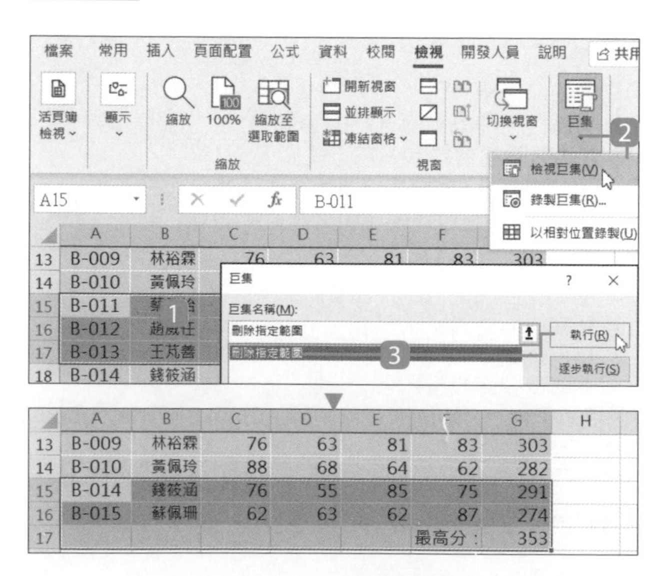

1 選取 **第二梯** 工作表中要刪除的儲存格範圍。

2 於 **檢視** 索引標籤選按 **巨集** 清單鈕 \ **檢視巨集** 開啟對話方塊。

3 選取 **刪除指定範圍** 巨集，選按 **執行** 鈕。

新增與整理工作表

在此要操作三項動作：(1) 新增工作表 "第三梯"，(2) 調整工作表的順序為：第一梯、第二梯、第三梯，(3) 複製 **第一梯** 工作表的表頭資料貼入 **第三梯** 工作表，先進入 **Microsoft Visual Basic for Applications** 視窗，如下操作並輸入程式碼：

```
Worksheets.Add(After:=Worksheets(2)).Name = "第三梯"
```

```
Worksheets("第一梯").Move before:=Worksheets(1)
```

```
Worksheets("第一梯").Range("A2:G4").Copy
```

```
Worksheets("第三梯").Range("A2:G4").PasteSpecial
```

Step 1 撰寫 VBA 程式碼

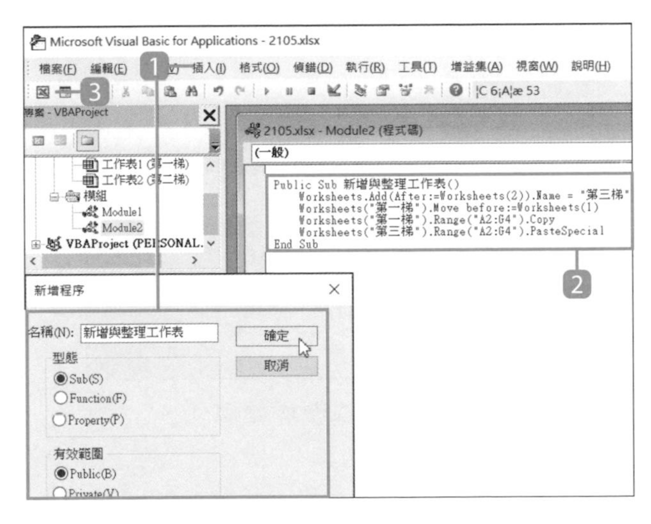

1. 選按 **插入 \ 程序** 開啟對話方塊，**名稱** 輸入「新增與整理工作表」、核選 **型態**：**Sub**、**有效範圍**：**Public**，選按 **確定** 鈕。
2. 輸入程式碼。(可開啟範例檔 <07新增與整理工作表.txt> 複製相關程式碼並貼上) 。
3. 選按工具列 圖 自動儲存編修回到 Excel。

Step 2 執行巨集

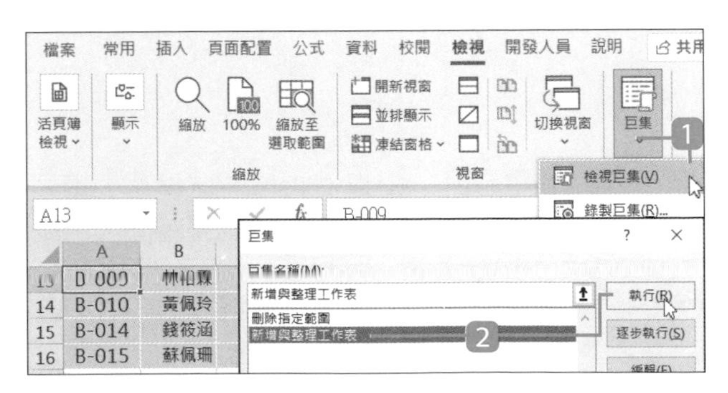

1. 於 **檢視** 索引標籤選按 **巨集** 清單鈕 \ **檢視巨集** 開啟對話方塊。
2. 選取 **新增與整理工作表** 巨集，選按 **執行** 鈕。

21.6 VBA 常用的 "事件"

可以利用 "事件" 的觸發自動執行 VBA 程式，例如：在儲存格上面連按二下滑鼠左鍵時、儲存格內容有變動時、開啟活頁簿時、列印前 ...等。

活頁簿開啟彈出訊息

要處理活頁簿的事件就要把程序寫在活頁簿 (Workbook) 中，在此要使用 **Open** 事件，指定活頁簿開啟時自動執行，先進入 **Microsoft Visual Basic for Applications** 視窗，如下操作並輸入程式碼：

```
MsgBox "這是一份公務文件" & vbCrLf & "資料內容僅供編輯請勿外流"
```

Step 1 撰寫 VBA 程式碼

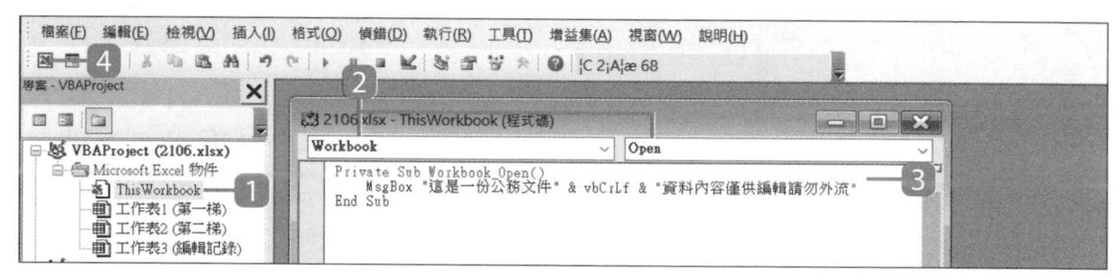

1. 於 **This Workbook** 連按二下滑鼠左鍵，開啟程式碼編輯視窗。
2. 指定 **Workbook**，再指定 **Open**。
3. 輸入程式碼。(可開啟範例檔 <08活頁簿開啟.txt> 複製相關程式碼並貼上，程式碼中 **MsgBox** 可開啟訊息方塊；**vbCrLf** 是換行的程式碼。)
4. 選按工具列 ☒ 自動儲存編修回到 Excel。

Step 2 執行巨集

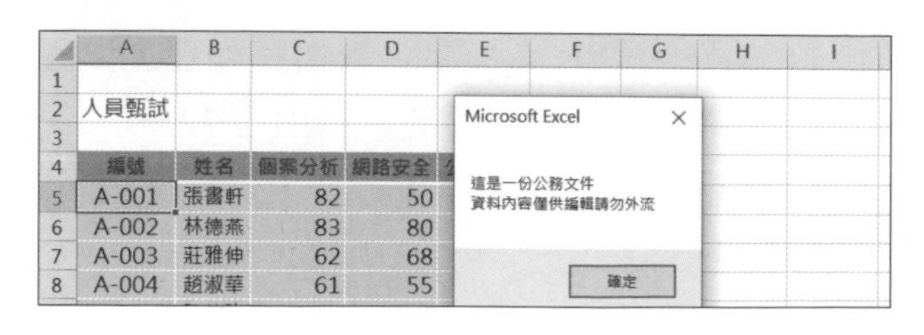

◀ 以 *.xlsm 格式儲存，接著將 Excel 檔案關閉，再重新打開。選按 **啟用內容** 後，剛剛撰寫的 VBA 程式會自動被執行，出現指定的提示訊息。

記錄修訂人員

要處理工作表的事件就要把程序寫在工作表 (Worksheet) 中，在此要使用 **BeforeDoubleClick** 事件，指定於工作表儲存格上連按二下滑鼠左鍵時 (準備輸入資料的動作) 自動執行，先進入 **Microsoft Visual Basic for Applications** 視窗，如下操作並輸入程式碼：

```
Data = InputBox("請輸入修正者姓名與所屬單位")

Target.Value = Now & Data

Target.Interior.ColorIndex = 6
```

Step 1 撰寫 VBA 程式碼

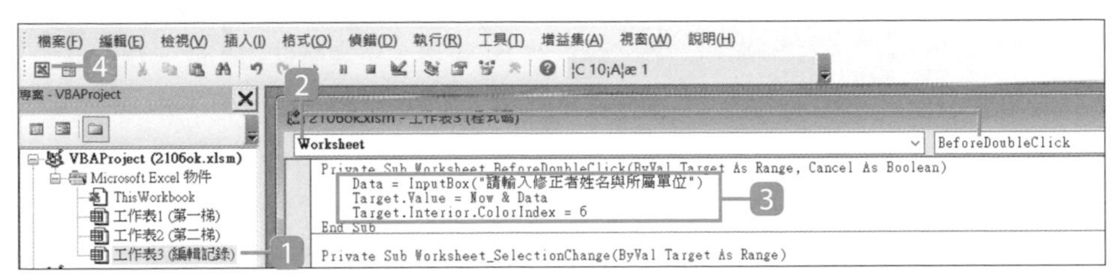

1. 於要執行巨集的 **編輯記錄** 工作表連按二下滑鼠左鍵，開啟程式碼編輯視窗。
2. 指定 **Worksheet**，再指定 **BeforeDoubleClick**。
3. 輸入程式碼。(可開啟範例檔 <09記錄修訂人員.txt> 複製相關程式碼並貼上，程式碼中 **InputBox** 會開啟可輸入資料的訊息方塊。)
4. 選按工具列 ☒ 自動儲存編修回到 Excel。

Step 2 執行巨集

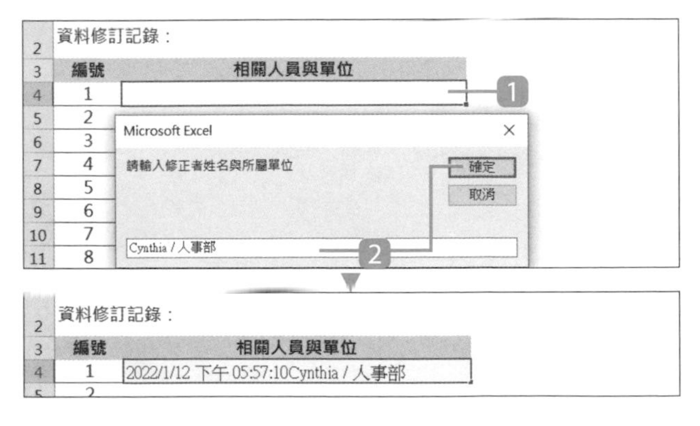

1. 於 **編輯記錄** 工作表任一儲存格連按二下滑鼠左鍵，剛剛撰寫的 VBA 程式會自動被執行。
2. 於訊息方塊輸入資料，選按 **確定** 鈕。該資料會與目前日期時間一起被寫到目前的儲存格中並填入黃色底色。

21.7 用 VBA 將資料轉換為標準資料表格式

Excel 可以取得的資料種類繁多，然而不同資料來源取得的數據報表多少會有一些不適合樞紐或 BI 工具分析時使用，例如：各單位的客製化表頭，空白行、空白儲存格、小計列、備註列...等，在此 <2107.xlsx> 範例，要藉由 VBA 批次修正這些狀況，將報表資料轉換成標準資料表。

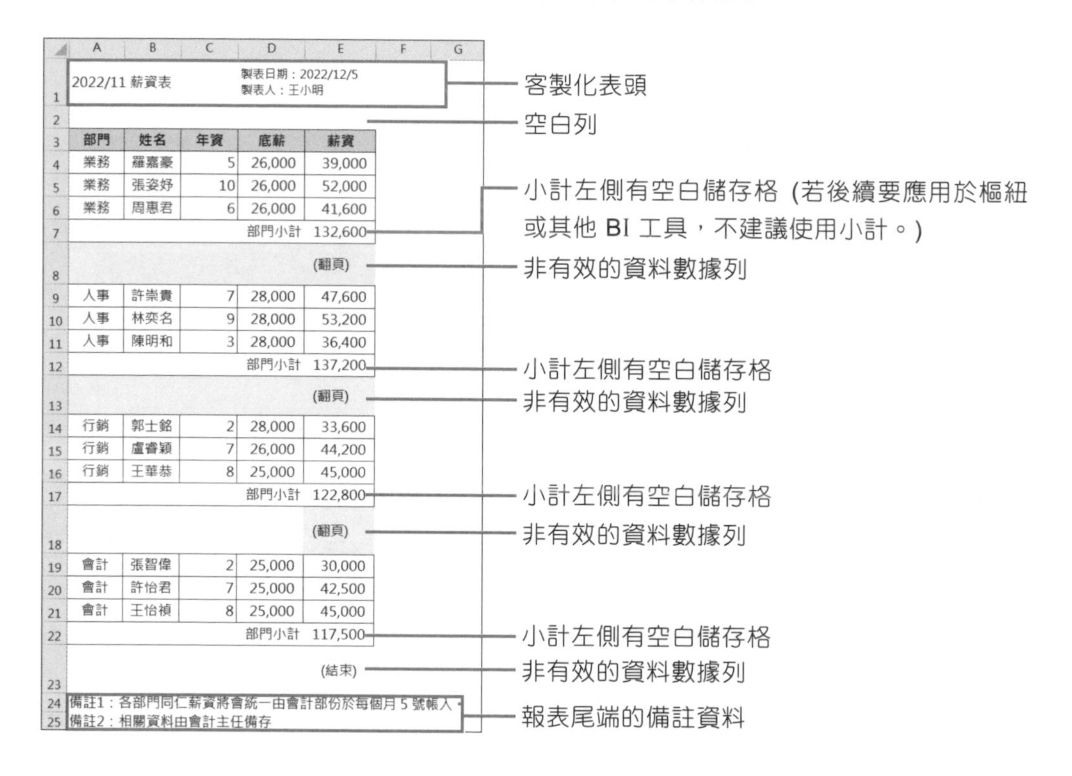

刪除資料範圍中的空白列

首先要刪除範例中的空白列，於 **薪資資料表** 工作表選按 Alt + F11 鍵快速進入 **Microsoft Visual Basic for Applications** 視窗。

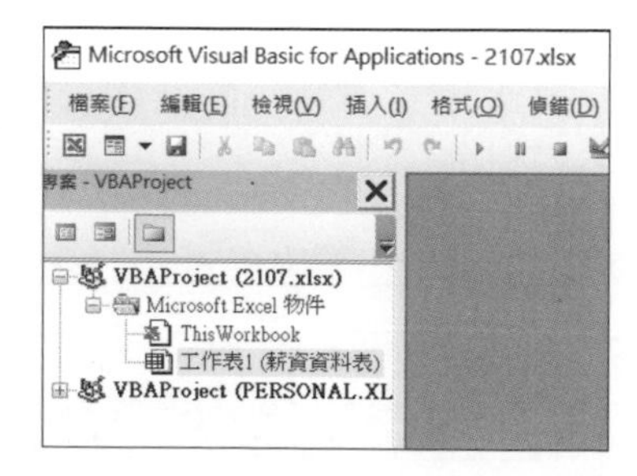

Step 1 插入模組與程序

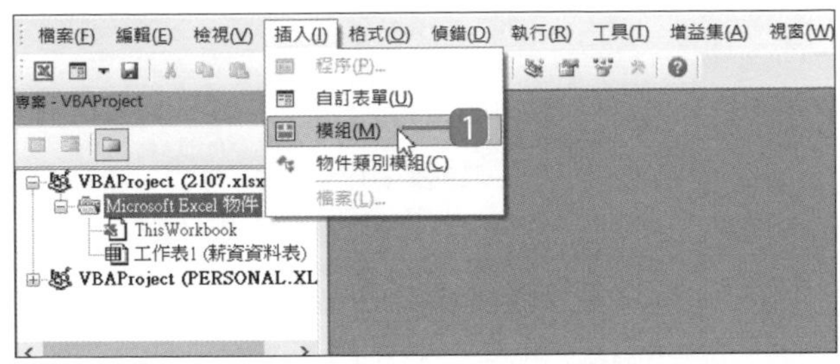

1 選按 **插入 \ 模組**，在 **專案總管** 窗格中多了一個 **Module1** 模組，並開啟其空白編輯視窗。

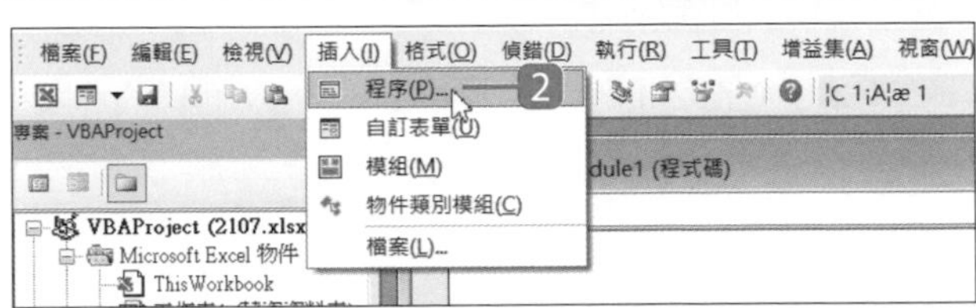

2 選按 **插入 \ 程序**，開啟 **新增程序** 對話方塊。

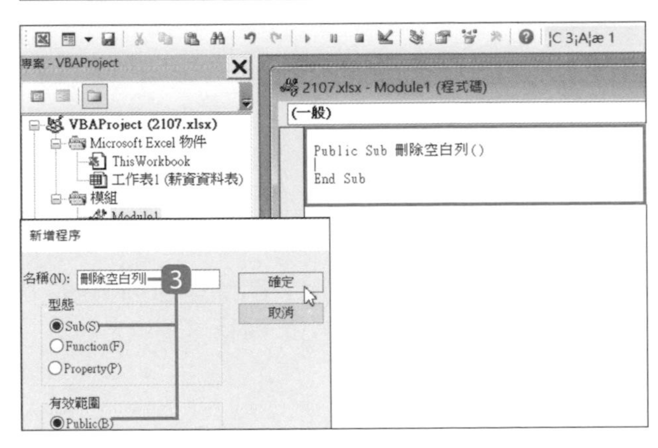

3 於 **名稱** 輸入「刪除空白列」、核選 **型態**：**Sub**、**有效範圍**：**Public**，選按 **確定** 鈕。

Step 2 程式碼撰寫

在 **Module1** 視窗撰寫一段如下程式碼：定義一個數值變數 r，取得目前作用範圍的總列數，再使用 For Next 迴圈與 IF 判斷式找出 A 欄儲存格是無資料的，將該列除。(可開啟範例檔 <04刪除空白列.txt> 複製相關程式碼並貼上)

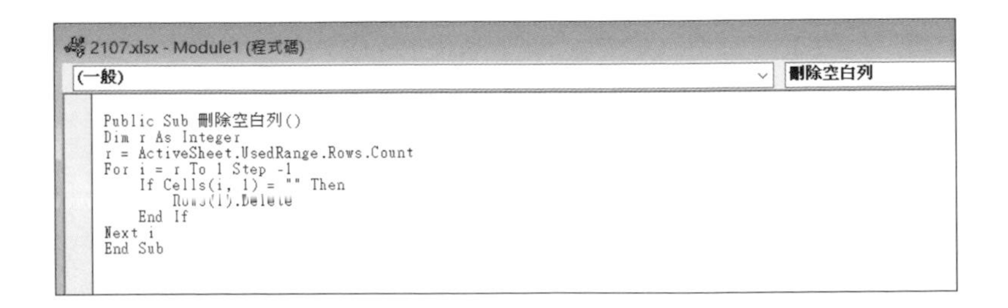

程式碼	說明
Dim r As Integer	宣告一個數值變數 r
r = ActiveSheet.UsedRange.Rows.Count	變數 = 目前工作表中作用範圍的總列數
For i = r To 1 Step -1	使用迴圈，變數 i 以遞減的方式，由 r 值到 1 執行此迴圈，當小於1 結速迴圈。
If Cells(i, 1) = "" Then	當儲存格 (i,1) 是空白的
Rows(i).Delete	刪除列 i
End If	結束 if 判斷式，繼續下一個 i 循環的迴圈
Next i	結束迴圈

Step 3 執行巨集

選按工具列 ▣ 自動儲存編修回到 Excel，執行 **刪除空白列** 巨集項目，快速刪除報表中的所有空白列。

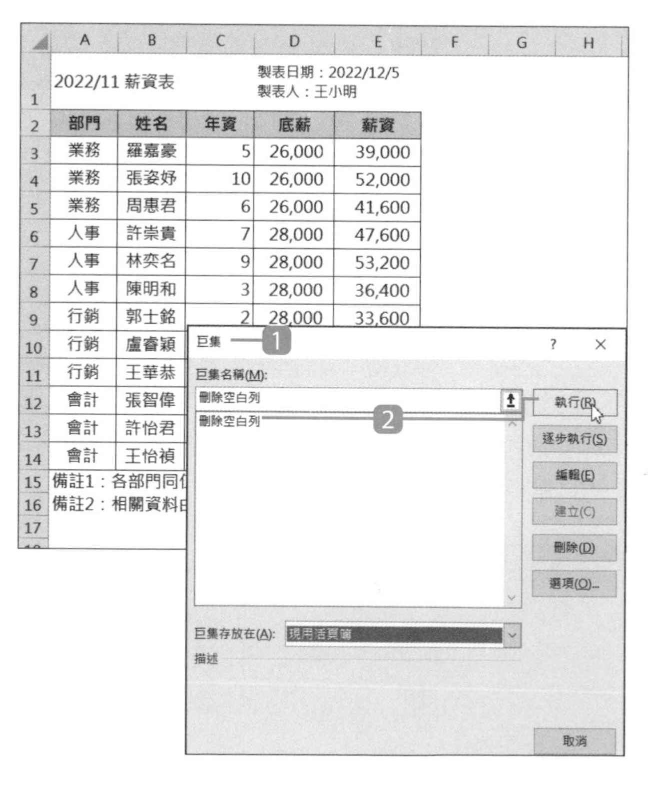

1 按 Alt + F8 鍵呼叫巨集清單。

2 選取 **刪除空白列** 巨集，選按 **執行** 鈕。

刪除表頭列

接著在同一個模組中建立第二個程序：刪除第一列報表表頭。選按 Alt + F11 鍵，快速進入 **Microsoft Visual Basic for Applications** 視窗。

Step 1 **插入程序**

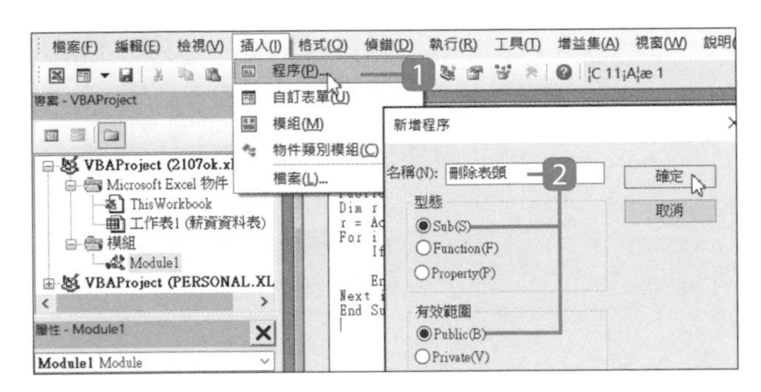

1 選按 **插入 \ 程序**，開啟 **新增程序** 對話方塊。

2 於 **名稱** 輸入「刪除表頭」、核選 **型態**：**Sub**、**有效範圍**：**Public**，選按 **確定** 鈕。

Step 2 **程式碼撰寫**

撰寫如下程式碼：Rows(1).Delete，將第一列刪除。(可開啟範例檔 <05刪除表頭.txt> 複製相關程式碼並貼上)

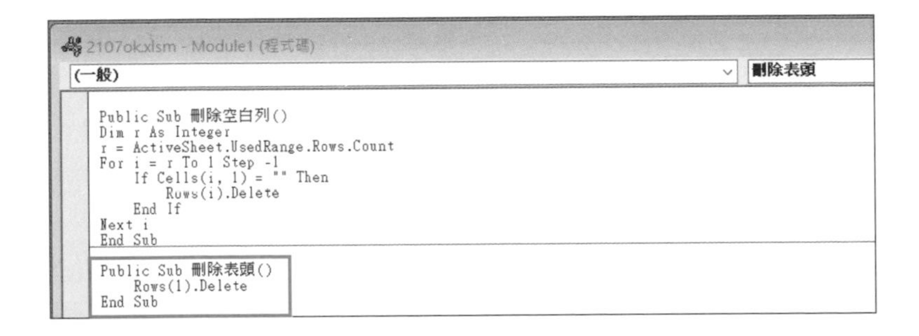

```
Public Sub 刪除空白列()
Dim r As Integer
r = ActiveSheet.UsedRange.Rows.Count
For i = r To 1 Step -1
    If Cells(i, 1) = "" Then
        Rows(i).Delete
    End If
Next i
End Sub

Public Sub 刪除表頭()
    Rows(1).Delete
End Sub
```

Step 3 **執行巨集**

選按工具列 ▣ 自動儲存編修回到 Excel，執行 **刪除表頭** 巨集項目，快速刪除報表中第一列表頭。

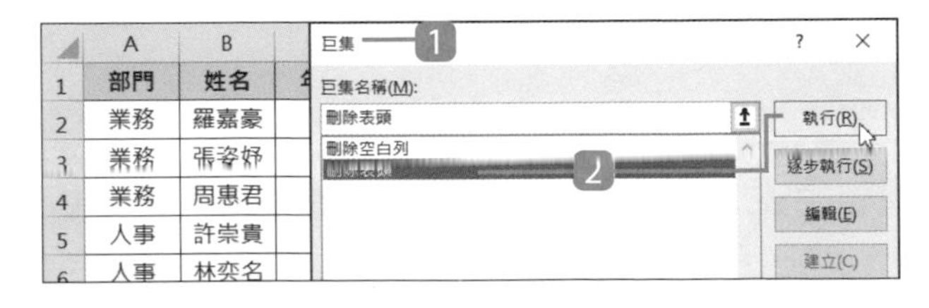

1 按 Alt + F8 鍵呼叫巨集清單。

2 選取 **刪除表頭** 巨集，選按 **執行** 鈕。

刪除備註陳述列

接著在同一個模組中建立第三個程序：刪除報表中備註陳述資料。選按 Alt + F11 鍵，快速進入 **Microsoft Visual Basic for Applications** 視窗。

Step 1 插入程序

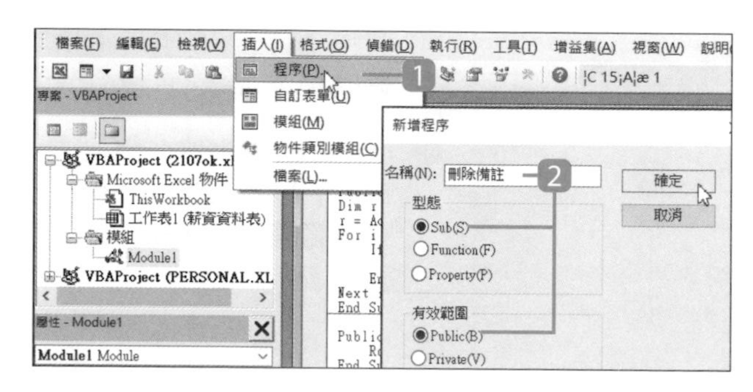

1. 選按 **插入 \ 程序**，開啟 **新增程序** 對話方塊。
2. 於 **名稱** 輸入「刪除備註」、核選 **型態**：**Sub**、**有效範圍**：**Public**，選按 **確定** 鈕。

Step 2 程式碼撰寫

撰寫一段如下程式碼，刪除資料中有 "備註" 二字開頭的列，此段程式碼與前面 "刪除空白列" 程式碼相似，只有在 IF 判斷式中改為：If Cells(i, 1) Like "備註*" Then。(可開啟範例檔 <06刪除備註.txt> 複製相關程式碼並貼上)

```
    Rows(1).Delete
End Sub

Public Sub 刪除備註()
Dim r As Integer
r = ActiveSheet.UsedRange.Rows.Count
For i = r To 1 Step -1
    If Cells(i, 1) Like "備註*" Then
        Rows(i).Delete
    End If
Next i
End Sub
```

程式碼	說明
If Cells(i, 1) Like "備註*" Then	當儲存格 (i,1) 內有 "備註" 二字開頭
Rows(i).Delete	刪除列 i
End If	結束 if 判斷式，繼續下一個 i 循環的迴圈

Step 3 執行巨集

選按工具列 ![] 自動儲存編修回到 Excel，執行 **刪除備註** 巨集項目，快速刪除報表中備註陳述資料。

21.8 程式碼整理

縮排、凸排

工程師在撰寫程式時會依段落以縮排方式整理，讓大量程式碼看起來更有層次也更容易理解。

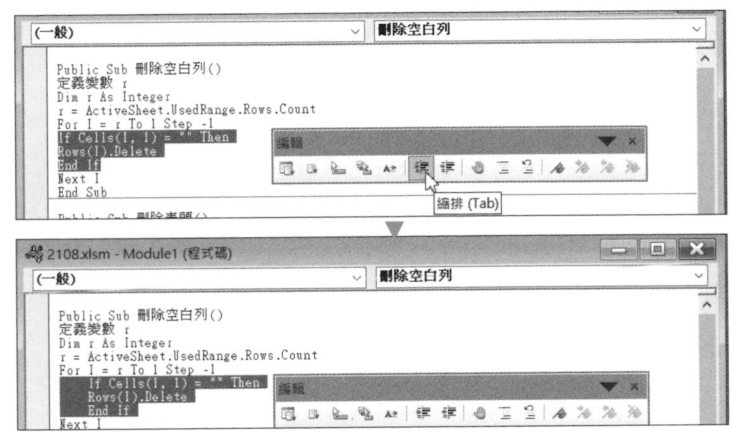

▲ 進入 **Microsoft Visual Basic for Applications** 視窗，選按 **檢視 \ 工具列 \ 編輯**，開啟 **編輯** 工具列，選取要套用縮排的程式碼，再選按 鈕。

將程式行轉變為註解

程式碼中常見於文字前輸入「'」，將程式碼轉變為註解 (綠色的字)，主要是為了方便後續測試或理解而加入至程式碼的簡短說明，這樣的轉變也可藉由 **編輯** 工具列設定。

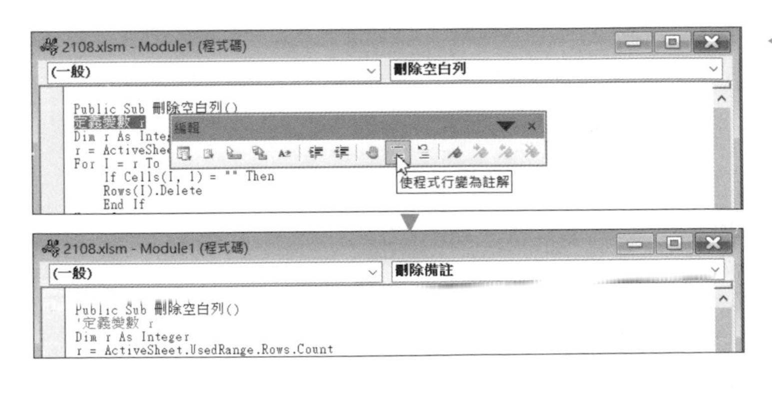

◀ 選按 **檢視 \ 工具列 \ 編輯**，開啟 **編輯** 工具列，選取要轉變為註解的程式碼，再選按 鈕。

21.9 除錯技巧與錯誤處理

藉由 "執行" 除錯

撰寫程式時，除錯是很重要的一環，只要一個地方出錯，整段程式便會卡住無法執行。常會遇到的狀況有：程式設計不良、程式碼打錯或是需要讀取的資料不存在...等，這些狀況可以藉由 VBA 所提供的小工具測試，找出並解決問題。

Step 1 執行 Sub

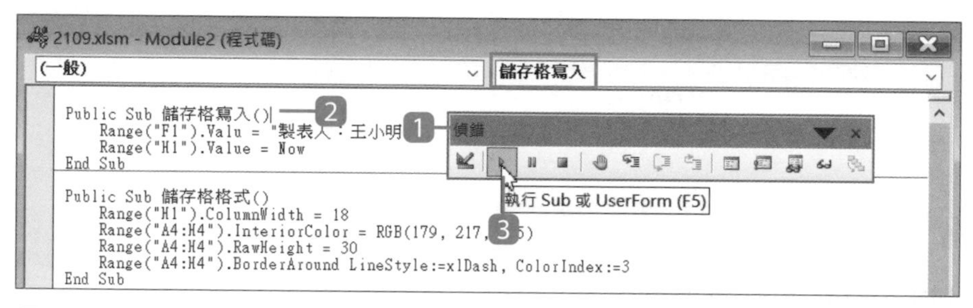

1. 進入 **Microsoft Visual Basic for Applications** 視窗，選按 **檢視 \ 工具列 \ 偵錯**，開啟 **偵錯** 工具列。
2. 選按要執行偵錯的程序任一處，模組視窗右上角會顯示目前作用的程序名稱。
3. 選按 **偵錯** 工具列 ▶ 鈕執行該程序程式碼。

Step 2 偵錯

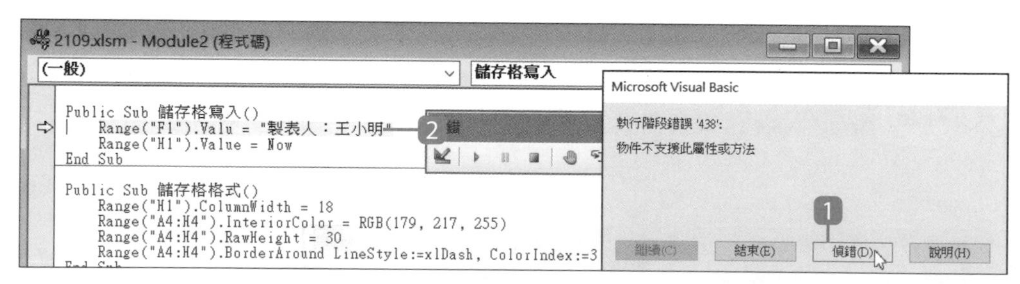

1. 如果程式出現問題，會出現錯誤訊息視窗，依目前的錯誤狀況給予訊息，可選按 **偵錯** 鈕檢查錯誤的程式碼。
2. 會將該行錯誤程式碼以黃色色塊標示，此處發現 "Value" 少打了 "e"。

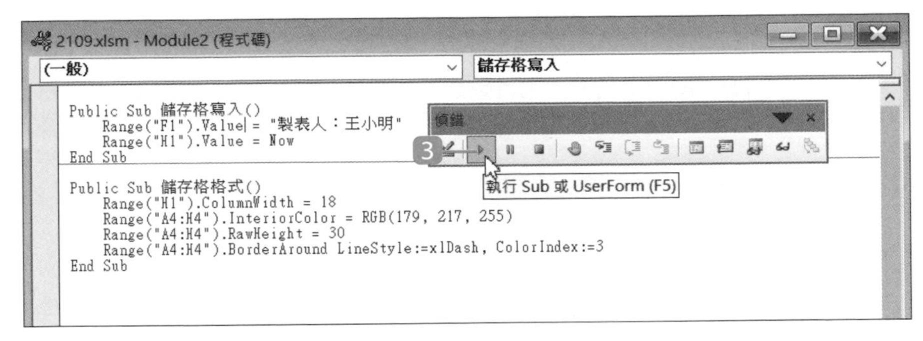

3 修正錯誤後，再選按 **偵錯** 工具列 ▶ 鈕繼續執行該程序程式碼，沒有再跳出錯誤訊息視窗表示該程序沒有問題了。

逐行偵錯

如果程式筆數較多，也可以使用逐行執行程式的方式除錯，從程序的第一行開始逐行執行，一步一步檢查。

Step 1 執行逐行偵錯

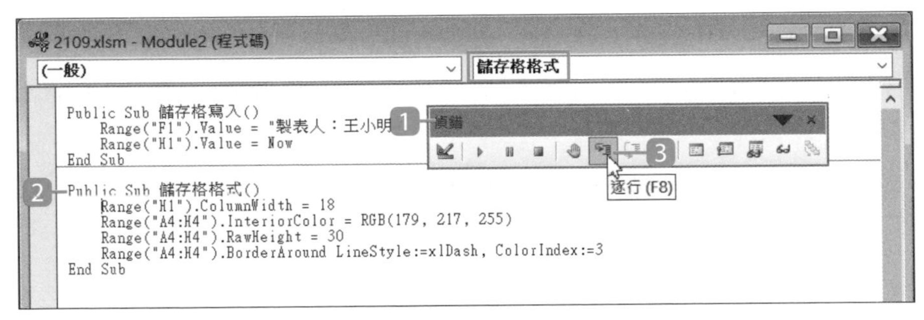

1 選按 **檢視 \ 工具列 \ 偵錯**，開啟 **偵錯** 工具列。

2 選按要執行偵錯的程序任一處，模組視窗右上角會顯示目前作用的程序名稱。

3 選按 **偵錯** 工具列 鈕逐行偵錯程序程式碼。

Step 2 偵錯

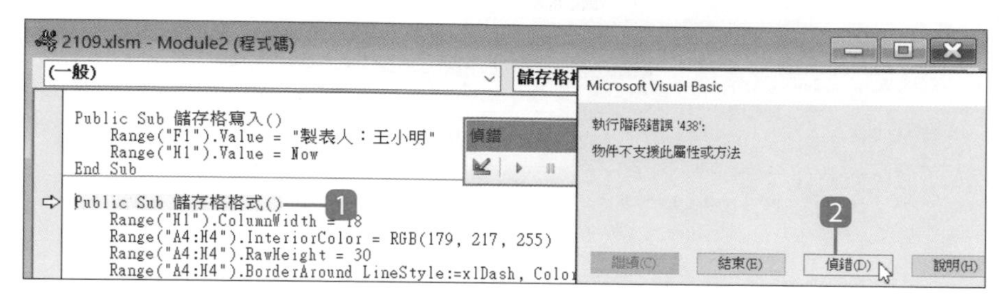

1 逐行偵錯會從程序的第一行開始逐行執行，執行中的行會以黃色色塊標示(在此不代表有錯誤)，每按一下就會執行一行。

2 如果程式出現問題，會出現錯誤訊息視窗，依目前的錯誤狀況給予訊息，可選按 **偵錯** 鈕檢查錯誤的程式碼。

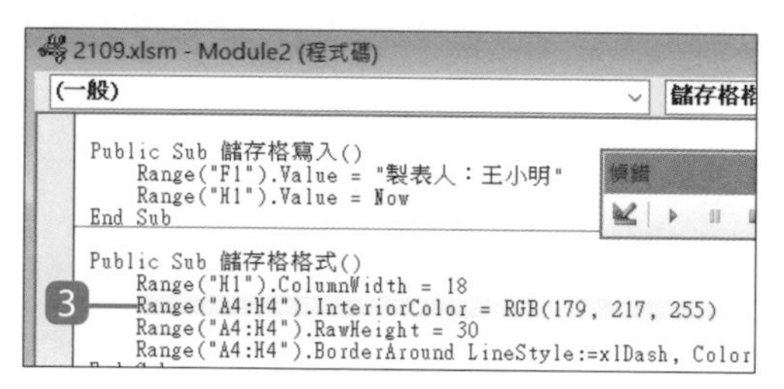

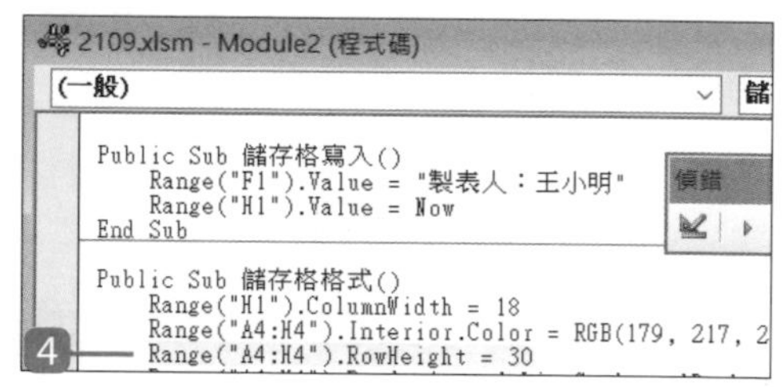

3 此例發現 "Interior.Color" 少打了 "."，修正後再選按 **偵錯** 工具列 鈕繼續一行行執行偵錯。

4 再次出現錯誤訊息視窗，此處發現 "RowHeight" 打錯了 "，著手修正再執行下一行偵錯，直到沒有再跳出錯誤訊息視窗表示該程序沒有問題了。

資訊補給站

修訂錯誤程式碼好幫手

語法錯誤、打錯字...等比較單純的問題，可以透過檢查找出問題的所在，但如果是邏輯性的問題，就得重新思考程式中各變數、迴圈、判斷式...等設計是否正確。

Microsoft 官網有提供 Excel VBA 概念概觀、程式設計工作、範例與參考資訊，並依各物件整理方法、屬性應用範例，是協助你開發 VBA 的好幫手：https://docs.microsoft.com/zh-tw/office/vba/api/overview/excel。

套用與自訂範本

Excel 範本

- 以類別搜尋並使用範本
- 以關鍵字搜尋並使用範本

範本實作

- 實作 "每月公司預算" 範本
- 建立自訂範本

實用範本

- 財務、理財相關範本
- 銷售、規劃、追蹤相關範本
- 圖表範本

22.1 以類別搜尋並使用範本

Excel 提供多款常用範本，這些免費的範本不僅已設定字型、格式...等，更附有多種內建公式，在你填入數值資料後，便會自動計算完成，可以藉由搜尋列下方的類別項目，找到符合需求的範本。

Step 1 挑選適合的類別

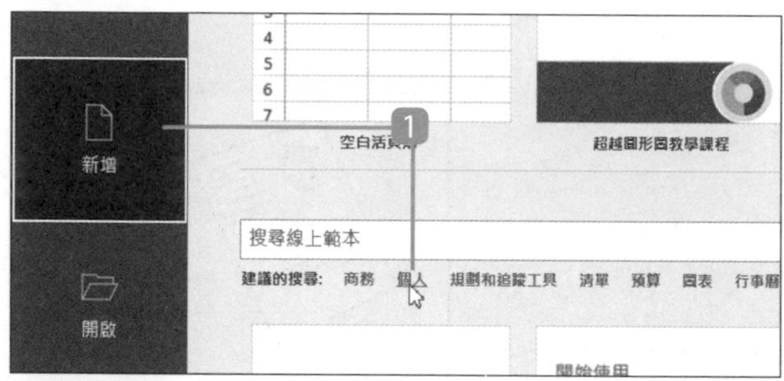

1 選按 **檔案** 索引標籤 \ **新增**，利用捲軸將畫面往下捲動，在 **建議的搜尋** 類別中選按合適項目。

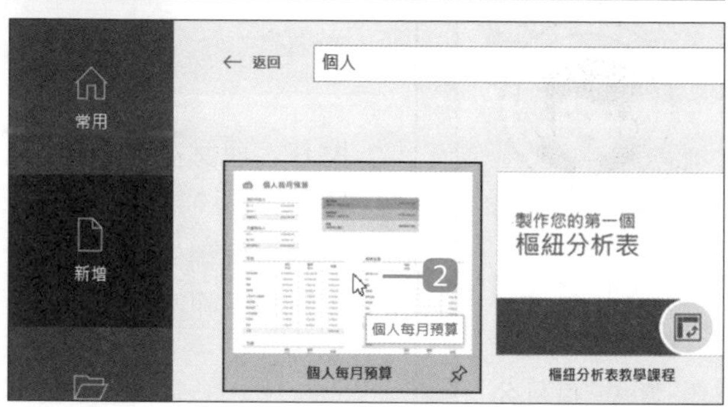

2 再由搜尋結果的範本清單中選按合適的範本。

Step 2 開啟範本建立活頁簿

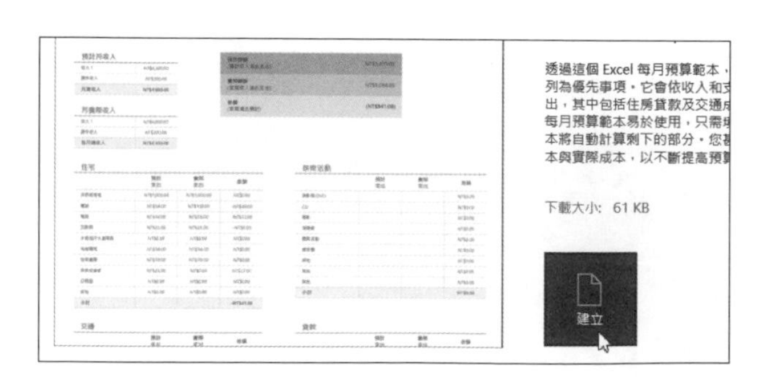

◀ 選按 **建立** 鈕下載並開啟範本。

(依範本建立的活頁簿基本上都已設計了基礎格式及資料結構，只要稍做修改便可以運用，完成後記得另存新檔。)

22.2 以關鍵字搜尋並使用範本

若覺得類別太多不易查找，也可以透過關鍵字搜尋範本並直接下載使用。

Step 1 利用關鍵字搜尋

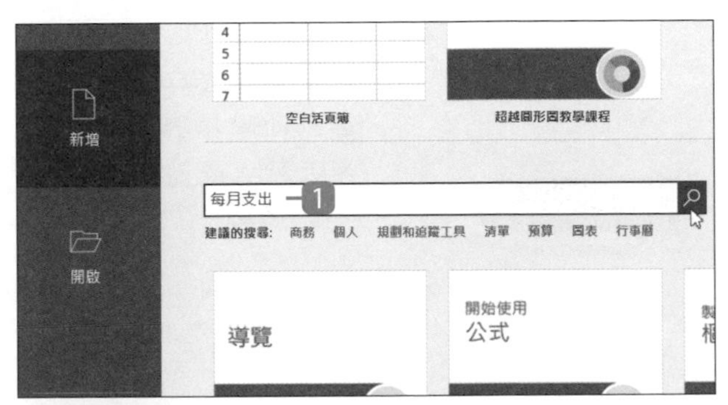

1 選按 **檔案** 索引標籤 \ **新增**，利用捲軸將畫面往下捲動，在搜尋欄位輸入關鍵字後，選按右側 🔍。

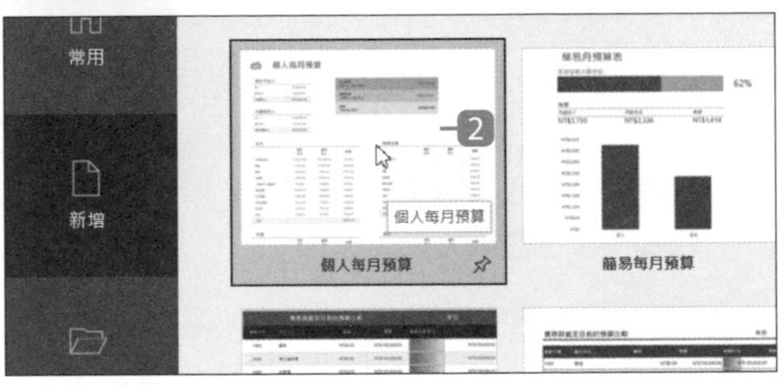

2 再由搜尋結果的範本清單中選按合適的範本。

Step 2 開啟範本建立活頁簿

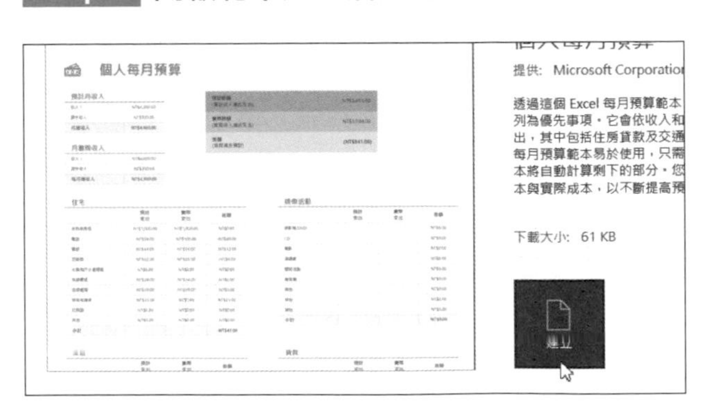

◀ 選按 **建立** 鈕下載並開啟範本。

(依範本建立的活頁簿基本上都已設計了基礎格式及資料結構，只要稍做修改便可以運用，完成後記得另存新檔。)

22.3 實作 "每月公司預算" 範本

以下將透過特定類別找到合適的範本主題，可下載範本再依需求調整為自己的文件。

Step 1 搜尋並建立合適的範本

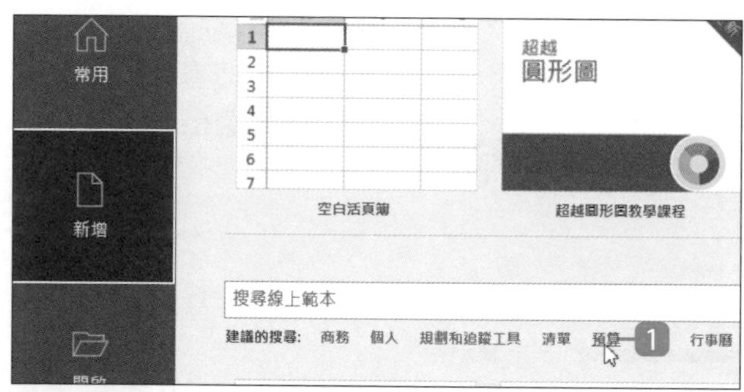

1 選按 **檔案** 索引標籤 \ **新增**，利用捲軸將畫面往下捲動，在上方類別中選按 **預算**。

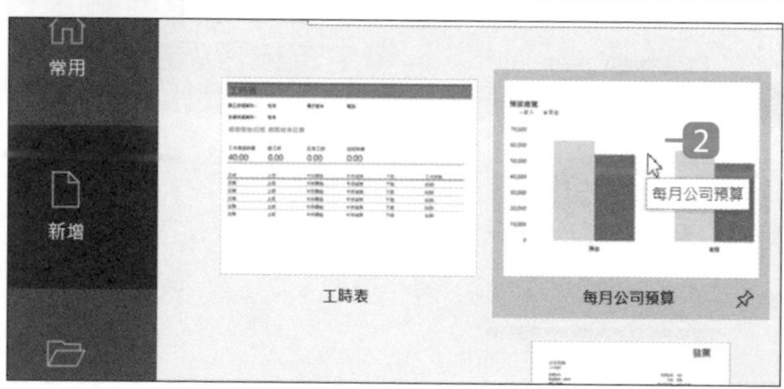

2 範本清單中選按 **每月公司預算**。

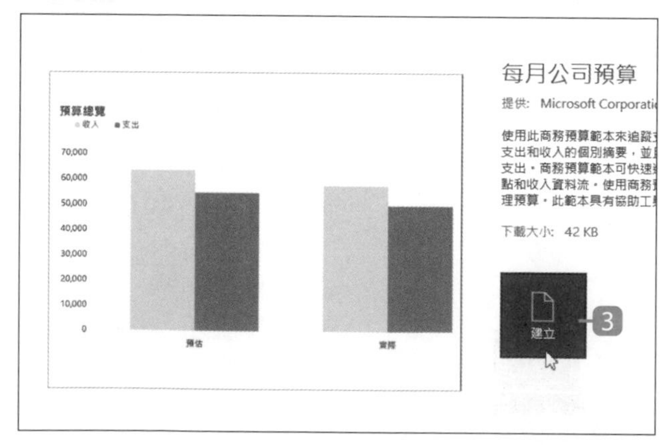

3 選按 **建立** 鈕。

Step 2 修改範本內容

開啟 "每月公司預算" 表單後，可以修改成適合使用的月預算表。

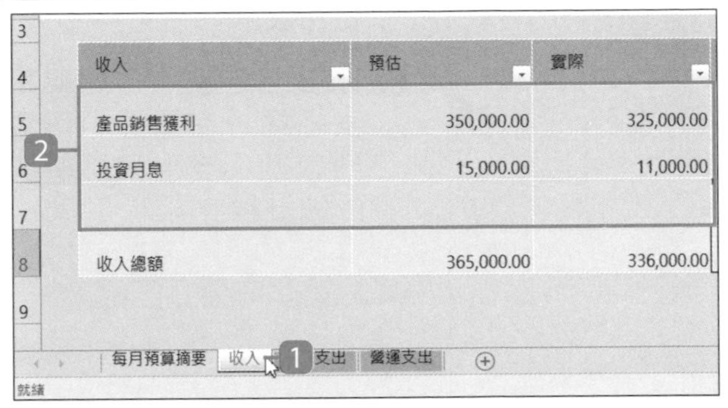

1 切換至 **收入** 工作表。

2 先刪除原本的收入項目與金額 (灰色區塊)，再輸入正確的收入項目與金額。

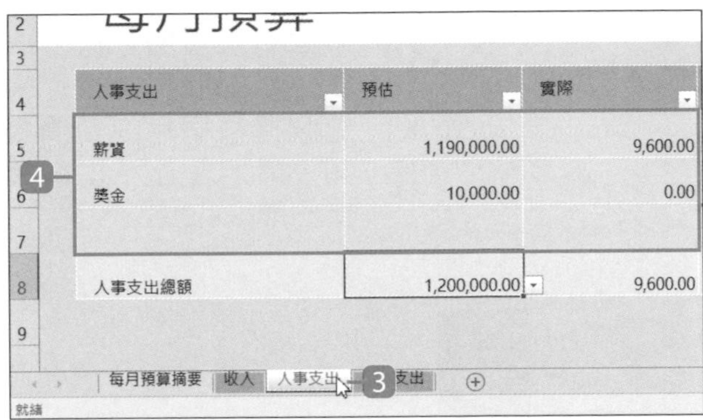

3 切換至 **人事支出** 工作表。

4 依相同操作方式，完成人事支出項目與金額的輸入。

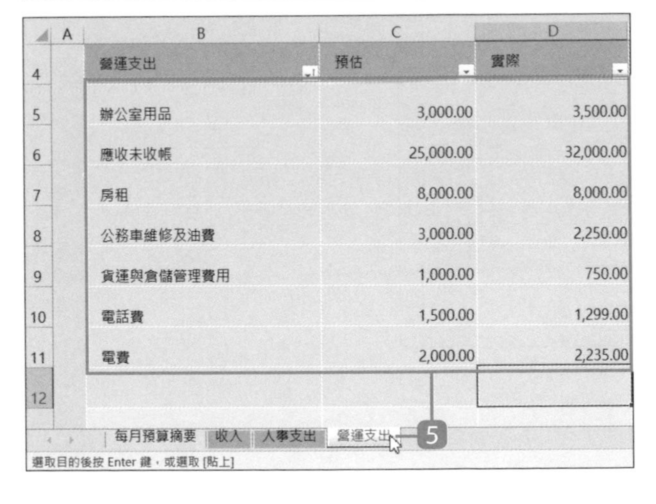

5 切換至 **營運支出** 工作表，依相同操作方式，完成營運支出項目與金額的輸入。

Step 3 利用圖表及數據分析每月的收支狀況

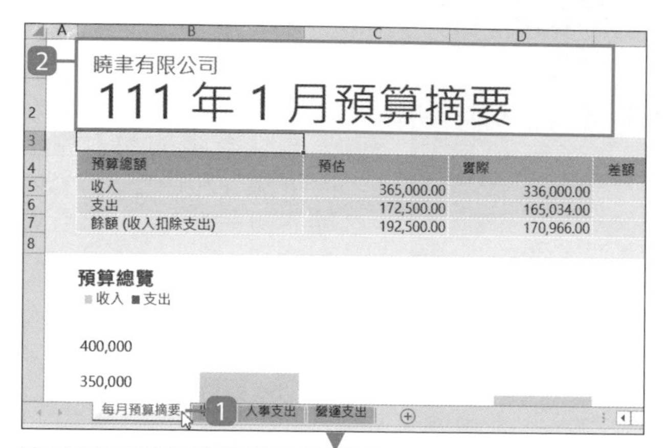

1 切換至 **每月預算摘要** 工作表。

2 先於上方輸入公司與報表名稱，在畫面中可看到收入、支出與餘額的的統計數值。

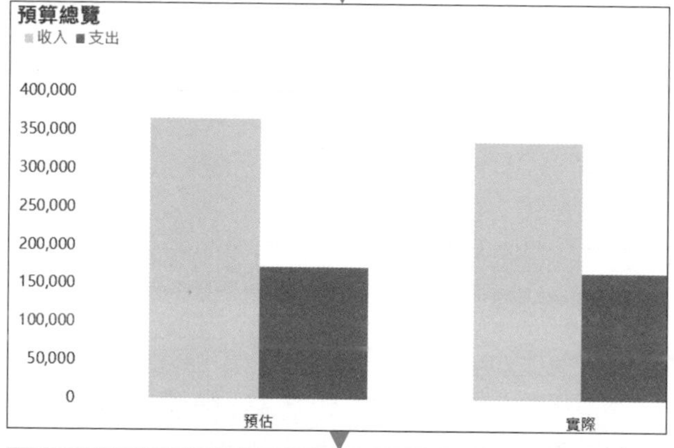

◀ 中間有圖表顯示目前收支平衡的狀況，讓你輕鬆掌握每個月的預算金額，最下方還列出 5 個支出最高的項目。

營運支出中最高的前 5 項為何？

支出	金額	支出百分比	減少 15
應收未收帳	32,000.00	19.4%	
房租	8,000.00	4.8%	
辦公室用品	3,500.00	2.1%	
公務車維修及油費	2,250.00	1.4%	
電費	2,235.00	1.4%	
合計	47,985.00	29.1%	

22.4 財務、理財相關範本

個人理財相關範本

可以使用預算、貸款、計算機、財務管理...等關鍵字，搜尋已設計好的個人理財範本，以下列舉一些常用的項目：

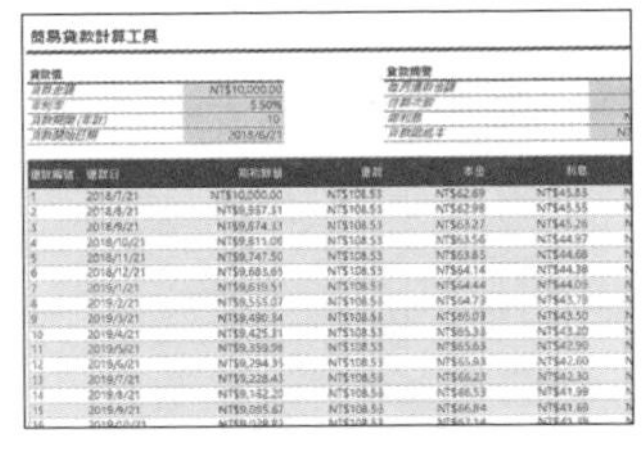

貸款分期償還排程

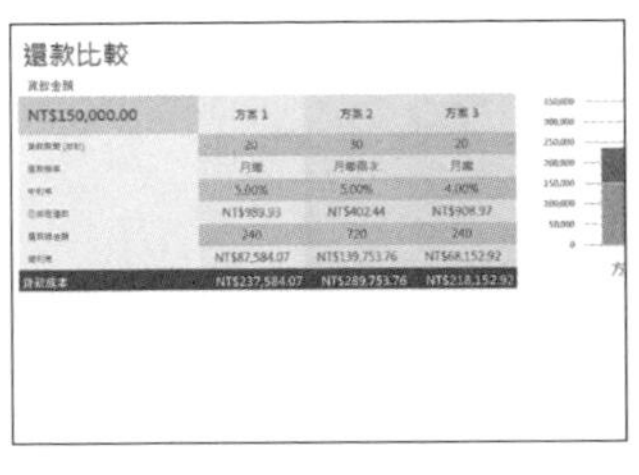

貸款比較計算工具

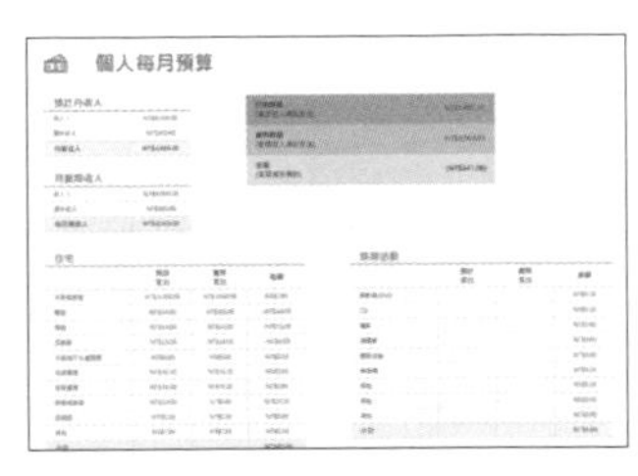

個人每月預算

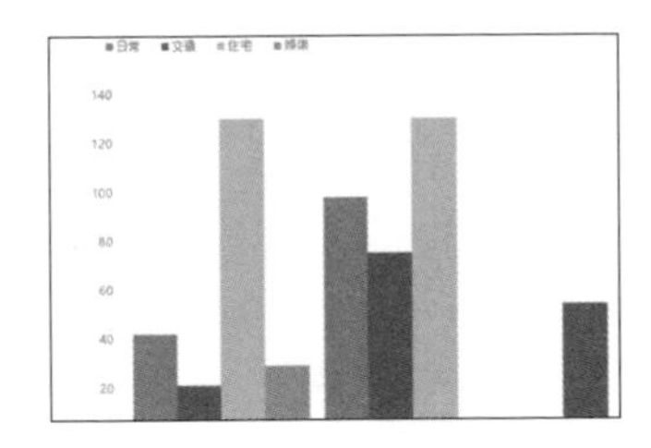

個人支出計算機

省錢估算程式

家庭預算

公司財務管理相關範本

可以使用預算、損益、發票、商務、企業、資產、財務管理...等關鍵字，搜尋已設計好的公司財務範本，以下列舉一些常用的項目：

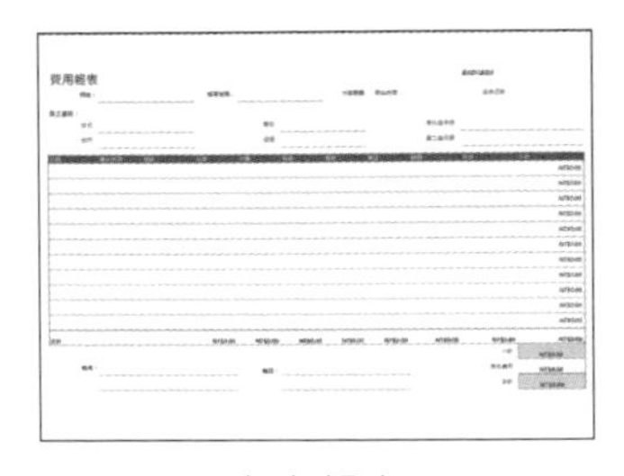
支出報表

損益表

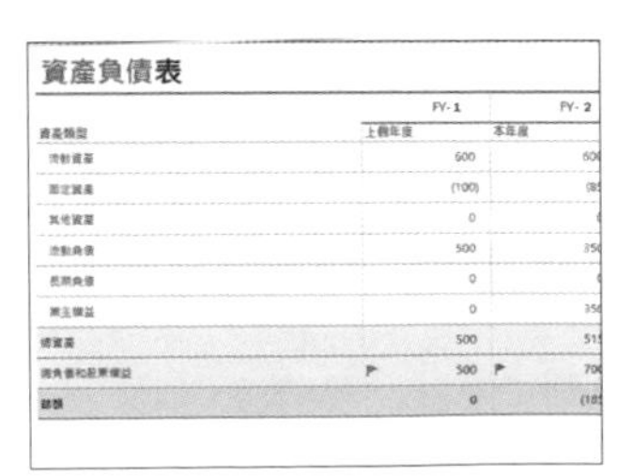

資產負債表

22.5 銷售、規劃、追蹤相關範本

銷售相關範本

可以使用銷售、發票、報表、費用、庫存、清單..等關鍵字，搜尋已設計好的銷售範本，以下列舉一些常用的項目：

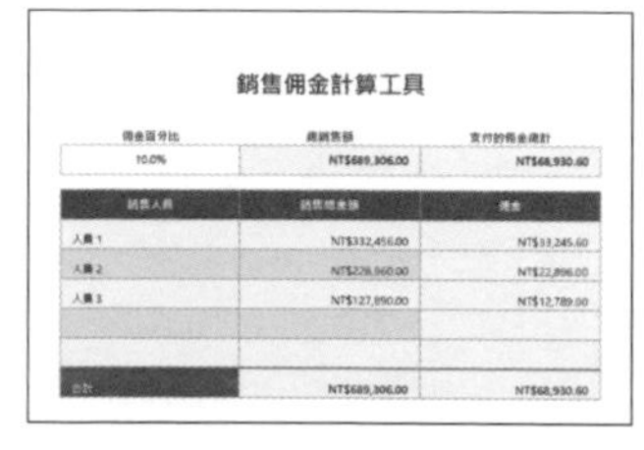

銷售佣金計算工具

每日收銀機銷售額

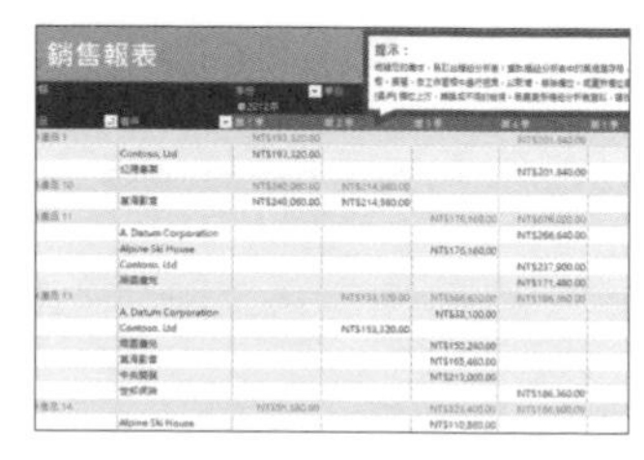

銷售報表

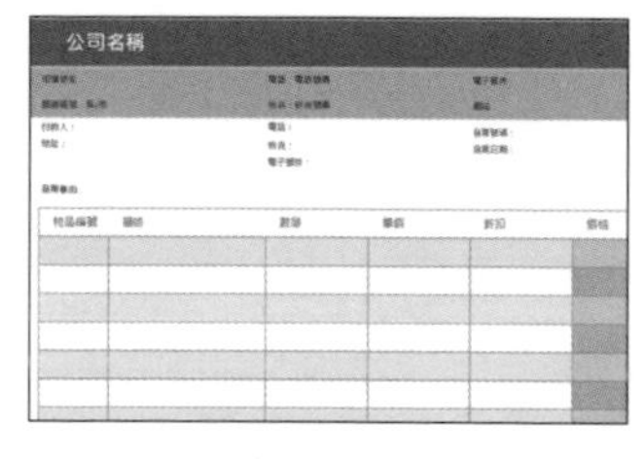

簡易發票

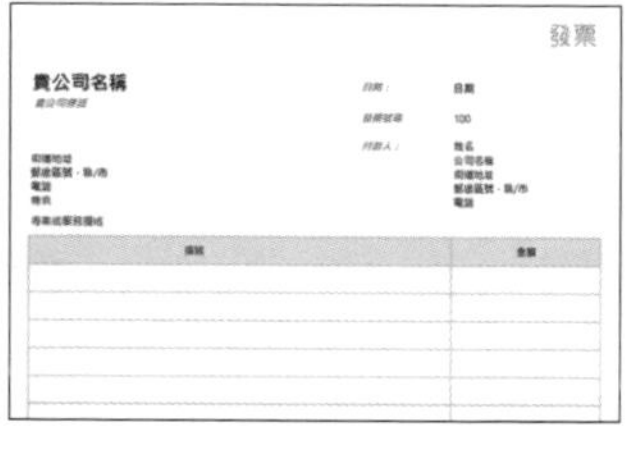

能計算稅金的發票

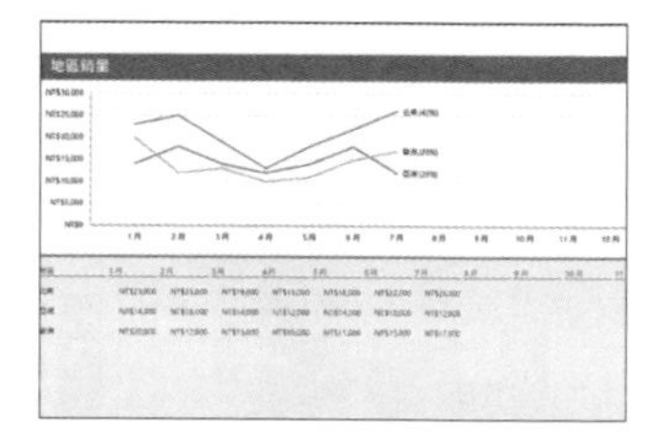

地區銷量圖表

規劃、追蹤相關範本

可以使用記錄、追蹤器、規劃、行程、專案、每週、工具...等關鍵字，搜尋已設計好的規劃和追蹤範本，以下列舉一些常用的項目：

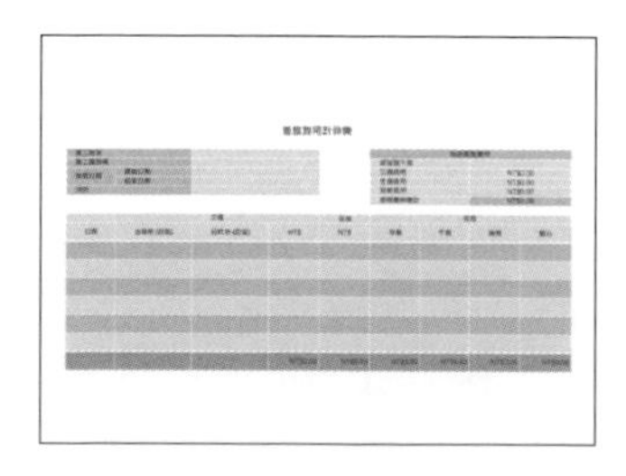

差旅費用記錄

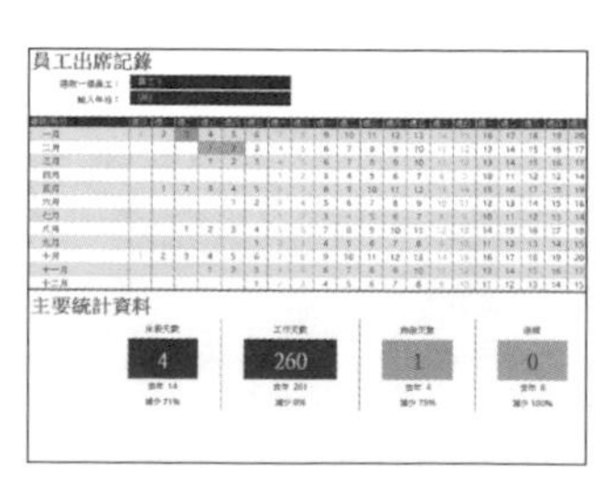

員工出席狀況追蹤工具

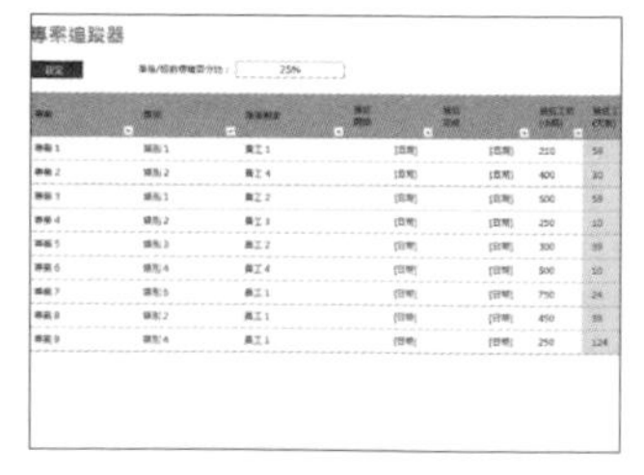

專案追蹤器

22.6 圖表範本

如果想要找尋有內建圖表的範本，同樣可以使用預算、貸款、銷售、財務管理、資產負債表...等關鍵字，搜尋相關範本，再於搜尋結果清單中透過縮圖選擇有圖表的範本建立、使用：

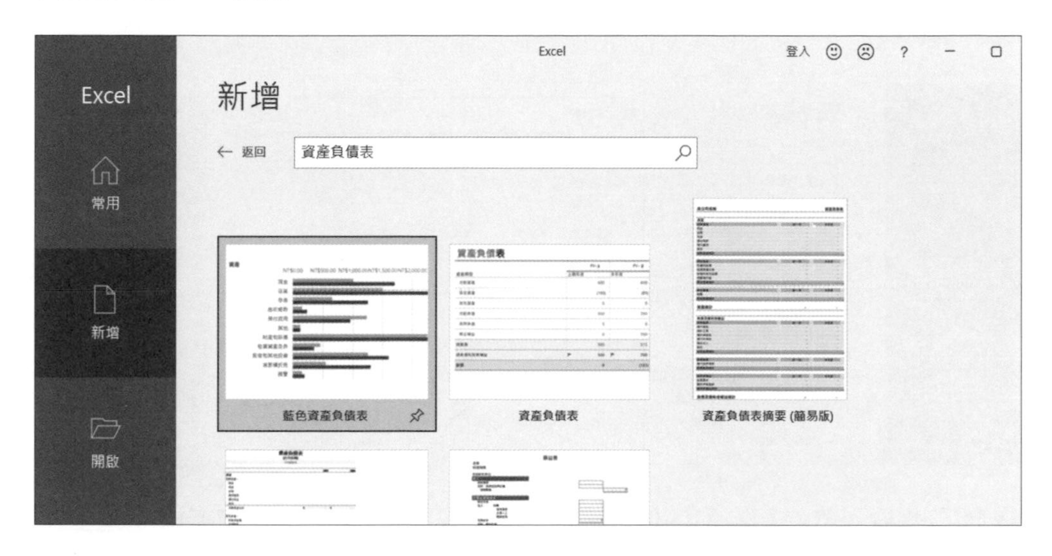

也可輸入雙關鍵字，例如：「預算 圖表」(中間要按一個 Space 鍵)，這樣一來會找尋同時是預算相關又內含圖表的範本。

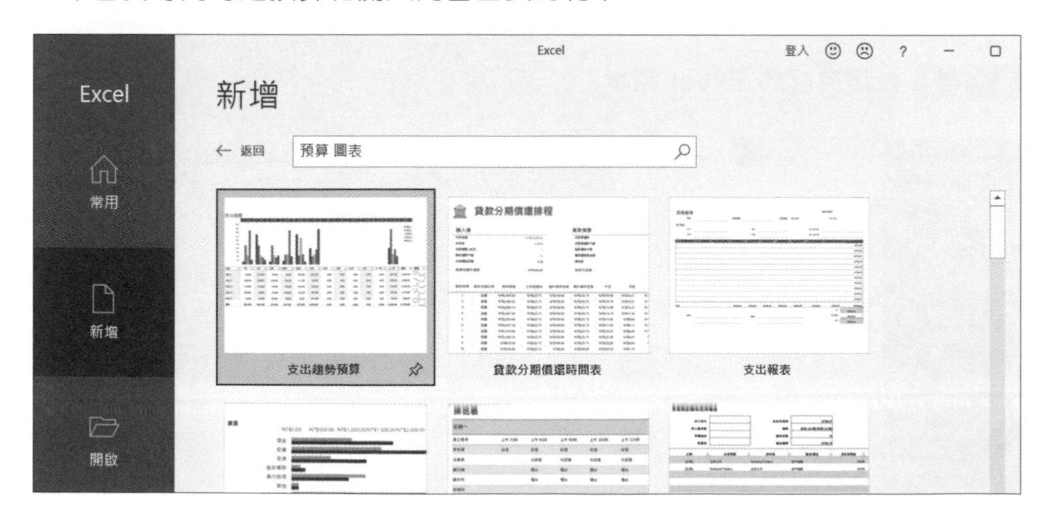

22.7 建立自訂範本

有些報表需要週期性製作，特別是財務、決策分析...等，可以將某月份完成的報表儲存為範本，供下次使用，節省許多製作的時間。

Step 1 將試算表存成 Excel 範本

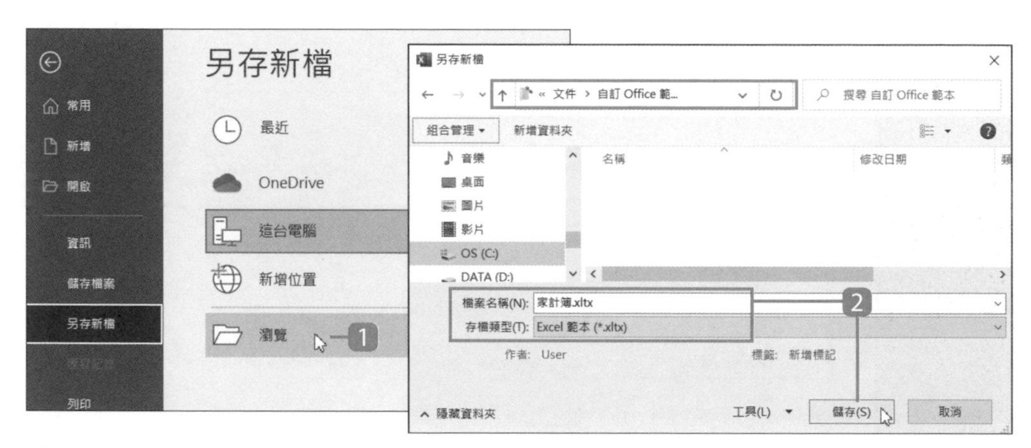

1. 開啟想要另存為範本的活頁簿，於 **檔案** 索引標籤選按 **另存新檔 \ 這台電腦 \ 瀏覽** 開啟對話方塊。

2. 設定 **存檔類型：Excel 範本 (*.xltx)**，預設的存檔路徑會自動儲存至 **自訂 Office 範本** 的資料夾，輸入好 **檔案名稱** 後，選按 **儲存** 鈕。

Step 2 使用自訂的 Excel 範本

1. 開啟 Excel 軟體後，選按 **新增**。(或於 **檔案** 索引標籤選按 **新增**)

2. 於右側選按 **個人** 標籤即可於清單中看到自訂範本，選按即可開啟。

活頁簿與工作表的加密保護、共同作業

資料保護

- 關於加密管理保護機制
- 保護活頁簿
- 為檔案設定保護與防寫密碼

特定編輯

- 允許編輯工作表中特定的儲存格
- 允許使用者編輯特定範圍
- 調整允許使用者編輯的範圍與密碼

前置準備

- 關於共同作業的準備工作
- 申請 Office 帳號
- 登入 Office 帳號

共同撰寫

- 用網頁版 Excel 即時共同撰寫
- 變更共用權限或刪除共用者
- 用註解說明修訂的內容
- 檢視目前共同撰寫的使用者

23.1 關於加密管理保護機制

為了避免與其他使用者共用檔案的過程中，不小心變更、移動或刪除工作表或活頁簿中重要資料，可以設定密碼保護特定活頁簿和工作表，以下整理幾種用來保護 Excel 資料的方式：

選項	特性
檔案層級	控制使用者對 Excel 檔案的存取權限，做法是指定密碼，讓使用者無法任意開啟或修改檔案。 1. **保護密碼**：開啟檔案所需的密碼，防止其他使用者開啟檔案。 2. **防寫密碼**：修改檔案所需的密碼，當需要為不同的使用者授與唯讀或編輯存取權時，可使用此選項。 3. **標示為完稿**：如果將檔案標示為完稿版本，會關閉所有輸入、編輯功能與校訂標記的動作。
活頁簿層級	指定密碼鎖定活頁簿的結構與視窗，例如：防止其他使用者檢視隱藏的工作表、新增、移動、刪除或隱藏工作表，以及重新命名工作表。
工作表層級	防止其他使用者意外或故意變更、移動或刪除工作表中的資料，可以鎖定或不鎖定工作表上的特定儲存格，然後使用密碼保護工作表。例如：想要讓其他使用者僅能在特定儲存格中新增與編輯資料，而無法修改工作表其他區域的資料。

密碼設定原則：

- 請務必確保密碼易於記憶。
- 密碼沒有長度、字元或數字方面的限制。
- 密碼會區分大小寫，因此設定時要先確認是否開啟 Caps Lock 鍵。
- 不建議使用包含銀行、信用卡號碼...等機密資訊的號碼。
- 共用文件的密碼可能落入非預期的使用者手中，需與共用者建立保密共識。

建議密碼至少包含下列四個項目中的三個項目，以提供較高的安全性：

· 英文大寫字母 (A 到 Z)

· 英文小寫字母 (a 到 z)

· 數字 (0 到 9)

· 非字母字元 (例如：! $ # 或 %)

23.2 保護活頁簿

保護活頁簿主要功能為：

1. **結構**：防止使用者移動、刪除或隱藏工作表，或變更名稱、檢視隱藏工作表、插入新工作表或圖表工作表、將工作表移動或複製到另一個活頁簿中...等。
2. **視窗**：防止使用者變更活頁簿的視窗大小和位置、移動視窗、調整大小...等。(此選項僅適用於 Excel 2007、Excel 2010、Excel for Mac 2011，以及 Excel 2016 for Mac。)

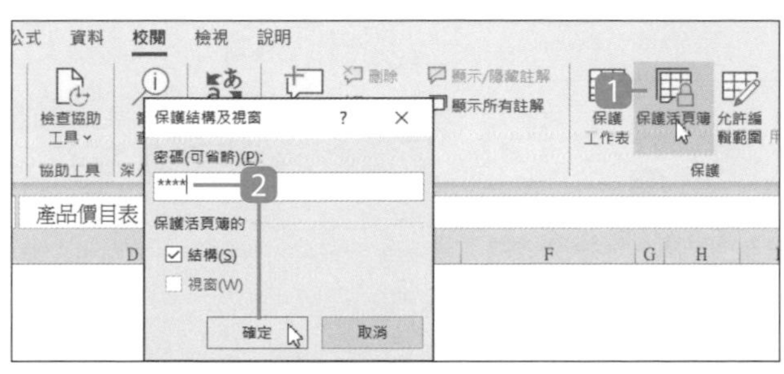

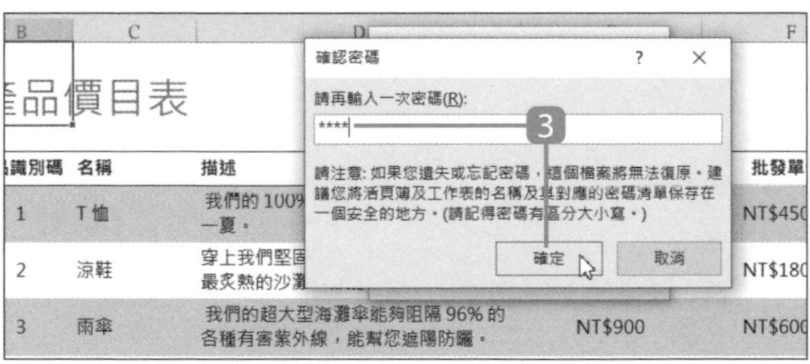

1 於 **校閱** 索引標籤選按 **保護活頁簿** 開啟對話方塊。

2 核選 **保護活頁簿的：結構**，輸入密碼 (此範例密碼為 1234)，再選按 **確定** 鈕。

3 再次輸入密碼確認，選按 **確定** 鈕，完成保護活頁簿的設定。

◀ 當再次至工作表標籤上按一下滑鼠右鍵，會發現新增與刪除工作表的功能全都無法使用了。

資訊補給站

取消保護活頁簿

1. 若要取消 **保護活頁簿** 功能，只要再次於 **校閱** 索引標籤選按 **保護活頁簿**，開啟對話方塊，輸入之前設定的密碼即可。
2. **保護活頁簿** 功能主要是防止使用者移動、刪除或隱藏工作表，或變更其名稱，但並未針對工作表中儲存格內容進行鎖定與保護的動作。

23.3 允許編輯工作表中特定儲存格

想要保護工作表內的資料，但又想允許使用者使用文件中特定的儲存格，以防止重要資料被刪除或編輯，可參考以下操作說明。

Step 1 確認工作表啟用保護鎖定

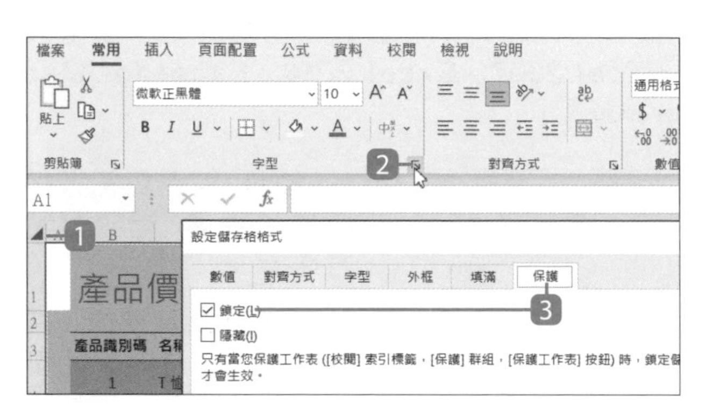

1 選取整個工作表儲存格。

2 於 **常用** 索引標籤選按 **字型** 對話方塊啟動器開啟對話方塊。

3 於 **保護** 標籤確認已核選 **鎖定**，再選按 **確定** 鈕。

Step 2 解除特定儲存格的保護鎖定

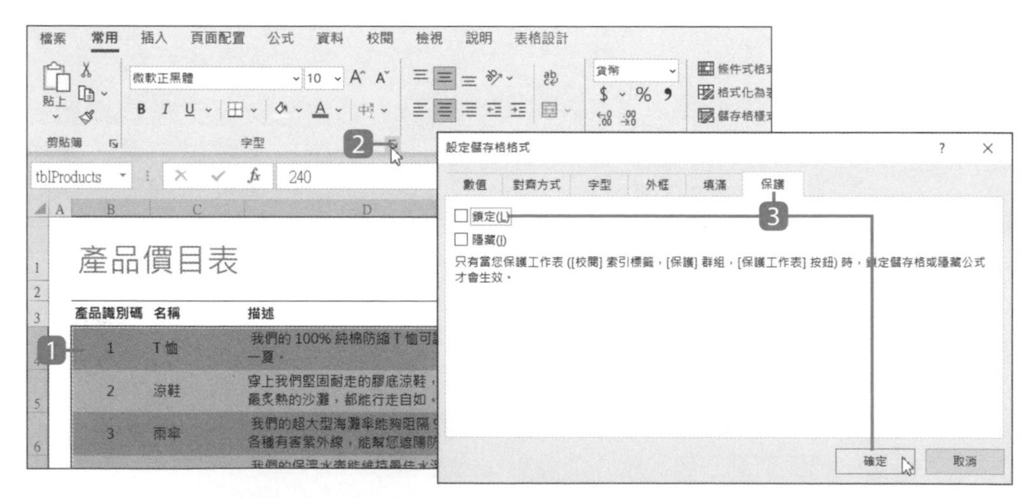

1 選取允許編修資料的 B4:F8 儲存格範圍。

2 於 **常用** 索引標籤選按 **字型** 對話方塊啟動器開啟對話方塊。

3 於 **保護** 標籤取消核選 **鎖定**，再選按 **確定** 鈕。

Step 3 設定保護工作表與密碼

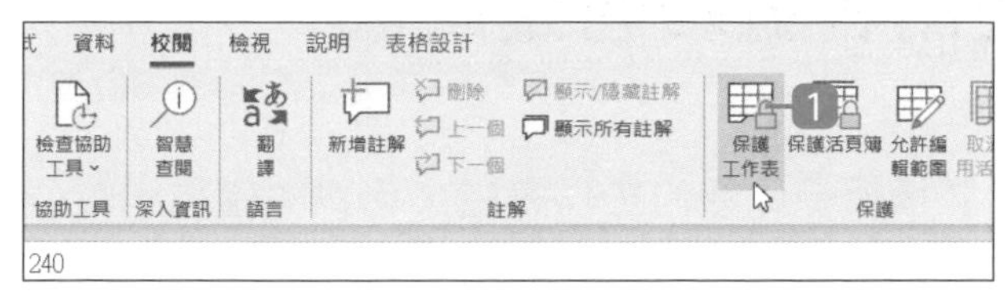

1 於 **校閱** 索引標籤選按 **保護工作表**，開啟對話方塊。

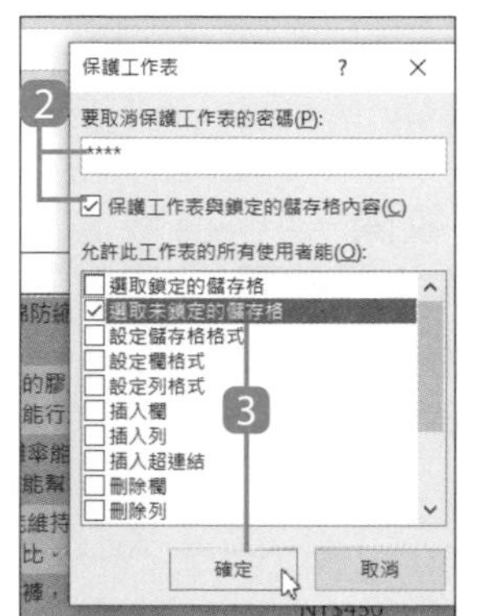

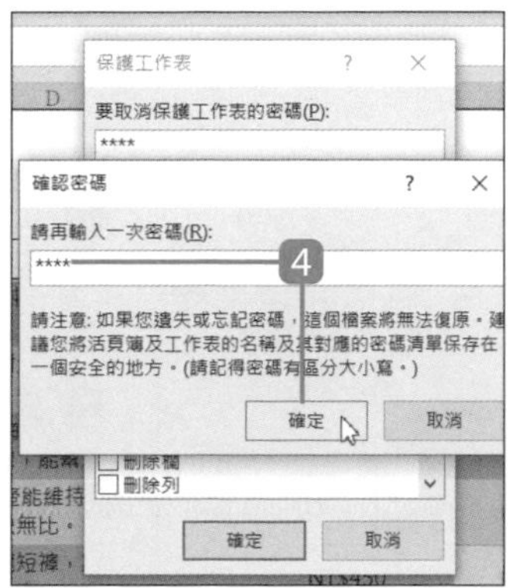

2 輸入密碼 (此例為 1234)，確認核選 **保護工作表與鎖定的儲存格內容**。

3 清單中僅核選 **選取未鎖定的儲存格** (允許使用者操作的動作)，選按 **確定** 鈕。

4 再次輸入相同密碼，再選按 **確定** 鈕。

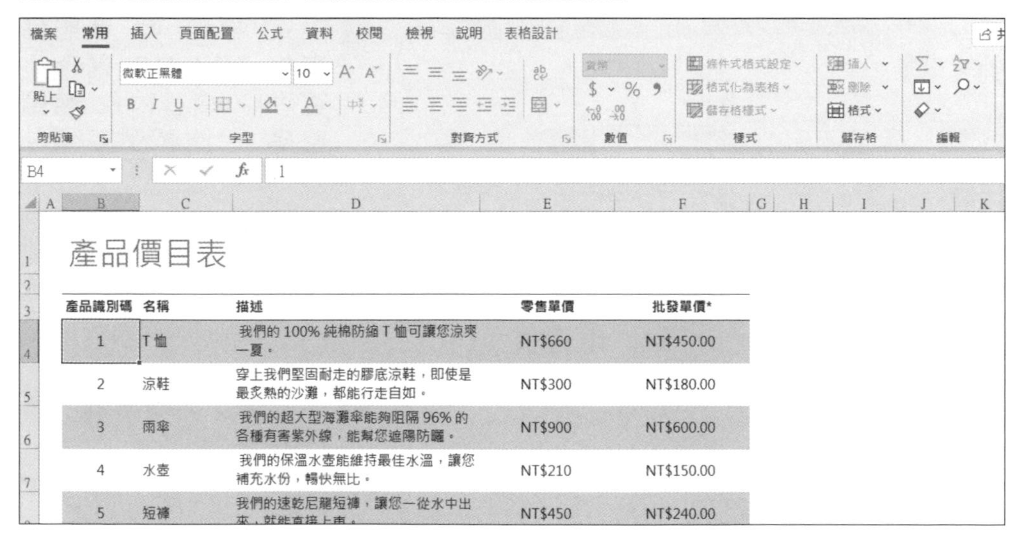

▲ 完成設定後，使用者僅能編輯工作表中未鎖定的 B4:F8 儲存格範圍，於 **保護工作表** 的啟動模式下，雖然可以在允許範圍內編修資料，但有許多功能已被限制為不可執行的項目 (灰色文字)。

保護工作表 僅保護目前作用中的工作表，而不是活頁簿中所有的工作表。要取消 **保護工作表** 功能，只要再次於 **校閱** 索引標籤選按 **取消保護工作表** 開啟對話方塊，輸入之前設定的密碼即可。

23.4 允許多位使用者編輯特定範圍

若要由多位特定的使用者瀏覽並編輯受保護的工作表時，可以先區隔出每位使用者可使用的範圍，並給予每個範圍一組特定密碼。

Step 1 設定保護範圍與密碼

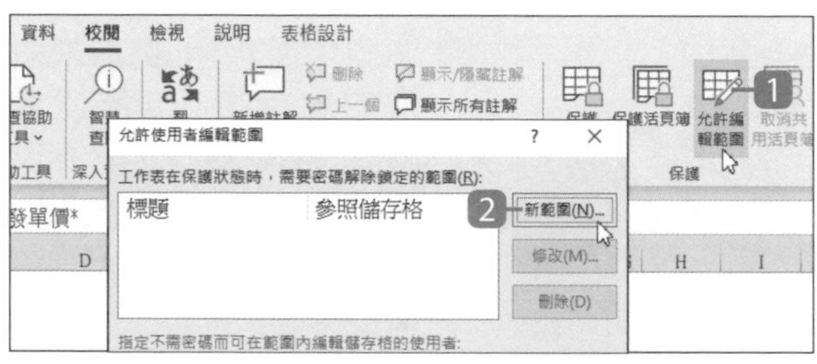

1. 於 **校閱** 索引標籤選按 **允許編輯範圍** 開啟對話方塊。
2. 選按 **新範圍** 鈕。

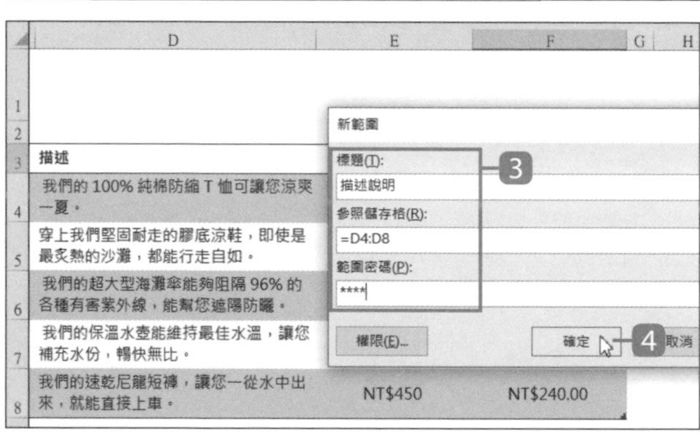

3. 設定 **標題** 與 **參照儲存格** (D4:D8 儲存格範圍)，接著輸入 **範圍密碼**。(此範例密碼為 1111)
4. 選按 **確定** 鈕。

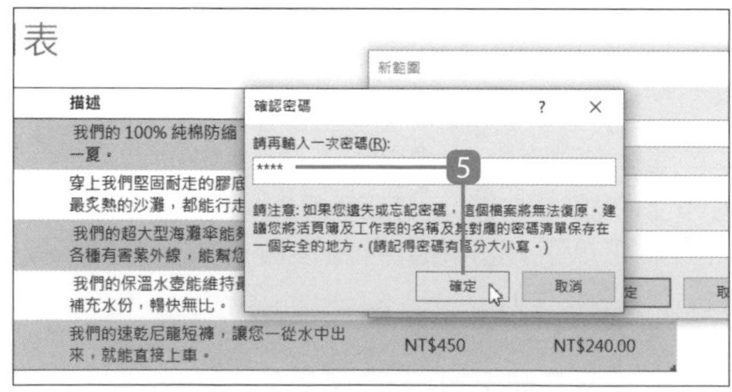

5. 再次輸入保護密碼，選按 **確定** 鈕。

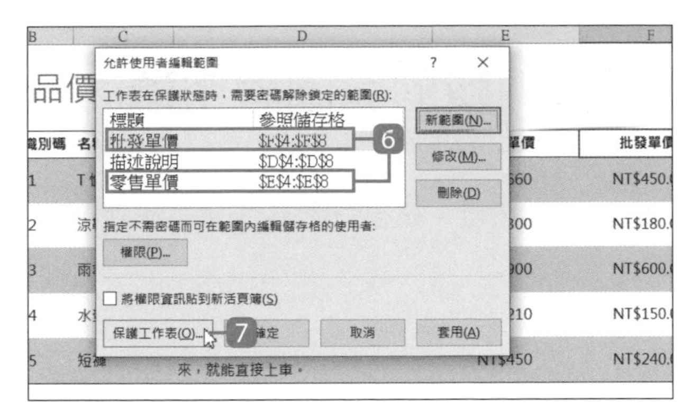

6 完成後依相同方法再加入 "零售單價" 與 "批發單價" 二項使用者範圍 (此範例密碼分別使用 2222、3333)。

7 選按 **保護工作表** 鈕開啟對話方塊。

Step 2 設定保護工作表與密碼

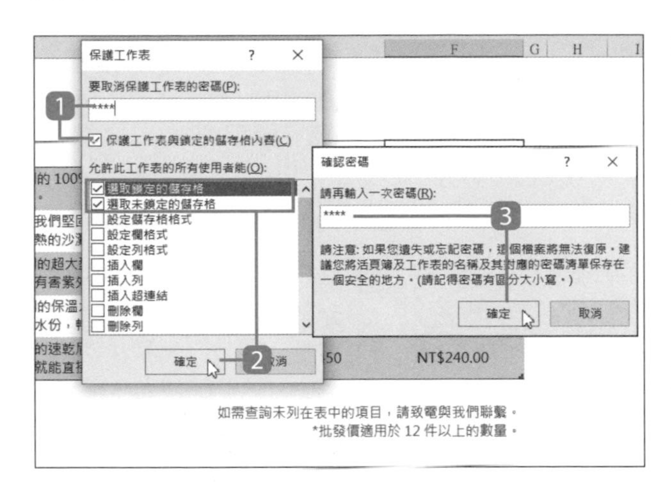

1 輸入工作表的保護密碼 (此範例密碼為 1234)，核選 **保護工作表與鎖定的儲存格內容**。

2 清單中僅核選 **選取鎖定的儲存格** 與 **選取未鎖定的儲存格**，選按 **確定** 鈕。

3 再一次輸入工作表的保護密碼，選按 **確定** 鈕完成保護設定。

完成保護設定後，使用者必須有特定範圍的密碼，才能編輯該範圍的內容。

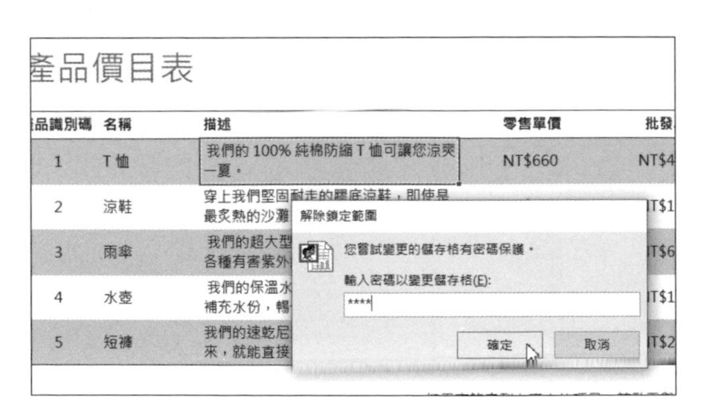

◀ 於欲編輯的儲存格資料範圍上連按二下滑鼠左鍵，**解除鎖定範圍** 對話方塊輸入專屬密碼，再選按 **確定** 鈕，即可解除鎖定進行編輯。

23.5 調整允許使用者編輯的範圍與密碼

如果要調整工作表中 **允許編輯範圍** 細部項目，必須先取消 **保護工作表** 的設定再調整。

Step 1 取消保護工作表

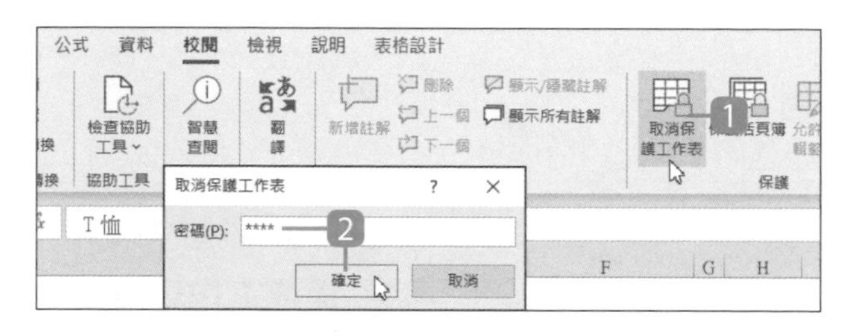

1. 於 **校閱** 索引標籤選按 **取消保護工作表** 開啟對話方塊。
2. 輸入工作表的保護密碼 (此範例密碼為 1234)，選按 **確定** 鈕。

Step 2 調整保護範圍與密碼

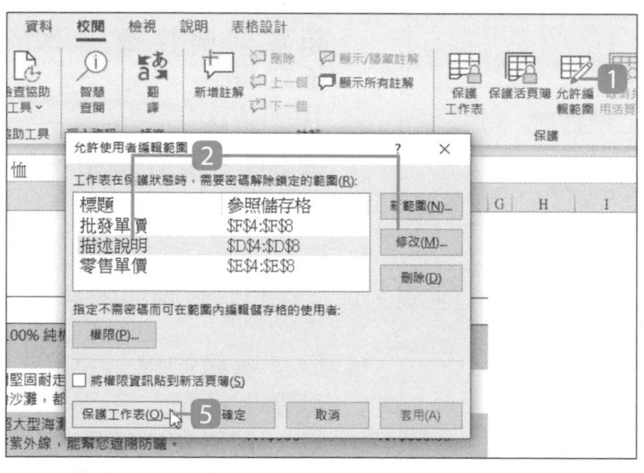

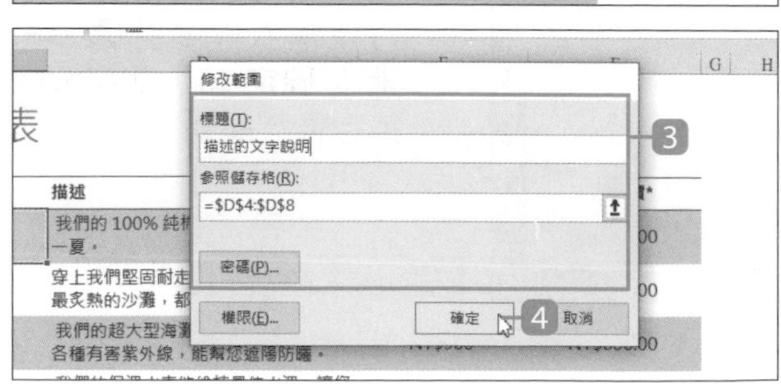

1. 於 **校閱** 索引標籤選按 **允許編輯範圍** 開啟對話方塊。
2. 選按要調整的項目，再選按 **修改** 鈕。
3. 依需求調整該項目的 **標題**、**參照儲存格** 或重設 **密碼**。
4. 完成後選按 **確定** 鈕。
5. 選按 **保護工作表** 鈕，參考前一頁的說明再次設定保護工作表與密碼，完成變更。

23.6 將活頁簿標示為完稿

將文件標示為 "完稿"，讓協助共用的使用者知道該檔案是最終版本，以防止檢閱的過程不小心變更了文件。

Step 1 標示為完稿

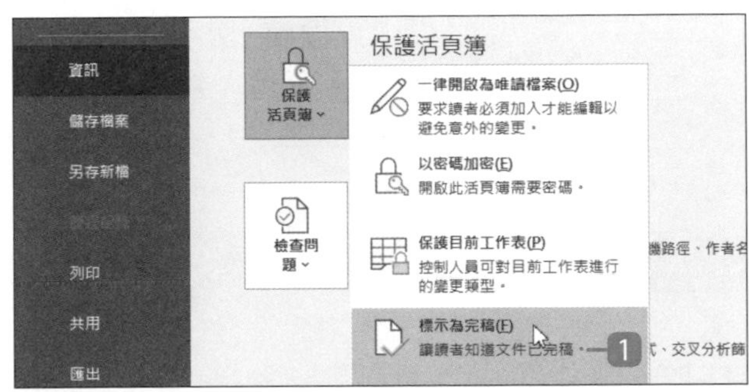

❶ 於 **檔案** 索引標籤選按 **資訊 \ 保護活頁簿 \ 標示為完稿** 開啟對話方塊。

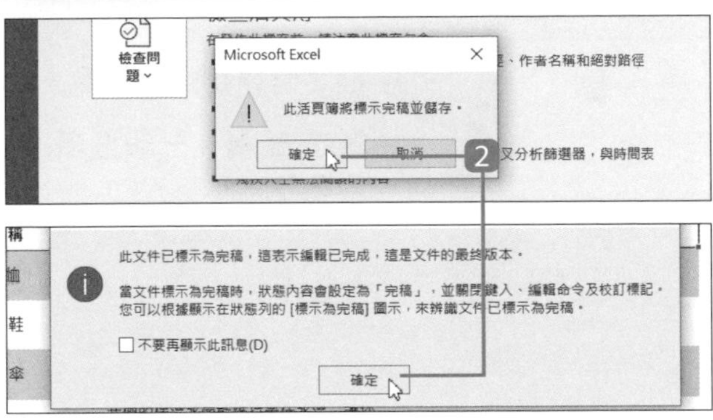

❷ 選按 **確定** 鈕就會標示為完稿並自動儲存，最後再選按 **確定** 鈕。

Step 2 確認已標示為完稿

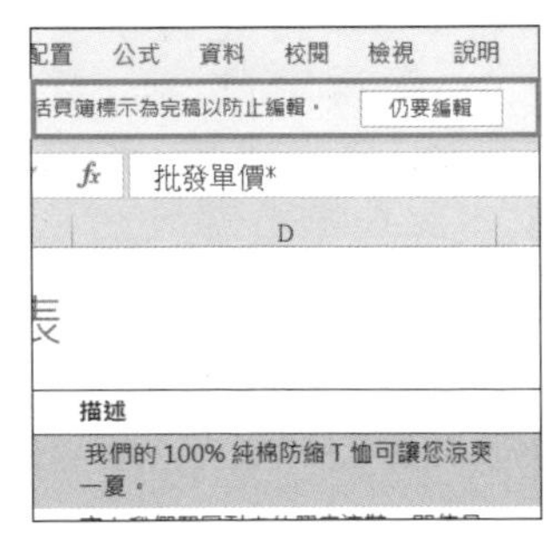

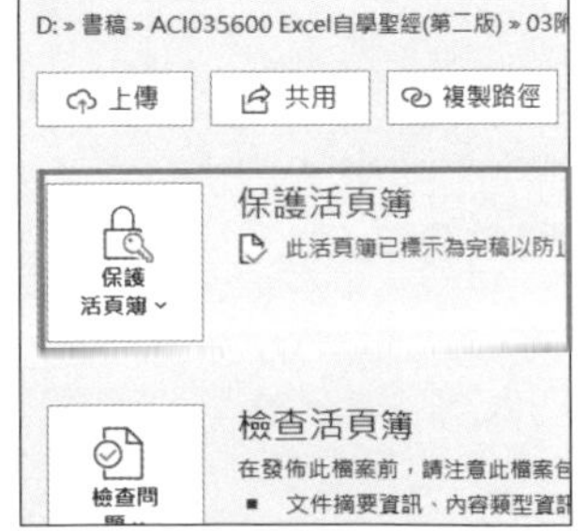

◀ 可看到新增一訊息列，標示此檔案為 "完稿以防止編輯"。於 **檔案** 索引標籤會發現 **資訊 \ 保護活頁簿** 項目已標示此文件為 "完稿"。

23.7 為檔案設定保護與防寫密碼

為已完成的活頁簿檔案設定保護密碼，在此保留原範例檔案，以另存新檔的方式設定保護與防寫。

Step 1 設定檔案加密與防寫

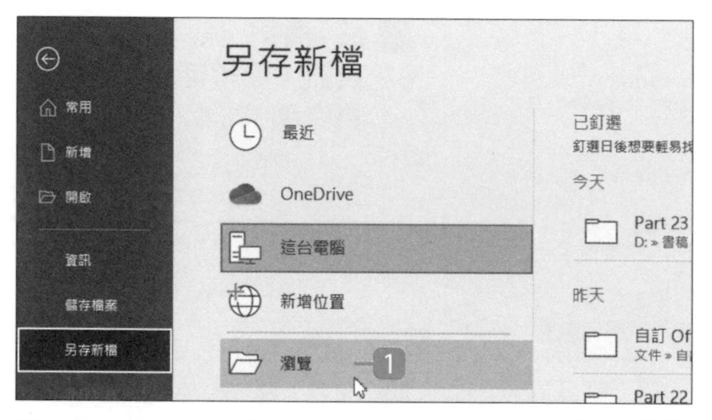

1 於 **檔案** 索引標籤選按 **另存新檔 \ 瀏覽** 開啟對話方塊。

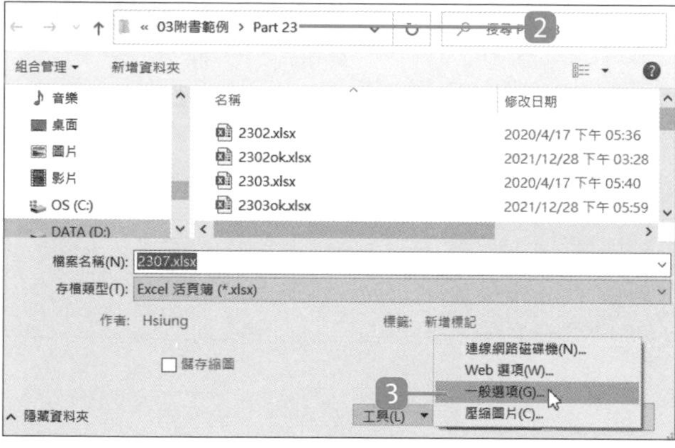

2 指定儲存路徑與名稱。

3 選按 **工具 \ 一般選項** 開啟對話方塊。

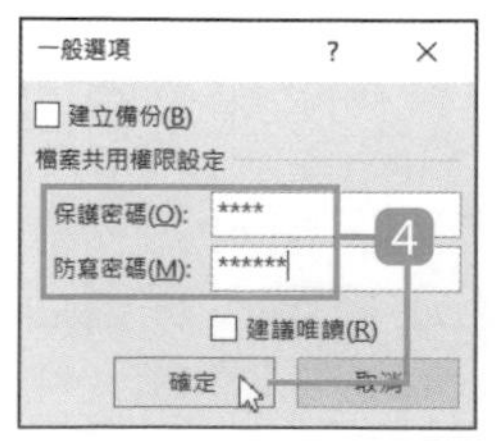

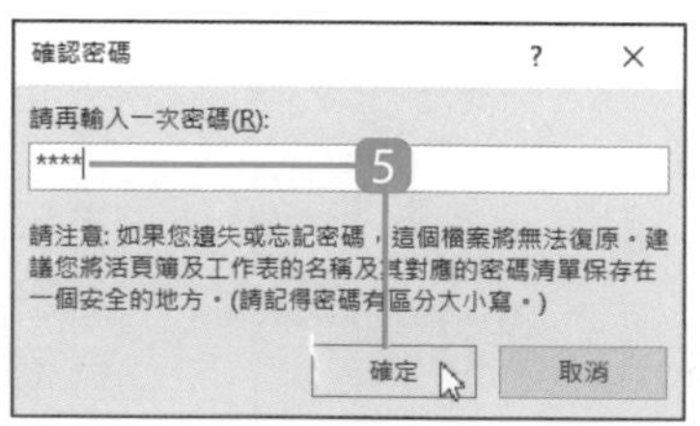

4 取消核選 **建立備份**，輸入 **保護密碼** 與 **防寫密碼** 後，選按 **確定** 鈕。(此範例密碼分別為 1234、123456)。

5 再次輸入 **保護密碼** 並選按 **確定** 鈕。

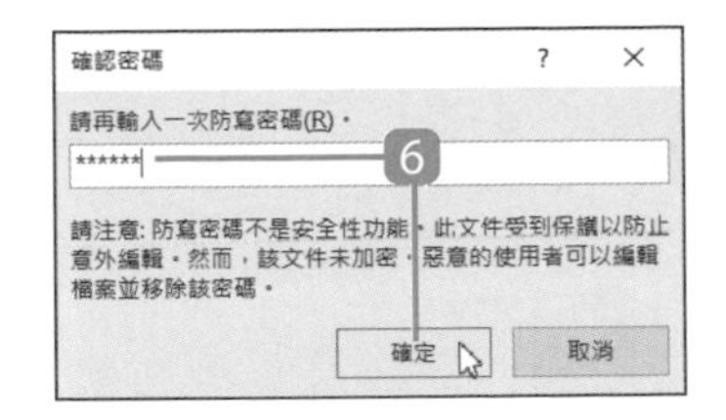

6 再次輸入 **防寫密碼** 並選按 **確定** 鈕。

(**保護密碼** 與 **防寫密碼** 可相同也可不相同，有 **保護密碼** 才能開啟該檔案；有 **防寫密碼** 才能修改檔案，若無 **防寫密碼** 僅能用唯讀方式開啟檔案。)

Step 2 儲存完成加密檔案

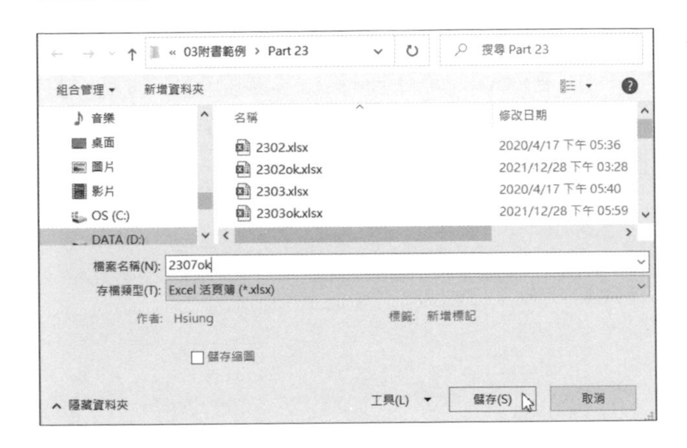

◀ 選按 **儲存** 鈕，完成檔案加密的動作。

待下次再開啟此文件時，即會出現 **密碼** 對話方塊要求輸入密碼 (即保護密碼)；若輸入正確時，還會再次出現 **密碼** 對話方塊要求輸入文件寫入密碼 (即防寫密碼)，否則該檔案只能以唯讀的方式開啟；此範例的保護密碼為 1234，防寫密碼為 123456。

設定保護密碼與防寫密碼

1. 若輸入的密碼不正確，會出現警告對話方塊告知密碼不符，該檔案也無法開啟。
2. 若設定過程中不輸入防寫密碼，檔案就只會擁有保護功能。
3. 保護密碼可以讓人無法隨意開啟與修改檔案，但無法防止他人刪除該檔。請注意若不小心遺失密碼，將無法開啟該檔案。
4. 如果想要解除文件檔的加密設定，需要先透過正確的密碼開啟檔案，接著再次進入 **一般選項** 對話方塊，將密碼清空後，選按 **確定** 鈕。

23.8 關於共同作業的準備工作

"共同作業" 是指讓你可以從家中或辦公室以外的任何地點，透過電腦或行動裝置輕鬆地與朋友共用一份 Excel 檔案並可共同編輯、修訂，這樣的作業方式必須先將 Excel 活頁簿檔案上傳到 OneDrive 雲端空間儲存，再邀請人員一起 "共用文件"。

當被邀請者與你同時編輯、修訂一份 Excel 試算表時，這樣的動作稱為 "共同撰寫"，使用共同撰寫前需事先確認裝置上的 Excel 版本是否有支援，關於支援的版本可參考下表說明 (以官網最新異動公佈資訊為基準)：

	支援共用文件	支援共同撰寫
Excel 2016-2019	√	X
Microsoft 365 的 Excel	√	√
Excel 網頁版	√	√
Android、iOS 版 Excel	√	√
Excel Mobile	√	√

由上表可知，部分版本雖然有支援共用文件，但卻不支援即時的共同撰寫 (Excel 2021 已支援共同撰寫)，因此若沒有訂閱 Microsoft 365，而是使用 Office 帳號登入，但又想使用共同撰寫作業方式，可以透過 Excel 網頁版與共用人員同時編輯、修訂一份 Excel 活頁簿 (詳細操作可參考 P23-22)。

只要依以下幾個步驟，就能與其他人共同作業：

1.申請登入 Office 帳號　2.上傳活頁簿到雲端空間　3.邀請人員共用檔案

4.被邀請者取得共用權限　5.與其他人共同撰寫

另外，Excel 2016 及之前版本有一使用區網共同編輯的 **共用活頁簿** 功能，因為這項功能有許多限制，Excel 2019 版本中已由共同撰寫取代；共同撰寫可在以上所列特定版本的 Excel 中使用，當然也適用於有訂閱 Microsoft 365 的使用者。

23.9 申請 Office 帳號

不論是要使用共用文件或共同撰寫功能，首先你必須有一組 Office 帳號，以下示範如何快速完成申請動作。

Step 1 用瀏覽器連結至官網

1 開啟瀏覽器 (此章統一使用 Edge 瀏覽器) 並連結至「https://www.office.com」網頁。

2 於網頁右上角選按 Ⓐ。

Step 2 建立一個新帳號

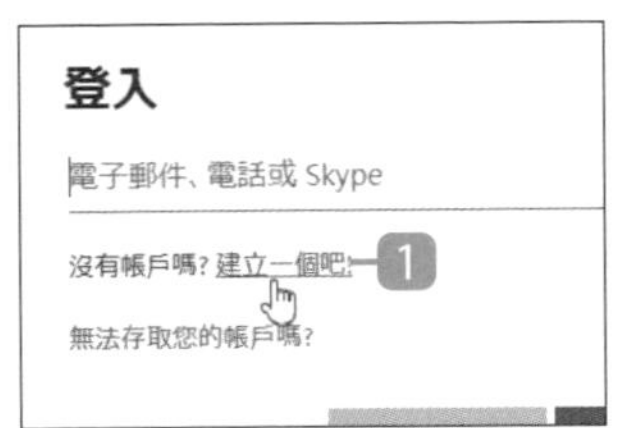

1 選按 **建立一個吧!**。

2 選按 **取得新的電子郵件地址**。

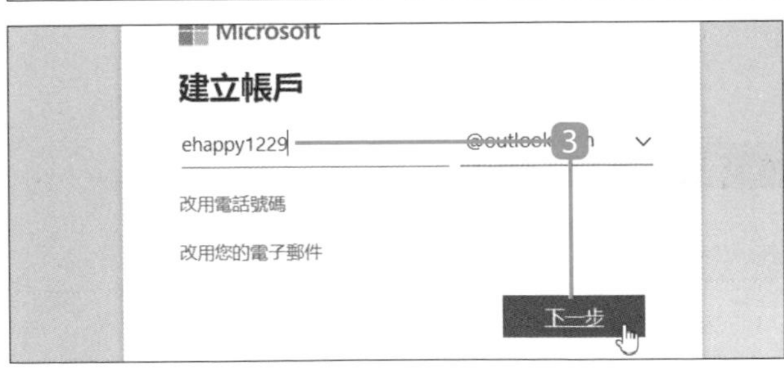

3 輸入帳戶名稱，選按 **下一步** 鈕。

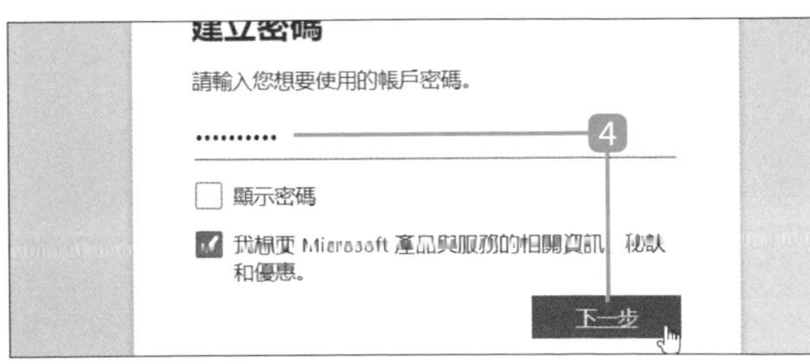

4 建立帳戶密碼，再選按 **下一步** 鈕。

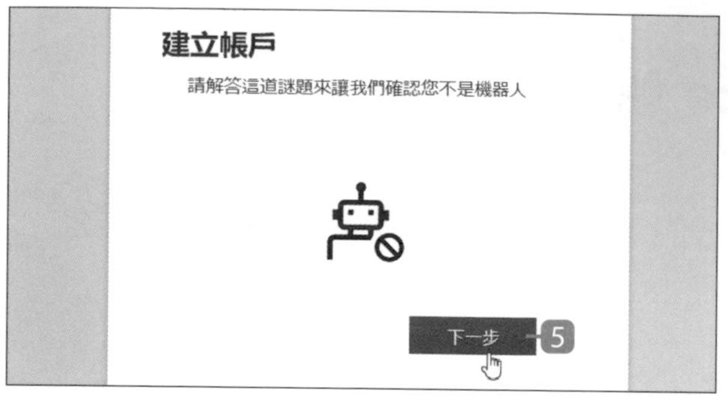

5 最後會有一個回答問題的驗證動作，選按 **下一步** 鈕。

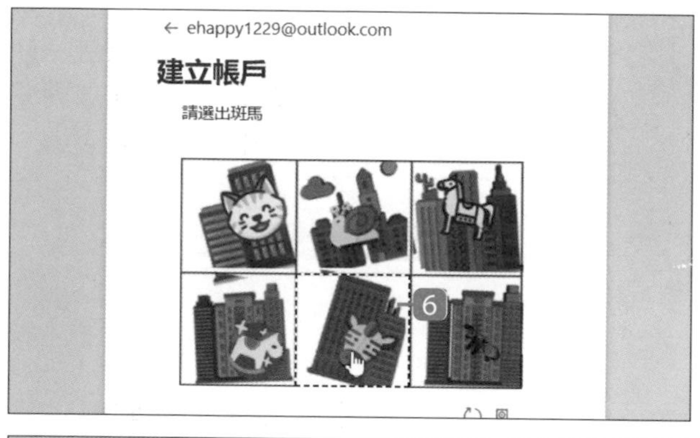

6 再依題目選按正確的答案即可。

7 完成後選按 **是** 鈕，就可以讓帳號維持登入的狀態。(不想保持登入的話就選按 **否** 鈕)

23.10 登入 Office 帳號

有了一組 Office 帳號後，開啟本機 Excel 軟體並登入，就可以開始使用 Office 提供的雲端服務項目。

Step 1 開啟 Excel 軟體

1 開啟 Excel 軟體。

2 於視窗右上角選按 **登入**。

Step 2 登入 Office 帳號

1 輸入剛剛申請好的帳號電子郵件，選按 **下一步** 鈕。(初次使用可能會出現需要協助的項目，再依你的屬性選按 **公司或學校帳戶** 或 **個人帳戶**。)

2 接著輸入帳號密碼，選按 **登入** 鈕。

3 再選按 **下一步** 鈕。

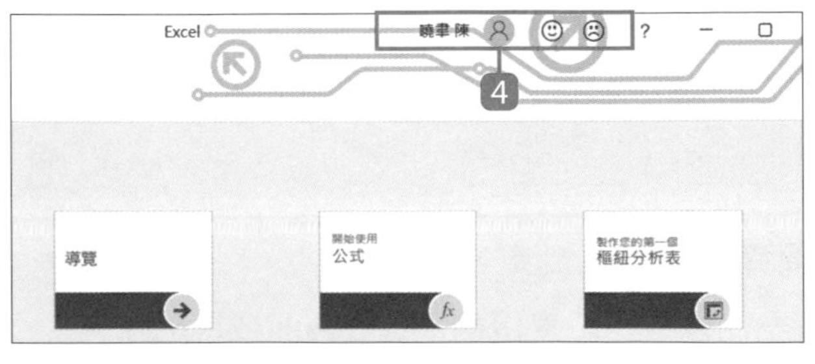

4 完成後，在 Excel 軟體視窗右上角可以看到你的帳號名稱。

23.11 查看 "摘要資訊" 內容

如果想與他人共用一份 Excel 活頁簿前，最好先檢查儲存在文件本身的資料或個人訊息，以免共用時不小心公開機密資料。

Step 1 查看摘要資訊

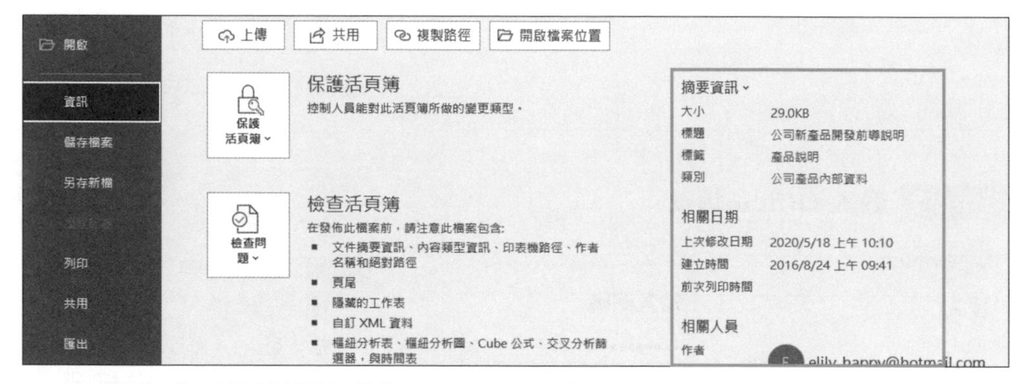

▲ 於 **檔案** 索引標籤選按 **資訊**，在視窗最右側可以看到 **摘要資訊**。

Step 2 編輯摘要資訊

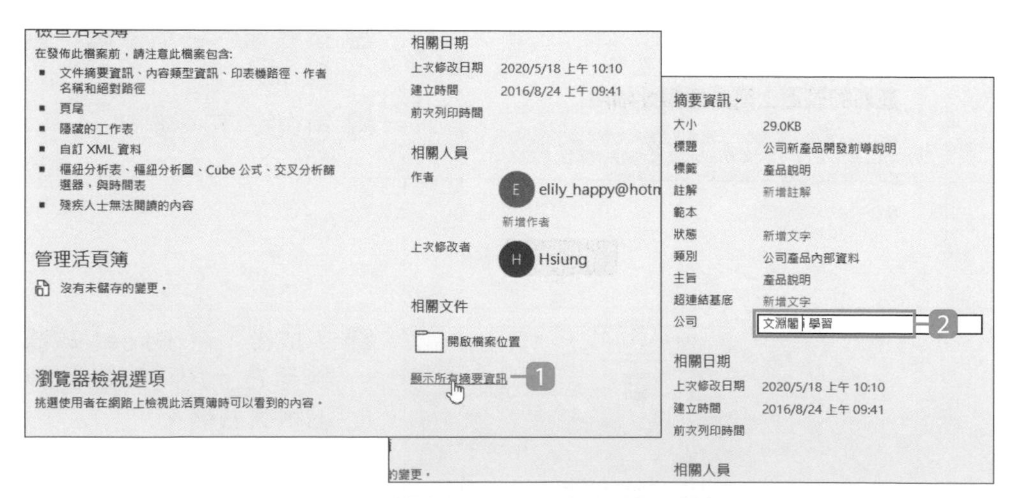

1. 於最下方選按 **顯示所有摘要資訊** 可以看到更多項目。
2. 選按 **標題**、**標籤**、**作者**...等右側欄位，可直接輸入更改資訊或是刪除。

Step 3 編輯進階摘要資訊

❶ 選按 **摘要資訊 \ 進階摘要資訊** 開啟對話方塊。

❷ 於 **摘要資訊** 標籤可編輯更細部的資訊項目、查看文件的其他資料。

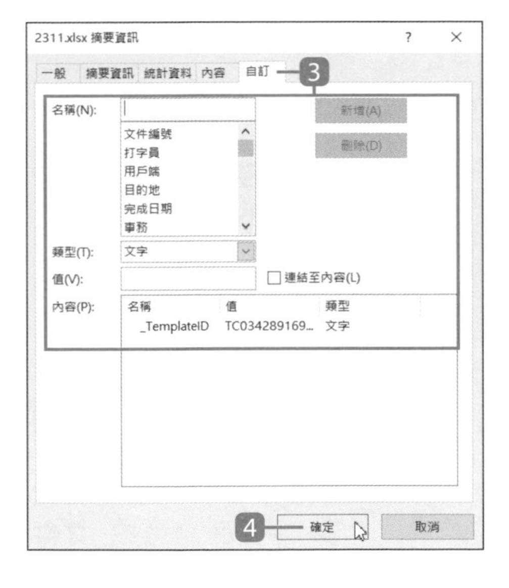

❸ 也可以於 **自訂** 標籤編輯摘要資訊的文字、時間或者數值，並針對其設定定義名稱，以便識別檔案的詳細資料。

❹ 完成此份文件的摘要資訊調整與檢查後，選按 **確定** 鈕。

23.12 邀請他人共用文件與共同撰寫

如果是 Microsoft 365 的訂閱者，完成共用文件邀請的同時即可與被邀請者共同撰寫文件，但若使用 Office 帳號登入，則只能與被邀請者於不同時間點對同一份文件編輯。(Excel 2021 已支援共同撰寫，如果是其他版本使用者，可透過 Excel 網頁版操作，詳細說明可參考 P23-22。)

Step 1 將共用檔案上傳至雲端

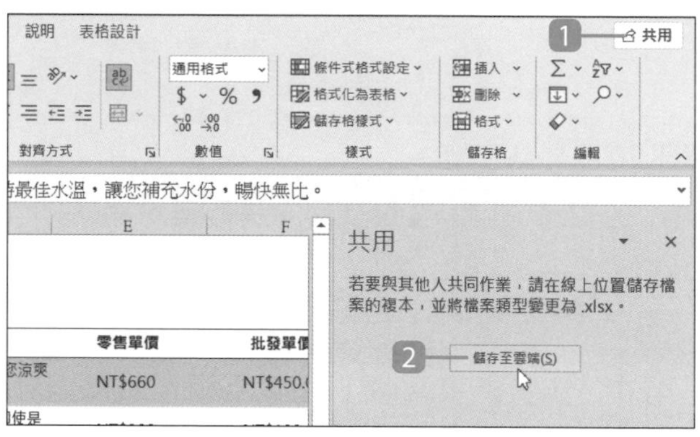

1 登入 Office 帳號後，於本機 Excel 視窗右上角選按 **共用** 鈕開啟窗格。

2 於 **共用** 窗格選按 **儲存至雲端** 鈕。

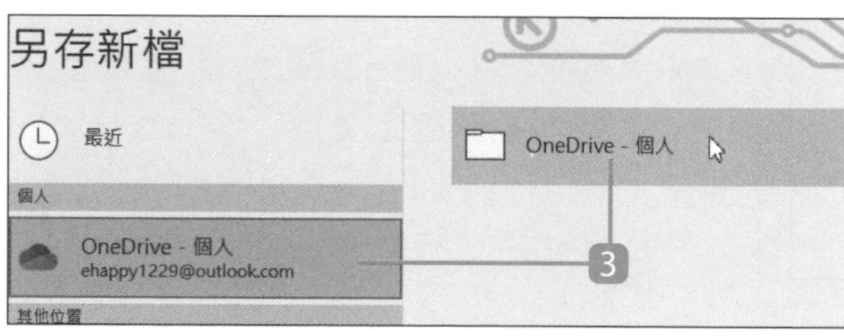

3 於 **另存新檔** 畫面選按 **OneDrive - 個人**。

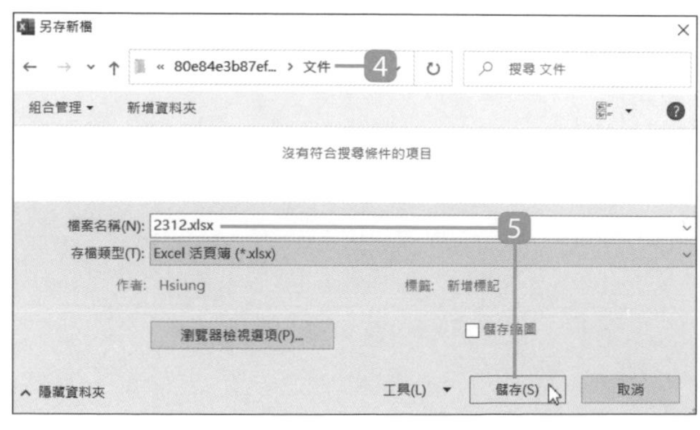

4 預設一開始會有二個資料夾 (**圖片** 與 **文件**)，選按欲儲存的資料夾位置。(此範例選按 **文件** 資料夾)

5 輸入檔案名稱，再選按 **儲存** 鈕。

Step 2 邀請共用的人員

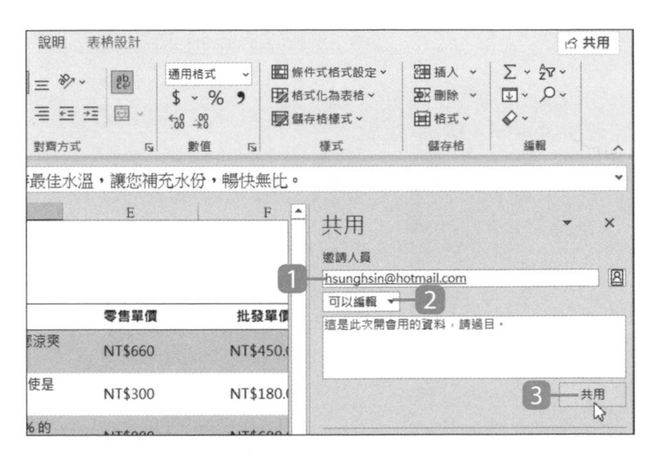

1. 於 **共用** 窗格 **邀請人員** 欄位輸入被邀請者的 Office 帳號電子郵件。(若無出現相關欄位，可再 Excel 視窗右上角選按二次 共用 鈕重新連線。)
2. 設定 **可以編輯**，最後再輸入說明文字。
3. 選按 **共用** 鈕。

資訊補給站

邀請多位使用者共用文件

如果要同時邀請多位使用者共用文件，可選按 **邀請人員** 右側的 圖 鈕開啟對話方塊，先於左側清單中選取聯絡人，再選按 **收件者** 鈕加入至右側 **郵件收件者** 清單，最後選按 **確定** 鈕，即可一次邀請多人共用文件。

如果沒有聯絡人清單時，在 **邀請人員** 欄位輸入第一位人員的帳號後，先輸入「;」，再輸入下一位人員的帳號，依此方式可一次輸入多組帳號。

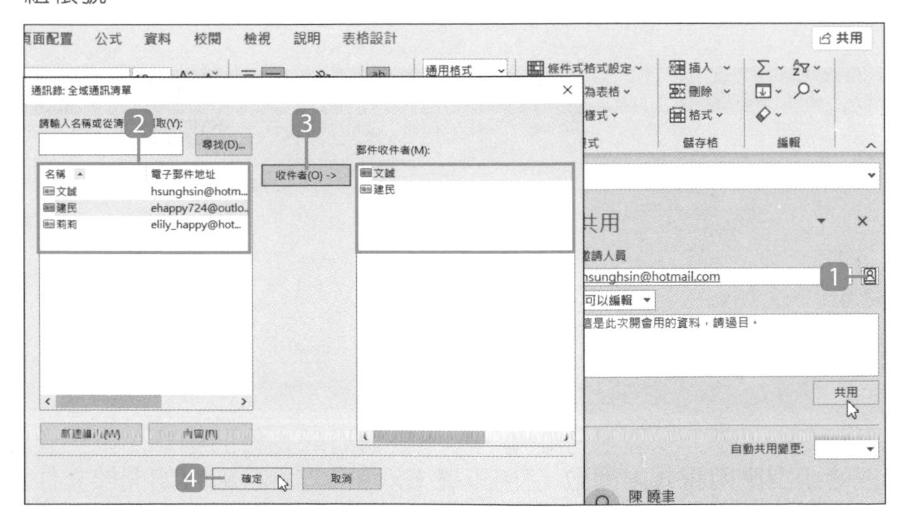

Step 3 被邀請者開啟共用文件

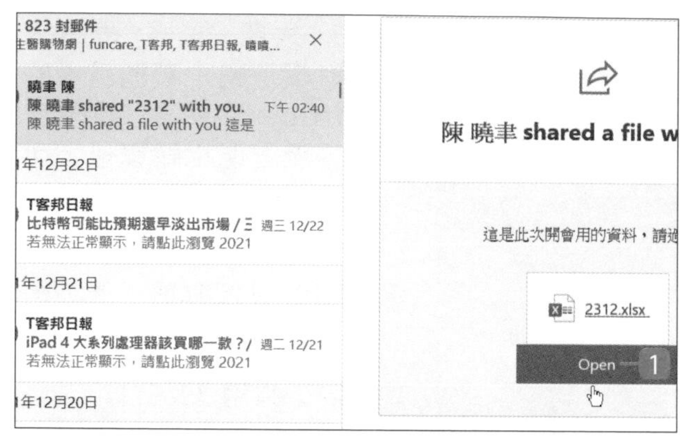

❶ 被邀請者會收到一封主旨為 OneDrive 的郵件，於郵件內容選按 **Open** 鈕會使用預設瀏覽器開啟共用文件網頁版。

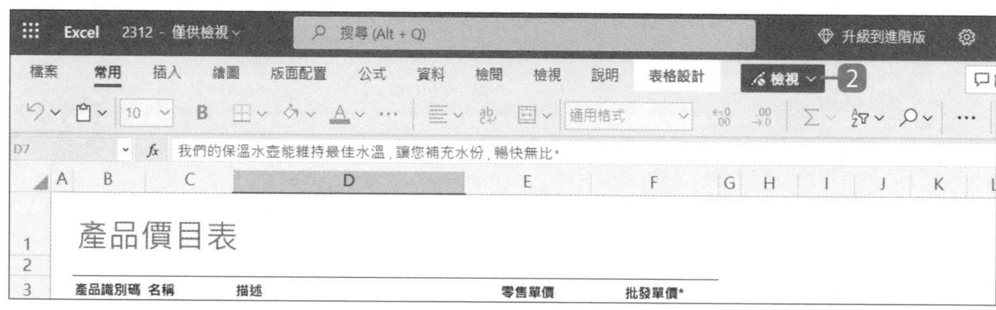

❷ 開啟的網頁版共用文件，可直接編輯，並且會即時儲存。(若開啟網頁後尚未登入帳號，請於網頁右上角選按 **登入**，完成帳號登入。若預設為 **檢視** 模式，可選按 **檢視 \ 編輯** 切換為 **編輯** 模式。)(若出現已鎖定訊息，可參考下頁說明。)

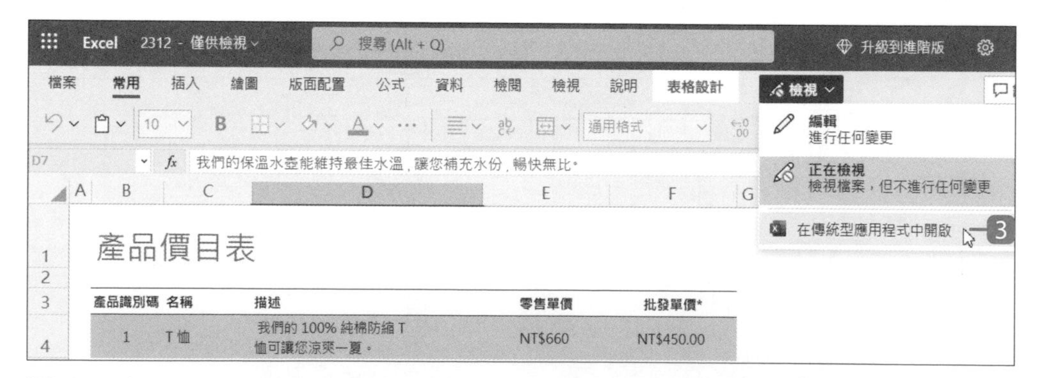

❸ 網頁版 Excel 部分功能無法使用，如果要擁有較完整的編輯功能，建議選按 **在傳統型應用程式中開啟** 使用本機 Excel 軟體開啟。(如開啟文件過程要求需登入 Office 帳號，請依提示完成登入。)

資訊補給站

檔案使用中？已鎖定？

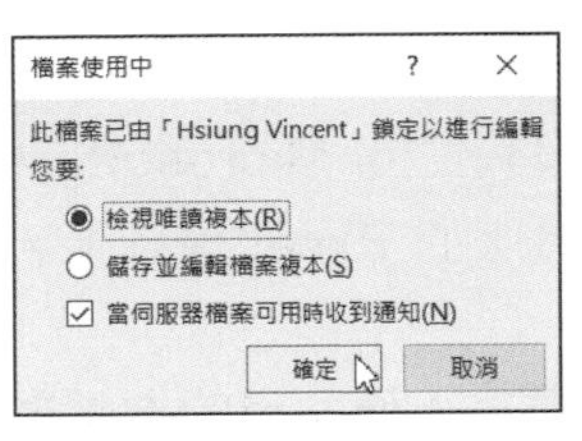

由於部分 Excel 版本不支援即時共同撰寫功能，當開啟檔案，出現檔案使用中或被鎖定的提示對話方塊時，表示共用人員中使用了不支援的版本，需請對方關閉檔案後，才可以進入編輯模式。(若於 Excel 軟體中開啟，還可先核選 **檢視唯讀複本**，以唯讀的模式瀏覽內容，不然就是核選 **儲存並編輯檔案複本**，以另存的方式編輯檔案。)

在瀏覽器和 Excel 中使用活頁簿的差異

Excel 網頁版和傳統 Excel 桌面應用程式很像，但還是有功能上的差異需要注意，像是不支援所有檔案格式、某些功能無法使用...等，詳細的說明可參考官網 https://pse.is/QYM48 (注意英文大小寫) 的說明：

在瀏覽器和 Excel 中使用活頁簿的差異

Excel 網頁版, SharePoint Server 2013 企業版, Microsoft 365 中的 SharePoint, Excel 2010, 其他...

Excel 網頁版外觀與桌面應用程式Excel類似。 不過，有一些差異需要留意。 例如，並非所有檔案格式都受到支援，而且某些功能可能與桌面應用程式不同。 本文將說明這些差異。

檔中支援的檔案格式 Excel 網頁版

- Excel活頁簿檔案 (.xlsx)
- Excel 97-2003 活頁簿檔案 (.xls) 。
  注意： 當您開啟此檔案格式時， Excel 網頁版 會將它轉換成較新的.xlsx檔案。 您隨時都可以在先前版本上 **>檔案>下載原始檔案**。
- Excel二進位 (.xlsb)
- OpenDocument 試算表檔案 (.ods)

Excel 網頁版 **檔案** 索引標籤中並無 **存檔** 功能，因為 Excel 網頁版會在任何修訂動作後自動儲存，所以當你製作好活頁簿內容後，可以直接關掉瀏覽器或分頁，不用手動存檔。

23.13 用網頁版 Excel 即時共同撰寫

如果沒有訂閱 Microsoft 365，可是又想使用共同撰寫，最簡單的方式就是利用網頁版的 Excel 達到多人同時編輯文件。

Step 1 上傳共用的檔案並邀請共同撰寫者

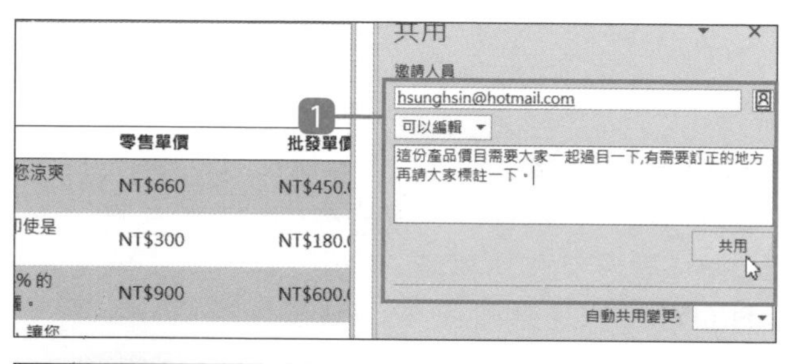

1. 於本機 Excel 以共用文件方式操作，將要共用的檔案上傳至雲端，輸入 **邀請人員** 的電子郵件與說明後，設定 **可以編輯**，選按 **共用** 鈕。(可參考 P23-18 說明)
2. 完成後於 **檔案** 索引標籤選按 **關閉**。(或是直接於視窗右上角選按 ☒ 鈕關閉軟體)

Step 2 登入 Excel 網頁版並開啟共用撰寫文件

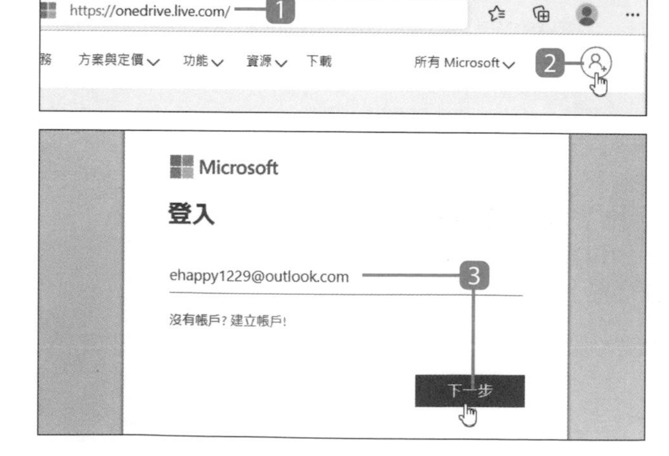

1. 開啟瀏覽器於網址列輸入：「https://onedrive.live.com/」。
2. 選按 Ⓐ。
3. 輸入電子郵件帳號，選按 **下一步** 鈕。

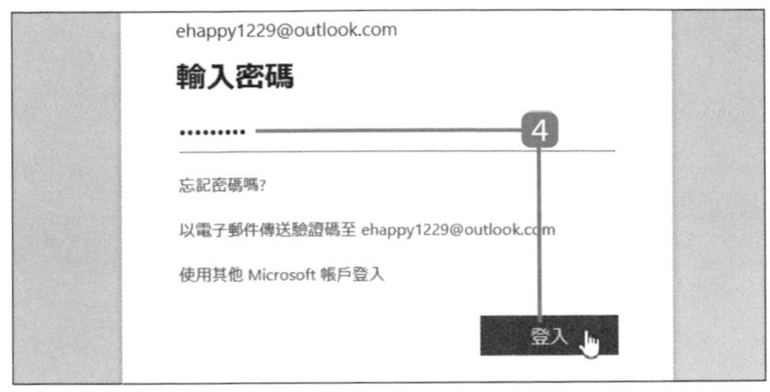

4 輸入密碼後再選按 **登入** 鈕。(之後如出現是否要保持登入的提示，請選按 **是** 鈕，避免一段時間沒動作會自動登出帳號的安全防護機制。)

5 於畫面左上角選按 ⋮⋮⋮ \ **Excel** 即可進入 Excel 網頁版的首頁。

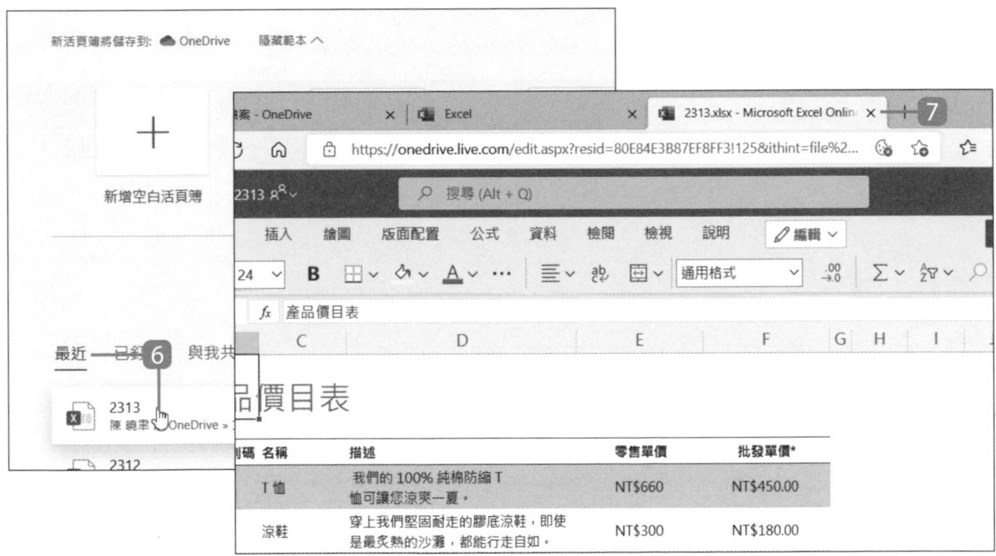

6 在 Excel 網頁版首頁下方的 **最近** 標籤中，可看到最近存取的文件名稱，選按已有邀請共同撰寫的文件。

7 瀏覽器會以另外開一分頁的方式開啟。

Step 3 被邀請者開啟共用文件共同撰寫

其他使用者在收到邀請共用的郵件後，選按郵件內容的 **Open** 鈕即可開啟文件。(可參考 P23-20 說明)

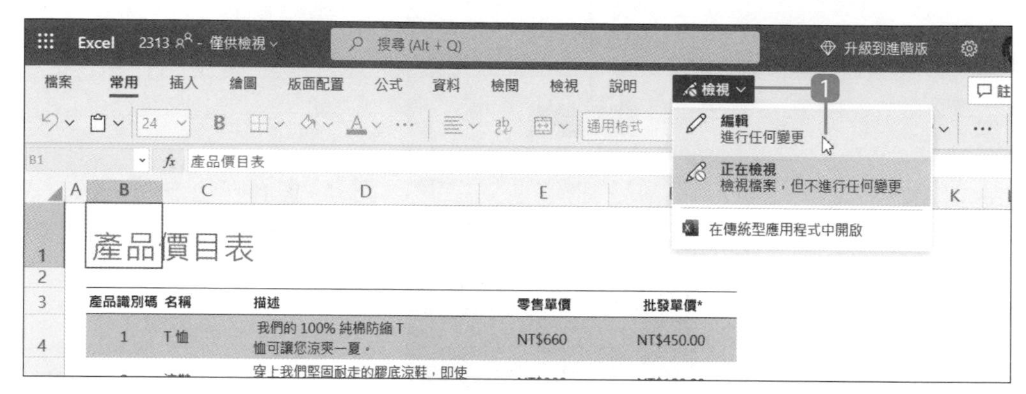

1 預設開啟文件狀態為 **檢視** 模式，選按 **檢視** 鈕 \ **編輯** 以開啟編輯模式。(此處以 Edge 瀏覽器示範，其他瀏覽器畫面相似，均需要先開啟編輯模式。)

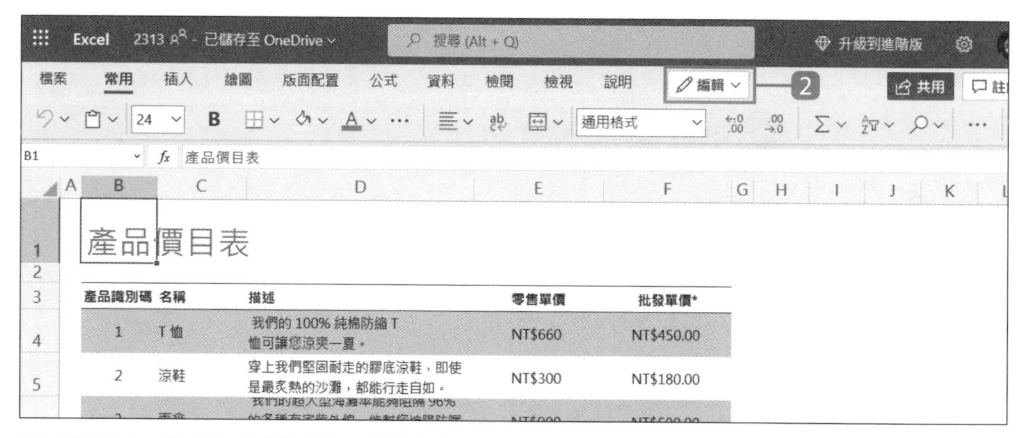

2 可看到 **檢視** 鈕變成了 **編輯** 鈕，這時可開始使用共同撰寫。(如果有其他共同撰寫的使用者使用本機 Excel 軟體開啟該文件時，軟體上方會出現檔案使用中的提示。)

23.14 變更共用權限或刪除共用者

如果共用的文件不想被某位使用者變更內容，可以重新設定他的共用權限或是直接移除該名使用者。

Step 1 變更共用權限

1. 本機 Excel 視窗右上角選按 **共用** 開啟窗格。
2. 於要變更權限的使用者名稱上按一下滑鼠右鍵，選按 **變更權限：可以檢視**，則該名使用者只能檢視內容而無法編輯。

Step 2 移除共用者

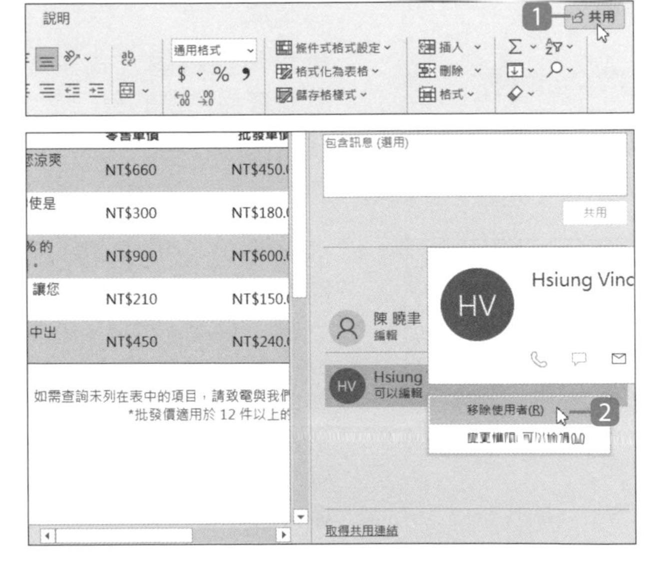

1. 視窗右上角選按 **共用** 開啟窗格。
2. 於要移除的使用者名稱上按一下滑鼠右鍵，選按 **移除使用者**。

23.15 用註解說明修訂的內容

Excel 2019 刪除了 **追蹤修訂** 功能，所以在編輯共用文件時無法得知前一位編輯到底改了什麼內容，這時可以利用 **註解** 標示修訂的內容。(此功能於網頁版 Excel 也可使用，操作方式相似。)

Step 1 新增註解

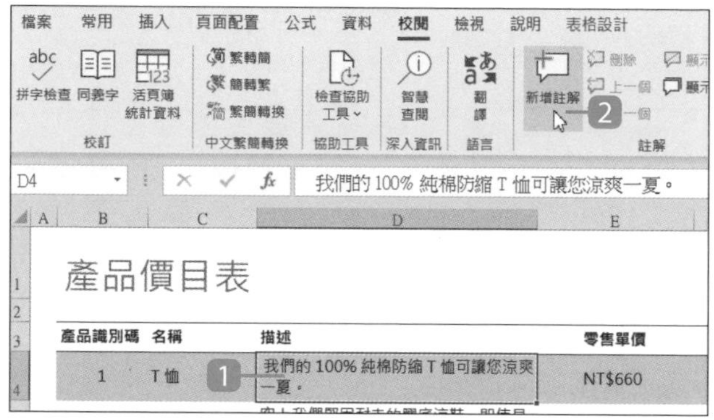

1 選取修訂過的儲存格。

2 於 **校閱** 索引標籤選按 **新增註解**。

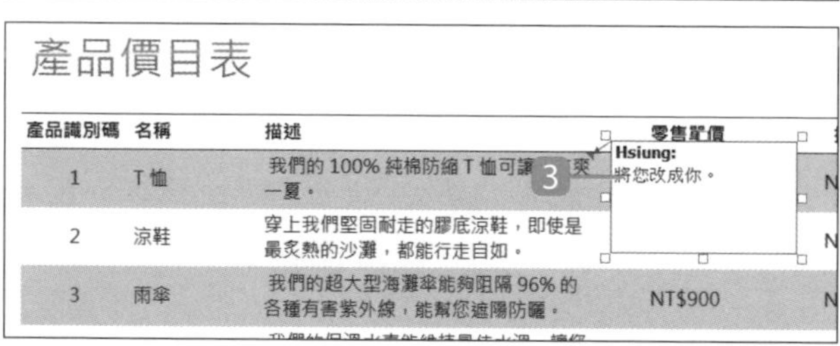

3 於黃色方塊中輸入修訂內容的說明，完成後在其他儲存格上按一下滑鼠左鍵。

最後再依相同方式完成所有修訂內容的標註。

Step 2 將檔案儲存至雲端

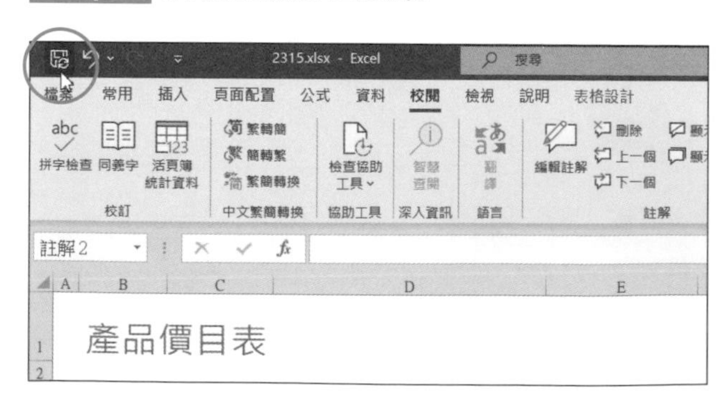

◀ 於視窗左上角選按 ▣ 鈕將檔案儲存至雲端。之後只要其他共用文件的使用者開啟檔案，於修訂過的儲存格右上角會顯示紅色的倒三角型標示，選按三角形即可顯示註解的內容。

23.16 檢視目前共同撰寫的使用者

與其他被邀請者共用同一份活頁簿檔案時，可由共用清單中或是儲存格上看到目前正在共同撰寫此份文件的使用者。

Step 1 檢視共同撰寫名單

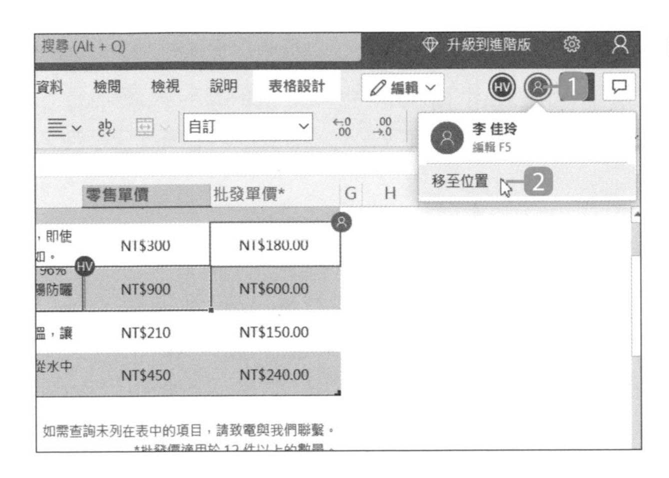

1 於 Excel 網頁版畫面右上角 **共用** 鈕左側會顯示目前與你共同編輯的使用者，選按圖示即可看到該圖示是哪一位使用者名稱及他們正在編輯哪個儲存格。

2 選按 **移至位置**，會將編輯畫面移至其他使用者正在編輯的位置，並看到內容。

Step 2 在儲存格中顯示共同撰寫文件的使用者

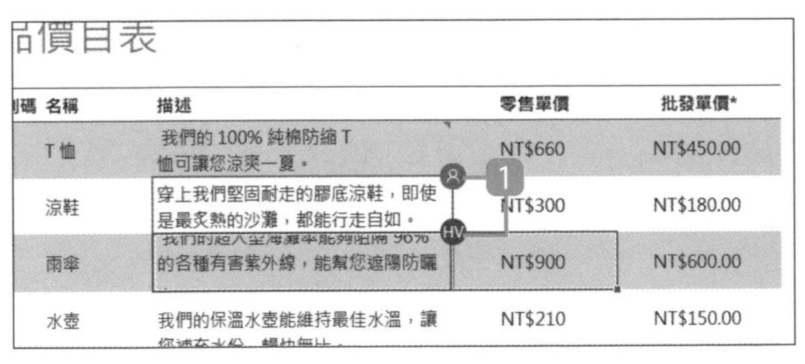

1 在共同撰寫文件時，工作表中儲存格所顯示的選取範圍色彩，綠色代表自己，其他色彩則代表正在該儲存格工作的其他使用者。

2 將滑鼠指標移至其他使用者選取的儲存格右上角圖示上，會顯示該使用者名稱。

23.17 共同撰寫常會遇到的問題

共同撰寫因應不同版本的 Excel，支援功能也稍有不同，以下為使用上常見問題：

為什麼我看不到其他人的選取範圍？

確認共同撰寫所有參與者均使用 Microsoft 365 Excel、 iOS 或是 Andriod 版本的 Microsoft Excel，或本機 Excel 2021 版本，這樣大家的選取範圍才會顯示在畫面中。如果使用微軟平台 Excel Mobile 版本，則選取範圍不會顯示在畫面中，但是所做的變更仍會立即顯示。(Excel 2013 及更舊版本則不支援共同撰寫的功能)

為什麼我看不到其他人的變更？

共同撰寫是透過網際網路即時作業，所以當你看不到其他人的變更時，有可能是網路速度不夠穩定或是伺服器擁塞，等待 1、2 分鐘，讓 Excel 與雲端彼此連線完成資料傳輸，即會顯示最新畫面。(使用 iOS 或是 Android Excel 版本的人，需開啟自動儲存的功能，可於各自的 App 設定中點選開啟。)

出現「建議重新整理」和「上傳擱置」訊息時，該如何處理？

共同撰寫時，如果有人使用了 Excel 最新版本新增的功能，可能會因尚未支援該功能而發生「建議重新整理」和「上傳擱置」狀況。出現重新整理提示，只要選按重新整理即可；若發現一直無法與雲端的檔案同步時，會於狀態列出現 **上傳擱置** 的提示，可於 **檔案** 索引標籤選按 **資訊**，在 **解決** 項目中可看到上傳擱置的原因並註明檔案變更已儲存，待之後重新連線後，即會自動上傳更新。

若兩個人同時變更同一個項目，會如何處理？

當與其他使用者修訂同一個項目時，選按 **儲存** 鈕會出現衝突變更的提示對話方塊並顯示你和其他人所變更的內容，即表示你與對方修訂同一個項目並儲存以致出現檔案衝突，此時可以與共同編輯者討論保留誰的修訂項目再儲存即可。如果要避免常出現衝突項目問題，建議可以為每個人指派工作區域。

更多共同撰寫相關資訊與問題集，可參考官網：「https://pse.is/3tup6e」說明。

Part

24

常被問到的報表處理實用技巧

活用小功能

- Excel 活頁簿轉存為 ODF 格式
- 複製、貼上時互換欄列資料
- 轉換資料內的繁、簡字體

儲存格應用

- 輸入以 0 為開頭的值
- 輸入超過 11 位的數值
- 輸入分數
- 繪製表頭斜線

快速鍵技巧

- 用快速鍵提升工作效率
- 常用的快速拆分應用
- 自訂快速存取工具列
- 快速縮放顯示比例

24.1 Excel 活頁簿轉存為 ODF 格式

什麼是 ODF?

ODF "開放式文件檔格式" (Open Document Format)，擁有免費下載、開放格式、跨平台、跨應用程式...等特性，是因應試算表、圖表、簡報和文書處理...等文件而設置，為配合政府機關間、政府與企業的資料交換，推動相容性高的 ODF 為政府文件標準格式。

常見的開放式文件檔案格式與對應軟體可參考右列表格：

副檔名	對應軟體
ODF 文字文件 (*.odt)	Word
ODF 試算表 (*.ods)	Excel
ODF 簡報 (*.odp)	PowerPoint
ODF 資料庫 (*.odb)	Access

轉存為 ODF 檔案格式

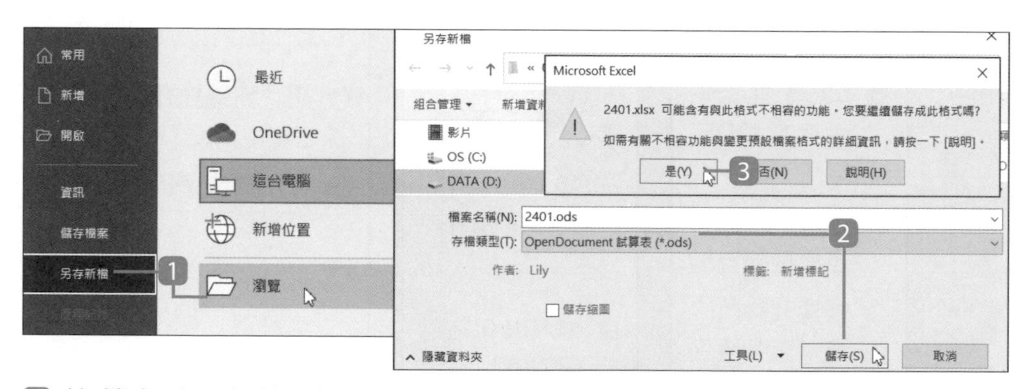

1. 於 **檔案** 索引標籤選按 **另存新檔 \ 瀏覽** 開啟對話方塊。
2. 選擇好儲存路徑檔與檔案名稱後，設定 **存檔類型**：**OpenDocument 試算表 (*.ods)**，選按 **儲存** 鈕。
3. 選按 **是** 鈕，即完成轉存為 *.ods 格式檔。

24.2 複製、貼上時互換欄列資料 (轉置)

如果需要的資料，剛好是目前資料的欄、列對調，可以使用 **複製**、**貼上** 功能迅速地完成這項工作。

Step 1 選取要互換的資料範圍

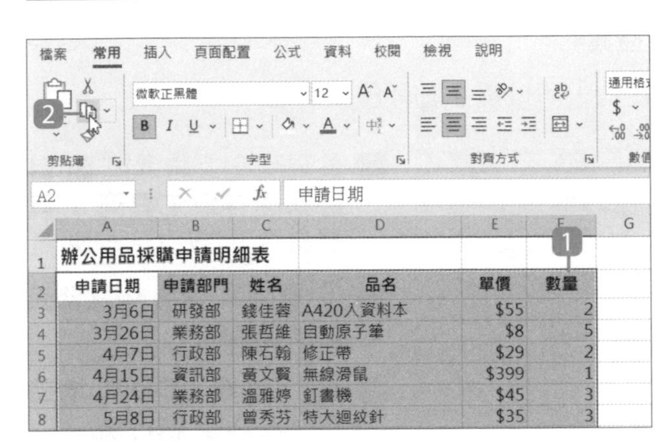

1. 選取 A2:F12 儲存格範圍 (不能包含資料表名稱)。
2. 於 **常用** 索引標籤選按 **複製** (或按 Ctrl + C 鍵)。

Step 2 欄列資料互換

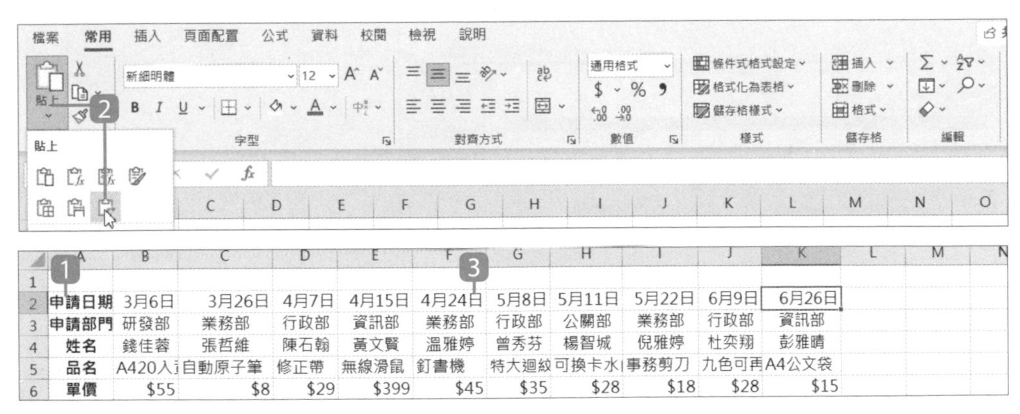

1. 於新工作表選取要貼上資料的 A2 儲存格。
2. 於 **常用** 索引標籤選按 **貼上** 清單鈕 \ **轉置**，欄列資料隨即對調並於目前作用儲存格貼上。
3. 之後再調整欄寬、框線或其他格式。

24.3 轉換資料內的繁、簡字體

Excel 有繁、簡字體轉換的功能，如果有下載或是收到簡體字的範例檔案時，可以利用以下方式將內容轉換成熟悉的繁體。

繁簡字體的轉換

Step 1 啟用中文繁簡轉換增益集

Excel 預設沒有啟用字體轉換功能，所以需手動開啟該功能。

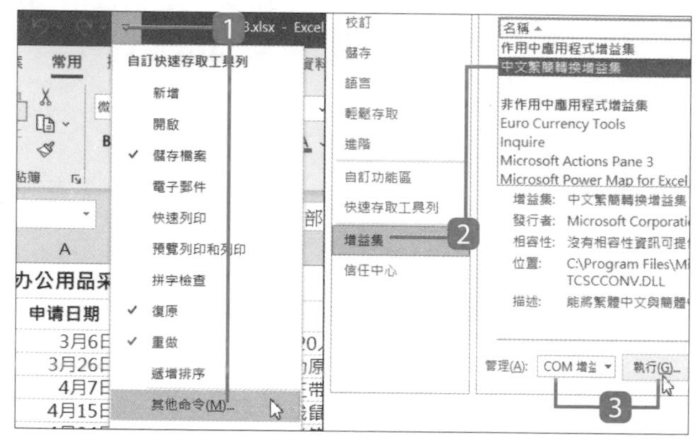

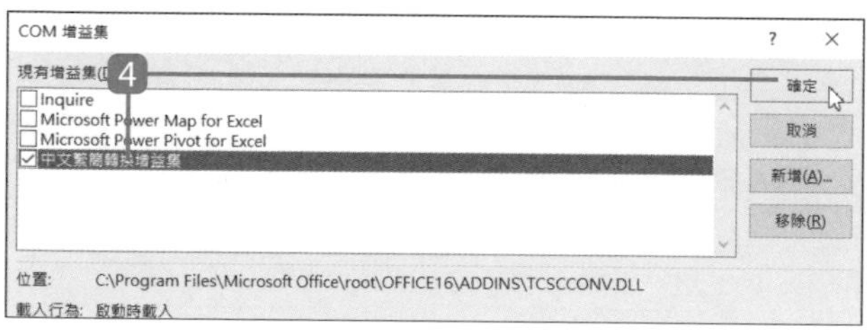

1. 於視窗左上角選按 ▼ **自訂快速存取工具列 \ 其他命令** 開啟對話方塊。
2. 於 **增益集** 選按 **中文繁簡轉換增益集**。
3. 設定 **管理：COM 增益集**，再選按 **執行** 鈕。
4. 核選 **中文繁簡轉換增益集**，再選按 **確定** 鈕。

Step 2 一鍵快速字體轉換

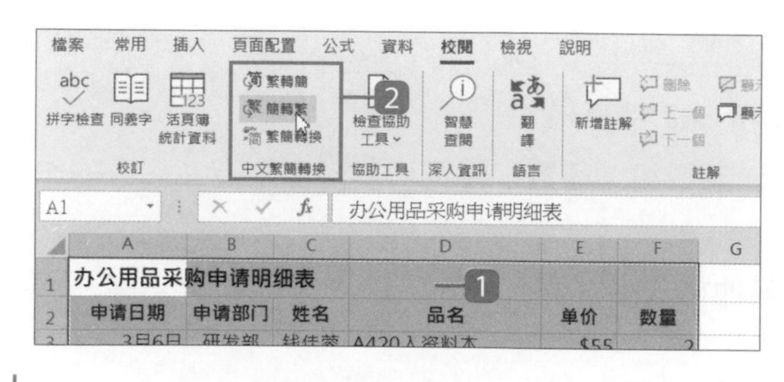

1. 選取欲轉換字體的儲存格範圍。
2. 於 **校閱** 索引標籤會出現 **中文繁簡轉換** 功能區，選按要轉換的項目即會自動完成。(此範例選按 **簡轉繁**)

自訂專有名詞並轉換

一般來說在繁簡轉換後，一些像是 "鼠標" (滑鼠)、"激光" (鐳射)...等這些用語都會一起轉換，如果沒有的話，可以在 **自訂字典** 中加入正確的詞彙。

Step 1 開啟自訂字典

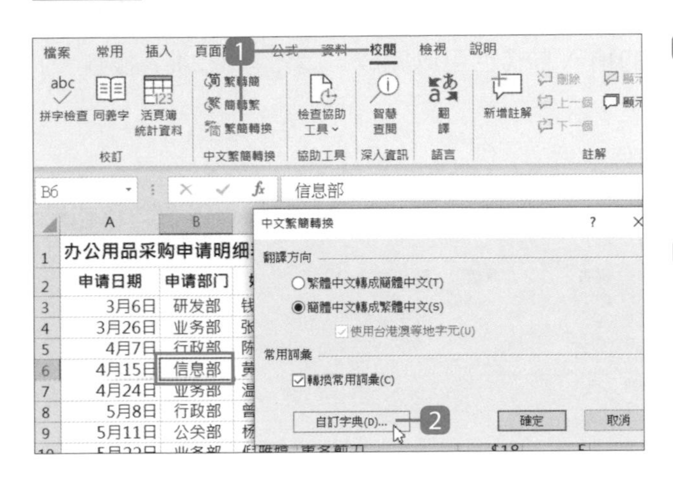

1 轉換完成後，可以看到錯誤的用語 "信息部"，首先於 **校閱** 索引標籤選按 **繁簡轉換** 開啟對話方塊。

2 選按 **自訂字典** 鈕。

Step 2 自訂詞彙並轉換

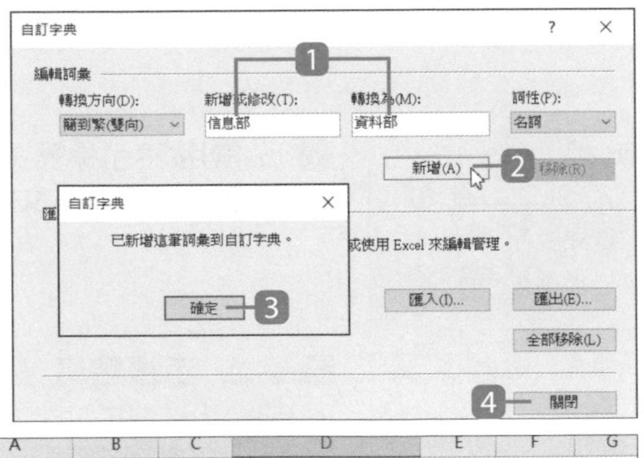

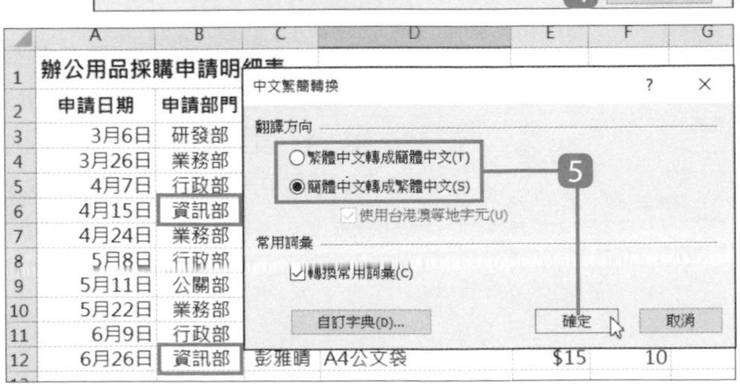

1 於 **編輯詞彙** 的 **新增或修改** 及 **轉換成** 欄位中輸入要轉換的詞彙。

2 選按 **新增** 鈕。

3 再選按 **確定** 鈕。

4 新增好詞彙後，選按 **關閉** 鈕。

5 最後核選 **翻譯方向** 的選項，再選按 **確定** 鈕，回到工作表中就可以看到要轉換的詞彙 "信息部" 已轉換為 "資訊部" 。

24.4 輸入以 0 為開頭的值

許多以 0 開頭的資料，如員工編號、手機號碼...等，輸入後會被 Excel 視為無意義的數字而不顯示 "0"。只要將儲存格格式設定為文字格式即可正常顯示開頭的 "0"。(以 ' 單引號為首的輸入方式也可以完成，請參考 P24-7 操作。)

Step 1 選取資料範圍

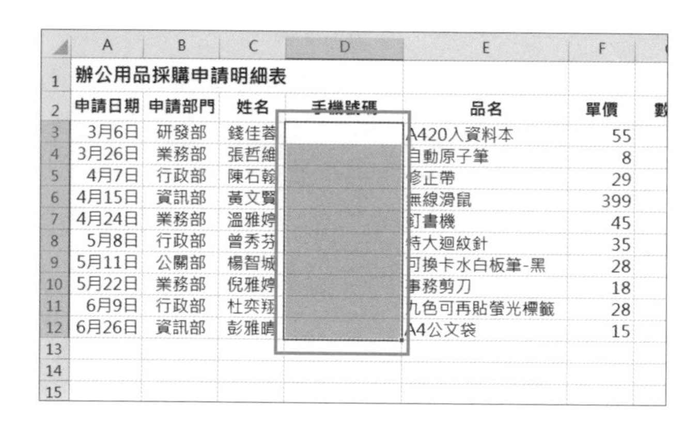

辦公用品採購申請明細表

申請日期	申請部門	姓名	手機號碼	品名	單價
3月6日	研發部	錢佳蓉		A420入資料本	55
3月26日	業務部	張哲維		自動原子筆	8
4月7日	行政部	陳石翰		修正帶	29
4月15日	資訊部	黃文賢		無線滑鼠	399
4月24日	業務部	溫雅婷		釘書機	45
5月8日	行政部	曾秀芬		特大迴紋針	35
5月11日	公關部	楊智城		可換卡水白板筆-黑	28
5月22日	業務部	倪雅婷		事務剪刀	18
6月9日	行政部	杜奕翔		九色可再貼螢光標籤	28
6月26日	資訊部	彭雅晴		A4公文袋	15

◀ 選取 D3:D12 儲存格範圍。

Step 2 設定儲存格格式

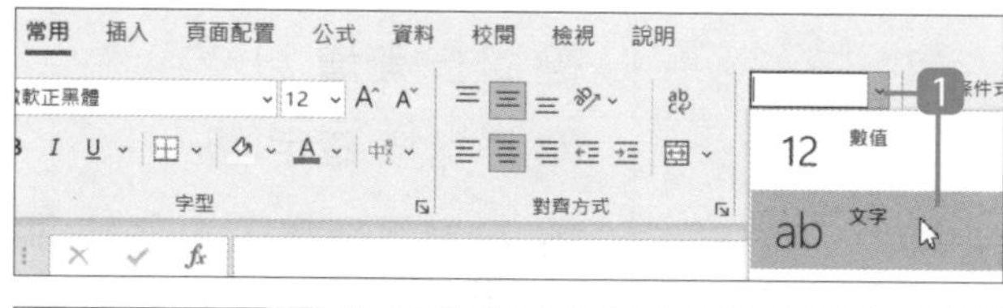

❶ 於 **常用** 索引標籤選按 **數值格式** 清單鈕 \ **文字**。

辦公用品採購申請明細表

申請日期	申請部門	姓名	手機號碼	品名	單價
3月6日	研發部	錢佳蓉	0930278671	A420入資料本	55
3月26日	業務部	張哲維	0938204192	自動原子筆	8
4月7日	行政部	陳石翰	0765897123	修正帶	29
4月15日	資訊部	黃文賢	0934734118	無線滑鼠	399
4月24日	業務部	溫雅婷	0932677812	釘書機	45
5月8日	行政部	曾秀芬	0919345678	特大迴紋針	35
5月11日	公關部	楊智城	0932677812	可換卡水白板筆-黑	28
5月22日	業務部	倪雅婷	0919345678	事務剪刀	18
6月9日	行政部	杜奕翔	0931557137	九色可再貼螢光標籤	28
6月26日	資訊部	彭雅晴	0963290627	A4公文袋	15

❷ 回到 **手機號碼** 欄位，輸入以 "0" 開頭的數字，就會完整顯示。(儲存格會出現綠色三角形與 ◈ **錯誤檢查** 提醒此為文字格式)

24.5 輸入超過 11 位的數值

儲存格中最多可以顯示 11 個有效位數 (含小數點)，超過的字數會以 E+ 的方式顯示，如要解決這樣的問題可參考以下操作說明。

Step 1 在字首輸入 ' 轉換儲存格格式

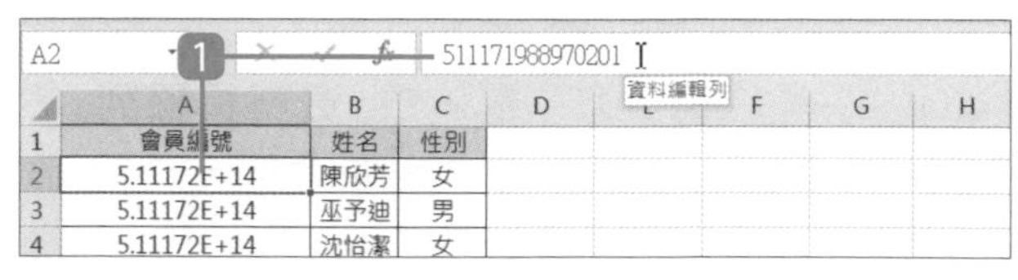

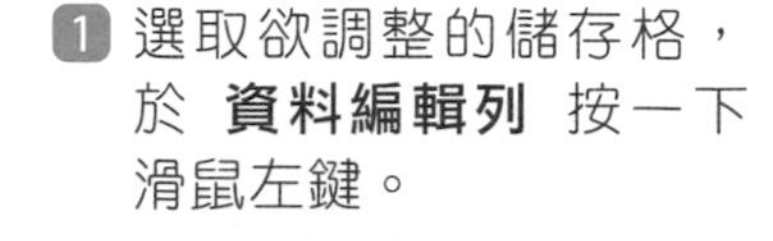

1 選取欲調整的儲存格，於 **資料編輯列** 按一下滑鼠左鍵。

2 於數值字首輸入「'」，按 Enter 鍵，就可以完整顯示全部數字。

	A	B	C
1	會員編號	姓名	性別
2	511171988970201	陳欣芳	女
3	511171988970251	巫予迪	男
4	511171988970341	沈怡潔	女
5	511171988970384	吳立歡	男
6	511171988970402	陳瓊生	女
7	511171988970485	林子汝	男
8	511171988970840	黃清桓	男
9	511171988971459	曾耿蕙	女
10	511171988971475	詹舒柏	男
11	511171988971687	楊嬌瑩	女
12	511171988971787	曲誠東	男

3 再依相同操作完成其他會員編號的轉換。

Step 2 取消錯誤檢查的顯示

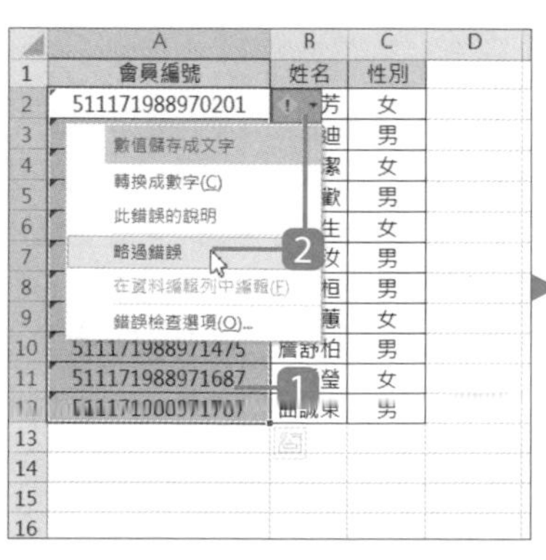

1 選取 A2:A12 儲存格範圍。

2 選按 ! \ **略過錯誤** 即可取消左上角錯誤檢查 (綠色三角形) 的提醒。

24.6 輸入分數

要在儲存格中輸入分數，通常都會被判定為日期，只要利用數字 "0"，就可以解決這個問題。

Step 1 在字首輸入 "0"

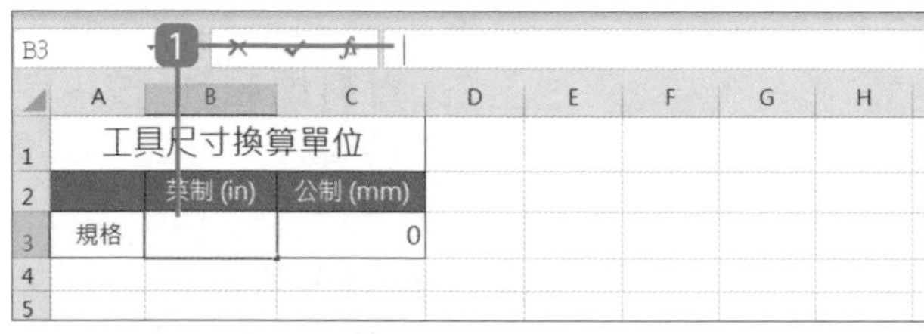

❶ 選取欲輸入分數的儲存格，於 **資料編輯列** 按一下滑鼠左鍵。

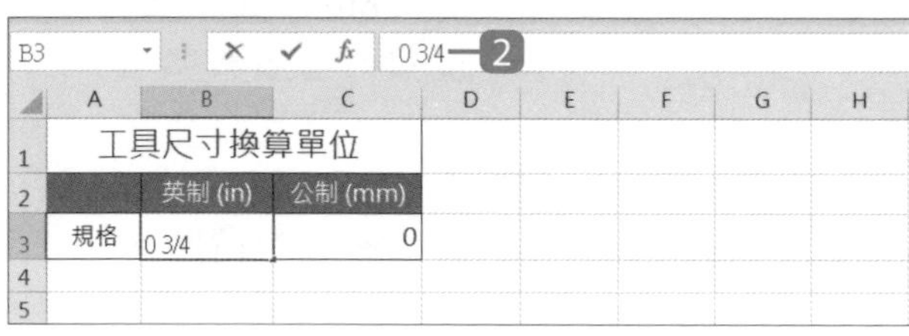

❷ 輸入「0 3/4」，按 Enter 鍵。(0 之後需空一格)

Step 2 自動轉換為分數格式

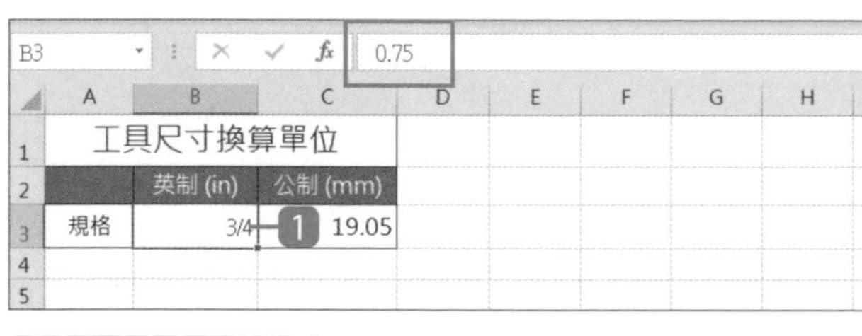

❶ 完成後就可以看到儲存格裡顯示的是分數，而 **資料編輯列** 裡顯示的是數值。

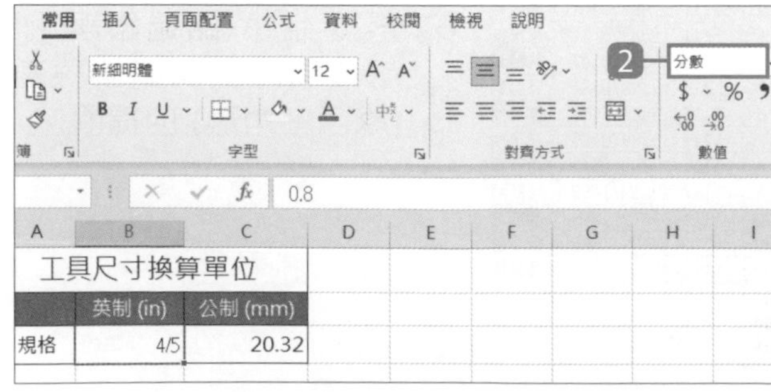

❷ 只要完成一次分數的輸入後，該儲存格就會自動設定為 **分數** 格式。之後如果要再於該儲存格輸入其他分數時，就不用特地於字首加入 0 了。

24.7 繪製表頭斜線

設定表格框線時，如果要繪製斜線，可套用外框框線樣式快速產生。

Step 1 利用外框斜線按鈕繪製斜線

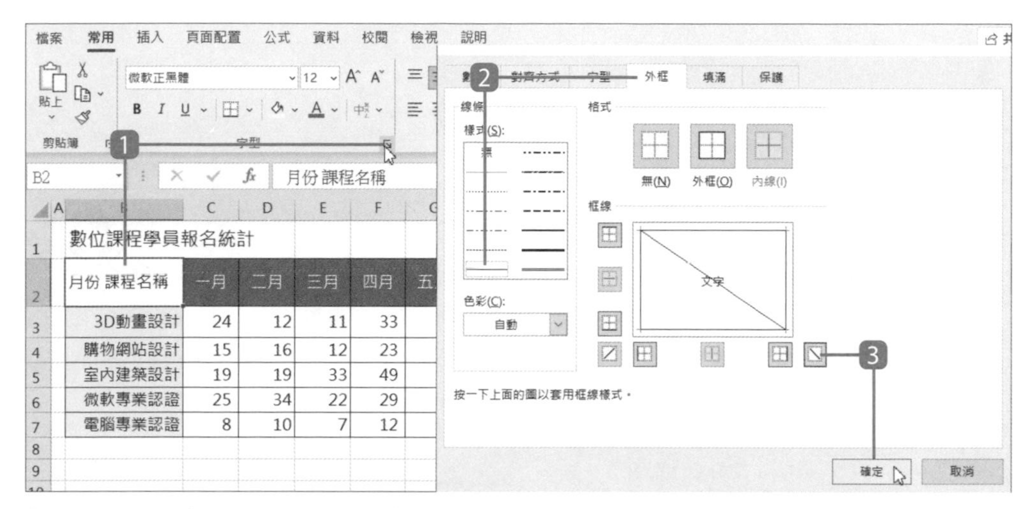

1. 選取要繪製斜線的 B2 儲存格，於 **常用** 索引標籤選按 **字型** 對話方塊啟動器開啟對話方塊。
2. 於 **外框** 標籤 \ **樣式** 選按合適的樣式。
3. 選按 ◸，完成後再選按 **確定** 鈕。

Step 2 調整表頭文字的位置

1. 選取 B2 儲存格，於 **資料編輯列** 按一下滑鼠左鍵。
2. 將輸入線移至 "課程名稱" 前方，按 Alt + Enter 鍵將表頭文字強迫換行。

	A	B	C	D
1		數位課程學員報名統計		
2		月份 課程名稱	一月	二月
3		3D動畫設計	24	12
4		購物網站設計	15	16
5		室內建築設計	19	19
6		微軟專業認證	25	34
7		電腦專業認證	8	10
8				

	A	B	C	D
1		數位課程學員報名統計		
2		月份 課程名稱	一月	二月
3		3D動畫設計	24	12
4		購物網站設計	15	16
5		室內建築設計	19	19
6		微軟專業認證	25	34
7		電腦專業認證	8	10
8				

3 將輸入線移至 "月份" 前方，按 Space 鍵 (約 17 下)，將文字調整至合適的位置，再按 Enter 鍵完成調整。

資訊補給站

手動繪製框線

於 **常用** 索引標籤選按 **框線** 清單鈕 \ **繪製框線**，滑鼠指標會呈 ✎ 狀，再移至儲存格左上角，拖曳繪製至右下角，也可以完成斜線的繪製。

製作多條的表頭斜線

若要製作多條的表頭斜線，可利用 **插入** 索引標籤的 **圖例 \ 圖案 \ 線條**，手動繪製需要的線段，再插入 **文字方塊** 分別輸入表頭標題，設定合適的字體大小及位置，完成設計。

24.8 用快速鍵提升工作效率

操作 Excel 時透過一些好用的快速鍵，提升你的工作效率。

全選指定欄、列內的資料或全部資料

選取多個儲存格，除了運用 Ctrl 或 Shift 鍵，利用快速鍵也可以快速往左或右及往上或下延伸選取範圍。

■ 方法 1：以指定儲存格為起點進行欄列內的資料選取

	A	B	C	D	E	F
1			公司支出明細表			
2						
3	日期	項目	收入	浮動支出	固定支出	餘額
4	5月1日	五月份薪資	32000			32000
5	5月3日	午餐採購		2350		29650
6	5月5日	投資基金			6000	23650
7	5月6日	投資收入	2000			25650
8	5月7日	車輛油費		1450		24200
9	5月8日	車輛保養		1500		22700
10	5月9日	生日福利金			500	22200

1 此範例選取 A3 儲存格，按 Ctrl + Shift + → 鍵，會選取至最右側資料。

	A	B	C	D	E	F
3	日期	項目	收入	浮動支出	固定支出	餘額
4	5月1日	五月份薪資	32000			32000
5	5月3日	午餐採購		2350		29650
6	5月5日	投資基金			6000	23650
7	5月6日	投資收入	2000			25650
8	5月7日	車輛油費		1450		24200
9	5月8日	車輛保養		1500		22700
10	5月9日	生日福利金			500	22200
11	5月10日	固定開銷			2350	19850
12	5月12日	電話費用			899	18951
13						

2 接著按 Ctrl + Shift + ↓ 鍵，會往下選取至最下方資料，如此就能選取所有資料範圍。

■ 方法 2：以指定儲存格為起點選取全部資料

	A	B	C	D	E	F
1			公司支出明細表			
2						
3	日期	項目	收入	浮動支出	固定支出	餘額
4	5月1日	五月份薪資	32000			32000
5	5月3日	午餐採購		2350		29650
6	5月5日	投資基金			6000	23650
7	5月6日	投資收入	2000			25650
8	5月7日	車輛油費		1450		24200
9	5月8日	車輛保養		1500		22700
10	5月9日	生日福利金			500	22200
11	5月10日	固定開銷			2350	19850
12	5月12日	電話費用			899	18951
13						

◀ 在工作表中，選取 A3 儲存格，按 Ctrl + A 鍵，可以一次選取所有資料範圍。

為儲存格套用 / 取消框線

為了讓工作表更美觀或突顯某個資料，可以為儲存格加上框線，甚至詳細指定框線色彩與樣式，但若只要簡單快速的加上外框線，可以透過快速鍵設定。

Step 1 為儲存格套用外框線

	A	B	C	D	E	F
1	公司支出明細表					
2						
3	日期	項目	收入	浮動支出	固定支出	餘額
4	5月1日	五月份薪資	32000			32000
5	5月3日	午餐採購		2350		29650
6	5月5日	投資基金			6000	23650
7	5月6日	投資收入	2000			25650
8	5月7日	車輛油費		1450		24200
9	5月8日	車輛保養		1500		22700
10	5月9日	生日福利金			500	22200
11	5月10日	固定開銷			2350	19850
12	5月12日	電話費用			899	18951
13						

1 選取需要加上外框線的儲存格範圍，按 Ctrl + Shift + &7 鍵。

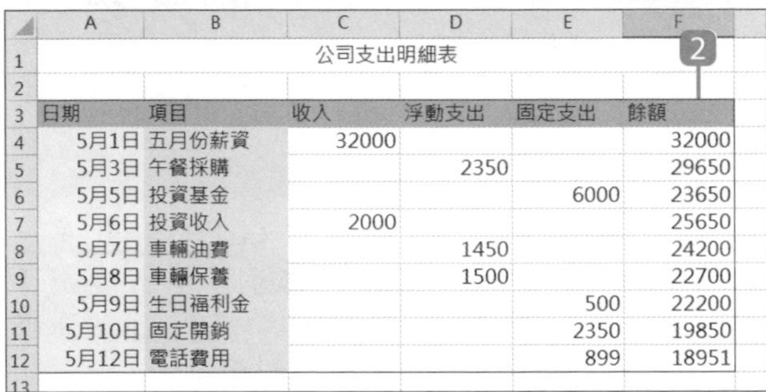

	A	B	C	D	E	F
1	公司支出明細表					
2						
3	日期	項目	收入	浮動支出	固定支出	餘額
4	5月1日	五月份薪資	32000			32000
5	5月3日	午餐採購		2350		29650
6	5月5日	投資基金			6000	23650
7	5月6日	投資收入	2000			25650
8	5月7日	車輛油費		1450		24200
9	5月8日	車輛保養		1500		22700
10	5月9日	生日福利金			500	22200
11	5月10日	固定開銷			2350	19850
12	5月12日	電話費用			899	18951
13						

2 取消選取後，可以看到該範圍周圍已經出現外框線。

Step 2 為儲存格取消框線

	A	B	C	D	E	F
1	公司支出明細表					
2						
3	日期	項目	收入	浮動支出	固定支出	餘額
4	5月1日	五月份薪資	32000			32000
5	5月3日	午餐採購		2350		29650
6	5月5日	投資基金			6000	23650
7	5月6日	投資收入	2000			25650
8	5月7日	車輛油費		1450		24200
9	5月8日	車輛保養		1500		22700
10	5月9日	生日福利金			500	22200
11	5月10日	固定開銷			2350	19850
12	5月12日	電話費用			899	18951
13						
14						
15						
16						

◀ 選取需要取消框線的儲存格範圍，按 Ctrl + Shift + - 鍵會取消範圍內的所有框線。

將一般資料轉換為表格資料

Excel 表格擁有資料表結構特性，將一般資料轉換為表格後，即可自動將儲存格範圍套用表格樣式，標題列也會套用與內容不同的表格樣式，並啟用篩選鈕，讓資料易閱讀又可快速篩選或排序。

Step 1 將儲存格範圍格式化為表格

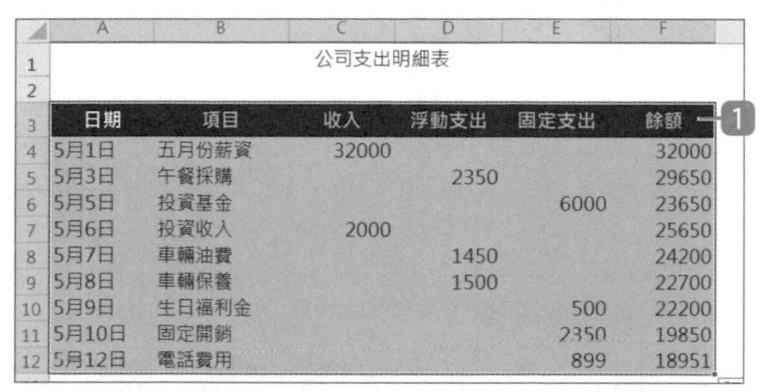

1 選取欲轉換為表格資料的儲存格範圍 (需包含標題，如此範例中的 **日期**、**項目**、**收入**...等 A3:F12 儲存格範圍。)

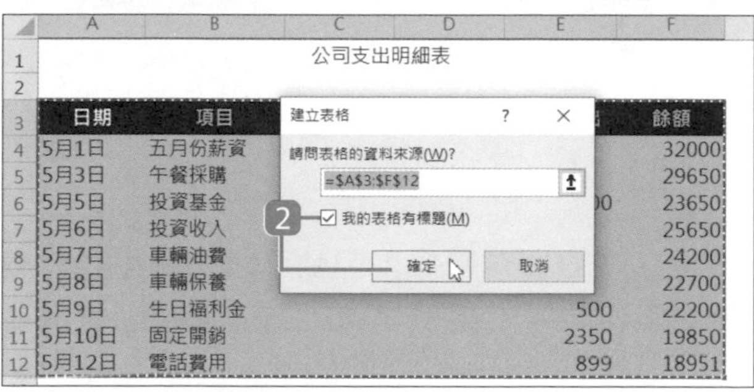

2 按 Ctrl + T 鍵，確認資料來源正確無誤並核選 **我的表格有標題**，選按 **確定** 鈕轉換為表格。

Step 2 表格篩選功能

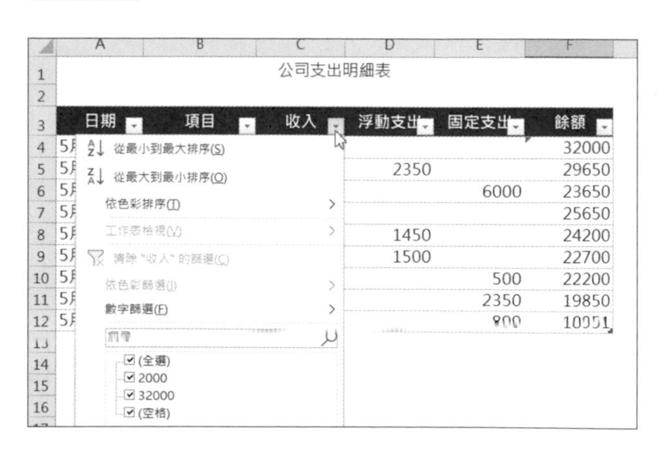

◀ 表格標題列的儲存格右側出現 ▾ 圖示，選按即可使用表格的篩選功能。

在原工作表插入圖表

用快速鍵產生圖表的方法 1：依建立好的資料數據，快速於資料所在工作表內插入圖表，這對常常需要製作圖表的人來說非常方便。

數位課程年度銷售統計表　單位：萬

	第一季	第二季	第三季	第四季
3D動畫設計	23	83	35	53
購物網站設計	31	71	99	143
室內建築設計	19	49	48	73
微軟專業認證	25	43	18	29
電腦專業認證	44	32	51	76

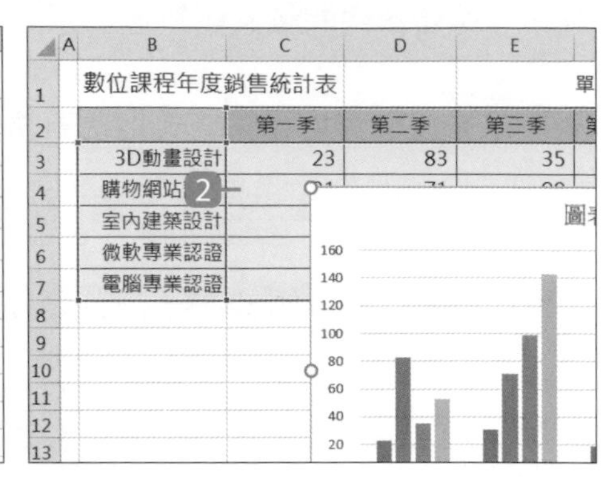

1 選取製作圖表的資料來源 B2:F7 儲存格範圍。

2 按 Alt + F1 鍵，可以插入直條圖表，再依內容修改圖表格式、類型、標題以及配色。

在新工作表插入圖表

用快速鍵產生圖表的方法 2：依建立好的資料數據，自動新增一個圖表專屬工作表，將圖表移入並放大至整個工作表，但這樣呈現的方式無法調整圖表位置與縮放大小。

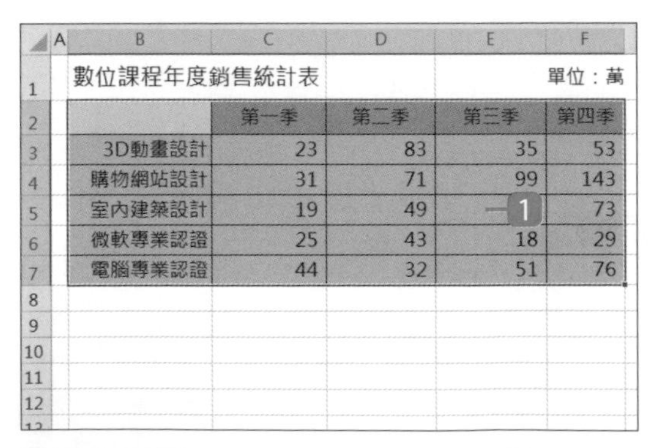

數位課程年度銷售統計表　單位：萬

	第一季	第二季	第三季	第四季
3D動畫設計	23	83	35	53
購物網站設計	31	71	99	143
室內建築設計	19	49	48	73
微軟專業認證	25	43	18	29
電腦專業認證	44	32	51	76

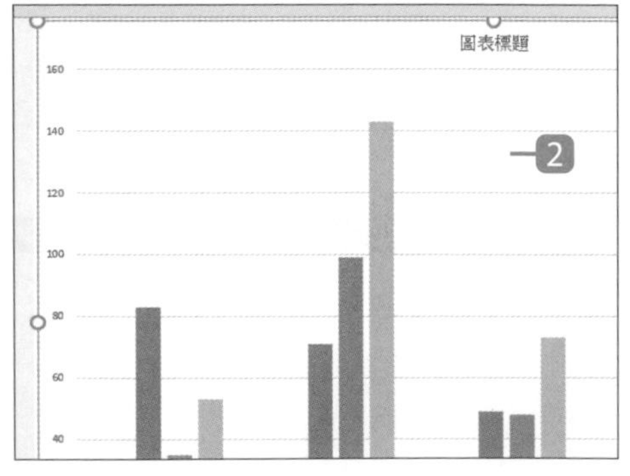

1 選取要製作圖表的資料來源 B2:F7 儲存格範圍。

2 按 F11 鍵，會另開一個圖表專屬工作表並產生圖表，而不是插入在原工作表中。

24.9 快速拆分與加密資料內容

從其他文件複製資料於 Excel 使用，常常會發生同一筆資料的所有內容都放在一欄中，利用 **資料剖析** 功能與快速鍵，就不用花時間一筆一筆複製、貼上。

拆分資料 I

此範例將利用 **資料剖析** 功能完成資料拆分。

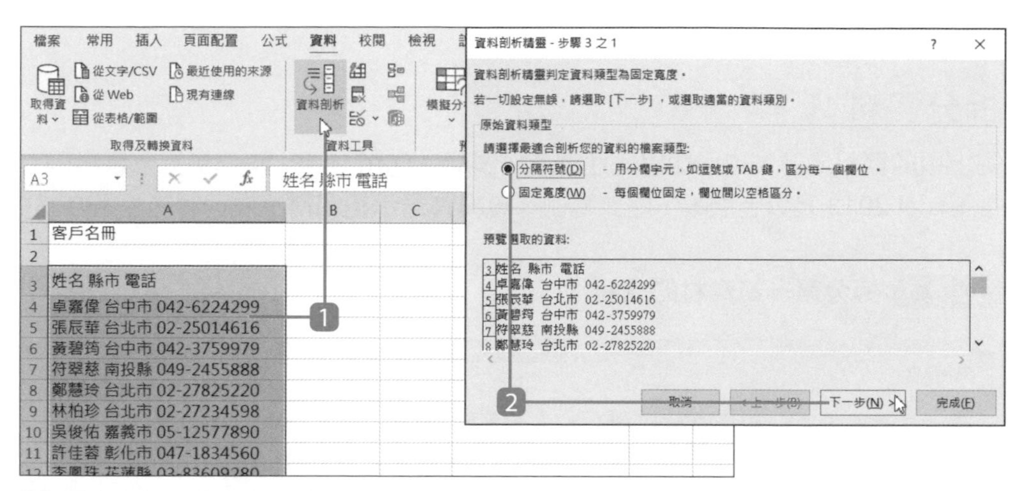

1 選取欲拆分資料的儲存格範圍，於 **資料** 索引標籤選按 **資料剖析** 開啟對話方塊。

2 核選 **分隔符號** (因為此範例中的資料是以空白鍵區隔)，再選按 **下一步** 鈕。

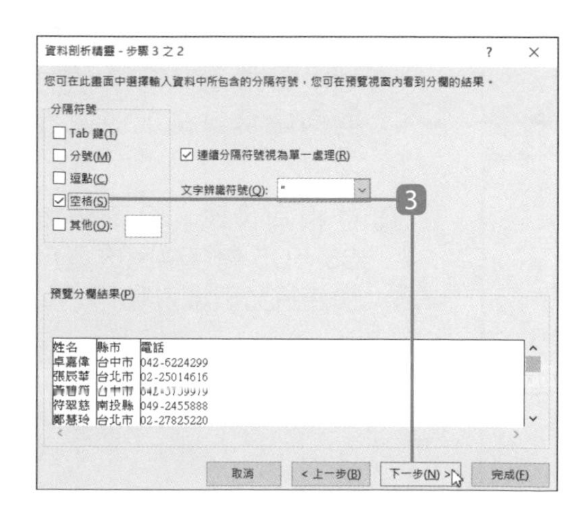

3 僅核選 **空格** (下方可預覽拆分結果)，選按 **下一步** 鈕。

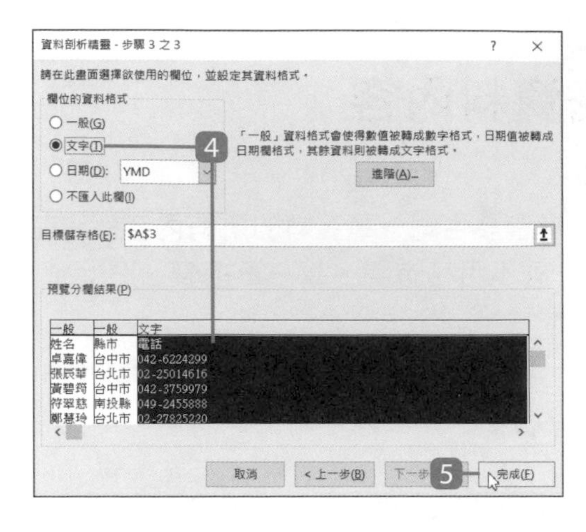

4 依資料屬性設定欄位的格式，例如選按 **電話** 欄位，再核選 **文字** 格式。

5 選按 **完成** 鈕。(可以看到資料依空白所在位置，拆分於不同欄位，最後再調整欄寬、字體以及表頭色彩即可。)

拆分資料 II

同上頁的資料內容，也可使用快速鍵拆分資料。(Ctrl + E 快速鍵拆分資料只支援 Excel 2013 及以上版本，除此範例，後續會再示範四種此快速鍵的應用方式)

Step 1 拆分第一筆資料的成績

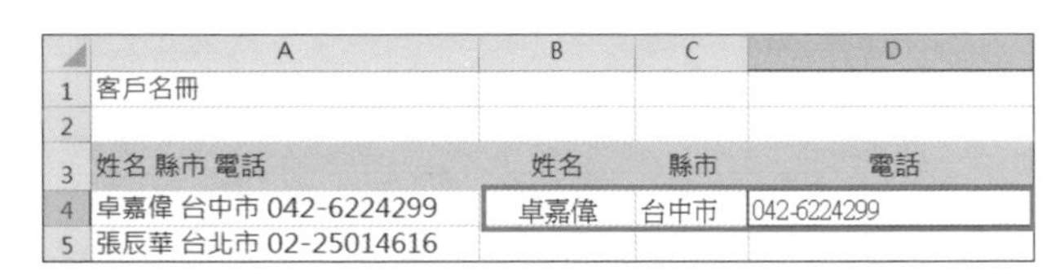

	A	B	C	D
1	客戶名冊			
2				
3	姓名 縣市 電話	姓名	縣市	電話
4	卓嘉偉 台中市 042-6224299	卓嘉偉	台中市	042-6224299
5	張辰華 台北市 02-25014616			

◀ A 欄是原始資料，首先於 B4、C4、D4 儲存格開始，依序複製、貼上手動拆分第一筆資料。

Step 2 使用快速鍵完成資料拆分與填入

	A	B	C	D
1	客戶名冊			
2				
3	姓名 縣市 電話	姓名	縣市	電話
4	卓嘉偉 台中市 042-6224299	卓嘉偉	台中市	042-6224299
5	張辰華 台北市 02-25014616	張辰華	台北市	02-25014616
6	黃碧筠 台中市 042-3759979	黃碧筠	台中市	042-3759979
7	符翠慈 南投縣 049-2455888	符翠慈	南投縣	049-2455888
8	鄭慧玲 台北市 02-27825220	鄭慧玲	台北市	02-27825220
9	林柏珍 台北市 02-27234598	林柏珍	台北市	02-27234598
10	吳俊佑 嘉義市 05-12577890	吳俊佑	嘉義市	05-12577890
11	許佳蓉 彰化市 047-1834560	許佳蓉	彰化市	047-1834560
12	李鳳珠 花蓮縣 03-83609280	李鳳珠	花蓮縣	03-83609280
13	蔡浩華 高雄市 07-38515680	蔡浩華	高雄市	07-38515680
14	吳美華 台北市 02-27335831	吳美華	台北市	02-27335831
15				
16				
17				
18				

1 選按 B5 儲存格，按 Ctrl + E 鍵，即會依左側原始資料往下快速拆分填入。

2 依相同操作，分別選按 C5、D5 儲存格完成資料快速拆分與填入動作。

拆分資料 III

將客戶的地址資料快速拆分成縣市與詳細地址，再分別填入對應的欄位，之後好方便管理。

Step 1 拆分第一筆資料的縣市與地址

◀ 此例 C 欄是原始資料，於 D4 與 E4 儲存格依序複製、貼上手動拆分第一筆資料。

Step 2 使用快速鍵完成資料拆分與填入

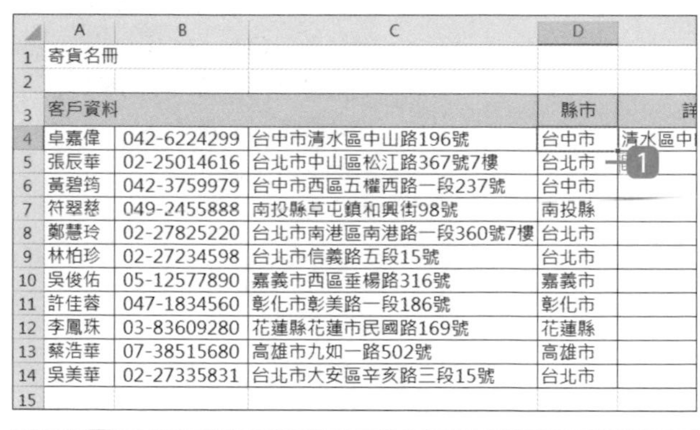

❶ 完成第一筆資料拆分後，選按 D5 儲存格按 Ctrl + E 鍵，即會依左側原始資料往下快速拆分填入。

	C	D	E
3		縣市	詳細地址
4	中市清水區中山路196號	台中市	清水區中山路196號
5	北市中山區松江路367號7樓	台北	中山區松江路367號7樓
6	中市西區五權西路一段237號	台中市	西區五權西路一段237號
7	投縣草屯鎮和興街98號	南投縣	草屯鎮和興街98號
8	北市南港區南港路一段360號7樓	台北市	南港區南港路一段360號7樓
9	北市信義路五段15號	台北市	信義路五段15號
10	義市西區垂楊路316號	嘉義市	西區垂楊路316號
11	化市彰美路一段186號	彰化市	彰美路一段186號
12	蓮縣花蓮市民國路169號	花蓮縣	花蓮市民國路169號
13	雄市九如一路502號	高雄市	九如一路502號
14	北市大安區辛亥路三段15號	台北市	大安區辛亥路三段15號

❷ 選按 E5 儲存格，依相同操作完成資料快速拆分填入。

最後再調整一下儲存格欄位尺寸以符合地址文字的寬度。

拆分資料 IV

銀行或金融機構都有著不同的代碼，將代碼與銀行名稱快速拆分，再分別填入對應的欄位，便於日後管理及查詢。

Step 1 拆分第一筆資料的代號與名稱

	A	B	C	D	E	F	G
1	ATM銀行轉帳代碼表						
2	銀行/郵局	代碼	名稱				
3	003 交通銀行	003	交通銀行				
4	004 臺灣銀行			(Ctrl)			
5	005 土地銀行						
6	006 合作金庫						
7	007 第一商業銀行						
8	008 華南商業銀行						
9	009 彰化商業銀行						
10	102 華泰商業銀行						
11	808 玉山商業銀行						
12	700 中華郵政						
13							

◀ 此例 A 欄是原始資料，於 B3 儲存格依序複製、貼上手動拆分第一筆資料。

Step 2 使用快速鍵完成資料拆分與填入

	A	B	C	D	E	F
1	ATM銀行轉帳代碼表					
2	銀行/郵局	代碼	名稱			
3	003 交通銀行	003	交通銀行			
4	004 臺灣銀行	004				
5	005 土地銀行	005				
6	006 合作金庫	006				
7	007 第一商業銀行	007				
8	008 華南商業銀行	008				
9	009 彰化商業銀行	009				
10	102 華泰商業銀行	102				
11	808 玉山商業銀行	808				
12	700 中華郵政	700				
13						
14						
15						

1 完成第一筆資料拆分後，選按 B4 儲存格，再按 Ctrl + E 鍵，即會依左側原始資料往下快速拆分填入。

	A	B	C	D	E	F
1	ATM銀行轉帳代碼表					
2	銀行/郵局	代碼	名稱			
3	003 交通銀行	003	交通銀行			
4	004 臺灣銀行	004	臺灣銀行			
5	005 土地銀行	005	土地銀行			
6	006 合作金庫	006	合作金庫			
7	007 第一商業銀行	007	第一商業銀行			
8	008 華南商業銀行	008	華南商業銀行			
9	009 彰化商業銀行	009	彰化商業銀行			
10	102 華泰商業銀行	102	華泰商業銀行			
11	808 玉山商業銀行	808	玉山商業銀行			
12	700 中華郵政	700	中華郵政			
13						
14						

2 選按 C4 儲存格，依相同操作完成資料快速拆分填入。

替換文字內容或是電話號碼格式

除了可以拆分資料外還可以完成內容的替換，像此範例將 "同學" 替換成 "學生"，再將電話格式由 () 變更成 - 的符號。

Step 1 輸入欲替換的文字與數值格式

	A	B	C	D	E
1	學生名冊				
2	姓名	電話	姓名	電話	
3	卓嘉偉同學	(042)6224299	卓嘉偉學生	042-6224299	
4	張辰華同學	(02)25014616			
5	黃碧筠同學	(042)3759979			
6	符翠慈同學	(049)2455888			
7	鄭慧玲同學	(02)27825220			
8	林柏珍同學	(02)27234598			
9	吳俊佑同學	(05)12577890			
10	許佳蓉同學	(047)1834560			
11	李鳳珠同學	(03)83609280			
12	蔡浩華同學	(07)38515680			
13	吳美華同學	(02)27335831			
14					

◀ 此例 A、B 欄是原始資料，於 C3 與 D3 儲存格輸入欲變更文字內容或格式的資料。

Step 2 使用快速鍵完成資料替換

	A	B	C	D	E
1	學生名冊				
2	姓名	電話	姓名	電話	
3	卓嘉偉同學	(042)6224299	卓嘉偉學生	042-6224299	
4	張辰華同學	(02)25014616	張辰華學生		
5	黃碧筠同學	(042)3759979	黃碧筠學生		
6	符翠慈同學	(049)2455888	符翠慈學生		
7	鄭慧玲同學	(02)27825220	鄭慧玲學生		
8	林柏珍同學	(02)27234598	林柏珍學生		
9	吳俊佑同學	(05)12577890	吳俊佑學生		
10	許佳蓉同學	(047)1834560	許佳蓉學生		
11	李鳳珠同學	(03)83609280	李鳳珠學生		
12	蔡浩華同學	(07)38515680	蔡浩華學生		
13	吳美華同學	(02)27335831	吳美華學生		
14					
15					

1 完成第一筆資料輸入後，選按 C4 儲存格，再按 Ctrl + E 鍵，即會依左側原始資料往下快速替換填入。

	A	B	C	D	E
1	學生名冊				
2	姓名	電話	姓名	電話	
3	卓嘉偉同學	(042)6224299	卓嘉偉學生	042-6224299	
4	張辰華同學	(02)25014616	張辰華學生	02-25014616	
5	黃碧筠同學	(042)3759979	黃碧筠學生	042-3759979	
6	符翠慈同學	(049)2455888	符翠慈學生	049-2455888	
7	鄭慧玲同學	(02)27825220	鄭慧玲學生	02-27825220	
8	林柏珍同學	(02)27234598	林柏珍學生	02-27234598	
9	吳俊佑同學	(05)12577890	吳俊佑學生	05-12577890	
10	許佳蓉同學	(047)1834560	許佳蓉學生	047-1834560	
11	李鳳珠同學	(03)83609280	李鳳珠學生	03-83609280	
12	蔡浩華同學	(07)38515680	蔡浩華學生	07-38515680	
13	吳美華同學	(02)27335831	吳美華學生	02-27335831	
14					

2 選按 D4 儲存格，依相同操作完成資料快速替換與填入。

為身份證與電話號碼後尾碼加密

將身份證與電話號碼的後 3 碼改使用 * 符號顯示，這樣就變成加密過的資料內容，其他像是員工編號、車牌號碼資料也可以使用這樣的方式處理。

Step 1 輸入 * 號取代身份證後 3 碼

	A	B	C	D	E	F
1	員工聯絡資訊					
2	姓名	身份證	電話	身份證加密	電話加密	
3	卓嘉偉	A153536656	042-6224299	A153536***		
4	張辰華	A101648149	02-25014616			
5	黃碧筠	D230131916	042-3759979			

◀ 此例 B、C 欄是原始資料，先選按 D3 儲存格輸入身份證第一筆資料，並將後 3 碼以 * 符號取代。

Step 2 使用快速鍵完成資料替換

	A	B	C	D	E	F
1	員工聯絡資訊					
2	姓名	身份證	電話	身份證加密	電話加密	
3	卓嘉偉	A153536656	042-6224299	A153536***		
4	張辰華	A101648149	02-25014616	A101648***		
5	黃碧筠	D230131916	042-3759979	D230131***		
6	符翠慈	D214029519	049-2455888	D214029***		
7	鄭慧玲	E228360819	02-27825220	E228360***		
8	林柏珍	H265906425	02-27234598	H265906***		
9	吳俊佑	J103440738	05-12577890	J103440***		
10	許佳蓉	P297379322	047-1834560	P297379***		
11	李鳳珠	L273609106	03-83609280	L273609***		
12	蔡浩華	B139233097	07-38515680	B139233***		
13	吳美華	M222090118	02-27335831	M222090***		
14						

◀ 選按 D4 儲存格，按 Ctrl + E 鍵，會依左側原始資料往下快速完成填入，完成加密動作。

Step 3 依相同操作完成電話加密

	A	B	C	D	E	F
1	員工聯絡資訊					
2	姓名	身份證	電話	身份證加密	電話加密	
3	卓嘉偉	A153536656	042-6224299	A153536***	042-6224***	

	A	B	C	D	E
1	員工聯絡資訊				
2	姓名	身份證	電話	身份證加密	電話加密
3	卓嘉偉	A153536656	042-6224299	A153536***	042-6224***
4	張辰華	A101648149	02-25014616	A101648***	02-25014***
5	黃碧筠	D230131916	042-3759979	D230131***	042-3759***
6	符翠慈	D214029519	049-2455888	D214029***	049-2455***
7	鄭慧玲	E228360819	02-27825220	E228360***	02-27825***
8	林柏珍	H265906425	02-27234598	H265906***	02-27234***
9	吳俊佑	J103440738	05-12577890	J103440***	05-12577***
10	許佳蓉	P297379322	047-1834560	P297379***	047-1834***
11	李鳳珠	L273609106	03-83609280	L273609***	03-83609***
12	蔡浩華	B139233097	07-38515680	B139233***	07-38515***
13	吳美華	M222090118	02-27335831	M222090***	02-27335***

1 選按 E3 儲存格輸入電話第一筆資料，並將後 3 碼以 * 符號取代。

2 選按 E4 儲存格按 Ctrl + E 鍵，會依左側原始資料往下快速完成填入，完成加密動作。

24.10 自訂快速存取工具列

快速存取工具列 可以把常用的指令或功能置於同一個工具列上，讓你省去在索引標籤尋找功能的動作，加快工作效率。

Step 1 設定快速存取工具列的顯示位置

快速存取工具列 預設是顯示在視窗左上角，也可將此工具列移至功能區下方顯示，這樣不但較為明顯而且更方便選用。

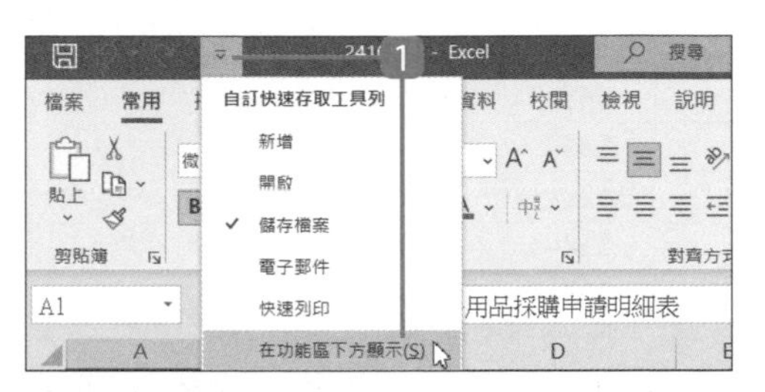

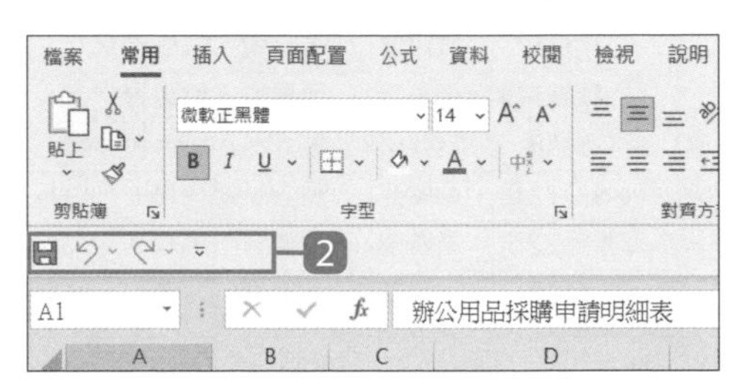

1. 於視窗左上角選按 ▼ \ **在功能區下方顯示**。
2. **快速存取工具列** 就會顯示在功能區下方，按鈕也呈彩色狀。

Step 2 添加快速存取工具列中的功能

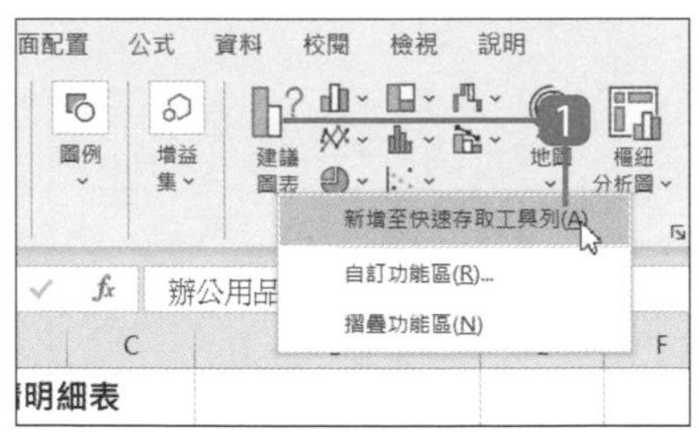

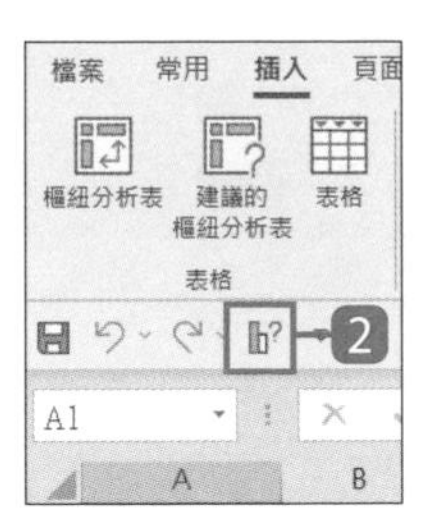

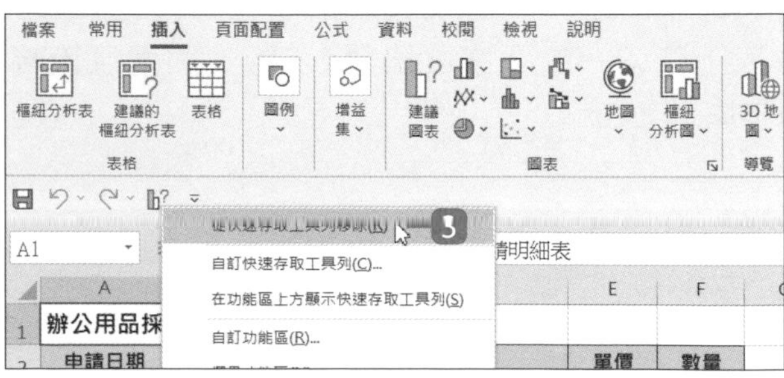

1. 於要加入 **快速存取工具列** 的功能上按一下滑鼠右鍵，選按 **新增至快速存取工具列**。
2. **快速存取工具列** 就會新增該功能的按鈕圖示，直接選按就可以使用。
3. 如果想取消顯示在 **快速存取工具列** 上的功能，只要於該圖示上按一下滑鼠右鍵選按 **從快速存取工具列移除**。

24.11 快速縮放顯示比例

使用 Excel 跟同事或客戶討論或者是簡報時，需要縮放儲存格的顯示比例，如果用選按的方式就顯得不夠專業，這時滑鼠滾輪就是你的得力助手。

申請日期	申請部門	姓名	品名	單價	數量
3月6日	研發部	錢佳蓉	A420入資料本	$55	2
3月26日	業務部	張哲維	自動原子筆	$8	5
4月7日	行政部	陳石翰	修正帶	$29	2
4月15日	資訊部	黃文賢	無線滑鼠	$399	1
4月24日	業務部	溫雅婷	釘書機	$45	3
5月8日	行政部	曾秀芬	特大迴紋針	$35	3
5月11日	公關部	楊智城	可換卡水白板筆-黑	$28	2
5月22日	業務部	倪雅婷	事務剪刀	$18	5
6月9日	行政部	杜奕翔	九色可再貼螢光標籤	$28	2

1 將滑鼠指標移至工作表上任何一處，按 Ctrl 鍵不放，將滑鼠滾輪往前滾動即可放大工作表顯示比例。

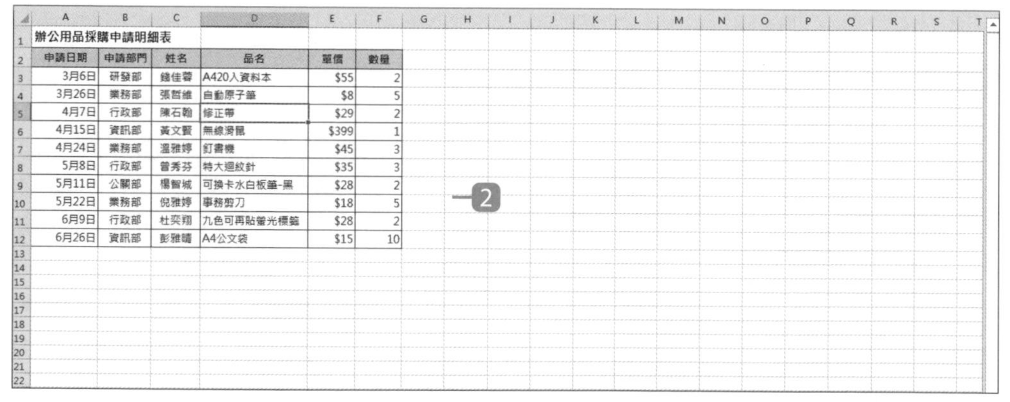

辦公用品採購申請明細表

申請日期	申請部門	姓名	品名	單價	數量
3月6日	研發部	錢佳蓉	A420入資料本	$55	2
3月26日	業務部	張哲維	自動原子筆	$8	5
4月7日	行政部	陳石翰	修正帶	$29	2
4月15日	資訊部	黃文賢	無線滑鼠	$399	1
4月24日	業務部	溫雅婷	釘書機	$45	3
5月8日	行政部	曾秀芬	特大迴紋針	$35	3
5月11日	公關部	楊智城	可換卡水白板筆-黑	$28	2
5月22日	業務部	倪雅婷	事務剪刀	$18	5
6月9日	行政部	杜奕翔	九色可再貼螢光標籤	$28	2
6月26日	資訊部	彭雅晴	A4公文袋	$15	10

2 反之，將滑鼠指標移至工作表上任何一處，按 Ctrl 鍵不放，將滑鼠滾輪往後滾動即可縮小工作表顯示比例。

職場必備的工作表與圖表列印要點

列印頁面設定

- 設定頁面的方向、紙張大小及邊界
- 將整份報表內容縮放為一頁
- 列印內容置於紙張中央

列印版面調整

- 設定頁首頁尾
- 只列印選取的儲存格
- 只列印圖表
- 設定分頁範圍
- 列印不連續的資料範圍
- 強迫分頁與跨頁列印表頭標題
- 列印欄名、列號與格線

列印技巧

- 自訂不同的檢視模式快速進行列印
- 活頁簿預覽與列印

25.1 設定頁面方向、紙張大小及邊界

藉由版面設定將活頁簿報表內容正確印出，減少因紙張方向、尺寸，或是內容太靠近邊界這些錯誤的發生。

Step 1 設定頁面方向與紙張大小

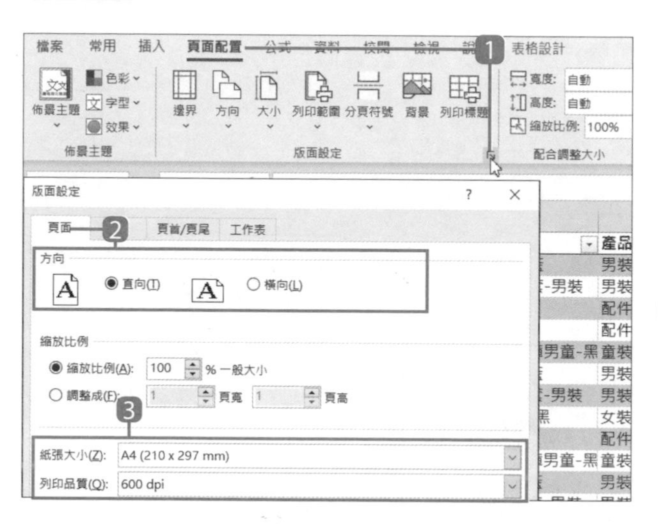

1. 於 **頁面配置** 索引標籤選按 **版面設定** 對話方塊啟動器。
2. 於 **頁面** 標籤 **方向** 核選欲列印的方向，**直向** 或 **橫向**。
3. 下方可設定 **紙張大小** 及 **列印品質**。

Step 2 設定邊界

設定列印邊界尺寸，以防印出來的資料太靠近紙張邊緣。

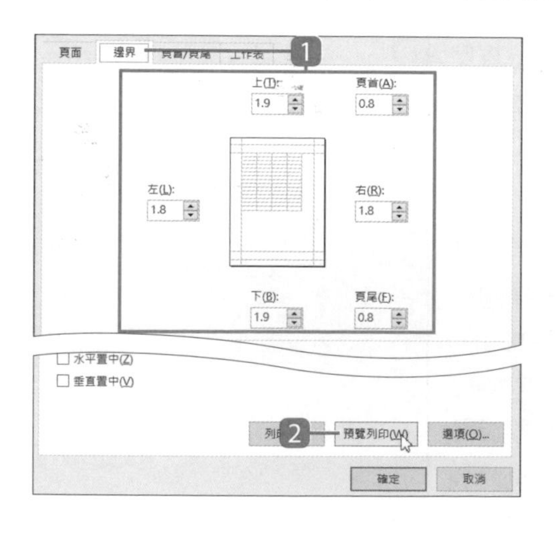

1. 於 **邊界** 標籤，分別設定 **上**、**下**、**左**、**右** 與 **頁首**、**頁尾** 的距離 (單位為公分)。
2. 設定完成後，選按 **預覽列印** 鈕進入列印畫面，可以看到列印內容的呈現。(後續操作方式可參考 P25-17)

25.2 設定頁首與頁尾

同時列印多頁時，可以在頁首、頁尾標示檔案資訊，例如：檔名、工作表名稱、日期、頁碼、總頁數或公司 LOGO 圖...等，讓列印出來的文件更清楚明瞭。

Step 1 自訂頁首項目

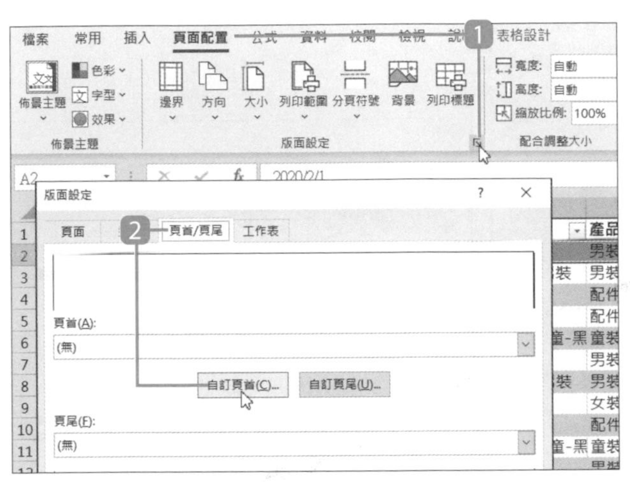

1 於 **頁面配置** 索引標籤選按 **版面設定** 對話方塊啟動器。

2 於 **頁首/頁尾** 標籤選按 **自訂頁首** 鈕自行加入需要的元素。(若需自訂頁尾則選按 **自訂頁尾** 鈕，後續操作相同。)

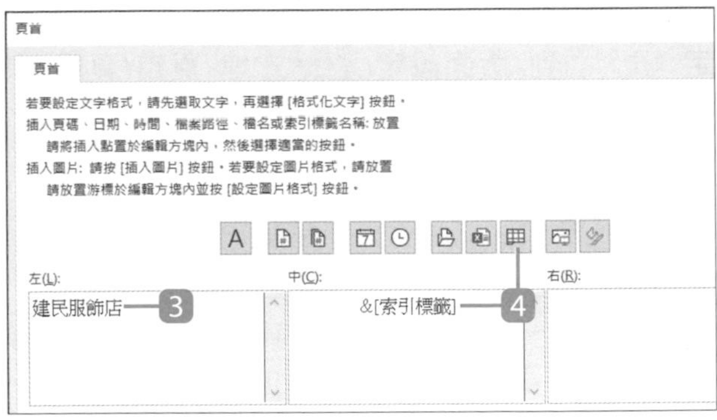

3 在 **左** 編輯方塊內按一下滑鼠左鍵，輸入店家資訊。

4 在 **中** 編輯方塊內按一下滑鼠左鍵，選按 **插入工作表名稱** 鈕。

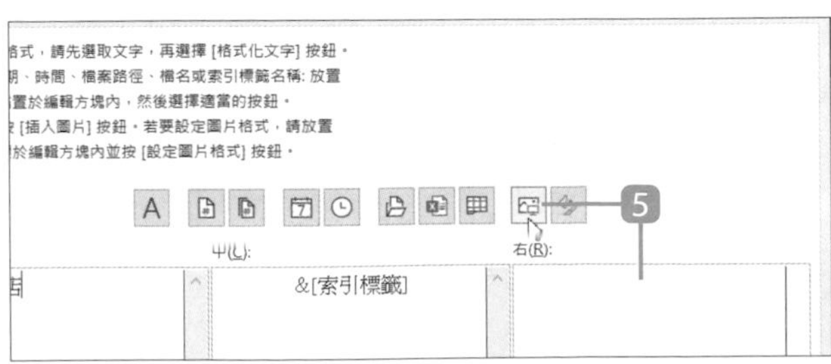

5 在 **右** 編輯方塊內按一下滑鼠左鍵，選按 **插入圖片** 鈕。

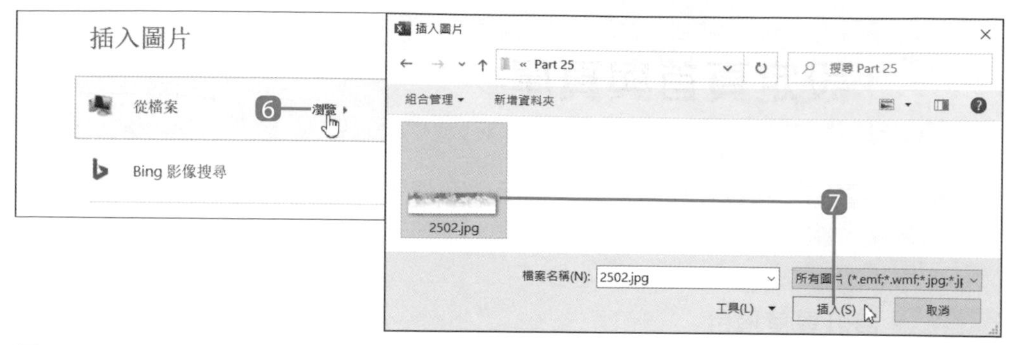

6 於 **插入圖片** 選按 **從檔案 \ 瀏覽**。

7 選擇合適的圖片檔，選按 **插入** 鈕。

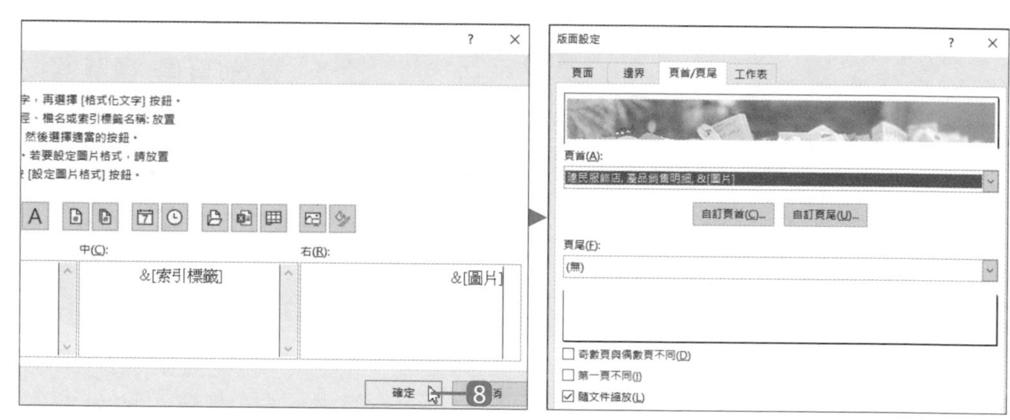

8 完成自訂設定後，選按 **確定** 鈕，回到 **版面設定** 對話方塊 **頁首/頁尾** 標籤，即可於上方預覽自訂頁首的呈現。

Step 2 使用預設頁尾項目

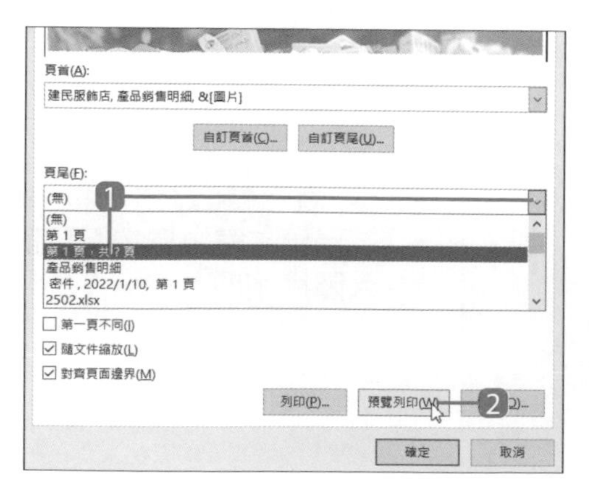

1 頁尾設定，建議以簡單的頁碼、日期...等資訊呈現即可，此範例套用預設項目；選按 **頁尾** 清單鈕，於清單中選按 **第 1 頁，共 ? 頁** 項目。(如果想要設計獨特的頁尾樣式，可選按 **自訂頁尾** 鈕，相似 **自訂頁首** 的操作。)

2 選按 **預覽列印** 鈕進入列印畫面，可以看到頁首、頁尾的呈現。(後續列印操作可參考 P25-17)

25.3 設定列印範圍

若不想列印整份工作表內容，可以指定需要列印的儲存格範圍或是物件，讓你省下更多的碳粉耗材。

只列印選取的儲存格

Step 1 選取要列印的儲存格

	A	B	C	D	E	F
1	數位課程年度銷售統計表				單位：萬	
2		第一季	第二季	第三季	第四季	
3	3D動畫設計	23	83	35	53	
4	購物網站設計	31	71	99	143	
5	室內建築設計	19	49	48	73	
6	微軟專業認證	25	43	18	29	
7	電腦專業認證	44	32	51	76	
8	會計專業認證	23	36	33	17	
9						

◀ 選取 A2:C8 儲存格範圍。(若使用 Ctrl 鍵選取不連續的儲存格範圍，則可依各選取範圍分頁，同時印出。)

Step 2 列印選取範圍

1 選按 **檔案** 索引標籤。

2 選按 **列印 \ 設定 \ 列印使用中的工作表**，清單選按 **列印選取範圍**。

	第一季	第二季
3D動畫設計	23	83
購物網站設計	31	71
室內建築設計	19	49
微軟專業認證	25	43
電腦專業認證	44	32
會計專業認證	23	26

◀ 可以看到列印內容只會出現剛剛選取的範圍。(後續列印操作可參考 P25-17)

只列印圖表物件

Step 1 選取要列印的圖表

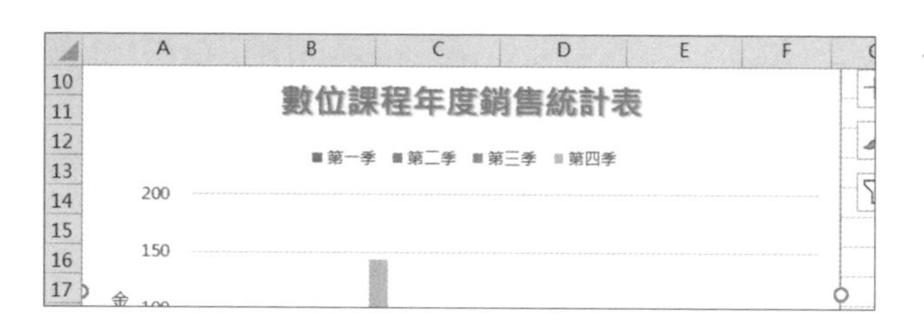

◀ 選取圖表物件。

Step 2 列印圖表

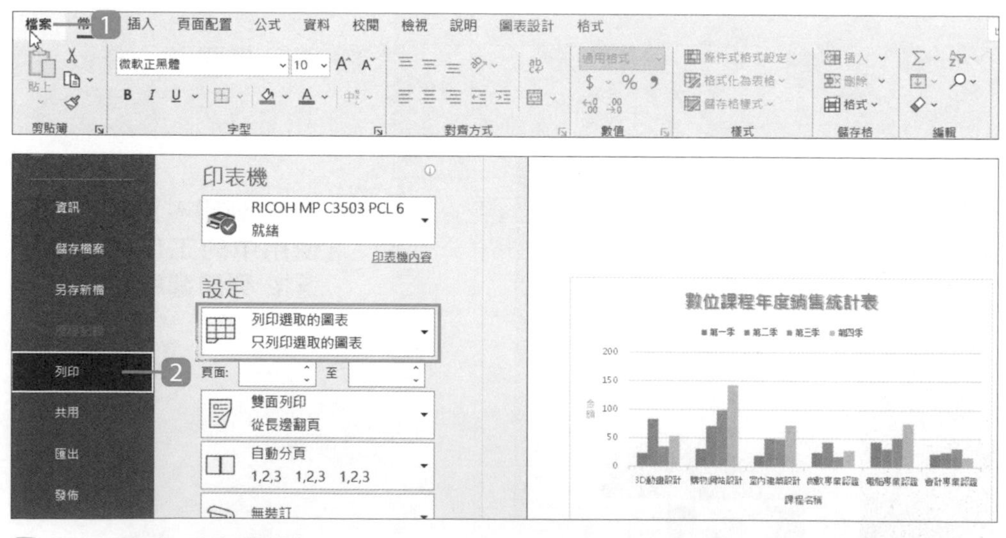

1 選按 **檔案** 索引標籤。

2 選按 **列印**，即可看到 **設定** 項目的列印範圍自動變更為 **列印選取的圖表**。(後續列印操作可參考 P25-17)

25.4 列印不連續的資料範圍

使用 Ctrl 鍵選取多個不連續的儲存格範圍，列印出來的資料會依範圍分頁，若要將不連續範圍不分頁並依序印出，可以將不需要列印的範圍先隱藏起來再進行列印。

Step 1 選取不需要列印的範圍

	A	B	C	D	E	
25	2020/2/15	ID03808	AC170139	F015	法蘭絨格紋襯衫-紅	女裝
26	2020/2/15	ID03812	AC1702801	F008	法蘭絨格紋襯衫-黑	女裝
27	2020/2/15	ID03834	AC170301	F015	法蘭絨格紋襯衫-紅	女裝
28	2020/2/15	ID03835	AC170371	F015	法蘭絨格紋襯衫-紅	女裝
29	2020/2/15	ID03836	AC170271	F015	法蘭絨格紋襯衫-紅	女裝
30	2020/2/15	ID03729	AC170016	F010	中夾-紅	皮件
31	2020/2/15	ID03731	AC1702531	F010	中夾-紅	皮件
32	2020/2/15	ID03732	AC170373	F010	中夾-紅	皮件
33	2020/2/15	ID03735	AC170298	F010	中夾-紅	皮件
34	2020/2/15	ID03736	AC170301	F010	中夾-紅	皮件
35	2020/2/15	ID03757	AC170282	F010	中夾-紅	皮件
44	2020/2/15	ID03792	AC1700591	F010	中夾-紅	皮件
45	2020/2/15	ID03813	AC170088	F010	中夾-紅	皮件
46	2020/2/15	ID03815	AC170098	F010	中夾-紅	皮件
47	2020/2/15	ID03816	AC170185	F010	中夾-紅	皮件
48	2020/2/15	ID03819	AC170394	F010	中夾-紅	皮件
49	2020/2/15	ID03820	AC170369	F010	中夾-紅	皮件
50	2020/2/15	ID03837	AC170035	F010	中夾-紅	皮件
51	2020/2/15	ID03838	AC170398	F010	中夾-紅	皮件
52	2020/2/15	ID03839	AC170248	F010	中夾-紅	皮件
53	2020/2/15	ID03840	AC170304	F010	中夾-紅	皮件
54	2020/2/15	ID03841	AC170255	F010	中夾-紅	皮件
55	2020/2/1	ID03656	AC170398	F003	印圖大學T男裝-藍	男裝

1. 將滑鼠指標移至 30 列上呈 ➡ 狀。
2. 按住滑鼠左鍵往下拖曳至 54 列處放開，選取 30~54 列。

Step 2 列印沒有隱藏的範圍

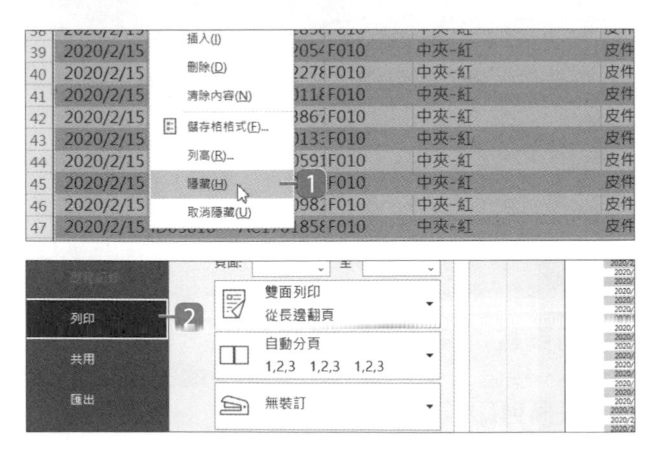

1. 於選取的任一列上按一下滑鼠右鍵，選按 **隱藏**，即可隱藏選取的列。
2. 完成設定後，可於 **檔案** 索引標籤選按 **列印** 進行目前內容的列印，這樣一來不連續範圍的資料即可依序列印。(相關列印操作可參考 P25-17)

25.5 設定分頁範圍

先了解預設的列印範圍才能依需求做合適調整，當活頁簿資料的欄位超出列印範圍寬度時，可以自動縮放比例印出完整內容。

Step 1 檢視分頁預覽

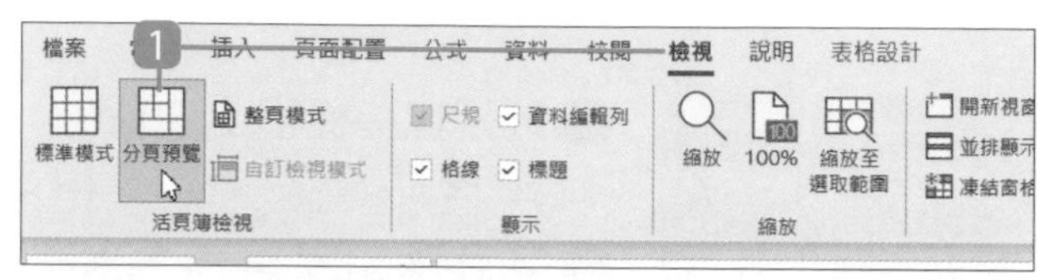

1 於 **檢視** 索引標籤選按 **分頁預覽**。

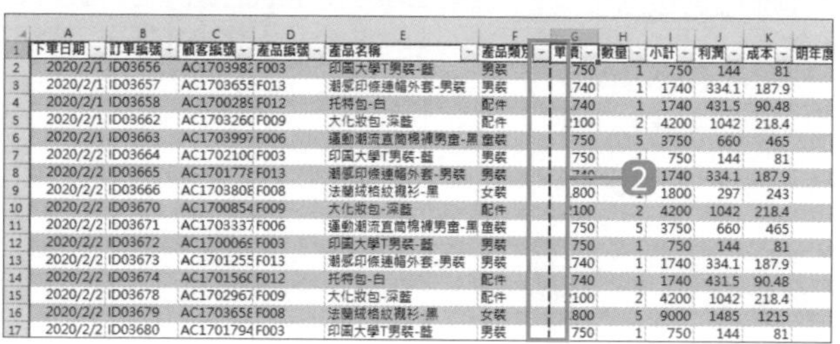

2 預覽模式中，藍色虛線為自動分頁線，可以從分頁預覽中看到哪些資料分別屬於第幾頁。

Step 2 設定分頁線

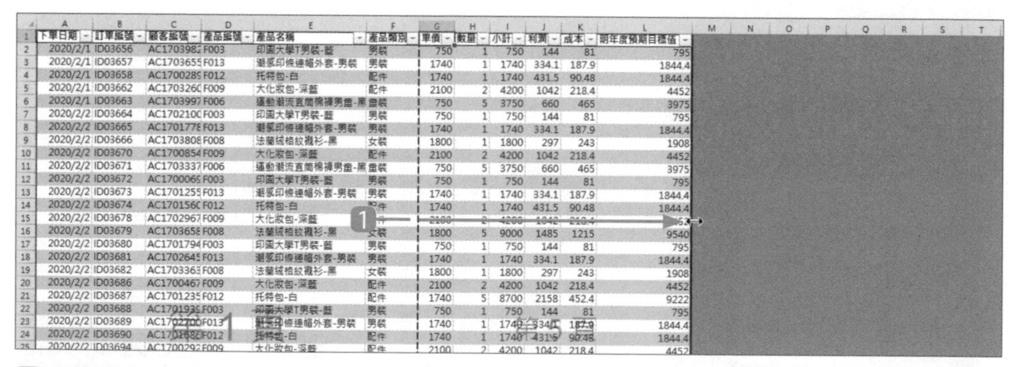

1 將滑鼠指標移至垂直的藍色虛線上呈 ↔ 狀，按住滑鼠左鍵不放往右拖曳至資料內容右側邊界再放開滑鼠左鍵。

(每一頁中間以灰色文字標註目前頁數："第1頁"、"第2頁"...，會發現頁數編號是由上向下進行編頁和列印，接著才往右邊往下列印後續的頁數，這樣的列印方式是 Excel 預設的 **循欄列印** 順序。)

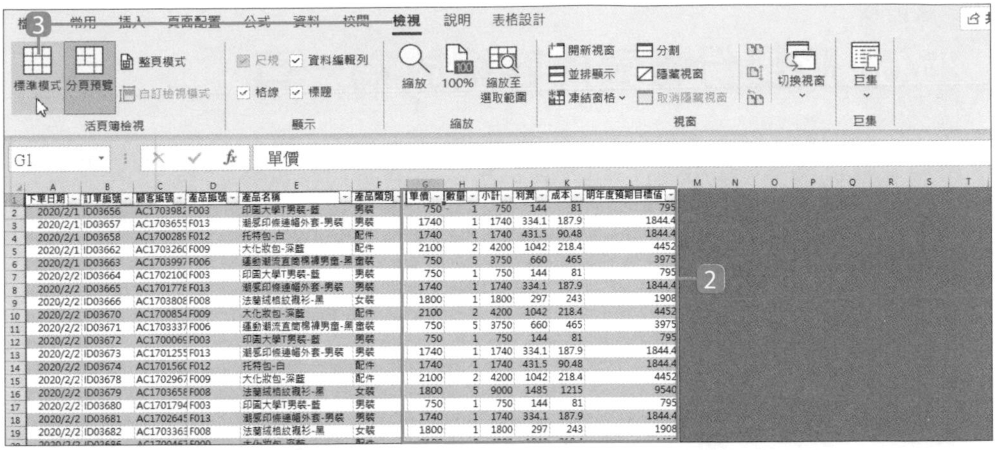

常用 插入 頁面配置 公式 資料 校閱 **檢視** 說明 表格設計

標準模式 分頁預覽 整頁模式 自訂檢視模式 活頁簿檢視 | 尺規 資料編輯列 格線 標題 顯示 | 縮放 100% 縮放至選取範圍 縮放 | 開新視窗 並排顯示 凍結窗格 分割 隱藏視窗 取消隱藏視窗 視窗 | 切換視窗 | 巨集 巨集

G1 單價

	A	B	C	D	E	F	G	H	I	J	K	L
1	下單日期	訂單編號	顧客編號	產品編號	產品名稱	產品類別	單價	數量	小計	利潤	成本	明年度預期目標值
2	2020/2/1	ID03656	AC1703982	F003	印圖大學T男裝-藍	男裝	750	1	750	144	81	795
3	2020/2/1	ID03657	AC1703655	F013	潮感印條連帽外套-男裝	男裝	1740	1	1740	334.1	187.9	1844.4
4	2020/2/1	ID03658	AC1700289	F012	托特包-白	配件	1740	1	1740	431.5	90.48	1844.4
5	2020/2/1	ID03662	AC1703260	F009	大化妝包-深藍	配件	2100	2	4200	1042	218.4	4452
6	2020/2/1	ID03663	AC1703997	F006	運動潮流直筒棉褲男童-黑	童裝	750	5	3750	660	465	3975
7	2020/2/2	ID03664	AC1702100	F003	印圖大學T男裝-藍	男裝	750	1	750	144	81	795
8	2020/2/2	ID03665	AC1701778	F013	潮感印條連帽外套-男裝	男裝	1740	1	1740	334.1	187.9	1844.4
9	2020/2/2	ID03666	AC1703808	F008	法蘭絨格紋襯衫-黑	女裝	1800	1	1800	297	243	1908
10	2020/2/2	ID03670	AC1700854	F009	大化妝包-深藍	配件	2100	2	4200	1042	218.4	4452
11	2020/2/2	ID03671	AC1703337	F006	運動潮流直筒棉褲男童-黑	童裝	750	5	3750	660	465	3975
12	2020/2/2	ID03672	AC1700069	F003	印圖大學T男裝-藍	男裝	750	1	750	144	81	795
13	2020/2/2	ID03673	AC1701255	F013	潮感印條連帽外套-男裝	男裝	1740	1	1740	334.1	187.9	1844.4
14	2020/2/2	ID03674	AC1701560	F012	托特包-白	配件	1740	1	1740	431.5	90.48	1844.4
15	2020/2/2	ID03678	AC1702967	F009	大化妝包-深藍	配件	2100	2	4200	1042	218.4	4452
16	2020/2/2	ID03679	AC1703658	F008	法蘭絨格紋襯衫-黑	女裝	1800	5	9000	1485	1215	9540
17	2020/2/2	ID03680	AC1701794	F003	印圖大學T男裝-藍	男裝	750	1	750	144	81	795
18	2020/2/2	ID03681	AC1702645	F013	潮感印條連帽外套-男裝	男裝	1740	1	1740	334.1	187.9	1844.4
19	2020/2/2	ID03682	AC1703363	F008	法蘭絨格紋襯衫-黑	女裝	1800	1	1800	297	243	1908

2 可以看到，包含單價、數量、小計、利潤...等，範圍內的資料都會自動整合為同一頁。

3 調整完成後，於 **檢視** 索引標籤選按 **標準模式** 便可回到原來的畫面。

採用以上方式來設定列印範圍，列印出來的文字可能會因此自動縮小，若是縮小的比例太大，會造成閱讀上的困擾；所以需要於預覽視窗中再次檢查 (可參考 P25-17 說明)。若資料因列印範圍調整而字變得非常小，可設定頁面方向為 **橫向** 列印 (參考 P25-2 說明)，以改善過度調整縮放比例的狀況。

下單日期	訂單編號	顧客編號	產品編號	產品名稱
2020/2/1	ID03656	AC1703982	F003	印圖大學T男裝-藍
2020/2/1	ID03657	AC1703655	F013	潮感印條連帽外套-男裝
2020/2/1	ID03658	AC1700289	F012	托特包-白
2020/2/1	ID03662	AC1703260	F009	大化妝包-深藍
2020/2/1	ID03663	AC1703997	F006	運動潮流直筒棉褲男童-黑
2020/2/2	ID03664	AC1702100	F003	印圖大學T男裝-藍
2020/2/2	ID03665	AC1701778	F013	潮感印條連帽外套-男裝
2020/2/2	ID03666	AC1703808	F008	法蘭絨格紋襯衫-黑
2020/2/2	ID03670	AC1700854	F009	大化妝包-深藍
2020/2/2	ID03671	AC1703337	F006	運動潮流直筒棉褲男童-黑
2020/2/2	ID03672	AC1700069	F003	印圖大學T男裝-藍
2020/2/2	ID03673	AC1701255	F013	潮感印條連帽外套-男裝
2020/2/2	ID03674	AC1701560	F012	托特包-白
2020/2/2	ID03678	AC1702967	F009	大化妝包-深藍
2020/2/2	ID03679	AC1703658	F008	法蘭絨格紋襯衫-黑
2020/2/2	ID03680	AC1701794	F003	印圖大學T男裝-藍
2020/2/2	ID03681	AC1702645	F013	潮感印條連帽外套-男裝
2020/2/2	ID03682	AC1703363	F008	法蘭絨格紋襯衫-黑
2020/2/2	ID03686	AC1700467	F009	大化妝包-深藍
2020/2/2	ID03687	AC1701235	F012	托特包-白
2020/2/2	ID03688	AC1701939	F003	印圖大學T男裝-藍
2020/2/2	ID03689	AC1702700	F013	潮感印條連帽外套-男裝
2020/2/2	ID03690	AC1701686	F012	托特包-白
2020/2/2	ID03694	AC1700292	F009	大化妝包-深藍
2020/2/2	ID03695	AC1700524	F012	托特包-白
2020/2/15	ID03697	AC1700467	F008	法蘭絨格紋襯衫-黑
2020/2/15	ID03698	AC1700467	F008	法蘭絨格紋襯衫-黑
2020/2/15	ID03699	AC1703446	F009	大化妝包-深藍
2020/2/15	ID03700	AC1702888	F006	運動潮流直筒棉褲男童-黑

▲ 調整前

下單日期	訂單編號	顧客編號	產品編號	產品名稱	產品類別	單價	數量	小計	利潤	成本	明年度預期目
2020/2/1	ID03656	AC1703982	F003	印圖大學T男裝-藍	男裝	750	1	750	144	81	
2020/2/1	ID03657	AC1703655	F013	潮感印條連帽外套-男裝	男裝	1740	1	1740	334.1	187.9	
2020/2/1	ID03658	AC1700289	F012	托特包-白	配件	1740	1	1740	431.5	90.48	
2020/2/1	ID03662	AC1703260	F009	大化妝包-深藍	配件	2100	2	4200	1042	218.4	
2020/2/1	ID03663	AC1703997	F006	運動潮流直筒棉褲男童-黑	童裝	750	5	3750	660	465	
2020/2/2	ID03664	AC1702100	F003	印圖大學T男裝-藍	男裝	750	1	750	144	81	
2020/2/2	ID03665	AC1701778	F013	潮感印條連帽外套-男裝	男裝	1740	1	1740	334.1	187.9	
2020/2/2	ID03666	AC1703808	F008	法蘭絨格紋襯衫-黑	女裝	1800	1	1800	297	243	
2020/2/2	ID03670	AC1700854	F009	大化妝包-深藍	配件	2100	2	4200	1042	218.4	
2020/2/2	ID03671	AC1703337	F006	運動潮流直筒棉褲男童-黑	童裝	750	5	3750	660	465	
2020/2/2	ID03672	AC1700069	F003	印圖大學T男裝-藍	男裝	750	1	750	144	81	
2020/2/2	ID03673	AC1701255	F013	潮感印條連帽外套-男裝	男裝	1740	1	1740	334.1	187.9	
2020/2/2	ID03674	AC1701560	F012	托特包-白	配件	1740	1	1740	431.5	90.48	
2020/2/2	ID03678	AC1702967	F009	大化妝包-深藍	配件	2100	2	4200	1042	218.4	
2020/2/2	ID03679	AC1703658	F008	法蘭絨格紋襯衫-黑	女裝	1800	5	9000	1485	1215	
2020/2/2	ID03680	AC1701794	F003	印圖大學T男裝-藍	男裝	750	1	750	144	81	
2020/2/2	ID03681	AC1702645	F013	潮感印條連帽外套-男裝	男裝	1740	1	1740	334.1	187.9	
2020/2/2	ID03682	AC1703363	F008	法蘭絨格紋襯衫-黑	女裝	1800	1	1800	297	243	
2020/2/2	ID03686	AC1700467	F009	大化妝包-深藍	配件	2100	2	4200	1042	218.4	
2020/2/2	ID03687	AC1701235	F012	托特包-白	配件	1740	5	8700	2158	452.4	
2020/2/2	ID03688	AC1701939	F003	印圖大學T男裝-藍	男裝	750	1	750	144	81	
2020/2/2	ID03689	AC1702700	F013	潮感印條連帽外套-男裝	男裝	1740	1	1740	334.1	187.9	
2020/2/2	ID03690	AC1701686	F012	托特包-白	配件	1740	1	1740	431.5	90.48	
2020/2/2	ID03694	AC1700292	F009	大化妝包-深藍	配件	2100	2	4200	1042	218.4	
2020/2/2	ID03695	AC1700524	F012	托特包-白	配件	1740	5	8700	2158	452.4	
020/2/15	ID03697	AC1700467	F008	法蘭絨格紋襯衫-黑	女裝	1800	1	1800	297	243	
020/2/15	ID03698	AC1700467	F008	法蘭絨格紋襯衫-黑	女裝	1800	1	1800	297	243	
020/2/15	ID03699	AC1703446	F009	大化妝包-深藍	配件	2100	1	2100	520.8	109.2	
020/2/15	ID03700	AC1702888	F006	運動潮流直筒棉褲男童-黑	童裝	750	1	750	132	93	
2020/2/2	ID03701	AC1703072	F024	運動直筒棉褲男童-灰	童裝	2030	1	2030	357.3	251.7	
020/2/15	ID03702	AC1700458	F009	大化妝包-深藍	配件	2100	1	2100	520.8	109.2	
2020/2/2	ID03703	AC1702188	F017	大學T男裝-灰	男裝	1200	2	2400	460.8	259.2	
2020/2/2	ID03704	AC1701346	F025	雙向層架式書桌-咖	家俱	2900	1	2900	435	435	
020/2/15	ID03705	AC1703182	F009	大化妝包-深藍	配件	2100	1	2100	520.8	109.2	
020/2/15	ID03706	AC1702898	F006	運動潮流直筒棉褲男童-黑	童裝	750	1	750	132	93	
2020/2/2	ID03707	AC1701048	F024	運動直筒棉褲男童-灰	童裝	2030	1	2030	357.3	251.7	
2020/2/2	ID03708	AC1703361	F017	大學T男裝-灰	男裝	1200	2	2400	460.8	259.2	
2020/2/2	ID03709	AC1702699	F025	雙向層架式書桌-咖	家俱	2900	1	2900	435	435	
2020/2/2	ID03710	AC1703024	F024	運動直筒棉褲男童-灰	童裝	2030	1	2030	357.3	251.7	
2020/2/2	ID03711	AC1700057	F017	大學T男裝-灰	男裝	1200	2	2400	460.8	259.2	
2020/2/2	ID03712	AC1701798	F025	雙向層架式書桌-咖	家俱	2900	1	2900	435	435	
2020/2/2	ID03713	AC1703885	F032	抽繩束口風褲-男童	童裝	4060	1	4060	714.6	503.4	
2020/2/2	ID03714	AC1700049	F017	大學T男裝-灰	男裝	1200	2	2400	460.8	259.2	
2020/2/2	ID03715	AC1702355	F025	雙向層架式書桌-咖	家俱	2900	1	2900	435	435	
2020/2/2	ID03716	AC1702147	F024	運動直筒棉褲男童-灰	童裝	2030	1	2030	357.3	251.7	
2020/2/2	ID03717	AC1702181	F017	大學T男裝-灰	男裝	1200	2	2400	460.8	259.2	
2020/2/2	ID03718	AC1703271	F025	雙向層架式書桌-咖	家俱	[illegible]	1	[illegible]	[illegible]	[illegible]	
[illegible]	[illegible]	[illegible]	[illegible]	[illegible]	[illegible]	1750	2	3500	616	434	
020/2/15	ID03720	AC1703785	F024	運動直筒棉褲男童-灰	童裝	2030	1	2030	357.3	251.7	
020/2/15	ID03721	AC1703311	F016	後背包-藍	配件	890	2	1780	441.4	92.56	
020/2/15	ID03722	AC1700246	F015	法蘭絨格紋襯衫-紅	女裝	1740	1	1740	287.1	234.9	

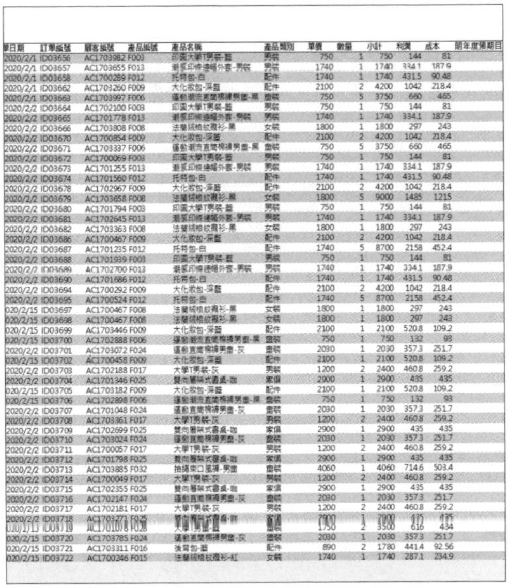

▲ 調整後

25.6 將整份報表內容縮放為一頁

如果想將整份報表資料內容列印在同一頁，可參考以下做法設定。

Step 1 **開啟版面設定**

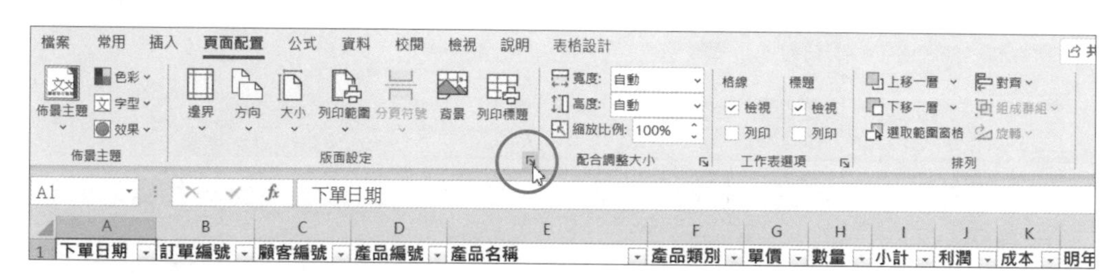

▲ 於 **頁面配置** 索引標籤選按 **版面設定** 對話方塊啟動器。

Step 2 **將資料縮放至一頁以內**

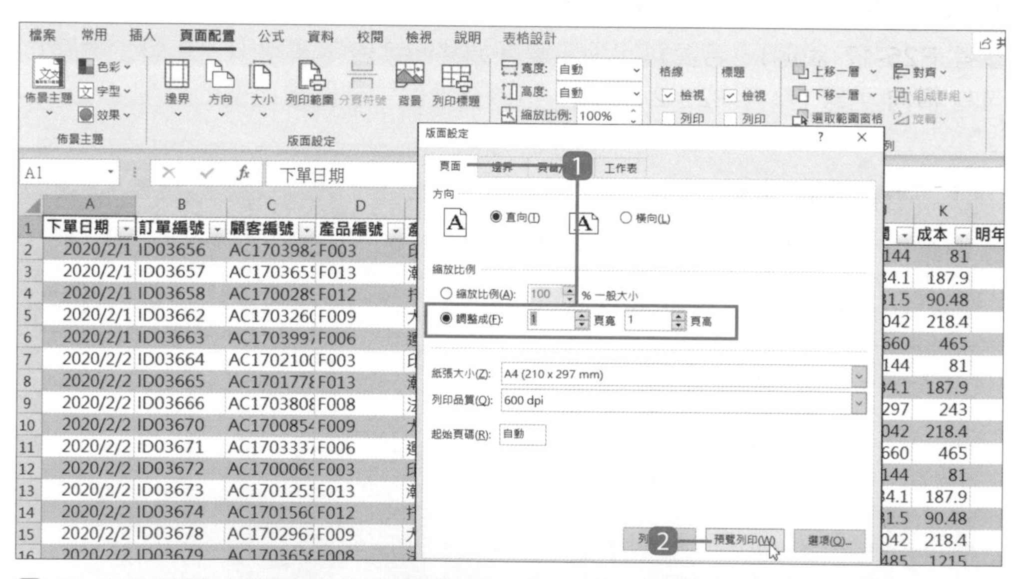

1 於 **頁面** 標籤 **縮放比例** 核選 **調整成**，輸入「1」頁寬、「1」頁高。

2 選按 **預覽列印** 鈕進入列印畫面，可以看到所有資料內容都已縮放至一頁內。(後續列印操作可參考 P25-17)

25.7 強迫分頁與跨頁列印表頭標題

活頁簿中筆數較多的資料可能需要分成多頁列印，Excel 可以 "自動" 在每一個分頁上方都加上相同標題列，讓瀏覽者更一目瞭然。以下將強迫第 61、121 列後的內容分頁列印，並為各分頁加入與第 1 頁相同的標題。

Step 1 插入分頁符號

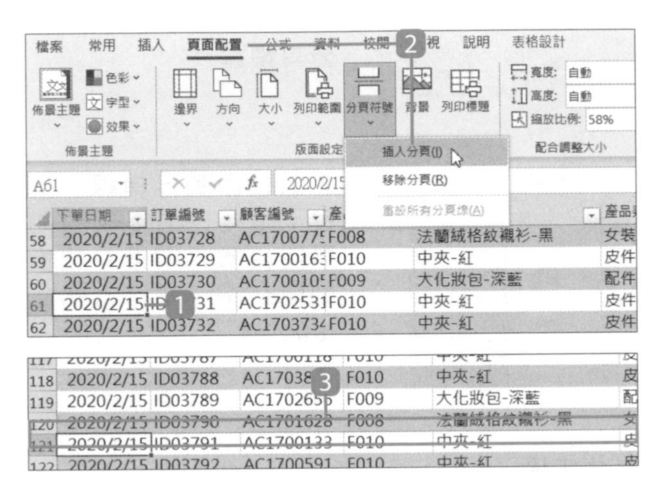

1. 在 **產品銷售明細** 工作表中選取 A61 儲存格。
2. 於 **頁面配置** 索引標籤選按 **分頁符號** 清單鈕 \ **插入分頁**。(再依相同操作方式於 A121 儲存格插入分頁符號)
3. 完成後，在工作表上第 61 列與 121 例會顯示分頁的灰色線。

Step 2 設定標題列

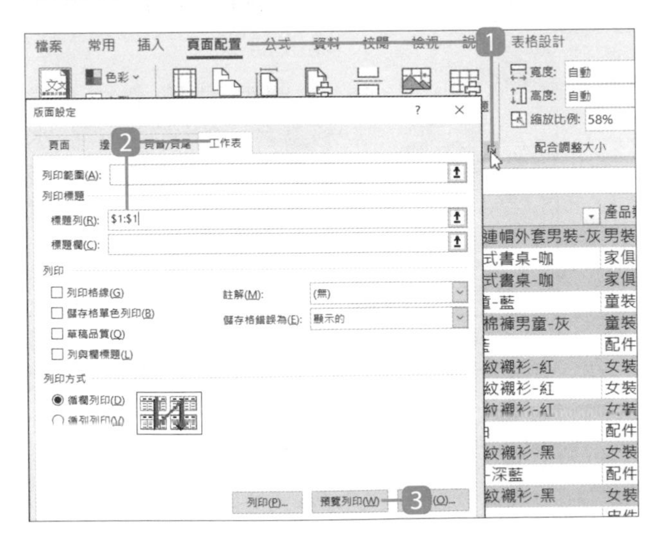

1. 於 **頁面配置** 索引標籤選按 **版面設定** 對話方塊啟動器。
2. 於 **工作表** 標籤 **標題列**，輸入「$1:$1」。(表示設定工作表第 1 列資料為標題列)
3. 選按 **預覽列印** 鈕進入列印畫面，可以看到強迫分頁與跨頁加上標題列的狀態。(後續列印操作可參考 P25-17)

25.8 列印內容顯示於紙張中央

部分專業或制式文件會要求印製出來的正式報表需置於紙張中央，以下先調整列印範圍以完整顯示所有欄位資料，再指定資料以水平或垂直置中方式呈現。

Step 1 調整列印範圍

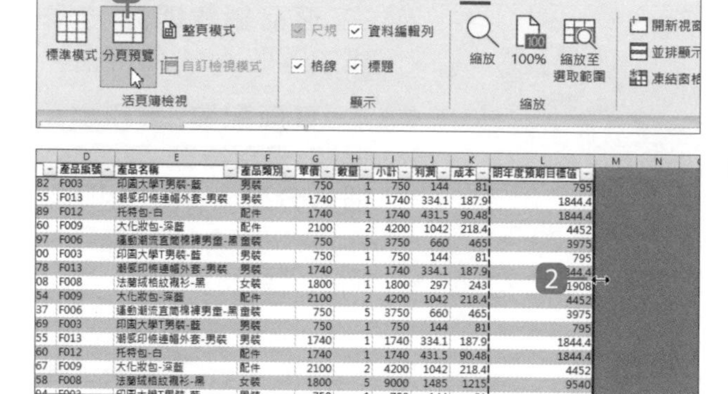

❶ 於 **檢視** 索引標籤選按 **分頁預覽**。

❷ 將藍色自動分頁線，拖曳至資料右側邊界。(如果活頁簿內容沒有超出列印範圍，則可省略此步驟。)

Step 2 設定資料內容顯示於紙張中央

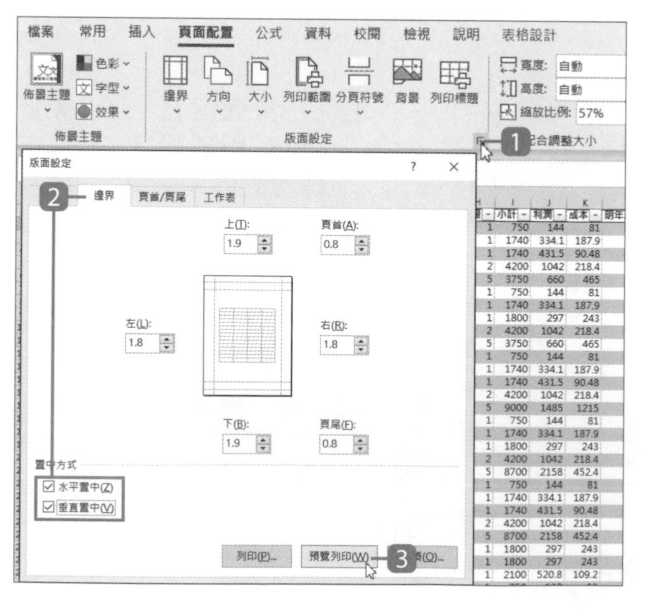

❶ 於 **頁面配置** 索引標籤選按 **版面設定** 對話方塊啟動器。

❷ 於 **邊界** 標籤 置中方式核選合適的設定。(若 **水平置中** 與 **垂直置中** 均核選，列印範圍內的資料會擺放於紙張正中央。)

❸ 選按 **預覽列印** 鈕進入列印畫面，可以看到資料內容置中擺放的狀態。(後續列印操作可參考 P25-17)

25.9 列印欄名、列號與格線

列印時，可以設定是否要列印工作表中的欄名、列號與灰色格線。

Step 1 開啟版面設定

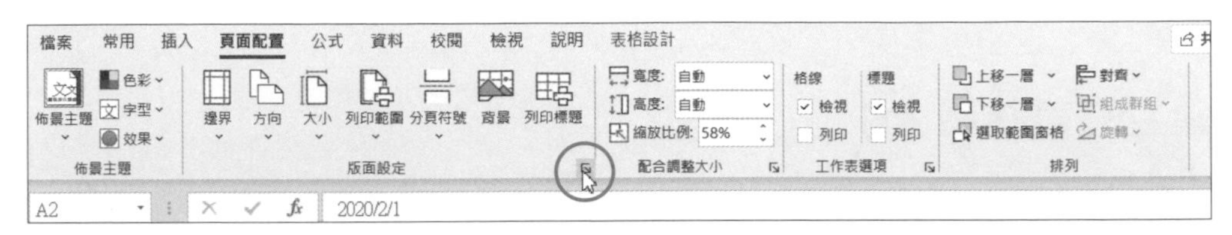

▲ 於 **頁面配置** 索引標籤選按 **版面設定** 對話方塊啟動器。

Step 2 設定列印工作表列、欄標題與格線

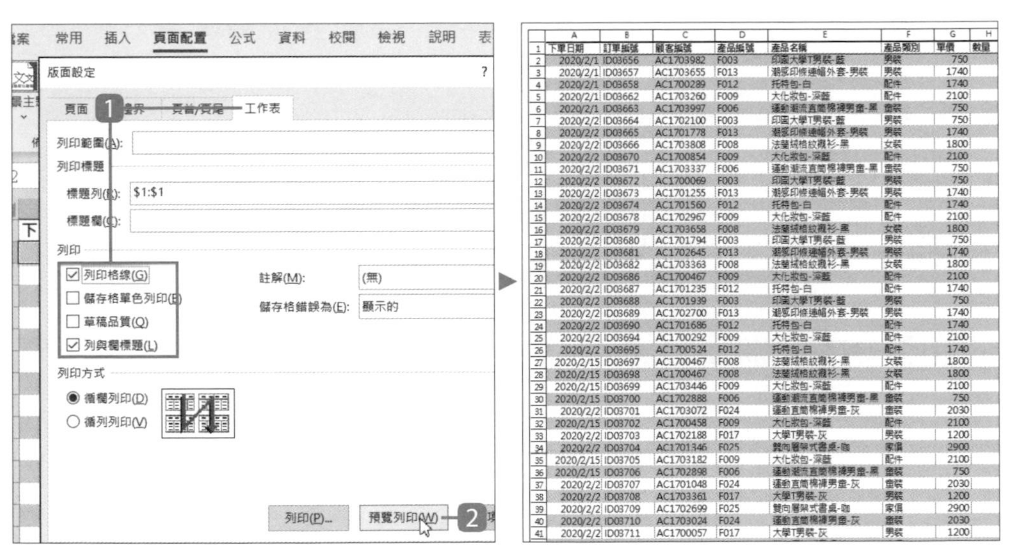

1 於 **工作表** 標籤，核選 **列印格線** 與 **列與欄位標題**。

2 選按 **預覽列印** 鈕進入列印畫面，可以看到列印的內容包含了欄名、列號與格線的狀態。(後續列印操作可參考 P25-17)

25.10 自訂檢視模式快速進行列印

自訂檢視模式 功能可以藉由顯示設定 (例如隱藏列和欄、設定列印範圍、篩選設定和視窗設定)，以及版面設定 (頁面、邊界、頁首或頁尾、工作表...等。) 的調整儲存為不同主題的檢視模式，以便輕鬆切換快速列印。此範例要建立 "全部產品" 與 "倉儲部門-服飾類" 二個檢視模式主題。

建立自訂檢視 (1)

Step 1 建立檢視模式

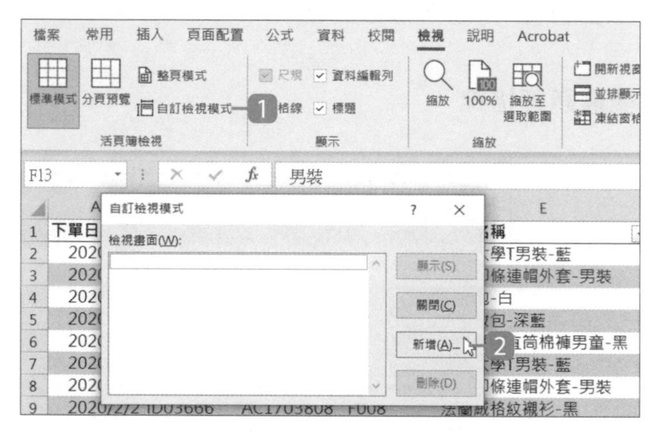

1 於 **檢視** 索引標籤選按 **自訂檢視模式** 開啟對話方塊。

2 選按 **新增** 鈕。

Step 2 為目前檢視畫面命名

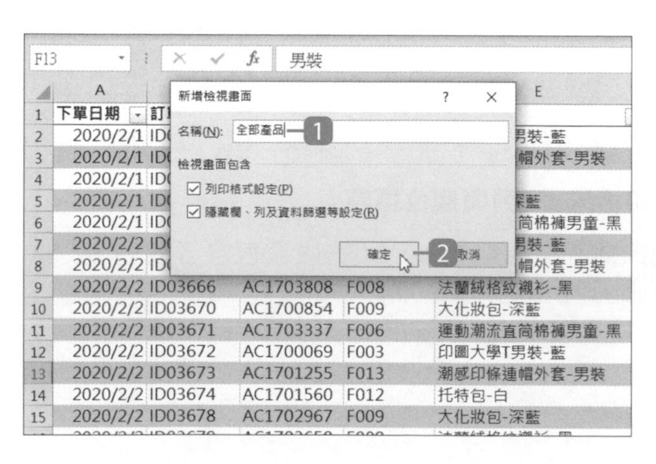

1 於 **名稱** 欄位輸入檢視畫面名稱：「全部產品」。

2 確認 **列印格式設定**、**隱藏欄、列及資料篩選等設定** 為核選狀態，再選按 **確定** 鈕。

建立自訂檢視 (2)

Step 1 隱藏不需要檢視或列印的欄

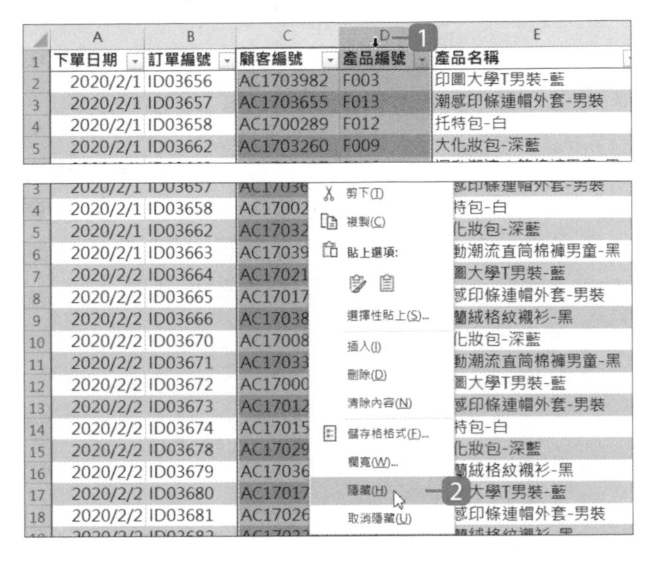

1. 將滑鼠指標移至 C 欄上呈 ⬇ 狀，按住滑鼠左鍵往下拖曳至 D 欄處放開，選取 C、D 欄。
2. 於選取的其中一個欄號上按一下滑鼠右鍵，選按 **隱藏**，就可隱藏目前選取的 C、D 欄。

Step 2 篩選不需要檢視或列印的產品與自訂頁首

1. 選按 **產品類別** 欄位右側 ▾ 篩選鈕，取消核選 "皮件"、"家俱"、"配件" 選按 **確定** 鈕。
2. 於 **頁面配置** 索引標籤選按 **版面設定** 對話方塊啟動器開啟對話方塊，於 **頁首/頁尾** 標籤選按 **自訂頁首** 鈕，設定頁首需顯示的部門名稱。

Step 3 為調整後的檢視畫面命名

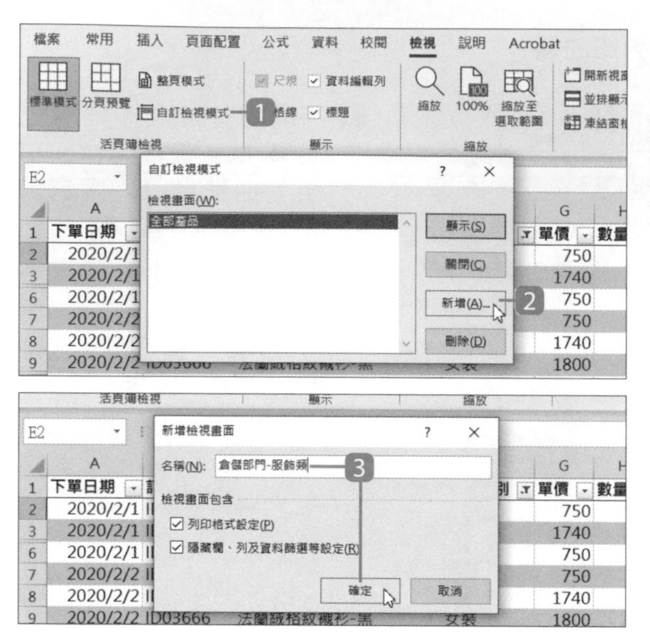

1. 於 **檢視** 索引標籤選按 **自訂檢視模式** 開啟對話方塊。
2. 選按 **新增** 鈕。
3. 於 **名稱** 欄位輸入檢視畫面名稱，確認 **列印格式設定**、**隱藏欄、列及資料篩選等設定** 為核選狀態，再選按 **確定** 鈕。

快速切換檢視模式並列印

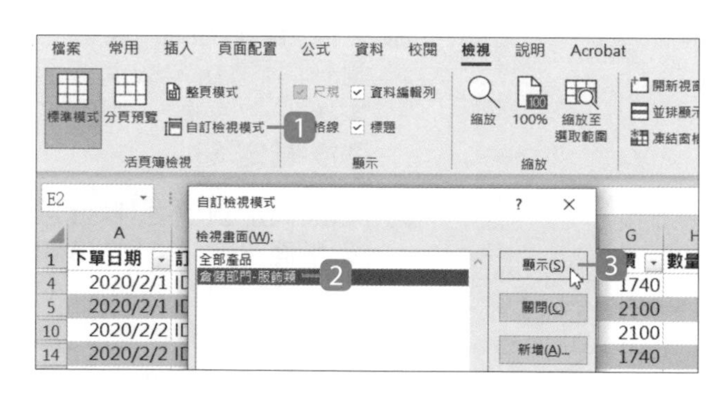

◀ 完成以上設定後，於 **檢視** 索引標籤選按 **自訂檢視模式** 開啟對話方塊，選按要檢視或列印的模式名稱，再選按 **顯示** 鈕即可切換至該模式。(後續列印操作可參考 P25-17)

資訊補給站

自訂檢視模式無法選按

當 **自訂檢視模式** 功能，呈灰色無法選按狀態時，請檢查資料內容是否被格式化為 **表格** 資料型態，**自訂檢視模式** 功能不支援 **表格** 資料型態，需為一般儲存格範圍才能使用。

25.11 活頁簿預覽與列印

列印前先於預覽列印畫面下檢視列印內容，若發現版面設定需再調整，可以立即做修改，減少列印錯誤降低紙張浪費。

認識列印操作介面

要將試算表資料數據完美印出，除了應用前面分享的各項列印設定技巧，最後則是於 **檔案** 索引標籤選按 **列印**，**列印** 畫面中可以透過預覽檢視最後的列印結果還可調整設備與各項列印細節：

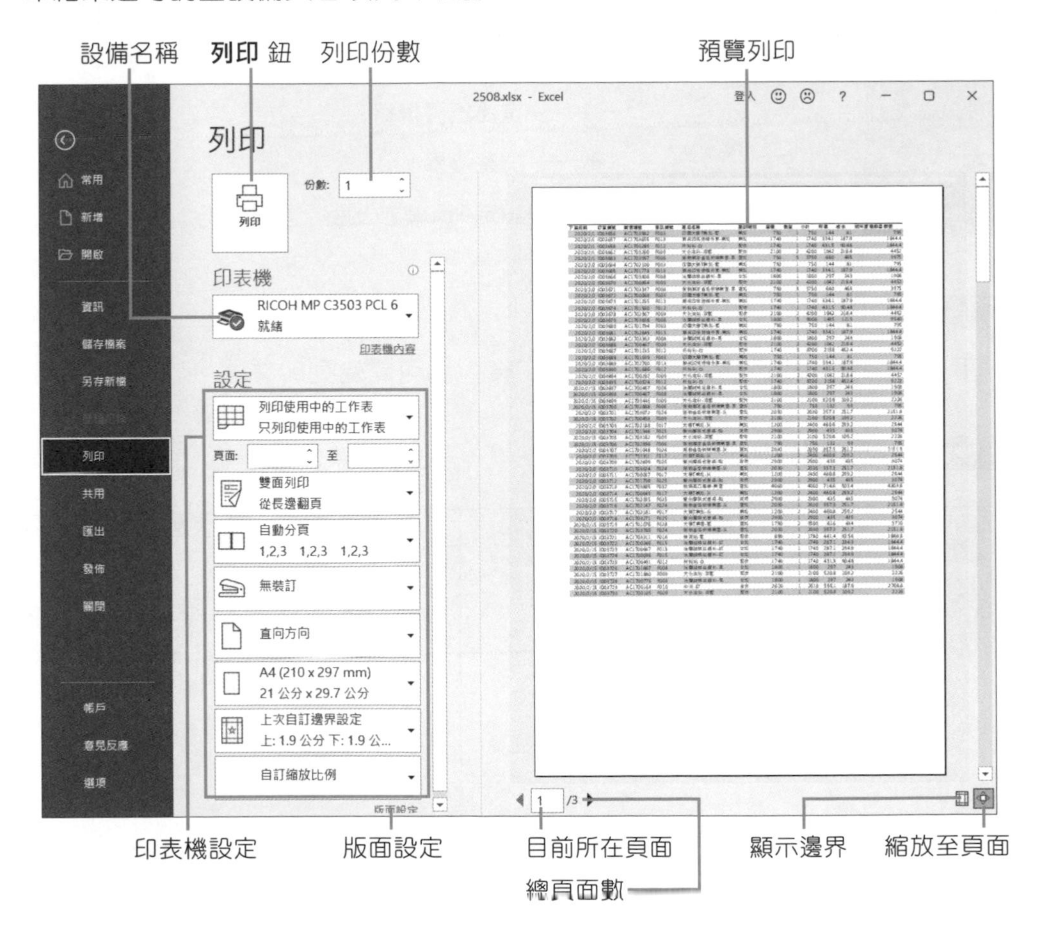

不同環境下 (公司或住家、學校...等)，印表機型號也可能不同，**印表機** 項目中會列出目前可使用的設備，列印前可先檢查是否為你想要使用的印表機，如果不是，可選按 **印表機** 項目，再從清單選擇正確的設備。

如果需要再次調整工作表的列印範圍或其他設定時，可以參考下圖的功能標示，依照需求自行操作。

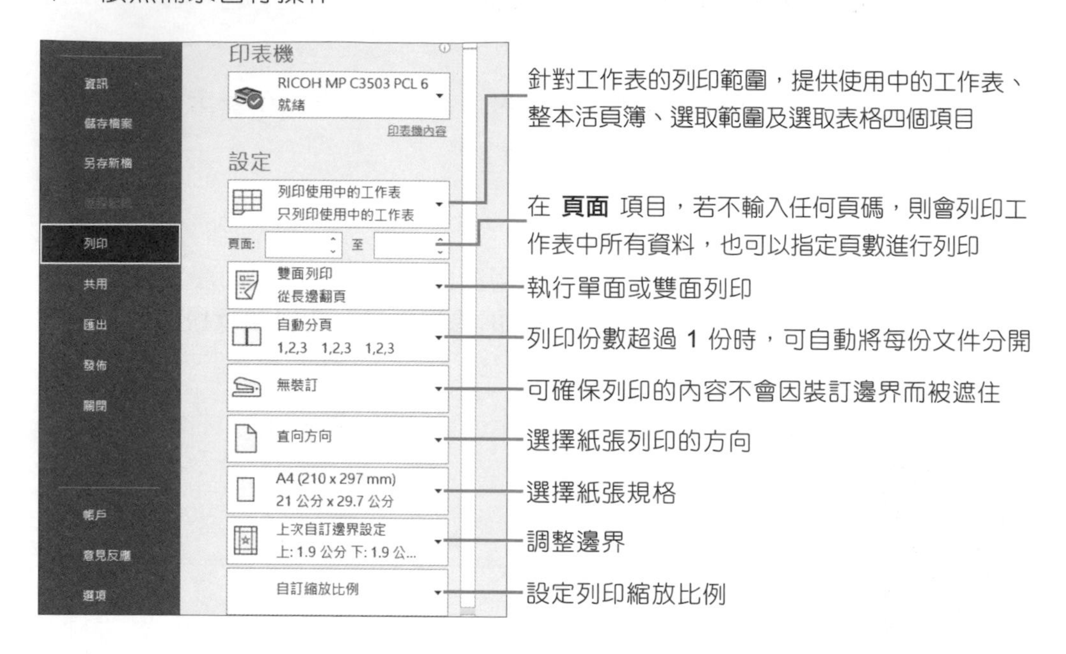

預覽及列印

以下透過預覽列印微調邊界及其他設定後，就可開始列印文件。

Step 1 調整邊界與欄寬

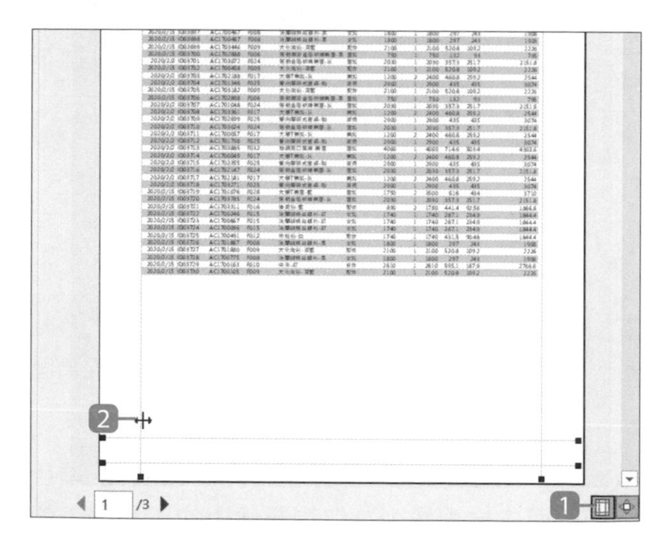

1. 選按 **顯示邊界** 鈕顯示邊界線。
2. 將滑鼠指標移至邊界線上呈 ‡ 或 ⇹ 狀時，按左鍵不放拖曳可調整頁面上、下、左、右邊界位置。

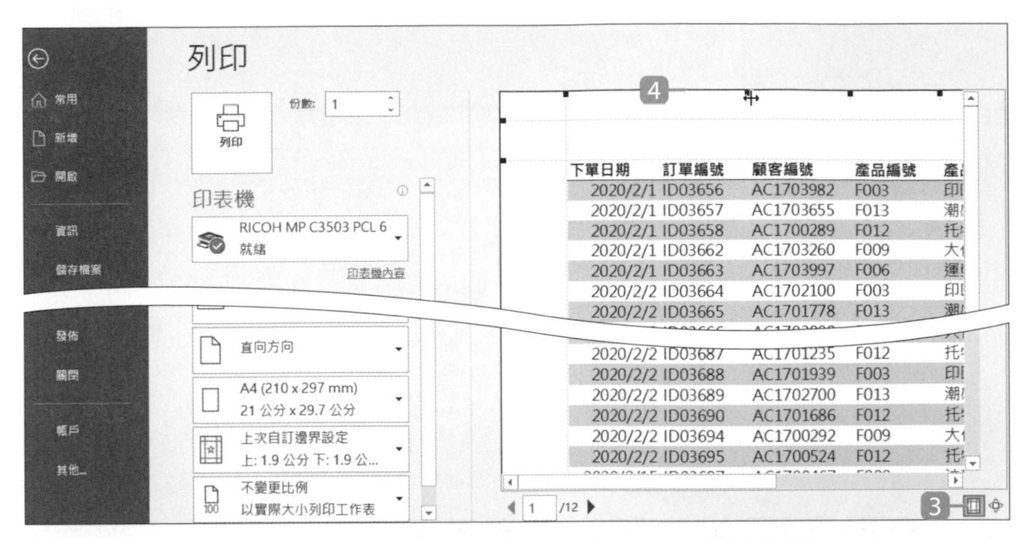

3 選按 **縮放至頁面** 鈕可將檢視比例放大、縮小，以方便檢閱。

4 將滑鼠指標移至頂端欄寬控點呈 ⟷ 狀時，拖曳控點可以調整儲存格的欄位寬度。

Step 2 設定印表機及其他相關列印項目

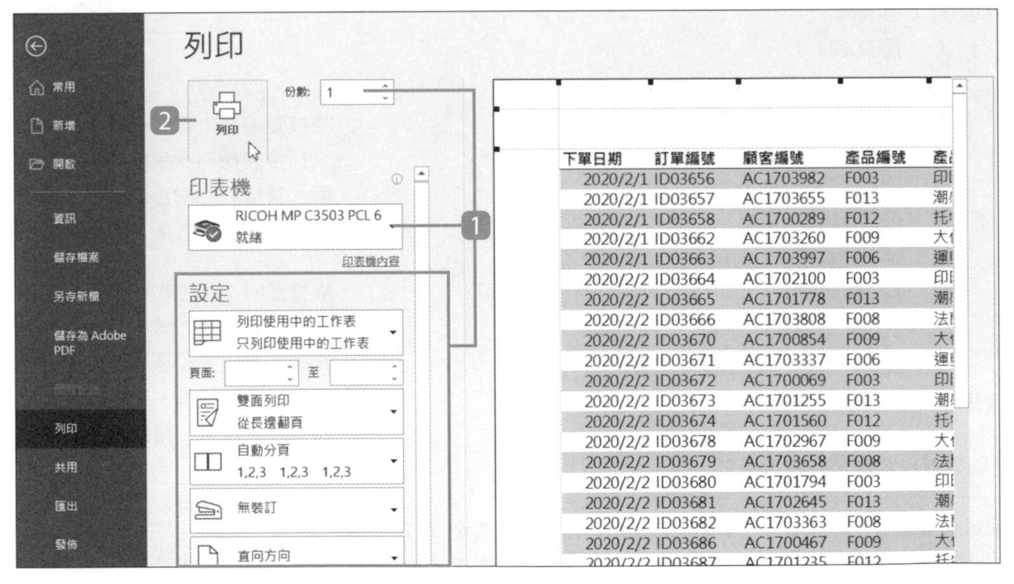

1 設定 **列印份數**、確認印表機機型，可再進一步設定列印範圍、列印尺寸、單雙面列印、頁面範圍...等相關項目。

2 按 **列印** 鈕，開始列印文件。

Excel 自學聖經(第二版)：從完整入門到職場活用的技巧與實例大全

作　　者：文淵閣工作室 編著　鄧文淵 總監製
企劃編輯：王建賀
文字編輯：詹祐甯
設計裝幀：張寶莉
發 行 人：廖文良

發 行 所：碁峰資訊股份有限公司
地　　址：台北市南港區三重路 66 號 7 樓之 6
電　　話：(02)2788-2408
傳　　真：(02)8192-4433
網　　站：www.gotop.com.tw
書　　號：ACI035600
版　　次：2022 年 04 月二版
　　　　　2024 年 08 月二版十二刷
建議售價：NT$650

國家圖書館出版品預行編目資料

Excel 自學聖經：從完整入門到職場活用的技巧與實例大全 / 文淵閣工作室編著. -- 二版. -- 臺北市：碁峰資訊, 2022.04
面；　公分
ISBN 978-626-324-137-4(平裝)
1.CST：EXCEL(電腦程式)
312.49E9　　111003997

Excel 函數

函數	說明	應用方法
SMALL	求排在指定順位的值 (由小到大排序)	=SMALL(範圍,等級) =SMALL(A10:A50,4)
SUBSTITUTE	將字串中部分字串以新字串取代	=SUBSTITUTE(字串,搜尋字串,置換字串,置換對象) =SUBSTITUTE(C3,"股份有限公司","(股)")
SUBTOTAL	可執行十一種函數的運算功能(平均值、個數、最大值、最小值、標準差、合計...)	=SUBTOTAL(小計方法,範圍1,範圍2,....) =SUBTOTAL(9,F4:F10)
SUM	加總數值	=SUM(範圍1,範圍2...) =SUM(A1:C10)
SUMIF	加總符合單一條件的儲存格數值	=SUMIF(搜尋範圍,搜尋條件,加總範圍) =SUMIF(A1:A10,"女",C1:C10)
SUMIFS	加總符合多重條件的儲存格數值	=SUMIFS(加總範圍,搜尋範圍1,搜尋條件1,搜尋範圍2,搜尋條件2...) =SUMIFS(E3:E15,A3:A15,"<90",C3:C15,"動作")
SUMPRODUCT	求乘積的總和	=SUMPRODUCT(範圍1,範圍2,...) =SUMPRODUCT(A1:A10,B1:B10,C1:C10)
TEXT	依特定的格式將數值轉換成文字字串	=TEXT(值,顯示格式) =TEXT(A1,"$0.00")
TODAY	顯示今天的日期	=TODAY() 括弧中間不輸入任何文字或數字 =TODAY()
VLOOKUP	從直向參照表中取得符合條件的資料	=VLOOKUP(檢視值,參照範圍,欄數,檢視型式) =VLOOKUP(B3,$A$1:$A$10,2,0)
WEEKDAY	從日期序列值中求得星期幾	=WEEKDAY(序列值,類型) =WEEKDAY(A5,2)
WORKDAY.INTL	由起始日算起，求經指定工作天數後的日期。	=WORKDAY.INTL(起始日期,日數,週末,國定假日) =WORKDAY.INTL(B3,C3,,F3:F8)

Excel 函數

函數	說明	應用方法
ABS	求絕對值	=ABS(數值) =ABS(A10)
AND	指定的條件均符合	=AND(條件1,條件2...) =IF(AND(5<A2,A2<60),"通過","不通過")
AVERAGE	求平均數	=AVERAGE(範圍1,範圍2...) =AVERAGE(A1:A10)
CEILING	求依基準值倍數無條件進位的值	=CEILING(數值,基準值) =CEILING(A4,10)
COUNT	求有數值資料的儲存格個數	=COUNT(數值1,數值2...) =COUNT(A1:A20)
COUNTA	求非空白的儲存格個數	=COUNTA(數值1,數值2...) =COUNTA(A1:A20)
COUNTIF	求符合搜尋條件的資料個數	=COUNTIF(範圍,搜尋條件) =COUNTIF(A1:A10,"台北")
DAY	從日期中取得日的值	=DAY(序列值) =DAY(A10)
DATE	將數值轉換成日期	=DATE(年,月,日) =DATE(A1,B1,C1)
DATEDIF	求二個日期間的天數、月數或年數	=DATEDIF(起始日期,結束日期,單位) =DATEDIF(A1,B1,"Y")
EDATE	由起始日期開始求幾個月前 (後) 的日期序列值	=EDATE(起始日期,月) =EDATE(C3,2)
EOMONTH	由起始日期開始求幾個月前 (後) 的該月最後一天	=EOMONTH(起始日期,月) =EOMONTH(C3,2)
FIND	搜尋文字字串第一次出現的位置	=FIND(搜尋字串,目標字串,開始位置) =FIND("區",A3,1)

Excel 函數

函數	說明	應用方法
FREQUENCY	求數值在指定區間內出現的次數	=FREQUENCY(資料範圍,參照表) =FREQUENCY(A1:A10,L1:L5)
FV	求投資的未來值	=FV(利率,總期數,每期支付金額,現值,支付日期) =FV(A4/12,A5*12,A3,0,1)
HLOOKUP	從橫向參照表中取得符合條件的資料	=HLOOKUP(檢視值,參照範圍,列數,檢視型式) =HLOOKUP(A2,$A$1:$F$1,2,0)
IF	依條件判斷結果並分別處理	=IF(條件,條件成立,條件不成立) =IF(A1>=60,"及格","不及格")
INT	求整數 (小數點以下位數均捨去)	=INT(數值) =INT(1000/30)
INDEX	求指定列、欄交會的儲存格值	=INDEX(範圍,列號,欄號,區域編號) =INDEX(A1:A10,B3,B4)
IRR	求報酬率	=IRR(現金流量,預估值) =IRR(A1:A10)
LARGE	求排在指定順位的值(由大到小排序)	=LARGE(範圍,等級) =LARGE(A1:A10,5)
LEFT	從文字字串的左端取得指定字數的字	=LEFT(字串,字數) =LEFT(A10,2)
LOOKUP	搜尋並找到對應的值	=LOOKUP(關鍵字,範圍,參照表) =LOOKUP(A1,A1:A10,C1:C5)
MATCH	求值位於搜尋範圍中第幾順位	=MATCH(搜尋值,搜尋範圍,型態) =MATCH(A1,B1:B10,1)
MAX	求最大值	=MAX(數值1,數值2...) =MAX(A1:A10)
MID	從文字字串的指定位置取得指定字數的字	=MID(字串,開始位置,字數) =MID(A1,1,5)
MIN	求最小值	=MIN(數值1,數值2...) =MIN(A1:A20)

Excel 函數

函數	說明	應用方法
MODE	求最常出現的數值	=MODE(數值1,數值2...) =MODE(A1:A10)
MONTH	從日期中單獨取得月份的值	=MONTH(序列值) =MONTH(A1)
NOW	顯示現在日期與時間	=NOW() 括弧中間不輸入任何文字或數值 =NOW()
OR	指定的條件只要符合一個即可	=OR(條件1,條件2...) =IF(OR(A2<30,A2>80),"通過","不通過")
PV	求現值	=PV(利率,總期數,定期支付金額,未來值,給付時點) =PV(A4/12,A5*12,-A3,B4,0)
PRODUCT	求數值相乘的值	=PRODUCT(數值1,數值2...) =PRODUCT(A1,B1,C1)
PMT	求投資 \ 還款定期支付的本金與利息合計金額	=PMT(利率,總期數,現值,未來值,給付時點) =PMT(A1/12,A2*12,200000)
PPMT	求投資 \ 還款的本金金額	=PPMT(利率,期數,總期數,現值,未來值,給付時點) =PPMT(B1/12,A1,B2*12,B3)
RANK(RANK.EQ)	求指定數值在範圍內的排名順序	=RANK(數值,範圍,排序) =RANK(A3,$A$1:$A$5,0)
RATE	求利率	=RATE(總期數,每期金額,現值,未來值,給付時點) =RATE(A4*12,-A5,A6)
ROW	求指定儲存格的列號	=ROW(儲存格) =ROW(A10)
ROUND	數值四捨五入	=ROUND(數值,位數) =ROUND(A10,2)
ROUNDUP	數值無條件進位到指定位數	=ROUNDUP(數值,位數) =ROUNDUP(A10,2)
ROUNDDOWN	數值無條件捨去到指定位數	=ROUNDDOWN(數值,位數) =ROUNDDOWN(A10,-2)

Excel 快速鍵

若要	請按
往左移動一個儲存格	Shift + Tab
往右移動一個儲存格	Tab
往下移動一個儲存格	Enter
往上移動一個儲存格	Shift + Enter
以作用儲存格為起點，往各方向選取欄、列內的資料。	Ctrl + Shift + ↑、↓、←、→
選取全部	Ctrl + A
粗體	Ctrl + B
底線	Ctrl + U
斜體	Ctrl + I
複製	Ctrl + C
貼上	Ctrl + V
剪下	Ctrl + X
復原	Ctrl + Z
開啟新檔	Ctrl + N
開啟舊檔	Ctrl + O
儲存檔案	Ctrl + S
關閉檔案	Ctrl + W
辨識相鄰欄中的模式取得資料，並填入目前及往下有效儲存格中。(Excel 2013 版以上)	Ctrl + E
尋找	Ctrl + F
取代	Ctrl + H
建立超連結	Ctrl + K
列印	Ctrl + P
建立表格	Ctrl + T

Excel 快速鍵

若要	請按
將儲存格中過長的文字全部刪除	Ctrl + Del
活頁簿視窗切換	Ctrl + F6
顯示 **儲存格格式** 對話方塊	Ctrl + 1
粗體	Ctrl + 2
斜體	Ctrl + 3
底線	Ctrl + 4
刪除線	Ctrl + 5
快速隱藏列	Ctrl + 9
快速隱藏欄	Ctrl + 0
輸入今天日期 (年 / 月 / 日)	Ctrl + ;
輸入目前時間 (時：分 AM 或 PM)	Ctrl + Shift + ;
套用 **貨幣** 格式 (, 符號，小數點四捨五入到整數)	Ctrl + Shift + 1
套用 **時間** 格式 (AM,PM 格式)	Ctrl + Shift + 2
套用 **日期** 格式 (年 / 月 / 日)	Ctrl + Shift + 3
套用 **貨幣** 格式 ($ 符號，二數位小數)	Ctrl + Shift + 4
套用 **百分比** 格式 (% 符號)	Ctrl + Shift + 5
恢複沒有格式的數值	Ctrl + Shift + ~
顯示功能區的按鍵提示字母	Alt
在儲存格編輯中換行	Alt + Enter
建立圖表	Alt + F1
自動加總數列	Alt + =
輸入公式時相對、絕對位址切換	F4
重複上一個設定動作	F4
顯示 **插入函數** 對話方塊	Shift + F3